EUROPA-FACHBUCHREIHE
für gewerblich-technische Bildung

Grundwissen Bahn

Marks-Fährmann Restetzki Biehounek Hegger

10. Auflage

VERLAG EUROPA-LEHRMITTEL
Nourney, Vollmer GmbH & Co. KG
Düsselberger Straße 23
42781 Haan-Gruiten

Europa-Nr.: 74011

Autoren: Ulrich Marks-Fährmann, Kassel
Klaus Restetzki, Leinburg
Dr. Alexander Biehounek, Nürnberg
Andreas Hegger, Voerde

Lektorat: Ulrich Marks-Fährmann, Kassel

10. Auflage 2020

Druck 5 4 3 2 1

Alle Drucke derselben Auflage sind parallel einsetzbar, da bis auf die Behebung von Druckfehlern untereinander unverändert.

ISBN 978-3-8085-4383-2

Umschlag- & Bildbearbeitung: Wissenschaftliche PublikationsTechnik Kernstock, 73230 Kirchheim unter Teck
Betreuung der Bildbearbeitung: Verlag Europa-Lehrmittel, Abt. Bildbearbeitung, 73760 Ostfildern
Umschlagkonzept: tiff.any GmbH, 10999 Berlin
Umschlagfoto: © Petair – Fotolia.com
Satz: Wissenschaftliche PublikationsTechnik Kernstock, 73230 Kirchheim unter Teck
Druck: Himmer GmbH Druckerei & Verlag, 86167 Augsburg

Vorwort

Inhalt

Das Fachbuch enthält für das Berufsbild des/der Eisenbahner/-in im Betriebsdienst Grundlagenkenntnisse. Dieses schließt die Fachrichtungen »Fahrweg« und »Lokführer und Transport« mit ein.

Um eine bessere Lesbarkeit zu gewährleisten, wird bei der Verwendung von wörtlichen Formulierungen aus rechtlichen Grundlagen, Regelwerken und Richtlinien auf eine genaue Quellenangabe verzichtet. Die verwendete Literatur wird im Anhang des Buches aufgeführt.

Neu eingearbeitet wurden die neuesten Richtlinien und deren Auswirkung auf den betrieblichen Ablauf (Stand: Dezember 2019).

Zielgruppe

Das Buch ist im Wesentlichen für den Einsatz in der Berufsschule gedacht, kann aber auch für die betriebliche Aus- und Weiterbildung eingesetzt werden.

Dem interessierten Laien wird dieses Buch wertvolle Einblicke in den Eisenbahnbetrieb liefern.

Methodische Hinweise

Neben theoretischen Kenntnissen bezieht das Buch ständig praxsiorientierte Beispiele mit ein, um deutlich zu machen, dass sich gerade in diesem Tätigkeitsfeld Theorie und Praxis gegenseitig bedingen.

Fragen am Ende jedes Unterkapitels dienen zur Wiederholung und Vertiefung des Gelesenen. Antworten ergeben sich größtenteils aus dem Kapitel selbst.

Die Inhalte der Kapitel sind so aufgearbeitet, dass sie sich zur Selbstarbeit eignen.

Dieses Buch arbeitet mit Querverweisen (s. Kap. xy.z). Hiermit wird einerseits dem komplexen Berufsbild Rechnung getragen, andererseits erspart dies beim selbstständigen Lernen die mühevolle Suche nach notwendigen Hintergrundinformationen.

Wohl wissend, dass es Fahrdienstleiter und Fahrdienstleiterinnen usw. gibt, haben wir aufgrund einer besseren Lesbarkeit des Buches auf die Verwendung einer männlichen und weiblichen Schreibweise verzichtet.

Eine online abrufbare kostenlose Ausbildungssoftware unterstützt das eigenständige Lernen. Weitere Informationen hierzu finden Sie auf der vorderen Umschlaginnenseite. Alle Themen, die in der Software behandelt werden, sind im Buch mit dem nebenstehenden Symbol gekennzeichnet. Neben der kostenlosen Ausbildungssoftware wird ein Online-Kurs zur Vorbereitung auf die IHK-Zwischen- und Abschlussprüfung angeboten. Hinweise dazu finden sich auf der hinteren Umschlagseite.

Für Anregungen, Kritik und Verbesserungsvorschläge sind die Autoren dankbar.

Ulrich Marks-Fährmann, E-Mail: marks-faehrmann@iesy.net

Die Autoren im Januar 2020

Inhaltsverzeichnis

1 Die Eisenbahn als Transportunternehmen

1.1 Historische Entwicklung der Eisenbahn

Die Eisenbahn ist das Ergebnis zahlreicher Ideen und Erfindungen von Menschen mehrerer Generationen. Technisch bildet sie ein Zusammenspiel von Fahrzeugen, Gleisen und Signaleinrichtungen, die von Mitarbeitern eines Eisenbahnbetriebes bedient und gesteuert werden. Mensch und Technik wirken zusammen, um Personen und Güter zu befördern.

Schon im Altertum war das Prinzip des Gleises bekannt: In Fels gemeißelte Spurrillen verminderten den Rollwiderstand und boten eine Führung für die Räder von Fahrzeugen. Bereits mittelalterliche Bergwerksbahnen waren Spurbahnen, bei denen Fahrzeug und Fahrweg aufeinander abgestimmt waren, sodass die Fahrzeuge nur auf einem speziellen und begrenzten Fahrweg verkehren konnten. In England wurden diese Grundformen weiterentwickelt und die ersten Vorgänger der heutigen Eisenbahnschiene gegossen. Diese Spurbahnen gelten als die Vorläufer des heutigen Rad-Schiene-Systems (s. Kap. 3.2).

Bild 1: Ein Urahn des Prinzips Spurkranzrad/Schiene: Förderhund und Holzgleis aus dem Goldbergbau von Siebenbürgen (16. Jahrh.)

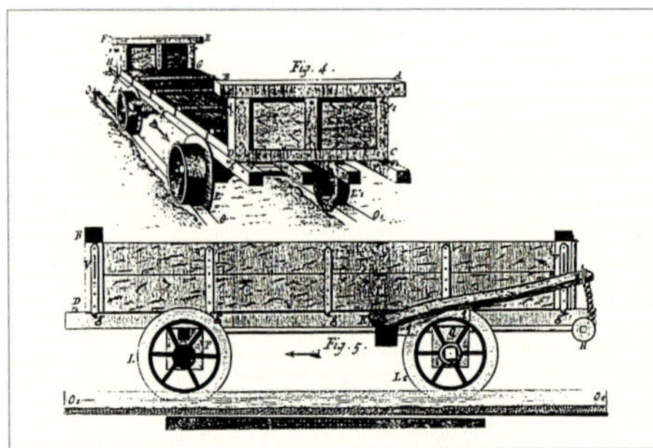

Bild 2: Spurbahn für Steintransport von Ralph Allen, um 1730

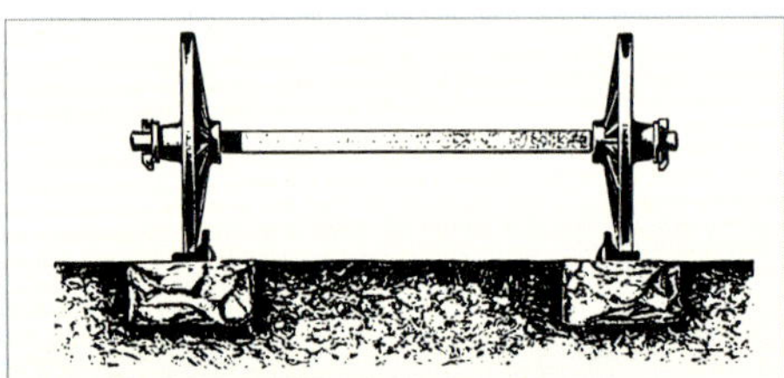

Bild 3: Gusseiserne Winkelschiene für Tramroads von John Curr, 1776

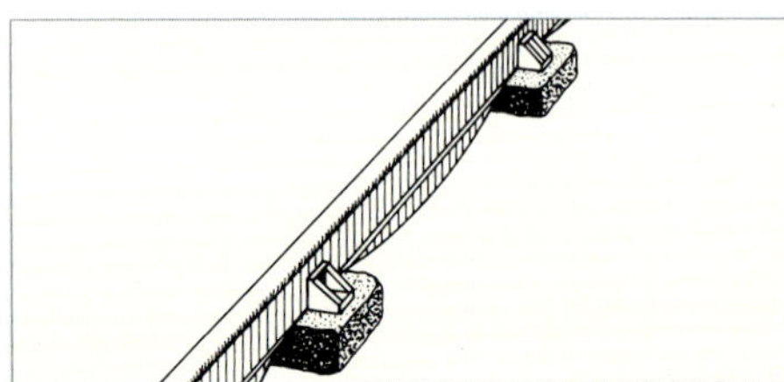

Bild 4: Schmiedeeiserne Schiene von John Birkenshaw, 1820

Im Laufe der nächsten Jahrzehnte wurden unterschiedliche Schienenformen entwickelt, wobei sich die Breitfußschiene – auch Vignol- oder Normalschiene genannt – durchsetzte. Deren Grundform hat bis heute Bestand (s. Kap. 2.2.1).

Räder und Wagen standen während der langen Entwicklungsgeschichte stets in Wechselwirkung. So wurden hölzerne Spurkranzräder durch gusseiserne Räder abgelöst, die wegen ihrer Neigung zu Brüchen beim Gießen und im Betrieb lange Zeit ein Sicherheitsrisiko darstellten. Nach mehreren Entwicklungsstufen wurde 1830 ein Patent für Räder mit schmiedeeisernem Radkranz und Speichen erteilt, die höhere Sicherheit und befriedigende Nutzungsdauer erbrachten.

Wie die ersten spurgebundenen Wege standen auch die ersten Dampfmaschinen im Dienste des Bergbaus. Sie dienten dort zum Antrieb von Pumpen, die das Wasser aus tieferen Schächten förderten. Im Jahr 1765 erfand James Watt die direkt wirkende Dampfmaschine. Über mehrere Entwicklungsstufen (Dampfwagen von Cugnot, 1769) kam es am 21. Februar 1804 zu dem historischen Ereignis: Mit Richard Trevithick am Regler fuhr der erste von einer Lokomotive gezogene Zug der Welt auf einer Bahnstrecke. Er beförderte 10t Eisen, 5 Wagen und 17 Menschen über neun Meilen (14,5km) in vier Stunden und 5 Minuten.

Bild 1: Die erste Dampflokomotive der Welt. Trevithicks Pen-y-darran-Lokomotive von 1804

Als erste öffentliche Bahn wurde am 27. September 1825 die Eisenbahn Stockton–Darlington eröffnet. Die am 15. September 1830 in Betrieb genommene Eisenbahn zwischen Liverpool und Manchester gilt als Prototyp des Transportsystems Eisenbahn.

Bild 2: Liverpool–Manchester: Gestreckte Linienführung, flache Streckenneigung, zweigleisige Strecke, schienenfreie Kreuzungen, Personen- und Güterverkehr

Für diese Bahnstrecke hatte George Stephenson 1829 mit der »Rocket« eine sehr brauchbare Dampfmaschine gebaut. Mit diesem Grundmodell belieferte er alle neu entstehenden Eisenbahnen in Europa. So verbreitete sich die Spurweite von 1435mm (s. Kap. 2.2.1). Auch auf der ersten deutschen Bahnstrecke zwischen Nürnberg und Fürth fand dieses Maß Anwendung. Sie wurde am 7. Dezember 1835 mit der Fahrt der von Stephenson gebauten Lokomotive »Adler« eröffnet. Die Eröffnung dieser Strecke brachte den Durchbruch für die frühen deutschen Eisenbahnen. Durch die Interessen der Einzelstaaten entstanden in mehreren bedeutenden Städten in kürzester Zeit Eisenbahngesellschaften.

Bild 3: Eröffnungszug der ersten deutschen Eisenbahn Nürnberg–Fürth (der »Adler«)

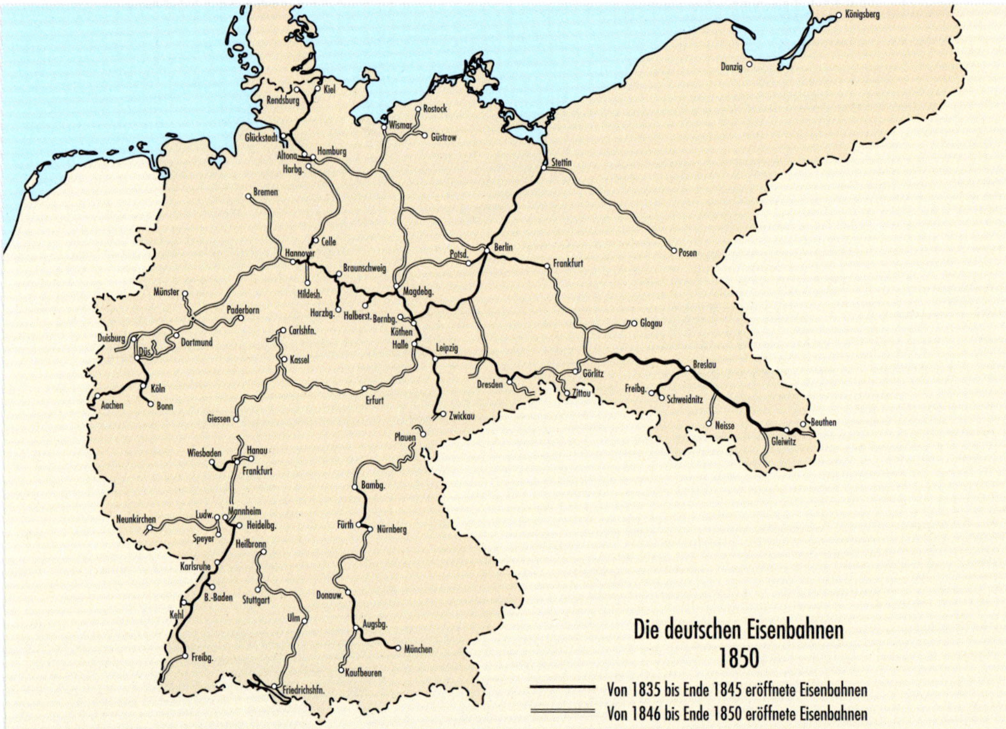

Bild 1: Karte der deutschen Eisenbahnstrecken 1850 (5 856 km)

Sie versuchten, die Verbindungen zu wichtigen Nachbarstädten einzurichten. Es gab zu der Zeit noch keine landesbezogene oder gar deutschlandweite Netzplanung.

In einem unerhörten Tempo wurde Strecke auf Strecke von privaten Gesellschaften und einigen Staaten vorangetrieben. So wurde bereits im Jahre 1846 eine Streckenbauleistung von 1153 km erreicht. Schon 1850 wurde der Staat Preußen durch eine 1240 km lange Ost-West-Strecke verklammert.

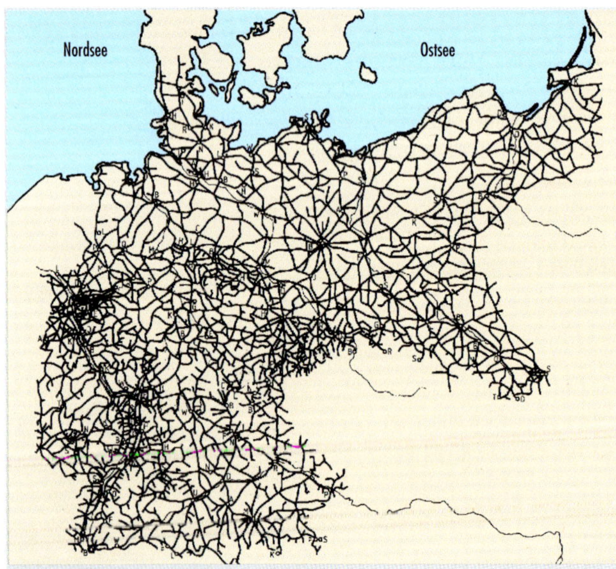

Bild 2: Das deutsche Eisenbahnnetz Ende 1913

Die Eisenbahn erlaubte durch ihren geringen Rollwiderstand im Rad-Schiene-System und die Zwangslenkung durch die Schienen wesentlich größere Zuglängen und damit wesentlich höhere Transportmassen, als sie auf anderen Verkehrswegen möglich waren, und dies bei wesentlich höheren Geschwindigkeiten und niedrigeren Transportkosten.

Die steigende Nachfrage nach Industrieprodukten (Stahl, Lokomotiven, Wagen- und Maschinenbau etc.) und die sprunghafte Ausdehnung des Handels erforderten neue Transportmöglichkeiten für große Mengen von Rohstoffen, Halb- und Fertigprodukten über große Entfernungen.

Daher wurde in Riesenschritten das Streckennetz ausgebaut, sodass 1913 täglich auf dem 58 933 km langen Netz der deutschen Länderbahnen durchschnittlich 50 300 Züge mit 5 Millionen Fahrgästen und 1,85 Millionen Tonnen Gütern verkehrten.

Die industrielle Revolution und die Revolution im Transportwesen standen durch die sprunghafte Expansion des Eisenbahnwesens in einem engen Zusammenhang. Der Staat griff regelnd ein, was letztlich zur Entstehung eines deutschlandweiten Eisenbahnnetzes, zur Anwendung einheitlicher betrieblicher Bestimmungen und am 21. April 1920 zur Bildung einer nationalen Eisenbahngesellschaft führte.

Die technische Entwicklung ging in großen Schritten voran. Einerseits wurde die Technik der Dampflokomotive ständig weiter entwickelt, andererseits wurden neue Antriebsarten erschlossen. Die erste elektrische Lokomotive der Welt wurde im Jahre 1879 auf der Berliner Gewerbeausstellung vorgestellt. Diese von Werner von Siemens gebaute Lokomotive erreichte eine Geschwindigkeit von 7 km/h. Bereits 1903 erzielten elektrische Versuchsfahrzeuge auf der Stecke Marienfeld-Zossen eine Geschwindigkeit von 210 km/h.

Die ersten Versuche, den Dieselmotor auch für Lokomotiven nutzbar zu machen, gehen auf Rudolf Diesel selbst zurück, der 1908 eine Diesellokomotive entwarf. Die erste Großdiesellokomotive ging 1912 in Betrieb, dieselhydraulische Lokomotiven wurden ab 1935 gebaut. Diesel-Schnelltriebwagen, wie der legendäre »Fliegende Hamburger«, Strecken-Dieselloks und die Entwicklung von Kleinlokomotiven für den Rangierbetrieb zeigten auf, wohin der Weg der nächsten Jahrzehnte gehen sollte: weg von der Dampflokomotive, hin zu elektrischen und dieselbetriebenen Lokomotiven.

Bild 1: Schnelltriebwagen Bauart »Hamburg«, Baujahr 1935 (Nachfolger des »Fliegenden Hamburgers«)

In der zweiten Hälfte des vorherigen Jahrhunderts wuchs der Autoverkehr immer stärker an und verdrängte zunehmend den Schienenverkehr. Ein umfangreicher Ausbau des Straßen- und insbesondere des Autobahnnetzes sowie die Fortschritte im Automobilbau begünstigten den Individualverkehr. Die Entwicklung der Eisenbahntechnik verlangsamte sich, der Eisenbahnverkehr verlor immer stärker an Attraktivität. Viele ländliche Eisenbahnstrecken wurden aufgegeben, auch wegen einem veralterten Wagenpark und Streckenausrüstung der damaligen Bundesbahn.

Bild 2: Konkurrenz verschiedener Verkehrsträger: ICE 3-Züge, Autobahn, Flugzeug

Um im Wettbewerb mit dem Auto und dem Flugzeug bestehen zu können, mussten die Eisenbahnen ab den 1970er Jahren den Komfort und die Geschwindigkeit der Züge wieder steigern. 1965 wurden die ersten Lokomotiven für eine Höchstgeschwindigkeit von 200 km/h in Dienst gestellt, doch der Bau entsprechender Schnellfahrstrecken (SFS) war sehr mühsam und teuer.

Einen großen Fortschritt brachte ab Anfang der 1990er Jahre der Einsatz des ICE, der mit Klimatisierung, druckdichten Kabinen, ruhigem Wagenlauf etc. einen bis dahin nicht erreichten Fahrkomfort bei einer Höchstgeschwindigkeit von bis zu 280 km/h bot. Auf der Strecke Köln-Frankfurt erreicht heute der ICE3 inzwischen sogar eine Reisegeschwindigkeit von 300 km/h.

Seit der Privatisierung der DB erlebt die Eisenbahn in Deutschland den größten Umbruch ihrer bisherigen Geschichte. Aus den ehemaligen Staatsbetrieben Bundesbahn und Reichsbahn soll ein modernes, marktorientiertes und börsenfähiges Dienstleistungsunternehmen werden. Zugleich wächst die Bedeutung privater Unternehmen, die als Eisenbahnverkehrsunternehmen (EVU) Zugfahrten im Güter- wie im Personenverkehr anbieten bzw. als Eisenbahninfrastrukturunternehmen (EIU) eigene Streckennetze betreiben.

Bild 1: InterCityExpress (ICE 1) BR 401

Bild 2: InterCityExpress 3 (ICE 3) BR 403

Bild 3: ICE mit Neigetechnik (ICE T) BR 411

Dies geschieht traditionell im Bereich der Werk- und Hafenbahnen, wo beispielsweise die Ruhrkohle ein eigenes Strecknetz von 465 km betreibt, aber in zunehmenden Umfang auch im Personennahverkehr. Die politische Forderungen nach einem diskriminierungsfreien Zugang zum Schienennetz und dessen bessere europäische Verzahnung führen dazu, dass im Güter- wie im Personenverkehr zunehmend auch nicht-DB-eigene Eisenbahngesellschaften eine größere Rolle spielen. Im Personennahverkehr geschieht dies insbesondere dann, wenn bestehende Streckenlizenzen neu ausgeschrieben werden oder wenn alte Strecken von ihrer Schließung bedroht sind bzw. sogar bereits aufgegebene Strecken reaktiviert werden sollen.

Die Modernisierung der Bahn erfordert umfangreiche Investitionen, so wurden in den ersten 15 Jahren nach der Privatisierung allein in das Streckennetz der DB ca. 70 Milliarden Euro investiert. Zugleich wurde die Struktur der DB grundlegend verändert. Die Tätigkeitsfelder Personenverkehr, Güterverkehr und Infrastruktur wurden unter dem Dach der DB AG zu eigenständigen Unternehmen.

Die Steuerung des Netzes erfolgt heute in zunehmenden Maß über 7 Betriebszentralen (BZ) ✚ der DB Netz.

Der Güterverkehr wird von DB Schenker Logistics organisiert, die auch international agiert und sich nicht mehr auf Verkehrsleistungen der Schiene beschränkt. Die Kundenbetreuung erfolgt durch den bundesweit tätigen Kundenservice in Duisburg, der rund um die Uhr erreichbar ist. Zugleich wurde die Anzahl der Güterverkehrsstellen, an denen der Kunde sein Gut auf einen Güterwagen verladen kann, drastisch reduziert, während die Zahl der Umschlagbahnhöfe, die dem Verladen von Containern dienen, massiv erhöht wurde (s. Kap. 8.6).

Eine Ausweitung der grenzüberschreitenden Zusammenarbeit wird derzeit vor allem durch technische Probleme, wie unterschiedliche Stromsysteme und abweichende Sicherungssysteme erschwert. Abhilfe sollen hier Lokomotiven, die grenzüberschreitend eingesetzt werden können, und GSM-R (s. Kap. 2.7.2) bringen, ein System, das eine europaweit einheitliche Zugsteuerung und Überwachung erlaubt.

Bild 1: Betriebszentralen der DB-Netz AG

Bild 2: Netzleitzentrale (NLZ) Frankfurt am Main

1. Skizzieren Sie in gröben Zügen die Entwicklung der Eisenbahn in Deutschland!
2. Weshalb fahren die Eisenbahnen in den meisten europäischen Ländern auf einer Spurweite von 1435 mm?
3. Welche wirtschaftliche Bedeutung hatte die Entwicklung der Eisenbahn?
4. Vor welchen Herausforderungen stehen Bahnbetriebe heute (s. auch Kap. 1.3)?
5. Welche Aufgaben erfüllen die sieben Betriebszentralen und die Netzleitzentrale der DB AG?

1.2 Rechtsgrundlagen und innerbetriebliche Regelungen

Der Eisenbahnbetrieb in Deutschland stützt sich auf eine große Zahl von Gesetzen, Verordnungen, internationalen Verträgen, Richtlinien und anderen innerbetrieblichen Regelwerken, die nicht nur den „Betrieb", sondern auch z.B. Eisenbahnbauten u.v.m. reglementieren.

Auch durch die Strukturreform der Bundeseisenbahnen im Jahre 1994 – die größten deutschen Eisenbahnbetriebe, die Deutsche Bundesbahn (DB) und die Deutsche Reichsbahn (DR) wurden rechtlich vereinigt und gemeinsam in die Deutsche Bahn Aktiengesellschaft (DB AG) umgewandelt –, die Entstehung „neuer Eisenbahnbahnen" und die „Europäisierung" des Eisenbahnwesens wurden viele rechtliche und innerbetriebliche Regelungen erlassen.

- Das Eisenbahnneuordnungsgesetz (ENeuOG) regelt als umfassendes Artikelgesetz den gesamten Prozess der Bahnreform von 1994. Das ENeuOG umfasst Neuregelungen und Veränderungen in rund 130 einzelnen Gesetzen und Verordnungen.
- Das Regionalisierungsgesetz (RegG) dient der Sicherstellung einer ausreichenden Verkehrsbedienung im öffentlichen Personennahverkehr (ÖPNV). Dieser muss von den Bundesländern organisiert werden.
- Das Gefahrgutbeförderungsgesetz (GGBefG) regelt den Transport von Stoffen und Gütern, von deren Beförderung besondere Gefahren für Menschen, Tiere und die übrige Umwelt ausgehen können.
- Gemäß AEG § 2 (Allgemeines Eisenbahngesetz) sind Eisenbahnen öffentliche Einrichtungen oder privatrechtlich organisierte Unternehmen, die unterschiedliche Aufgaben erfüllen:

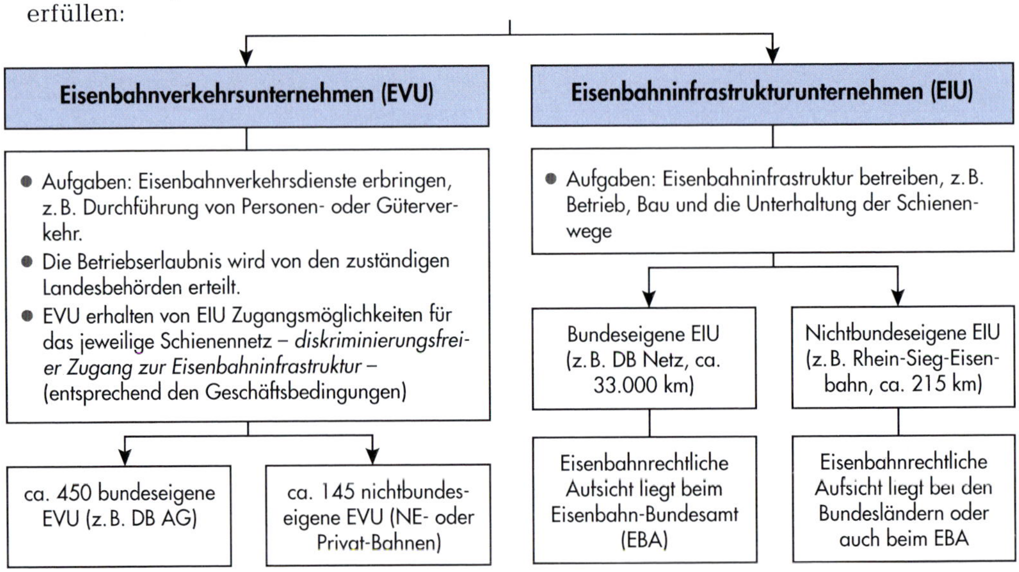

- Im Grundgesetz (GG) ist festgelegt, dass
  — der Bund die ausschließliche Gesetzgebung über den Verkehr von Eisenbahnen hat, die ganz oder mehrheitlich im Eigentum des Bundes stehen (Art. 73),
  — durch Gesetze die Bundesregierung, ein Bundesminister oder die Landesregierungen ermächtigt werden können, Rechtsverordnungen (allgemeinverbindliche Gesetze ohne ein formales Gesetzgebungsverfahren) zu erlassen (Art. 80).

Wesentliche Rechtsverordnungen der Eisenbahnen

Eisenbahn-Bau- und Betriebsordnung (EBO)	Eisenbahn-Signalordnung (ESO)	Eisenbahn-Verkehrsordnung (EVO)	Gefahrgutverordnung Straße, Eisenbahn und Binnenschifffahrt (GGVSEB)
• Rahmenvorschriften über die Gestaltung der Bahnanlagen und der Fahrzeuge • Grundsätze für den Bahnbetrieb • Anforderungen an die Mitarbeiter	• Bestimmung über die im Betrieb notwendigen Signale • Unterscheidung nach Bezeichnung, Form und Bedeutung	• Rechte und Pflichten bei der Beförderung von Personen und Reisegepäck • Grundlage für die Tarife im Personenverkehr	• Bestimmungen über den Transport gefährlicher Güter für die Eisenbahn • Verantwortlichkeiten beim Transport • Verhaltensmaßnahmen bei Störungen

Diese Rechtsverordnungen können von den Eisenbahnverkehrsunternehmen (EVU) und Eisenbahninfrastrukturunternehmen (EIU) so übernommen werden oder in einem eigenen Regelwerk umgesetzt werden.

So wird z. B. die Eisenbahn- und Betriebsordnung (EBO) von der Deutschen Bahn AG als DS 300 (Drucksache 300) herausgegeben und die Ril 301 (Signalbuch) – herausgegeben von DB Netze (als EIU) – enthält die ESO und ergänzt sie durch eigene Ausführungsbestimmungen und Zusätze (s. Seite 42).

Nun können sich Eisenbahnstrukturunternehmen (EIU) eigene Regelungen (Richtlinien – Ril, Vorschriften u. Ä.) geben. Für den Bereich der DB AG sind dies z. B.

- Ril 408 (Fahrdienstvorschrift)
- Ril 301 (Signalbuch)
- Ril 483 (Zugbeeinflussungsanlagen bedienen)

Damit nicht jedes Eisenbahnverkehrsunternehmen (EVU) eigenständig geltende Regeln in eigene Regeln überführen muss, hat der Verband Deutscher Verkehrsunternehmen (VDV) aus bewährten Regeln das „Betriebsregelwerk (BRW) für EVU" entwickelt (s. Bild 1, S. 18).

So haben zahlreiche Eisenbahnverkehrsunternehmen der Deutschen Bahn AG das „Betriebsregelwerk für EVU" komplett oder wie die DB Regio AG auch teilweise für das Zugbegleit- und Rangierpersonal eingeführt (s. Bild 2, S. 18).

Zusätzlich zu „weißen" und „blauen" Modulen muss bzw. kann das EVU noch eigene Regelungen aufstellen und an die Mitarbeiter im Bahnbetrieb verteilen (s. Bild 3, S. 18).

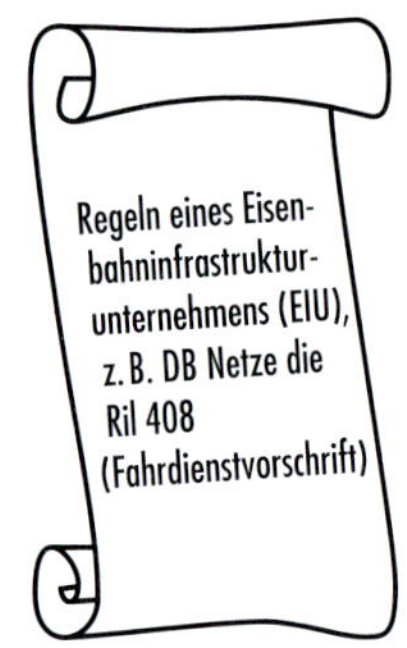

Bild 1: Regelwerk eines EIU (weiße Farbe)

Bild 2: Betriebsregelwerk (BRW) für EVU (blaue Farbe)

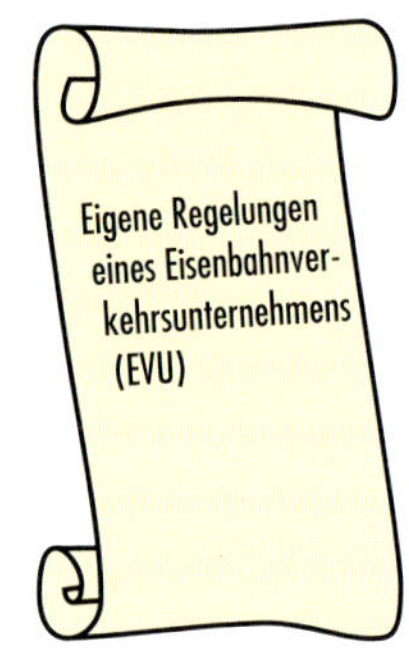

Bild 3: Eigene Regelungen eines EVU (gelbe Farbe)

Welches Regelwerk für welchen Mitarbeiter eines Eisenbahnverkehrsunternehmens (EVU) gilt, wird jeweils in einem eigenen Regelbuch zusammengestellt.

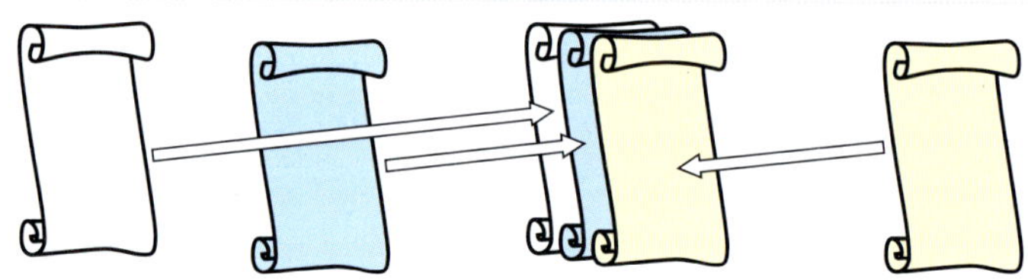

Bild 4: Wie entsteht ein Regelbuch eines Eisenbahnverkehrsunternehmens (EVU)?

Gesetze

Grundgesetz für die Bundesrepublik Deutschland

Eisenbahnneuordnungsgesetz (ENeuOG)	Regionalisierungsgesetz (RegG)	Gefahrgutbeförderungsgesetz (GGBefG)	Allgemeines Eisenbahngesetz (AEG)

Rechtsverordnungen

Verordnungen der Bundesregierung, eines Bundesministeriums oder Landesregierung

Eisenbahn-Bau- und Betriebsordnung (EBO)	Eisenbahn-Signalordnung (ESO)	Eisenbahn-Verkehrsordnung (EVO)	Gefahrgutverordnung (GGVSEB)

Innerbetriebliche Regelungen, Richtlinien

Rechtsverordnungen können in eigenes Regelwerk umgesetzt werden. z. B. enthält die Ril 301 (Signalbuch) von DB Netze (als EIU) die ESO, eigene Ausführungsbestimmungen und Zusätze	Eigenes Regelwerk eines EIU z. B. Ril 408 („Fahrdienstvorschrift“) der DB AG (wird für ein anderes EVU zu einem netzzugangsrelevanten Regelwerk)	Eigenes Regelwerk eines EVU z. B. die Modulgruppen Ril 408.48+58 (Rangieren) gelten nur für den Bereich der DB AG

Zusammenfassende Übersicht über Rechtsgrundlagen und innerbetriebliche Regelungen

1.3 Verkehrsleistungen

Verkehrsgeographie

Verkehr wird verstanden als Raumüberwindung von Personen (Personenverkehr), Gütern (Güterverkehr) und Daten (Daten-/Nachrichtenübertragung). Wege und Trassen, die durch sie beschritten werden, lassen sich als Verkehrswege bezeichnen.

Verkehrswege sind alle Wege und Routen, auf welchen Verkehr erfolgt. Dies können künstliche Anlagen (z.B. Brücken) als auch natürlich entstandene Wege (z.B. Flüsse) sein. Verkehrswege sind: Schienen, Straßen, Flüsse, Kanäle, Meere, Ozeane und Rohrleitungen.

Überwinden diese Gruppen (Personen, Güter oder Daten) einen Raum so bedienen sie sich eines Verkehrsmittels.

Unter Verkehrsmitteln versteht man technische Einrichtungen, die zur Beförderung von Gütern und Personen eingesetzt werden, z.B. Eisenbahn, Lkw, Flugzeug, Binnenschiff, Seeschiff, Rohrleitung.

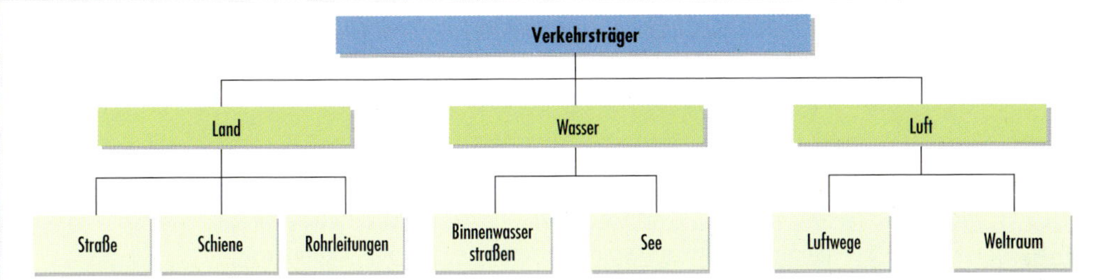

Bild 1: Verkehrsträger

Bild 2: Transport mit Flugzeug

Bild 3: Containerschiff

Verkehrsleistungen werden erbracht, wenn Personen oder Güter von einem Ort zu einem anderen Ort transportiert werden. Die Höhe der erbrachten Transportleistungen durch Verkehrsträger lässt sich beschreiben, indem man angibt, welche Art von Verkehrsobjekt (Personen oder Güter) in welcher Anzahl bzw. welcher Menge über Entfernungen transportiert wurden. Diese erbrachten Leistungen gibt man an als:

- Personenkilometer (Pkm), d.h. Anzahl der beförderten Personen × Kilometer
- Tonnenkilometer (tkm), d.h. Anzahl der beförderten Masse × Kilometer

Güterbeförderung					
Menge/Leistung	**Einheit**	**2007**	**2008**	**2009**	**2010**
Beförderungsmenge					
Eisenbahnverkehr	1 000 t	361 116	371 298	312 087	355 715
Binnenschifffahrt	1 000 t	248 974	245 674	203 868	229 607
Seeverkehr	1 000 t	310 948	316 651	259 445	272 868
Luftverkehr	1 000 t	3 469	3 621	3 398	4 164
Rohöl-Rohrleitungen	1 000 t	90 896	91 069	88 405	88 842
Straßengüterverkehr	1 000 t	3 383 500	3 438 400	3 094 200	3 120 200
Beförderungsleistung					
Eisenbahnverkehr	Mill. tkm	114 615	115 652	95 834	107 317
Binnenschifffahrt	Mill. tkm	64 716	64 057	55 497	62 278
Rohöl-Rohrleitungen	Mill. tkm	15 824	15 670	15 950	16 259
Straßengüterverkehr	Mill. tkm	454 100	460 100	414 600	434 000

Tabelle 1: Verkehrsleistungen im Güterverkehr in Deutschland (n. Angabe Stat. Bundesamt)

Verkehrsträger	Vorteile	Nachteile
Eisenbahnverkehr	• Große Lasten (z. B. Massengüter) können relativ preisgünstig transportiert werden • geringer Energiebedarf • hohe Geschwindigkeiten • geringe Unfallgefahr, sicher • umweltschonend	• Hohe Investitionskosten • personalintensiv • staatlich subventioniert • begrenzte Bedienung in der Fläche durch die Schienengebundenheit • zusätzliche Kosten und Zeitbedarf durch Umladung
Straßenverkehr	• Fast optimale Flächenbedienung • geringe Verteilungskosten für Güter, die über Kurzstrecken verteilt werden sollen • flexible Fahrpläne • Haus-zu-Haus-Lieferung • große Beweglichkeit	• Hoher Energiebedarf, Verschleiß • begrenzte Eignung bei Massengütern, Ausschluss bestimmter Güter • Unfallhäufigkeit, Stau • Abhängig von Witterung und Verkehrsströmen • gesetzliche Beschränkungen (z. B. Lenkzeit, Fahrverbote)
Schiffsverkehr	• Natürliche Wasserstraßen können im Binnenschiffverkehr genutzt werden • hervorragende Eignung für Massengüter, niedrige Transportpreise	• Hohe Umschlagskosten • keine Flächenbedienung • geringe Geschwindigkeit • Witterungsabhängig
Flugverkehr	• hohe Geschwindigkeiten • Luftweg ist gratis	• Hohe Transportkosten • starke Umweltbelastung, Nachtlärm • Begrenzte Größe/Gewicht • großer Energieverbrauch
Rohrleitungsverkehr	• Niedrige Beförderungskosten	• Hohe Investitionen • auf bestimmte Güterarten beschränkt (Flüssigkeiten und Gase)

Tabelle 2: Vergleich von verschiedenen Verkehrsträgern

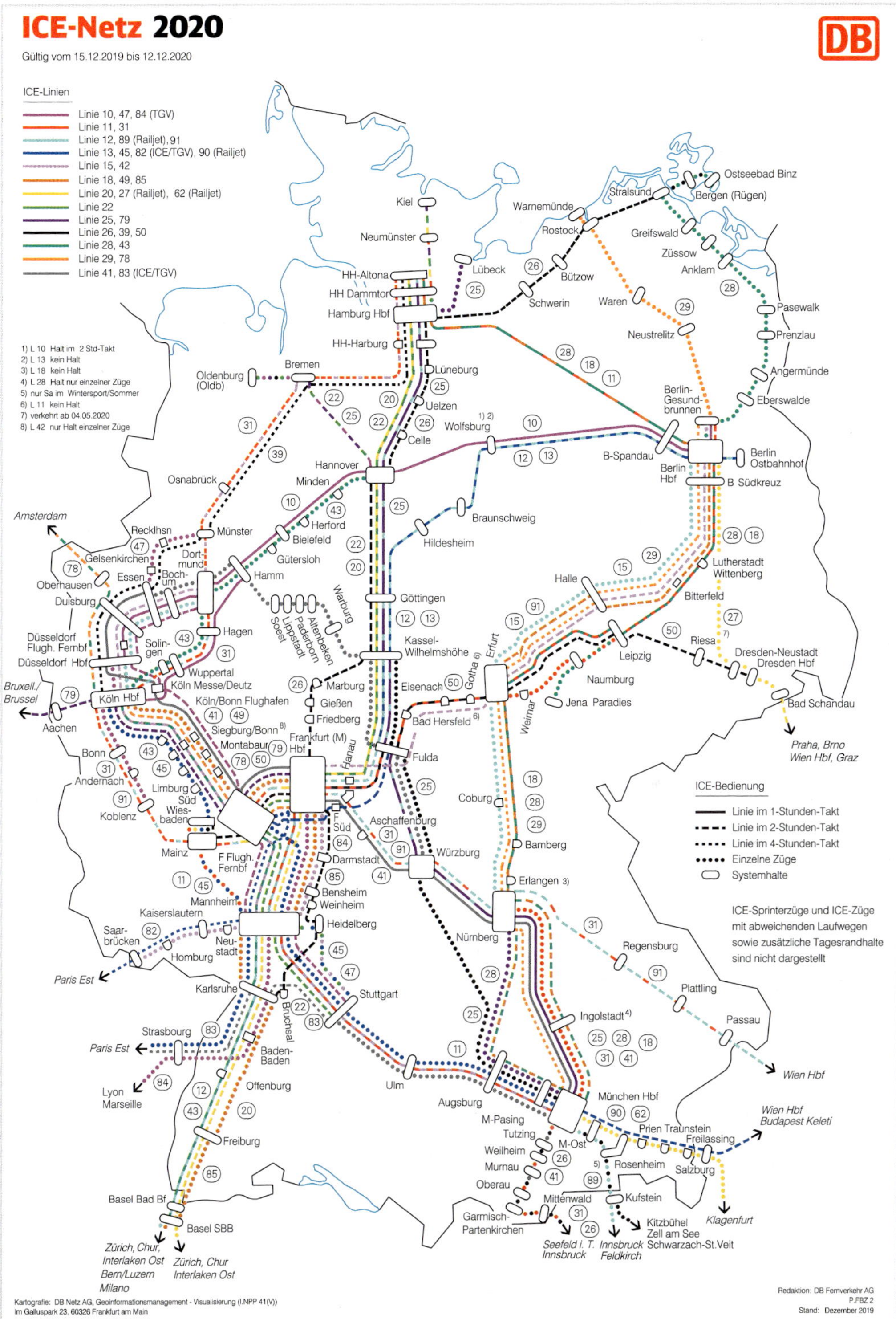

Bild 1: ICE-Grundliniennetz 2020; Mit Genehmigung der DB Netz AG, I. NPP 41 (V)

Das nationale ICE-Netz (s. Seite 21) ist eingebunden in ein Europäisches Hochgeschwindigkeitsnetz. Damit dies Wirklichkeit werden kann, hat die EU die Rahmenbedingungen dafür definiert (Richtlinie 96/48/EG).

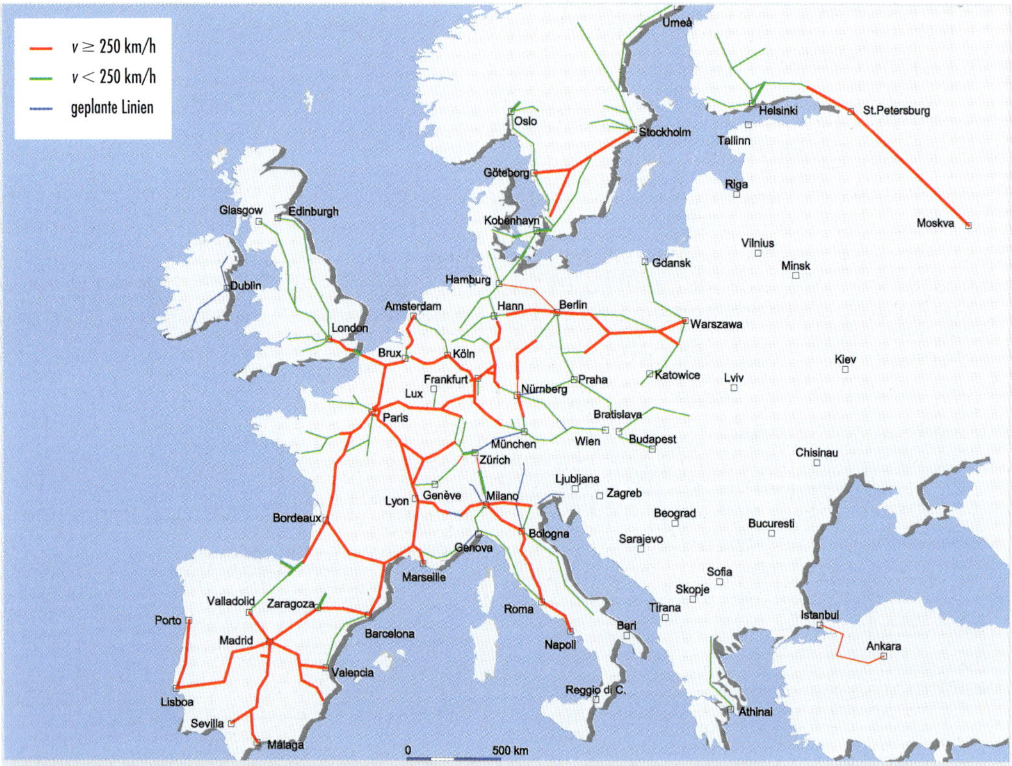

Bild 1: Geplantes Europäisches Hochgeschwindigkeitsnetz 2020 (Stand 7.11.2006 n. Angaben UIC)

Infrastruktur

Strecken für Hochgeschwindigkeitszüge umfassen

- **gebaute oder zu bauende Strecken**
  - ausgelegt für Geschwindigkeiten von im Allgemeinen von rund 250 km/h
- **ausgebaute oder auszubauende Strecken**
  - ausgelegt für Geschwindigkeiten von rund 200 km/h
  - Geschwindigkeit muss im Einzelfall festgelegt werden (u.a. aufgrund der Topographie, der Oberflächengestalt oder der städtischen Umgebung ergebenden Zwänge)

Fahrzeuge

Technische moderne Hochgeschwindigkeitszüge müssen so ausgelegt sein, dass sie bei den o.g. Geschwindigkeiten einen sicheren Fahrbetrieb ohne Unterbrechung erlauben.

Interoperabilität

Unterschiedliche Schienenverkehrssysteme müssen harmonisiert und miteinander kompatibel gemacht werden. Hierzu wurden eine einheitliche Verkehrslenkung – ETCS (s. Kap. 7.5) – und Funksysteme – GSM-R (s. Kap. 2.7.2) – entwickelt. Diese Entwicklungen sollen Lok- und Triebfahrzeugführerwechsel für die internationalen Züge an den Grenzen überflüssig machen.

1.3.1 Personenbeförderung

Bei der Personenbeförderung sind die Beförderungsbedingungen die Grundlage für einen Beförderungsvertrag. Dieser wird vor Antritt der Reise zwischen dem Kunden und dem Verkehrsträger abgeschlossen. Grundsätzlich besteht Beförderungspflicht. Da dies eine rechtliche Handlung darstellt (Werkvertrag) müssen die Beförderungsbedingungen in den Allgemeinen Geschäftsbedingungen geregelt sein. Unter anderem sind geregelt:

- Rechte und Pflichten des Fahrgastes
- Rechte und Pflichten des Verkehrsunternehmens
- Vertrieb und Gültigkeit der Fahrausweise, Fahrpreiserstattung
- Mitnahme von anderen Personen, Sachen und Tieren, Fundsachen

Die Beförderungsbedingungen werden durch separate Tarifbestimmungen ergänzt. Sie gelten zusammen mit den Beförderungsbedingungen. Die Tarifbestimmungen gelten für den **öffentlichen Personennahverkehr** und sind ein Regelwerk, in dem die Fahrpreise und die Benutzungsbedingungen der Fahrausweise festlegt sind. Sie gelten für die Beförderung von Personen sowie für die Beförderung von Sachen und Tieren auf den Linien der Verkehrsunternehmen im öffentlichen Personennahverkehr, auf den Linien des Schienenpersonennahverkehrs, in allen RegionalBahnen (RB) und RegionalExpress (RE)-Zügen.

Bild 1: Regionalbahn (RB) bei Zierenberg BR 646

Die Beförderungsleistungen im Nahverkehr werden mit folgenden Zuggattungen erbracht:

- InterRegioExpress (IRE)
- RegionalExpress (RE)
- RegionalBahn (RB)
- S-Bahn (S)

Da der Nahverkehr in der Verantwortlichkeit der Länder liegt, werden auch länderspezifische Reiseangebote gemacht. Dies reicht vom Schönes-Wochenend-Ticket, bis zum Länderticket. Ähnlich wie im Fernverkehr lassen sich heute die Angebote am besten aus dem Internet (www.bahn.de) ermitteln.

Bild 2: S-Bahn-Züge und RegionalExpress (RE) im S-Bahnhof Ostkreuz Berlin

Im **Personenfernverkehr** werden Reisende über längere Entfernungen (Strecken) mit der Eisenbahn befördert. Im Gegensatz zum Personennahverkehr beträgt die Reisezeit meistens mehr als eine Stunde, im Mittel etwa drei Stunden. Die gesetzliche Regelung zieht die Grenze zum Nahverkehr bei einer Reiseentfernung von 50 Kilometern und einer Reisedauer von einer Stunde. Allerdings werden auch kürzere Strecken mit Fernzügen und längere Strecken mit Nahverkehrszügen zurückgelegt.

Die DB Fernverkehr AG (eine Tochtergesellschaft der Deutschen Bahn AG) betreibt den Fernverkehr mit folgender Zuggattungen, die häufig nach einem Taktfahrplan verkehren:

- InterCityExpress (ICE 1 bis ICE 3 und ICE T), der Komfortzug der Deutschen Bahn AG, der teilweise als ICE International auch im Verkehr mit benachbarten Ländern eingesetzt wird (Niederlande, Belgien, Schweiz)
- InterCity (IC), der auf Nicht-ICE-Strecken eingesetzte Fernverkehrs-Wagenzug
- EuroCity (EC), der internationale IC
- D-Zug (D)

In Zusammenarbeit mit ausländischen Bahnen verkehren:

- Thalys (THA) Köln–Brüssel–Paris
- Autozug (AZ)
- TGV Paris–Straßburg–Stuttgart–München
- Interregio-Express (IRE)
- CityNightLine (CNL)

Das Monopol der Deutschen Bundesbahn zur Personenbeförderung mit der Bahn ist mit der Bahnreform im Jahre 1994 gefallen. Das Diskrimierungsverbot des EU-Rechts verbietet es der DB AG, andere Eisenbahnverkehrsunternehmen (EVU) vom Wettbewerb auszuschließen. So bieten Interconnex, Vogtlandbahn, Metronom, Cantus u.a. Angebote auf dem Streckennetz der DB AG an.

Bild 1: InterCityExpress 3 (ICE 3)

Bild 2: D-Zug nach Moskau/St. Petersburg

Bild 3: Metronom-Zug

1.3.2 Güterbeförderung

Träger des Schienengüterverkehrs ist in erster Linie die DB Schenker Rail. Grundlage der Güterbeförderung ist ein Leistungsvertrag zwischen dem Frachtführer und dem Kunden.

Im nationalen Eisenbahnverkehr besteht keine Beförderungspflicht. Im grenzüberschreitenden Eisenbahnverkehr haben die Bahnverwaltungen der Vertragsstaaten die Beförderungspflicht vereinbart. Gemäß eines internationalen Übereinkommens über den Eisenbahnfrachtverkehr (CIM, s. Kap. 1.2) ist die Railion AG zur Beförderung von Wagenladungen verpflichtet.

Da die Güterbeförderung eine rechtliche Handlung darstellt (Werkvertrag) müssen die Beförderungsbedingungen geregelt sein. Die Allgemeinen Leistungsbedingungen (ALB) enthalten u. a.:

- Leistungsvertrag, Einzelverträge, Frachtbrief, Transportauftrag
- Wagen und Ladeeinheiten (LE) von DB Schenker Rail, Ladefristen
- Ladevorschriften, Gefahrgut, Besondere Bedingungen für den KV
- Entgelte, Rechnungsstellung, Aufrechnungsverbot
- Zoll- und sonstige Verwaltungsvorschriften
- Haftung, Gerichtsstand, anwendbares Recht

Bild 1: Grenzüberschreitender Verkehr: Tonerde-Ganzzug aus Italien kommend auf der Fahrt nach Limburg

Die Schienengüterbeförderung teilt sich auf in

- Einzelwagenverkehr
- Ganzzugverkehr
- Kombinierter Verkehr

Im **Einzelwagenverkehr** werden Aufträge für den Transport von einzelnen Waggons von dem Kundenservicezentrum Duisburg angenommen und bearbeitet. Eine Bestellung muss Angaben über den Verladetag, Anzahl und Gattungen der Güterwagen, Gewicht der Wagenladung, Empfangsbahnhof und die geforderte Beförderungsart enthalten.

Bild 2: Güterwagen Gattung Kijls (für den Transport von Motoren, Fahrzeugen, Maschinenteilen)

DB Schenker Rail holt die Einzelwagen nach dem Beladen von den Anschlussgleisen oder Güterverkehrsstellen ab und bildet daraus auf Rangierbahnhöfen (s. Kap. 8.7) Wagengruppen zu Zugverbänden. Zugbildungsanlagen bestehen meist in der Nähe von sogenannten Wirtschaftszentren (WZ).

Der Kunde ist für die Entladung zuständig. Er trägt auch die Verantwortung für die weitere Verwendungsfähigkeit des entladenen Wagens und dafür, dass er vollständig entleert, evtl. vorschriftsmäßig entseucht und gereinigt am vereinbarten Ort zurückgegeben wird.

Ganzzüge sind komplette Güterzüge von bis zu 700 Meter Länge und einer Bruttolast von bis zu 5400 Tonnen. Sie fahren in der Regel von einem Kunden (Verlader) von Ort A zum Ort B des Entladers, das heißt von Gleisanschluss zu Gleisanschluss. Ganzzüge sind somit das geeignetste Transportmittel für große Mengen. Die klassischen Güter, die in solchen Zügen transportiert werden, sind z.B. Kohle, Erz, Stahl, Baustoffe, Mineralöl, Pkw und Pkw-Teile, Halb- und Fertigteile oder Getreide. Die Züge fahren vom Start- zum Zielort ohne Unterbrechung mit der Höchstgeschwindigkeit von 120 km/h. Deshalb haben die Züge eine entsprechend kurze Transportzeit.

Bild 1: Güterzug (Ganzzug) mit Pkw

Da Kunden unterschiedliche Forderungen an einen Ganzzugverkehr stellen, ist es wichtig, diese unter entsprechend speziellen Schwerpunkten zu berücksichtigen, z.B. Flexibilität ohne langen Bestellvorlauf, langfristige Planungen der Transporte, Zuverlässigkeit und Versorgungssicherheit.

Im **Kombinierten Verkehr (KV)** werden Güter mittels der unterschiedlichen Verkehrsträger wie Schiene, Straße und Seewege transportiert. Das Bestreben der am Transport beteiligten Unternehmen zielt darauf, die Transportvorgänge der einzelnen Verkehrsträger so aufeinander abzustimmen, dass an den jeweiligen Umladestellen (Schnittstellen) keine zeitlichen Verzögerungen auftreten. Dies bezeichnet man auch als geschlossene Transportkette. Dabei hat der Transport auf der Schiene die Vorteile der Zuverlässigkeit, Umweltverträglichkeit und die der Möglichkeit, große Mengen zu transportieren.

Bild 2: Güterzug – Kombinierter Ladungsverkehr bei Karlstadt

Von den Überseetransporten werden die Güter über Containerterminals auf Spezialwagen der Bahn geladen, als Bahnfracht zum Zielbahnhof befördert und dort über Bahncontainerterminals auf Lkws verladen und zum Kunden transportiert. Der Lkw kann mit seiner großen Flexibilität das System Feinvernetzung komplettieren, da er zur Versorgung in der Fläche beiträgt.

Man unterscheidet beim Kombinierten Verkehr zwei Möglichkeiten: dem begleiteten und dem unbegleiteten Kombinierten Verkehr.

- Der unbegleitete KV ist die häufigste und wirtschaftlichste Variante dieser Verkehrsart. Hier wechselt nur die Ladeinheit auf einen anderen Verkehrsträger. Meistens verladen die Kräne an den Umschlagterminals die Einheiten vom Lkw oder Seeschiff auf den Zug oder umgekehrt. Auf nur einem Zug findet die Ladung von 25 bis 35 Lkws Platz.
- Im begleiteten KV nimmt der Zug den kompletten Lkw auf. Dies wird als »Huckepackverkehr« bezeichnet. Der Lkw transportiert das Gut und der Güterzug den Lkw. Der Laster mitsamt Zugmaschine wird über die Schienen transportiert. Der Fahrer reist im Reisewaggon im Zug mit. Dies wird auch als »Rollende Landstraße« (s. Bild 2) bezeichnet.

Bild 1: Containerbahnhof im Hamburger Hafen

Bild 2: Rollende Landstraße am Lötschberg

Um diese »rollende Landstraße« zu realisieren, braucht es spezielle Techniken: Die Güterwagen, die die Lkws transportieren sind besonders niedrige Spezialanfertigungen. Eine spezielle Infrastruktur mit Abstellflächen, Stumpfgleisen und Rampen soll einen reibungslosen Ablauf gewährleisten. 22 Lkws finden auf einem Güterzug Platz.

Grundlage für die Güterbeförderung bei DB Schenker Rail ist ein schriftlicher Leistungsvertrag (Frachtvertrag) mit dem Kunden. Dieser hat eine Laufzeit von 12 Monaten und bedarf bei einer Verlängerung, Änderung oder des Abschlusses eines neuen Leistungsvertrages der Schriftform. Der Leistungsvertrag beinhaltet wesentliche Leistungsdaten, die für den Abschluss von Einzelverträgen, insbesondere Frachtverträgen, erforderlich sind: Ladegut, Wagentyp, Ladeeinheit, Entgelt, Relation.

Vom Kunden ist ein Frachtbrief auszustellen, der als Transportauftrag gilt. Für den Inlandsverkehr ist ein Frachtbrief als Begleitpapier nicht gesetzlich vorgeschrieben, bei grenzüberschreitenden Transporten schon. Beim CIM-Frachtbrief sind der Inhalt und die Form geregelt und dürfen nicht eigenmächtig verändert werden. Der Frachtbrief ist in drei Sprachen zu drucken, i. d. R. in Deutsch, Französisch und Englisch.

Der CIM-Frachtbrief ist ein Durchfrachtbrief, d.h. er begleitet das Frachtgut und gilt für alle Staaten, durch die das Frachtgut transportiert wird. Er besteht aus 5 Durchschreibeblättern

1. Frachtbrief – reist mit zum Empfänger
2. Frachtkarte – erhält Empfangsbahnhof
3. Empfangsschein – erhält Empfangsbahn
4. Frachtbriefdoppel – erhält der Absender
5. Versandschein – behält die Versandbahn

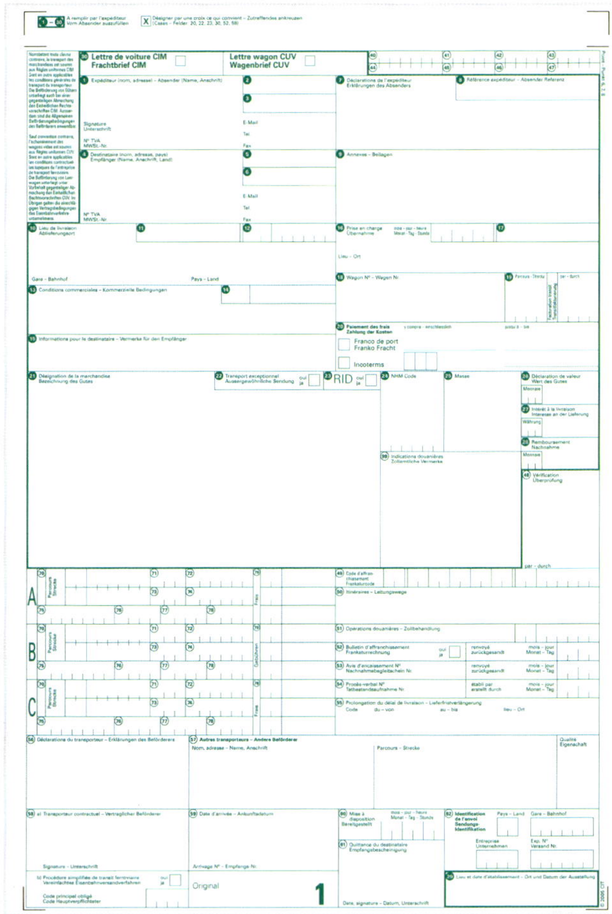

Bild 1: CIM-Frachtbrief

Folgenden Inhalt muss ein CIM-Frachtbrief enthalten (s. Bild 1)

- Namen und Anschrift des Absenders
- Namen und Anschrift des Empfängers
- Bezeichnung des Gutes
- Anzahl der Frachtstücke
- Massenangabe
- Nummer des Wagens
- NHM-Code
- Vermerke des Empfängers
- Erklärungen des Absenders
- Zahlungsart

Frankaturen sind Zahlungsvermerke, die Auskunft darüber geben, wer welche Anteile des Beförderungsentgeltes zu zahlen hat.

1. Was versteht man unter tkm und Pkm?
2. Welche Vor- und Nachteile hat der Eisenbahnverkehr im Vergleich mit anderen Verkehrsträgern?
3. Welche Zuggattungen gibt es im Personennahverkehr?
4. Welche Zuggattungen gibt es im Personenfernverkehr?
5. Warum wurde ein EU-Diskriminierungsverbot eingeführt?
6. Nenne die Beförderungsangebote im Ladungsverkehr!
7. Der KV ist ein bedeutsames Transportsystem. Worin liegt diese Bedeutung?
8. Warum enthält der CIM-Frachtbrief 5 Durchschreibeblätter?
9. Erklären Sie den Begriff Frankaturen!

2 Infrastruktur eines Bahnbetriebes

2.1 Mitarbeiter im Bahnbetrieb

Aufgaben des Tf
Mitarbeiter im Betrieb

Mitarbeiter, im Sinne des bahnbetrieblichen Regelwerks, sind Personen, die Tätigkeiten im Bahnbetrieb selbstständig nur verrichten dürfen, wenn sie für diese Tätigkeiten geprüft und mit ihrer Ausführung beauftragt sind. Tätigkeiten im Bahnbetrieb verrichten

- Fahrdienstleiter (Fdl)
- Triebfahrzeugführer (Tf)
- Weichenwärter (Ww)

Diese Aufgaben – oder Teile davon – können auch

- auf andere Mitarbeiter mit entsprechenden Qualifikationen übertragen werden oder
- vom Zugmelder, Zugvorbereiter, Rangierbegleiter, Rangierer, Zugschaffner, Triebfahrzeugbegleiter oder von der örtlichen Aufsicht ständig wahrgenommen werden.

Für manche Tätigkeiten ist ein Mindestalter vorgeschrieben. So muss z. B. ein Triebfahrzeugführer (Tf) mindestens 21 Jahre alt sein. Ferner müssen die Mitarbeiter besondere Anforderungen erfüllen, die für ihre Tätigkeiten besonders wichtig sind. Beispielsweise wird durch Eignungstests eine evtl. Farbenblindheit festgestellt, sowie das ausreichende Seh- und Hörvermögen und das Reaktionsvermögen überprüft.

Die Mitarbeiter haben in erster Linie für die Sicherheit des Bahnbetriebs zu sorgen. Des Weiteren tragen sie die Verantwortung für einen pünktlichen und reibungslosen Ablauf von Zug -und Rangierfahrten. Kommunikationsfähigkeit und das Arbeiten im Team sind Grundvoraussetzungen für diese Tätigkeiten. Sie müssen, soweit erfoderlich, eine richtig zeigende Uhr tragen. Das Zugpersonal (Zp) besteht aus dem Triebfahrzeugführer und weiterem mit sonstigen betrieblichen Aufgaben im Zug betrautem Personal des Eisenbahnverkehrsunternehmens (EVU).

Zugpersonal (Zp)

Triebfahrzeugpersonal
- Triebfahrzeugführer (Tf)
- Triebfahrzeugbegleiter (Tb)

Zugbegleiter
- Zugführer (Zf)
- Zugschaffner (Zs)

Bild 1: Der Triebfahrzeugführer (Tf) während der Fahrt

Bild 2: Zugbegleiter

Die für die Entstörungsveranlassung zuständige Stelle (EVZS) und Fachkräfte für den Bahnoberbau (Fachkraft Fahrbahn), der elektrischen Anlagen und der Maschinentechnik sind für das Funktionieren der technischen Einrichtungen der Bahnbetriebe verantwortlich.

Mitarbeiter auf den Betriebsstellen

- **Bediener von Signalanlagen**
  - Fahrdienstleiter (Fdl)
  - Weichenwärter (Ww)
  - Schrankenwärter (Schrw)
- **Zugvorbereiter**
  - Wagenmeister
- **Örtliche Aufsicht**
- **Rangierpersonal**
  - Rangierbegleiter (Rb)
  - Rangierer (Rg)
  - Triebfahrzeugführer (Tf)

Fahrdienstleiter (Fdl) regeln die Durchführung der Zugfahrten. Sie dürfen auch die Tätigkeiten von Weichenwärtern (Ww) verrichten. Weichenwärter wirken bei der Durchführung des Rangierens mit. Sie verständigen beim Rangieren Triebfahrzeugführer, Rangierbegleiter, benachbarte Weichenwärter, Schrankenwärter oder Fahrdienstleiter. Sie stimmen beim Rangieren Fahrzeugbewegungen zu. Der Wagenmeister als technische Fachkraft ist für die Wagenuntersuchung, also für die Betriebssicherheit der Fahrzeuge und deren Ladungen, zuständig.

Mitarbeiter mit Überwachungsfunktionen koordinieren und disponieren u.a. den Einsatz der Züge, überwachen den Zuglauf auf bestimmten Strecken und übernehmen Aufgaben aus dem Bereich des Notfallmanagements bei Unfällen.

Bild 1: Fahrdienstleiter (Fdl) im mechanischen Stellwerk

Bild 2: Rangierer mit örtlicher Aufsicht

1. Welche Aufgaben übernehmen Mitarbeiter im Bahnbetrieb?
2. Nennen Sie Gründe, weshalb für manche Funktionen im Bahnbetrieb ein Mindestalter vorgeschrieben ist.
3. Beschreiben Sie die unterschiedlichen Funktionen des Zugbegleitpersonals und des Triebfahrzeugpersonals!
4. Beschreiben Sie die Aufgaben eines Fahrdienstleiters (Fdl)!
5. Welche Fachkräfte sind für das Funktionieren der technischen Einrichtungen in einem Bahnbetrieb notwendig?

Bild 3: Rechnergesteuerte Zugüberwachung (RZü) – Betriebszentrale (BZ)

2.2 Bahnanlagen

Bahnanlagen sind alle Grundstücke, Bauwerke und sonstigen Einrichtungen eines Eisenbahnbetriebes, die zur Abwicklung oder Sicherung des Reise- oder Güterverkehrs auf der Schiene erforderlich sind. Fahrzeuge gehören nicht zu den Bahnanlagen.

Man unterscheidet die Bahnanlagen auch in ...

Bahnanlagen der Bahnhöfe	Bahnanlagen der freien Strecke	Sonstige Bahnanlagen
• Gleise/Weichen • Signal- und Telekommunikationsanlagen • Stellwerke • Bahnsteige • Empfangsgebäude	• Blockstellen (Bk) • Abzweigstellen (Abzw) • Anschlussstellen (Anst) • Überleitstellen (Üst) • Haltestellen (Hst)	• Werkstätten • Waschanlagen • Laderampen • Fahrzeuginstandhaltung • Zentralschaltstellen, Unterwerke (s. Kap. 2.2.4)

Betriebsstellen sind

- Bahnhöfe, Blockstellen, Abzweigstellen, Anschlussstellen, Haltepunkte, Haltestellen, Deckungsstellen oder
- Stellen in den Bahnhöfen oder auf der freien Strecke, die der unmittelbaren Regelung und Sicherung der Zugfahrten und des Rangierens dienen.

2.2.1 Oberbau

Oberbau

Kennzeichnend für die Eisenbahn ist die Führung der Fahrzeuge auf einer Fahrbahn. Die Räder der Fahrzeuge rollen auf Schienen und werden auf ihnen durch Spurkränze geführt. Sie verhindern das Verlassen der Fahrbahn. Die Schienen besitzen des Weiteren die Aufgabe, die von den Rädern ausgeübten senkrechten und waagerechten Kräfte aufzunehmen und sie auf den Untergrund zu übertragen.

Die Schienen bestehen aus einem Kopf, dem Steg und dem Fuß. Der Kopf ist durch die rollenden und gleitenden Räder am meisten dem Verschleiß ausgesetzt und erhält daher eine verhältnismäßig große Höhe bzw. Dicke. Die Oberfläche des Kopfes heißt Lauffläche.

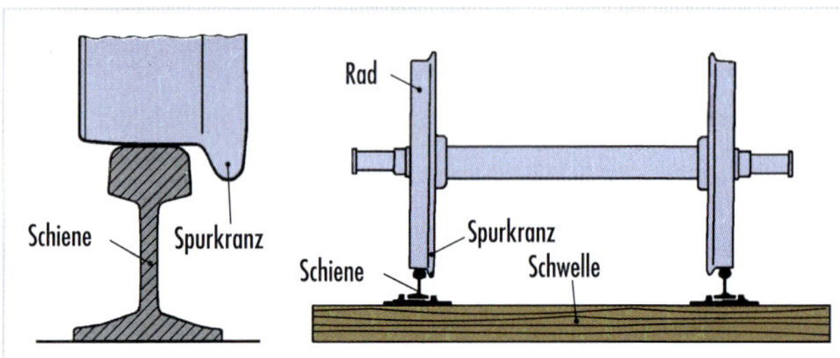

Bild 1: Führung eines Radsatzes im Gleis (s. a. Kap. 3.2)

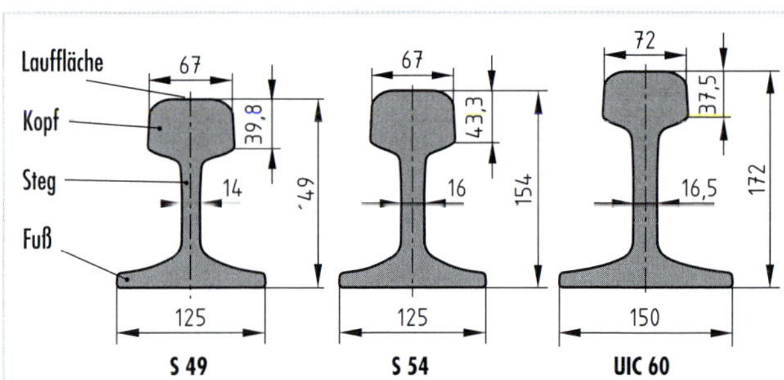

Bild 2: Schienenquerschnitte (Angaben in mm)

Schienen-bauform	Einführungsjahr	Gewicht	Anwendung auf
S 49	1926	ca. 49 kg/m	Strecken mit geringen Achslasten und kleinen Geschwindigkeiten
S 54	1965	ca. 54 kg/m	Strecken mit mittleren Achslasten und mittleren Geschwindigkeiten
UIC 60	1969	ca. 60 kg/m	Strecken mit hohen Achslasten und großen Geschwindigkeiten

Tabelle 1: Schienenbauformen

Da der Schienenfuß zu schmal ist, um die auftretenden Lasten übertragen zu können, muss er unterstützt werden. Dazu dienen Schwellen, die früher aus Holz oder Stahl, heute meistens aus Beton quer zur Schiene angeordnet werden. Damit die Schwellen die auf ihnen ruhenden und rollenden Lasten gleichmäßig auf den Untergrund übertragen, werden sie in eine Bettung aus Schotter gelegt. Auf Schnellfahrstrecken kommen heute überwiegend »feste Fahrbahnen« zum Einsatz.

Bild 1: Stahl- und Betonschwellen im Schotterbett

Unter der Bettung wird bei schlechten Untergrundverhältnissen eine Schutzschicht aus Kiessand, Kunststofffolien, Filtervlies eingebracht, die das Aufsteigen von aufgeweichtem Boden in die Bettung verhindert.

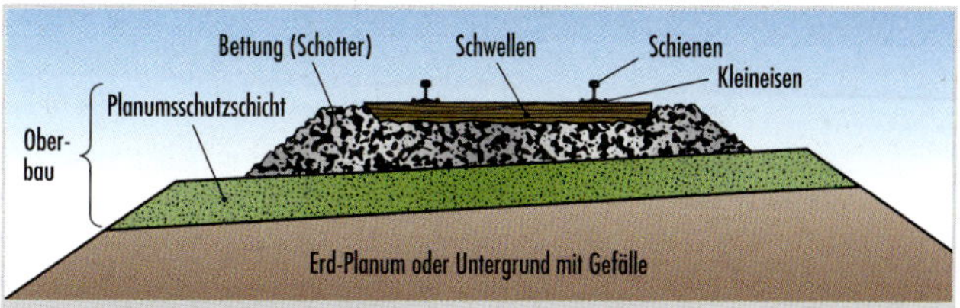

Bild 2: Bestandteile des Oberbaus

Unter dem Begriff Gleis versteht man die Schienen und Schwellen mit den zugehörigen Befestigungsmitteln. Das Gleis, die Bettung und die Schutzschicht stellen den Oberbau dar.

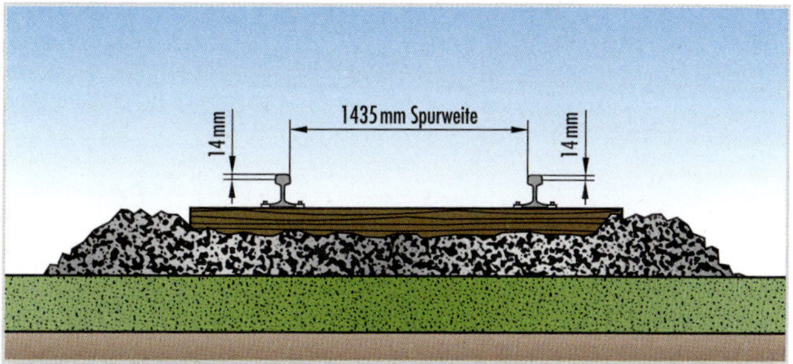

Bild 3: Spurweite von 1435 mm beruht auf dem Radabstand der damals verkehrenden englischen Postkutschen, die eine Breite von 4 englischen Fuß und 8 1/2 Zoll (= 1435 mm) aufwiesen

Unter der Spurweite versteht man den kleinsten Abstand zwischen den Innenflächen der Schienenköpfe im Bereich von 0 bis 14 mm unter der Schienenoberkante. Das Grundmaß auf Regelspurbahnen beträgt 1435 mm (s.a. S. 82). Außer den Regelspurbahnen gibt es noch Schmalspurbahnen (von u.a. 1 m, 0,90 m und 0,75 m) und Breitspurbahnen (> 1435 mm).

Der Gleisabstand ist der Abstand von Mitte zu Mitte benachbarter Gleise und beträgt mindestens

- auf der freien Strecke: bei Neubauten und umfassenden Umbauten 4,0 m
- in Bahnhöfen (bei vorhandenen Bauten) 4,0 m
- in Bahnhöfen (bei Neubauten) 4,5 m

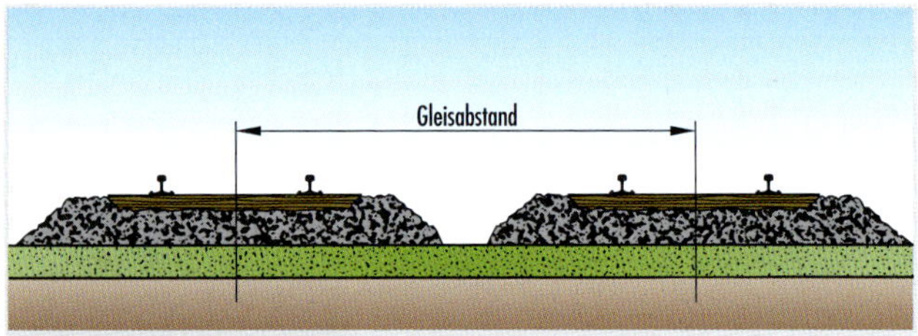

Bild 1: Gleisabstand

Der Regellichtraum ist der zu jedem Gleis gehörende, im Bild 2 dargestellte Raum. Er setzt sich zusammen aus dem von der jeweiligen Grenzlinie umschlossenen Raum und zusätzlichen Räumen für bauliche und betriebliche Zwecke. Die Grenzlinie umschließt den Raum, den ein Fahrzeug unter Berücksichtigung der horizontalen und vertikalen Bewegungen sowie der Gleislagetoleranzen und der Mindestabstände von der Oberleitung benötigt. Um einen sicheren Bahnbetrieb zu gewährleisten, darf der von der Grenzlinie umschlossene Raum nicht überschritten werden (Lademaß s. Seite 424).

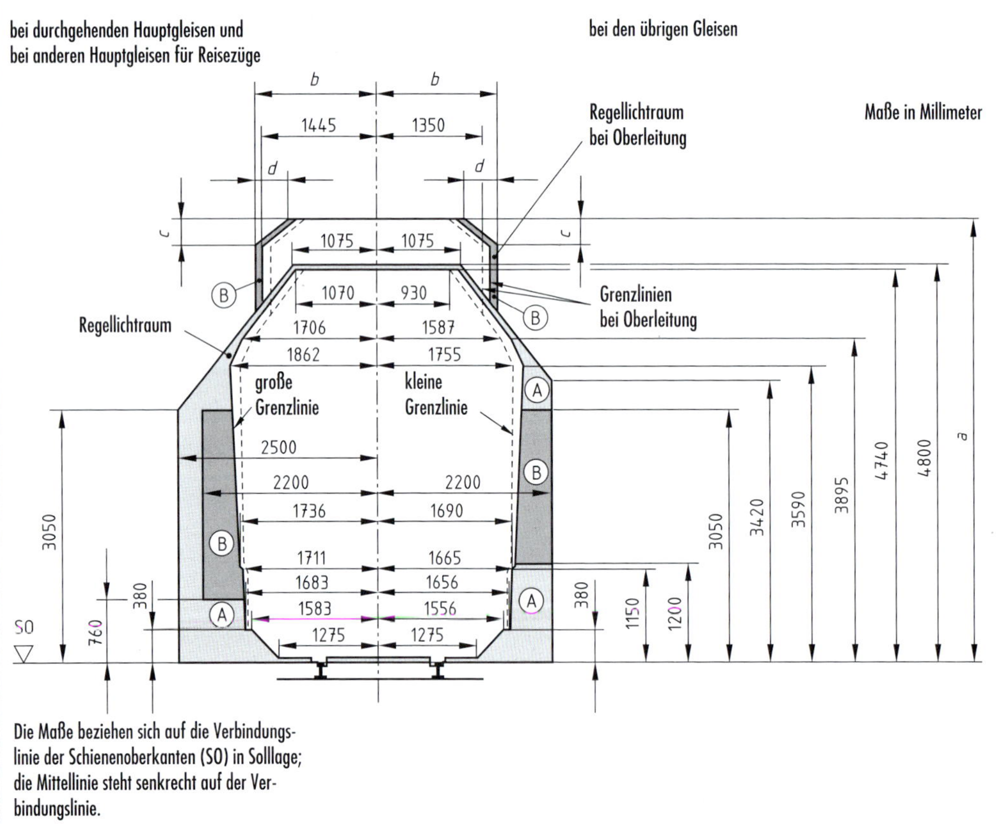

Bild 2: Regellichtraum in der Geraden und im Bogen bei Radien von 250 m und mehr [nach Eisenbahn-Bau- und -Betriebsordnung (EBO)]

2.2.2 Weichen, Kreuzungen und Kreuzungsweichen

Weichen

Weichen sind Anlagen des Oberbaus, durch die Fahrzeuge von einem Gleis in ein anderes Gleis gelangen können, ohne die Fahrt zu unterbrechen.

Wenn ein Eisenbahnfahrzeug eine Weiche von der Weichenzunge her befährt wird sie »gegen die Spitze« (A) befahren, vom Herzstück her kommend wird eine Weiche »stumpf« (B) befahren (Bild 1).

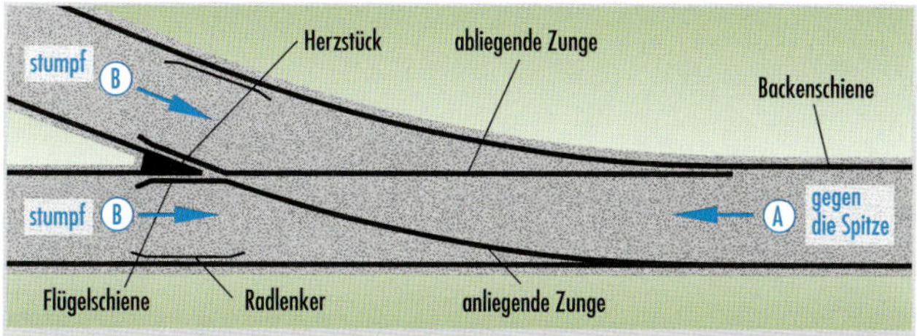

Bild 1: Bestandteile einer einfachen Weiche

Unter Kreuzung versteht man bei der Eisenbahn i.d.R. die höhengleiche Gleiskreuzung zweier Eisenbahngleise mit Hilfe besonderer Gleiskonstruktionen.

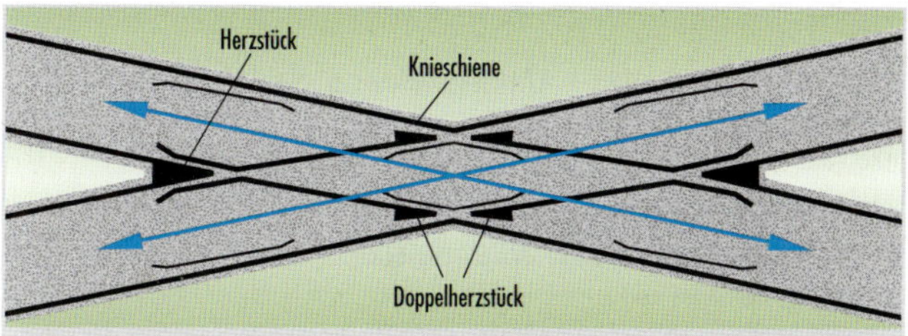

Bild 2: Kreuzung – 2 verschiedene Fahrmöglichkeiten

Diese Kreuzung entsteht, wenn sich zwei Gleise durchschneiden. Die Hauptteile sind die beiden Herzstücke, auch Doppelherzstücke genannt, und die Knieschienen. Bei einer Kreuzung bestehen nur 2 verschiedene Fahrmöglichkeiten (Bild 2).

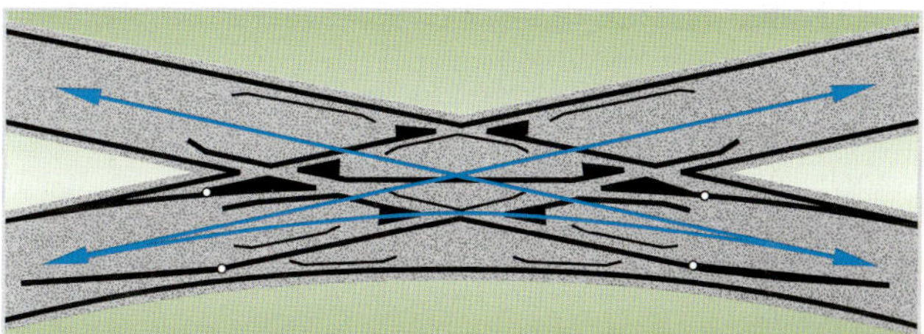

Bild 3: Einfache Kreuzungsweiche (EKW), verzerrte Darstellung – 3 verschiedene Fahrmöglichkeiten

Die Kreuzungsweichen (KW) stellen eine Verbindung von Weichen mit einer Kreuzung dar. Man unterscheidet einfache Kreuzungsweichen (EKW) mit 3 verschiedenen Fahrmöglichkeiten (Bild 3) und doppelte Kreuzungsweichen (DKW) mit 4 verschiedenen Fahrmöglichkeiten (Bild 4).

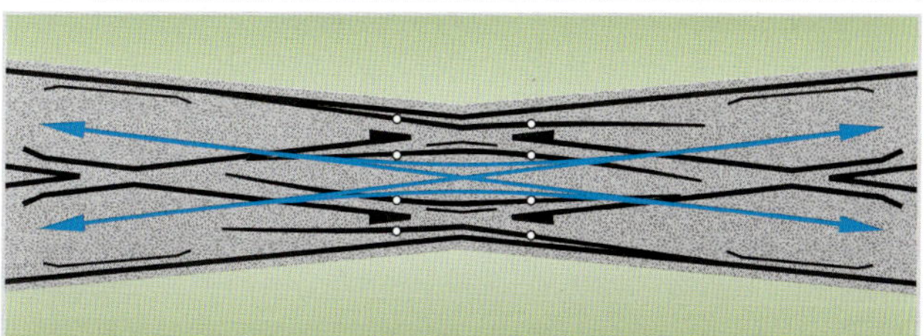

Bild 4: Doppelte Kreuzungsweiche (DKW), verzerrte Darstellung – 4 verschiedene Fahrmöglichkeiten

Eine Flachkreuzung mit beweglichen Doppelherzstückspitzen (Bild 5) wird bei einem besonders flachen Kreuzungswinkel verwendet.

Bild 5: Flachkreuzung

Bild 1: Einfache Kreuzungsweiche

Bild 2: Doppelte Kreuzungsweiche

Unterscheidung von Weichen und Kreuzungsweichen

- **Nach betrieblicher Art**
  - **ferngestellt**
    - Vom Stellwerk aus bedient (befinden sich in Hauptgleisen und Nebengleisen)
    - Darstellung in Signalplänen

  - **ortsgestellt**
    - Vor Ort durch Umlegen des Hebelgewichtes bedient (befinden sich hauptsächlich in Nebengleisen)
    - Darstellung in Signalplänen

      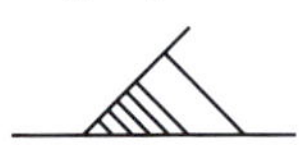
- **Nach Bedienungsart**
  - **mechanisch**
    - Durch Drahtzug
    - Bei mechanischen Stellwerken
  - **elektrisch**
    - Durch Elektromotor
    - Bei elektromechanischen, Relais- und elektronischen Stellwerken

Bild 3: Ferngestellte Weiche (Elektrische Weiche)

Bild 4: Ortsgestellte Weiche mit Weichensignal und Hebelgewicht

2.2.3 Bahnanlagen der Bahnhöfe und der freien Strecke

Als Grenze zwischen den Bahnhöfen und der freien Strecke gelten im Allgemeinen die Einfahrsignale oder Trapeztafeln, sonst die Einfahrweichen.

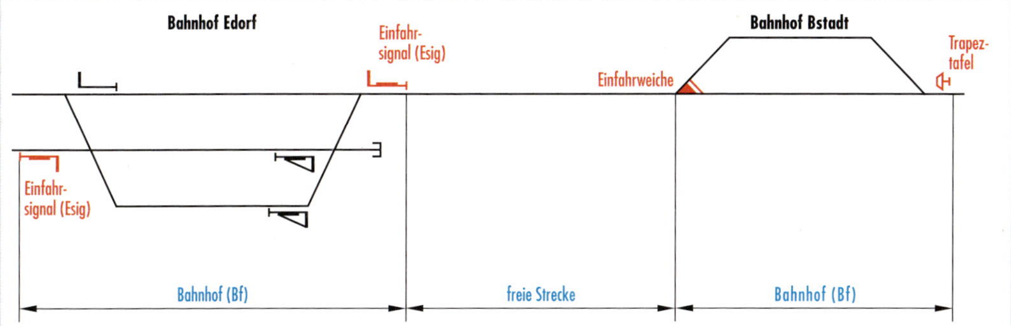

Bild 1: Grenze zwischen Bahnhöfen und freier Strecke

Bild 2: Einfahrsignal in den Bahnhof Hann.-Münden

© Marks-Fährmann

Bild 3: Trapeztafel (Ne 1)

Bahnhöfe (Bf) sind Bahnanlagen mit mindestens einer Weiche, wo Züge beginnen, enden, halten, kreuzen, überholen oder wenden dürfen.

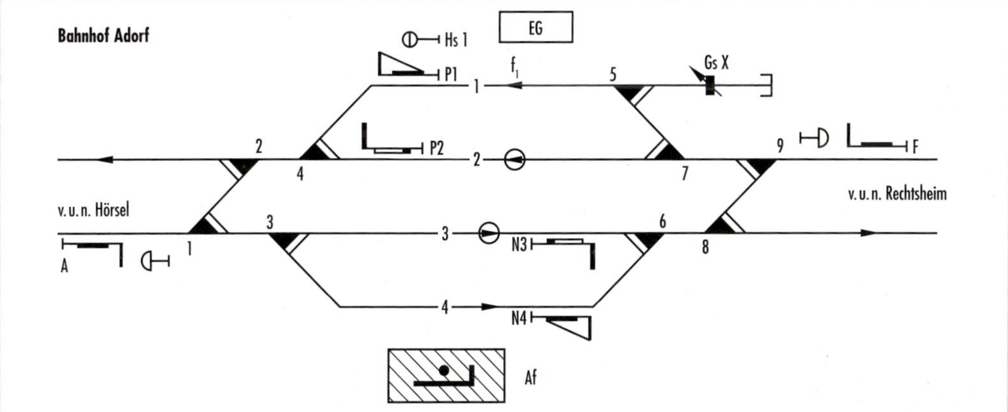

Bild 4: Bahnhof Adorf (vereinfachter Signallageplan)

Blockstrecken sind Gleisabschnitte, in die ein Zug nur einfahren darf, wenn sie frei von Fahrzeugen sind. **Blockstellen** sind Bahnanlagen, die eine Blockstrecke begrenzen. Eine Blockstelle kann zugleich als Bahnhof, Abzweigstelle, Überleitstelle, Anschlussstelle, Haltepunkt, Haltestelle oder Deckungsstelle eingerichtet sein. Blockstellen für signalgeführte Züge sind an Hauptsignalen (Hp) eingerichtet, für anzeigegeführte Züge an Hauptsignalen oder als virtuelle Blockstelle.

Virtuelle Blockstellen sind eingerichtet an Stellen, die mit einem allein stehenden Signal Ne 14 (s. Seite 352) oder einem Blockkennzeichen gekennzeichnet sind. Bei LZB sind virtuelle Blockstellen außerdem eingerichtet für Fahrten auf dem Gegengleis in Höhe des Blocksignals einer Abzweigstelle oder in Höhe des Einfahrsignals eines Bahnhofs.

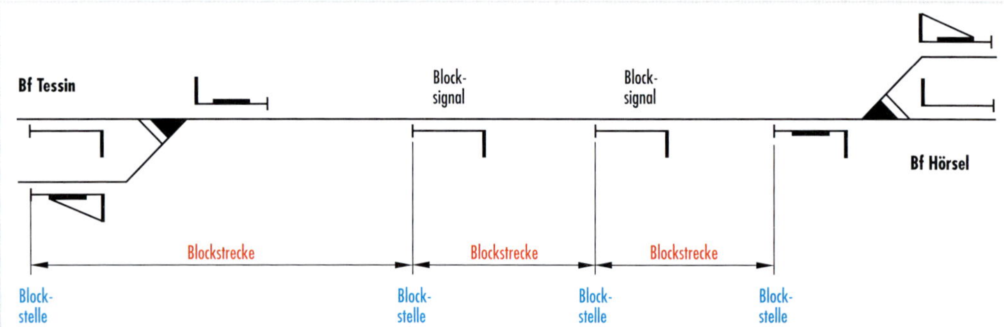

Bild 1: Blockstrecke, Blockstelle

Selbsttätige Blockstellen sind Blockstellen der freien Strecke, wo ein selbsttätiger Streckenblock (s. ab Kap. 7.3.5) eingerichtet ist, ausgenommen Abzweigstellen oder Überleitstellen.

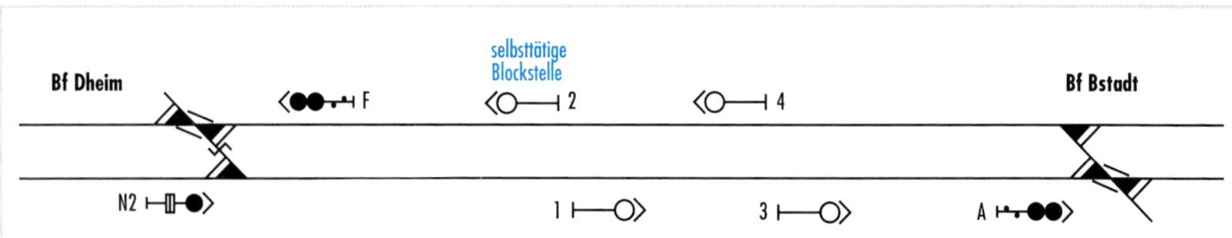

Bild 2: Selbsttätige Blockstellen

Abzweigstellen (Abzw) sind Blockstellen der freien Strecke, wo Züge von einer Strecke auf eine andere Strecke übergehen können. Eine Abzweigstelle wird durch die Blocksignale begrenzt.

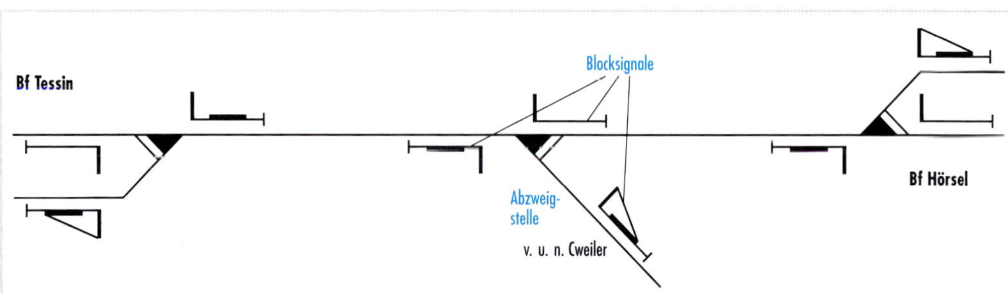

Bild 3: Abzweigstelle (Abzw)

Überleitstellen (Üst) sind Blockstellen der freien Strecke, wo Züge auf ein anderes Gleis derselben Strecke übergehen können.

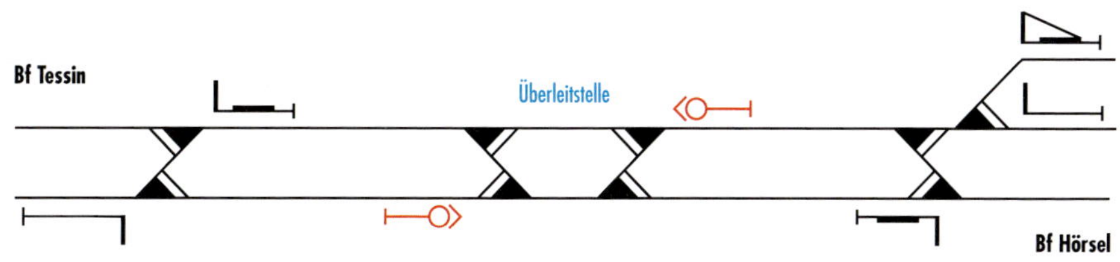

Bild 1: Überleitstelle (Üst)

Anschlussstellen sind Bahnanlagen der freien Strecke, wo Züge ein angeschlossenes Gleis als Rangierfahrt befahren können. Es sind zu unterscheiden

- Anschlussstellen, bei denen die Blockstrecke nicht für einen anderen Zug freigegeben wird

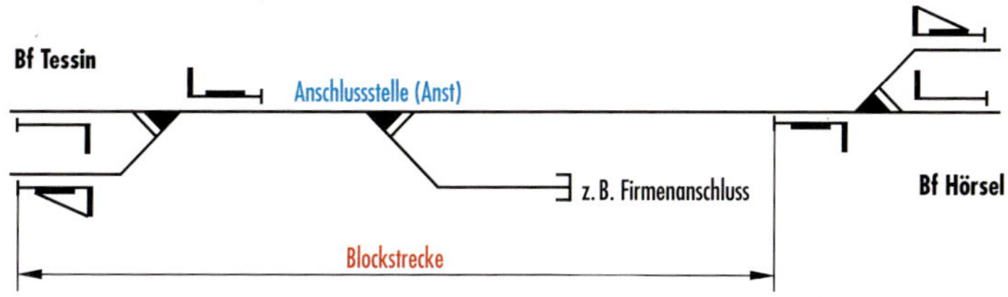

Bild 2: Anschlussstelle (Anst)

- Anschlussstellen, bei denen die Blockstrecke für einen anderen Zug freigegeben wird (Ausweichanschlussstellen). Durch zusätzliche Flankenschutzeinrichtungen (s. Kapitel 6.3.1) wird sichergestellt, dass die auf dem Streckengleis durchgeführten Zugfahrten nicht gefährdet werden

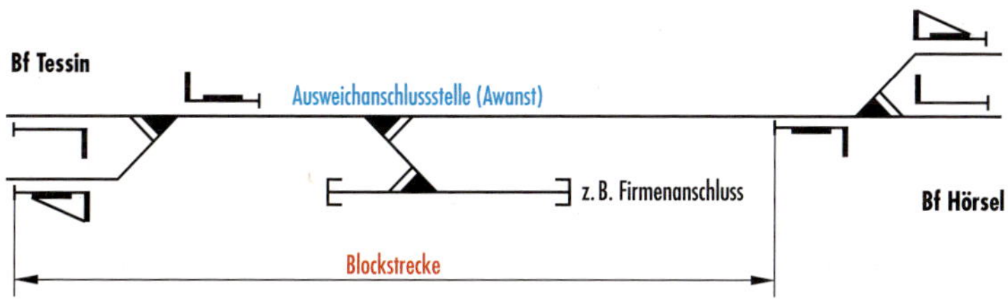

Bild 3: Ausweichanschlussstelle (Awanst)

Haltepunkte (Hp) sind Bahnanlagen ohne Weichen, wo Züge planmäßig halten, beginnen oder enden dürfen. Sie sind i. d. R. gekennzeichnet durch eine Haltepunkttafel.

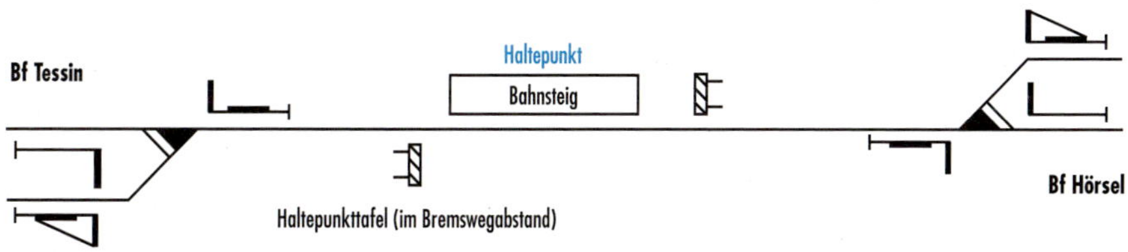

Bild 4: Haltepunkt (Hp)

Haltestellen (Hst) sind Abzweigstellen, Überleitstellen oder Anschlussstellen, die mit einem Haltepunkt örtlich verbunden sind.

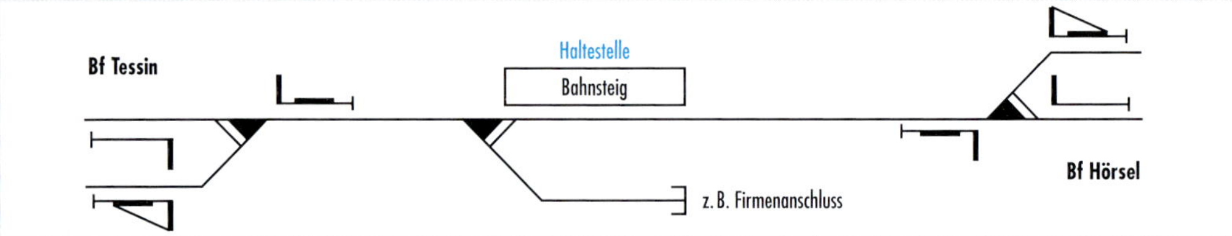

Bild 1: Haltestelle (hier: Haltepunkt in Verbindung mit einer Anschlussstelle)

Deckungsstellen (Dkst) sind Bahnanlagen der freien Strecke, die den Bahnbetrieb insbesondere an beweglichen Brücken, Kreuzungen von Bahnen, Gleisverschlingungen oder Baustellen sichern. In einer Gleisverschlingung (s. Bild 3) führt man zwei Gleise so nah zusammen, bis sie sich überlagern. Diese Bauweise wird gewählt, wenn einerseits eine Engstelle keine zweigleisige Streckenführung zulässt, man aber andererseits den Einbau von Weichen vermeiden will. Gleisverschlingungen findet man beispielsweise in einigen Tunneln, auf schmalen Brücken, auf Fähren oder an anderen engen Stellen.

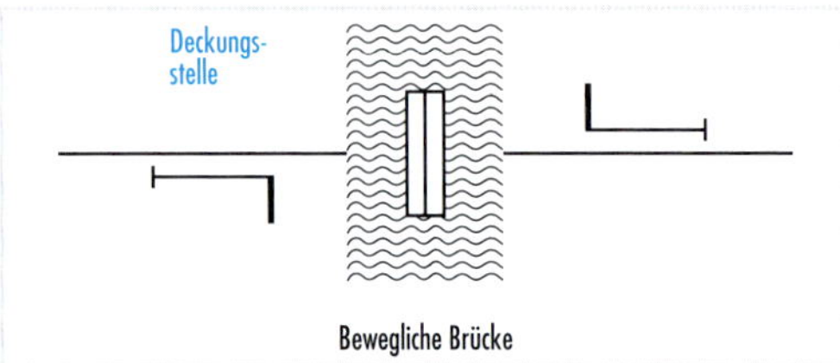

Bild 2: Deckungsstellen (Dkst)

Bild 3: Gleisverschlingung

2.2.4 Elektrisch betriebene Strecken (Oberleitung)

Oberleitung

Fast gleichzeitig mit der Entstehung der ersten Kraftwerke in den 80er Jahren des vorigen Jahrhunderts wurde versucht, die elektrische Energie auch für Schienenbahnen nutzbar zu machen. Man begann zunächst mit dem Bau elektrischer Straßen- und Werkbahnen, bis im Jahre 1903 die ersten Probefahrten mit einem elektrischen Triebwagenzug auf der Versuchsstrecke Marienfelde-Zossen bei Berlin stattfanden, bei denen bereits eine Höchstgeschwindigkeit von 210 km/h erreicht wurde. Heute werden im Bereich der DB AG von der gesamten Betriebslänge (ca. 38 000 km) etwa die Hälfte elektrisch betrieben.

Hierbei wird ein Wechselstrom mit einer Nennfrequenz von 16⅔ Hz und eine Oberleitungsnennspannung von 15 000 Volt verwendet. Von Kraft- oder Umformwerken wird die Spannung auf eine für den Betrieb brauchbare Größe von 110 000 Volt umgewandelt und in die Stromleitungen eingespeist. In Unterwerken (UW) wird die Spannung auf 15 000 Volt herunter transformiert und anschließend in die Oberleitung eingespeist. Der Fahrstrom, der den Triebfahrzeugen über die Oberleitung zugeführt wird, fließt über die Schienen und das Erdreich zum Unterwerk zurück.

Die Oberleitungen der Bahnhöfe sind je nach örtlichen Bedingungen durch besondere Trennvorrichtungen (Streckentrenner) in Schaltgruppen unterteilt. So ergeben sich kleinere Oberleitungsabschnitte, die jeweils unabhängig voneinander geschaltet werden können (Arbeiten an der Oberleitung, Unfall). Dieses geschieht in einer Zentralschaltstelle (ZES), wo ein Schaltdienstleiter bei Störungen Weisungen an die Fahrdienstleiter vor Ort gibt und Schaltgruppen ein- oder ausschaltet.

Bild 4: Streckentrenner

In Streckentrennungen werden zwei voneinander elektrisch getrennte Kettenwerke in einem so genannten Parallelfeld in einem Abstand von 450 mm geführt, wobei auf einer Länge von 50 bis 60 m das auslaufende Kettenwerk hochgezogen wird und das einlaufende Kettenwerk die Stromabgabe übernimmt. Streckentrennungen erlauben relativ hohe Fahrgeschwindigkeiten.

Eine Schutzstrecke besteht aus zwei aufeinanderfolgenden Streckentrennungen. Das dazwischen liegende »neutrale« Stück ist bei geöffneter Schutzstrecke von den anschließenden Abschnitten getrennt und damit ungespeist. Vor dem Befahren einer offenen Schutzstrecke muss der Hauptschalter der Triebfahrzeuge ausgeschaltet werden. Vor und hinter der Schutzstrecke sind El-Signale aufgestellt, die den Schaltzustand anzeigen.

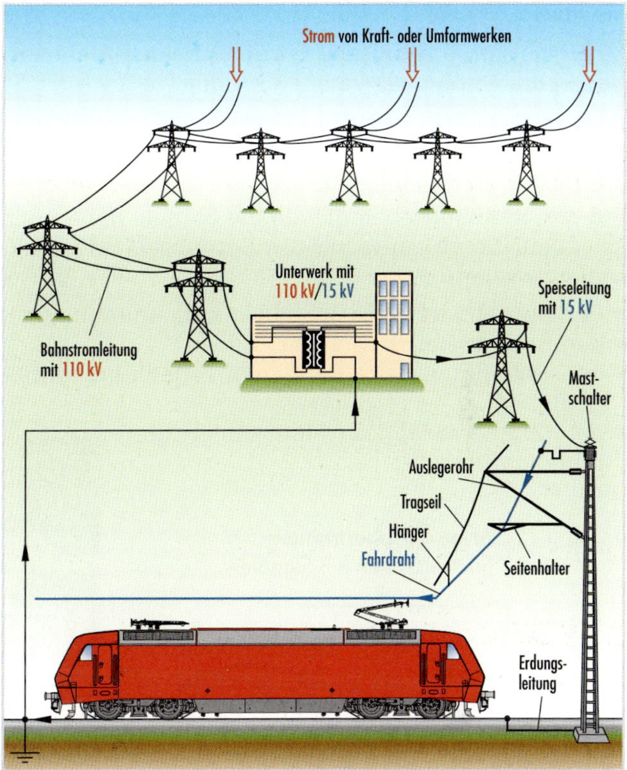

Bild 1: Stromversorgung des elektrischen Zugbetriebes

Da die Oberleitung unter Hochspannung steht, kann nicht nur die unmittelbare Berührung von spannungsführenden Teilen tödlich wirken, sondern auch schon die Berührung normalerweise nicht leitender Gegenstände (Berührungsspannung) oder die Annäherung an sie (Induktionsspannung). Deswegen ist von spannungsführenden Teilen ein Schutzabstand von 1,5 m vorgeschrieben. Dächer von Fahrzeugen dürfen nicht betreten werden, solange nicht sichergestellt ist, dass die Oberleitung spannungsfrei, d. h. ausgeschaltet und geerdet ist (s. Kap. 9.6.1 u. Kap. 11).

1. Was bezeichnet man als den Oberbau?
2. Welche Aufgaben übernehmen Schienen und Schwellen?
3. Was versteht man unter der Spurweite und wie wird sie gemessen?
4. Von wo bis wo wird der Gleisabstand gemessen?
5. Wann wird eine Weiche stumpf und wann spitz befahren?
6. Wodurch unterscheidet sich eine EKW von einer DKW?
7. Woran kann man ortsgestellte Weichen erkennen und in welchen Gleisen befinden sie sich überwiegend? Wer bedient sie?
8. Was versteht man unter einem Bahnhof und wo können dessen Grenzen liegen?
9. Was versteht man unter einer Blockstelle?
10. Wodurch unterscheidet sich eine Ausweichanschlussstelle von einer Anschlussstelle?
11. Wodurch unterscheiden sich Haltestelle und Haltepunkt?
12. Beschreiben Sie die Stromversorgung einer elektrisch betriebenen Strecke!

2.3 Signale

Signale

Ein **Signal** ist ein sichtbares oder hörbares Zeichen mit einer festgelegten Information. Die Kurzbezeichnung eines Signals (z. B. Hp 0) ist der **Signalbegriff**. Unter der **Signalbedeutung** versteht man die verbale Darstellung der Information, die ein Signal gibt (z. B. »Halt«).

Ortsfeste signaltechnische Einrichtungen, mit denen man unterschiedliche Signale geben kann, werden allgemein als Signal bezeichnet. Sie werden unterschieden in

- Hauptsignale (s. Kap. 2.3.1, auch 2.3.3)
- Vorsignale (s. Kap. 2.3.2)
- Sperrsignale (s. Kap. 2.3.4)

Bei den Bahnbetrieben dienen die Signale der Sicherung von Zug- und Rangierfahrten sowie zur Beschleunigung des Betriebsablaufes. Sie ermöglichen u. a. eine Verständigung zwischen

- den Betriebsstellen (z. B. Stellwerken) untereinander
- den Betriebsstellen und den Zügen
- den Beteiligten beim Rangieren (Triebfahrzeugführer, Weichenwärter und Rangierbegleiter)
- dem Zugpersonal (Zugführer und Triebfahrzeugführer)

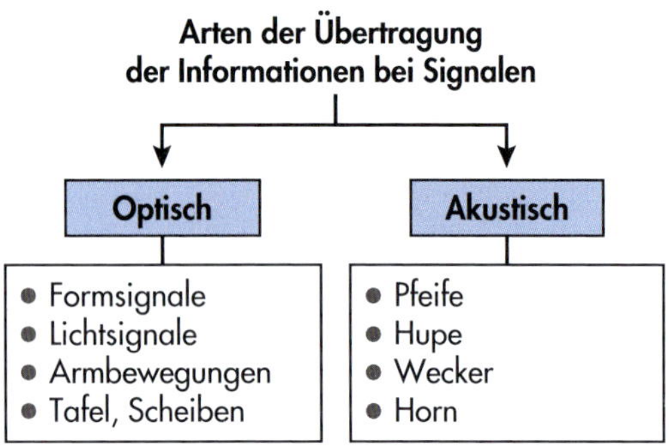

Bild 1: Horn auf einem Stellwerk

Das Signalbuch (Ril 301) enthält

- die wesentlichen Bestimmungen über die bei der DB AG verwendeten Signale der Eisenbahn-Signalordnung (ESO)
- die den Ausführungsbestimmungen (AB) entsprechenden Bestimmungen
- Bestimmungen über die Anwendung der von der ESO abweichenden Signale mit vorüber gehender Gültigkeit
- Zusätze der DB AG sowie
- Orientierungszeichen

Wo der Vermerk »(DV 301)« angebracht ist, gelten die einzelnen Bestimmungen nur in den Bundesländern Mecklenburg-Vorpommern, Brandenburg, Berlin, Sachsen-Anhalt, Sachsen und Thüringen.

Wo der Vermerk »(DS 301)« angebracht ist, gelten die einzelnen Bestimmungen nur in den Bundesländern Schleswig-Holstein, Hamburg, Niedersachsen, Bremen, Nordrhein-Westfalen, Hessen, Rheinland-Pfalz, Saarland, Baden-Württemberg und Bayern.

Für die Anwendung der Signale gilt u. a., dass

- Signale nur in den vorgeschriebenen Formen, Farben und Klangarten und für den vorgesehenen Zweck verwendet werden dürfen
- Signale, die zeitweilig betrieblich abgeschaltet sind, an Stelle der sonst vorgesehenen Signalbilder ein weißes Licht (Kennlicht) zeigen (s. Bild 1)
- ein ungültiges Signal durch ein weißes Kreuz mit schwarzem Rand gekennzeichnet oder verdeckt wird
- Mastschilder an einem erloschenen Lichtsignal dem Triebfahrzeugführer (Tf) anzeigen, dass er davor anhalten muss

Bild 1: Kennlicht an einem Zugdeckungssignal

© Marks-Föhrmann

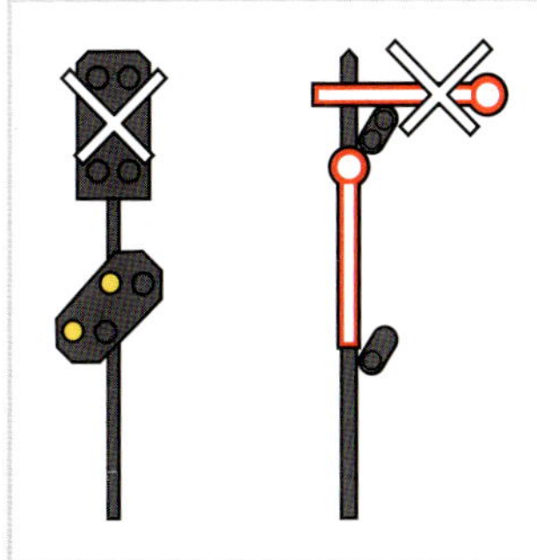

Bild 2: Ungültige Signale

Art des Mastschildes	Weiterfahrt ist zulässig für Züge mit ...	Weiterfahrt ist zulässig für Rangierfahrten mit ...
  weiß-rot-weiß; rote Spitze – weißer Grund (DV 301)	• Befehl • Ersatzsignal: Zs 1 • Vorsichtsignal: Zs 7 • Gegengleisfahrt-Ersatzsignal: Zs 8 • mündlichem bzw. fernmündlichem Auftrag bei Signal Zs 12	mündlicher Zustimmung des für das Signal zuständigen Wärters
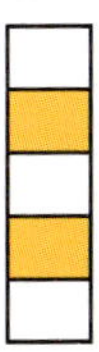 weiß-gelb-weiß-gelb-weiß	• Wenn Verständigung mit dem Fahrdienstleiter möglich ist: Verhalten wie bei weiß-rotweißem Mastschild • Wenn Verständigung nicht möglich ist: Fahren auf Sicht bis zum nächsten Hauptsignal (v_{max} = 40 km/h)	Nicht möglich, da sich diese Art der Mastschilder i. d. R. nur an Blocksignalen auf der freien Strecke befinden. Rangierfahrten finden nur im Bereich eines Bahnhofes und nicht auf der freien Strecke statt.

Tabelle 1: Mastschilder

2.3.1 Hauptsignale (Hp)

Hauptsignale zeigen an, ob der anschließende Gleisabschnitt befahren werden darf. Das Signal Hp 0 gilt für Zug- und Rangierfahrten, während die Signale Hp 1 und Hp 2 nur für Zugfahrten gelten. Sie sind entweder Licht- oder Formsignale und befinden sich in der Regel rechts neben oder über dem Gleis, zu dem sie gehören.

Die Grundstellung der Hauptsignale besetzter Betriebsstellen ist »Halt«. Der Fahrdienstleiter (Fdl) bringt die Hauptsignale rechtzeitig in Fahrtstellung.

Hp 0		Hp 1		Hp 2	
»Halt«		»Fahrt«		»Langsamfahrt«	
am Hauptsignal: Formsignal	Lichtsignal	Formsignal	Lichtsignal	Formsignal	Lichtsignal
	 oder: 	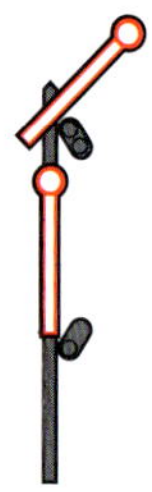		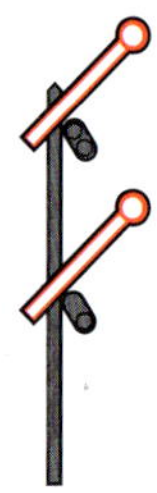	
am Sperrsignal:	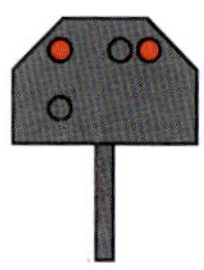	Anwendung der im Fahrplan zugelassenen Geschwindigkeit		Geschwindigkeitsbeschränkung (40 km/h) vom Hauptsignal ab für den anschließenden Weichenbereich	

Tabelle 1: Darstellung der Hauptsignalbegriffe

Hauptsignalbegriffe werden auch an Kombinationssignalen (Ks-Signale, s. Kap 2.3.3) und in Verbindung mit Sperrsignalen an Hauptsperrsignalen (s. Kap. 2.3.4) gezeigt.

Hauptsignale werden verwendet als

Einfahrsignale (Esig)	Ausfahrsignale (Asig)	Zwischensignale (Zsig)	Blocksignale (Bksig)	Deckungssignale (Dksig)
Sichern Einfahrten von der freien Strecke in die Bf	Sichern Ausfahrten aus Bf auf die freie Strecke	Sichern Gleisabschnitte innerhalb der Bahnhöfe	Begrenzen auf freier Strecke die Blockstrecken	Sichern (= decken) besondere Gefahrstellen (s. Bild 2, Seite 40)

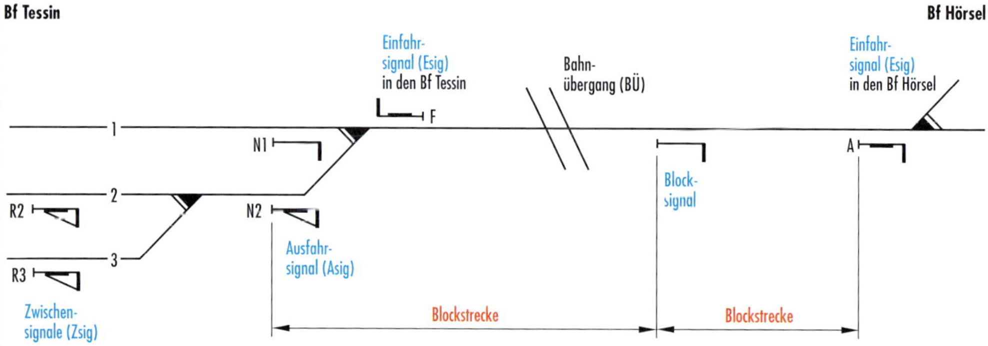

Bild 1: Anwendung von Hauptsignalen (Strecke von Tessin nach Hörsel)

Nicht jedes Hauptsignal kann alle drei Signalbilder (Hp 0, Hp 1 und Hp 2) zeigen (dreibildrig). Das Ausfahrsignal N1 im Bf Tessin (s. Bild 1, Seite 44) kann als Fahrtbegriff nur Hp 1 zeigen. Dagegen zeigt das Ausfahrsignal N2 nur Hp 2 (Langsamfahrt) an, da hier die Zugfahrt immer über einen abzweigenden Weichenbereich führt.

Die möglichen Signalbilder eines Hauptsignals werden im Signallageplan durch unterschiedliche Zeichen bzw. Symbole gekennzeichnet. Es wird zwischen Form- und Lichtsignalen unterschieden.

Bild 1: Ausfahrsignal im Bf Sarnau (kann nur Hp 0 und Hp 1 zeigen, da der zweite Flügel fehlt)

Signalbilder	Formsignal	Lichtsignal	Verwendung i. d. R. als
Zweibildrig • Hp 0 oder • Hp 1		1. stellwerksbedient 2. zugbedient 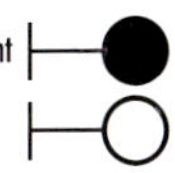	• Ausfahrsignal in durchgehenden Hauptgleisen • Blocksignal
Zweibildrig • Hp 0 oder • Hp 2			• Ausfahrsignal in sonstigen Hauptgleisen, bei denen über eine abzweigende Weiche gefahren wird
Dreibildrig • Hp 0 oder • Hp 1 oder • Hp 2			• Einfahrsignal in Bahnhöfe

Tabelle 1: Symbole der Hauptsignale in Signallageplänen

2.3.2 Vorsignale (Vr)

Vorsignale zeigen an, welches Signalbild am zugehörigen Hauptsignal zu erwarten ist. Sie sind entweder ortsfeste Form- oder Lichtsignale.

Vr 0	Vr 1	Vr 2
»Halt erwarten«	»Fahrt erwarten«	»Langsamfahrt erwarten«
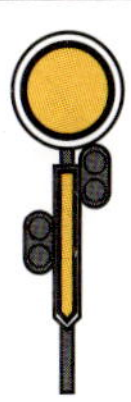		

Tabelle 2: Gegenüberstellung der Vorsignale (Formsignale)

Vr 0		Vr 1		Vr 2	
»Halt erwarten«		»Fahrt erwarten«		»Langsamfahrt erwarten«	
Ril 301	nur DV 301*	Ril 301	nur DV 301*	Ril 301	nur DV 301*
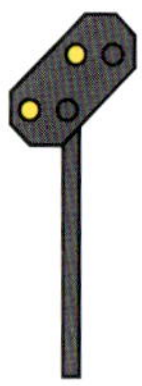			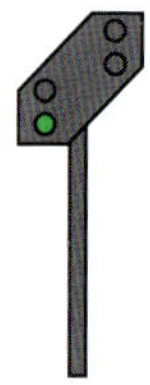		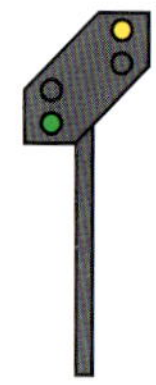
* möglich, wenn das Vr nicht an einem Hp steht					

Tabelle 1: Gegenüberstellung der Vorsignale (Lichtsignale)

Vorsignale stehen in der Regel im Abstand des Bremsweges der Strecke vor dem zugehörigen Signal. Dieser beträgt in der Regel 1000 m, kann aber aufgrund der Streckenverhältnisse geringer ausfallen. Der Standort eines Vorsignals wird gekennzeichnet durch die Vorsignaltafel (Ne 2). Dass ein Vorsignal zu erwarten ist, wird dem Zug durch Vorsignalbaken (Ne 3) angekündigt. Die in der Fahrtrichtung letzte Bake steht 100 m vor dem Vorsignal, die anderen Baken stehen in je 75 m Abstand davor. In der Regel sind 3 Baken angeordnet.

Bild 1: Vr mit Vorsignaltafel (Ne 2)

Bild 2: Vorsignalbaken (Ne 3) und Haltepunkttafel (Ne 6)

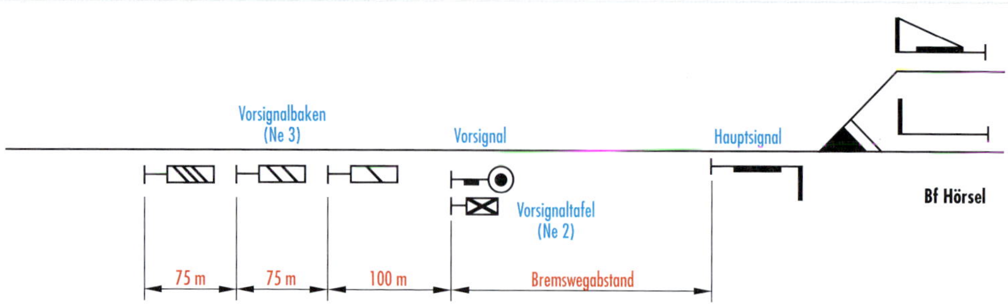

Bild 3: Darstellung der Aufstellreihenfolge der Signale bis zum Hauptsignal

Da die Vorsignale in Abhängigkeit von dem zugehörigen Hauptsignal bedient werden, können sie nur die entsprechenden Vorsignalbilder zeigen. Die möglichen Signalbilder eines Vorsignals werden im Signallageplan durch unterschiedliche Zeichen bzw. Symbole gekennzeichnet. Es wird zwischen Form- und Lichtsignalen unterschieden. Lichtvorsignale, die in einem um 5 % kürzeren Abstand als dem Bremsweg der Strecke vor dem zugehörigen Signal stehen, sind durch ein weißes Zusatzlicht gekennzeichnet. Das gleiche Bild zeigt auch der Vorsignalwiederholer.

Signalbilder	Formsignal	Lichtsignal
Zweibildrig • Vr 0 oder • Vr 1	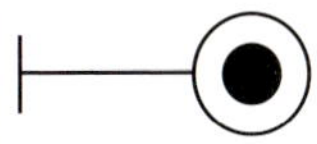	
Zweibildrig • Vr 0 oder • Vr 2		
Dreibildrig • Vr 0 oder • Vr 1 oder • Vr 2	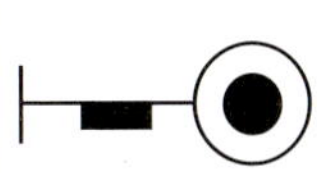	Gilt für alle Vorsignalkombinationen

Tabelle 1: Symbole der Vorsignale in Signallageplänen

Lichtvorsignale, die wiederholt werden müssen, wenn die Sicht zwischen ihnen und dem zugehörigen Hauptsignal z. B. durch eine Kurve behindert ist, erhalten eine gesonderte Kennzeichnung (Vorsignalwiederholer)			
Ril 301		nur DV 301	
Das Lichtvorsignal trägt ein weißes Zusatzlicht über dem linken Signallicht etwa in Höhe des rechten Signallichts und ist nicht mit einer Vorsignaltafel ausgerüstet.		Vorsignalwiederholer, die nicht durch das Zusatzlicht kenntlich sind, sind am Mast durch eine rechteckige weiße Tafel mit schwarzem Rand und schwarzem Ring gekennzeichnet.	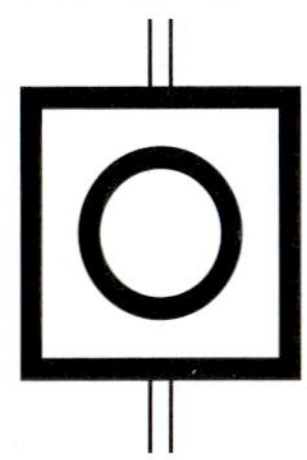

Tabelle 2: Lichtvorsignale als Wiederholer

Bild 1: Lichtvorsignalwiederholer zeigt Vr 2, Sicht auf das Hauptsignal durch eine Kurve behindert

Bild 2: Lichtvorsignalwiederholer zeigt Vr 0, Sicht auf das Hauptsignal durch das überstehende Dach des Empfangsgebäudes behindert

2.3.3 Kombinationssignale (Ks-Signale)

Ks-Signale zeigen die Fahrtaufträge mit einem Signallicht an. Sie ersetzen nach und nach die »alten« Lichthaupt- und Lichtvorsignale (Hl-Signale, nur DV301) und Haupt- und Vorsignalverbindungen (Sv-Signale). Ks-Signale werden (seit 1993) hauptsächlich im Stellbezirk von elektronischen Stellwerken eingesetzt.

Hp 0 »Halt«	Ks 1 »Fahrt«	Ks 2 »Halt erwarten«	Symbole in Signallageplänen
	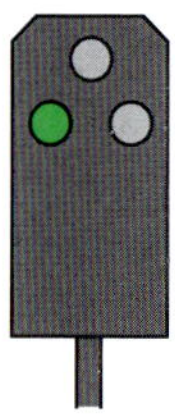 		1. 2. 3. 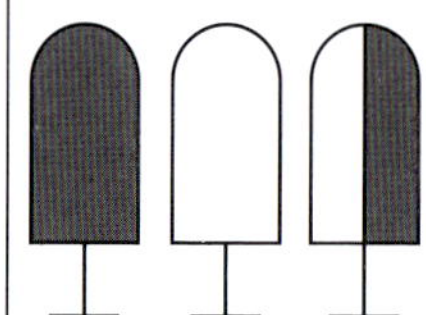
Ein rotes Licht	Ein grünes Licht bzw. Blinklicht Das Signal zeigt grünes Blinklicht, wenn an diesem Signal ein Geschwindigkeitsvoranzeiger (Zs 3v) gezeigt wird	Ein gelbes Licht	1. stellwerksbedient 2. zugbedient 3. zug- und stellwerksbedient
gilt für Zug- und Rangierfahrten	Das Signal erlaubt die Anwendung der im Fahrplan zugelassenen Geschwindigkeit	Das Signal erlaubt die Vorbeifahrt und kündigt Halt an	

Tabelle 1: Kombinationssignale (Ks-Signale) und Symbole für sicherungstechnische Anlagen

Ks-Signale können die Funktion eines

- Hauptsignals,
- eines Vorsignals oder eines
- Haupt- und Vorsignals haben

Dass es sich nicht um ein reines Hauptsignal, sondern um ein kombiniertes Haupt-Vorsignal handelt, erkennt man durch ein zusätzliches Mastschild (s. Bild 1: ein mit der Spitze nach unten weisendes gelbes Dreieck).

Der Begriff Hp 2 (Langsamfahrt) entfällt komplett, stattdessen wird grundsätzlich mit Zs 3v und Zs 3 (Geschwindigkeitsanzeiger) gearbeitet. Das Signal Zs 1 (Ersatzsignal) besteht nur noch aus einem blinkenden Licht. Das Kennlicht wird in den Lampenschirm mit integriert.

Das Bild 1 zeigt ein Ks-Signal in Funktion eines Vorsignals mit den Signalbegriffen Ks 2 und Zs 3 an. Dieses bedeutet in diesem Fall: Langsamfahrt mit 80 km/h und dass am folgenden Hauptsignal »Halt« zu erwarten ist. Außerdem zeigt das weiße Zusatzlicht über dem Signallicht, dass der Bremsweg zwischen Vorsignal und Hauptsignal um mehr als 5 % verkürzt ist (s. Kap. 2.3.2).

Bild 1: Ks-Signal in Ingolstadt Nord

2.3.4 Schutzsignale (Sh)

Die Schutzsignale (Sh) dienen dazu, ein Gleis abzuriegeln, den Auftrag zum Halten zu erteilen oder die Aufhebung eines Fahrverbots anzuzeigen. Sie gelten für Zug- und Rangierfahrten.

Signalbegriff, Signalbedeutung	Signalbild, Signalbeschreibung		Anmerkungen
Sh 0 »Halt! Fahrverbot«	Als Formsignal: 	Ein waagerechter schwarzer Streifen in runder weißer Scheibe auf schwarzem Grund	Bei Gleiswaagen und Drehscheiben zeigt das Signal an, dass sie nicht befahren werden dürfen.
Sh 1 »Fahrverbot aufgehoben« Ra 12 (DV 301) –Rangierfahrtsignal– »Rangierfahrt erlaubt«	Als Formsignal:  Ein nach rechts steigender schwarzer Streifen auf runder weißer Scheibe	Als Lichtsignal: 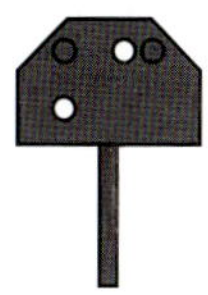 Zwei weiße Lichter nach rechts steigend	In Verbindung mit Signal Hp 0 zeigt das Signal an, dass das Haltegebot für Rangierfahrten aufgehoben ist.

Tabelle 1: Schutzsignale Sh 0, Sh 1

Auch Schutzsignale werden in Signallageplänen durch Symbole gekennzeichnet. Man unterscheidet zwischen Form- und Lichtsignalen.

Formsignal	Lichtsignal
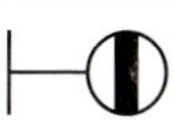	

Tabelle 2: Darstellung von Sperrsignalen in Signallageplänen

Bild 1: Lichtsperrsignal zeigt Hp 0 (früher Sh 0)

© Marks-Fährmann

Bild 2: Hauptsignal (Hp 0) mit Schutzsignal (Sh 0)

© Marks-Fährmann

Lichtsperrsignale stehen entweder als allein stehendes Signal neben dem Gleis oder sind im Lampenschirm eines Hauptsignals integriert. Diese »Hauptsperrsignale« werden nur im Bahnhof als Ausfahr- oder Zwischensignale verwendet.

»Halt«	»Fahrt«	»Langsamfahrt«	»Halt! Fahrverbot für Rangierfahrten aufgehoben«
Hp 0	**Hp 1**	**Hp 2**	**Hp 0 + Sh 1**
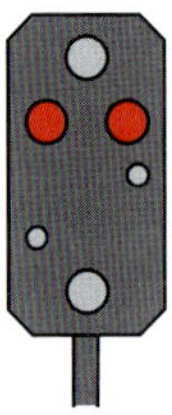	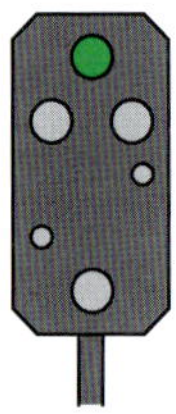	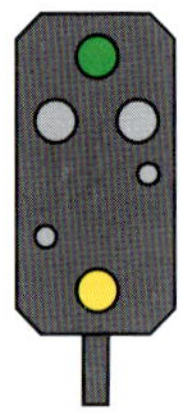	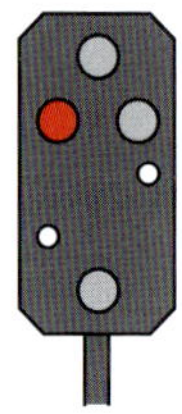

Tabelle 1: Hauptsperrsignale (finden sich nur im Bereich der ehemaligen DB)

Signalbegriff, Signalbedeutung	Signalbild, Signalbeschreibung, Signalton	Verwendung des Signals
Sh 2 »Schutzhalt«	 Eine rechteckige rote Scheibe mit weißem Rand	Das Signal wird verwendet als: ● Wärterhaltscheibe (Kennzeichnung einer Stelle, die vorübergehend nicht befahren werden darf oder an der Züge ausnahmsweise anhalten sollen) ● Abschlusssignal eines Stumpfgleises
Sh 3 »Kreissignal« Sofort halten	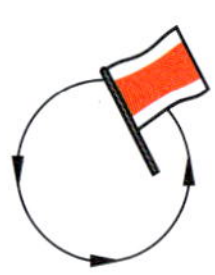 Eine rot-weiße Signalfahne (Flagge), irgend ein Gegenstand oder der Arm wird im Kreis geschwungen	● Das Kreissignal wird gegeben, wenn ein Zug oder eine Rangierfahrt sofort zum Halten gebracht werden muss. ● Wenn es zweifelhaft ist, ob der Zug oder die Rangierfahrt das Signal wahrnehmen kann, ist auch das Horn oder Pfeifsignal (Sh 5) anzuwenden
Sh 5 »Horn- und Pfeifsignal« Sofort halten	●●● ●●● ●●● Mehrmals hintereinander drei kurze Töne	Das Signal wird gegeben, ● wenn das Kreissignal (Sh 3) nicht gegeben werden kann oder nicht ausreichend erscheint ● um andere Mitarbeiter zum Anhalten eines Zuges oder einer Rangierfahrt zu veranlassen

Tabelle 2: Schutzsignale Sh 2, Sh 3 und Sh 5

2.3.5 Zusatzsignale (Zs)

Zusatzsignale gelten für Zugfahrten. Ortsfeste Zusatzsignale werden in der Regel an Haupt- oder Vorsignalen gezeigt.

Signalbegriff, Signalbedeutung	Signalbild, Signalbeschreibung	Anmerkungen
Zs 1 »Ersatzsignal« Am Signal Hp 0 oder am gestörten Lichthauptsignal ohne schriftlichen Befehl vorbeifahren	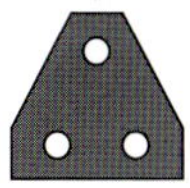 Drei weiße Lichter in Form eines A 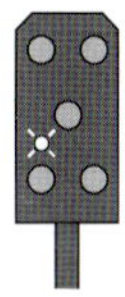 Ein weißes Blinklicht	Das Ersatzsignal gilt auch, wenn es erlischt, bevor die Spitze des Zuges am Signal vorbeigefahren ist.
Zs 2 »Richtungsanzeiger« Die Fahrstraße führt in die angezeigte Richtung.	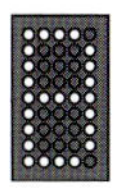 Ein weiß leuchtender Buchstabe	Dieses Signal gibt durch einen Kennbuchstaben an, für welche Fahrtrichtung oder für welches Streckengleis mehrerer nebeneinander verlaufender Strecken das Hp auf Fahrt steht.
Zs 3 »Geschwindigkeitsanzeiger« Die durch die Kennziffer angezeigte Geschwindigkeit darf vom Signal ab im anschließenden Weichenbereich nicht überschritten werden.	Als Formsignal   Eine weiße Kennziffer auf dreieckiger schwarzer Tafel mit weißem Rand Als Lichtsignal 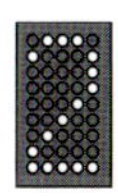 Eine weiß leuchtende Kennziffer	Die gezeigte Kennziffer bedeutet, dass der 10fache Wert in km/h als Fahrgeschwindigkeit zugelassen ist. (Die Ziffern 2, 4, 6, 8 oder 10 sind möglich.)
Zs 6 »Gegengleisanzeiger« Der Fahrweg führt in das Streckengleis entgegen der gewöhnlichen Fahrtrichtung	 Jeweils als Lichtsignal  Ein weiß leuchtender schräger Lichtstreifen, dessen Enden … abgebogen sind Nur DV 301: Die Enden können bis auf Weiteres nicht abgewinkelt sein	Das Signal zeigt an, dass auf zweigleisiger Strecke das Gleis entgegen der gewöhnlichen Fahrtrichtung befahren werden darf. Der Auftrag gilt bis zum nächsten Bahnhof.
Zs 8 »Gegengleisfahrt-Ersatzsignal« Am Halt zeigenden oder gestörten Hauptsignal vorbeifahren, der Fahrweg führt in das Streckengleis entgegen der gewöhnlichen Fahrtrichtung	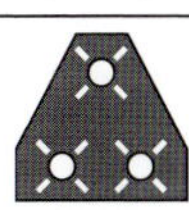 Drei blinkende weiße Lichter in Form eines A  Ein weiß blinkender Lichtstreifen von rechts nach links steigend  Die Enden … können nach oben und unten senkrecht abgebogen sein	Der Auftrag das Gleis entgegen der gewöhnlichen Fahrtrichtung zu befahren, gilt bis zum nächsten Bahnhof. Liegt davor eine Abzweig- oder Überleitstelle, gilt der Auftrag nur bis dahin.

Tabelle 1: Zusatzsignale

2.3.6 Langsamfahrsignale (Lf)

Langsamfahrsignale kündigen Langsamfahrstellen (auch »La« genannt) an. Sie beschreiben einen Gleisabschnitt einer Bahnstrecke, der nicht mit der für diesen Streckenabschnitt zulässigen Höchstgeschwindigkeit befahren werden darf.

Langsamfahrstellen

Vorübergehende Langsamfahrstellen	**Ständige Langsamfahrstellen**
Sie werden eingerichtet, wenn z. B. der Zustand der Strecke (s. Bild 1) oder eines Bauwerkes eine Herabsetzung der Geschwindigkeit notwendig macht. Dem Zugpersonal werden diese Stellen in der Regel durch Ankündigung in der »La« (s. Seite 62, oben) sowie durch Signalisierung vor Ort bekannt gemacht.	Sie werden vorwiegend an Gefahrenpunkten (z. B. Bahnübergängen mit schlechten Sichtverhältnissen, vor beweglichen Brücken oder vor engen Kurven) eingerichtet, die eine ständige Reduzierung der Geschwindigkeit erfordern. Diese Langsamfahrstellen können neben der örtlichen Signalisierung auch im Buchfahrplan (s. Seite 61) aufgeführt sein.
verwendete Signale: Lf 1 Langsamfahrscheibe Lf 1/2 Langsamfahrbeginnscheibe (DV 301) Lf 2 Anfangscheibe Lf 3 Endscheibe	verwendete Signale: Lf 4 Geschwindigkeitstafel (DS 301) Lf 5 Anfangtafel (DS 301) Lf 6 Geschwindigkeits-Ankündesignal Lf 7 Geschwindigkeitssignal

Die Langsamfahrsignale Lf 1, Lf 1/2 (DV 301), Lf 2 und Lf 3 gelten für Züge und Rangierfahrten. Sie sind nicht ortsfest und dürfen bei den Eisenbahnen des Bundes nur auf besonderen Auftrag des Eisenbahninfrastrukturunternehmers aufgestellt werden.

Bild 1: Vorübergehende Langsamfahrstelle durch die Signale Lf 2 und Lf 3, Grund: Oberbauschäden (Gleisverwerfungen)

Bild 2: Lf 1 – Langsamfahrscheibe

Signalbegriff, Signalbedeutung	Signalbild, Signalbeschreibung	Anmerkungen
Lf 1 »Langsamfahr-scheibe« Es folgt eine vorübergehende Langsamfahrstelle, auf der die angezeigte Geschwindigkeit nicht überschritten werden darf.	Tageszeichen: Eine auf der Spitze stehende dreieckige gelbe Scheibe mit weißem Rand zeigt eine schwarze Kennziffer. (Bei beschränktem Raum kann die Dreieckspitze auch nach oben zeigen.)  Nachtzeichen: Unter dem beleuchteten Tageszeichen zwei schräg nach links steigende gelbe Lichter. 	Die gezeigte Kennziffer bedeutet, dass der 10fache Wert in km/h als Fahrgeschwindigkeit zugelassen ist.
Lf 1/2 »Langsamfahrbeginnscheibe« (DV 301) Auf dem am Signal beginnenden, in der Regel durch eine Endscheibe begrenzten Gleisabschnitt, darf die angezeigte Geschwindigkeit nicht überschritten werden.	Eine rechteckige, gelbe Scheibe mit weißem Rand zeigt eine schwarze Kennziffer. 	Die durch die Kennziffer angezeigte Geschwindigkeitsbeschränkung gilt, bis das letzte Fahrzeug den Gleisabschnitt verlassen hat.
Lf 2 »Anfangscheibe« Anfang der vorübergehenden Langsamfahrstelle	Eine rechteckige, auf der Schmalseite stehende oder quadratische gelbe Scheibe mit weißem Rand und schwarzem »A« 	Das Signal steht am Anfang des langsam zu befahrenden Gleisabschnitts. Das Signal ist bei Dunkelheit beleuchtet oder es ist rückstrahlend.
Lf 3 »Endscheibe« Ende der vorübergehenden Langsamfahrstelle	Eine rechteckige, auf der Schmalseite stehende oder quadratische weiße Scheibe mit schwarzem »E« 	Das Signal steht am Ende des langsam zu befahrenden Gleisabschnitts. Auf eingleisigen Strecken kann das Signal Lf 3 unmittelbar links neben dem Gleis aufgestellt sein. Bei der DB AG steht das Signal an eingleisigen Strecken unmittelbar rechts.

Tabelle 1: Langsamfahrsignale (Lf) für vorübergehende Langsamfahrstellen

Signalbegriff, Signalbedeutung	Signalbild, Signalbeschreibung		Anmerkungen
Lf 4 »Geschwindigkeitstafel« (DS 301) Es folgt eine ständige Langsamfahrstelle, auf der die angezeigte Geschwindigkeit nicht überschritten werden darf.	Eine auf der Spitze stehende dreieckige weiße Tafel mit schwarzem Rand zeigt eine schwarze Kennziffer. Bei beschränktem Raum kann die Dreieckspitze nach oben zeigen.		Die gezeigte Kennziffer bedeutet, dass der 10fache Wert in km/h als Fahrgeschwindigkeit zugelassen ist.
Lf 5 »Anfangtafel« (DS 301) Die auf der Geschwindigkeitstafel (Lf 4) angezeigte Geschwindigkeitsbeschränkung muss durchgeführt sein.	Eine rechteckige, auf der Schmalseite stehende weiße Tafel mit schwarzem »A«	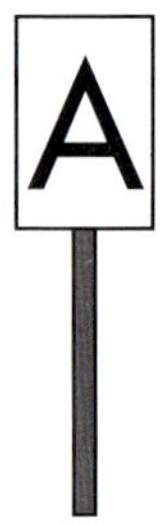	Das Signal ist nur auf Nebenbahnen dort aufgestellt, wo es erforderlich ist, vor Bahnübergängen die Stelle besonders zu kennzeichnen, von der ab die mit Signal Lf 4 angezeigte Geschwindigkeit gilt.
Lf 6 »Geschwindigkeits-Ankündesignal« Ein Geschwindigkeitssignal (Lf 7) ist zu erwarten.	Eine auf der Spitze stehende, schwarz und weiß umrandete dreieckige gelbe Tafel zeigt eine schwarze Kennziffer. (Bei beschränktem Raum kann die Dreieckspitze nach oben zeigen.) Das Signal Lf 6 ist bei Dunkelheit beleuchtet oder es ist rückstrahlend.		Die gezeigte Kennziffer bedeutet, dass der 10fache Wert in km/h als Fahrgeschwindigkeit vom Signal Lf 7 ab zugelassen ist. Das Signal Lf 6 ist aufgestellt, wenn ab dem Signal Lf 7 eine verminderte Geschwindigkeit zugelassen ist. Es steht in der Regel im Abstand des Bremsweges der Strecke vor dem Signal Lf 7.
Lf 7 »Geschwindigkeitssignal« Die angezeigte Geschwindigkeit darf vom Signal ab nicht überschritten werden.	Eine rechteckige, auf der Schmalseite stehende oder quadratische weiße Tafel mit schwarzem Rand zeigt eine schwarze Kennziffer.		Die gezeigte Kennziffer bedeutet, dass der 10fache Wert in km/h als Fahrgeschwindigkeit zugelassen ist. Das Signal kennzeichnet einen Geschwindigkeitswechsel. Das Signal ist bei Dunkelheit beleuchtet oder es ist rückstrahlend.

Tabelle 1: Langsamfahrsignale (Lf) für ständige Langsamfahrstellen

2.3.7 Anschließender Weichenbereich

Der anschließende Weichenbereich kennzeichnet Abschnitte in Bahnhöfen (Bf), Abzweigstellen (Abzw), Überleitstellen (Üst) und Anschlussstellen (s. Seite 39 ff.), in denen trotz Fahrtbegriff am Hauptsignal bestimmte festgelegte Geschwindigkeiten nicht überschritten werden dürfen.

So gibt es z.B. beim Signal Hp 2 (Langsamfahrt) eine Geschwindigkeitsbeschränkung von 40 km/h, die vom Hauptsignal ab für den anschließenden Weichenbereich gilt (s. Seite 50), (auch Zs 3, Seite 51).

Der Anfang des anschließenden Weichenbereichs liegt an dem Signal, ab dem die Fahrt zugelassen wird.

Das Ende liegt

- bei einer Fahrt auf Einfahrsignal oder Zwischensignal am folgenden Hauptsignal oder an einem etwa davor liegenden – bei mehreren, am letzten – gewöhnlichen Halteplatz des Zuges,
- bei einer Fahrt auf Ausfahrsignal hinter der letzten Weiche im Fahrweg; wenn keine Weiche vorhanden ist, am Ausfahrsignal,
- auf Abzweigstellen, Überleitstellen und auf Anschlussstellen mit Hauptsignal hinter der letzten Weiche im Fahrweg.

Auch kann das Ende des anschließenden Weichenbereichs bei Ausfahrt aus einem Bahnhof oder Fahrt auf einer Abzweigstelle in Fahrplänen (Führerraumanzeige, Buchfahrplan, Geschwindigkeitsheft) durch das Yen-Zeichen »¥« angezeigt werden. Zur Darstellung von Fahrwegen, die auf das Gegengleis führen, ist das Zeichen dann in Winkel eingerahmt: <¥> (s. Bild 4).

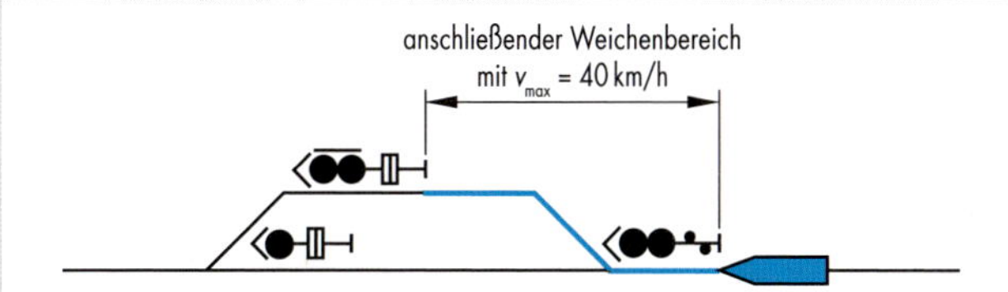

Bild 1: Fahrt auf Einfahrsignal (Einfahrzugstraße)

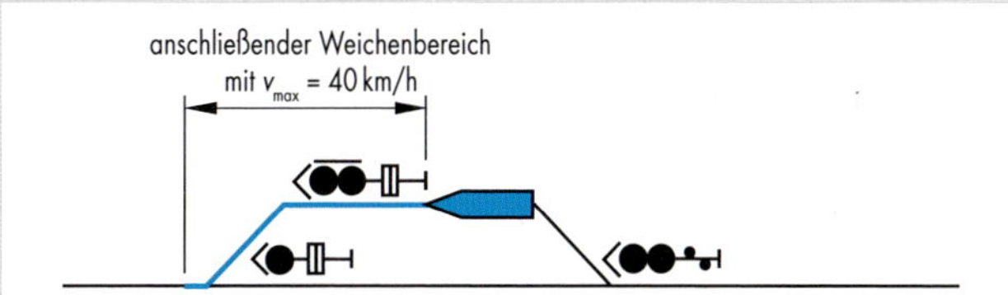

Bild 2: Fahrt auf Ausfahrsignal (Ausfahrzugstraße)

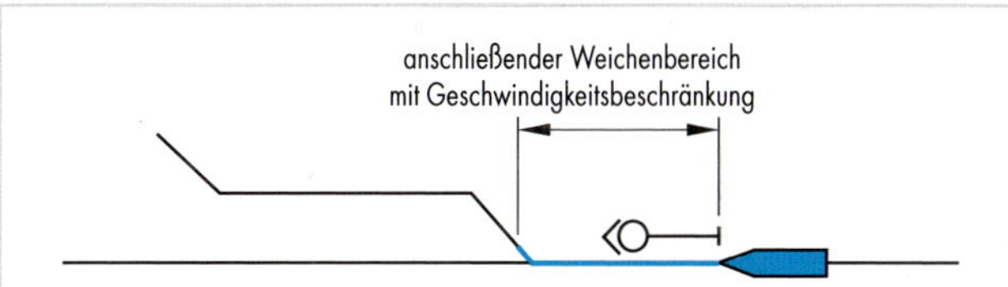

Bild 3: Abzweigstelle mit Blocksignal

Strecke Heidenau - Norburg

100 km/h Mbr 72 P

1	2	3a	3b
	100	- ZF A 63 -	105,5
		Heidenau	
		Asig	104,9
		¥	104,6
		<¥>	104,6
102,2		Sbk 4	102,2

Bild 4: Geschwindigkeitsheft (GeH)

2.3.8 Sonstige wichtige Signale

Signalbegriff, Signalbedeutung	Signalbild
Ra 10 »Rangierhalttafel« Über die Tafel hinaus darf nicht rangiert werden. Symbol für Signallageplan: 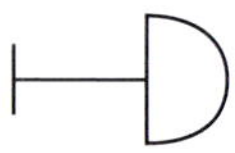	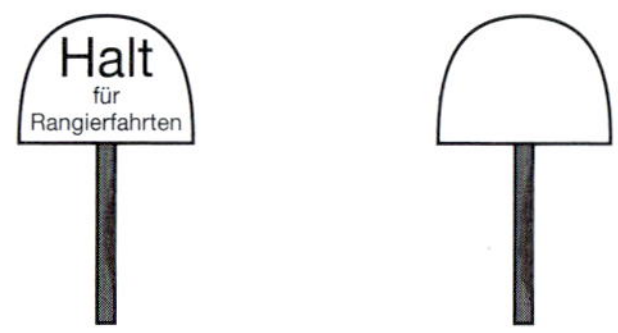
Ra 12 (DS 301), So 12 (DV 301) »Grenzzeichen« Grenze, bis zu der bei zusammenlaufenden Gleisen das Gleis besetzt werden darf  Symbol für Signallageplan	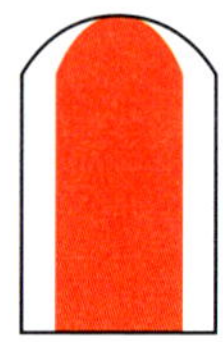
Zg 1 »Spitzensignal« Kennzeichnung der Zugspitze Die Nachtzeichen sind auch bei Tage zu führen. Bei nachgeschobenen Zügen trägt auch das Schiebetriebfahrzeug das Spitzensignal, sofern es nicht mit dem Zug gekoppelt ist.	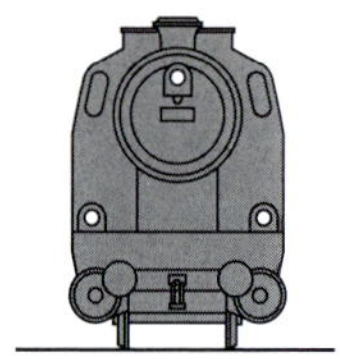
Zg 2 »Schlusssignal« Kennzeichnung des Zugschlusses	 Bsp. für Tageszeichen Nachtzeichen

Tabelle 1: Sonstige wichtige Signale mit gemeinsamer Bedeutung

1. Was versteht man unter einem Signal und welche Arten der Übertragung von Informationen gibt es bei den Bahnbetrieben?
2. Welche Bedeutung besitzt ein weiß-rot-weißes Mastschild?
3. Welche Signalbegriffe kann ein Hauptsignal zeigen?
4. Warum kann nicht jedes Hauptsignal alle Signalbilder zeigen?
5. Was zeigen Vorsignale an, wie ist ihr Standort gekennzeichnet und wodurch wird dem Triebfahrzeugführer angekündigt, dass ein Vorsignal zu erwarten ist?
6. Was versteht man unter einem Vorsignalwiederholer?
7. Welche Aufgabe erfüllen Schutzsignale?
8. Wo werden Hauptsperrsignale verwendet und wodurch unterscheidet sich der Lampenschirm von dem eines gewöhnlichen Hauptsignals?
9. Welche Aufgabe erfüllen Zusatzsignale?
10. Was zeigt das Ersatzsignal (Zs 1) an und welchen Befehl ersetzt es?
11. Was zeigt das Signal Ra 10 an und an welcher Stelle ist es im Bahnhof zu finden?

2.4 Vereinfachte Signallagepläne

Symbole auf dem Bahnhofsplan

Bei der Planung und Darstellung von Signalanlagen (Weichen, Signale, Gleisfreimeldeanlagen u. a.) werden für signaltechnische Pläne bestimmte Symbole benutzt. Die Symbole können durch Zahlen und/oder Buchstabenbezeichnungen ergänzt werden.

Bezeichnung der Gleise in einem Bahnhof

- Gleise sind mit einer aus arabischen Ziffern (1, 2, 3 …) bestehenden Zahl zu bezeichnen. Die Zahlen sind in die unterbrochene Gleislinie einzutragen.
- Bahnhofsgleise werden i. d. R. vom Empfangsgebäude (EG) beginnend nummeriert. Hauptgleise erhalten dabei in der Regel die niedrigsten Nummern.

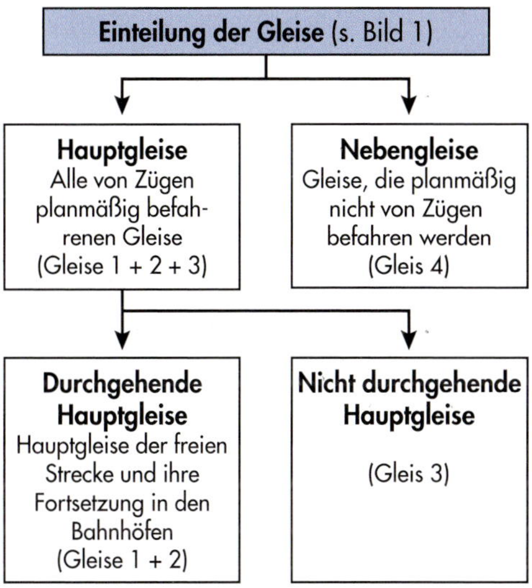

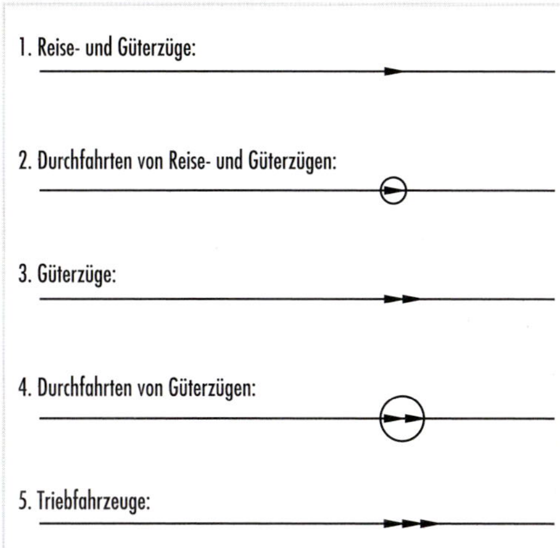

Tabelle 1: Gleissymbole

- An den darzustellenden Streckengleisen ist die nächstfolgende Zugmeldestelle (Zmst) (s. Seite 343) darzustellen (nur bei Neuanlagen: zusätzlich in Klammern der nächste Knotenbahnhof als Richtungshinweis).
- Bezeichnung und Symbole für Fahrstraßen (s. Kap. 6.3.1)

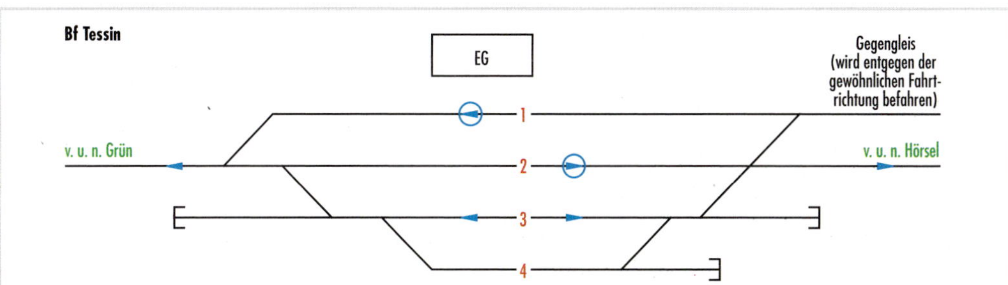

Bild 1: Vereinfachter Bahnhofssignallageplan (Bezeichnung der Gleise)

Bezeichnung der Weichen, Kreuzungen und Gleissperren (in der Regel)

- Weichen, Kreuzungen und Kreuzungsweichen sind mit aus arabischen Ziffern (1, 2, 3 …) bestehenden Zahlen (in Richtung der Kilometrierung steigend) zu bezeichnen. Dies gilt auch für ortsgestellte Weichen. Bei Kreuzungsweichen mit 2 (einfache Kreuzungsweiche) und 4 Zungenpaaren (doppelte Kreuzungsweiche) sind diese mit den Buchstaben a und b bzw. ab und cd zu bezeichnen.
- Die Nummerierung der Weichen beginnt am Einfahrsignal A mit der Nr. 1 und steigt mit der Kilometrierung.
- (nur bei Neuanlagen: Gleissperren sind mit aus arabischen Ziffern bestehenden Zahlen zu bezeichnen, die in die laufende Nummerierung der Weichen und Kreuzungen mit einzubeziehen sind.)

Bild 1: Streckenkilometertafel

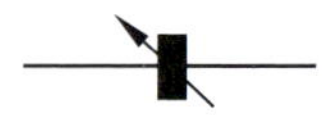
Bild 2: Symbol für eine ferngestellte Gleissperre

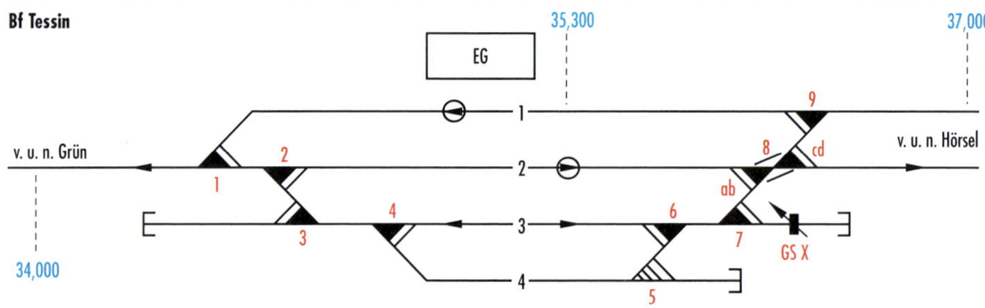

Bild 3: Vereinfachter Bahnhofssignallageplan (Bezeichnung der Weichen etc.)

Bezeichnung der Stellwerke

Stellwerke werden in der Regel mit zwei Buchstaben bezeichnet:

- der erste, große Buchstabe ergibt sich aus der Ortsbezeichnung (Bf Tessin = T)
- der zweite, kleine Buchstabe gibt an, ob es sich um ein Fahrdienstleiterstellwerk (= f) oder um ein Wärterstellwerk (= »w« oder auch »o« wie Ost etc.) handelt
- oder B1 (= Fdl) und B2 (= Weichenwärter)

Bild 4: Fahrdienstleiterstellwerk in Bettenhausen (Bf)

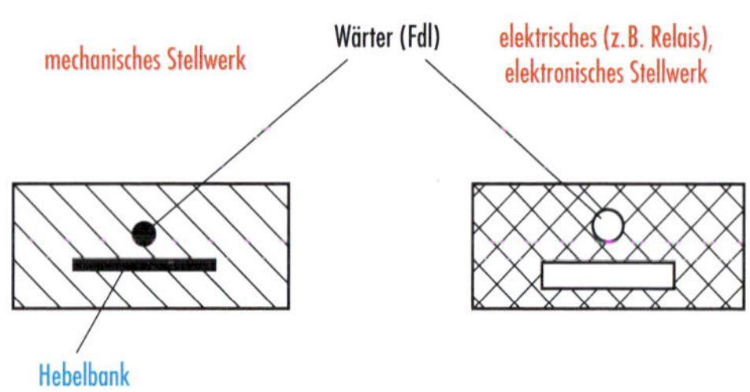

Bild 5: (vereinfachte) Darstellung von Stellwerken (Symbole)

Bezeichnung der Signale

- Einfahrsignale in steigender Kilometrierung mit den Buchstaben A bis E (nur bei Neuanlagen: zusätzlich mit einer Kennziffer)
- Einfahrsignale in fallender Kilometrierung mit den Buchstaben F bis K (nur bei Neuanlagen: zusätzlich mit einer Kennziffer)
- Einfahrsignale vom falschen/linken Gleis mit den doppelten Buchstaben des Einfahrsignals (nur bei Neuanlagen: zusätzlich mit einer Kennziffer)
- Ausfahrsignale in steigender Kilometrierung mit dem Buchstaben N und der Gleisnummer (nur bei Neuanlagen: zusätzlich mit einer Kennziffer)
- Ausfahrsignale in fallender Kilometrierung mit dem Buchstaben P und der Gleisnummer (nur bei Neuanlagen: zusätzlich mit einer Kennziffer)
- Blocksignale sind mit aus arabischen Ziffern bestehenden Zahlen zu bezeichnen: in Richtung der Kilometrierung mit ungeraden und entgegen der Kilometrierung mit geraden Zahlen.
- (gilt nur bei Neuanlagen:) Allein stehende Rangiersignale (Ls) erhalten die Bezeichnung des zugehörigen Gleises bzw. der Weiche und die Angabe der Richtung: in Richtung der Kilometrierung mit »X«, entgegen mit »Y« (z. B. 41Y).

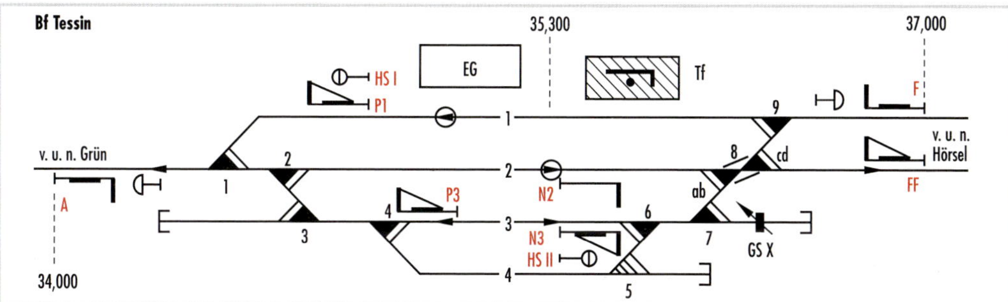

Bild 1: Vereinfachter Bahnhofssignallageplan (Bezeichnung der Signale)

1. Ergänzen Sie den Gleisplan des Bf Nordstadt mit folgenden Angaben:

- Das Empfangsgebäude befindet sich nördlich der Gleisanlagen.
- Das Einfahrsignal aus Richtung Ostdorf befindet sich bei km 92,470.
- Das Einfahrsignal aus Richtung Westheim befindet sich bei km 95,820.
- Das Gleisbildstellwerk ist an der Einfahrweiche aus Richtung Ostdorf untergebracht.
- Alle Gleise, Weichen, Kreuzungen und Signale sind zu bezeichnen!
- Gleissperren und Sperrsignale sind nach Bedarf festzulegen!

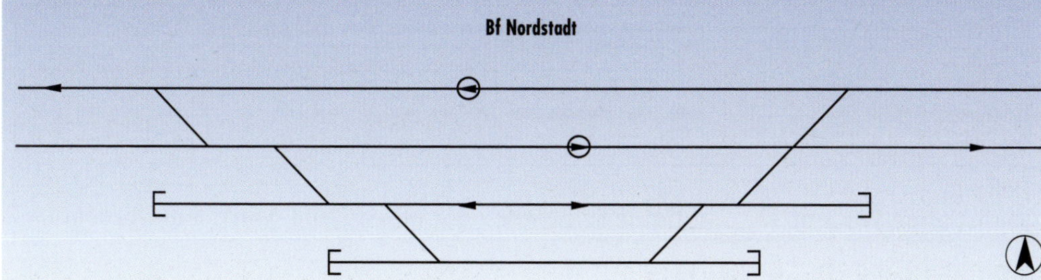

2.5 Fahrpläne

Fahrplan

Fahrpläne sind das Leistungsangebot eines Verkehrsunternehmens. Sie sind eine Darstellung der Abhängigkeit zwischen dem zurückgelegten Weg und der dafür eingeplanten Zeit.

Fahrpläne

Innerbetriebliche Fahrpläne
für die Mitarbeiter als Grundlage für die Durchführung von Zugfahrten

- Bildfahrplan, Buchfahrplan
- Elektronischer Buchfahrplan und La (EBula)
- Fahrplan-Mitteilung
- Verzeichnis der vorübergehenden Langsamfahrstellen (La)
- Fahrplan für Zugmeldestellen

Fahrpläne für die Öffentlichkeit
für die Kunden als Verkaufsangebot

- Aushangfahrplan: weiß = Ankunft, gelb = Abfahrt
- Kursbuch
- Elektronischer Fahrplan (Internet)
- Städteverbindungen
- Fahrpläne für bestimmte Regionen
- Auslandskursbuch

Der Bildfahrplan ist der Ursprung aller Fahrpläne und bildet mit seiner grafischen Darstellung einer Strecke die Grundlage für die Erstellung aller anderen Fahrplanunterlagen (s. Seite 301, Bild 2). Die einzelnen Betriebsstellen (Bahnhöfe, Haltepunkte etc.) werden durch senkrechte Weglinien, die Uhrzeiten durch waagrechte Zeitlinien dargestellt. Über jeder Zuglinie (Weg-Zeit-Linie) sind die Zuggattung, die Zugnummer und die Verkehrstage angegeben.

- Die Ankunftszeit eines Zuges wird durch Minutenangabe über die Zuglinie und vor der Weglinie eingetragen.
- Die Abfahrt- oder Durchfahrtzeit befindet sich unter der Zuglinie und hinter der Weglinie.
- Bei haltenden Zügen mit mehr als zwei Minuten Aufenthalt ist die Zuglinie gebrochen darzustellen.

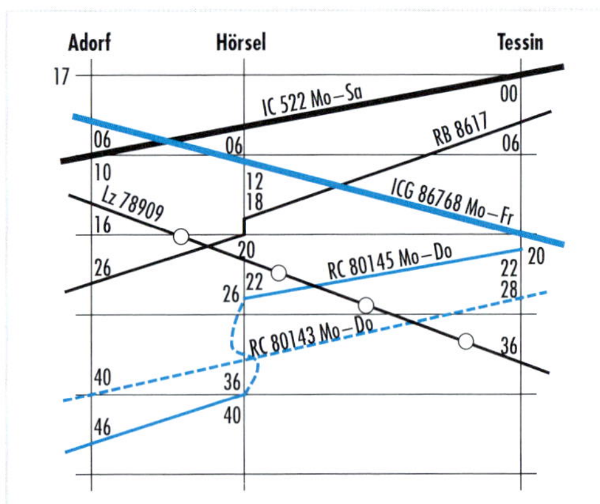

Bild 1: Bildfahrplan (vereinfachte Darstellung)

Art der Züge	Darstellung im Bildfahrplan
Reisezüge: EC, ICE, IC, IR	dicke schwarze Linie
Reisezüge: SE, RE, RB	dünne schwarze Linie
Güterzüge: ExC, ICG	dicke blaue Linie
Güterzüge: CB, RC	dünne blaue Linie
Bedarfszüge	schwarze oder blaue unterbrochene Linien
Lokzug (Fahrt ohne Wagen)	dünne schwarze oder blaue Linie, von ○ unterbrochen

Tabelle 1: Darstellung von Zügen in Bildfahrplänen

Zu den zugbedienten Anlagen gehören Blinklicht- oder Lichtzeichenanlagen mit oder ohne Halbschranke, die vom Zug durch Befahren von Schienenkontakten ein- und ausgeschaltet werden. Sie werden unterschieden nach

- loküberwachten Anlagen (LO-Anlagen) und
- fernüberwachten Anlagen (FÜ-Anlagen).

Bild 1: BÜ 2 – Rautentafel

Loküberwachte Anlagen werden i.A. nur auf eingleisigen Strecken mit einer zulässigen Geschwindigkeit bis zu 100 km/h eingerichtet. Bei ihnen wird dem Triebfahrzeugführer die Bahnübergangssicherung folgendermaßen signalisiert: Bei Annäherung an einen Bahnübergang fährt der Triebfahrzeugführer zuerst am Signal BÜ 2 – Rautentafel – vorbei. Das Signal ist neben dem Einschaltpunkt von Blinklichtern oder Lichtzeichen angeordnet und signalisiert, dass ein Überwachungssignal zu erwarten ist. Beim Befahren des Kontaktes wird die Anlage eingeschaltet. Es folgt im Bremswegabstand das Überwachungssignal, auf dem BÜ 0 (»Halt vor dem Bahnübergang! Weiterfahrt nach Sicherung«) oder im Regelfall BÜ 1 (»Der Bahnübergang darf befahren werden«) angezeigt wird.

Bild 2: Signal BÜ 0

Bild 3: Signal BÜ 1

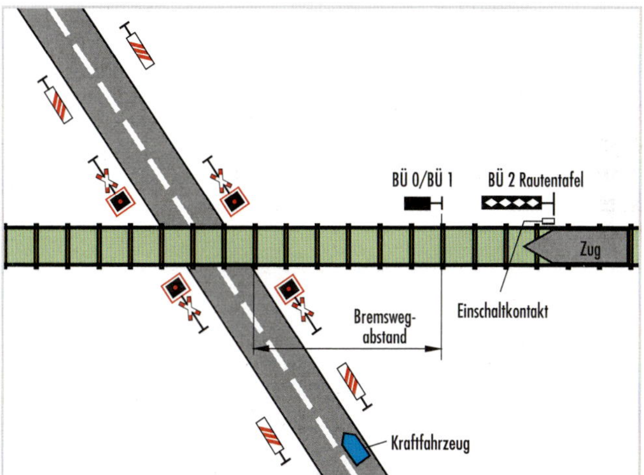

Bild 4: Beispiel für eine Blinklichtanlage mit Überwachungssignal

Anlagen mit Fernüberwachung werden auf mehrgleisigen Strecken und auf eingleisigen Strecken mit einer zulässigen Geschwindigkeit von mehr als 100 km/h eingerichtet. Die Blinklichter oder Lichtzeichen eines Bahnüberganges werden ebenfalls durch Befahren von Schienenkontakten durch den Zug ein- und ausgeschaltet. Zwar wird der Einschaltpunkt dem Triebfahrzeugführer durch das Signal BÜ 3 – Merktafel – angezeigt, doch hat er kein Überwachungssignal, welches ihm anzeigt, ob die Anlage ordnungsgemäß arbeitet. Eine Störung der Anlage wird nur dem Wärter auf dem zugehörigen Stellwerk hör- und sichtbar angezeigt.

1. Wie werden Bahnübergänge ohne technische Einrichtungen gesichert?
2. Was versteht man unter signalgesteuerten Bahnübergängen?
3. Welche Möglichkeiten bestehen, den Wegebenutzern einen BÜ anzukündigen?
4. Wodurch unterscheiden sich Anlagen mit Überwachungssignal von Anlagen mit Fernüberwachung?

2.7 Telekommunikation bei den Bahnbetrieben

Kommunikation

Der Begriff »Telekommunikation« leitet sich vom griechischen Wort »tele« (fern, weit) und dem lateinischen Wort »communio« (Gemeinschaft) her. Man versteht darunter im weitesten Sinne Einrichtungen, mit denen über größere Entfernungen Informationen und Nachrichten ausgetauscht werden können.

Telekommunikationseinrichtungen wurden bei den Eisenbahnbetrieben seit den Gründertagen benutzt, um wichtige Informationen aus dem Eisenbahnbetrieb zu übermitteln. So wurden Informationen über den Zugverkehr durch Ballonsignale, Flügeltelegrafen, Fahnen etc. übermittelt (s. Kap. 4.7). Man kann diese Einrichtungen als die ältesten Formen der Telekommunikation bezeichnen. Später kamen Läutesignale und Morseapparate hinzu.

Bild 1: Morseapparat

An einen Bahnbetrieb werden hohe Sicherheitsanforderungen gestellt. Schnelle und zuverlässige Kommunikation der am Betrieb Beteiligten ist eine wesentliche Voraussetzung für eine sichere Betriebsführung. Auch die Kommunikation mit dem Kunden oder Reisenden stellt eine wichtige Grundlage für den Erfolg eines Dienstleistungsbetriebes dar.

Folgende Möglichkeiten der Kommunikation, d. h. Austausch von Informationen, stehen in einem Bahnbetrieb zur Verfügung

- **Unmittelbar**
  - **durch Gespräch oder Zuruf**
    - zwischen Beteiligten beim Rangieren (s. Kap. 8.3.1)
    - mit Kunden und Reisenden
- **Mittelbar**
  - **Schriftliche Unterlagen**
    - Fahrpläne (s. Kap. 2.5)
    - Befehle (s. Kap. 10.1)
    - Rangierzettel (s. Kap. 8.7.3)
  - **Signale** (s. Kap. 2.3)
    - dienen der Sicherung von Zug- und Rangierfahrten
    - dienen der Beschleunigung des Betriebsablaufes
  - **Telekommunikationseinrichtungen**
    - drahtgebundene Anlagen (s. Kap. 2.7 und 2.2.4)
    - Funkanlagen (s. Kap. 2.7.2)

Für bestimmte Bereiche der Verständigung und Anweisungen bei der DB AG und anderen Bahnbetrieben gibt es feste Wortlaute, die von allen Beteiligten eingehalten werden müssen. Dieses gilt z. B. für das Zugmeldeverfahren (s. Kap. 7.2) und beim Rangierfunk (s. Kap. 8.3.4). Für Aufträge und Meldungen bei der DB AG gelten folgende Regeln:

- Aufträge und Meldungen mit festem Wortlaut sind wörtlich zu wiederholen. Bei Aufträgen und Meldungen ohne festen Wortlaut muss die Wiederholung alle wesentlichen Angaben enthalten.
- Bei fernmündlicher Verständigung ist jede Wiederholung einzuleiten mit den Worten »Ich wiederhole«. Die Richtigkeit der Wiederholung ist mit »Richtig« zu bestätigen.
- Einseitig gerichtete Sprecheinrichtungen (Lautsprecher s. Bild 1) dürfen für Meldungen nicht verwendet werden.
- Aufträge über einseitig gerichtete Sprecheinrichtungen sind zweimal zu geben. Die zweite Durchsage ist mit den Worten »Ich wiederhole« einzuleiten.

Bild 1: Lautsprecher am Bahnsteig (einseitig gerichtete Sprecheinrichtung)

- Aufträge und Meldungen zur Abwendung von Gefahren sind vom Empfänger nicht zu wiederholen; er hat unverzüglich die erforderlichen Maßnahmen zu treffen, auch wenn er die Durchsage nur unvollständig aufgenommen hat (z. B. Nothaltauftrag bei drohender Gefahr).

Neben betriebseigenen Einrichtungen (drahtgebundene Anlagen und Funkanlagen) werden in einem Bahnbetrieb auch öffentliche Telefon- und Mobilfunknetze zur Übermittlung von Informationen verwendet.

2.7.1 Drahtgebundene Fernsprechverbindungen

Drahtgebundene Fernsprechverbindungen dienen der Kommunikation zwischen

- stationären Teilnehmern: z. B. Fahrdienstleiter, Weichenwärter, Zugleiter, Disponenten, Schaltdienstleiter der Zentralschaltstelle (s. Kap. 2.2.4)
- stationären und mobilen Teilnehmern (z. B. Triebfahrzeugführer, Bahnübergangsposten, Meldeposten von Arbeitsstellen, Fachkräfte)

Bild 2: Disponent in der Betriebszentrale Duisburg

Folgende Verbindungsarten können vorhanden sein:

1) Streckenfernsprechverbindung (Fs-Verbindung, Fsz-/Fz-Verbindung)

Mit dieser Verbindung wird man der Forderung der Eisenbahn-Bau- und Betriebsordnung (EBO § 16) gerecht: »Zugfolgestellen und Zuglaufmeldestellen sind durch Fernmeldeanlagen zu verbinden. Schrankenposten und Streckenfernsprecher sind in die Verbindung einzuschalten. Ausnahmen sind zulässig.«

Die Streckenfernsprechverbindung dient als Verbindung zwischen zwei Zugmeldestellen und wird insbesondere zur Abgabe von Zugmeldungen zwischen zwei Zugmeldestellen verwendet (s. Kap. 7.2).

In die Streckenfernsprechverbindung (Fs) sind i. d. R. eingeschaltet:

- benachbarte Zugmeldestellen (Zmst)
- die dazwischen liegenden Blockstellen, Schrankenposten und die Sprechstellen der freien Strecke (Fernsprechbuden, -kästen). Unbesetzte Sprechstellen sind durch den Buchstaben F gekennzeichnet (s. Bild 2)

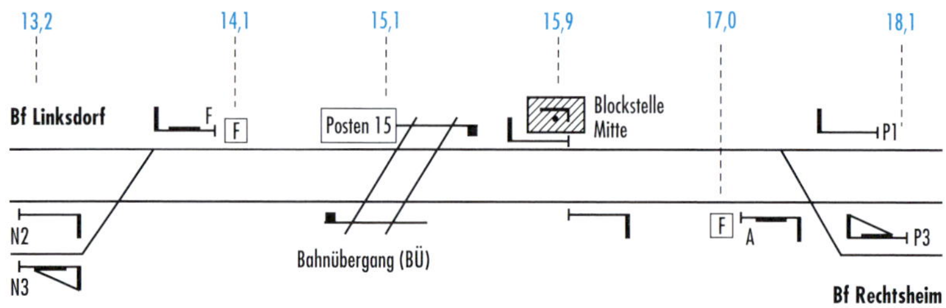

Bild 1: Streckenfernsprechverbindung (Fs) zwischen Bf Linksdorf und Bf Rechtsheim

2) Signalfernsprechverbindung (FoSig- und FsSig-Verbindung, Fos-Verbindung)

Sie findet als Verbindung von Zugmeldestellen zu Einfahr-, Ausfahr- und Blocksignalen Verwendung und dient z. B. zur Übermittlung von Befehlen der Fahrdienstleiter an einem Triebfahrzeugführer, der vor einem Halt zeigenden Hauptsignal steht.

Bild 2: Unbesetzte Fernsprechstelle

© Marks-Führmann

Auf der freien Strecke sind unbesetzte Fernsprechstellen (s. Bild 2) eingerichtet. Der Abstand dieser Sprechstellen beträgt

- bei Hauptbahnen ohne Zugfunk 1,1 km
- bei Hauptbahnen mit Zugfunk und Nebenbahnen
  — 2 km auf verkabelten Strecken,
  — 4 km auf Strecken mit Fernmeldefreileitungen
- in Tunneln höchstens 600 m

An beiden Tunneleingängen ist eine unbesetzte Fernsprechstelle einzurichten, wenn die Tunnellänge mehr als 200 m beträgt.

Bild 3: Richtungspfeil an einem Kilometerstein

© Marks-Führmann

Durch die Einführung von GSM-R (s. Kap. 2.7.2) entfallen in Zukunft ortsfeste unbesetzte Sprechstellen und mit ihnen auch die entsprechenden Kennzeichnungen, z. B. »Unbesetzte Sprechstelle« (s. Bild 2) und »Pfeil für Hinweis auf die nächste Sprechstelle« (s. Bild 3).

3) Fahrdienstleiter-Fernsprechverbindung (Fd-Verbindung)

Die Fd-Verbindung dient als Verbindung zwischen Fahrdienstleitern eines festgelegten Streckenbereiches, dient zur Übermittlung von betriebswichtigen Meldungen.

4) Fahrdienstleiter-Fernsprechverbindung für den Zugfunk (FdZF-Verbindung)

Als Verbindung zwischen der Zugfunk-Bedienstelle und allen Fahrdienstleitern eines Zugfunkbereiches, dient vorrangig zur Gesprächsabwicklung zwischen Fahrdienstleiter und Triebfahrzeugführer, z. B. zur Abgabe des Notrufes/Nothaltauftrages.

5) Fahrdienstleiter-Fernsprechverbindung für die Zugüberwachung (FdZü-Verbindung)

Als Verbindung zwischen Fahrdienstleitern eines Zugüberwachungsbereiches und den Mitarbeitern der Betriebszentrale.

Bild 1: Sprecheinrichtung am Bahnsteig

6) Fahrdienstleiter-Fernsprechverbindung für den elektrischen Zugbetrieb (Fde-Verbindung, Fbe-Verbindung)

Sie dient als Verbindung zwischen Fahrdienstleiter und Schaltdienstleiter einer Zentralschaltstelle (s. Kap. 2.2.4) auf elektrisch betriebenen Strecken, z. B. zur Übermittlung von dringlichen Meldungen über Störungen im elektrischen Betrieb, zur Übermittlung von Schaltaufträgen für die Oberleitung.

7) Örtliche Bahnhofs-Fernsprechverbindung (Fo-Verbindung)

Sie dient der Verständigung der Mitarbeiter eines Bahnhofs untereinander. Sprechstellen (s. Bild 1 und 2) befinden sich an Bahnsteigen oder als Sprechsäulen für den Rangierbetrieb im Gleis.

Bild 2: Sprechsäule für den Rangierbetrieb (»Neumann«)

8) Einseitig und wechselseitig gerichtete Lautsprecherverbindungen (EL/WL-Verbindungen)

Einseitig gerichtete Lautsprecherverbindungen befinden sich in Personenbahnhöfen und dienen zur Information und Warnung vor ein- oder durchfahrenden Zügen. Nach Forderung der EBO (§ 16) sollen Bahnsteige an Gleisen, die mit mehr als 160 km/h befahren werden, mit Lautsprecheranlagen ausgerüstet sein.

9) Notrufsprecher in Tunneln

Die Notruffernsprecher sind ein Bestandteil des Selbstrettungskonzeptes in Tunneln von mehr als 500 m Länge. Es wird mit ihnen eine Verbindung zum zuständigen Fahrdienstleiter hergestellt. Dieses geschieht entweder durch Betätigung eines Notruftasters oder mittels eines vereinbarten Notrufzeichens (s. a. Kap. 11.4).

Bild 1: Tunneleinfahrt (ICE 1 auf der NBS Mannheim-Stuttgart)

10) Bahninternes Telefonnetz

Die als ehemals bezeichnete Basa (Bahnselbstanschlussanlage) dient als Verbindung für alle übrigen Gespräche zwischen Mitarbeitern im Bahnbetrieb der DB AG.

Es werden hierfür in Stellwerken u. a. Allfernsprecher benutzt (s. Bild 2), mit denen auch alle anderen betriebseigenen Verbindungen hergestellt werden können.

Bild 2: Allfernsprecher in einem Stellwerk

2.7.2 Betriebsfunksysteme

Der Funk als modernes und flexibles Kommunikationsmittel gewinnt sowohl im Zug- als auch im Rangierbetrieb zunehmend an Bedeutung. Für das Verständnis von Funkeinrichtungen ist es deshalb wichtig, funktechnische Grundbegriffe zu kennen.

- Funkwellen: Elektromagnetische Wellen, die sich – nachdem sie von einem Sender erzeugt worden sind – drahtlos weiterbewegen (s. Bild 3).
- Wellenlänge (T): Der Abstand zweier aufeinander folgender Wellen derselben Länge. Funkwellen bewegen sich in Längenbereichen von wenigen Millimetern bis zu mehreren Kilometern (s. Tabelle 1).
- Frequenz (f): Die Anzahl der Schwingungen in der Sekunde, bezeichnet nach ihrem Entdecker in »Hertz«, abgekürzt »Hz«.

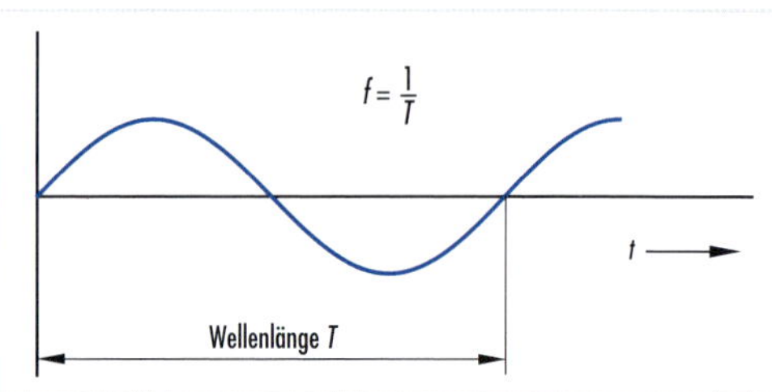

Bild 3: Funkwelle (elektromagnetische Welle)

Wellenlängen	Frequenzbereiche	Bezeichnung
10–1 km	30–300 kHz	Langwellen
1 0,1 km	0,3–3 MHz	Mittelwellen
100–10 m	3–30 MHz	Kurzwellen
10–1 m	30–300 MHz	Ultrakurzwellen
1–0,1 m	0,3–3 GHz	Dezimeterwellen
10–1 cm	3–30 GHz	Zentimeterwellen
10–1 mm	30–300 GHz	Millimeterwellen

Tabelle 1: Wellenlänge und Frequenzbereiche

- Frequenzbereich: Die zur Verfügung stehenden Funkfrequenzen sind international abgestimmt und in Frequenzbereiche eingeteilt.
- Kanäle: Jeder Frequenzbereich enthält eine bestimmte Anzahl von Funkkanälen. Sende- und Empfangsgerät müssen jeweils auf demselben Funkkanal arbeiten, nur dann kann eine Funkverbindung aufgebaut werden.

Bild 1: Funkantenne am Tunneleingang

In vielen Bereichen wird die Kommunikation über Funk abgewickelt. Unter anderem befinden sich folgende Funksysteme im Einsatz:

1. Zugfunk bezeichnet die Kommunikationsverbindung von ortsfesten Zugfunkeinrichtungen zu mobilen Zugfunkfunk-Fahrzeugeinrichtungen.
2. Im Bereich des Rangierens hat der Einsatz von Rangierfunk (s. Kap. 8.3.4) zur Arbeitserleichterung und zu einem schnelleren Betriebsablauf geführt. Dazu gehört auch die Funkfernsteuerung von Triebfahrzeugen (s. Kap. 8.11).
3. Der Betriebs- und Instandhaltungsfunk (BiFu) dient der Kommunikation zwischen Baugruppen (insbesondere an Neu- und Ausbaustrecken) und der Einsatzleitung. Die Streckenfernsprecher (s. Kap. 2.7.1) verlieren damit an Bedeutung. Örtliche BiFu findet man in größeren Rangier- und Containerbahnhöfen.
4. Der Tunnelfunk kommt im Brand- und Katastrophenschutz zum Einsatz und dient in Tunneln von mehr als 500 m Länge zur Kommunikation der Sicherheits- und Rettungsdienste.
5. Der ICE-Diagnosefunk übermittelt die vom Bordcomputer gesammelten Fehler- und Störungsmeldungen schon vor dem Erreichen des Betriebswerks an die zuständigen Stellen. Hierdurch werden kürzere Standzeiten für die ICE-Züge erreicht.
6. Die funkferngesteuerte Bremsprobeanlage (FuBr) wird über ein Funkmodul bedient. Es werden einzelne Schritte der Bremsprobe (s. Kap. 4.7) angewählt, wie z.B. Füllen. Es ergeben sich gegenüber den handbedienten Bremsprobeanlagen wirtschaftliche Vorteile durch Verkürzung der Prüfzeiten und Personaleinsparung.

Bild 2: Radsatzarbeiten im ICE-Betriebswerk Berlin Rummelsburg

Der **Zugfunk (ZF)** stellt eine innerbetriebliche Sprech- und Datenverbindung zwischen Zugfunk-Fahrzeugeinrichtungen und ortsfesten Zugfunkeinrichtungen dar. Ortsfeste Zugfunkeinrichtungen findet man

- bei der ZF-Bedienstelle (i.d.R. bei der Betriebsleitung, s. Seite 15). Sie ermöglicht den Verbindungsaufbau zwischen ortsfesten ZF-Einrichtungen und ZF-Fahrzeugeinrichtungen.
- bei den Fahrdienstleitern (s. Kap. 2.7.1, Pkt. 4: Fahrdienstleitersprechverbindung für den Zugfunk – FdZF).
- an der Strecke (ZF-Streckenfunkstellen, ggf. ZF-Streckenverteiler).

Bild 1: Betriebszentrale mit digitalem Zugfunk GSM-R

Nach der Eisenbahn-Bau- und Betriebsordnung (EBO) sollen Strecken, die von Reisezügen befahren werden, mit Zugfunkeinrichtungen ausgerüstet sein. Mit Zugfunkeinrichtungen müssen ausgerüstet sein:

- Strecken, auf denen mehr als 160 km/h zugelassen sind und
- Strecken ohne Streckenblockeinrichtungen, auf denen Reisezüge oder Züge mit mehr als 60 km/h zugelassen sind.

Auf welchen Streckenabschnitten Zugfunk eingerichtet, welche Betriebsart und welcher Kanal für die einzelnen Streckenabschnitte eingegeben werden muss, ist im Buchfahrplan angegeben (s. Bild 2).

Der ZF ist so eingerichtet, dass neben dem gesprochenen Wort auch Informationen in kodierter Form übertragen werden können, die dann vom Empfangsgerät akustisch durch ein Tonsignal und optisch als Leuchtsymbole angezeigt werden. So besteht z. B. die Möglichkeit, einen kodierten Nothaltauftrag zu geben, um einen Zug bei Gefahr auf schnellstem Weg zum Halten zu bringen, ohne dass dabei ein Wort gesprochen werden muss.

Strecke Heidenau - Norburg
69361
Mo-Fr Tfz 218 + 218 LG 1500 t 600 m Mbr 70 G
90 km/h
ab Mittelstadt
Mo-Fr Tfz 218 SG 500 t 600 m (LG 900t GL) Mbr 46 G
60 km/h
Mindestens 90% der Achsen des Wagenzuges müssen gebremst sein
Bei einem Wagenzuggewicht von mehr als 800t müssen Bremshundertstel ausgerechnet werden

1	2	3a	3b	4	5
	90	- ZF A 63 -	105,5		
		Heidenau			7.55
		Asig	104,9		
		¥	104,6		
		<¥>	104,6		
102,2		Sbk 4	102,2		58
	85	Edelsdorf Hp	99,9		8.01
95,7		Bksig	95,7		
	90	Abzw Arensberg			05
		¥	95,4		
		<¥>	95,3		
		Sbk 6	91,9		12
84,2		Esig E 60	84,2		
	70				
83,2		- ZF GSM-R -	83,2		
0,0	60	Mittelstadt	0,0	8.18	46
		Asig A 60	0,3		
		¥	0,6		
		<¥>	0,7		
		Bksig	3,4		
		Bk Angersb Hp			50
5,6		Evsig°, 55 km/h			
		Esig	6,4		
		Neuhof	6,8		55
		Asig	7,5		
		¥	7,6		

Bild 2: Buchfahrplan (Geschwindigkeitsheft) Analoger Zugfunk: Betriebsart A, Kanal 63, Übergang zum digitalen Zugfunk GSM-R

Aufforderung zum Sprechen:
Aufbau einer Fernsprechverbindung zum Triebfahrzeugführer wird gewünscht (ehem. DR-Funkverbindung, ehem. DB-Sprechwunsch der ZBF-Vermittlung).

Bremse lösen:
Feste Bremse im Zug. Triebfahrzeugführer soll die Bremse lösen.

Sprechwunsch eines Fernsprechteilnehmers an den Triebfahrzeugführer:
Aufbau einer Fernsprechverbindung zum Triebfahrzeugführer durch Vermittlung der Betriebsleitung.

Zs 1/7 Ehem. DR: Bei Annäherung am nächsten Halt zeigenden Hauptsignal mit dem Fahrdienstleiter sprechen.
Zs 1 bzw. Zs 7 am nächsten Halt zeigenden Hauptsignal erwarten Zeitgerechte Bedienung eines Zusatzsignals soll sichergestellt werden.

Bef **Befehl beim nächsten Halt entgegennehmen:**
Ankündigung der Aushändigung oder Übermittlung eines Befehls.

Sofort anhalten.
Nothaltauftrag bei Betriebsgefahr.

Bild 1: Kodierte Aufträge (Auszug)

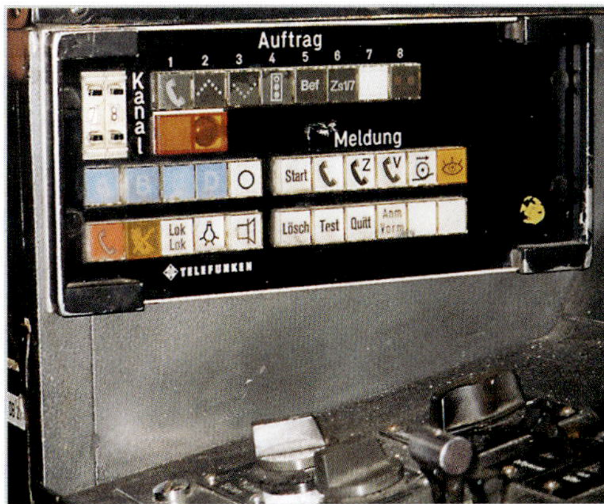

Bild 2: Analoge »Zugfunk 70«-Fahrzeugeinrichtung

Dieser »analoge« Zugfunk wird nach und nach bei der DB AG durch die digitalen GSM-R-Technologie abgelöst. Die Schnellfahrstrecke Köln-Rhein/Main ging am 1. August 2002 als die erste – nur auf GSM-R basierende Strecke – in Betrieb. Generalunternehmer und Hersteller des Mobilfunknetzes der Deutschen Bahn ist die kanadische Firma Nortel.

Global System for Mobile Communications – Rail (GSM-R) ist ein Mobilfunksystem, das auf dem weltweit dominierenden Funkstandart GSM aufbaut, jedoch für die Verwendung bei den Eisenbahnen angepasst wurde. Vor dem Hintergrund eines zusammenwachsenden Europas hatten sich bereits im Jahr 1997 32 europäische Bahnverwaltungen zur Einführung dieses digitalen Kommunikationsnetzes verpflichtet.

Bild 3: GSM-R Funkmast, dahinter »alter« auf Relaistechnik basierender Rangierfunk- und Zugfunkmast

In Deutschland reserviert die Bundnetzagentur für Elektrizität, Gas, Telekommunikation, Post und Eisenbahnen die Frequenzbereiche 876–880 MHz und 921–925 MHz für GSM-R. Somit stehen insgesamt 19 Kanäle für die bahninterne Kommunikation zur Verfügung.

Das GSM-R Netz besteht aus einzelnen Funkzellen, die funktechnisch miteinander verknüpft sind und etwa 7–12 km Streckenbereich umfassen.

Der GSM-R Zugfunk dient der Verständigung zwischen

- ortsfesten (z.B. Betriebszentralen, Zugmeldestellen, Zentralschaltstellen) und
- mobilen Teilnehmern (Triebfahrzeuge, Steuerwagen, Zugbegleiter).

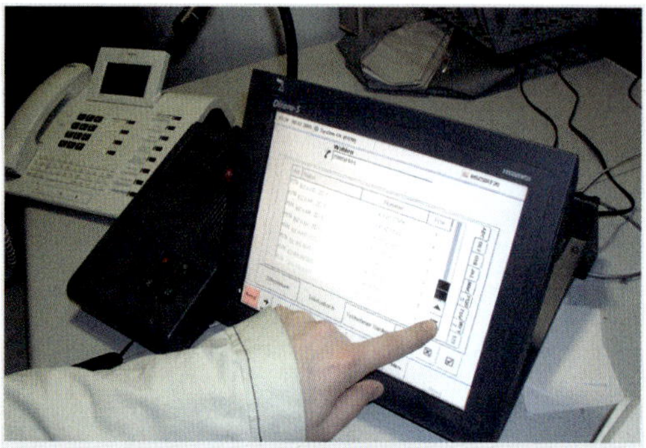

Bild 1: GSM-R Geräte in der BZ Karlsruhe

Bild 2: GSM-R im Triebfahrzeug

Nicht alle Verbindungen zwischen mobilen Teilnehmern untereinander und zwischen mobilen und ortsfesten Teilnehmern sind möglich.

von \ nach	Triebfahrzeugführer[1]	Zugbegleiter	Bereichsdisponent (BZ)	Zuglenker[1] (BZ)	Zugdisponent[3] (BZ)	Fahrdienstleiter[1]	Zugleiter[1]	Schrankenwärter[2]	EVU-Leitstelle	EVU-Hotline	EVU-Einsatzstelle	Zentralschaltsstelle	Bordlautsprecher[4]	Bordsprechstelle
Triebfahrzeugführer[1]	×	×	×	×	×	×	×	×	×	×	×	×	×	×
Zugbegleiter	×	×	×	×	×	×	×		×	×	×		×	
Bereichsdisponent (BZ)	×	×												
Zuglenker[1] (BZ)	×	×						×						
Zugdisponent[3] (BZ)	×	×												
Fahrdienstleiter[1]	×	×												
Zugleiter[1]	×	×												
Schrankenwärter[2]	×			×		×	×	×						
EVU-Leitstelle	×	×												
EVU-Hotline	×	×												
EVU-Einsatzstelle	×												×	
Zentralschaltstelle	×													
Bordsprechstelle	×								×				×	

[1] Berechtigung zu Abgabe und Empfang von Notrufen
[2] Berechtigung zu Abgabe und Empfang von Notrufen, andere Zugfunkgespräche sind nicht möglich
[3] Berechtigung zum Empfang von Notrufen, Abgabe nicht möglich
[4] Lautsprecherdurchsagen sind nur über gekuppelte IS-Leitung möglich

Tabelle 1: Zulässige Verbindungsmöglichkeiten des Zugfunks im GSM-R Netz

Auch dient der GSM-R-Zugfunk der Verständigung zwischen dem Zugpersonal untereinander. Er unterstützt den sicheren, flüssigen und pünktlichen Bahnbetrieb. Nutzungsmöglichkeiten bestehen auch in ausländischen GSM-R-Netzen. Der GSM-R-Zugfunk kann z. B. genutzt werden zur

- Abgabe sowie zum Empfang von Notdurchsagen
- Verständigung im Rangieren, wenn GSM-R-Rangierfunk nicht zur Verfügung steht
- Übermittlung von Zuglaufmeldungen
- Übermittlung von Befehlen
- Durchführung von Dispositionsgesprächen

Bild 1: Eine GSM-R-Station der DB AG

Es sind Einzelsprech-, Konferenz-, Gruppenruf- und Notrufverbindungen möglich. Je nach Sprechverbindung ist Wechselsprechen oder Gegensprechen möglich. Beim Wechselsprechen können die Teilnehmer abwechselnd entweder sprechen oder hören, beim Gegensprechen können sie gleichzeitig sprechen und hören.

- **Einzelsprechverbindungen** sind zwischen einem ortsfesten und einem mobilen sowie zwischen zwei mobilen Teilnehmern untereinander möglich. Die Teilnehmer können Gegensprechen.
- In **Konferenzverbindungen** können durch Zusammenschalten von mehreren Einzelsprechverbindungen bis zu 5 Teilnehmer miteinander sprechen. Konferenzverbindungen dürfen von allen ortsfesten Teilnehmern und von Tf führender Fahrzeuge, z. B. beim Nachschieben von Zügen, aufgebaut werden. Die Teilnehmer können Gegensprechen.
- **Gruppenrufverbindungen** sind Verbindungen von einem mobilen oder ortsfesten Teilnehmer zu mehreren mobilen Teilnehmern innerhalb eines festgelegten Gruppenrufbereichs. Die Teilnehmer können Wechselsprechen.
- Die **Gruppenrufverbindung »alle Tf im Bereich«** ist eine Verbindung zu allen Tf innerhalb eines festgelegten Gruppenrufbereichs. Sie unterbricht alle Einzelsprech- und Konferenzverbindungen mit Tf innerhalb des Gruppenrufbereichs und darf nur von ortsfesten Teilnehmern genutzt werden, wenn eine Unterbrechung bestehender Einzelsprechverbindungen gerechtfertigt ist.

Bild 2: Notruftaste eines GSM-R-fähigen Zugfunkgeräts

- **Notrufverbindungen** sind Gruppenrufverbindungen mit der höchsten Priorität. Sie unterbrechen alle Verbindungen innerhalb des Notrufbereichs mit Ausnahme einer bereits bestehenden Notrufverbindung. Alle Tf und die zugelassenen örtlich zuständigen Stellen hören mit.

Neben schnellerem Verbindungsaufbau und besserer Sprachqualität kennt der GSM-R-Zugfunk Betriebsarten und Kanalnummern nicht mehr. Das Einstellen und Wechseln des Kanals während der Zugfahrt entfällt (s. Buchfahrplan, S. 72). Das System wechselt von Basisstation zu Basisstation selbstständig die Frequenzen.

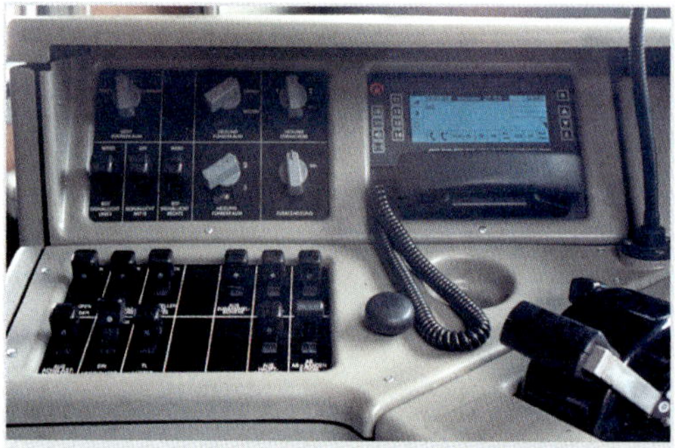

Bild 1: Digitale Funktechnologie: GSM-R im Führerstand

Der GSM-R-Rangierfunk dient in erster Linie der Verständigung zwischen Triebfahrzeugführer und Weichenwärter. Er kann auch zur Verständigung aller am Rangieren beteiligten Mitarbeiter untereinander genutzt werden, z.B. für

- die Verständigung über Ziel, Zweck und Besonderheiten von Fahrzeugbewegungen
- die Zustimmung des Weichenwärters zur Rangierfahrt
- die Übermittlung von Rangiersignalen vor und während der Rangierfahrt
- Dispositionsgespräche
- Notdurchsagen

Bild 2: GSM-R Antenne auf dem Dach einer Lok BR 151

In einem Rangierfunk-Teilnehmerverzeichnis (s. Örtliche Zusätze) sind ortsfeste Teilnehmer (Weichenwärter, Rangierdisponent) und mobile Teilnehmer (Triebfahrzeugführer, Rangierbegleiter, Rangierer) aufgeführt. Wie beim GSM-R-Zugfunk sind Einzelsprech-, Konferenz-, Gruppenruf- und Notrufverbindungen möglich (s. Seite 74).

1. Welche Rolle spielt die Verständigung (Kommunikation) in einem Bahnbetrieb?
2. Warum gibt es Aufträge und Meldungen mit festem Wortlaut?
3. Wozu dient die Fs-Verbindung und welche Stellen sind in ihr eingeschaltet?
4. Woran kann man auf der freien Strecke erkennen, in welcher Richtung sich die nächste Sprechstelle befindet?
5. Für welchen Zweck wird eine Signalsprechstelle an einem Hauptsignal verwendet?
6. Erklären Sie folgende Begriffe: Funkwellen, Frequenzbereich und Funkkanal!
7. Auf welchen Strecken ist Zugfunk (ZF) eingerichtet, wozu dient der und was versteht man beim ZF unter kodierten Aufträgen?
8. Welche Vorteile bringt die digitale Funktechnologie mit sich?

3 Bahnfahrzeugtechnik

© Klaus Pitter

3.1 Fahrzeuge, Züge (Begriffe, Definitionen)

Die Eisenbahn-Bau- und Betriebsordnung (EBO, s. a. Seite 17) regelt neben dem Bau und Betrieb von Bahnanlagen auch den Bau von Eisenbahnfahrzeugen. Sie werden dort nach Regel- und Nebenfahrzeugen unterschieden.

Regelfahrzeuge entsprechen den Bauvorschriften der EBO und dürfen in Züge eingestellt werden oder selbstständig als Züge fahren. Sie werden unterschieden nach Triebfahrzeugen (Tfz) und Wagen (Wg).

Regelfahrzeuge

Triebfahrzeuge (Tfz)	Wagen (Wg)
• Lokomotiven (auch Kleinlokomotiven) • Triebwagen • Triebköpfe • Triebzüge	• Reisezugwagen • Güterwagen

Bild 1: Lokomotiven der BR 111 und 146

Bild 2: ICE 3 (Hochgeschwindigkeitstriebzug)

Bild 3: Kleinlokomotive der BR 332

Bild 4: Personenwagen

Zu dem **Triebfahrzeugen** (Tfz) gehören:

- **Lokomotiven** dienen zum Befördern angekuppelter Wagen.
- **Triebwagen** ist ein einzelner, angetriebener Wagen, der auch Platz für Fahrgäste oder Fracht bietet. Er kann allein oder zusammen mit Steuer-, Mittel- und Beiwagen als Zug eingesetzt werden. Gewisse Triebwagen (s. Bild 2) können anstelle einer Lokomotive einen Zug befördern.
- **Kleinlokomotiven** sind Lokomotiven von geringer Größe und geringer Antriebsleistung. Sie werden für leichte Rangieraufgaben auf Bahnhöfen und Industriebahnen eingesetzt.

Triebfahrzeuge (Tfz) werden entweder unmittelbar bedient oder werden gesteuert. Steuerung ist die Regelung der Antriebs- und Bremskraft durch eine Steuereinrichtung von einem führenden Fahrzeug aus oder durch Fernsteuerung.

Wagen (Wg) sind nichtangetriebene Regelfahrzeuge und dienen zur Beförderung von Personen, Gepäck und Gütern aller Art. Sie werden unterschieden nach:

- **Reisezugwagen**

  In der DIN 25003 sind Reisezugwagen wie folgt kategorisiert:

  - Personenwagen der Regelbauart sind Reisezugwagen zur Beförderung von Reisenden (Abteil- oder Großraumausführung).
  - Personenwagen der Sonderbauart sind Reisezugwagen mit Sonderausstattung (Liege-, Speise- und Schlafwagen).
  - Gepäckwagen sind Wagen zur Beförderung von Gütern, die in Reisezügen eingestellt sind.
  - Steuer-, Mittel- und Beiwagen sind Wagen in Triebwagen- oder Reisezugwagenbauart. Steuerwagen besitzen zusätzlich einen Führerraum und Einrichtungen zur Fernsteuerung von Triebfahrzeugen.
  - Doppelstockwagen sind Wagen, bei denen die Unterbringung der Reisenden in zwei Ebenen erfolgt.

Bild 1: Speisewagen in einem IC

Bild 2: Steuerwagen

- **Güterwagen**

  Vom Internationalen Eisenbahnverband (UIC) wurden in den 1950er Jahren standardisierte Fahrzeuge entwickelt. Diese Entwicklung führte auch zur Vereinheitlichung der Hauptabmessungen der zukünftigen Einheitsgüterwagen (Güterwagen der Regelbauart). Sie haben vorgegebene Abmessungen, bestimmte technische Eigenschaften, und die verwendeten Bauteile müssen aus bestimmten Materialien sein. Neben diesen Güterwagen der Regelbauart existieren zahlreiche Güterwagen der Sonderbauart.

Bild 3: Gattung E – Offener Güterwagen

Bild 4: Gattung G – Gedeckter Wagen

Bild 5: Gattung K – Flachwagen mit zwei Radsätzen

Bild 1: Gattung O – Gemischte offene Flachwagen

Bild 2: Gattung R – Drehgestellflachwagen

Nebenfahrzeuge sind Fahrzeuge mit oder ohne Kraftantrieb für die innerbetriebliche Verwendung; sie sind durch eine besondere Anschriftentafel gekennzeichnet. Kleinwagen sind Nebenfahrzeuge, die Gleisschaltmittel oder Gleisfreimeldeanlagen (s. Seite 309 ff.) nicht zuverlässig beeinflussen. Sie müssen den Bauschriften der EBO nur so weit entsprechen, wie es für ihren Sonderzweck erforderlich ist.

Bild 3: Nebenfahrzeug: Schwerkleinwagen (Skl)

Züge sind die auf die freie Strecke übergehenden, aus Regelfahrzeugen bestehenden, durch Maschinenkraft bewegten Einheiten und einzeln fahrenden Triebfahrzeugen (EBO). Die Einheiten können zusammengesetzt sein aus

- arbeitenden Triebfahrzeugen oder
- arbeitenden Triebfahrzeugen und dem Wagenzug, in den Wagen oder nicht arbeitende Triebfahrzeuge eingestellt sind.

Unterscheidung von Zügen

Fahrtechnische Merkmale

- Gezogener Zug
- Geschobener Zug
- Nachgeschobener Zug
- Wendezug
- Triebzug

Fahrplantechnische Merkmale

Regelzüge: verkehren täglich oder an bestimmten Tagen nach einem im Voraus festgelegten Fahrplan

Züge im Gelegenheitsverkehr: verkehren auf besondere Anordnung an bestimmten Tagen

- verkehren nach einem im Voraus festgelegten und bekannt gegebenen Fahrplan, z. B. Entlastungszüge an Feiertagen, Messezüge
- verkehren nach einem von Fall zu Fall besonders aufgestellten Fahrplan

Führung der Züge

anzeigegeführt: Es wirkt eine Zugbeeinflussung, die den Zug selbsttätig zum Halten bringen kann und außerdem führt, d. h. alle für den Fahrtverlauf zulässigen Geschwindigkeiten anzeigt, überwacht und ggf. die Geschwindigkeit selbsttätig ermäßigt*)

signalgeführt: Ein Zug ist signalgeführt, wenn er nicht anzeigegeführt ist. Dies hängt weder vom Wirken einer Zugbeeinflussung ab, (PZB s. Kap. 9.4) noch von einer Regelung der Zugfolge durch Signale (Zugleitbetrieb, s. Kap. 7.4).

*) z. B. LZB – s. Kap. 9.4.2
ETCS – s. Kap. 7.5

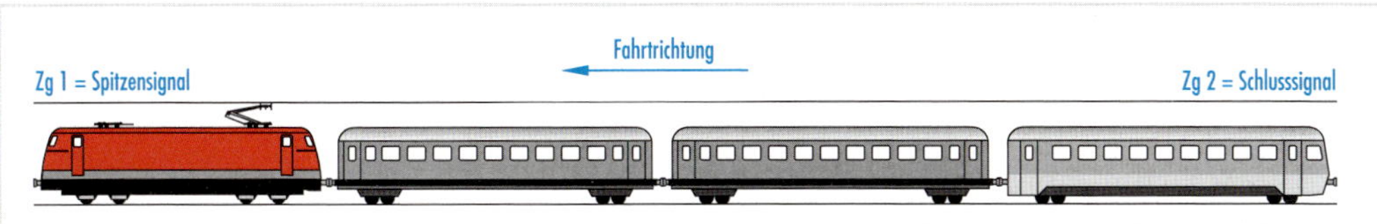

Bild 1: Gezogener Zug

Bei einem **gezogenen Zug** befindet sich das Triebfahrzeug an der Spitze des Zuges und zieht die angehängten Wagen.

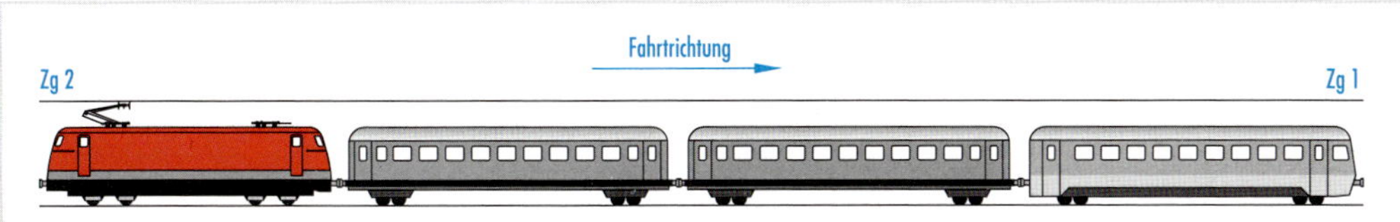

Bild 2: Geschobener Zug (z. B. Arbeitszug, Zug nach und von Anschlussstellen)

Geschobene Züge sind Züge, in denen kein arbeitendes Triebfahrzeug an der Spitze läuft oder von der Spitze aus gesteuert wird.

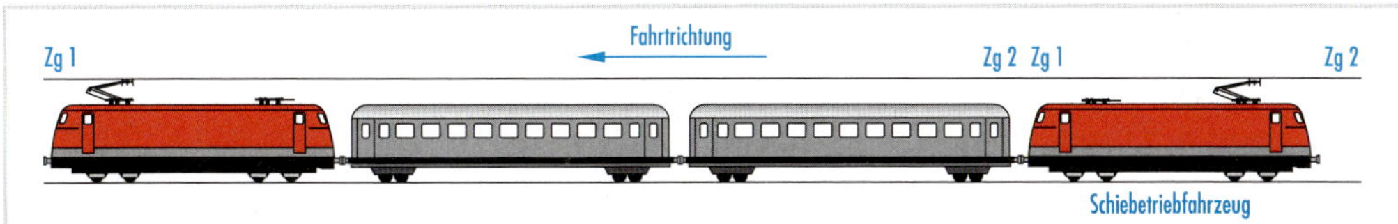

Bild 3: Nachgeschobener Zug (hier: Schiebetriebfahrzeug ist nicht mit Zug gekoppelt)

Nachgeschobene Züge sind Züge, deren Triebfahrzeuge an der Spitze laufen oder die von der Spitze aus gesteuert werden und die ein weiteres Triebfahrzeug nachschiebt, das nicht von der Spitze aus gesteuert wird.

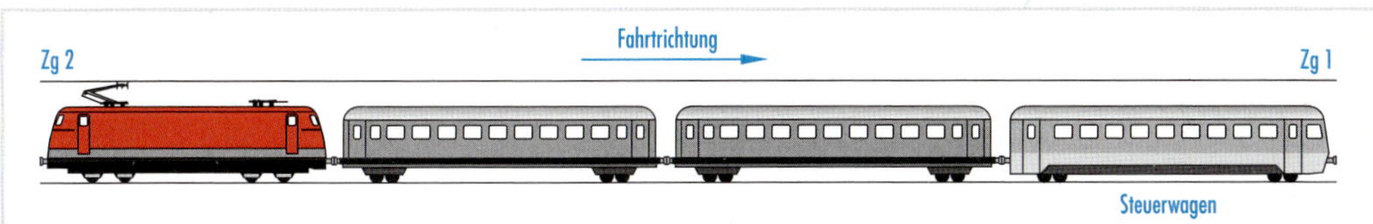

Bild 4: Wendezug

Wendezüge sind vom Führerraum an der Spitze aus gesteuerte Züge, deren Triebfahrzeuge beim Wechsel der Fahrtrichtung den Platz im Zug beibehalten.

Als **Triebzüge** werden Einheiten bezeichnet, die im Bahnbetrieb nicht getrennt werden können. Diese können gebildet werden aus Triebköpfen, Triebwagen, Steuer- und Mittelwagen.

Bild 5: Triebzug aus Triebkopf, Mittel- und Steuerwagen

Züge werden im Bereich der DB AG nach Zugart und Zuggattung gekennzeichnet und in den innerbetrieblichen Fahrplanunterlagen bekannt gegeben.

Haupt-Nr.	Bezeichnung	Abkürzung	Begriffserklärung
10	EuroCity	EC	Schnell fahrende Reisezüge im internationalen Verkehr mit besonderem Komfort und Zuschlag
11	InterCity	IC	Schnell fahrende Reisezüge mit besonderem Komfort und Zuschlag
14	InterCityExpress	ICE	Hochgeschwindigkeitszüge mit besonderem Komfort und Zuschlag
15	Thalys	Thalys	Hochgeschwindigkeitszüge mit besonderem Komfort und Zuschlag im internationalen Verkehr
17	InterRegio	IR	Schnell fahrende Reisezüge mit gehobenem Komfort
40	RegionalExpress	RE	Beschleunigte Reisezüge des linienbezogenen Regionalverkehrs mit Systemhalten
41	RegionalBahn	RB	Reisezüge des Regionalverkehrs mit Systemhalten
47	S-Bahn	S	Reisezüge des linienbezogenen Ballungsverkehrs mit Systemhalten im dichten Takt
51	ExpressCargo	ExC	Züge bis 200 km/h für die Beförderung von Expressgut und hochwertigen Sendungen
57	InterCargo-Zug	ICG	Züge zwischen den Wirtschaftszentren mit garantierten Beförderungszeiten sowie Ergänzungsverbindungen
70	Regional Cargo-Zug	RC/TRC	Züge des Grundangebotes über den eigenen Knotenpunktbereich hinaus, aber noch innerhalb des eigenen Rbf-Bereichs
71	Bedienungsfahrt im Knotenbereich (Kb)	CB	Bedienungsfahrt im Cargo-Verkehr innerhalb eines Knotenbereichs (Kb) – Regelverkehr
91	Bauzug	Bauz	Zugfahrten mit Bauzügen vom DB Bahnbau
01–08	Triebfahrzeugfahrten	Tfzf	Als Triebfahrzeugfahrten gelten einzeln fahrende oder bis zu drei arbeitende Lokomotiven

Tabelle 1: Ausgewählte Zuggattungen der DB AG

Neben der innerbetrieblichen Bezifferung erhalten alle Züge eine Zugnummer, die auch in den öffentlichen Fahrplänen zu finden ist, z. B. IR 2479. Die Zugnummer ist eindeutig. Dies bedeutet, dass sie an einem Verkehrstag nur einmal im DB-Konzern vorkommen darf. Dieses geschieht, um eine Verwechslung von Zügen auszuschließen. So werden die Zugnummern von der DB AG folgendermaßen verteilt (beispielhaft):

- 2–499 DB internationaler Fernregelverkehr
- 500–999 DB nationaler Fern-Taktverkehr (ICE)
- 10 000–12 999 DB Regio (RE, RB, externe EVU)
- 40 000–64 499 Güterzüge (DB Schenker Rail, externe EVU)

1. Wodurch unterscheidet sich ein Nebenfahrzeug von einem Regelfahrzeug?
2. Was versteht man unter einem Zug?
3. Wodurch unterscheidet sich ein Regelzug von einem Bedarfszug?
4. Wodurch unterscheidet sich ein geschobener Zug von einem nachgeschobenen Zug?
5. Was ist das besondere Merkmal eines Wendezuges?
6. Was bedeuten die Abkürzungen für die Züge EC, RB, ICG, CB, RC, und für welche Fahrten werden sie eingesetzt?

Das Fahrzeugnummervergabesystem

Mit der Änderung des Allgemeinen Eisenbahngesetzes – AEG – (s. Seite 17) erhielt das Eisenbahn-Bundesamt (EBA) die Aufgabe, das behördliche Fahrzeugeinstellungsregister in Deutschland einzurichten und zu führen.

Für ein Triebfahrzeug besteht die Registriernummer aus einer 12-stelligen Zahl, die das Triebfahrzeug EU-weit eindeutig identifizierbar macht (UIC).

Beispiel für ein Triebfahrzeug: 91 80 6185 750-7 – D-BASF

- 1. Ziffer: hier 9 = Selbstfahrend
- 2. Ziffer: Kennzeichnung des Triebfahrzeugtyps (s. Tab. 1), hier: 1 = E-Lok
- 3.+4. Ziffer: Ländercode, hier: 80 = Deutschland
- 5.–8. Ziffer: Kennzeichnung einer Lok-Bauart im Triebfahrzeugtyp
- 9.–11. Ziffer: laufende Nummer in dieser Lok-Bauart
- 12. Ziffer: Kontrollziffer
- Länderkennung
- Fahrzeughalter-Kennzeichnung, hier: Fa. BASF

(Hinweis: 5.–11. Ziffer legt jedes Mitgliedsland selber fest.)

Code	Triebfahrzeugtyp	Bemerkungen
0	Unterschiedlich	z.B. Dampflok
1	E-Lok	$v_{max} \geq$ 100km/h
2	Diesellok	$v_{max} \geq$ 100km/h
3	E-Triebzug (HGV*)	$v_{max} \geq$ 190km/h
4	E-Triebzug (außer HGV*)	$v_{max} <$ 190km/h
5	Dieseltriebzug	
6	Spezieller Beiwagen/Anhänger	
7	E-Rangierlok	$v_{max} <$ 100km/h
8	Dieselrangierlok	$v_{max} <$ 100km/h
9	Instandhaltungsfahrzeug	Nebenfahrzeuge

* HGV = Hochgeschwindigkeitsverkehr

Tabelle 1: Kodierung der zweiten Ziffer bei Triebfahrzeugen

Beispiel für einen Reisezugwagen: D-DB 50 80 26-81 111-9 DBpza

- Länderkennung, hier: Deutschland (d. h., wenn in Deutschland registriert)
- Fahrzeughalter-Kennzeichnung, hier: DB AG
- Ziffer 1+2: Internationale Verkehrfähigkeit, hier: Wagen ohne RIC
- Ziffer 3+4: Land in dem das Fahrzeug registriert ist, hier: Deutschland (P4)
- Ziffer 5+6: Technische Daten des Wagens, hier: doppelstöckiger Wagen 2. Klasse
- Ziffer 7+8: Geschwindigkeit und Energieversorgung, hier: bis 160 km/h
- Ziffer 9–11: laufende Nummer in der Baureihe
- Ziffer 12: Kontrollziffer für die EDV
- Bauart/Gattungskennzeichen durch technische Merkmale, hier:
  p = Klimatisierte Fernverkehrs- und Nahverkehrswagen mit Großraum und Mittelgang
  z = Reisezugwagen mit zentraler elektrischer Energieversorgung aus der Hauptheizleitung/Zugsammelschiene und ohne Dampfheizung
  a = Technikbasiertes Abfertigungsverfahren bei Doppelstockwagen

3.2 Physikalische Grundlagen des Rad-Schiene-Systems

Grundlagen Physik

Rad und Schiene bilden die Schnittstelle zwischen den beiden Eisenbahnsystem-Komponenten Fahrzeug und Fahrweg. Das Eisenbahnrad hat die Form eines sich nach außen hin verjüngenden Konus, der die Lauffläche bildet. Der an der Innenseite vorhandene Wulst wird als Spurkranz (s. Bild 1) bezeichnet.

In den vielen Jahren der technischen Weiterentwicklung auf dem Gebiet der Eisenbahnfahrzeugtechnik wurde eine Vielzahl von Radprofilen entwickelt, welche sich vor allem in der Laufflächenform – unterschiedliche Kegelneigungen – unterscheiden. Bestimmt wurden diese Entwicklungstendenzen vom Verschleißverhalten und den unterschiedlichen Schienenneigungen in den einzelnen Eisenbahnverwaltungen.

Ein betriebssicherer und ruhiger Wagenlauf wird nicht nur durch das Laufwerk des Wagens, sondern auch durch das zu befahrende Gleis bestimmt (s. Kap. 2.2.1 – Oberbau).

Zusammenspiel von Rad und Schiene

Jedes Eisenbahnfahrzeug rollt auf mehreren Radsätzen, welche aus einer Achswelle und zwei starr mit ihr verbundenen Rädern bestehen. Neueste Entwicklungen gelten Laufwerken mit voneinander getrennten Einzelrädern. Da aber Rad und Schiene ein System bilden, werden die Schienen im Allgemeinen in einer Schrägstellung zur Senkrechten verlegt, wobei dieser Winkel dem zwischen Radsatzachse und Lauffläche des Rades entspricht. Über die Kontaktfläche zwischen Radsatzreifen und Schienenkopf werden die senkrechten Lasten, die Anfahr- und Bremskräfte sowie ein Teil der Führungskräfte übertragen.

Der Radsatz wird geführt durch

- die an der Innenseite der Räder befindlichen Spurkränze
- die kegeligen Laufflächen der Räder
- die Schienen der Gleise

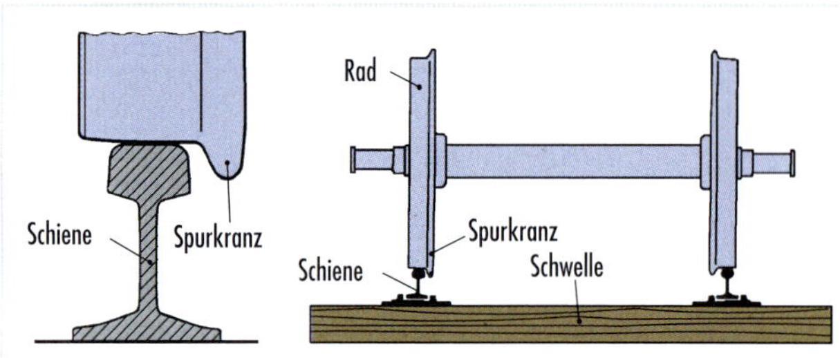

Bild 1: Führung eines Radsatzes im Gleis (s. a. Kap. 2.2.1)

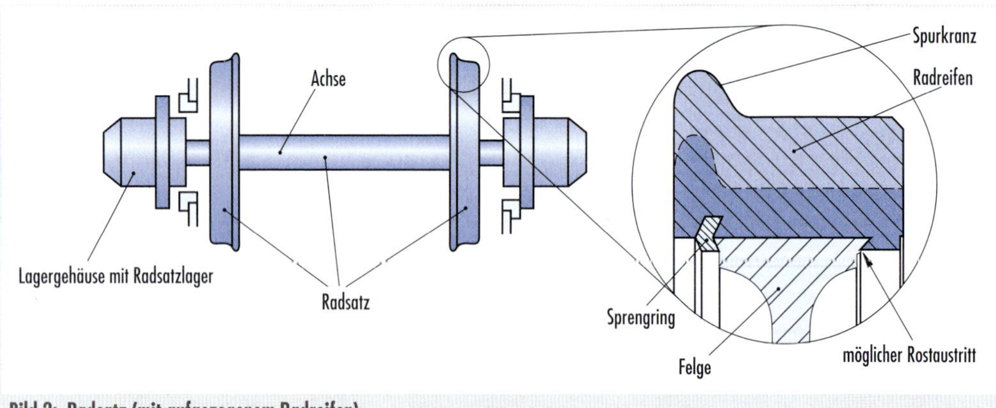

Bild 2: Radsatz (mit aufgezogenem Radreifen)

Es gelten folgende Bedingungen:

- Im geraden Gleis sollen die Radsätze so geführt werden, dass Gleismitte und Radsatzwellenmitte senkrecht zueinander stehen.
- Im Gleisbogen sollen sich die Radsätze möglichst radial einstellen, um die unterschiedlichen Laufwege (Außenrad – Innenrad) fester Räder ausgleichen zu können.
- Gegen Aufsteigen (Entgleisen) des an der Schiene anlaufenden (führenden) Rades muss eine ausreichende Sicherheit gegeben sein, besonders in Gleisbögen.
- Die Ablenkung des Radsatzes soll gleichmäßig und ohne Stöße erfolgen und darf die Laufruhe des Wagens nicht beeinträchtigen.

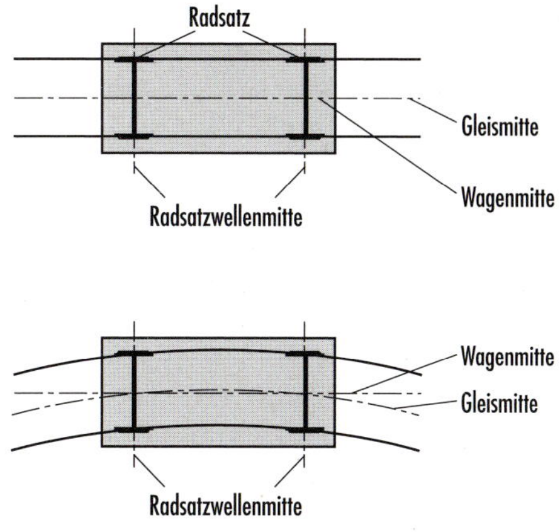

Bild 1: Stellung der Radsätze im Gleis

Der sog. »Sinuslauf« versetzt die Wagenaufbauten in waagrechte Schwingungen quer zum Gleis, wobei mit steigender Geschwindigkeit die Frequenz der Schwingungen zunimmt.

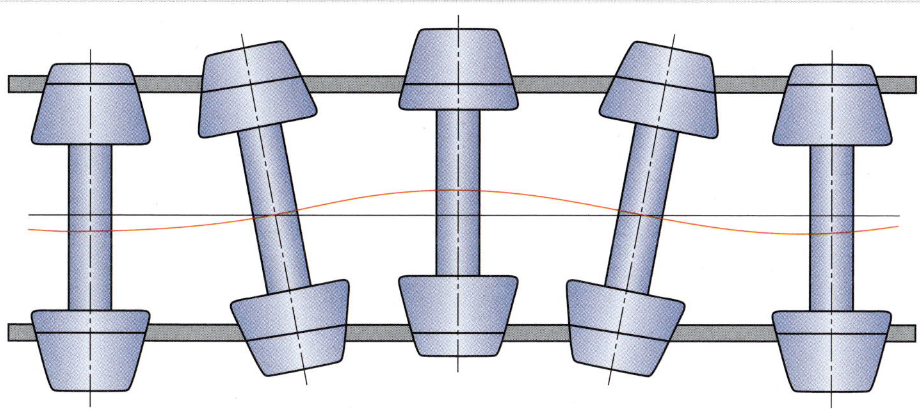

Bild 2: »Sinuslauf« (Veränderungen bei den Laufflächenmitten)

Bedingt durch die nach außen verjüngte Lauffläche der Räder wird der Radsatz immer in eine Mittellage zum Gleis zurückgeführt und im Kurvenlauf der unterschiedliche Laufweg der Räder ausgeglichen. Dieser Radsatzlauf führt zu einem bestimmten Schwingungsverhalten (Resonanz).

Bei älteren Güterwagen liegt dieser Resonanzbereich bei etwa 65–70 km/h. Die Addition von Schwingung führt zu einem unruhigen Lauf. Deshalb versucht man bei Neuentwicklungen von Güterwagen, die von Radsatzabstand, Überhang und Laufwerksbauart abhängige Eigenfrequenz des Wagenkastens konstruktionsmäßig so zu beeinflussen, dass sie außerhalb des kritischen Bereiches der Radsatzfrequenz liegt.

3.3 Güter- und Reisezugwagen

Die Transportaufgaben eines modernen Eisenbahnunternehmens lassen sich in zwei große Gruppen einteilen:

- **Personenverkehr** (s. Kap. 1.3.1)
- **Güterverkehr** (s. Kap. 1.3.2)

Dabei haben die für den eigentlichen Transport vorgesehenen Wagen (Oberbegriff: Fahrzeuge) stark voneinander abweichende Bauformen. Dies gilt nicht nur für den sog. Wagenkasten, sondern vor allem für das Laufwerk, die Bremse sowie für die Zug- und Stoßeinrichtungen. Aus den unterschiedlichen Transportbedingungen ergibt sich die Notwendigkeit einer getrennten Entwicklung von Güter- und Reisezugwagen.

Im **Güterwagen** werden verschiedene Güter transportiert mit

- großen Lasten
- mittleren Geschwindigkeiten
- geringeren Beschleunigungs- und Verzögerungskräften

Dabei treten sehr große Gewichtsunterschiede zwischen leeren und beladenen Wagen auf, woraus sich besondere Bremsbedingungen ergeben.

Moderne Güterwagen sind für Höchstgeschwindigkeiten von bis zu 120 km/h zugelassen und sind zunehmend mit GPS-Empfängern und Transpondern zur Positionsüberwachung im Bedarfsfall ausgestattet.

Bild 1: Beladene Güterwagen

Im **Reisezugwagen** werden befördert

- verhältnismäßig geringe Lasten
- unter großen Geschwindigkeiten und
- mit starken Anfahr- und Bremsverzögerungskräften

Dabei soll ein Höchstmaß an Laufruhe und Komfort der Innenausstattung erreicht werden.

Bild 2: Reisezugwagen

3.3.1 Hauptbauteile und Einrichtungen von Eisenbahnwagen

Der Radsatz

Da der Radsatz die Verbindung zwischen Fahrzeug und Schiene bildet, hängt von ihm die Laufgüte und insbesondere die Betriebssicherheit ab.

Übersicht über die Bauteile

- Radsatzwelle
- Räder
- Radsatzlager

Bild 1: Radsatz (am Beispiel eines Güterwagens – Gattung E)

Die **Radsatzwelle** hat die Aufgabe, die Wagenlast in den Schenkeln aufzunehmen und über die Räder auf die Schienen zu übertragen. Radsatzwellen werden deshalb aus geschmiedetem Stahl mit mindestens $50\,kN/cm^2$ Festigkeit hergestellt und je nach Bauart für Radsatzfahrmassen (Radsatzlasten) von 14–22,5 t ausgelegt.

Die **Räder** werden unterschieden in Räder mit Radreifen (bereifte Räder) und in Vollräder (Monoblockräder). Seit geraumer Zeit werden hauptsächlich Vollräder verwendet, da sie gegenüber dem bereiften Rad technische Vorteile aufweisen, u. a. Vermeidung loser Radreifen, höhere Verschleißfestigkeit durch Radkranzvergütung. Sie werden außerdem als Scheibenräder ausgeführt und sind zum Teil gewellt. Durch diese Formgebung erreicht man eine höhere statische Festigkeit bei gleichzeitiger Gewichtseinsparung. Radscheiben werden im sog. »Kaltverfahren« mit einer Druckkraft von 4–6 kN je Millimeter des Nabendurchmessers auf den Nabensitz der Welle aufgepresst.

Bild 2: Schnitt durch ein Monoblockrad

Die **Radsatzlager** unterscheidet man in Gleitsatzlager und Rollenlager, wobei die Gleitsatzlager kaum noch Verwendung finden, da sie heutigen Anforderungen nicht mehr genügen.

Radsatzmaße: Das Spurmaß ist der Abstand zweier Bezugspunkte am Spurkranz und beträgt 1410–1426 mm (s. Kap. 2.2.1). Bei Zwischenachsen kann er kleiner sein. Der Radreifeninnenabstand, auch Abstand E (AR-Maß) genannt, dient zur Beurteilung eines Radsatzes bezüglich verbogener Wellen oder verschobener Räder, insbesondere nach Entgleisungen. Er beträgt 1360 mm. Die Maße am Spurkranz sowie die Radreifendicke geben Aufschluss über die Einlauftiefe und sonstige Abnutzungserscheinungen der Lauffläche und des Spurkranzes.

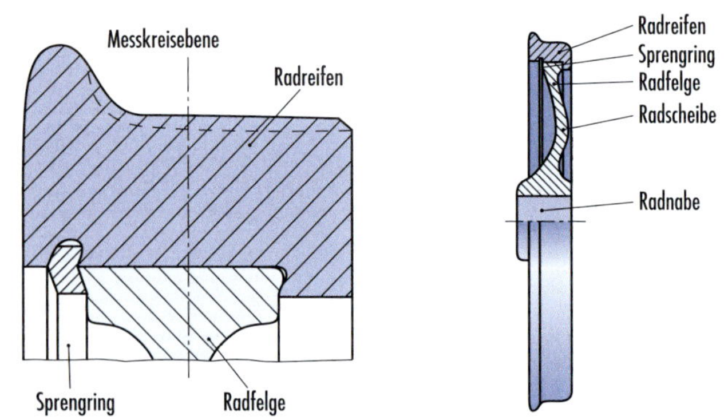

Bild 1: Teile eines bereiften Rades

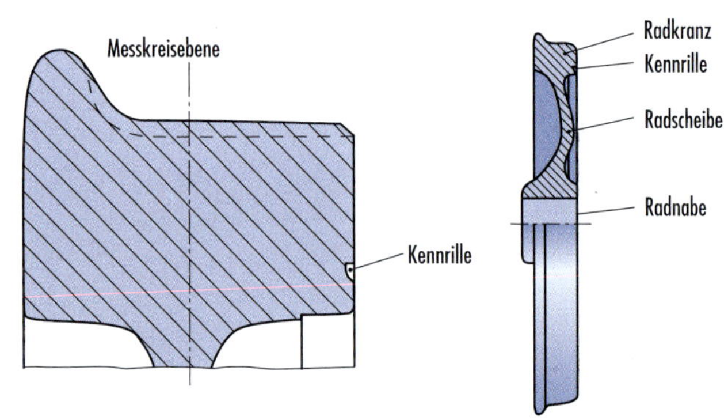

Bild 2: Teile eines Vollrades

Wesentliche Bestandteile eines Laufwerks

Baugruppen des Laufwerkes eines Lenkradsatzwagens

- **Radsatzhalter**
- **Tragfedern**
- **Federaufhängung**

Radsatzhalter älterer Fahrzeuge sind aus Blechen gepresst, bei neueren Wagen dagegen aus Flachstahl hergestellt und werden durch Nieten, Anschweißen oder Schließringbolzen am Langträger montiert. Der Radsatzhaltersteg dient hierbei zur Verbindung beider Radsatzhalterhälften und hat die Aufgabe, bei größeren Beanspruchungen das Versetzen der Radsatzhalter zu erschweren sowie die Parallellage der Gleitbacken zu garantieren.

Tragfedern dienen zur Verbindung von Wagenuntergestell und Radsätzen, fangen bei der Fahrt auftretende Stöße und Schwingungen auf und unterbinden einseitige Radentlastungen (Entgleisungsgefahr!). Gleichzeitig werden Fahrzeug, Ladegut und Oberbau bei intakter Federung geschont. Verwendung finden sog. Blatttragfedern, Parallelfedern und Schraubenfedern.

Die **Federaufhängung** erfolgt bei Blatttragfedern, Parallelfedern und Schraubenfedern am Untergestell des Wagens durch Gehänge mittels Federlaschen oder Federschaken.

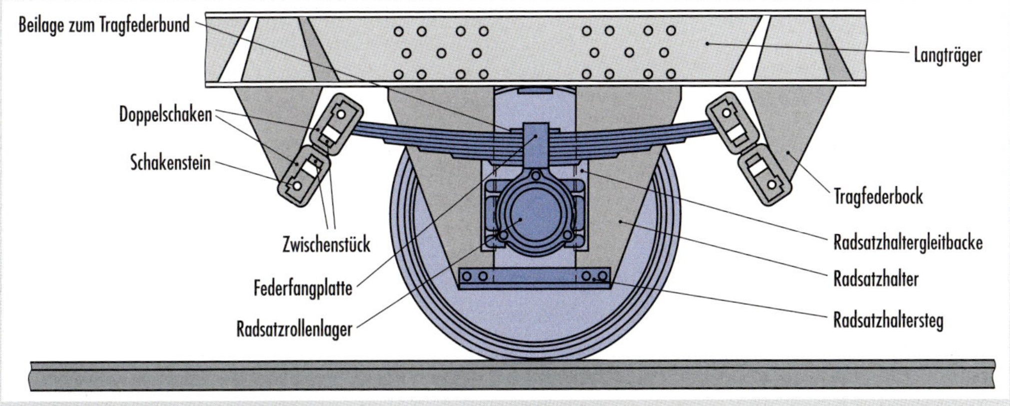

Bild 1: Gesamtansicht eines Laufwerkes

Drehgestelle

Drehgestelle von Güter- und Reisezugwagen haben zwei in einem Rahmen angeordnete Radsätze und bilden für sich kleine Fahrzeuge, welche die Last eines Wagens tragen und sich dabei um die im Wagenuntergestell eingebaute Drehpfanne drehen.

Bild 2: Drehgestell

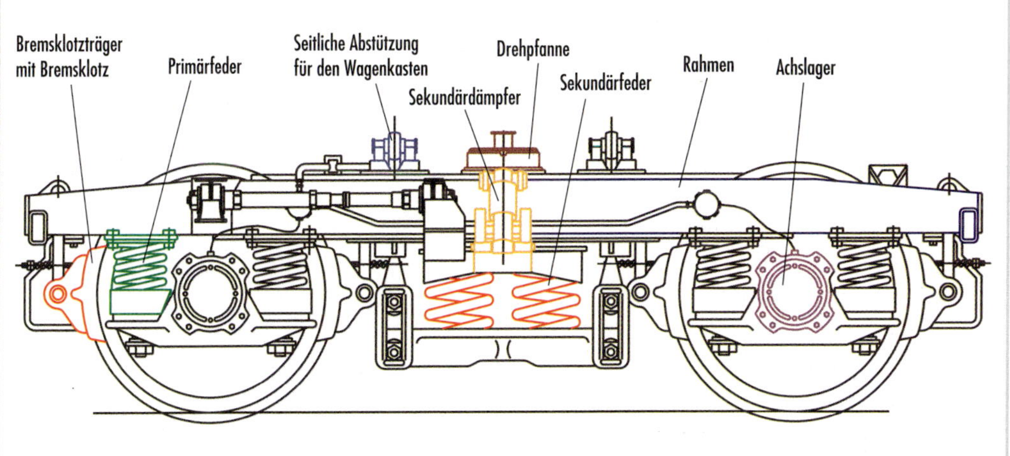

Bild 3: Teile eines Reisezugwagen-Drehgestells

Drehgestelle von Güterwagen sollen – auch bei höheren Geschwindigkeiten – eine hohe Tragfähigkeit und Laufruhe aufweisen.

Dagegen werden an das Drehgestell eines Reisezugwagens besondere Ansprüche hinsichtlich der Laufruhe, des Fahrkomforts und hoher Geschwindigkeiten gestellt.

Zug- und Stoßeinrichtungen

Zur Übertragung der Lokomotiv-Zugkräfte sowie der Pufferdruckkraft beim Auflaufen und Bremsen dienen die Zug- und Stoßeinrichtungen. Sie liegen in einer waagrechten Ebene zwischen maximal 1065 mm und mindestens 940 mm Höhe über der Schienenoberkante.

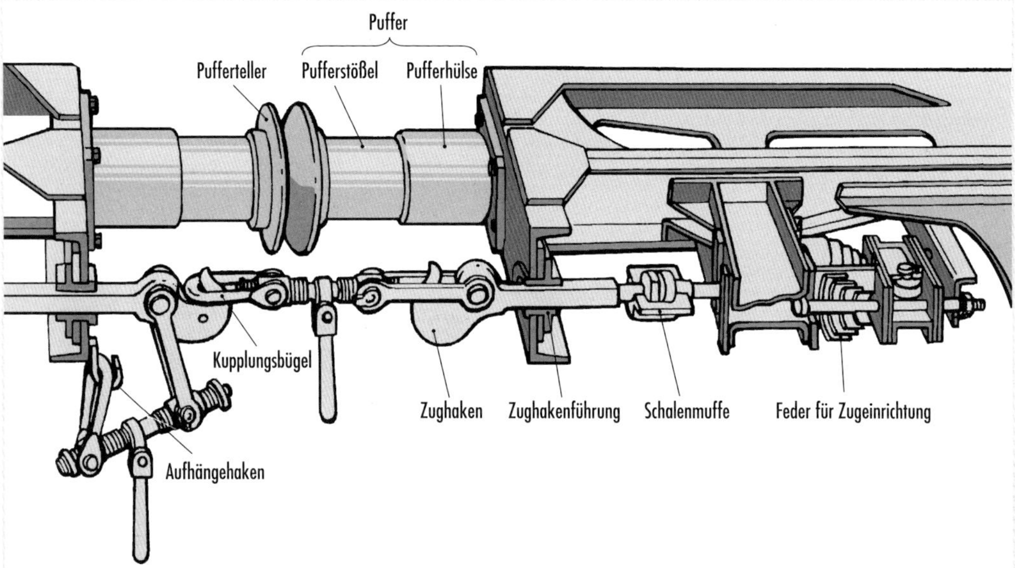

Bild 1: Zug- und Stoßeinrichtungen

Dabei unterscheidet man je nach Aufbau in:

- durchgehende Zugeinrichtung mit einer Kegelfeder
- geteilte Zugeinrichtung mit zwei Kegelfedern (nicht für Automatikkupplung vorbereitete Wagen)
- Federapparat für Reise- und Güterzugwagen (die für automatische Kupplung vorbereitet sind)

Schraubenkupplung und Zughaken

Die Schraubenkupplung ist mit dem Zughaken durch den Kupplungsbolzen verbunden und stellt die Verbindung von einem Wagen zum anderen her. Ihre Bestandteile sind:

- Kupplungsspindel mit den beiden Kupplungsmuttern
- Kupplungsbügel
- Kupplungsschwengel
- Kupplungslaschen

Die Kupplungslaschen sind hierbei der schwächste Teil an der gesamten Zugeinrichtung und sollen beim Auftreten von außergewöhnlichen Zugkräften (z.B. bei Unfällen) als Sollbruchstelle (evtl. Bruch erfolgt genau an dieser Stelle) dienen.

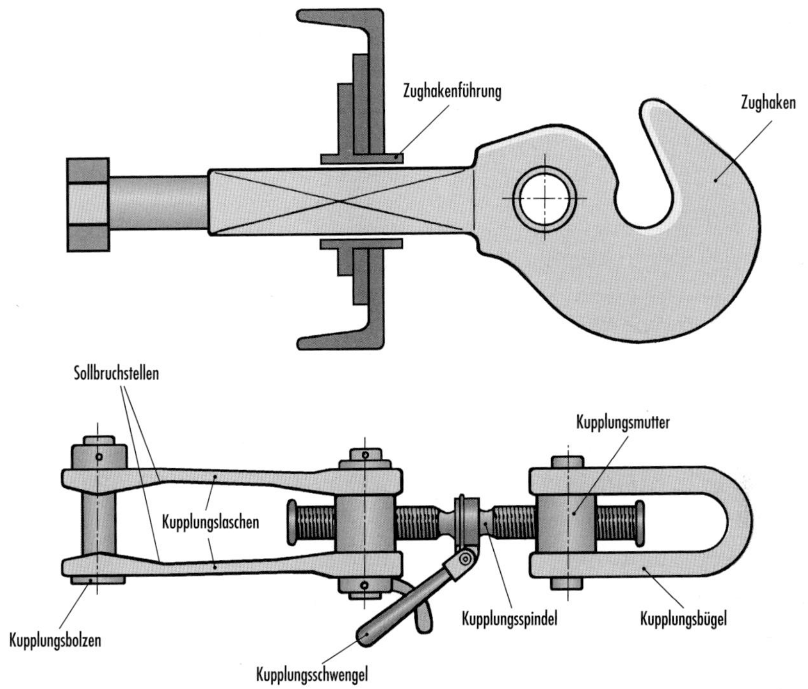

Bild 1: Zughaken und Kupplungsspindel

Stoßeinrichtung – Puffer

Von den Puffern werden die bei den Eisenbahnfahrzeugen auftretenden waagrechten Stoßkräfte aufgenommen. Folgende Pufferarten werden an den Fahrzeugen eingebaut:

- Hülsenpuffer mit Ringfeder
- Hochleistungspuffer mit Ringfeder
- Hochleistungspuffer mit Ringfeder und Gashydraulik

Bei älteren Fahrzeugen erfolgt die Übertragung der Triebfahrzeug-Zugkräfte über die Schraubenkupplung, den Zughaken, die Zugstange auf den Federapparat (mit Zugfeder) und weiter auf die mittleren Langträger.

Bei neueren Fahrzeugen (auf Mittelpufferkupplung vorbereitet) erfolgt die Kraftübertragung über Schraubenkupplung und Zughaken auf das Federwerk und dann auf die mittleren Langträger sowie über die Diagonalträger bis auf die Kopfträger.

Stoßkräfte treten beim Bremsen und – noch weitaus stärker – beim Auflaufen auf. Dabei werden diese Kräfte über die Puffer auf die äußeren Langträger und auf die Diagonalträger übertragen und verteilt.

Das Untergestell

Während der Wagenaufbau je nach Verwendungszweck des Fahrzeugs unterschiedlich konstruiert ist, besteht das Untergestell, insbesondere bei Güterwagen, aus Bauteilen gleicher Funktion und bildet das tragende Element für die Wagenaufbauten.

Wesentliche Bauteile des Untergestells

- Langträger
- Querträger
- Kopfstück oder Pufferträger

Aufbauten und Wagenkasten

Als Wagenkasten oder Lokomotivkasten wird der Aufbau eines Eisenbahnwagens, Triebwagens oder einer Lokomotive bezeichnet. Wagen- oder Lokomotivkästen können auf einem Rahmen aufgebaut oder selbsttragend ausgeführt und auf der Drehpfanne des Drehgestells gelagert sein.

Die älteste Bauweise ist die **Rahmenbauweise**. Ein massiver Rahmen (auch Untergestell genannt) wird angefertigt, der alle Zug- und Stoßkräfte aufnimmt. An ihm sind auch das Fahrwerk und die Zug- und Stoßvorrichtung befestigt. Der Rahmen muss entsprechend massiv sein und ist in der Regel aus genieteten oder geschweißten Stahlträgern. Die Rahmenbauweise ist auch heute noch bei Güterwagen üblich.

Die **selbsttragende Bauweise** verwendet einen Wagenkasten, der keinen Rahmen bzw. Untergestell besitzt. Er ist in der Regel wie eine Vierkant-Röhre aufgebaut, in die seitliche Öffnungen für Türen und Fensterbänder eingebracht sind. Dadurch ist eine erhebliche Gewichtsersparnis möglich. Die selbsttragende Bauweise setzt eine gute Schweißtechnik voraus. Selbsttragende Kästen sind meist die Regel, dabei wird zwischen drei unterschiedlichen Bauweisen unterschieden:

- **Differenzialbauweise**
  Hier wird zunächst ein tragendes Stahl- oder Aluminiumskelett erstellt, auf das anschließend nichttragende Bleche angebracht sind. Die Differenzialbauweise ist das einfachste und kostengünstigste Verfahren zur Erstellung eines Wagenkastens und war lange Standard bei der Fahrzeugherstellung.

Bild 1: Wagenkasten eines Triebzuges in Differenzialbauweise

- **Integralbauweise**
  Beim ICE 3 werden die Wagenkästen in Integralbauweise hergestellt. (Die Triebwerksköpfe sind in Differenzialbauweise ausgeführt.) Bei der Integralbauweise werden sogenannte Strangpressprofile eingesetzt, die sich über die gesamte Länge des Wagenkastens erstrecken. Die Steifigkeit des Wagenkastens wird bei der Integralbauweise durch die Struktur der Strangpressprofile erreicht, sodass keine zusätzlichen tragenden Elemente notwendig sind und eine Leichtbauweise ermöglicht wird. Die Integralbauweise ist – in der Regel im Zusammenhang mit Aluminium als Werkstoff – die heute als Standard verwendete Bauweise zur Erstellung von Wagenkästen.

- **Verbundbauweise**
  Die Verbundbauweise ähnelt der Differenzialbauweise. Auf ein tragendes Gerüst aus metallischen Werkstoffen werden nicht tragende Verkleidungen angebracht. Diese bestehen jedoch im Gegensatz zur Differenzialbauweise aus nichtmetallischen Werkstoffen. Ähnlich einer Verbundbauweise wird bei der Hybridbauweise auf ein Stahlgerippe Beplankungen angebracht, die aus Aluminium und kohlenstofffaserverstärkten Kunststoffen bestehen.

Crashoptimierung:

Sicherheitsaspekte müssen gegenwärtig besondere Konstruktionen von Wagenkästen berücksichtigen und kontinuierlich nach Unfällen optimieren. Ausgangspunkt für diese Entwicklung war die Veröffentlichung der Europäischen Norm DIN EN 15227. In dieser Norm, die heute bei sämtlichen Neuzulassungen von Eisenbahnfahrzeugen erfüllt sein muss, werden unterschiedliche Szenarien definiert, die ein Zug ohne Beeinträchtigung des Überlebensraums von Fahrer und Fahrgästen zu überstehen hat. Vor Inkrafttreten der Norm war der Kopf eines Fahrzeugs nahtlos in die Wagenkastenstruktur integriert. Bei heutigen Schienenfahrzeugen schließt der eigentliche Wagenkasten bereits vor dem Führerstand ab. Der Führerstand befindet sich nun in einem Sicherheitskäfig, der kontrolliert verformt wird und das Überleben des Fahrzeugführers sichert.

3.3.2 Zusatzeinrichtungen der Reisezugwagen

Um Reisezugwagen sowohl im Stand als auch während der Fahrt mit Energie versorgen zu können, sind diese mit vielfältigen technischen Einrichtungen ausgestattet.

Reisezugwagen wurden bisher überwiegend durch Generatoren mit elektrischer Energie versorgt (sog. Generatorwagen). Diese wurden jeweils von einer mitlaufenden Achse angetrieben, wodurch keine Abhängigkeit von der Traktionsart (Dampf-, Diesel- oder E-Lok) bestand. Die Heizsysteme der Wagen werden elektrisch betrieben. Über den Generator wurde die jeweilige Fahrzeugbatterie aufgeladen, sodass diese beim Stillstand der Wagen die Energieversorgung für Beleuchtung und Steuerung übernahm. Nachteilig wirkt sich dabei einmal die begrenzt gespeicherte Energiemenge aus, um Wagen bei längeren Standzeiten mit eingeschalteten Verbrauchern abzustellen. Zum anderen ist ein hoher Instandhaltungsaufwand für die Generatoren notwendig. Dennoch hat sich der Generatorbetrieb bis heute gehalten, da noch viele ältere Reisezugwagen mit dieser Ausrüstung im Einsatz sind (s. Seite 96). Als bei den Diesellokomotiven die ersten Fahrzeuge mit einem Generator für die Versorgung der Zugsammelschiene (ZS) eingesetzt wurden, konnte man mit dieser Leitung auch die Versorgung der anderen elektrischen Verbraucher vornehmen. Bei neueren Reisezugwagen ersetzt man den Generator durch ein Batterieladegerät. Solche Wagen können jedoch nur bei angeschlossener Zugsammelschiene zum Einsatz kommen und werden deshalb zur Kennzeichnung hinter dem Gattungsbuchstaben mit dem Kennbuchstaben »z« versehen (Bezeichnung als z-Wagen). Reisezugwagen mit dem Kennbuchstaben »h« stellen hierzu eine Variante dar, da deren elektrische Einrichtungen sowohl vom Generator als auch über die Zugsammelschiene gespeist werden.

Bild 1: Reisezugwagen (z-Wagen)

Bei den europäischen Bahnen werden die Fahrleitungen hauptsächlich mit den folgenden Spannungssystemen versorgt:

- 15 kV, $16\frac{2}{3}$ Hz (z. B. Deutschland, Österreich, Norwegen, Schweden, Schweiz)
- 25 kV, 50 Hz (z. B. England, Portugal, Dänemark, z. T. Frankreich, Griechenland)
- 1,5 kV Gleichspannung (z. B. Frankreich, Irland, Niederlande)
- 3 kV Gleichspannung (z. B. Belgien, Italien, Polen, Russland, Spanien)
- In Ländern, deren Bahnstromversorgung mit Gleichstrom im »Altbestand« erfolgt, werden Neubau-/Schnellfahrstrecken bevorzugt mit 25 kV/50 Hz installiert.

Während die Gleichspannungen unverändert in die Zugsammelschiene (ZS) gespeist werden, transformieren die auf den Triebfahrzeugen vorhandenen Transformatoren die Wechselspannungen herunter. So beträgt z. B. bei der DB AG und einigen Eisenbahngesellschaften der Nachbarländer die ZS-Spannung 1 kV, $16\frac{2}{3}$ Hz.

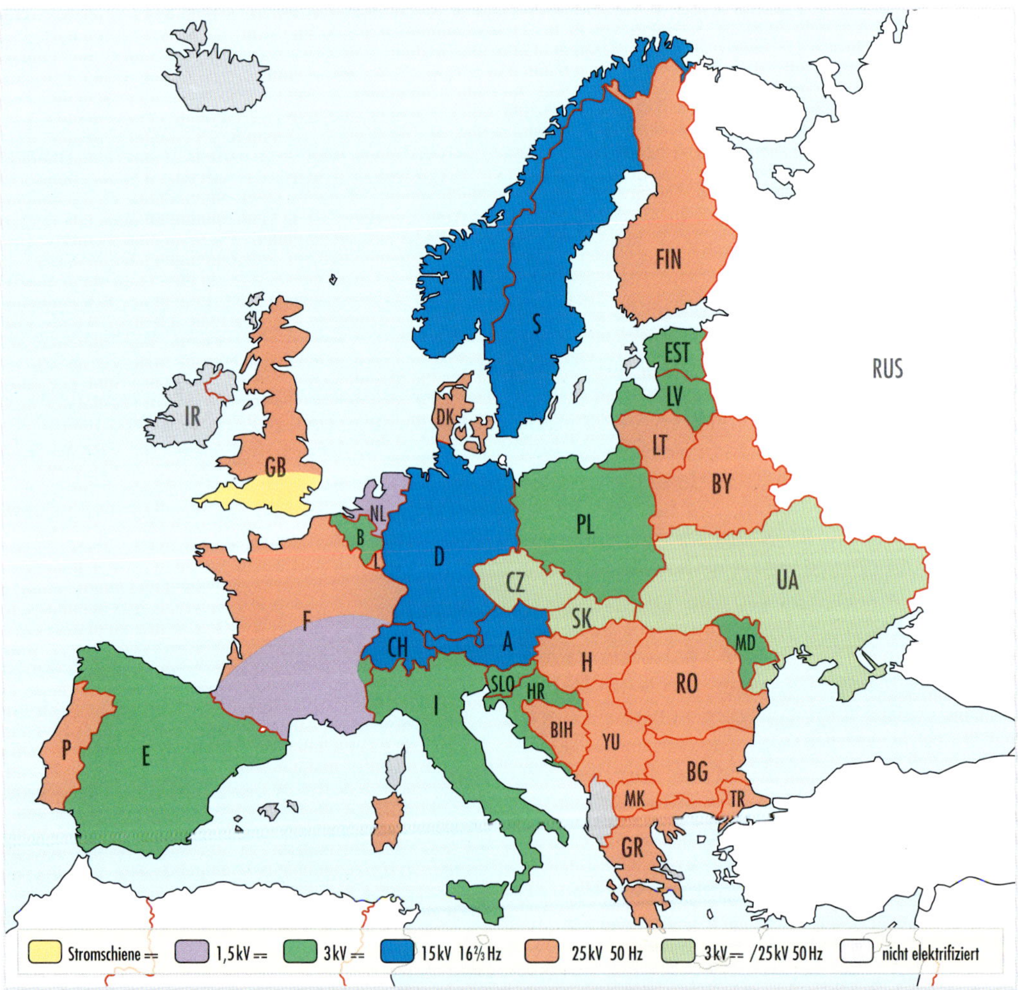

Bild 1: Unterschiedliche Spannungen im Fahrdraht bei europäischen Bahngesellschaften

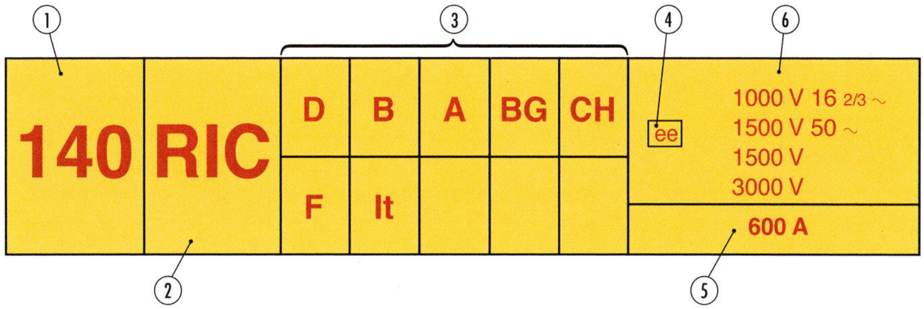

(1) Zulässige Geschwindigkeitsangabe, mit welcher der Wagen verkehren darf.
(2) Wagen entspricht den Bedingungen für den internationalen Verkehr (RIC).
(3) Länderraster mit Kurzzeichen der Bahnen, bei denen der Wagen verkehren darf.
(4) Der Wagen besitzt eine elektrische Energieversorgungseinrichtung; die gesamte elektrische Energieversorgung wird nur über die Zugsammelschiene zugeführt.
(5) Die Zugsammelschiene ist für eine Stromstärke-Belastung von z. B. 600 A ausgelegt.
(6) Angabe der Spannungen und Stromarten, welche für die elektrische Energieversorgungseinrichtung des Wagens zugelassen sind. Nicht verwendbare Stromarten oder Spannungen werden durch einen waagrechten Strich ersetzt.

Bild 1: UIC-Raster

Die Nennspannungen und Stromarten, mit denen die Energieversorgungs- und Heizsysteme eines Wagens betrieben werden können, sind in einem besonderen Raster neben dem RIC-Zeichen am Langträger angeschrieben.

Wagen mit elektrischer Heizung werden mit einem »e«, Wagen mit zentraler elektrischer Energieversorgung aus der Zugsammelschiene (ZS) mit einem »ee« gekennzeichnet.

Aus der Zugsammelschiene gelangt die elektrische Energie über eine Hauptsicherung zum Hauptschalter und weiter zur Wagenheizung bzw. Klimaanlage. Beim »z«-Wagen versorgt eine Zweigleitung das Batterieladegerät, in dem die Hochspannung heruntertransformiert und gleichgerichtet wird. Damit werden die Batterien aufgeladen und sämtliche elektrischen Verbraucher – ausgenommen Heizung – versorgt. Da die Batteriespannung entweder 24 Volt oder 120 Volt beträgt, muss zur Versorgung der Hauptbeleuchtung mit 230 Volt Wechselspannung eine Energieumformung stattfinden. Der elektrische Anschlusswert eines Reisezugwagens beträgt im Allgemeinen bis zu 50 kW und kann bei Sonderbauformen bis 100 kW erreichen. Dabei wird für die klimatechnischen Anlagen (Heizen, Lüften, Kühlen) die meiste Energie benötigt.

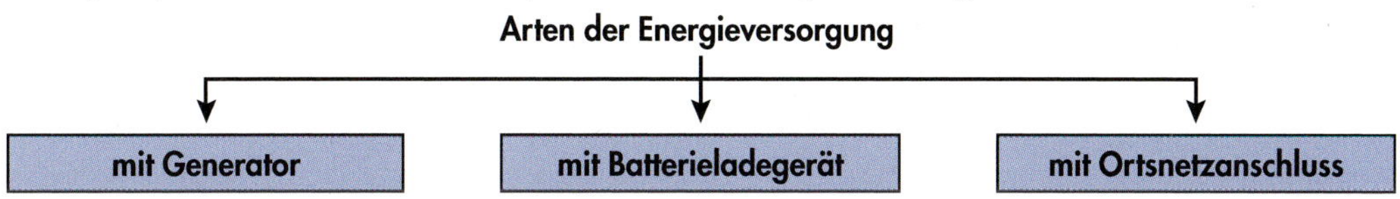

Bei Generatorbetrieb ist die Energieversorgung unabhängig von der Traktionsart sichergestellt. Hoher Instandhaltungsaufwand und die fehlende Energieversorgung im Stillstand wirken sich nachteilig aus.

Durch das Batterieladegerät wird die Energieversorgung auch im Stillstand über die Zugsammelschiene gewährleistet.

Die Energieversorgung aus dem Ortsnetz ergänzt die von Batterien gelieferte Energie bei Speise- und Gesellschaftswagen ohne Batterieladegerät, wenn die Wagen mit eingeschalteten Verbrauchern länger stehen.

Bild 1: Generator am Reisezugwagen
© Backer • Nürnberg

Bild 2: Generator am Reisezugwagen
© Backer • Nürnberg

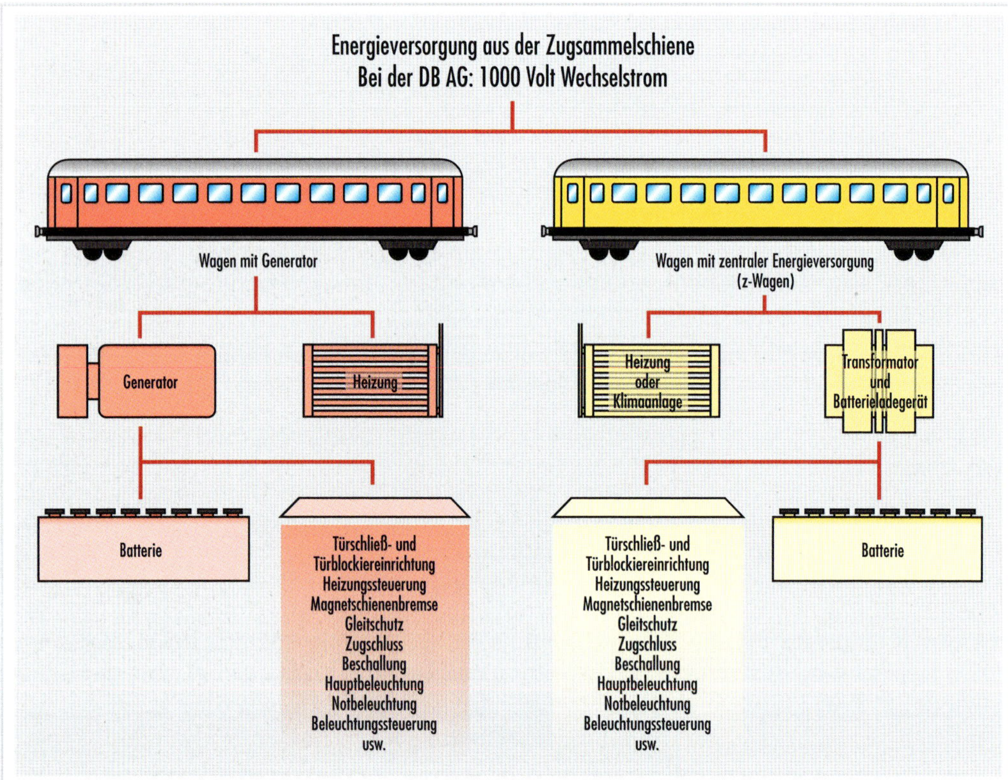

Bild 3: Schema zur Energieversorgung

Reisezugwagen besitzen – meist an einem Wagenende – einen Schaltschrank mit einer Schalttafel. Die Bedeutung der Leuchtmelder wird durch Piktogramme erläutert.

Für die Übertragung von Informationen und Steuerbefehlen verfügen fast alle Reisezugwagen über eine UIC-Informations- und Steuerleitung (IS-Leitung). Sie ist international genormt und eingeführt, um auch mit Wagen verschiedener Bahnen zu harmonisieren. Zu unterscheiden sind jedoch 13-polige Stecker bei älteren Wagen, während neuere Wagen mit 18-poligen Steckern und Kupplungen ausgerüstet sind (erkennbar an einer roten Streifenmarkierung).

Folgende Einrichtungen sind bei durchgekuppelter IS-Leitung wirksam:

- Notbremsüberbrückung
- ZWS (Zeitmultiplexe Wendezugsteuerung)
- FMZ (Frequenzmultiplexe Zugsteuerung)
- ep-Bremse
- Fernschaltung der Beleuchtung
- Türschließeinrichtung (Tb 0)
- Beschallung (Lautsprecher)

Die vom Gesetzgeber geforderte ausreichende Beleuchtung von Reisezugwagen bei Dunkelheit wird im Wesentlichen durch die Verwendung von Leuchtstofflampen erfüllt, wenngleich in den modern ausgestatteten Wagen auch zunehmend die Halogen-Niedervoltlampentechnik ihren Einzug findet. Bei bestimmten Schäden an der Hauptbeleuchtung schaltet sich eine Spar- oder Notbeleuchtung selbsttätig ein.

Zur Kontrolle der Batteriespannungen (24 V, bei Speise- und Steuerwagen 120 V) und der Stromverbraucher dienen die im oberen Teil der Bedientafel angeordneten Spannungsmesser (Voltmeter) und Strommesser (Amperemeter).

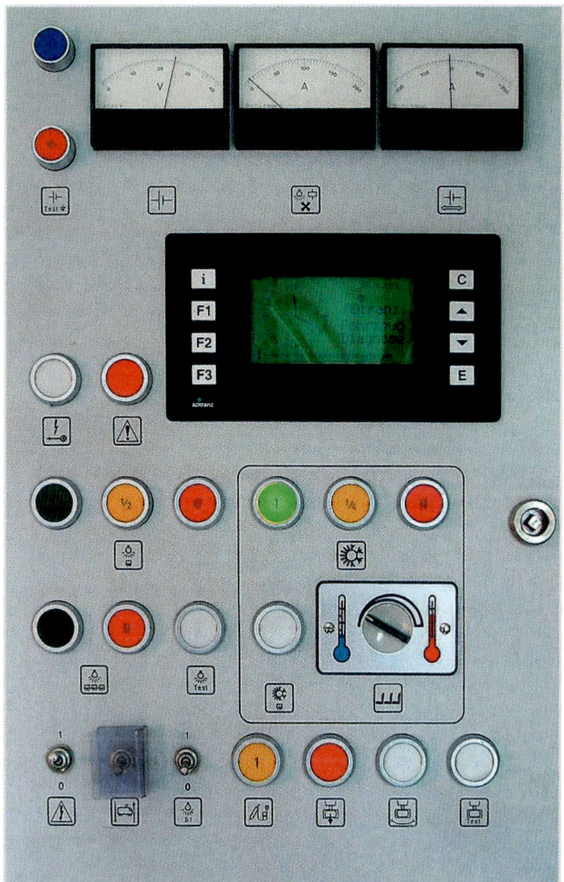

Bild 1: Schalttafel eines Reisezugwagens

Reisezugwagen müssen gemäß der Eisenbahn-Bau- und Betriebsordnung (EBO) mit Einrichtungen zur Beheizung versehen sein. Dafür sind im Wesentlichen drei Heizenergieaufbereitungen im Einsatz, die jeweils die Energie durch Heizkörper ins Wageninnere abgeben.

- Dampf — Vom Dampferzeuger (Heizkessel der Diesellok) wird der Wasserdampf über Rohrleitungen geführt.
- Strom — Die elektrische Energie wird vom Transformator des Triebfahrzeuges oder der örtlichen Zugvorheizanlage über die Zugsammelschiene (ZS) zu den Elektroöfen bzw. Wärmetauschern geleitet und in Wärmeenergie umgewandelt.
- Heizöl — Durch die Verbrennung von Heizöl in einem Brenner wird die dabei frei werdende Wärme in einem Wärmetauscher an einen Heißwasserkreislauf weitergegeben.

Um den wachsenden Komfortansprüchen des modernen Reiseverkehrs gerecht zu werden, werden in Reisezugwagen u. a. auch Klimaanlagen eingebaut. Dies sind technische Einrichtungen zum Lüften, Heizen und Kühlen von Räumen ebenso wie zum Be- und Entfeuchten der Raumluft. Im Gegensatz zu herkömmlichen Heizsystemen verbessern Klimaanlagen auch erheblich den Schallschutz. Da sich das Befeuchten im Eisenbahnbetrieb nicht sinnvoll durchführen lässt, werden Reisezugwagen nur entfeuchtet, sodass es sich nach technischer Definition nur um eine Teilklimaanlage handelt, im Allgemeinen aber hierfür die Wortbezeichnung »Klimaanlage« verwendet wird.

Die mit Klimaanlagen ausgerüsteten Reisezugwagen sind vorwiegend in IR-, EC-, IC- und ICE-Zügen eingesetzt (z. B. Doppelstockwagen, Puma, VT 612, VT 642).

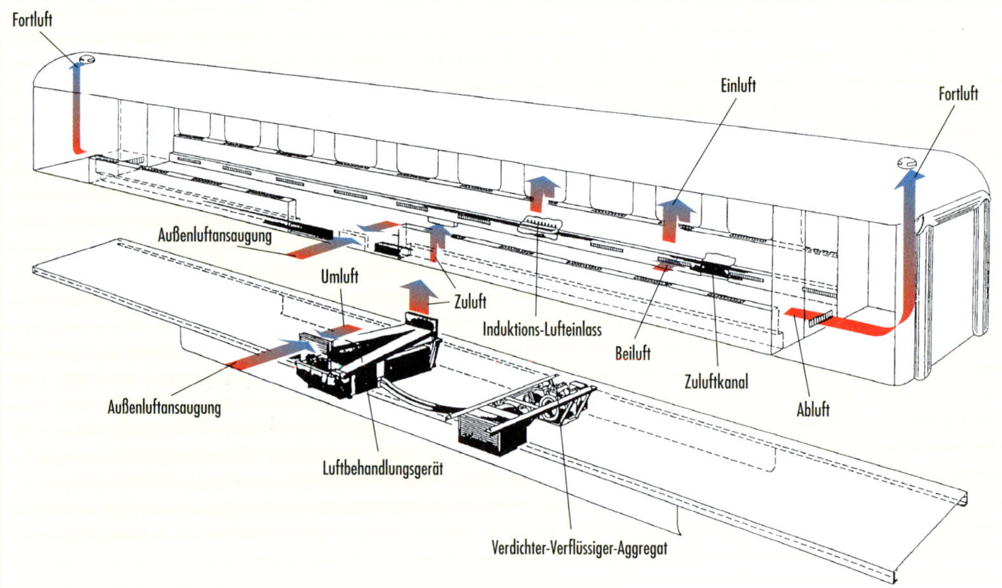

Bild 1: Prinzip einer Klimaanlage (Lufteinblasen unterhalb der Fenster)

1. Benennen Sie die Bauteile eines Radsatzes!
2. Skizzieren Sie den Umriss a) eines Vollrades und b) eines bereiften Rades!
3. Nennen Sie die Einzelbauteile eines Drehgestelles!
4. Welche Arten der Energieversorgung werden zum Betrieb von Zusatzeinrichtungen in Reisezugwagen angewandt?
5. Nennen Sie die wesentlichen Bauteile bzw. Baugruppen der Klimaanlage eines Reisezugwagens!

3.4 Triebfahrzeuge

Triebfahrzeug (Tfz)

Die Eisenbahn zwischen Nürnberg und Fürth (1835) stellte für Deutschland die Umsetzung der Dampfkraft auf ein schienengebundenes Transportmittel dar. Hiermit war auch der Siegeszug eingeläutet, mit Dampf eine Maschine zu bewegen und damit auch Wagen zu ziehen (Traktion). Hier fanden sich schon alle Überlegungen wieder, wie sie auch heute an eine Traktionsart gestellt werden:

- Energieerzeugung
- Energieumwandlung
- Energiesteuerung

Bild 1: »Adler« im Fürther Hauptbahnhof

Der aus einer Dampflok aus dem Schlot hervortretende schwarzweiße Ruß war auch das weit sichtbare Symbol einer großen Energieverschwendung. Das Verhältnis zwischen erzeugter und in Bewegung umgesetzter Energie war zu schlecht, um der Dampflokomotive eine größere Zukunft geben zu können. Der als Maßstab einer Energienutzung bedeutende Wirkungsgrad beträgt bei einer Dampflok nur 6 % und beschreibt damit ihre Unwirtschaftlichkeit.

Aus diesem Grunde suchte man bereits vor der Jahrhundertwende nach wirtschaftlicheren und technisch besseren Antriebs- bzw. Traktionsarten.

Bereits 1867 zeigten Otto und Langen auf der Pariser Weltausstellung einen Verbrennungsmotor (Ottomotor), der einen Wirkungsgrad von 9 % hatte. 1893 erfand Diesel den nach ihm benannten Dieselmotor. Gleichzeitig versuchte man auch in der entdeckten elektrischen Energie eine Traktionsart zu finden. Im Mai 1881 wurde in Berlin die erste öffentliche elektrische Bahn mit einer Streckenlänge von 2,45 km vorgestellt. Damit konkurrierten schon um die Jahrhundertwende drei Traktionsarten miteinander. Nur die großen technischen Schwierigkeiten in der Energiesteuerung beim Diesel- und Elektromotor begünstigten den langen Erhalt der Dampflokomotiven.

Heute beherrschen Diesel- und Elektrotriebfahrzeuge die Fahrzeugherstellung. Nostalgiefahrten mit Dampflokomotiven zeigen nach wie vor die Begeisterung für eine herkömmliche »alte« Technik.

Bild 2: Dampflok der Baureihe 44 auf Nostalgiefahrt

Im vorigen Jahrhundert stand die Überlegung nach der Wirtschaftlichkeit der Traktionsarten, der Ökonomie, im Vordergrund. Heute wird dieser Aspekt durch den Faktor der Umweltbelastung, dem ökologischen Aspekt, ergänzt.

	Treibhausgase (g/Pkm)	**Kohlenmonoxid** (g/Pkm)	**Flüchtige Kohlenwasserstoffe** (g/Pkm)	**Stickoxide** (g/Pkm)	**Feinstaub** (g/Pkm)	**zugrundegelegte Auslastung**
Pkw	139	0,60	0,14	0,34	0,004	1,5 Pers./Pkw
Reisebus	32	0,04	0,01	0,17	0,003	60%
Eisenbahn, Fernverkehr	36	0,02	0,00	0,04	0,000	50 %
Flugzeug	201	0,13	0,04	0,51	0,004	76 %
Linienbus	75	0,05	0,03	0,28	0,002	21 %
Eisenbahn, Nahverkehr	60	0,04	0,01	0,18	0,002	27 %
Straßen-, Stadt- und U-Bahn	64	0,04	0,00	0,00	0,000	19 %

Bild 1: Vergleich der Emissionen einzelner Verkehrsträger im Personenverkehr – Bezugsjahr: 2017

Auch unter dem Gesichtspunkt, dass die elektrische Energie für E-Loks erzeugt und in der Umweltbelastung berücksichtigt werden muss, stellt sie die kostengünstigste und umweltschonendste Antriebsart des Streckennetzes der DB AG dar. Ca. 19000 km werden heute elektrisch betrieben, dies entspricht ca. 60% der Gesamtstrecke von 33500 km. 87 % aller Zugförderungsleistungen im Personen- und Güterverkehr werden mit elektrischen Triebfahrzeugen durchgeführt. Ca. 3400 E-Loks sind dafür im Einsatz.

Antriebsarten

Bei den Triebfahrzeugen (Tfz) wird allgemein unterschieden, durch welche Betriebsmittel der eigentliche Antrieb (der Motor) seine Antriebsenergie entwickeln kann. Grundsätzlich kann man bei der Antriebsart zwischen Verbrennungsmotoren und Elektromotoren unterscheiden. Eine Verbindung beider Antriebsarten stellt der dieselelektrische Antrieb dar, der für sich aber keine neue Art der Bewegungsenergieerzeugung ist.

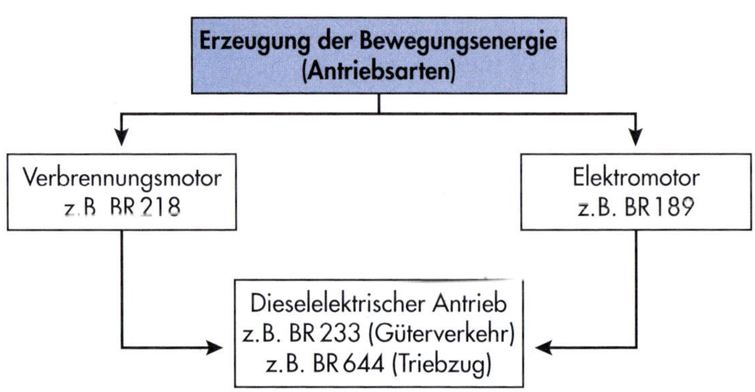

3.4.1 Kennzeichnungssystematik für Schienenfahrzeuge

Schienenfahrzeuge sehen aufgrund ihres symmetrischen Aufbaus an beiden Fahrzeugenden in der Regel fast identisch aus. Deshalb gibt es eindeutige Festlegungen für die Kennzeichnung der Fahrzeugenden und Führerräume (Führerplätze). Die Grundausrichtung eines Schienenfahrzeuges wird mit dem Begriff Orientierungsrichtung beschrieben. Die Regeln hierfür, sowie für deren Darstellung in Zeichnungen und sonstigen Dokumenten sind in der DIN 25 005 enthalten.

In Plänen und Zeichnungen werden Schienenfahrzeuge von rechts nach links dargestellt – das vorn liegende und damit rechts dargestellte Fahrzeugende ist mit »1«, das andere mit »2« gekennzeichnet. Die Fahrzeugseiten ergeben sich aus der Orientierungsrichtung. Sie werden mit »L« für links und »R« für rechts gekennzeichnet.

Bei Zugverbänden werden beginnend mit dem führenden Fahrzeug die folgenden Fahrzeuge entsprechend durchnummeriert. Befinden sich zwei Triebfahrzeuge (Triebwagen) im Zugverband, wird das in Orientierungsrichtung vordere Fahrzeug mit »A« und das hintere mit »B« gekennzeichnet; die dazwischen liegenden Fahrzeuge werden entgegengesetzt zur Orientierungsrichtung mit »C«, »D«, »E« usw. gekennzeichnet.

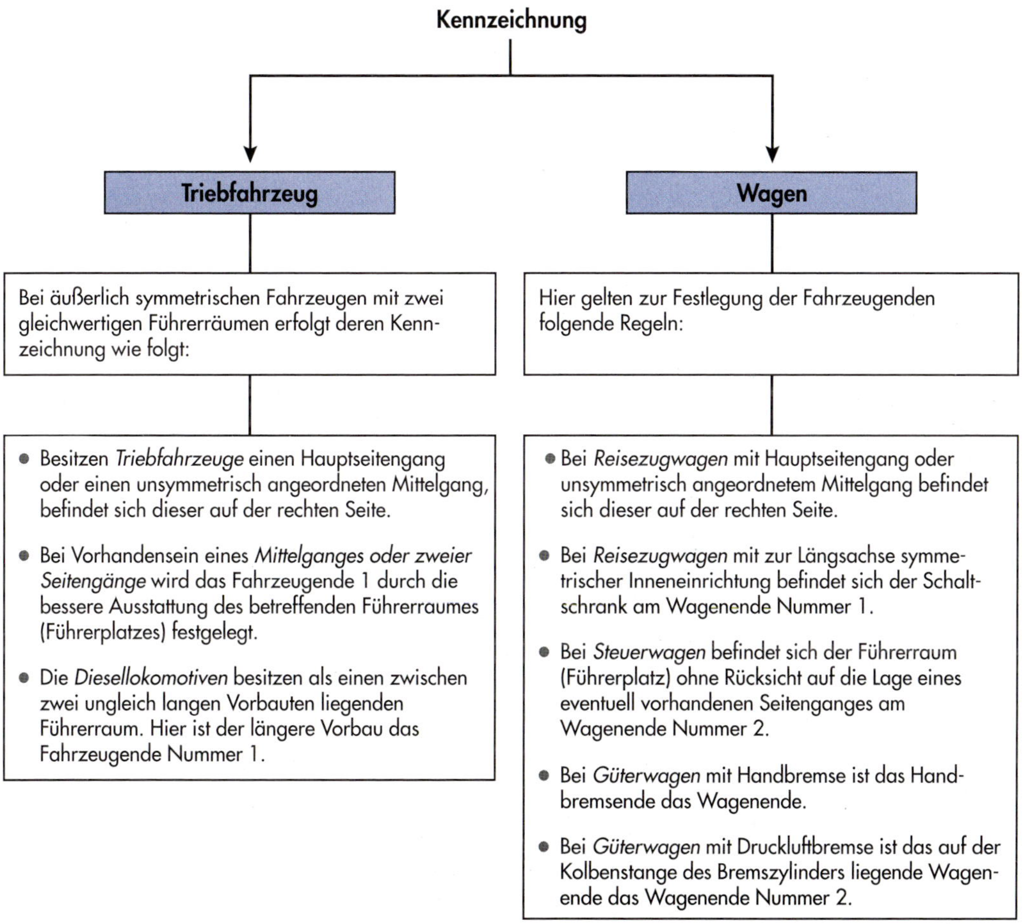

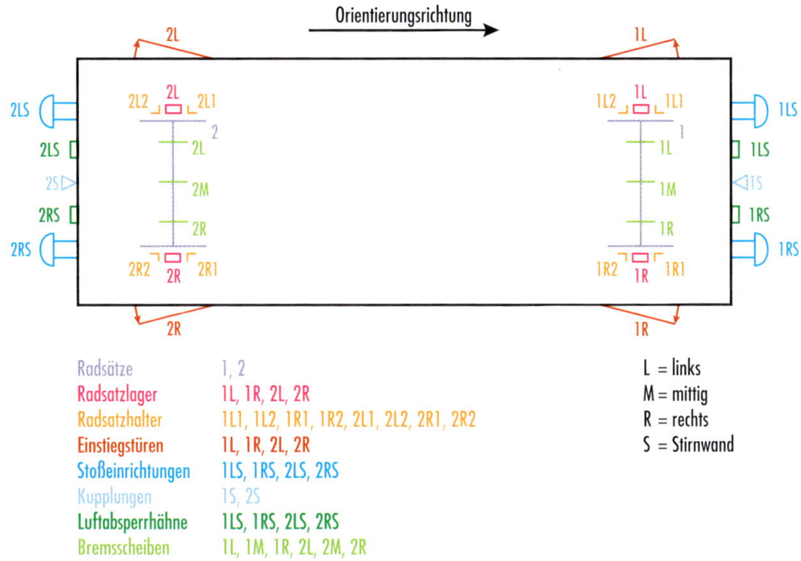

Bild 1: Kennzeichnungsregeln nach DIN 25 005

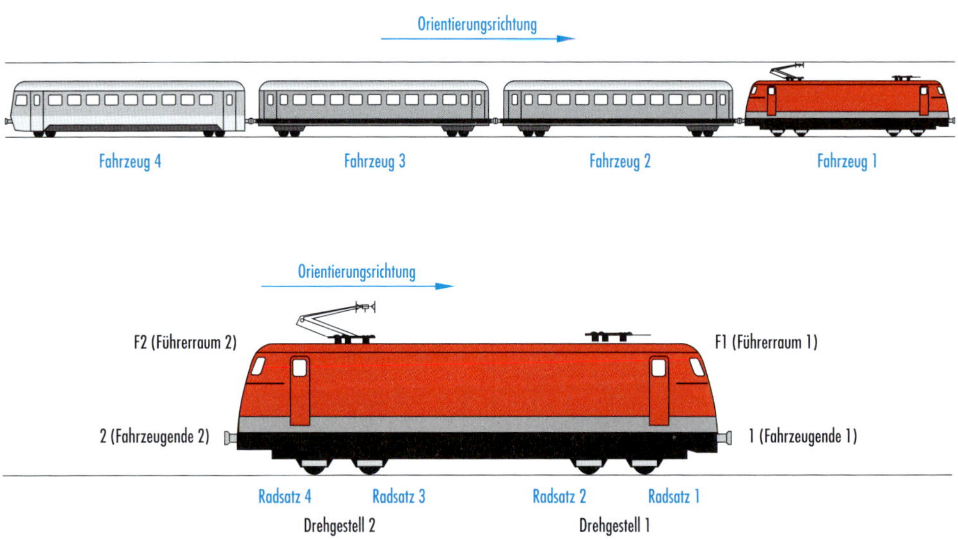

Bild 2: Darstellungsregeln nach DIN 25 005 für Schienenfahrzeuge

Die **Radsatzfolge** (früher Achsfolge) eines Fahrzeugs lässt sich auch durch Kurzzeichen ausdrücken. Die Grundlagen für diese Kennzeichnungsform sind in der DIN 30 052 beschrieben. Die Radsatzfolge ergibt sich aus Anzahl und Anordnung der angetriebenen Radsätze und Laufradsätze sowie deren Führung am Untergestell oder im Drehgestell. Dabei werden die Radsätze entgegen der Orientierungsrichtung beginnend am Fahrzeugende 1 gezählt. Bei mehrteiligen Fahrzeugen werden die Kurzzeichen aneinandergereiht.

Benennungen nach DIN 30 052 (Aufzählung nicht vollständig):

- 1, 2, 3 (arabische Ziffern): Zahl der aufeinander folgenden nicht angetriebenen Radsätze (Laufradsätze) unter dem gleichen Untergestell bzw. im gleichen Drehgestellrahmen.
- A, B, C (Großbuchstaben): Eine, zwei oder drei angetriebene Radsätze (Treibradsätze) unter dem gleichen Untergestell bzw. im gleichen Drehgestellrahmen. Die Art der Kraftübertragung wird dabei nicht besonders angegeben.
- o (kleines »o«): Wird bei angetriebenen Radsätzen als Zusatz angegeben, wenn der Radsatz einzeln angetrieben wird. Fehlt dieser Zusatz, werden alle angetriebenen Radsätze von einem gemeinsamen Antrieb (Zentralantrieb) angetrieben.
- ' (hochgestellter Strich): Wird bei Anordnung im Drehgestellrahmen als Zusatz verwendet, wenn die Radsätze fest oder seitlich begrenzt verschiebbar angeordnet sind.
- ( ) (Klammer): Wird als Zusatz verwendet, wenn in einem Drehgestellrahmen Lauf- und Treibradsätze gemischt enthalten sind.
- [ ] (Eckige Klammer): Wird als Zusatz bei Jakobsdrehgestellen verwendet. Alternativ kann sich auch ein Querstrich über dem Kurzzeichen befinden.
- + (Pluszeichen): Wird als Verbindungszeichen bei einzeln fahrbaren Fahrzeugen verwendet.

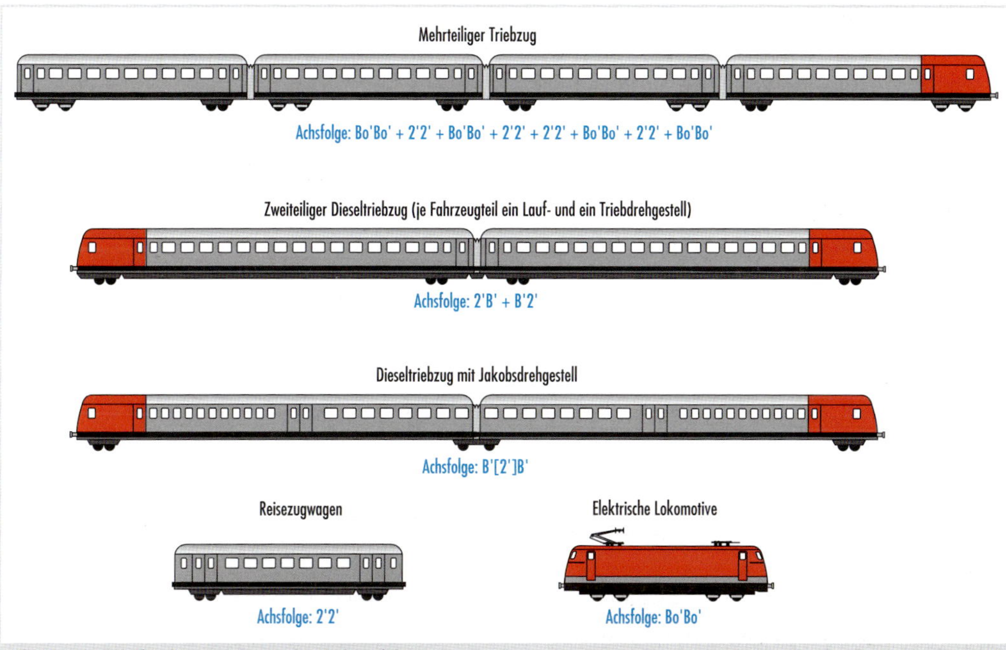

Bild 1: Beispiele für die Bezeichnung der Radsatzfolgen

1. Skizzieren Sie die zeitlichen Entwicklungen der Antriebsarten von Triebfahrzeugen.
2. Vergleichen Sie die Emissionen der verschiedenen Verkehrsträger.
3. Was versteht man unter einem dieselelektrischen Antrieb bei einem Triebfahrzeug?
4. Welche Regeln gibt es bei den Festlegungen für die Kennzeichnung der Fahrzeugenden und Führerräume?

3.4.2 Elektrische Triebfahrzeuge

Ohne elektrische Triebfahrzeuge wäre heutzutage ein leistungsfähiges Bahnsystem nicht denkbar und kaum möglich. Nur elektrische Fahrzeuge ermöglichen eine hohe Leistung in relativ einfacher und strukturierter Bauweise.

Haupteinsatzgebiet für elektrische Fahrzeuge ist der Streckendienst, seltener werden sie im Rangierdienst eingesetzt. Unterschiedlich fallen auch die Anforderungen bezüglich Nah- bzw. Fernverkehr aus. Zum Betrieb benötigen sie eine Nennspannung von 15 kV und eine Nennfrequenz von 16,7 Hz.

Bild 1: Elektrisches Triebfahrzeug mit einer gefahrenen Höchstgeschwindigkeit von 357 km/h auf der innotrans

Elektrische Antriebssysteme werden nach der Art unterschieden, wie der vom Fahrdraht kommende Strom für die Fahrmotoren umgewandelt wird, entweder als Gleich-, Wechsel-, Dreh- oder Mischstrom (s. folgendes Kastendiagramm). Dadurch bedingt sich als Folge die Antriebsschaltung (Direktspeisung, Gleich- oder Umrichtung). Ältere elektrische Triebfahrzeuge sind mit einem Direkt- oder Mischstrommotorantrieb ausgerüstet. Die Geschwindigkeitsregelung wurde durch Änderung der am Fahrmotor angelegten Spannung bewirkt.

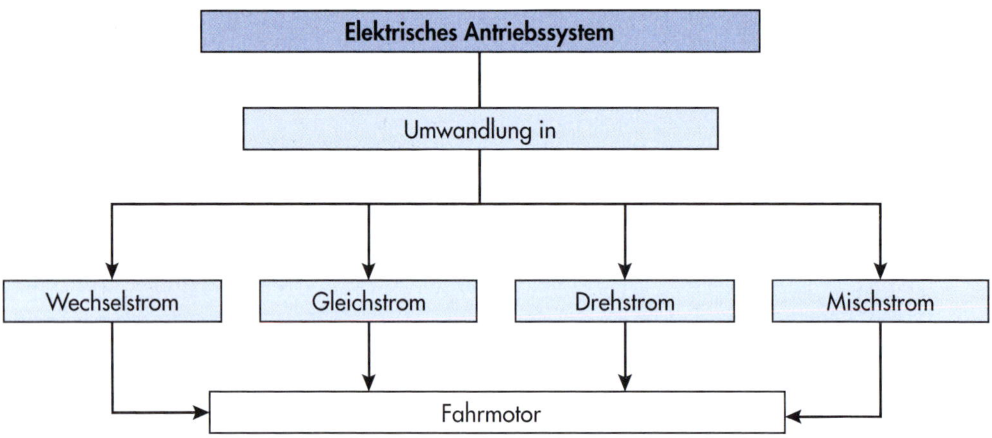

Beim Direktmotorantrieb werden die Fahrmotoren (Wechsel oder Gleichstrommotoren) direkt aus dem Bahnstromsystem mit Wechsel- oder Gleichstrom gespeist. Beim Wechselstromtriebfahrzeug mit Direktmotorantrieb fließt der Fahrleitungsstrom über Stromabnehmer und Hauptschalter in die Hochspannungswicklung des Transformators. Seine Niederspannungswicklung enthält zahlreiche Anzapfungen, die unterschiedliche Spannungen liefern. Die Anzapfungen sind mit einem Schaltwerk verbunden, das die Anzapfung der gewählten Spannung mit dem Fahrmotor verbindet.

Bei Wechselstromtriebfahrzeugen mit Mischstrommotorantrieb wird die Regelung entweder über einen Transformator mit Stufenschalter (Schaltwerk) oder kontinuierlich über einen gesteuerten Gleich-/Wechselrichter (Thyristoren mit Anschnittsteuerung) durchgeführt.

3.4.2.1 Hauptbauteile von elektrischen Triebfahrzeugen

Anhand der Baureihe 189 sollen musterhaft die Bestandteile eines elektrischen Triebfahrzeuges gezeigt werden.

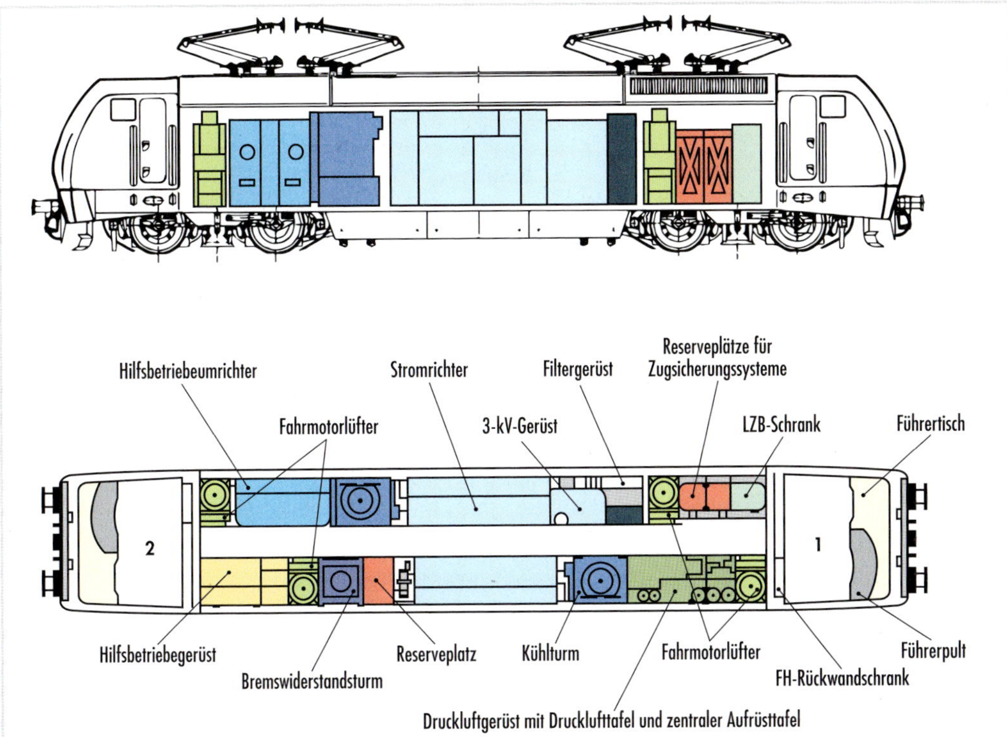

Bild 1: Anordnung der Bauteile einer modernen Mehrsystemlok BR 189

Der **Lokkasten** dient als Basisbauteil, an dem alle weiteren Lokbauteile befestigt sind. Er muss die hohen Zug- und Bremskräfte aushalten und durch mechanische Konstruktionen entsprechende Druck- und Biegefestigkeit aufweisen. Wegen der besonderen Bauform wird er auch häufig als Brückenrahmen bezeichnet. Je nach Loktyp ist der Lokrahmen eine entsprehende Schweißkonstruktion aus Stahlblechen und besteht aus Längs- und Querträgern.

Den jeweiligen Anforderungen gemäß werden Öffnungen für die Aufnahme von z.B. Motor und Getriebe freigelassen. Auch die Zug- und Stoßeinrichtungen werden entweder direkt mit dem Rahmen durch Verschraubung verbunden, oder der Lokrahmen wird durch den Einbau von Verschleißteilen gegen Verformungen bei Stößen geschützt.

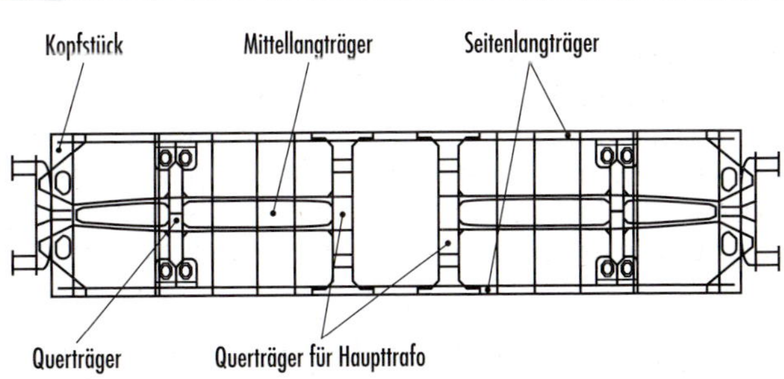

Bild 2: Kompletter Lokkasten moderner Loks BR 101

Der Übergang vom Lokkasten zu den Rädern erfolgt im Drehgestell.

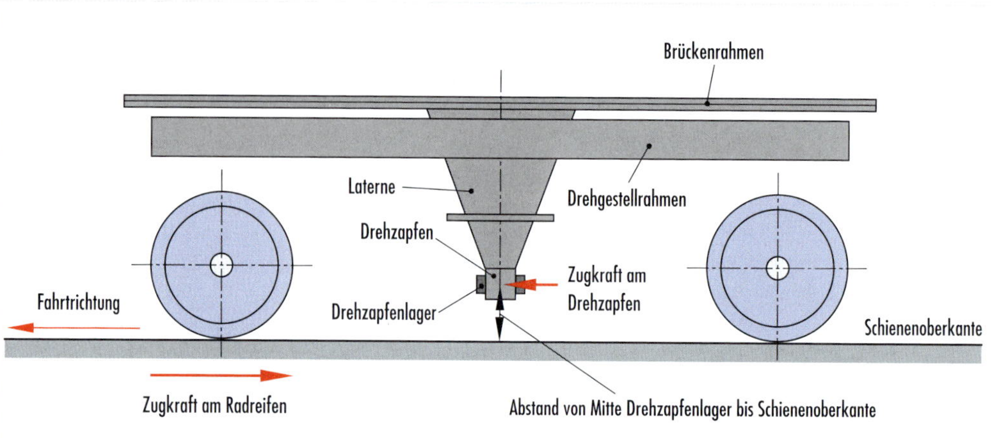

Bild 1: Drehgestell mit Drehzapfen und Drehzapfenlagerung

Die Übertragung der Zug-, Brems- und Führungskräfte vom Drehgestell zum Lokrahmen erfolgt entweder über einen mit dem Lokrahmen verbundenen Drehzapfen, der in Drehgestellmitte in das Drehgestell eintaucht, oder über angreifende Stangen am Drehgestellrahmen. Die verschiedenen Fahrzeughersteller favorisieren jeweils eine dieser beiden konstruktiven Lösungsmöglichkeiten.

Alle vom Drehgestellrahmen auf den Lokrahmen horizontal wirkenden Kräfte werden über das Drehzapfenlager übertragen. Die Angriffspunkte der Kräfte am Radreifen und am Drehzapfenlager liegen dabei nicht auf einer Ebene.

Der Unterschied der Angriffspunkte ergibt einen Hebelarm. Dadurch entsteht eine unterschiedliche Belastung der beiden Radsätze innerhalb eines Drehgestells. Die jeweilige Be- und Entlastung ist abhängig von der Höhe der aufgebrachten Zug- bzw. Bremskraft.

Da der Drehgestellrahmen beweglich gegenüber dem am Lokrahmen angeschweißten Drehzapfen sein muss, darf die Verbindung zwischen Zapfen und Aufnahme im Drehgestellrahmen nicht völlig starr ausgeführt sein. Eine Lösungsmöglichkeit ist es, das Drehzapfenlager mit Hilfe von in Gummi gelagerten Lenkern auszuführen, wie bei der BR 182.

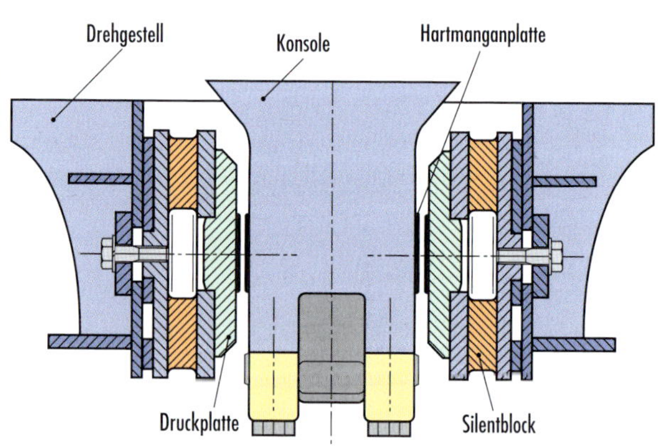

Bild 2: Rechteckige Konsole

Moderne elektrische Triebfahrzeuge (z.B. BR 189) verwenden rechteckige Konsolen mit gefederten Druckplatten anstelle der runden Drehzapfen. Die größeren Übertragungsflächen der Konsolen ergeben eine geringere Belastung durch Zug- und Bremskräfte.

Die Übertragung der Zug-, Brems- und Führungskräfte vom Drehgestell zum Brückenrahmen kann auf verschiedenen Wegen erfolgen.

- Drehzapfen
- Zugstangen
- Zug-/Druckstangen

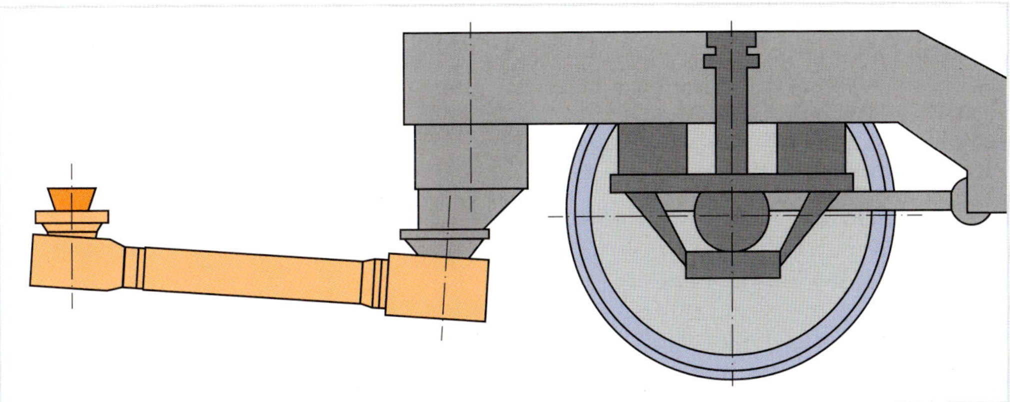

Bild 1: Zug- /Druckstange an BR 185

Drehgestellrahmen gibt es in verschiedenen Ausführungen, je nach dem Verwendungszweck und dem Loktyp. Dieser kann als geschweißter Rohrrahmen (z. B. bei der BR 212) oder als Kastenrahmen, der aus geschweißten Blechen besteht, ausgeführt sein. Wichtigster Bestandteil ist jedoch der sich im Drehgestellrahmen meist mittig befindende Querträger, in den das Drehzapfenlager für die Aufnahme des Drehzapfens eingebaut ist. Bei manchen Baureihen (z. B. BR 185 und BR 401) werden zur Verbesserung der Laufeigenschaften anstelle der Drehzapfens Zug-/Druckstangen verwendet.

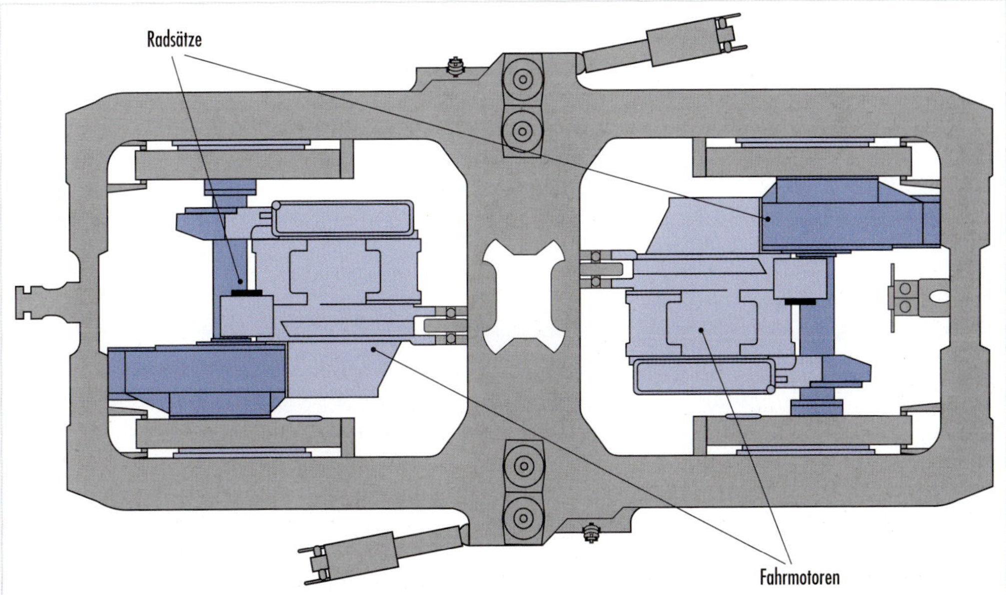

Bild 2: Drehgestell mit Radsätzen und Fahrmotor BR 189

Seitliche Abstützung

Das Drehgestell ist über den Drehzapfen mit dem Brückenrahmen verbunden. Wäre dies jedoch die ausschließliche Verbindung beider Teile, würde es sich nachteilig auf die Fahreigenschaften und die einwirkenden Kräfte auswirken. Deshalb stützt man das Gewicht des Lokkastens auf das Drehgestell ab, ohne die Beweglichkeit zwischen Lokomotivkasten und Drehgestellen zu behindern. Moderne seitliche Abstützungen bestehen aus einer Flexicoilfeder.

Bei Radsatzlagerung und Führung neuerer Formen sind die Radsätze mittels gummigelagerter Lenker am Radsatzlagergehäuse im Drehgestellrahmen spielfrei befestigt. Es können Ausführungen mit ein oder zwei Lenkern pro Radsatzlager zum Einsatz kommen.

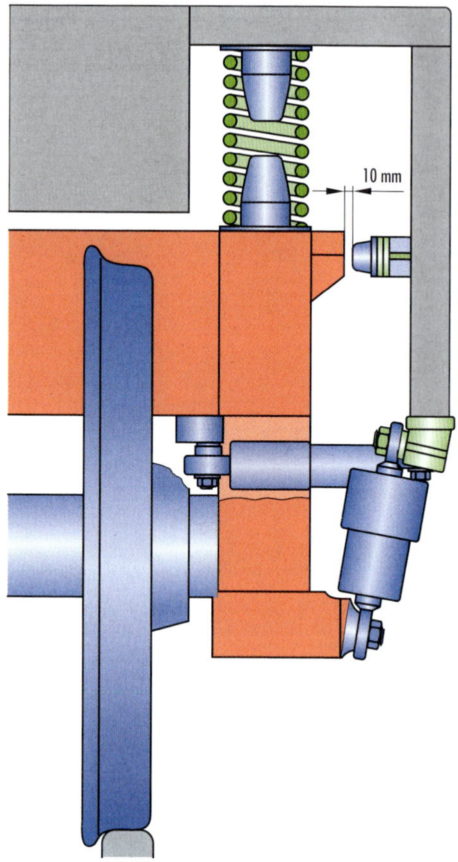

Bild 1: Seitliche Abstützung mit Flexicoilfeder

Bild 2: BR 189 Radsatz

Die Zug- und Bremskräfte einer Lok sowie die Gewichtskräfte werden auf die Radsatzlager übertragen. Je nach Lokgewicht und Antriebskonzept ist das Gewicht auf zwei oder drei Radsätze je Drehgestell verteilt. Als Radsatzlager werden Rollenlager bei der BR 182 verwendet. Die Übertragung der Zug- und Bremskräfte vom Radsatzlagergehäuse auf den Drehgestellrahmen erfolgt durch Zugkraftlenker.

1. Mit welchen Stromarten können Triebfahrzeuge betrieben werden und wovon ist dieses abhängig?
2. Welche Funktion hat der Lokkasten und welchen Belastungen ist er ausgesetzt?
3. Welche Aufgabe hat das Drehgestell und wie ist es mit dem Lokkasten verbunden?
4. Wie stützt man das Gewicht des Lokkastens auf das Drehgestell ab, ohne die Beweglichkeit zwischen Lokomotivkasten und Drehgestellen zu behindern?

3.4.2.2 Antriebsarten Zugkraftlenker

Der Antrieb einer elektrischen Lok erfolgt als die mechanische Verbindung vom Fahrmotor zum federnd im Drehgestell gelagerten Treibradsatz. Er hat die Aufgabe, das Drehmoment der Motorwelle auf den Treibradsatz zu übertragen. Zur Anpassung von Motordrehzahl und Drehmoment an die Fahrgeschwindigkeit und an die zu erzielende Zugkraft ist ein Zahnradpaar (Fahrmotorritzel und Großzahnrad) notwendig.

Die Anforderungen an den Antrieb sind vielfältig:

- Die Masse des Fahrmotors soll zur Schonung der Schiene und des Oberbaues möglichst gering und gefedert auf dem Radsatz gelagert sein. Hierbei darf der ständige Eingriff des Übersetzungsgetriebes nicht beeinträchtigt werden.
- Beim Durchfedern des Drehgestells gegenüber dem Radsatz soll es zu keiner relativen Drehbewegung der Motorwelle kommen.
- Der Antrieb soll möglichst verschleißlos, wartungsfrei und geräuscharm sein.
- Ein Axialspiel zwischen Radsatz und Motor soll vorhanden sein.

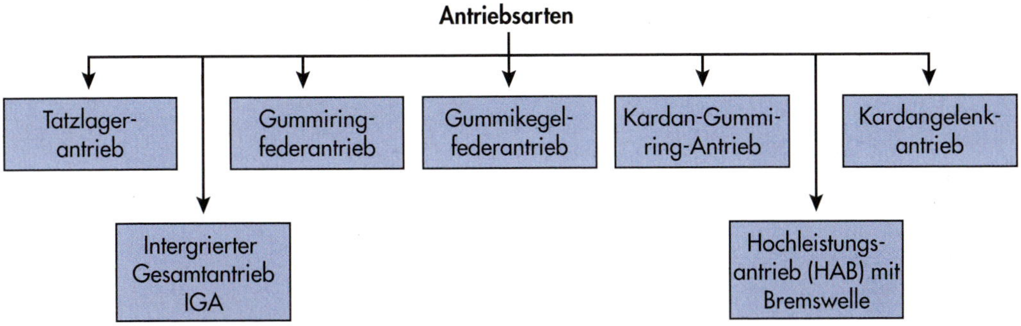

Der **Tatzlagerantrieb** ist die älteste (noch gebräuchliche) Form des Antriebes. Hierbei stützt sich der Fahrmotor auf der einen Seite (gefedert) auf das Drehgestell und auf der anderen Seite (ungefedert) direkt auf dem Radsatz ab. Als Nachteil hat sich erwiesen, dass durch diese Antriebsart der Oberbau stark beansprucht wird und somit nur Geschwindigkeiten bis zu 100 km/h zugelassen werden können.

Der **modifizierte Tatzlagerantrieb** wird heute noch verwendet (z. B. BR 420). Allerdings ist dabei auch die Radsatzseite durch 4 Federn gefedert und verringert dadurch Verdrehungen an der Motorwelle beim Durchfedern des Treibradsatzes. Da jede Achse angetrieben wird, hat jeder Motor nur 200 kW Leistung und ein geringes Gewicht.

Der **Gummiringfederantrieb** stellt eine Weiterentwicklung des Tatzlagerantriebes dar. Der Fahrmotor wird gefedert und über den Drehgestellrahmen und die Hohlwelle des Treibradsatzes abgestützt. Diese Antriebsart macht auch schweres Anfahren unter Last besser möglich. Allerdings ist die Federwirkung nur bis zu einer Geschwindigkeit von 160 km/h ausreichend. Dieser Antrieb wird bei den Baureihen 141, 150 und 151 verwendet.

Um die ungefederten Massen klein zu halten, sind die Fahrmotoren im Drehgestell eingebaut. Die Kraftübertragung erfolgt über einen **Kardan-Gummiringfeder-Antrieb**. Hierdurch werden die starken Fahrbahnstöße bei hohen Geschwindigkeiten gedämpft und die Bewegungen zwischen dem Radsatz und dem Fahrmotor ausgeglichen. Dieser Antrieb wird z. B. bei der BR 103 verwendet. Diese Lokomotiven sind mit Vollrädern (Monoblock) ausgerüstet.

Der **Kardangelenkantrieb** hat zunächst die gleichen Merkmale wie der Kardan-Gummiringfeder-Antrieb. Durch die Verwendung von gummigelagerten Lenkern (statt der Gummiringfedersegmente) ist auch bei hohen Geschwindigkeiten die Beweglichkeit der Hohlwelle gegenüber dem Treibradsatz besser gewährleistet. Ein weiterer Vorteil ist das Übertragen größerer Drehmomente. Der Kardangelenkantrieb wird z.B. in der BR 120 verwendet.

Moderne Antriebe sind der integrierte Gesamtantrieb und der Hochleistungsantrieb mit Bremswelle.

Integrierter Gesamtantrieb (IGA)

Beim integrierten Gesamtantrieb sind Großrad, Zwischenrad und Ritzel in einem gemeinsamen, ungeteilten Getriebegehäuse gelagert, an das der Fahrmotor direkt angeflanscht ist. Die Scheibenbremsen befinden sich auf der Antriebshohlwelle

Dies macht einen sogenannten Platzhalter zwischen Motorritzel und Großrad in Form eines Zwischenrades notwendig. Der Antriebsblock hängt für freie Querbewegungen in Pendeln und ist im Bereich der Drehgestellmitte über einen Zwischenträger am Lokomotivkasten aufgehängt. Der integrierte Gesamtantrieb (IGA) zeichnet sich unter anderem durch geringste unabgefederte Massen aus. Er findet bei der BR 101 Anwendung.

Das vom Fahrmotor erzeugte Drehmoment wird auf die Schiene übertragen durch:

- Motorritzel
- Zwischenrad
- Großrad
- Kardangelenke
- Antriebshohlwelle
- Kardangelenke mit Ankopplung an den Radkörper

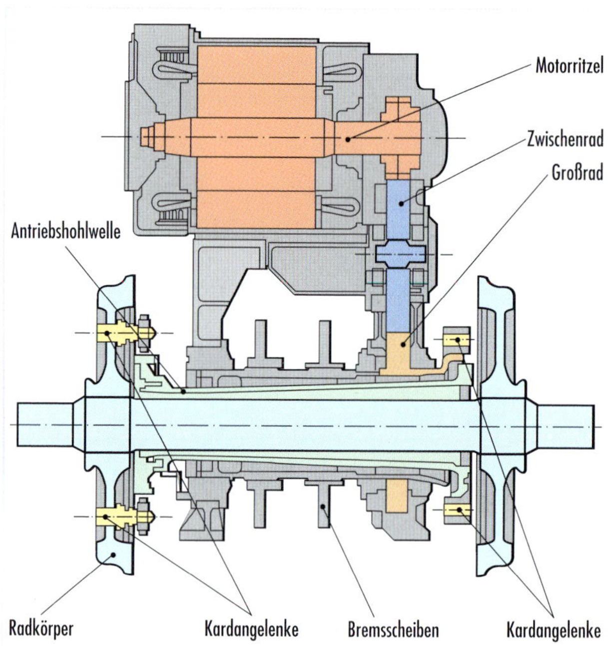

Bild 1: Integrierter Gesamtantrieb

Hochleistungs-Antrieb mit Bremswelle (HAB)

Der voll abgefederte Hochleistungsantrieb besteht aus dem Fahrmotor, dem Getriebe und der Bremswelle. Eine Bremswelle wird durch ein zusätzliches Zahnrad vom Großrad angetrieben. Auf dieser Bremswelle sind zwei ungeteilte Bremsscheiben angebracht. Die gesamte Einheit Fahrmotor, Getriebe und Bremswelle ist im Drehgestellrahmen an drei Punkten aufgehängt. Der Motor ist sowohl vertikal als auch horizontal vollständig abgefedert und gedämpft.

Bei dem HAB-Antrieb handelt es sich um einen Antrieb, der speziell für schnellfahrende Triebköpfe und Lokomotiven entwickelt wurde. Jeder Radsatz wird von einem Drehstrom-Asynchronmotor (s. Seite 120 ff.) mit 1,6 MW Dauerleistung angetrieben. Ritzel und Großrad des Getriebes bilden mit dem Fahrmotor und der Bremswelle eine kompakte Antriebseinheit mit Hohlwellen-Gummigelenkkardan-Antrieb. Vom Großrad des Getriebes wird das Drehmoment über eine Hohlwelle und zwei mit Sphärolastiklagern ausgestattete Lenkkupplungen auf den Radsatz übertragen.

Das vom Fahrmotor erzeugte Drehmoment wird auf die Schiene einseitig übertragen durch:

Motorritzel, Großrad, Kardangelenke, Hohlwelle und Kardangelenke mit Ankopplung an den Radkörper.

Kardan-Gummiringfeder-Antrieb

Um die ungefederten Massen klein zu halten, sind die Fahrmotoren komplett im Drehgestell eingebaut. Die Kraftübertragung erfolgt über einen Kardan-Gummiringfeder-Antrieb. Das vom Fahrmotor erzeugte Drehmoment wird einseitig auf die Schiene übertragen durch:

Ritzel, Großzahnrad, gummigelagerte Lenkerhebel (Kardangelenke), Hohlwelle, innen liegende Gummiringfedern und Radkörper.

Durch diese zweimalige elastische Kraftübertragung werden die starken Fahrbahnstöße bei hohen Geschwindigkeiten (> 160 km/h) gedämpft und die Bewegungen zwischen Radsatz und Fahrmotor ausgeglichen. Dieser Antrieb wird bei der Lok BR 103 verwendet. Die Lokomotiven sind mit Vollrädern (Monoblock) ausgerüstet.

Sowohl der Hochleistungsantrieb mit Bremswelle, als auch der Kardan-Gummiring-Feder-Antrieb finden speziell bei Triebfahrzeugen Anwendung, die mit hohen Geschwindigkeiten fahren. Gerade dann ist der besonders ruhige Fahrzeuglauf notwendig für den Fahrkomfort.

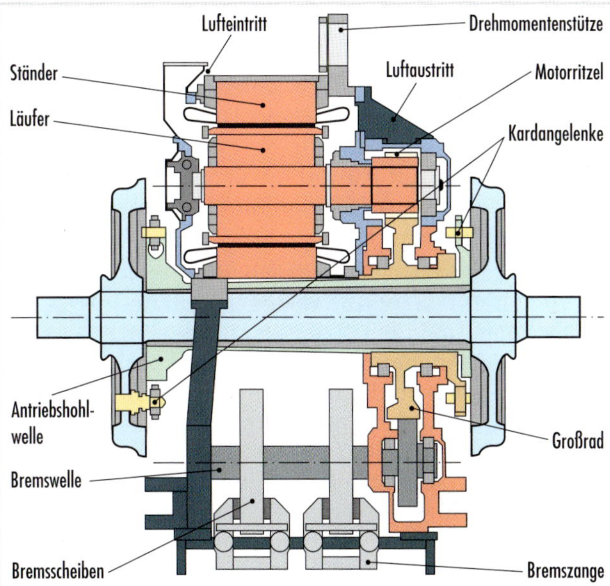

Bild 1: Hochleistungsantrieb mit Bremswelle (BR 182)

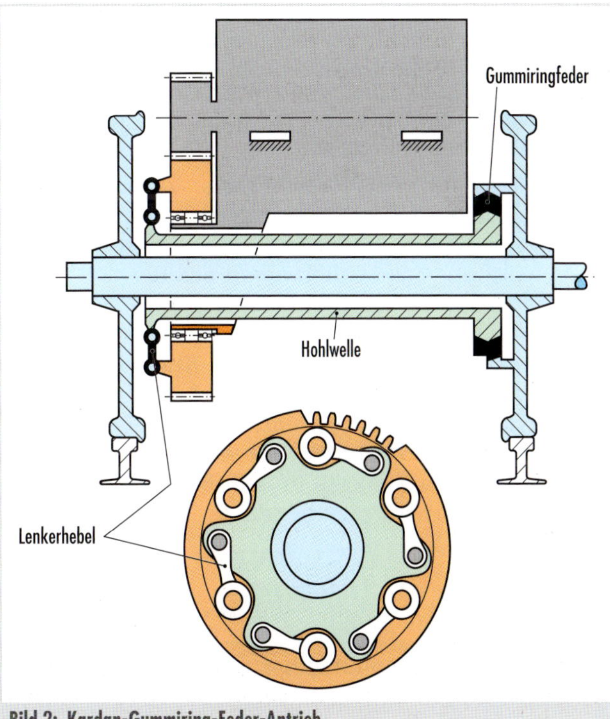

Bild 2: Kardan-Gummiring-Feder-Antrieb

3.4.2.3 Zug- und Stoßeinrichtungen

Die Zug- und Stoßeinrichtungen der Drehstromtriebfahrzeuge unterscheiden sich nicht von denen übriger Schienenfahrzeuge. Über diese Einrichtungen wird die erzeugte Zugkraft auf den Zug übertragen bzw. im Bremsfall vom zu verzögernden Zug auf den Rahmen der Lok. Die konstruktive Ausführung des Untergestells der Triebfahrzeuge (mit Ausnahme der BR 182) ermöglicht einen zukünftigen Einbau einer Mittelpufferkupplung.

Bild 1: Aufprallenergieverzehrelement (BR 182)

Um das Untergestell vor Beschädigungen bei versehentlichen Auffahrten auf andere Fahrzeuge möglichst zu bewahren, sind die Loks (mit Ausnahme der Baureihen 145, 185) mit unterschiedlichen Einrichtungen zur Reduzierung der Aufprallenergie versehen. Bei den BR 101 und BR 120 kommt dabei eine Verschleißpufferbohle zum Einsatz, die bei Unfällen durch ein definiertes Verbiegen energieverzehrend wirkt und so die Fahrzeugstruktur schützt. Sie kann im Schadensfall leicht getauscht werden. Bei den Loks der Baureihen 152, 182 und 189 wurden spezielle Crashelemente in Verbindung mit Hochleistungspuffern eingebaut, die über ein Mehrfaches des Energieaufnahmevermögens konventioneller Lösungen verfügen.

Schraubenkupplung und Zughaken

Die Verbindung vom Triebfahrzeug zum anderen Wagen übernimmt die Schraubenkupplung. Sie besteht ähnlich wie beim Reisezug- oder Güterwagen aus der Kupplungsspindel mit den beiden Kupplungsmuttern, dem Kupplungsbügel, dem Kupplungsschwengel und zwei Kupplungslaschen. Die Kupplungslaschen sind der schwächste Teil der gesamten Zugeinrichtung. Sie sollen beim Auftreten von außergewöhnlichen Zugkräften, z. B. bei Unfällen, als Sollbruchstelle dienen.

Mindestfestigkeit:
- Schraubenkupplung 850 kN
- Zughaken und Zugstange 1000 kN

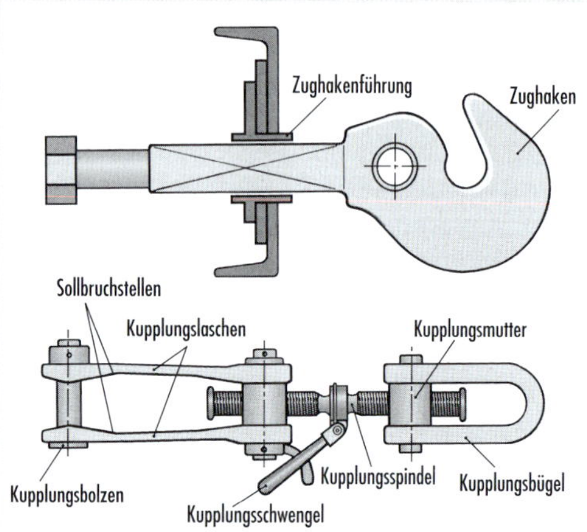

Bild 2: Schraubenkupplung und Zughaken

1. Aus welchen Bauteilen besteht eine Schraubenkupplung?
2. Was versteht man bei einer Schraubenkupplung unter einer Sollbruchstelle?

3.4.2.4 Grundlagen elektrischer Maschinen

Grundlagen Physik

Der Magnetismus ist die physikalische Grundlage elektrischer Maschinen. Unter Magnetismus versteht man die Fähigkeit, Eisenteile anzuziehen. Man unterscheidet natürliche Magnete, künstliche Magnete und den Elektromagnetismus. Wesentliches Kennzeichen des Magnetismus sind seine Feldlinien, die immer in sich geschlossen sind und am magnetischen Nordpol austreten und beim magnetischen Südpol eintreten.

Die Eisenfeilspäne ordnen sich in konzentrischen Kreisen um den Leiter herum an, wenn er von Strom durchflossen wird. Wird die Magnetnadel in einer Kreisbahn um den Leiter herumgeführt, zeigt sie in jedem Punkt in Richtung der Tangente an die Feldlinie. Nach der Umkehr der Stromrichtung zeigt die Magnetnadel ebenfalls in die umgekehrte Richtung. In weiterer Entfernung vom Leiter ist die Kraftwirkung wesentlich schwächer ausgeprägt (Bild 1).

Die Richtung des Stromes im Leiter wird durch einen Punkt (•) oder ein Kreuz (×) gekennzeichnet. Fließt der Strom aus dem Leiter heraus, so zeichnet man in den Leiterquerschnitt einen Punkt, fließt er in den Leiter hinein, so zeichnet man ein Kreuz (Bild 2).

Die magnetischen Feldlinien verlaufen im Uhrzeigersinn, wenn man in Stromrichtung auf den Leiter blickt. Sie verlaufen gegen den Uhrzeigersinn, wenn der Strom auf den Betrachter zufließt. Den Zusammenhang zwischen Stromrichtung und magnetischer Feldlinienrichtung zeigt die Rechtsschraubenregel (Schraubenregel, Bild 3).

Dieses Magnetfeld setzt sich aus einer Vielzahl von so genannten »Feldlinien« zusammen. Die Richtung der Feldlinien um einen stromdurchflossenen Leiter kann man mit der »Schraubenregel« erklären. Denkt man sich eine Schraube mit Rechtsgewinde in Richtung des Stroms in einen Leiter hineingeschraubt, so gibt die Drehrichtung die Richtung der Feldlinien an.

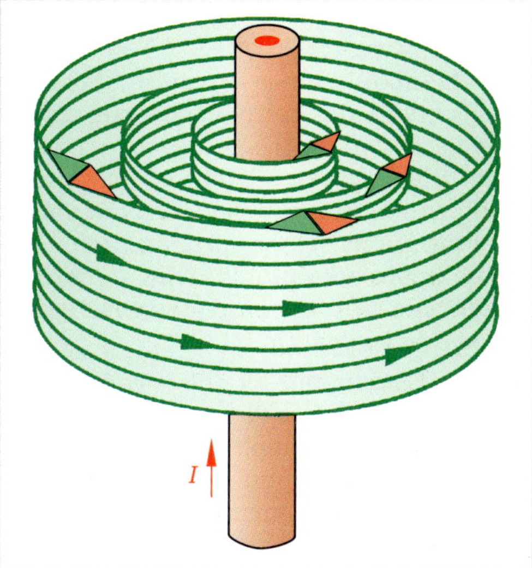

Bild 1: Magnetische Feldlinien um einen stromdurchflossenen Leiter

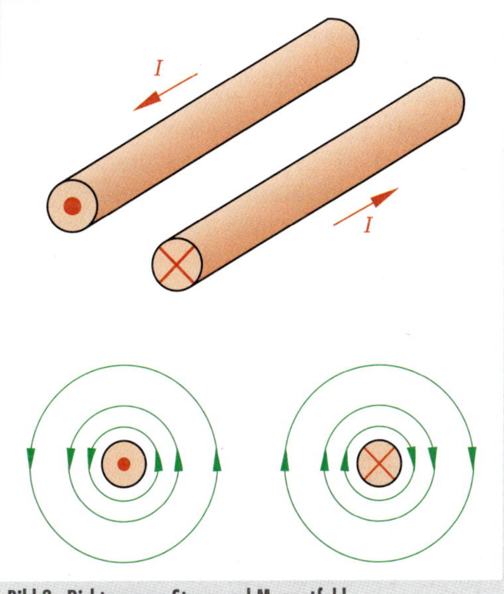

Bild 2: Richtung von Strom und Magnetfeld

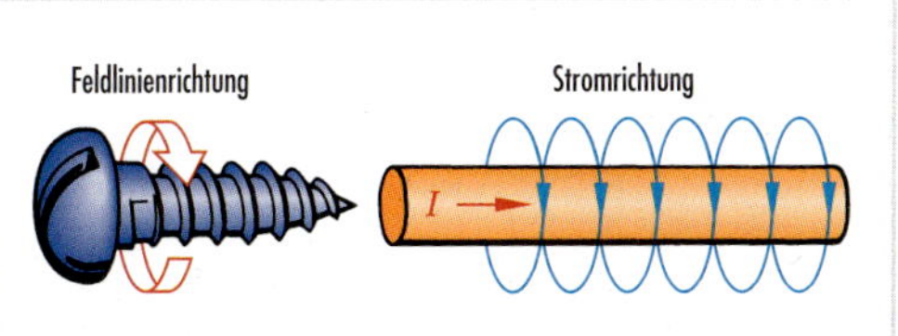

Bild 3: Magnetfeld um Leiter

Stromdurchflossene Spule und Magnetfeld

In der Leiterschleife, durch die Strom fließt, entsteht ein magnetisches Feld (Bild 1). Die Schleife wirkt wie ein kurzer Stabmagnet.

Das Magnetfeld einer stromdurchflossenen Windung ergibt sich aus der Überlagerung der Magnetfelder der benachbarten Leiter (Bild 2, vorherige Seite). Im Innern der Windung verlaufen die Feldlinien in gleicher Richtung und verstärken die magnetische Wirkung. Die Feldliniendichte ist dort groß. Außerhalb der Leiterschleife ergibt sich mit zunehmender Entfernung vom Leiter eine abnehmende Feldliniendichte. Um den Elektromagnetismus besser nutzen zu können, wickelt man einen langen Leiter zu einer Spule. Die Spule besteht aus vielen Leiterschleifen, die man Windungen nennt. Eine Spule besteht aus mehreren in Reihe geschalteter Windungen.

Das Magnetfeld einer Spule ergibt sich aus der Überlagerung der Magnetfelder der einzelnen Windungen. Es entsteht ein Magnetfeld, das dem des Stabmagneten gleicht (Bild 2). Die Feldlinien verlaufen im Innern der Spule parallel und in gleicher Dichte. Das Feld ist dort homogen. Dort wo die Feldlinien aus der Spule austreten, bildet sich der Nordpol, wo sie eintreten der Südpol. Außerhalb der Spule ist das Feld inhomogen (nicht homogen).

Stromdurchflossene Spulen sind Elektromagnete. Die Magnetfeldrichtung (Polarität) einer Spule hängt von der Stromrichtung ab. Nord- und Südpol einer Spule lassen sich auch mithilfe der Spulen-Regel bestimmen (Bild 3). Spulen-Regel: Legt man die rechte Hand so um eine Spule, dass die Finger in Stromrichtung zeigen, dann zeigt der abgespreizte Daumen zum Nordpol der Spule.

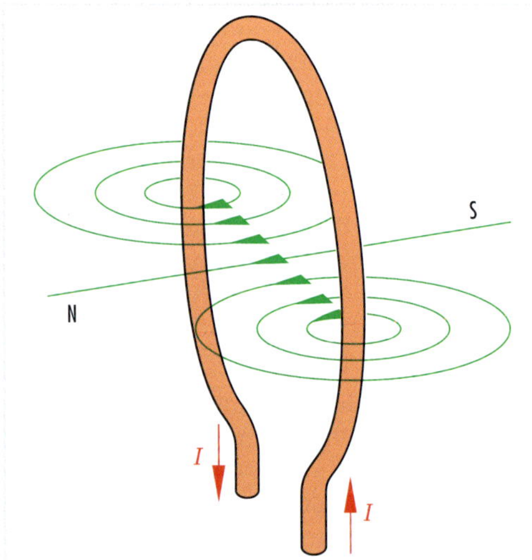

Bild 1: Magnetfeld einer Leiterschleife

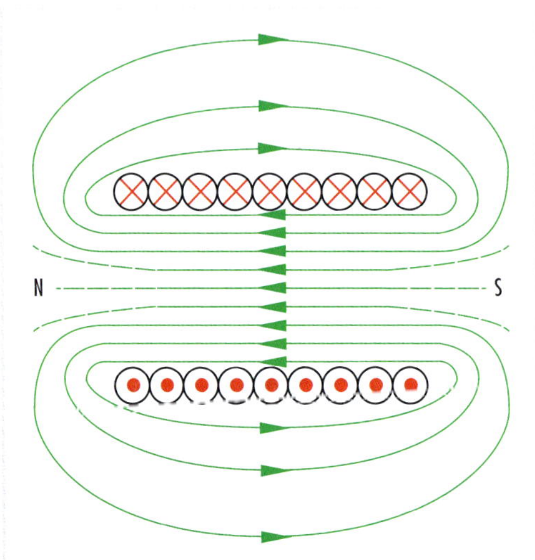

Bild 2: Magnetfeld einer Spule

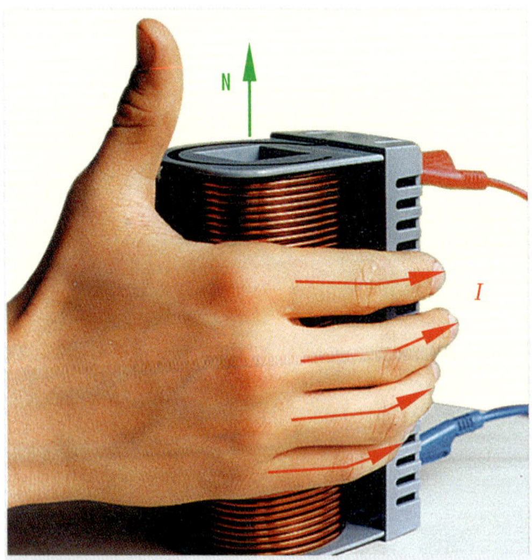

Bild 3: Spulen-Regel

Stromdurchflossener Leiter im Magnetfeld

Auf einen stromdurchflossenen Leiter wird im Magnetfeld eine Kraft ausgeübt, die ihn aus seiner Ruhelage bewegen will.

Eine drehbar gelagerte Spule im Magnetfeld, die von einem Strom durchflossen wird, wird in eine bestimmte Stellung gedreht, bis das von ihr erzeugte Feld die gleiche Richtung hat wie das feststehende Feld. Eine fortlaufende Drehung kann erreicht werden, wenn man an der Drehspule einen Stromwender (Kollektor) anbringt, der jeweils kurz vor Erreichen der Endstellung die Stromrichtung in der Spule umschaltet.

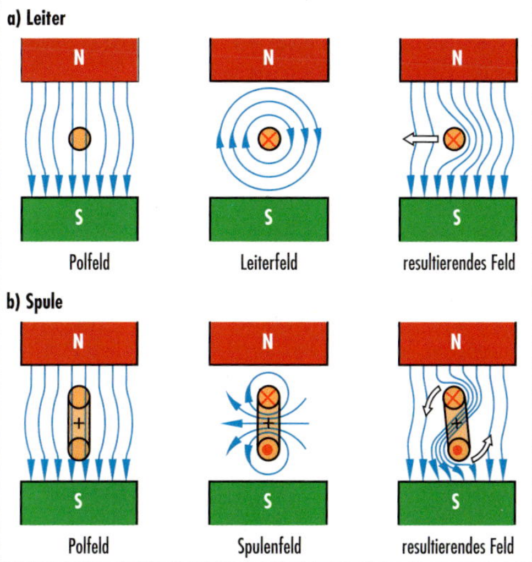

Bild 1: Leiter und Spule im Magnetfeld

Wirbelstrom

Wirbelstrom nennt man einen Strom, der in einem ausgedehnten elektrischen Leiter in einem sich zeitlich ändernden Magnetfeld oder in einem bewegten Leiter in einem zeitlich konstanten, dafür räumlich inhomogenen Magnetfeld induziert wird. Der Name wurde gewählt, weil die Induktionsstromlinien wie Wirbel in sich geschlossen sind und keine festen Bahnen haben.

Wirbelströme erzeugen ihrerseits ein Magnetfeld, das der Änderung des Feldes entgegenwirkt. Dadurch wird bei hohen Frequenzen und großen Querschnitten der Strom aus der Mitte eines Leiters verdrängt.

Fällt eine metallische Scheibe geradlinig durch ein senkrecht zu ihr verlaufendes Magnetfeld, induziert dieses in der Scheibe Wirbelströme, die ihrerseits wiederum zwei Magnetfelder erzeugen, die die Scheibe abbremsen. (I: konventionelle Stromrichtung).

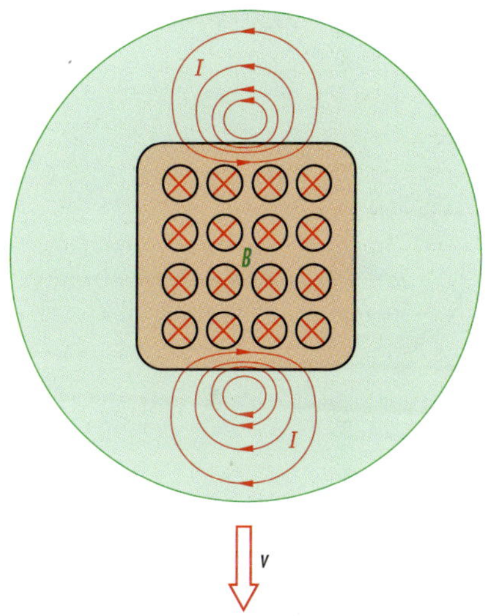

Bild 2: Wirbelstromerzeugung

Anwendung findet dieses Prinzip als Wirbelstrombremse bei den Triebfahrzeugen (s. Seite 224).

Gleichstrommaschinen

Wird der Leiter in der Spule gedreht (z. B. durch Wasserantrieb), so entsteht der Generator. Befindet sich ein stromdurchflossener Leiter in einem Magnetfeld, entsteht der Elektromotor.

Bei gleichförmiger Drehung einer Leiterschleife im Magnetfeld entsteht durch Induktion eine sinusförmige Spannung. Sie ändert in jedem Augenblick ihre Größe und periodisch ihre Richtung. Dies nennt man eine Wechselspannung.

Die Richtung der induzierten Spannung hängt von der Richtung der Bewegung und von der Richtung des Magnetfeldes ab. Die Richtung des Stromes kann mit der Generatorregel (s. Bild 2) bestimmt werden.

Allgemein wandeln Motoren die aus dem Versorgungsnetz aufgenommene elektrische Energie in mechanische Arbeit um, Generatoren die mechanische Antriebsarbeit in elektrische Energie.

Gleichstrommaschinen bestehen aus:

- Ständer oder Stator mit der Erregerwicklung (oder dem Dauermagneten) zur Erzeugung des Magnetfeldes und
- Läufer, Rotor oder Anker mit der Ankerwicklung und dem Stromwender (auch Kommutator genannt).

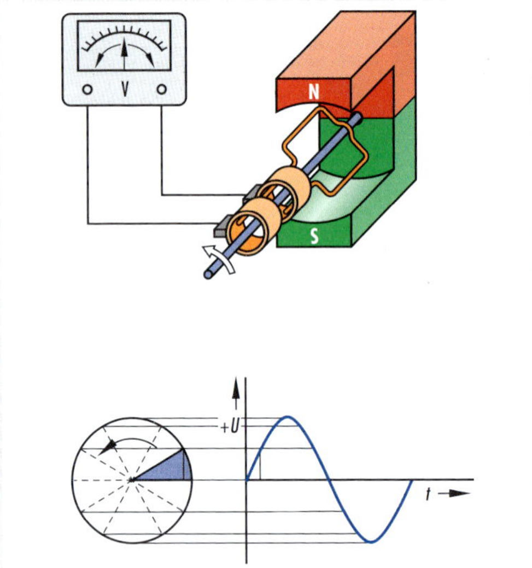

Bild 1: Kurvenform der im Wechselstromgenerator induzierten Spannung

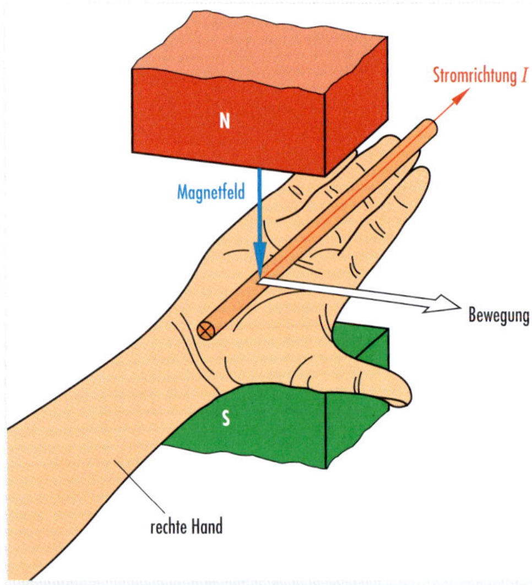

Bild 2: Generatorregel (Rechte-Hand-Regel)

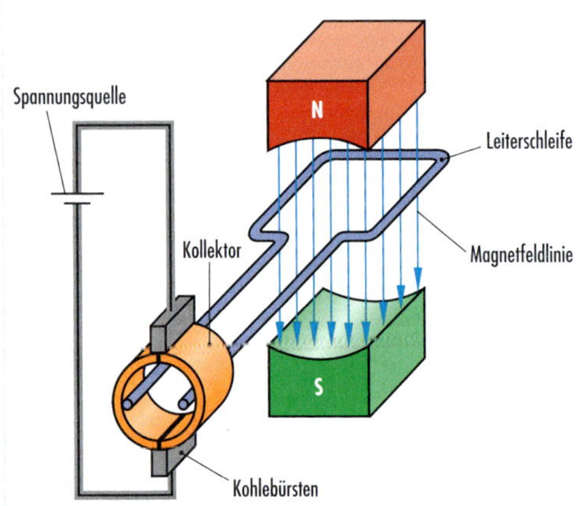

Bild 3: Gleichstrommaschine (Prinzip)

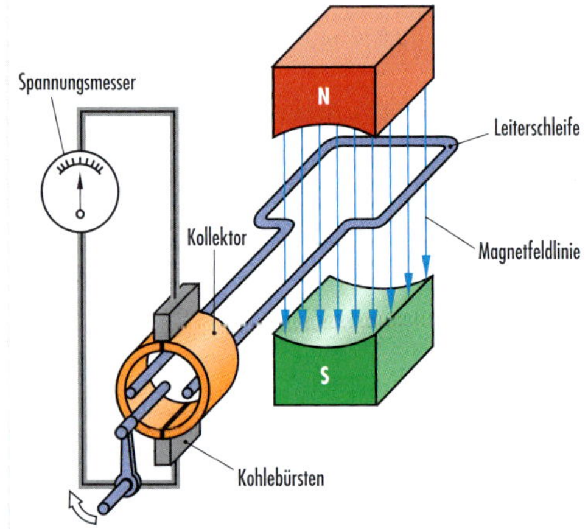

Bild 4: Gleichstromgenerator (Prinzip)

Gleichstrommaschinen

Gleichstrommotoren

Bei Gleichstrommotoren entsteht die Ankerdrehung durch die Kraftwirkung der magnetischen Pole des Ständers und der Pole des Ankers.

Anwendung: Anlasser

Gleichstromgeneratoren

Bei Gleichstromgeneratoren wird durch die Ankerdrehung in der Ankerwicklung eine Wechselspannung induziert, die durch den Stromwender mit den Bürsten gleichgerichtet wird.

Anwendung: Lichtmaschine

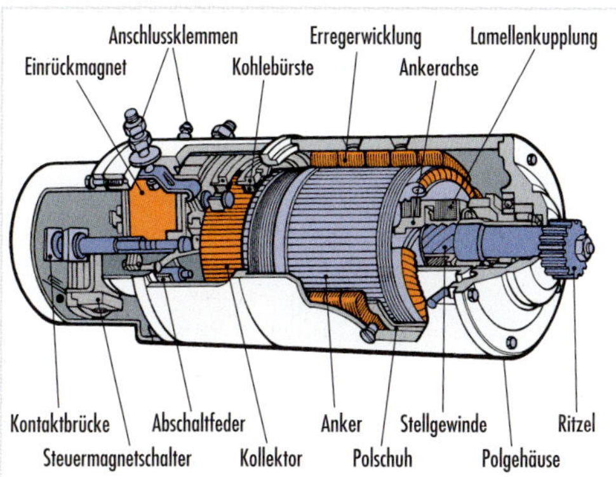

Bild 1: Gleichstrommotor (Prinzip)

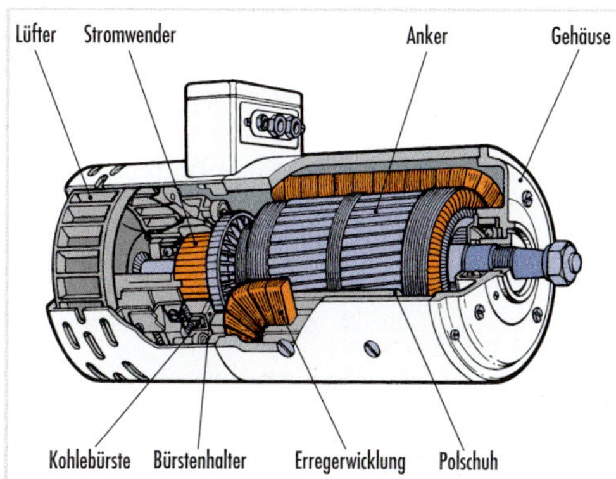

Bild 2: Gleichstromgenerator (Prinzip)

Je nachdem, wie die Erregerwicklung bei einer Gleichstrommaschine verschaltet ist, spricht man von einer Neben-, Reihen- oder Doppelschlussmaschine.

Eigenschaften des Reihenschlussmotors:

- hohes Anlaufmoment
- Drehzahl ist lastabhängig
- Drehzahlsteuerung durch Ankerspannung

Beim Reihenschlussmotor sind Anker- und Erregerwicklung in Reihe geschaltet. Der Ankerstrom ist gleich der Erregerstrom. Im Betriebsverhalten entwickelt ein Reihenschlussmotor gegenüber anderen Gleichstrommotoren bereits bei geringen Strömen sehr große Drehmomente. Daher eignen sich Reihenschlussmotoren für Antriebsaufgaben, die hohe Anfangsmomente benötigen.

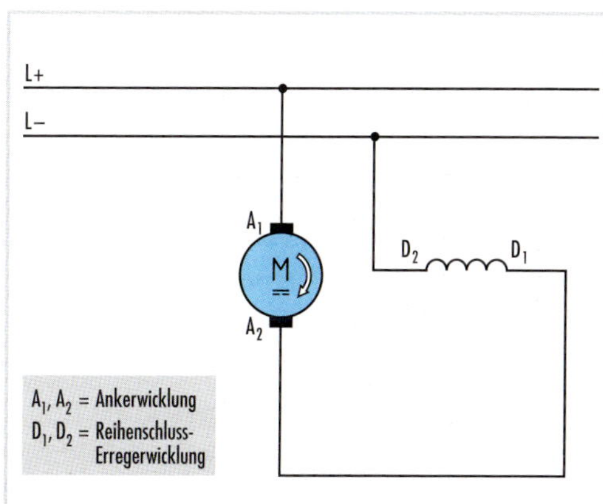

Bild 3: Beispiel eines Reihenschlussmotors

Drehfeldmaschinen

In Generatoren und Motoren für Drehstrom sowie in den meisten Motoren für Einphasenwechselstrom treten magnetische Drehfelder auf. Hat der Läufer die gleiche Drehzahl wie das Drehfeld, so bezeichnet man die Maschine als Synchronmaschine (von griech. synchron = gleichzeitig). Hat der Läufer eine kleinere oder größere Drehzahl als das Drehfeld, so bezeichnet man die Maschine als Asynchronmaschine (asynchron = nicht gleichzeitig).

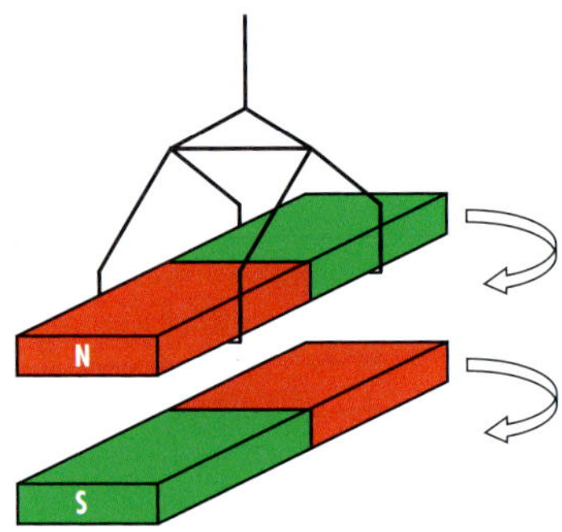

Bild 1: Prinzip der Drehfeldmaschine

Die Erzeugung eines Drehfeldes erfolgt dadurch, dass ein Magnet so gedreht wird, dass seine Pole eine Kreisbahn beschreiben. Heute werden alle modernen E-Loks mit Drehstrommotoren ausgerüstet, weil dieses Prinzip die einfacheren Antriebe darstellt.

Der Drehstromgenerator hat im Ständer drei Wicklungen, die räumlich um 120° versetzt sind. Bei Drehung des Läufers um 360° entstehen in den drei Wicklungen drei Wechselspannungen, die jeweils um 120° zueinander phasenweise verschoben sind.

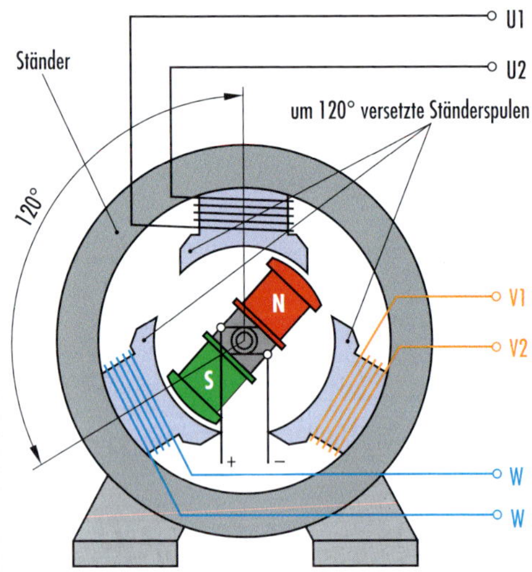

Bild 2: Aufbauprinzip eines Drehstromgenerators

Aus der historischen Entwicklung und der Tatsache eines Einphasenwechselspannungsnetzes ergaben sich allerdings zunächst Einphasenwechselstrommaschinen.

Einphasenreihenschlussmotor

Der Reihenschlussmotor hat ein großes Anzugsmoment. Er besitzt ein lastabhängiges Drehzahlverhalten. Mit zunehmender Belastung sinkt die Drehzahl; mit abnehmender Belastung steigt die Drehzahl. Dadurch kann bei vollkommener Entlastung (Leerlauf) die Drehzahl so stark steigen, dass der Motor durch Fliehkraft zerstört wird (»er geht durch«). Eine Drehrichtungsänderung wird durch Umpolen der Erregerwicklung erreicht. Die Drehzahl lässt sich durch Veränderung der angelegten Spannung regeln.

Bei elektrischen Triebfahrzeugen (z. B. den Baureihen 142, 143, 150, 151 und 55) sind diese Motoren als Antrieb zu finden. In der Vergangenheit wurde der Einphasenreihenschlussmotor verwendet.

Als Nachteil erweist sich, dass bei Stillstand des Motorläufers ein sehr hoher Strom fließt, der beim Anfahren den Stromwender erheblich beschädigen kann.

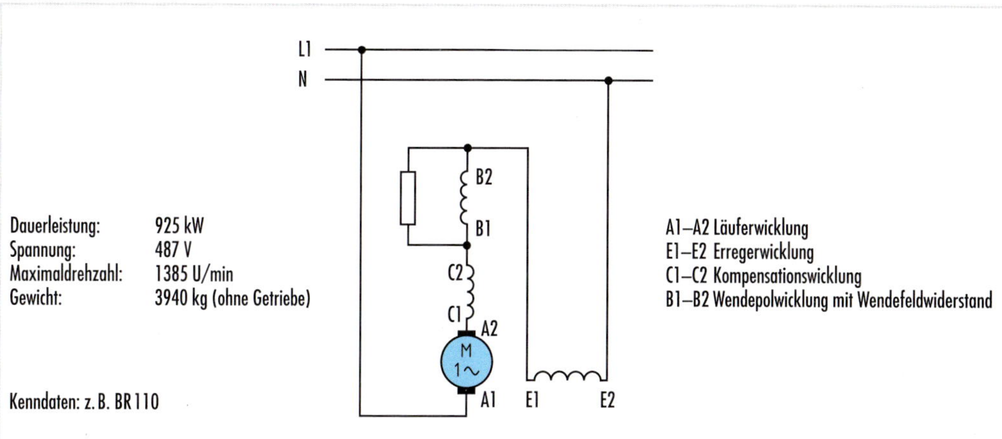

Bild 1: Einphasenreihenschlussmotor

Mischmotoren

Im Fahrdraht herrscht eine 15000 V Einphasenwechselspannung mit einer Frequenz von 16 ⅔ Hz vor. Dieses war lange ein Hinderungsgrund für die Entwicklung neuer Motoren und damit neuer Antriebssysteme. Seit der Entwicklung der Leistungselektronik ist man in der Lage, eine verlustarme Steuerung von Spannungen und Strömen durch Stromrichter (Gleichrichter) zu erreichen, die man zur Speisung der Fahrmotoren benötigt. Diese Stromrichter wandeln den Wechselstrom in Gleichstrom um. Da die Gesamtspannung eine Überlagerung aus Gleichspannung und Wechselspannung darstellt, spricht man von einer »Mischspannung«. Bei den dafür entwickelten Motoren von »Mischstrommotoren«.

Ihre Vorteile liegen in folgenden Faktoren begründet:

- Kleine Abmessungen
- Geringes Gewicht
- Große Belastbarkeit
- Gute Regelbarkeit
- Geringe Anschaffungskosten
- Geringe Betriebskosten

Mischstrommotoren sind z.B. im ET 420 eingebaut.

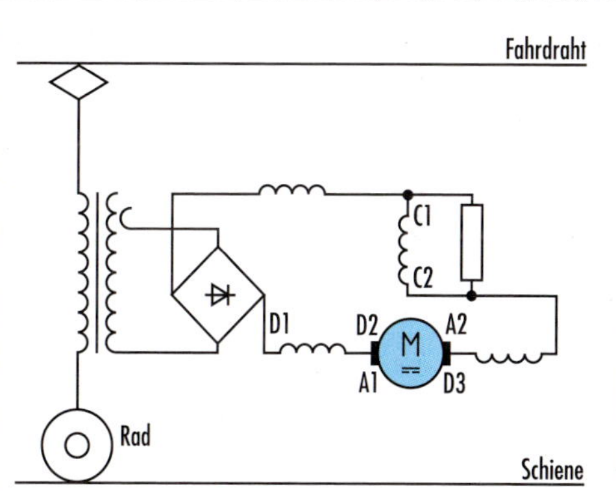

Bild 2: Schaltbild eines Mischstrommotors

Thyristorsteuerung

Die Mischstromtechnik funktioniert nach dem Prinzip, dass der aus der Oberleitung kommende Wechselstrom über einen Transformator und eine anschließende Gleichrichtung in Gleichstrom umgewandelt wird. Dieser wird dann den Fahrmotoren zugeführt. Die Steuerung der Spannung und des Stromes erfolgt entsprechend der Geschwindigkeit und der Zugkraft des Tfz durch Anschnitt der Spannung mit Hilfe von Thyristoren (elektronische Bauteile, die als Schalter verwendet werden).

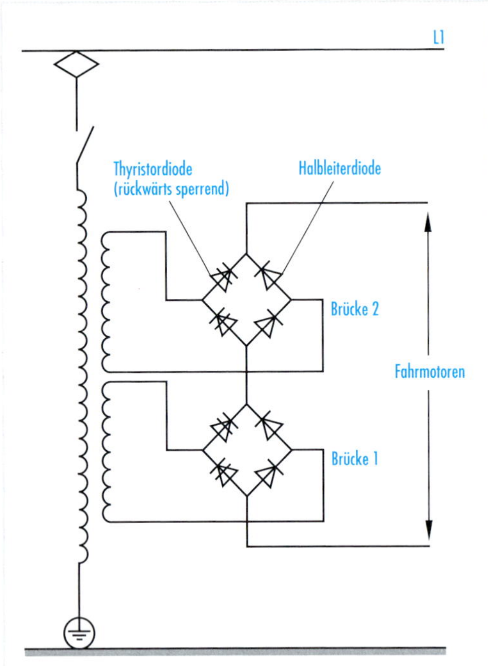

Bild 1: Thyristorsteuerung

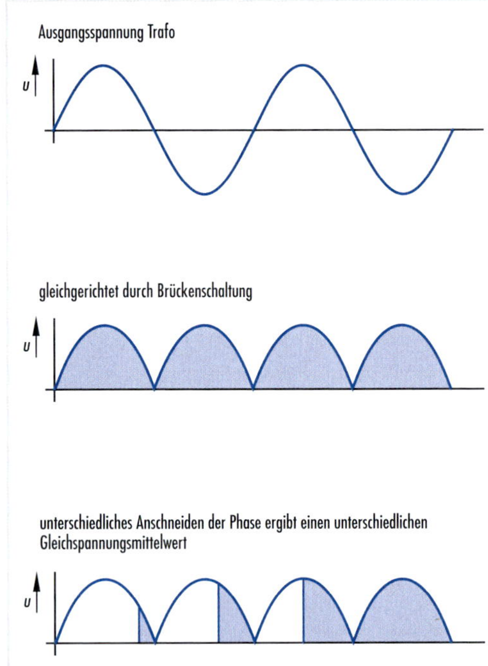

Bild 2: Phasenanschnittsteuerung

Drehstrommotor

Für Triebfahrzeuge ist der Drehstromasynchronmotor der ideale Motor. Seine Anwendung im Bahnbereich ermöglicht die stufenlose Regelung von Frequenz und Spannung. Diese Anforderung konnte erst mit der technischen Nutzbarkeit der modernen Steuer- und Leistungselektronik erfüllt werden.

Die Vorteile des Drehstrommotors sind:

- geringeres Gewicht
- kleinere Baugröße bei gleicher Leistung
- verschleißarm – kein Kollektor, keine Kohlebürsten
- hohe Läuferenddrehzahl.
- hohe Zugkraft über den gesamten Geschwindigkeitsbereich. Dadurch ist der Einsatz im Reisezug- und Güterzugbetrieb möglich.
- günstiges Anfahrverhalten, Aufschalten des vollen Drehmoments auch im Stillstand möglich – dadurch problemloses Anfahren in Steigungen

Hersteller	
3~ Motor	Nr.:
△ 400 V	10,7 A
5,5 kW S1	cos φ 0,88
1450 /min	50 Hz
Isol.-Kl.F	IP 55
DIN VDE 0530	EN 60034

Bild 3: Leistungsschild eines Drehstrommotors

Die wichtigsten Kennwerte einer Maschine sind auf ihrem Leistungsschild angegeben (Bild 3). Dazu gehören die Angabe des Herstellers, die Maschinenart sowie die Bemessungswerte, z. B. von Spannung und Strom, sowie der Leistung für die angegebene Betriebsart. Ist keine Betriebsart angegeben, ist die Maschine für Dauerbetrieb (S1) bemessen.

Baureihe	BR 101	BR 143	BR 401	BR 423
Verwendung als	Universallok	Nahverkehrslok	Triebzug	Triebwagenzug S-Bahn
Höchstgeschwindigkeit	220 km/h schnell	120 km/h mäßig	250 km/h sehr schnell	140 km/h mäßig
Nennleistung	6600 kW = 8976 PS sehr groß	3720 kW = 5059 PS mäßig	4800 kW / TK = 6528 PS / TK groß	2350 kW (gesamt) = 3196 PS mäßig
größte Zugkraft	74 kN × 4 = 300 kN sehr groß	60 kN × 4 = 240 kN groß	50 kN × 8 = 400 kN groß	18 kN × 8 = 144 kN mäßig
Gewicht	84 t mäßig	82,8 t mäßig	80,3 t je TK mäßig	128,3 t (gesamt) leicht

Tabelle 1: Kenndaten verschiedener Baureihen

	Drehstrom-Asynchronmotor	Drehstrom-Synchronmotor
Aufbau	Der Ständer besteht aus dem Gehäuse, dem Ständerblechpaket und der Ständerwicklung. Die Spulenenden und -anfänge sind an das Klemmbrett geführt. Der Läufer besteht aus einem Blechpaket, in dem Aluminium- oder Kupferstäbe eingebracht sind. An der Stirnseite des Blechpaketes sind die Leiterstäbe durch Kurzschlussringe verbunden.	Der Ständer des Synchronmotors ist wie der Ständer des Asynchronmotors aufgebaut. Der Läufer hat hier jedoch eine Erregerwicklung, dem über Schleifringe Gleichstrom zugeführt wird.
	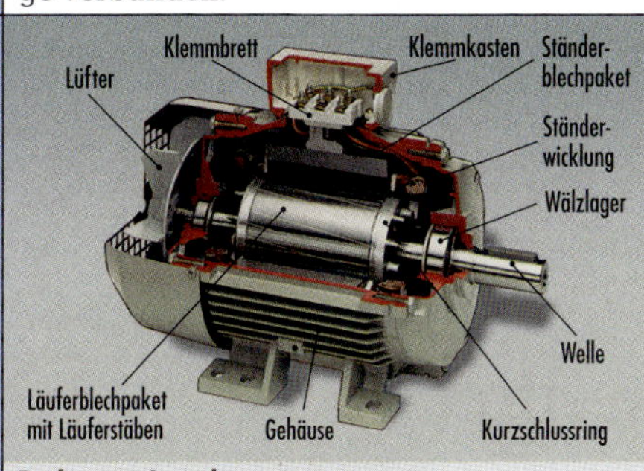 Drehstrom-Asynchronmotor	 Synchronkleinmotor
Wirkungsweise	Beim Einschalten induziert das magnetische Feld in der Ständerwicklung eine Spannung und bewirkt im kurzgeschlossenen Läufer einen Stromfluss. Der Läufer dreht sich langsamer als das Ständerdrehfeld. Dies nennt man asynchronen Lauf.	Beim Einschalten wird infolge des magnetischen Feldes im Ständer ein Drehfeld erzeugt. Die Pole des Läufers werden durch die Gegenpole des Ständerdrehfeldes angezogen. Mit der Zeit folgt das Läuferdrehfeld dem Ständerdrehfeld. Dies nennt man synchronen Lauf.
Eigenschaften	• Drehzahl ist abhängig von der Belastung • preiswert • robust, wartungsarm	• Drehzahl ist unabhängig von der Belastung • teuer • braucht Anlaufregelung
Anwendung	• fast ausschließlich als Motor • Lüfter	• für drehzahlkonstante Antriebe • als Umformer

Tabelle 2: Gegenüberstellung Drehstrom-Asynchronmotor und Drehstrom-Synchronmotor

Drehstrom-Asynchron-Kurzschlussläufer

Der Drehstrom-Asynchron-Kurzschlussläufer wird als Fahrmotor bei Drehstromlokomotiven und -triebwagen verwendet. Beim Kurzschlussläufer besteht die Wicklung des Läufers aus Stäben, die an den Enden in Ringen zusammengefasst und kurzgeschlossen sind.Die Ständerwicklung besteht aus drei jeweils um 120° räumlich versetzten Spulen. Diese Spulen werden an ein Drehstromnetz angeschlossen, so erzeugen sie ein umlaufendes Magnetfeld, das auch Drehfeld genannt wird.

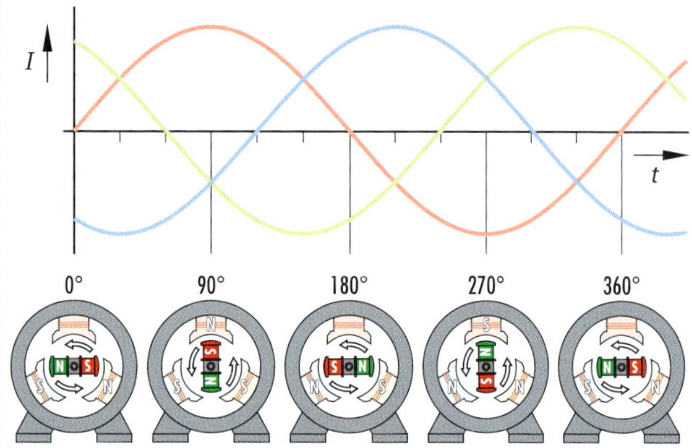

Bild 1: Entstehung eines Drehfeldes im Läufer

Funktionsprinzip

Das umlaufende Magnetfeld induziert in die Läuferwicklung eine Spannung. Im Läufer fließt somit ein Strom, der das Läufermagnetfeld erzeugt. Drehfeld und Läufermagnetfeld bilden ein Drehmoment.

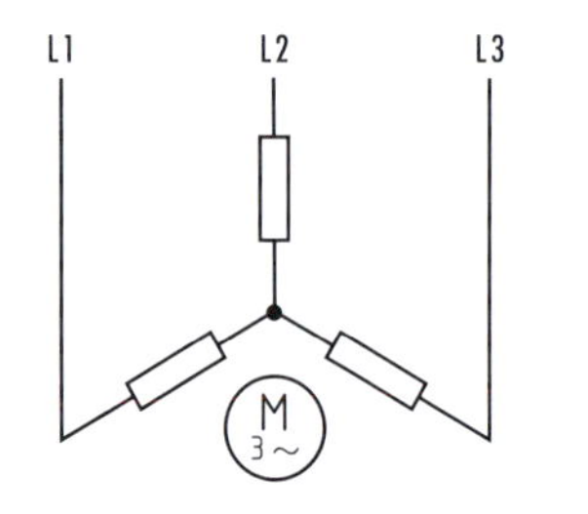

Bild 3: Schaltbild Drehstrom-Asychronmotor

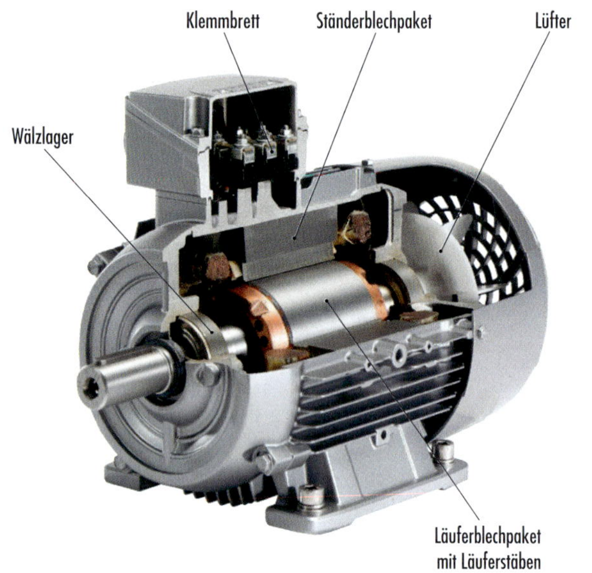

Bild 2: Schnittbild eines Asynchronmotors

Der Läufer versucht das Drehfeld einzuholen. Es wird aber stets ein Nacheilen vorhanden sein, denn bei Gleichlauf würde im Läufer keine Spannung mehr induziert werden. Die Differenz zwischen Drehfelddrehzahl und Läuferdrehzahl nennt man Schlupf. Dreht der Läufer schneller als das Drehfeld, geht der Motor in den Generatorbetrieb über, d. h. er bremst.

Eine Drehzahländerung wird durch Frequenzänderung erreicht. Die Drehrichtung wird durch Vertauschen zweier Anschlussleitungen geändert. Kombiniert mit einem entsprechend gesteuerten Frequenzumrichter ist es auch in der Lage, gegen große Drehmomente von Arbeitsmaschinen anzulaufen. Die Frequenzumrichter übernehmen zunehmend auch die Aufgabe des Motorschutzes. Problematisch ist der hohe Anlaufstrom im Anlaufmoment.

Bei Motoren ist die Bemessungsleistung die an seiner Welle verfügbare mechanische Leistung. Der Motor hat hierbei seine Bemessungsdrehzahl. Weitere Leistungsschildangaben sind die Isolierstoffklasse und die Schutzart (z.B. gegen Feuchtigkeit).

Drehstrommotoren werden hinsichtlich ihrer Konstruktionsweisen unterschieden (s. Tabelle 2, Seite 121).

Der Drehstromasynchronmotor findet bei der Baureihe 401, BR120 und neueren Triebfahrzeugen Anwendung.

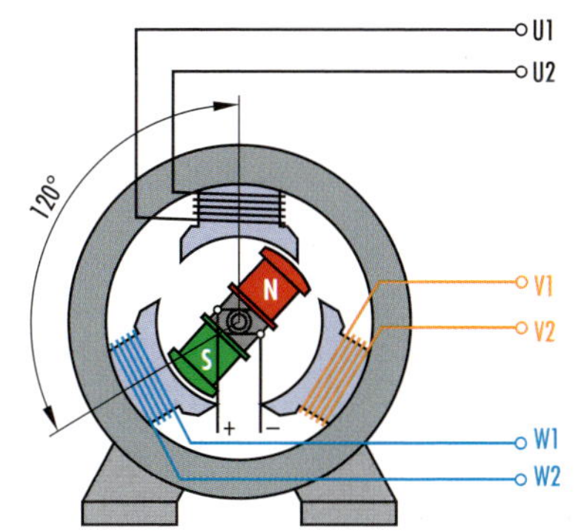

Kenndaten:	Dauerleistung:	1400 kW
	Spannung:	230 V
	Maximaldrehzahl:	4225 U/min
	Gewicht:	2380 kg (ohne Getriebe)

Bild 1: Schaltbild einer Drehstrommaschine (hier: Generator)

Drehstromlinearmotoren

Linearmotoren sind Antriebsmaschinen, die eine gerade (lineare) Bewegungskraft hervorrufen (Bild 2).

Bild 2: Magnetschwegebahn mit Linearantrieb

Zum Verständnis des Linearmotors denkt man sich den Ständer eines Drehstrommotors am Umfang aufgeschnitten und gestreckt. Wird die in eine Ebene gestreckte Drehstromwicklung mit Drehstrom gespeist, so bewegen sich die Magnetpole in eine Richtung, z.B. von rechts nach links. Statt eines Drehfeldes entsteht also ein Wanderfeld. Beim Linearmotor wirkt ein magnetisches Wanderfeld.

Aufbau. Der dem Ständer eines Drehstrommotors entsprechende Teil heißt beim Linearmotor Induktor (Bild 3). Er besteht aus einem kammförmigen Induktor-Blechpaket und einer in die Nuten eingelegten Drehstromwicklung. Es werden zwei einander gegenüberliegende Induktoren verwendet (Bild3) oder ein einzelner.

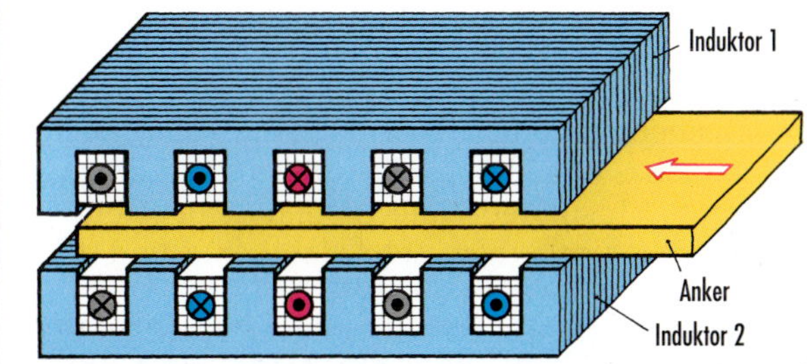

Bild 3: Linearmotor mit zwei Induktoren

Der dem Kurzschlussläufer entsprechende Teil des Linearmotors heißt Anker. Er ist zwischen den beiden Induktoren angeordnet und besteht aus einem massiven Leiter, z.B. aus Aluminium. Ein Anker aus einem magnetischen Werkstoff, z.B. Stahl, macht einen der beiden Induktoren entbehrlich, weil die magnetischen Feldlinien durch den Stahl zum nächsten Pol des Induktors geleitet werden. Der Stahl-Anker kann auch mit Leiterwerkstoff überzogen sein, z.B. mit Aluminium.

Wirkungsweise. Das Wanderfeld des Induktors induziert im Anker kräftige Wirbelströme. Nach der Lenz'schen Regel sind diese so gerichtet, dass die Induktionswirkung des Wanderfeldes geschwächt wird. Durch das Wanderfeld des Induktors und durch die Wirbelströme wird daher auf den Anker eine Kraft in Richtung des Wanderfeldes ausgeübt.

Ist der Induktor befestigt und der Anker beweglich, so bewegt sich der Anker mit dem Wanderfeld. Ist dagegen der Induktor beweglich und der Anker fest, z.B. bei Bahnantrieb und Leitschiene, so bewegt sich der Induktor in entgegengesetzter Richtung zu seinem Wanderfeld.

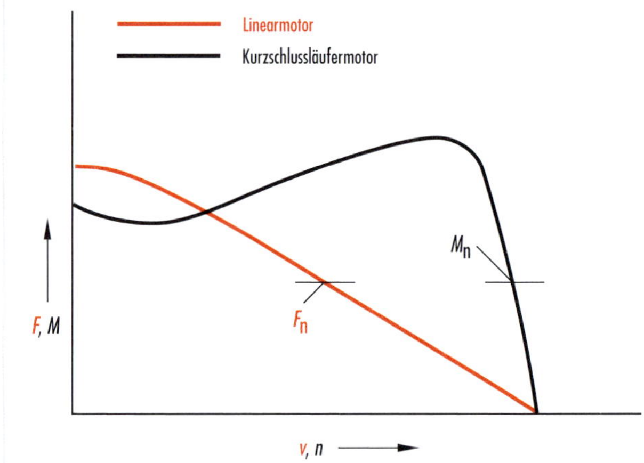

Bild 1: Kennlinien von Linearmotor und Kurzschlussläufer

Beim Linearmotor kann der Induktor oder der Anker bewegt werden.

Betriebsverhalten. Linearmotoren wirken wie Asynchronmotoren. Die Geschwindigkeit des Wanderfeldes hängt von der Frequenz und von der Poleinteilung des Induktors ab. Zur Induktionswirkung im Anker ist ein Schlupf erforderlich. Bei Belastung kann der Schlupf größer als 50 % sein, da Linearmotoren große Luftspalte und Ankerwiderstände haben. Somit ist die Bewegungsgeschwindigkeit viel kleiner als die Wanderfeldgeschwindigkeit.

Linearmotoren haben beim Anlauf ihre höchste Kraft (Bild 1).

Anwendung. Linearmotoren werden z.B. als Antrieb für den Werkstofftransport, für Förderbänder, als Torantrieb, als Antrieb für große Scheiben und bei Schnellbahnen (Magnetschwebebahnen) verwendet.

Entwicklungstrend

Bei den neuen elektrischen Triebfahrzeugen (z.B. BR 189) kommt heute überwiegend die Drehstromantriebstechnik zum Einsatz. Drehstrommotoren – meist Asynchronmotoren – bieten den Vorteil eines guten Verhältnisses zwischen geringeren Gewichtes zu einer höheren Leistung. Die Drehzahlregelung eines Drehstrommotors erfolgt stufenlos über die Veränderung der Frequenz. Dies wurde in der Drehstromantriebstechnik erst möglich mit der modernen Umrichtertechnik. Bedeutsam dazu war die Entwicklung der Gate-Turn-Off-Thyristoren (GTO), die sehr große Ströme schalten können, und mit denen sich auch Schaltungen ermöglichen, die Gleichstrom in Wechselstrom einer beliebigen Frequenz- und Phasenzahl umwandeln können. Gegenwärtig werden überwiegend sogenannte »Insulated-Gate Bipolar Transistoren« (IGBT) eingesetzt, die eine höhere Schaltfrequenz erlauben, sehr stabil sind und als spannungsgesteuerte Elemente eine einfachere Ansteuerung ermöglichen.

1. Auf welchem Wirkprinzip funktionieren alle elektrischen Motoren?
2. Welcher elektrische Motortyp kommt hauptsächlich in Triebfahrzeugen zum Einsatz und aus welchen Gründen?
3. Wie funktioniert ein Drehstrom-Asynchron-Motor?

3.4.2.5 Grundlagen elektrischer Schaltungen

Grundlagen Physik

Elektrische Spannung

Elektrische Spannung ist vorhanden, wenn zwischen zwei Punkten, z. B. den Polen einer Batterie, ein Unterschied in der Menge der Elektronen vorhanden ist. Die Höhe der Spannung ist vom Elektronenunterschied abhängig. Die Erzeugung der elektrischen Spannung erfolgt durch Ladungstrennung in der Spannungsquelle (Bild 1).

Am Minuspol herrscht Elektronenüberschuss, am Pluspol Elektronenmangel.

Zwischen dem Minuspol und dem Pluspol herrscht ein Ausgleichsbestreben der Elektronen, d. h. bei der Verbindung der beiden Pole fließen Elektronen vom Minuspol über den Verbraucher zum Pluspol und verrichten dabei elektrische Arbeit (Bild 2).

Die elektrische Spannung ist das Ausgleichsbestreben unterschiedlicher Ladungsmengen.

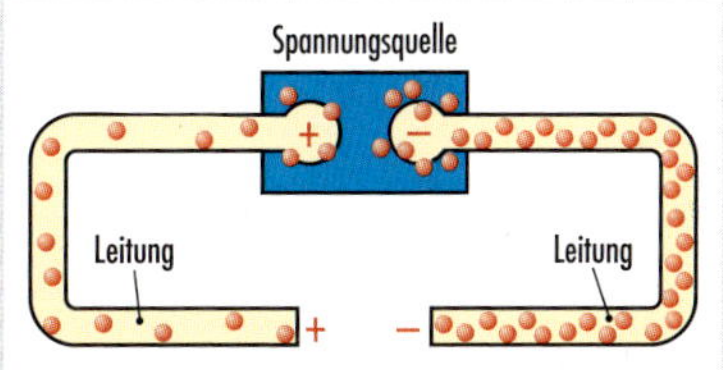

Bild 1: Spannungserzeugung durch Ladungstrennung

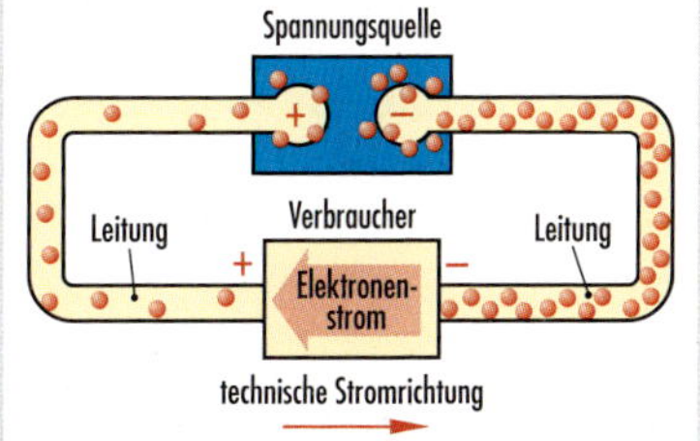

Bild 2: Elektronenfluss im Stromkreis

Im Generator sind die Anschlussklemmen im Ruhezustand ohne Spannung, d. h. die freien Elektronen in den Wicklungen sind gleichmäßig verteilt und damit sind die Wicklungen elektrisch neutral. Wird der Generator in Bewegung gesetzt, so werden die freien Elektronen zum Minuspol hin bewegt; am Minuspol entsteht gegenüber dem Pluspol ein Elektronenüberschuss und damit elektrische Spannung.

In dem einfachen elektrischen Stromkreis sind die wichtigsten Grundgrößen zu finden, die Voraussetzungen für weitere, komplexere Schaltungen sind.

Eine elektrische Spannung treibt den Stromfluss vom Minuspol zum Pluspol (Elektronenbewegung). Die positiven Metallionen bewegen sich zum negativen Pol der Spannungsquelle. Diese Definition der technischen Stromrichtung ist in der Elektrotechnik üblich. Die Einheit der Spannung *U* ist das Volt (V).

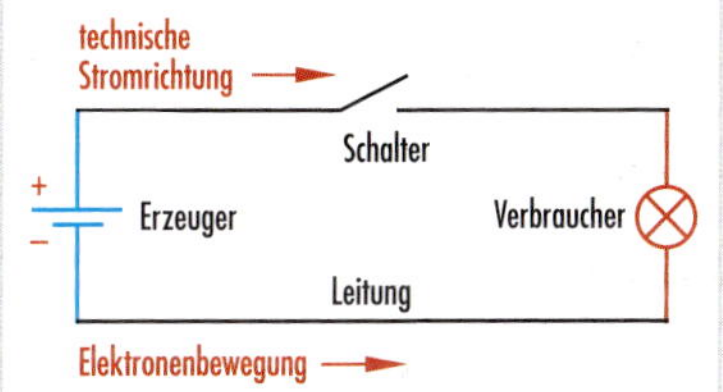

Bild 3: Der einfache Stromkreis

Der elektrische Widerstand stellt die Hemmung des elektrischen Stromes (Elektronenflusses) im Leiter dar. Die Einheit des elektrischen Widerstandes *R* wird in Ohm (Ω) gemessen.

Die gerichtete Bewegung der freien Elektronen nennt man Strom. Die Einheit der Stromstärke *I* ist das Ampere (A).

Man unterscheidet verschiedene Stromarten.

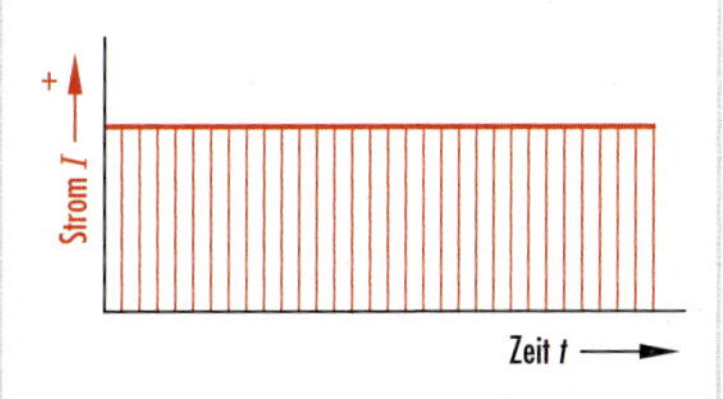

Bild 4: Gleichstrom

Gleichstrom (DC, von direct current (engl.), Zeichen: ⎓)

In einem Stromkreis, in dem Spannung und Widerstand konstant sind, fließt ein Gleichstrom, wenn sich je Sekunde gleich viele Elektronen in gleicher Richtung bewegen (Bild 2).

Gleichstrom fließt nur in eine Richtung mit gleich bleibender Stärke.

Wechselstrom (AC, von alternating current (engl.), Zeichen: ~)

In einem Stromkreis, in dem Spannung (Effektivwert) und Widerstand konstant sind, fließt ein Wechselstrom, wenn sich die freien Elektronen hin und her bewegen, und zwar in beide Richtungen gleich weit (Bild 1).

Wechselstrom fließt mit ständig wechselnder Stärke und Richtung.

Der Wechselstrom ändert in jedem Augenblick seine Größe und Richtung und zwar zwischen Null und dem Maximalwert I_{max} ($\hat{I}$).

Unter dem Effektivwert eines Wechselstromes versteht man den Wert, der die gleiche Wärmeleistung an einem Widerstand R bewirkt wie ein ebenso großer Gleichstrom.

Alle Angaben von Spannung U und Strom I werden in der Energietechnik in der Regel als Effektivwert angegeben.

Mischstrom (Zeichen: ≅). In einem Stromkreis fließt ein Mischstrom, wenn gleichzeitig ein Gleich- und Wechselstrom wirksam sind (Bild 2).

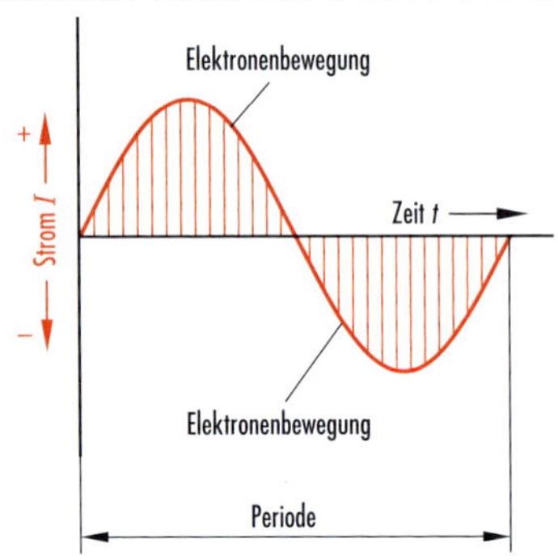

Bild 1: Wechselstrom

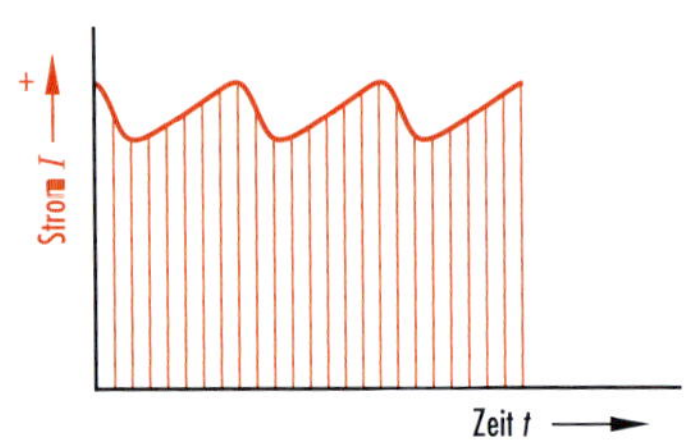

Bild 2: Mischstrom

Schaltzeichen	Benennung
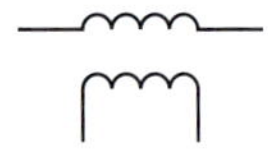	Induktivität, Spule, Wicklungsstrang
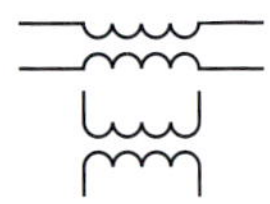	Transformator (Umspanner) für Einphasen-Wechselstrom, Übertrager
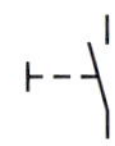	Schließer, handbetätigt
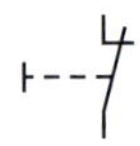	Öffner, handbetätigt
	Sicherung, allgemein
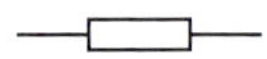	Widerstand, allgemein
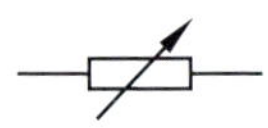	Widerstand, veränderbar
Elektronische Schalter	
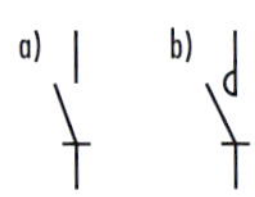	a) elektronischer Schalter
	b) elektronisches Schütz
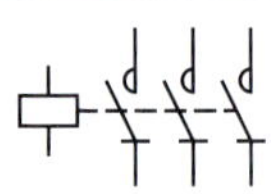	Halbleiterschütz
Dioden	
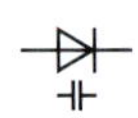	Kapazitätsdiode
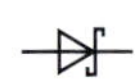	Schottkydiode
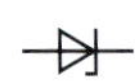	Z-Diode
	Z-Diode gegeneinander geschalten
Thyristoren	
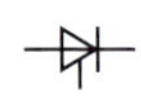	Thyristor, allgemein
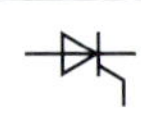	P-Gate-Thyristor (häufigster Typ)

Tabelle 1: Schaltzeichen

3.4.2.6 Energieversorgung elektrischer Triebfahrzeuge

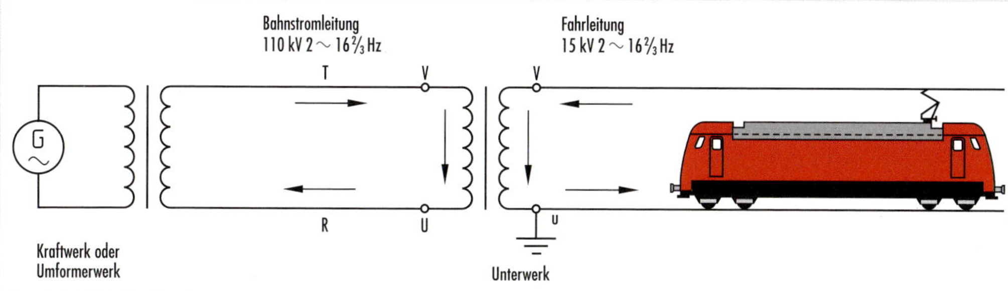

Bild 1: Stromverlauf beim Ein-Phasen-Bahnstromnetz 16,7 Hz

Während bei der Dieseltraktion die Energie aus dem Dieselkraftstoff gewonnen wird, erfolgt die Energiezufuhr bei der E-Traktion in Form von elektrischer Energie über den Fahrdraht (s. Kap. 2.2.4).

Einphasenwechselstromsystem

Elektrische Triebfahrzeuge wandeln elektrische Energie in Bewegungsenergie um. Sie benötigen dazu ein in sich geschlossenes Stromnetz. Ihre Energie beziehen die Fahrzeuge in der Regel aus Fahrleistungsanlagen. Der Stromabnehmer des Triebfahrzeuges wird angehoben und an die Fahrleitung gelegt. Das geschieht in der Regel mit Druckluft. Sobald der Stromabnehmer am Fahrdraht liegt, wird der Hauptschalter betätigt. Dieser dient zum Ein- und Ausschalten des Triebfahrzeugs. Der Strom fließt vom Stromabnehmer über eine isolierte Dachleitung zum Hauptschalter und von dort zum Haupttransformator. Dort wird die Fahrleitungsspannung auf die geringere Spannung der in den Drehgestellen angeordneten Fahrmotoren heruntertransformiert. Der Rückstrom fließt vom Transformator über die am Radsatzlager angebrachten Raderden zu den Schienen und von dort wieder zurück zum Kraftwerk.

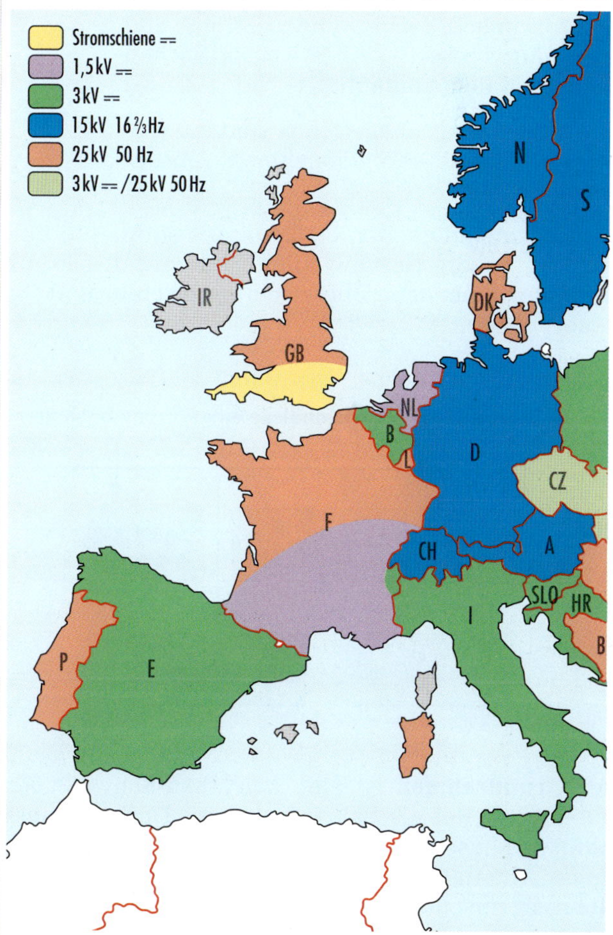

Bild 2: Unterschiedliche Spannungssysteme in Europa

Stromabnehmer

Stromabnehmer müssen bei elektrischen Triebfahrzeugen den Strom bei allen Geschwindigkeiten im ununterbrochenen Kontakt mit dem Fahrdraht auf die E-Lok übertragen. Dabei muss der Stromabnehmer die Bewegungen des Lokkastens gegenüber der Fahrleitung und auch etwaiges Durchhängen des Drahtes ausgleichen. Dazu ist die leichte Wippe am oberen Teil der höhenvariablen, aber relativ trägen Schere zusätzlich beweglich gelagert. Die vom Stromabnehmer auf den Fahrdraht ausgeübte Anpresskraft darf nur innerhalb enger Grenzen um ca. 70 N liegen. Bei den mehrsystemtauglichen Drehstromtriebfahrzeugen muss die Ausführung des Stromabnehmers die unterschiedlichen Anforderungen der jeweiligen Strom- und Spannungssysteme eines europäischen Landes erfüllen können.

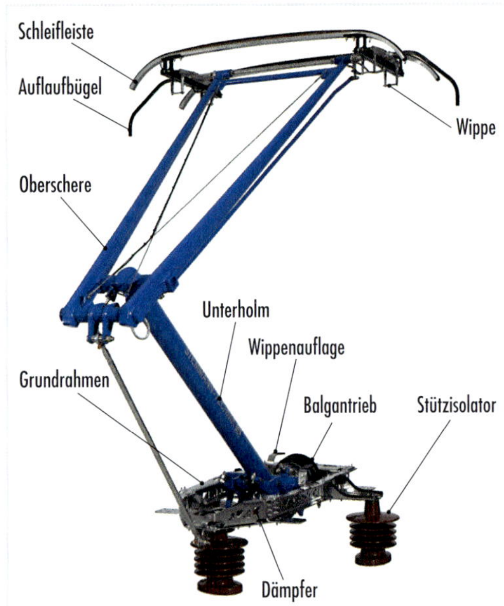

Bild 1: DAS Stromabnehmer

Alle Drehstromtriebfahrzeuge sind mit modernen Einholm-Stromabnehmern ausgerüstet.

Für Geschwindigkeiten bis 200 km/h wurde ein Ein-Holm-Stromabnehmer entwickelt. Auch für höhere Geschwindigkeiten wird dieser in modifizierter Form angewandt. Die Stromabnehmersteuerung erfolgt über Hub- und Senkfedern, die mit Druckluft angesteuert werden.

Bestandteile eines Stromabnehmers moderner Bauart

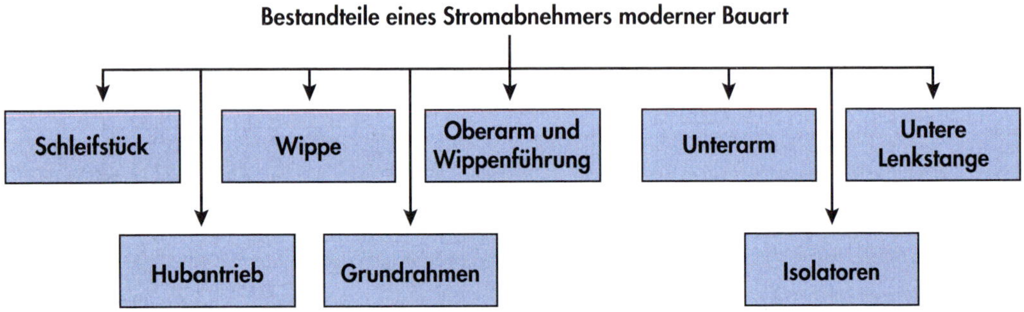

Der **Grundrahmen** ist eine Leichtbau-Schweißkonstruktion. Darin befindet sich der Hubantrieb, der als Balgzylinder mit Drahtseil ausgeführt ist. Der **Unterarm** ist eine Stahlrohrkonstruktion für Geschwindigkeiten bis 200 km/h. Der **Oberarm** besteht aus einem Aluminium-Leichtbauteil, um eine bessere Elastizität zu bewirken. Die **Wippe** gibt es in verschiedenen Breiten. Ein spezielles Federprinzip verhindert die Schlagbeanspruchung der Schleifstücke und den mechanischen Verschleiß. Beim **Schleifstück** erfolgt die Bruchüberwachung über die gesamte nutzbare Kohlelänge.

Gegenwärtig werden an die Stromabnehmer besondere Anforderungen gestellt. Die wichtigste davon ist die vielfältige Einsetzbarkeit in den unterschiedlichen europäischen Strom- und Spannungssystemen. Der DAS Stromabnehmer kann für AC- und DC-Oberleitungsnetze ausgelegt werden bis zu einer Geschwindigkeit von 380 km/h.

Stromabnehmersteuerung

Bei Triebfahrzeugen, die über eine Leittechnik verfügen, müssen zusätzlich noch weitere Vorbedingungen erfüllt sein. Diese Bedingungen werden von einem Rechner, der auch die Gesamtsteuerung des Triebfahrzeuges übernimmt, überwacht. Ist eine der Hebebedingungen nicht erfüllt, können die Stromabnehmer nicht gehoben werden. Wird eine der Senkbedingungen erfüllt, werden die gehobenen Stromabnehmer sofort gesenkt. Zum Heben des Stromabnehmers werden mit einem Kippschalter auf dem Führerstand Magnetventile angesteuert. Die dadurch freigegebene Druckluft schaltet den Senkantrieb und somit die Senkfeder aus. Zum Senken wird der Strom zu den Magnetventilen unterbrochen. Die Druckluft entweicht aus dem Senkantrieb. Die Kraft der Senkfeder überwiegt wieder. Der Stromabnehmer senkt sich.

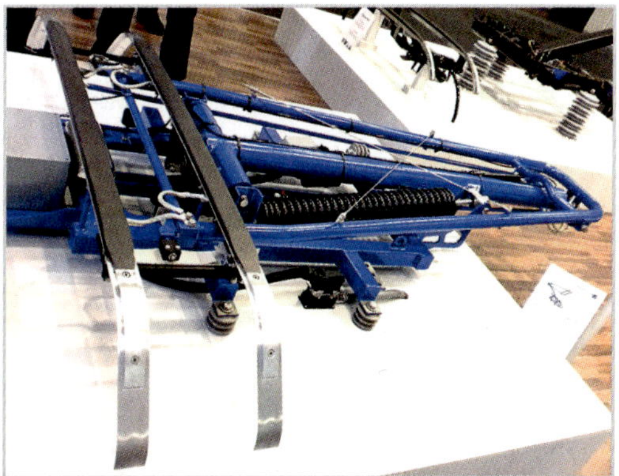

Bild 1: Beispiel Mehrsystem Stromabnehmer

Die **elektrischen Triebfahrzeuge** müssen als Güterwagen- oder Reisewagenzug bestimmte Stromabnehmereinstellungen beachten. Befördern mehrere Triebfahrzeuge, beispielsweise Lokomotiven, gemeinsam einen Zug, wird dies als Mehrfachtraktion bezeichnet. Dabei laufen alle diese Fahrzeuge regulär im Zug mit und werden zentral vom ersten Fahrzeug mithilfe einer Mehrfachsteuerung ferngesteuert. Es ist eine durch Verbindungskabel geschaffene Fernsteuerung vom vorderen Führerstand zum hinteren Triebfahrzeug. Die einfachste Mehrfachtraktion ist die Doppeltraktion, also das Fahren mit zwei Lokomotiven an einem Zugende bzw. das Kuppeln zweier Triebzüge. Analog gibt es Dreifachtraktion, Vierfachtraktion usw.; bei Lokomotiven begrenzt die Zugfestigkeit der Kupplung zum ersten Wagen die mögliche Triebfahrzeuganzahl.

Bild 2: Einholm-Stromabnehmer

Um den Fahrdraht in Summe nicht mit zu hohen entnehmenden Strömen zu belasten, müssen die Stromabnehmer der verschiedenen Triebfahrzeuge bestimme Stromabnehmerschaltungen einhalten.

Dabei wird zwischen Scheren- und Einholm-Stromabnehmern unterschieden. Beim Mischbetrieb ist die dem Scherenstromabnehmer zugrunde liegende Geschwindigkeit maßgebend.

Z.B. dürfen bei zwei gekuppelt arbeitenden elektrischen Lokomotiven auch nur zwei Stromabnehmer gehoben sein. Alle weiteren elektrischen Lokomotiven mit gehobenem Stromabnehmer dürfen erst in einem Mindestabstand von 85 m folgen.

Fahrtrichtung ⟶	Anmerkungen	v_{max}
	Wenn zweites arbeitendes Tfz an der Spitze des Zuges	140 km/h
	Doppeltraktion	140 km/h
	Doppeltraktion und Anzeige der E-Bremse des geführten Tfz	160 km/h
Nur zugelassen auf Strecken mit einer zulässigen Streckengeschwindigkeit gleich oder größer von 250 km/h	Kombination der BR 101/120 oder BR 120/120	200 km/h
	Kombination der BR 101/101	220 km/h

Tabelle 1: Beispiele für Stromabnehmerstellungen bei Doppeltraktion

Im **Wendezugbetrieb** darf grundsätzlich nur der in Fahrtrichtung hintere Stromabnehmer gehoben sein. Bei Wendezeiten kleiner fünf Minuten kann der Stromabnehmerwechsel unterbleiben.

Stromabnehmerstellungen und der davon abhängigen zulässigen Geschwindigkeit (VZM)		
Fahrtrichtung ⟶	Anmerkungen	v_{max}
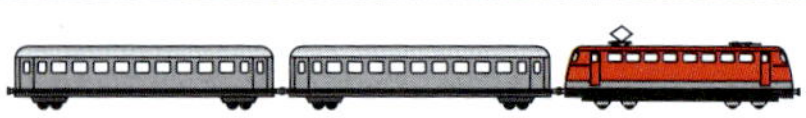	Tfz mit zwei DB-Stromabnehmern	VMZ (= zul. v)
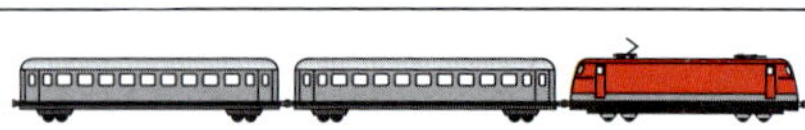	Mehrsystem-Tfz mit nur einem DB-Stromabnehmer	VMZ
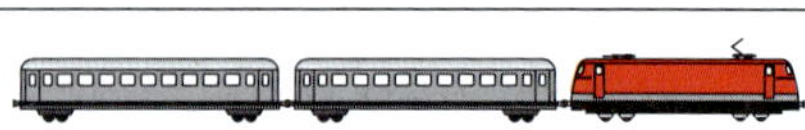	Mehrsystem-Tfz mit nur einem DB-Stromabnehmer (Alternative)	VMZ

Tabelle 2: Beispiele für Stromabnehmerstellungen bei Einfachtraktion

Triebzüge

Bei Triebzügen wird die Stromabnehmerstellung von der Fahrzeugsteuerung übernommen und ist aus der Bedienungsanleitung bzw. Displayanzeige ersichtlich.

Bauteile des Hauptstromkreises

Der Strom, der aus der Oberleitung entnommen wird, versorgt alle elektrischen Einrichtungen. Der Hauptstromkreis wird bei elektrischen Triebfahrzeugen in den Ober- und Motorstromkreis unterschieden. Der Oberstromkreis führt vom Stromabnehmer über den Transformator zur Schiene. Der Motorstromkreis verläuft vom Transformator über die Steuerung der Fahrmotoren zurück zum Transformator. Entsprechend dem Hauptstrompfad werden die wichtigsten Bauteile genannt.

Jedes elektrische Triebfahrzeug hat viele Stromkreise. Hierzu Beispiele:

- Oberstromkreis
- Schaltwerksstromkreis
- Motorstromkreise Fahren / Bremsen
- Mehrere Hilfsbetriebsstromkreise
- Zugsammelschienenstromkreis

Außerdem:

- Mehrere Messstromkreise
- Mehrere Schutzstromkreise (beeinflussen Steuerstromkreise)
- Batteriestromkreise

Hauptschalter

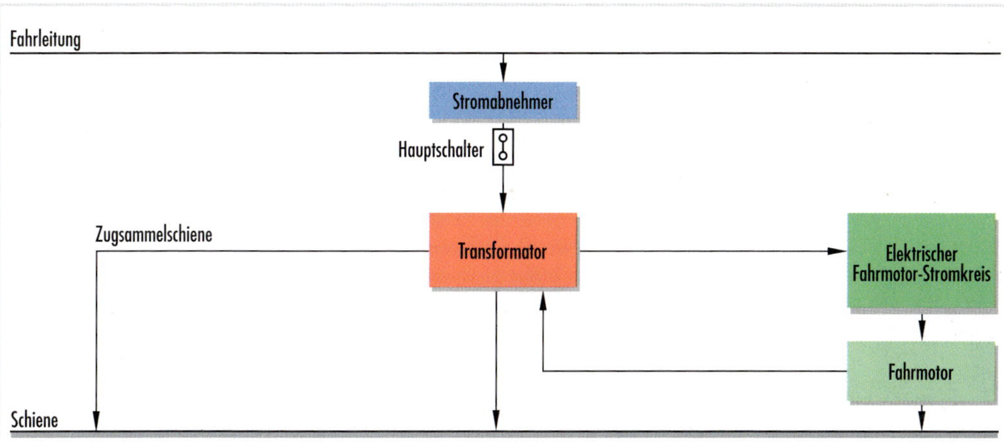

Bild 1: Haupt- und Fahrstromkreis mit Trafo-Anzapfung der Zugsammelschiene

Bei den Triebfahrzeugen werden einpoliger, ölloser und elektrisch ferngesteuerter Hochspannungsleistungsschalter verschiedener Bauarten eingebaut. Ein Hauptschalter muss in der Lage sein, den Transformator des Triebfahrzeugs

- unter Spannung zu setzen und
- unter voller Belastung auszuschalten.

Der Hauptschalter muss als Sicherung des Triebfahrzeugs dienen. Er hat selbstständig das Triebfahrzeug auszuschalten, wenn Teile der elektrischen Anlag des Tfz gefährdet sind. Er dient auch zur raschen Abschaltung elektrischer Kurzschlüsse auf dem Tfz, wodurch ein Abbrennen des Fahrdrahtes bei zu hohem Kurzschlussstrom und Schäden an den elektrischen Bauteilen der E-Lok verhindert wird.

Bei modernen Triebfahrzeugen werden Vakuumhauptschalter eingebaut. Die Ein- und Ausschaltvorgänge werden mit Federkraft vollzogen. Diese Feder wird in Abhängigkeit der Bauart des Hauptschalters pneumatisch oder durch einen Elektromotor vorgespannt. Wie auch bei der Stromabnehmersteuerung müssen Triebfahrzeuge, die über eine Leittechnik verfügen, zum Einschalten des Hauptschalters zusätzlich noch weitere Bedingungen erfüllen.

Transformator

Fahrmotoren können nicht mit der Oberleitungsspannung von 15 000 V gefahren werden (Probleme der Isolierung). Deshalb muss die Spannung auf eine jeweilig benötigte Motorspannung heruntertransformiert werden. Diese Aufgabe erledigt ein Transformator (häufig auch Umspanner genannt). Seine Wirkungsweise beruht auf der Induktion. Der Transformator besteht aus einem Eisenkern mit zwei voneinander getrennten Wicklungen, die Primär- und Sekundärwicklungen genannt werden. Von der Primärwicklung wird die elektrische Energie aufgenommen, die Sekundärwicklung gibt die elektrische Energie in den gewünschten Spannungs- oder Stromstärken ab.

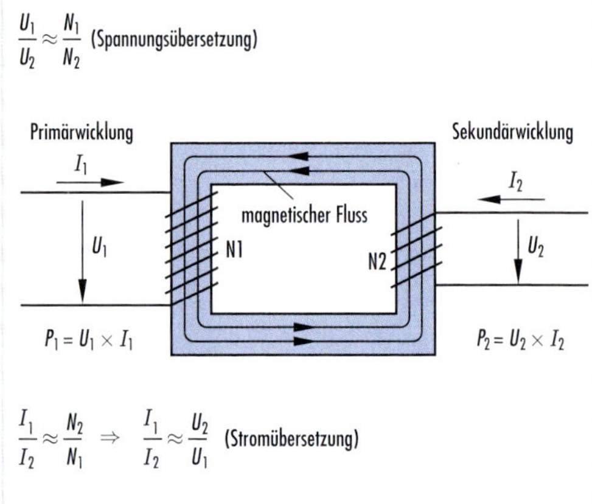

Bild 1: Transformator

Fließt in der Leitung des Primärkreises ein Wechselstrom (I_1), so erzeugt dieser im Eisenkern einen magnetischen Fluss. Dieser fließt an der Sekundärseite vorbei und erzeugt (induziert) dort eine Spannung, die von der Anzahl der Windungen abhängt. Wird der Stromkreis auf der Sekundärseite geschlossen, fließt in ihm ein Strom (I_2).

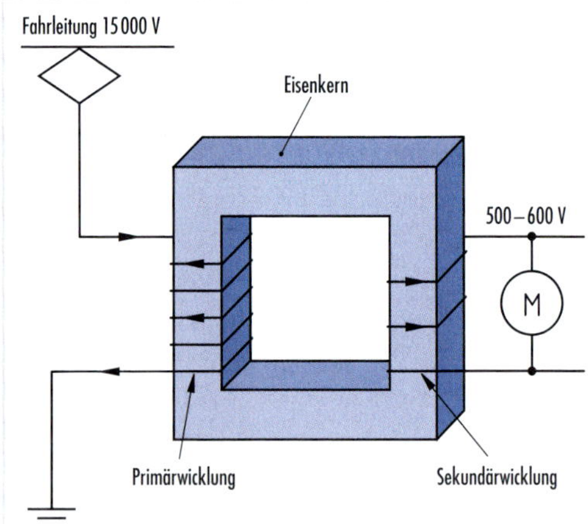

Bild 2: Wirkungsweise des Transformators

Transformatorkühlung

Elektrische Triebfahrzeuge benötigen keinen Schmierölkreislauf, benötigen aber Öl zur Kühlung des Transformators. Wechselnder Energiebedarf aufgrund unterschiedlicher Belastungen erwärmt den Eisenkern des Transformators und die entstehende Wärme muss abgeführt werden. Über das Transformatoröl wird die Wärme nach außen abgegeben. Der Ölkühler sorgt für die benötigte Lüftung. Er wird in der Regel zusammen mit den Fahrmotorenlüftern vom Tf eingeschaltet, bevor das Triebfahrzeug in Bewegung gesetzt wird. Daneben sind noch wichtige Kühlungsaufgaben durch Lüfter für die Fahrmotoren und die Bremswiderstände (baureihenabhängig) zu erfüllen.

Wegen der Belastung der Stromrichter bei Drehstrommotoren sind auch alle Leistungshalbleiter und Beschaffungselemente ölgekühlt. Zusätzlich werden mit so genannten Kleinlüftern alle Hilfsbetriebeumformer, Ladegeräte und Elektronikschränke gekühlt.

Der Transformator ist ein ölgekühlter Transformator unterflur angeordnet. Zum Schutz vor Überschlägen dient der Buchholzschutz. Bei Gasbildung im Trafokessel wird der Hauptschalter ausgeschaltet. Alle Sekundärwicklungen haben zwei Anzapfungen. Damit lassen sich auch bei 25 kV Primärspannung die gleichen Sekundärspannungen abgreifen. Die Systemerkennung erfolgt automatisch durch das Zentralsteuergerät, die Umschaltung erfolgt durch Schütze.

Sekundärwicklungen:

• Traktion:	6 × 1260 V	6 × 1050 kVA
• Zugheizung:	1000 V	900 kVA
• Hilfsbetriebe:	200 V	36 kVA
• HBU-Versorgung:	344 V	210 kVA

Die Fahrmotore sind 4-polige Drehstromkurzschlussläufermotore mit folgenden Kenndaten:

- Dauerleistung: 1640 kW
- Kurzzeitleistung: 1750 kW

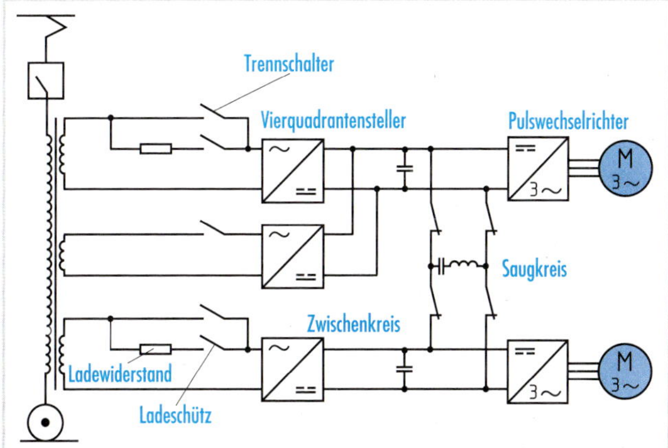

Bild 1: Versorgung der Drehstromkurzschlussläufermotore

Schadhafte Fahrmotore werden automatisch mit einem elektronischen Gerät gesperrt, ein mechanisches Abtrennen wird dadurch nicht erforderlich. Da bei einer einpoligen Fahrleitung nur eine Einphasenwechselspannung zum Triebfahrzeug übertragen wird, muss diese nach dem Heruntertransformieren durch den Haupttransformator in ein dreiphasige Wechselspannung mit variabler Frequenz und Höhe umgewandelt werden, um sie den Drehstromfahrmotoren zur Verfügung stellen zu können. Die Umwandlung geschieht in zwei Hauptschritten:

- Umwandlung der einphasigen Wechselspannung in eine konstante Zwischenkreisspannung durch das Eingangsglied (Vierquadrantensteller, 4QS)
- Umwandlung der konstanten Zwischenkreisspannung in eine in Spannung und Frequenz variable Drehspannung durch den Pulswechselrichter PWR

Die Umwandlung geschieht durch einen sogenannten Traktionsrichter in zwei Hauptschritten:

- Umwandlung der einphasigen Wechselspannung in eine konstante Zwischenkreisspannung durch das Eingangsglied (Vierquadrantensteller, 4QS)
- Umwandlung der konstanten Zwischenkreisspannung in eine in Spannung und Frequenz variable Drehspannung durch den Pulswechselrichter PWR.

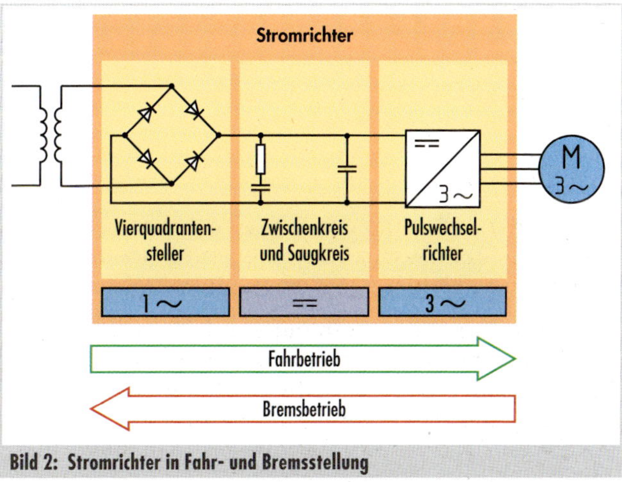

Bild 2: Stromrichter in Fahr- und Bremsstellung

Die besondere Bedeutung liegt in der Rückspeisung im Bremsbetrieb. Dann speisen die Fahrmotoren die generatorisch erzeugte Bremsenergie über den Pulswechselrichter, den Zwischenkreis, die Vierquadrantensteller und den Transformator in das Fahrleitungsnetz zurück. Die zurückgespeiste Energie ist für andere Triebfahrzeuge wieder nutzbar. Diese elektrodynamische Bremse (E-Bremse) ist eine fahrdrahtspannungsabhängige Bremse. Das bedeutet, dass diese Bremse kann nur wirken kann, wenn die Fahrdrahtspannung vorhanden ist.

Jedem Fahrmotor ist zur Kühlung ein Fahrmotorenlüfter zugeordnet. Man unterscheidet zwischen Radial- und Axiallüfter. Radiallüfter sind auf der z. B in BR 41 oder BR 150 eingebaut. Axiallüfter sind auf allen anderen Triebfahrzeugen als Verwendung zu finden. Alle Lüfter haben eine Strömungskontrolle, die dem Triebfahrzeugführer die ordnungsgemäße Funktion anzeigt.

Stromversorgung

Elektrische Triebfahrzeuge benötigen für eine Reihe anderer Aufgaben unterschiedliche Spannungen und Spannungsarten bzw. Ströme und Stromarten.

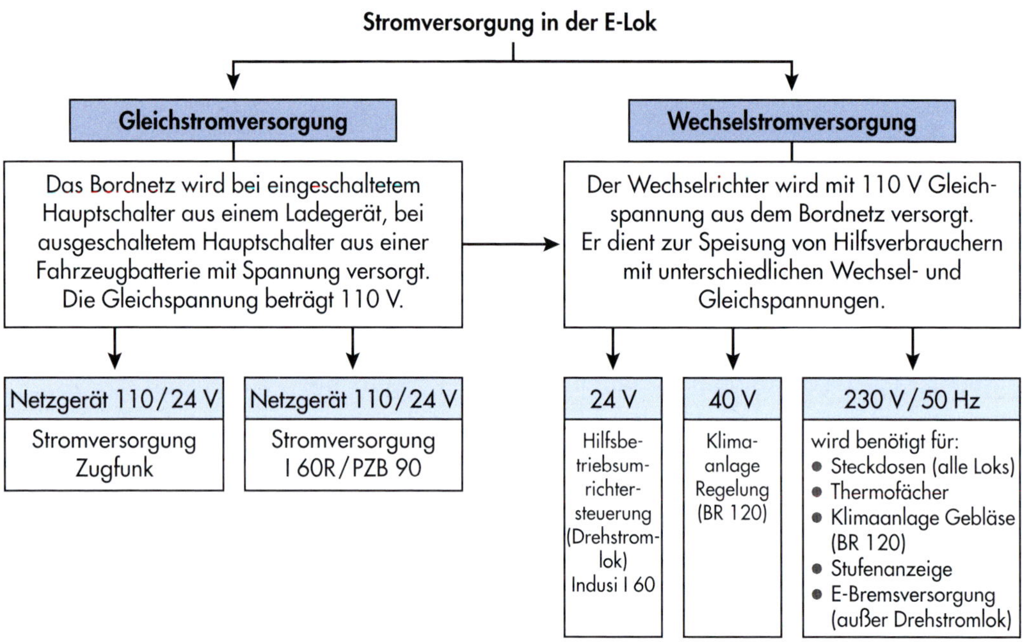

1. Welche Aufgaben übernimmt ein Stromabnehmer und aus welchen Bestandteilen ist er aufgebaut?
2. Warum gibt es bei den Triebfahrzeugen verschiedene Stromabnehmerstellungen? Machen Sie dies an drei Beispielen deutlich!
3. Welche wichtige Aufgabe erfüllt ein Transformator in einem Triebfahrzeug?
4. In einem Triebfahrzeug werden für unterschiedliche Aufgaben verschiedene Ströme und Spannungen benötigt. Wie werden diese erzeugt? Nennen Sie einige Einsatzgebiete!

3.4.2.7 Hilfsbetriebe und Zusatzeinrichtungen

Hilfsbetriebe sind Einrichtungen, die für die Betriebsfähigkeit des E-Triebfahrzeugs erforderlich sind.

Fahrmotorlüfter	Kühlung
Ölkühler-/Stromrichterlüfter	Kühlung
Öl-/Kühlmittelpumpen	Kühlung
Bremswiderstandslüfter	Kühlung
Thyristorlüfter	Kühlung
Batterieladegerät	Ladung
Hauptkompressor	Luftförderung

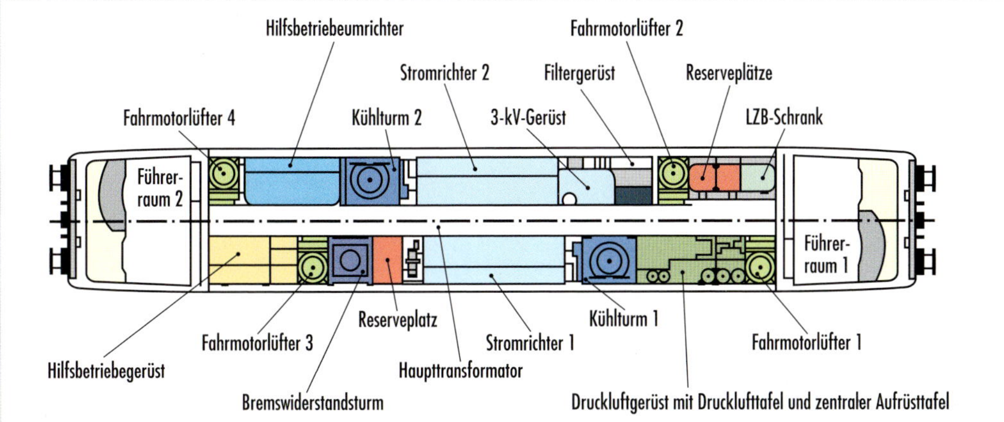

Bild 1: Hilfsbetriebe bei BR 189

Gleichstromversorgung

Das Bordnetz wird bei eingeschaltetem Hauptschalter aus einem Ladegerät, bei ausgeschaltetem Hauptschalter aus einer Fahrzeugbatterie mit Spannung versorgt. Die Gleichspannung beträgt bei allen Triebfahrzeugen 110 V.

Batterie

Die Bleibatterie besteht entweder aus 48 oder aus 52 Zellen. Das ergibt eine Grundspannung von 96 V bzw. 104 V. Die Batterie befindet sich in einem Unterflurkasten in der Mitte der Lok. Die beiden Batteriehauptsicherungen (+ / –) befinden sich bei fast allen Loks in einem separaten Kasten neben der Batterie.

Batterieladung

Bei eingeschaltetem Hauptschalter übernimmt das Ladegerät die Versorgung der Steuer-, Überwachungs- und Beleuchtungsstromkreise. Das Ladegerät wird in der Regel aus einer Anzapfung (200 V) der Hilfsbetriebswicklung gespeist.

Wechselstromversorgung

Ein Wechselrichter hat die Aufgabe, die Batteriespannung von 110 V Gleichspannung in 24 V Gleichspannung und 220 V / 50 Hz Wechselspannung umzuwandeln. Versorgung über Phasen-Frequenz-Umformer.

Druckluftversorgung

Jedes Triebfahrzeug besitzt eine Druckluftanlage, die neben der Druckluftbremse der Lok und des Wagenzuges noch eine Reihe anderer Einrichtungen mit Druckluft versorgen muss:

- Führerbremsventil
- Zusatzbremse
- Sandstreueinrichtung
- Signaleinrichtung (Makrofon)
- Scheiben-Wisch-Wasch-Anlage
- Hauptschalter
- Stromabnehmer
- Spurkranzschmierung
- Zugbeeinflussung

Bei älteren Triebfahrzeugen werden zusätzlich mit Druckluft versorgt:

- Schleuderschutz
- Fahrbrems- und Richtungswender
- Schütze
- Anlassschalter für Hilfsbetriebe

Für die Drucklufterzeugung stehen verschiedene Kompressoren (Luftpresser) zur Verfügung. Der Kompressor versorgt – über die Hauptluftbehälter (HBL) – die Hauptluftbehälterleitung mit einem Druck von 8,5–10 bar. Bei älteren Lokbaureihen ist der Hauptkompressor ein zweistufiger Kolbenkompressor. Er wird von einem Wechselstrom – oder von einem Gleichstrommotor — angetrieben.

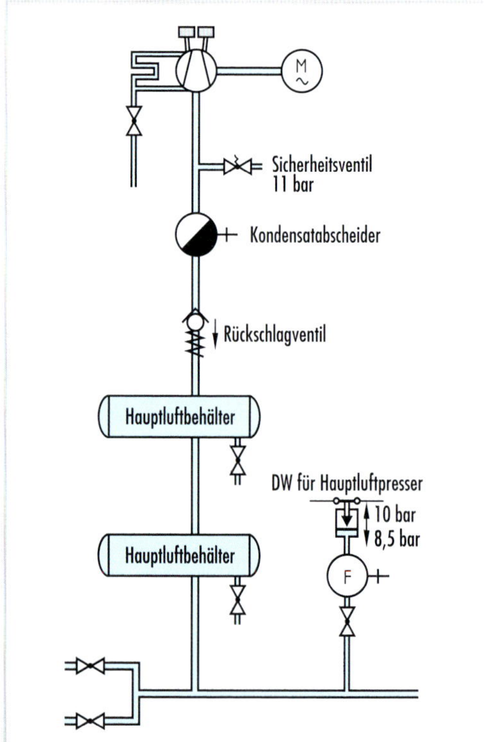

Bild 1: Schema der Drucklufterzeugung

Bei neuen Fahrzeugen wird ein Schraubenluftpresser als Hauptkompressor verwendet, der von einem Drehstrommotor angetrieben wird. Zur Luftversorgung gehört auch eine selbsttätige Entwässerung und eine Lufttrocknungsanlage.

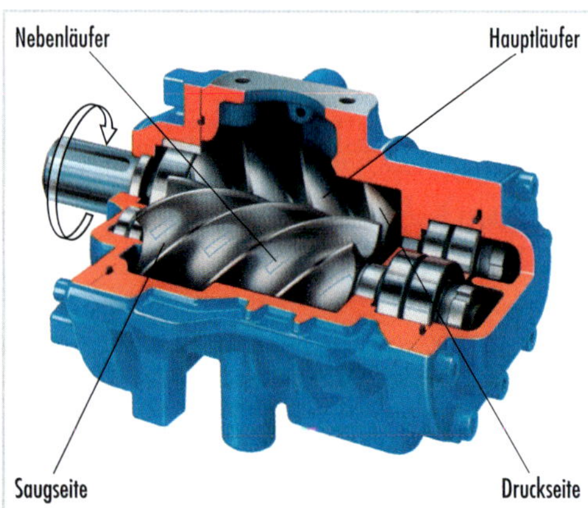

Bild 2: Arbeitsweise Schraubenpresser

Beim **Schraubenluftpresser** wird durch die Drehung der Läufer (siehe Bild) das sich zwischen den Zähnen befindliche Luftvolumen kontinuierlich verändert. Sind die Einlassöffnungen frei, wird Luft angesaugt. Sind die Einlassöffnungen verdeckt, wird die Luft verdichtet und gleichzeitig zum Auslass hin bewegt. Geben die Läufer schließlich die Auslassöffnungen frei, so wird die auf 10 bar verdichtete Luft bei der weiteren Drehung herausgedrückt.

Der **Hauptkompressor** wird aus der Hilfsbetriebswicklung des Transformators gespeist. Dazu muss der Stromabnehmer gehoben und der Hauptschalter eingeschaltet sein. Zum Heben des Stromabnehmers und Einschalten des Hauptschalters ist jedoch Druckluft erforderlich, um die Lok aufzurüsten. Dazu wird Druckluft in einem Sonderluftbehälter bzw. Hauptluftbehälter gespeichert. Sollte dieser Behälter leer sein, übernimmt ein Hilfsluftpresser die Luftversorgung für Stromabnehmer und Hauptschalter. Er wird mit Strom aus der Fahrzeugbatterie versorgt.

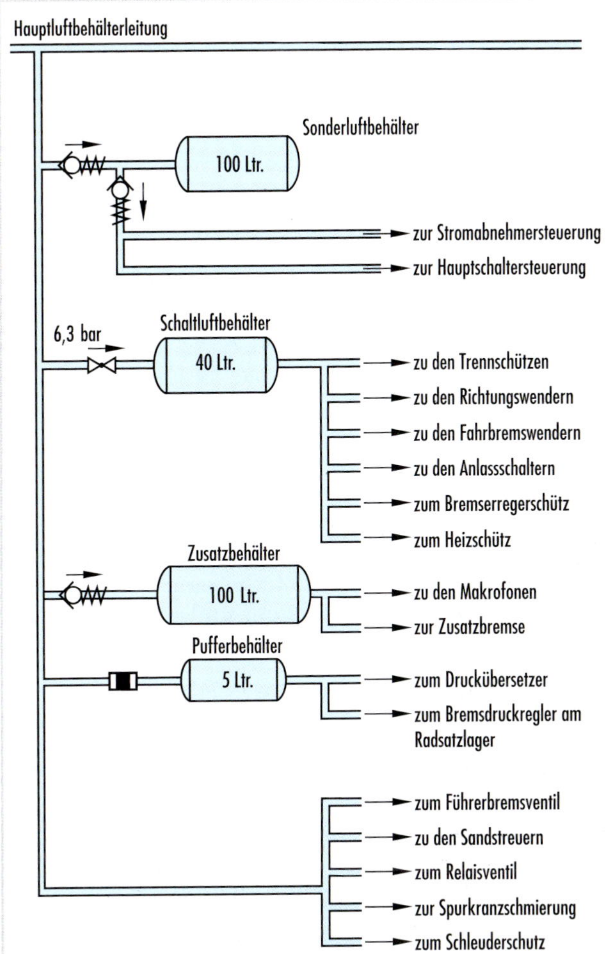

Bild 1: Druckluftverteilung (z. B. BR 111)

Von der Hauptluftbehälterleitung (HBL) werden die oben genannten Verbraucher gespeist. Damit bei dem stark schwankenden Bedarf immer genügend Druckluft vorhanden ist, sind die Hauptluftbehälter (Pufferbehälter) in der erforderlichen Größe eingebaut. Ein Druckwächter schaltet den Kompressor ein, wenn der Druck unter 8,5 bar abgesunken ist und schaltet ihn bei 10 bar wieder aus. Ein Rückschlagventil trennt den Kompressor von den Hauptluftbehältern. Zum Schutz der Anlage sind Sicherheitsventile (vor und nach dem Rückschlagventil) eingebaut. Die vom Kompressor verdichtete Luft enthält Wasser und mitgerissenes Öl. Das Öl-Wasser-Gemisch setzt sich im Kondensatabscheider ab. Dieser muss öfter mittels Außenhahn an der Lok umweltgerecht entwässert werden. Einige Triebfahrzeugbaureihen haben eine automatische Entwässerung. Bei den neuen Triebfahrzeugen erfolgt diese automatische Entwässerung in einen Kondensatsammelbehälter, der vom Werkstattpersonal fachgerecht entleert wird.

1. Was versteht man unter Hilfsbetriebe in einem Triebfahrzeug?
2. Welche Einrichtungen werden in einem Triebfahrzeug mit Druckluft versorgt? Wie wird diese erzeugt?
3. Was versteht man unter der HBL und welche Funktion hat sie?
4. Welche Aufgabe hat in einer Druckluftanlage der Druckwächter?

3.4.2.8 Fahrsteuerung

Die Fahrsteuerung bei einem elektrischen Triebfahrzeug ist in der Gesamtheit seiner beteiligten Bauteile komplexer und umfangreicher gegenüber Triebfahrzeugen mit Verbrennungsmotoren.

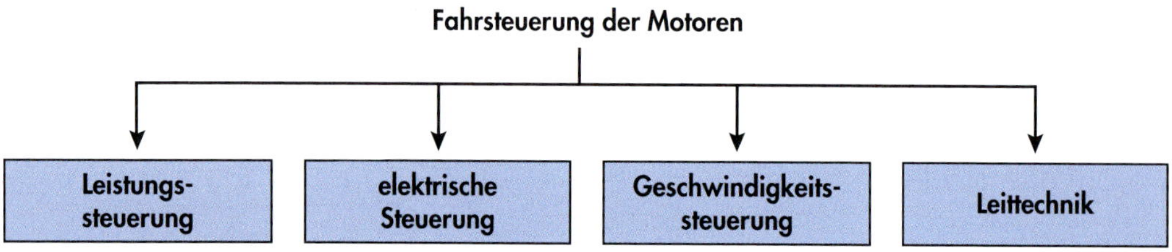

Leistungssteuerung

Die Zugkraft und die Geschwindigkeit der Triebfahrzeuge wird über die Spannung der Fahrmotoren gesteuert. Diese Aufgabe wird durch eine Leistungssteuerung erfüllt, die dafür sorgt, dass die Fahrmotoren eine Spannung von 0 V bis zum zulässigen Höchstwert von ca. 500 V in feinstufiger und möglichst unterbrechungs- und verlustloser Form erhalten.

Bei den Tfz der Baureihen 112 und 143 werden zwar auch Stufenschaltwerke verwendet, die Spannungssprünge werden allerdings mit einer so genannten Phasenanschnittssteuerung verringert, indem die Differenzspannung in 10 Stufen unterteilt wird. Möglichkeiten der Leistungssteuerung sind mit vielfältigem technischem Einsatz realisierbar.

Die optimale Ausnutzung des Kraftschlusses zwischen Rad und Schiene wird durch die Einzelachssteuerung erreicht. Hier wird bei der Aufteilung der Zug- oder Bremskraft auch die Radsatzbe- und entlastung im Drehgestell berücksichtigt.

Wesentlicher Teil der Leistungssteuerung ist ein Hochspannungsschaltteil. Dieses besitzt entweder eine bestimmte Anzahl von Anzapfungen am Transformator (um die notwendigen Spannungen für die Fahrmotoren zu liefern) oder hat mechanische Lastschalter. Mechanische Lastschalter werden auch durch Thyristoren ersetzt, die ein verschleißfreies Umschalten zwischen den Stufen ermöglichen (s. Seite 120).

Elektrische Fahrsteuerung

Bei der elektrischen Fahrsteuerung wird die wartungsintensive mechanische Nachlaufsteuerung durch eine elektrische ersetzt. Die Steuerung der benötigten Zugleistung erfolgt mit einem Hauptfahrschalter. Er hat einen zusätzlichen »Z-Steuerungsbereich«, mit dem die Zugkraft der Lok stufenweise vorgegeben werden kann.

Geschwindigkeitssteuerung

Die Geschwindigkeitssteuerung ist z.B. bei den BR 112 und 143 zu finden. Die Stellmotorsteuerung erfolgt hier über elektronische Bauteile wie Puls- und Reversiersteller und nicht über Schütze (elektrischer ferngesteuerter Schalter). Der Pulssteller hat die Aufgabe, durch Phasenanschnittssteuerung den Stellmotor mit Spannung zu versorgen. Der Reversiersteller bestimmt die Drehrichtung des Stellmotors.

Um die Geschwindigkeit genau vorgeben zu können, ist eine feinere Abstufung notwendig, als dies mit der herkömmlichen Trafoanzapfung möglich ist. Das Schaltwerk schaltet demgemäß die Spannung nicht stufenweise, sondern erhöht mittels Phasenanschnittssteuerung die Spannung in kleineren Schritten. Dadurch werden die Fahrströme gleichmäßiger erhöht, was ein ruckartiges Fahrverhalten beim Aufschalten verhindert.

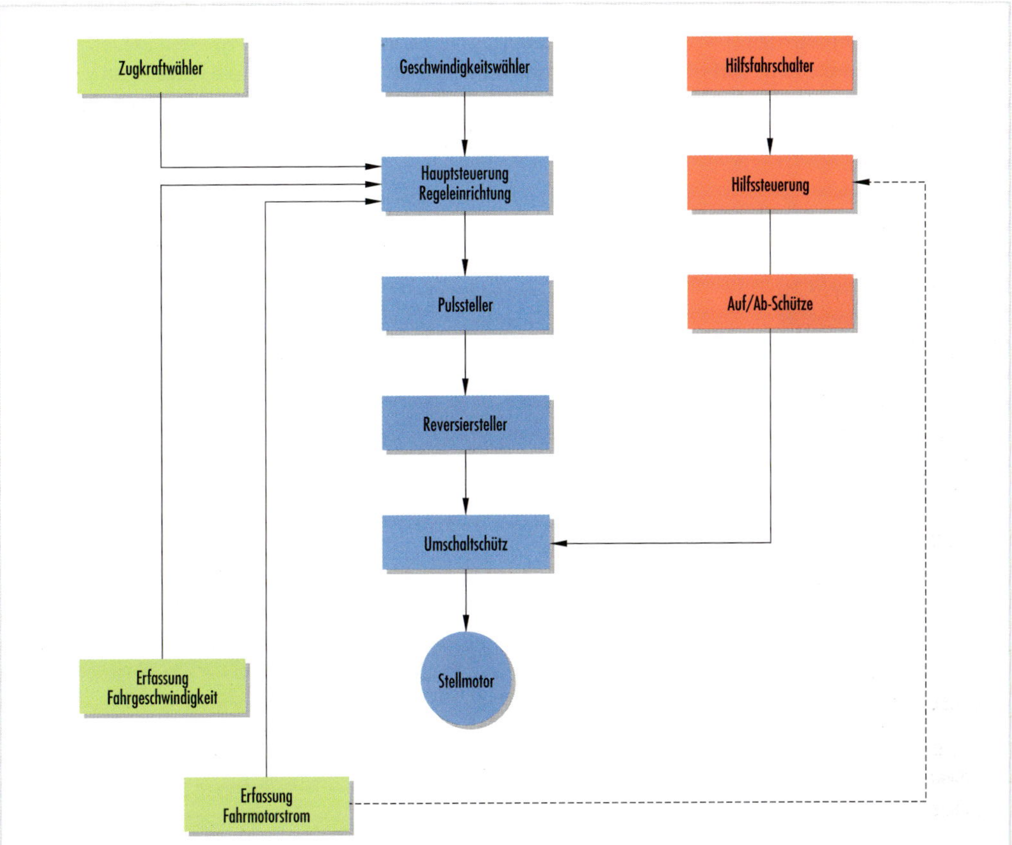

Bild 1: Geschwindigkeitssteuerung, z. B. BR 112/143

Ein großer Vorteil des Drehstrommotors (s. Seite 120ff.) ist darin zu sehen, dass er kein Schaltwerk benötigt. Die Zugkraft ist abhängig von der Höhe der Spannung, die ihm zugeführt wird, und die Motordrehzahl wird durch eine Veränderung in der Frequenz erreicht.

Jedem Drehstromasynchronmotor ist seine eigene Fahrwicklung zugeordnet. Da die Fahrwicklung nur Einphasenwechselstrom liefert, ist für jeden Motor ein Stromrichter zwischengeschaltet. Dieser besteht aus einem Gleichrichterblock, einem Gleichspannungszwischenkreis und aus einem Wechselrichterblock, der Drehstrom mit veränderbarer Spannung und Frequenz erzeugt.

Moderne Triebfahrzeuge verfügen über eine Fahrzeugleittechnik. Steuergeräte übernehmen die Gesamtsteuerung des Triebfahrzeuges. Sie können zur Erhöhung der Verfügbarkeit im Störungsfall redundant ausgeführt sein. Dabei ist immer nur ein Bauteil im Einsatz (Master), das Zweite arbeitet im Standby-Modus (Slave).

Steuergeräte

Zentralsteuergerät (ZSG)

Zentralsteuergeräte übernehmen die Zug- und Fahrzeugsteuerung. Sie sind redundant ausgeführt.

Antriebssteuergeräte (ASG)

Antriebssteuergeräte steuern die Pulswechselrichter und Vierquadrantensteller im Traktionsstromrichter für ein Drehgestell.

Integrierte Steuergeräte (ISG)

Im intergrierten Steuergerät sind die Funktionen von ZSG und ASG zusammen enthalten.

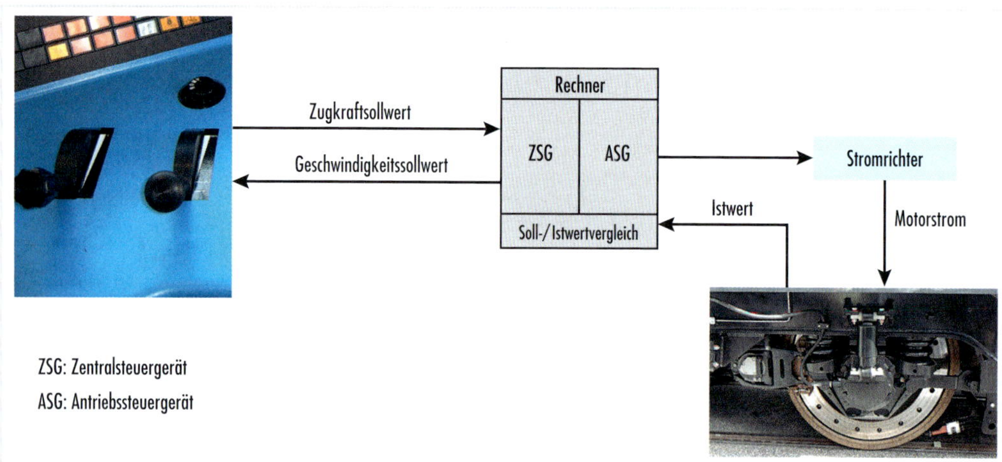

Bild 1: Prinzip der elektronischen Fahrsteuerung

Anfahrüberwachung

Das Anfahrüberwachungsgerät (Grenzwertüberwachungsgerät) ist ein elektronisches Bauteil, das z.B. auf den Lok der BR 111 oder BR 151 eingebaut ist. Es entlastet den Triebfahrzeugführer beim Anfahren, indem es die Grenzwerte der Lok überwacht.

Überwacht werden z.B. bei der BR 111:

- Motorstrom $I = 3430\,A$
- Motorspannung $U = 465\,V$
- Oberstrom $I = 420\,A$
- Motorstromdifferenz – Schleudern

Bild 2: Führerstand in einem Steuerwagen

1. Wie werden die Zugkraft und die Geschwindigkeit eines Triebfahrzeuges gesteuert?
2. Wie funktioniert eine elektronische Fahrsteuerung?
3. Welche Aufgabe hat die Anfahrüberwachung?

3.4.2.9 Überwachungseinrichtungen

Da bei einem elektrischen Triebfahrzeug die Energiezufuhr und die Versorgung der meisten Bauteile durch elektrische Spannungen und elektrische Ströme erfolgt, muss mit entsprechenden Schutzeinrichtungen jede mögliche auftretende Gefahr für Menschen und das Triebfahrzeug vermieden werden. Mit Mess- und Schutzeinrichtungen wird diese Aufgabe erfüllt.

Mess- und Schutzeinrichtungen

Da man die hohen Spannungen und Ströme nicht direkt auf ein Messinstrument geben kann, benötigt man in den verschiedenen Messkreisen Wandler, die nach dem Prinzip eines Transformators die Spannungen und Ströme auf die messbaren Größen heruntertransformieren.

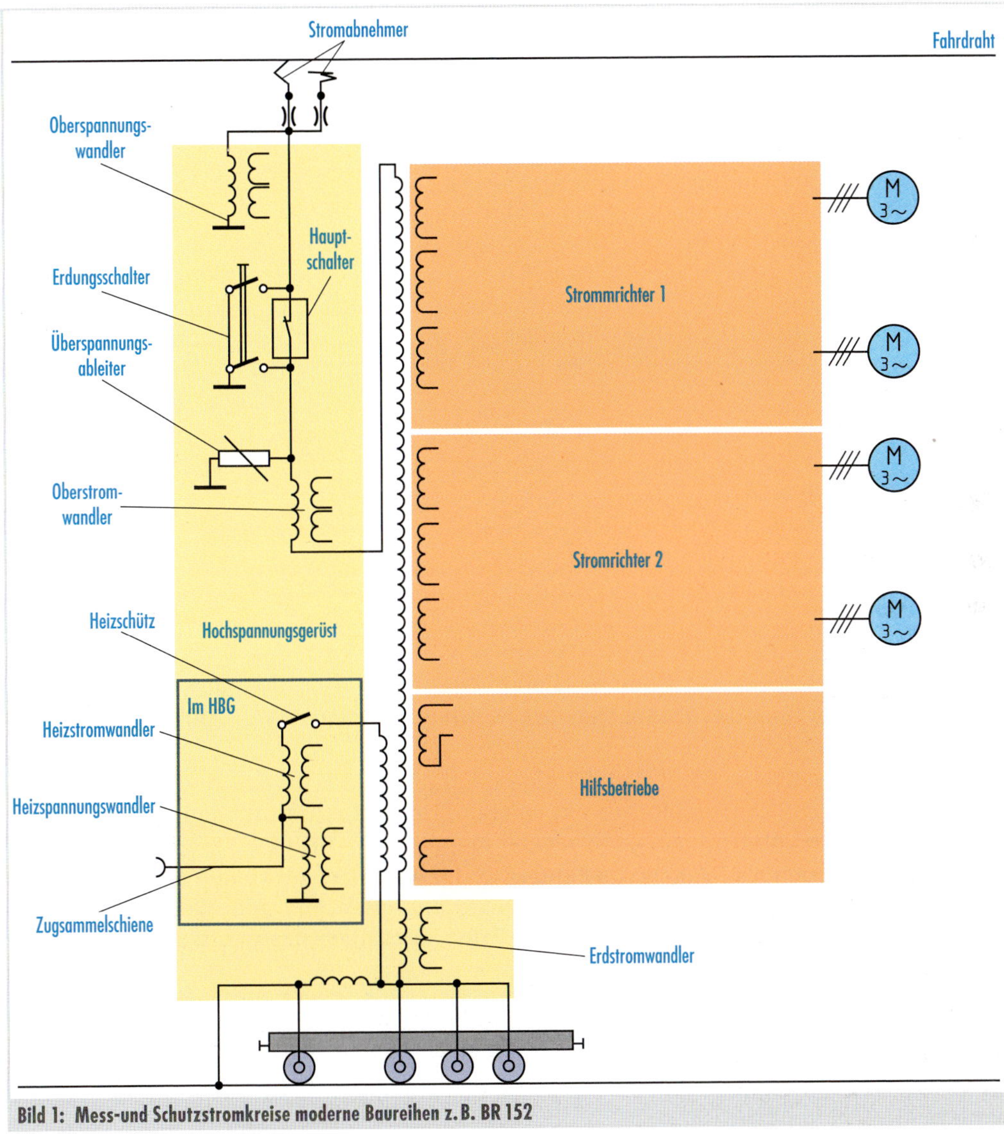

Bild 1: Mess-und Schutzstromkreise moderne Baureihen z.B. BR 152

- Der Oberspannungswandler transformiert die Fahrdrahtspannung im Verhältnis 100 : 1 herunter und gibt den Messwert der Fahrdrahtspannung an die Voltmeter der Führerstände weiter. Außerdem wird mit dieser Spannung ein Unterspannungsrelais gespeist.
- Unterspannungsrelais

  Bei starken Belastungen des Netzes kann die Netzspannung nicht immer auf 15000V gehalten werden.

  Der Triebfahrzeugführer kann mit Hilfe der Steuerung, durch höheres Aufschalten von Fahrstufen, den Spannungsrückgang an den Fahrmotoren ausgleichen.

  Die Spannung für die Hilfsbetriebe kann jedoch nicht reguliert werden, da diese Spannung meist einer festen Anzapfung des Trafos entnommen wird.

  Sinkt die Fahrdrahtspannung unter 10,5kV, so schaltet das Unterspannungsrelais den Hauptschalter aus.

  Das Unterspannungsrelais spricht 1,5s verzögert an, damit nicht bei kurzen Spannungsunterbrechungen (z.B. Bügelspringen bei vereistem Fahrdraht) der Hauptschalter ausgeschaltet wird oder wenn das Stellwerk zwischen zwei Stufen stehen geblieben ist. Bei Störungen kann eine Überbrückung (Lasche) geschalten werden (bis auf BR143).
- Der Durchführungsstromwandler, bei neueren Tfz auch Oberstromwandler genannt, speist die Oberstromanzeigen auf den Führerständen und das Oberstromrelais. Er liefert ferner dem Endstromwandler einen Vergleichswert zum Erfassen des Fehlerstromes.
- Das Oberstromrelais schaltet den Hauptschalter aus, wenn der aus der Oberleitung (Fahrdraht) entnommene Strom den höchstzulässigen Wert überschreitet. Dieser Wert ist von den jeweiligen Baureihen abhängig und gibt die Leistungsgrenze des Tfz an. So ist z.B. das Oberstromrelais bei der BR111 auf 420A, BR143 auf 450A, BR103 auf 600A eingestellt.
- Ein Heizüberstromrelais überwacht die Stromaufnahme der Zugsammelschiene. Bei Überlastung schaltet das Relais zum Schutz der Hilfswicklung im Haupttrafo ebenfalls den Hauptschalter aus.
- Bei älteren Baureihen gibt es auch noch eine Heizspannungsanzeige, die zur Überwachung der Heizspannungen (1000V) dient.
- Der Motorstromwandler ist in jedem Fahrmotorenstromkreis eingebaut und speist das Motorüberstromrelais und die Motorstromanzeige auf den Führerständen (wenn vorhanden).
- Das Motorüberstromrelais wird vom Motorstromwandler gespeist und schützt den betreffenden Fahrmotor vor Überströmen und Kurzschlüssen. Es schaltet den dazugehörigen Fahrmotor über das Trennschütz ab, wenn Stromgrenzen (ca. 2500–4000A) überschritten werden.
- Die Motorstromanzeige dient dem Tf eigentlich als Zugkraftanzeige, da das Drehmoment eines Reihenschlussmotors direkt von der Stromaufnahme abhängt.
- Der kompensierte Erdstromwandler erfasst Fehlerströme im 16⅔-Hz-Bereich, die auftauchen, wenn sich als Folge eines Fehlers in der elektrischen Anlage des Tfz eine leitende Verbindung zwischen spannungsführenden Teilen und dem Gehäuse herstellt. Dies wird als Erdschluss bezeichnet. Ein Erd- oder Differenzstromrelais schaltet den Hauptschalter aus.
- Das Erdstrom- oder Differenzstromrelais arbeitet wie ein Fehlerstromschalter (FI-Schalter) und ist zum Schutz des Menschen und der Bauteile notwendig.

Weitere Schutzeinrichtungen überwachen die Belastung der Thyristoren und des Stufenwählers.

Da das Anfahren immer eine hohe Belastung für ein elektrisches Tfz darstellt, besitzen einige Baureihen (z. B. BR 111) ein Anfahrüberwachungsgerät, das bestimmte Grenzwerte beim Anfahren vorgibt.

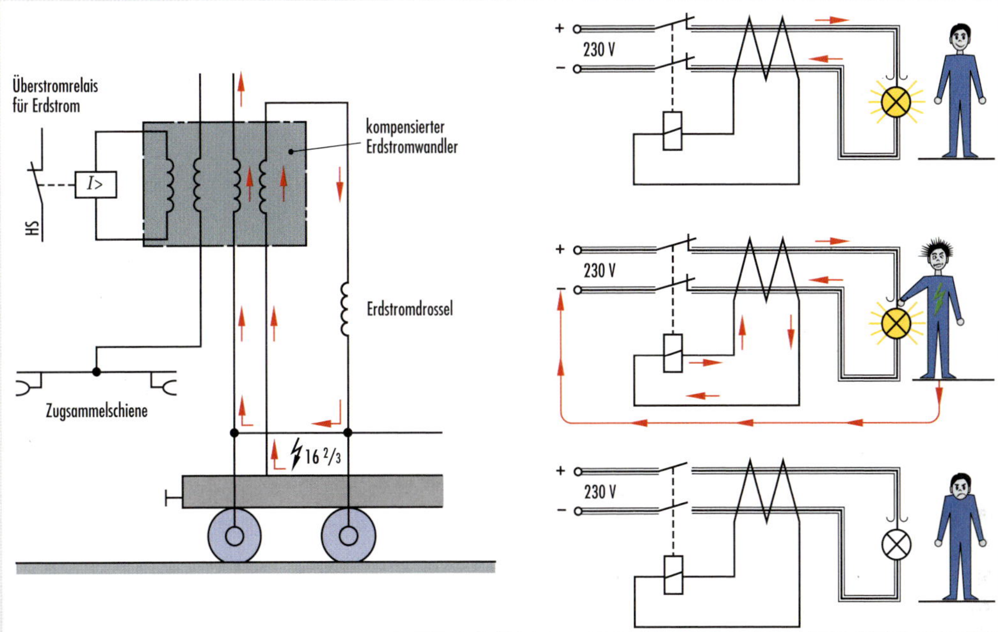

Bild 1: Vergleich der Wirkungsweise des Erdstrom- oder Differenzstromrelais

Der **Buchholz-Schutz** ist eine elektrische Schutzeinrichtung in flüssigkeitsisolierten Leistungstransformatoren sowie Drosselspulen mit Ausdehnungsgefäß. Das Buchholz-Relais zeigt Fehler wie elektrische Windungsschlüsse oder auch Mangel an Transformatorenöl an. Bei kleineren Fehlern wird dieser Zustand nur gemeldet – die sogenannte Buchholzwarnung –, bei stromstarken Fehlern, wie zum Beispiel Kurzschlüssen, wird der Transformator oder die Drosselspule im Rahmen der Buchholzauslösung automatisch abgeschaltet, um einer Zerstörung vorzubeugen.

Triebfahrzeug-Steuerung bei Doppeltraktion/Wendebetrieb

Werden zwei Triebfahrzeuge von einem Führerstand aus gesteuert, müssen diese Triebfahrzeuge für den Betrieb als Doppeltraktion ausgerüstet sein. Die Verbindung zwischen beiden Triebfahrzeugen oder zwischen der Lok und dem Steuerwagen (Wendezug) erfolgte in der Vergangenheit ausschließlich über ein 34- oder 36-adriges Steuerkabel. Beide Steuerkabel sind nicht kompatibel. Deshalb waren zusätzliche technische Einrichtungen notwendig.

Neuere Tfz werden mittels einer besonderen Steuerungstechnik über zwei Adern des 13- oder 18-adrigen Informations-Steuerkabels (IS) gesteuert.

- ZWS = **Z**eitmultiplexe **W**endezug-**S**teuerung
- ZDS = **Z**eitmultiplexe **D**oppeltraktions-**S**teuerung

34-adriges Steuerkabel	BR 112, 142, 143
36-adriges Steuerkabel	BR 111, 140, 141, 143, 151
ZWS-Steuerung	BR 101, 111, 143, 152, S-Bahn 120
ZDS-Steuerung	BR 112, 143, S-Bahn 101 und 120

Tabelle 1: Ausrüstungsstand mit Steuerungstechniken bei verschiedenen Baureihen

Das **Stufenüberwachungsgerät** vergleicht die Fahrmotorspannungen beider Tfz. Es sorgt dafür, dass beide Schaltwerke der in der Doppeltraktion fahrenden Loks immer auf gleicher Stufe stehen. Bei abweichender Stufenstellung einer Lok wird durch das entsprechende Stufenüberwachungsgerät der gleichen Lok veranlasst, dass das Schaltwerk, das in der höheren Stufe steht, zurückläuft. Der Vorgang wiederholt sich so oft, bis die Motorspannungen gleich sind. Beim Doppeltraktionsbetrieb ist es wichtig, dass beide Schaltwerke immer auf der gleichen Stufe stehen, da sich sonst aus der Differenz der Stufenstellungen unterschiedliche Zugkräfte ergeben würden.

Die Stromversorgung der Wagen erfolgt über die Zugsammelschiene. Sie verläuft unter dem gesamten Wagenzug und verbindet die einzelnen Wagen über die Heizkupplungen.

Die Zugsammelschiene ist zum Heizen notwendig, aber auch immer dann einzuschalten, wenn Reisezugwagen im Zugverband laufen, die mit Energie aus der Zugsammelschiene versorgt werden. Diese Reisezugwagen sind auf dem Bremszettel (s. Kap. 4.6) mit den Kennbuchstaben h, z oder ee vermerkt.

Zur elektrischen Zugheizung gehören folgende Bauteile:

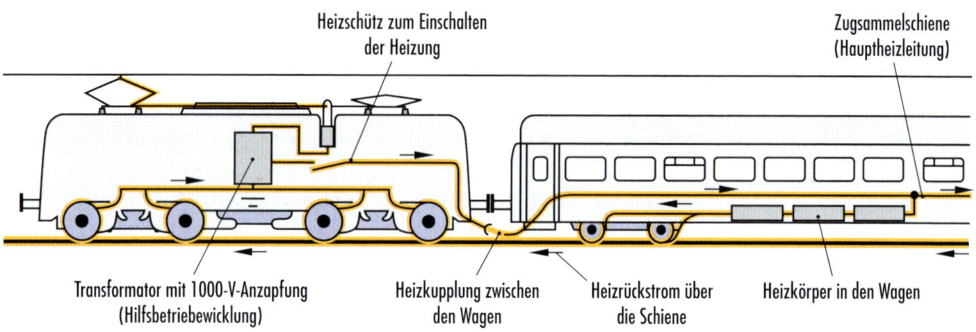

Bild 1: Zugsammelschiene (ZS)

1. Welche Aufgaben übernehmen Überwachungseinrichtungen in einem Triebfahrzeug?
2. Erklären Sie die Aufgabe des Unterspannungs- und des Erdstromrelais?
3. Was versteht man unter dem Buchholz-Schutz und welche Überwachungsaufgabe übernimmt er?
4. Wie wird es technisch realisiert, dass bei einer Doppeltraktion beide Triebfahrzeuge immer in der gleichen Fahrstufe fahren?

3.4.3 Brennkraftgetriebene Triebfahrzeuge

Während sich im Straßenverkehr Kraftfahrzeuge bewegen, deren Verbrennungsmotoren entweder mit Diesel- oder mit Benzinkraftstoff betrieben werden (neuerdings auch mit Autogas), verwendet die DB AG für ihre Triebfahrzeuge mit Verbrennungsmotoren ausschließlich Dieselmotoren. Dies geschieht unter drei wichtigen Gesichtspunkten:

- Der Dieselmotor hat einen besseren Wirkungsgrad gegenüber dem Ottomotor (Dieselmotor ca. 33 %, Ottomotor ca. 25 %).
- Der Dieselkraftstoff ist billiger in der Beschaffung.
- Die Feuergefährlichkeit des Dieselkraftstoffes ist geringer gegenüber dem Benzin, d. h. der Flammpunkt (s. Seite 170) des Dieselkraftstoffes liegt bei 55 °C, der des Benzins bei 25 °C.

Bild 1: Diesellok bei Eschweiler

Eine in der ganzen Welt vielbeachtete Pioniertat war 1933 die Eröffnung des Schnelltriebwagenverkehrs mit dem »Fliegenden Hamburger« zwischen Berlin und Hamburg mit einer planmäßigen Höchstgeschwindigkeit von 160 km/h.

Vor- und Nachteile

Bei der elektrischen Lokomotive (E-Lok) ist ein aufwendiger Energietransport vom Kraftwerk bis zum Motor notwendig. Die brennkraftgetriebene Lokomotive (Diesellok) führt ihre Energie in Form von Dieselkraftstoff mit und ist unabhängig vom Fahrdraht. Sie kann damit auf allen Strecken eingesetzt werden. Der Wirkungsgrad der Diesellok ist mit 24 % nicht wesentlich schlechter als bei der E-Lok, der zwischen 24 – 27 % liegt (gemessen ab dem Punkt der Energieerzeugung). Ein entscheidender Nachteil der V-Traktion ist jedoch die installierte Leistung. Sie lässt sich nicht beliebig vergrößern, da das Motorgewicht und die mitzuführende Kraftstoffmenge hier Grenzen setzt. Der Einsatz der Dieseltriebfahrzeuge wird sich in Zukunft auf Strecken, auf denen sich eine Elektrifizierung nicht lohnt, beschränken. Eine Alternative zu dieselhydraulischen Triebfahrzeugen wären die diesel-elektrischen Triebfahrzeuge.

3.4.3.1 Hauptbestandteile von brennkraftgetriebenen Triebfahrzeugen

Brennkraftgetriebene Lokomotiven gibt es in unterschiedlichen Bauformen und sie werden in unterschiedlichen Bereichen eingesetzt, z. B. als:

- Streckendiesellok
- Rangierdiesellok
- Dieseltriebwagen

Baureihe	360–365	290–295	232–234 / 241	VT 612
Verwendung als	Kleinlok im Rangierdienst und leichten Güterzugdienst	Schwerer Rangierdienst und Güterzugdienst	Reise und Güterzugbetrieb	Triebwagenzug Regionalverkehr
Höchstgeschwindigkeit	LG: 30 km/h SG: 60 km/h	LG: 40 km/h SG: 80 km/h	BR 232: 120 km/h BR 234: 140 km/h BR 241: 100 km/h	160 km/h
Nennleistung	478 / 480 kW	736 kW	2208–2940 kW	2 × 560 kW
Gewicht mit 2/3 Vorräten	48–54 t	79 t	120 t	116 t
Kraftübertragung	dieselhydraulisch	dieselhydraulisch	dieselhydraulisch	dieselhydraulisch
Besonderheit	teilweise Ausrüstung mit Funkfernsteuerung (FFst)	teilweise Ausrüstung mit Funkfernsteuerung (FFst)	teilweise mit ZEV, ZWS, ZDS	mit Neigetechnik zum bogenschnellen Fahren
Achsanordnung	C	B'B'	Co'Co'	2'B' + B'2'

Tabelle 1: Beispiele für Tfz – Verwendungen und Daten

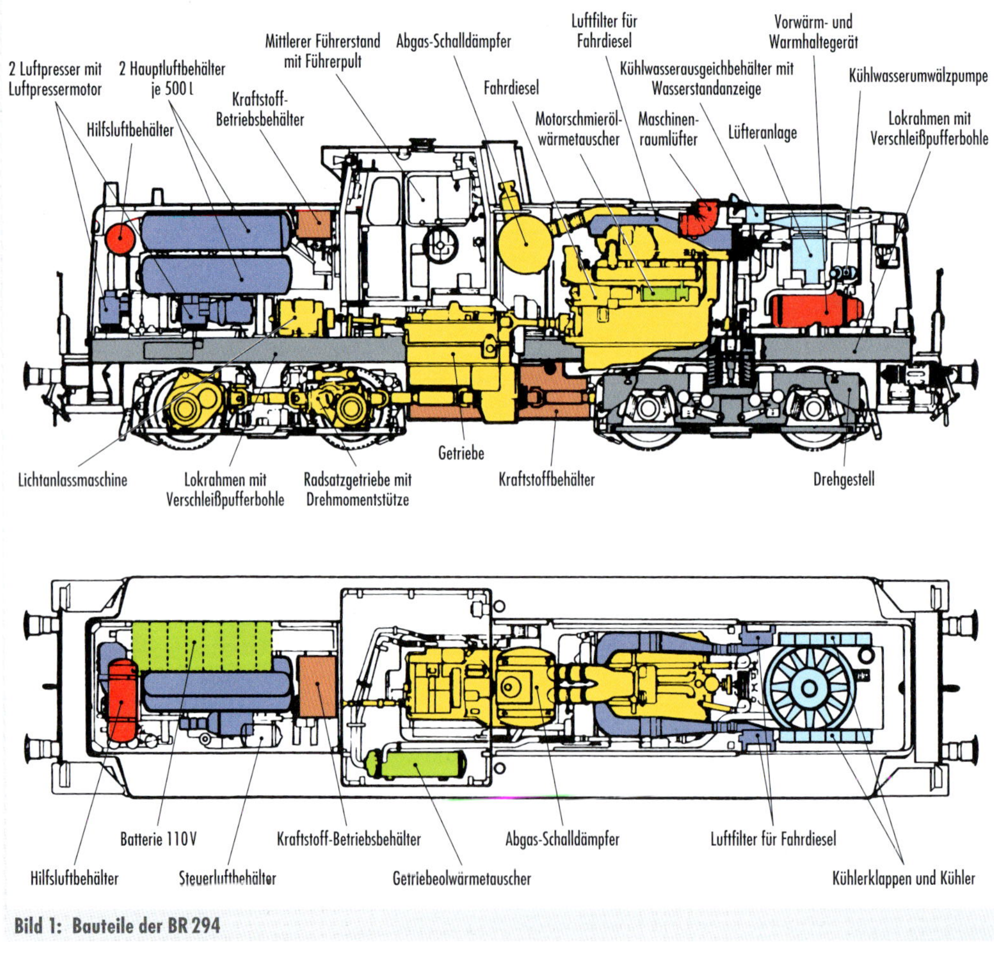

Bild 1: Bauteile der BR 294

Diese Triebfahrzeuge ab BR290 wurden in großer Stückzahl verwendet in unterschiedlicher Motorisierung und für den schweren Rangierdienst konzipiert. Der Fahrzeugrahmen besteht aus zwei Doppel-T-Trägern, die mit mehreren quer liegenden Doppel-T-Profilen eine Einheit bilden. Die zwei Drehtürme sind in den Rahmen eingeschweißt. Sie greifen in die Drehgestelle ein und übertragen die Zugkräfte. Im Rahmen befinden sich im vorderen Vorbau Dieselmotor, Kühlanlage und Vorwärmgerät. Im hinteren Vorbau befinden sich Lichtmaschine, Luftbehälter, Batterie und Schaltschrank. Das Füherhaus ist in der Fahrzeugmitte angeordnet. Die Lokomotiven der BR294/295 sind mit Funkfernsteuerung ausgerüstet.

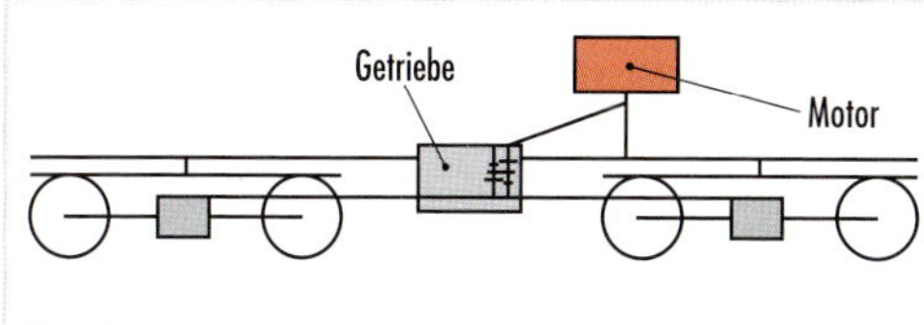

Bild 1: BR 298 – je zwei Achsen im Drehgestell werden von einem Motor über Gelenkwellen angetrieben

Technische Daten	
Höchstgeschwindigkeit:	80 km/h
Leistung:	810–1030 kW
Länge über Puffer:	14320 mm
Fahrzeuggewicht:	76–90 t
Erstes Baujahr:	1974

Tabelle 1: Informationen zu BR 294

Der **Lokkasten** besteht aus zwei Doppel-T-Trägern, die mit mehreren quer liegenden Doppel-T-Profilen eine Einheit bilden. Die zwei Drehtürme sind in den Rahmen eingeschweißt. Sie greifen in die Drehgestelle ein und übertragen die Zugkräfte. Im Rahmen befinden sich im vorderen Vorbau Dieselmotor, Kühlanlage und Vorwärmgerät. Im hinteren Vorbau befinden sich Lichtmaschine, Luftbehälter, Batterie und Schaltschrank. Das Führerhaus ist in der Fahrzeugmitte angeordnet. Die Lokomotiven der BR294/295 sind mit Funkfernsteuerung ausgerüstet. Ein 8-Zylinder-Motor überträgt seine Leistung über eine Schwingmetallkupplung und eine Gelenkwelle auf ein Strömungsgetriebe. Auf Grund seiner Höchstgeschwindigkeit ist dieses Triebfahrzeug auch für den Streckendienst geeignet.

Bild 2: Brückenrahmen mit geschweißtem Stahlblechprofilgerippe

Das **Drehgestell (DG)** dient zur Aufnahme der Radsätze und zur Lagerung des Wagenkastens bei 4- und 6-achsigen Triebfahrzeugen. Bei den elektrischen Lokomotiven ist außerdem der gesamte Antrieb im Drehgestell untergebracht.

An jedem Drehgestell gibt es meist wiederkehrende Bauteile:

- Drehgestellrahmen mit Aufnahme der Radsatzlager und somit der Radsätze
- Aufnahme des Drehzapfens (Drehpunkt)
- Aufnahme der Federung zur Abstützung des Wagenkastens
- Anlenkung des Drehgestelles
- Raum für die Aufnahme der Antriebseinheit (Fahrmotoren bei elektrischer oder Radsatzgetriebe mit den dazugehörigen Gelenkwellen bei hydraulischer Kraftübertragung)

An bzw. innerhalb der Drehgestelle sind Zusatzeinrichtungen, wie z. B. die Sandstreueinrichtung, die Fahrzeugmagneten der PZB sowie die pneumatische Bremseinrichtung integriert. Bei Dieseltriebwagen ist zum Teil auch die Magnetschienenbremse angebracht.

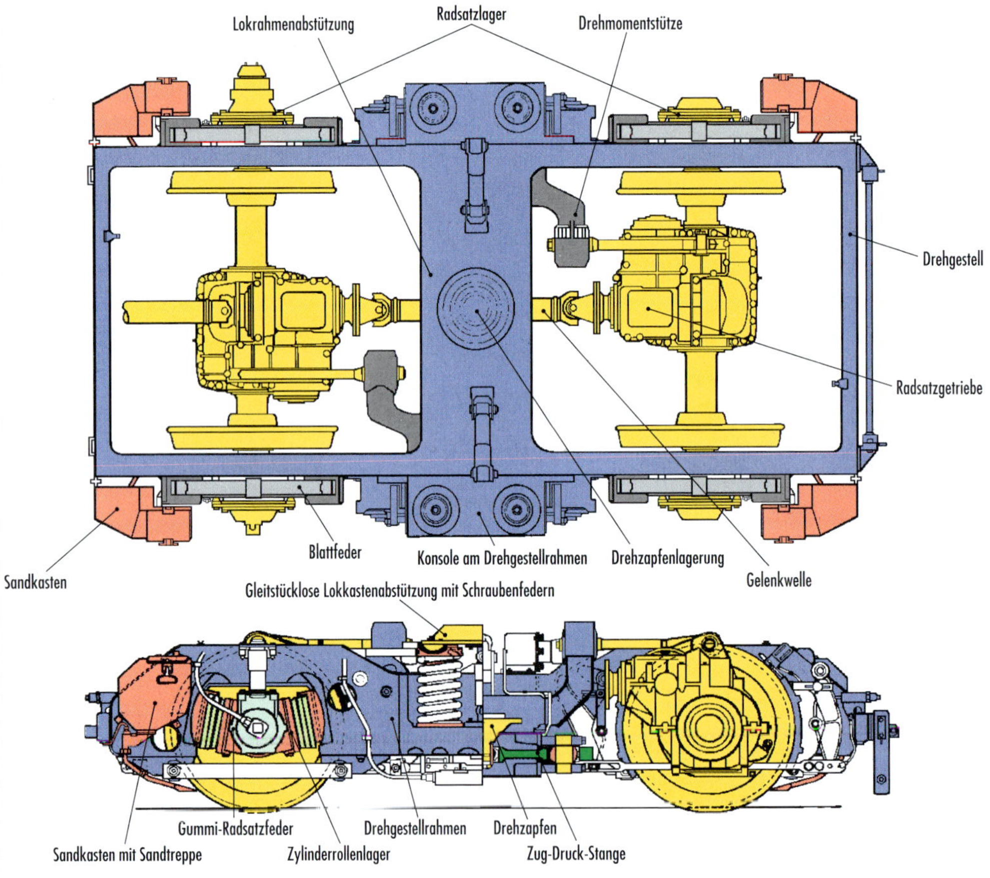

Bild 1: Drehgestell BR 218 mit Bauteilbezeichnungen

3.4.3.2 Antriebsart Dieselmotor

Allgemein lassen sich Verbrennungsmotoren nach bestimmten Gesichtspunkten unterscheiden:

Einteilung der Verbrennungsmotoren nach

a) Gemischbildung und Zündung
- Ottomotoren: Sie werden vorzugsweise mit Benzin und äußerer Gemischbildung betrieben. Die Verbrennung wird durch Fremdzündung (Zündkerze) eingeleitet.
- Dieselmotoren: Sie haben innere Gemischbildung und werden mit Dieselkraftstoff betrieben. Die Verbrennung im Zylinder erfolgt durch Selbstzündung.

b) Arbeitsweise
- Viertaktmotoren: Sie haben einen geschlossenen (getrennten) Gaswechsel und benötigen für ein Arbeitsspiel 4 Kolbenhübe bzw. 2 Kurbelwellenumdrehungen.
- Zweitaktmotoren: Sie haben einen offenen Gaswechsel und benötigen für ein Arbeitsspiel zwei Kolbenhübe bzw. eine Kurbelwellenumdrehung.

c) Kühlung
- flüssigkeitsgekühlte Motoren
- luftgekühlte Motoren

d) Kolbenbewegung
- Hubkolbenmotoren
- Rotationskolbenmotoren

e) Zylinderanordnung (s. Bild 2)
- Reihenmotoren
- Boxermotoren
- V-Motoren

Bild 1: V-Motor

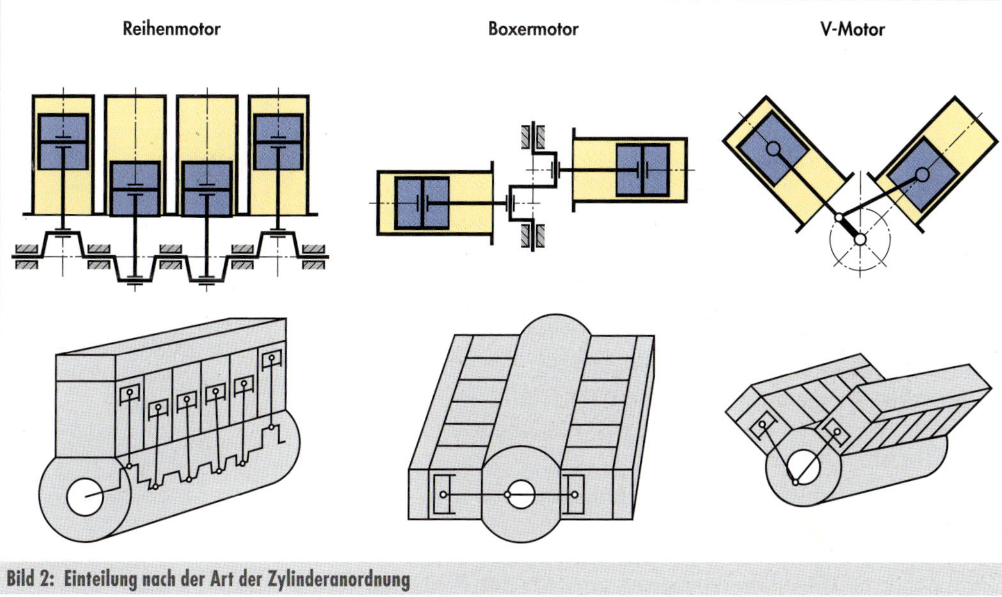

Bild 2: Einteilung nach der Art der Zylinderanordnung

Im Gehäuse des Dieselmotors befinden sich alle wesentlichen Bestandteile, wie Triebwerks- und Steuerungsteile. Die von den Kolben erzeugten Kräfte werden der Kurbelwelle zugeführt. Außerdem befinden sich im Motorgehäuse Hohlräume und Kanäle für Kühlwasser und Motoröl.

Bild 1: MTU 16 V 4000 R451

Triebwerksteile

Durch die Verbrennung entsteht Druck, der auf die Kolben wirkt. Von ihm werden die Kräfte über den Kolbenbolzen und die Pleuelstange auf die Kurbelwelle übertragen. Damit wird die geradlinige Bewegung (Vertikalbewegung) in eine Drehbewegung der Kurbelwelle umgewandelt.

Triebwerksteile

- Kolben
- Kolbenbolzen
- Pleuelstange
- Kurbelwelle
- Schwungscheibe

- Der Kolben hat die Aufgaben,
  - die Kolbenkräfte, die durch die Verbrennung entstehen, auf den Kurbeltrieb zu übertragen,
  - den Verbrennungsraum (durch Kolbenringe) zum Kurbelgehäuse gasdicht abzuschließen,
  - die Wärme, die zur Überhitzung führen würde, über die Kolbenringe und die Zylinderbüchse an das Kühlwasser abzuleiten.
- Der Kolbenbolzen stellt die Verbindung zwischen Pleuel und dem Kolben her.
- Die Pleuelstange verbindet den Kolben mit der Kurbelwelle. Sie überträgt die Kolbenkraft auf die Kurbelwelle und bewirkt damit eine Drehbewegung.
- Die Kurbelwelle übernimmt die Kräfte aller Kolben und überträgt sie weiter zur Schwungscheibe. Damit ein guter Gleichlauf erreicht wird, sind z. B. die Kurbelzapfen zueinander um 120° versetzt.
- Die Schwungscheibe befindet sich auf der Seite des Motorgehäuses, die die Kraft an das Getriebe abgeben soll. Sie erhöht den Gleichlauf des Motors und trägt bei bestimmten Motoren den Antriebszahnkranz für den Anlasser.

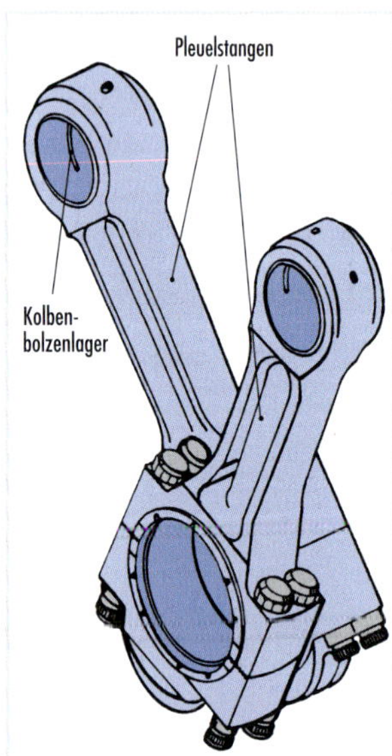

Bild 2: Pleuelstange

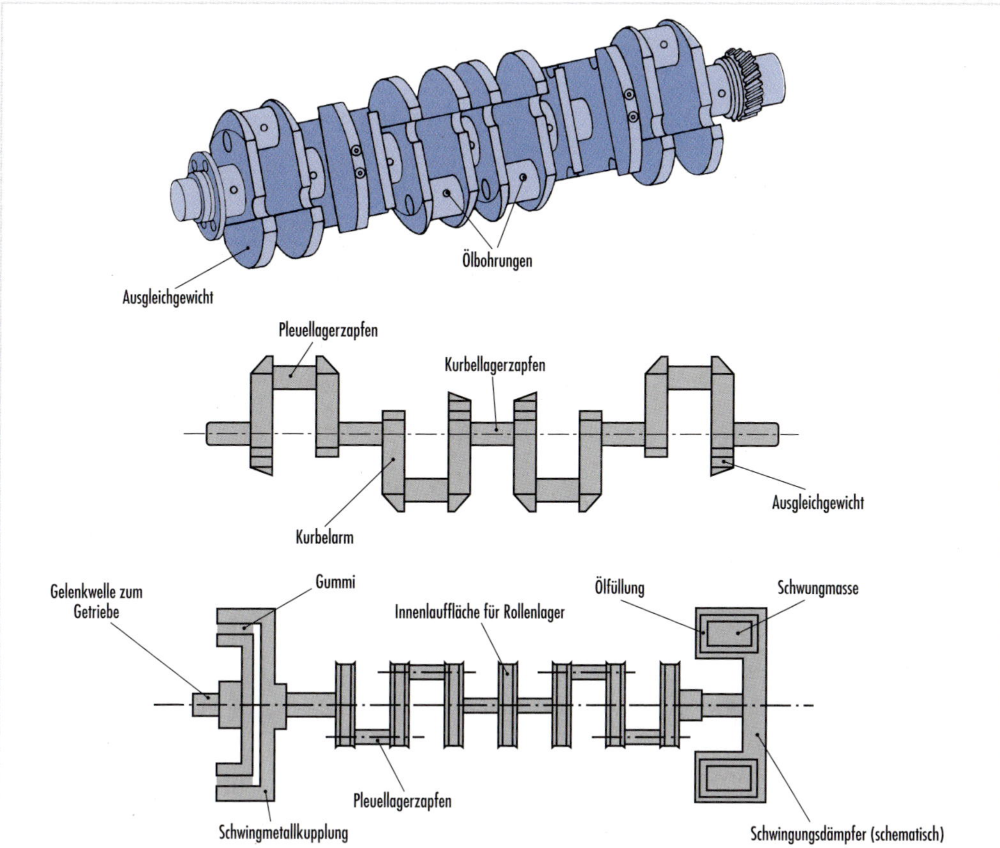

Bild 1: Gekröpfte Kurbelwelle

Steuerungsteile (Motorsteuerung)

Die Steuerungsteile haben die Aufgabe, für das zeitrichtige Öffnen und Schließen der Ventile zu sorgen.

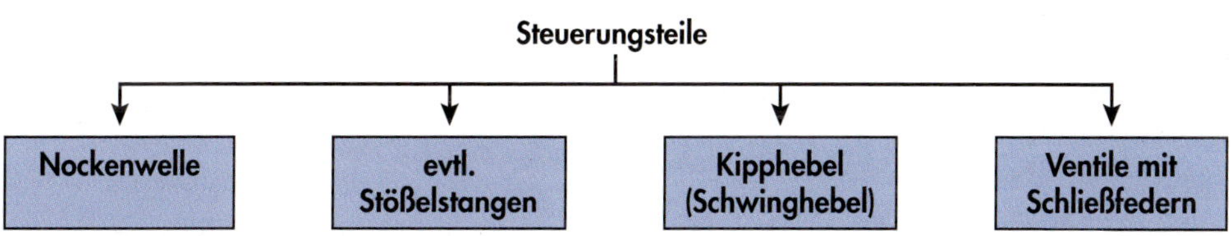

Grundsätzlich kann man zwischen unten und oben liegender Nockenwelle unterscheiden. Bei der oben liegenden Nockenwelle entfallen die Stößelstangen. Dadurch verringert sich das Ventilspiel, das durch die Wärmeausdehnung der Teile notwendig ist. Bei dieser Art der Ventilsteuerung erfolgt eine genauere Motorsteuerung.

Liegt hingegen die Nockenwelle unten, ist dadurch der Ausbau der Zylinderköpfe bei Reparaturen einfacher.

Die Steuerung der Nockenwelle erfolgt von der Kurbelwelle aus und wird von Stirnrädern angetrieben. Die Drehzahl ist im Verhältnis 2 : 1 untersetzt.

Die Zylinder haben je nach der Motorsteuerung 1 bis 3 Ein- und Auslassventile. Das Öffnen der Ventile wird von der Nockenwelle und den Kipphebeln gesteuert. Das Schließen der Ventile geschieht durch die Ventilfedern.

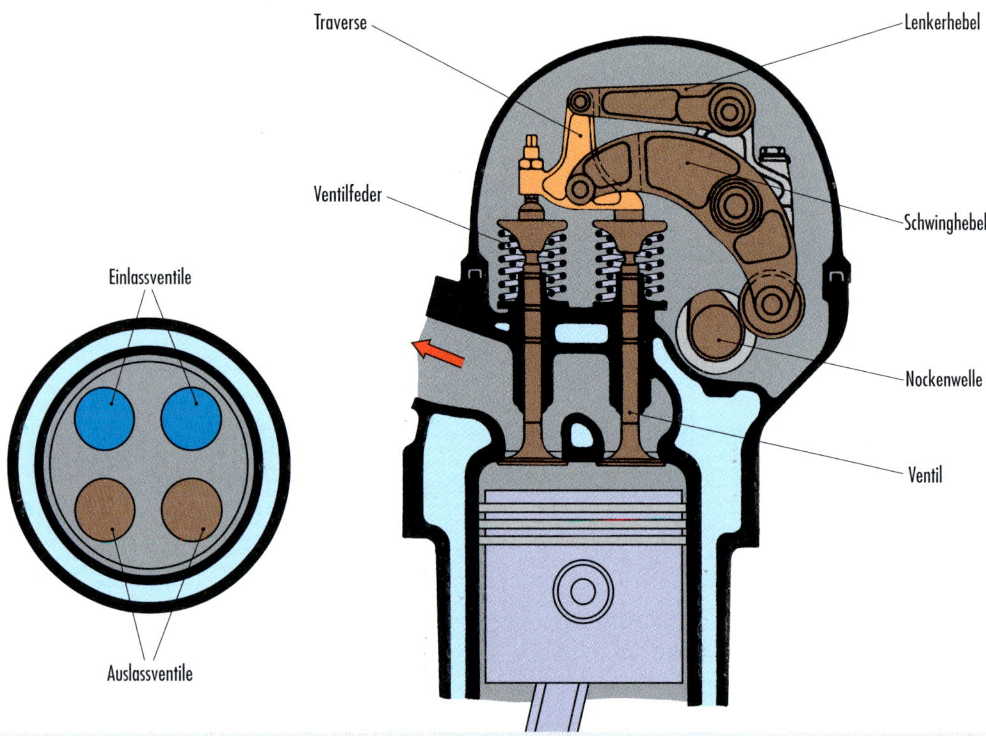

Bild 1: Steuerungsteile

Motorregelung

Der Dieselmotor der BR 218 ist drehzahlgeregelt. Die Aufgaben des Motorreglers sind:

- Aufziehen der Einspritzpumpen beim Motorstart (Startfüllung)
- Regelung der am Fahrschalter eingestellten Drehzahl (Fahrstufe)
- Regelung der unteren bzw. Begrenzung der oberen Leerlaufdrehzahl des Motors
- rasche, kurzzeitige Drehzahlsenkung des Motors bei Schleudervorgängen
- Überwachung des Motorschmieröldruckes bei Motorlauf

Fliehkraftregler verschiedener Bauarten übernehmen die Aufgaben, indem sie mit Hilfe der Einspritzpumpen die Kraftstoffmenge verändern.

- Bei der Füllungsregelung gehört zu jeder Stellung des Fahrschalters eine entsprechende Einspritzmenge, wobei die Drehzahl von der Belastung des Motors abhängig ist.
- Bei der Drehzahlregelung gehört zu jeder Stellung des Fahrschalters eine entsprechende Motordrehzahl, wobei hier die Einspritzmenge von der Belastung des Motors abhängt.

Nebenapparate

Zum Betrieb eines Motors gehören neben der Kraftstoffversorgung auch Apparate, ohne die ein betriebsmäßiger Lauf nicht denkbar wäre. Man unterscheidet die Apparate dadurch, ob sie vom Motor (direkt) oder nicht vom Motor (indirekt) angetrieben werden.

Direkt angetriebene Nebenapparate werden über die Stirnräder des Motors angetrieben:
- Einspritzpumpen
- Motorregler
- Kühlwasserpumpen
- Schmierölpumpen

Indirekt angetriebene Nebenapparate sind:
- Abgasturbolader (der Antrieb erfolgt durch Abgase)
- Ölzentrifuge (der Antrieb erfolgt durch den Ölstrom)

Bauteile der Kraftstoffversorgung

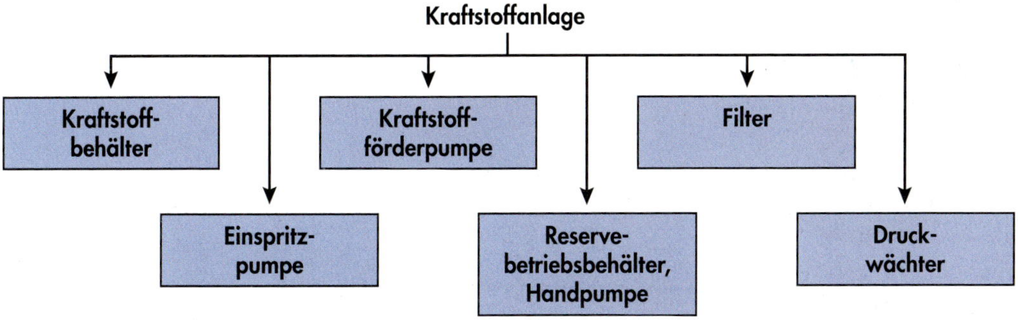

- **Kraftstoffbehälter**
  Dieselfahrzeuge und Dieseltriebwagen haben einen oder mehrere Kunststoffbehälter, die untereinander verbunden sind. Sie sind ausgerüstet mit Einfüllstutzen, Be- und Entlüftung, Schaugläsern und Grenzwertgebern, welche das Betanken nur bis zu 90 % zulassen, damit sich der Dieselkraftstoff entsprechend den Temperaturschwankungen anpassen und ausdehnen kann.
- **Kraftstoffförderpumpe**
  Die Förderung des Dieselkraftstoffes aus den Vorratsbehältern hin zu der Einspritzpumpe erfolgt entweder durch Kolbenpumpen oder durch Zahnradpumpen. Es wird immer mehr Kraftstoff gefördert als benötigt, damit die wirklich benötigte Kraftstoffmenge jederzeit vorhanden ist. Der Kraftstoffüberschuss gelangt über ein Ventil (z. B. Überstromventil, Sicherheitsventil), welches auch den Förderdruck begrenzt, zum Kraftstoffbehälter zurück.
- **Reserve- bzw. Betriebsbehälter und Handpumpe**
  Die Kraftstoffversorgung muss auch erfolgen, wenn die Kraftstoffförderpumpe ausgefallen ist. Dafür haben einige Diesellokomotiven einen hoch liegenden Behälter, aus dem die Kraftstoffzufuhr dann erfolgt. Eine Handpumpe ermöglicht das Wiederauffüllen des Behälters, wenn Kraftstoff benötigt wird.

- **Filter**

Bevor der Dieselkraftstoff über die Einspritzpumpe in den Verbrennungsraum gelangt, wird er gereinigt. Dies erfolgt über einen Vorfilter, meist ein Spaltfilter, und einen anschließenden Feinfilter, meist ein Papiersternfilter.

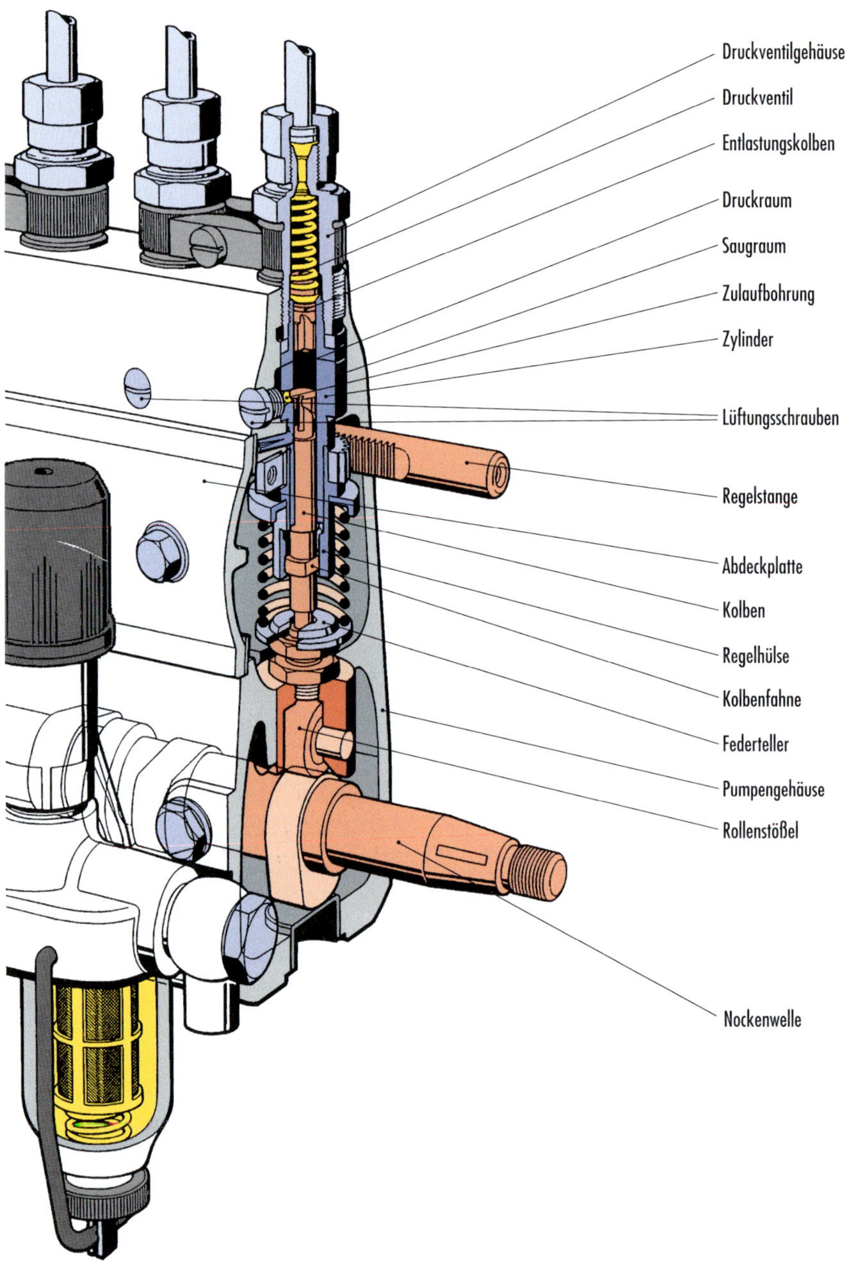

Bild 1: Beispiel einer Einspritzpumpe

- **Einspritzpumpe**

Der Dieselkraftstoff wird in den Verbrennungsraum des Zylinders unter Druck eingespritzt. Dies geschieht durch die Einspritzpumpe. Sie fördert den Kraftstoff über Pumpenelemente zu den Einspritzdüsen in die Verbrennungsräume des Dieselmotors. Dies erfolgt, je nach Motorbauart und Verbrennungsverfahren, unter sehr hohem Druck (80 bis 300 bar). Die Einspritzung geschieht gegen Ende des 2. Taktes und für jeden Zylinder in der entsprechend notwendigen Zündfolge. Außerdem wird jedem Zylinder eine genau bemessene Kraftstoffmenge zugeführt (veränderbare Belastung des Motors).

Die Mengenregulierung erfolgt durch das Verdrehen der Pumpenkolben über die Regelstange und Regelhülse. Einspritzpumpen werden je nach Verwendungszweck als Einzel- oder Blockpumpen ausgeführt. Sie sind das wichtigste Bauteil einer Kraftstoffanlage. Ein Druckwächter wird bei einigen Dieselfahrzeugen wird zur Überwachung der Kraftstoffförderung eine Kraftstoffmangelanzeige eingebaut. Diese kontrolliert mit Hilfe eines Druckwächters den Kraftstoffdruck. Bei Ausfall der Förderpumpe wird der Kraftstoffmangel auf dem Führerstand angezeigt. Innerhalb einer Dieselkraftstoffanlage ist die Einspritzpumpe das zentrale Bauteil.

Die Kraftstoffförderpumpen saugen den Kraftstoff aus den untenliegenden Behältern über Siebmantelfilter an und drücken ihn über die Rückschlagklappen und den Doppelfilter zu den Einspritzpumpen des Dieselmotors. Das Überdruckventil mit einem Öffnungsdruck von 2,5 bar leitet den Kraftstoff direkt zurück in die Behälter.

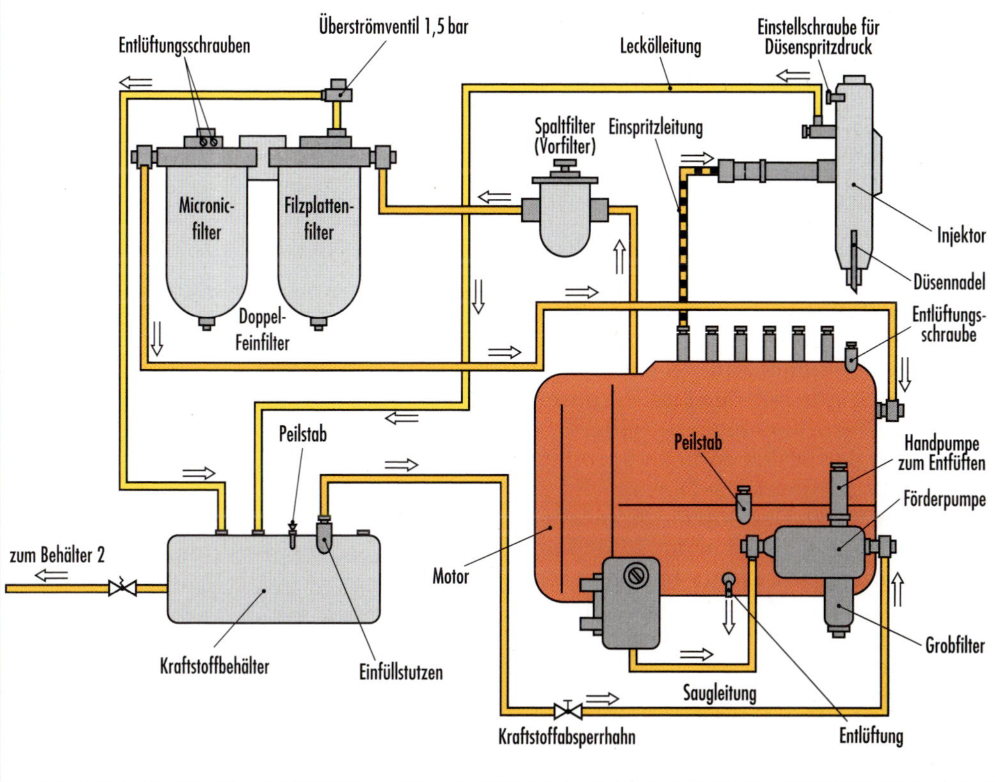

Bild 1: Prinzip einer Kraftstoffanlage

Aufgaben der Einspritzpumpe:

- Erzeugung eines Einspritzdruckes zwischen 80 und 300 bar.
- Einspritzung zu einem festgelegten Zeitpunkt (kurz vor OT des zweiten Taktes) in der richtigen Reihenfolge (Zündfolge)
- Versorgung aller Zylinder mit der gleichen Kraftstoffmenge
- Veränderung der Einspritzmenge (Motorleistung) von Null-Förderung bis Vollförderung

Die Einspritzpumpe besteht im **Aufbau** aus einem Leichtmetallgehäuse und hat im unteren Teil einen Ölraum. Die hier gelagerte Nockenwelle wird über Steuerräder von der Kurbelwelle des Motors mit halber Drehzahl angetrieben.

Durch die Nocken werden die Rollenstößel bewegt, wobei diese Bewegung auf die Pumpenkolben, die sich auf- und abbewegen, übertragen wird. Pumpenkolben und Pumpenzylinder bilden zusammen das Pumpenelement. Mit Hilfe dieser Pumpenelemente wird der Kraftstoff unter Druck gesetzt und die Kraftstoffmenge geregelt. Für die Verteilung des Kraftstoffs zu den einzelnen Zylindern, entsprechend der Zündfolge, sorgt die Nockenwelle. Das Pumpenelement fördert über verschiedene Drehabläufe den Dieselkraftstoff in die Brennkammer des Zylinders.

Die **Einspritzdüsen** haben die Aufgabe, den Kraftstoff möglichst fein zerstäubt in den Verbrennungsraum einzuspritzen, damit er sich gut mit der Luft vermischt. Wenn die Einspritzpumpe zu fördern beginnt, muss der Druck so hoch ansteigen, dass er in der Lage ist, die Düsennadel gegen die Kraft der Druckfeder anzuheben. Der Einspritzdruck wird in der Düse durch die einstellbare Druckfeder bestimmt. Das zurücklaufende Lecköl schmiert und kühlt die Druckfeder und Druckbolzen.

Die Motoren der remotorisierten BR 290/294 arbeiten nach dem **Common-Rail**-Verfahren (gemeinsame Leitung), bei dem alle Einspritzdüsen (Injektoren) an einer gemeinsamen Kraftstoffhochdruckleitung angeschlossen sind.

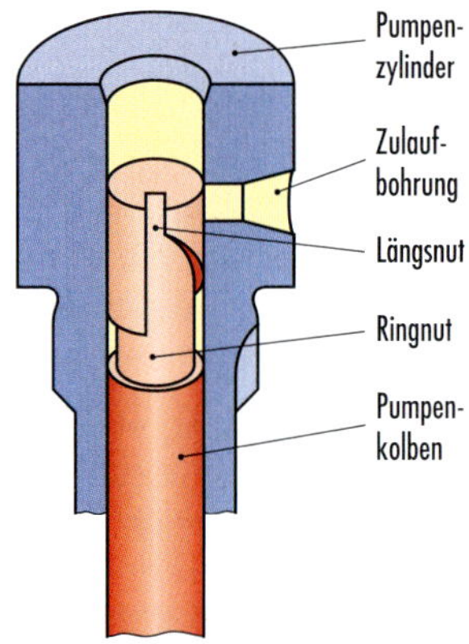

Bild 1: Pumpenelement

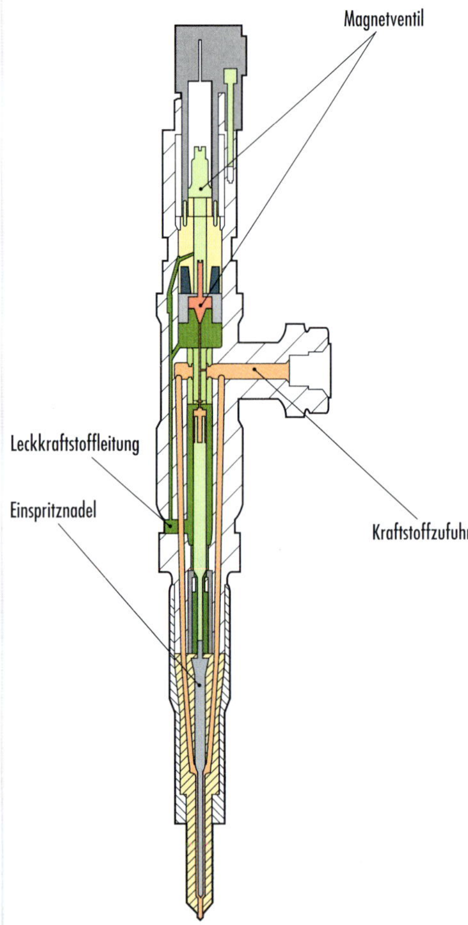

Bild 2: Common Rail Einspritzdrüse (Injektor)

Sie werden nicht mehr durch den Kraftstoffdruck selbst, sondern über Magnetventile vom Motorregler geöffnet.

In diesem Verfahren wird der Kraftstoff von einer Niederdruckpumpe mit einem Druck von ca. 8 bar der Hochdruckpumpe zur Verfügung gestellt. Diese erzeugt in Abhängigkeit von der Motordrehzahl einen Druck von 700 bis 1400 bar, der ständig im Common Rail zur Verfügung und an den Injektoren ansteht. Der entscheidende Vorteil des Verfahrens ergibt sich aus dem erhöhten Kraftstoffdruck, der bei der Einspritzung für eine gleichmäßigere Verteilung des Kraftstoffes und damit für eine effektivere Verbrennung sorgt.

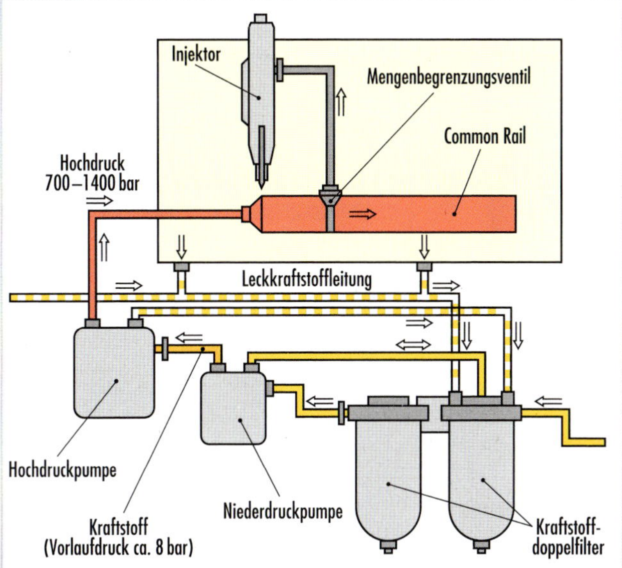

Bild 1: Prinzip Common-Rail-Verfahren

3.4.3.3 Arten der Kraftübertragung

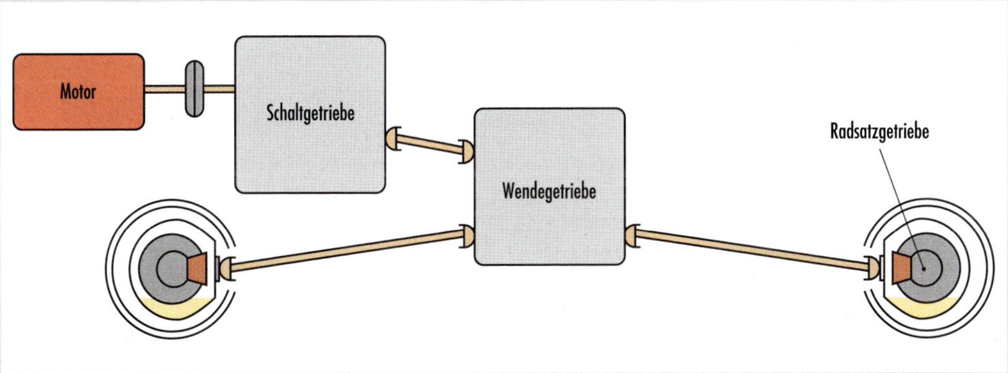

Bild 2: Beispiel für eine Kraftübertragung – hier: mechanische Kraftübertragung

Zur Kraftübertragung gehören alle Bauteile, die eine kraftschlüssige Verbindung zwischen dem Dieselmotor und den Radsätzen herstellen. Ihre Aufgaben:

- bei laufendem Dieselmotor und Stillstand des Tfz die Kraftübertragung zu unterbrechen
- das Drehmoment des Motors in ein höheres Drehmoment des Radsatzes zu wandeln
- die Drehzahlunterschiede zwischen Motor und Radsatz auszugleichen
- die Antriebskraft auf die Radsätze zu verteilen
- die Fahrtrichtung umzukehren
- die Getriebeschaltungen unterbrechungs- und zerrungsfrei durchzuführen

Die Kraftübertragung bei der Baureihe 218 erfolgt z. B. hydraulisch.

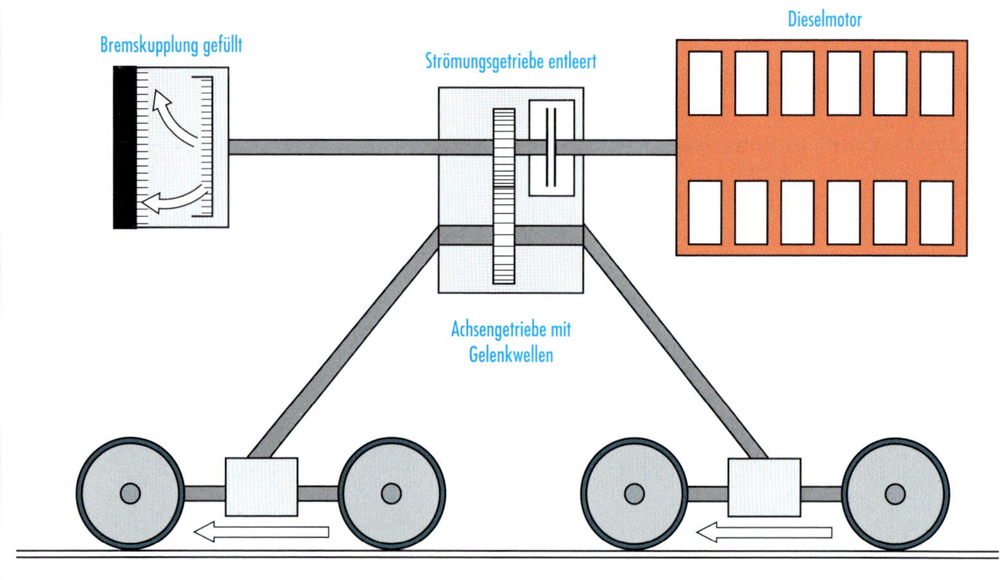

Bild 1: Kraftübertragung bei der BR 218 über ein Strömungsgetriebe

Die Kraftübertragung vom Dieselmotor auf die Räder kann auf verschiedene Arten erfolgen:

Arten der Kraftübertragung

hydraulisch	elektrisch	mechanisch

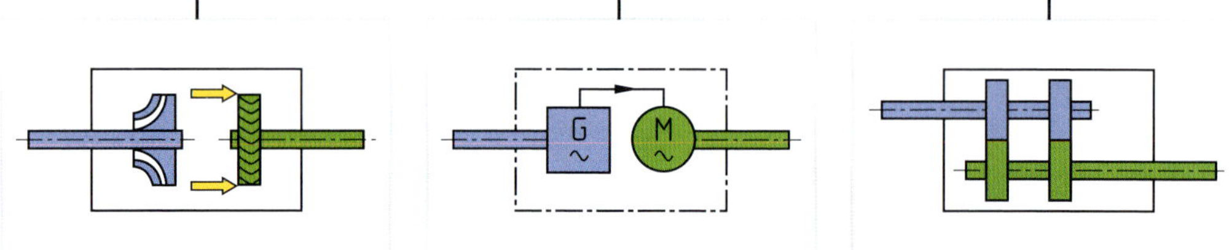

Bei der hydrodynamischen Kraftübertragung treibt ein Dieselmotor ein Pumpenrad an. Das bewegte Öl überträgt Kräfte auf ein Turbinenrad und dann auf ein mechanisches Getriebe.	Bei der elektrischen Kraftübertragung wird die mechanische Antriebsenergie in einem Generator in elektrische Energie umgewandelt. Der Strom wird dann den Fahrmotoren zugeführt.	Die mechanische Kraftübertragung verbindet den Motor und die Räder über verschiedene umschaltbare Zahnradübersetzungen. Diese passen die Zugkraft der Fahrgeschwindigkeit an.

Arbeitsprinzip der hydraulischen Kraftübertragung

Der Dieselmotor treibt ein Pumpenrad an und dieses erzeugt in dem mit Öl gefüllten Gehäuse einen Ölstrom. Der Ölstrom trifft auf ein Turbinenrad, wird abgelenkt und erzeugt damit eine Drehbewegung, die auf den Antrieb übertragen wird.

Neben dem Pumpen- und Turbinenrad befindet sich noch ein drittes Rad, das Leitrad (s. Bild 2). Es gehört zu einem weiteren Bauteil: dem Drehmomentwandler. Beim Anfahren eines Triebfahrzeuges, wie auch zum Beibehalten einer bestimmten Geschwindigkeit, ist ein hydraulischer Kreislauf notwendig, der sich außerdem den notwendigen Drehmomenten der Radsätze anpassen muss (Drehmomentwandlung).

Der dieselhydraulische Antrieb wird häufig bei Lokomotiven eingesetzt, da ein Dieselmotor nicht unter Last angefahren werden kann. Statt durch eine Kupplung wird die hohe erzeugte Kraft durch einen hydrodynamischen Drehmomentwandler langsam und geregelt auf die Räder übertragen.

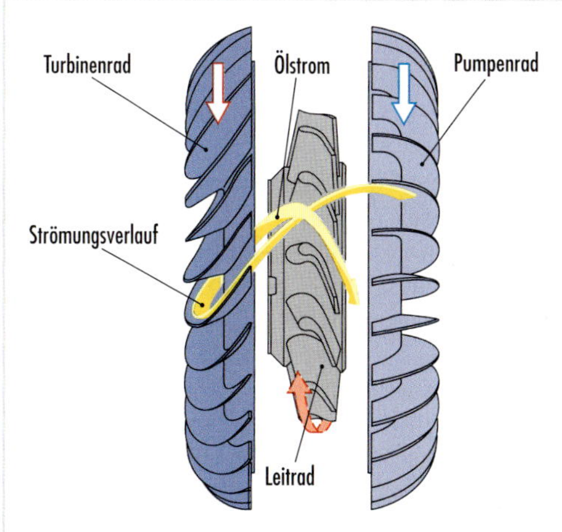

Bild 1: Strömungsverlauf

Der **hydrodynamische Wandler** besteht in seiner einfachsten Form aus den Schaufelkränzen des Pumpen-, Turbinen- und des im gemeinsamen Gehäuse befestigten Leitrades. Ist das Gehäuse mit Öl gefüllt und wird das Pumpenrad angetrieben, so wird die Flüssigkeit nach außen gedrückt. Dabei durchströmt das Öl das Turbinenrad, wird am Gehäuse umgelenkt und über das feststehende Leitrad der Pumpe wieder zugeführt. Die Veränderungen in der Strömungsgeschwindigkeit und der Strömungsrichtung bewirken beim Wandler den Kraftfluss.

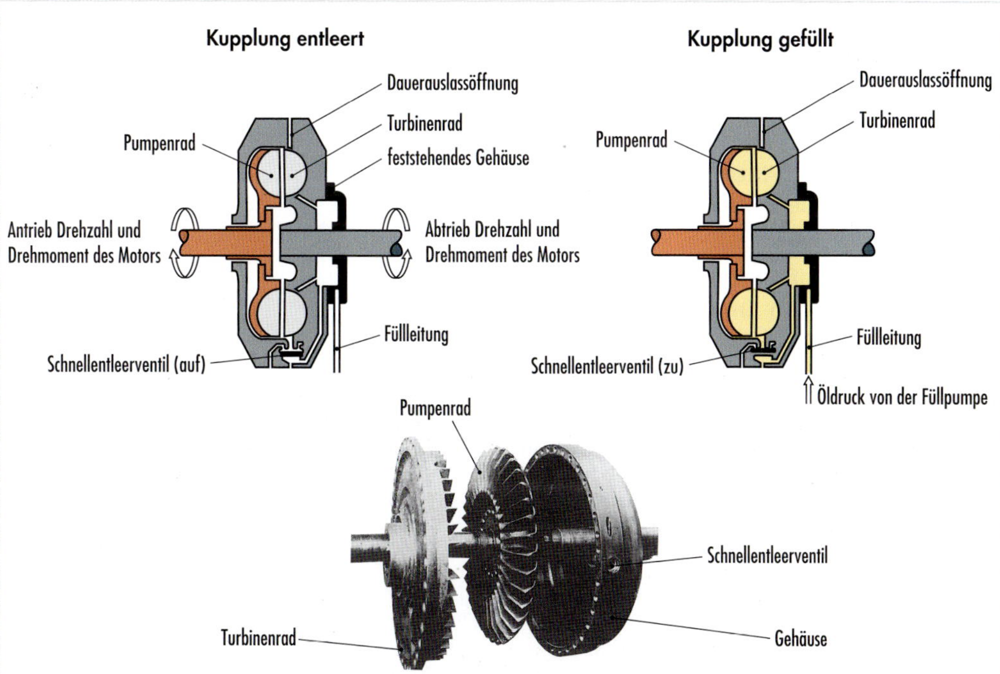

Bild 2: Hydrodynamische Kupplung

Das Pumpenrad nimmt von der Antriebsmaschine umso mehr Energie auf, je schneller es sich dreht, weil es die Ölflüssigkeit umso stärker beschleunigen muss. Vom Turbinenrad wird dagegen umso mehr Energie abgegeben, je mehr die Flüssigkeit zwischen den Schaufeln umgelenkt wird. Die Ölflüssigkeit reibt sich an den Schaufeln und Radkörperwänden. Auch die Wirbelbildung innerhalb der Schaufelkränze bewirkt eine Erwärmung und Übertragungsverluste, die den Wirkungsgrad des Wandlers vermindern.

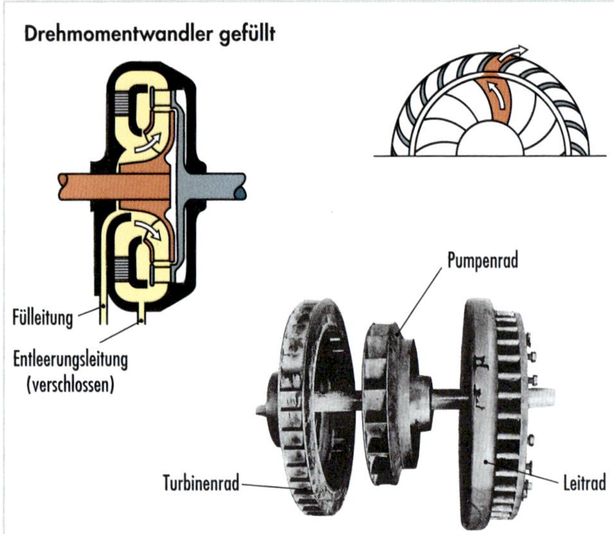

Bild 1: Hydrodynamischer Wandler

Die übertragbare Leistung eines Flüssigkeitskreislaufes hängt von folgenden Faktoren ab:

- Strömungsgeschwindigkeit (Durchmesser und Drehzahl des Pumpenrades)
- Füllmenge (Teilfüllung oder Ganzfüllung)

Jeder Wandler ist entsprechend seiner Konstruktion nur für einen bestimmten, ein-geschränkten Fahrgeschwindigkeitsbereich verwendbar. Deshalb ist der dreistufige Wandler zu einem mehrstufigen Wandler weiterentwickelt worden, der aus mehreren Turbinen- und Pumpenrädern sowie verstellbaren Leitschaufeln besteht.

Bei einem **hydrodynamischen Getriebe**, auch Strömungs- oder Turbogetriebe genannt, wird die mechanische Energie der Antriebsmaschine in Strömungsenergie und danach für den Antrieb der Räder wieder in mechanische Energie zurückgewandelt.

Bei den Rangier- und Streckenlokomotiven der DB AG werden überwiegend Kraftübertragungsanlagen mit hydrodynamischem Getriebe verwendet.

Die **hydrodynamische Kupplung** wird benötigt, um den Kraftfluss zwischen Motor und Getriebe trennbar zu machen. Diese Aufgabe erfüllt bei einem Flüssigkeitsgetriebe die hydrodynamische Kupplung. Sie besteht aus einem Pumpen- und Turbinenrad (das feststehende Leitrad fehlt). Ein sich drehendes Pumpenrad bewegt die Flüssigkeit zentrifugal an den Rand des Pumpenrades. Sie folgt der Krümmung des Gehäuses und trifft auf das Turbinen-

Bild 2: Einblick in hydrodynamisches Getriebe

rad. Zwischen Pumpen- und Turbinenrad entsteht somit eine Kreisströmung, welche die Drehmomentkräfte überträgt. Die hydrodynamischen Getriebe sind je nach dem Verwendungszweck der Triebfahrzeuge aus einem oder mehreren Wandlern und Kupplungen aufgebaut.

Die BR218 ist mit **Voith-Getriebe** oder **MTU-Getriebe** ausgerüstet.

Die dem Getriebe zugeführte Antriebsenergie wird über den Wandler I oder II, das Wende- und Stufengetriebe und von dort über Gelenkwellen den Radsatzgetrieben zugeführt.

Dem Flüssigkeitsgetriebe ist ein **Stufen- und Wendegetriebe** als ein mechanisches Getriebe nachgeschaltet, das die Aufgaben verschiedener Geschwindigkeitsstufen und den Fahrtrichtungswechsel ermöglicht. Da es sich um ein rein mechanisches Getriebe handelt, sind für das Schalten besondere Maßnahmen bei Fahrzeugstillstand vorgeschrieben, um Schaden am Getriebe zu vermeiden.

Die Gelenkwellen sorgen bei der Kraftübertragung für den Ausgleich unterschiedlicher Winkel- und Höhenunterschiede während des Fahrbetriebes, die als Kräfte auf das Getriebe zurückwirken und damit Beschädigungen hervorrufen können. Gelenkwellen gleichen durch ihr Kreuzgelenk und das Keilprofil auf der Welle diese Veränderungen aus.

Das **Wendegetriebe** ist ein Zahnradgetriebe zur Änderung der Fahrtrichtung. Die Zahnräder werden mittels Schaltmuffen, die durch einen Wendeschaltkolben bewegt werden, kraftschlüssig verbunden bzw. getrennt. Die Umschaltung des Wendeschaltkolbens erfolgt elektropneumatisch. Der Auftrag zu Fahrtrichtungsänderung wird mit dem Richtungsschalter gegeben.

Technische Daten des MTU-Getriebes K252 SUBB
2 hydraulische Drehmomentwandler
Wandler I mit Teilfüllung in Fahrstufe 1
Wendeschaltung mit elektropneumatischer Vorsteuerung und hydraulischer oder pneumatischer Betätigung
Stufenschaltung mit pneumatischer oder hydraulischer Betätigung
Primärbeeinflussung durch Füllpumpendruck
Schaltpunkte bei Fahrstufe 15 • im Schnellgang Wandler I/II bei ca. 110 km/h • im Langsamgang Wandler I/II bei ca. 70 km/h

Tabelle 1: Beispiel für technische Daten des MTU-Getriebes

Bild 1: Stirn-Kegelrad-Achsgetriebe

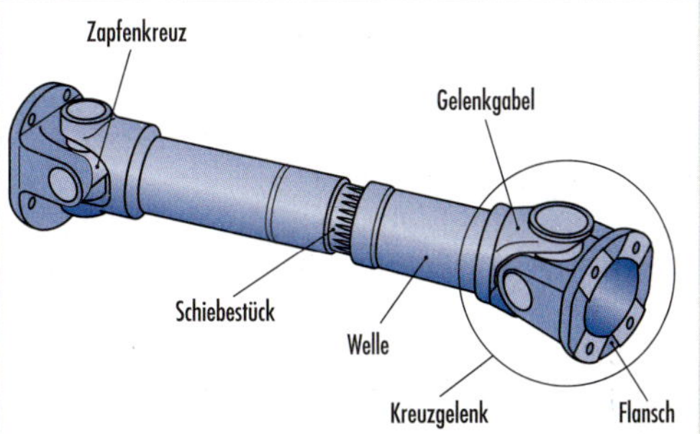

Bild 2: Gelenkwelle

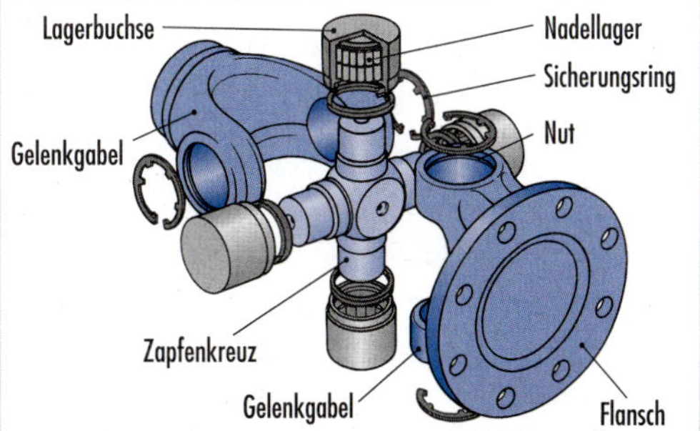

Bild 3: Kreuzgelenk

Radsatzantrieb

Das Radsatzgetriebe überträgt das vom Getriebe über die Gelenkwelle kommende Drehmoment auf den Treibradsatz. Je nach Verwendungszweck gibt es Radsatzgetriebe mit und ohne Vorgelege (Über- oder Untersetzung) oder auch solche, in denen das Wendegetriebe untergebracht ist.

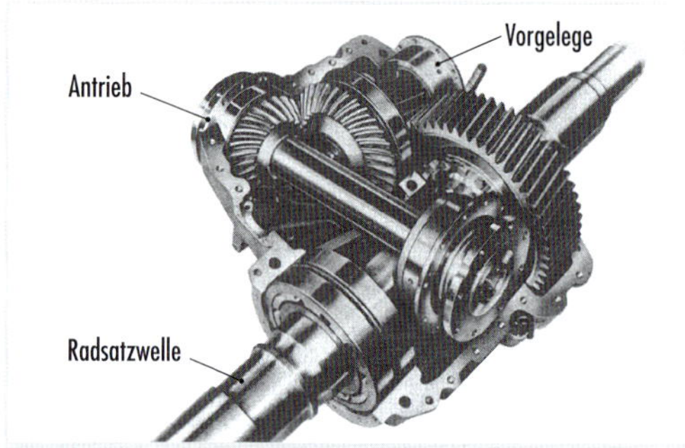

Bild 1: Radsatzgetriebe

Der dieselelektrische Antrieb

Der Einsatz von Triebfahrzeugen mit Verbrennungsmotoren eignet sich immer dort, wo aus Kostengründen oder wegen der Streckenführung keine Elektrifizierung der Strecke möglich ist. Um aber höhere Antriebskräfte und bessere Beschleunigungsdaten erhalten zu können, musste ein Kompromiss zwischen dem Diesel- und dem E-Triebfahrzeug gefunden werden. Diesen stellt der dieselelektrische Antrieb dar.

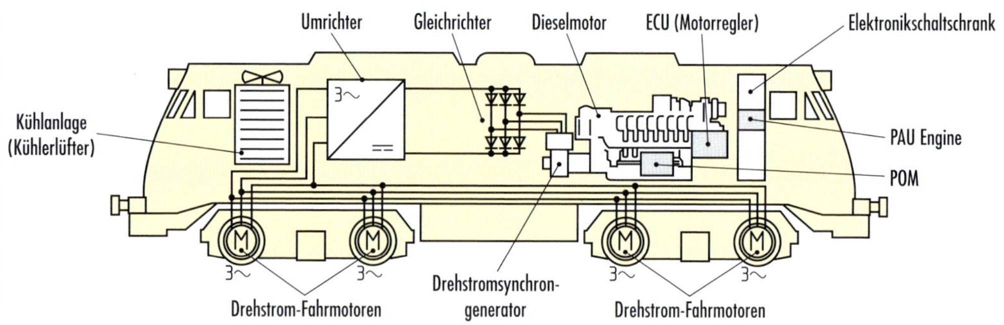

Bild 2: Lokomotive mit dieselelektrischem AC/AC-Antrieb

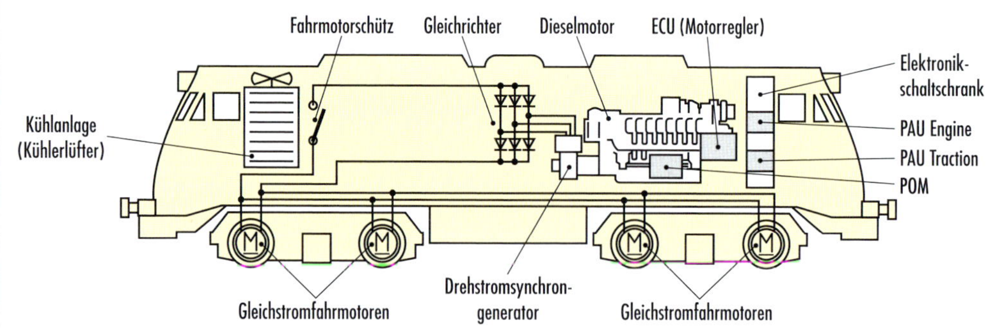

Bild 3: Lokomotive mit dieselelektrischem AC/DC-Antrieb

Die schwere sechsachsige Diesellokomotive ist für den Reise- und Güterzugbetrieb geeignet. Die Kraftübertragung erfolgt dieselelektrisch. Die Fahrzeuge besitzen eine elektrische Widerstandsbremse und Einrichtungen für die elektrische Energieversorgung.

Die Leistung der BR 232 wird von einem direkteinspritzenden 16-Zylinder-Viertakt-Dieselmotor bereitgestellt. Der Motor liefert mit Turbolader und Ladeluftkühler 2208 kW (3000 PS).

Die Drehgestelle haben je drei Achsen in Lemniskatenlenker-Aufhängung, die die Spurführung der Achsen realisieren. Der Antrieb erfolgt über Tatzlagerfahrmotoren. Die Fahrmotoren sind als Gleichstromreihenschlussmotoren ausgeführt. Der Dieselmotor treibt außer der Licht- und Erregermaschine vor allem einen Drehstromhauptgenerator und einen Drehstromheizgenerator an.

Bild 1 : Führerstand BR 232

Der Traktionsstrom wird über eine Sechs-Wege-Gleichrichtung von 240 Dioden in Gleichstrom gewandelt. Die Leistungsregelung erfolgt über die Dieselmotordrehzahl und einen Thyristorfeldregler der Erregermaschine.

Die Diesellokomotiven der BR 232/234 sind mit einer Anlage zur zentralen Energieversorgung (ZEV) des Zuges ausgerüstet. Zur Energieversorgung von Reisezugwagen mit dem Kennbuchstaben »h« oder »z« oder Zeichen »ee» wurde der überwiegende Teil der Lokomotiven mit einer Blindleistungskompensationseinrichtung ausgerüstet. Der Antrieb des Heizgenerators erfolgt bei dieser Baureihe permanent vom Dieselmotor.

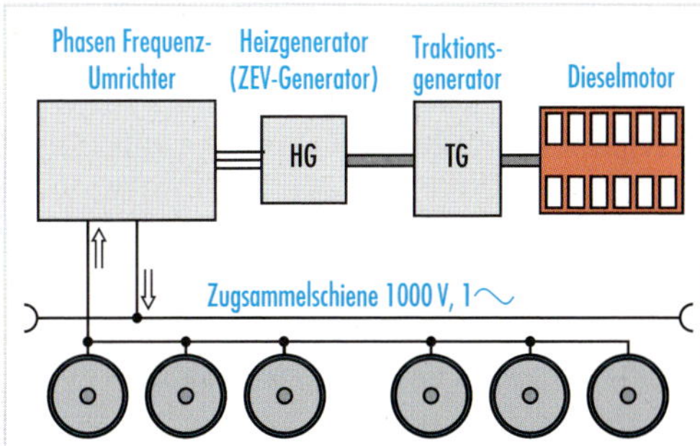

Bild 2: Antriebsprinzip für ZEV bei z. B. BR 232/234

Im Betrieb der Diesellokomotive der BR 232, ohne eingeschaltete ZEV, gibt der Heizgenerator schon für Hilfsbetriebe wie die Fahrmotorlüfter und den Gleichrichterlüfter Leistung ab.

Bild 3: BR 232

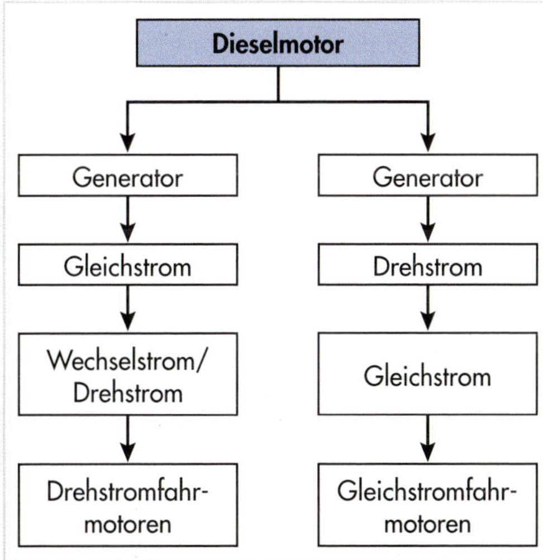

Bild 4: Elektrische Kraftübertragung – Arten der Stromsysteme

Die Radsatzlagerführung und Federung

Auf die Radsatzlager wirken im Betrieb starke mechanische Beanspruchungen, da auf sie die Gewichtskräfte des Triebfahrzeuges, die Zug- und Bremskräfte sowie die Unebenheiten im Gleis (z.B. Herzstücke, Schienenstöße) übertragen werden. Außerdem treten beim Anfahren und Bremsen immer horizontale Kräfte auf, die vom Radsatzlager über die Radsatzlagerführungen im Drehgestell auf das Triebfahrzeug übertragen werden.

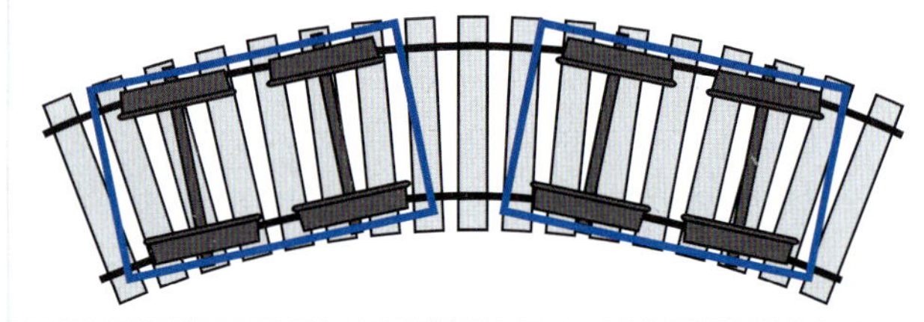

Bild 1: Radsatzführung bei Drehgestellen z.B. BR 294

Die Radsatzlager bestehen in der heutigen Zeit überwiegend aus Zylinderrollenlager. Bei älteren Dieselrangierlokomotiven finden noch Gleitradsatzlager Anwendung. Radsatzlagerführungen haben die Aufgabe, die Radsätze im Drehgestell oder im Fahrzeugrahmen zu führen. Die Lagerung des Drehzapfens im Drehgestell kann in verschiedenen Bauformen erfolgen. Bei älteren Fahrzeugen werden Drehzapfenlager als Gelenklager verwendet. Diese sind zur Verschleißminderung in einem Ölbad integriert. Um eine Rückstellbewegung zu realisieren, kommt eine Schraubenfederrückstellung zur Anwendung. Bei neueren Ausführungen wird der Drehzapfen in Gummisilentblöcken gelagert. Es gibt keine Verschleißteile, stattdessen findet eine verschleißlose Gummiringfeder Anwendung. Bei Lokomotiven und Triebwagen, die mit Flexicoilfedern ausgerüstet sind, ist eine Verschiebung des Drehzapfens notwendig.

Bei neueren Dieseltriebwagen wird statt des Drehzapfens eine Zug-Druck-Stange zwischen Brückenrahmen und Drehgestell zur Übertragung der Zug- und Bremskräfte verwendet. Die Zug-Druck-Stange besteht aus zwei Lagern, die durch ein Rohr miteinander verbunden sind.

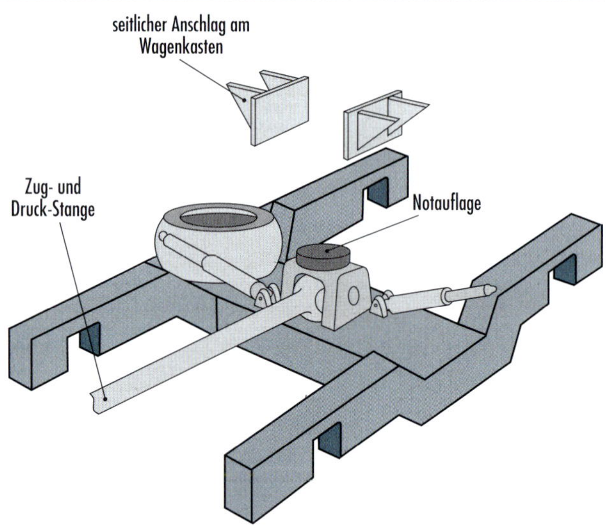

Bild 2: Drehgestell und Zug- und Druck-Stange

Da die Angriffspunkte der Kräfte am Radreifen und am Drehzapfenlager des Drehgestells nicht in einer Ebene liegen, ergibt sich ein Hebelarm. Es entsteht eine Entlastung bzw. eine Belastung der Radsätze in Abhängigkeit von der Zug- und Bremskraft. Hierzu verwendet man eine seitliche Abstützung (siehe auch E-Triebfahrzeug).

3.4.3.4 Grundlagen eines Dieselmotors

Aus Verbrennungsmotoren wird Energie gewonnen, wenn sich das durch eine Verbrennung im Verbrennungsraum entstehende Gas-Luft-Gemisch ausdehnt und den Kolben nach unten drückt. Durch eine bestimmte Abfolge der Vorgänge wird aus der vertikalen Kolbenbewegung eine Kreisbewegung. Damit wird die chemische Energie in eine Bewegungsenergie umgewandelt.

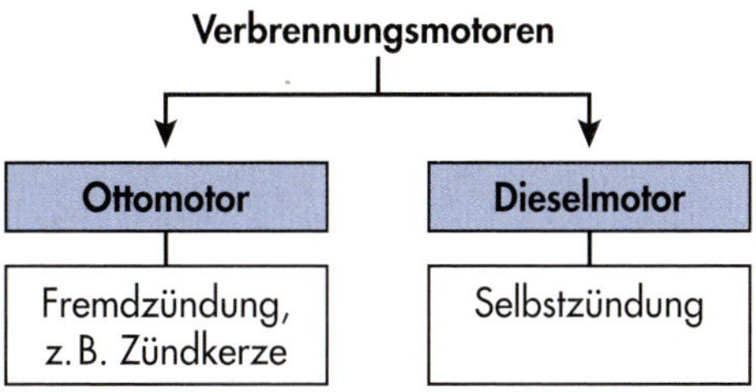

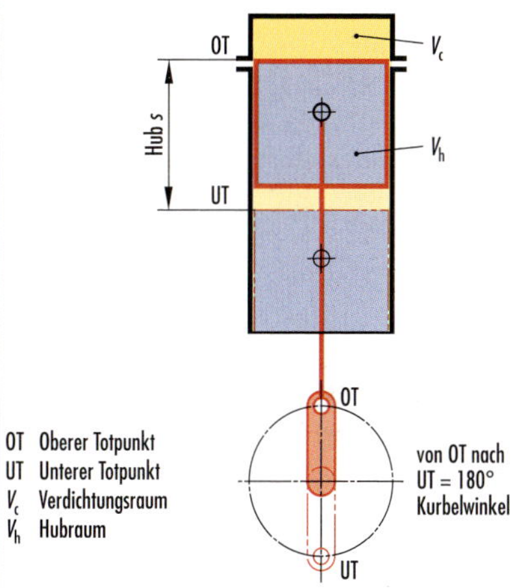

Bild 1: Kolben im Verbrennungsraum

Die Abfolge von notwendigen Schritten, damit eine sinnvolle Kolbenbewegung stattfinden kann, geschieht in vier Takten. Deshalb nennt man dieses Verfahren auch das Viertaktverfahren.

Dieses Verfahren findet sowohl im Ottomotor als auch im Dieselmotor statt. Der entscheidende Unterschied besteht lediglich darin, wie die Art der Zündung erfolgt.

Wirkungsweise des Dieselmotors

Das Prinzip des Dieselmotors beruht auf der Selbstzündung. Dabei wird der Kraftstoff (Diesel) in die verdichtete heiße Luft eingespritzt. Der Vorgang der Verbrennung durch Selbstzündung setzt ein, wenn das Diesel-Luft-Gemisch durch den Kolbendruck verdichtet wird. Der Druck wirkt auf den Kolben, der sich abwärts bewegt und über Pleuel und die Kurbelwelle eine Drehbewegung erzeugt.

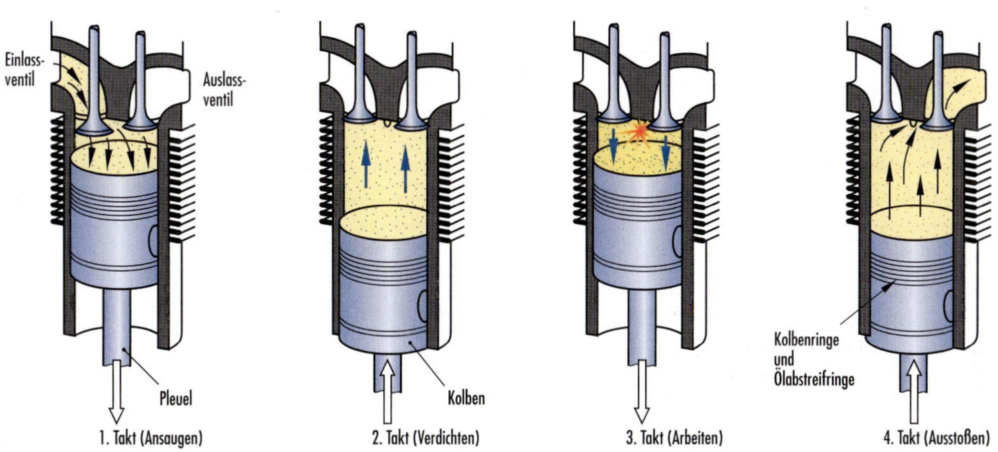

Bild 2: Viertaktverfahren

Der Kolben durchläuft bei zwei Kurbelwellenumdrehungen viermal seinen Hub. Während der Kolbenbewegung müssen die Ventile im richtigen Moment öffnen und schließen (s. Seite 165, Bild 2).

1. Takt	2. Takt	3. Takt	4. Takt
Ansaugen	**Verdichten**	**Arbeiten**	**Ausstoßen**
Der Kolben bewegt sich abwärts und vergrößert so den Raum im Zylinder, es entsteht Unterdruck. Der äußere Luftdruck schiebt die Verbrennungsluft durch den Luftfilter und das Einlassventil in den Zylinder.	Der Kolben bewegt sich aufwärts, die Ventile sind geschlossen, die Luft im Zylinder wird verdichtet. Aus zwei Gründen muss diese Verdichtung stattfinden. Mit steigender Verdichtung wird der Wirkungsgrad des Motors besser. Bei einem Dieselmotor muss so hoch verdichtet werden, dass die dabei entstehende Wärme ausreicht, um den eingespritzten Kraftstoff zur Entzündung zu bringen (Selbstentzündung). Selbstentzündungspunkt = 360°C, Verdichtungstemperatur bis 680°C. Kurz vor OT erfolgt die Einspritzung des Kraftstoffes.	Im Bereich des OT (Oberer Totpunkt) entzündet sich der eingespritzte und zerstäubte Kraftstoff an der heißen Luft und die Verbrennung beginnt. Der entstehende Zünddruck treibt den Kolben mit großer Kraft nach unten. Der Verbrennungsdruck kann 65 bis 90 bar betragen.	Der Kolben wechselt wieder seine Bewegungsrichtung. Das Auslassventil ist offen. Beim Aufwärtsgehen schiebt der Kolben die Verbrennungsgase aus dem Zylinder über eine Auspuffanlage ins Freie.

Tabelle 1: Beschreibung des Viertaktverfahrens

Verbrennungsverfahren

Bei der von der DB Schenker Rail eingesetzten Dieselmotoren kommen hauptsächlich zwei unterschiedliche Einspritzverfahren zur Anwendung.

Einspritzung

Direkteinspritzung	Vorkammereinspritzung
Der durch eine Mehrlochdüse fein zerstäubte Kraftstoff (Diesel) wird in den Verbrennungsraum unmittelbar und mit hohem Druck eingespritzt.	Der Kraftstoff (Diesel) wird mit niedrigem Druck einstrahlig (Einlochdüse) in eine Vorkammer eingespritzt. Diese ist dem Hauptverbrennungsraum vorgelagert.
Vorteile: • Geringer Kraftstoffverbrauch • Einfacher Zylinderkopfaufbau • Gute Kaltstartfähigkeit Nachteile: • Empfindliche Mehrlochdüse • Hohe Beanspruchung des Triebwerks (harter Motorlauf) • Sehr hohe Einspritzdrücke (thermische Belastung)	Vorteile: • Selbstreinigende Einlochdüse • Gleichmäßiger Verbrennungsablauf (weicher Lauf) • Niedrige Einspritzdrücke Nachteile: • Höherer Kraftstoffverbrauch im Vergleich zur Direkteinspritzung • Aufwendiger Zylinderkopfaufbau und Wärmeabfuhr • Höhere Verdichtungsdrücke
z. B. BR 365, Motor GTO 6A	z. B. BR 290, Motor 12V 652 TA

Beim Dieselmotor wird nur Luft angesaugt und hoch verdichtet. Der Dieselmotor arbeitet stets mit Luftüberschuss. In die hochverdichtete Luft wird Kraftstoff eingespritzt.

Im Dieselmotor werden meist schwersiedende Kraftstoffe mit großer Zündwilligkeit verwendet.

Das Kraftstoff-Luft-Gemisch wird erst im Verbrennungsraum gebildet; der Dieselmotor arbeitet also mit innerer Gemischbildung. Die hochverdichtete Luft ist so heiß, dass sich der eingespritzte Kraftstoff an ihr von selbst entzündet; der Dieselmotor arbeitet also mit Selbstzündung.

Der Dieselmotor hat ein größeres Druckgefälle und ein größeres Temperaturgefälle, daher einen höheren Nutzungsgrad und eine niedrigere Abgastemperatur.

Alle Dieselmotoren haben im Prinzip den gleichen Aufbau. Meist unterteilt man den Aufbau eines Motors in 4 Baugruppen mit zusätzlichen Hilfseinrichtungen:

- feststehende Teile (z.B. Motorgehäuse)
- Triebwerksteile (Kurbeltrieb)
- Steuerungsteile (z.B. Kipphebel)
- Nebenapparate (z.B. Einspritzausrüstung)

Jeder Dieselmotor benötigt zum Verbrennungsvorgang Luft (Verbrennungsluft). Bei der Ansaugung unterscheidet man zwei Varianten:

- **Ansaugung ohne Aufladung:** Dabei wird durch den Dieselmotor die Verbrennungsluft über Filter (Ölbadfilter oder Trockenfilter) angesaugt und den Verbrennungsräumen zugeführt.
- **Ansaugung mit Aufladung:** Bei dieser Art wird die benötigte Verbrennungsluft ebenfalls über Luftfilter angesaugt. In einem Abgasturbolader wird diese vorverdichtet und dem Dieselmotor zugeführt. Somit kann die Leistung des Dieselmotors gesteigert werden (bei gleichem Hubraum sowie gleicher Drehzahl).

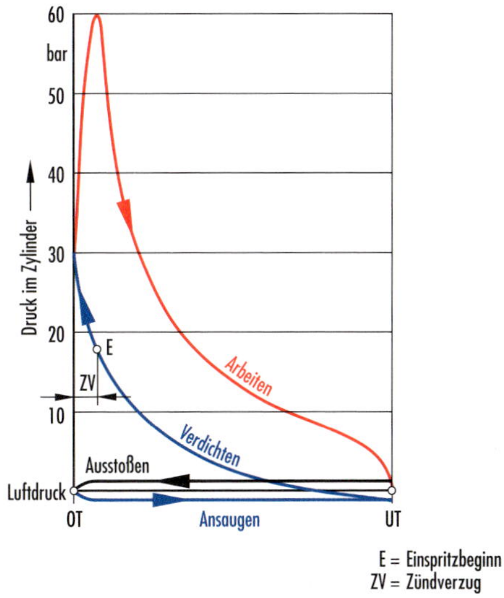

Bild 1: Dieselverfahren, Viertakt Arbeitsweise

Bild 2: BR 294

© Restetzki

BR294 – Technische Daten	
Bauart:	B' B' dh
Motor:	MTU MB 12 V 652 TZ (TA) 10
Zylinder/Motor:	12
Anfahrzugkraft:	231,5 kN
Leistung:	1100 PS
Dienstgewicht:	80 t

Tabelle 1: Informationen zu BR 294

Durch die Aufladung eines Dieselmotors wird das Prinzip erreicht:

mehr Luft = mehr Kraftstoff = höhere Leistung

Prinzip der Aufladung beim Dieselmotor

Ein Turbinenrad wird vom Abgasstrom angetrieben. Auf der gleichen Welle sitzt das Gebläserad, welches mit angetrieben wird und die angesaugte Luft verdichtet.

- Drehzahlbereich: 10 000 bis 26 000 U/min,
- Aufladedruck: 0,5 bis 1,6 bar.

Vorteile der Aufladung:

- Weniger Wärmeverluste des Dieselmotors, da ein Teil für den Antrieb des Laders zurückgewonnen wird. Dadurch wird der Gesamtwirkungsgrad verbessert.
- Der Motor kann mehr Leistung abgeben, ohne äußerlich größer zu werden. Gegenüber einem gleichstarken Saugmotor wird eine Platz- und Gewichtsersparnis erzielt.

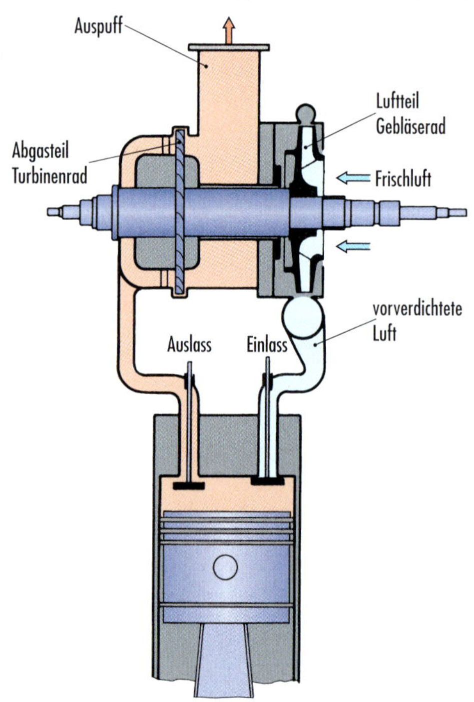

Bild 1: Prinzip der Aufladung eines Dieselmotors

Der Abgasturbolader

Das Turbinenrad wird vom Abgasstrom angetrieben. Auf der gleichen Welle sitzt das Verdichterrad, welches hierdurch mit angetrieben wird (Drehzahlbereich: 11 000 bis 26 500 U/min, Aufladedruck: 0,4 bis 1,6 bar). Die stehende oder liegende Anordnung des Abgasturboladers ist von der Bauform des Motors abhängig.

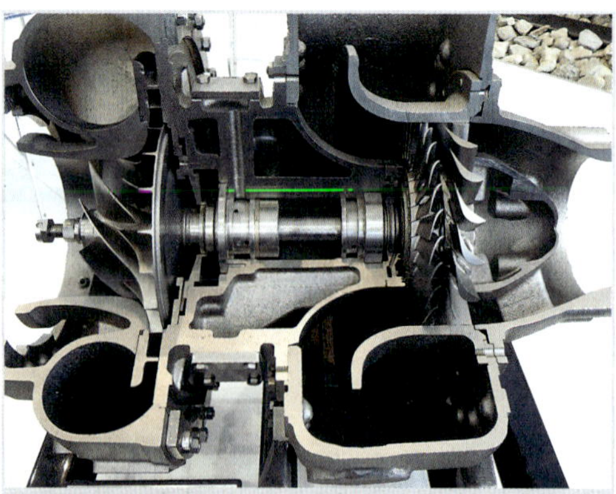

Bild 2: Turboauflader

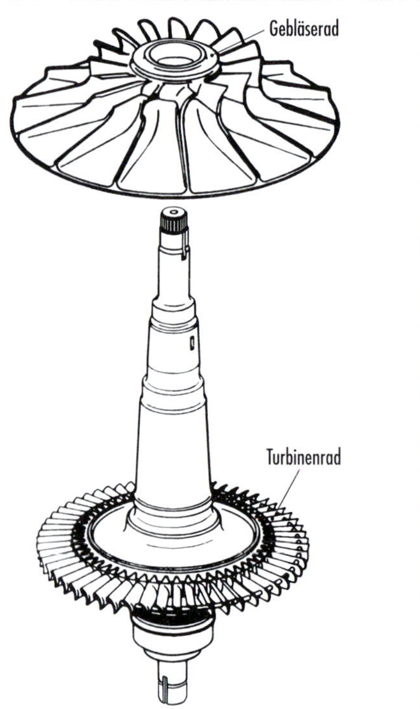

Bild 3: Laufzeug

3.4.3.5 Energieversorgung (Dieselkraftstoff)

Dieselkraftstoffe sind chemische Verbindungen von Kohlenstoff und Wasserstoff. Ihre chemische Energie wird durch Verbrennung in Motoren zunächst in Wärme und diese dann in mechanische Arbeit umgewandelt. Der Aufbau und die Größe der Moleküle, sowie das zahlenmäßige Verhältnis ihrer Wasserstoff- und Kohlenstoffatome zueinander bestimmen wesentlich das Verhalten der Kraftstoffe bei der motorischen Verbrennung.

Kohlenwasserstoffmoleküle haben entweder ketten- oder ringförmigen Aufbau (Bild 1). Moleküle in einfacher Kettenform (Paraffine und Olefine) sind sehr zündwillig und verbrennen leicht. Dadurch entsteht bei Ottomotoren das »Klopfen«. Bei Dieselmotoren ergeben zündwillige Kohlenwasserstoffe eine einwandfreie, nicht klopfende Verbrennung. Moleküle mit Seitenketten (Isomere) oder in Ringform (Aromate, Cycloparaffine) sind nicht so zündwillig. Sie verhalten sich in Ottomotoren klopffest und in Dieselmotoren durch ihren Zündverzug klopffreudig.

Ausgangsstoff für die Kraftstoffgewinnung ist das Erdöl. Erdgas und Kohle haben nur eine untergeordnete Bedeutung. Der chemische Energieträger Erdöl ist nach heutiger Annahme im Laufe von Jahrmillionen durch Zersetzung abgestorbener und abgesunkener Lebewesen des Meeres, den indirekten Speichern von Sonnenenergie, entstanden. Die vielen, im Erdöl enthaltenen Kohlenwasserstoffe sind nicht gleich als Ottokraftstoffe bzw. Dieselkraftstoffe verwendbar. Der größte Teil muss durch chemische Verfahren umgewandelt werden. Die Herstellung der Endprodukte erfolgt auf zwei Wege in der Raffinerie:

1. Trennen (z. B. Destillieren, Filtern)
2. Umwandeln (z. B. Cracken, Reformieren).

Für die Triebfahrzeuge und Triebwagen der DB AG, die mit Verbrennungsmotoren angetrieben werden, kommt ausschließlich Dieselkraftstoff zur Anwendung.

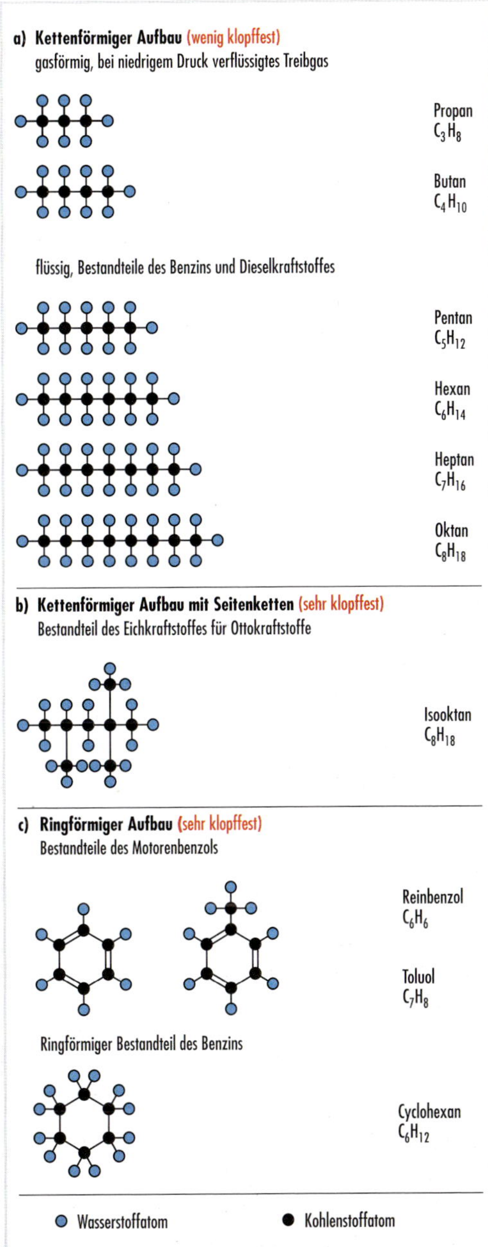

Bild 1: Aufbau der Kohlenwasserstoffmoleküle

Eigenschaften des Dieselkraftstoffes

- Die Selbstentzündungstemperatur des Dieselkraftstoffes liegt bei 360 °C. Bei dieser Temperatur entzündet sich der Kraftstoff in Verbindung mit Luft von selbst und brennt weiter.

- Der Flammpunkt liegt bei ca. 55 °C bis 100 °C. Erst bei dieser Temperatur entzündet sich der Kraftstoff in Verbindung mit Luft an einer offenen Flamme. Dies ist ein entscheidender Vorteil im Gegensatz zum Kraftstoff »Benzin« und für die Betriebssicherheit. Dieselkraftstoffe fallen in die Gefahrstoffklasse 3.
- Der Stockpunkt gibt die Temperatur an, bei welcher der Kraftstoff infolge der Paraffinausscheidung die Filter verstopft. Diese Gefahr besteht immer in den Wintermonaten bei niedrigen Temperaturen. Durch eine besondere Dieselart kann dieser Vorgang vermieden werden (Winterdiesel).
- Die Cetanzahl (CZ) ist ein Maß für die Zündwilligkeit. Diese hängt vom Aufbau des Dieselkraftstoffes ab.

Die Cetanzahl ist für den Dieselmotor sehr wichtig und ein Maß für die Zündwilligkeit des Dieselkraftstoffes. Die sehr große Zündwilligkeit von reinem Cetan wird mit 100 angenommen, die von äußerst zündunwilligem Alpha-Methyl-Naphtalin mit 0. Ähnlich wie bei der Oktanzahl wird in einem Prüfmotor der zu prüfende Dieselkraftstoff mit wechselndem Mischungsverhältnis verglichen. Sind die Eigenschaften gleich, hat der Kraftstoff die Cetanzahl entsprechend dessen Prozentanteil im Gemisch. Man könnte die Cetanzahl als den »Kehrwert« der Oktanzahl bezeichnen.

Technische Entwicklungen und Umweltaspekte bei Dieselmotoren

Gegenwärtige Anforderungen an brennkraftgetriebene Lokomotiven sind umfangreich, auch wegen gesetzlicher Umweltvorgaben. Zur Senkung von Kraftstoffverbrauch, Schadstoffausstoß sowie zur Verbesserung der Wirtschaftlichkeit sind über 400 Rangierloks der Baureihen 290 bis 296 mit MTU-Motoren der Serie 4000 ausgerüstet. Diese Common-Rail-Dieselmotoren wurden erstmals 2001 von der DB AG gemeinsam mit MTU im Betriebsdienst erprobt. Aktuelle Nachfolgemodelle liefert MTU für die nächste Rangierlokgeneration der DB die Voith Gravita 10 BB. Bereits ohne Sonderzubehör erreichen die neuen Motoren die seit Januar 2009 gültige Abgasnorm EU IIIA. Entsprechend der derzeit gültigen Abgasnorm dürfen maximal 9,5 g und künftig maximal 6,0 g Stickoxide je kWh abgegeben werden.

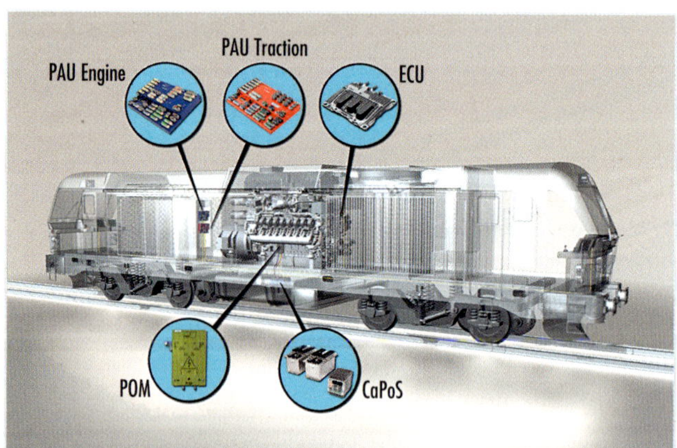

Bild 1: Diesellok mit Umwelttechnologie

Brennkraftgetriebene Schienenfahrzeuge werden heute mit kompakt gebauten Dieselmotoren, mit 8 bis 20 Zylindern in V-Form, eingesetzt. Die elektronisch gesteuerte Common-Rail-Einspritztechnik mit Mehrfacheinspritzung ist dabei inzwischen ebenso üblich wie der Einsatz von Abgas-Turboladern. Die Nenndrehzahlen sind abhängig vom Grundtyp. Sie schwanken zwischen 600 und 2 100 U/min, je nachdem, ob es sich um dieselelektrische oder dieselhydraulische Loks handelt. Ende der 1990er-Jahre begann die Remotorisierung und Modernisierung eines großen Teils der schweren Rangierloks der Baureihen (BR) 290–296. Das Baumuster BR 294 wurde 2001 remotorisiert. Sie erhielt einen abgasoptimierten MTU (Motor der Serie 4000).

Die Anforderungen an sinkenden Kraftstoffverbrauch und niedrige Schadstoffemissionen beeinflussen die aktuellen Forschungen aller großen Motorenhersteller. Dabei rückt das Miller-Verfahren stärker ins Blickfeld: Durch veränderte Einspritzzeiten verringert sich die Arbeitstemperatur. Weiter sinkende Grenzwerte werden Entwicklungen fördern mit leistungsfähigeren Reinigungs- und Katalysatorsystemen, etwa mit der selektiven katalytischen Reduktion (SCR). Modernste Entwicklungen werden eingesetzt, um diese Anforderungen zu erfüllen.

Powerline Automation Unit Engine (PAU Engine) ist das zentrale Bindeglied zwischen der Loksteuerung und der MTU-Dieselmotorsteuerung. Es ist ein Automationsmodul mit bahnspezifischen Schnittstellen und Funktionen. Im Gegensatz zur ECU und dem POM (Power-Output-Modul) wird PAU Engine nicht direkt am Motor montiert, sondern ist im Schaltschrank der Lokomotive untergebracht. Das Einsatzgebiet von PAU Engine reicht von neu gebauten Lokomotiven über Remotorisierungs-Loks bis hin zu Sonderfahrzeugen.

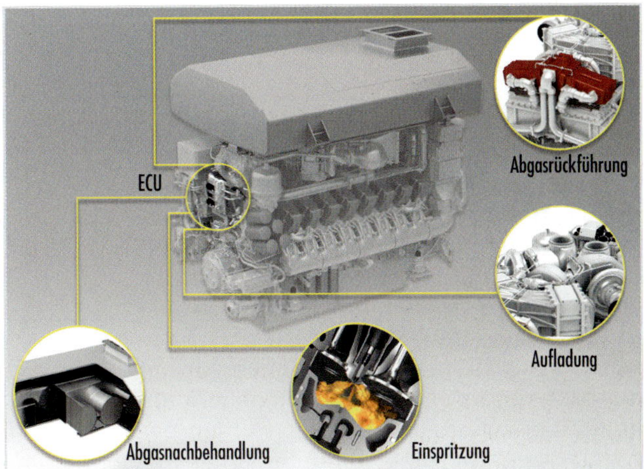

Bild 1: Elektronisches Motormanagement

Motor (RCX) mit ECU als »Nervensystem«: Als Gehirn des Motors ermöglicht das Motormanagementsystem ECU das präzise Zusammenspiel wichtiger Motorsysteme, darunter der Schlüsseltechnologien Einspritzung, Aufladung, Abgasrückführung oder Dieselpartikelfilter, die den Verbrauch, die Emissionen und die Leistung des Motors beeinflussen.

Das Gehirn eines modernen Motors ist das elektronische Steuergerät. Es steuert, regelt und überwacht alle wichtigen Funktionen des Motors und der Abgasnachbehandlung. Außerdem bildet das Steuergerät die Schnittstelle zum Automationssystem des Fahrzeugs. Nur durch das optimale Zusammenspiel des gesamten Antriebs können niedrige Schadstoffemissionen, geringer Kraftstoffverbrauch und hohe Leistung über die gesamte Lebensdauer erreicht werden.

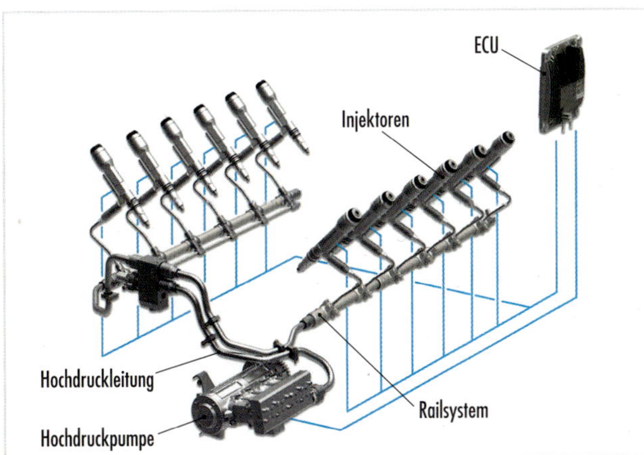

Bild 2: Common Rail

Die Common-Rail-Einspritzung lässt die Verbrennung so optimieren, dass weniger Schadstoffe bei geringerem Kraftstoffverbrauch entstehen. Aus einem unter hohem Druck stehenden gemeinsamen Verteilerrohr (Common Rail) wird der Kraftstoff in den Brennraum eingespritzt. Durch die elektronische Steuerung können Einspritzbeginn,

-menge und -verlauf unabhängig von der Motordrehzahl erfolgen. Um die schädlichen Stickoxide (NO_x) im Abgas in Wasser (H_2O) und Stickstoff (N_2) umzuwandeln sind Kombinationen mit innermotorischen Technologien wie der Abgasrückführung (AGR) notwendig. Verschiedene Katalysatormethoden sind anwendbar mit unterschiedlichen Folgen.

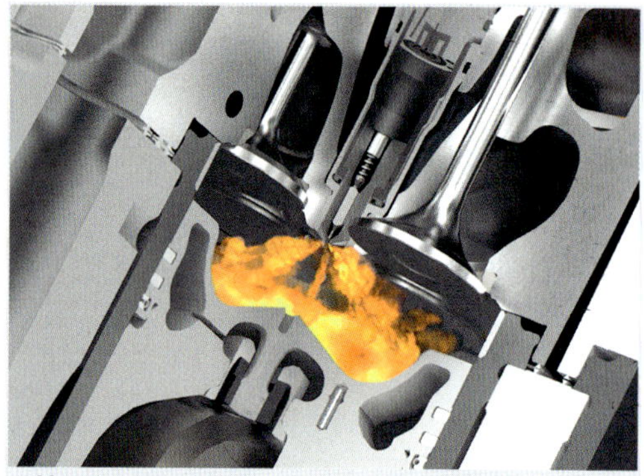

Bild 1: Common-Rail-Einspritzung

© MTU • Friedrichshafen

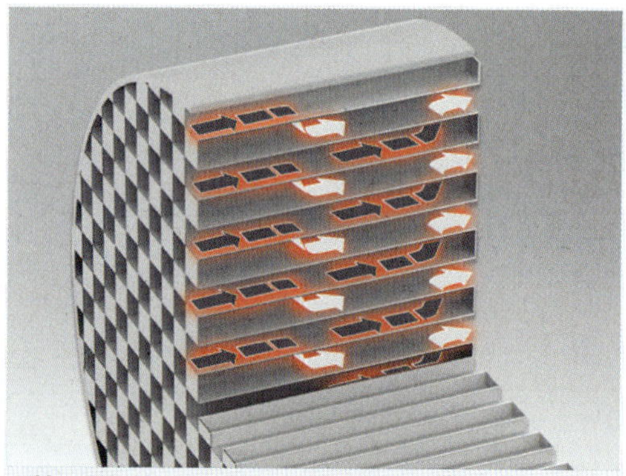

Bild 2: Geschlossener Dieselpartikelfilter

© MTU • Friedrichshafen

Bei einem geschlossenen Dieselpartikelfilter wird der gesamte Abgasstrom durch die feinporigen Keramikwände des Filterelements geleitet. Damit sind sehr hohe Partikelreduktionsraten von über 90 % möglich. Allerdings muss die Filterregeneration in den verschiedensten Einsatzfällen des Motors gewährleistet sein, um eine Überladung zu vermeiden. Ein dadurch bedingter hoher Abgasgegendruck würde zu einem Mehrverbrauch des Antriebs und schlimmstenfalls zu Schäden am Motor und Filter führen. Bei der Entwicklung des Systems hat die Einbindung der Thermomanagementmaßnahmen des Motors daher besonderen Stellenwert. Geschlossene Partikelfiltersysteme können sowohl mit passiver als auch aktiver Regeneration kombiniert werden. MTU setzt einen geschlossenen Dieselpartikelfilter unter anderem im neuen Bahnmotor der Baureihe 4000 ein. Eine sehr strikte Emissionsvorgabe ist beispielsweise die im Jahr 2012 für Diesellokomotiven in Europa eingeführte Norm EU Stage IIIB. Diese Norm verringert den zulässigen Partikelausstoß auf 0,025 g/kWh.

3.4.3.6 Hilfsbetriebe und Zusatzeinrichtungen

Kühlanlagen

Die bei einem Verbrennungsmotor durch den Verbrennungsvorgang entstehende Wärme muss über das Kühlwasser und Motorenöl an die Kühlanlage und damit an die Umgebungsluft abgeführt werden. Dies muss geschehen, weil die Werkstoffe und die Schmierstoffe nur eine bestimmte Hitzebeständigkeit haben. Dadurch gehen aber etwa 25–30 % der bei der Verbrennung frei werdenden Wärmeenergie verloren, die so für den Fahrzeugantrieb nicht mehr nutzbar ist.

Bei den Brennkrafttriebfahrzeugen wird in der Regel als Kühlsystem eine Wasserkühlung angewendet. Das Kühlwasser muss mit Korrosionsschutzöl und mit Frostschutzmittel versetzt werden, weil es sonst die Funktionsfähigkeit des Kühlungssystems negativ beinflussen würde. Das Korrosionsschutzöl geht mit dem Wasser eine Emulsion ein und gibt ihm die milchig weiße Färbung. Beim Durchfließen der Kühlleitungen hinterlässt die Flüssigkeit an den Wandungen eine ölhaltige Schutzschicht.

Kühlanlagen

Luftkühlung

Die Luft wird durch ein vom Motor angetriebenes Kühlluftgebläse in großer Menge an den heißen Motorteilen vorbeigeblasen.

Vorteile:
Der Motor erreicht schnell seine Betriebstemperatur. Da Wasserkammern für die Kühlung fehlen, ist der Aufbau dieses Motors einfacher. Es treten im Motorinneren keine Korrosionserscheinungen auf.

Nachteile:
Die Motorgeräusche sind sehr laut. Das Kühlluftgebläse verstärkt zusätzlich die Motorgeräusche. Nur bis zu einer bestimmten Leistung möglich.

Wasserkühlung

Das Wasser wird durch eine vom Dieselmotor mechanisch angetriebene Kühlwasserpumpe in einem Kreislauf umgewälzt.

Vorteile:
Die Kühlung ist gleichmäßiger und besser. Kühlrippen können entfallen. Die Motorgeräusche werden durch das Kühlwasser gedämpft. Der Dieselmotor kann vorgewärmt werden.

Nachteile:
Der Motoraufbau wird durch die Wasserkammern komplizierter und ein Kühlwasserrohrsystem und ein Kühler machen die Anlage teuer. Außerdem benötigt der Motor längere Zeit, bis er seine Betriebstemperatur erreicht hat.

Kühlwasserkreislauf

offener Kühlkreislauf

Das Kühlwasser hat keinen Druck und kann sich über den Ausgleichsbehälter erwärmen und ausdehnen. Der Kühlkreislauf ist über den Ausgleichsbehälter angeschlossen.

geschlossener Kühlkreislauf

Ein geschlossenes Kühlsystem steht unter Druck und braucht daher entsprechende Ventile (Rückschlag- und Überdruckventil). Da fast kein Sauerstoff im Kühlsystem vorhanden ist, entsteht kaum Korrosion.

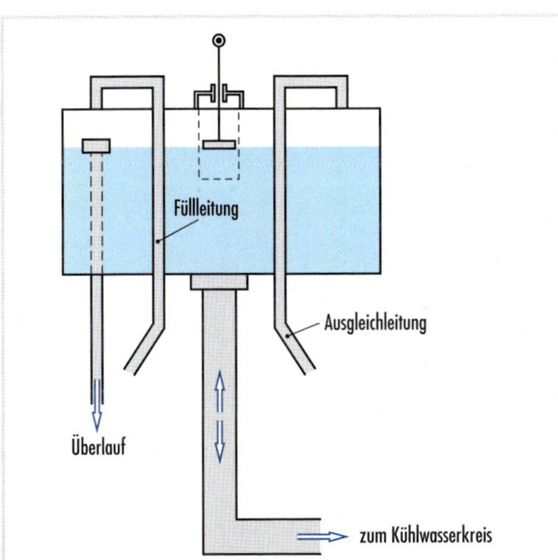

Bild 1: Offener Kühlkreislauf

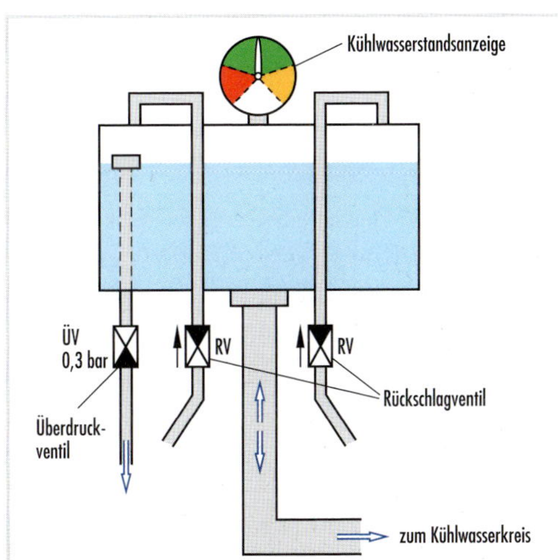

Bild 2: Geschlossener Kühlkreislauf

Je nach Baureihe finden bei Brennkrafttriebfahrzeugen der DB AG die verschiedenen Kühlwassersysteme ihre Anwendung. Der Kühlwasserkreislauf besteht im Wesentlichen aus folgenden Teilen:

- Kühler
- Kühlwasserpumpe
- Überwachungs-, Anzeige- und Regeleinrichtungen
- Ausgleichsbehälter

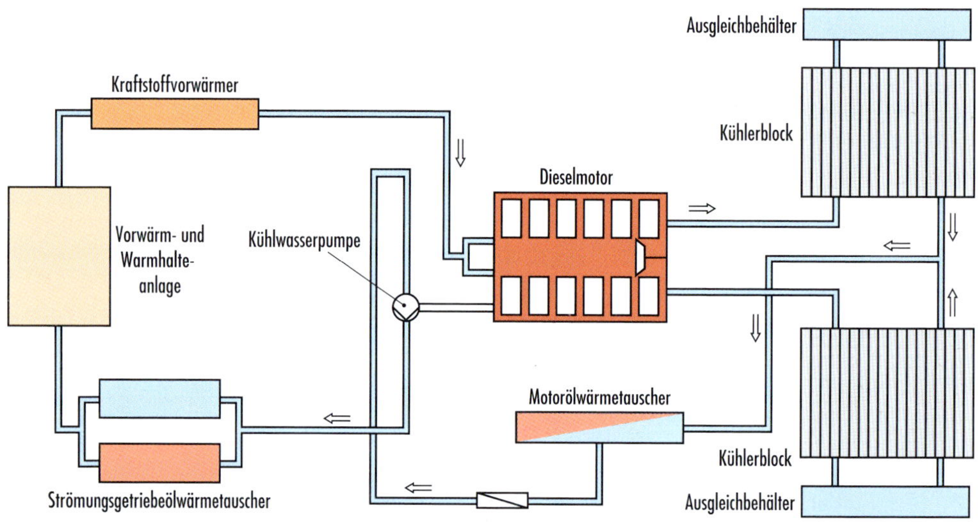

Bild 1: Kühlwasseranlage der BR 360

Das Kühlwasser nimmt zwar die abzuführende Motorwärme auf, kann aber diese Wärme nicht regulierend an die Außenluft abgeben. Hierfür ist ein Kühler erforderlich. Zum besseren Wärmeaustausch werden Lüfter vor oder hinter den Kühler angeordnet um durch die Luftströmung die Kühlerwärme mehr oder weniger schnell an die Außenluft abzuführen.

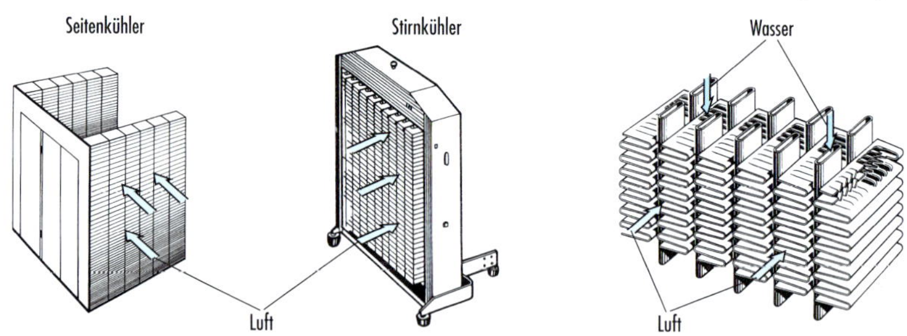

Bild 2: Bauformen eines Kühlers

Kühler werden in verschiedenen Bauformen, je nach Triebfahrzeugtyp eingebaut.

Die Lüfteranlage muss regelbar sein, damit die Betriebstemperatur des Motors möglichst schnell erreicht wird und auch bei wechselnder Belastung konstant bleibt. Es werden hydrostatische, hydrodynamische und elektrische Lüfterantriebe verwendet.

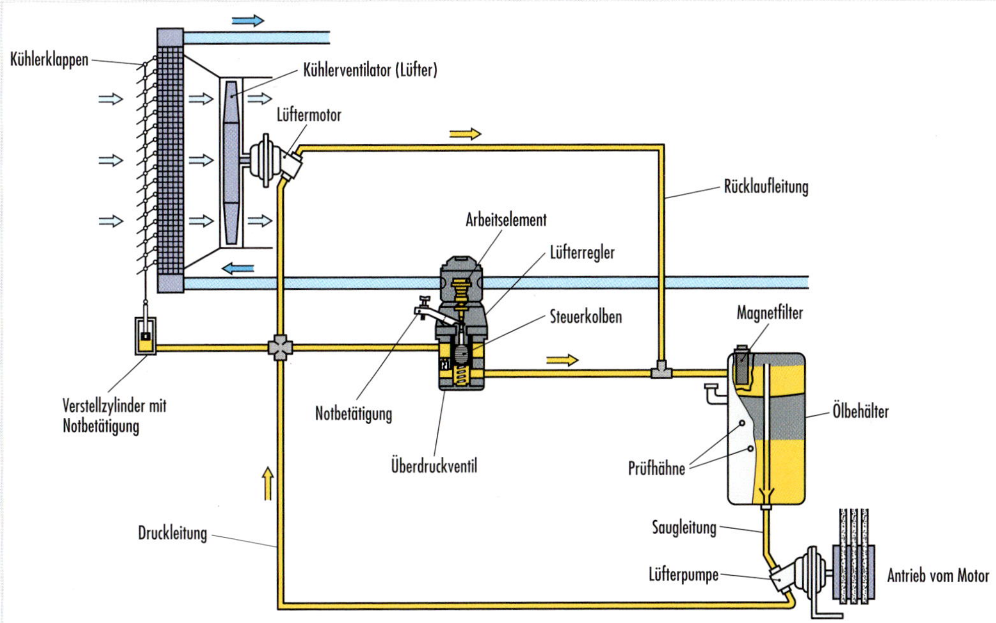

Bild 1: Hydrostatische Lüfteranlage der BR 360

Bei einer hydrostatischen Lüfteranlage wird vom Dieselmotor eine Pumpe angetrieben. Ein Lüftermotor treibt bei Bedarf den Kühlerventilator an. Die Lüfterpumpe saugt das Schmieröl (Lüfteröl) aus einem Ölbehälter und drückt dieses in Richtung des Lüfterreglers und des Lüftermotors.

Die Aufgabe dieser Lüfteranlage besteht darin, dass sich abhängig von der Belastung des Motors und der damit verbundenen Erhöhung der Motortemperatur der Lüfterventilator zu- bzw. abschaltet. Damit wird das Kühlwasser trotz wechselnder Motorbelastung in einem bestimmten Temperaturbereich und dadurch die Betriebstemperatur des Motors konstant gehalten.

Die Kühlwasserpumpe dient zum Umwälzen des Kühlwassers. Man verwendet in der Regel hierfür Kreiselpumpen, die mechanisch vom laufenden Dieselmotor angetrieben werden.

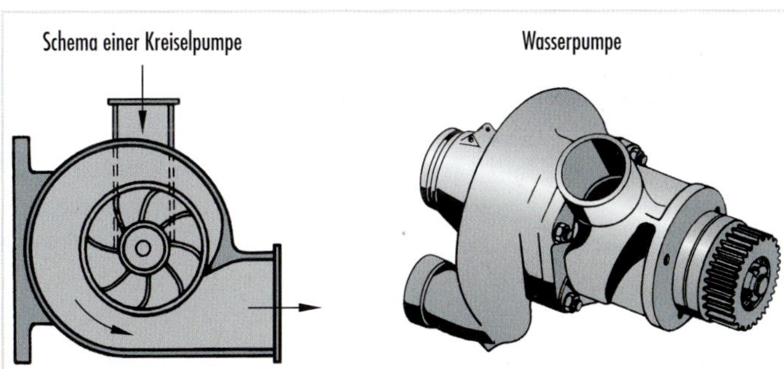

Bild 2: Kühlwasserpumpen

Die Wasserstandsüberwachung hat die Funktion, Überhitzungsschäden (als Folge eines unzureichenden Kühlwasserstandes) am Motor zu vermeiden. Deshalb sind in die Kühlwasserkreisläufe Überwachungsgeräte eingebaut, die selbsttätig (oder durch den Triebfahrzeugführer überwacht) auf den Kühlwassermangel aufmerksam machen und dem Triebfahrzeugführer die notwendigen Informationen (akustisch bzw. durch Leuchtmelder) geben.

Vorwärm- und Warmhalteanlagen

Aufgaben

Vorwärmen des Dieselmotors, um den schädlichen Kaltstart zu vermeiden	Warmhalten des Dieselmotors, um das Einfrieren des Kühlwassers und die Paraffinausscheidung des Dieselkraftstoffs zu vermeiden

Wenn die Außentemperatur < +5 °C sinkt, werden die meisten Brennkrafttriebfahrzeuge im Warmhaltebetrieb abgestellt. Dieses Verfahren hat den Vorteil, dass Triebfahrzeuge immer gestartet werden können, weil sie ständig auf einer Starttemperatur von 30 °C gehalten werden. Nachteilig an diesem Verfahren ist der weitere Kraftstoffverbrauch während der Abstellzeit. Aus diesem Grund befinden sich auf den Brennkrafttriebfahrzeugen unterschiedliche automatische Warmhalteeinrichtungen.

Druckluftversorgung

In jedem Triebfahrzeug werden über eine **Druckluftversorgung** viele Bauteile gesteuert, vor allem die Bremsen. Z.B erfolgt die Drucklufterzeugung in BR218 mit zwei elektrisch angetriebene Luftpresser (s. Seite 177) Bauart Knorr mit einer Leistungsaufnahme von je 9,5 kW. Die Fördermenge je Luftpresser beträgt 1180 l/min. Der zweite Luftpresser läuft zur Schonung der Batterie nur bei laufendem Dieselmotor. Die Druckluftverteilung erfolgt über Luftbehälter, welche die erzeugte Druckluft speichert und die entsprechenden Fahrzeugeinrichtungen, Steuer-, Brems- und Betätigungsluft, damit versorgt. Die Lufttrocknungsanlage entzieht der Luft, die vom Luftpresser kommt, die Feuchtigkeit und das vom Luftpresser mitgerissene Öl. Auf Diesellokomotiven und Triebwagen werden folgende Einrichtungen mit Druckluft versogt:

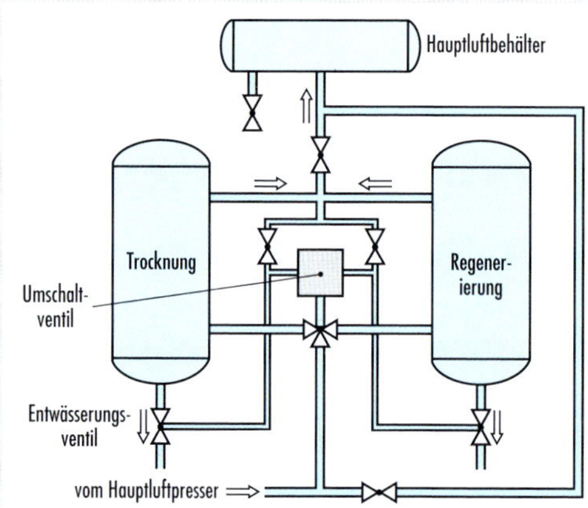

Bild 1: Lufttrocknungsanlage

Bremsen	Steuerungsanlage	Hilfsbetriebe	Sicherheitseinrichtungen
• Indirekt wirkende Bremse • Zusatzbremse	• Dieselmotor • Kraftübertragung • Elektropneumatisches Gerät	• Sandstreuanlage • Pfeifeinrichtung • Spurkranzschmierung • Scheibenwischer • Lüfteranlage • Voith-Kupplung • Heizkessel • Bei Triebwagen: – Türsteuerung – WC-Steuerung	• Sicherheitsfahrschaltung • PZB • Übertourungsschutz

Tabelle 1: Mit Druckluft versorgte Einrichtungen

Zur Druckluftversorgung werden ein- oder zweistufige Luftpresser verwendet. Für geringere Enddrücke genügen einstufige Luftpresser. Dagegen muss bei höherem Enddruck der Verdichtungsvorgang auf Grund der Erwärmung der Luft in eine Niederdruck- und eine Hochdruckstufe unterteilt werden. Die in der Niederdruckstufe verdichtete und dabei erwärmte Luft wird in einem Zwischenkühler gekühlt, bevor sie in der Hochdruckstufe weiter verdichtet wird. Dieses Verfahren hat durch die Rückkühlung einen besseren Wirkungsgrad als Luftpresser ohne Zwischenkühlung. Der Luftpresser versorgt die Hauptluftbehälterleitung (Hauptluftbehälter) mit einem Druck von 8,5–10 bar. Einige Triebfahrzeuge besitzen noch Druckluftanlagen mit maximal 8 bar. Von der Hauptluftbehälterleitung (HBL) werden die o.g. Verbraucher gespeist.

Bild 1: Kolbenkompressor

Bild 2: Schraubenkompressor

Der Luftpresser hat seine größte Förderleistung bei einer bauartbedingten, festgelegten Drehzahl. Sie werden in Aussetzerregelung betrieben. Dies bedeutet das Zuschalten über einen Druckwächter (Sensor) bei einem Mindestdruck (8,5 bar) und das Abschalten bei einem Höchstdruck (10 bar) im Hauptluftbehälter.

Die Bauteile einer Druckluftverteilung sind:

- **Luftfilter** werden verwendet, um die Ansaugluft des Luftpressers zu reinigen. Es gibt Nassfilter, welche mit Öl benetzt sind oder in denen die angesaugte Luft durch ein Ölbad strömt und dadurch gereinigt wird. Trockenfilter werden heute überwiegend eingesetzt.
- **Rückschlagventile** verhindern ein Rückströmen von verdichteter Luft aus der Hauptluftbehälterleitung in den Luftpresser. Das Rückschlagventil lässt die Luft nur in einer Richtung strömen und sperrt in die andere Richtung ab.
- **Kondensatabscheider** werden benötigt, weil Luftpresser die Feuchtigkeit, die in der Luft enthalten ist, diese in die Hauptluftbehälterleitung drücken. Damit die empfindlichen Druckluftbauteile vor dem schädlichen Wasser (Einfriergefahr, Korrosion) geschützt werden, ist ein Kondensatabscheider vorgeschaltet. Die Luft strömt durch eine obere Kammer, dabei kondensiert das Wasser und sammelt sich im unteren Sammelraum.
- **Druckminderventile** versorgen die Druckluftverbraucher mit einem geregelten oder konstanten Druck.

- **Sicherheitsventile** schützen die Hauptluftbehälter vor unzulässig hohem Druck. Diese sind durch eine Federkraft auf einen bestimmten Wert eingestellt. Wenn der Druck größer ist als die eingestellte Federkraft, öffnet das Sicherheitsventil und die Luft kann solange entweichen, bis der vorgegebene Druck wieder erreicht ist.

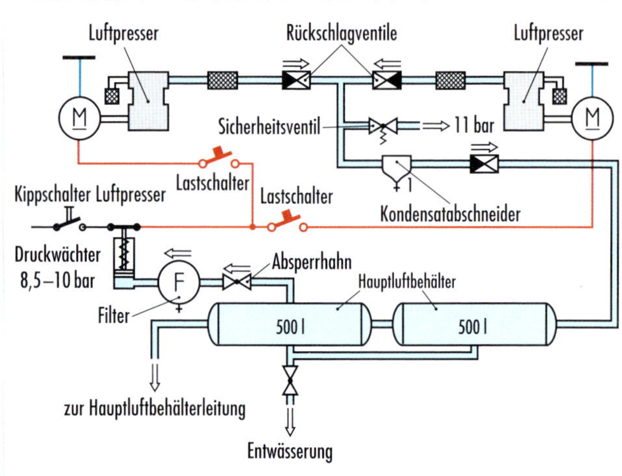

Bild 1: Schema der Drucklufterzeugung und Speicherung

Schmierölanlage

Die Verbrennungsmotoren benötigen eine Schmierölanlage, weil die Motore aus Metallteilen bestehen, die durch Lager- und Gleitreibung mechanisch und thermisch sehr belastet werden. Deshalb ist es notwendig, die Gleitflächen durch Schmierung voneinander zu trennen, damit diese sich nicht berühren können.

Die anfallende Reibungswärme wird zudem durch die Schmieröle abgeführt. Schmieröle bestehen (wie der Dieselkraftstoff) aus Kohlenstoff-Wasserstoff-Verbindungen, die meist aus Erdöl gewonnen werden. Schmieröle erfüllen folgende Aufgaben am Motor (deshalb nennt man sie auch »Motorenschmieröl«):

- Die Metallreibung an den Gleitflächen, d.h. den Verschleiß zu vermindern. Hierzu zählt die Schmierung aller beweglichen Teile, wie Kurbelwelle, Pleuel- und Nockenwelle, Schwinghebel, Ventilführungen, Ventilstößel und Antriebszahnräder
- Die Wärme abzuführen von den Lagern und Zylinderwandungen
- Die Korrosion an den Maschinenteilen zu verhindern
- Die Schmutzteilchen in der Schwebe halten und diese im Motorschmierölkreislauf den Filtern zuführen

Deshalb werden an Motoröle folgende hohe Anforderungen gestellt:

- Sie sollen bei den hohen Temperaturen nicht an der Zylinderwand verdampfen.
- Sie sollen einen genügend zähen, gut haftenden Schmierfilm bilden und im kalten Zustand so dünnflüssig sein, dass ein Anlassen des Motors möglich ist.

Mit den Kennzeichnungen eines Schmieröles werden diese Anforderungen messbar beschrieben.

- Viskosität — Sie ist eine Messeinheit für die Zähigkeit, d.h., ein Maß für die innere Reibung, die dem Fließen des Schmieröls Widerstand entgegensetzt. Sie wird meist in SAE-Viskositätszahlen angegeben (SAE = Society of Automative Engineers).

- Flammpunkt Bei dieser Temperatur werden Öldämpfe bei vorhandener Zündquelle erstmalig entflammt (s. Seite 145).
- Stockpunkt Hier ist das Öl so steif, dass es nicht mehr fließt.
- HD-Öle HD (= Heavy Duty) sind Öle, die Zusätze enthalten. Diese höher legierten Öle sollen die abgelagerten Rückstände im Motor ablösen und als kleinste Teilchen in der Schwebe halten, um sie filtern zu können.

Das bei der DB AG am häufigsten verwendete Schmieröl ist ein HD-Öl der Viskositätsgruppe SAE 15W-40.

SAE-Viskositätsklassen wurden festgesetzt, um die Auswahl von Motorölen für die verschiedenen Temperaturbereiche zu erleichtern (Bild 1). Man unterscheidet Einbereichsöle z.B. SAE 10W, SAE 50 und Mehrbereichsöle wie z.B. SAE 15W-50.

Mehrbereichsöle sind Motorenschmieröle, die mehr als eine Viskositätsklasse abdecken; z.B. erfüllt SAE 15W-50 die Forderungen an SAE 15W bei –17,8 °C und die Forderungen an SAE 50 bei 98,9 °C, also Starterleichterung bei Kälte und Temperaturfestigkeit bei Hitze.

Additive sind chemische Zusätze, durch die Eigenschaften des Öles verbessert oder unerwünschte Eigenschaften unterdrückt werden können, z.B. Herabsetzung des Stockpunktes oder Verminderung der Korrosion.

Den Schmierstellen eines Verbrennungsmotors wird das Öl unter einem Öldruck zwischen 0,6 und 3,0 bar zugeführt. Es wird von einer Zahnradpumpe aus dem Ölsumpf angesaugt und auf Kurbelwelle, Pleuel- und Nockenwellen, Kipphebellagern, Steuerrädern und den Druckpunkten der Ventile verteilt. Motorregler und Abgasturbolader brauchen ebenfalls Schmieröl. Bei größeren Motoren sorgt eine elektrisch angetriebene Schmierölvorpumpe für die notwendige Vorschmierung vor dem Start, um die hohe Reibung beim Anlauf zu vermeiden.

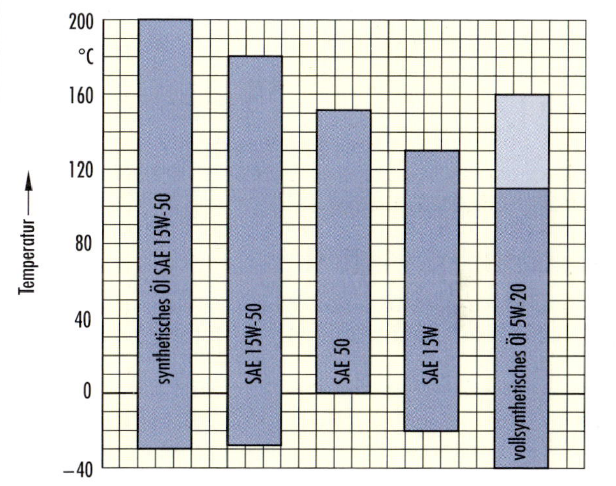

Bild 1: Temperaturbereich von Motorölen

Je nach Bauart der Verbrennungsmotoren dienen zur Überwachung des Schmierölkreislaufes Druckmesser, Druckwächter und Thermometer. Bei größeren Motoren übernimmt dies ein öldruckabhängiger Motorregler. Weil mangelhafte Schmierung des Motors zu schweren Schäden führt, ist hier auf eine besonders verantwortungsbewusste Handhabung zu achten.

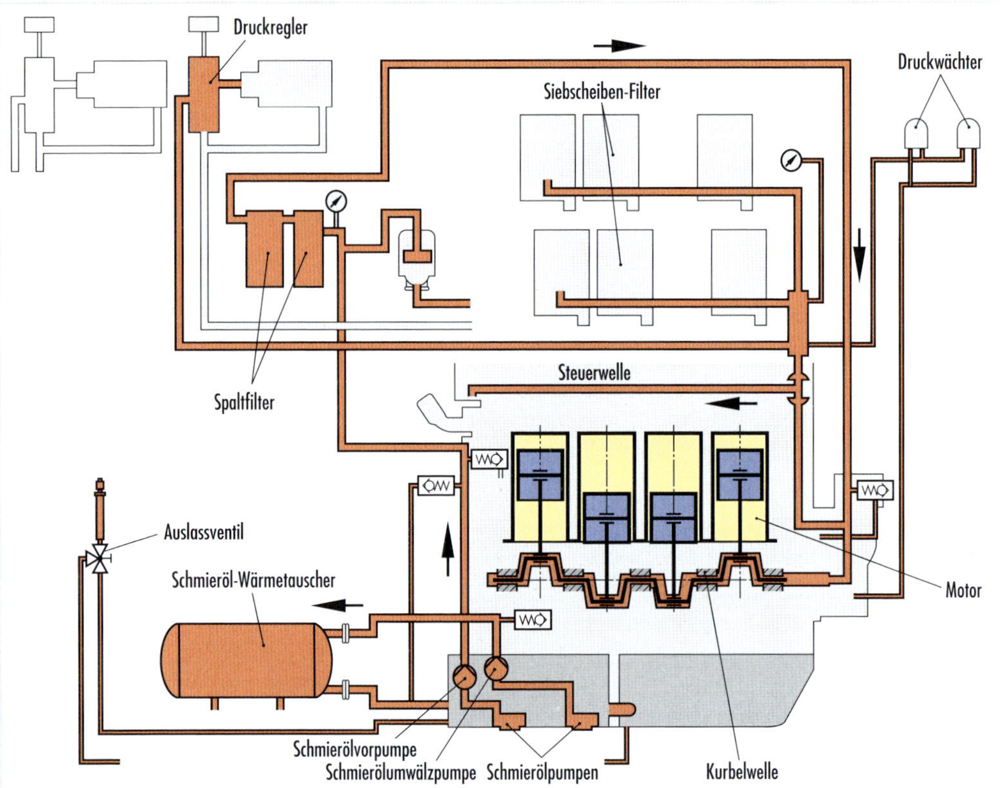

Bild 1: Beispiel für Schmierölkreislauf

Aufgaben eines Motorschmieröls

Den Schmierstellen eines Verbrennungsmotors wird das Öl unter Druck zugeführt (Druckumlaufschmierung). Das Motorschmieröl hat folgende Aufgaben beim Betrieb des Dieselmotors:

- Schmieren
- Kühlen
- Abdichten
- Abführen von Abrieb
- Korrosionsschutz

Die wichtigsten Schmierstellen sind:

Kurbelwelle mit Pleuel und Kolben, Nockenwelle mit Steuerrädern, Stößelstangen (wenn vorhanden), Kipphebel, öldruckabhängige Motorregler und Lager des Abgasturboladers.

1. Wieso sind im Gegensatz zur E-Traktion bei brennkraftgetriebenen Triebfahrzeugen Kühlanlagen vorgesehen? Zwischen welchen grundsätzlichen Arten der Kühlung wird dabei unterschieden?
2. Welche Aufgabe haben Vorwärm- und Warmhalteanlagen?
3. Welche Aufgaben haben Schmieröle und welche besonderen Anforderungen werden an sie gestellt?

3.4.3.7 Fahrsteuerung

Die Fahrsteuerung benötigt der Triebfahrzeugführer, um die Motorleistung zu regeln, die Kraftübertragungsanlage zu beeinflussen und die Fahrtrichtung zu ändern. Die wichtigsten Steuervorgänge werden vom Führerraum aus eingeleitet. Bei neueren Triebfahrzeugen sind die während der Fahrt zu bedienenden Schalter und Hebel, sowie die für die Führung des Fahrzeugs wichtigsten Anzeigegeräte und Meldelampen einheitlich im Sicht- und Handbereich des Triebfahrzeugführers auf einem Bedientisch angeordnet. Weitere Bedienungs- und Anzeigegeräte, die für den Betrieb des Fahrzeugs erforderlich sind, verteilen sich auf die vorhandenen Apparateschränke des Führerraums.

Die einzelnen Steuervorgänge können mechanisch, hydraulisch, pneumatisch, elektrisch oder auch kombiniert, z. B. elektropneumatisch, eingeleitet, übertragen und ausgeführt werden. So werden Kleinlokomotiven überwiegend mechanisch (BR 300, 310, 330), Rangierlokomotiven überwiegend pneumatisch (BR 360–365), Streckenlokomotiven und Dieseltriebwagen überwiegend elektrisch (z. B. BR 203, 232, 610, 611, 628 usw.) oder elektropneumatisch (z. B. BR 298, 218) gesteuert.

Bild 1: Einheitsführerstand (hier: BR 185)

Die modernste Form der Fahrzeugsteuerung, ist die elektronische Fahrzeugsteuerung. Sie wird bei der BR 612 angewendet. Bei dieser werden über einen Fahrzeugbus (MVB) alle Aggregate des Fahrzeuges über die Leittechnik miteinander verbunden und von einem ZFG überwacht. Aufbau und Umfang der Steuerungsanlagen und Art der bevorzugten Übertragungsmittel richten sich nach dem betrieblichen Verwendungszweck, für den das Triebfahrzeug hauptsächlich vorgesehen ist. So ergibt sich unter anderem die Forderung nach der Fernsteuerbarkeit mehrerer gekuppelter Triebfahrzeuge von einem führenden Fahrzeug aus. Deshalb wurden im Lauf der Zeit verschiedene Steuerungssysteme entwickelt:

Die **Einfachsteuerung** ermöglicht nur das Steuern des besetzten Triebfahrzeugs. (z. B. BR 360/290/291)

Die **Mehrfachsteuerung** kann eine begrenzte Zahl gekuppelter Triebfahrzeuge mit gleichem Steuerungssystem von einem Führerraum aus bedienen. Da sich bei diesem Steuerungssystem die beteiligten Maschinenanlagen nicht selbsttätig überwachen und in Störungsfällen abschalten, müssen die wichtigsten Werte und Betriebszustände aller beteiligten Maschinenanlagen auf den besetzten Führerstand übertragen und dort dem Triebfahrzeugführer angezeigt werden. Die Zahl der für die Übertragung der Messwerte vorhandenen Steuerleitungen ist begrenzt. Deshalb wird bei neueren Triebfahrzeugen die Mehrfachsteuerung nicht mehr angewandt.

Die **Vielfachsteuerung** ermöglicht die Einfachsteuerung eines ein- oder zweimotorigen Triebfahrzeuges, die Fernsteuerung eines ein- oder zweimotorigen Triebfahrzeuges von einem Steuerwagen aus, die Fernsteuerung eines Triebfahrzeuges über Funk von einer ortsfesten oder transportablen Station aus.

Bei der Vielfachsteuerung ist die Steueranlage jedes Triebfahrzeuges so aufgebaut, dass sich die Maschinenanlagen in ihren wichtigsten Funktionen selbsttätig überwachen und beim Auftreten unzulässiger Betriebszustände, z. B. Kühlwassermangel oder Übertemperatur, selbsttätig abschalten. Dem Triebfahrzeugführer wird in diesen Fällen im Führerraum durch einen Sammelleuchtmelder, auf welchen die Überwachungseinrichtungen aller beteiligten Triebfahrzeuge einwirken, der Ausfall einer Maschinenanlage des Verbandes angezeigt.

Die **elektrische Fahrsteuerung** (z. B. BR 232) wird auch als Fahrkreis bezeichnet. Sie hat folgende Aufgaben:

- Leistungsloses Umschalten des Fahrtrichtungswenders
- Leistungsloses Ein- und Ausschalten der Fahrmotorstromkreise durch die Fahrmotortrennschütze
- Ein- und Ausschalten der Erregung des Traktionsgenerators
- Regelung der Erregung des Traktionsgenerators beim Anfahren, Begrenzung im oberen Geschwindigkeitsbereich, Leistungsminderung beim Schleudern der Radsätze oder bei Einschalten der ZEV (Leistungsregelung)

Bei der **pneumatischen Fahrsteuerung** (z. B. BR 360–364) wird die Steuerung folgendermaßen durchgeführt:

- Wendeschaltung – pneumatisch
- Getriebefüllung – pneumatisch
- Wandlerteilfüllung – elektro-pneumatisch
- Motorfüllung stufenlos – pneumatisch

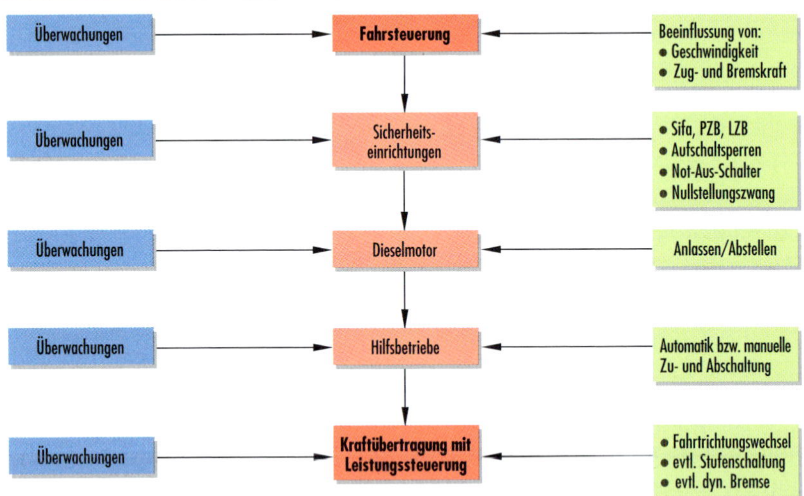

Bild 1: Prinzip einer Fahrsteuerung

Bei der **elektronischen Fahrsteuerung** (Leittechnik) wird die Gesamtheit aller auf dem Triebzug befindlichen Einrichtungen für Messen, Steuern, Regeln, Schutz und Diagnostik, einschließlich der dazugehörigen Datenwege, deren Schnittstellen zu externen Einrichtungen der Zugleit- und Sicherungstechnik, sowie die Kommunikation im Zugverband, unter dem Begriff Leittechnik zusammengefasst.

3.4.3.8 Überwachungseinrichtungen

Die wechselnden Betriebsanforderungen an ein Triebfahrzeug, abhängig vom Einsatz und der Baureihe, erfordern unterschiedliche **Überwachungseinrichtungen**. Alle wichtigen Funktionen eines Dieseltriebfahrzeuges müssen in ihrem Betriebszustand kontrolliert und fortwährend überwacht werden.

Antriebsüberwachung

Beim Anfahren kann es leicht passieren, dass die Antriebsräder durchdrehen. Diesen Vorgang nennt man »Schleudern«. Dagegen gibt es bei Verbrennungstriebfahrzeugen entsprechende Schutzeinrichtungen. Der so genannte Schleuderschutz sorgt für ein kurzzeitiges Zurücknehmen der Antriebsleistung und ein rasches Wiedergreifen der Räder. Die Überdrehungsschutzeinrichtung soll ein Überdrehen des Antriebssystems vermeiden und wirkt beim Überschreiten einer bestimmten Geschwindigkeit auf die Drehzahlregulierung ein (Rücknahme der Drehzahl auf Leerlaufdrehzahl). Beim Bremsen soll ein Gleiten der Räder (Rutschen) durch Einrichtungen eines Gleitschutzes vermieden werden.

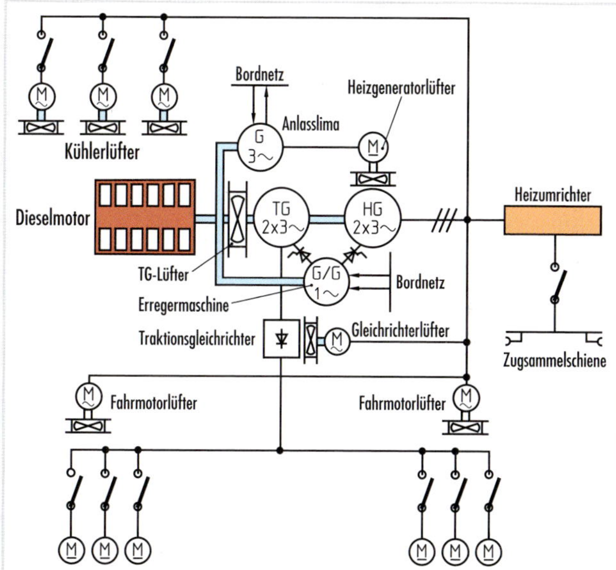

Bild 1: Schema einer Leistungsverteilung

Beim Rangieren ist es notwendig, unbeabsichtigte Bewegungen einer Kleinlok zu vermeiden. Aus diesem Grund ist bei einer Rangierlok auch eine Stillstandsüberwachung eingebaut.

Leistungsüberwachung

Beim Anfahren sind die größten Kräfte wirksam. Um hier eine Überlastung der Antriebsteile zu vermeiden bzw. den Schutz des Fahrzeugrahmens zu erreichen, wird die Höchstleistung beim Anfahren im Langsamgang begrenzt. Diese Aufgabe wird von einem Überlastungsschutz (z.B. bei der BR290) übernommen, der meist durch Druckluftsteuerung auf die Geschwindigkeitsveränderung wirkt. Bis zu einer Geschwindigkeit von 3 km/h wird die Antriebsleistung begrenzt. Von 3 km/h bis 11 km/h wird die Antriebsleistung direkt proportional mit der Geschwindigkeit angehoben. Erst ab einer Fahrgeschwindigkeit von 11 km/h ist die volle Antriebsleistung wirksam.

Bremsüberwachung

Die wesentlichen Teile der Bremsüberwachung werden mit Druckluft gesteuert und bilden im Zusammenhang mit den Bremseinrichtungen eine funktionale Einheit (s. Kap. 4.2). Funkferngesteuerte Kleinlokomotiven (Köf) mit einer Brems- und Rangierhöchstgeschwindigkeitsüberwachung besitzen eine besondere Form der Bremsüberwachung (s. Kap. 8.11).

Eine **Fahrsteuerung** ist zum Fahren eines Triebfahrzeuges (Tfz) notwendig. Der Triebfahrzeugführer (Tf) betätigt die Steuerungsanlagen, um in der Maschinenanlage die hierzu notwendigen Funktionen hervorzurufen:

- Anlassen und Abstellen des Dieselmotors
- Leistungs- oder Drehzahlverstellung der Antriebsmaschine
- Schalten der Kraftübertragungsanlage

Diese Steuerung erfolgt im Wesentlichen durch eine Fahreinrichtung. Je nach Bauart können damit geregelt werden:

- Motordrehzahl
- Geschwindigkeit
- Antriebskräfte

Die Leittechnik gliedert sich in folgende Bereiche:

- Leitebene mit den Zugsicherungsanlagen (ZUB 262, PZB I 60 R/PZB 90)
- Zugsteuerebene mit den Zugbusanbindungen
- Fahrzeugsteuerebene mit dem Fahrzeugbus
- Subsystemebene: für den Fahr-/Bremsbetrieb, mit den Steuer- und Regeleinrichtungen für die Antriebsanlage einschließlich Schleuder-/Gleitschutz, für Ausrüstungen der Fahrgastabteile (Türsteuerung, Klimatisierung) einschließlich der Hilfsbetriebseinrichtung, für Fahrgastinformationssysteme mit dem IBIS-Bus.

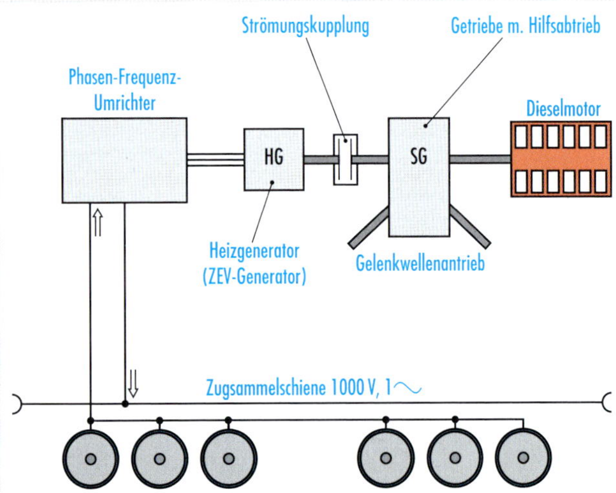

Bild 1: Zentrale Energieversorgung z. B. BR 218

1. Vergleichen Sie die Überwachungseinrichtung von elektrischen Triebfahrzeugen (s. Seite 141 f.) mit denen bei brennkraftgetriebenen Triebfahrzeugen! Welche Gemeinsamkeiten gibt es? Welche Überwachungseinrichtungen sind nur bei der Diesel-Traktion zu finden?
2. Was versteht man bei einer Rangierlok unter einer Stillstandsüberwachung?
3. Welche Funktionen hat die Fahrsteuerung? Welche Werte können damit geregelt werden?

3.4.4 Triebzüge

Infolge der Entwicklung der elektrischen Antriebstechnik kamen Anfang des 20. Jahrhunderts Elektrotriebwagen und Akkumulatortriebwagen (z.B. in Preußen spätere ETA 177) auf, überwiegend für den Nahverkehr. Im Jahre 1903 stellte z.B. ein Drehstrom-Triebwagen auf dem Abschnitt Marienfelde–Zossen den historischen Geschwindigkeitsrekord von 210 km/h auf. Legendär war auch der »Fliegende Holländer« (ET 11), der Anfang 1932 zum Einsatz im Schnellverkehr in Deutschland kam. Heute werden auf nicht elektrifizierten Nebenbahnen, manchmal auch auf Hauptbahnen im Nahverkehr Dieseltriebzüge eingesetzt. Sie haben weitgehend die lokbespannten Züge abgelöst. Einige, wie beispielsweise die Baureihe 610 (»Pendolino«), verfügen über Neigetechnik. In den großen städtischen Ballungsräumen erledigen elektrische Triebzüge den Nahverkehr als S-Bahnen. Fast baugleiche Elektrotriebzüge fahren zunehmend in Regionalbahnverkehren. Diese Züge werden an allen oder fast allen Achsen angetrieben, um die geforderte hohe Beschleunigung zu erreichen. Der ICE 3 (BR 403), der beispielsweise auf der Neubaustrecke Köln–Rhein/Main verkehrt, sowie der Mehrsystemzug ICE 3 MF (BR 406), der zwischen Frankreich und Südwestdeutschland eingesetzt wird, sind **Triebzüge** – keine Triebwagenzüge –, da nur ein **Teil der Wagen** angetrieben wird. Ebenso der mit Neigetechnik ausgerüstete ICE-T7-Zug (BR 411).

Bild 1: Der Schnell-Triebwagen vor seiner ersten Probefahrt nach Hamburg auf dem Lehrter Bahnhof in Berlin.

Bild 2: ICE3 (BR 407) – Velaro D

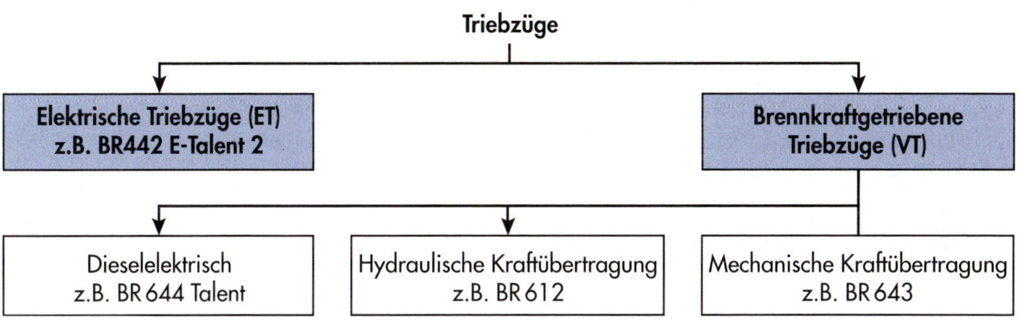

Zuerst sollen anhand des Beispiels für elektrische Triebzüge an der Baureihe 442 E-Talent 2 die wesentlichen unterschiedlichen Bauteile gegenüber den elektrischen Triebfahrzeugen gezeigt werden. Vergleichbares findet sich dort.

3.4.4.1 Elektrische Triebzüge

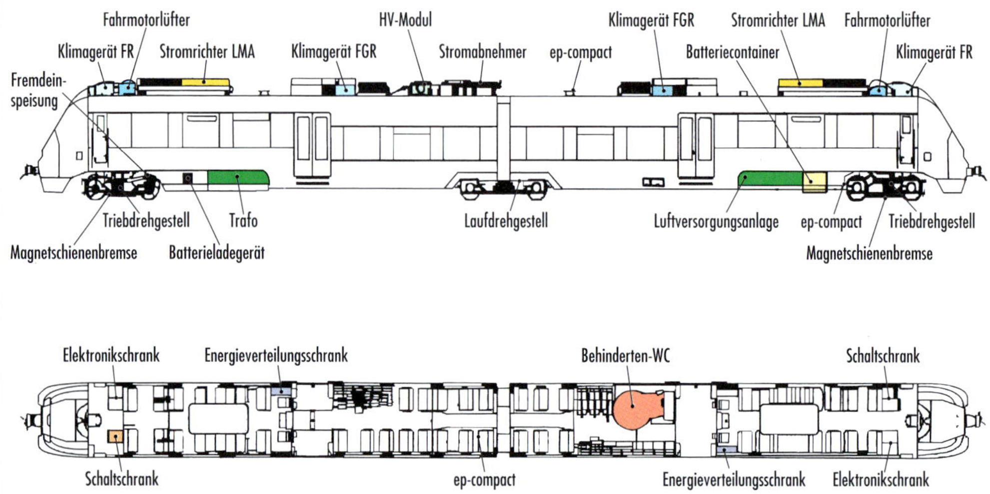

Bild 1: Triebzug BR 442

Die BR 442 E-Talent 2 ist ein Beispiel für einen elektrischen Triebwagenzug. Er wird im Regional- und S-Bahnverkehr, aber auch im Nahverkehr eingesetzt. Typisch bei den Triebwagenzügen ist die unterschiedliche Modularität, d.h. Kombinationsmöglichkeiten in den Zusammenführungen entsprechend der Beförderungsanforderungen. Am Beispiel der BR 442 ist dies erkennbar.

Bild 2: BR 442

BR 442	442.0	442.1	442.2	442.3	442.4
Konfiguration	2-Teiler	3-Teiler	4-Teiler	5-Teiler	6-Teiler
Länge über AK	40,1 m	56,2 m	72,3 m	88,4 m	104,5 m
Größte Radsatzlast	18 t				
max. Antriebsleistung	2020 kW		3030 kW		4040 kW
v_{max}	160 km/h				
v_{max} **bei Störfahrt**	80 km/h				
v_{max} **bei Räumfahrt**	40 km/h				
v_{max} **im Verschiebebetrieb**	10 km/h				

Tabelle 1: BR 442 Modularität

Die Triebzugfamilie E-Talent 2 umfasst ein modulares Triebzugkonzept für 2- bis 6-teilige Triebzüge mit unterschiedlichen Ausstattungsvarianten, um die Fahrzeuge an die verschiedenen Verkehrsbedürfnisse anpassen zu können.

Bild 1: Modulare Zusammensetzungsmöglichkeiten der BR 442

Die Baureihe 442 (Talent) stammt vom Herstellers Bombardier und ist ein leichter Nahverkehrs-Triebwagen. Der Talent wurde entweder als Dieseltriebzug – mit mechanischer oder elektrischer Kraftübertragung – oder als Elektrotriebzug hergestellt. Es gibt Versionen mit und ohne Neigetechnik. Mit der Bezeichnung BR 442 (Talent 2) wurde ein rein elektrisches Nachfolgemodell entwickelt, das seit 2008 produziert wird.

Die **Wagenkästen** bestehen in Rohbauten jeweils aus den Hauptbaugruppen:

- Untergestell
- Seitenwände
- Stirnwände
- Dach
- Führerraumgerippe

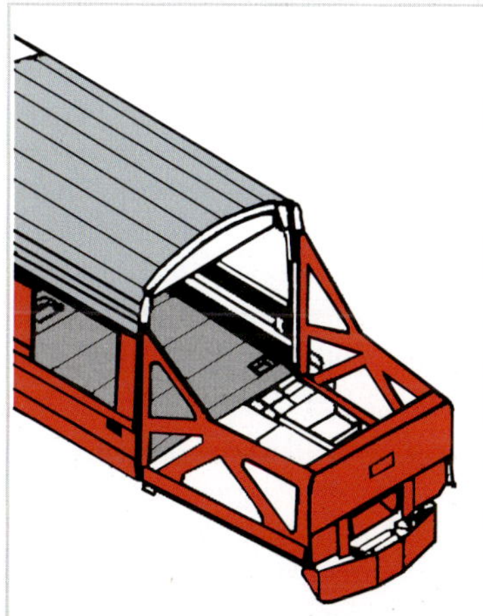

Bild 2: Steuerwagenkasten

Die Unterbaugruppen sind konventionell gefertigte Stahlschweißbaugruppen. Am Wagenkasten sind alle Großkomponenten wie Trafo, Stromrichter, Fahrmotorlüfter und Klimagerät befestigt. Die Anbauten sind über angeschweißte Konsolen mit dem Rohbau verschraubt. Die Aufhängung schwerer Geräte erfolgt vorwiegend im Unterflur an Konsolen in den Außenlangträgern. Die Wagenkästen des Triebzuges sind untereinander mit Gelenken verbunden, an denen gleichzeitig auch die Übertragung der Zug- und Bremskräfte der Jakobsdrehgestelle erfolgt und die Querdämpfer befestigt sind. Das Gelenk lässt eine Bewegung zu. Dadurch können die Fahrzeuge vertikale und horizontale Gleisbögen durchfahren. Die Gelenke an den Jakobsdrehgestellen können mit Energieverzehrelementen ausgerüstet werden.

Drehgestelle von Triebwagenzügen

In den Fahrzeugen kommen drei Drehgestelltypen zum Einsatz:

- Endtriebdrehgestelle
- Jakobstriebdrehgestelle
- Jakobslaufdrehgestelle

Die Drehgestelle entsprechen den einschlägigen Europanormen und nationalen Standards sowie UIC-Merkblättern.

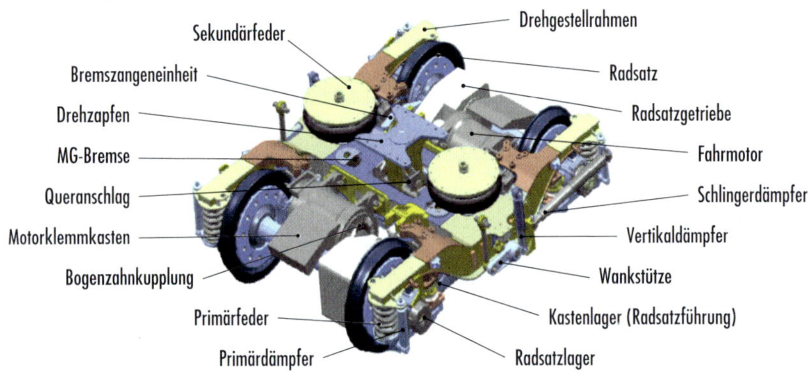

Bild 1: Teile des Enddrehgestells

Um die Ausdrehbewegung der Drehgestelle zu begrenzen, ist zwischen Drehgestell und Wagenkasten eine gleisbogenabhängige Querspielbegrenzung eingerichtet.

Bei den **Jakobsdrehgestellen** werden die Zug- und Bremskräfte mittels eines Zapfens am Wagengelenk übertragen, der sich ebenfalls zwischen elastischen Gummipuffern befindet. Auch hier werden die Zug- und Bremskräfte über diese Puffer in die Rahmenquerträger der Drehgestelle eingeleitet.

Die Zugkraftübertragung der Zug- und Bremskräfte zwischen Drehgestell und Wagenkasten erfolgt durch einen Drehzapfen, der sich zwischen elastischen Gummipuffern befindet. Über diese Puffer werden die Zug- und Bremskräfte in den Querträger des Drehgestellrahmens eingeleitet.

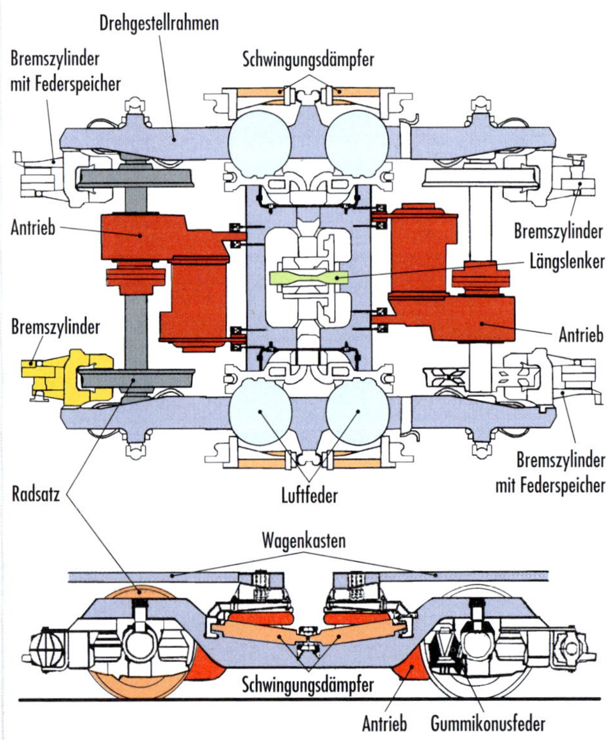

Bild 2: Jakobsdrehgestell

Die Radsatzführung und Federung erfolgt im Drehgestellrahmen. Er stützt sich über eine Stahlfeder auf dem Radsatzlagergehäuse ab. Diese Stahlfeder wird mittels einer Gummibeilage akustisch von Rahmen entkoppelt. Gegenüber der Stahlfeder ist eine Gummifeder angeordnet. Diese wirkt zusammen mit dem Radsatzlagergehäuse als Schwingarm und stellt so die Radsatzführung sicher. Die Primärfederung ist mittels hydraulischer Vertikaldämpfer gedämpft.

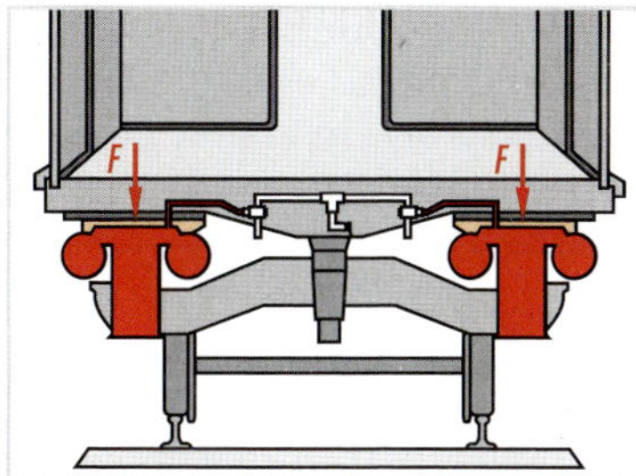

Bild 1: Luftfederung

Die Endtriebdrehgestelle sind mit zwei, die Jakobsdrehgestelle (Lauf- und Trieb-) mit 4 Luftfedersystemen als Sekundärfederung ausgestattet. Der Wagenkasten stützt sich auf die Drehgestelle ab. Luftfedersysteme besitzen integrierte Gummi-Metallfedern, welche im Falle eines Versagens der Luftfederung die Notabstützung übernehmen und somit eine sichere Weiterfahrt – ggf. bei verringerter Höchstgeschwindigkeit wegen reduzierter BRH – ermöglichen. Mittels Niveauregelungsventilen zwischen Wagenkasten und Drehgestell wird eine einheitliche Wagenhöhe auch bei unterschiedlichen Beladungszuständen erreicht. In den Drehgestellen angeordnete Wankstützen sichern die Einhaltung des zulässigen Neigungswinkels. Hydraulische Dämpfer dämpfen die Wagenbewegungen in Vertikal- und Querrichtung.

Die **Antriebsausrüstung** besteht im Triebdrehgestell aus jeweils 2 luftgekühlten Asynchronfahrmotoren. Diese Motoren sind am Querträger des Drehgestellrahmens befestigt. Ein ein- (Endtriebdrehgestell) bzw. zweistufiges Radsatzgetriebe (Jakobstriebdrehgestell) überträgt die Antriebsmomente auf die Radsätze. Eine Bogenzahnkupplung zwischen Motor und Radsatzgetriebe gleicht die Relativbewegungen zwischen Radsatz und Motor aus. Das Radsatzgetriebe ist mit einer Drehmomentstütze am Drehgestellrahmen abgestützt.

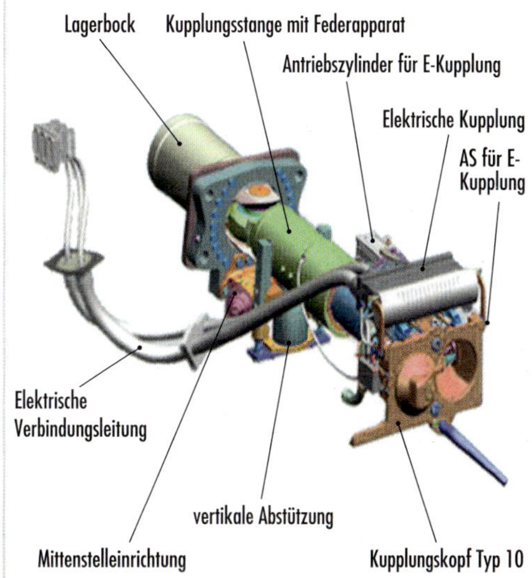

Bild 2: Automatische Mittelpufferkupplung BR 442

Bei Triebzügen gibt es keine Zug- und Stoßeinrichtungen. An jedem Fahrzeugkopf ist der Triebzug mit einer automatischen Mittelpufferkupplung der Bauart Scharfenberg (Schaku) ausgerüstet. Es werden pneumatische Verbindungen für HL (Hauptluftleitung), HBL (Hauptluftbehälterleitung) und Entkuppelleitung gekuppelt.

Bedeutsam für die automatischen Schaku ist der Kuppelverschluss. Er besteht aus einem drehbar gelagerten Herzstück, einer Kuppelöse und Zugfedern. Beim Kuppelvorgang hakt die Kuppelöse der einen Kupplung ins Herzstück der Gegenkupplung ein, wodurch ein Kräftegleichgewicht hergestellt wird. Ein einfaches Funktionsprinzip, das sich durch geringen Verschleiß sowie höchste Sicherheit auch in Extremsituationen auszeichnet.

Bild 3: Mittelpufferkupplung

Die **elektrische Energieversorgung**, auch des Antriebes, erfolgt für die Fahrzeuge grundsätzlich in einem Zweisystembetrieb 15 kV, 16,7 Hz und 25 kV, 50 Hz oder die Ausrüstung mit zwei Stromabnehmern.

Stromabnehmer

Für den Einsatz im Streckennetz der DB verfügt der Triebzug BR442 über einen Stromabnehmer der Bauart DSA200. Er ist als Halbscherenstromabnehmer ausgeführt, mit einem Holm im Unterteil und einer Oberschere in biegesteifer Leichtbaukonstruktion. Die Einfachwippe mit zwei Schleifleisten besitzt eine Rahmenfederung. Die Ablaufbügel sind an der Palette in der Mitte zwischen den Schleifleisten angeordnet. Der Stromabnehmer, dessen Antrieb als Balgantrieb ausgeführt ist, wird mit drei Stützisolatoren auf dem Dach des Triebzuges befestigt. Zum Schutz des Stromabnehmers und der Oberleitung im Fehlerfall ist eine automatische Senkeinrichtung (AS) bestehend aus Schleifleistenüberwachung mit Schnellsenkventil vorhanden.

Der Stromabnehmer wird über einen Hauptschalter von der zentralen Hochspannungsleitung abgetrennt. Von der zentralen Hochspannungsleitung erfolgt die Versorgung der Transformatoren. Verfügt der Triebzug über zwei Transformatoren, können diese jeweils über einen Trenner im Störungsfall abgeschaltet werden. In Abhängigkeit der Antriebskonfiguration versorgt ein Transformator einen oder zwei Stromrichter. Nur die Stromrichter auf den Triebköpfen verfügen über ein Hilfsbetriebestromrichtermodul ACM und versorgen das Drehstrombordnetzes mit 400 V, 50 Hz. Die Mehrzahl der Komponenten im Hauptstromkreis wurde aus konstruktiven Gründen im Hochspannungsmodul am Stromabnehmer auf dem Dach konzentriert angeordnet.

Der **Hauptschalter** ist als einpoliger Vakuumleistungsschalter für Schienenfahrzeuge mit integriertem Erdungsschalter ausgeführt. Er ist im Hochspannungsmodul auf dem Dach montiert und mit einem elektromagnetischen Antrieb ausgerüstet.

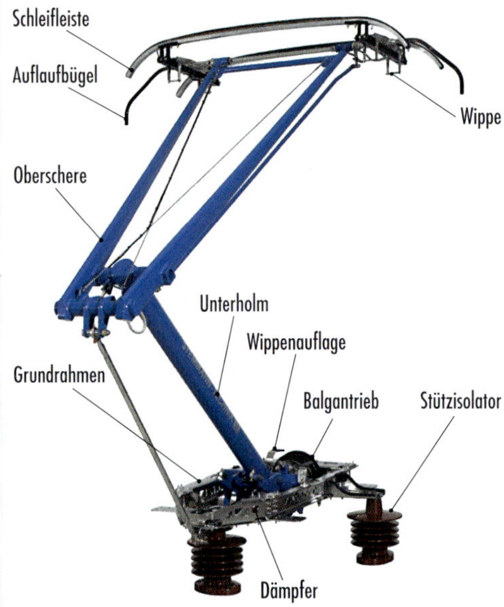

Bild 1: Stromabnehmer DSA 200 bei BR 442

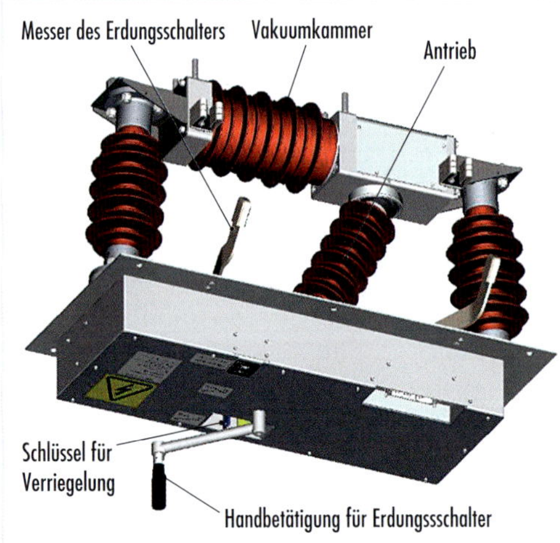

Bild 2: Hauptschalter

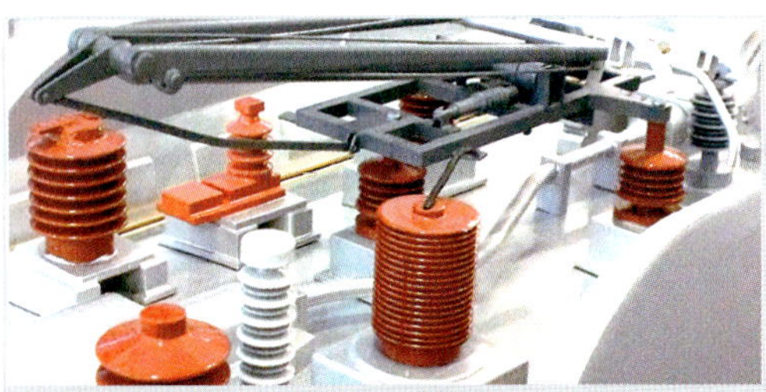

Bild 3: Hochspannungsmodul ohne Trafotrenner für 2- und 3-teilige Triebzüge

Der **Haupttransformator** ist als Einphasen-Transformator für Unterflurmontage ausgeführt und wandelt die Eingangsspannung (15 kV) in niedrigere Spannung (930 V) um.

Die Stromrichter sind in einem Dachcontainer untergebracht. Als Leistungshalbleiter werden wassergekühlte IGBTs verwendet. Die Stromrichter bestehen aus folgenden Funktionsgruppen:

- Speisefeld
- Netzstromrichtermodul (LCM-Vierquadrantensteller)
- DC-Zwischenkreis
- Motorstromrichter (MCM-Wechselrichter)
- Hilfsbetriebeumrichter ACM (nur LMA), mit Trenntransformator und Ausgangsfilter Bordnetz
- Antriebssteuergerät (TCU)
- Kühlanlage

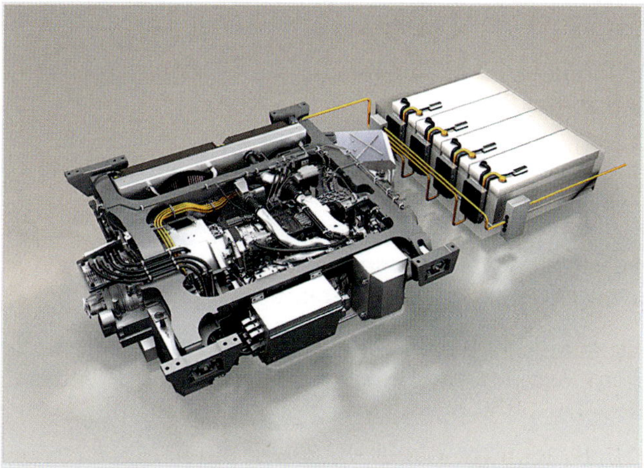

Bild 1: Haupttransformator mit 4 Sekundärwicklungen Powerpack

Das **Drehstrom-Bordnetz** der Triebzüge BR442 verfügen über ein 3-Phasen-Wechselstrom-Bordnetz 400 V/230 V mit einer festen Frequenz von 50 Hz, welches über die beiden Hilfsbetriebestromrichter ACM auf den Endwagen gespeist wird.

Folgende Verbraucher sind diesem Bordnetz zugeordnet:

- Heizung, Lüfter und Kompressoren Klimaanlage Fahrgastraum
- Heizung, Lüfter und Kompressoren Klimaanlage Führerraum
- Haupttransformatorkühlung (Ölpumpe + Trafokühler)
- Antriebsstromrichterkühlung (Pumpen + Lüfter)
- Fahrmotorkühlung
- Druckluft-Kompressor (Hauptluftpresser)
- Frontscheibenheizung
- WC-Heizung
- Batterieladegeräte für 110 V DC-Vorsorgung
- Steckdosen für Reinigung, Servicearbeiten und Laptops
- Verkaufsautomaten für Catering (wenn vorhanden)

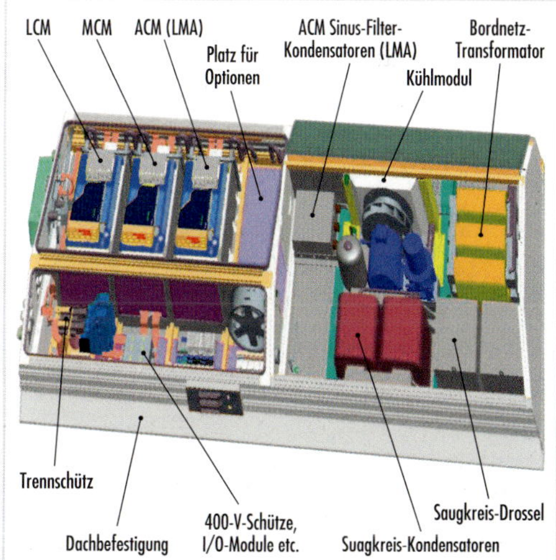

Bild 2: Aufbau des Stromrichtercontainers

Das **Gleichstrom-Bordnetz** DC 110V versorgt u.a. die Beleuchtung der Steuerungen und der sicherheitsrelevanten Verbraucher, bedient das batteriegestützte Gleichstrom-Bordnetz DC 110V, das durch Batterieladegeräte aus der Drehstrom-Sammelschiene 3/N AC 230/400V, 50Hz erzeugt wird.

Folgende Hauptkomponenten sind diesem Gleichstrom-Bordnetz zugeordnet:

- Bordnetz-Batterie
- Batterieladegerät (BLG)
- Batterie-Hauptschalter
- Batterie-Management-System
- Batteriehauptverteilung mit Verbrauchergruppen
- Batterieunterverteilung mit Verbrauchergruppen

Es kommen 2 Batterieladegeräte und 2 Bordnetz-Batterien je Triebzug zum Einsatz. Beide Bordnetz-Batterien und Batterieladegeräte arbeiten parallel auf die Batteriesammelschienen. Die Entkopplung erfolgt über Dioden, die in den Batterieladegeräten integriert sind.

Die **Druckluftversorgung** erfolgt durch einen ölfreien Kolbenluftkompressor mit nachgeschalteter Lufttrocknungsanlage. Die Luftversorgungsanlage (LVA) ist bei den 2- und 3-teiligen Triebzügen im Endtriebwagen T1 unterflurig angeordnet, ab dem 4-teiligen Triebzug befindet sie sich auf dem Dach des Mittelwagens M3.

Die **Bremsausrüstung** enthält:

- Schnell- und Zwangsbremse
- Gleitschutz
- Feststellbremse
- Magnetschienenbremse
- Sandstreueinrichtung
- Fahrgastnotbremse

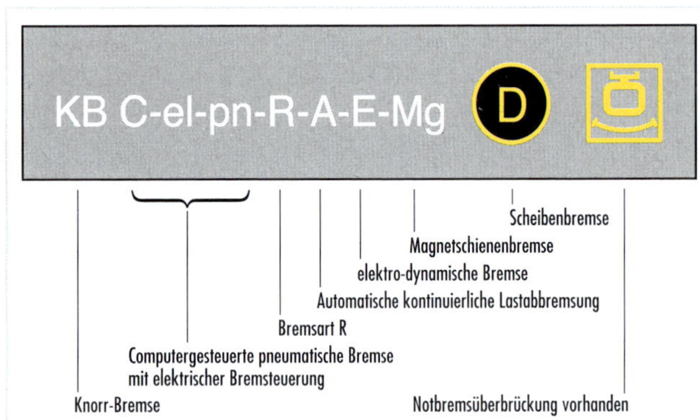

Bild 1: Bremsbauart

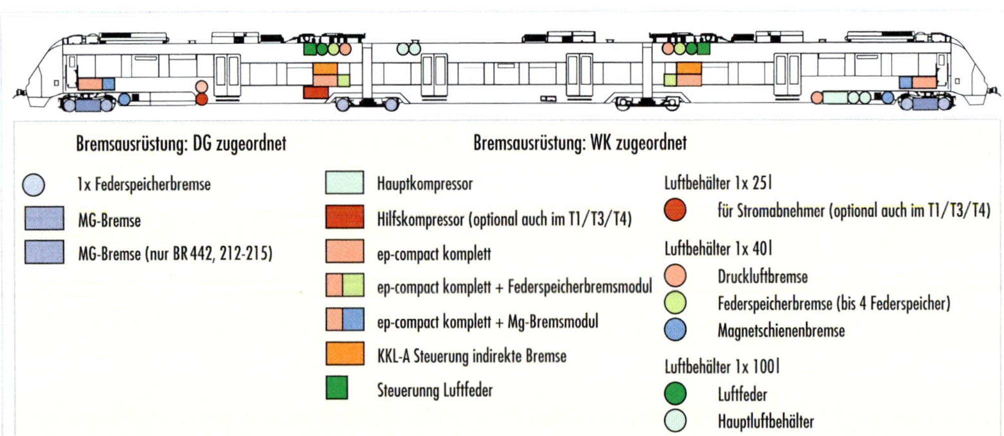

Bild 2: Beispiel Bremseinrichtungen an 3-teiliger BR 442 E-Talent 2

Bei der Bremsausrüstung ist jedes Drehgestell ist mit 4 Radbremszangeneinheiten mit asbestfreien Bremsbelägen ausgerüstet. Einige Drehgestelle sind mit einer Magnetschienenbremse in Hochaufhängung ausgerüstet. Als Feststellbremse sind, abhängig von der Zugkonfiguration, die Drehgestelle mit Federspeichereinheiten ausgerüstet. Jeder Radsatz ist mit einer Gleitschutzanlage ausgerüstet, bestehend aus Polrad, Impulsgeber und zugeordneten Gleitschutzventilen.

In der **Brems- und Druckluftversorgung** verfügt der Triebzug über eine direkt gesteuerte elektropneumatische Druckluftscheibenbremse (ep) mit lastabhängiger Regelung, eine elektrodynamische Bremse und eine HL-gesteuerte indirekte Bremse.

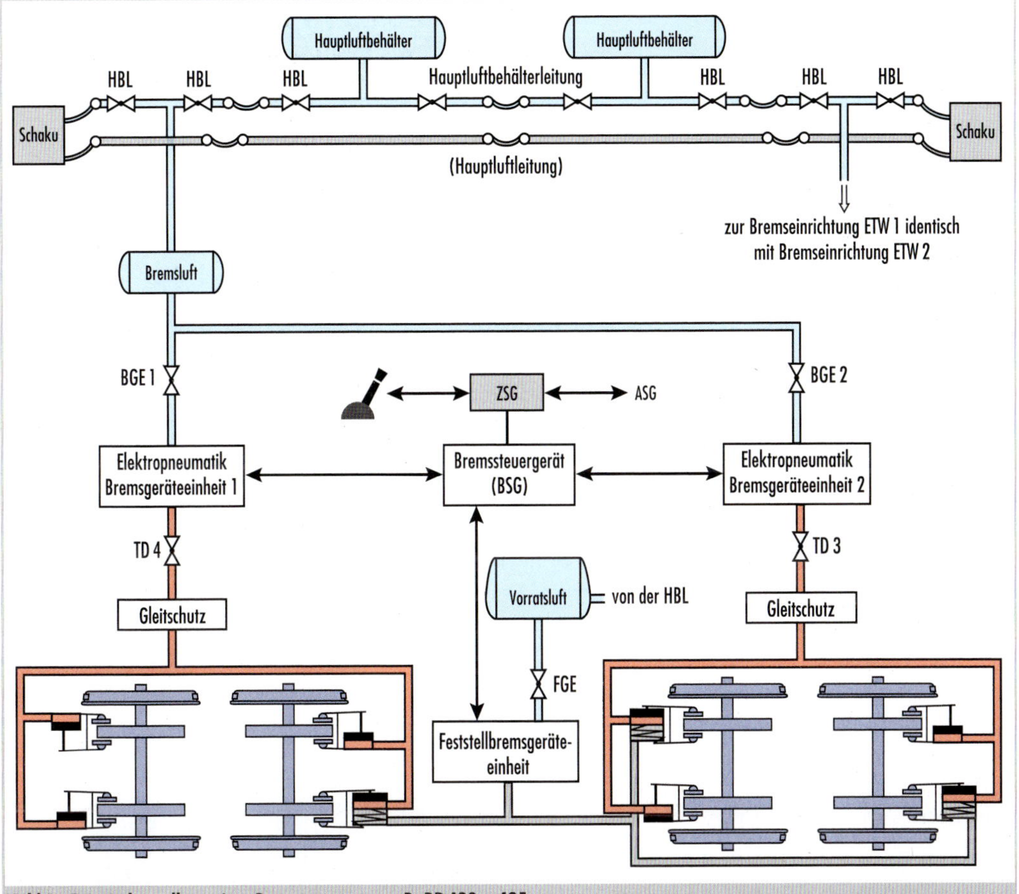

Bild 1: Prinzipdarstellung einer Bremssteuerung, z. B. BR 423 – 425

Für die **Klimatisierung** des Fahrgastraumes ist pro Wagen ein Klimagerät installiert, das über dem Einstieg positioniert wird und die behandelte Luft in das Fahrzeug einbringt. Es werden sowohl für End- als auch Mittelwagen gleiche Klimageräte installiert.

Das **Dachkompaktklimagerät** saugt die Frischluft über 2 Frischluftgitter, die an den Gerätelängsseiten positioniert sind, an. Im Klimagerät wird die Frischluft mit der Umluft vermischt. Über einen gemeinsamen Luftfilter (Mischluftfilter) gelangt die Luft über Verdampfer, Heizregister und den Zuluftlüftern über einen Schalldämpfer in das Kanalsystem.

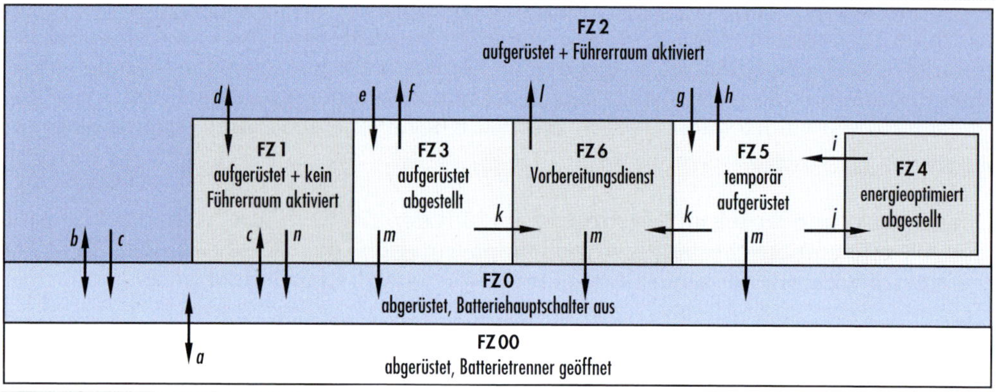

Bild 1: Vereinfachte Darstellung der Fahrzeugzustände

Moderne Triebzüge, wie z.B. BR442 verfügen zur Steuerung neben konventionellen elektrischen Steuerleitungen eine sogenannte **Leittechnik**. Sie besteht aus folgenden Bus-System-Komponenten:

- WTB (wired train bus): drahtgebundener Zugbus für die Steuerung in Mehrfachtraktion
- MVB (multi vehicle bus): universeller Fahrzeugbus für operative Steuerungsaufgaben innerhalb des Triebzuges
- IP-Bus: fahrzeuginterne Komfort- und Anzeige-Funktionen
- Train-IP (optional): IP-Bus für Komfortfunktionen im Zugverband (z.B. Videobilderübertragung)

Bild 2: Triebzug ET 422 und ICE 3 im Wuppertal Hbf (Elberfeld)

Da moderne Fahrzeugsteuereinheiten zunehmend elektronisch digital erfolgen, lassen sich bestimmte Funktionsabläufe nur schwer verstehen bzw. nachvollziehen, weil viele Bauteile und Baugruppen in diesem Bus-Verfahren gesteuert werden.

Die verschiedenen Betriebszustände werden beim BR442 als sogenannte Fahrzeugzustände (FZ) bezeichnet. Die nachfolgende Darstellung zeigt eine vereinfachte Darstellung, Zwischenzustände sind nicht berücksichtigt.

Sonstige Einrichtungen hat jeder Triebzug bauartspezifisch. Bei der BR442 sind dies u.a. folgende Einrichtungen:

- **Scheibenheizung**

  Die Frontscheibe wird durch Warmluft beheizt. Ergänzt wird dies durch eine elektrische Heizung mit zwei Leistungsstufen in der Frontscheibe (Auftau- und Normalbetrieb). Die elektrische Heizung kann nur im aktiven Führerraum bei eingeschaltetem Hauptschalter betrieben werden.

Bild 3: Triebzug ET 422 in der Waschanlage in Essen bei der Reinigung

- **Scheibenwisch- und Scheibenwaschanlage**

  In jedem Führerraum befindet sich eine Scheibenwisch- und Scheibenwaschanlage. Die Zuschaltung der Waschfunktion erfolgt über die Tastfunktion im Wahlschalter.

- **Akustische Signaleinrichtung**

  Akustische Warnsignale sind an jedem Fahrzeugkopf als Makrofon vorhanden. Das Makrofon kann Hand- und einen Fußtaster betätigt werden. Die Ansteuerung erfolgt beim Handtaster elektropneumatisch. Wenn Störungen auftreten, kann die Druckluftversorgung des Makrofons getrennt für Hand- und Fußbetätigung über jeweils einen Absperrhahn im Führerpult abgesperrt werden.

- **Signalbeleuchtung**

  Im Triebzug befinden sich Signalleuchten an den Triebzugenden. Die Ausführung erfolgt als Halogenlampen. Bei Ausfall der Signalbeleuchtung bzw. zum Abschleppen sind die Triebzüge mit Zg2-Aufklebern ausgerüstet, die man auf die Gläser der Scheinwerfer aufkleben kann.

- **Sicherheitsfahrschaltung (Sifa)**

  Das Fahrzeug hat eine zweikanalige elektronische Zeit-Zeit-Sicherheitsfahrschaltung (s. Seite 438). Die Sifa-Funktion wird im zentralen Steuergerät bearbeitet. Die Sifa besitzt zwei Bedienelemente, den Sifa-Fußtaster im Fußraum unter dem Führerpult (s. Bild 3) und den Sifa-Handtaster. Dieser sitzt im Knauf des Fahr-/Bremsschalters. Die Sifa wirkt ausschließlich auf die elektrische Schnellbremsschleife. Im Störungsfall kann der Eingriff in die Schnellbremsschleife durch einen Sifa-Störschalter überbrückt werden.

- **Zugbeeinflussung**

  In den Fahrzeugen der BR422 ist die punktförmige Zugbeeinflussungsanlage "EBICab500 eingebaut.

Bild 1: Haltegriff in einem Triebwagen der Baureihe ET 442 Talent 2 (Fahrzeugausführung für die S-Bahn Nürnberg)

Bild 2: S-Bahn Baureihe ET 422 auf der Essen-Steele Ruhrbrücke

Bild 3: Sifa-Pedal im IC-Steuerwagen

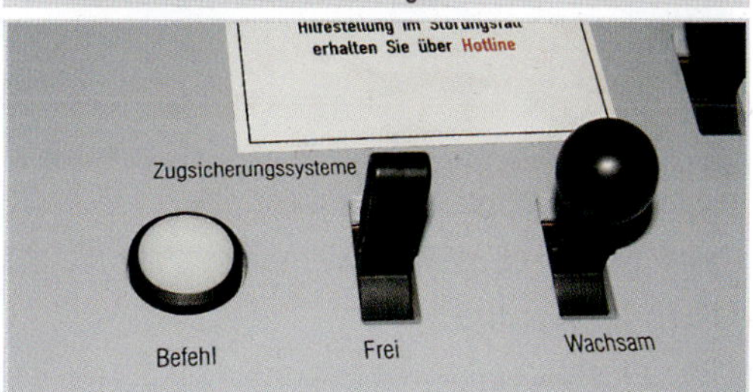

Bild 4: PZB-Bedientasten

— PZB-Fahrzeugmagnete befinden sich in den Enddrehgestellen (ETW 1 und ETW 4).
— PZB-Tasten (Wachsam, Befehl, Frei) befinden sich auf jedem Führerpult.
— PZB-Summer im Führerpult
— PZB-Stör- und -Überbrückungsschalter auf der Bedientafel in jedem Führerraum.

Abmessungen	
FZ-Länge	69,5 m
FZ-Breite	3020 mm
Die Einheit besteht aus	4 Wg.
Gekuppelt werden können	3 Einheiten
Gesamtachsenzahl	10
Leistungsangaben	
Antrieb	Drehstrommotoren
Angetriebene Achsen	8
Antriebsleistung	2350 kW
Max. Zugkraft	144 kN
Max. Anfahrbeschleunigung	1,0 m/s²
Höchstgeschwindigkeit	140 km/h
Max. Bremskraft	130 kN
Max. Bremsverzögerung	0,9 m/s²
Gewichte	
Höchstmasse	169,6 t
Gesamtmasse	132,8 t
Größte Radsatzlast	< 18 t
Kleinste Radsatzlast des führenden Radsatzes	< 16 t
Platzangebot	
Sitzplätze je Einheit	192 (16 davon 1. Klasse)
Stehplätze je Einheit (4P./m²)	344
Fußbodenhöhe	1025 mm
Ausrüstung	
Sandstreuer	Am vorauslaufenden Radsatz
Sifa	Zeit-Zeit-Sifa
PZB	EBI Cab 500
Anzahl Fahrgasttüren	24
Hilfe für Rollstuhlfahrer	Alu-Rampe
Heizen/Kühlen	Klimaanlagen in Fahrgast- und Führerräumen
Kupplung	Automatische Scharfenbergkupplung
Abfertigungsverfahren	TAV

Bild 1: Übersicht Wechselstrom-Bordnetz 400 V/230 V bei 4-teiliger Triebzug

1. Benennen Sie die wichtigsten Bauteile des Jakobsdrehgestells!
2. Worin liegen die Unterschiede zwischen einem Jakobs- und Enddrehgestell?
3. Welchen Zweck erfüllen Fahrzeugzustandsmeldungen?
4. Welche Bremseinrichtungen hat die BR 442?
5. Wozu braucht man ein Gleichstrombordnetz?

3.4.4.2 Brennkraftgetriebene Triebzüge

Der dreiteilige Triebzug der BR463.0 hat eine dieselmechanische Kraftübertragung.

Bild 1: BR 643

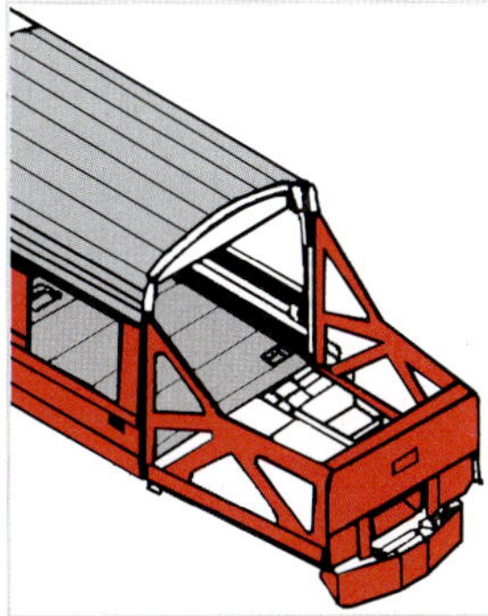

Bild 2: Kastenaufbau

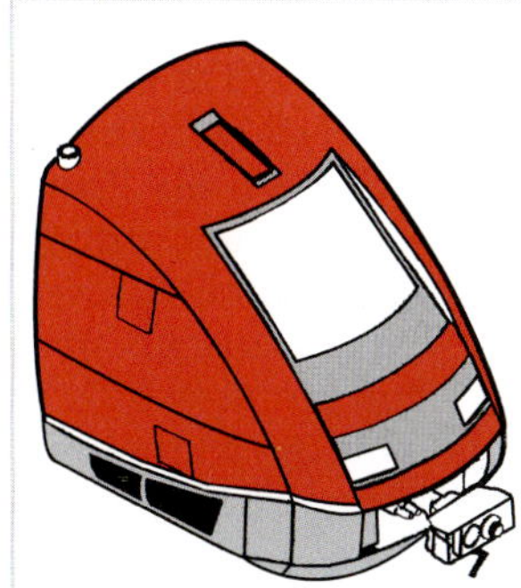

Bild 3: Führerstand

Die dreiteiligen Triebzüge der BR643.0 sind für den Betrieb auf nicht elektrifizierten Haupt- und Nebenstrecken konzipiert. Sie bestehen aus zwei weitgehend gleich aufgebauten Endtriebwagen, die im Folgenden als BD- (643.0) und AB-Wagen (643.5) bezeichnet werden. Die Bezeichnung BD- und AB-Wagen orientiert sich an der Fahrgastraumausstattung bei Indienststellung (A – 1. Klasse, B – 2. Klasse, D – Gepäckraum) und wurde u.a. auch im Diagnosesystem verwendet. Zwischen den Endtriebwagen ist ein Mittelwagen (943.0) eingestellt. Der Triebzug als Ganzes wird immer mit der Betriebsnummer des BD-Wagens bezeichnet.

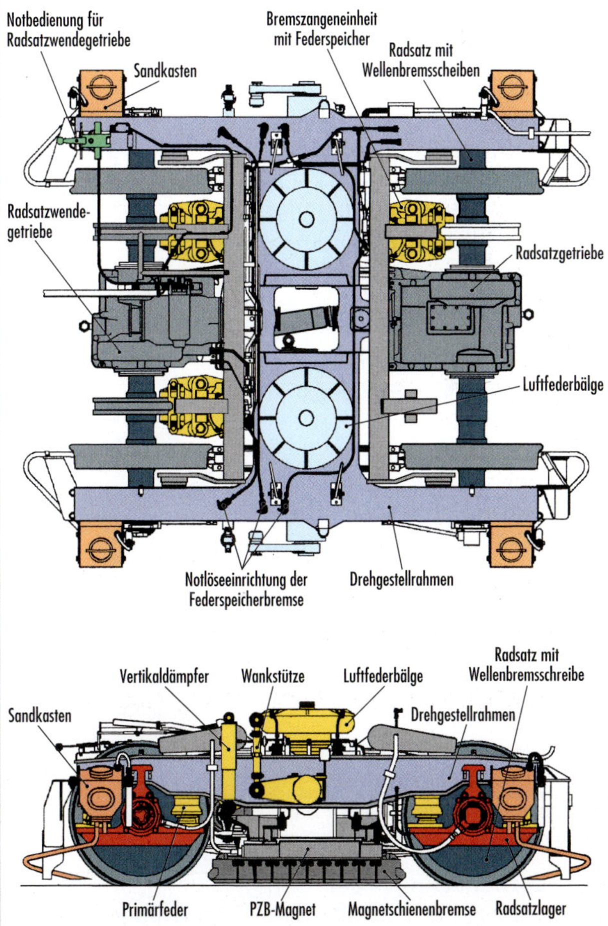

Bild 4: Triebdrehgestell von BR 643

Der **Wagenkasten** (s. Bild 2) hat im Prinzip den gleichen konstruktiven Aufbau wie bei der Baureihe 422 und besteht aus einem in Stahlbauweise gefertigten Untergestell. Auf ihm sind tragend die Seitenwände als geschweißtes Stahlgerippe aufgebaut. Die Dachkonstruktion ist eine Platte aus glasfaserverstärktem Kunststoff (GfK). Die Seitenwandverkleidungen sind ebenfalls aus GfK gefertigt und auf dem Kastengerippe befestigt. Auch die Fahrzeugköpfe bestehen aus GfK und besitzen zur Stabilisierung ein einlaminiertes Stahlgerippe. Die nach außen gewölbte Form wurde gewählt, um die Triebzüge im Rahmen von Kundenwünschen auch mit Neigetechnik ausrüsten zu können.

Bei den **Drehgestellen** wird hier zwischen Laufdrehgestell und Triebdrehgestell unterschieden. Das Triebdrehgestell (TD) besteht, wie bei anderen Baureihen z. B. BR 442, aus einem H-förmigen Drehgestellrahmen in Schweißkonstruktion. Er stützt sich über Gummikonusfedern als Primärfederung auf den Radsatzlagergehäusen ab. Auf dem Querträger sind zwei Luftfederbälge als Sekundärfederung angebracht, auf die sich der Wagenkasten abstützt. Die Sekundärfederung ist in vertikaler und horizontaler Richtung durch hydraulische Schwingungsdämpfer gedämpft. Das Wanken der Wagenkästen wird durch eine Wankstütze minimiert. Die Zug- und Bremskräfte werden durch einen so genannten Mitnehmerzapfen übertragen, der mittig im Drehgestellquerträger elastisch über Gummifedern angreift. Der jeweils äußere Radsatz trägt ein Radsatzgetriebe und eine Wellenbremsscheibe, der innere ein Radsatzwendegetriebe und zwei Wellenbremsscheiben. Zwischen den Radsätzen befinden sich die Bremsmagnete der Magnetschienenbremse in Tiefaufhängung. Weitere wichtige Anbauteile sind u. a. Sandkästen, der PZB-Fahrzeugmagnet und die Bremszangeneinheiten der Scheibenbremse mit Federspeicher.

Das **Laufdrehgestell** (LD) ist auch hier als Jakobsdrehgestell ausgeführt. Es dient zur gleichzeitigen Abstützung für End- und Mittelwagen. In Drehgestellmitte befindet sich ein Wagengelenk, mit dem beide Wagenkästen miteinander verbunden sind. Dieses lässt, wie bei anderen Triebzügen, Seiten-, Höhen- und Kippbewegungen zu und überträgt die Längskräfte zwischen beiden Wagenkästen. Über einen Mitnehmerzapfen werden die Längskräfte zwischen den Wagenkästen und dem Drehgestell elastisch übertragen. Der grundsätzliche Aufbau des Laufdrehgestells entspricht dem des Triebdrehgestells. Die Wankstützen und die Elemente für Sekundärfederung und -dämpfung sind doppelt vorhanden. Statt der Wellenbremsscheiben kommen hier Radbremsscheiben auf allen Rädern zur Anwendung.

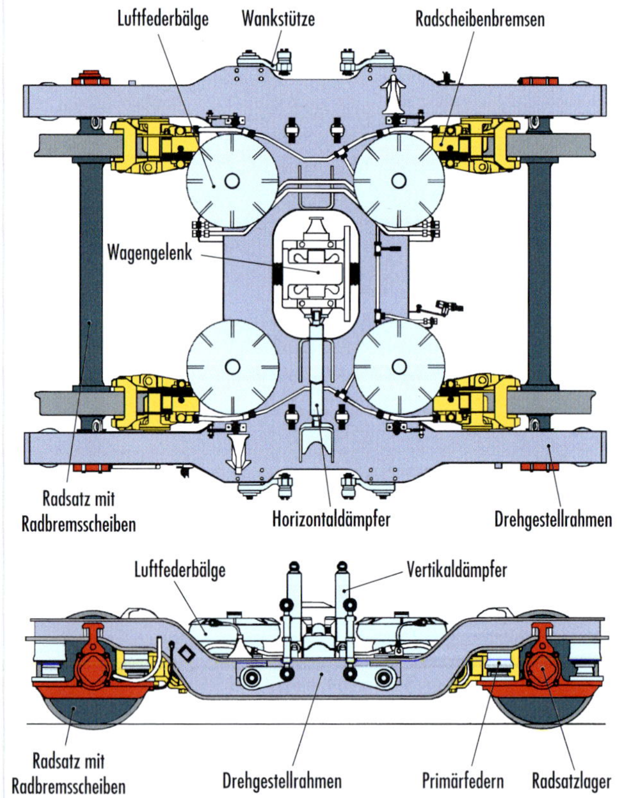

Bild 1: Laufdrehgestell der BR 643

Die Luftfederung der Sekundärfederung sitzt in jedem Triebdrehgestell. Zwei im Triebdrehgestell und je vier Luftfederbälge im Laufdrehgestell. Der Druck in den Luftfederbälgen wird durch die

Luftfederventile so geregelt, dass unabhängig von der Besetzung des Triebzuges die Wagenkästen ein gleiches Höhenniveau beibehalten. Jeweils ein Trieb- und ein Laufdrehgestell sind zu einer Federungsgruppe zusammengefasst. Die Federungsgruppen sind gleich aufgebaut. Druckluft aus der Hauptluftbehälterleitung gelangt über ein Rückschlagventil, den Absperrhahn (Dreiwegehahn) und ein Druckminderventil 7,5 bar zu den Luftfederventilen. Abhängig vom Beladungszustand des Triebzugs steuert das Luftfederventil so viel Druckluft in die Luftfederbälge, bis der Wagenkasten das gewünschte Niveau erreicht hat.

Die Triebzüge der BR 643 sind **gekuppelt** an den Triebzug-Enden mit einer automatischen Mittelpufferkupplung der Bauart Scharfenberg Typ 10. Der Kuppelvorgang erfolgt vollautomatisch, es werden pneumatische und elektrische Leitungen mitgekuppelt. Das Entkuppeln erfolgt ferngesteuert von einem Führerraum an der Kuppelstelle. Mit der Kupplung können auch andere Fahrzeuge, die mit einer Kupplung »Schaku« (Typ 10) ausgerüstet sind, mechanisch gekuppelt werden (z. B. BR 64X, 440, 442).

Bild 1: Scharfenberg-Kupplung

Die **Antriebsanlage** besteht aus einem Dieselmotor, einem hydromechanischen Schaltgetriebe, der Hauptgelenkwelle, die die Antriebskraft zum Radsatzwendegetriebe überträgt, dem Radsatzwendegetriebe (auch als Achswendegetriebe bezeichnet), einer weiteren Gelenkwelle und einem Radsatzgetriebe (auch als Achsgetriebe bezeichnet). Der Dieselmotor ist mit der Kühlanlage, der Verbrennungsluftansaugung, dem Schaltgetriebe, dem Bordnetzgenerator, dem Luftpresser und dem Klimakompressor in einem so genannten Powerpack untergebracht.

Der MTU **Dieselmotor** wird mit 315 kW Leistung eingesetzt. Es ist ein liegend eingebauter, wassergekühlter 6-Zylinder-Reihenmotor mit Aufladung und Ladeluftkühlung. Er erfüllt die Abgasnorm Euro II.

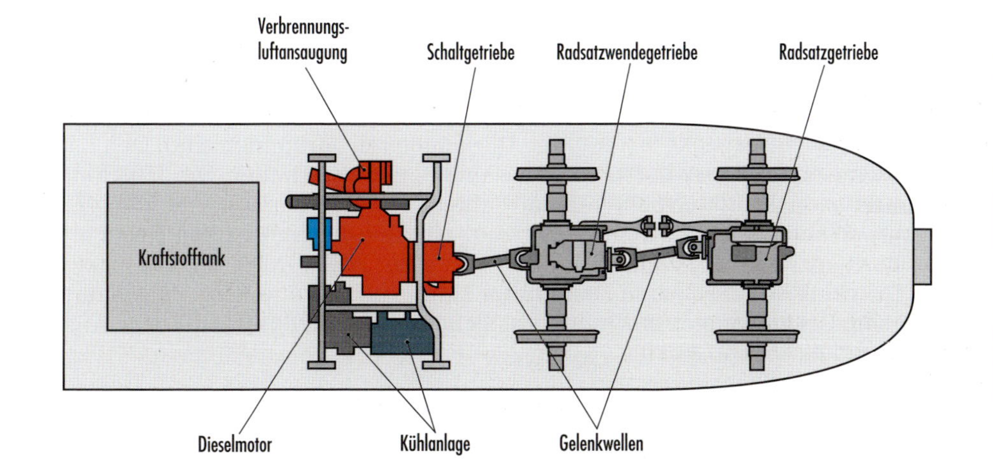

Bild 2: Antrieb der BR 643

Die **Kraftübertragung** vom Dieselmotor erfolgt über ein hydromechanisches 5-Gang-Automatikgetriebe mit Retarder.

Wesentliche Bestandteile des Getriebes sind:

- der hydrodynamische Drehmomentwandler
- das Planetengetriebe
- der Retarder (hydrodynamische Bremse).

Die im Traktions- und Bremsbetrieb entstehende Verlustwärme wird über einen im Kühlkreislauf des Dieselmotors eingebundenen Öl-Kühlmittel-Wärmetauscher abgeführt.

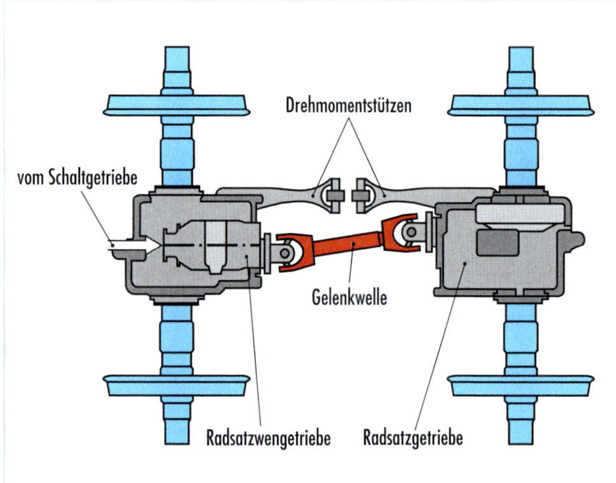

Bild 1: Kraftübertragung

Vom Schaltgetriebe aus wird über eine Gelenkwelle das Radsatzwendegetriebe (auch Achswendegetriebe) auf dem inneren Radsatz angetrieben. Hier erfolgt die Drehrichtungsumkehr beim Fahrtrichtungswechsel durch eine pneumatische Betätigung. Nach der Wendestufe erfolgt zum einen der Abtrieb auf die Gelenkwelle zum äußeren Radsatz und zum anderen der Antrieb des inneren Radsatzes. Der äußere Radsatz besitzt ein Radsatzgetriebe ohne Wendestufe.

Die Energieversorgung erfolgt durch Dieselkraftstoff. Der **Kraftstoff** ist in jedem Wagen mit (je 800 Liter, davon 750 l nutzbar) und ein Heizöltank (je 150 Liter, davon 135 l nutzbar) eingebaut. Aus den Heizöltanks werden die Zusatzheizgeräte und deren interne 5-l-Zusatzbehälter versorgt. Der Rücklauf gelangt wieder in den Heizöltank. Aus dem Kraftstofftank wird über einen Filter die Kraftstoffförderpumpe am Dieselmotor versorgt.

Die wesentlichen Hilfsbetriebe sind die Kühlerlüftung und die Druckluftversorgung. Mit hydrostatischen Antrieben sind die beiden Kühlerlüfter (Ladeluft- und Wasserkühler) versehen. Eine Hochdruckölpumpe versorgt die zwei parallel geschalteten Lüftermotoren mit Öl.

Die **Druckluftversorgung und -verteilung** im Triebzug wird durch zwei Luftpresser erzeugt, die in den Powerpacks fest mit den Dieselmotoren verbunden sind. Den Luftpressern ist je eine Einkammer-Lufttrocknungsanlage nachgeschaltet. Die Druckluft wird in insgesamt zwei Hauptluftbehältern mit einem Gesamtvolumen von 250 l (2×125 l) gespeichert. Während der Luftförderung wird ein Teil der Luft in den Regenerationsbehälter der Lufttrocknungsanlage geleitet. Wenn der HBL-Druck 10,0 bar erreicht hat, wird die Druckluftförderung zum Hauptluftbehälter zugweit über eine Zugsteuerleitung unterbrochen. Bei Störungen verhindert ein Sicherheitsventil das unzulässige Ansteigen des HBL-Druckes über 10,5 bar.

Der Triebzug besitzt eine **Bremsanlage** mit folgenden Bremssystemen:

- Elektropneumatische Bremse (ep-Bremse)
- hydrodynamische Bremse (Retarder)
- Indirekt wirkende einlösige Druckluftbremse
- Magnetschienenbremse
- Federspeicherbremse als Feststellbremse

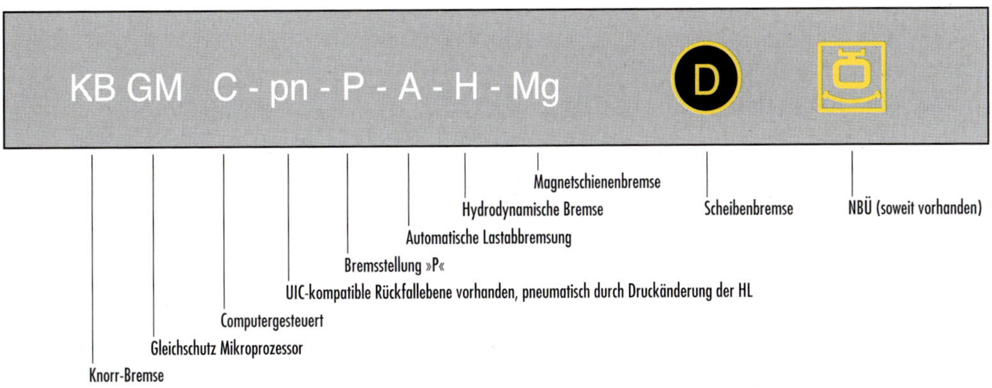

Bild 1: Bremsanschriften an BR 643

Über die **Bremssteuerung** (Bremssteuergerät BSG) erfolgt das Zusammenwirken der verschiedenen Bremsbauarten. Vom Triebfahrzeugführer wird mit dem Fahr-/Bremsschalter eine Bremsung eingeleitet. Der gewünschte Bremskraftsollwert wird über die Leittechnik und den Fahrzeugbus (MVB) dem BSG zugeleitet. Bei Mehrfachtraktion wird das Signal auch über eine Verbindung (Gateway – GW) zum Zugbus (WTB) und von dort an die Bremssteuergeräte der geführten Triebzüge weitergegeben. Bei ausreichender Bremskraft werden zunächst nur die Radsätze der Triebdrehgestelle mit den beiden Retardern gebremst. Reicht die Bremskraft nicht aus, wirkt die ep-Bremse an den Radsätzen des Laufdrehgestells und schließlich die ep-Bremse an den Radsätzen des Triebdrehgestells. Unterhalb einer Geschwindigkeit von etwa 25 km/h wird der Retarder abgeschaltet. Die ep-Bremse wirkt bis zum Anhalten alleine. Bei Not-, Zwangs- oder Schnellbremsungen wird der Retarder ebenfalls abgeschaltet und es wirkt nur noch die Druckluftbremse (ep-Bremse oder indirekte Bremse) und bei Triebzügen ohne NBÜ die Magnetschienenbremse.

Der Triebzug hat auch eine Gleit- und Schleuderschutzeinrichtung sowie eine Fahrgastnotbremse und Notbremsüberbrückung.

Die **Fahrsteuerung** des Triebzuges und die Kommunikation mit anderen Triebzügen im Zugverband erfolgt über die Fahrzeugleitgeräte (FLG). Jeder Triebzug verfügt über zwei Leitgeräte in den Endwagen. Die Kommunikation zwischen den FLG eines Triebzuges erfolgt über den multifunktionalen Fahrzeugbus (MVB). Die Kommunikation zwischen mehreren Triebzügen erfolgt über den Zugbus (WTB) und das Fahrzeugleitgerät im AB-Wagen. Bei der Zugbustaufe wird das FLG, welches dem aktiven Führerraum zugeordnet ist, zum »Master«, alle anderen arbeiten als »Slave« und führen die Befehle des Master-FLG aus. Das Master-FLG stellt die Verbindung zum MTD und den übrigen Bedien- und Anzeigeelementen im aktiven Führerraum her. Parallel zu den Busverbindungen werden sicherheitsrelevante Signale auch noch zusätzlich über Zugsteuerleitungen (Hardwareverdrahtung) geführt.

Über die Leittechnik erfolgt die Steuerung der Bauteile:

- Fahrsteuerung
- Ausfall des Fahrleitgerätes (FGL)
- Hilfsfahrt
- Dieselmotorsteuerung
- Getriebesteuerung
- Tempomat
- Traktionssperre

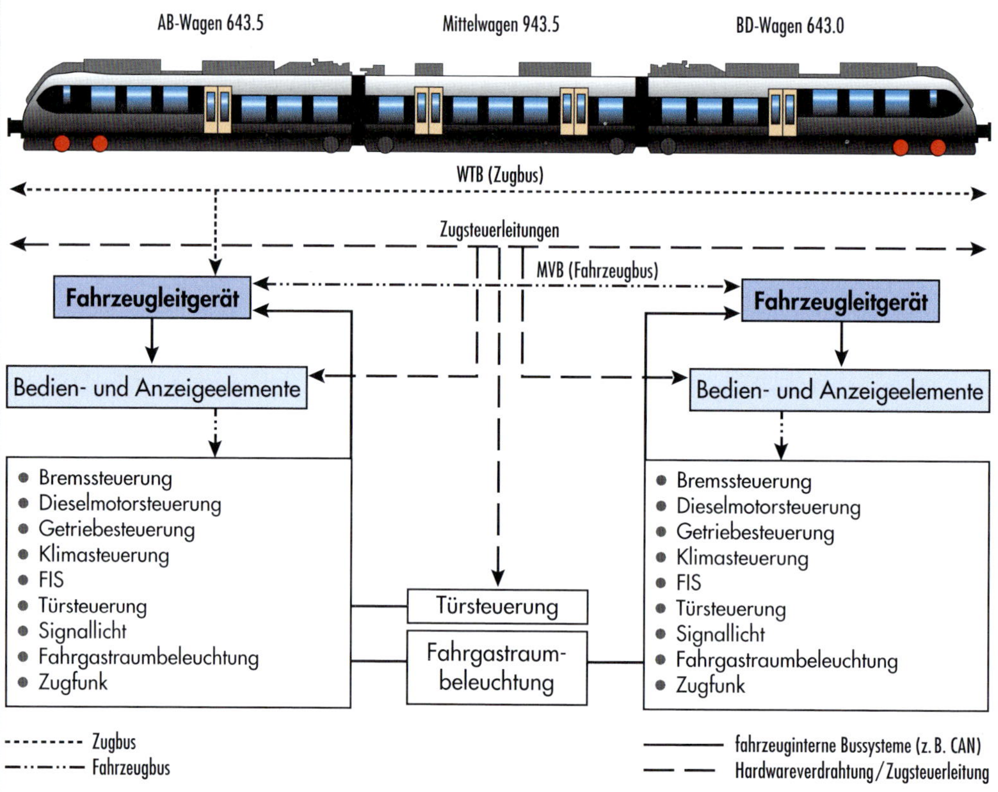

Bild 1: Leittechnikstruktur

Die Triebzüge besitzen ein DC 24 V **Bordnetz**. In jedem Endwagen sind eine Starterbatterie 24 V und eine Stützbatterie 24 V vorhanden, die beide parallelgeschaltet das Bordnetz versorgen. Eine Sperrdiode verhindert Spannungseinbrüche im Bordnetz beim Dieselmotorstart. Die Batterien werden im Betrieb von einer Lichtmaschine, die vom Dieselmotor angetrieben wird, geladen. Bei abgestelltem Triebzug erfolgt die Batterieladung aus je einem Batterieladegerät für jede Batteriegruppe. Beide Ladegeräte werden von einem Fremdstromanschluss AC 230 V/16 A versorgt. Sie sind auf der AC-230-V-Seite miteinander verbunden. Durch eine entsprechende Schaltung wird nur die benutzte Steckdose eingeschaltet, sodass die andere keine Spannung führt. Beide Gleichstrombordnetze sind miteinander verbunden, jedoch durch Sperrdioden voneinander entkoppelt, sodass zwischen den Netzen keine Ausgleichströme fließen können.

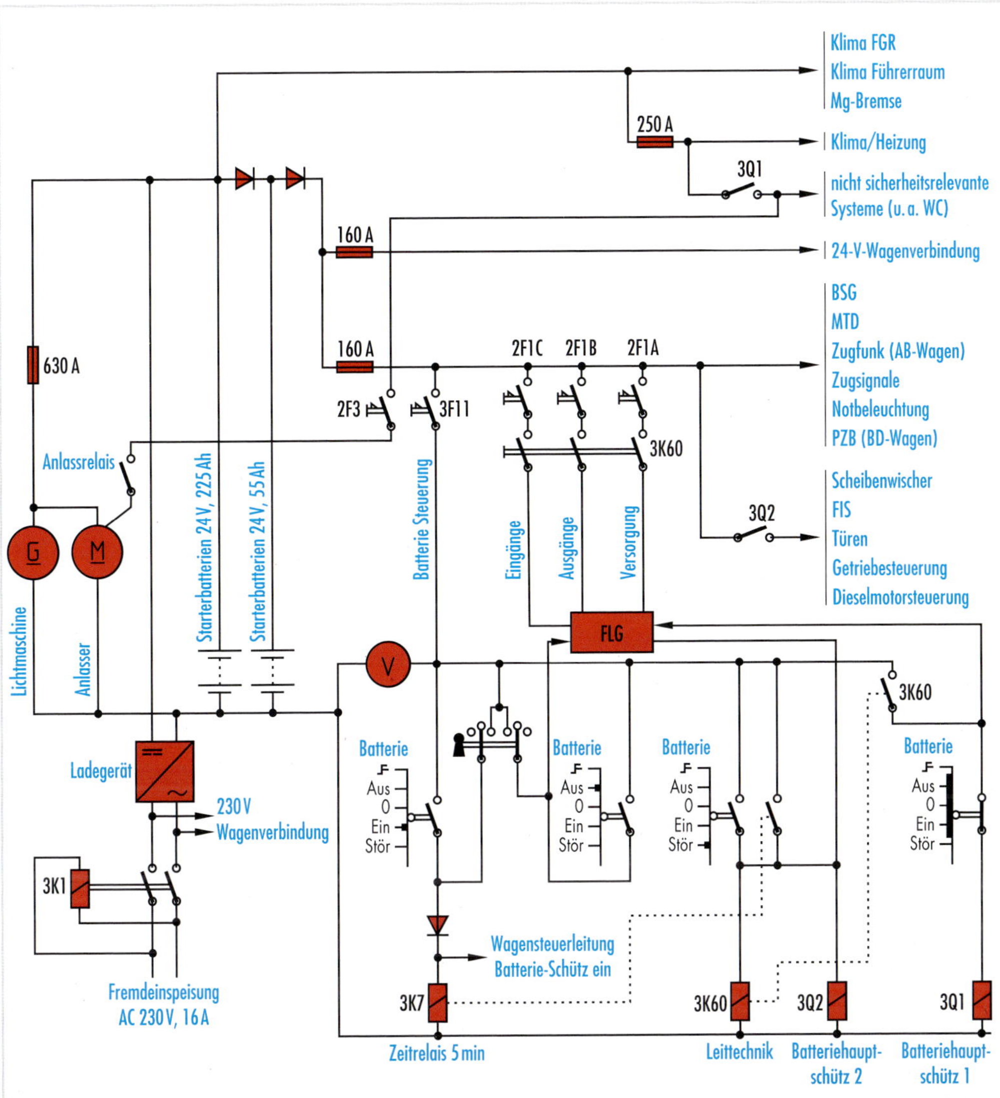

Bild 1: Bordnetzversorgung von einem Endwagen aus

Während die Baureihe 643 dieselmechanisch angetrieben wird, erfolgt bei der Baureihe 644 der Antrieb **dieselelektrisch**.

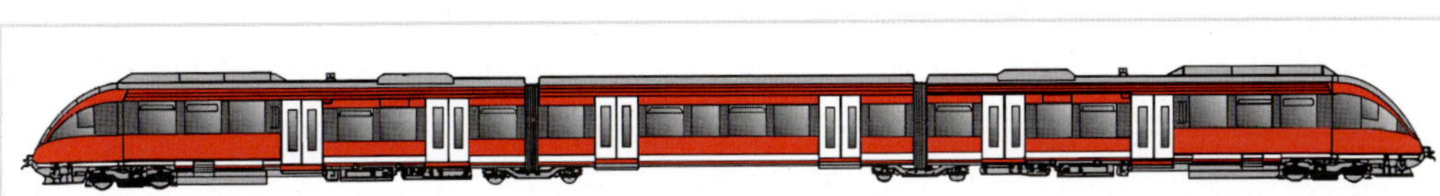

Bild 2: BR 644

Den Original-Talent gibt es als zwei-, drei- oder vierteiliges Gelenkfahrzeug, der Nachfolger Talent 2 ist sechsteilig. Die Gelenke sind als Wagenübergang über einem Jakobs-Drehgestell ausgeführt. Angetrieben sind nur die Drehgestelle an den Enden der Wagen. Außer über den beiden (voneinander unabhängigen) Antriebseinheiten ist der Triebwagen durchgängig niederflurig. Die Fußbodenhöhe ist wählbar zwischen 590 mm, 800 mm oder 960 mm über Schienenoberkante im Niederflurteil und somit am Einstieg. Im Hochflurteil beträgt sie dann beispielsweise 1130 mm. Die für moderne Nahverkehrstriebwagen üblichen Ausstattungsmerkmale wie Klimaanlage, Fahrgastinformationssystem, barrierefreie Vakuumtoilette oder Mehrzweckabteil sind vorhanden. Die BR 644 ist ein modular aufgebauter Dieseltriebzug in ein-, zwei- oder dreiteiliger Ausführung mit diesel-elektrischen Antrieb. Der Dieseltriebzug »Talent« wird auch bei einigen anderen Bahnen eingesetzt. Der Wagenkasten ist wie bei BR 643 aufgebaut.

Technische Daten	BR 643	BR 644	Version RB
Höchstgeschwindigkeit	120 km/h	120 km/h	120 km/h
Leistung	2 × 315 kW	2 × 505 kW	2 × 315 kW
Länge über Kupplung	48,36 m	52,16 m	34,6 m
Einstieghöhe	590 mm	800 mm	960 mm
Sitzplätze	137	161	98
Stehplätze	150	150	100
Fahrzeuggewicht	72 t	87 t	55 t
Erstes Baujahr	1999	1998	1999

Tabelle 1: Technische Daten

Angetrieben sind immer zwei Drehgestelle je Einheit. Die Antriebsausrüstung ist entsprechend den jeweiligen Einsatzbedingungen der Fahrzeuge grundverschieden. Die dieselelektrische Baureihe 644 ist auf Grund ihrer spurtstärkeren Zwölfzylinder-Motoren auch für den Mischbetrieb mit elektrischen S-Bahn-Zügen geeignet. Im Gegensatz zu den übrigen dreiteiligen Fahrzeugen der BR 643, die auf jeder Seite drei doppelflügelige Schwenk-Schiebetüren besitzen, sind die Fahrzeuge der BR 644 mit sechs derartigen Türen ausgestattet.

Die Drehstrom-Asynchron-Fahrmotoren (s. Seite 133) werden über die auf dem Dach angeordneten Wechselrichter mit Traktionsenergie versorgt.

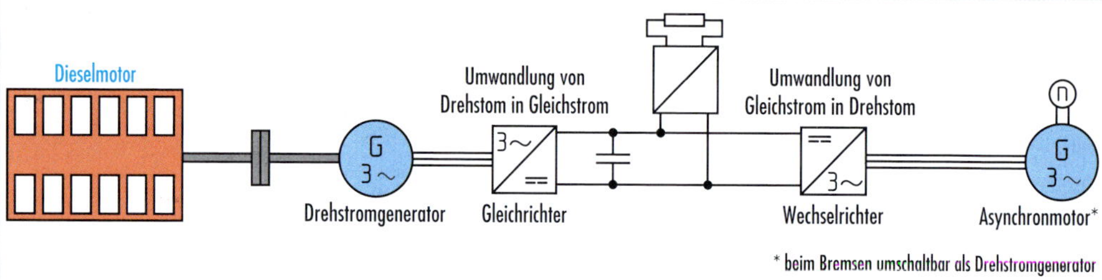

Bild 1: Antrieb BR 644

1. Benennen Sie die Vorteile der dieselelektrischen Kraftübertragung!
2. Aus welchen Komponenten besteht ein dieselelektrischer Antrieb?
3. Was bedeutet niederfluriger Einstieg?
4. Erklären Sie den Begriff eines modular aufgebauten Triebzuges!

Bild 1: BR 612

Bild 2: BR 612 in Neigetechnik

Zu den Fahrgasteinrichtungen gehören u. A. folgende Bauteile:

- Fahrgastraumheizung/-lüftung/-klimatisierung
- Fahrgastraumbeleuchtung
- Fahrgast-Informationssystem und Fahrgast-Sprechstellen
- Fahrkartenautomaten und Fahrausweisentwerter
- Videoüberwachung der Fahrgasträume
- Notfallausstattung, Einstiegstürensteuerung
- Schiebetritte/Einrichtungen für mobilitätseingeschränkte Reisende
- Toiletten

Bei der Baureihe 612 erfolgt eine **dieselhydraulische Kraftübertragung**. Wie bei anderen Triebzügen sind auch bei der BR612 beide Wagenteile motorisiert. Verwendet wird jeweils ein Dieselmotor mit je 560 kW Leistung, die den Zug auf bis zu 160 km/h beschleunigen können. Die Kraftübertragung erfolgt hydraulisch über ein Strömungsgetriebe, in das zusätzlich zu den in den Drehgestellen vorhandenen Druckluft-Scheibenbremsen eine hydrodynamische Bremse integriert ist. Angetrieben sind die Drehgestelle am Kurzkuppelende der Triebwagen (wo die beiden Wagenteile fest miteinander verbunden sind). Die Drehgestelle unter den Führerständen sind lediglich Laufdrehgestelle. Der Wagenkasten stützt sich über Luftfedern und eine Wiege auf die Drehgestelle ab und ist elektrisch um maximal 8° zu jeder Seite schwenkbar. Die Steuerung der Neigetechnik übernimmt ein entsprechendes System, das über Beschleunigungssensoren an den Radsätzen Beginn und Ende einer Kurve feststellen kann und den Wagenkasten entsprechend neigt. Dies erlaubt gegenüber Fahrzeugen ohne Neigetechnik eine Geschwindigkeitssteigerung um bis zu 30 %, sofern die Strecke für das bogenschnelle Fahren ausgebaut ist (Signal- und Sicherungstechnik sowie Qualität des Oberbaus). Zur Ergänzung der Druckluftbremsen und hydrodynamischen Bremsen besitzt der Triebwagen in Kombination mit der Druckluft-Bremsanlage Federspeicher, Feststellbremsen und für Schnellbremsungen Magnetschienenbremsen an den Laufdrehgestellen.

Über die selbsttätigen Scharfenbergkupplungen an den Zugenden lassen sich bis zu vier Triebwageneinheiten miteinander kuppeln und von einem Führerstand aus steuern. Elektro- und Druckluft-Leitungen werden von den Scharfenbergkupplungen automatisch verbunden. Die Bordrechner der Triebzüge stellen automatisch die Zugkonfiguration fest. Der vorauslaufende Triebwagen wird zur Steuereinheit, die anderen nehmen seine Befehle entgegen und führen sie aus. Hinter dem im Vergleich zu früheren Baureihen größer gestalteten Führerstand befindet sich – durch eine Glaswand abgetrennt – der Erste-Klasse-Bereich. Anschließend folgt ein Einstiegsraum und der Zweite-Klasse-Großraum. Am Wagenende befindet sich ein Mehrzweckraum zur Unterbringung von sperrigem Gepäck wie Fahrrädern, Kinderwagen oder Skiern. Beide Wagenteile sind per Kurzkupplung fest miteinander verbunden und können nur in der Werkstatt getrennt werden. Der Wagenübergang ist mit einem Faltenbalg verkleidet. Hieran schließen sich im zweiten Wagenteil eine Toilette, ein weiterer Einstieg und Großräume der zweiten Klasse an. Für angenehmes Klima an Bord soll eine kombinierte Luftheizung und Klimaanlage sorgen.

Technologischer Ausblick

Die steigenden Anforderungen im Eisenbahnsystem an Geschwindigkeit, Umweltverträglichkeit, Beförderungskapazität, und Kosten führen zu neuen Fahrzeugkonzepten. Vom Markt werden immer komfortablere, schnellere, wartungsärmere und leisere Schienenfahrzeuge verlangt. Gleichzeitig steigen die Ansprüche an Aerodynamik, Ästhetik, Funktionalität, die aber auch Kompatibilität und Flexibilität erfüllen sollen. In der Entwicklung zeigt sich, dass trotz dieser Anforderungen ein reduzierter Energieverbrauch möglich ist.

Zukünftige technische Innovationen:

- **Elektrische Fahrzeuge:** Immer mehr Bahnen entscheiden sich für den elektrischen Zugbetrieb. Aufgrund ihrer Unabhängigkeit von Dieselbrennstoffen können elektrisch angetriebene Fahrzeuge umweltfreundlicher und effizienter als Diesellokomotiven betrieben werden.
- **Energiesparen:** Bei Eisenbahnen sind die Möglichkeiten des Energiesparens noch nicht ausgeschöpft. Das Eisenbahnwesen hat ein ungünstiges Verhältnis zwischen dem Leergewicht des Fahrzeuges und der beförderten Last. Die Verringerung der Systemverluste kann durch Energieeinsparungen erfolgen. Fahrzeugseitige Energiespeicher sowie die Nutzung der Abwärme stellen Möglichkeiten dar.
- **Hybridisierung:** Hybridfahrzeuge besitzen jeweils zwei Energieumwandler und zwei Energiespeichersysteme. Die Hybridtechnik ist für Schienenfahrzeuge mit Dieselantrieb interessant, weil darüber Kraftstoff gespart und weniger Lärm erzeugt wird.
- **Kontaktloser oberleitungsfreier Betrieb:** Für den elektrischen Betrieb von Schienenfahrzeugen sind umfangreiche und aufwendige Fahrleitungsanlagen erforderlich. Eine Innovation stellt deshalb der fahrdrahtlose Betrieb dar. Der Fahrzeughersteller Bombardier hat die Primove-Technologie entwickelt, deren Grundprinzip auf der im Verkehrswesen erstmals angewandten induktiven Energieübertragung basiert. Dazu sind elektrische Versorgungseinheiten unter dem Fahrzeug und im Bereich der Strecke verborgen installiert. Die elektrischen Primär- und Sekundärkreise sind voneinander getrennt.
- **Dauermagnetmotoren:** Eine Innovation ist die Verwendung von Dauermagnetmotoren für den elektrodynamischen Antrieb und das Bremsen. Motoren mit Dauermagnet bieten ein hervorragendes Leistungs- und Gewichtsverhältnis. Auch die kompaktere Bauweise und eine bequemere Installation an den Drehgestellen ist möglich.
- **Doppelstocktriebzüge:** Bei starker Streckenbelegung gibt es Grenzen für weitere Züge (Blockabstand). Fahrzeuge, die bei gleichen Zug- und Bahnsteiglängen mehr Fahrgäste aufnehmen können, sind Doppelstockwagen. Auch doppelstöckige Fernverkehrstriebzüge, beispielsweise sogenannte Twindexx-Doppelstockzüge, ermöglichen eine umfangreiche Personenbeförderung.

1. Warum verwendet man bei Neigetechnik eine dieselhydraulische Kraftübertragung?
2. Wieviel Einheiten lassen sich bei BR 612 kuppeln?
3. Welche Kupplungsart hat die BR 612?
4. Benenne zwei zukünftige technische Entwicklungen und ihre Vorteile!

4

Bremsen von Schienenfahrzeugen

4.1 Betriebserfordernisse beim Bremsen

Züge fahren – im Gegensatz zu Straßenverkehrsträgern – nicht auf Sicht, sondern im Raumabstand (Blockabstand). Dies macht bremstechnische Anforderungen notwendig und zwar der Art, dass ein Zug:

- am Ende eines Raumabstandes rechtzeitig zum Halten kommen muss,
- die Geschwindigkeit jederzeit den betrieblichen Anforderungen anpassbar sein muss.

Da bei der Eisenbahn die Triebfahrzeuge und Wagen mit Druckluft gebremst werden, müssen nach der Eisenbahn-Bau- und Betriebsordnung (EBO) Eisenbahnen mit einer Höchstgeschwindigkeit von mehr als 50 km/h mit einer durchgehenden und selbsttätigen Bremse ausgerüstet sein. Durchgehend bedeutet, dass die Bremsen aller Fahrzeuge eines Zuges zentral von einer Stelle aus bedient werden. Selbsttätig ist eine Bremse, wenn bei einer Trennung der Bremsleitung, der Zug oder Zugteile automatisch (selbsttätig) bis zum Stillstand abbremst werden.

Bild 1: IRE BR 612 Einfahrt in Halle Hbf

Weitere Betriebsanforderungen sind:

- gleichmäßige Verteilung der Bremskraft auf den ganzen Zug
- Bremskraftregulierung entsprechend des Zuggewichtes
- hohe und kontinuierlich verfügbare Bremsleistung
- Kompatibilität mit Bremssystemen anderer Bahnen

Besonders wichtig ist es bei Eisenbahnzügen, dass am Ende eines Zuges immer eine angemessene Bremskraft vorhanden sein muss, um ein Stauchen oder Zerren des Zuges zu vermeiden. Gestaucht wird ein Zug dann, wenn der hintere Zugteil ungebremst gegen die vorderen, bereits gebremsten Wagen geschoben wird und damit den Zug zusammendrückt. Dies tritt insbesondere bei langen Zügen mit Druckluftbremsen auf, deren Bremsen zentral von einem Führerstand aus gesteuert werden.

Eine Zerrung im Zug entsteht, wenn der hintere Zugteil früher bremst als die ungebremsten vorderen Wagen oder noch bremst, während der vordere Zugteil nicht mehr gebremst wird. In diesem Fall können die auftretenden Kräfte in Zugrichtung des Zuges größer sein, als die Zug- und Stoßeinrichtungen aufnehmen können. Als Folge davon könnte ein Zug zerreißen, oder im Sinne der EBO »getrennt« werden. Dies würde dann eine Betriebsgefahr für die nachfolgende Züge darstellen.

Zwischen der DB Netz AG, dem Verband Deutscher Verkehrsunternehmen (VDV) und der Deutschen Bahn AG wurde vereinbart, dass die bremsbetrieblichen Regeln der DB AG (Richtlinie 408 »Züge fahren und Rangieren«) und der FV-NE (Fahrdienstvorschrift für Nichtbundeseigene Eisenbahnen) neu geordnet werden und in die Richtlinie 915/VDV Schrift 757 (Bremsen im Betrieb bedienen und prüfen – Bremsvorschrift) überführt werden.

Bremsausrüstungen an Schienenfahrzeugen müssen der Art ausgerüstet sein, um die hohen bewegten Massen bremstechnisch in den Griff zu bekommen. Dies bedeutet, dass sowohl die Masse eines Zuges (Eigengewicht + Ladung) als auch dessen Geschwindigkeit und die Länge des Bremsweges die entscheidenden Größen darstellen.

Physikalisch vereinfacht betrachtet muss die Bewegungsenergie (kinetische Energie) in Wärmeenergie durch Reibung umgesetzt werden. Die Formel hierzu lautet:

$$1.\quad E_{\text{kin}} = \frac{1}{2} m \times v^2$$

m = die Masse des Fahrzeuges (in kg)
v = Geschwindigkeit des Fahrzeuges (in m/s)
Die Einheit von E_{kin} wird in Nm bzw. in Ws gemessen.

Durch das Quadrat der Geschwindigkeit lässt sich begründen, warum sich aus einer Verdoppelung der Geschwindigkeit eine Vervierfachung der kinetischen Energie ergibt.
Da in dieser Formel neben der Geschwindigkeit die Masse eine entscheidende Größe darstellt, ist es wichtig die Masse des Zuges zu kennen. Dies wird durch das Bremsgewicht ausgedrückt. Das Bremsgewicht ist ein Maßstab für die Bremsleistung eines Zuges und hat damit Einfluss auf die verwendeten Bauformen der Bremsen, die verwendeten Materialien und die übertragenden Bremskräfte auf die Räder. Zur Berechnung der Bremswirkung ist eine eisenbahntechnische Einheit notwendig, die Auskunft über diese Bremswirkung gibt. Mit der Berechnung der Bremshundertstel ermittelt man die Bremskraft eines Wagens (bzw. des Zuges). Sie drücken das Verhältnis zwischen Bremsgewicht zum Fahrzeuggewicht aus. In jedem Buchfahrplan sind in der Kopfzeile die Mindestbremshundertstel angegeben. Sollten diese bei der Berechnung nicht erreicht werden, muss der Triebfahrzeugführer eine sogenannte Fahrplan-Mitteilung der Betriebzentrale einholen, die dann weitere Maßnahmen an den Tf mitteilt (s.a. Bremsberechnung, s. Kap. 4.6).

Bild 1: NBS Köln – Rhein/Main mit InterCityExpress 3 (ICE 3)

Bild 2: Umrüstung eines Güterwagens mit LL-Bremssohle (LL= low noise, low friction – wenig Lärm, wenig Abrieb)

$$\textbf{Bremshundertstel eines Fahrzeugs} = \frac{\textbf{Bremsgewicht (in t)}}{\textbf{Fahrzeuggewicht (in t)}} \cdot 100\,\%$$

$$\textbf{Im Gesamtzug vorhandene Bremshundertstel} = \frac{\textbf{Bremsgewicht des Gesamtzugs (in t)}}{\textbf{Gewicht des Gesamtzugs (in t)}} \cdot 100\,\%$$

4.2 Bremssysteme von Schienenfahrzeugen

Bremstechnik

Bei den Schienenfahrzeugen unterscheidet man verschiedene Formen, je nachdem wie die Bremskräfte am Kontaktpunkt zwischen Rad und Schiene übertragen werden.

Eine bedeutende technische Herausforderung für die Eisenbahn ist das Bremsen. Bremsen müssen Züge rechtzeitig zum Halten bringen und die Zuggeschwindigkeiten jederzeit den betrieblichen Erfordernissen anpassen können. Da Bremsen der sicherheitsrelevante wesentliche Teil der Eisenbahnen ist, sind deshalb rechtliche Bedingungen der EBO zu beachten.

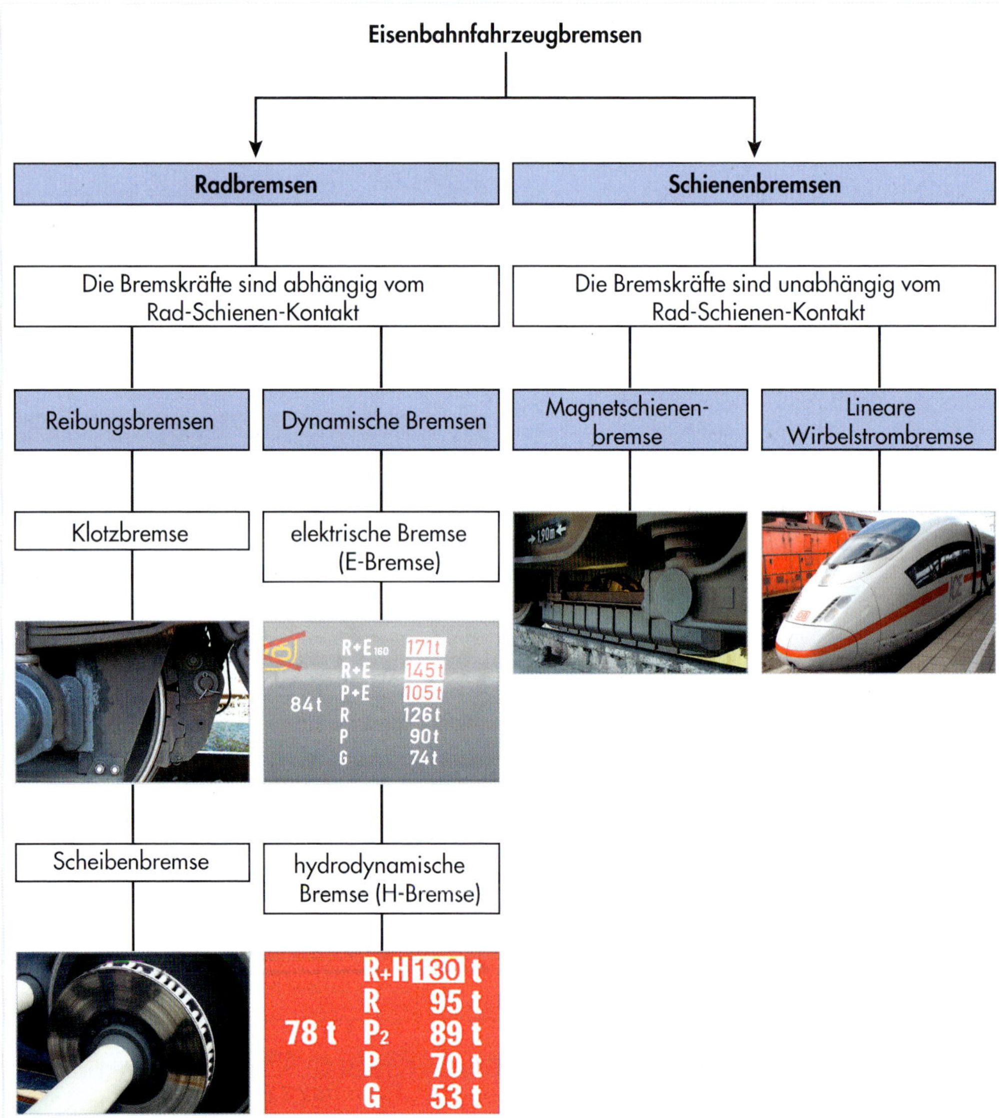

Bild 1: Bremssysteme entsprechend der Bremskraftwirkung

4.2.1 Physikalische Vorgänge beim Bremsen

Fahrzeuge besitzen in ihrer Grundausrüstung Reibungsbremsen die als Klotz-Scheiben- oder Trommelbremsen ausgeführt sein können. Sie werden allgemein als Druckluftbremse bezeichnet, da ihre Bremswirkung durch Druckluft herbeigeführt wird. Beim Bremsvorgang wird die Bewegungsenergie umgewandelt in Wärmeenergie.

Die Druckluftbremse verwendet Druckluft zur Steuerung des Bremsvorgangs und auch als Energieträger. Die eigentliche Bremswirkung wird durch das Anpressen von Bremsklötzen, entweder auf die Laufflächen der Räder oder auf Bremsscheiben ausgeübt. Die Steuerung dieser Bremsen erfolgt über die Druckänderungen in der Hauptluftleitung (HL).

Der Regelbetriebsdruck der Hauptluftleitung beträgt 5,0 bar.

Die Bremskraft ergibt sich aus der Bremsklotzkraft, die auf das Rad drückt, und dem Reibbeiwert (abhängig von den Werkstoffeigenschaften). Die beste Wirkung der Bremskraft einer Radbremse wird immer dadurch erreicht, wenn die Bremskraft kleiner ist als die Haftkraft. Dies bedeutet, dass ein gebremstes Rad sich gerade noch drehen muss und nicht blockiert sein darf.

$$F_b < F_h$$

Die verschiedenen am Rad wirkenden Kräfte lassen sich aus den Kraftwirkungsrichtungen erkennen. Bei den Radbremsen werden die Reibungskräfte übertragen durch:

- Bremsklötze an den Rädern oder über
- Bremsbacken an Bremsscheiben.

Bild 1: HBL und HL an einem Steuerwagen

© Restetzki • Leinburg

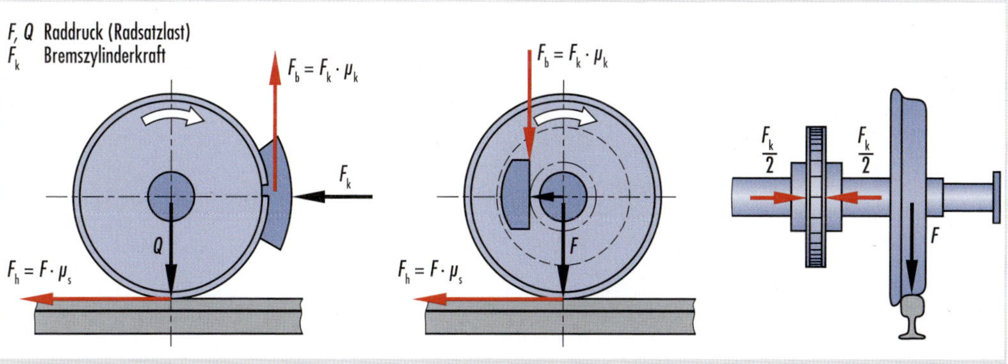

Bild 2: Kräfte am Rad

Dabei wirken an den Rädern folgende Kräfte:

Haftkraft	$F_H = F_G \cdot \mu_h$	Kraft zwischen Rad und Schiene
Bremskraft	$F_B = F_k \cdot \mu_k$	zwischen Bremsklotz und Rad bzw. zwischen Bremsbelag und Bremsscheiben bei der Scheibenbremse
Gewichtskraft	$F_g = m \cdot g$	

g Erdbeschleunigung 9,81 m/s^2 μ_h Haftreibung (Haftbeiwert) Materialkonstante

m Masse die auf das Rad wirkt μ_k Reibungswert des Bremsklotzmaterials

Das Verhalten dieser Kräfte ist abhängig von den eingesetzten Werkstoffen der Reibpartner, der Geschwindigkeit und dem Zustand der Schienen.

Die **Haftkraft** wird bestimmt durch den Druck der Gewichtskraft F_G und den sog. Haftbeiwert μ_h zwischen Rad und Schiene (abhängig vom Zustand der Schienen). Beispielsweise kann dieser Wert bei feuchtem Laub bis auf ca. 0,03 absenken! Durch Sanden kann er verbessert werden!

Der Dimensionierung bzw. Auslegung der Bremsen kommt eine große Bedeutung zu. Deshalb werden z. B. Hochleistungsbremsen (Bremsstellung »R«), bei denen die Haftkraft zwischen Rad und Schiene gelegentlich nicht ausreicht, mit Gleitschutzeinrichtungen ausgerüstet, um das Gleiten der Räder bei starken Bremsungen zu verhindern.

Kraftschluss und Schlupf

Im Rad-Schiene-System hängt der Kraftschluss von der Qualität der Berührung am Berührungspunkt zwischen Rad und Schiene ab. Gleichzeitig wirkt auf den Kraftschluss im Rad-Schiene-System immer auch ein Schlupf auf beide Berührungspunkte. Damit weicht die Fahrgeschwindigkeit von der Umfangsgeschwindigkeit des Rades mit der sogenannten Schlupfgeschwindigkeit ab. Immer wenn Leistung übertragen wird tritt Schlupf auf.

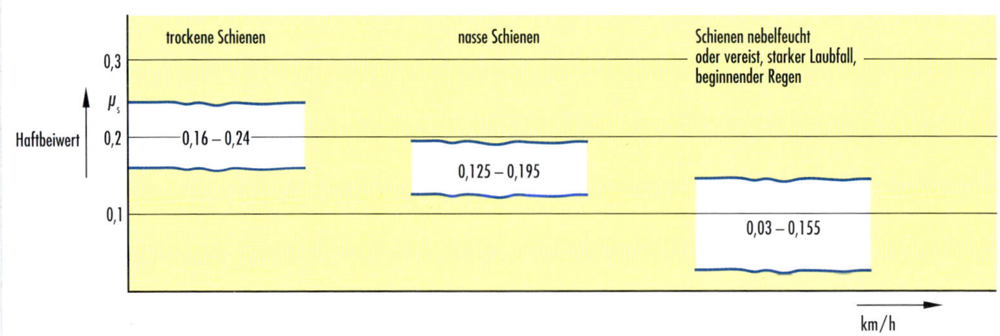

Bild 1: Haftbeiwerte bei verschiedenen Schienenzuständen

Der *Reibwert* μ_k ist abhängig von
- dem Werkstoff der beiden Reibungspartner (Rad/Bremsklotz)
- der Reibungsgeschwindigkeit
- dem spezifischen Klotzdruck bei Graugussbremsklötzen
- der Temperatur der Berührungszone

Als Reibungspartner verwendet man bei Schienenfahrzeugen deshalb
- Grauguss auf Stahl (Gusseisen-Klotzbremsen)
- Kunststoff auf Stahl (Kompositions-Klotzbremsen)
- Kunststoff auf Stahlguss oder Grauguss (Scheibenbremsen)
- Verbundstoffbremsklotzsohlen, die beim Bremsvorgang weniger Lärm verursachen

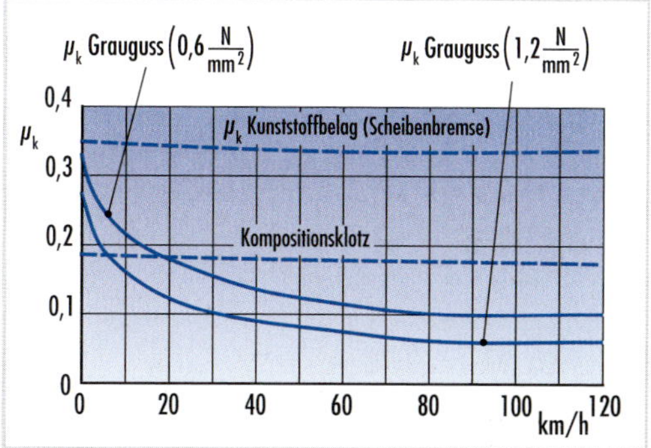

Bild 1: Reibwert – Geschwindigkeitskennlinien

Klotzbremse

Unter Berücksichtigung der Haftkraft und eines 1000m Vorsignalabstandes ist die Höchstgeschwindigkeit für Fahrzeuge mit nur haftwertabhängiger Bremse auf 140km/h begrenzt. Die Klotzbremse ist als Bremseinrichtung konstruktiv einfach gebaut und am weitesten verbreitet. Ein Bremszylinder erzeugt jene Kraft, die über Bremsgestänge übersetzt auf die Bremsklötze übertragen wird und direkt auf die Laufflächen der Räder wirkt.

Bild 2: Klotzbremse

Anmerkungen: Die sogenannte »K-Sohle« (Kompositsohle) ist eine Verbundstoffbremsklotzsohle. Sie unterscheidet sich von herkömmlichen Bremsklötzen aus Grauguss dadurch, dass sie die Laufflächen der Räder nicht aufrauen und damit die Rollgeräusche reduziert werden. Alle neuen Güterwagen werden mit dieser »Flüsterbremse« ausgerüstet. Im Durchschnitt wird eine Lärmminderung um 10dB(A) (Dezibel) damit erzielt. Aufgrund der stark unterschiedlichen Reibwerte und der Charakteristik des Bremsverhaltens ist eine Umrüstung graugussgebremster Fahrzeuge auf die K-Sohle nur mit einer Neuauslegung und einem Umbau der kompletten Bremsanlage der Fahrzeuge möglich.

Die sogenannte »LL-Sohle« (»Low-noise, Low-friction«) ermöglicht die Umrüstung an Bestandsfahrzeugen ohne Umbau des Bremssystems. Die Verbundstoffsohlen dieses Typs sollen die heutigen Graugussohlen komplett ersetzen und die Umrüstung mit diesen Sohlen beschleunigen. Die Einführung dieser neuen Technologie ist aber abhängig von einer europaweiten Freigabe der Sohlen (Internationale Eisenbahnverband UIC).

Scheibenbremse

Wenn höhere Anforderungen an die Bremswirkung eines Zuges gestellt werden, findet die Scheibenbremse als Bremseinrichtung ihren Vorzug. Hier wird die vom Bremszylinder erzeugte Bremskraft über Reibelemente auf Bremsscheiben übertragen. Diese sitzen in der Regel auf der Radsatzwelle (Wellenbremsscheibe) oder dem Radkörper (Radbremsscheibe).

Bild 1: Scheibenbremse auf der Radsatzwelle (Wellenbremsscheibe)

Bild 2: Scheibenbremse am Radkörper mit Bremszange (Radbremsscheibe)

4.2.2 Wirkungsweise der Druckluftbremse

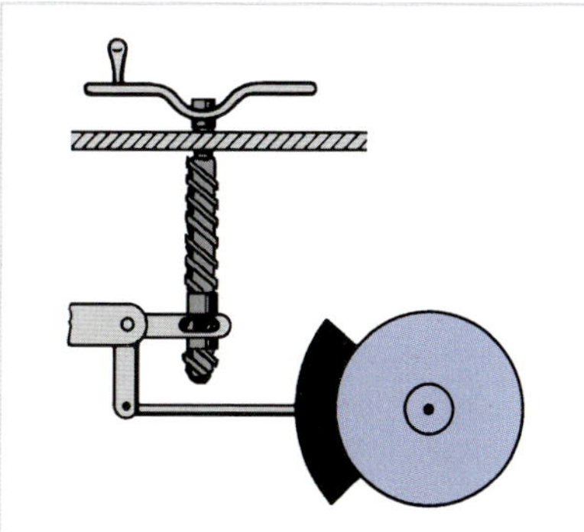

Bild 1: Prinzipskizze einer Handbremse

Im Gegensatz zur Handbremse wird bei der Druckluftbremse die Bremskraft durch Druckluft im Bremszylinder erzeugt. Die Druckluftbremse wird vom Führerstand aus mittels Führerbremsventil betätigt und dient als Zugbremse.

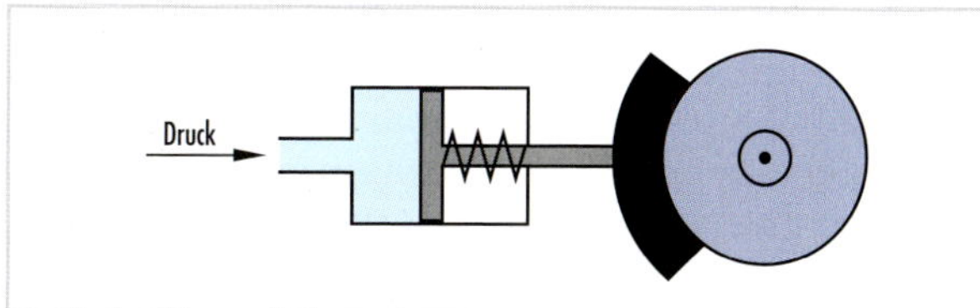

Bild 2: Prinzipskizze einer Druckluftbremse

Man unterscheidet hinsichtlich der Arbeitsweise der Druckluftbremse zwei Systeme

- **direkt wirkende Bremse (nichtselbsttätig)**
- **indirekt wirkende Bremse (selbsttätig)**

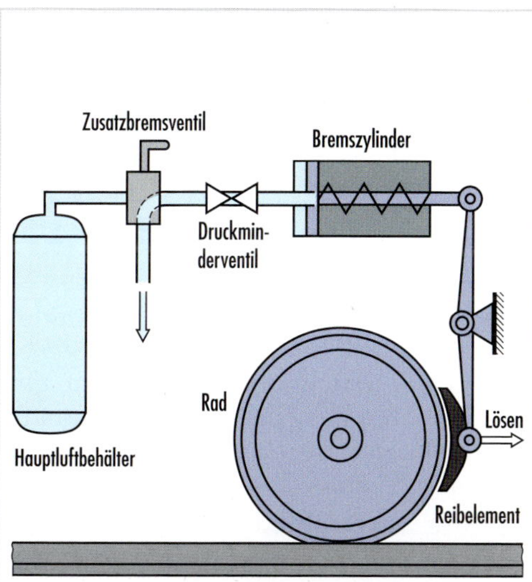

Bild 3: Direktwirkende Bremse in Lösestellung

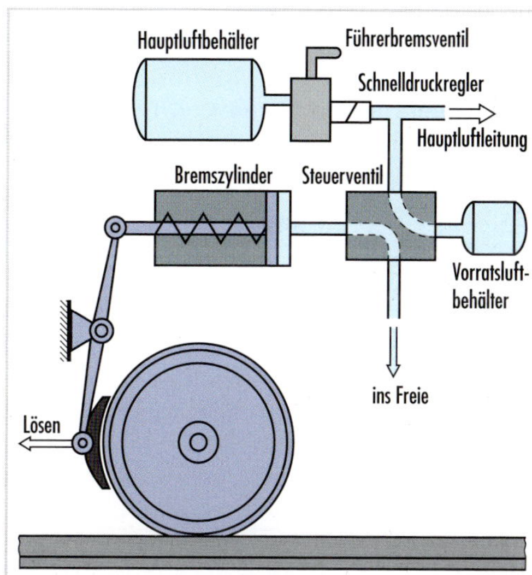

Bild 4: Indirekt wirkende Bremse in Lösestellung

Bei der **direkt wirkenden Bremse** strömt Druckluft vom Hauptluftbehälter über ein Druckminderventil (Begrenzung der Höchstbremskraft) zu einem Bremsventil mit einer Brems-, Mittel- und Lösestellung (Zusatzbremsventil). Befindet sich dieses in Bremsstellung, so kann Druckluft in die Bremszylinder strömen, während in der Mittelstellung die Druckluftzuführung unterbrochen ist. Hingegen wird in der Lösestellung der Bremszylinder entlüftet (Luft strömt ins Freie). Obwohl die Bremskraft bei diesem Bremssystem feinfühlig und stufenlos erhöht bzw. vermindert werden kann, ist es als Zugbremse nicht geeignet, da sie ohne Zwischenschaltung eines Steuerventils direkt mit dem Bremszylinder verbunden ist. Bei Undichtheit einer Bremsleitung würde die zum Bremsen benötigte Druckluft direkt ins Freie strömen; die Bremszylinder könnten sich somit nicht mit Druckluft füllen. Deshalb nennt man dieses System auch »nichtselbsttätig« und es findet als Zusatzbremse im Triebfahrzeug seine Anwendung.

Bei der **indirekt wirkenden Bremse** wird mit Hilfe einer Regeleinrichtung die Druckluft aus dem Hauptluftbehälter (HLB) auf einen Druck von 5 bar reduziert und in die durchgehende Hauptluftleitung (HLL) gefüllt. Über das Steuerventil des jeweiligen Fahrzeuges werden so dann die Vorratsluftbehälter bzw. die Hilfsluftbehälter gefüllt, während gleichzeitig die Bremszylinder entlüftet werden. Die zum Bremsen notwendige Druckluft wird in den Vorratsbehältern gespeichert. Sobald nun eine Drucksenkung in der HL erfolgt, werden die Steuerventile »umgesteuert« und es strömt Bremsdruckluft aus den Vorratsbehältern bzw. den Hilfsluftbehältern über die Steuerventile in die Bremszylinder. Eine Verbindung zwischen Vorratsbehälter und Bremszylinder ist hergestellt. Diesen Vorgang bezeichnet man als »selbsttätige« Druckluftbremse.

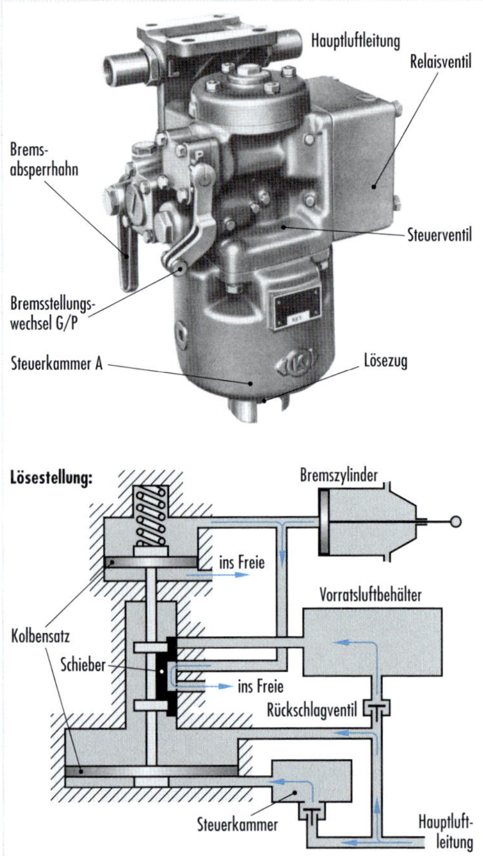

Bild 1: Mehrlösiges Steuerventil KE1d

Das zentrale Bauteil einer indirekt wirkenden, selbsttätigen Druckluftbremse ist das Steuerventil. Es füllt die Vorratsluftbehälter mit Druckluft aus der HL und »steuert« hervorgerufene Druckänderungen (z. B. mittels Führerbremsventil) in Brems- und Lösevorgänge um. Dabei unterscheidet man Steuerventile je nach ihrem Verhalten beim Lösevorgang in ein- und mehrlösige Bauarten. Einlösige Steuerventile besitzen die Eigenschaft, bei Erhöhung des HL-Druckes vollständig auszulösen. Mehrlösige Steuerventile jedoch vermindern den Druck im Bremszylinder in Abhängigkeit von der Druckerhöhung in der HL, um die Bremse stufenweise zu lösen. Einlösige Steuerventile kommen heutzutage nur noch in ganz geringem Umfang vor.

Löseventil

Am Steuerventil befindet sich auf der Unterseite der Steuerkammer ein Löseventil. Dieses kann über einen Lösezug von beiden Wagenseiten aus bedient werden.

Es wird benötigt beim:

- Abbau von Überladungen durch Entlüften
- Entlüften der Bremse nach dem Ausschalten
- Lösen der Bremse beim Rangierbetrieb

Bild 2: Lösezug

Der Abbau von Überladungen kann notwendig sein, wenn bei einem Triebfahrzeugwechsel – durch unterschiedliche Druckverhältnisse – die Bremsen nicht vollständig lösen. Die Steuerkammer des Steuerventils wird, wie die HL, normalerweise mit Druckluft auf den Wert von 5 bar aufgefüllt. Beim Bremsen bleibt dieser Druck, im Gegensatz zur HL, erhalten. Die Bremse kann aber erst vollständig wieder gelöst werden, wenn der Druck in der HL auf den Druckwert in der Steuerkammer erhöht wird. Unterschiedliche Triebfahrzeuge oder Manometerabweichungen können bewirken, dass von einem Tfz der Druck in der HL nur auf 4,9 bar erhöht wird, während von einem vorherigen Tfz der Druck in den Steuerkammern der Bremsen auf 5,1 bar belassen wurde. Dies würde ein nicht vollständiges Lösen der Bremsen hervorrufen, was man als überladen bezeichnet.

Überladene Bremsen können auf zwei Arten gelöst werden:

- Durch kurzes Ziehen des Lösezuges kann der Druck in der Steuerkammer A gesenkt werden.
- Der Triebfahrzeugführer erhält den Auftrag zur Erhöhung des Druckes in der HL. Der größte zulässige Druck in der HL darf 5,5 bar betragen.

Nach dem Ausschalten der Bremse kann der Lösezug solange gezogen bleiben, bis kein Luftaustrittsgeräusch mehr zu hören ist. Bei den KE-Bremsen kann diese Betätigungszeit 8–10 Sekunden betragen. Die Bremse ist dann entlüftet.

Um die Zeiten für Rangierarbeiten zu verkürzen, können Güterwagen mit Schnelllöseventilen ausgerüstet sein. Dadurch wird ein vollständiges Auslösen der Bremse durch Ziehen des Lösezuges erreicht. Neuere Fahrzeuge besitzen einen Lösetaster für den Lösevorgang.

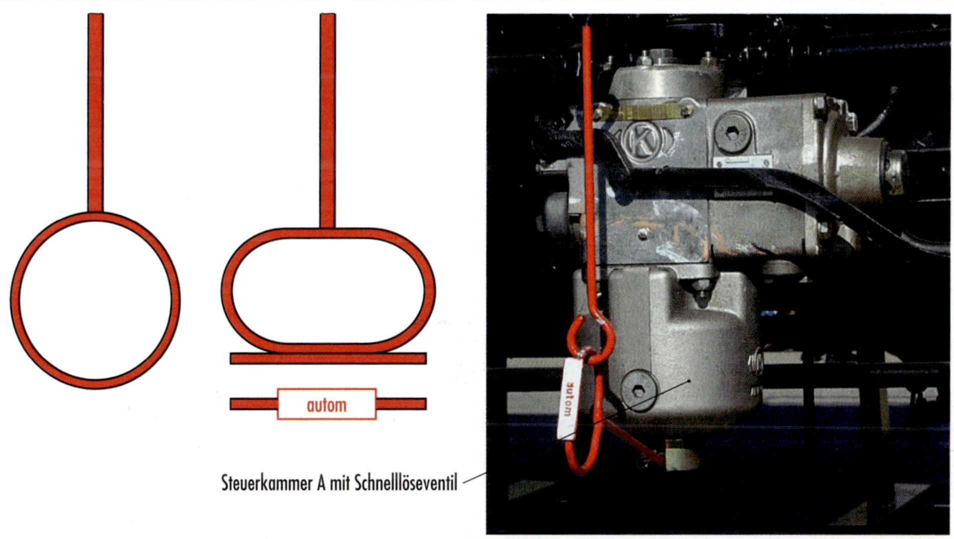

Bild 1: Lösezuggriffe mit Schnelllöseventil

Das Grundprinzip eines mehrlösigen Steuerventils beruht auf dem so genannten »Dreidrucksystem«. Auf einen im Steuerventil eingebauten Kolbensatz wirken drei verschiedene Drücke, der Hauptluftleitungsdruck »HL«, der Steuerdruck »A« und der Bremszylinderdruck »C«.

Ein mit dem Kolbensatz verbundener Schieber stellt eine »Verbindung« des Bremszylinders entweder mit der freien Luft (= Lösestellung) oder mit dem Vorratsluftbehälter (=Bremsstellung) her. Dabei stehen die Steuerkammer »A« und der Vorratsluftbehälter »R« über ein Rückschlagventil mit der »HL« in Verbindung. Die Drücke »HL«, »R« und »A« sind in der Lösestellung identisch, denn der Kolbensatz befindet sich in der unteren Endlage und der Bremszylinder ist über den Schieber entlüftet.

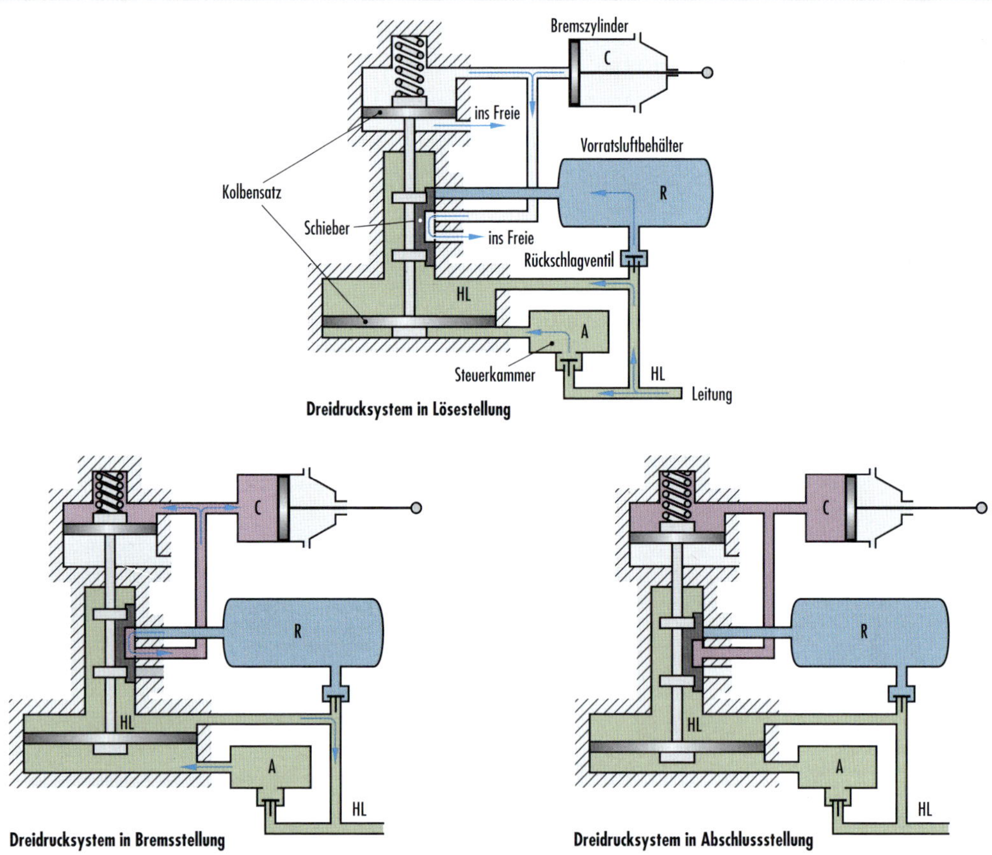

Bild 1: Dreidrucksystem in Bremsstellung

Sobald der Druck in der HL vermindert wird, schließt sich das Rückschlagventil zur Steuerkammer A und der Kolbensatz bewegt sich infolge des nunmehr höheren A-Druckes nach oben. Über den Schieber strömt jetzt Luft aus dem Vorratsbehälter (»R«) zum Bremszylinder (»C«). Dabei schließt sich auch das Rückschlagventil zum Vorratsluftbehälter. Da der Bremszylinderdruck auch auf den oberen Kolben des Kolbensatzes wirkt, wird dieser wieder etwas nach unten geschoben.

Die dadurch entstehende Kraft wird nun größer als die aus dem Druckunterschied zwischen HL und A am unteren Kolben entstandene Kraft (Bremsabschlussstellung). Die Verbindung zum Bremszylinder wird dadurch unterbrochen. Bei fortdauerndem Luftauslass wiederholt sich dieser Vorgang so lange, bis bei einem Auslass von 1,5 bar aus der Hauptluftleitung (HL) am Steuerventil der Höchstdruck im Bremszylinder erreicht ist.

Durch stufenweises Anheben des HL-Druckes lässt sich diese Bremse stufenweise lösen. Mit dem Erreichen des Regelbetriebsdruckes ist der Vorratsluftbehälter wieder gefüllt. Eine derartige Bremse nennt man deshalb auch »unerschöpfbar«.

Druck in der Hauptluftleitung (HL)	Druck im Bremszylinder
5 bar	0 bar
4,5 bar	1,2 bar
4,2–3,5 bar	1,2–3,8 bar (max.)
3,5 bar	3,8 bar (max.)
0 bar	3,8 bar (max.)

Tabelle 1: Druckverhältnisse

Brems-stellung	Wirkung	max. Geschwindigkeit (1000 m Anhalteweg)
G	langsam	90 km/h
P	schnell	120 km/h
R	schnell und stark	140 km/h
R + Mg	schnell und sehr stark	160 km/h

Tabelle 2: Bremsstellungen und ihre Wirkung

Jedem Druck in der Hauptluftleitung ist ein bestimmter Druck im Bremszylinder zuzuordnen. Bei einer Druckabsenkung um 1,5 bar in der Hauptluftleitung (auf 3,5 bar) wird im Bremszylinder bereits der Maximaldruck erreicht. Eine weitere Druckabsenkung hat dann keine weitere Steigerung des Bremszylinderdruckes zur Folge (s. Tabelle 1).

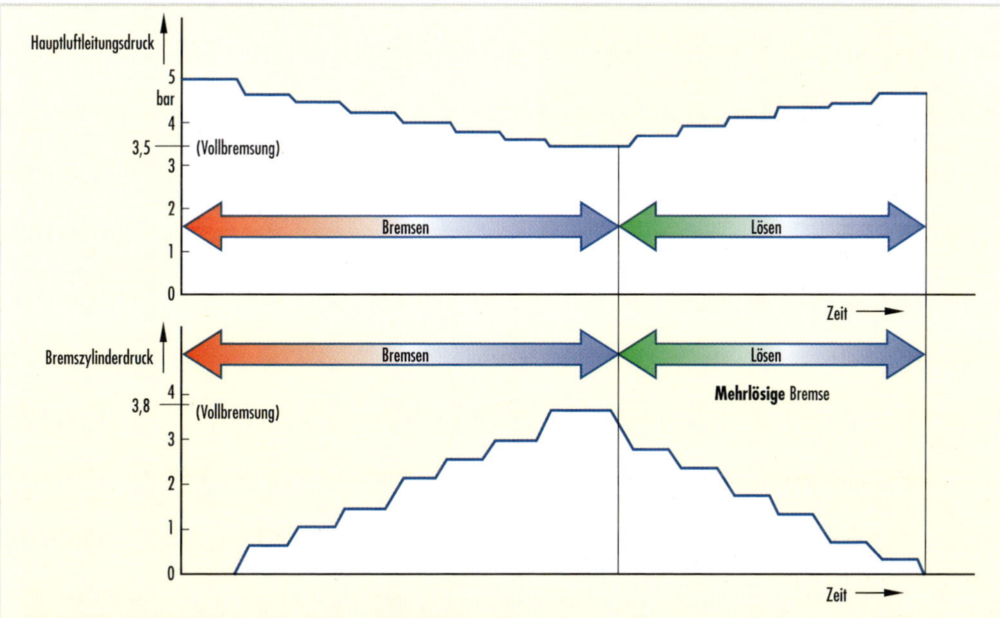

Bild 1: Druckverlauf beim Bremsen und Lösen (mehrlösiges Steuerventil)

Bremsstellung	Bremszylinder Füllzeit	Lösezeit
G	18–30 s	45–60 s
P und R	3–5 s	10–20 s

Tabelle 3: Füll- und Lösezeiten im Bremszylinder

4.2.3 Bremsbauteile

Die Bremsbauteile sind am Fahrzeug an unterschiedlichen Stellen angebracht. Die Bremsprüf-Bauteile sind meist beidseitig bedienbar.

4.2.3.1 Bauteile der selbsttätigen Druckluftbremse

Alle Schienenfahrzeuge sind grundsätzlich mit einer Hauptluftleitung (HL) ausgerüstet. Sie dient der Luftversorgung sowie zur Steuerung der Druckluftbremsen. Der Regelbetriebsdruck beträgt 5bar. Die Hauptluftleitung von Reisezugwagen und bestimmten Güterwagen ist an den Stirnseiten der Wagen gegabelt und mit je einem Luftabsperrhahn und einer Bremskupplung, bestehend aus Bremsschlauch und Kupplungskopf, ausgestattet. Als Dichtung besitzen die Kupplungsköpfe besonders geformte Gummiringe, um eine dichte Verbindung zu gewährleisten. Alle neueren Reisezugwagen und auch moderne Güterwagen besitzen zusätzlich eine durchgehende Hauptluftbehälterleitung (HBL). Diese steht unter einem Druck von 8,5 bar und dient als Versorgungsleitung u.a. für die Versorgung des Führerbremsventils eines Steuerwagens, der Mg-Bremse und von Zusatzeinrichtungen der Fahrzeuge, wie Türschließeinrichtungen u.ä. Sie ist ebenfalls gegabelt sowie mit Luftabsperrhähnen und Bremskupplungen versehen.

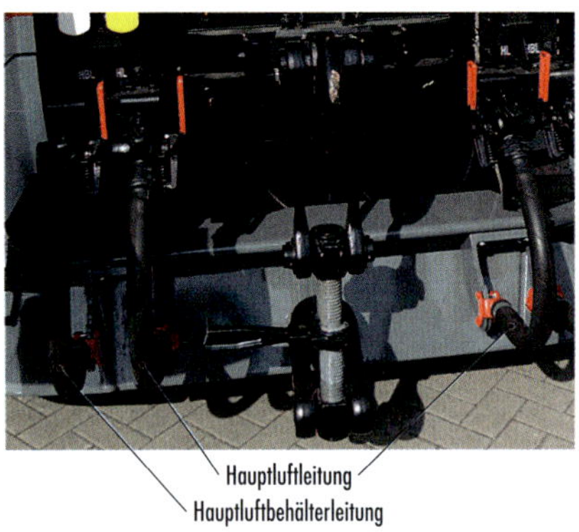

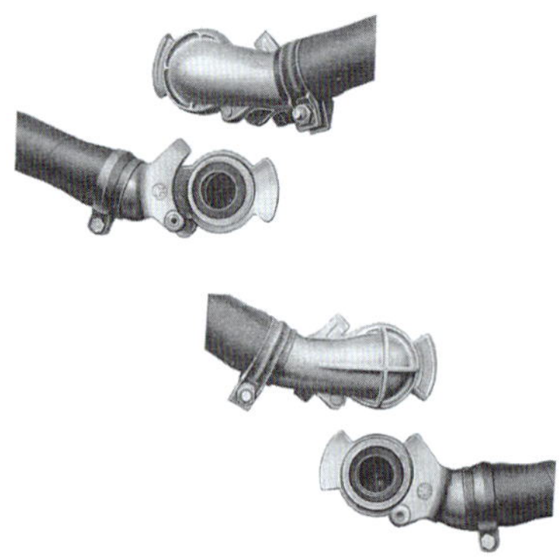

Bild 1: Anordnung der Bremskupplungen und der Kupplungsköpfe der HL und der HBL

Luftabsperrhähne dienen zum Öffnen (Handgriff waagrecht) und Schließen (Handgriff senkrecht) der HL und der HBL. Bei geschlossenem Hahn wird eine Entlüftungsbohrung frei, so dass die Schläuche zwischen den Luftabsperrhähnen stets entlüftet sind. Dadurch können sie gefahrlos entkuppelt werden und teilweise geöffnete Hähne lassen sich durch Ausströmgeräusch leicht feststellen.

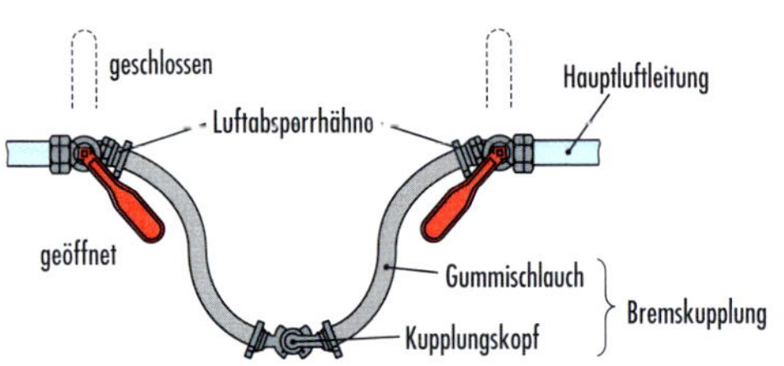

Bild 2: Bremskupplung mit Luftabsperrhahn

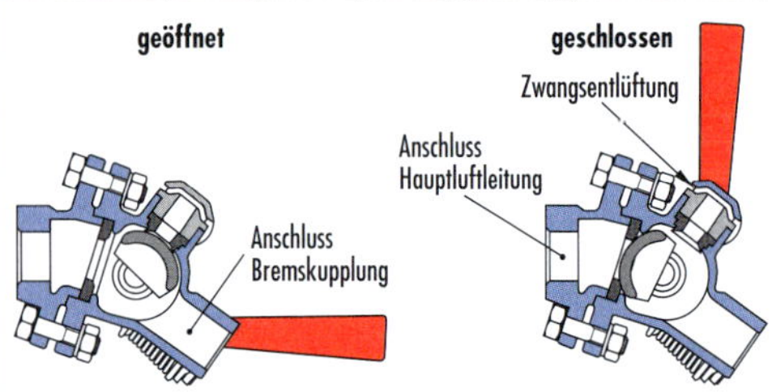

Bild 3: Luftabsperrhahn, geöffnet – geschlossen

Im Falle einer schadhaften Bremseinrichtung muss die Bremse ausgeschaltet werden. Dazu wird mit dem **Bremsabsperrhahn** die Luftverbindung zwischen Steuerventil und Hauptluftleitung unterbrochen. Während sich bei modernen Bremsen der Bremsabsperrhahn direkt am Steuerventil befindet und über ein Gestänge von beiden Wagenseiten aus bedienbar ist, sitzt er bei älteren Wagen meist zwischen Hauptluftleitung und Steuerventil.

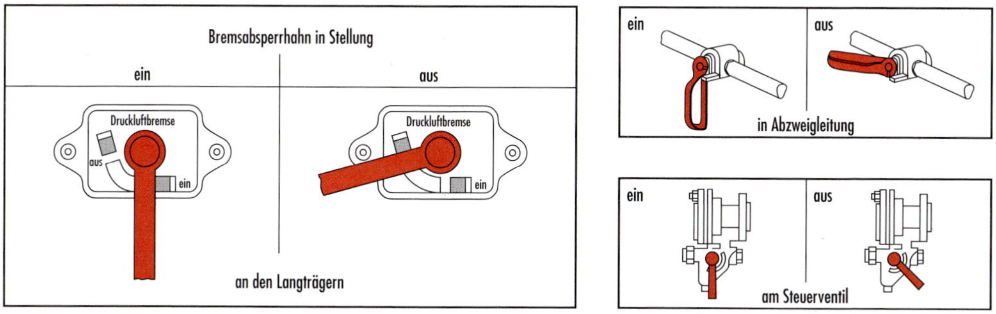

Bild 1: Stellungen des Bremsabsperrhahnes und Anordnung bei älteren Bremsbauarten

Ein **Bremszylinder** besteht aus einem Zylinderkörper, in dem sich ein Kolben befindet, der mit Druckluft beaufschlagt wird. Eine am Kolben befestigte Kolbenstange überträgt die Bremskräfte auf das Bremsgestänge. Beim Entlüften des Bremszylinders sorgen Federn dafür, dass der Kolben wieder in die Endlage gedrückt und dadurch das Bremsgestänge zurückgezogen wird.

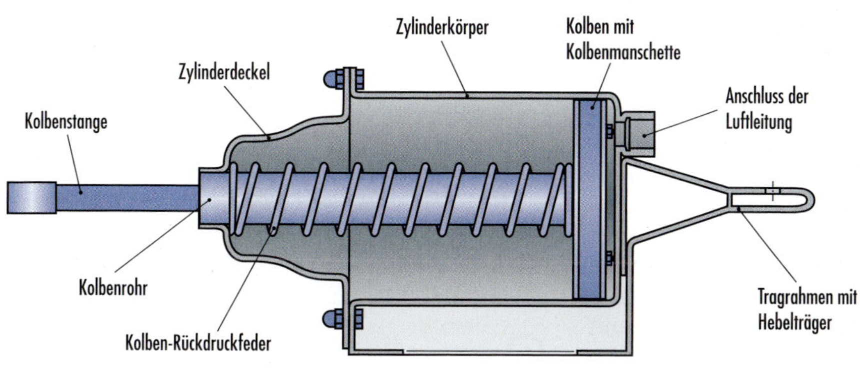

Bild 2: Stahlblech-Bremszylinder

Über das **Bremsgestänge** werden die im Bremszylinder erzeugten Bremskräfte verstärkt und gleichmäßig übertragen

- bei der Klotzbremse auf die Bremsklötze
- bei der Scheibenbremse auf die Bremsbeläge

4.2.3.2 Triebfahrzeugbremsen

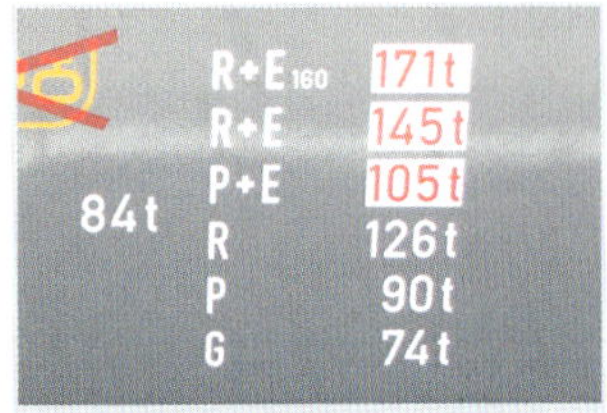

Bild 1: Elektrische Bremse (+E)

Die Bremswirkung von Zügen kann neben den rein mechanisch arbeitenden Reibungsbremsen durch sogenannte dynamische Bremsen (Triebwerksbremsen) erhöht werden. Dabei werden Teile des Fahrzeugantriebes zum Bremsen verwendet. Dies geschieht bei Triebfahrzeugen mit elektrischem Antrieb durch eine elektrodynamische Bremse (E-Bremse) und bei Triebfahrzeugen mit Brennkraftantrieb durch eine hydrodynamische Bremse (H-Bremse). Die elektrische Bremse (elektrodynamisch) und die hydrodynamische Bremse sind technische Einrichtungen im Triebfahrzeug. Sie sind nicht direkt sichtbar, sondern nur anhand der Bremsanschriften am Triebfahrzeug ist erkennbar, ob ein Tfz eine Triebwerksbremse besitzt.

Die **elektrische Bremse** bewirkt bei hohen Geschwindigkeiten eine zusätzliche Bremswirkung durch die Nutzung der Fahrmotoren. Dadurch werden Radreifen oder Monoblockräder geschont und der Verschleiß an Bremssohlen verringert. Die elektrische Bremse findet als Verzögerungs- und auch als Gefällebremse Anwendung.

Man unterscheidet zwischen:

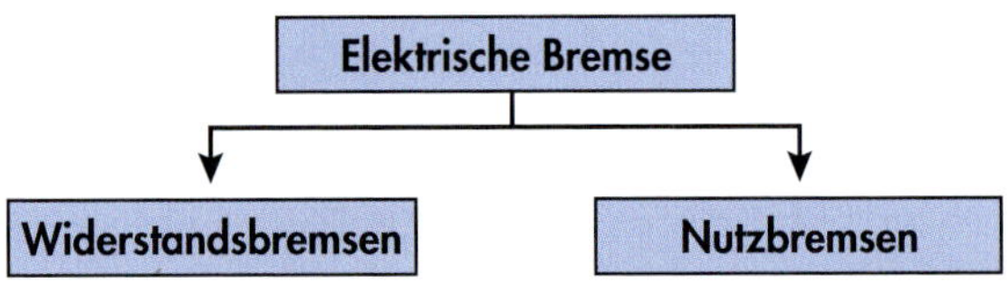

Während die bei älteren Triebfahrzeugen (z.B. BR 103) die vom Elektromotor erzeugte Bremsenergie über Widerstände auf dem Lokdach in nicht nutzbare Wärme umgewandelt wurde (Widerstandsbremse) wird heute bei allen modernen Triebfahrzeugen die vom Elektromotor beim Bremsen erzeugte Energie phasen- und spannungsgleich in den Fahrdraht zurück eingespeist (Nutzbremse). In beiden Fällen wirkt der Elektromotor beim Bremsen als Generator. Die Nutzbremse ist in allen Tfz mit Drehstromtechnik zu finden.

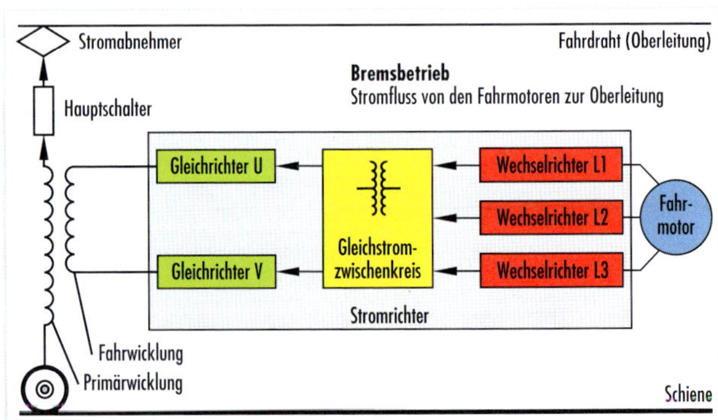

Bild 2: Elektrische Nutzbremse beim Bremsvorgang z. B. BR 120

Die **hydrodynamische Bremse** ist ein Bauelement bei Dieseltriebfahrzeugen. Sie bewirkt bei hohen Geschwindigkeiten eine zusätzliche Bremswirkung, wie bei der E-Bremse. Nur wird hier, statt der Fahrmotoren, das Flüssigkeitsgetriebe zum Bremsvorgang benutzt. Dadurch werden auch in diesem Fall Radreifen oder Monoblockräder geschont und der Verschleiß an Bremssohlen verringert. Die hydrodynamische Bremse findet als Verzögerungs- bzw. Gefällebremse ihre Anwendung. Die H-Bremse ist an einem Flüssigkeitsgetriebe angeschlossen (geflanscht) und nutzt einen »Retarder« zum Bremsen.

Dieses ist ein Bauteil, in dem die Rotationsenergie des Antriebsstranges über ein Schaufelrad in Wärme umgewandelt wird, die dann meist über den Kühlkreislauf des Dieselmotors abgeführt wird. Die Bremsleistung ist dabei abhängig auch von dem Befüllungsgrad der Doppelbremskupplung und der Drehzahl des Rotors, also der Fahrgeschwindigkeit. Die H-Bremse ist im Schnellgang bis 45 km/h und im Langsamgang bis 20 km/h wirksam.

Bei abnehmender Fahrgeschwindigkeit nimmt auch die Bremswirkung der Triebwerksbremsen ab. Daher muss dann in bestimmten Geschwindigkeitsbereichen die mechanische Radbremse zugeschaltet werden. Die dynamischen Bremsen gehören zu den kraftschlussabhängigen Bremsen und deshalb muss bei einem Zusammenwirken mit den Luftdruckbremsen auf die zulässige Bremskraft am Rad geachtet werden.

Bild 1: Schnittmodell Hydrodynamische Bremse

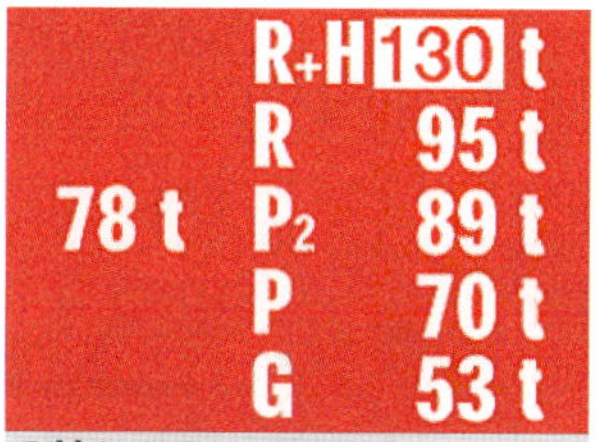

Bild 2: H-Bremse

Beim **Blending** wirken Druckluft- und dynamische Bremse zusammen, es darf die Haftwertgrenze dabei jedoch nicht überschritten werden. Vorrangig wird stets die dynamische Bremse eingesetzt. Wegen ihrer geschwindigkeitsabhängigen Charakteristik muss dann die pneumatische Bremse hinzugeschaltet werden (Blending). Da die Druckluftbremse keine beliebig kleinen Bremskräfte aufbringen kann, wird im kritischen Bereich die dynamische Bremskraft reduziert, bis die Druckluftbremse ganz weggeschaltet werden kann.

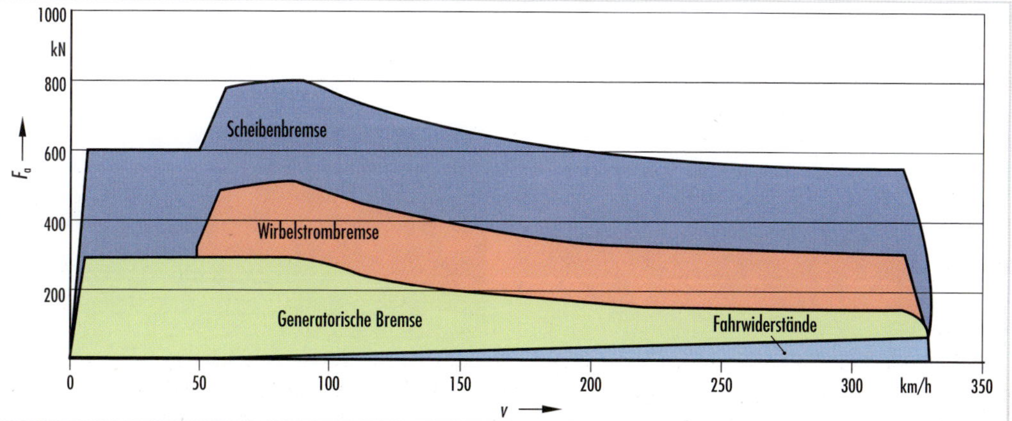

Bild 3: Zusammenwirken verschiedener Bremseinsätze

Schienenbremsen

Um Bremswirkungen zu verbessern, kommen neben den Reibungsbremsen bei einigen Fahrzeugen auch Magnetschienenbremsen oder Wirbelstrombremsen zum Einsatz. Ihre Wirkungsweise erfolgt unmittelbar auf die Schiene und daher sind diese Bremsen unabhängig von der Haftkraft der Räder auf die Schiene bzw. kraftschlussunabhängig.

Bei der **Magnetschienenbremse** werden beim Bremsen die Gliedermagnete auf die Schiene abgesenkt und magnetisch angezogen. Die dadurch erzeugte Reibungskraft bewirkt eine Verzögerung am Fahrzeug. Die als Gliedermagnete ausgebildeten Elektromagnete sind am Fahrzeug- oder Drehgestellrahmen aufgehängt und durch Mitnehmer geführt. Beim Betätigen der Magnetschienenbremse werden die Elektromagnete mit Gleichstrom aus der Fahrzeugbatterie gespeist und auf die Schienen gezogen, wobei zuvor noch mittels Druckluft beaufschlagte Betätigungszylinder die Magnete aus der Hochaufhängung absenken.

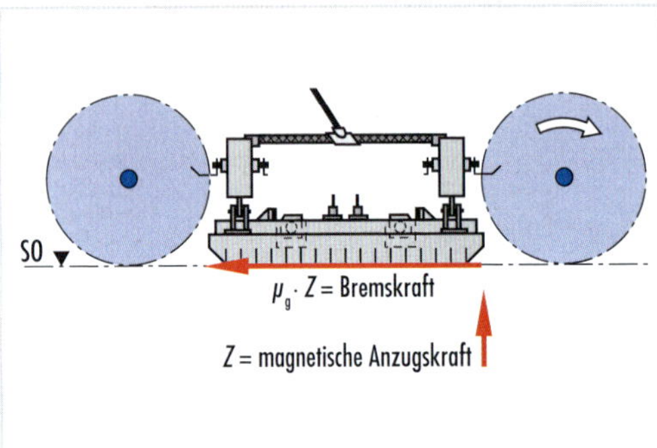

Bild 1: Bremskräfte an der Magnetschienenbremse

Bild 2: Magnetschienenbremse (Mg)

Eine **Wirbelstrombremse** arbeitet in ihrer Wirkungsweise berührungslos, daher haftwertunabhängig und verschleißfrei in der Kraftübertragung. Das Prinzip: Ein Elektromagnet bewegt sich längs über die Eisenbahnschiene (elektrisch leitende Fläche) (s. a. Seite 115). In der Schiene werden dadurch Spannungen und in der Folge Wirbelströme induziert, die ihrerseits entgegengesetzte Magnetfelder erzeugen. Hierdurch werden der Elektromagnet und damit auch das Schienenfahrzeug abgebremst. Die abzuführende Bremsenergie wird in den Schienen durch Wirbelströme in Wärme umgewandelt. Damit kann sie ihre Bremswirkung auch bei vermindertem Reibwert, d. h. bei Schnee oder nassem Laub auf den Schienen, entfalten.

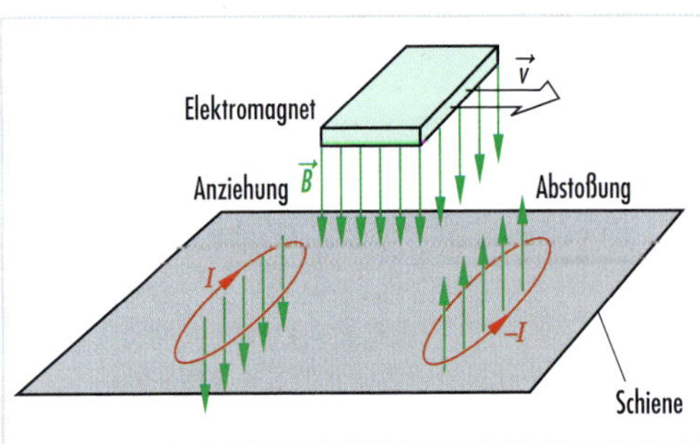

Bild 3: Abbremsung erfolgt durch Bewegung eines Magneten über die Schiene

Bild 4: Aktive Wirbelstrombremse im Drehgestell des ICE 3. Die Traverse wurde wenige Millimeter über den Schienenkopf abgesenkt.

4.3 Bremsbetätigungseinrichtungen

Bremstechnik

4.3.1 Führerbremsventil

Ein Führerbremsventil (Fbrv) hat verschiedene Stellungen:

- Füll- und Lösestellung
- Fahrstellung
- Mittelstellung
- Betriebsbremsstellung
- Schnellbremsstellung

Das FGD-Führerbremsventil HD findet bei neuen Fahrzeugbaureihen (z.B. BR120, 112) Anwendung. Unterschiede gegenüber älteren Führerbremsventilen gibt es bei der Mittelstellung, die nur noch durch Verschließen des Führerbremsventils erreicht wird.

Bild 1: Führerbremsventil (Fbrv)

Bei allen Fahrzeugen mit Führerstand sind Bremsbetätigungseinrichtungen vorhanden. Dazu zählen neben den Triebfahrzeugen auch Steuerwagen. Grundsätzlich sind bei Bremsbetätigungsanlagen die Art der Bremse zu unterscheiden, wie sie gesteuert (indirekt, direkt) und wie sie bedient werden. Die Druckluftbremse wird bedient vom Führerbremsventil/Führerbremsschalter des Triebfahrzeuges, dem Fernsteuerbediengerät eines funkferngesteuerten Triebfahrzeuges oder der Bedieneinrichtung einer ortsfesten (auch mobilen) Bremsprobeanlage.

Das Führerbremsventil (Fbrv) ist das wichtigste Bauteil der Bremsbetätigungseinrichtungen und wird betätigt, um die indirekte selbsttätige Druckluftbremse zu steuern. Verschiedene Bremsstufen lassen sich mit dem Führerbremsventil einstellen in einer jeweils definierten Bremswirkung.

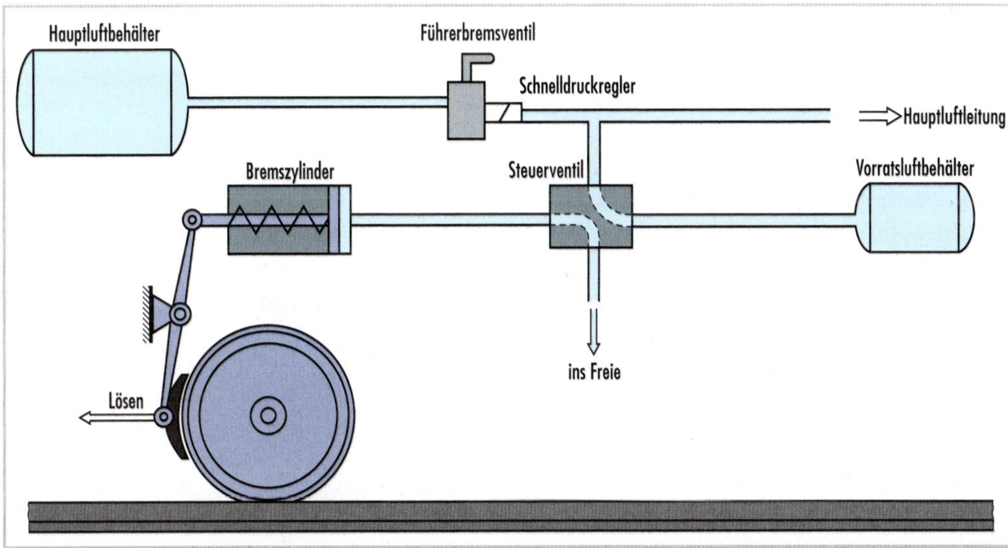

Bild 2: Wirkungsweise des Führerbremsventils

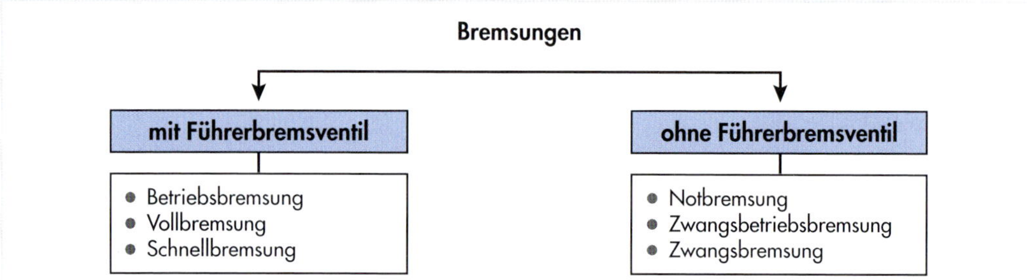

Bild 1: Übersicht Bremsungen mit und ohne Fbv

Ein Zug wird mit Druckluft gebremst und nur durch den Druckabfall in der Hauptluftleitung (HL) angehalten. Es gibt verschiedene Möglichkeiten, die Druckluft unterschiedlich schnell aus den Bremszylindern ausströmen zu lassen. Dieser Vorgang wird unterschieden. Mit dem Führerbremsventil lassen sich diese verschiedenen Bremsmöglichkeiten durchführen:

- **Betriebsbremsung** über das Führerbremsventil/den Fahrbremsschalter. Entsprechend der Bremsausrüstung wird dabei entweder eine Druckabsenkung in der Hauptluftleitung oder eine Bremskraft vorgegeben. Bei Güterzügen sind Betriebsbremsungen mit einer Bremsstufe entsprechend einer Hauptluftleitungs-Drucksenkung von mindestens 0,5 bar einzuleiten. Bei Reisezügen können Betriebsbremsungen eingeleitet werden mit der kleinsten Bremsstufe des Führerbremsventils. Normalerweise Absenkung des Hauptzylinderdruckes zwischen 5 und 3,5 bar.
- **Vollbremsung**, der höchsten, mit dem Führerbremsventil/Fahrbremsschalter im Bereich der Betriebsbremsstellungen einstellbare Bremsstufe. Dabei wird bei Fahrzeugen mit selbsttätiger Druckluftbremse der Hauptluftleitungsdruck um etwa 1,5 bar gesenkt bzw. eine maximale Bremskraft vorgegeben. Bei Fahrzeugen, die eine geschwindigkeitsabhängige Bremssteuerung haben, kann die Druckabsenkung in der Hauptluftleitung bei einer Vollbremsung oder Fahrt auch geringer sein.
- **Schnellbremsung** über das Führerbremsventil/den Fahrbremsschalter. Sie wird durch Einstellung der rastierten Schnellbremsstellung des Führerbremsventils/Fahrbremsschalters getätigt. Hierbei wird die maximale Bremskraft in kürzester Zeit erreicht. Bei selbsttätig wirkender Druckluftbremse wird die Hauptluftleitung fast vollständig entlüftet auf 0 bar. Bei direkt gesteuerter Druckluftbremse erfolgt die Ansteuerung durch Unterbrechung der Schnellbremsschleife.
- **Notbremsung**, ohne Betätigung des Führerbremsventils/Fahrbremsschalters, durch eine Notbremseinrichtung, z. B. Notbremsventil, Notbremshahn oder Notbremsgriff. Entleerung der HL auf 0 bar.
- **Zwangsbetriebsbremsung**, ohne Betätigung des Führerbremsventils/Fahrbremsschalters wird durch Zugbeeinflussungs-/Überwachungssysteme eine Zwangsbetriebsbremsung durchgeführt, um die Geschwindigkeit zu regulieren.
- **Zwangsbremsung**, ohne Betätigung des Führerbremsventils/Fahrbremsschalters, wird eine der Schnellbremsung vergleichbare Bremswirkung hervorgerufen bei Trennung der Bremsleitung oder durch bestimmte Zugbeeinflussungs-/Überwachungssysteme ausgeführte Bremsung.

Eine Sonderform der Bremsung wäre die Betriebszwangsbremsung, bei der kurzzeitig die Hauptluftleitung auf 0 bar abgesenkt wird. Sie liegt vor, wenn auf einer LZB-Strecke die erlaubte Höchstgeschwindigkeit überschritten wird.

4.3.2 Zusätzliche Bremsausrüstungen

Notbremseinrichtungen dienen dazu, Eisenbahnfahrzeuge unabhängig vom Triebfahrzeugführer zum Halten zu bringen. Eine selbsttätige Druckluftbremse besitzt den wesentlichen Vorteil, dass sie jederzeit von jeder Stelle des Zuges aus betätigt werden kann. Deshalb kann bei Reisezugwagen im Notfall über einen Notbremsgriff ein Notbremsventil angesteuert werden, welches mittels großer Querschnittsöffnung die Hauptluftleitung schnell entlüftet. So kommt der Zug auf kürzestem Wege zum Halten.

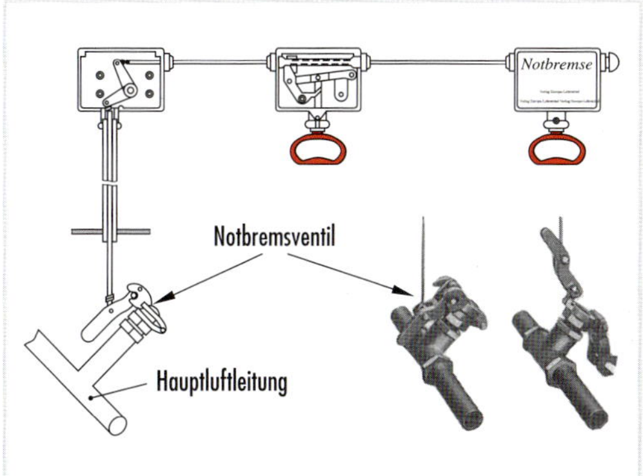

Bild 1: Mechanische Notbremseinrichtung

Die **Notbremsüberbrückung (NBÜ)** ist eine Einrichtung der Triebfahrzeuge (z.B. BR 120) und Reisezugwagen, die speziell für die Schnellfahrstrecken entwickelt worden sind. Wenn eine Notbremse im Zug gezogen wird, bekommt der Triebfahrzeugführer dies durch einen Leuchtmelder und einem Hupton angezeigt und er betätigt die Notbremsüberbrückung (NBÜ) (s.a. Seite 548). Dies ist nötig, da sonst der Zug evtl. in einem Tunnel zum Halten kommen würde. Ein Halt mit einem z.B. brennenden Zugteil im Tunnel könnte sehr gefährlich Auswirkungen für die Reisenden und den Bahnbetrieb bedeuten. Diese NBÜ-Überbrückungsabschnitte befinden sich in Tunnels und auf Brücken. An einer speziellen Beschilderung (siehe Seite 548, Bild 2) der Kilometertafel erkennt der Triebfahrzeugführer, dass er sich in so einem Bereich befindet. Bei einer eingeleiteten Notbremsung überbrückt der Triebfahrzeugführer diese durch einen Füllstoß am Führerbremsventil. Dadurch gelangt ein Impuls über das UIC-Kabel an das Magnetventil, das sich in der Druckluftsteuerleitung vor dem Notbremsventil befindet. Das Notbremsventil wird als Folge geschlossen und der Druck baut sich wieder auf. Sobald der Zug außerhalb des Überbrückungsabschnittes angelangt ist, führt der Triebfahrzeugführer eine Schnellbremsung durch.

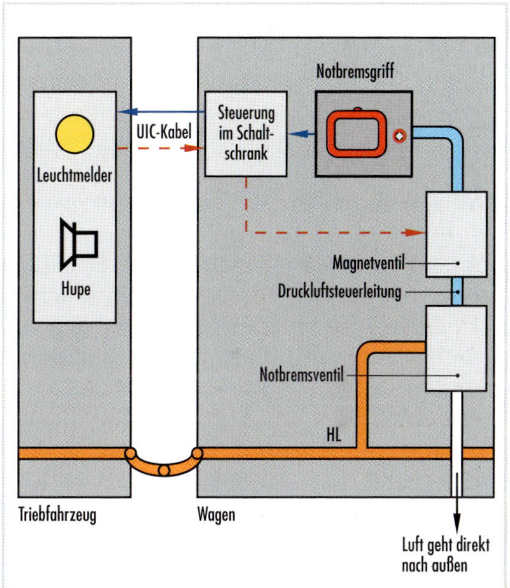

Bild 2: NBÜ-Wirkungsweise

Die **elektropneumatische Bremse** (ep-Bremse) wird vom Führerbremsventil über eine ep-Steuereinheit oder einen Bremsrechner zur Verfügung gestellt. Die elektrische Steuerung von Druckluftbremsen wird benötigt, um im gesamten Zug eine gleichmäßig einsetzende Bremswirkung zu erreichen. Damit wird erreicht, dass bei rein luftdruckgesteuerten Bremsen (pneumatische Bremse) das normale verzögerte Ansprechen der Bremsen im hinteren Zugteil verhindert wird. Es lassen sich zwei Systeme unterscheiden:

- An der **direkten ep-Bremse** werden die Bremszylinder mittels elektrischer Brems- und Löseventile direkt be- und entlüftet. Die Druckluft wird dem Vorratsbehälter der selbsttätigen Bremse oder Sonderbehältern entnommen. Die Abtrennung von der selbsttätigen Bremse erfolgt über ein Doppelrückschlagventil.
- Bei der **indirekten ep-Bremse** erfolgt nur die Druckveränderung in der Hauptluftleitung durch Magnetventile, die eigentlichen Brems- und Lösevorgänge erfolgen weiter über das Steuerventil.

Die Lokomotiven selbst besitzen keine ep-Steuereinheit.

Der **Bremsdruckregler** befindet sich am Radsatzlager und hat die Aufgabe, abhängig von der Geschwindigkeit des Wagens den Bremszylinderdruck bei niedriger Geschwindigkeit zu erniedrigen, bei hohen Geschwindigkeiten den Bremszylinderdruck zu erhöhen. Meist haben klotzgebremste Reisezugwagen mit der Bremsstellung »R« einen Bremsdruckregler.

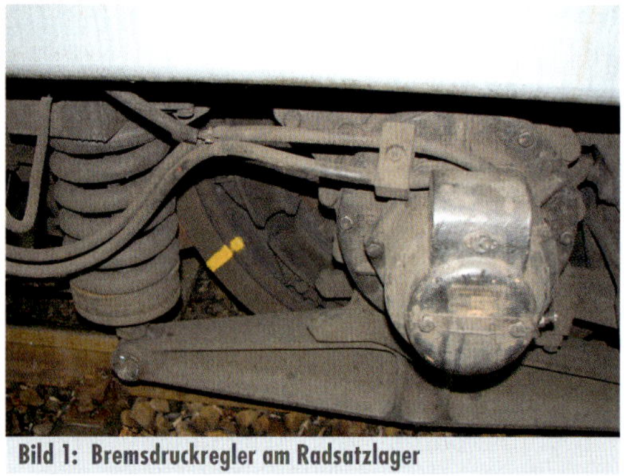
Bild 1: Bremsdruckregler am Radsatzlager

Der **Druckübersetzer** sorgt für entsprechende Bremsdrücke am Tfz. Ein Bremszylinderdruck von 3,8 bar ist bei höheren Geschwindigkeiten nicht mehr ausreichend für eine optimale Bremswirkung. Deshalb wird bei einem Tfz mit einer zulässigen Geschwindigkeit über 120 km/h die Druckluft für die Bremse aus dem Vorratsbehälter (R-Behälter) entnommen. Mit Hilfe des Druckübersetzers wird ein maximaler Druck von 3,8 bar (»G« und »P«), 7,15 bar (»P 2«) oder 8 bar (»R«) eingestellt. Damit ermöglicht der Druckübersetzer unterschiedliche Bremszylinderdrücke bei gleicher Ansteuerung des dazugehörigen Steuerventils. Da bei einer Geschwindigkeit unter 55 km/h der Bremszylinderdruck von 8 bar zum Blockieren der Radsätze führen würde, schaltet der Druckübersetzer bei dieser Geschwindigkeit auf maximal 3,8 bar um. Das Umschalten im Druckübersetzer von hoher Abbremsung auf niedrige Abbremsung wird vom Bremsdruckregler am Radsatzlager gesteuert.

Der **Schnellbremsbeschleuniger** hat seine Funktion darin, bei hohen Geschwindigkeiten kurze Bremswege zu erreichen. Er bewirkt einen möglichst schnellen und gleichzeitigen Druckanstieg in allen Bremszylindern des Zuges. Dies ist notwendig, da bei längeren Zügen im hinteren Zugteil der Druck nicht schnell genug sinkt. Deshalb werden in Wagen mit der Bremsstellung »R« Schnellbremsbeschleuniger eingebaut, da gerade bei Schnell-, Not- oder Zwangsbremsungen ein sofortiger Bremsvorgang stattfinden muss. Der Schnellbremsbeschleuniger ist entweder direkt am Steuerventil angebaut oder befindet sich auf der Bremsgerätetafel. Ob ein Wagen einen Schnellbremsbeschleuniger besitzt, erkennt man an dem in rot angeschriebenem Bremsgewicht für die Bremsstellung »R«. Dieses Gewicht muss bei der Bremsberechnung berücksichtigt werden.

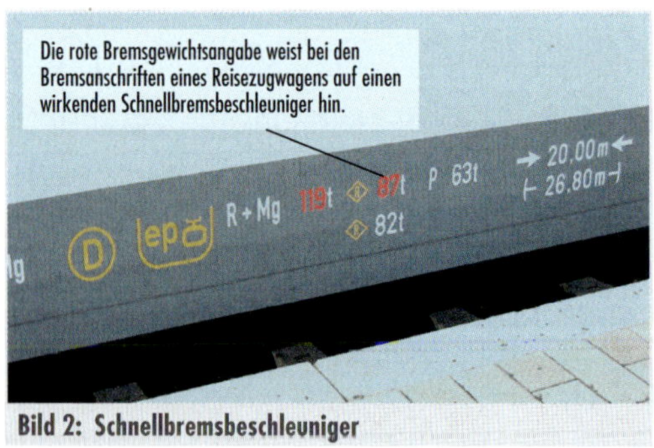

Bild 2: Schnellbremsbeschleuniger

Eine **Gleitschutzeinrichtung** ist notwendig, um Wagen aus höherer Geschwindigkeit abzubremsen (z.B. Reisezugwagen mit der Bremsstellung »R«), damit nicht die Gefahr besteht, dass die Radsätze beim Bremsen blockieren (ungünstige Haftwertverhältnisse zwischen Rad und Schiene). Diese Wagen werden deshalb mit Gleitschutzeinrichtungen ausgerüstet. Diese bewirken bei beginnenden Gleitvorgängen ein Herabsetzen des Druckes im Bremszylinder, damit das Rad gerade noch am Rollen gehalten wird. Die modernen Gleitschutzeinrichtungen funktionieren mit elektronischen Steuerungen. Die älteren funktionieren mechanisch.

Bild 1: Gleitschutz an der BR 234

Die **Automatische Lastabbremsung** sorgt bei Reise- oder Güterwagen dafür, dass die Bremskraft der Fahrzeuge den unterschiedlichen Beladungszuständen angepasst wird. Die Bremseinrichtungen der Eisenbahnfahrzeuge müssen deshalb so aufgebaut sein, dass im Leerzustand keine Überbremsung erfolgt und im beladenen Zustand noch die erforderliche Bremskraft vorhanden ist. Weil bei Güterwagen und Nahverkehrszügen der Unterschied zwischen dem Leergewicht und dem Gewicht mit Zuladung besonders groß ist, werden diese mit Lastabbremsungen ausgerüstet. Entweder erfolgt dabei die Anpassung des Lastzustandes an die Fahrzeuge über handbetätigte Lastwechsel (s. Seite 235) oder durch die automatische Lastabbremsung.

Bild 2: Automatische Lastabbremsung

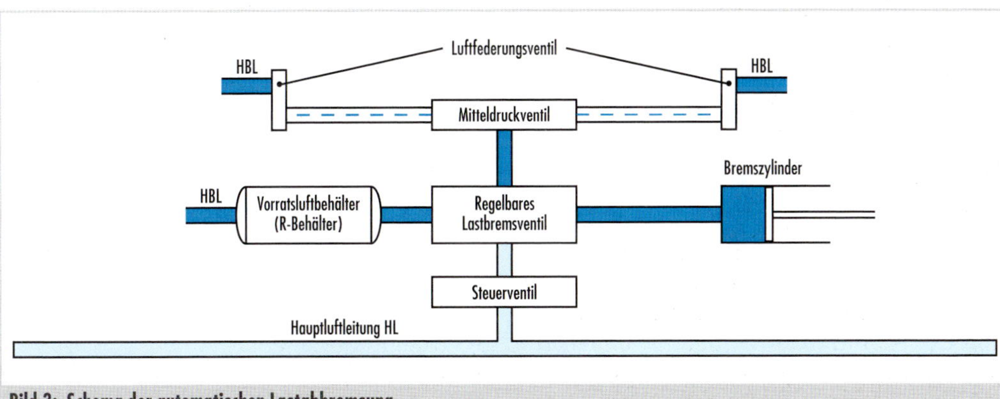

Bild 3: Schema der automatischen Lastabbremsung

Güterwagen benötigen häufig einen **doppelten Bremszylinder** im Zusammenhang mit einer selbsttätigen Lastabbremsung, wenn große Unterschiede zwischen Beladungs- bzw. Entladungsgewichten bestehen. Der Doppelbremszylinder enthält zwei Zylinder in einem Kolben (Tandemanordnung). Je nach Bremsdruckbedarf werden ein oder beide Bremskolben mit Druckluft beaufschlagt.

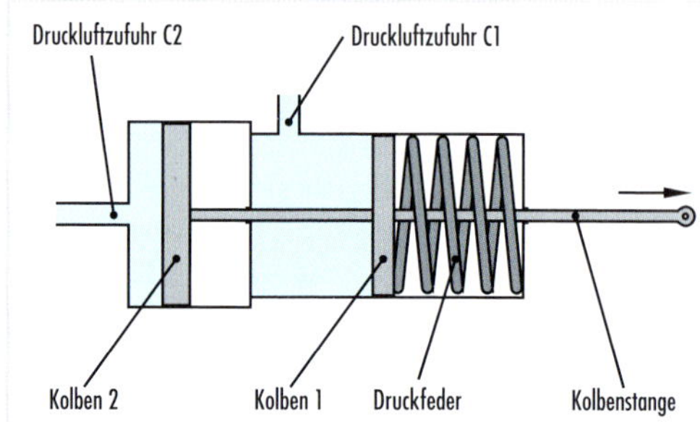

Bild 1: Wirkungsweise eines Doppelbremszylinders

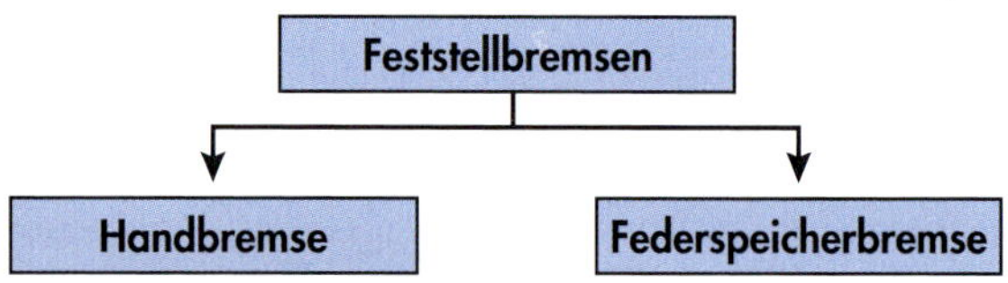

Die Feststellbremsen lassen sich in zwei Arten unterscheiden, in die Handbremse und die Federspeicherbremse.

Die **Handbremse** dient dem Sichern eines Fahrzeuges gegen unbeabsichtigte Bewegungen (wegrollen). Sie wirkt (direkt) mechanisch auf die Bremsklötze der Fahrzeuge.

Die Handbremse auf einem Führerstand wirkt jeweils auf den Radsatz 1 bzw. 4. Beim Anziehen der Handbremse ist allgemein zu beachten. dass der eingesteuerte Bremszylinderdruck nicht höher als 0,5 bar betragen soll, weil sonst Beschädigungen an der Bremsspindel auftreten können. Ältere Wagen und Triebfahrzeuge sind mit Handbremsen ausgerüstet, um sie beim Abstellen gegen Entlaufen zu sichern.

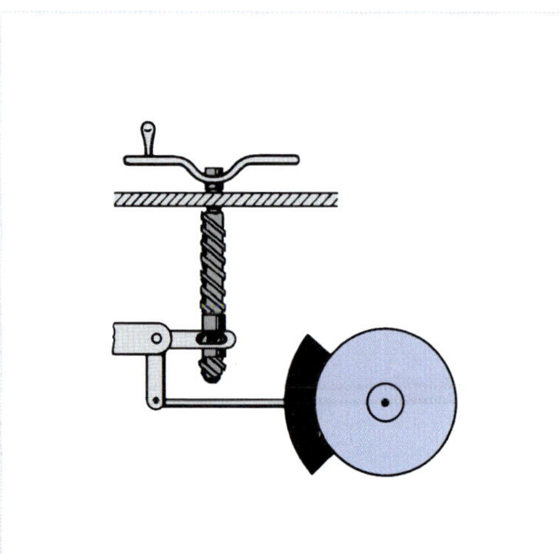

Bild 2: Prinzipskizze einer Handbremse

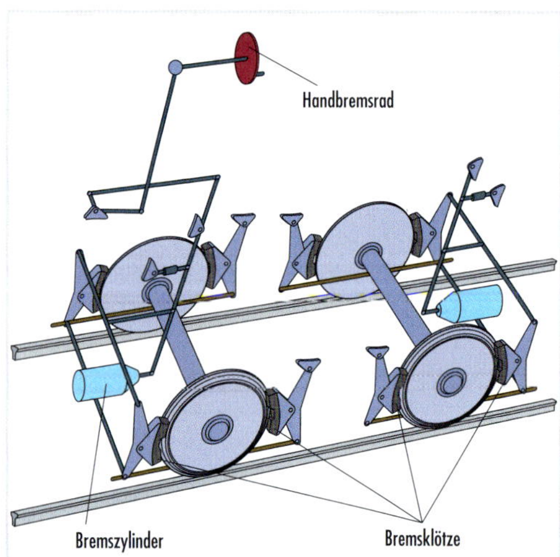

Bild 3: Handbremse eines Triebfahrzeug

Bei den neuesten Triebfahrzeugen und Triebwagen wird die herkömmliche Handbremse durch eine **Federspeicherbremse** ersetzt (FspBr). Sie dient beim Abstellen des Triebfahrzeuges als Feststellbremse. Ihre Funktion beispielweise bei der BR 189 ist genau umgekehrt wie bei der Druckluftbremse. Sie wird bei einem Druck von mindestens 4,8 bar in den Federspeicherbremszylindern gelöst und liegt beim Entlüften der Bremszylinder an. Bei angelegter Federspeicherbremse ist die Traktion gesperrt.

Wird das Tfz nach einer Beförderung als Wagen abgestellt, so muss die HL unbedingt ganz (unter 0,8 bar) entlüftet werden, damit die Federspeicherbremse wieder auf »Anlegen« umsteuert.

Der **Schleuderschutz** dient dazu, wenn bei Triebfahrzeugen mit hohen Anzugskräften beim Anfahren die Treibachsen durchzudrehen (zu schleudern) drohen. Dies gleiche gilt besonders für das An- oder Befahren von vereisten oder schmierigen Streckenabschnitten. Durch Betätigen eines Tasters auf dem Führerstand können die schleudernden Achsen sehr schnell wieder zum Greifen geführt werden. Dies geschieht durch eine Bremszylinderdruckabsenkung auf maximal 1,25 bar. Bei verschiedenen Baureihen (z. B. BR 151) wird der Schleuderschutz automatisch über ein Grenzüberwachungsgerät eingeschaltet.

Sandstreueinrichtungen werden vor den Antriebsrädern angebracht, um beim Anfahren und beim Bremsen die Reibung zwischen Rad und Schiene zu erhöhen. Insbesondere bei feuchter Witterung und Laubfall sinkt der Reibwert stark ab. Wir sprechen dann von Schlüpfriger Schiene. Jetzt besteht beim Anfahren die Gefahr, dass die Räder durchdrehen (schleudern) und beim Bremsen blockieren (gleiten).

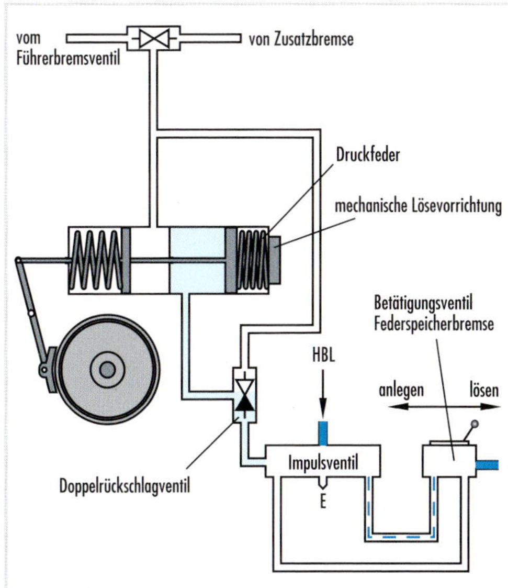

Bild 1: Federspeicherbremse gelöst

Bild 2 Schleuderschutz an BR 151

© Restetzki • Leinburg

Bild 3: Sandungsvorichtung an einer Lok der BR 103

© Schorschi2 / Wikimedia Commons

4.4 Bremstechnische Anschriften und Umstellungen

Bremstechnik

Die Bremswirkung eines Zuges ist abhängig von den signaltechnischen Gegebenheiten bzw. der Art der Zugfahrtdurchführung (signalisiert oder durch LZB) den ermittelten Bremshundertstel und damit den bremstechnischen Anschriften.

4.4.1 Bremstechnische Anschriften

Die vollständige Bremsanschrift eines Fahrzeuges (z. B. Tfz, Reisewagen, Güterwagen) besteht aus:

- Buchstaben
- Zahlen
- Piktogrammen

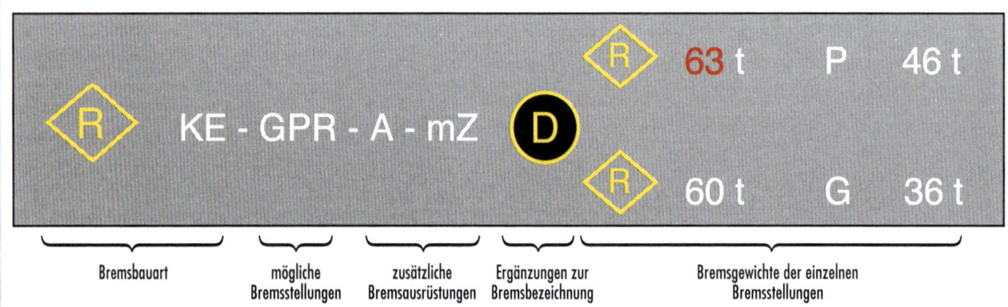

Bild 1: Bremsanschrift eines Reisezugwagens

Aus all diesen Kombinationen sind alle wichtigen Einzelheiten über Bauarten, Funktionsweisen und Bremswirkungen erfahrbar. Diese Bedeutungen der Bremsanschriften sind international festgelegt. Dadurch kann sichergestellt werden, dass die Fahrzeuganschriften überall erkannt und verstanden werden.

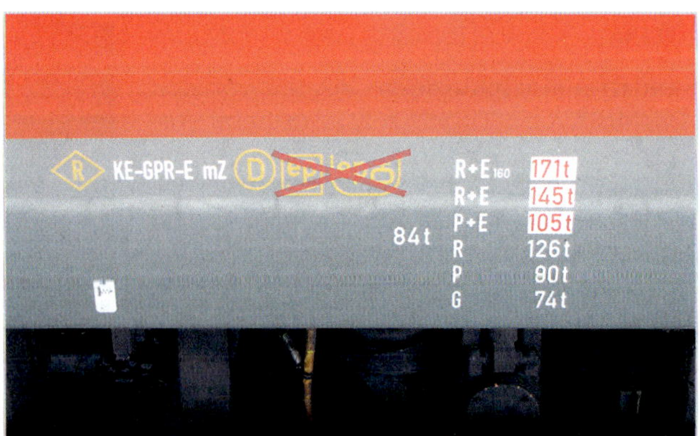

Bild 2: Bremstechnische Anschrift einer Lok

Bild 1: Bremstechnische Anschriften beim Reisezugwagen

Bremsgewicht als Höchstwert:

KE-GP-A

MAX: 56 t Der angegebene Wert für die Bremsstellungen »P« und »G«.

Bild 2: Bremstechnische Anschriften eines Güterwagens

Kurzbezeichnungen der Bremsen

Die Kurzbezeichnungen der Bremsbauarten sind an den Fahrzeugen angeschrieben und geben Auskunft über die jeweilige Bremsausrüstung sowie deren Nutzbarkeit im Zugverband mit anderen Fahrzeugen. Sie werden entsprechend der Ausrüstung der Fahrzeuge aus den einzelnen Bezeichnungen für Bremsbauart, Bremsstellungen usw. in der Reihenfolge zusammengesetzt.

a) Mehrlösige selbsttätige Druckluftbremsen		
◇R KE = Knorr-Bremse mit Einheitswirkung nach den UIC-Bedingungen für Hochleistungsbremsen WE = Westinghouse-Bremse, Bauart E O = Oerlikon-Bremse		
b) Einlösige selbsttätige Druckluftbremsen		
W = Westinghouse-Bremse	M = Matrossow-Bremse	K = Knorr-Bremse
c) Bremsen mit elektronischer Steuerung		
KBC = Knorr-Bremse mit Computersteuerung		
d) Sonstige Druckluftbremsen		
Kdi = Knorr-Bremse für direkte Bremswirkung am bedienten Triebfahrzeug und indirekte Bremswirkung an den angeschlossenen Fahrzeugen		

Tabelle 1: Überblick über die wichtigsten Bremsbauarten

Einrichtung zur Bremskraftanpassung:

A = Automatische Lastabbremsung

Zusätzliche Bremsausrüstungen:

E = elektrodynamische Bremse
H = hydrodynamische Bremse (dynamische Bremse)
M = Motorbremse (dynamische Bremse)
Mg = Magnetschienenbremse
mZ = mit Zusatzbremse
WB = Wirbelstrombremse
eL = Elektrische Bremssteuerung (direkt wirkend)

Hinweise zu Druckluftbremsen:
(D) = Scheibenbremse
(K),(L),(LL) = Verbundstoffbremsklotzsohlen (Sohlentyp K, L oder LL)

KE-GPR-Mg
KE-GPR-Mg
KE-GPR-E mZ

Bild 1: Beispiele für Bremsanschriften

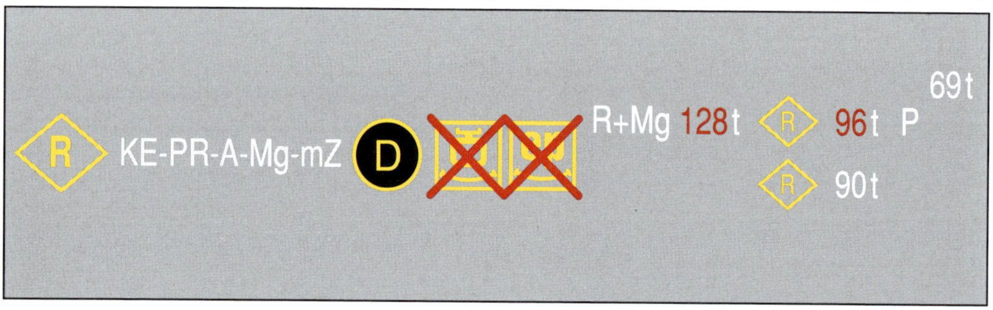

Bild 2: Beispiel für Bremsanschriften

G	= Güterzug
P	= Personenzug
R	= Schnellzug (Rapid)
GP	= Güterzug, Personenzug
PR	= Personenzug, Schnellzug (Rapid)
GPP_2	= Güterzug, Personenzug, Personenzug P2
GPR	= Güterzug, Personenzug, Schnellzug (Rapid)
GPP_2R	= Güterzug, Personenzug, Personenzug P2, Schnellzug (Rapid)
GPR-Mg	= Güterzug, Personenzug, Schnellzug (Rapid),Schnellzug (Rapid) mit Magnetschienenbremse
PR-Mg	= Personenzug, Schnellzug (Rapid), Schnellzug (Rapid) mit Magnetschienenbremse
P-Mg	= Personenzug, Personenzug mit Magnetschienenbremse
R-Mg	= Schnellzug (Rapid) mit Magnetschienenbremse
R-WB	= Schnellzug mit Wirbelstrombremse

Erklärungen der Bezeichnungen s. a. Seite 249, Bild 1

Bild 3: Bremsstellungen-Anschriften nach Verband der Bahnindustrie Deutschland (VDB)

Sondereinrichtungen

- Notbremsüberbrückung System DB mit Steuerung über die 13- bzw. 18-adrige IS-Leitung nach UIC 558
- Notbremsüberbrückung mit anderer Steuerung
- ep: elektropneumatische Bremse System DB mit Bremssteuerung über die 13- bzw. 18-adrige IS-Leitung nach UIC 558
- ep: elektropneumatische Bremse mit vereinfachter Bremssteuerung (Steuerleitung mit 4 Adern) oder mit anderer Steuerung
- ep: elektropneumatische Bremse mit Bremssteuerung System UIC 541-5 (Steuerleitung über 9 Adern)
- ep: elektropneumatische Bremse mit Bremssteuerung und Notbremsüberbrückung System UIC 541-5 (Steuerleitung mit 9 Adern)
- NBÜ: Notbremsüberbrückung mit fahrzeuginterner Bremssteuerung

4.4.2 Bremstechnische Umstellmöglichkeiten

Da schwerere Wagen mit einer höheren Bremskraft gebremst werden können, sind manche Güterwagen durch einem Lastwechsel umstellbar »leer« / »beladen« ausgestattet. Bei Reisezugwagen und Doppelstockwagen können die Bremsgewichte aller vorhandener Wagen als ein Wert angenommen werden (lediglich unter der Berücksichtigung mit oder ohne Personen beladen).

Bei Güterwagen wird jeder einzelne Wagen dem Beladungszustand angepasst, indem mit einer handbedienten Umstelleinrichtung für den Lastwechsel das Bremsgewicht eingestellt wird.

Bild 1: Bremsstellungswechsel

© Restetzki • Leinburg

Bild 2: Lastwechseleinstellung beim Güterwagen

© Restetzki • Leinburg

Mit dem Bremsstellungswechsel kann nur an einem Güterwagen die Bremsstellung eingestellt werden, damit ein Zug die besten Bremswirkungen hat.

Ein geringer Teil der Güterwagen hat einen dreistufigen Lastwechsel mit drei Stellungen. Damit erreicht man, dass auch teilbeladene Ladezustände des Güterwagens bremstechnisch berücksichtigt werden können.

4.5 Bremsproben

Bremsen
Bremsprobe

Sicherheit ist oberstes Gebot im Eisenbahnbetrieb. Um diese Sicherheit zu gewährleisten, werden u. a. Bremsproben ausgeführt.

Bevor ein Zug den Anfangsbahnhof verlässt, ist eine Bremsprobe vorzunehmen. Die Bremsprobe ist zu wiederholen, so oft der Führerstand gewechselt oder der Zug ergänzt oder getrennt wird (EBO).

Die besondere Bedeutung von Bremsproben liegt darin, dass:

- ein Zug sich aus vielen Fahrzeugen zusammensetzt, die alle bremstechnisch miteinander verbunden sind
- die Bremsen im Zugverbund aufeinander abgestimmt sein müssen
- unterschiedliche Zugmassen mit verschiedenen Geschwindigkeiten gefahren und somit auch unterschiedliche Massenkräfte sicher beherrscht werden müssen

Ein ordnungsgemäßes Bedienen und regelmäßiges Prüfen der Bremsen ist deshalb für einen sicheren und störungsfreien Betriebsablauf ausschlaggebend. Diese Aufgaben werden von Bremsprobeberechtigten erfüllt, welche besonders ausgebildet sind und ihre Befähigung in einer Verwendungsprüfung nachgewiesen haben. Ihnen obliegt die wichtige Aufgabe, Bremsen zu bedienen und deren einwandfreie Funktion mittels einer Bremsprobe festzustellen.

Das Bedienen der Bremsen vom Führerstand eines Triebfahrzeuges oder Steuerwagens aus ist in der Regel Aufgabe des Triebfahrzeugführers. Dieses gilt auch bei Verwendung eines Fernsteuerbediengerätes für eine funkferngesteuerte Kleinlokomotive. Für ortsfeste Bremsprüfeinrichtungen werden besonders ausgebildete Mitarbeiter eingesetzt.

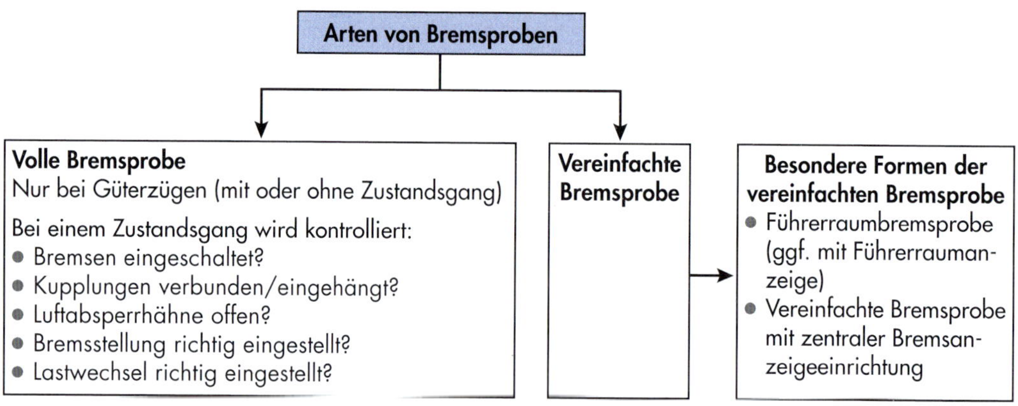

Die Ausführung der Bremsproben erfolgt manuell, benutzergeführt oder automatisch:

- Bei der manuellen Bremsprobe werden die erforderlichen Arbeitsschritte von Hand eingeleitet und augenscheinlich beim Zustandsgang kontrolliert.
- Bei der benutzergeführten Bremsprobe werden die in der Führerraumanzeige aufgeführten Arbeitsschritte von Hand eingeleitet und deren Ergebnisse zur augenscheinlichen Kontrolle angezeigt. In bestimmten Fahrzeugen wird die Kontrolle auch automatisch durchgeführt.

- Bei der automatischen Bremsprobe werden die Arbeitsschritte und die Kontrolle der Ergebnisse automatisch durchgeführt.

Folgenden Umfang und Zweck sollen die Bremsproben erfüllen:

- Bremsproben sind in der Regel in der Bremsstellung auszuführen, die für die nachfolgende Zugfahrt eingestellt ist. Muss nach der Bremsprobe die Bremsstellung geändert werden, ist – außer beim Umstellen in die Bremsstellung »R+Mg« – keine erneute Bremsprobe erforderlich.
- Bei der vollen Bremsprobe sind der Zustand und die Funktion der Bremsen aller Fahrzeuge festzustellen.
- Bei der vereinfachten Bremsprobe ist festzustellen, ob die Durchgängigkeit der Steuer- und Versorgungsleitungen (z. B. Hauptluftleitung, Hauptluftbehälterleitung bzw. elektrische Bremssteuerleitung) bis zum letzten Fahrzeug des Zuges gegeben ist und die Bremsen vom führenden Fahrzeug aus gelöst werden können. Werden Fahrzeuge neu an die Hauptluftleitung angeschlossen, so ist ggf. der Zustand, das Anlegen und Lösen der Bremsen dieser Fahrzeuge und in der Regel das Anlegen und Lösen der Bremsen an den angrenzenden Fahrzeugen (vor und hinter der Kuppelstelle) festzustellen.
- Bei der Führerraumbremsprobe ist die Funktion des Führerbremsventils/der Fahrbremsschalter im führenden Fahrzeug zu prüfen. Der abgesperrte Zustand der nicht benutzten Führerbremsventile und ggf. anderer Bremssysteme ist festzustellen.
- Bei der vereinfachten Bremsprobe mit zentraler Bremsanzeigeeinrichtung ist die Funktion des Führerbremsventils / des Fahrbremsschalters im führenden Fahrzeug zu prüfen. Der abgesperrte Zustand der nicht benutzten Führerbremsventile/Fahrbremsschalter ist festzustellen.
- Bei der Funktionsprüfung prüft der bedienende Bremsprobeberechtigte die Funktion des bei der anschließenden Fahrt zu bedienenden Führerbremsventils/Fahrbremsschalters unter Beobachtung der Anzeigeeinrichtungen.

Die im Verlauf der Bremsprobe festgestellten Mängel und Schäden sind zu beseitigen. Können diese vom Bremsprobeberechtigten nicht beseitigt werden, so ist die betreffende Bremse/Bremskomponente auszuschalten und ggf. zu entlüften.

Schadhafte Bremsen sind zu erfassen durch:

- Bezettelung (Zettel »Bremse unbrauchbar«) oder
- geeignete Dokumentation oder
- Eingabe in ein Diagnosesystem.

Das Fahrzeug ist, wenn nötig, auszusetzen.

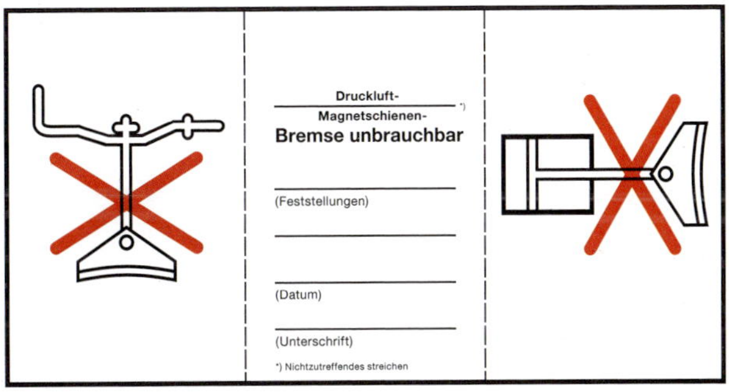

Bild 1: Bremse unbrauchbar

Zur Verständigung bei Bremsproben sind Aufträge und Meldungen mündlich, über Einzelsprechverbindungen, einseitig gerichtete Sprechanlagen oder durch die Bremsprobesignale Zp 6, Zp 7 und Zp 8 zu geben.

Abkürzung	Erläuterung
B	Bremszustand der Bremse feststellen
BPA	Bremsprobeanlage (ortsfest bzw. mobil)
Dh	Dichtheit prüfen
D-HBL	Durchgangsprüfung der Hauptluftbehälterleitung durchführen
D-HL	Prüfung der Hauptluftleitung auf freien Durchgang
ep	ep-Bremse einschalten/prüfen
L	Lösezustand der Bremse feststellen
Mg	Magnetscheibenbremse prüfen
NBÜ	Notbremsüberbrückung prüfen
Tfz < (mit drei leeren Feldern)	Triebfahrzeug mit »Stammzug«
Tfz <	Triebfahrzeug unabhängig der Traktionsart
U…	Ungeprüfte Gruppe (U 1–U 3)
V…	Vorgeprüfte Gruppe (V 1–V 3)
Z	Zustand der Bremse prüfen
Z B	Zustand und Bremszustand der Bremse feststellen
Z L	Zustand und Lösezustand der Bremse feststellen
Z B Mg	Zustand und Bremszustand der Bremse feststellen, Magnetschienenbremse prüfen
XXX	ausgesetzte Fahzeuge

Tabelle 1: Grafische Abbildungen bei den Arbeits- und Prüfschritten bei Bremsproben

4.5.1 Bremsprobesignale

Ein Zug gilt erst dann als vorbereitet, wenn zuvor durch eine Bremsprobe das ordnungsgemäße Wirken der Druckluftbremsen festgestellt wurde. Bremsprobesignale dienen der Verständigung zwischen den zur Bremsprobe berechtigten Mitarbeitern, z. B. zwischen Triebfahrzeugführer und Zugführer, und dürfen gegeben werden als

- Handsignale oder
- Lichtsignale.

Bild 1: Bremsprobensignal Zp 8: Bremse in Ordnung

	Signal Zp 6 »Bremse anlegen«	**Signal Zp 7** »Bremse lösen«	**Signal Zp 8** »Bremse in Ordnung«
Handsignal (Tageszeichen)	Beide Hände werden über dem Kopf zusammengeschlagen 	Eine Hand wird über dem Kopf mehrmals im Halbkreis hin- und hergeschwungen 	Beide Arme werden gestreckt senkrecht hochgehalten 
Handsignal (Nachtzeichen)	Weiß leuchtende Handlaterne wird mehrmals mit der rechten Hand in einem Halbkreis gehoben und senkrecht schnell gesenkt 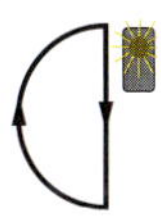	über dem Kopf mehrmals im Halbkreis hin und her geschwungen 	mehrmals in Form einer liegenden Acht bewegt 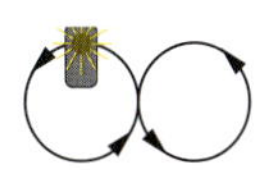
Lichtsignal	Ein weißes Licht 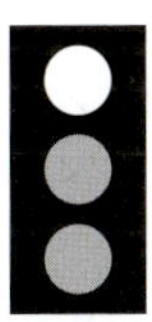	Zwei weiße Lichter senkrecht übereinander 	Drei weiße Lichter senkrecht übereinander 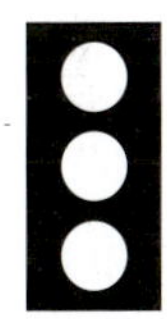
mündlich (zweiseitige Verbindung) • Funk • Fernsprecher • Sprecheinrichtung			
mündlich (einseitige Verbindung) • Lautsprecher • Sprechanlage			

Tabelle 1: Bremsprobesignale

4.5.2 Volle Bremsprobe

Soll eine volle Bremsprobe mit dem Triebfahrzeug durchgeführt werden, ist der Eisenbahnfahrzeugführer davon zu verständigen.

Bei der **vollen Bremsprobe** sind der Zustand und die Funktion der Bremsen aller Fahrzeuge im Zug festzustellen. Deshalb ist eine volle Bremsprobe durchzuführen:

- am neu gebildeten Zug, frühestens 24 Stunden vor der Abfahrt

  Ein Zug gilt als neu gebildet, wenn:
  - er aus Einzelwagen zusammengestellt wurde
  - der Zug durch Einstellen/Aussetzen von vor- oder ungeprüften Wagen/Wagengruppen an mehr als zwei Stellen gekuppelt wurde
- wenn ein Zug länger als 24 Stunden abgestellt war
- am unverändert gebliebenen Zug, der mehrere Tage wiederverwendet wird, einmal täglich, im Regelfall vor der ersten Zugfahrt. Regelungen hierzu trifft die jeweilige Organisationseinheit des Eisenbahnverkehrsunternehmens, die für den Einsatz eines solchen Zuges zuständig ist
- bei Unregelmäßigkeiten
- vor Gefällestrecken

Die volle Bremsprobe wird mit oder ohne Zustandsgang durchgeführt. Bei der vollen Bremsprobe ohne Zustandsgang wird das Prüfen des Zustandes der Bremse mit dem Feststellen des Bremszustandes verbunden. Bei Güterzügen darf eine volle Bremsprobe ohne Zustandsgang nur durchgeführt werden, wenn vor Beginn der vollen Bremsprobe:

- die Hauptluftleitung durchgehend gekuppelt ist,
- die Hauptluftleitung gefüllt ist und
- sofern die Bremsprobe mit einem Hauptluftleitungsdruck von 4,8 bar ausgeführt werden soll, die Bremsen der Fahrzeuge, die mit wirkender Druckluftbremse rangiert wurden, durch kurzes Ziehen am Lösezug gelöst wurden.

Bei Güterzügen, die die genannten Voraussetzungen nicht erfüllen, ist zum Prüfen des Zustandes der Bremse ein besonderer Zustandsgang erforderlich.

Bei Reisezügen wird eine volle Bremsprobe ohne Zustandsgang ausgeführt. Bei der vollen Bremsprobe sind die Reihenfolge der Arbeits- und Prüfschritte verbindlich. Die auszuführenden Arbeits- und Prüfschritte können auch von mehreren Bremsprobeberechtigten ausgeführt werden.

Als Beispiele für Bremsproben sollen die vollen Bremsproben bei Güterzügen aufgezeigt werden. Dabei sind nach der Richtlinie 915 »Bremsen im Betrieb bedienen und prüfen« (ehemals: Brevo) bzw. VDV-Schrift 757 Teil B, die Reihenfolge der Arbeits- und Prüfschritte, mit den genau bezeichneten Tätigkeiten, vorgeschrieben. Unterschieden werden dabei zusätzlich noch die Arbeitsschritte: mit und ohne Zustandsgang.

Volle Bremsprobe

Fahrtrichtung Bremsstellung »G« oder »P«

Aufgaben des Triebfahrzeugsführers bzw. Bremsprobenberechtigten

- am neu gebildeten Zug, frühestens 24 Stunden vor der Abfahrt
- wenn ein Zug länger als 24Stunden abgestellt war
- am unverändert gebliebenen Zug mindestens einmal täglich, in der Regel vor der ersten Zugfahrt, bei Unregelmäßigkeiten (z.B. Überlader der Bremse) und vor Gefällestrecken.

Voraussetzung: Bei Güterzügen darf eine volle Bremsprobe ohne Zustandsgang nur durchgeführt werden, wenn vor Beginn der vollen Bremsprobe die Hauptluftleitung durchgängig gekuppelt ist, die Hauptluftleitung gefüllt ist und sofern die Bremsprobe mit einem Hauptluftleitungsdruck von 4,8 bar ausgeführt werden soll, die Bremsen der Fahrzeuge, die mit wirkender Druckluftbremse rangiert wurden, durch kurzes Ziehen am Lösezug gelöst wurden.

Auszuführende Arbeits- und Prüfschritte:

Lösezustand nach dem Füllen*) an einer Bremse hinter dem führenden Fahrzeug feststellen (soweit sie nicht zur Sicherung gegen unbeabsichtigte Bewegung dient)

Dh Dichtheit prüfen*) Bremse anlegen
Z Zustand und Bremszustand der Bremse*) feststellen
B Bremszustand der Bremse feststellen
L Bremse lösen, Lösezustand der Bremse feststellen, ggf. Lastwechsel einstellen, Bremse in Ordnung melden, Bremsprobe-Meldezettel erstellen (soweit erforderlich)

*) Werden bei den Arbeits- und Prüfschritten »Lösezustand nach dem Füllen« und/oder »Dichtheit prüfen« Unregelmäßigkeiten festgestellt bzw. wird beim Arbeits- und Prüfschritt »Bremszustand feststellen« ein geschlossener Luftabsperrhahn oder eine ausgeschaltete und nicht als schadhaft gekennzeichnete Bremse festgestellt, ist die volle Bremsprobe ohne Zustandsgang abzubrechen und am gesamten Zug eine volle Bremsprobe mit Zustandsgang durchzuführen.

Beispiel für Arbeits- und Prüfschritte am Lok-bespannten Güterzug, der in »G« oder »P« gefahren werden soll (ohne Zustandsgang).

Bild 1: Prüfen und Prüfgänge am gebildeten Güterzug

Bei Güterzügen ist die Prüfung der Hauptluftleitung auf freien Durchgang, sowie für Reisezüge der Grundsatz des Anlegens und Lösens der Bremsen am letzten druckluftgebremsten Fahrzeug bedeutsam.

Zur Vereinheitlichung der Prüfvorgänge in Eisenbahnbetrieben wurden die Inhalte der Richtlinie 91501 komplett und unverändert in eine Schrift des Verbandes Deutscher Verkehrsunternehmen e. V. (derzeit geplant als VDV-Schrift 757 – Bremsen im Betrieb bedienen und prüfen) übernommen.

Diese einheitliche Anforderungen sind konkretisiert in § 4 Abs. 1 AEG in Verbindung mit § 35 Abs. 7 der EBO.

4.5.3 Vereinfachte Bremsprobe

Bei der vereinfachten Bremsprobe ist festzustellen, ob die Durchgängigkeit der Steuer- und Versorgungsleitungen (z. B. Hauptluftleitung, Hauptluftbehälterleitung bzw. elektrische Bremssteuerleitung) bis zum letzten Fahrzeug des Zuges gegeben ist und die Bremsen vom führenden Fahrzeug aus gelöst werden können.

Werden Fahrzeuge neu an die Hauptluftleitung angeschlossen, so ist

— ggf. der Zustand,
— das Anlegen und Lösen der Bremsen dieser Fahrzeuge und
— in der Regel das Anlegen und Lösen der Bremsen an den angrenzenden Fahrzeugen (vor und hinter der Kuppelstelle) festzustellen. Ausnahmen hiervon sind geregelt.

Hat ein zu prüfendes Fahrzeug eine einlösige Bremse, muss auch das Lösen der jeweils angrenzenden mehrlösigen Bremse überwacht werden.

Eine vereinfachte Bremsprobe muss ausgeführt werden:

- wenn die vorgeschriebene volle Bremsprobe nicht mit dem während der Zugfahrt zu bedienenden Führerbremsventil ausgeführt wurde
- wenn ein Zug ergänzt oder vorübergehend getrennt wurde
- wenn ein Zug abgestellt war (war ein Zug mit Triebfahrzeug unverändert bis zu 1 Stunde abgestellt, darf die Führerraumbremsprobe angewendet werden)
- wenn ein Luftabsperrhahn im Zuge geöffnet wurde
- wenn Wagen auf Bremsstellung »R+Mg« umgestellt wurden
- wenn beim Rangieren Fahrzeuge an die Hauptluftleitung angeschlossen sein müssen
- vor Gefällestrecken

Werden nur Fahrzeuge am Zugschluss abgehängt, so ist keine Bremsprobe erforderlich. Entstehen durch Einstellen/Aussetzen von Fahrzeugen/Fahrzeuggruppen mehr als 2 Kuppelstellen im Wagenzug zwischen den vorhandenen bzw. neu eingestellten Fahrzeugen/Fahrzeuggruppen, so gilt der Zug als neu gebildet und es ist eine volle Bremsprobe auszuführen.

Einzelfahrzeuge und Fahrzeuggruppen (mehrere Fahrzeuge, die miteinander bremstechnisch durchgehend verbunden sind), die bereits eine volle Bremsprobe erhalten haben, gelten als vorgeprüfte Gruppe. Werden vorgeprüfte Gruppen neu eingestellt, kann die Einzelprüfung der Fahrzeuge entfallen.

Die Reihenfolge der Arbeits- und Prüfschritte ist verbindlich vorgeschrieben. Die auszuführenden Arbeits- und Prüfschritte können auch von mehreren Bremsprobeberechtigten ausgeführt werden. Regelungen hierzu trifft die jeweilige Organisationseinheit des Eisenbahnverkehrsunternehmens.

4.5.4 Führerraumbremsprobe

Die Führerraumbremsprobe ist auszuführen:

- wenn der Führerraum oder das Führerbremsventil für die Fahrt gewechselt wurde
- wenn ein Zug mit Triebfahrzeug und abgesperrtem Führerbremsventil unverändert bis zu 1 Stunde abgestellt war
- vor der ersten Zugfahrt nach Beendigung einer Fahrt mit Luftbremskopf
- wenn ein an der Spitze des Zuges arbeitendes Triebfahrzeug abgesetzt (abgekuppelt) wurde
- wenn bei funkferngesteuerten Lokomotiven die Bedienungseinrichtung für die Bremse gewechselt wurde (Führerbremsventil zu Fernsteuerbediengerät oder umgekehrt)

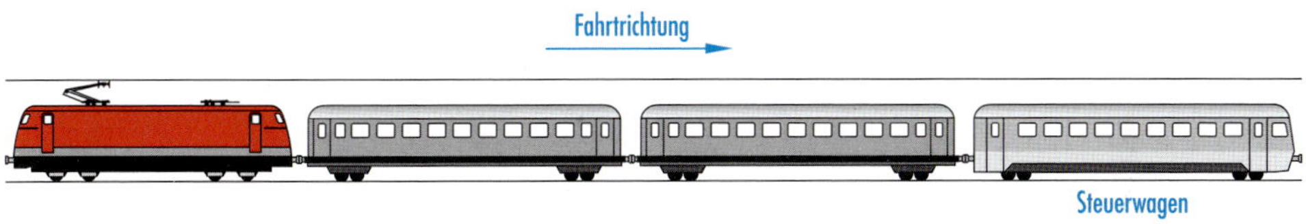

Bild 1: Wendezug

Die Reihenfolge der Arbeits- und Prüfschritte ist verbindlich:

- Bei Führerraumwechsel mit dem bisher benutzten Führerbremsventil/Fahrbremsschalter eine Vollbremsung ausführen, das Führerbremsventil unter Beibehaltung dieser Bremsstufe verschließen bzw. Führertisch deaktivieren.
- Die Bremsen mit dem für die folgende Fahrt zu bedienenden Führerbremsventil lösen.
- Bremsen mit einer Drucksenkung um ca. 0,8 bar anlegen.
- Bei Zügen/Rangierfahrten mit mehreren Fahrzeugen mit Führerbremsventilen das Führerbremsventil unter Beibehaltung dieser Bremsstufe abschließen/absperren und damit prüfen, ob die Führerbremsventile in den anderen Fahrzeugen abgeschlossen sind. Während einer Prüfdauer von etwa 10 Sekunden darf der Hauptluftleitungsdruck nicht ansteigen. Das Führerbremsventil ist nach Ablauf der Prüfdauer wieder aufzuschließen bzw. aufzusperren.
- Bremsen lösen (Ansteigen des Hauptluftleitungsdruckes beobachten).
- Das Lösen ist durch Bedienen des Angleichers zu unterstützen. Dabei ist der Hauptluftleitungsdruck auf 5,3 bar zu erhöhen.

Melden weitere Fahrzeuge den Brems- und Lösezustand, so sind diese Meldungen auf der Anzeigeeinrichtung des führenden Fahrzeuges zu überwachen.

Bei der Führerraumbremsprobe ist der Eisenbahnfahrzeugführer für die ordnungsgemäße Ausführung allein verantwortlich. Die Meldung »Bremse in Ordnung« und das Signal »Zp 8« entfallen. Wenn vor der Führerraumbremsprobe bereits eine Störung bekannt ist, darf die Führerraumbremsprobe nicht angewendet werden. Wenn im Rahmen der Führerraumbremsprobe Störungen oder eine zweifelhafte Wirksamkeit festgestellt werden, darf die Führerraumbremsprobe nicht anerkannt werden. Es muss eine neue Bremsprobe ausgeführt werden.

Durchgangsprüfung

Die Prüfung der Hauptluftleitung auf freien Durchgang bei Güterzügen (lokbespannte Züge) erfolgt mit der vereinfachten Bremsprobe. Die Prüfung der Hauptluftleitung auf freien Durchgang entfällt, wenn die vereinfachte Bremsprobe vom bedienenden Bremsprobeberechtigten für die nachfolgende Zugfahrt alleine ausgeführt wird:

- Der prüfende Bremsprobeberechtigte fordert nach dem Feststellen des Bremszustandes des letzten Fahrzeuges den bedienenden Bremsprobeberechtigten auf, das Nachspeisen der Hauptluftleitung zu verhindern.
- Das für die Zugfahrt zu verwendende Führerbremsventil ist vom bedienenden Bremsprobeberechtigten, je nach Bauart, abzuschließen bzw. abzusperren und der Druckmesser der Hauptluftleitung ist zu beobachten.
- Anschließend öffnet der prüfende Bremsprobeberechtigte den letzten Luftabsperrhahn der Hauptluftleitung des Wagenzuges grundsätzlich für 15 Sekunden. Zur Verhütung von Unfällen ist zuvor der Luftschlauch aus dem Halter herauszunehmen und nahe am Kupplungskopf festzuhalten.
- Wird vom bedienenden Bremsprobeberechtigten ein deutlicher Druckabfall von ca. 0,5 bar in der Hauptluftleitung festgestellt, ist der freie Durchgang der Hauptluftleitung sichergestellt. Bei Vorhandensein einer zweiseitig gerichteten Sprechverbindung ist der Druckabfall von ca. 0,5 bar in der Hauptluftleitung dem prüfenden Bremsprobeberechtigten zu übermitteln.

Unregelmäßigkeiten während der Prüfung der Hauptluftleitung auf freien Durchgang: Wird vom bedienenden Bremsprobeberechtigten kein Druckabfall in der Hauptluftleitung um 0,5 bar festgestellt oder vom prüfenden Bremsprobeberechtigten der Lösezustand der letzen wirkenden Bremse nicht festgestellt, ist der freie Durchgang der Hauptluftleitung nicht sichergestellt. In diesem Fall ist die Ursache festzustellen, zu beseitigen und anschließend eine volle Bremsprobe ohne Zustandsgang durchzuführen.

Durchgangsprüfung der Hauptluftbehälterleitung an lokbespannten Reisezügen ohne Steuerwagen

Sie betrifft die volle Bremsprobe als auch die vereinfachte Bremsprobe:

- Der prüfende Bremsprobeberechtigte öffnet dazu den letzten Luftabsperrhahn der Hauptluftbehälterleitung für etwa 30 Sekunden und achtet auf das Ausströmgeräusch. Zur Verhütung von Unfällen ist dazu der Luftschlauch aus dem Halter herauszunehmen und nahe am Kupplungskopf festzuhalten. Wenn das Luftausströmgeräusch während dieser Zeit nicht wesentlich nachlässt, ist der freie Durchgang gewährleistet. Zur Beendigung der Durchgangsprüfung ist der Luftabsperrhahn zu schließen.
- Während der Durchgangsprüfung prüft der bedienende Bremsprobeberechtigte am Druckmesser, dass der Hauptluftbehälterleitungsdruck um mindestens 2,0 bar absinkt. Es kann am letzten Wagen eine besondere Einrichtung für die Durchgangsprüfung der Hauptluftbehälterleitung vorhanden sein, wie z. B. für den Steuerwagen. Dann sind besondere Schritte zu beachten.

Durchgangsprüfung an Wendezügen (Triebfahrzeug und Steuerwagen)

Sie betrifft die volle Bremsprobe als auch die vereinfachte Bremsprobe:

Steuerwagen können für die Durchgangsprüfung der Hauptluftbehälterleitung mit einer besonderen Einrichtung ausgerüstet sein. Sie besteht im Wesentlichen aus einem Druckknopfventil und einem Druckmesser für HBL-Druck an jeder Wagenlängsseite und/oder einem Druckknopf innen im Eingangsbereich zum Führerraum (HBL Druckmesser im Führertisch im Sichtbereich) und/oder ein Auslassventil in der HBL unter dem Wagen.

Der prüfende bzw. bedienende Bremsprobeberechtigte drückt dazu den Prüfknopf der HBL so lange, bis der HBL-Druck am Druckmesser auf mindestens 5,0 bar abgefallen ist. Wenn nach dem Loslassen des Prüfknopfes der Hauptluftbehälterleitungsdruck wieder auf mehr als 8,0 bar steigt, so ist der Durchgang der Hauptluftbehälterleitung gewährleistet.

Ähnliche Anforderungen gelten bei Reisezügen mit zwei lokbespannten Triebfahrzeugen und besondere Baureihen.

Prüfung der Magnetschienenbremse

Sie wird bei der vollen Bremsprobe und der vereinfachten Bremsprobe geprüft:

Der prüfende Bremsprobeberechtigte drückt an dem bzw. den zu prüfenden Wagen mit eingeschalteter Magnetschienenbremse den Prüfknopf der Bremskontrollanzeige auf einer Wagenseite einige Sekunden lang und überzeugt sich davon, dass die Bremsmagnete auf die Schienen gesenkt werden und der Leuchtmelder »Mg« aufleuchtet. Danach ist der Prüfknopf loszulassen, worauf der Leuchtmelder »Mg« erlöschen muss und die Bremsmagnete in ihre Ruhestellung (Hochlage) zurückkehren müssen.

Werden die Bremsmagnete eines Wagens trotz richtiger Bedienung nicht gesenkt, so ist die Funktionsprüfung nach vollständigem Lösen der Druckluftbremsen zu wiederholen. Die Schnellbremsung ist dann aber bei bereits gedrücktem Prüfknopf der zugehörigen Bremskontrollanzeige auszuführen. Wird dabei die Magnetschienenbremse wirksam, so ist sie betriebsfähig. Werden jedoch auch dann die Bremsmagnete nicht gesenkt, so ist die Magnetschienenbremse schadhaft.

Bild 1: Prüfknöpfe: ep-Bremse und Mg-Bremse

Leuchtmelder »Mg« leuchtet nicht: Bleibt bei der Funktionsprüfung der Bremsmagnete das Aufleuchten des Leuchtmelders »Mg« aus, so ist die Funktionsprüfung auf der anderen Wagenseite zu wiederholen. Verläuft dort die Funktionsprüfung einwandfrei, so ist nur der eine Leuchtmelder gestört. Das Instandsetzen des gestörten Leuchtmelders ist zu veranlassen. Leuchtet kein Leuchtmelder auf, so ist die Magnetschienenbremse schadhaft.

Bremsmagnete bleiben auf den Schienen: Bremsmagnete, die bei nicht gedrücktem Prüfknopf auf den Schienen bleiben, sind durch vollständiges Lösen der Druckluftbremsen mittels Führerbremsventil in ihre Ruhestellung zu bringen. Dabei ist darauf zu achten, dass kein Prüfknopf in gedrücktem Zustand hängen geblieben ist (auch andere Wagenseite beachten). Bleiben trotz dieser Maßnahmen die Bremsmagnete auf den Schienen, so ist die Magnetschienenbremse schadhaft.

Schadhafte Magnetschienenbremsen: Eine schadhafte Magnetschienenbremse an Wagen ist bei vollständig gelöster Druckluftbremse des Zuges durch Umstellen des Bremsstellungswechsels in die Stellung »R« auszuschalten. Bleiben die Bremsmagnete einer ausgeschalteten Magnetschienenbremse trotz gelöster Bremse noch auf den Schienen, so ist der Magnetisierungsstrom durch den Sicherungstrenner der Mg-Bremse zu unterbrechen. Bei schadhafter Magnetschienenbremse ist der Schaden zu melden bzw. zu dokumentieren.

Beispiel für Arbeits- und Prüfschritte bei Dichtheit prüfen, an Lokbespannten Zügen. Bei der vereinfachten Bremsprobe ist eine Dichtheitsprüfung nicht erforderlich. Bei der vollen Bremsprobe ist folgendes zu beachten:

Wurde der Hauptluftleitungsdruck durch den bedienenden Bremsprobeberechtigten zum Feststellen des Lösezustandes nach dem Füllen auf maximal 5,5 bar erhöht, ist vor Beginn der Dichtheitsprüfung der Druck in der Hauptluftleitung grundsätzlich auf 5,0 bar anzugleichen. Bei Verwendung von nicht umgerüsteten ortsfesten Bremsprobeanlagen muss bei Güterzügen der Druck in der Hauptluftleitung abweichend auf 4,8 bar angeglichen werden. Bei Bremsprobeanlagen mit Schnelldruckregler darf der Druck nicht mehr als 0,1 bar in 2 Minuten abgesenkt werden.

Das Nachspeisen der Hauptluftleitung ist zu verhindern. Hierzu ist das zu bedienende Führerbremsventil je nach Bauart abzuschließen bzw. abzusperren. Der Druckmesser der Hauptluftleitung ist zu beobachten. Der Druckabfall in der Haupt-luftleitung darf in einer Minute höchstens betragen a) bei Reisezügen 0,3 bar, b) bei Güterzügen 0,5 bar. Wird die Bremsprobe mit einer Kleinlokomotive mit Kdi-Bremse ausgeführt, muss das Prüfen der Dichtheit wegen der Eigenheit der Kdi-Bremse entfallen. Nach dem Prüfen der Dichtheit ist die Hauptluftleitung wieder aufzufüllen.

Arbeits- und Prüfschritte an der Notbremsüberbrückung (NBÜ)

Die Arbeits- und Prüfschritte beginnen mit dem Einschalten der Notbremsüberbrückung / ep einschalten. Dabei schaltet der bedienende Bremsprobeberechtigte im aktiven Führerraum die entsprechende Notbremsüberbrückung/ep-Bremse (NBÜ/ep) ein. Dabei ist es notwendig, dass an allen Fahrzeugen eine NBÜ/ep-Bremse vorhanden ist nach:

- System »DB« oder
- System »UIC 541-5« oder
- System »NBÜ 2004«

Der Regeldruck muss in der HL erreicht sein.

Verschiedene Systeme der NBÜ/ep-Bremse unterscheiden sich in den Bremsanschriften.

System	DB	UIC 541-5	NBÜ 2004
Lokomotiven	ep	ep [Symbol]	ep NBÜ
Reisezugwagen	[Symbol] ep	ep [Symbol]	ep [Symbol] NBÜ
Steuerwagen	[Symbol] ep	ep [Symbol]	ep NBÜ
Güterwagen			ep NBÜ

Tabelle 1: Bremsanschriften bei NBÜ/ep-Bremse

An zwei Beispielen soll der Vorgang der Prüfung der Notbremsüberbrückung aufgezeigt werden.

An lokbespannten Zügen (System DB) ohne Steuerwagen: Wenn laut Fahrplan des Zuges mit Notbremsüberbrückung gefahren werden muss, gilt dies für die volle Bremsprobe und die vereinfachte Bremsprobe:

- Der prüfende Bremsprobeberechtigte drückt im Schaltschrank des letzten Wagens den Taster »Notbremse-Test« und hält diesen gedrückt. Der weiße Leuchtmelder »Notbremse-Signal« muss aufleuchten (Dauerlicht), der rote Leuchtmelder »Notbremse« des Wagens blinkt. Daraufhin muss im Führerraum das akustische Signal oder die Sprachausgabe »Notbremse« ertönen und der rote Leuchtmelder »Notbremse« blinken.
- Der bedienende Bremsprobeberechtigte bestätigt das ankommende Signal durch Verlegen des Führerbremsventils in Füllstellung, das akustische Signal oder die Sprachausgabe »Notbremse« müssen verstummen, der rote Leuchtmelder »Notbremse« blinkt weiter.
- Der prüfende Bremsprobeberechtigte überprüft daraufhin, dass der weiße Leuchtmelder »Notbremse-Signal« von Dauerlicht in Blinklicht übergeht und der rote Leuchtmelder »Notbremse« weiter blinkt.
- Nach dem Loslassen des Tasters »Notbremse-Test« müssen im Wagen und im Triebfahrzeug alle Leuchtmelder erlöschen.
- Der prüfende Bremsprobeberechtigte ruft über die Sprechstelle des Wagens den bedienenden Bremsprobeberechtigten. Ist die Prüfung ordnungsgemäß verlaufen, ist dies von beiden zu bestätigen.

Für andere Überbrückungssysteme gibt es entsprechende Prüf- und Arbeitsschritte.

Bild 1: Komplette Einstellungen an einem Reisezugwagen mit Prüfeinrichtungen und Umstellmöglichkeiten

An Wendezügen, Triebfahrzeug und Steuerwagen (System DB): Dies gilt für die volle Bremsprobe und die vereinfachte Bremsprobe:

- Der prüfende Bremsprobeberechtigte drückt im Schaltschrank des Steuerwagens den Taster »Notbremse-Test« und hält diesen gedrückt. Der weiße Leuchtmelder »Notbremse-Signal« muss aufleuchten (Dauerlicht), der rote Leuchtmelder »Notbremse« blinkt.
- Daraufhin muss im Führerraum des Triebfahrzeuges das akustische Signal oder die Sprachausgabe »Notbremse« ertönen und der rote Leuchtmelder »Notbremse« blinken.
- Der bedienende Bremsprobeberechtigte bestätigt das ankommende Signal durch Verlegen des Führerbremsventils in Füllstellung, das akustische Signal oder die Sprachausgabe »Notbremse« müssen verstummen, der rote Leuchtmelder »Notbremse« blinkt weiter.

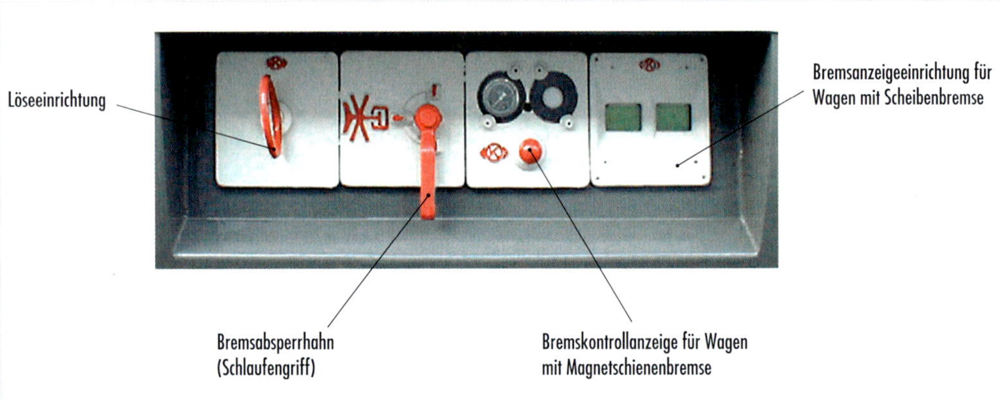

Bild 1: Einrichtung mit Lösetaster

- Der prüfende Bremsprobeberechtigte überprüft daraufhin, dass der weiße Leuchtmelder »Notbremse-Signal« von Dauerlicht in Blinklicht übergeht und der rote Leuchtmelder »Notbremse« weiter blinkt.
- Nach dem Loslassen des Tasters »Notbremse-Test« müssen im Steuerwagen und im Triebfahrzeug alle Leuchtmelder erlöschen.
- Der prüfende Bremsprobeberechtigte ruft über die Sprechstelle des Wagens den bedienenden Bremsprobeberechtigten. Ist die Prüfung ordnungsgemäß verlaufen, ist dies von beiden zu bestätigen.
- Spätestens vor der ersten Fahrt mit führendem Steuerwagen ist das Prüfen der NBÜ auch mit den Führerraumeinrichtungen des Steuerwagens auszuführen.
- Der prüfende Bremsprobeberechtigte drückt im Schaltschrank des Steuerwagens den Taster »Notbremse-Test«, der rote Leuchtmelder »Notbremse« des Wagens blinkt.
- Daraufhin muss im Führerraum des Steuerwagens das akustische Signal oder die Sprachausgabe »Notbremse« ertönen und der rote Leuchtmelder »Notbremse« blinken.
- Wird die Notbremsüberbrückung vom bedienenden Bremsprobeberechtigten allein geprüft, ist es ausreichend, wenn er bei gedrücktem Taster »Notbremse-Test« des Steuerwagens das akustische Signal wahrnimmt.

Für andere Überbrückungssysteme gibt es entsprechende Prüf- und Arbeitsschritte.

4.6 Bremsstellungen und Anschriften

Bremsen
Bremstechnik

Züge haben unterschiedliche Zuglängen. Güterzüge z. B. sind in der Regel länger als Reisezüge und haben damit einen anderen Druckverlauf (Durchschlagszeiten). Die Zeitdauer, bis sich der Druckabfall bei einem Bremsvorgang bis zum letzten Wagen fortgesetzt hat, ist in diesem Fall entsprechend größer. Um einen langen Güterzug ruckfrei bremsen zu können, müssen deshalb die Bremszylinderfüll- und Bremszylinderlösezeiten den Erfordernissen angepasst werden.

Langsam wirkende Bremsen erlaubten nur eine Höchstgeschwindigkeit von 90 km/h. Fahrzeuge, die in Zügen mit höheren Geschwindigkeiten (mehr als 90 km/h) eingestellt werden, rüstet man mit einem Bremsstellungswechsel aus, der eine Umstellung von langsam wirkender auf schnell wirkende Bremse ermöglicht.

Fahrzeuge mit eigenständiger Bremseinrichtung können die in Bild 1 gezeigten Umstelleinrichtungen haben.

Die nachfolgende Tabelle 1 zeigt die Füll- und Lösezeiten der Bremszylinder für die beiden häufigsten Bremsstellungen »G« und »R« bzw. »P«:

Bremsstellung im Fahrplan:	Mögliche Bremsstellung an den Bremsstellungswechseln:
G	G
R/P	P
R/P	R
R/P	P + Mg
R/P	R + Mg
WB	R + WB

Bild 1: Bremsstellungen nach Fahrplan und am Zug

Merkhilfen:

G	langsam wirkend (früher: Güterzug)
P	schnell wirkend (früher: Personenzug)
R	schnell und stark wirkend (Rapid)

Bremseinrichtungen, die das Bremsvermögen erhöhen:

Mg	Magnetschienenbremse
WB	Wirbelstrombremse
E	Elektrische Bremse
H	Hydrodynamische Bremse
ep	Elektopneumatische Bremse
mZ	Zusatzbremse

Bild 2: Merkhilfe Bremseinstellungen

Bremsstellung	Bremszylinder- Füllzeit	Bremszylinder- Lösezeit
G	18–30 s	45–60 s
P/R	3–5 s	15–20 s

Tabelle 1: Füll- und Lösezeiten der Bremszylinder

Eine langsamwirkende Bremse ist für lange Züge erforderlich, denn hier tritt die Durchschlagsgeschwindigkeit besonders in Erscheinung. Der Druckimpuls erreicht den letzten Wagen eines 700 m langen Zuges nach ca. 4 Sekunden. Dies würde bei einer schnellwirkenden Bremse bedeuten, dass die Spitze des Zuges voll abgebremst ist, dagegen das Zugende ungebremst aufläuft. Ein unruhiger Zuglauf – (Zerrung) bis hin zur Betriebsgefahr (Zugtrennung) – könnte die Folge sein. Auch können lange Güterzüge, die in »G« fahren bis zu 10 Minuten für die Lösezeit brauchen.

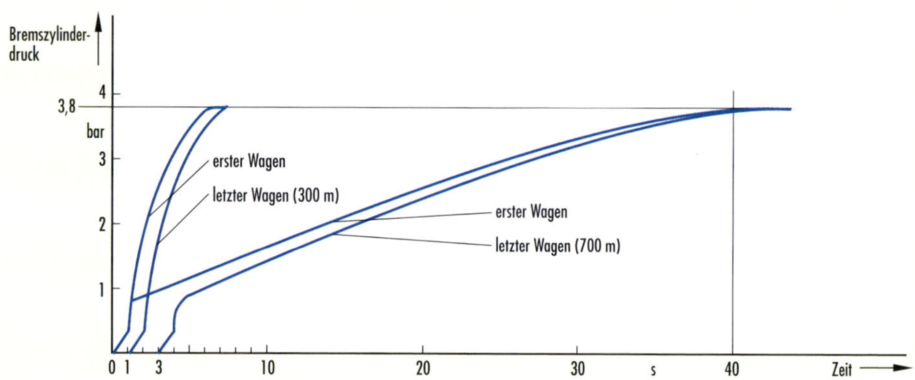

Bild 1: Bremszylinderdrücke eines 300 m und 700 m langen Zuges

Reisezugwagen, die bremstechnisch für v > 120 km/h ausgelegt sind, erhalten außer den Bremsstellungen »G« und »P« auch die Stellung »R«.

Reisezugwagen, die bremstechnisch für v > 140 km/h ausgelegt sind, müssen zusätzlich eine Magnetschienenbremse erhalten und am Bremsstellungswechsel eine weitere Stellung »R+Mg«.

An den Bremsstellungswechseln der Fahrzeuge muss die Bremsstellung eingestellt werden, die der im Fahrplan angegebenen Bremsstellung nach nebenstehender Übersicht entspricht.

Bei Reisezügen und bei Triebfahrzeugfahrten ist grundsätzlich die wirksamste Bremsstellung einzustellen.

Bei Güterzügen ist grundsätzlich die Bremsstellung einzustellen, die im Fahrplan angegeben ist. Steht im Fahrplan die Bremsstellung »R/P« ist die Bremsstellung »P« einzustellen.

Bremsstellung	Bremswirkung
G	langsam
P	schnell
R	schnell und stark
R+Mg	schnell und sehr stark

Tabelle 1: Zusammenwirken von Bremsstellung und Bremswirkung

Bremsstellung im Fahrplan	Mögliche Bremsstellung an den Bremsstellungswechseln
G	G
R/P	P
R/P	R
R/P	P+Mg
R/P	R+Mg
WB	R+WB

Tabelle 2: Einstellung von Bremsstellungen

4.7 Führen von bremstechnischen Unterlagen

Eisenbahnverkehrsunternehmen (EVU) müssen für das Erstellen von Wagenlisten und Bremszetteln unternehmenseigene Regeln entwickeln. Deswegen können diese von denen der DB AG abweichend gestaltet werden.

4.7.1 Wagenliste (DB AG)

Wagenliste

Ein Zugführer muss in der Regel für einen Zug eine Wagenliste nach einem festgelegten Vordruck erstellen, soweit diese nicht von einem anderen Mitarbeiter geführt wird.

Für Reisezüge im grenzüberschreitenden Verkehr müssen internationale Wagenlisten verwendet werden. Mit der Nachbarbahn können abweichende Regeln vereinbart worden sein (Örtliche Zusätze). Für Reisezüge, die auf dem Grenzbahnhof der übernehmenden Bahn enden, braucht keine internationale Wagenliste geführt werden. Der übergebende Zugführer muss die abzusetzenden Wagen, der übernehmende Zugführer die neu einzustellenden Wagen eintragen.

Besonderheiten

- Solange ein Wagenzug für mehrere Züge unverändert bleibt, muss täglich nur eine Wagenliste geführt werden.
- Wenn im Fahrplan angegeben ist »Mindestens 90 % der Achsen des Wagenzuges müssen gebremst sein« ist ggf. nur eine Wagenliste zu führen mit dem Zusatz »Bei einem Gewicht des Wagenzuges von mehr als 800 t müssen Bremshundertstel ausgerechnet werden«, müssen eine Wagenliste dann geführt werden, wenn
  — das geschätzte Gewicht des Wagenzuges größer als 800 t ist oder
  — nach Abschluss der Zugbildung weniger als 90 % der Achsen des Wagenzuges gebremst sind.

Verzicht

Keine Wagenliste ist zu führen:

- wenn diese durch ein Datenverarbeitungssystem erstellt wird
- für Züge, wenn die Angaben im Display im Führerraum enthalten sind
- wenn ein Dauerbremszettel ausgelegt ist
- für Züge, die ausschließlich aus arbeitenden Lokomotiven oder aus arbeitenden Lokomotiven und nur einem Fahrzeug im Wagenzug gebildet sind; die Angaben für das Fahrzeug im Wagenzug müssen unmittelbar in den Bremszettel eingetragen werden
- für Züge, die ausschließlich aus Nebenfahrzeugen gebildet sind; die Angaben müssen unmittelbar in den Bremszettel eingetragen werden

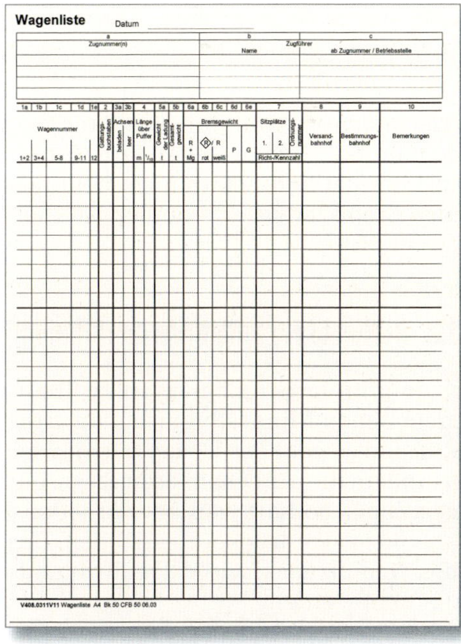

Bild 1: Vordruck Wagenliste (DB AG)

4.7.2 Bremszettel (DB AG)

Bremszettel

Ein Zugführer muss in der Regel einen Bremszettel nach Vordruck führen, soweit er nicht vom Triebfahrzeugführer oder einem anderen Mitarbeiter geführt wird.

Besonderheiten

Bleiben die Angaben für Wagenzug, arbeitende Triebfahrzeuge und Gesamtzug für mehrere Züge unverändert, ist für diese Züge täglich nur ein Bremszettel zu führen.

Kein Bremszettel muss geführt werden für:

- Züge, deren Bremszettel durch ein Datenverarbeitungssystem erstellt wird,
- Züge, wenn die Angaben im Display im Führerraum enthalten sind. In den Führerräumen dieser Züge ist ein Dauerbremszettel ausgelegt, der zu verwenden ist, wenn die Angaben im Display des Führerraums nicht zur Verfügung stehen,
- Reisezüge, auf deren Führerräumen für die im Zug eingestellten Fahrzeuge ein Dauerbremszettel ausgelegt ist,
- Züge, die ausschließlich aus arbeitenden Lokomotiven oder arbeitenden Nebenfahrzeugen gebildet sind. Im Dauerbremszettel sind auch Angaben der Wagenliste enthalten.

Bremszettel Datum

a	b
Zugnummer(n)	ab Betriebsstelle

1	2	3	4	5	6
	Zeile	Bezeichnung	Wagenzug	arbeitende Triebfahrzeuge	Gesamtzug
Angaben für Reise- und Güterzüge	1	Gewicht [t]			
	2	Bremsgewicht [t]			
	3	Zahl der Achsen			
	4	Mindestbremshundertstel			
	5	Vorhandene Bremshundertstel $\frac{\text{Zeile 2, Sp. 6} \times 100}{\text{Zeile 1, Sp. 6}}$			
	6	Fehlende Bremshundertstel			*)
	7	Nummer des letzten Fahrzeugs			
	8	Zahl der einlösigen Bremsen			
	9	Zahl der mehrlösigen Bremsen			
	10	Zahl der Bremsen mit Ⓓ			
	11	Zahl der Bremsen mit Ⓚ, Ⓛ und ⓁⓁ			
	12	Zahl der Matrossow-Bremsen			
	13	Länge [m]			
	14	Zahl der gebremsten Achsen			
	15	Zahl der erforderlichen gebremsten Achsen $\frac{\text{Zeile 3, Sp. 4} \times 9}{10}$			
	16	Im Wagenzug sind Fahrzeuge, deren zulässige Geschwindigkeit niedriger ist als die des Zuges. Wenn ja, niedrigste zulässige Geschwindigkeit eines Fahrzeugs im Wagenzug	nein / ja *) .... km/h	Nicht Zutreffendes schräg durchstreichen	
Besondere Angaben für Reisezüge	21	NBÜ/ep-Bremse an allen Fahrzeugen im Wagenzug vorhanden	nein / ja		
	22	Notbremsüberbrückung wirksam	nein / ja		
	23	Im Wagenzug sind Fahrzeuge mit den Kennbuchstaben h, z, oder ee	nein / ja		
	24	Im Wagenzug sind Fahrzeuge mit den Kennbuchstaben n oder y	nein / ja		
	25	Im Wagenzug sind ausschließlich Fahrzeuge mit TB 0	nein / ja		
	26	Im Wagenzug sind ausschließlich Fahrzeuge mit „o. Zub"	nein / ja		
	27	Im Wagenzug sind ausschließlich Fahrzeuge mit dem Kennbuchstaben a	nein / ja		
Besondere Angaben für Güterzüge	31	Im Wagenzug sind Fahrzeuge mit gefährlichen Gütern	nein / ja		
	32	ep-Bremse an allen Fahrzeugen im Wagenzug wirksam	nein / ja		

Bremszettel ausgefertigt (Name)

V408.0312V01 Bremszettel A5 Bk 100 12.09 *) Weisung der Betriebszentrale einholen

Bild 1: Vordruck Bremszettel (DB AG)

Änderungen müssen den Triebfahrzeugführer mündlich mitgeteilt werden, wenn sich Angaben im Bremszettel ändern. Ein Triebfahrzeugführer muss dann den Bremszettel selbst berichtigen, sofern nicht bei umfangreichen Änderungen die Ausfertigung eines neuen Bremszettels erforderlich ist.

4.7.3 Beispiele für eine Bremsberechnung

Bei einer Bremsberechnung ist zu überprüfen, ob die im Kopf des Fahrplans (s. Kap 2.5) angegebenen Mindestbremshundertstel (Mbr) am fertig gestellten Zug vorhanden sind. Dazu sind sowohl das Gesamtzuggewicht als auch das Gesamtbremsgewicht zu berechnen, indem die anrechenbaren Bremsgewichte und die Gesamtgewichte aller Fahrzeuge eines Zuges addiert werden. Für jeden Zug ist deshalb i. d. R. ein Bremszettel und eine Wagenliste (Vordrucke) zu erstellen. Das nachfolgend aufgeführte Beispiel zeigt anhand eines Wagenzuges, wie Wagenliste und Bremszettel geführt und die erforderlichen Mbr berechnet werden.

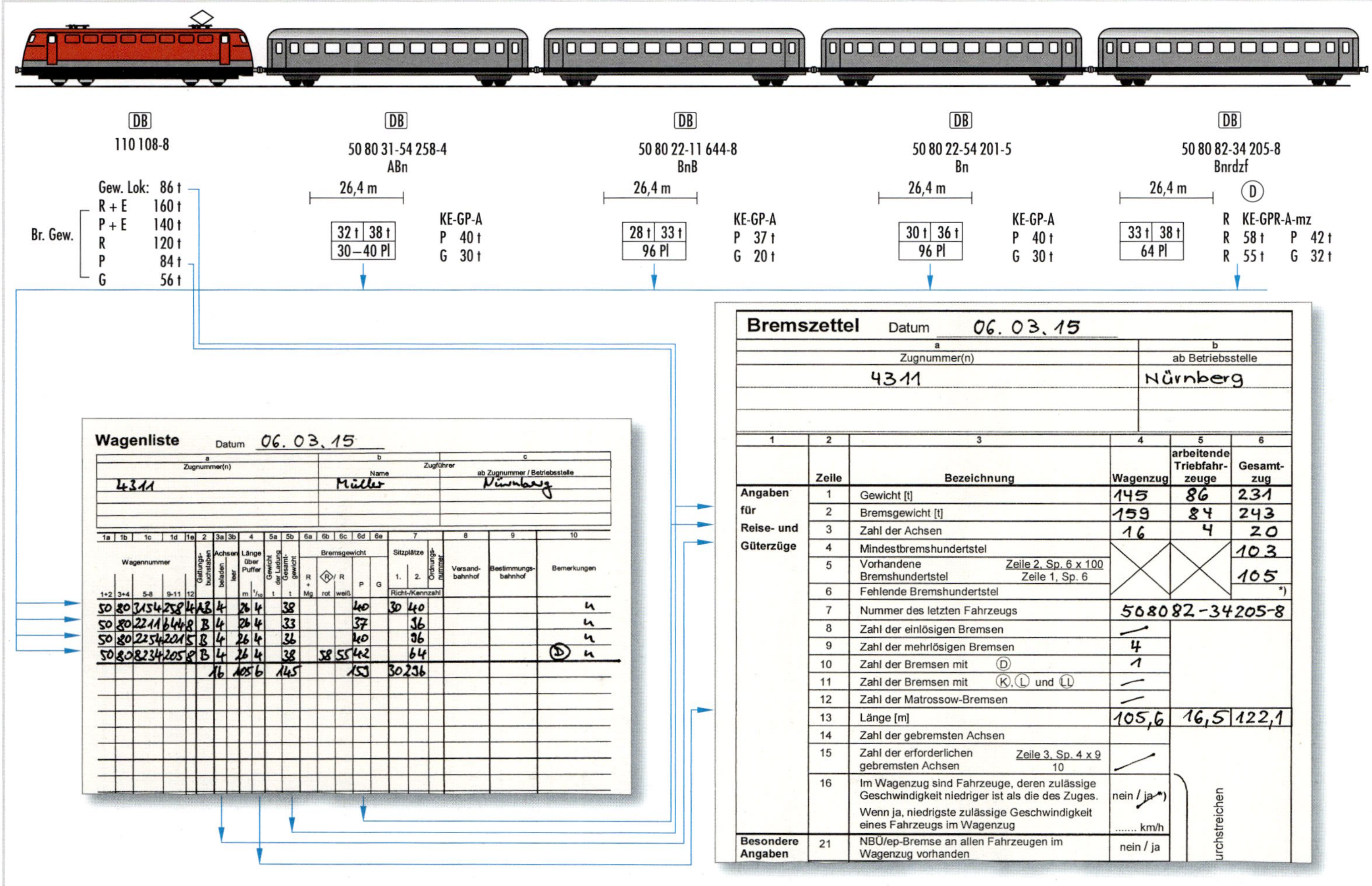

Bild 1: Wagenliste, Bremszettel für den Reisezug 4311

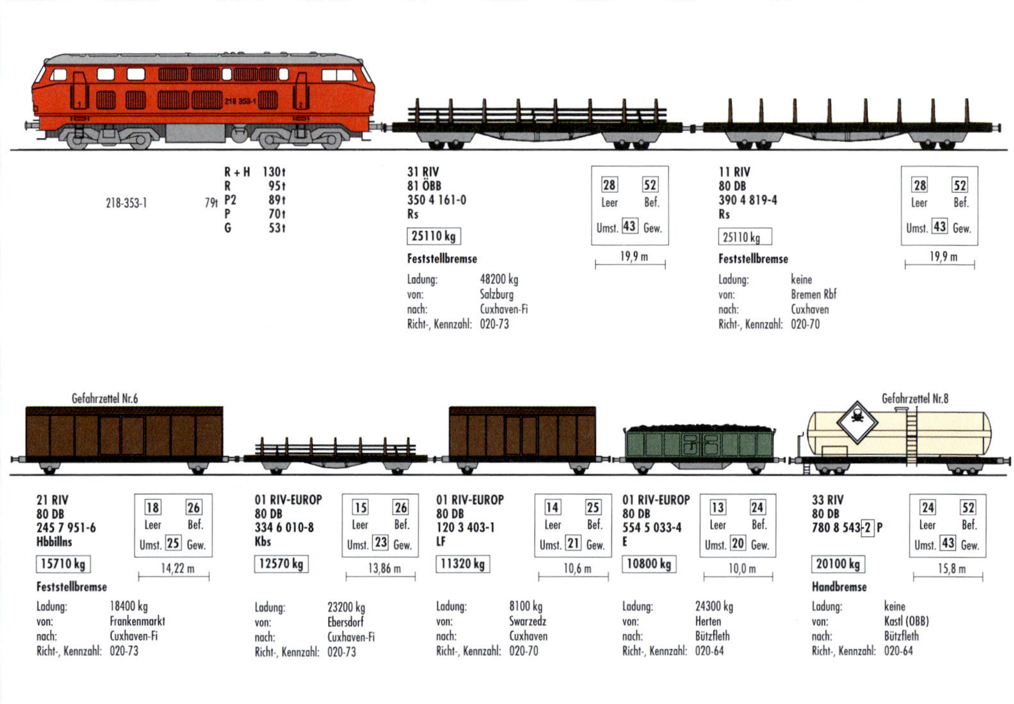

Bild 1: Ein Güterzug 57036 fährt von Maschen Rbf nach Cuxhaven. Der Zug hat folgende Angaben: Tfz 218, Mbr 80 P, Hg 100 km/h

Wagenliste

Datum 06. 03. 15

a Zugnummer(n)	b Zugführer Name	c ab Zugnummer / Betriebsstelle
57036	Meyer	Maschen Rbf.

1a Wagennummer 1+2	1b 3+4	1c 5-8	1d 9-11	1e 12	2 Gattungsbuchstaben	3a Achsen beladen	3b Achsen leer	4 Länge über Puffer m	4 1/10	5a Gewicht der Ladung t	5b Gesamtgewicht t	6a Bremsgewicht R + Mg	6b (R)/R rot	6c weiß	6d P	6e G	7 Sitzplätze 1.	7 Sitzplätze 2.	7 Ordnungsnummer	8 Versandbahnhof	9 Bestimmungsbahnhof	10 Bemerkungen
31	81	3504	161	0	R	4		19	9	48	73				52		0	20	73	Salzburg	Cuxh.-Fi	(H)
11	80	3904	819	4	R		4	19	9		25				28		0	20	70	Bremen Rbf	Cuxhafen	(H)
21	80	2457	951	6	H	2		14	3	18	34				26		0	20	73	Frankenm.	Cuxh.-Fi	UN 2023, Gef. 6.1
01	80	3346	010	8	K	2		13	9	23	36				26		0	20	73	Ebersdorf	Cuxh.-Fi	
01	80	1203	403	1	G	2		10	6	8	19				14		0	20	70	Swarzedz	Cuxhafen	
01	80	5545	033	4	E	2		10	0	24	35				24		0	20	64	Herten	Bützfleth	
33	80	7808	543	2	P		4	15	8		20				24		0	20	64	Kast(ÖBB)	Bützfleht	H, UN 1824, Gef. 8
						12	8	104	4	121	242				194							Meyer

Spalte 7: Richt-/Kennzahl

Bild 2: Wagenliste für den Güterzug 57036

Bremszettel Datum 06.03.15

a	b
Zugnummer(n)	ab Betriebsstelle
57036	Maschen Rbf

1	2	3		4	5	6
	Zeile	Bezeichnung		Wagenzug	arbeitende Triebfahrzeuge	Gesamtzug
Angaben für Reise- und Güterzüge	1	Gewicht [t]		242	79	321
	2	Bremsgewicht [t]		194	70	264
	3	Zahl der Achsen		20	4	24
	4	Mindestbremshundertstel				80
	5	Vorhandene Bremshundertstel	Zeile 2, Sp. 6 x 100 / Zeile 1, Sp. 6			82
	6	Fehlende Bremshundertstel				*)
	7	Nummer des letzten Fahrzeugs		3380-7808543-2		
	8	Zahl der einlösigen Bremsen				
	9	Zahl der mehrlösigen Bremsen		7		
	10	Zahl der Bremsen mit Ⓓ				
	11	Zahl der Bremsen mit Ⓚ, Ⓛ und (LL)				
	12	Zahl der Matrossow-Bremsen				
	13	Länge [m]		104,4	16,4	120,8
	14	Zahl der gebremsten Achsen				
	15	Zahl der erforderlichen gebremsten Achsen	Zeile 3, Sp. 4 x 9 / 10			
	16	Im Wagenzug sind Fahrzeuge, deren zulässige Geschwindigkeit niedriger ist als die des Zuges. Wenn ja, niedrigste zulässige Geschwindigkeit eines Fahrzeugs im Wagenzug		nein / ~~ja~~ *) .... km/h	Nicht Zutreffendes schräg durchstreichen	
Besondere Angaben für Reisezüge	21	NBÜ/ep-Bremse an allen Fahrzeugen im Wagenzug vorhanden		nein / ja		
	22	Notbremsüberbrückung wirksam		nein / ja		
	23	Im Wagenzug sind Fahrzeuge mit	den Kennbuchstaben **h**, **z**, oder **ee**	nein / ja		
	24		den Kennbuchstaben **n** oder **y**	nein / ja		
	25	Im Wagenzug sind ausschließlich	Fahrzeuge mit **TB 0**	nein / ja		
	26		Fahrzeuge mit „**o. Zub**“	nein / ja		
	27		Fahrzeuge mit dem Kennbuchstaben **a**	nein / ja		
Besondere Angaben für Güterzüge	31	Im Wagenzug sind Fahrzeuge mit gefährlichen Gütern		~~nein~~ / ja		
	32	ep-Bremse an allen Fahrzeugen im Wagenzug wirksam		nein / ~~ja~~		

Bremszettel ausgefertigt (Name) Meyer

V408.0312V01 Bremszettel A5 Bk 100 12.09 ***) Weisung der Betriebszentrale einholen**

Bild 1: Bremszettel für den Zug 57036

Bild 1: Güterzug im Einzelwagenverkehr (Frankenwald)

Bild 2: Güterzug im Bahnhof Greiz (Elstertalbahn)

1. In welchen Unterlagen lassen sich bremsbetriebliche Regelungen finden?
2. Was versteht man unter dem »Bremsgewicht« eines Eisenbahnfahrzeuges?
3. Bei Schienenfahrzeugen werden verschiedene Bremssysteme unterschieden. Nennen Sie diese und erklären Sie in Kurzform ihre Unterschiede!
4. Was versteht man unter der »Bremskraft« und von welchen Faktoren ist sie abhängig?
5. Worin unterscheiden sich die Klotz- von den Scheibenbremsen?
6. Wie funktioniert eine direkt wirkende (nicht selbsttätige) Bremse?
7. Wie funktioniert eine indirekt wirkende (selbsttätige) Bremse?
8. Welche Aufgabe übernimmt das »Löseventil«?
9. Erläutern Sie die verschiedenen Bremsstellungen!
10. Welche Aufgaben übernehmen Triebfahrzeugbremsen und welche Arten werden dabei unterschieden?
11. Machen Sie an einigen Beispielen deutlich, woran man bei einem Triebfahrzeug erkennen kann, welche bremstechnischen Einrichtungen das Triebfahrzeug besitzt!
12. Erklären Sie in Kurzform die Funktion der beiden Arten von Schienenbremsen!
13. Nennen Sie die Arten der Bremsmöglichkeiten und erläutern Sie die Auswirkungen auf den jeweiligen Betriebsablauf!
14. Welche zusätzlichen Bremsausrüstungen können an Eisenbahnfahrzeugen vorhanden sein und welche jeweilige Funktion erfüllen sie?
15. Vergleichen Sie die Bremsanschriften eines Reisezugwagens im Original mit den Erläuterungen in diesem Kapitel!
16. Warum können bei vielen Reise-, bzw. Güterwagen verschiedene Bremsstellungen vorgenommen werden?
17. Welche grundsätzliche Aufgabe übernimmt eine »Bremsprobe«?
18. In welchen Fällen ist eine »Volle Bremsprobe« notwendig und in welchen Fällen reicht eine »Vereinfachte Bremsprobe« aus?
19. Beschreiben Sie die Bremsprobesignale Zp 6, Zp 7 und Zp 8 in ihrer Bedeutung und den jeweiligen Ausführungsformen!
20. Was versteht man bei einer Bremsprobe unter einer »Durchgangsprüfung«?

5 Stellwerkstechnik

© Klaus Pitter

5.1 Zweck und Aufgabe von Stellwerken

In den ersten Jahren des Bestehens der Eisenbahnen verkehrten nur wenige Züge und die Geschwindigkeiten waren gering. Wenn Weichen und Signale vorhanden waren, wurden sie an Ort und Stelle bedient.

Um die in den folgenden Jahrzehnten zunehmenden Zug- und Rangierfahrten innerhalb der Bahnhöfe zu sichern, wurden immer mehr Weichen und Signale erforderlich. Zur Arbeitserleichterung wurde es notwendig, die Signale und Weichen zentral von einer Stelle aus zu bedienen. Die so zusammengefassten Einrichtungen nannte man dann Stellwerke.

Bild 1: Brückenstellwerk in Brügge

Bild 2: Stellwerk im Bahnhof Sarnau

Neben der Erleichterung der Arbeit für die Bediener, der Beschleunigung von Zug- und Rangierfahrten, ist die Erhöhung der Betriebssicherheit der Hauptzweck der Stellwerksanlagen.

Die Erhöhung der Betriebssicherheit wird im Wesentlichen durch folgende sicherheitstechnische Forderungen erreicht:

- Zwischen Weichen und Signalen im Bahnhof besteht eine Signalabhängigkeit, d.h., die Fahrtstellung eines Signals ist erst möglich, wenn sich die Weichen für die vorgesehene Zugfahrt in der richtigen Stellung befinden und in dieser bis zur Beendigung der Zugfahrt verschlossen sind (gesicherte Fahrstraße) (s. Kap. 6.3). Das gleichzeitige Bedienen von Signalen für einander gefährdende Fahrstraßen (z.B. Gegenfahrten, Flankenfahrten) ist zwangsweise ausgeschlossen. Jede Fahrstraße ist durch Schutzweichen oder aufliegende Gleissperren gegen Fahrzeugbewegungen in den Nachbargleisen gesichert (s. Kap. 6.3.1).
- Auf der freien Strecke sind Züge gegen das Auffahren nachfolgender Züge sowie Gegenfahrten gesichert (s. Kap. 7.3).
- Sind an einer Zugfahrt mehrere Stellwerke beteiligt, dann müssen sie durch die so genannte Bahnhofsblockung von einander abhängig gemacht werden (s. Kap. 5.3.1).

Alle im Laufe der Zeit entwickelten Stellwerksbauformen erfüllen – trotz unterschiedlicher Bedienung – diese sicherungstechnischen Forderungen (s. Kap. 5.2).

Kurze geschichtliche Entwicklung der Stellwerke

1836 Signale werden erstmals fernbedient

1850 Erstes Stellwerk mit Abhängigkeiten zwischen Weichen und Signalen (England), in Deutschland 1868 (mechanisches Stellwerk)

1909 Erstes elektromechanisches Stellwerk (Ablaufstellwerk in Köln-Kalk), Signalanlagen werden elektrisch gestellt, Hebel werden durch Drehknöpfe ersetzt

1928 Entwicklung des preußischen Einheitsstellwerkes, Vereinheitlichung der verschiedenen Bauformen

1943 Entwicklung eines elektromechanischen Einheitsstellwerkes (E43)

1948 Erstes Drucktasten-Gleisbildstellwerk in Düsseldorf-Derendorf, Bedienung über Drucktasten, Formsignale werden durch Lichtsignale ersetzt

1988 Erstes elektronisches Stellwerk in Murnau (Bayern)

Bild 1: Blick in ein mechanisches Stellwerk

Fahrdienstleiter (Fdl)

Die Bediener der Stellwerkseinrichtungen nennt man »Wärter«. Die Wärter arbeiten entweder als Fahrdienstleiter (Fdl) oder Weichenwärter (Ww).

Der Fahrdienstleiter regelt in eigener Verantwortung die Zugfolge sowie die Durchführung von Zug- und Rangierfahrten. Neben der Sicherung der Zugfahrt im Bahnhof (s. Kap. 6.3) sowie auf der freien Strecke (s. Kap. 7.3), der Durchführung des Zugmeldeverfahrens (s. Kap. 7.2) gehört das Beobachten von Zügen (s. Kap. 11.1) zu seinen wesentlichen Aufgaben.

Außerdem hat er entsprechende Unterlagen zu führen. Dies sind u.a. Zugmeldebücher, Fernsprechbücher, Vordrucke, Anordnungen über den Zugverkehr, Befehle und Fahrplan-Mitteilungen. Diese müssen nach ihrem Abschluss bei der im Betriebsstellenbuch genannten Stelle aufbewahrt werden.

Bild 2: Fahrdienstleiter im Stellwerk

1. Nennen Sie die Aufgabe von Stellwerken!
2. Warum wurden sie errichtet?
3. Welche wesentlichen Aufgaben hat ein Wärter in einem Stellwerk zu erfüllen?

5.2 Einteilung der Stellwerke

Stellwerke

Stellwerke können unterschieden werden nach

- ihrer Bedienungsart und
- ihrer betrieblichen Bestimmung.

Einteilung der Stellwerke nach ihrer Bedienungsart

Mechanische Stellwerke	Elektromechanische Stellwerke	Relaisstellwerke	Elektronische Stellwerke
Bedienung über			
Hebel	Drehschalter	Drucktasten bzw. Tastatur	Bedientablett und -stift, Tastatur, PC-Maus
Verschlusseinrichtungen			
mechanisch	elektrisch und mechanisch	elektrisch (Relaistechnik)	Computer (Mikroprozessoren und Software)
Stellen der Weichen, Signale etc. durch			
Drahtzug	Elektrischen Strom (Motor)		

Bild 1: Blick in ein elektromechanisches Stellwerk (Wolfhagen/Kassel)

Bild 2: Blick in ein elektronisches Stellwerk (Berlin-Wannsee)

Einteilung der Stellwerke nach ihrer betrieblichen Bestimmung

- Fahrdienstleiterstellwerke (Befehlsstellwerke, Befehlsstellen, Zentralstellwerke, Blockstellen, Abzweigstellen)
- Wärterstellwerke (abhängig von Befehlsstellwerken oder Befehlsstellen)
- Rangierstellwerke (nur beim Rangieren z. B. im Rangierbahnhof)

Befehlsstellwerke sind Stellwerke, auf denen ein Fahrdienstleiter die Zugfolge regelt, Weichen und Signale bedient und einem abhängigen Wärterstellwerk »Aufträge«, z. B. zum Stellen von Hauptsignalen, erteilt.

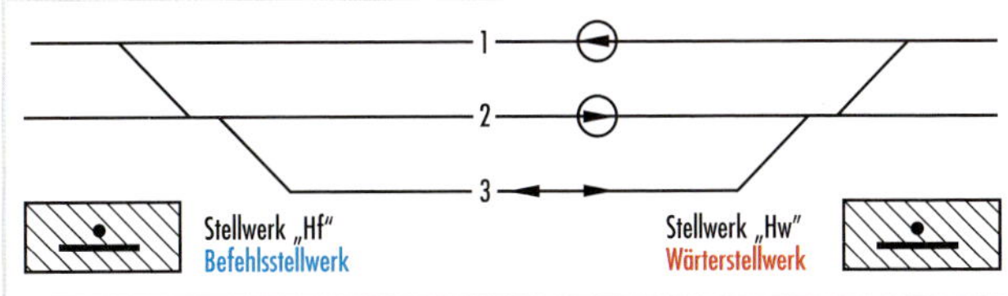

Bild 1: Befehlsstellwerk

Befehlsstellen sind Einrichtungen, die mit einem Fahrdienstleiter besetzt sind und auch »Befehle« an abhängige Stellwerke geben, von denen aus aber keine Weichen und Signale bedient werden.

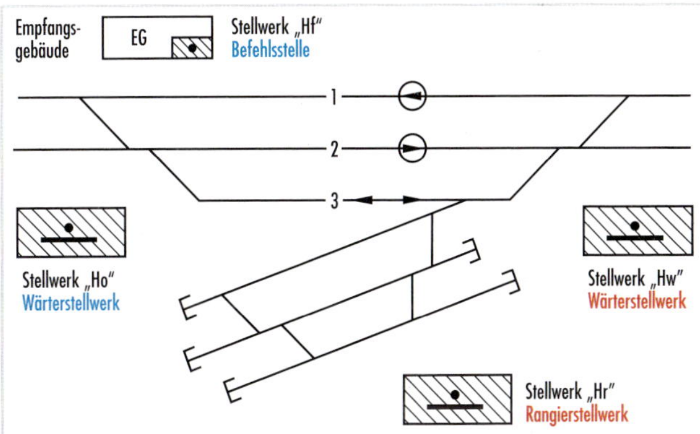

Bild 2: Befehlsstelle

Ein Zentralstellwerk ist ein Stellwerk, auf dem neben Signalanlagen des eigenen Bahnhofs noch Signalanlagen örtlich nicht besetzter Zugmeldestellen bedient werden (auch wenn nur ein Stellwerk vorhanden ist).

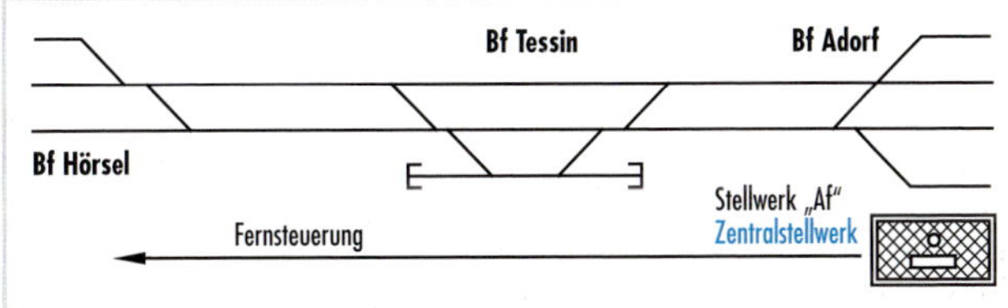

Bild 3: Zentralstellwerk

1. Nennen Sie die wesentlichen Kriterien, nach denen sich ein mechanisches Stellwerk von einem Gleisbildstellwerk unterscheidet!
2. Wodurch unterscheidet sich ein Befehlsstellwerk von einer Befehlsstelle?
3. Wodurch unterscheidet sich ein Zentral-Fahrdienstleiter von einem Strecken-Fahrdienstleiter (ihr jeweiliger Arbeitsplatz ist ein Zentralstellwerk)?

5.3 Aufbau und Funktion der Stellwerksarten

5.3.1 Mechanisches Stellwerk

Beim mechanischen Stellwerk wendet der Bediener die zum Umstellen der Weichen, Riegel, Gleissperren und Signale notwendige Kraft selber auf. Mit Hilfe von Hebeln und Drahtzugleitungen wird diese Kraft auf die Antriebe der umzustellenden Einrichtungen übertragen. Die Signalabhängigkeit wird durch ein mechanisches Verschlussregister mit mechanisch bewegten Teilen hergestellt.

Seit Bestehen der Eisenbahn wurden mechanische Stellwerke verschiedener Bauarten entwickelt. Im Jahre 1928 wurde für die mechanischen Stellwerke das »Einheitsstellwerk« eingeführt, welches für die folgende Darstellungen zugrunde gelegt wird.

Baugruppen eines mechanischen Stellwerkes

- Mechanische Innenanlagen
- Mechanische Außenanlagen
- Blockelektrische Innenanlagen
- Blockelektrische Außenanlagen

Mechanische Innenanlagen befinden sich im Stellwerk und werden durch den Fahrdienstleiter oder Weichenwärter bedient.

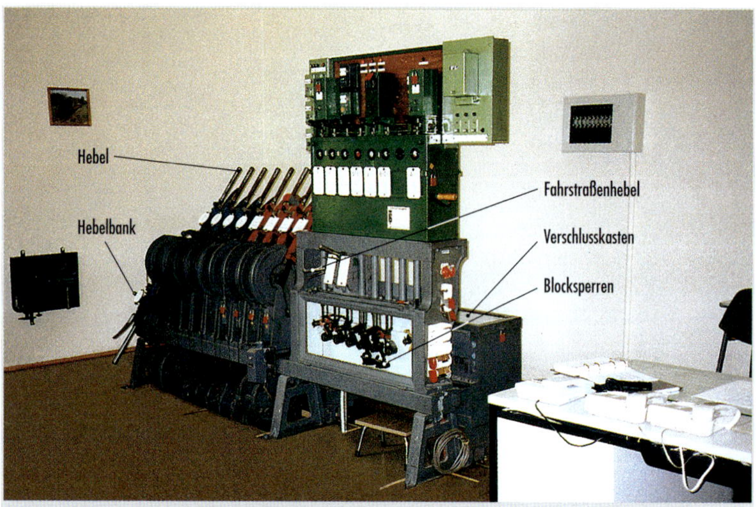

Bild 1: Blick in ein mechanisches Stellwerk

Mechanische Innenanlagen

Hebelbank
- Weichenhebel
- Riegelhebel
- Gleissperrenhebel
- Signalhebel
- Fahrstraßenhebel

Verschlusskasten
- Fahrstraßenschubstangen
- Verschlussbalken für Weichen und Signal
- Verschlussstücke

Blockuntersatz
- Blocksperren

Auf der **Hebelbank** sind die Stellhebel für Weichen, Gleissperren, Riegel und Signale angeordnet. Um die Hebel besser unterscheiden zu können, sind diese durch Farbanstrich und Beschriftung gekennzeichnet.

Hebel	Farbe
Weichen-, Gleissperren- und Riegelhebel	blau
Sperrsignalhebel	blau mit rotem Ring
Signalhebel	rot
Fahrstraßenhebel (Fh)	grün

Tabelle 1: Anstrich der Hebel

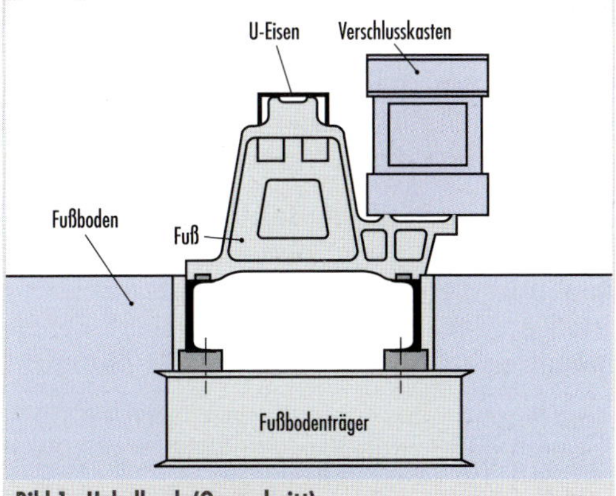

Bild 1: Hebelbank (Querschnitt)

Weichen-, Riegel- und Signalhebel haben zwei Endstellungen: Die Grundstellung und die umgelegte Stellung. Beim Umlegen des Hebels um 180° aus der oberen Stellung (Grundstellung) in die untere Stellung (umgelegte Stellung) werden die beiden angeschlossenen Drahtzugleitungen um 500 mm bewegt. Die Grundstellung des Hebels entspricht der im Signallageplan angegebenen + Lage der Weiche (s. Bahnhof Adorf S. 255). Die Stellbewegung wird über die Spannwerke auf die Weichenantriebe etc. nach außen übertragen.

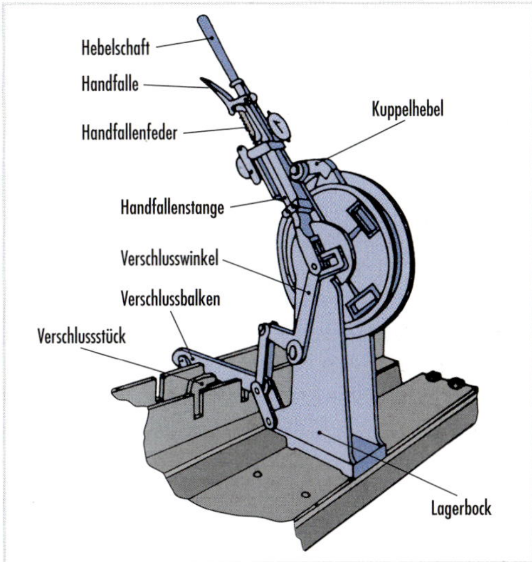

Bild 2: Weichenhebel

Der Hebel wird in den beiden Endlagen dadurch festgehalten, dass die Handfallenstange in den Lagerblock eingreift. Soll der Hebel umgelegt werden, so wird durch Andrücken der Handfalle der Hebel frei beweglich. In der Endlage wird der Hebel nach Loslassen der Handfalle wieder arretiert.

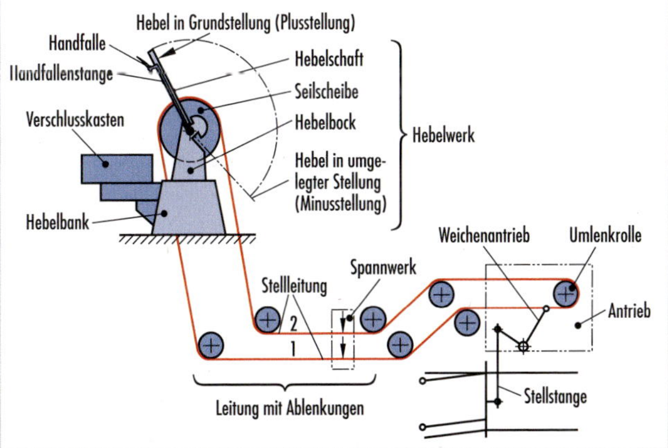

Bild 3: Wirkschema für die Fernbedienung einer Weiche

Hinter den Stellhebeln liegt der **Verschlusskasten**. Er ist mit der Hebelbank verbunden und enthält die Einrichtungen, welche die Abhängigkeit der Signale von den Weichen, Gleissperren, Gleissperrsignalen, Riegeln und den Flankenschutzeinrichtungen herstellt (Signalabhängigkeit). Diesem Zweck dienen die Fahrstraßenschubstangen mit den auf ihnen sitzenden Verschlussstücken und die Verschlussbalken der Hebel.

In der Grundstellung des Fahrstraßenhebels (Fh) sind die zu der Fahrstraße gehörenden Weichen- und Riegelhebel frei und können beliebig um- und zurückgelegt werden. Dagegen ist der Signalhebel durch das unter dem Verschlussbalken stehende Verschlussstück in der Haltstellung festgelegt. Der Fahrstraßenhebel kann erst umgelegt werden, nachdem alle Hebel in die für die Fahrstraße notwendige Stellung gebracht worden sind.

Im nebenstehenden Beispiel müssen für die Fahrstraße a_1^1 keine Weichenhebel umgelegt werden. Beim Umlegen des Fahrstraßenhebels bewegt sich die Fahrstraßenschubstange nach rechts und verschließt die zugehörigen Weichen- und Riegelhebel. Das Signalverschlussstück gibt den Verschlussbalken des Signalhebels frei. Jetzt kann das Signal in die Fahrtstellung Hp 1 gebracht werden. Nach Umlegen des Signalhebels lässt sich der Fahrstraßenhebel nicht mehr zurücklegen, da der Verschlussbalken des Signalhebels vor das Signalverschlussstück getreten ist. Somit sperrt der Signalhebel den Fahrstraßenhebel. Die abhängigen Weichen- und Riegelhebel können nicht mehr bewegt werden, sie sind verschlossen.

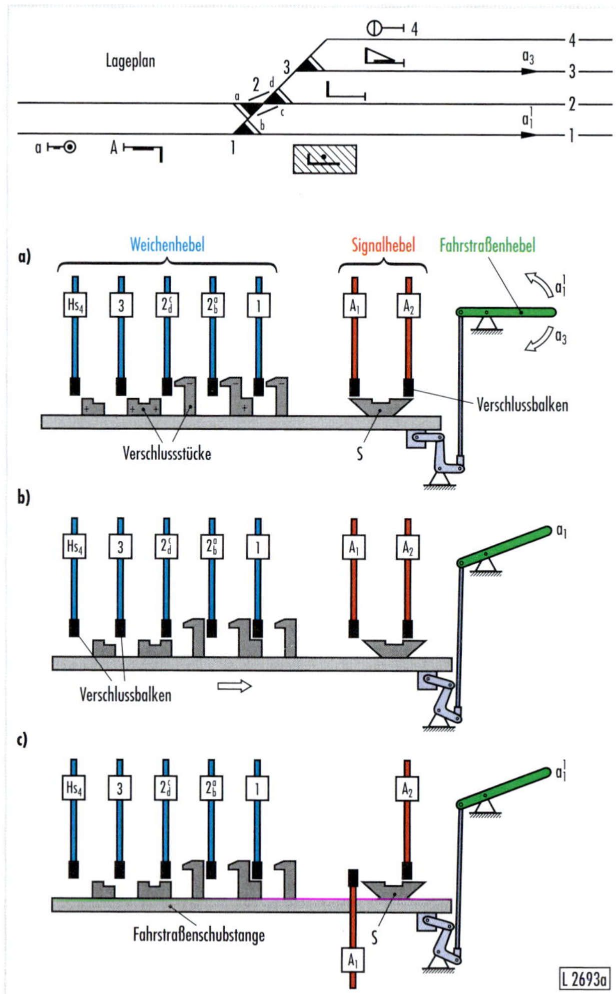

Bild 1: Abhängigkeit zwischen Weichenhebeln, dem Fahrstraßen- und dem Signalhebel

Um unberechtigte Eingriffe in den Verschlusskasten zu vermeiden, ist er mit einer dicken Glasplatte abgedeckt und durch ein Vorhängeschloss oder durch ein Siegel verschlossen.

Im **Blockuntersatz** befinden sich die Blocksperren der Bahnhofs- und Streckenblockung. Die Blocksperren übertragen die Verschlüsse der Blockfelder auf die Fahrstraßen- und Signalhebel. Sie verbinden dadurch den elektrischen mit dem mechanischen Teil der Sicherungsanlagen. Farben kennzeichnen die zusammenarbeitenden Teile der Blocksperren.

Bild 1: Blockuntersatz

Mechanische Außenanlagen

Stellleitungen, Antriebe und Zubehör
- Spannwerke
- Führungselemente: Umlenkrollen etc.

Antriebe für
- Weichen
- Gleissperren
- Signale

Weichen
- Weichenverschlüsse
- Weichensignale

Zungenüberwachungseinrichtungen
- Riegel
- Zungenprüfer

Einzelsicherungen
- Handverschlüsse (s. auch Kap. 10.10 und Seite 270)

Signale
- Formhauptsignal
- Formvorsignal
- Formsperrsignal

Drahtleitungen übertragen die Stellbewegung der Hebel auf die Antriebe der Weichen etc. Dabei unterstützen Führungsrollen die Leitungen. Ablenkrollen sind bei Richtungsänderungen eingebaut. Die Drahtleitungen arbeiten zuverlässig, wenn sie straff gespannt sind. Das setzt vor allem voraus, dass die durch Temperaturschwankungen hervorgerufenen Längenänderungen ausgeglichen werden. Diesen Ausgleich bewirken die Spannwerke, die darüber hinaus bei Drahtbruch eine wichtige Funktion ausüben (sichere Endlage). Es wird zwischen Innen- und Außenspannwerken unterschieden.

Zweck der Spannwerke

- Herstellen und Erhalten einer gleich bleibenden Zugspannung
- Weichen und Signale bei Drahtleitungsbruch in eine sichere Endlage bringen und sie in dieser Stellung festhalten
- Ausgleich von Längenänderungen bei Temperaturschwankungen

Bild 1: Spannwerk unter dem Hebelwerk (Innenspannwerk)

Bild 2: Spannwerk im Freien (Außenspannwerk)

Antriebe übertragen die Bewegung der Drahtleitung auf die entsprechenden Außenanlagen (Weichen, Signale etc.).

Der Weichenantrieb überträgt die Bewegung über die Stellstange auf die Weichenzungen. Er ist ein zweiarmiger Hebel mit unterschiedlich langen Schenkeln. Am längeren Schenkel sitzt die Drahtbruchsperre, die folgende Aufgaben übernimmt:

- Reißt ein Draht während des Stellvorgangs, bringt das fallende Spanngewicht das Zungenpaar in eine Endlage. Die Drahtbruchsperre verhindert das Zurückstellen der Weichenzungen.
- Tritt der Drahtbruch während der Ruhelage ein, so bewirkt die Drahtbruchsperre das Verbleiben der Zungen in dieser Stellung.

Als Antriebe für Formhaupt- und Formvorsignale wird in mechanischen Stellwerken ein Stellrinnenantrieb verwendet. Endet die Drahtzugleitung am Hauptsignal, wird ein Endantrieb eingebaut. Läuft der Drahtzug über das Hauptsignal hinaus bis zum Vorsignal, wird ein Durchgangsbetrieb verwendet.

Bild 3: Weichenantrieb mit Drahtbruchsperre

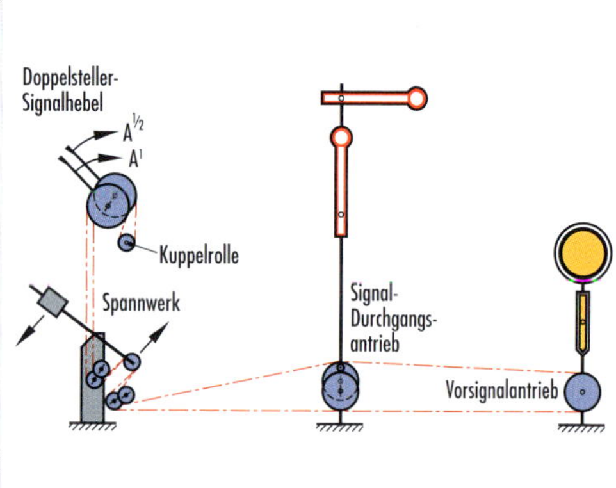

Bild 4: Signalleitung mit Signal-Durchgangsbetrieb

Weichenverschlüsse haben die Aufgabe, die

- anliegende Zunge fest mit der Backenschiene zu verklammern
- anliegende Zunge in dieser Lage festzuhalten, damit der Spurkranz eines Fahrzeuges nicht zwischen Zunge und Backenschiene geraten kann
- abliegende Zunge in einem bestimmten Abstand von der Backenschiene festzuhalten

Der am meisten verwendete Verschluss ist der Klammerspitzenverschluss. An der Weichenspitze wird die anliegende Zunge durch den Klammerspitzenverschluss an die Backenschiene angedrückt und mit dieser verklammert. Die abliegende Zunge wird in ausreichendem Abstand von der Backenschiene gehalten (s. Bild 2 und 3).

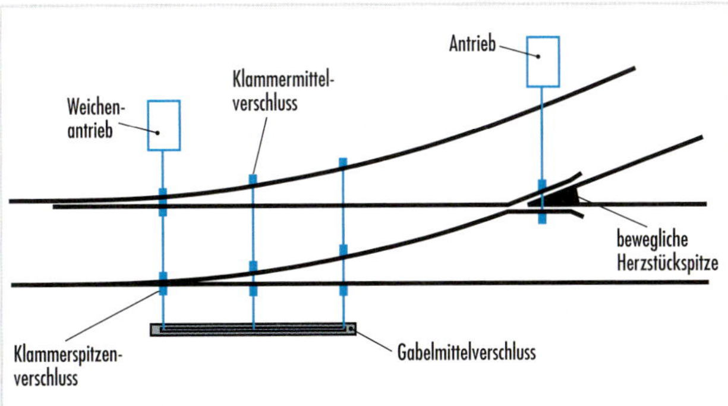

Bild 1: Weichenverschlüsse

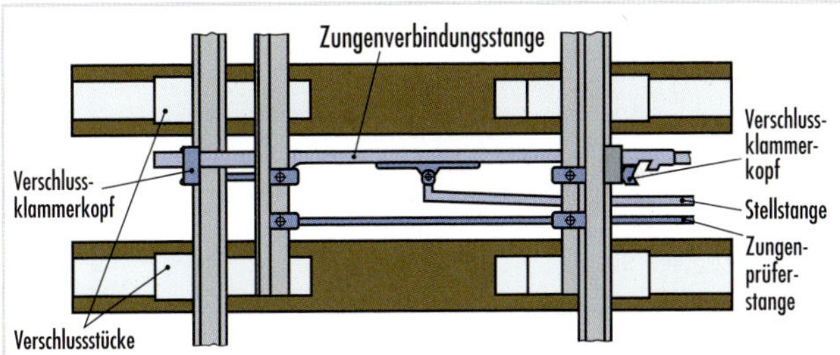

Bild 2: Klammerspitzenverschluss an einer einfachen Weiche – rechte Zunge durch Klammer verschlossen (Einstellung für die Fahrt nach links)

Klammermittelverschlüsse bzw. Gabelmittelverschlüsse sorgen dafür, dass sowohl die zu befahrende Zunge überall an den dafür vorgesehenen Abstützbereichen anliegt als auch zwischen Backenschiene und abliegender Zunge die Mindestdurchfahrrille nicht unterschritten wird.

Trotz verschiedener Bauformen von Weichenverschlüssen stimmen alle darin überein, dass sich der Stellvorgang einer Weiche in drei Stellabschnitte gliedert. Der Spitzenverschluss ist auffahrbar.

Bild 3: Klammerspitzenverschluss

Weichenverschlüsse

Zungenverschlüsse
- Klammerspitzenverschluss
- Klammermittelverschluss
- Gabelmittelverschluss

Herzstückverschlüsse
- Klammerverschluss für bewegliche Herzstückspitzen
- Klammerverschluss für bewegliche Doppelherzstückspitzen

Endstellung links	linke (= anliegende) Zunge	rechte (= abliegende) Zunge
Erster Stellabschnitt	Die linke Zunge wird entriegelt	Die rechte Zunge wird mitgenommen und nähert sich der Backenschiene
Zweiter Stellabschnitt	Die Zunge folgt der Stellbewegung	Die Zunge folgt der Stellbewegung
Dritter Stellabschnitt	Die Zunge nähert sich dem vorgeschriebenen Maß von der Backenschiene	Die Zunge wird verriegelt (verklammert)
Endstellung rechts	**linke (= abliegende) Zunge**	**rechte (= anliegende) Zunge**

Tabelle 1: Umstellvorgang einer einfachen Weiche

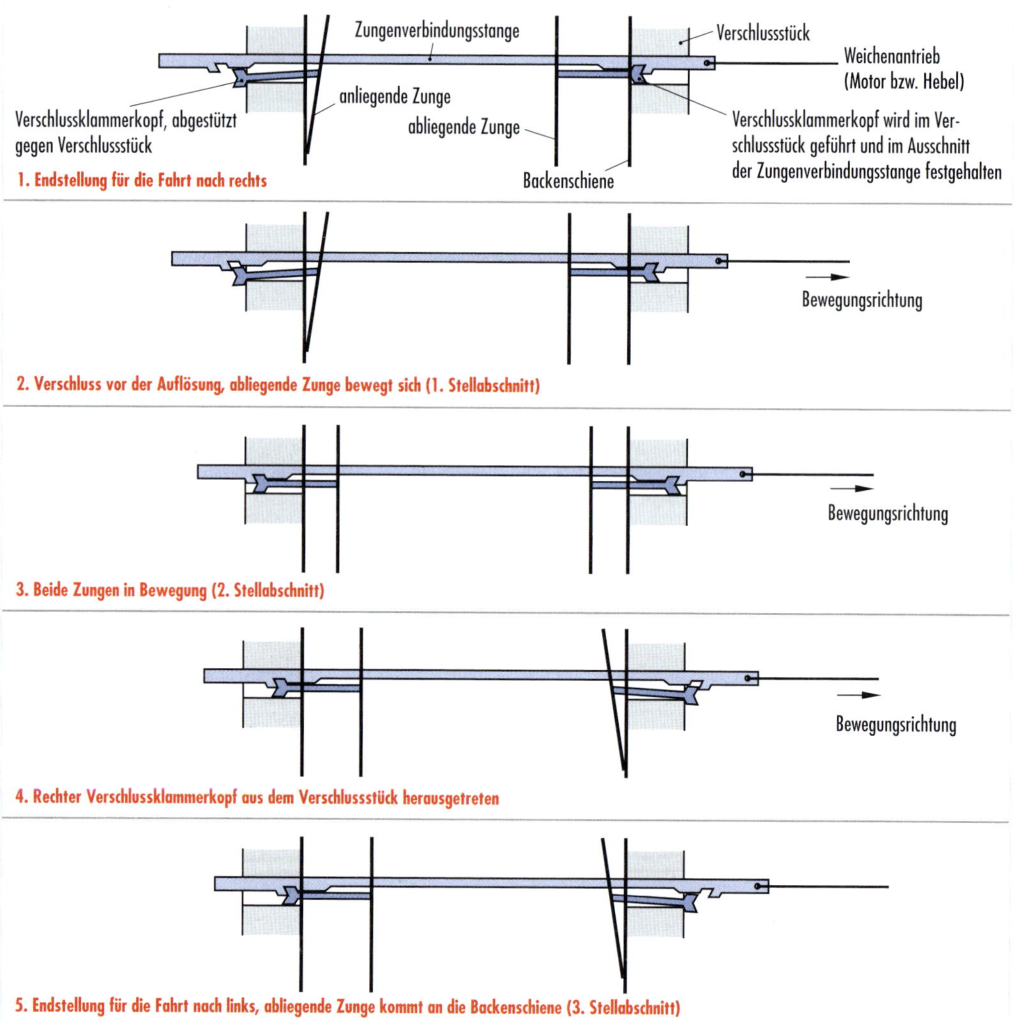

Bild 1: Umstellvorgang einer Weiche

Weichenriegel und **Zungenprüfer** sind Zungenüberwachungseinrichtungen an fern- und ortsgestellten Weichen. Die Aufgabe des Weichenriegels ist es,

- den ordnungsgemäßen Zungenverschluss der anliegenden Weichenzunge zu kontrollieren
- Weichen und Gleissperren in Fahrstraßen einzubeziehen und signalabhängig zu machen
- beim Versagen der Drahtbruchsperre die Weichenzungen in der Lage wie vor dem Drahtbruch festzuhalten

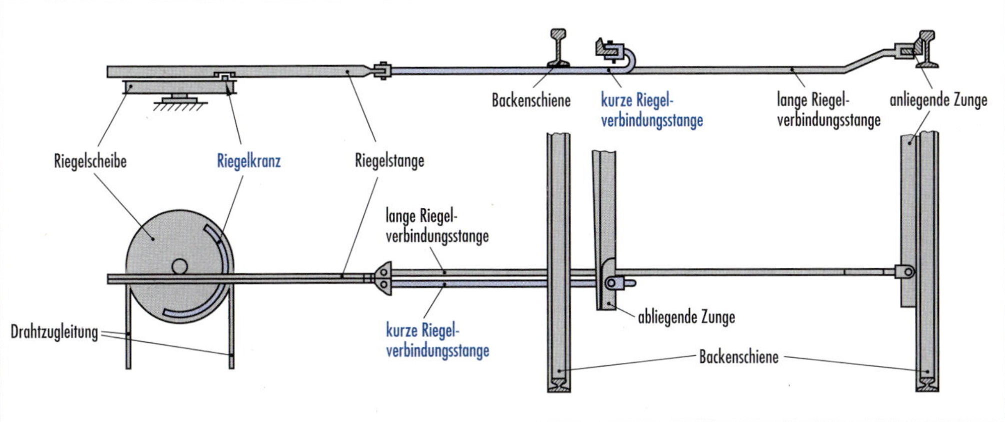

Bild 1: Riegel für die Verriegelung beider Zungen (geriegelte Stellung)

Weichenriegel sind i. d. R. beim mechanischen Stellwerk an ferngestellten Weichen eingebaut, die mit mehr als 65 km/h gegen die Spitze befahren werden. Der Weichenriegel wird mittels eines eigenen Hebels gestellt.

Der **Zungenprüfer** ist eine Zusatzeinrichtung zum Weichenantrieb und besitzt daher keinen eigenen Antrieb. Er ist unmittelbar mit dem Weichenantrieb verbunden. Er prüft die richtige Zungenlage der Weiche und hält die Zungen beim Bruch der Stellstange oder des Spitzenverschlusses in der Lage fest, in der sie sich gerade befinden.

Bild 2: Weichenriegel

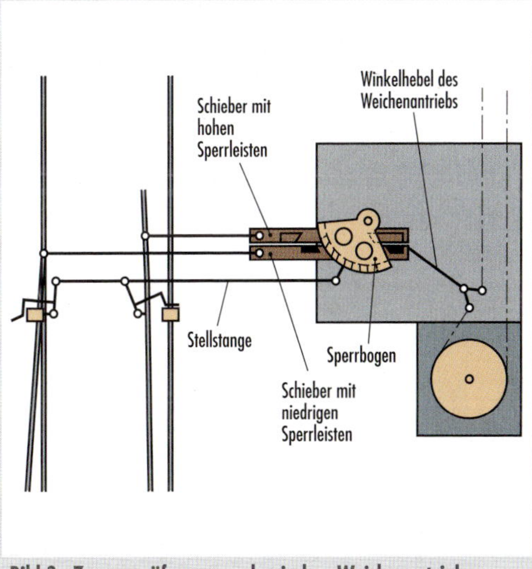

Bild 3: Zungenprüfer am mechanischen Weichenantrieb

Handverschlüsse (HV) (s. auch Kap. 10.10) sind Sicherungseinrichtungen, die

- als Handschlösser an Weichen, Kreuzungen und beweglichen Herzstückspitzen angebracht werden, um diese in einer bestimmten Lage zu verschließen und damit zu sichern
- als Abhängigkeitsschlösser zum Herstellen von Folgeabhängigkeiten zwischen Weichen und Gleissperren verwendet werden

Die Schlüssel können nur in der Sperrstellung aus den Handverschlüssen genommen werden.

Das Weichenschloss hält die abliegende Zunge in einem bestimmten Abstand von der Backenschiene und verschließt dadurch die Weiche.

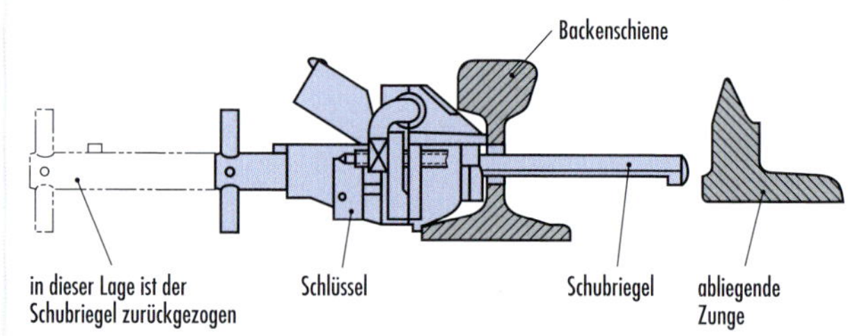

Bild 1: Weichenschloss (Skizze)

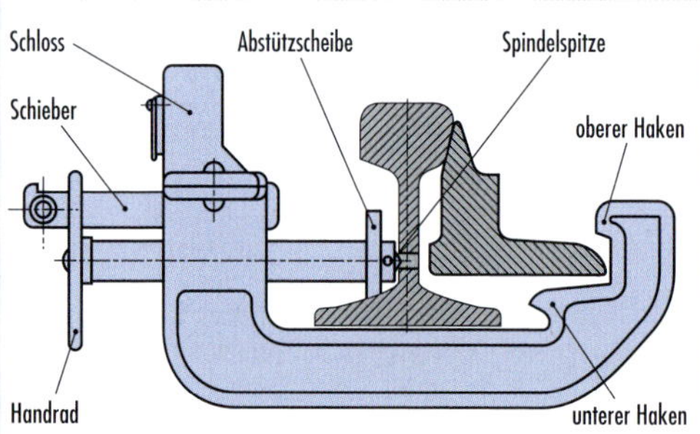

Bild 2: Zungensperre (Skizze)

Bild 3: Zungensperre

Mit der Zungensperre kann die anliegende Zunge an die Backenschiene gepresst und verschlossen werden oder in Ausnahmefällen die abliegende Zunge in einem bestimmten Abstand von der Backenschiene gehalten werden.

Die Handverschlüsse HV 73 Sp und HV 73 Kr

- halten die abliegende Zunge in einem Mindestabstand von der Backenschiene oder
- drücken die anliegende Zunge des Spitzenverschlusses im ersten bzw. im fünften Schwellenfach hinter dem Spitzenverschluss an die Backenschiene.

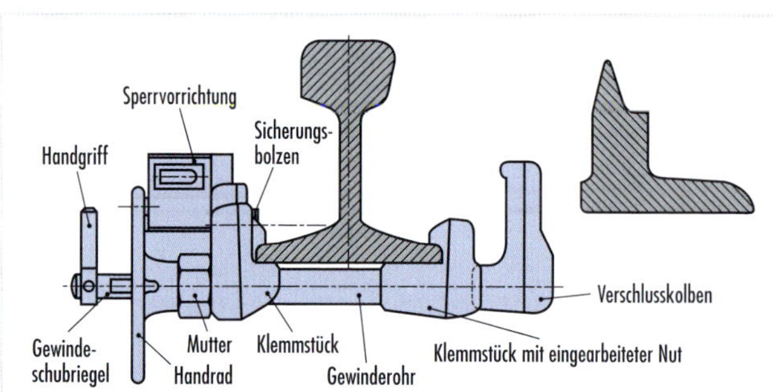

Bild 4: HV 73 Sp (abliegende Zunge ist gesichert)

Bild 5: HV 73

Blockelektrische Anlagen

Innenanlagen

- Blockfelder und Blocksperren
- elektrische Tastensperren
- Spiegelfeld und Signalmelder
- Bahnhofsblockung
- Streckenblockung

Außenanlagen

- Schienenkontakte und Isolierschienen
- Signalflügelkontakte und elektrische Signalflügelkupplungen

Mechanische Sicherungseinrichtungen stellen lediglich Abhängigkeiten zwischen Signalen, Weichen, Gleissperren und anderen Einrichtungen innerhalb eines Stellwerkes her. Für Abhängigkeiten zwischen mehreren Stellwerken eines Bahnhofes oder zwischen Stellwerken benachbarter Zugfolgestellen einer Strecke sind Blockanlagen notwendig. Blockanlagen sind Verschlusseinrichtungen mit der Aufgabe, Signal- und Fahrstraßenhebel über größere Entfernungen auf elektrischem Weg festzulegen oder freizugeben und damit Zugfahrten zu sichern.

Das Blockwerk enthält Blockfelder, welche die eigentlichen Verschlusseinrichtungen darstellen.

Beim **Wechselstromblockfeld** arbeiten stets zwei durch eine Blockleitung verbundene Blockfelder zusammen. Das eine Feld befindet sich dabei in geblockter, das andere in entblockter Stellung. Ein Blockfeld wird bedient, indem die Blocktaste gedrückt und die Kurbel des Kurbelinduktors mit der Hand gedreht wird. Das Wechselstromblockfeld wird z.B. beim Streckenblock (Anfangs- und Endfeld) und beim Bahnhofsblock (Befehlsempfangsfeld und Befehlsabgabefeld, Zustimmungsempfangsfeld und Zustimmungsabgabefeld) angewendet.

Das **Gleichstromblockfeld** arbeitet nicht mit einem anderen Blockfeld zusammen, sondern mit einem Schienenkontakt. Durch Niederdrücken und Loslassen der Taste wird es geblockt, durch das Befahren eines Schienenkontaktes wieder entblockt. Es wird z. B. angewendet, wenn der Zug an einer Zugeinwirkungsstelle eine festgelegte Fahrstraße auflöst (Fahrstraßenfestlegefeld).

Bild 1: Fahrstraßenfestlegefelder (entblockt)

Die Blocksperren befinden sich im Blockuntersatz. Sie haben die Aufgabe, die Verschlüsse der Blockfelder auf die Fahrstraßen- und Signalhebel zu übertragen. Die Blocksperren bestehen aus Verschlussstücken, die durch die Fahrstraßen- bzw. Signalschubstangen bewegt, und aus Verschlusshaken, die durch die Riegelstangen der Blockfelder betätigt werden. Die zusammenarbeitenden Teile der Blocksperren sind durch verschiedenfarbigen Anstrich gekennzeichnet.

Bild 1: Blocksperren

Wenn das Blocken eines Feldes von der Mitwirkung eines Zuges oder einem anderen Stellwerk abhängig gemacht werden soll, werden elektrische Tastensperren angewendet. Diese sind über den Blockfeldern in einem besonderen Gehäuse untergebracht. Bei Tastensperren wird die jeweilige Stellung der Sperre ähnlich den Blockfeldern durch eine Farbscheibe, die durch ein kleines Fenster sichtbar ist, angezeigt. Die ausgelöste Stellung wird durch eine weiße Scheibe angezeigt. Für Sperrstellung wird beim Streckenblock (Streckentastensperre, s. Kap. 7.3.2) eine schwarze und beim Bahnhofsblock (Bahnhofstastensperre) eine rote Scheibe verwendet.

Ein Spiegelfeld wird angewendet, um die Stellung eines Blockfeldes auf einem anderen Stellwerk (z.B. beim Fahrdienstleiter) oder die Stellung einer durch eine Schlüsseltaste aufzulösenden Einrichtung anzuzeigen. Das Spiegelfeld zeigt dabei die gleiche Farbe wie das zugehörige Blockfeld.

Bild 2: Elektrische Streckentastensperre (Sperrstellung)

Bild 3: Elektrische Streckentastensperre (ausgelöste Stellung)

Bild 1: Spiegelfelder

Bild 2: Signalmelder (Signal zeigt »Halt«)

Mit dem Signalmelder wird die Stellung des oberen Signalflügels überwacht und durch ein Zeichen (Nachbildung eines Signalflügels) angezeigt. Der Signalhaltmelder überwacht die Haltlage des oberen Signalflügels und wird u. a. zur Überwachung der Signale am Ende einer Blockstrecke verwendet. Der Signalfahrtmelder überwacht die Fahrtstellung eines Signals und wird u. a. verwendet, um im Befehlsstellwerk die Stellung nicht einsehbarer Ausfahrsignale anzuzeigen.

Die Bahnhofsblockung dient zur Sicherung von Zugfahrten innerhalb eines Bahnhofs, indem sie Abhängigkeiten zwischen mehreren Stellwerken herstellt.

Zweck der Bahnhofsblockung

Die Hauptsignale sollen in der Haltstellung unter Verschluss gehalten werden. Sie sollen nur vom Fahrdienstleiter oder auf seinen Befehl auf Fahrt gestellt werden können, ohne dass »feindliche« Signale freigegeben werden.	Die Fahrstellung eines Hauptsignals soll durch andere Blockeinrichtungen von der Zustimmung aller Stellen abhängig gemacht werden, die bei der Zulassung der Fahrt mitzuwirken haben.	Die in der Fahrstraße eines Zuges liegenden Weichen etc. sollen so lange unter Verschluss gehalten werden, bis der Zug den Weichenbereich befahren hat oder an der vorgeschriebenen Stelle zum Halten gekommen ist.
Zwei zusammenarbeitende Befehlsfelder: • Befehlsabgabefeld (Ba) beim Fahrdienstleiter • Befehlsempfangsfeld (Be) beim Weichenwärter	Zwei zusammenarbeitende Zustimmungsfelder: • Zustimmungsabgabefeld (Za) beim Weichenwärter • Zustimmungsempfangsfeld (Ze) beim Fahrdienstleiter	Fahrstraßenfestlegefeld (Ff), das vom Zug oder in Ausnahmefällen vom Weichenwärter aufgelöst wird. Es werden zum Teil Fahrstraßenauflösefelder (Fa) verwendet.

Das **Befehlsempfangsfeld (Be)** ist in der Grundstellung geblockt, d. h., es verschließt die zu ihm gehörenden Fahrstraßenhebel und macht damit die Bedienung davon abhängig, dass der Fahrdienstleiter durch Blocken seines Befehlsabgabefelds das Befehlsempfangsfeld entblockt und damit den Fahrstraßenhebel freigibt.

Das **Befehlsabgabefeld (Ba)** ist in der Grundstellung entblockt. Mit dem Blocken werden auch die Weichen im eigenen Bezirk der jeweiligen Fahrstraße entsprechend verschlossen. Beide Felder sind Wechselstromblockfelder.

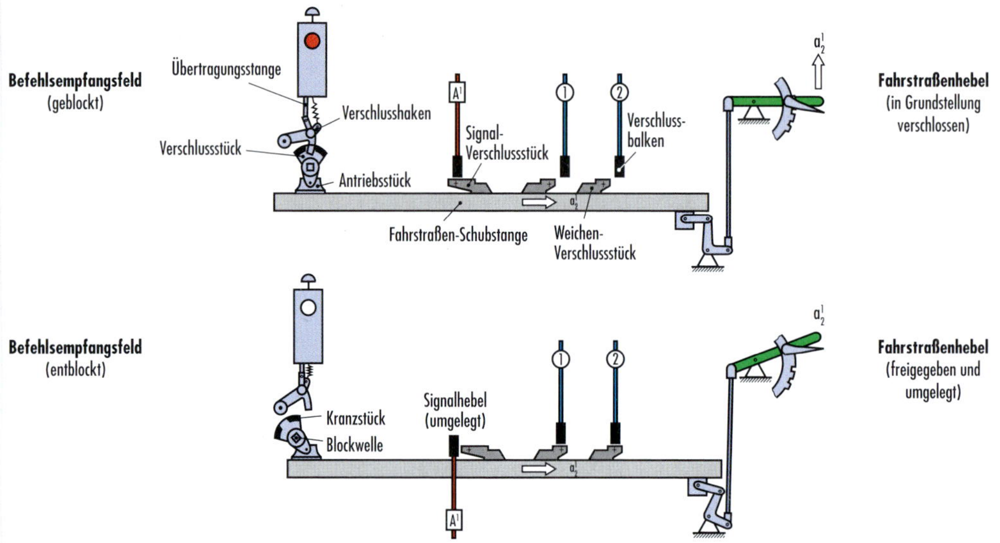

Bild 1: Blockabhängigkeit der Fahrstraße vom Befehlsempfangsfeld

Zustimmungsabgabefelder (Za) befinden sich im abhängigen Stellwerk (beim Weichenwärter) und sind in der Grundstellung entblockt. Sie dienen dazu,

- die Zustimmung für eine bevorstehende Zugfahrt zu erteilen
- im geblockten Zustand den Fahrstraßenhebel festzulegen

Zustimmungsempfangsfelder (Ze) befinden sich beim Fahrdienstleiter und sind in der Grundstellung geblockt. Ihre Aufgabe ist es,

- im geblockten Zustand den Fahrstraßenhebel festzulegen und dadurch das Stellen des Signals (bzw. eine Befehlsabgabe) zu verhindern
- nach dem Entblocken das Bedienen des Fahrstraßenhebels und damit das Stellen des Signals (bzw. die Befehlsabgabe) zu ermöglichen

Zustimmungsabgabe- und Zustimmungsempfangsfelder sind Wechselstromfelder.

Bild 2: Zustimmungsempfangsfeld (entblockt [links] und geblockt [rechts])

Bild 3: Zustimmungsabgabefeld (entblockt)

Fahrstraßenfestlegefelder (Ff) können Wechselstrom- oder Gleichstromblockfelder sein. Löst der Fahrdienstleiter oder der Weichenwärter die Fahrstraße auf, werden im Allgemeinen Wechselstromblockfelder verwendet. Löst ein Zug die Fahrstraße über eine Zugeinwirkungsstelle auf, sind Gleichstromblockfelder notwendig.

Bild 1: Zustimmungsempfangsfeld (entblockt), Fahrstraßenfestlegefeld (geblockt)

Fahrstraßenfestlegefelder (Ff) sind in der Grundstellung entblockt. Im geblockten Zustand legen sie den zugehörigen Fahrstraßenhebel in umgelegter Stellung fest und geben den entsprechenden Signalhebel zur Bedienung frei.

Fahrstraßenauflösefelder (Fa) sind in der Grundstellung geblockt. Sie haben keine unmittelbare Verschlussfunktion.

Die Streckenblockung sichert auf zweigleisigen Strecken einen Zug gegen einen folgenden und auf einer eingleisigen zusätzlich gegen einen entgegenkommenden. Dies geschieht durch Anfangs- und Endfelder (s. Kap. 7.3.2).

Die blockelektrischen Außenanlagen umfassen u.a. Schienenkontakte und Isolierschienen, die auch als Zugeinwirkungen bezeichnet werden. Sie haben die Aufgabe, die blockelektrischen Innenanlagen mit den Zügen bzw. den Signalen in Abhängigkeit zu bringen. Schienenkontakte sprechen u.a. auf die Durchbiegung beim Befahren durch eine Fahrzeugachse an.

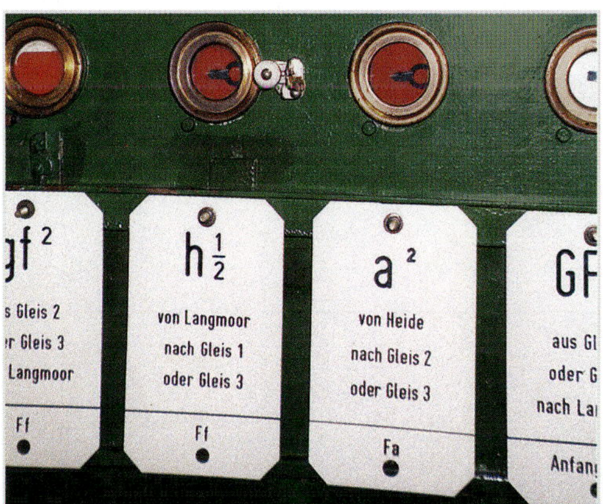

Bild 2: Ff entblockt, Fahrstraßenauflösefeld geblockt

Bild 3: Anfangsfeld, Endfeld mit elektr. Streckentastensperre

Isolierschienen liegen auf Holz- oder Betonschwellen und sind von den anschließenden Schienen durch Isolierstöße getrennt. Soweit sie als Zugeinwirkung verwendet werden, beträgt ihre Länge mind. 30 m, damit immer – auch bei Wagen mit längerem Achsstand – sich genügend Achsen auf ihr befinden, um eine sichere Überbrückung zur geerdeten Schiene zu gewährleisten. Bei der Zugeinwirkung für elektrische Streckentastensperren, Gleichstrom-Fahrstraßenfestlegefelder und elektrische Signalflügelkupplungen ist im Allgemeinen zusätzlich zur Isolierschiene noch ein Schienenkontakt vorhanden.

Bild 1: Schienenkontakt

Isolierschiene zur Auslösung	Anordnung
einer elektrischen Streckentastensperre	Die Auflösung tritt erst ein, wenn sich der Zugschluss in einer bestimmten Entfernung hinter dem Hauptsignal befindet, • i. d. R. bei Blocksignalen mind. 50 m • i. d. R. bei den übrigen Hauptsignalen mind. 200 m
eines Gleichstrom-Fahrstraßenfestlegefeldes	Die Auflösung tritt erst ein, wenn der Zug mit allen Achsen alle zu durchfahrenden Weichen und Kreuzungen verlassen hat
einer elektrischen Signalflügelkupplung	Der Signalflügel fällt auf »Halt«, wenn der Zugschluss an dem mit elektrischer Signalflügelkupplung ausgerüsteten Hauptsignal vorbeigefahren ist

Tabelle 1: Anordnung der Isolierschienen

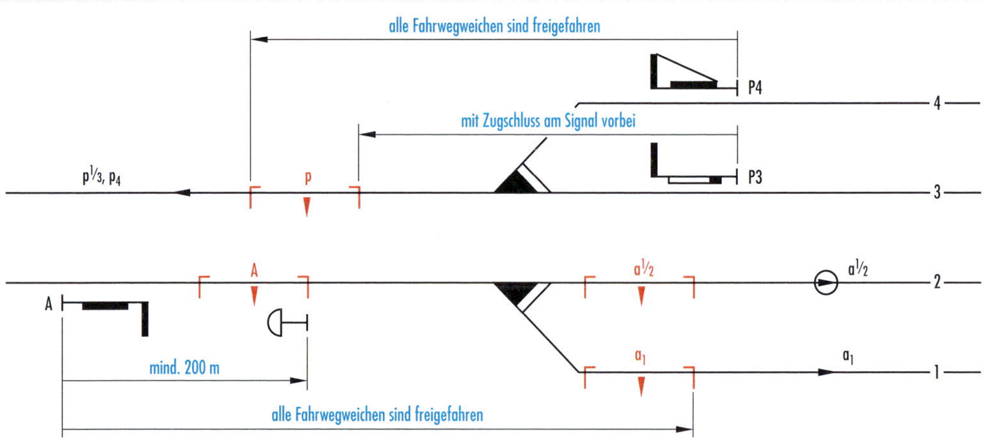

Bild 2: Lage der Isolierschienen auf einem Bahnhof

Signalflügelkontakte dienen in der Hauptsache zur Überwachung der Halt- und Fahrtstellung von Haupt- und Vorsignalen. Sie bestehen aus Kontakten, mit denen u. a. Signalmelder, Ausfahrvorsignale und die induktive Zugbeeinflussung (s. Kap. 9.4.1) geschaltet werden. Je nachdem, ob der Flügel in Halt- oder Fahrtstellung überwacht werden soll, ist der Stromkreis in der einen oder in der anderen Lage geschlossen.

Mit einer elektrischen Signalflügelkupplung sind i. d. R. alle Ausfahrsignale an durchgehenden Hauptgleisen ausgerüstet. Sie besteht bei den mechanisch gestellten Hauptsignalen aus einem Trenn- und Bindeglied zwischen dem Signalflügel und dem Signalantrieb und bezweckt, dass der Signalflügel nach Ausfahrt des Zuges bzw. nach dem Zurücklegen des Signalhebels selbsttätig in die Haltlage zurückfällt (s. Kap. 7.3).

Bild 1: Elektrische Signalflügelkupplung am Signalmast

1. Wodurch wird ein Weichenhebel in seinen Endlagen festgehalten und durch welche Bedienungshandlung wird er wieder frei beweglich?
2. Welche Funktion erfüllt im mechanischen Stellwerk der Verschlusskasten?
3. Welche Hebel müssen umgelegt werden, bevor der Signalhebel A2 bedient werden kann (s. Bild 1, Seite 264)?
4. Welche Aufgaben haben Blocksperren, wo sind sie im mechanischen Stellwerk zu finden und wie sind sie gekennzeichnet?
5. Welchem Zweck dienen Spannwerke?
6. Was versteht man bei Signalantrieben unter einem Durchgangsbetrieb und wo wird er angewendet?
7. Welche Aufgaben haben Weichenverschlüsse?
8. Beschreiben Sie den Umstellvorgang einer einfachen Weiche!
9. Wodurch unterscheiden sich Weichenriegel und Zungenprüfer?
10. Welchem Zweck dienen Handverschlüsse?
11. Wodurch unterscheiden sich Gleichstrom- und Wechselstromblockfelder?
12. Welche Aufgabe haben elektrische Tastensperren?
13. Wann werden Spiegelfelder und Signalmelder angewendet?
14. Was versteht man unter dem Bahnhofsblock?
15. Welche Funktionen erfüllen beim Bahnhofsblock die Befehlsfelder?
16. Welche Funktionen erfüllen beim Bahnhofsblock die Zustimmungsfelder?
17. Wie werden beim Bahnhofsblock die Fahrstraßen aufgelöst?
18. Welche Aufgaben haben Schienenkontakte/Isolierschienen und wo sind sie im Bahnhof angeordnet?
19. Wozu dienen Signalflügelkontakte und elektrische Signalflügelkupplungen?

5.3.2 Elektromechanisches Stellwerk

Bei elektromechanischen Stellwerken werden Weichen und Gleissperren mit Hilfe des elektrischen Stromes durch Elektromotoren umgestellt. Dies befreit den Bediener von schwerer körperlicher Arbeit. Weiterhin erfordert das elektromechanische Stellwerk geringeren Materialaufwand, weniger Raum und ist leichter zu bedienen. Es ermöglicht gegenüber dem mechanischen Stellwerk größere Stellentfernungen und damit eine gewisse Zentralisierung der Stellwerke innerhalb eines Bahnhofes.

Bild 1: Blick in ein elektromechanisches Stellwerk

Gegenüber dem mechanischen Stellwerk bestehen darüber hinaus folgende Unterscheidungsmerkmale:

- Die Fahrstraßen- und Signalhebel sind zu Fahrstraßensignalhebeln vereinigt. Mit Hilfe dieser Hebel werden die zu einer Fahrstraße gehörenden Weichen und Flankenschutzeinrichtungen mechanisch verschlossen und elektrisch festgelegt sowie das Signal auf Fahrt gestellt.
- Befehls- und Zustimmungshebel haben die Aufgabe der Fahrstraßenhebel und der Befehls- bzw. Zustimmungsabgabefelder übernommen. Mit ihnen werden die Weichen und Flankenschutzeinrichtungen mechanisch verschlossen und elektrisch festgelegt sowie der Befehl bzw. die Zustimmung gegeben.

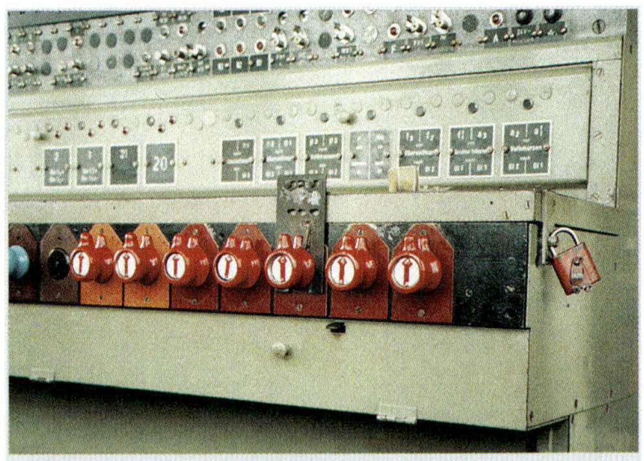

Bild 2: Fahrstraßensignalhebel

- Durch einen Kuppelstrom, der über besondere Kontakte zu den Einrichtungen einer Fahrstraße (Weichen etc.) geführt wird, wird die richtige Stellung dieser Einrichtungen ständig kontrolliert.

Im Einzelnen setzt sich das elektromechanische Stellwerk aus folgenden Funktionseinheiten zusammen:

- Hebelwerk
- Stromversorgungsanlage
- Schaltanlage
- Kabelanlage
- Außenanlagen

Das **Hebelwerk** umfasst alle Einrichtungen, die zum Stellen der Weichen, Gleissperren und Signale sowie zur Herstellung der entsprechenden Abhängigkeiten notwendig sind. Im Gehäuse befinden sich die Hebel, die mechanischen Verschlusseinrichtungen sowie zahlreiche Relais. Die Einrichtungen werden mit unterschiedlich gekennzeichneten Hebeln bedient:

- Weichen- und Gleissperrenhebel: blau, ohne Nase
- Fahrstraßensignalhebel: rot, mit Nase
- Gleissperrsignalhebel: blau mit rotem Ring, ohne Nase
- Befehls- und Zustimmungshebel: grün, mit Nase

Das Verschlussregister hat wie beim mechanischen Stellwerk die Aufgabe, die mechanischen Abhängigkeiten der Hebel untereinander herzustellen. Die einzelnen Stromkreise sind durch Schmelzsicherungen geschützt.

Zum Umstellen eines Hebels ist dessen Griff nach vorn zu ziehen, anschließend nach rechts oder links zu drehen und danach einzurasten. Nach jeder Hebelstellung hat der Bediener an den Meldern die richtige Stellung der Hebel zu überprüfen.

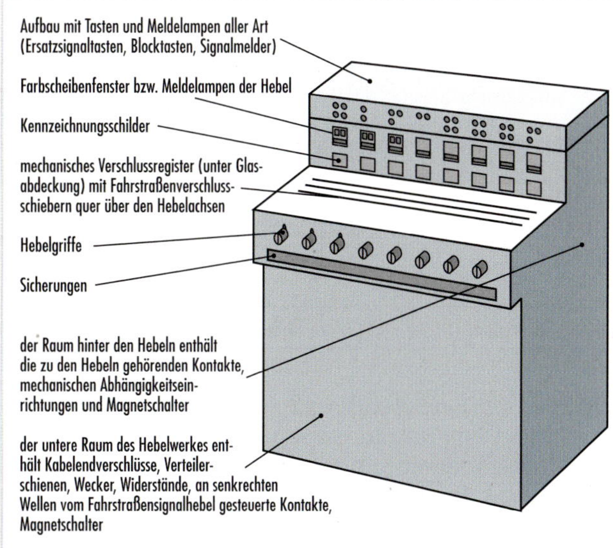

Bild 1: Hebelwerk – Blick über die Gesamteinrichtung

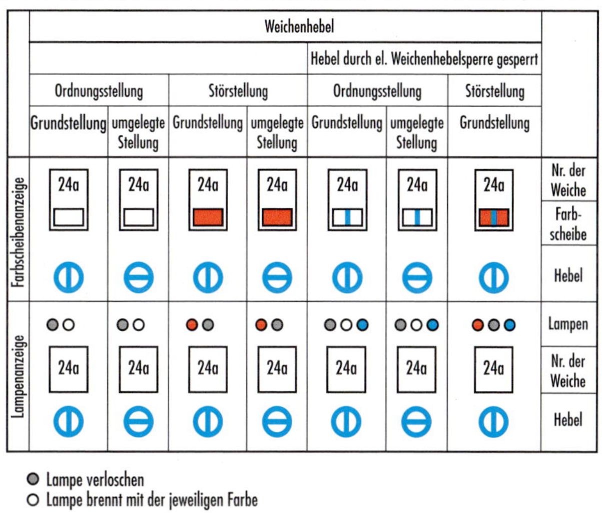

Bild 2: Farbscheiben- und Lampenanzeige für Weichenhebel in einem elektromechanischen Stellwerk

1. Nennen Sie die wesentlichen Unterscheidungsmerkmale des elektromechanischen Stellwerkes gegenüber einem mechanischen Stellwerk!
2. Nennen Sie die Bestandteile und Aufgaben des Hebelwerkes!
3. Welche Aufgabe besitzt der Fahrstraßensignalhebel?

5.3.3 Gleisbildstellwerk (Sp Dr S 60)

Bei einem Stellwerk Sp Dr 60 handelt es sich um ein Relaisstellwerk der Bauform Siemens oder Lorenz, dessen grundsätzliche Entwicklung im Jahre 1960 beendet wurde.

- Alle wichtigen Schaltvorgänge werden durch Relais (elektromagnetische Schalter) ausgeführt. Diese werden in sog. Relaisgruppen zusammengefasst, deren Anordnung dem Verlauf der Gleisspur entspricht. Hiervon ist die Bezeichnung »Spurplan« abgeleitet.
- Die Bedienelemente sind Drucktasten, über die Aufträge an die Relaisanlage weitergeleitet werden.
- Spurplanstellwerke der Bauart 60 stellen die Firmen Siemens und Lorenz (Standard Elektrik Lorenz – SEL) her. Abweichungen bestehen in der Form und Aufbau des Stelltisches und einigen wenigen Bedienungshandlungen. (Im Rahmen des Buches wird nur auf die Bauform der Firma Siemens eingegangen.)
- Das Abschlussjahr der Entwicklung dieses Stellwerktypes ist das Jahr 1960. Als Vorläufer wären Drucktastenstellwerke der Bauform Dr I, Dr S 2 und Sp Dr S 59 zu nennen, die nur noch vereinzelt in Betrieb sind. Im Bereich der ehem. DDR kamen u. a. Gleisbildstellwerke der Bauform II zum Einsatz.

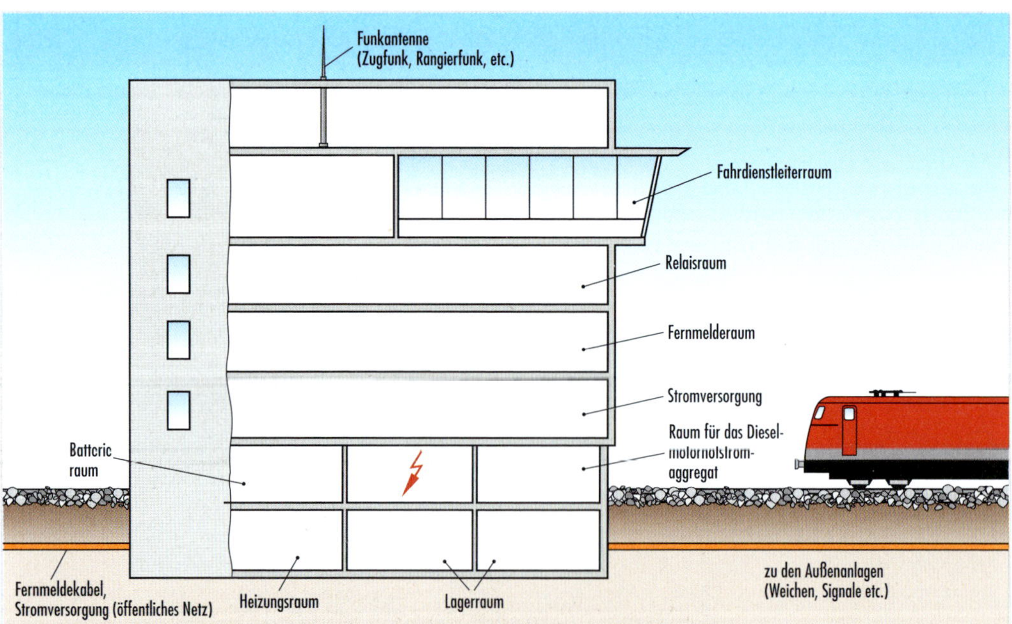

Bild 1: Schnitt durch den Aufbau eines großen Dr-Stellwerkes mit den Innenanlagen (Beispiel)

Rückmeldung der Außenanlagen,

z. B. Weichen, Signale

Gleisfreimeldeanlage

Bild 1: Außenanlage (hier: elektrische Weiche)

Ausführen der Stellaufträge

z. B. Umstellen einer Weiche

Meldung über
- Lage der Weichenzungen
- Besetzung/Freisein des Gleisfreimeldeabschnittes
- Störungen/Fehler etc.

Stellauftrag
- im Rahmen einer Fahrstraßenbildung
- Einzelauftrag

Verarbeitung der Meldungen und Weiterleitung an den Stelltisch

Bild 2: Relaisanlage (Relaisraum in einem Stellwerk)

Verarbeitung der Stellaufträge und Weiterleitung an die Außenanlagen

Meldung über
- Lage der Weichenzungen
- Besetzung/Freisein des Gleisfreimeldeabschnittes
- Störungen/Fehler etc.

Stellauftrag
- im Rahmen einer Fahrstraßenbildung
- Einzelauftrag

Meldeanzeigen in Gleisbild und Gruppentastenblöcken

Bild 3: Stelltisch

Bedienelemente (Drucktasten)

Gegenüber mechanischen oder elektromechanischen Stellwerken bietet das Stellwerk SpDrS60 u. a. folgende Vorteile:

- Einsparung von Mitarbeitern (Fahrdienstleiter, Weichenwärter)
- Keine körperliche anstrengende Arbeit (vgl. Umstellvorgang beim mechanischen Stellwerk)
- Größere Sicherheit gegenüber Fehlhandlungen (Betriebssicherheit)
- Größere Stellwerksbezirke (kein Wärterstellwerk wie beim mechanischen Stellwerk)
- Mehr Durchführungen von Zug- und Rangierfahrten (Beschleunigung des Betriebsablaufes)
- Automatisierte Vorgänge beim Einstellen und Auflösen von Fahrstraßen entlasten den Bediener

Einrichtungen der Spurplan-60-Stellwerke

Die Bedienungs- und Meldeeinrichtungen sind entweder in einem Stelltisch oder bei größeren Anlagen in einer Stelltafel untergebracht.

Stelltafeln finden ihren Einsatz in Stellwerken mit einem größeren Stellbezirk (s. Bild 2).

Beide enthalten grundsätzlich die gleichen Symbole und Elemente. Auf dem Stelltisch werden die Stellvorgänge über Drucktasten direkt ausgelöst. Bei der Stelltafel findet dieses indirekt über ein Nummernstellpult oder ein Tastenstellpult statt.

Zusammengesetzt sind die Stelltafeln bzw. die Stelltische aus einer großen Anzahl gleich großer Tischfelder. Diese Tischfelder enthalten neben der Darstellung von Symbolen der Signale, Gleise und Weichen auch die Bedienelemente (Drucktasten), optische und akustische Melder und Zählwerke.

Bild 1: Stelltisch

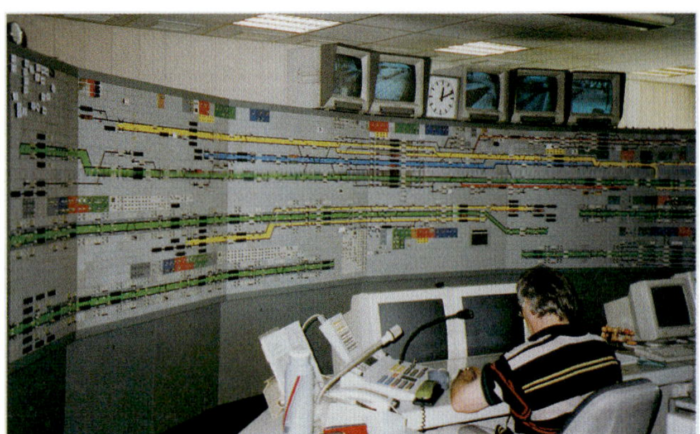

Bild 2: Stelltafel in Kassel-Wilhelmshöhe

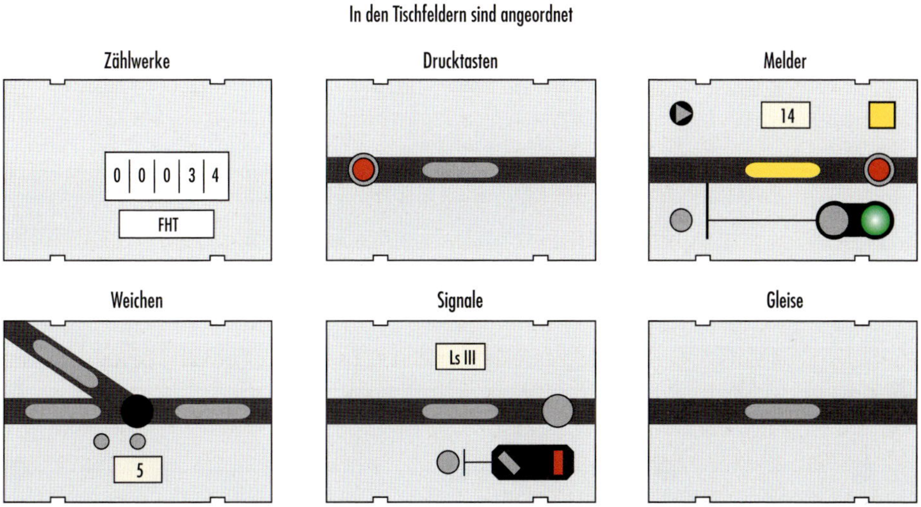

Bild 1: Tischfeldsymbole

Das Gleisbildstellwerk wird über Drucktasten bedient. Die Relaisanlage erhält hierdurch Stellaufträge. Es werden die dafür vorgesehenen Schaltprogramme ausführt. Tasten, die sich innerhalb des Gleisbildes befinden, nennt man Innentasten (s. Tabelle 1). Sie sind durch eine unterschiedliche Farbgebung gekennzeichnet.

Innentasten	Bedeutung	Zu finden in Tischfeldern	Kurzzeichen
	Rangierstraßentaste	• Hauptsperrsignal • Lichtsperrsignal • Zieltaste im Gleis	RT
	Zugstraßentaste	• Hauptsignal • Hauptsperrsignal • Zieltaste im Streckengleis	ZT
	Signaltaste	• Selbsttätiges Blocksignal	ST
	Zughilfsstraßentaste	• Zieltaste im Streckengleis	ZHT
	Weichentaste	• Weiche	WT
	Kreuzungstaste	• Kreuzung	KT
	Achszählertaste	• Weiche (als Weichentaste) • Gleistaste	GlT

Tabelle 1: Innentasten beim Stellwerk SpDrS60

Außentasten befinden sich außerhalb des Gleisbildes und sind grau gekennzeichnet. Man nennt sie auch Gruppentasten, da sie entsprechend ihrer Funktion und Zugehörigkeit in farbigen Gruppentastenblöcken (meist am oberen Stelltischrand) zusammengefasst sind.

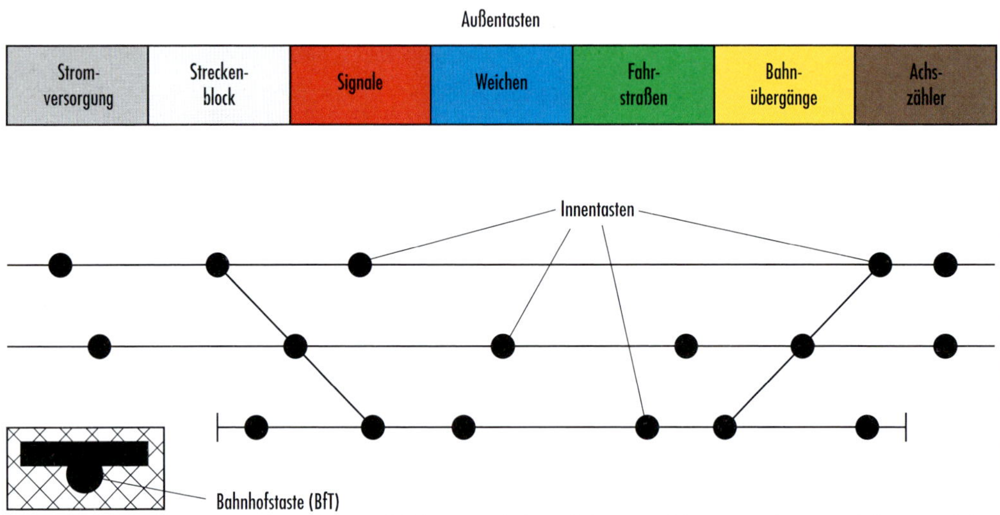

Bild 1: Anordnung der Innen- und Außentasten und der Bahnhofstaste

Die Bahnhofstaste (BfT) ist in einem eigenen Tischfeld enthalten und auf dem Stelltisch dort angeordnet, wo sich der Standort des »Stellwerkes« im Verhältnis zu den Gleisanlagen befindet. Die Bahnhofstaste gehört nicht zu den Gruppentasten.

Die Bahnhofstaste (BfT) wird u.a. zum Sperren und Entsperren der Weichenlaufkette (WLK) und zur Einschaltung der Tages- bzw. Nachtsignalbeleuchtung verwendet.

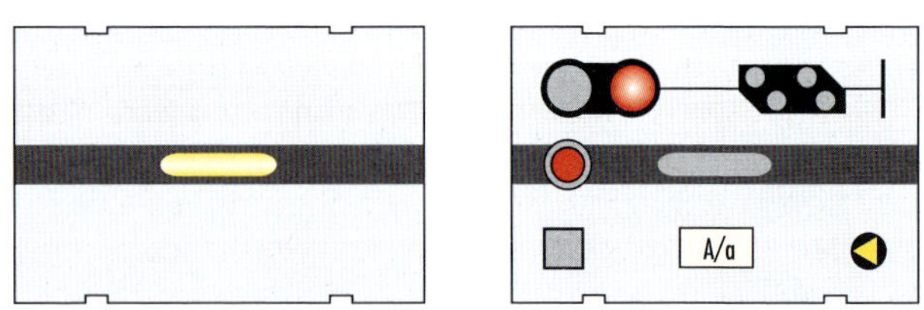

Bild 2: Melder im Gleisbild

Optische und akustische Melder übermitteln den aktuellen Stand der Außenanlagen auf den Stelltisch und informieren über den Betriebsablauf. Optische Melder sind meist direkt im Gleisbild angeordnet. Optische Melder, die sich in den Gruppentastenblöcken befinden, zeigen meistens Störungen und Unregelmäßigkeiten an. Auch die akustischen Melder zeigen überwiegend eine Abweichung vom Regelbetrieb an:

- Der **S**ummer zeigt **S**törungen der **S**tromversorgung an.
- Der **W**ecker zeigt Störungen an **W**eichen, Fahrstraßen und Tasten an.
- Das Ertönen der **H**upe zeigt an, dass der **H**altbegriff eines Signals erloschen ist.

Alle Bedienungshandlungen, die eine sicherheitsrelevante Bedeutung haben (z. B. Auflösen einer Fahrstraße, Herstellung der Grundstellung beim Achszähler), werden durch Zählwerke überwacht. Diese zählwerksüberwachten Handlungen müssen im »Nachweis der Zählwerke« nachgewiesen werden (s. Beginn von Kap. 9).

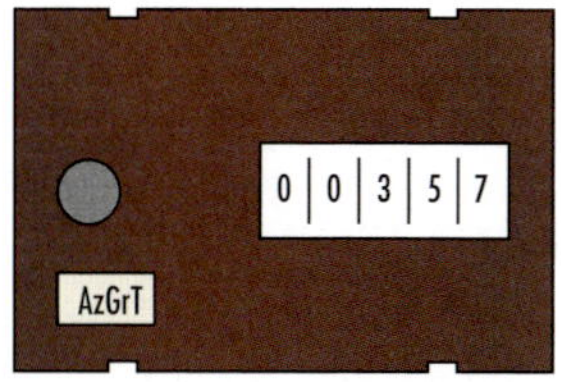

Bild 1: Gruppentaste (Achszählgrundstellungstaste) mit Zählwerk

Das Stellwerk SpDrS60 kann je nach örtlichen Betriebsverhältnissen mit zusätzlichen Einrichtungen versehen sein:

- Fast alle Stellwerke arbeiten mit selbsttätigen Streckenblockeinrichtungen wie Selbstblock (s. Kap. 7.3.5) oder Zentralblock (s. Kap. 7.3.6) zusammen.
- Mit Hilfe eines Selbststellbetriebes (SB) können sich die Züge ihre Fahrstraßen selbsttätig einstellen.
- Stellwerke in kleineren Bahnhöfen lassen sich mittels einer Fernsteuerung von einem Zentralstellwerk aus steuern (s. Kap. 5.2).
- Mit Hilfe einer Zugnummernmeldeanlage, die über Zugnummernfelder (im Gleisbild angeordnet) die Zugnummern des von einem Zug belegten Gleisabschnittes anzeigt und einem angeschlossenen Zugnummerndrucker, entfällt – im Regelbetrieb – neben dem Zugmeldeverfahren auch das Führen des Zugmeldebuches (s. Kap. 7.2).

Bild 2: Zugnummerndrucker im Stellwerk

Sämtliche Abhängigkeiten werden beim Spurplanstellwerk durch komplizierte Relaisschaltungen hergestellt (vgl. mechanisches Stellwerk 5.3.1). Die Relaisanlage stellt die Beziehung zwischen dem Stelltisch und den Außenanlagen (z. B. die Abhängigkeit zwischen Weiche, Fahrstraße und Signal) her. Die Relaisanlage führt Stellaufträge des Fahrdienstleiters aus, indem sie diese an die Außenanlage weitergibt.

Ein Relais ist ein elektromechanischer Schalter, der mit Hilfe einer Spule ein elektromagnetisches Feld aufbaut. Hierdurch werden Arbeitskontakte geschlossen, die wiederum Schaltvorgänge auslösen. Einzelne Elemente (z. B. ein Signal) werden durch mehrere Relais gesteuert und überwacht. Diese Relaisgruppen befinden sich in einer Relaisanlage, die im Stellwerk in einem gesonderten Raum untergebracht sind, der i. d. R. nur für eine Fachkraft zugänglich ist.

Bild 3: Relaisraum in einem Stellwerk

Zu den wichtigsten Außenanlagen eines Stellwerks Sp Dr S 60 gehören:

Weichen- und Gleissperren
- werden gestellt durch Drehstrommotoren (380 V)
- Weichen sind auffahrbar, haben keine vorgeschriebene Grundstellung (Unterscheidung nach Rechts- und Linkslage) und keine Weichensignale

Gleisfreimeldeanlagen
- sie überwachen u.a. das Freisein der Gleise (s. Kap. 6.2)

Signale
- ausschließlich Lichtsignale
- Doppelfadenlampen in Hauptsignalen, Vorsignalen und Lichtsperrsignalen (s. Kap. 10.11)
- Hauptsignale besitzen ein Ersatzsignal (Zs 1) bzw. ein Vorsichtsignal (Zs 7)

Bildsymbole und Meldeanzeigen auf dem Stelltisch

- **Gleise- und Gleisabschnitte**
- **Weichen, Kreuzungen und Gleissperren**
- **Signale: Hauptsignale, Hauptsperrsignale und Lichtsperrsignale**
- **Freimeldeabschnitte und zugehörige Tischfelder**
- **Meldeanzeigen der Stromversorgung**

Gleise und Gleisabschnitte

Sie sind als Tischfelder mit Gleismeldern (GlM) – und bei Abschnitten ohne Gleisfreimeldeanlage ohne Gleismelder – ausgerüstet.

	Gleisabschnitt ohne Gleisfreimeldeanlage	Gleisabschnitt mit Gleisfreimeldeanlage
Stelltisch	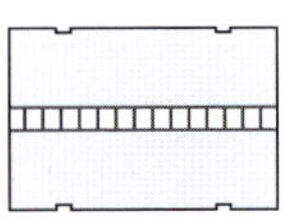	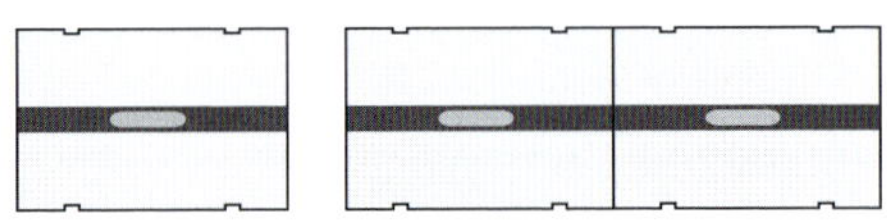 Ein Tischfeld oder mehrere Tischfelder
Außenanlage	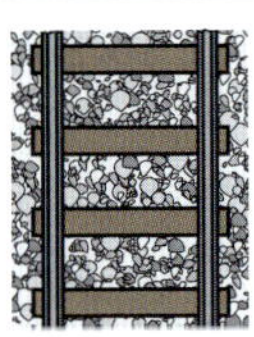	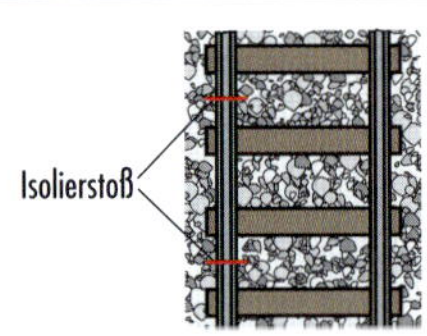
Signallageplan		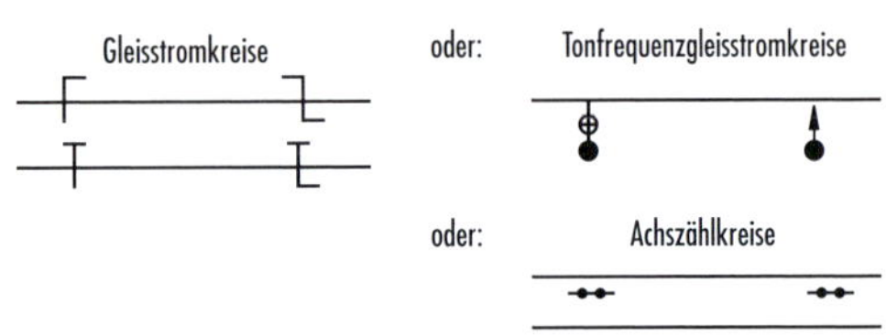

Tabelle 1: Gleisabschnitt ohne/mit Gleisfreimeldeanlage

Gleismelder sind dunkel (d.h. keine Ausleuchtung) oder sie leuchten gelb bzw. rot. Die rote Ausleuchtung zeigt an, dass der zugehörige Freimeldeabschnitt besetzt ist. Dass der Abschnitt frei ist wird (nur bei eingestellter Zug- oder Rangierstraße) durch den gelb leuchtenden Gleismelder angezeigt. Ein dunkler Gleismelder darf nicht als Freianzeige gewertet werden, da z.B. durchgebrannte Meldelampen Ursache für eine fehlende Besetztanzeige sein kann.

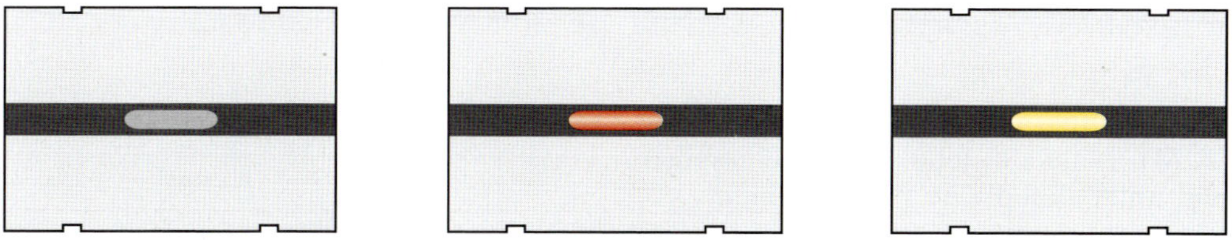

Bild 1: Gleismelder (GlM)

Weichen, Kreuzungen und Gleissperren

Die Melder der Weichen, Kreuzungen und Gleissperren übermitteln die Stellung, den Zustand und das Frei- oder Besetztsein der Außenanlagen auf den Stelltisch.

Die Tasten sind im Schnittpunkt der Gleisbalken, der Weichen, Kreuzungen und Gleissperren angeordnet.

Wenn die Weiche mit einem Gleisstromkreis (s. Kap. 6.2) gekoppelt ist, ist die Taste schwarz, und braun/weiß, wenn sie mit einem Achszählkreis zusammenarbeiten (s. Tab. 1, Seite 283).

Die Weichentasten (WT) und die Kreuzungstasten (KT) werden nur bei der Einzelbedienung benötigt, da die Weichen bzw. Kreuzungen im Regelfall beim Einstellen einer Fahrstraße mit umgestellt werden (s. Kap. 6.3.2).

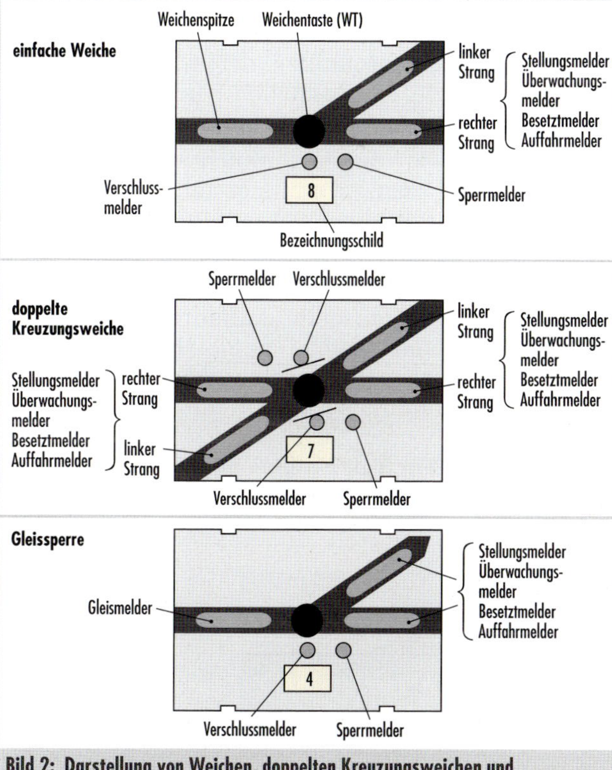

Bild 2: Darstellung von Weichen, doppelten Kreuzungsweichen und Gleissperren mit selbsttätiger Gleisfreimeldeanlage

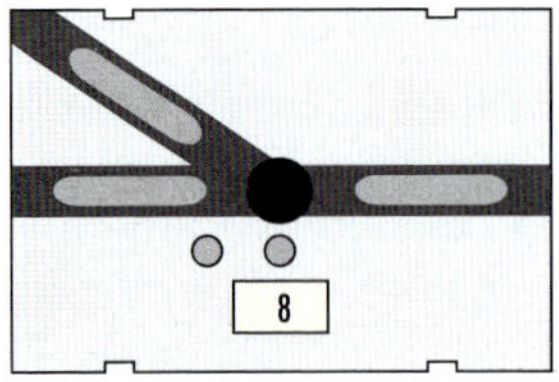

Bild 1: Weiche mit Gleisstromkreis

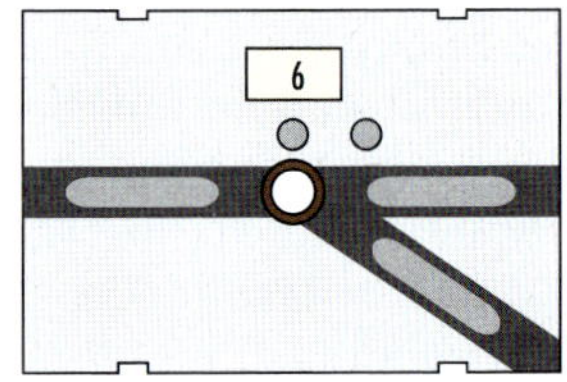

Bild 2: Weiche mit Achszählkreis

Der **Stellungs- und Überwachungsmelder (StÜM)** einer Weiche oder Gleissperre zeigt unterschiedliche Funktionen an:

- Der StÜM ist nicht ausgeleuchtet (dunkel), wenn das Element (z.B. Weiche) nicht durch eine eingestellte Fahrstraße oder eine Einzelbedienung angesprochen wird (Bild 3).
- Wenn die Weiche in Links- oder Rechtslage angezeigt wird übernimmt der StÜM die Funktion des Stellungsmelders (Bild 4).
- Eine Rotausleuchtung des StÜM (Besetztmelder) zeigt die Besetzung des zugehörigen Freimeldeabschnittes der Gleisfreimeldeanlage an. Zusätzlich leuchtet auch der Spitzenmelder (Bild 5).
- Der Melder zeigt durch Blinklicht eine Abweichung von Ordnungsstellung (Umlaufen der Weiche, Störungen) an. Der StÜM übernimmt die Aufgabe des Überwachungsmelders (Bild 6).
- Beide StÜM blinken gelb (Auffahrmelder), wenn eine Weiche aufgefahren wird. Bei gleichzeitiger Besetzung durch ein Eisenbahnfahrzeug wird dabei auf dem entsprechenden StÜM die rote Besetztanzeige durch das gelbe Blinklicht überlagert (Bild 7).

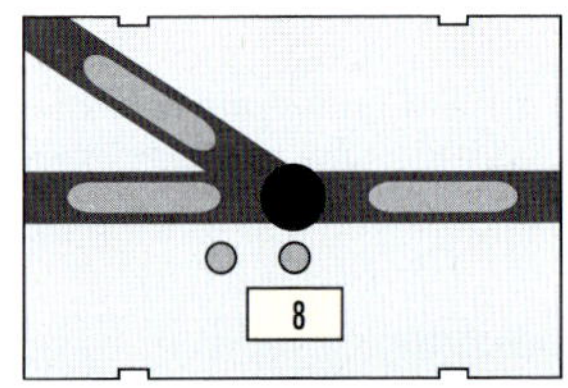

Bild 3: Dunkle Melder bei Nichtbeanspruchung

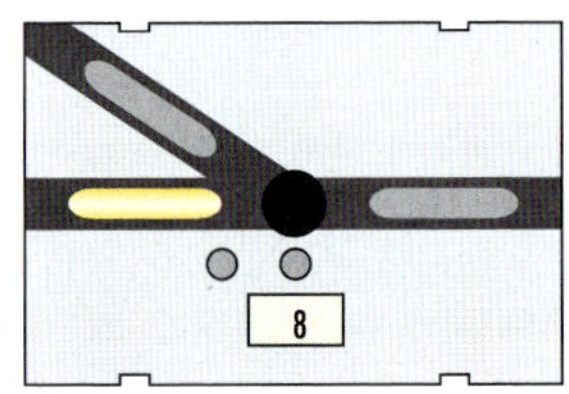

Bild 4: Stellungsmelder

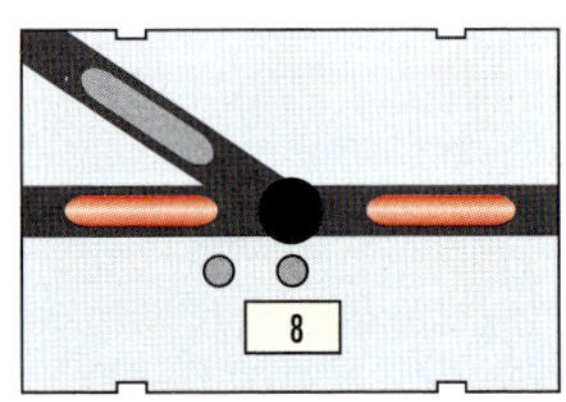

Bild 5: Besetztmelder

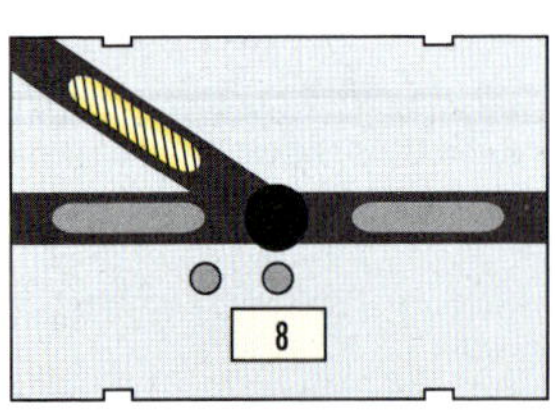

Bild 6: Überwachungsmelder

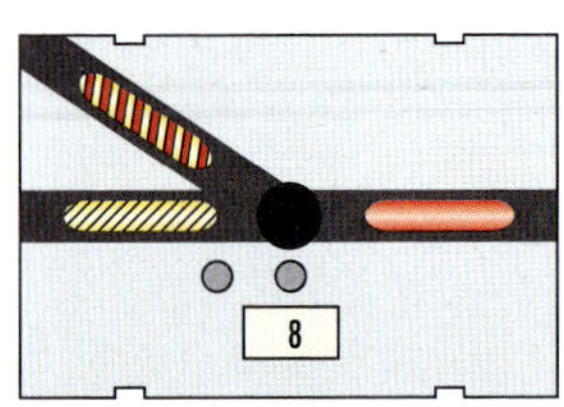

Bild 7: Auffahrmelder mit Besetztmelder

Im Regelfall wird eine Weiche durch das Einstellen einer Fahrstraße umgestellt, sodass eine Einzelbedienung nur bei technischen Unregelmäßigkeiten, beim Rangieren oder bei der Durchführung von Arbeiten notwendig ist.

1. Weiche und Gleissperre befinden sich in der Ausgangsstellung Die Stellungs- und Überwachungsmelder zeigen gelbes Ruhelicht an (Ordnungszustand). (Die Ausleuchtung des StÜM wird durch die Funktion »Stelltisch EIN« – im grauen Gruppentastenblock – oder das Bedienen von der WT erreicht.)	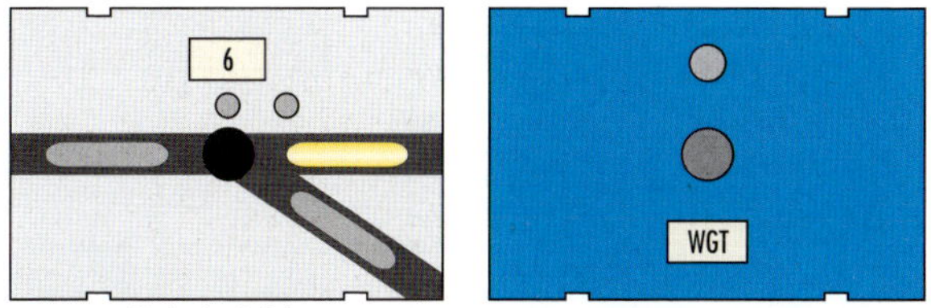 Weiche 6 in Linkslage 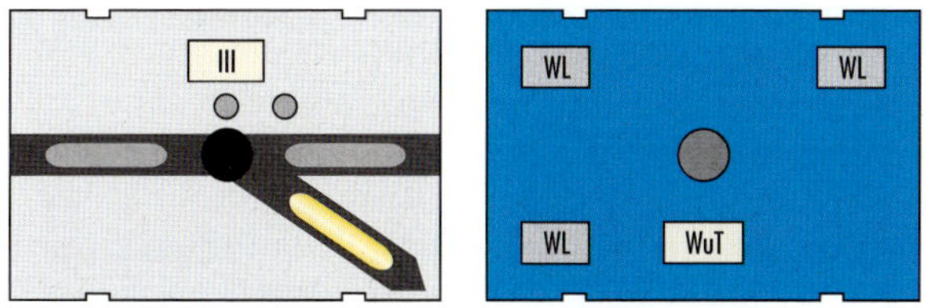 Gleissperre III in Sperrstellung (aufgelegt)
2. Weiche und Gleissperre laufen um Dieses geschieht durch folgende Bedienungshandlung: Die Weichentaste (WT) oder Kreuzungstaste (KT) und die Weichengruppentaste (WGT) im blauen Gruppentastenblock werden gleichzeitig bedient. Dass Stellstrom an den Weichenantrieb abgegeben wird, wird im blauen Gruppentastenblock durch drei gleichzeitig blinkende Weichenlaufmelder (WL) angezeigt. Der StÜM blinkt in der neuen Stellung gelb und zeigt an, dass die Weiche oder Gleissperre umläuft.	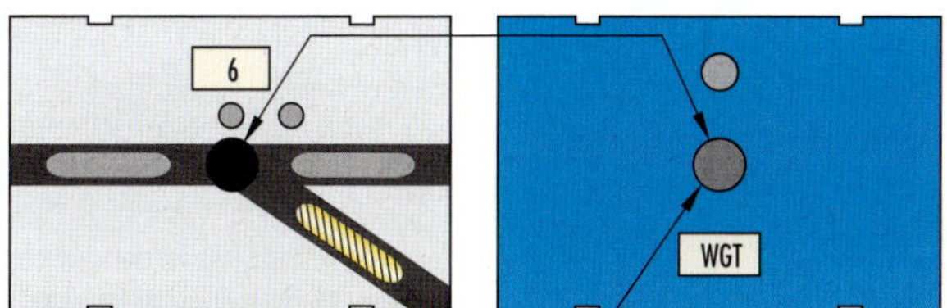 Weiche 6 läuft in die neue Stellung um 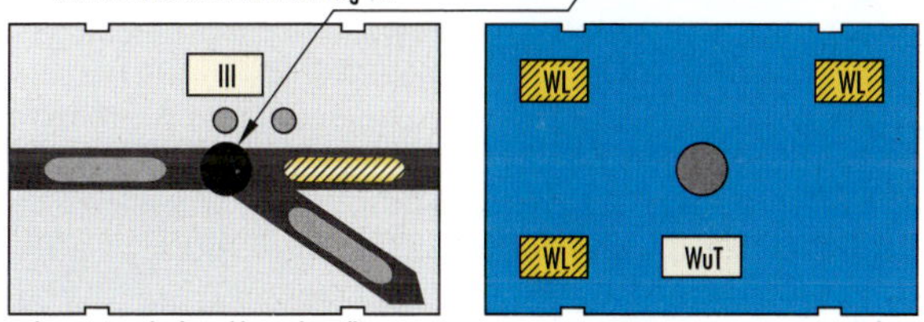 Gleissperre III läuft in abliegende Stellung um
3. Weiche und Gleissperre in der neuen Lage (Ordnungsstellung) Wenn die Endlage der Weichenzungen erreicht wird, wird der Weichenantrieb automatisch abgeschaltet und die Weichenlaufmelder (WL) erlöschen. Dass die Weiche oder die Gleissperre die Ordnungsstellung erreicht hat, wird durch den StÜM (gelbes Ruhelicht) angezeigt.	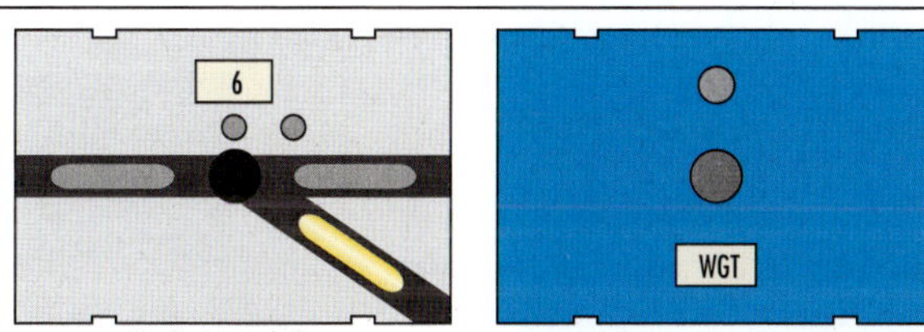 Weiche 6 in Rechtslage 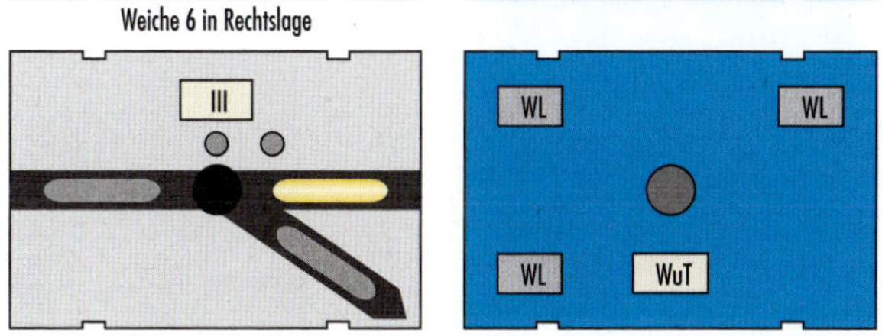 Gleissperre III abgelegt

Tabelle 1: Einzelbedienung einer Weiche und Gleissperre

Wenn eine Weiche »besetzt« anzeigt, lässt sie sich weder mit der WGT+WT-Bedienung noch durch das Einstellen einer Fahrstraße umstellen. Nachdem durch »Hinsehen« (s. Kap. 4.3) das Freisein festgestellt worden ist, kann die Weiche nur durch Bedienen der Weichenhilfstaste (WHT) im blauen Gruppentastenblock und der gleichzeitigen Bedienung der WT (KT) umgestellt werden. Die Bedienung der WHT ist eine zählwerksüberwachte Handlung und muss daher im »Nachweis der Zählwerke« nachgewiesen werden.

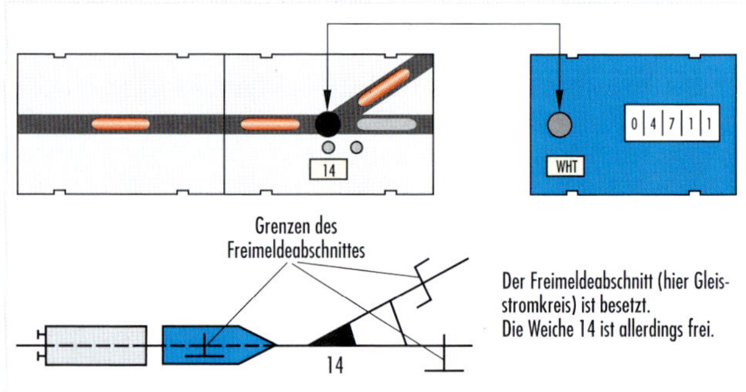

Bild 1: Umstellen einer besetzten Weiche

Die doppelte Kreuzungsweiche (DKW) besteht aus vier Zungenpaaren mit den Bezeichnungen a und b auf der einen und c und d auf der anderen Seite. Im Vergleich zur Außenanlage (Wirklichkeit) erscheint der StÜM der beiden Zungenpaare in dem Tischfeld seitenverkehrt, da er zeigen muss, wohin ein Fahrweg eingestellt ist.

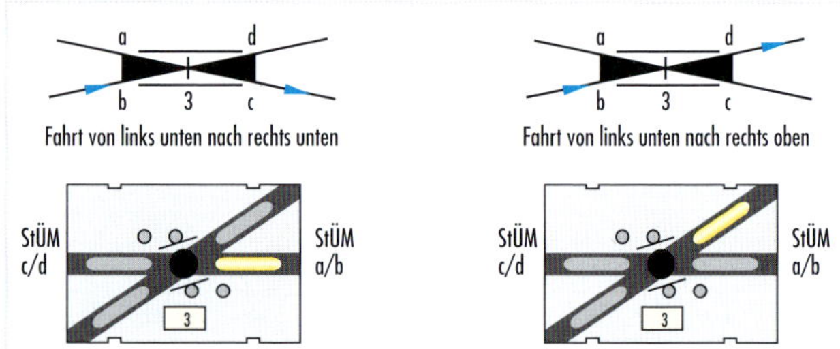

Bild 2: Doppelte Kreuzungsweiche

Im grauen Gruppentastenblock sind zwei Kreuzungsweichenwahltasten (KWT) mit den zugehörigen Kreuzungsweichenwahlmeldern (KWM) angeordnet (s. Bild 3). Mit Hilfe der KWT ist es möglich, mit nur einer Taste beide Zungenpaare der doppelten Kreuzungsweiche getrennt bedienen zu können. Beim Umstellen der DKW 3 c/d wird zuerst die Stellung des KWM festgestellt. Durch Bedienen der KWT wechselt der KWM und zeigt an, dass bei der anschließenden Bedienungshandlung mit der WT diese nur auf das Zungenpaar c/d wirkt. Nachdem die Anzeige des StÜM geprüft wurde, wird das Zungenpaar durch die Bedienung der WGT mit der KT in die neue Lage gebracht.

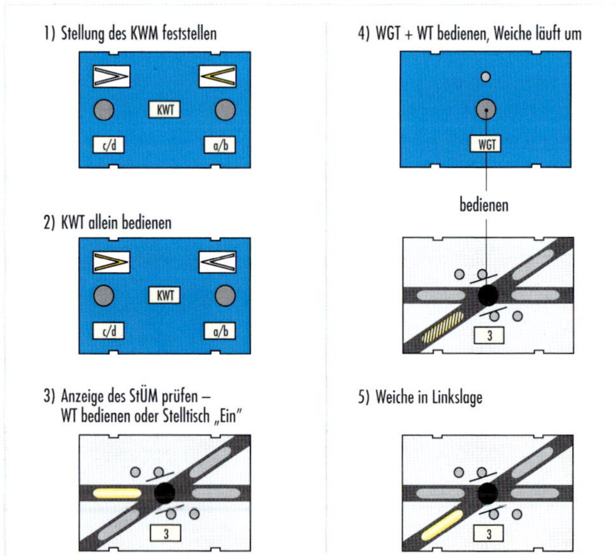

Bild 3: Umstellen der doppelten Kreuzungsweiche 3 a/b

Wenn Weichen, Kreuzungen und Gleissperren gegen versehentliches Umstellen gesichert werden müssen, lassen sie sich einzeln sperren. Nun besteht keine Möglichkeit mehr, diese Einrichtungen durch das Einstellen einer Fahrstraße oder durch eine Einzelbedienung mit der WGT oder WHT umzustellen. Es ist trotzdem möglich eine Fahrstraßen über eine gesperrte Weichen einzustellen. Eine gesperrte Einrichtung kann durch eine Einzelbedienung auch wieder entsperrt werden.

Sperren einer Weiche Durch gleichzeitiges Bedienen der Weichensperrtaste (WSpT) mit der WT bzw. KT wird eine Weiche gesperrt. Der Sperrmelder leuchtet rot und der StÜM gelb. Es wird damit angezeigt, dass die Weiche in der angezeigten Lage nicht mehr umgestellt werden kann.	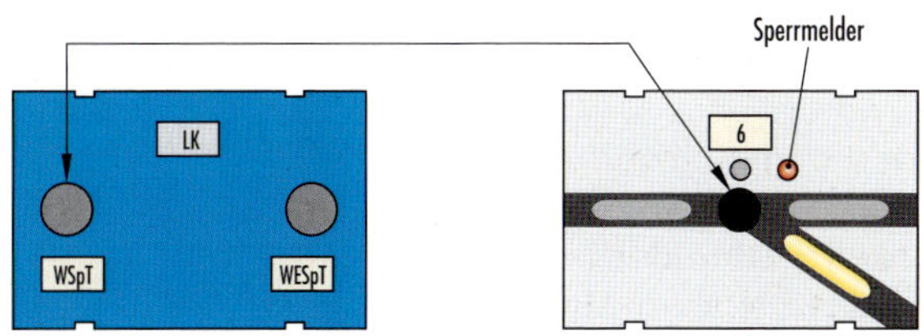
Entsperren einer Weiche Durch gleichzeitiges Bedienen der Weichenentsperrtaste (WESpT) mit der WT bzw. KT wird die Weiche wieder entsperrt. Der Sperrmelder und der StÜM erlöschen.	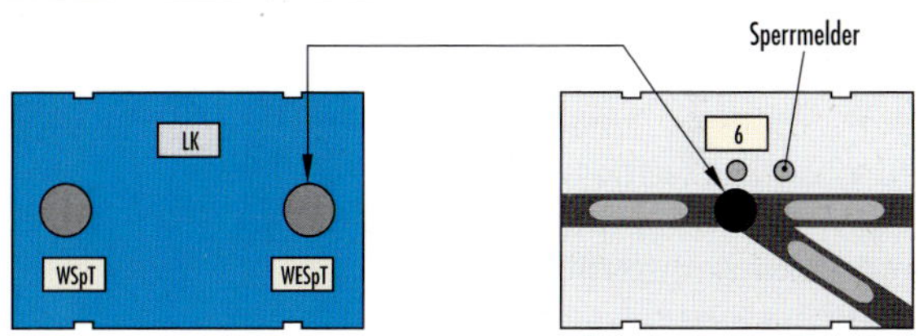

Tabelle 1: Sperren und Entsperren einer Weiche

Signale

Auf dem Stelltisch sind alle vorhandenen Lichtsignale durch Signalsymbole dargestellt, die vom Stellwerk aus bedient werden können. Für die Darstellung der Signale werden Tischfelder für

- Hauptsignale
- Hauptsperrsignale
- Vorsignale, Kombinationen von Hauptsperrsignalen mit Vorsignalen am gleichen Signalmast
- Sperrsignale
- Zugdeckungssignale und

Im Tischfeld eines Einfahrsignals mit Ausfahrsignal am gleichen Mast sind u. a. folgende Melder vorhanden:

- Die Fahrtstellung des Signals wird durch den Fahrtmelder (grünes Licht) angezeigt. Da es keinen extra Melder für das Signalbild Hp2 gibt, ist es für den Fahrdienstleiter nicht erkennbar, welches Signalbild draußen gezeigt wird. Aufgrund seiner Ortskenntnis weiß der Bediener, welche Signalbilder in Wirklichkeit gezeigt werden.

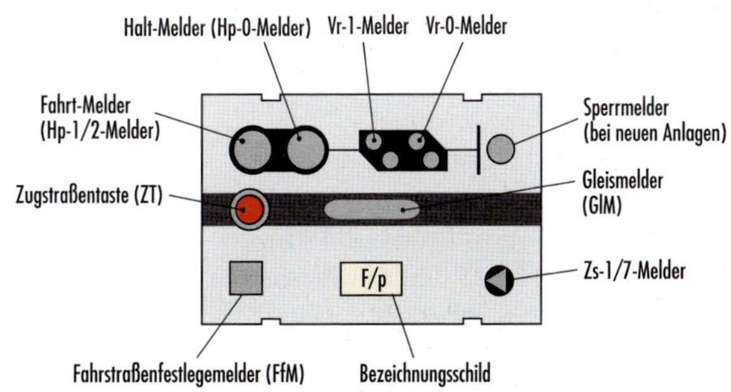

Bild 1: Tischfeld eines Hauptsignals mit Vorsignal am gleichen Mast

- Der Haltmelder (Hp-0-Melder) als rotes Licht zeigt an, dass sich das Hauptsignal in der Signalstellung Hp 0 befindet.
- Im Signalsymbol des Vorsignals wird das Signalbild Vr 0 durch zwei gelbe, die Signalbilder Vr 1 und Vr 2 durch zwei grüne Lichter dargestellt.
- Der Zs 1/7-Melder zeigt an, dass das Ersatzsignal oder das Vorsichtsignal angeschaltet ist. Im Tischfeld wird dieses durch ein gelb leuchtendes Dreieck angezeigt.
- Der Fahrstraßenfestlegemelder (FfM) zeigt die Festlegung einer eingestellten Zugstraße an. Diese geschieht durch ein gelb leuchtendes Quadrat.

Im Vergleich zu einem Einfahrsignal zeigt das Tischfeld eines Hauptsperrsignals, welches als Ausfahr- oder Zwischensignal verwendet wird, zusätzliche Melder:

- Der Sh-1-Melder zeigt gleichzeitig mit dem Hp-0-Melder die Signalstellung Hp 0/Sh 1 an. Dies geschieht durch einen gelb leuchtenden Balken.
- Der Ls-Sperrmelder zeigt durch ein gelbes Licht an, dass das Hauptsperrsignal gegen versehentliche Bedienung gesichert ist.
- Der D-Weg-Melder zeigt bei eingestellter Einfahrzugstraße durch ein gelbes Licht an, dass es nicht möglich ist, weitere Fahrstraßen, die den D-Weg berühren, einzustellen.

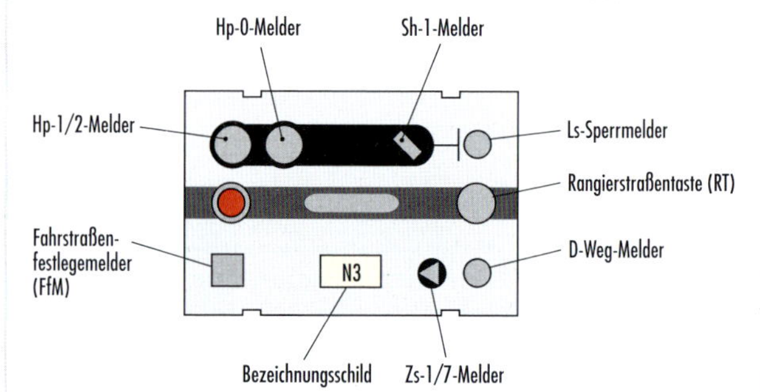

Bild 1: Tischfeld eines Hauptsperrsignals (als Ausfahrsignal)

Das Tischfeld eines Lichtsperrsignals besitzt zusätzlich zu einem Sh-0-Melder (leuchtet rot) einen Sh-1-Melder (leuchtet gelb). Kann ein Lichtsperrsignal auf Kennlicht geschaltet werden, ist der Kennlichtmelder zugleich der Sperrmelder (leuchtet gelb).

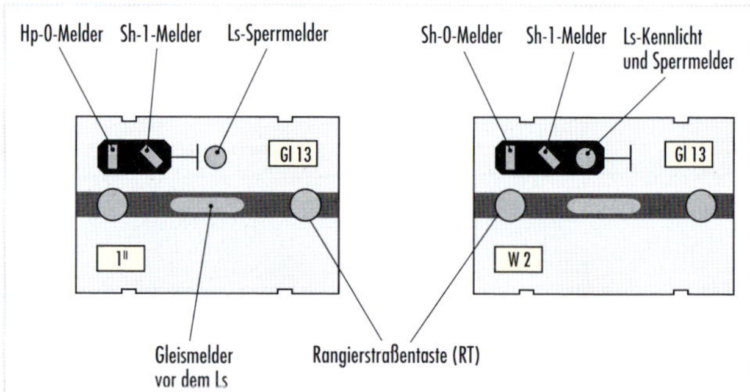

Bild 2: Tischfeld eines Lichtsperrsignals

An Haupt- und Vorsignalen können Zusatzsignale (z. B. Geschwindigkeitsanzeiger – Zs 3) angebracht sein. Diese werden auf dem Stelltisch nicht gesondert dargestellt, aber mit überwacht. So geschieht dies z. B. beim Aufleuchten des Vr-1/2- bzw. Hp-1/2-Melders. Hiermit wird das Signalbild eines evtl. vorhandenen Geschwindigkeits- (Zs 3) oder Richtungsanzeigers (Zs 2) überwacht.

In folgender Darstellung werden die Signalbilder auf dem Stelltisch mit denen in der Wirklichkeit dargestellt und verglichen.

	Einfahrsignal (dreibildrig)	**Ausfahrsignal (dreibildrig)**
	Symbol im Signallageplan 	Symbol im Signallageplan 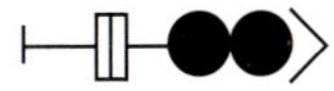
Hp 0 »Halt«	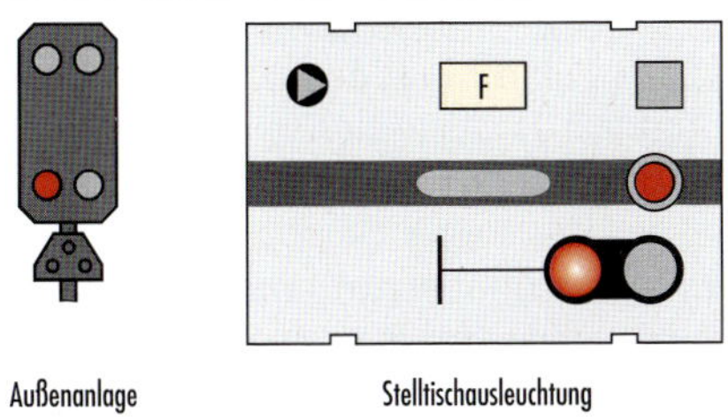	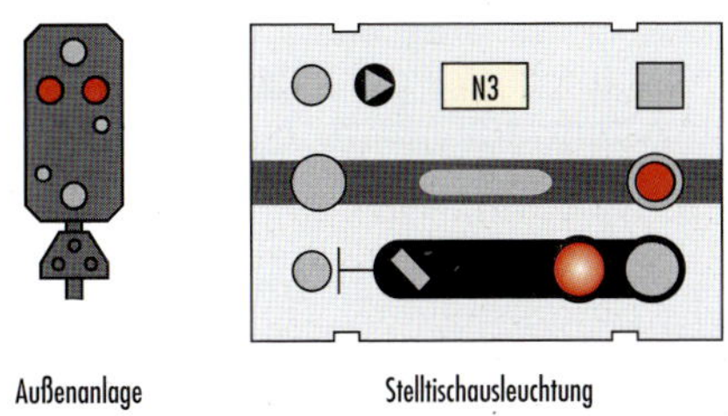
Hp 1 »Fahrt«	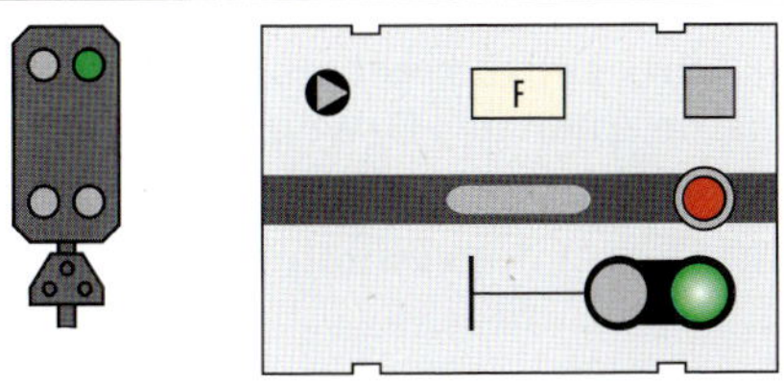	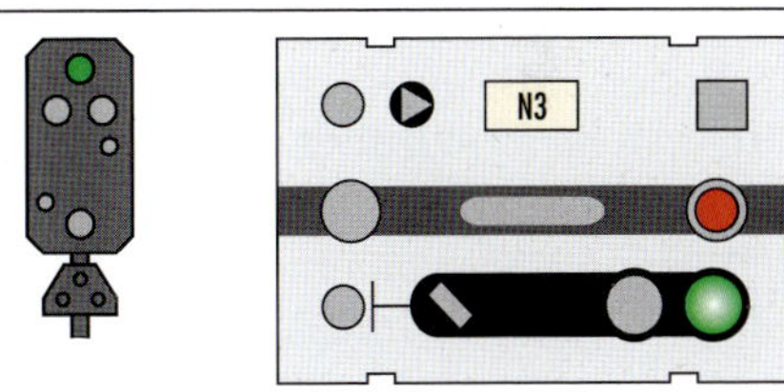
Hp 2 »Langsamfahrt«	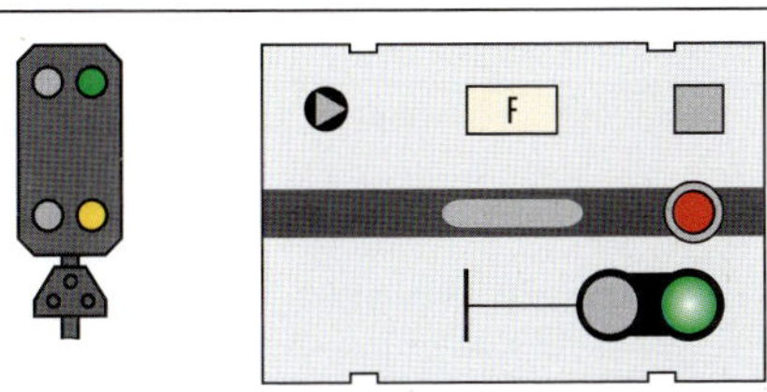	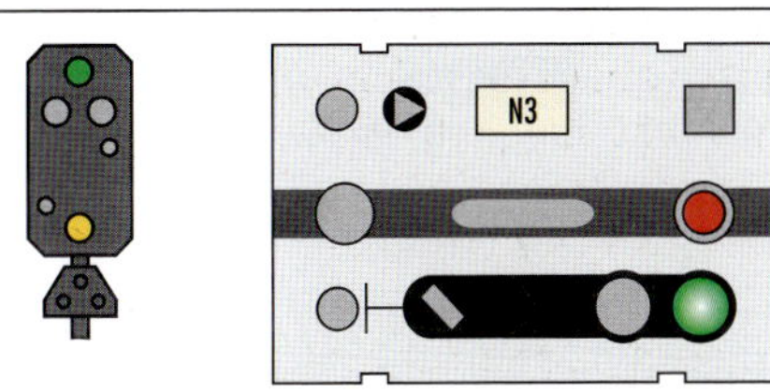
Hp 0 + Zs 1 »Halt« + »Ersatzsignal«	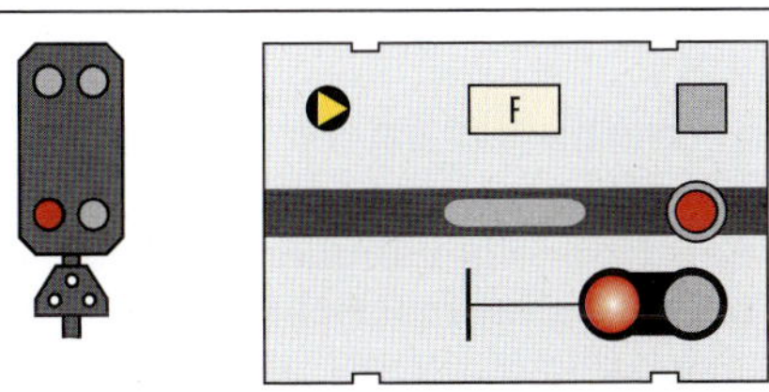	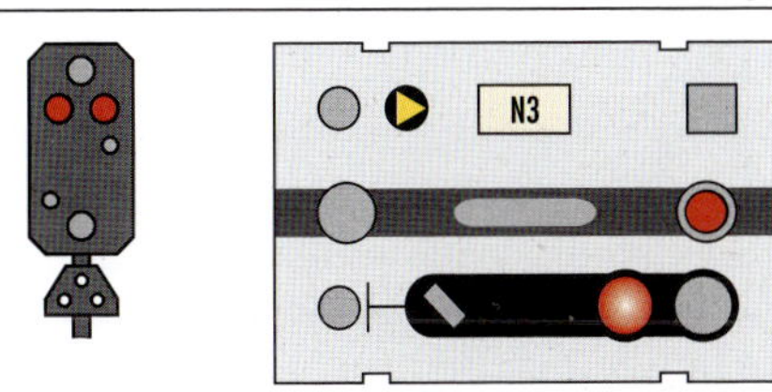

Tabelle 1: Gegenüberstellung der Anzeigen von Außenanlagen und Stelltisch

Freimeldeabschnitte und zugehörige Tischfelder

Anzeigen der Gleisfreimeldeanlage beziehen sich auf den jeweiligen Freimeldeabschnitt (s. Kap. 6.2). Die Anordnung des betreffenden Melders entspricht in manchen Fällen nicht der Wirklichkeit. Für die Feststellung, wo sich ein Fahrzeug genau befindet, muss der Fahrdienstleiter die wirkliche Situation (draußen im Gleis) im Vergleich zu der Stelltischausleuchtung kennen.

Im Regelfall sind die Gleismelder vor Hauptsignalen dem vor dem Signal liegenden Freimeldeabschnitt zugeordnet (s. Bild 1).

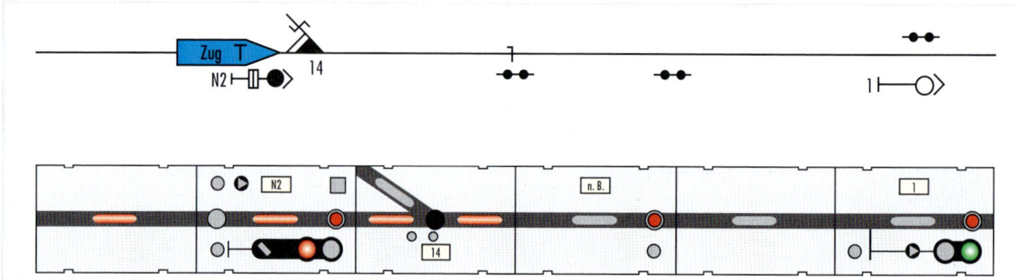

Bild 1: Zug ist am Ausfahrsignal vorbeigefahren – Grenze des Freimeldeabschnitts liegt am Hauptsignal

Es kann aber örtlich bedingt sein, dass der Freimeldeabschnitt nicht direkt am Hauptsignal endet bzw. beginnt. Dieses kann dazu führen, dass der Zug auf dem Stelltisch angezeigt wird, als ob er sich noch vor dem Signal befinden würde, obwohl er bereits daran vorbei gefahren ist. Diese schwerwiegenden Fehleinschätzung kann zu einer Gefährdung führen.

- So liegen z. B. auf freien Strecke (Blockstrecke) die Achszähler oder Isoliergrenzen mindestens 50 m hinter dem Blocksignal am Ende des D-Weg (s. Seite 312).
- Dieselbe Situation kann auch bei Einfahr- oder Ausfahrsignalen auftreten. Man spricht in diesen Fällen von einem »Einfahrloch« (hinter dem Einfahrsignal) oder einem »Ausfahrloch« (hinter dem Ausfahrsignal) (s. Bild 2).

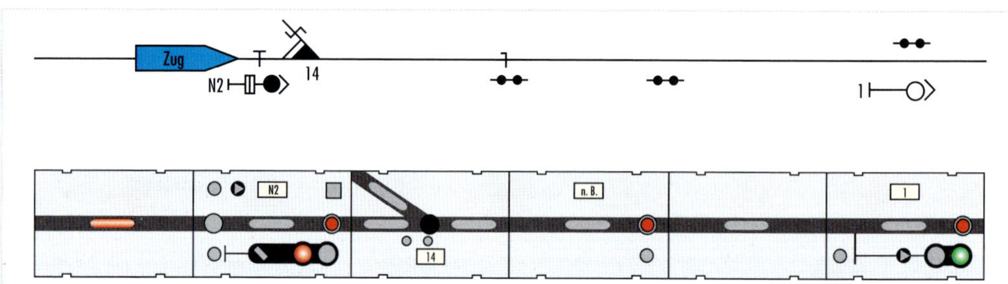

Bild 2: Zug ist am Ausfahrsignal vorbeigefahren – Grenze des Freimeldeabschnitts liegt hinter dem Ausfahrsignal (Ausfahrloch)

Die Gleismelder vor einem Lichtsperrsignals (Ls) zeigen immer den Freimeldeabschnitt vor dem Signal an. So entsprechen die Gleismelder im Tischfeld eines Ls-Signals der Wirklichkeit (s. Bild 3).

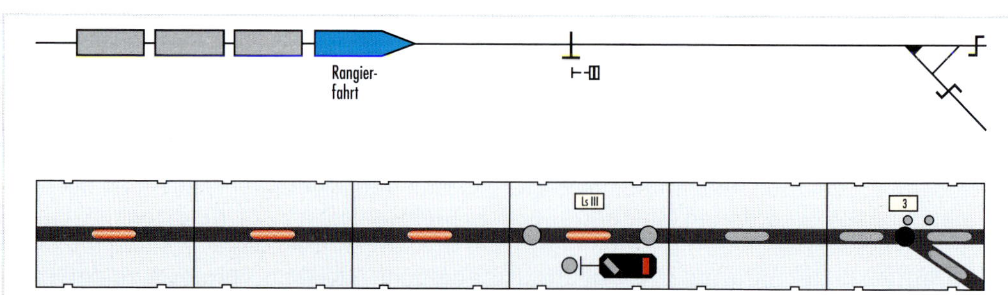

Bild 3: Besetztes Bahnhofsgleis vor einem Lichtsperrsignal

Meldeanzeigen der Stromversorgungsanlage

Spannungsversorgungs-Störung im Stellwerk

Im Regelfall wird der Strom für das Stellwerk aus dem Netz eines Stromversorgungsunternehmens entnommen. Dieses Netz (50 Hz) versorgt die

- Weichen mit 380 V
- Signale, Stelltischausleuchtung, Frequenzwandler (für Gleisstromkreise) und Hauptgleichrichter (für Batterie, Achszähler und Relais) mit 230 V

Bei Netzausfall muss allerdings sichergestellt sein, dass das Stellwerk und die einzelnen Verbraucher mit genügend Strom versorgt werden. Dieses wird durch einen Umformer- und Netzersatzbetrieb gewährleistet. Alle Betriebszustände werden auf dem Stelltisch durch Melder im grauen Gruppentastenblock angezeigt.

<table>
<tr><th>Betriebsarten bei der Stromversorgung</th><th>Melderanzeigen auf dem Stelltisch</th></tr>
<tr><td>Netzbetrieb – N
• Der Netzmelder (N) zeigt durch das gelbe Ruhelicht an, dass Netzstrom vorhanden ist
• Der gelb leuchtende Frequenzwandlermelder (FreW) zeigt an, dass der Netzstrom von 50 Hz für die Gleisstromkreise (s. Kap. 6.2) in 100 Hz umgewandelt wird
• Der Dauerladungsmelder (60 D) zeigt durch gelbes Ruhelicht an, dass die Batterie ihre volle Spannung (60 V-Gleichstrom) erreicht hat. Die Batterie erhält ihren Gleichstrom aus dem Hauptgleichrichter und dient als Sofortreserve bei Netzausfall</td><td>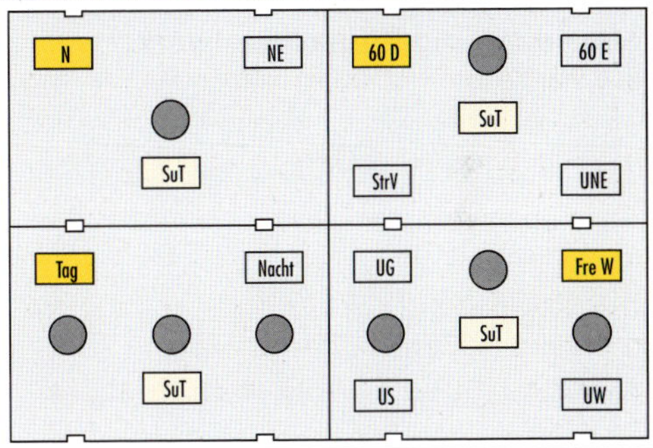
</td></tr>
<tr><td>Umformerbetrieb – U
Bei kurzzeitigem Netzausfall wird der Batteriestrom (Gleichstrom) über Umformer in Wechselstrom umgewandelt
• Der Netzmelder (N) zeigt durch rotes Ruhelicht an, dass der Netzstrom ausgefallen ist.
• Der Netzersatzmelder (NE) blinkt gelb und zeigt damit an, dass das Netzersatzgerät automatisch eingeschaltet worden ist.
• Der Dauerladungsmelder (60 D) blinkt gelb und zeigt damit an, dass die Batterien nicht mehr geladen werden.
• Die Umformer für Gleichstromkreise (UG), Weichen (UW) und Signale (US) zeigen durch ihr gelbes Ruhelicht an, dass der entsprechende Umformer ordnungsgemäß arbeitet</td><td>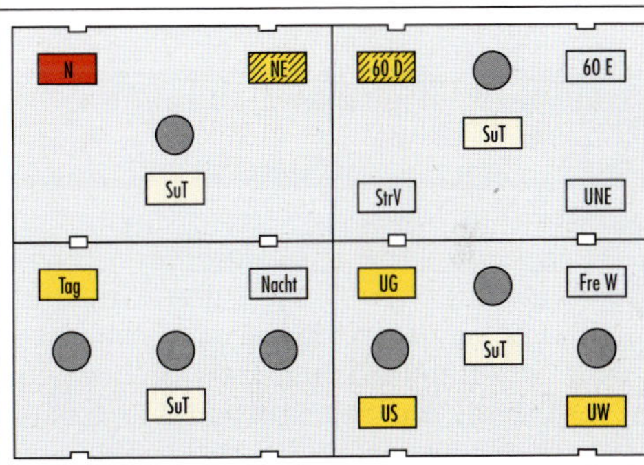
</td></tr>
<tr><td>Netzersatzbetrieb – NE
Ein stationäres Netzersatzgerät (meist Dieselaggregat) übernimmt die Stromversorgung
• Der Netzmelder (N) zeigt durch rotes Ruhelicht an, dass der Netzstrom ausgefallen ist
• Der Netzersatzmelder (NE) zeigt durch gelbes Ruhelicht an, dass das Netzersatzgerät die Stromversorgung übernommen hat
• Der Dauerladungsmelder (60 D) blinkt solange gelb, solange die volle Spannung noch nicht erreicht ist. Wenn dieses geschehen ist, wechselt der Dauerladungsmelder zum Ruhelicht
• Der gelb leuchtende Frequenzwandlermelder (FreW) zeigt durch gelbes Ruhelicht an, dass die Frequenz von 50 Hz für die Gleisstromkreise (s. Kap. 6.2) in 100 Hz umgewandelt wird</td><td>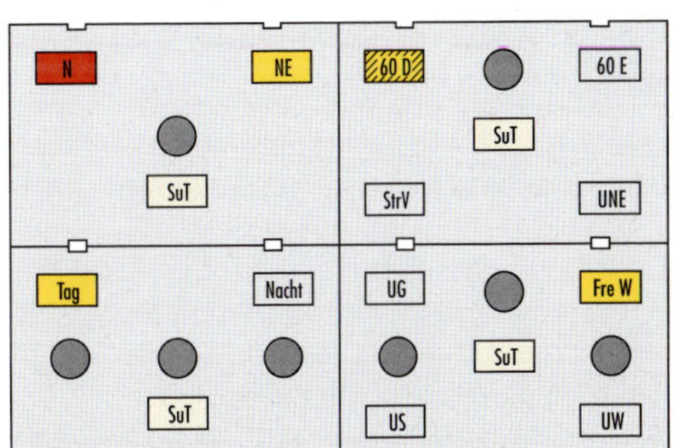
</td></tr>
</table>

Tabelle 1: Meldeanzeigen der Stromversorgung im Sp Dr S 60-Stellwerk

Wenn der Strom aus dem öffentlichen Netz (Netzstrom) ausfällt, übernimmt die Batterie die Stromversorgung. Der Gleichstrom von 60 V wird dabei durch Umformer in den notwendigen Wechselstrom für die Weichenantriebe etc. umgewandelt. Der Netzausfall ist der für die Entstörungsveranlassung zuständige Stelle (EVZS) zu melden.

Netzersatzaggregate (Dieselmotor mit Generator) werden dann entweder selbsttätig gestartet oder müssen von Hand eingeschaltet werden. Nach Erreichen einer stabilen Spannung (ca. 2–3 Minuten) übernimmt dann das Netzersatzaggregat die Stromversorgung für das Stellwerk.

Bild 1: Batterieraum eines Stellwerkes Sp Dr S 60

1. Was bedeutet die Bauartbezeichnung Sp Dr S 60?
2. Was versteht man unter dem Spurplanprinzip?
3. Nennen Sie die Vorteile eines Gleisbildstellwerkes gegenüber einem mechanischen Stellwerk!
4. Worin unterscheiden sich Stelltisch und Stelltafel?
5. Nennen Sie die verschiedenen Arten der Innentasten!
6. Nennen Sie die Gruppentastenblöcke mit ihren Funktionen und Farben!
7. Welche Aufgabe haben optische und akustische Melder?
8. Nennen Sie die wesentlichen Zusatzeinrichtungen eines Gleisbildstellwerkes!
9. Welche besonderen Merkmale besitzen Weichen beim Stellwerk Sp Dr S 60?
10. Welchen Zustand können die Gleismelder (GlM) anzeigen und welche Bedeutung hat die jeweilige Ausleuchtung?
11. Nennen Sie die vier Aufgaben des Stellungs- und Überwachungsmelders (StÜM)!
12. In welchen Fällen benutzt man bei der Einzelbedienung einer Weiche die Weichengruppentaste (WGT) und die Weichenhilfstaste (WHT)?
13. Welche zusätzliche Aufgabe ergibt sich für den Fahrdienstleiter durch das Bedienen der Weichenhilfstaste (WHT)?
14. Worin unterscheiden sich der Verschluss und das Sperren einer Weiche und wie wird der jeweilige Zustand auf dem Stelltisch angezeigt?
15. Skizzieren Sie das Tischfeld eines Hauptsignals mit dem Signalbild »Hp 2«; das Vorsignal zeigt »Halt erwarten«!
16. Was zeigt ein gelb leuchtendes Dreieck im Tischfeld eines Hauptsignals an?
17. Was zeigt ein gelb leuchtender D-Weg-Melder an?
18. Was versteht man unter einem Einfahr- bzw. Ausfahrloch?
19. Wie wird die Stromversorgung eines Gleisbildstellwerkes bei Netzausfall gesichert?

5.3.4 Gleisbildstellwerk (EZMG)

Stellwerke der Bauart EZMG (**E**lektritscheskaja **Z**entralisazija **M**alych Stanzii **G**ermanii) wurden in der UdSSR entwickelt und ab 1976 im Bereich der Deutschen Reichsbahn (ehem. DDR) errichtet. Insgesamt wurden ca. 80 Stellwerke dieser Bauform installiert.

Vor einer senkrecht angeordneten Meldetafel, die das Gleisbild wiedergibt, befindet sich das Bedienpult, mit dem für jede Bahnhofsseite je maximal vier ferngestellte Weichen, sechs Lichthauptsignale und ein Rangierfahrtsignal (Ra 12, s. Kap 2.3.4) gestellt werden können.

Bild 1: Russisches Typenschild in einem EZMG-Stellwerk

Bild 2: Arbeitsplatz des Fahrdienstleiters in einem Melde- und Bedienpult

Bei EZMG-Stellwerken

- sind Bedien- und Anzeigeelemente vollständig voneinander getrennt
- findet der Fahrdienstleiter stets ein einheitliches Bedienpult vor, das unabhängig von der jeweiligen Gleislage seines Bahnhofs aufgebaut ist
- erhält der Fahrdienstleiter aus den Meldeanzeigen im Gleisbild ein im Vergleich mit einem Sp Dr 60 Stellwerk nur sehr eingeschränktes Bild der Bahnhofssituation
- wird für einige Weichen die Lage in gesonderten Meldern dargestellt

Ein Vergleich der Bauweise von Spurplan-60-Stellwerken und EZMG-Stellwerken zeigt weitere Unterschiede auf:

Spurplan-60-Stellwerke	EZMG-Stellwerke
• können für alle unterschiedlich gestalteten Bahnhöfe erbaut werden. Die Zahl der Gleise, Weichen, Signale, die von diesem Stellwerktyp bedient werden, ist solange unbegrenzt, wie die Gleislage noch mit Hilfe einer Stellwand oder eines Stelltisches übersichtlich darstellbar ist.	• werden überwiegend auf Nebenstrecken eingesetzt • eignen sich nur für eingleisige Strecken mit maximal 5 Bahnhofsgleisen, bei dem alle Bahnhofsgleise in das Streckengleis münden
• Zum Einsatz kommen Signalrelais, deren Zuverlässigkeit stets durch eine ergänzende Kontrollschaltung geprüft werden muss.	• Zum Einsatz kommen Schwerkraftrelais (Signalrelais vom Typ N), die nicht »verkleben« können und daher stets sicher schalten.

Tabelle 1: Vergleich Spurplan-60-Stellwerke/EZMG-Stellwerke

Auch bei der Bedienung zeigen sich Unterschiede:

- Bei einem Spurplan-60-Stellwerk werden Fahrstraßen im Regelfall durch eine Zweitastenbedienung eingestellt, für Zugfahrten werden zwei Zugstraßentasten bedient, bei Rangierfahrten zwei Rangierstraßentasten (s. Kap. 6.3.2).
- Bei EZMG-Stellwerken erfolgt eine Eintastenbedienung: zunächst wird der Fahrweg (Weichen etc.) mit Hilfe der zugehörigen Fahrwegtaste eingestellt. Danach erfolgen die Wahl der Fahrtrichtung und die Unterscheidung zwischen einer Zug- bzw. Rangierstraße, die sich zwar in der Signalisierung, nicht jedoch bezüglich des Fahrwegs unterscheiden. Außerdem sind einige bauformbedingte Besonderheiten zu beachten, so müssen z. B. bei Weichenstörungen beide Weichenzungen in ihrer Lage gesichert werden.

Aufgrund besonderer Eigenschaften der EZMG-Stellwerke müssen u. a. bei Kleinwagenfahrten mit selbsttätiger Gleisfreimeldeanlage entsprechende Merkhinweise angebracht und entsprechende Sperren eingegeben werden (s. Kap. 10.9)

Bei EZMG-Stellwerken werden Lichthaupt- und Lichtvorsignale (Hl) eingesetzt. Ursprünglich kamen hierbei nur Signale russischer Bauart mit ihren ovalen Signalschirmen und den langgezogenen Schuten zum Einsatz.

Bild 1: Signale des Bahnhofs Wolkenstein

1. Erkunden Sie mit Hilfe des Internets, in welchen Bahnhöfen noch EZMG-Stellwerke in Betrieb sind!
2. Warum findet man auf größeren Bahnhöfen keine EZMG-Stellwerke?

5.3.5 Elektronisches Stellwerk (ESTW)

Mit der Inbetriebnahme des ersten Elektronischen Stellwerks im November 1988 in Murnau (Strecke: München–Garmisch-Partenkirchen) begann für die DB AG eine neue Ära. Die ESTW-Technik ermöglichte eine völlig neue Arbeitsweise.

Dabei hat der Arbeitsplatz des Fahrdienstleiters äußerlich kaum noch Gemeinsamkeiten mit dem in einem herkömmlichen Stellwerk. Vielmehr kann man ihn mit seinen Geräten und deren Anordnung mit einem modernen Büroarbeitsplatz vergleichen. Neben verschiedenen Herstellern (z. B. Siemens ESS, Lorenz ESL) unterscheidet man ESTWs auch hinsichtlich ihrer Bedienungsart.

Bild 1: ESTW in Hagen

Bild 2: ESTW im Rangierbahnhof München-Nord

Die technische Entwicklung begann 1988 damit, dass der Fahrdienstleiter seine Steuerbefehle ausschließlich über eine Dateneingabetastatur (DET) in den Rechner eingab. Dies ist jedoch umständlich und zeitaufwendig, da bereits kleinste Eingabefehler die Ausführung von Stellaufträgen verhindern.

Bild 3: Dateneingabetastatur (DET)

Ab 1995/96 erfolgt die Bedienung über ein Bedientablett (BT), das für jeden Stellbezirk einzeln erstellt werden musste, den Gleisplan vergleichbar mit dem Stelltisch eines Drucktastenstellwerks ist und mit Hilfe eines speziellen Bedienstiftes gesteuert wird. Hierdurch wird die Bedienung wesentlich erleichtert, aber der ständig notwendige Blickwechsel zwischen Bedientablett und Monitor erschweren die Arbeit.

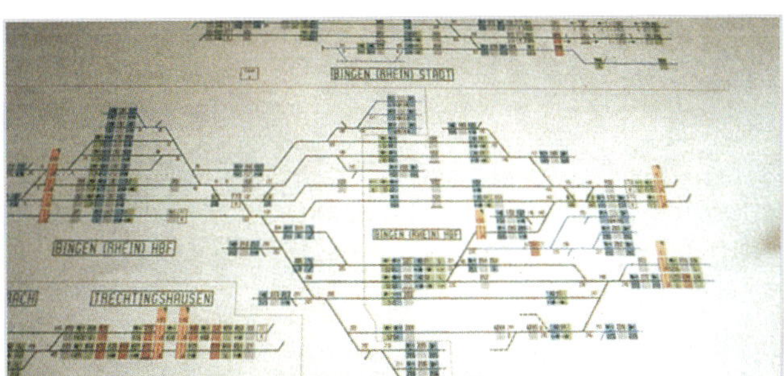

Bild 4: Eingabe über ein Bedientablett (BT) mit Bedienstift

Deshalb wurde diese Technikvariante bereits nach kurzer Zeit durch das mausbediente ESTW abgelöst. Hier ist die Bedienung wesentlich einfacher und kann zügiger erfolgen.

Weitere Fortschritte bei der EDV ermöglichten es zudem, dass alle ab 1999/2000 installierten ESTWs auch von der Betriebszentrale (BZ) gesteuert werden können. Ein solches BZ-fähiges ESTW wird in der Regel nicht mehr durch einen Mitarbeiter vor Ort, sondern durch eine von sieben Betriebszentralen in ganz Deutschland gesteuert.

Die bundesweite Koordination erfolgt durch die Netzleitzentrale (NLZ) in Frankfurt a. M. (s. Seite 15).

Moderne Computerprogramme ermöglichen zukünftig eine wesentlich engere Verknüpfung von Betriebssteuerung und Disposition. In Zukunft werden diese Aufgaben z. T. miteinander verschmelzen.

Bild 1: Fahrdienstleiterin im Stellwerk Halensee

Bild 2: Blick in die Netzleitzentrale Frankfurt

Ein ESTW besteht im Wesentlichen aus folgenden Elementen:

- **Rechneranlage**
- **Anzeigeeinrichtung**
- **Bedieneinrichtungen**
- **Drucker**
- **Telekommunikationsanlage**
  DIKOS 210 (digitales Kommunikationssystem) oder TK 2002 bzw. TKA 2002 (bildschirmgestütztes Kommunikationssystem)
- **Energieversorgung**
  (s. Stellwerk SpDrS 60, Kap. 5.5.4)
- **Zusätzliche Einrichtungen**
  - Selbststellbetrieb
  - Streckenblock (Sb 60, Zb 65, LZB-Zentralblock, s. Kap. 4.7.5 ff.)
  - Bahnübergangssicherungsanlagen (s. Kap. 2.11)

Da sich einzelne ESTWs im Detail, nicht jedoch im prinzipiellen Aufbau unterscheiden, bezieht sich die folgende Darstellung überwiegend auf das BZ-fähige ESTW von Siemens mit dem Bedienplatzsystem 901 (BPS 901).

Rechneranlage

Die Rechneranlage bildet den Kern eines ESTWs. Dabei kontrollieren sich stets mehrere parallel arbeitende Mikrocomputer gegenseitig und sorgen so für den sicheren Betrieb. Außerdem setzt sich die Rechneranlage modular aus mehreren Komponenten zusammen, die durch einen Steuerbus (Stw-Bus) verknüpft sind:

- Bedien- und Anzeigerechner (BAR) und Kommunikationsserver (COM-Server)
- Eingabe-, Kontroll- und Interpretationsrechner (EKIR)/ Overhead-Rechner (OHR)
- Bereichstellrechner (BSTR) zur Fahrstraßensteuerung
- Bedienanpassungsrechner (BanpR) zur Ansteuerung von Relaisstellwerken
- Bedienplatzrechner (BPR)

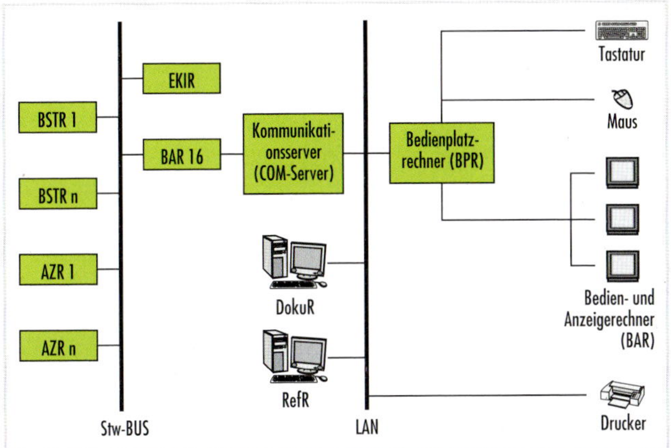

Bild 1: Rechenanlage in einem ESTW

Die rasante Weiterentwicklung der Computertechnik bewirkt, dass ESTWs schneller an neue Anforderungen angepasst werden können, als dies bei herkömmlicher Stellwerkstechnik möglich ist.

Anzeigeeinrichtung

Sie umfasst bis zu 7 einzelne Farbmonitore mit Gleisbilddarstellungen (s. Bild 2). Diese gewähren dem Fahrdienstleiter auf der Bereichsübersicht (Berü) einen Überblick über den gesamten Stellbezirk und zeigen auf ein oder mehreren Bahnhofslupen (Lupe) weitere Details des aktuellen Betriebszustandes. Die Darstellung ist detaillierter als bei Drucktastenstellwerken, so leuchten Zugstraßen nunmehr grün und Rangierstraßen blau.

Bild 2: ESTW Magdeburg (hier Arbeitsplatz der Disposition, oben mit Darstellungen Fahrzeitenverlauf als Bildfahrplan (s. Seite 60, unten mit Gleisbilddarstellung)

Ein weiterer Bildschirm dient als Kommunikationsanzeige (Siemens) bzw. als Kontrollmonitor (Lorenz). Diese Kommunikationsanzeige (KA) umfasst den Merkspeicher, die Protokoll- und Störungsinformation (PSI-Spiegel), die Störungsmeldungen und Informationen zum Betriebsstatus der Anlage. Sie versorgt den Fahrdienstleiter mit den wichtigen Informationen und dient der Systemsteuerung.

Damit der Fahrdienstleiter erkennen kann, ob die Gleisbilddarstellung der Farbmonitore stets alle Farben korrekt wiedergibt und den aktuellen Zustand zeigt, benötigt das Monitorbild den Melder „Sichere Anzeige". Dieser zeigt alle 5 Farben als Ruhe- und als Blinklicht und bestätigt durch den sich ständig drehen Aktualitätsmelder die Übereinstimmung von Anzeige und Datenlage im Rechnersystem. Im vollen Umfang konnte dies zunächst nur bei der Darstellung auf der Lupe garantiert werden. Die Entwicklung der Elektronischen Stellwerke ermöglicht seit 1996 eine signaltechnisch gesicherte Anzeige auch auf der Bereichsübersicht. Siemens nennt das entsprechende Bedienplatzsystem 901 (BPS901), Lorenz spricht vom Bedienplatzsystem Lorenz mit integrierter sicherer Anzeige (BOLISA).

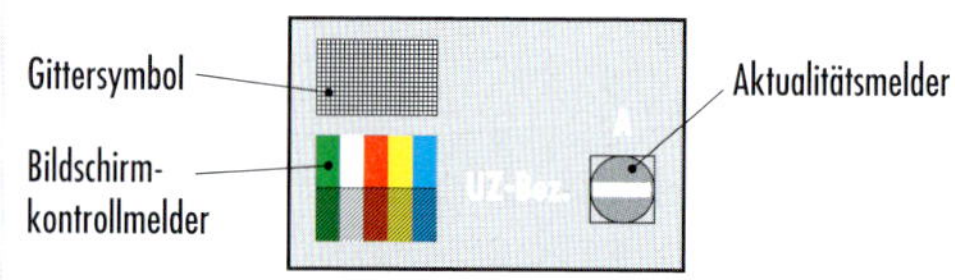

Bild 1: Melder „Sichere Anzeige, BPS 901"

Moderne Flachbildschirme (TFT-Monitore) werden zusätzlich über ein Gitternetz gesichert.

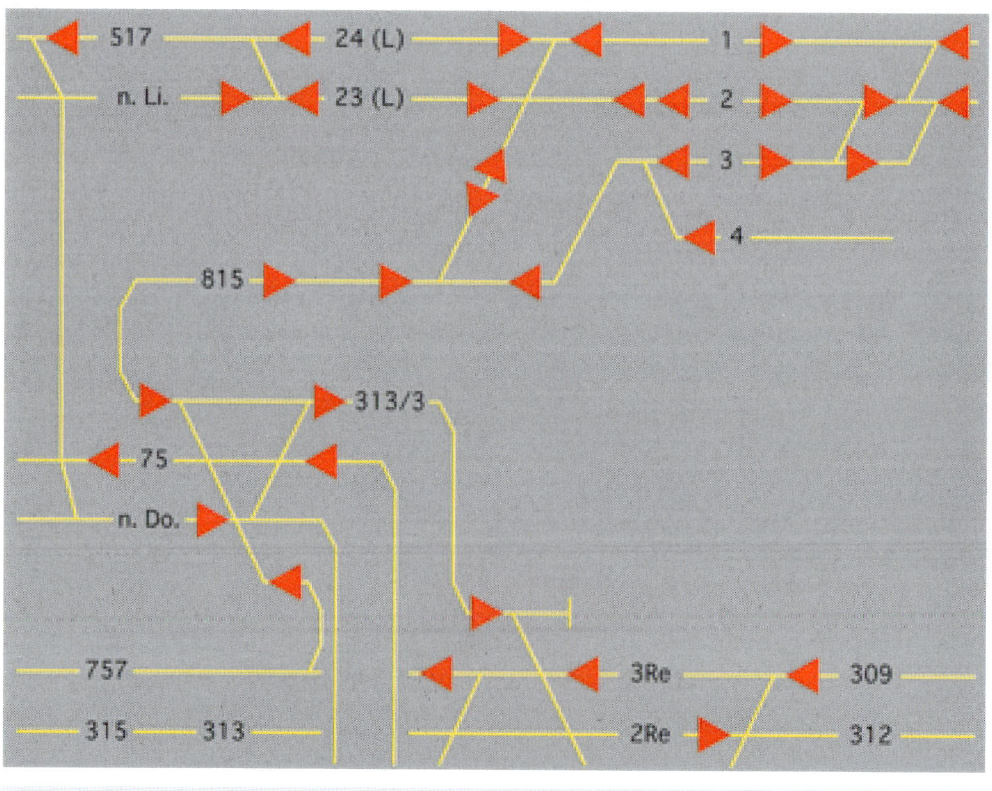

Bild 2: Ausschnitt aus einer Berü, Gleise und Weichen nicht besetzt, Bedienplatz BPS 901

Bereichsübersicht

Die Gleisbilddarstellung der Bereichsübersicht (Berü) dient dem Überblick über den gesamten Stellbereich, sie reduziert deshalb die Detailtreue der Abbildung auf notwendige Informationen.

- Die farbige Gestaltung der Gleise bedeutet:

weiß gestrichelt:	Gleis ohne Gleisfreimeldeanlage
weiß:	Gleis nicht besetzt (keine sichere Freianzeige)
gelb:	sichere Freianzeige
rot:	Gleis besetzt
grün:	Zugstraße eingestellt
blau:	Rangierstraße eingestellt

- Gleise und Gleisabschnitte werden durch entsprechende Zahlen gekennzeichnet.
- Haupt- und Sperrsignale werden als gleichseitige Dreiecke dargestellt, der Haltmelder ist rot, der Fahrtmelder ist grün und der Rangierfahrtmelder ist weiß.

Lupenbild

Die Bahnhofslupe (Lupe) ähnelt der Bereichsübersicht, ist jedoch wesentlich detailreicher. Lediglich einige Zusatzsignale wie Zs 6 werden nicht dargestellt. Auf ihr können Regelbedienungen und alle Hilfsbedienungen vorgenommen werden.

Das Aussehen von Berü und Lupe hat sich in den letzten Jahren mehrfach leicht verändert.

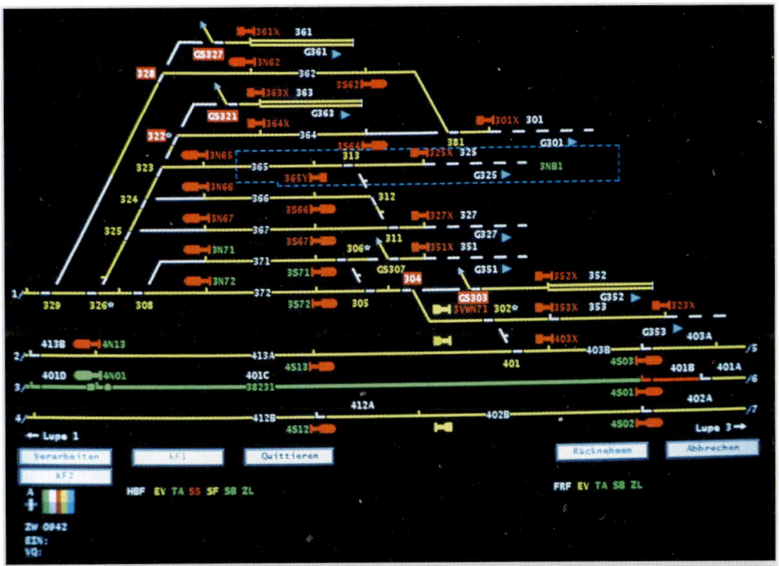

Bild 1: Lupenbild (Betriebszentrale Pankow)

Bedieneinrichtung

Neuere ESTWs werden fast ausschließlich mit Hilfe einer PC-Maus über den Bildschirm bedient. Bevor ein Stellbefehl, wie das Einstellen einer Zugstraße ausgeführt wird, erscheint er alphanumerisch auf der Textzeile »EIN« des Bildschirms und muss durch Betätigung des Feldes »Verarbeiten« freigegeben werden.

Hilfsbedienungen wie das vorzeitige Auflösen einer bereits festgelegten Fahrstraße können meist nur auf der Lupe erfolgen. Sie werden gezählt und müssen vor ihrer Ausführung zusätzlich durch eine entsprechende Kommandofreigabe bestätigt werden. Dies erfolgt über die Felder »KF 1« und »KF 2«. Ältere ESTWs verfügen hierfür noch über eine separate KF-Taste bzw. über KF-Felder auf dem Bedientablett (BT).

Drucker

Zur Dokumentation und Registrierung dienen der Protokoll- und Störungsdrucker (PSD) sowie der Zugnummerdrucker oder bei neueren ESTWs eine rechnerinternen Aufzeichnung, die Protokoll- und Störungsinformation (PSI). Bei deren Ausfall fordert die Anlage den Fahrdienstleiter selbsttätig auf, registrierpflichtigen Bedienungen durch entsprechende Eintragungen zu dokumentieren.

Bild 1: Fahrdienstleiter in Frankfurt

ESTW-Entwicklung

Die rasante Entwicklung der Computertechnik führt dazu, dass einzelne Elektronische Stellwerke sich bezüglich der Leistungsfähigkeit und der Arbeitsweise stark unterscheiden.

Mit der ab 1999/2000 erfolgten Einführung BZ-fähiger ESTWs hat die Entwicklung moderner Stellwerke einen ersten Abschluss gefunden. Bei BZ-fähigen ESTWs bleibt das ESTW vor Ort meist unbesetzt, das Stellwerk wird als Unterzentrale (UZ) nunmehr aus der BZ von einem örtlich zuständigen Fahrdienstleiter (özF) gesteuert. Dabei können die entsprechenden Zuständigkeiten und Aufschaltbereiche schnell und problemlos gewechselt werden, was ein großes Rationalisierungspotential erschließt.

Im ersten Jahrzehnt des neuen Jahrtausends stieg die Zahl der ESTWs massiv an. Allein im Jahre 2005 haben 33 ESTWs ihren Betrieb aufgenommen, wofür 900 Millionen Euro investiert wurden.

Für den Bereich der Hafen- und Industriebahnen sowie für den Betrieb auf Nebenstrecken werden zusätzliche Stellwerksbauformen, wie z.B. das Elektronische Stellwerk für den Signalisierten Zugleitbetrieb (ESZB) entwickelt. Eine wachsende Anzahl von Firmen entwickeln spezielle Elektronische Stellwerke für vereinfachte Betriebsverhältnisse, die einen preiswerten Betrieb bei weniger komplexen Verhältnissen ermöglichen sollen (vgl. Kap. 7.4).

Auch für die Steuerung besonderer Rangierbereiche werden neuere elektronische Systeme entwickelt. So ermöglicht die EOW-Technik, die sich auf ein System von elektrisch ortsbedienten Weichen stützt, die Einstellung und Überwachung von Fahrwegen durch den Triebfahrzeugführer vor Ort, der den gesamten Rangierbereich ohne Mitwirkung eines Stellwerks steuern kann (vgl. Kap. 8.8).

1. Welche Bedeutung hat die farbige Darstellung des Fahrweges auf der Berü und der Lupe?
2. Weshalb benötigt der Fdl für einige Bedienhandlungen die Bahnhofslupe?
3. Was versteht man unter einem BZ-fähigen ESTW?
4. Welche Aufgaben hat özF?

6 Fahrten im Bahnhof im Regelbetrieb

6.1 Fahrwegprüfung (Fpr)

Fahrwegprüfung

Fallbeispiel

Der Bahnhof Markshausen liegt an einer eingleisigen Nebenbahn und hat ein mechanisches Stellwerk ohne Gleisfreimeldeanlage. Am Morgen wurden im Streckengleis in Richtung Hörsel mit einem Schwerkleinwagen (Skl) Gleisbauarbeiten durchgeführt. Während der Mittagspause wurde der Skl im Bahnhof Markshausen im Gleis 1 abgestellt. Dem Fahrdienstleiter vom Spätdienst war diese Besonderheit nicht mitgeteilt worden. Um 13.11 Uhr wurde die RB 8766 von Tessin abgemeldet. Der Fahrdienstleiter stellte die Fahrstraße nach Gleis 1 ein und das Einfahrsignal A auf »Fahrt«. Der Triebfahrzeugführer (Tf) der RB 8766 erkannte bei Einfahrt die Gefahr und konnte noch rechtzeitig bremsen. Der Dienst habende Fahrdienstleiter hatte vergessen, die Fahrwegprüfung durchzuführen!

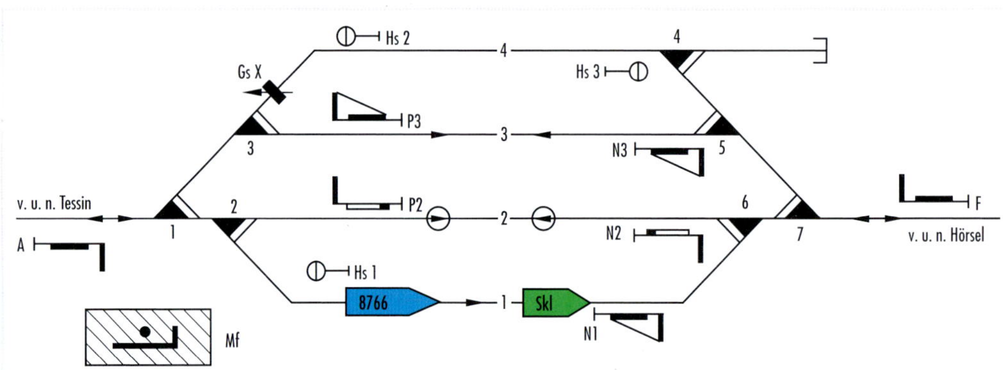

Bild 1: Bahnhof Markshausen

Vor jeder Zulassung einer Zugfahrt im Bahnhof ist eine Fahrwegprüfung (Fpr) durchzuführen. Hierbei ist Folgendes festzustellen:

Ob folgende Gleisabschnitte frei von Fahrzeugen sind	Ob Rangierverbote beachtet werden	Ob die zu befahrenden Weichen, die Weichen im D-Weg und die Flankenschutzeinrichtungen richtig stehen	Sonstiges
• der Fahrweg (Übersicht s. nächste Seite) • der zugehörige Durchrutschweg (D-Weg) • die einmündenden Gleisabschnitte bis zum Grenzzeichen • zwischen Flankenschutzeinrichtungen und dem Grenzzeichen einer Weiche oder Kreuzung im Fahrweg	s. »Betriebsstellenbuch« Rangieren gilt als gefährdend wenn es auf einem Gleis durchgeführt wird, das in die Fahrstraße einer Zugfahrt mündet oder diese kreuzt und kein ausreichender Flankenschutz durch Flankenschutzeinrichtungen hergestellt werden kann.	• im mechanischen oder elektromechanischen Stellwerk: wenn der Fahrstraßenhebel oder der Signalhebel umgelegt werden kann • im Gleisbildstellwerk: wenn der Fahrtmelder leuchtet oder die Festlegung ordnungsgemäß angezeigt wird (Dieses gilt jeweils, soweit die Signalabhängigkeit nicht aufgehoben ist.)	• ob Bahnübergänge – soweit es im Betriebsstellenbuch vorgeschrieben ist – gesichert sind • ob keine sonstigen Hindernisse (z. B. Gepäckkarren im Gleis) vorhanden sind, soweit dies vom Standort des Prüfenden aus möglich ist

Der zu prüfende Teil des Fahrwegs …

beginnt

im Gleis hinter dem Einfahrsignal oder Blocksignal	auf einem Bahnhof bei Einfahrt vom Gegengleis oder auf einer Abzweigstelle bei Weiterfahrt vom Gegengleis
• am Signal Ra 10 • wo dieses nicht vorhanden ist, mit der ersten Weiche hinter dem Einfahrsignal oder Blocksignal oder • wo die Gleisfreimeldeanlage des Bahnhofs oder der Abzweigstelle zwischen Einfahrsignal oder Blocksignal und dem Signal Ra 10 oder der ersten Weiche beginnt, am ersten Abschnitt der Gleisfreimeldeanlage	• am ersten Abschnitt der Gleisfreimeldeanlage des Bahnhofs oder der Abzweigstelle, sonst in Höhe des Einfahrsignals oder Blocksignals des Regelgleises

endet

bei eingleisiger Strecke im Gleis hinter dem Ausfahrsignal oder Blocksignal	bei zweigleisiger Strecke bei Fahrten...
• am Signal Ra 10 • wo dieses nicht vorhanden ist, mit der letzten Weiche im Fahrweg oder • wo die Gleisfreimeldeanlage des Bahnhofs oder der Abzweigstelle zwischen Signal Ra 10 oder der letzten Weiche im Fahrweg und dem Einfahrsignal oder Blocksignal endet, hinter dem letzten Abschnitt der Gleisfreimeldeanlage	• in das Regelgleis im Gleis hinter dem letzten Abschnitt der Gleisfreimeldeanlage des Bahnhofs oder der Abzweigstelle, sonst in Höhe des Einfahrsignals oder Blocksignals der Gegenrichtung • in das Gegengleis (s. eingleisige Strecke)

Der Fahrdienstleiter in Markshausen hätte – bevor er die Zugfahrt für die RB8766 nach Gleis 1 hätte zulassen dürfen – folgende Gleisabschnitte auf Freisein überprüfen müssen:

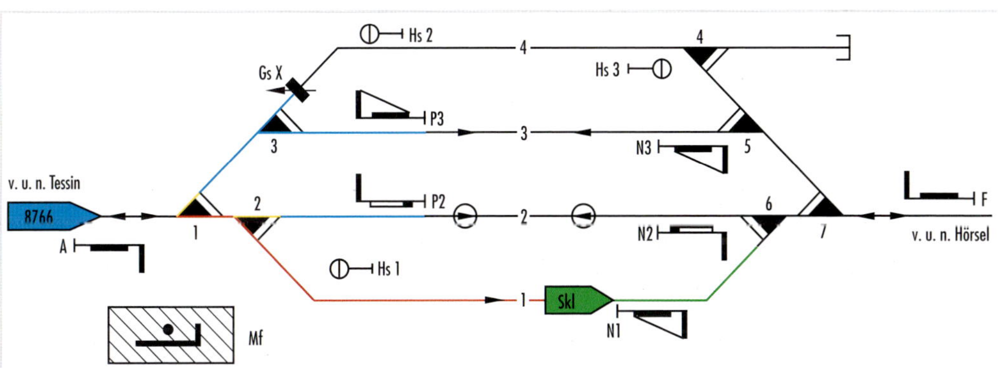

Bild 1: Fahrwegprüfung im Bahnhof Markshausen (Farben s. vorige Seite)

Die Feststellungen, die das Freisein des Fahrwegs betreffen, sind grundsätzlich vom Fahrdienstleiter allein zu treffen. Ist jedoch ein Bahnhof in mehrere Fahrwegprüfbezirke eingeteilt, ist das Prüfen auf Freisein von dem jeweiligen verantwortlichen Mitarbeiter festzustellen. Die jeweiligen Fahrwegprüfgrenzen sind im Betriebsstellenbuch (Bebu) aufgeführt.

Dass die Gleisabschnitte frei von Fahrzeugen sind, ist festzustellen …

wo eine selbsttätige Gleisfreimeldeanlage vorhanden ist

durch Auswerten der sicheren Anzeigen, soweit nicht eine Abschnittsprüfung vorgeschrieben ist.

- Zeigen Meldenazeigen das Freisein nicht an, muss eine Abschnittsprüfung vorgenommen werden.
- Im Betriebsstellenbuch sind die Grenzen der Gleisfreimeldeanlage angegeben.
- Bei der Abschnittsprüfung muss durch Hinsehen an der Außenanlage festgestellt werden, dass im betroffenen Abschnitt bis zu den begrenzenden Weichen, Sperrsignalen, Wartezeichen oder Hauptsignalen keine Fahrzeuge stehen.

Wurde vor Abfahrt eines Zuges vor der Zugspitze rangiert – ausgenommen nur mit dem Triebfahrzeug, das sich an der Spitze des Zuges befindet –, muss sichergestellt sein, dass keine Fahrzeuge zurückgelassen wurden.

wo keine selbsttätige Gleisfreimeldeanlage vorhanden ist

durch Hinsehen.

Im Betriebsstellenbuch können ergänzende Regeln gegeben sein.

Der Verantwortliche muss feststellen, dass im Fahrweg, Durchrutschweg oder in einmündenden Gleisabschnitten keine anderen Hindernisse vorhanden sind, soweit dies von seinem Standort aus möglich ist.

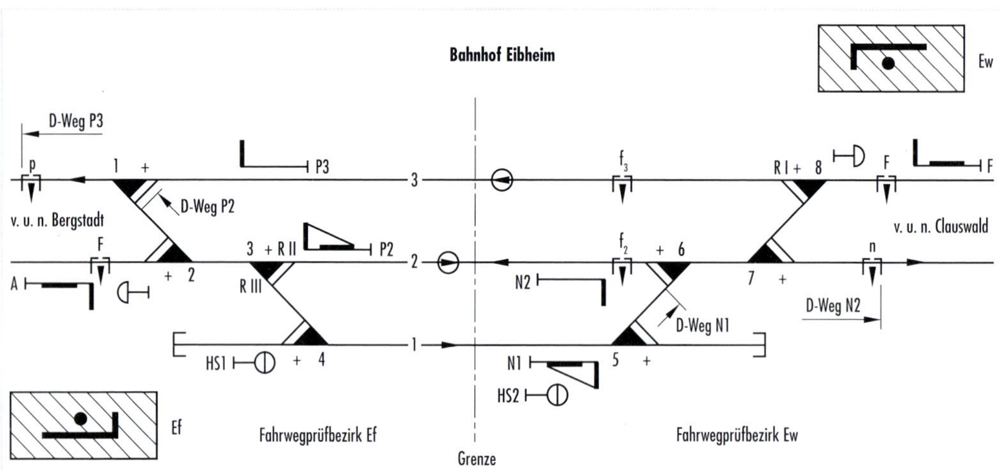

Bild 1: Fahrwegprüfbezirke im Bahnhof Eibheim

1. Wann muss eine Fahrwegprüfung durchgeführt werden?
2. Wer ist für die Fahrwegprüfung zuständig?
3. In welchen Fällen wird eine Abschnittsprüfung durchgeführt?
4. Was muss bei der Fahrwegprüfung festgestellt werden?
5. Welche Besonderheit gilt es bei der Fahrwegprüfung bei Triebfahrzeugen mit gehobenen Stromabnehmern zu beachten?
6. Wie kann die richtige Stellung der Weichen und Flankenschutzeinrichtungen beim mechanischen Stellwerk überprüft werden?
7. Wie kann die richtige Stellung der Weichen und Flankenschutzeinrichtungen beim Gleisbildstellwerk überprüft werden?
8. Beschreiben Sie die Fahrwegprüfung im Bahnhof Markshausen für die Einfahrt eines Zuges von Tessin nach Gleis 3!

6.2 Gleisfreimeldeanlagen

Ein wesentliches Merkmal aller modernen Stellwerke ist die selbsttätige Freimeldung der Weichen und Gleise. Während bei Stellwerken ohne Gleisfreimeldung die direkte Sicht auf die Gleisanlagen für die Fahrwegprüfung (Fpr) unverzichtbar ist, ersetzt eine ordnungsgemäß wirkende Gleisfreimeldung die Fahrwegprüfung durch Hinsehen (s. Kap. 6.1). Über entsprechende Meldeanzeigen wird der Betriebszustand auf dem Stelltisch sichtbar gemacht.

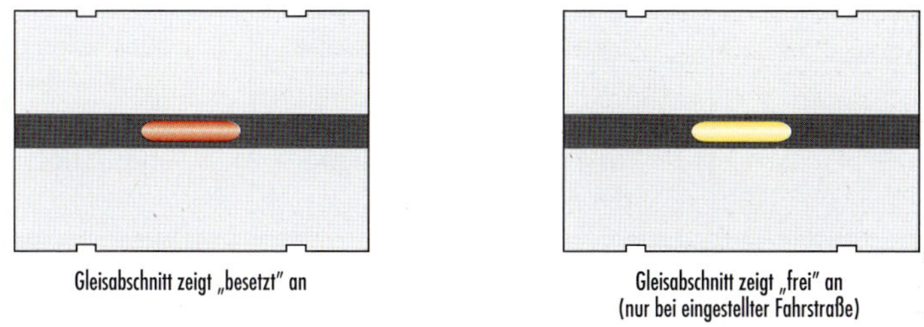

Bild 1: Anzeigen auf dem Stelltisch

Arten, Zweck und Wirkungsweise der Gleisfreimeldeanlagen

Der Bahnhof und die freie Strecke ist in Freimeldeabschnitte (Weichen- und Gleisabschnitte) unterteilt, die mit Hilfe verschiedener Bauarten von Gleisfreimeldeanlagen erfasst werden.

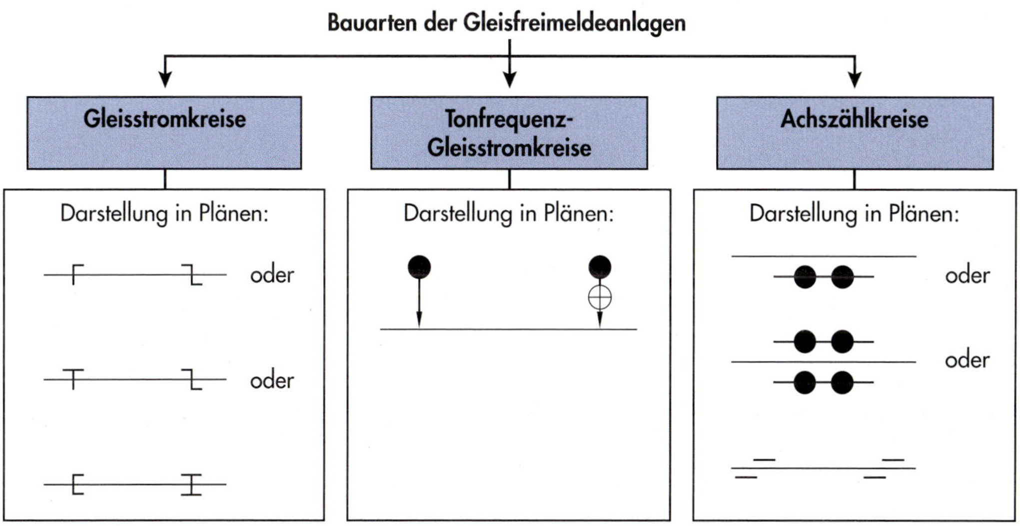

Alle Arten der Gleisfreimeldeanlagen wirken nach demselben Grundprinzip: Eisenbahnfahrzeuge lösen Schaltimpulse aus. Diese werden dann im Stellwerk in einer Relaisanlage in vielfältiger Weise verwertet und weiter verarbeitet.

Aufgaben/Zweck der Gleisfreimeldeanlagen

Es werden Gleis- und Weichenabschnitte überprüft

- Es wird auf dem Stelltisch angezeigt, ob der Freimeldeabschnitt »frei« oder »besetzt« ist.

Es werden »Besetztanzeigen« ausgewertet

- Wenn ein Gleisabschnitt besetzt wird, fällt das davor auf »Fahrt« stehende Hauptsignal automatisch auf »Halt«.
- Eine besetzte Weiche lässt sich durch eine Fahrstraße nicht umstellen.
- In einem besetzten Abschnitt lässt sich kein Hauptsignal auf »Fahrt« stellen.

Es werden Schaltvorgänge eingeleitet

- Weichen und Gleise werden nach Zug- u. Rangierfahrten automatisch freigegeben, d. h., sie sind wieder »frei« für andere Fahrstraßen.
- Signale kommen auf »Fahrt« oder fallen auf »Halt«.
- ... bei selbsttätigen Blockeinrichtungen (s. Kap. 7.3.5 und 7.3.6).

Gleisstromkreise

Der Anfang und das Ende eines Freimeldeabschnittes bei einem Gleisstromkreis ist durch Isolierstöße gekennzeichnet (s. Bild 1). Dort befindet sich auch ein Gehäuse für die Stromversorgung. Die Isolierstöße trennen durch ein nichtleitendes Material (z.B. Kunststoff) die Schienen eines Gleisfreimeldeabschnittes von den Schienen des benachbarten Abschnittes. Damit man sie als Stromleiter verwenden kann, sind sie zusätzlich gegen die Erde isoliert. Wenn zwischen linker und rechter Schiene keine elektrische Verbindung besteht, können diese Schienen als elektrisches Leiterpaar verwendet werden.

Bild 1: Isolierstoß

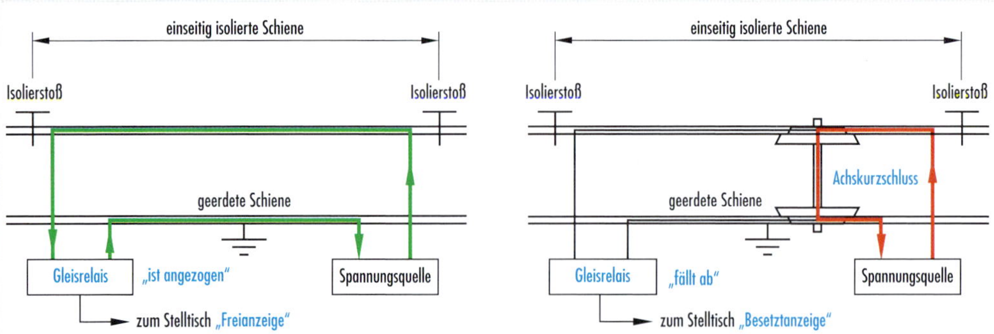

Bild 2: Wirkungsweise von Gleisstromkreisen (einseitig isoliert) – vereinfachte Darstellung

Dem isolierten Abschnitt wird eine Wechselspannung von 1 bis 3 Volt zugeführt. Solange der Stromkreis nicht unterbrochen wird, bleibt das Relais angezogen; die Anlage registriert das Freisein des Gleises. Wird der Freimeldeabschnitt durch ein Fahrzeug besetzt, werden durch die stromleitende Achse beide Schienen miteinander verbunden (Achskurzschluss). Das Gleisrelais wird nicht mehr mit genügend Strom versorgt und fällt ab. Die Anlage registriert eine Besetzung.

Tonfrequenz-Gleisstromkreise

Beim Tonfrequenz-Gleisstromkreis wird dem Freimeldeabschnitt eine Tonfrequenz von 9,5 oder 14,5 kHz zugeführt. Am Anfang des Gleisabschnittes befindet sich ein Sender, der den Ton über die Schiene zum Empfänger – der sich am Ende des Freimeldeabschnittes befindet – schickt. Im Gegensatz zu den Gleisstromkreisen müssen die Enden der Tonfrequenz-Gleisstromkreise nicht voneinander galvanisch getrennt sein.

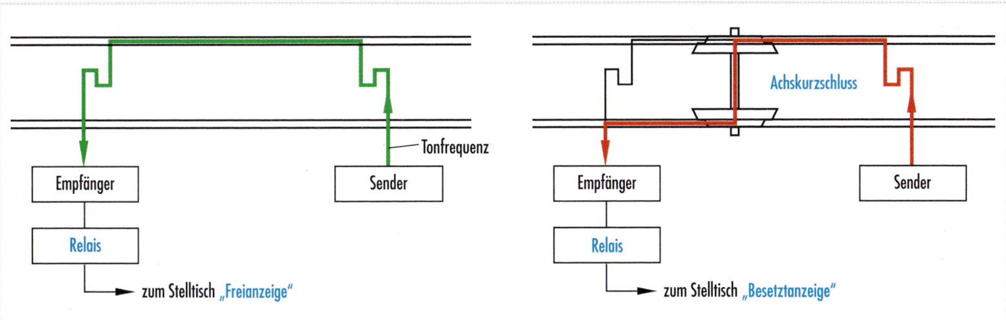

Bild 1: Arbeitsweise eines Tonfrequenz-Gleisstromkreises

Eine Besetzung des Freimeldeabschnittes mit einem Schienenfahrzeug führt zu einer Störung des Tonsignals und zu einem Abfallen des Relais. Die Anlage registriert eine Besetzung.

Achszählkreise

Am Anfang und Ende eines Freimeldeabschnitts befinden sich elektromagnetische oder elektronische Impulsgeber – so genannte Achszähler. Sie sind an einer oder an beiden Seiten der Schienen angebracht (s. Bild 2). Sie registrieren jede einzelne Fahrzeugachse und senden für jede »gezählte« Achse einen elektrischen Impuls an ein Zählwerk, welches sich im Relaisraum (im Stellwerk) befindet. Die Doppelimpulsgeber stellen auch fest, ob das Fahrzeug in den Abschnitt hinein – oder aus ihm herausgefahren ist.

Bild 2: Achszähler (Doppelimpulsgeber) – Motorzählwerksgruppe

Der Zählmotor 1 zählt die Anzahl der hineingefahrenen Achsen, der Zählmotor 2 die der hinausgefahrenen Achsen. Ein Auswertegetriebe vergleicht die beiden Werte miteinander. Wenn die Achsenzahl übereinstimmt, wird der Gleisfreimeldeabschnitt über eine Relaisschaltung als »frei« registriert und auf dem Stelltisch als »nicht besetzt« angezeigt. Eine Ungleichheit der beiden Zählmotoren führt zu einer Besetztanzeige.

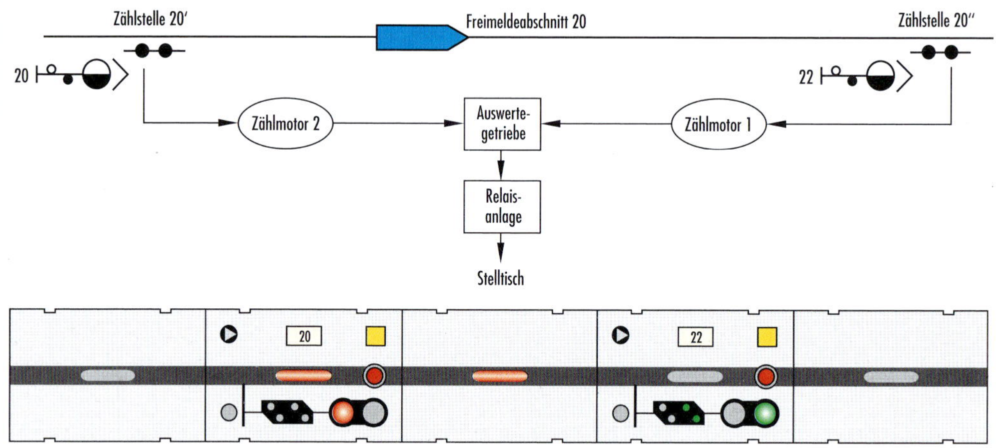

Bild 1: Arbeitsweise eines Achszählkreises (Zentralblockabschnitt 20)

Achszählwerke können – abhängig von der Bauart – nur eine bestimmte Anzahl von Achsen zählen (Achskapazität von 255, 384 oder 1024 Achsen). Wird die Achsenzahl eines Zählwerks überschritten, tritt bei der jeweils folgenden Zahl – also z. B. bei der 256. Achse – ein Gleichstand der Zählwerke ein. Folge: Der besetzte Abschnitt wird als frei gemeldet. Auf Grund dieser Gefährdung ist die zulässige Achsenzahl der Züge auf 250 Achsen begrenzt (s. Kap. 8.13).

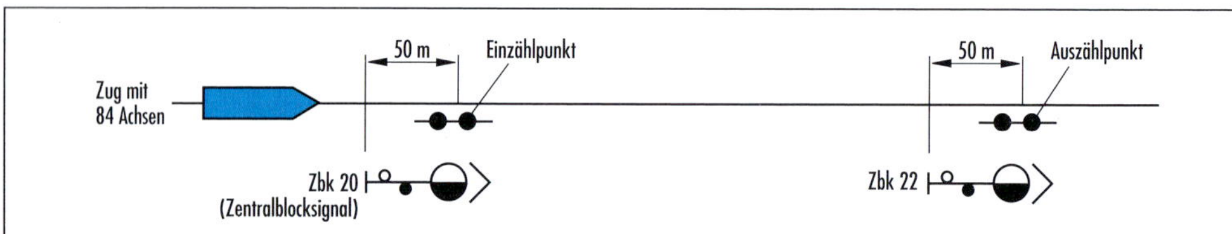

Zustand	Einzählpunkt (Anzahl der gezählten Achsen)	Auszählpunkt (Anzahl der gezählten Achsen)	Freimeldeabschnitt wird registriert als
Es ist kein Zug in den Freimeldeabschnitt 20 eingefahren	0	0	frei
Zug fährt in den Freimeldeabschnitt 20 ein	1, 2, 3, ...	0	besetzt
Zug ist vollständig in den Freimeldeabschnitt 20 eingefahren	84	0	besetzt
Zug fährt in den nächsten Freimeldeabschnitt 22 ein	84	1, 2, 3, ...	besetzt
Zug hat den Freimeldeabschnitt 20 vollständig geräumt	84	84	frei

Tabelle 1: Zählweise eines Achszählkreises (Beispiel)

Vor- und Nachteile der Gleisfreimeldebauarten

Achszähler mit ihren Komponenten sind praktisch verschleißfrei und funktionieren insgesamt zuverlässiger als Gleisstromkreise. Sie verursachen allerdings in der Anschaffung höhere Kosten als die Gleisstromkreise. Auch wegen der Empfindlichkeit der Gleisstromkreise (s. u.) werden bei Neubauten in Deutschland hauptsächlich Achszählkreise verwendet.

Die Besetzung des Gleisfreimeldeabschnittes bei Achszählkreisen zwischen den Zählpunkten – z.B. das Einsetzen eines Zwei-Wege-Fahrzeuges – wird von der Anlage nicht festgestellt. Der Freimeldeabschnitt wird als frei gemeldet, obwohl er besetzt ist. Andererseits genügt es, dass man z.B. bei Gleisbauarbeiten mit einem metallenen Gegenstand (z.B. Schaufel) den Achszähler berührt, um eine Besetztanzeige zu bewirken.

Gleisstromkreise sind anfällig für Witterungseinflüsse, die z.B. Rostbildung auslösen. Auch Laub, Schmutz und Eis können den notwendigen Achskurzschluss verhindern. So gilt z.B. eine Gleisfreimeldeanlage mit Gleisstromkreisen als nicht ordnungsgemäß wirksam (s. Kap. 10.12), wenn ein Abschnitt länger als 24 Stunden nicht befahren wurde (außer Kleinwagen). Leichte Fahrzeuge – z.B. Kleinwagen (s. Kap. 10.9) – können evtl. aufgrund ihrer geringen Achslast nicht registriert werden, was zu Betriebsgefährdungen oder Unfällen führen kann. Andererseits kann z.B. ein Blitzschlag zu einer leitenden Verbindung, also zu einem Achskurzschluss führen, welches eine Besetztanzeige zur Folge hat.

Fallbeispiel

Der Bf Kleinstadt (Signallageplan s. Anhang) ist in verschiedene Freimeldeabschnitte mit unterschiedlichen Bauarten unterteilt.

Freimeldeabschnitt	Grenzen der Freimeldeabschnitte	Bauart
Einfahrabschnitt	freie Strecke bis Ra 10	Achszähler
1^4	Esig F bis Ra 10	Tonfrequenz-Gleisstromkreis
1^3	Ra 10 bis LsW 6	Gleisstromkreis
W 6	LsW 6 bis Ls 1^1	Gleisstromkreis
1^2	Ls 1^1 bis Asig P 1	Gleisstromkreis
W 1	Asig P 1 bis LsW 1	Achszähler
Ausfahrabschnitt 1^1	LsW 1 bis Lsf A	Achszähler

Tabelle 1: Freimeldeabschnitte im Bahnhof Kleinstadt (von Rechtsheim über das Gleis nach Linksdorf)

1. Erläutern Sie die grundsätzliche Wirkungsweise von Gleisstromkreisen und Achszählkreisen!
2. Welche Aufgabe hat die Gleisfreimeldeanlage?
3. Aus welchem Grund ist die höchstzulässige Achsenzahl der Züge auf 250 Achsen begrenzt?
4. Wie wirken sich Sand oder Rostbildung auf den Schienen aus, wenn ein Gleisstromkreis und wenn ein Achszählkreis vorhanden ist?
5. Nennen Sie für den Bf Kleinstadt die Bezeichnung und die Grenzen der Freimeldeabschnitte sowie die Bauart der Gleisfreimeldeanlage für die Unterteilung des Hauptgleises 3 in der Richtung von Erle nach Dortheim!

6.3 Sicherung der Zugfahrten im Bahnhof

Seit es die Eisenbahn gibt, steht die technische Sicherung der Zugfahrt bei den Bemühungen um die Sicherheit des Eisenbahnbetriebes mit an erster Stelle. Neben der Sicherung der Zugfahrt auf der freien Strecke (s. Kap. 7.2) ist es ebenso wichtig, dass die Zugfahrten im Bahnhof gesichert werden. Hierbei gilt es u. a. zu verhindern, dass bewegliche Einrichtungen im Fahrweg – Weichen, Kreuzungen, Riegel, Gleissperren – unter einem fahrenden Zug umgestellt werden können.

Bevor es Stellwerke gab, mussten die Weichen an Ort und Stelle in die richtige Stellung gebracht werden. Falls sie zu sichern waren, verschloss sie der Wärter mit einem an der Weiche angebrachten Schloss und nahm den Schlüssel in Verwahrung. Danach erhielt der Zug die Erlaubnis zur Fahrt.

Auf diese Weise war aber nur das unbefugte Umstellen der Weiche verhindert, für die richtige Stellung der Weiche trug der Wärter die Verantwortung. Auch bestand kein technischer Zusammenhang zwischen dem etwa vorhandenen Signal, das die Fahrt zuließ, und dem Fahrweg.

Zum Einrichten der »**Signalabhängigkeit**« waren nicht nur Signale und Schlösser notwendig, sondern auch Verschlusseinrichtungen, welche die technischen Abhängigkeiten herstellten. Man entwickelte zu diesem Zweck zunächst Schlüsselwerke. Dabei mussten die Weichenschlösser an den Weichen so eingerichtet sein, dass sich der Schlüssel nur entnehmen ließ, nachdem die Weiche in die richtige Stellung gebracht worden war.

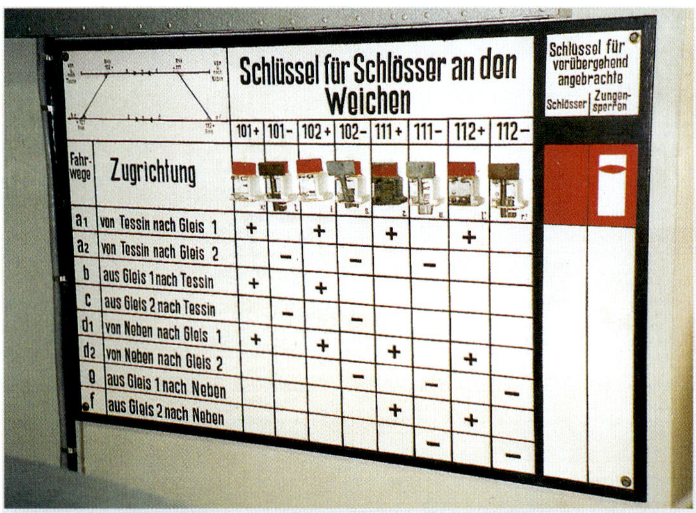

Bild 1: Schlüsselbrett

Der Wärter nahm den Schlüssel der Weiche mit zum Schlüsselwerk. In diesem war jeder Weiche ein Schloss zugeordnet, zu dem der jeweilige Schlüssel passte. Steckten alle für die Fahrt erforderlichen Schlüssel in den Schlössern, wurden sie durch ein weiteres Schloss verriegelt und dessen Schlüssel – der zugleich der Schlüssel zum Signal war – wurde entnommen und das Signal auf Fahrt gestellt.

Diese Schlüsselabhängigkeit hat sich bis in die heutige Zeit erhalten und ist noch manchmal im Zugleitbetrieb (s. Kap. 7.4.1) und beim Rangieren zu finden.

Wenn man die o. g. Vorgänge mit der heute in der Eisenbahn-Bau- und Betriebsordnung (EBO) geforderten Signalabhängigkeit vergleicht, erkennt man, dass sie schon früher mit einfachen Mitteln erreicht wurde.

Unter der Signalabhängigkeit versteht man die Forderung, dass

- ein Hauptsignal erst dann auf Fahrt gestellt werden kann, nachdem die in den Verschlussunterlagen angegebenen Weichen, Riegel und Flankenschutzeinrichtungen richtig gestellt sind
- diese Einrichtungen in dieser Stellung so lange verschlossen bleiben, wie das Hauptsignal auf Fahrt steht

Diese Abhängigkeiten (Verschlüsse) werden je nach Stellwerksbauform auf unterschiedliche Art und Weise erreicht (s. Kap. 5.2).

Der Fahrdienstleiter (Fdl) kann bei signalgeführten Zügen einer Abfahrt wie folgt zustimmen:

- durch Fahrtstellung des Hauptsignals bzw. Fahrtmelder der virtuellen Blockstelle, Signal Zs 1, Zs 7, Zs 8,
- durch Kennlicht bei Hauptsignalen, soweit dies im Betriebsstellenbuch zugelassen ist,
- Befehl 2, 3 oder 6 (3. Zeile)
- durch mündlichen Auftrag, wenn an einem Hauptsignal Signal Zs 12 vorhanden ist
- auf Bahnhöfen ohne Ausfahrsignal durch fernmündliche Zustimmung an den Triebfahrzeugführer mit dem Wortlaut »Zug … *(Nr.)* darf im Bahnhof … (*Bezeichnung des Bahnhofs*) ausfahren!« Soweit der Fahrdienstleiter die Zustimmung nicht fernmündlich geben kann, darf er sie auch mündlich geben.

Für anzeigegeführte Züge (LZB, ETCS) können abweichende Regeln gelten.

6.3.1 Fahrstraße

Alle beweglichen Einrichtungen, die zur Sicherung einer Zugfahrt im Bahnhof dienen, werden im Stellwerk zu einer Fahrstraße zusammengefasst. Unter einer Fahrstraße versteht man einen Fahrweg, der signaltechnisch gesichert ist.

Eine Fahrstraße setzt sich zusammen aus

- dem eigentlichen Fahrweg
- dem Durchrutschweg (D-Weg) und
- den zugehörigen Flankenschutzeinrichtungen

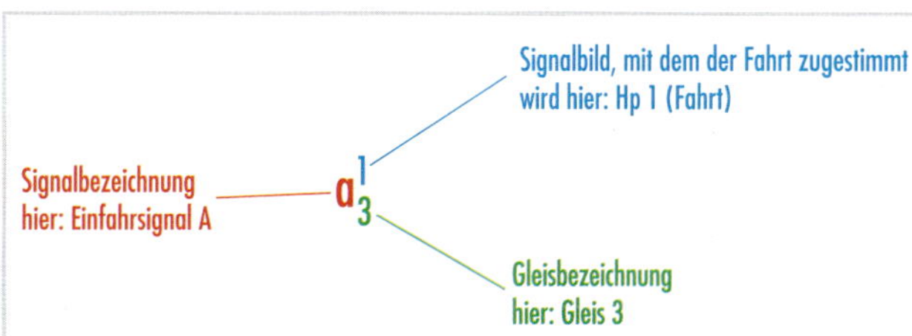

Bild 1: Bezeichnung von Zugfahrstraßen

Bei Fahrten auf das Signalbild Hp 2 (Langsamfahrt) wird i. d. R. auf die Bezeichnung des Signalbildes verzichtet, z. B. Einfahrt in den Bahnhof Adorf von Signal A nach Gleis 2: a_2

Symbole im Signallageplan für signaltechnisch eingerichtete Fahrstraßen (s. a. Seite 57)

 Zugfahrstraße

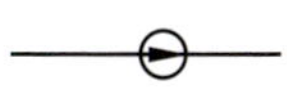 Durchfahrstraße (normalerweise nur in den durchgehenden Hauptgleisen eingerichtet)

 Fahrstraße nur für Güterzüge (wird eher selten verwendet)

Bezeichnung der Zugfahrstraßen im Bahnhof Adorf

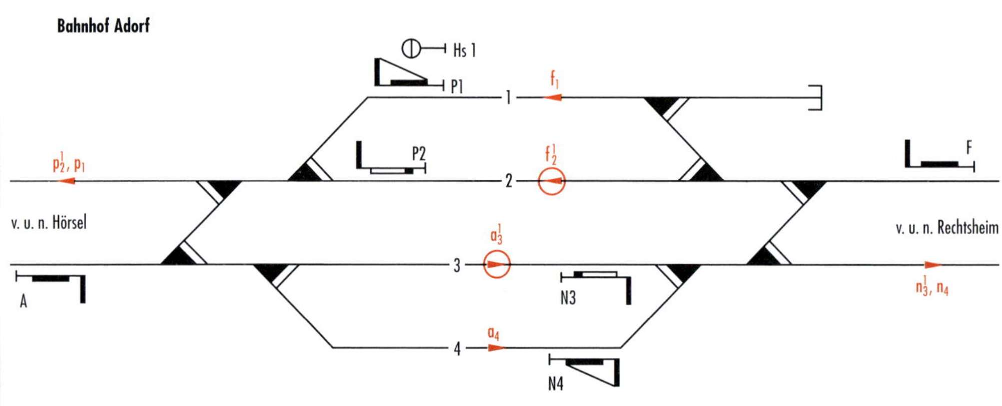

Bild 1: Zugfahrstraßen im Bahnhof Adorf

Zugstraßen	Beginn am	Ende am/im	Signalbild
Einfahrzugstraßen			
a_3^1	Esig A	Asig N3	Hp 1
a_4	Esig A	Asig N4	Hp 2
f_2^1	Esig F	Asig P2	Hp 1
f_1	Esig F	Asig P1	Hp 2
Ausfahrzugstraßen			
p_1	Asig P1	Gleis n. Hörsel	Hp 2
p_2^1	Asig P2	Gleis n. Hörsel	Hp 1
n_3^1	Asig N3	Gleis n. Rechtsheim	Hp 1
n_4	Asig N4	Gleis n. Rechtsheim	Hp 2

Tabelle 1: Verzeichnis der Zugstraßen im Bahnhof Adorf

Während man bei mechanischen und elektromechanischen Stellwerken meist nur Fahrstraßen für Zugfahrten (Zugstraßen) eingerichtet hat, erlauben modernere Stellwerksbauformen (Relaisstellwerk und elektronisches Stellwerk) auch die Bildung von signaltechnisch gesicherten Rangierstraßen.

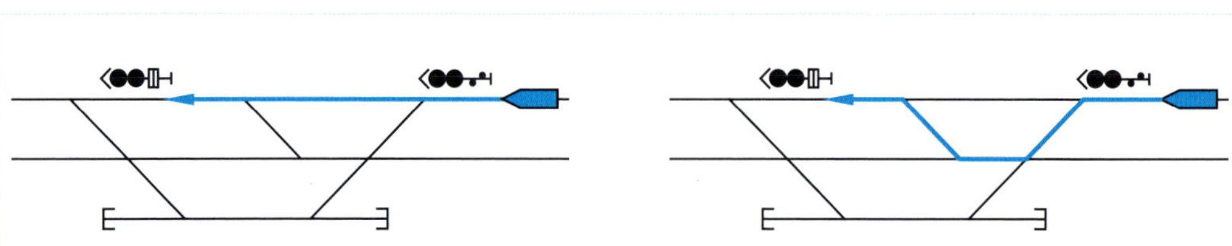

Bild 2: **Regelzugfahrstraße** **Umfahrzugstraße**

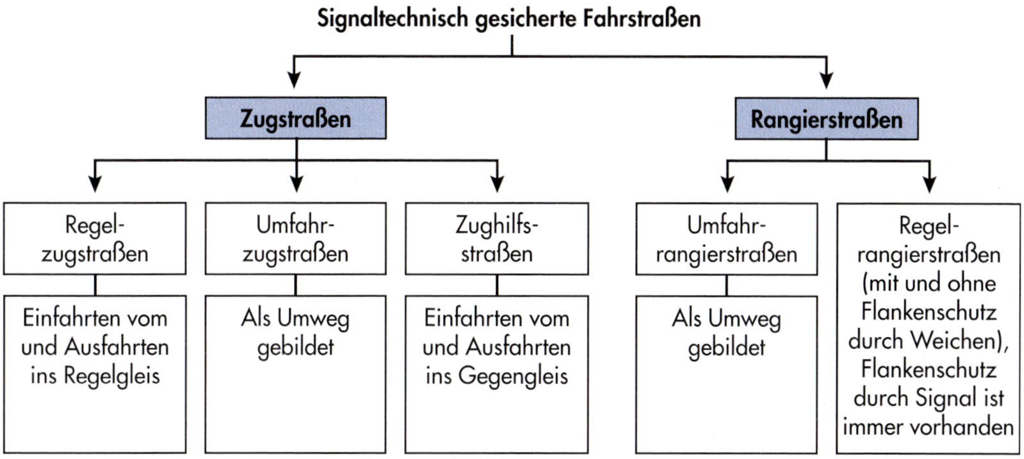

Zugstraßen	Beginn am ...	Ende am ...	Signalbild
Einfahrzugstraßen (Regelzugstraßen)			
a_2^1	Esig A	Asig N2	Hp 1
a_3	Esig A	Zsig R3	Hp 2
a_4	Esig A	Zsig R4	Hp 2
f_1^1	Esig F	Asig P1	Hp 1
f_3	Esig F	Asig P3	Hp 2
f_4	Esig F	Asig P4	Hp 2
g_3	Esig G	Asig P3	Hp 1
g_4	Esig G	Asig P4	Hp 2
aa_2	Sig AA	Asig N2	Hp 2
aa_3	Sig AA	Zsig R3	Hp 2
aa_4	Sig AA	Zsig R4	Hp 2
Zughilfestraßen vom Gegengleis			
von Dortheim kommend	Sig FF	Asig P3	Hp 0/Zs 1
von Dortheim kommend	Sig FF	Asig P4	Hp 0/Zs 1
Umfahrzugstraßen (vom Einfahrsignal A über die Weichen 1, 2 und 3 aus möglich)	Esig A	Asig N2	Hp 2
	Esig A	Zsig R3	Hp 2
	Esig A	Zsig R4	Hp 2

Tabelle 1: Zugstraßen im Bahnhof Kleinstadt – Ausschnitt (Signallageplan s. Anhang)

Beginn am ...	Ende am ...	Signalbild
Ls 1^{I}	Ls 1^{II} oder Ls 1^{III}	Sh 1
Ls 1^{I}	Asig N2	Sh 1
Ls 1^{I}	Zsig R3	Sh 1
Ls 1^{I}	Zsig R4	Sh 1
Asig P1	Ls 1^{I}	Hp 0/Sh 1
Ls 2	Ls 1^{I}	Sh 1
Asig P1	Ls 1^{I}	Hp 0/Sh 1
Asig P4	Ls 1^{I}	Hp 0/Sh 1
Asig P4	Ls 4^{I}	Hp 0/Sh 1
Zsig R4	Asig N3	Hp 0/Sh 1
Zsig R4	Ls 4^{II}	Hp 0/Sh 1
Zsig R3	Asig N3	Hp 0/Sh 1
Asig N3	Ls 1^{II}	Hp 0/Sh 1
Asig N3	Ls 2^{II}	Hp 0/Sh 1
Asig N3	Ls 3^{II}	Hp 0/Sh 1

Tabelle 1: Rangierstraßen im Bahnhof Kleinstadt – Ausschnitt (Signallageplan s. Anhang)

Fahrweg

Zum Fahrweg gehören Einrichtungen in Fahrtrichtung: Weichen, Riegel, Gleissperren und Sperrsignale.

(Beispiel: Zum Fahrweg gehören die Weichen 3 und 2, der Riegel I, die Gleissperre X und das Sperrsignal Hs I)

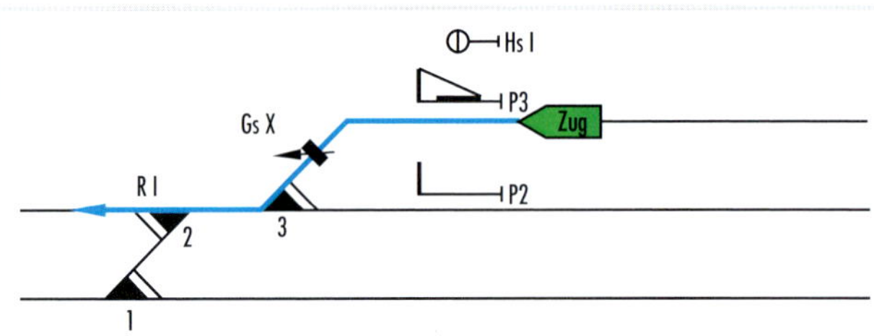

Bild 1: Fahrweg

Durchrutschweg (D-Weg)

Bei Haltstellung eines Hauptsignals dürfen Züge höchstens bis zum Standort des Signals fahren. Vor Zulassung der Fahrt auf dieses Hauptsignal wird auch ein gewisser Sicherheitsabstand hinter dem Signal eingerichtet. Dieser Sicherheitsabstand soll Betriebsgefährdungen durch Verbremsen – »Durchrutschen« – des Zuges verhindern. Die Länge des Durchrutschweges (D-Weg) richtet sich einerseits nach der Geschwindigkeit, mit der auf das Signal zugefahren werden darf (nach Buchfahrplan), und andererseits nach den Streckenverhältnissen (Steigung, Neigung, unübersichtliche Kurve etc.).

Hauptsignale sind so weit vom maßgebenden »Gefahrpunkt« entfernt aufzustellen, dass ein ausreichender Durchrutschweg vorhanden ist.

Maßgebender Gefahrpunkt ist diejenige Stelle, an der ein Zug, der an einem »Halt« zeigenden Hauptsignal unzulässig vorbeifährt, selber gefährdet werden oder andere Fahrten gefährden kann.

Der Abstand zwischen dem Zielsignal der Einfahrten und dem maßgebenden Gefahrpunkt wird als Durchrutschweg (D-Weg) bezeichnet und ist Bestandteil der Einfahrzugstraße. Gefahrpunkte sind

- die Rangierhalttafel (Ra 10) oder andere ortsfeste Rangier- und Schutzsignale in Gegenfahrtrichtung

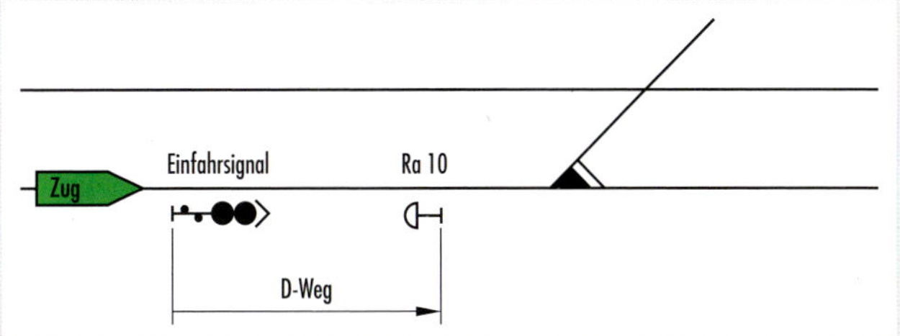

Bild 1: Rangierhalttafel

- der Anfang der ersten hinter dem Signal liegenden gegen die Spitze befahrenen Weiche, sofern diese unverschlossen ist

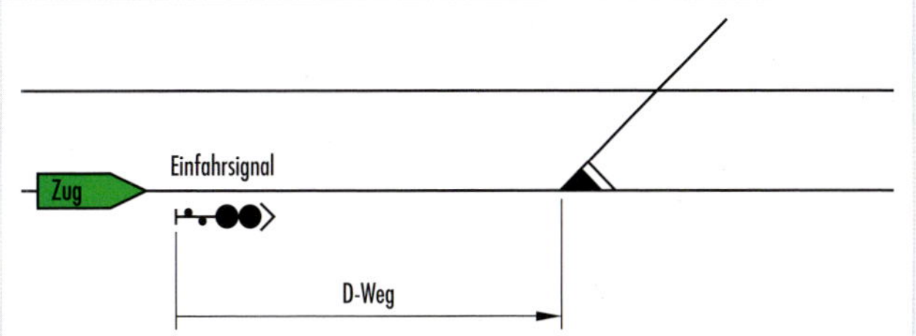

Bild 2: Spitze der ersten spitz befahrenen Weiche

- das Grenzzeichen einer hinter dem Signal liegenden Weiche oder Kreuzung (über die während einer Zugfahrt in Richtung auf das Halt zeigende Signal gleichzeitig Zug- oder Rangierfahrten stattfinden können)

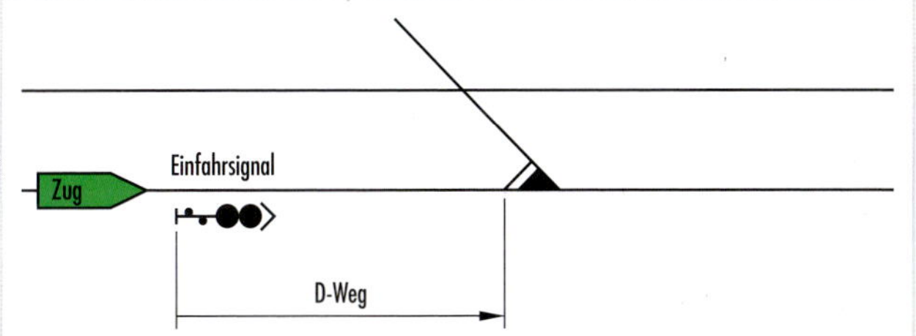

Bild 3: Grenzzeichen der ersten stumpf befahrenen Weiche

- die Spitze oder der Schluss eines am gewöhnlichen Halteplatz zum Halten gekommenen Zuges

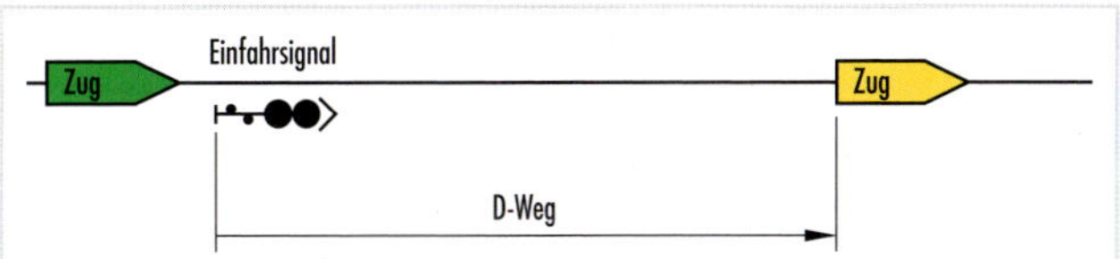

Bild 4: Gefahrpunkt: Schluss eines stehenden Zuges

- die Gefahrenstelle, die durch Deckungssignale zu sichern ist

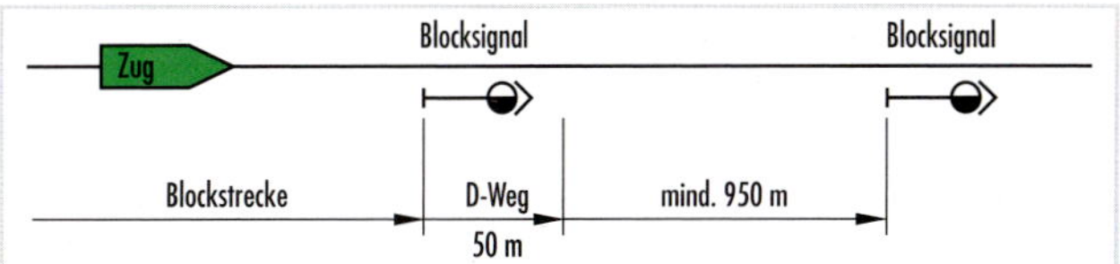

Bild 5: Durchrutschweg bei einem Blocksignal

Der Regelwert des Gefahrpunktabstandes (auch hinter einem Ausfahrsignal) beträgt 200 m. Er kann verkürzt werden, wenn für die Fahrt in Richtung auf das Halt zeigende Signal die Geschwindigkeit begrenzt ist. Bei Blocksignalen, die nur der Zugfolge dienen, beträgt der Durchrutschweg 50 m, wenn ein Blockabschnitt von mindestens 950 m folgt.

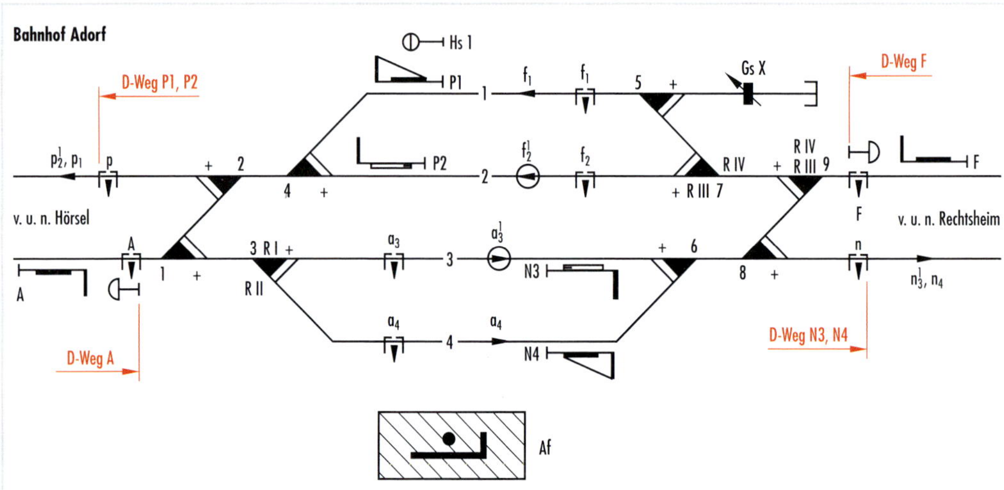

Bild 1: D-Wege im Bahnhof Adorf

Die gleichzeitige Fahrt mehrerer Züge darf nur zugelassen werden, wenn ihre Fahrwege getrennt voneinander verlaufen; ihre Durchrutschwege dürfen sich jedoch berühren.

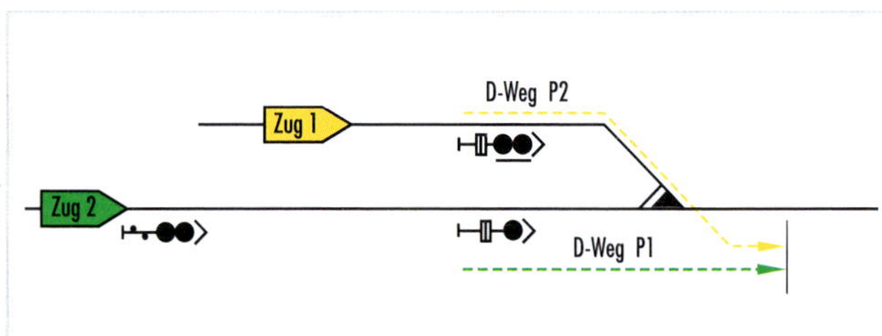

Bild 2: D-Wege dürfen sich berühren

Bei Gleisbildstellwerken besteht die Möglichkeit, kurze oder lange D-Wege aus betrieblichen Gründen einzustellen (z.B. Ausfahrt eines Zuges über eine Weiche im normalen D-Weg). Wenn an einem Ausfahrsignal der D-Weg überhaupt nicht oder besonders kurz eingerichtet wird, muss die Einfahrgeschwindigkeit am Einfahrsignal herabgesetzt werden. Dieses geschieht über das Zusatzsignal Zs 3 (Geschwindigkeitsanzeiger).

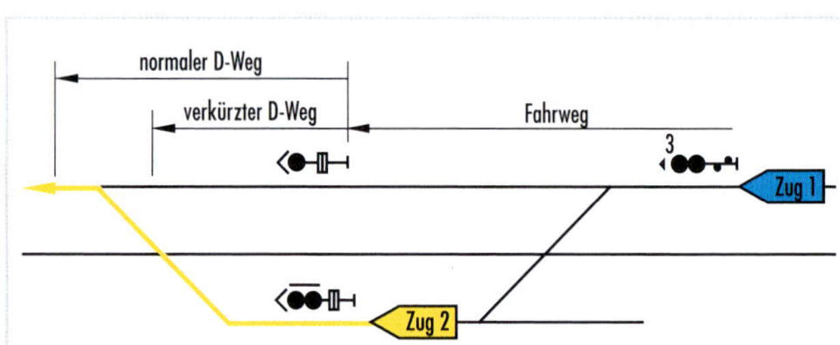

Bild 3: Geschwindigkeitsbegrenzung für Zug 1 bei verkürztem D-Weg

Flankenschutz

In Bahnhöfen sind die Fahrwege für Zugfahrten einschließlich der Durchrutschwege gegen Flankenfahrten zu sichern.

Flankenschutzeinrichtungen sind signaltechnische Einrichtungen, die Fahrstraßen gegen Fahrzeugbewegungen schützen. Zu ihnen gehören

- (Schutz-)Weichen – ausgenommen Zwieschutzweichen (Weichen, für die gleichzeitig von zwei Fahrstraßen in unterschiedlicher Stellung Flankenschutz angefordert wird)
- Gleissperren
- Signale: Sperrsignale, Hauptsignale ohne Zs 103, Signale Ra 11 (DS 301) mit Lichtsignal Sh 1, sofern technisch ausgeschlossen ist, dass das Signal Sh 1 erteilt werden kann, solange das Wartezeichen als Flankenschutz für eine Zugfahrt dient, und Signale Ra 11a (DV 301)

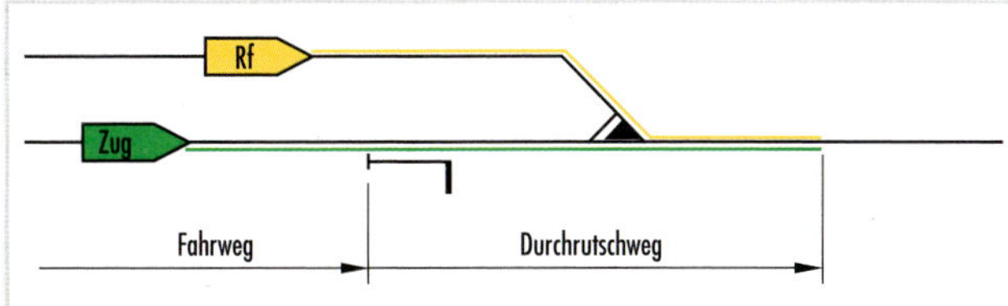

Bild 1: Gefährdung der Zugfahrt ohne Flankenschutzeinrichtungen

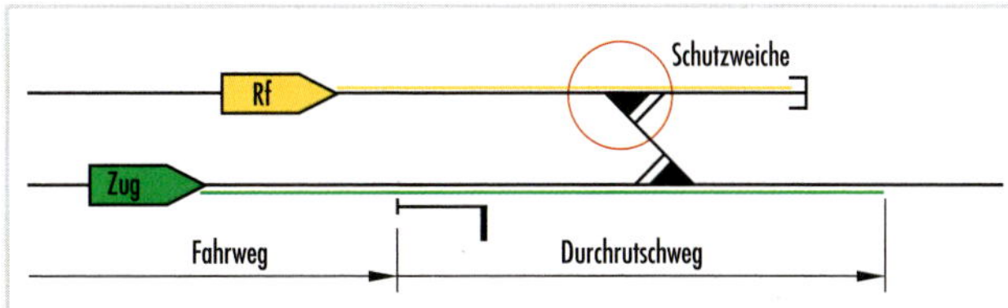

Bild 2: Flankenschutzeinrichtung: (Schutz-)Weichen

Bild 3: Schutzweichen

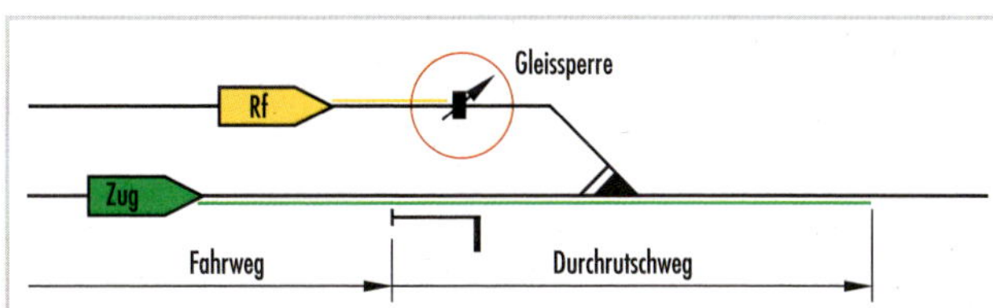

Bild 4: Flankenschutzeinrichtung: Gleissperre

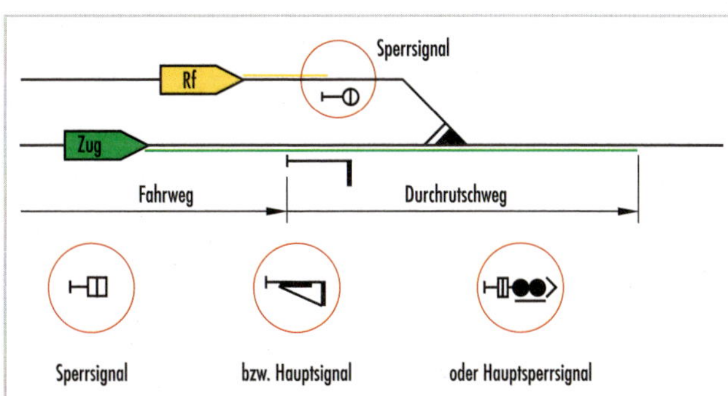

Bild 5: Flankenschutzeinrichtung: Signale

Zu den betrieblichen Flankenschutzmaßnahmen gehören Rangierverbote, durch die eine Zugfahrt vor gefährdenden Fahrzeugbewegungen geschützt werden soll. Hierfür gibt es im Betriebsstellenbuch (Bebu) eine »Übersicht der während der Zugfahrt geltenden Rangierverbote«.

In Gleisen **ohne** Flankenschutzeinrichtungen gilt grundsätzlich ein Rangierverbot für den Zeitraum, in dem eine Zugfahrt gefährdet werden kann.

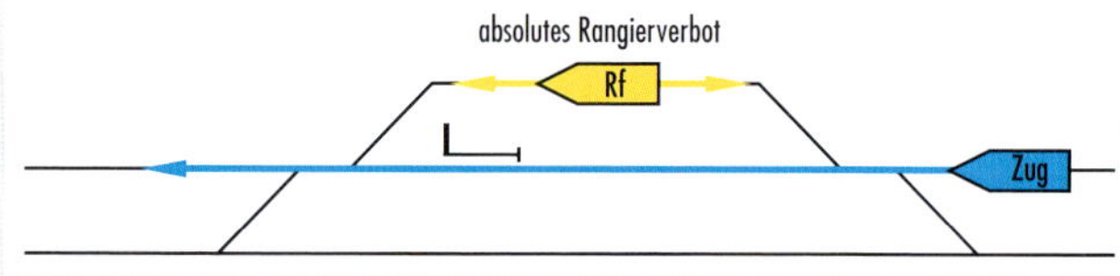

Bild 1: Rangierverbot (ohne Flankenschutzeinrichtung)

In Gleisen **mit** Flankenschutzeinrichtungen gilt ein Rangierverbot, wenn

aufgrund besonderer örtlicher Verhältnisse (z. B. ungünstige Sichtverhältnisse, Gefahrstelle unmittelbar hinter der Flankenschutzeinrichtung) eine erhöhte Gefährdungsmöglichkeit für die zu schützende Zugstraße besteht	kein Flankenschutz durch Schutzweichen oder Gleissperren vorhanden ist und in Richtung auf die Gefahrstelle ein Gefälle von mehr als 4,0 ‰ besteht	bei Verwendung einer Gleissperre als Flankenschutzeinrichtung eine erhöhte Gefährdungsmöglichkeit durch entgleisende Fahrzeuge für die zu schützende Zugstraße besteht	bei Verwendung eines Signals als Flankenschutzeinrichttung, die auf der zu schützenden Zugstraße zugelassene Geschwindigkeit größer als 60 km/h ist und der Abstand zwischen dem Signal und der Gefahrstelle kleiner als 10 m ist

Den Auftrag an den Triebfahrzeugführer (Tf) oder Rangierbegleiter (Rb), das Rangieren einzustellen, hat der für die Fahrwegprüfung zuständige Mitarbeiter zu erteilen. Der Tf oder Rb hat dem Auftraggebenden zu bestätigen, dass das Rangieren eingestellt ist.

Flankenschutzmaßnahmen werden auch danach unterschieden, ob sie unmittelbar (zwingend) oder mittelbar (nicht zwingend) wirken

- Zwingender Flankenschutz:
  - Schutzweiche: Ablenkung ohne Entgleisung
  - Gleissperre: Ablenkung mit Entgleisung
- Nicht zwingender Flankenschutz:
  - Signale
  - Rangierverbote (s. »Betriebsstellenbuch«)

Bild 2: Aufgelegte Gleissperre: Ablenkung mit Entgleisung

6.3.2 Einstellen einer Fahrstraße (Fahrstraßenbildung) bei den verschiedenen Stellwerksarten

Fahrstraßenbildung beim mechanischen Stellwerk

Am Beispiel der Einfahrzugstraße f_1 (von Rechtsheim kommend nach Gleis 1) im Bahnhof Adorf wird das Einstellen einer Fahrstraße beim mechanischen Stellwerk erläutert.

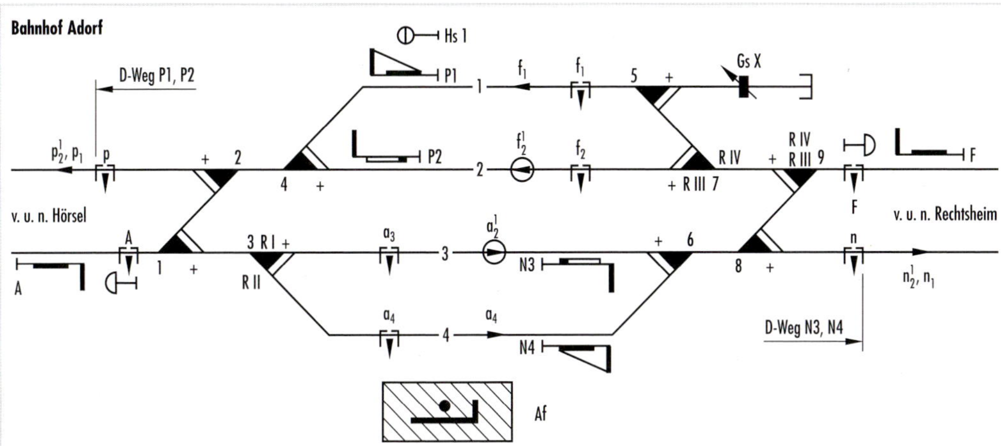

Bild 1: Fahrstraßen im Bahnhof Adorf

- Prüfen, ob die zu stellenden Einrichtungen frei von Fahrzeugen sind (hier: W9, W7, W5, W4, RIV)
- Einstellen des Fahr- und Durchrutschweges sowie der Flankenschutzeinrichtungen nach Verschlussplan (hier: W7, W5, W4, RIV) (Hinweis: Die Weichen 9 und 2 müssen nicht extra eingestellt werden, da sie sich in der Grundstellung (+) befinden)
- Fahrwegprüfung (s. Kap. 6.1 und 6.2)
- Prüfen der richtigen Lage der Weichen, Riegel, Gleissperren und Sperrsignale einschließlich der dazugehörigen Flankenschutzeinrichtungen durch Umlegen des Fahrstraßenhebels (Fh). Dieser verschließt die Einrichtungen mechanisch (hier: Fhf_1)

Bild 2: Fahrstraßenhebel im Stellwerk (mit und ohne Hilfssperren)

- Fahrwegsicherung durch Blocken des Fahrstraßenfestlegefeldes (Ff). Das Fahrstraßenfestlegefeld zeigt eine weiße Scheibe. Der Fahrstraßenhebel und damit die Fahrstraße wird blockelektrisch verschlossen (hier: Fff)
- Bedienen des Signals: Signalhebel umlegen, Signal zeigt Hp 1/Hp 2 (hier: Signalhebel F(2), Signal F zeigt Hp 2)

Als Merkhilfe für diese Reihenfolge wird das Wort »PEPSi« verwendet:

P = Prüfen

E = Einstellen

P = Prüfen

Si = Sichern

Bild 1: Blockfenster im Stellwerk (Fahrstraßenfestlegefeld)

Fahrstraßenbildung beim mechanischen Stellwerk (Bahnhofsblock)

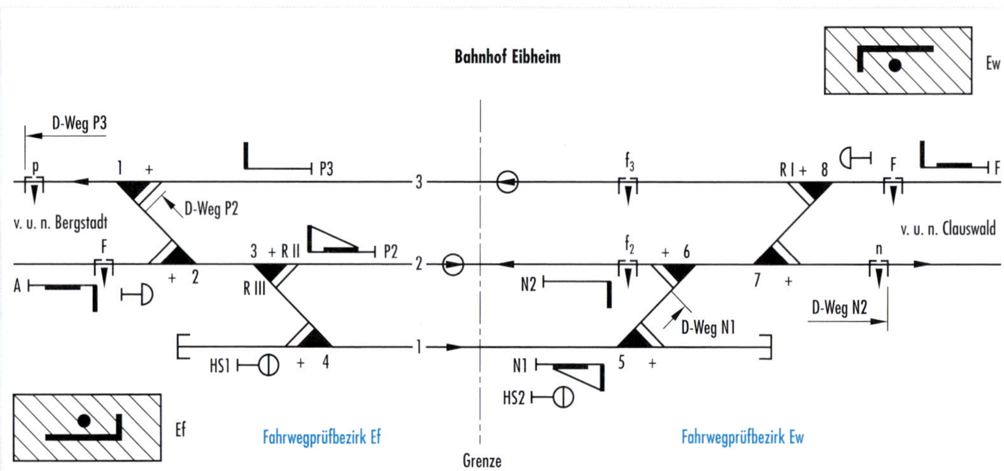

Bild 2: Bahnhof Eibheim

Der Bahnhofsblock dient zur Sicherung von Zugfahrten innerhalb eines Bahnhofes. Befehlsfelder, Zustimmungsfelder und die Fahrstraßenfelder stellen diese besonderen Abhängigkeiten her (s. Kap. 5.3.1). Am Beispiel des Bf Eibheim wird die Fahrstraßenbildung erläutert.

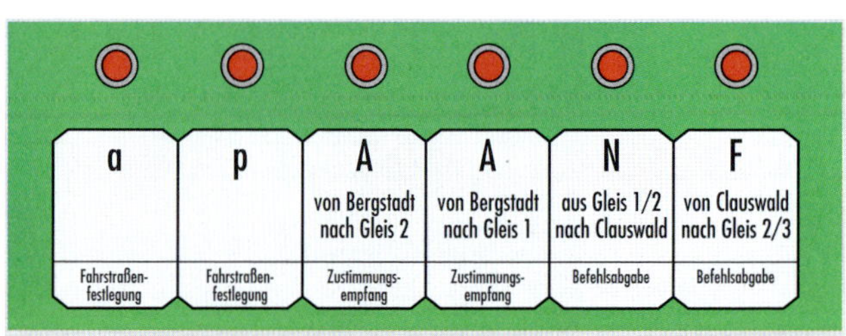

Bild 3: Grundstellung des Bahnhofsblocks des Stellwerks »Ef«

Beispiel: Befehls- und Zustimmungsabhängigkeit beim mechanischen Stellwerk (Bahnhofsblock), wenn der Weichenwärter das Hauptsignal bedient

Fahrt eines Zuges von Clauswald nach Eibheim ins Gleis 2 (Fahrstraße f_2)

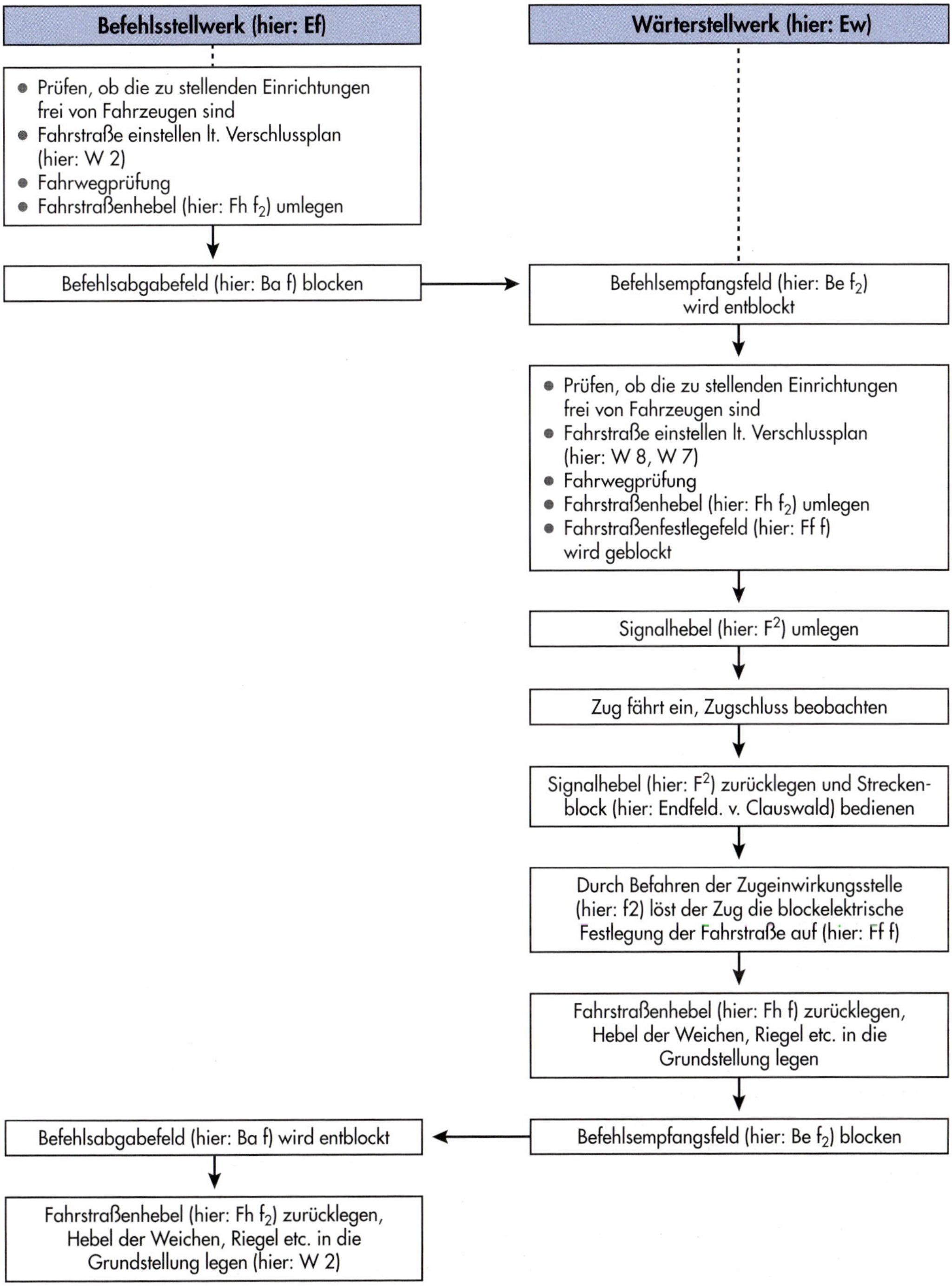

Beispiel: Befehls- und Zustimmungsabhängigkeit beim mechanischen Stellwerk (Bahnhofsblock), wenn der Fahrdienstleiter das Hauptsignal bedient

Fahrt eines Zuges von Bergstadt nach Eibheim ins Gleis 1 (Fahrstraße a_1)

Befehlsstellwerk (hier: Ef)		**Wärterstellwerk (hier: Ew)**
Zustimmung mündlich anfordern	→	• Prüfen, ob die zu stellenden Einrichtungen frei von Fahrzeugen sind • Fahrstraße einstellen lt. Verschlussplan (hier: W 5) • Fahrwegprüfung • Fahrstraßenhebel (hier: Fh a_1) umlegen
Zustimmungsempfangsfeld (hier: Ze a_1) wird entblockt	←	Zustimmungsabgabefeld (hier: Za a) blocken
• Prüfen, ob die zu stellenden Einrichtungen frei von Fahrzeugen sind • Fahrstraße einstellen lt. Verschlussplan (hier: W 3, W 4, R III) • Fahrwegprüfung • Fahrstraßenhebel (hier: Fh a_1) umlegen		
Fahrstraßenfestlegefeld (hier: Ff a) wird geblockt	→	Fahrstraßenauflösefeld (hier: Fa a) wird entblockt
Signalhebel (hier: A^2) umlegen		
Zug fährt ein, Zugschluss beobachten		
Signalhebel (hier: A^2) zurücklegen und Streckenblock (hier: Endfeld. v. Bergstadt) bedienen		
		Zug hält am gewöhnlichen Halteplatz
Fahrstraßenfestlegefeld (hier: Ff a) wird entblockt	←	Fahrstraßenauflösefeld (hier: Fa a) blocken
Fahrstraßenhebel (hier: Fh a_1) zurücklegen, Hebel der Weichen, Riegel etc. in die Grundstellung legen (hier: W 3, W 4, R III)		
Zustimmungsempfangsfeld (hier: Ze a_1) blocken	→	Zustimmungsabgabefeld (hier: Za a) wird entblockt
		Fahrstraßenhebel (hier: Fh a_1) zurücklegen, Hebel der Weichen, Riegel etc. in die Grundstellung legen (hier: W 5)

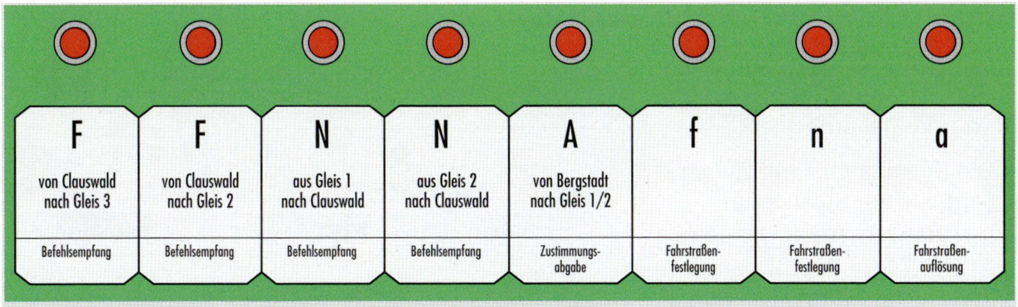

Bild 1: Grundstellung des Bahnhofsblocks des Stellwerk »Ew« (Bahnhof Eibheim)

Fahrstraßenbildung beim elektromechanischen Stellwerk (s. Kap. 5.3.2)

Der Ablauf beim Einstellen einer Fahrstraße ist in vielen Punkten dem des mechanischen Stellwerks gleich:

- Prüfen durch Augenschein, ob die zu stellenden Einrichtungen frei von Fahrzeugen sind
- Einstellen des Fahr- und Durchrutschweges sowie der Flankenschutzeinrichtungen nach Verschlussunterlagen durch das Umlegen der blauen Hebel für die Weichen und Gleissperren um 90° nach links
- Fahrwegprüfung (s. Kap. 6.1)
- Prüfen der richtigen Lage der Weichen, Riegel, Gleissperren und Sperrsignale einschließlich der dazugehörigen Flankenschutzeinrichtungen durch das Umlegen des roten Fahrstraßensignalhebels in die 45°-Position. Er dient hier als Fahrstraßenhebel. Dieser verschließt die Einrichtungen.
- Durch Umlegen des Fahrstraßensignalhebels in die 90°-Position wird der Stellbefehl an das Hauptsignal gegeben. Der Fahrstraßensignalhebel dient hier als Signalhebel.

Bild 2: Umgelegter Fahrstraßensignalhebel in der 45°-Lage

Fahrstraßenbildung beim Gleisbildstellwerk (Sp Dr S 60)

Fahrweg einstellen
Zugfahrstraße einstellen

Zugstraßen werden durch Bedienen der Zugstraßentasten am Start und Ziel eingestellt.

- Die Starttaste ist die Zugstraßentaste am Startsignal.
- Die Zieltaste für eine Einfahrt ist i. d. R. die Zugstraßentaste am Ausfahrsignal (s. Bild 1), die Zieltaste für eine Ausfahrt ist die Zugstraßentaste im Streckengleis (s. Bild 2) oder die Signaltaste des ersten Zentralblocksignals.

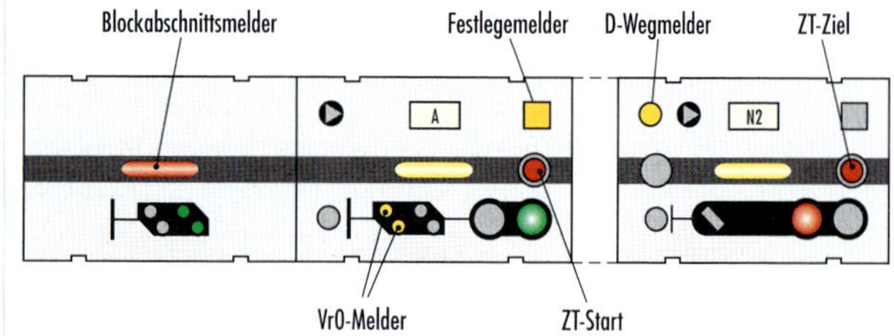

Bild 1: Einstellen einer Einfahrzugstraße (inkl. ausgeleuchteter Fahrstraße)

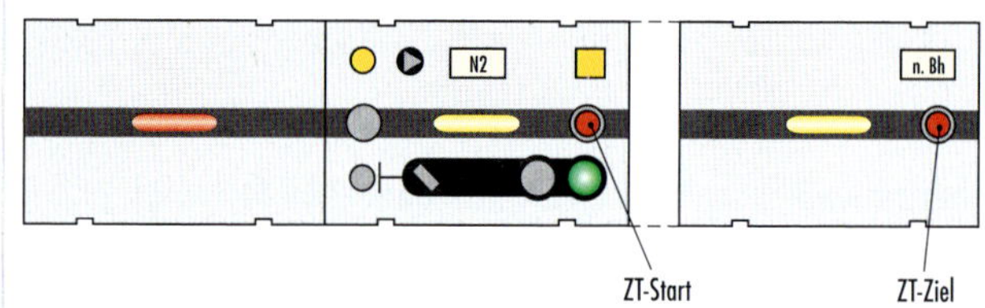

Bild 2: Einstellen einer Ausfahrzugstraße (inkl. ausgeleuchteter Fahrstraße)

Die Start- und Zieltaste muss etwa 1 Sekunde lang zusammen gedrückt werden. Durch diesen Impuls laufen alle weiteren Stellvorgänge automatisch ab.

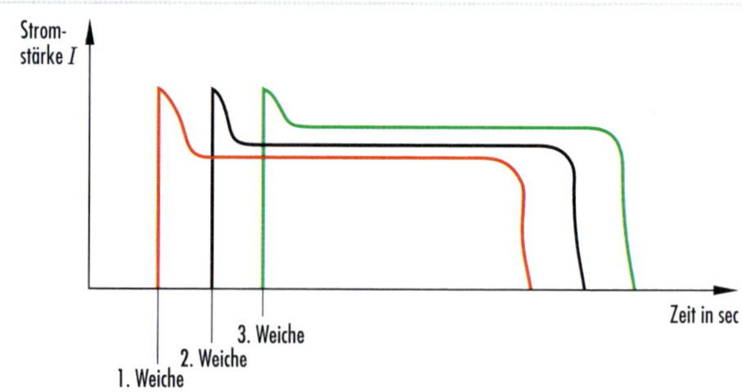

Bild 3: Wirkung der Weichenlaufkette (WLK)

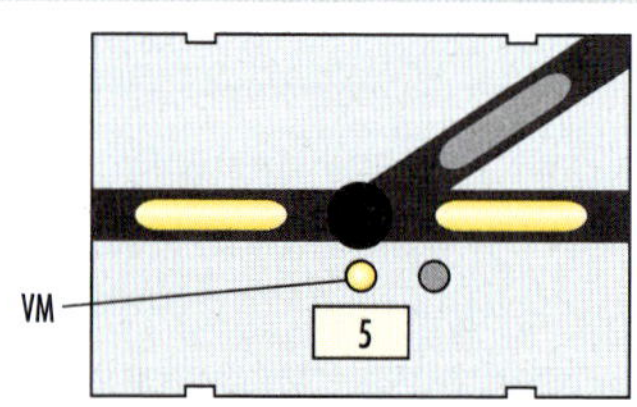

Bild 4: Verschlussmelder (VM) einer Weiche leuchtet bei eingestellter Zugstraße

- Durch das Bedienen von Start- und Zieltaste erhält die Relaisanlage den Befehl, eine – durch die beiden Tasten festgelegte – Zugstraße einzustellen. Es wird ein selbsttätiger Programmablauf eingeleitet.
- Die Relaisanlage kontrolliert nun, ob zwei Tasten, die zusammengehören, bedient worden sind. Wenn dies nicht der Fall wäre, würde die Relaisanlage den beabsichtigten Stellvorgang nicht einleiten. Fehlerhafte Tastenbedienungen – z. B. durch falsche Tasten oder durch eine dritte Taste – werden dadurch verhindert.
- Im Rahmen einer Zulassungsprüfung wird festgestellt, ob die gewünschte Zugstraße überhaupt zulässig (z. B.: Ist eine Querfahrt eingestellt?) bzw. vorhanden ist.
- Danach stellt die Anlage die Lage der Weichen etc. fest, die zur einzustellenden Zugstraße gehören.
- Es ergeht ein Stellauftrag an alle nicht richtig liegenden Weichen und Kreuzungsweichen. Würden alle Weichen gleichzeitig umlaufen, würde dies die Stromversorgungsanlage überlasten. Aus diesem Grund erteilt man den Weichen in einem zeitlich versetzten Abstand den Stellauftrag.

Dies geschieht dadurch, dass die Weichenlaufkette (WLK) den Stellstrom im zeitlichen Abstand von 0,20 Sekunden an die Motoren der Weichentriebe weitergibt. Wenn sich die Einrichtung in der richtigen Lage befindet, wird der Stellstrom wieder abgeschaltet. Die Weichen etc. werden in dieser Lage sofort verschlossen und der Verschlussmelder (VM) auf dem Stelltisch leuchtet.

- Zugfahrten sind in Bahnhöfen gegen Flankenfahrten zu sichern (s. Seite 321). Die Flankenschutzsuche wird nicht zentral gesteuert, sondern jede Weiche, Kreuzungsweiche oder Kreuzung im Fahrweg sucht sich ihren Flankenschutz selbst und überwacht ihn. Die Schutzweichen und Gleissperren werden – wenn sie nicht in der schützenden Stellung liegen – umgestellt und verschlossen. Danach leuchtet der Stellungs- und Überwachungsmelder (StÜM) und der Verschlussmelder (VM) gelb. Auch Lichtsignale die Schutz bieten (z.B. Sperrsignale), werden verschlossen; allerdings wird dieses nicht auf dem Stelltisch angezeigt.

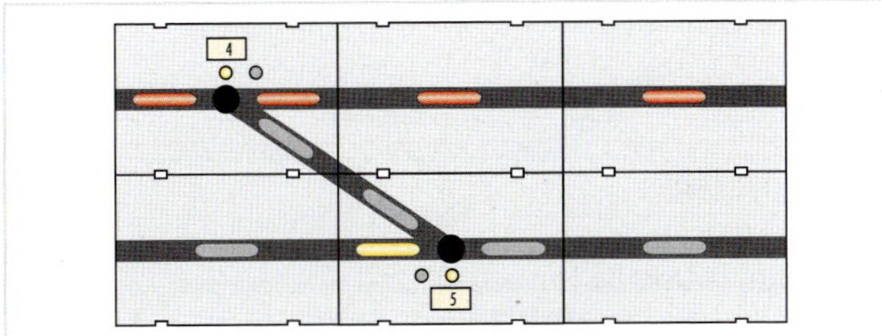

Bild 1: Schutzweiche (W 5) einer eingestellten Zugstraße

- Die Anlage überprüft nun das Freisein der zum Fahr- und Durchrutschweg gehörenden Gleisfreimeldeabschnitte. Dies wird durch gelb leuchtende Gleis- und Weichenmelder auf dem Stelltisch angezeigt. Auch der Raum zwischen einer Fahrweg- oder D-Weg-Weiche und einer Flankenschutzeinrichtung wird überprüft. Das Freisein wird aber nicht besonders dargestellt.

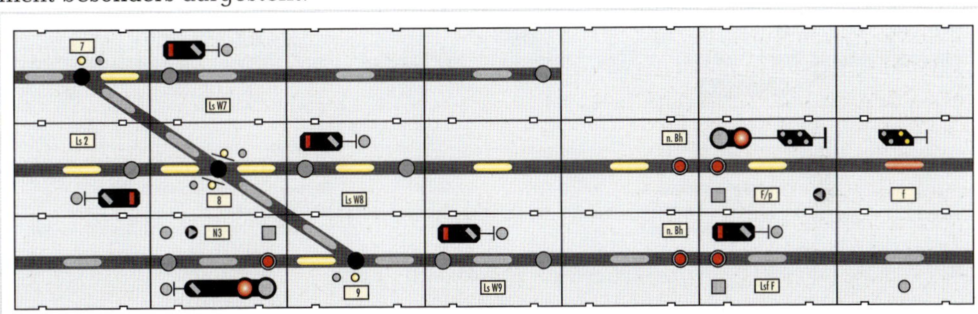

Bild 2: Spurausleuchtung und Verschluss einer Einfahrzugstraße (Zug vor Einfahrsignal F)

- Wenn alle vorgenannten Bedingungen erfüllt sind, wird die Zugstraße insgesamt verschlossen, sie wird festgelegt. Diese Festlegung wird durch einen quadratischen Festlegemelder (FfM) angezeigt, der im Feld des Startsignals gelb leuchtet. Fahr- und der D-Weg sind gesichert.
- Nach Aufleuchten des Festlegemelders (FfM) kommen die Lichtsperrsignale im Fahrweg in die Stellung Sh 1 (»Fahrverbot aufgehoben«) – bei der Bauform Lorenz vor dem Aufleuchten des FfM. Lichtsperrsignale der Gegenrichtung werden als »Kopfschutz« in der Stellung Sh 0 (»Halt! Fahrverbot«) verschlossen. Diese Stellung entspricht Hp 0.
- Bei vorhandenem Vorsignal am Mast des Hauptsignals (Einfahrsignal) wird dieses in die Stellung Vr 1 oder Vr 2 gebracht. Abhängige Zusatzsignale werden angeschaltet.
- Das Hauptsignal kommt in die Fahrtstellung (Hp 1 oder Hp 2) und überwacht ständig den ordnungsgemäßen Zustand der Fahrstraße. Durch z.B. Besetzung eines als frei gemeldeten Freimeldeabschnittes oder durch das Auffahren einer Weiche fällt das Hauptsignal sofort in die Haltstellung zurück.

- Nachdem am Hauptsignal ein Fahrtbegriff (Hp 1 oder Hp 2) aufleuchtet wird das zugehörige Vorsignal in die Stellung Vr 1 (»Fahrt erwarten«) oder Vr 2 (»Langsamfahrt erwarten«) gebracht.

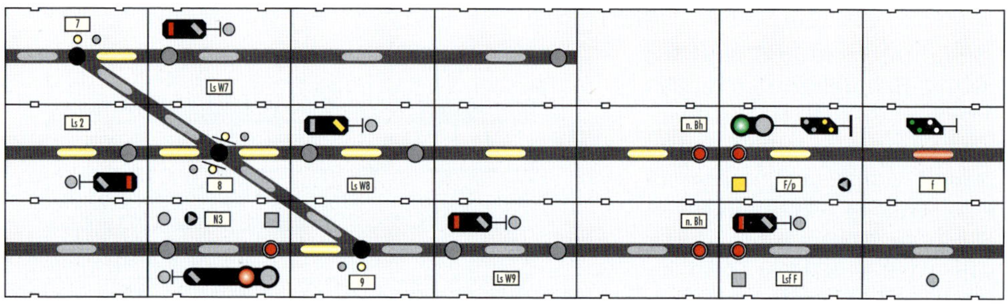

Bild 1: Festgelegte Einfahrzugstraße mit »Fahrt« zeigendem Signal

Bei einer Ausfahrzugstraße ist die Starttaste die Zugstraßentaste des Startsignals. Die Zieltaste befindet sich im Streckengleis. Bei der Streckenblockform »Selbstblock 60« (s. Kap. 7.3.5) ist die Zugstraßentaste als Gleistaste angeordnet, die mit der Fahrtrichtung bezeichnet wird. Bei Strecken mit Zentralblock (s. Kap. 7.3.6) ist die Zieltaste die Signaltaste (ST) des ersten Zentralblocksignals (Zbk).

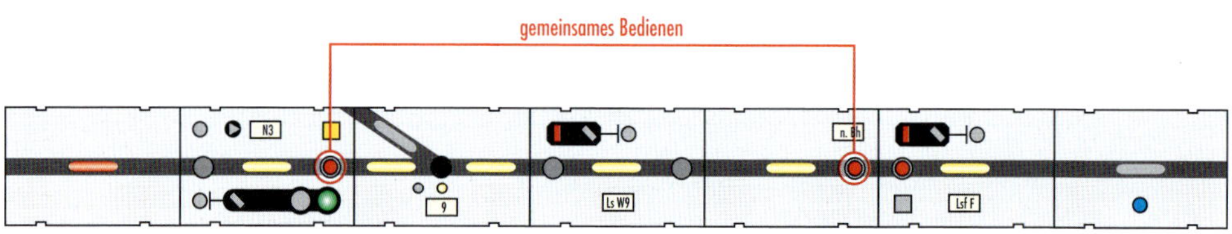

Startpunkte:
- am Hauptsperrsignal
- am Ausfahrsignal
- am Zwischensignal
- am Lichtsperrsignal

Zielpunkte:
- beim Selbstblock: Gleistaste (GlT) als Zugstraßentaste (ZT)
- beim Zentralblock: Signaltaste (ST) eines vorgelegenen Zentralblocksignals

Bild 2: Start- und Zieltasten bei Ausfahrzugstraßen (hier: beim Selbstblock)

Das Einstellen einer Ausfahrzugstraße wirkt sich auch immer auf die Sicherung der Zugfahrt auf der freien Strecke (Streckenblock) aus. Dies wird an dem blau leuchtenden Ausfahrsperrmelder (ASpM) deutlich, der z. B. beim Selbstblock 60 das Auf-Fahrt-Stellen weiterer Ausfahrsignale verhindert (s. Kap. 7.3).

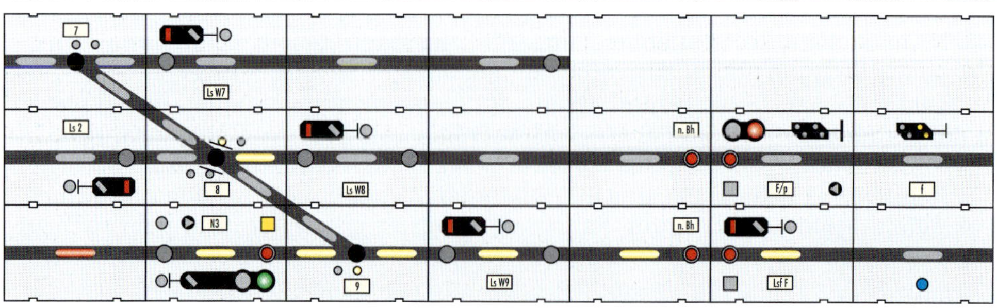

Bild 3: Festgelegte Ausfahrzugstraße mit Fahrt zeigendem Signal (Zug vor Ausfahrsignal N 3)

In Gleisbildstellwerken können Zugstraßen auch selbsttätig eingestellt werden.
Man unterscheidet im Bereich der ...

ehemaligen Deutschen Bundesbahn	ehemaligen Deutschen Reichsbahn
• Selbststellbetrieb für einzelne Zugstraßen Allen Zügen einer Fahrtrichtung wird eine bestimmte Zugstraße zugeordnet und eingestellt.	• Signalselbststellbetrieb Für Züge derselben Richtung wird dieselbe Zugstraße benutzt. Die Zugstraße wird nach jeder Zugfahrt aufgelöst.
• Selbststellbetrieb für mehrere Zugstraßen – (Zuglenkung mit Lenkziffer) Zügen können Zugstraßen für mehrere Fahrtrichtungen selbsttätig zugewiesen werden. Das Einstellen der Zugstraße in die für den jeweiligen Zug erforderliche Richtung erfolgt über Lenkziffern.	• Durchfahrbetrieb Die Züge fahren mit selbsttätiger Signalstellung über die durchgehenden Hauptgleise bei ständig festgelegter Fahrstraße. Die Zugstraße wird festgelegt und das Signal kommt in Fahrtstellung, wenn der Zug in den Annäherungsabschnitt einfährt.
	• Programmselbststellbetrieb Beim Programmselbststellbetrieb werden Zugstraßen regelmäßig gewechselt. Die Zugstraße wird nach jeder Zugfahrt aufgelöst.
• Zuglenkung mit Lenkplan Ermöglicht es – abhängig gemacht von Fahrplandaten – für alle Züge die erforderliche Zugstraße selbsttätig auszuwählen und einzustellen. Der Zuglenkplan trägt die benötigten Zugstraßeninformation unmittelbar in sich. (Ist ausschließlich in ESTW oder in Relaisstellwerken mit entsprechend zugerüsteter Funktion vorhanden.)	

Tabelle 1: Verfahren zum selbsttätigen Einstellen von Zugstraßen

Eine **Rangierstraße** beginnt i. d. R. an einem
- Lichtsperrsignal (Ls-Signal) oder
- Hauptsperrsignal (Ausfahr- oder Zwischensignal)

und endet an einem
- Lichtsperrsignal (Ls-Signal),
- Hauptsperrsignal (Ausfahr- oder Zwischensignal) oder
- in einem Gleisabschnitt ohne Zielsignal

Wie beim Einstellen einer Zugstraße werden Start- und Zieltaste gleichzeitig bedient. Wie schon bei der Zugstraßenbildung laufen die Tastenprüfung, Zulassungsprüfung, Fahrwegsuche, das Umlaufen der Weichen etc. selbsttätig ab. Die Verschlussmelder der Weichen zeigen an, dass der Verschluss der Fahrstraße wirksam geworden ist.

In der Regel wird auf Flankenschutz durch Weichen und Gleissperren verzichtet. Flankenschutz durch Lichtsignale ist jedoch immer vorhanden. Nachdem das Freisein des Fahrweges durch die gelb leuchtenden Gleis- und Weichenmelder angezeigt wird, kommt das Startsignal als Lichtsperrsignal (Ls) in die Stellung Sh 1, als Hauptsperrsignal in die Stellung Hp 0 + Sh 1.

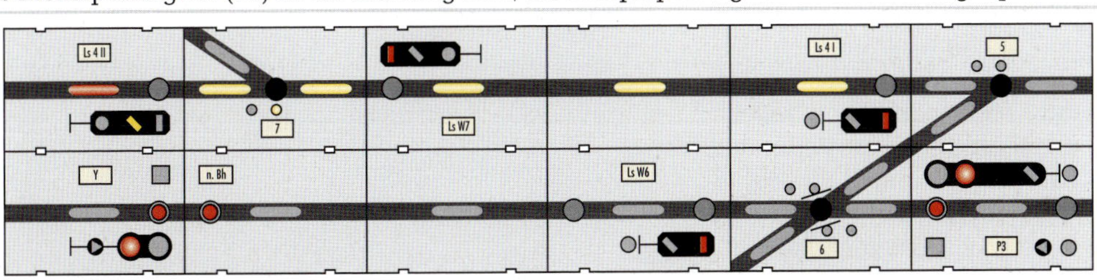

Bild 1: Rangierstraße (Beginn am Ls 4 II)

Fahrstraßenbildung beim elektronischen Stellwerk (ESTW)

Fahrweg einstellen
Zugfahrstraße einstellen

Jeder Stellbefehl wird, wie beim Relaisstellwerk (Sp Dr S 60), u. a. auch darauf geprüft, ob die Zugstraße überhaupt vorgesehen oder zulässig ist. Danach wird er zur Ausführung an die Stellrechner – die die Befehle zum Umstellen und Festlegen der einzelnen Fahrstraßenelemente an die Außenanlagen weiterleiten – gegeben. Als letzter Schritt erhält auch – wie bei allen anderen Stellwerksbauformen – das Hauptsignal einen Fahrtbegriff (Hp 1 oder Hp 2, bzw. Ks 1 oder Ks 2).

Im ESTW erfolgt die Einstellung einer Zugstraße in der Regel mausbedient direkt über den Bildschirm, indem jeweils ein Start- und ein Zielfeld in der Gleisbilddarstellung der Berü oder der Lupe mittels Mausklick ausgewählt werden. Neben Haupt- bzw. Sperrsignalen können dabei auch andere Elemente wie das Bezeichnungsfeld eines Stumpfgleises Start- wie Zielpunkt eine Zugstraße sein.

Außerdem muss zwischen den Bedienflächen für Zugfahrten und den Bedienflächen für Rangierfahrten unterschieden werden. Bei der Regelbedienung werden Start und Ziel mit der linken Maustaste markiert. Besonderheiten wie die Wahl eines abweichenden D-Wegs oder die Fahrt in ein Gleis ohne Oberleitung lassen sich über entsprechende Dialogfester ansteuern, die durch die rechte Maustaste geöffnet werden können.

Möglichkeiten zum Einstellen von Fahrstraßen:

1) **Einstellen auf der Gleisbilddarstellung der Bereichsübersicht (Berü)**

   Nachdem Start- und Zielfeld mittels Mausklick aktiviert wurden, wird der Fahrweg für die Zugfahrt durch Vorschaulinien markiert.

   Es folgt eine Eingabekontrolle und die anschließende Freigabe des Stellbefehls. Hierzu klickt der Fahrdienstleiter das Feld »Verarbeitung« an und gibt so den Stellbefehl zur Verarbeitung an die Rechneranlage weiter.

   Nun beginnt die Anlage mit der Bildung der Fahrstraße, wobei die Vorgehensweise von der Umstellung der Weichen über die Festlegung der einzelnen Fahrstraßenelemente bis zur Wahl des Fahrtbegriffs am Hauptsignal weitgehend der von Drucktastenstellwerken entspricht.

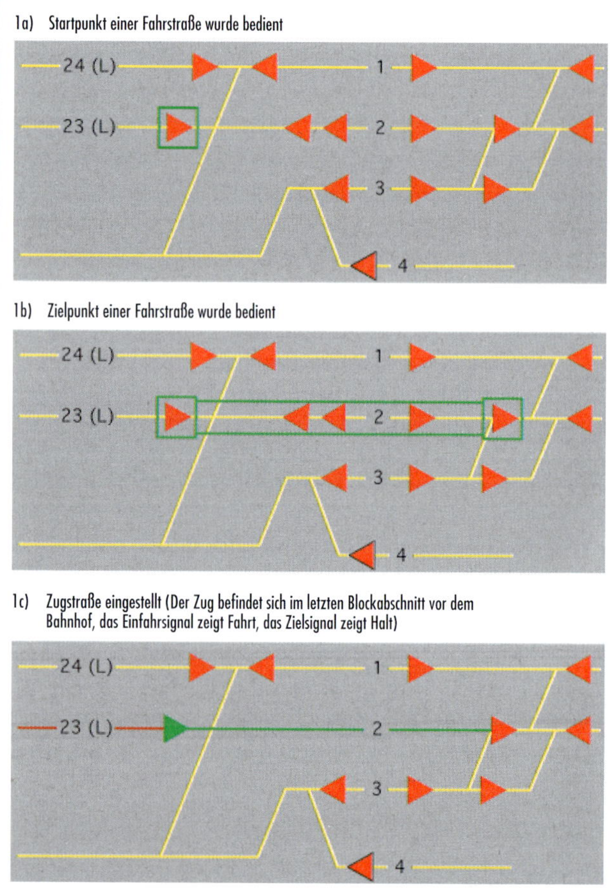

Bild 1: Einstellen einer Zugfahrstraße, Darstellung auf der Berü

2) Einstellen der Fahrstraße auf der Gleisbilddarstellung mittels einer Bahnhofslupe

Die Bedienschritte verwenden die gleichen Prinzipien, die bildliche Darstellung der Fahrstraße lässt jedoch wesentlich mehr Details erkennen.

Ist die Fahrstraße komplett eingelaufen, so leuchten der quadratische Festlegeüberwachungsmelder (FÜM) am Startsignal, der runde Zielfestlegemelder (ZFM) am Ziel, die Stellungsmelder der Weichen und der Kreuzungen im Fahrweg, die Gleismelder im Fahrweg, die Flankenschutzüberwachungsmelder der Weichen und Kreuzungen im Fahrweg, die Verschlussmelder der Zwischengleisabschnitte, Weichen und Kreuzungen im Fahrweg sowie der Flankenschutzweichen und Gleissperren grün bzw. blau.

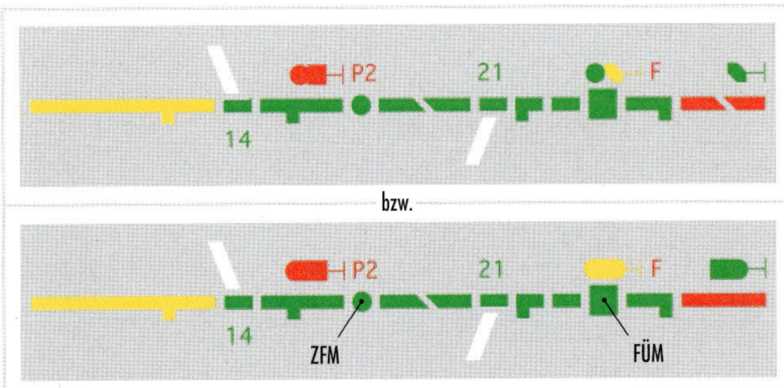

Bild 1: Einfahrzeugstraße »F.P2« eingestellt, Darstellung auf der Lupe (oben H/V-Signale, unten Ks-Signale)

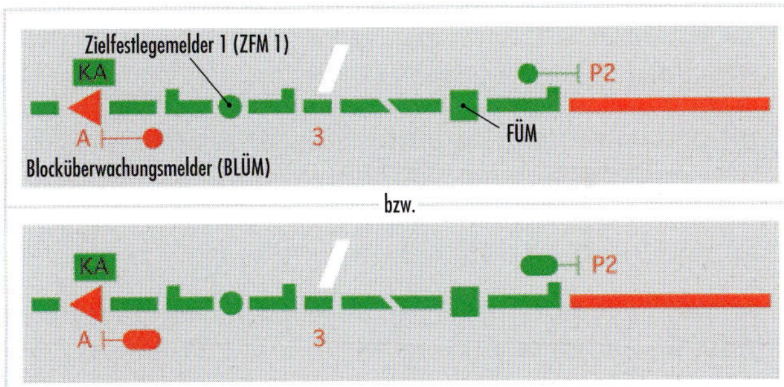

Bild 2: Ausfahrzeugstraße »P2.KA« eingestellt, Darstellung auf der Lupe (oben H/V-Signale unten Ks-Signale)

3) Einstellen der Fahrstraße über Dateneingabetastatur (DET)

Bei einer möglichen Störung der PC-Maus steht stets eine Rückfallebene zur Verfügung. Soll z. B. die Zugfahrt von Esig A 325 zum Zwischensignal R 305 eingestellt werden, so lautet der Stellbefehl: »A 325.R 305«.

Bild 3: Dateneingabetastatur (DET)

4) **Einstellen der Fahrstraße über ein Bedientablett (BT)**

Bei dieser veralteten Bedienart müssen die jeweiligen Felder mit dem Bedienstift aktiviert werden, bei einer entsprechenden Zugstraße also die beiden grünen Felder »A 325« und »R 305«.

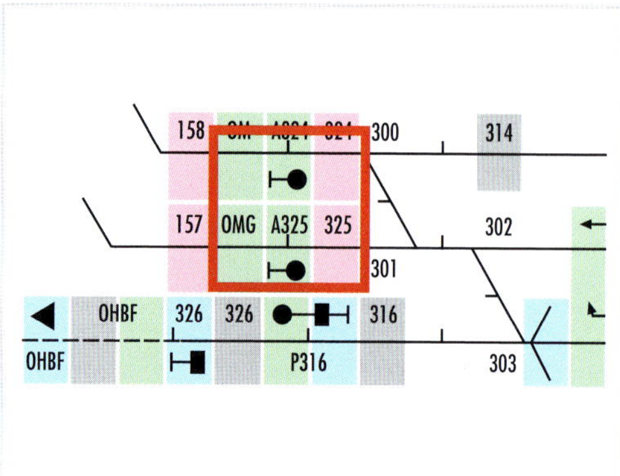

Bild 1: Startelement Signal A 325

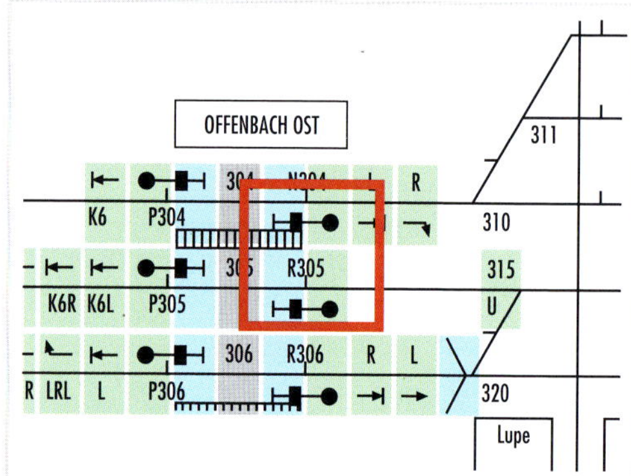

Bild 2: Zielelement Signal R 305

Einstellen von Rangierstraßen

Fahrweg einstellen

Rangierstraßen sind signaltechnisch gesicherte Fahrwege, die bei ESTWs durch blaue Linien gekennzeichnet werden. Anders als bei Drucktastenstellwerken ist an der Ausleuchtung des eingestellten freien Fahrweges also stets erkennbar, ob eine Zugstraße oder eine Rangierstraße eingestellt wurde.

Rangierstraßen beginnen an einem Sperrsignal oder in einem Gleisabschnitt ohne Startsignal. Sie enden an einem Sperr- oder Hauptsignal oder in einem Gleis ohne Startsignal.

Bei einer eingestellten Rangierstraße leuchten die Gleismelder der freien Gleise und der Kreuzungen, die Verschlussmelder der Weichen, Kreuzungen und Gleise »blau« und die Sh 1/Ra 12-Melder des Startsignals und der Sperrsignale am Fahrweg.

Werden Rangierstraßen alphanumerisch dargestellt, so sind werden Start und Zielelement durch ein »-« verbunden.

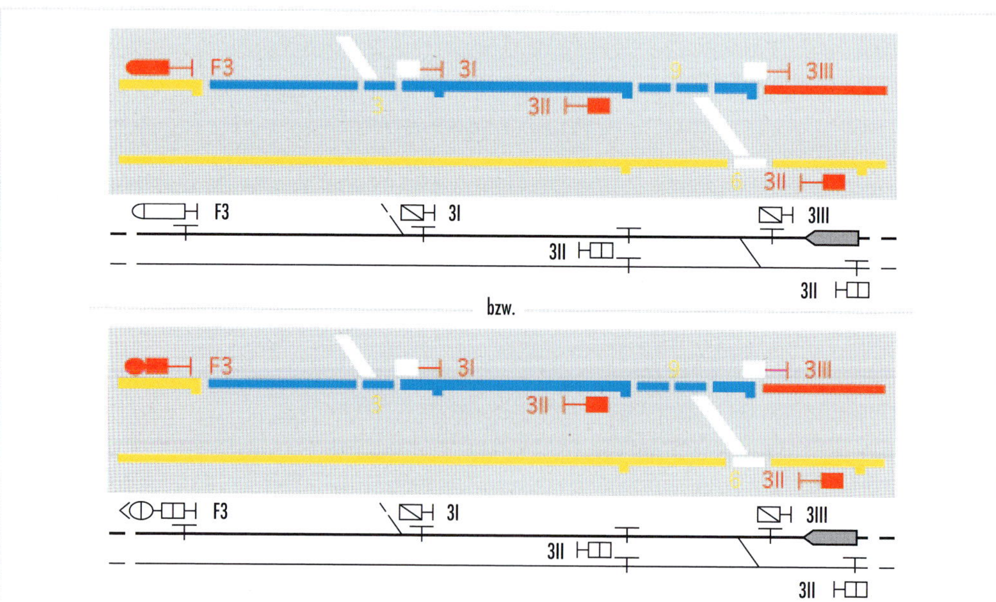

Bild 3: Rangierstraße »3III-F3« eingestellt (Darstellung auf der Lupe)

Im Regelfall beginnt die Einstellung einer Fahrstraße mit der Bedienung des Startelements auf der Gleisbilddarstellung.

Bei Gleisbilddarstellungen auf der Berü werden Start- und Zielpunkte für eine Zugfahrt durch grüne, für eine Rangierfahrt durch blaue Dreiecke mit Bezeichnungsnummern markiert.

Die Gleisbilddarstellung auf der Lupe enthält für jede Signaldarstellung separate Trefferflächen für die Zug- bzw. Rangierstraßenbildung.

Wird dabei mit der linken Maustaste z.B. die Spitze eines Signals markiert, so wird dies grün umrahmt, da die Bildung einer Zugstraße angesteuert wird. Erfolgt hingegen der Mausklick am Fußteil des Signals, so sieht der Fahrdienstleiter eine blaue Umrahmung, die die Bildung einer Rangierstraße erlaubt. Bei einem Siemens-ESTW dient die Fläche um die Signalbezeichnung ebenfalls als Maustrefferfläche (s. Bild 1).

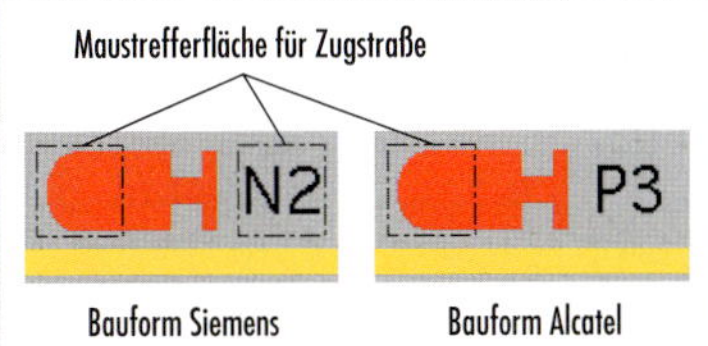

Bild 1: Maustrefferfläche auf der Lupe

Nach Bedienung der jeweiligen Maustrefferfläche mit der rechten Maustaste wird diese mit einem Bedienreflex (einer schraffierten Fläche) hinterlegt und es lassen sich unterschiedliche Menüfelder öffnen. Diese informieren über die genaue Signalbezeichnung, die in der Gleisbilddarstellung der Berü aus Gründen der Übersichtlichkeit fehlt, erlauben beispielsweise die Wahl zwischen unterschiedlichen Durchrutschwegen bei Zielsignalen und ermöglichen den zielgerichteten Zugang zu weiteren Untermenüs mit zahlreichen Steuerungsmöglichkeiten.

Während bei Spurplanstellwerken die dargestellte Informationsmenge durch fest installierte Tischfelder mit jeweils wenigen Meldelampen stark begrenzt ist, ermöglichen die Menüfelder mit ihren aufgabenspezifischen Untermenüfeldern vielfältige Informations- und Bedienmöglichkeiten.

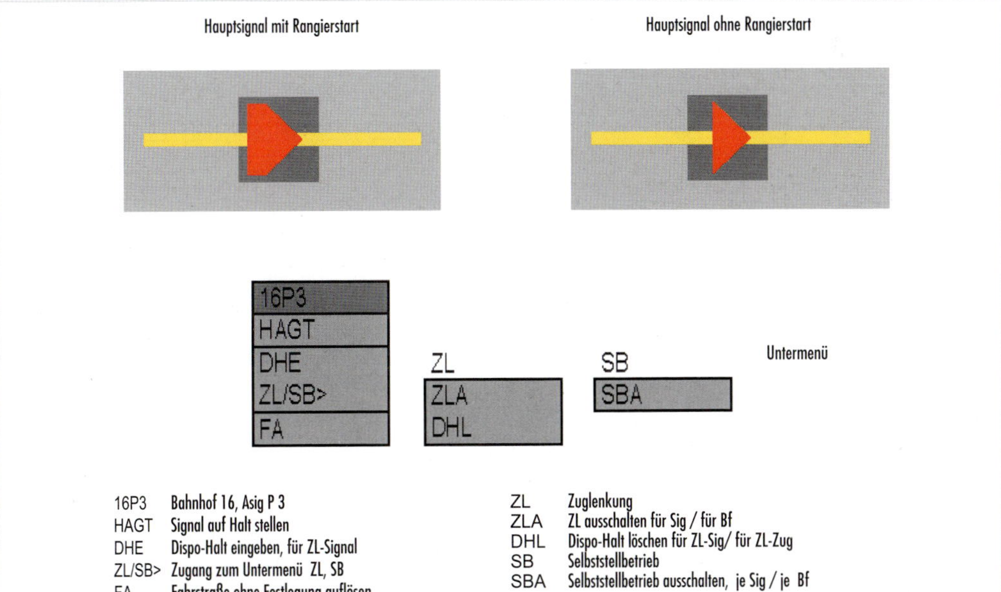

16P3	Bahnhof 16, Asig P 3	ZL	Zuglenkung
HAGT	Signal auf Halt stellen	ZLA	ZL ausschalten für Sig / für Bf
DHE	Dispo-Halt eingeben, für ZL-Signal	DHL	Dispo-Halt löschen für ZL-Sig/ für ZL-Zug
ZL/SB>	Zugang zum Untermenü ZL, SB	SB	Selbststellbetrieb
FA	Fahrstraße ohne Festlegung auflösen	SBA	Selbststellbetrieb ausschalten, je Sig / je Bf

Bild 2: Signalmenü auf der Bereichsübersicht (Berü)

6.3.3 Verschlussunterlagen

Auf jedem Stellwerk gibt es eine Unterlage, aus der für jede Fahrstraße ersichtlich ist, welche Weichen, Riegel, Gleissperren in welcher Stellung für die Fahrstraße benötigt werden. Hierfür gibt es je nach Stellwerkstechnik unterschiedliche Darstellungsformen.

Neben einem Signalplan und einem Stelltischplan liegt bei einem Stellwerk Dr S 2 eine Verschlusskartei (s. Bild 1) im Bedienerraum mit aus.

Beim Stellwerk Sp Dr S 60 wird eine Bildkartei oder ein Grundverschlussplan (s. Bild 2) verwendet.

f_3

Zugstraße f_3 von B-Dorf in Gleis 3								
Ausgeschlossene Zugstraßen	3 L	(4) L	20 R	(21) R	22 L	(23) La		
a_3 $f\frac{1}{2}$ n3 $p2^1$	(19[18]) R							
Hauptsperr- u. Sperrsignale (in Stellung Hp 00 bzw. Sh 0, deren Signaltasten durch Hilfssperren zu sichern sind.	P2		Sperrsignale, die in die Stellung Sh 1 zu bringen sind.					

Erläuterungen zur Verschlusskartei	
R	Weiche steht von der Spitze aus gesehen für Fahrt nach rechts
L	Weiche steht von der Spitze aus gesehen für Fahrt nach links
a	Weiche liegt als Schutzweiche in abweisender Stellung
+	Gleissperre in aufgelegter Stellung (Schutzstellung)
◯	Von Zügen gegen die Spitze befahrene Weiche oder Schutzweiche, deren Tasten bzw. Schlüsselfreigabetasten bei einer Fahrt ohne Hauptsignal durch Hilfssperren zu sichern und im Störungsfall örtlich zu sichern sind.

Bild 1: Verschlusskartei in einem Dr S 2-Stellwerk

Urheberschutz – Alle Nutzungsrechte bei der DEUTSCHEN BUNDESBAHN

lfd Nr.: →		1	2	3	4	5	6	7	8	9	10	11	12	13	14	15	16	17	18
Stelltafel-einstellung	Starttaste	A651	A651	A651	A651	B651	B651	B651	B651		F654	F654	F643	F643	F654	F654	F643	F643	
	Zieltaste	N601	N602	N614	N601	N601	N614	Is624II	N601		P603	P603	P603	P603	P604	P604	P604	P604	
Bedienung der	UFGT / FFrT																		
	Erlaubnis																		
Stellpult-einwahl	Ziffer 1 – 3																		
	Ziffer 4 – 6																		
Befahrene Weichen u. Kreuzungen R, L		604aR	604aR	604aL	604aR	602R	602L	602L	602R		633L	633L	635R	635R	633L	633L	635R	635R	
		606R	606L	604bR	606R	609L	603L	603L	609L		630L	630L	633R	633R	630R	630R	633R	633R	
		609R		605a/bL	609R	WbW626/	604bL	604bL	WbW626/		639RN	639RN	630L	630L	622R	622R	630R	630R	
		WbW626/		605c/dL	WbW626/	625	605a/bL	605a/bL	625				637RN	637RN	639RN	639RN	622R	622R	
		625		622R	625		605c/dL	605c/dL	625				636RN	636RN			637RN	637RN	
							622R	622L									636RN	636RN	
								623L											
Mittelweichen R, L																			
Weichen im D-Weg R, L		631LN			631RN	631LN	630R		631RN		605c/dR	605c/dL	605c/dR	605c/dL	605c/dR	605c/dL	605c/dR	605c/dL	
		632LN	632RRH(+)	630R		632LN					605a/bR	605a/bR	605a/bR	605a/bR	605a/bL	605a/bL	605a/bL	605a/bL	
		634LN	635L			634LN						604bL		604bL		604bL		604bL	
		636LN				636LN						603R		603R					
D-Weg-Ende		611	W635	W630	W631N	611	W630	—	W631N		613	664	613	664	W605	W604	W605	W604	
		W636N				W636N													
Autom. D-Weg Auflösung	Abschnitt																		
	Zeit (sek.)																		
Schutzweichen u. Gs R, L Gs+ ≙ aufliegend		605c/dR	602R	602R	605c/dR	603R	623R		603R		635L	635L	604aR	609L	635L	635L	623R	623R	
		633L	605c/dR	609L	632RN	606L			606L		604aR	609L	639RN	602R	623R	623R	604aR	609L	
		Gs650RH(+)	609L	623R		633L			632RN		602R	602R	634RN	639RN	604aR	604L	602R	639RN	
		Gs651RH(+)	633L			Gs650RH(+)					637RN	637RN	602R	634RN	602R	637RN	639RN	634RN	
						Gs651RH(+)									637RN		634RN		

Bild 2: Ausschnitt aus einem Grundverschlussplan

Bei mechanischen und elektromechanischen Stellwerken wird ein Verschlussplan verwendet. Hierbei werden u. a. folgende Symbole und Zeichen verwendet:

Symbole	Benennung
Weichen-, Riegel, Gleissperrenhebel	
+	Hebel wird nach Umlegen des betreffenden Fahrstraßenhebels in der Grundstellung verschlossen
—	Hebel wird nach Umlegen des betreffenden Fahrstraßenhebels in umgelegter Stellung verschlossen
Fahrstraßenhebel	
—	Fahrstraßenhebel umgelegt
+	Umlegen des Fahrstraßenhebels nicht möglich
Signalhebel	
	Hauptsignal (Hp 1) stellbar, nachdem der Fahrstraßenhebel umgelegt und festgelegt ist
	Hauptsignalhebel (Hp 2) stellbar, nachdem der Fahrstraßenhebel umgelegt und festgelegt ist
	Gleissperrsignalhebel nach Umlegen des betreffenden Fahrstraßenhebels in Grundstellung verschlossen
	Gleissperrsignalhebel nach Umlegen des betreffenden Fahrstraßenhebels in umgelegter Stellung verschlossen
Felderblock	
○	Bedienung des Blockfeldes für die Signalstellung erforderlich

Tabelle 1: Zeichen für die Darstellung der Verschlüsse im Verschlussplan (Ausschnitt)

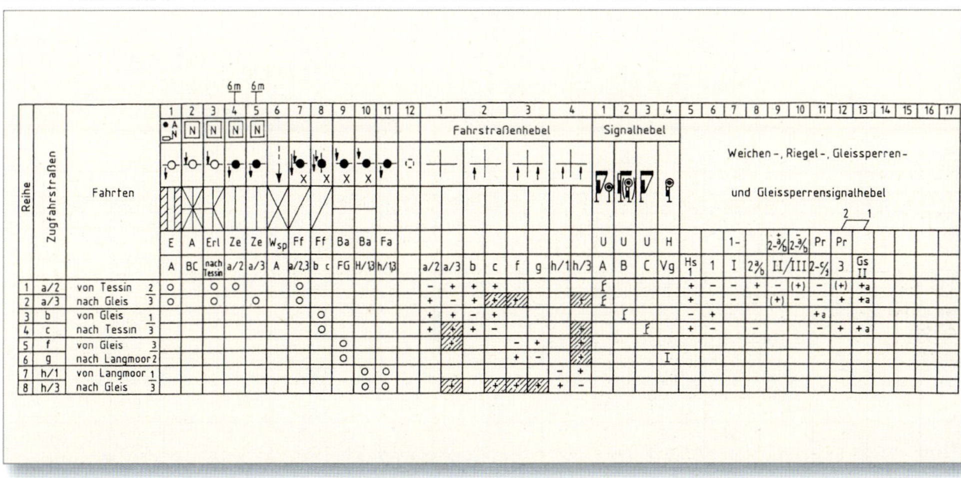

Bild 1: Verschlussplan für ein mechanisches Stellwerk (Ausschnitt)

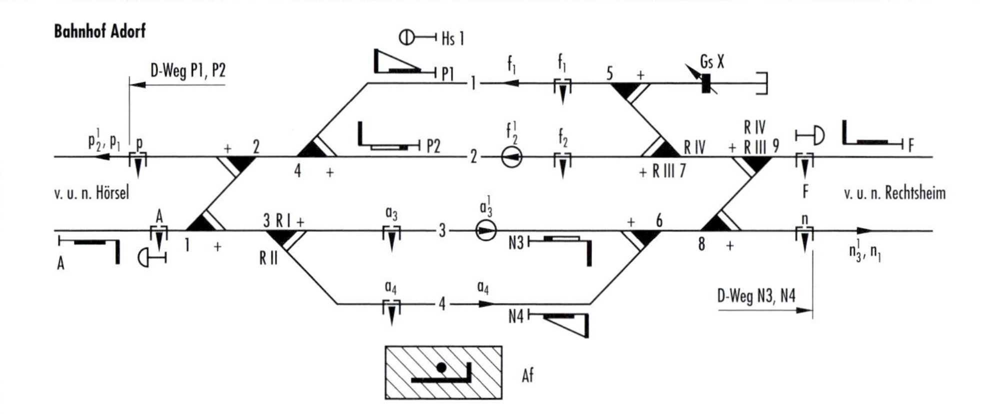

Bild 1: Bahnhof Adorf

	W 1	W 2	W 3	W 4	W 5	W 6	W 7	W 8	W 9	GS X	R I	R II	R III	R IV	Fh f1	Fh f2	Fh p1	Fh p2	Fh p3	Fh p4	Fh n3	Fh n4
f_1	+	+		−	−		−	+	+	+				−	−	+	+	+				
f_2^1	+	+		+	+		+	+	+				−		+	−	+					
p_1	+	+		−											+	+	−	+				
p_2^1	+	+		+											+		+	−				
a_3^1	+	+	+			+		+	+		−								−	+		+
a_4	+	+	−			−		+	+			−							+	−	+	+
n_3^1						+		+	+											+	−	+
n_4						−		+	+										+	+	+	−

	A (1)	A (2)	N3	N4	F (1)	F (2)	P1	P2	Hs I	Ff f	Ff p	Ff a	Ff n	Anf. n. Hör	End. v. Hör	Anf. n. Rh	End. v. Rh
f_1										○							○
f_2^1										○							○
p_1											○			○			
p_2^1									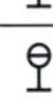		○			○			
a_3^1												○			○		
a_4												○			○		
n_3^1													○			○	
n_4													○			○	

Tabelle 1: Vereinfachter Verschlussplan für Bahnhof Adorf

Beispiel: Einstellen der Fahrstraße f_1 für eine Zugfahrt von Rechtsheim nach Adorf:

- Nach Umlegen der Hebel für die Weichen 4, 5 und 7 wird der Riegelhebel IV in die Minuslage gebracht. Der Riegel IV verriegelt die Weiche 9 in der Pluslage und die Weiche 7 in der Minuslage.
- Durch das anschließende Umlegen des Fahrstraßenhebels Fh f1 werden die Weichen 1, 2, 8 und 9 und die Gleissperre Gs X in der Pluslage und die Weichen 4, 5 und 7 sowie der umgelegte Riegelhebel IV mechanisch verschlossen.
- Das Fahrstraßenfestlegefeld Ff f wird nun geblockt und verschließt den Fahrstraßenhebel Fh f_1 blockelektrisch.
- Anschließend lässt sich der Signalhebel F (2) umlegen. Das Hauptsignal A zeigt das Signalbild Hp 2. Voraussetzung ist hierfür, dass der Vorblock von Rechtsheim eingegangen ist und das »Endfeld von Rechtsheim« eine rote Scheibe zeigt.

Technische Realisierung der Signalabhängigkeit

Der Verschluss erfolgt beim mechanischen Stellwerk mechanisch über den Fahrstraßenhebel (Fh) (s. Seite 264). Der Fahrstraßenhebel bewegt die im Verschlusskasten gelagerte Fahrstraßenschubstange mit den darauf angebrachten Plus- und Minusverschlussstücken und verschließt damit die Verschlussbalken der Weichen-, Gleissperren- und Riegelhebel. Der umgelegte Fahrstraßenhebel wird anschließend blockelektrisch durch Bedienen eines Fahrstraßenfestlegefeldes (Ff) gesichert.

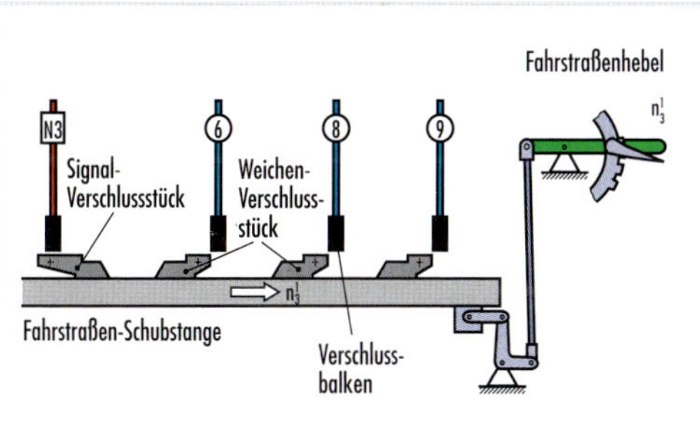

Bild 1: Fahrstraßenhebel n_3^1 in der Grundstellung (s. Bf Adorf)

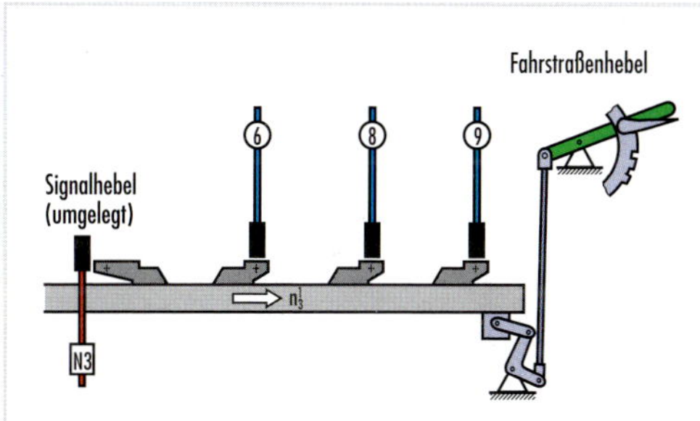

Bild 2: Fahrstraßen- und Signalhebel umgelegt

In elektromechanischen Stellwerken, die das Umstellen der Einrichtungen des Fahrweges mit Elektromotoren gestatten, werden die Abhängigkeiten im Gegensatz zum mechanischen Stellwerk teilweise durch ein mechanisches Verschlussregister und teilweise mit elektrischen Schaltkreisen hergestellt.

In Relaisstellwerken werden alle Abhängigkeiten ausschließlich auf elektrischem Wege über entsprechende Relaisschaltungen hergestellt.

Im elektronischen Stellwerk werden nicht nur alle Stellvorgänge, sondern auch die Abhängigkeiten in der Fahrstraße von Rechnern (Computern mit entsprechender Software) gesteuert.

1. Was versteht man unter einer Schlüsselabhängigkeit?
2. Was versteht man unter dem Begriff der Signalabhängigkeit?
3. Aus welchen Teilen setzt sich eine Fahrstraße zusammen?
4. Was bedeuten folgende Fahrstraßenbezeichnungen: f_4^1 und p_3?

5. Skizzieren Sie den Bahnhof Dahlheim, erstellen Sie ein Verzeichnis der Zugstraßen und tragen Sie die Bezeichnungen in den Signallageplan ein!

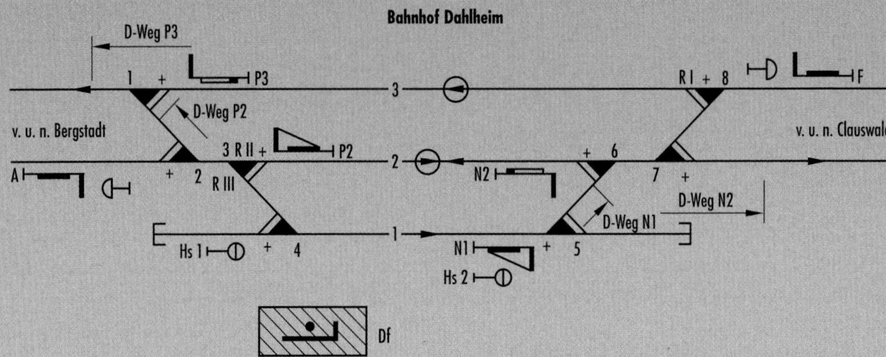

6. Erstellen Sie das Gesamtverzeichnis der Rangierstraßen im Bahnhof Kleinstadt!
7. Was versteht man unter dem D-Weg und wo endet er?
8. Welche Aufgabe hat der Flankenschutz?
9. Nennen Sie drei signaltechnische Flankenschutzeinrichtungen!
10. Was versteht man unter einer Zwieschutzweiche und wie wird bei ihr ein ausreichender Flankenschutz gewährleistet?
11. Nennen Sie betriebliche Flankenschutzmaßnahmen! Wo sind sie schriftlich festgelegt?
12. Beschreiben Sie die Fahrstraßenbildung für Einfahrzugstraße a_3 und die Ausfahrzugstraße n_4 im Bahnhof Adorf!
13. Beschreiben Sie die Fahrstraßenbildung für Einfahrzugstraße f_2 und die Ausfahrzugstraße n_1 im Bahnhof Dahlheim (s. o.)!
14. Beschreiben Sie das Einstellen der Fahrstraße für die Fahrt eines Zuges im Bf Linksdorf:
    - von Linksdorf nach Rechtsheim aus Gleis 2,
    - von Linksdorf nach Xstadt aus Gleis 2!
15. Bringen Sie folgende Elemente für die Fahrstraßenbildung beim Stellwerk Sp Dr S 60 in die richtige Reihenfolge!
    - Der quadratische Festlegemelder leuchtet gelb
    - Das Hauptsignal kommt in die Fahrstellung
    - Die Verschlussmelder der Weichen und Gleissperren leuchten gelb
    - Der Fahrweg wird selbsttätig auf Freisein überprüft
    - Der runde D-Weg-Melder leuchtet gelb
    - Die Weichen- und Gleissperren laufen in die richtige Stellung
    - Die Ls-Signale am Fahrweg kommen in die Stellung Sh 1
    - Die Gleismelder leuchten gelb
    - Die Schutz gebenden Sperrsignale werden in der Stellung Sh 0 verschlossen
    - Die Vorsignale zum Hauptsignal werden in die Stellung Vr 1 oder Vr 2 gebracht
16. Was versteht man unter einem Verschlussplan?
17. Zeichnen Sie einen vereinfachten Verschlussplan für den Bahnhof Dahlheim (s. o.)!
18. Wie wird die Signalabhängigkeit bei den verschiedenen Stellwerksbauformen realisiert?

7

Zugfahrten auf der freien Strecke im Regelbetrieb

7.1 Fahrordnung auf der freien Strecke

Auf zweigleisigen Bahnen ist auf der freien Strecke rechts zu fahren (gewöhnliche Fahrtrichtung). Bei Einführung in Bahnhöfe können die Gleise der freien Strecke auch so angeordnet sein, dass das Regelgleis links liegt.

Wenn eine Anschlussstelle, eine Abzweigstelle oder ein Bahnhof nur an eines der beiden Streckengleise angeschlossen ist, dürfen Züge das Streckengleis zwischen diesen Anlagen und dem benachbarten Bahnhof auch gegen die gewöhnliche Fahrtrichtung (auf dem Gegengleis) befahren.

Ansonsten darf der Fahrdienstleiter das Befahren eines Streckengleises entgegen der gewöhnlichen Fahrtrichtung nur in besonderen Fällen (z.B. bei Gleissperrungen) anordnen (s. Kap. 10.6). Zur Beschleunigung des Betriebsablaufs werden zunehmend Strecken eingerichtet, auf den denen das Fahren auf dem Gegengleis auch ständig eingerichtet worden ist (s. Kap. 10.7).

Wo in Bahnhöfen für eine Richtung mehrere Zugstraßen (s. Kap. 6.3) vorhanden sind, ist die Benutzung der Gleise im »Fahrplan für Zugmeldestellen« vorgeschrieben. Dieser wird so gestaltet, wie es die örtlichen Gegebenheiten erfordern.

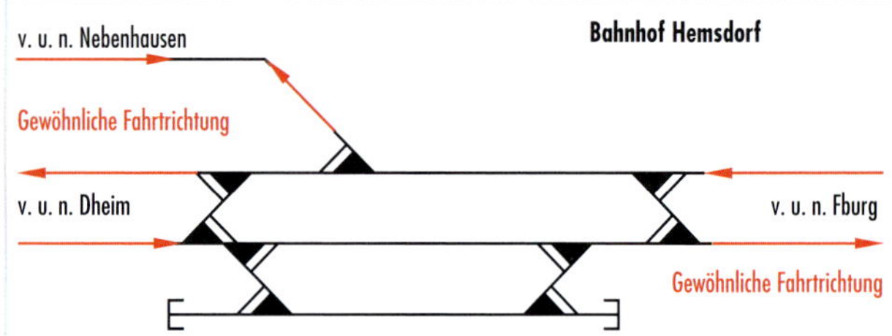

Bild 1: Gewöhnliche Fahrtrichtung

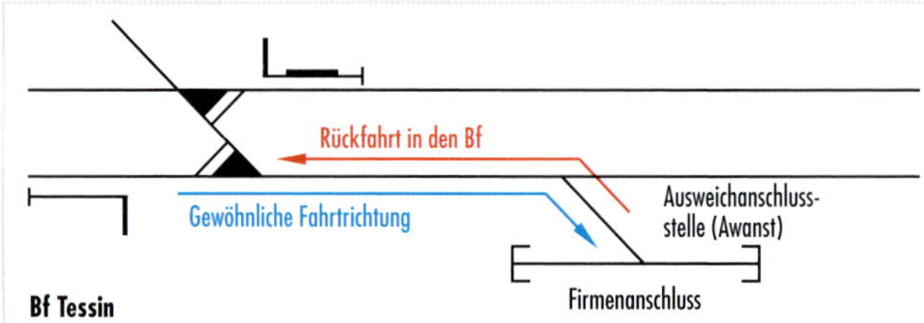

Bild 2: Bedienung einer Ausweichanschlussstelle (Awanst)

1	2	3	4	5	6	7	8
Ankunft	Abfahrt (Durchfahrt)	Zug	Gleis Nr.	Zug fährt von	nach	Kreuzung (X) mit, Überholung durch (◉), überholt (Ü) Zug	Bemerkungen
9.14	9.16	RB 3547	2	Kleinstadt	Neudorf		
	9.22	IC 456	1	Kassel	Frankfurt		
9.34	9.35	RE 5678	3	Kleinstadt	Koblenz		
	9.36	Dg 63512	1	Hamburg	Basel		

Bild 3: Fahrplan für Zugmeldestellen (ehem. Bahnhofsfahrordnung für den Bereich der ehemaligen DB)

Ankunft Std.	Ankunft Min.	Abfahrt Std.	Abfahrt Min.	Regelzug (Gattung, Nr., Verkehrsbeschränkung)	Bedarfszug (Gattung, Nr., Verkehrsbeschränkung)	Gleis Nr.	Zug fährt von	bis	Bemerkungen
1		2		3	4	5	6	7	8
10	45	10	47	IR 567		2	Leipzig	Berlin	
10	46	10	48	RE 3445		1	Berlin	Leipzig	
10	53	10	54	RB 4444		3	Tessin	Hörsel	
10	58	10	59	RB 4567		2	Adorf	Schönhausen	

Bild 4: Fahrplan für Zugmeldestellen (ehem. Bahnhofsfahrordnung für den Bereich der ehemaligen DR)

1. Was versteht man unter der gewöhnlichen Fahrtrichtung und in welchen Fällen darf von ihr abgewichen werden?
2. Welche Informationen lassen sich aus einem Fahrplan für Zugmeldestellen (ehem. Bahnhofsfahrordnung) herauslesen?

7.2 Zugmeldeverfahren

Zugmeldungen

Das Zugmeldeverfahren regelt und sichert die Zugfolge sowie die Reihenfolge der Züge zwischen den Zugmeldestellen (Zmst). Auf Strecken mit Streckenblock sichert dieser die Zugfolge, solange er ordnungsgemäß wirkt. Das Zugmeldeverfahren dient außerdem der Benachrichtigung über den Zugverkehr, wo Stellen Zugmeldungen mithören.

Zum Zugmeldeverfahren gehören folgende Arten von Zugmeldungen

- **Anbieten und Annehmen**: Im Regelfall nur auf eingleisigen Strecken, auch wenn Streckenblock vorhanden ist
- **Abmelden**: Von Zugmeldestelle (Zmst) zu Zugmeldestelle (Zmst)
- **Rückmelden**: Zur mündlichen Bestätigung der Räumungsprüfung (s. Kap. 7.3.1 und 10.4.3)

Zugmeldungen müssen auf der im »Betriebsstellenbuch« genannten Fernsprechverbindung gegeben werden. Wo Züge auf der Streckenfernsprechverbindung (s. Seite 67) anzubieten oder abzumelden sind, werden im Betriebsstellenbuch (Bebu) die Rufzeichen angegeben.

Zugmeldegespräche können zur Überwachung aufgezeichnet werden. Dies geschieht auf Hauptbahnen ohne Streckenblock und Nebenbahnen ohne Streckenblock (bei Zügen > 60 km/h) grundsätzlich.

Begriffsbestimmungen

- **Zugfolgeabschnitte** sind Gleisabschnitte der freien Strecke, in die ein Zug nur eingelassen werden darf, wenn sie frei von Fahrzeugen sind und das Gleis bis zur nächsten Zugmeldestelle nicht durch einen Zug der Gegenrichtung beansprucht wird. Es gibt Zugfolgeabschnitte für signalgeführte und anzeigegeführte Züge.
- **Zugfolgestellen (Zfst)** begrenzen Zugfolgeabschnitte und regeln die Folge der Züge auf der freien Strecke. Es gibt Zugfolgestellen für signalgeführte und für anzeigegeführte Züge.
- **Zugmeldestellen (Zmst)** sind diejenigen Zugfolgestellen, die die Reihenfolge auf der freien Strecke regeln (Bahnhöfe, Abzweigstellen und Überleitstellen).

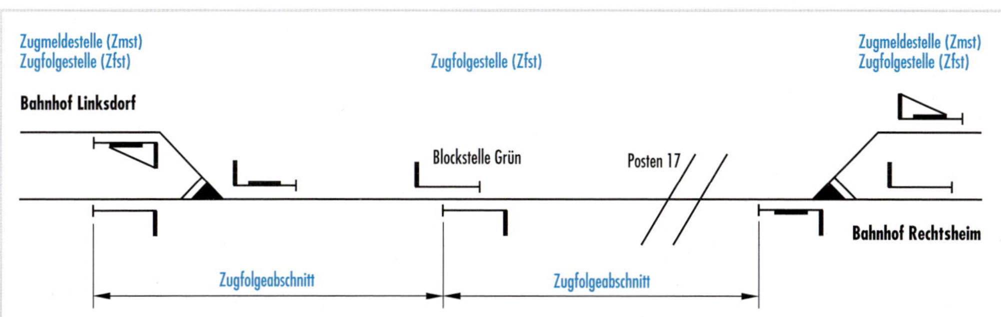

Bild 1: Zugfolgeabschnitt, Zugfolgestelle, Zugmeldestelle

7.2.1 Zugmeldeverfahren auf eingleisigen Strecken

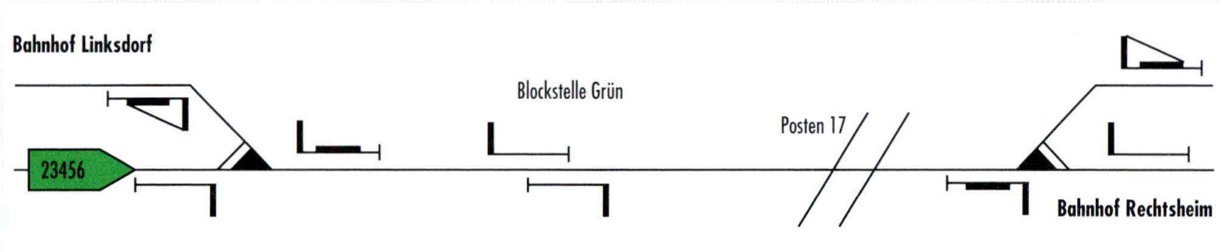

Bild 1: Zugmeldung auf einer eingleisigen Strecke (Anbieten, Annehmen, Abmelden)

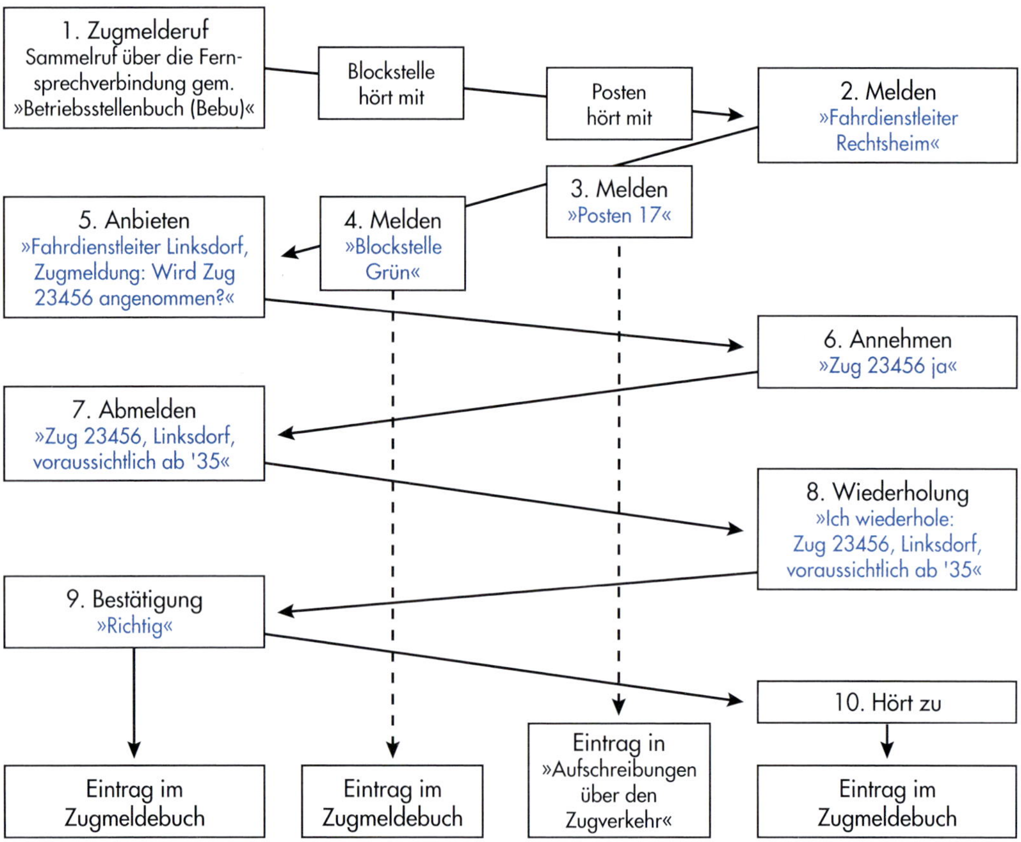

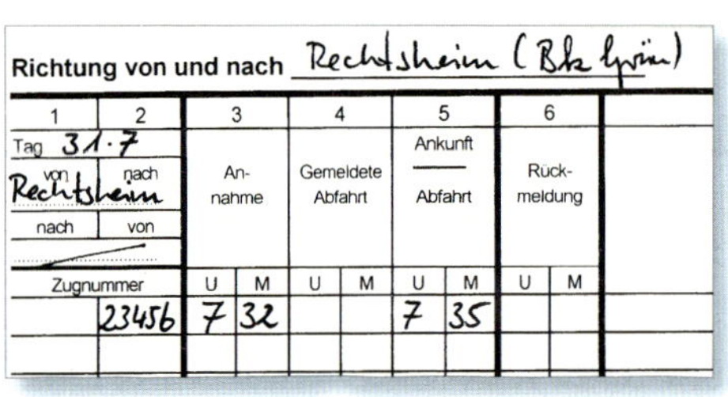
Richtung von und nach Rechtsheim (Bk Grün)

1 Tag 31.7	2	3 Annahme U	M	4 Gemeldete Abfahrt U	M	5 Ankunft / Abfahrt U	M	6 Rückmeldung U	M
von Rechtsheim nach / nach von – Zugnummer	23456	7	32			7	35		

Bild 2: Auszug aus dem Zugmeldebuch Linksdorf

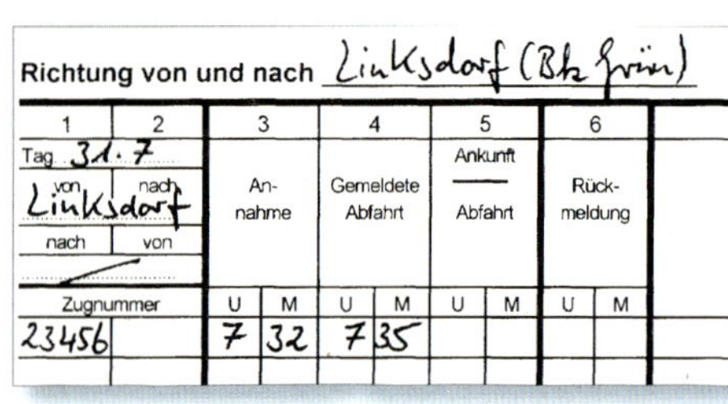
Richtung von und nach Linksdorf (Bk Grün)

1 Tag 31.7	2	3 Annahme U	M	4 Gemeldete Abfahrt U	M	5 Ankunft / Abfahrt U	M	6 Rückmeldung U	M
von Linksdorf nach / nach von – Zugnummer 23456		7	32	7	35				

Bild 3: Auszug aus dem Zugmeldebuch Rechtsheim

Während die mit Zugmelderuf eingeleiteten Zugmeldungen (Anbieten, Annehmen und Abmelden) zwischen Zugmeldestellen erfolgen, wird die Rückmeldung zwischen Zugfolgestellen abgegeben und mit einem Einzelruf eingeleitet.

Nachdem der Zug 23456 den Bahnhof Linksdorf verlassen hat und mit Zugschluss an der Signal-Zugschlussstelle der Blockstelle Grün vorbeigefahren ist und das Blocksignal »Halt« zeigt, darf die Räumungsprüfung für diesen Zug – wenn auf dieser Strecke kein Streckenblock vorhanden ist – durch »Rückmelden« bestätigt werden (s. auch Kap. 7.3).

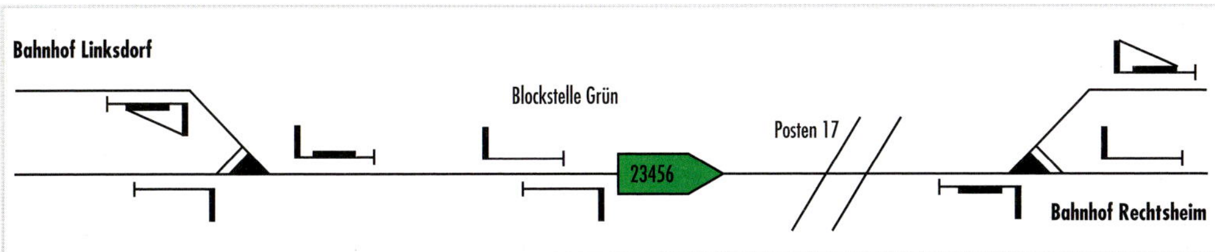

Bild 1: Rückmelden durch die Blockstelle Grün

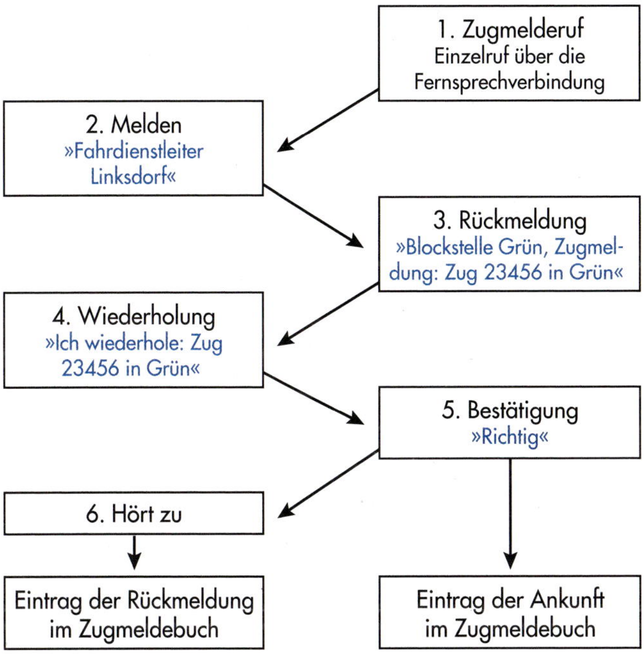

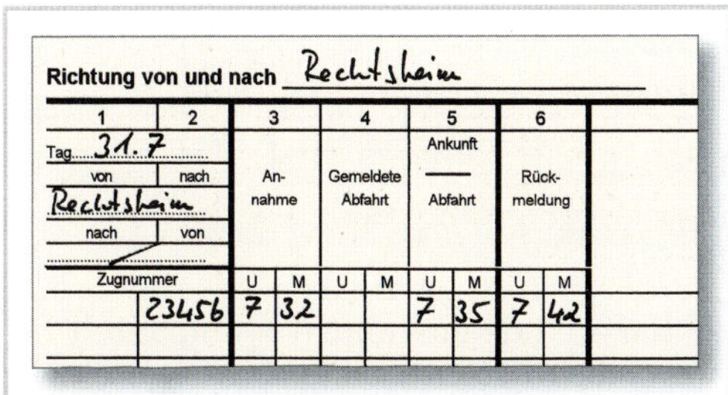

Bild 2: Auszug aus dem Zugmeldebuch Linksdorf

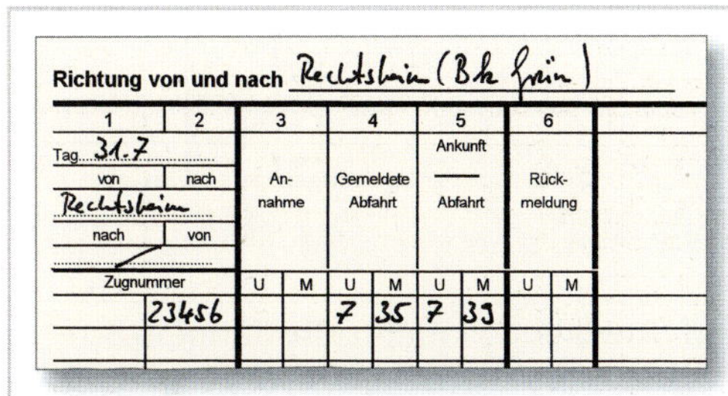

Bild 3: Auszug aus dem Zugmeldebuch Grün

Nachdem der Zug 23456 mit Zugschluss an der Signalzugschlussstelle der Zugfolgestelle Rechtsheim vorbeigefahren ist und das Einfahrsignal »Halt« zeigt, darf die Räumungsprüfung für diesen Zug durch »Rückmelden« bestätigt werden (s. auch Kap. 7.3), wenn auf dieser Strecke kein Streckenblock vorhanden ist.

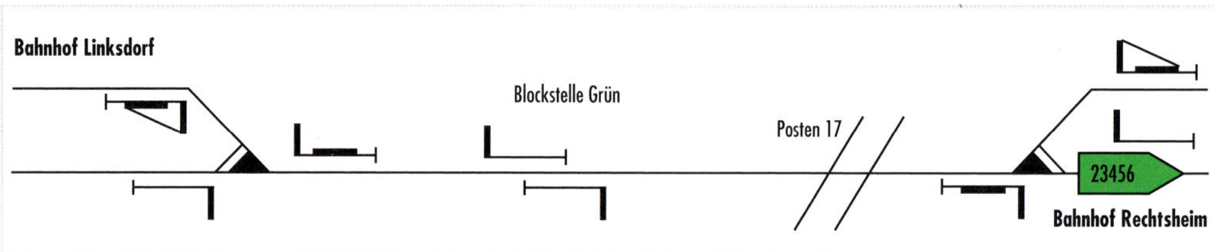

Bild 1: Rückmelden durch die Zugfolgestelle Rechtsheim

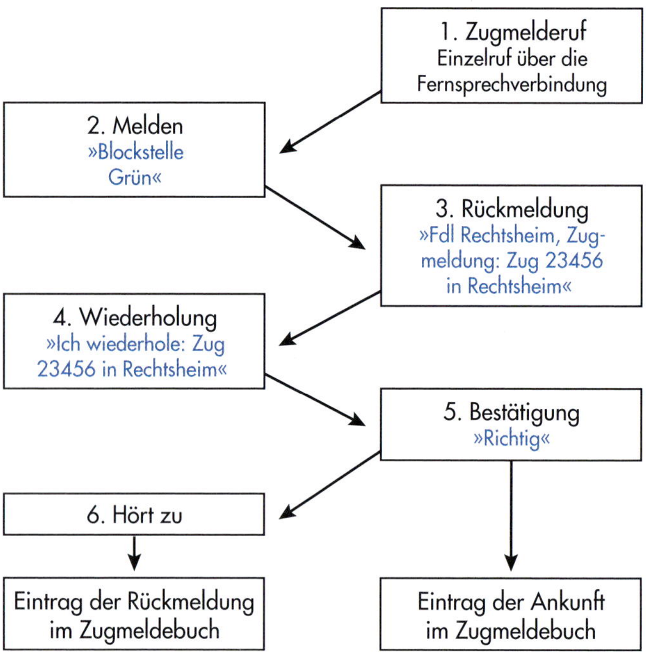

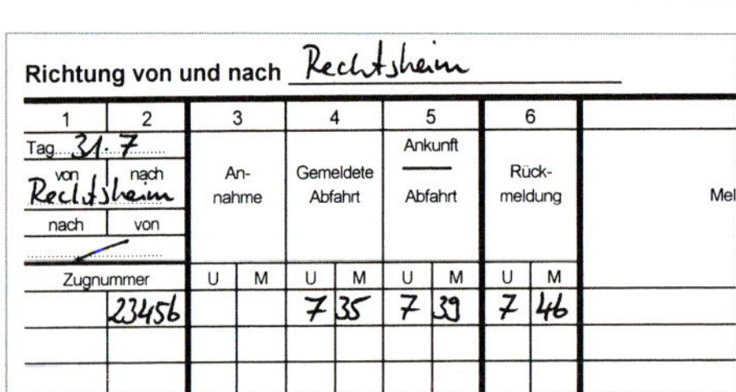

Richtung von und nach Rechtsheim

1	2	3		4		5		6		Mel
Tag 31.7		An-nahme		Gemeldete Abfahrt		Ankunft / Abfahrt		Rück-meldung		
von Rechtsheim nach / nach von										
Zugnummer		U	M	U	M	U	M	U	M	
	23456			7	35	7	39	7	46	

Bild 2: Auszug aus dem Zugmeldebuch Grün

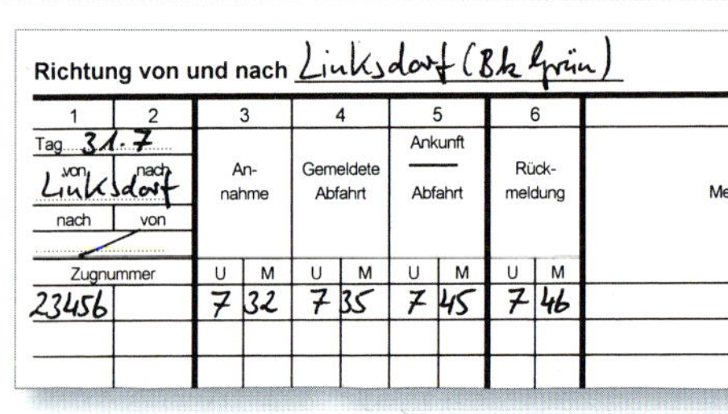

Richtung von und nach Linksdorf (Bk Grün)

1	2	3		4		5		6		Mel
Tag 31.7		An-nahme		Gemeldete Abfahrt		Ankunft / Abfahrt		Rück-meldung		
von Linksdorf nach / nach von										
Zugnummer		U	M	U	M	U	M	U	M	
23456		7	32	7	35	7	45	7	46	

Bild 3: Auszug aus dem Zugmeldebuch Rechtsheim

Auf Strecken mit nichtselbsttätigem Streckenblock wird die Räumungsprüfung durch das Rückblocken des Zuges bestätigt, auf Strecken mit selbsttätigem Streckenblock geschieht dieses selbsttätig durch den Zug (s. Kap. 7.3).

Bei ordnungsgemäß wirkendem Streckenblock darf ein Zug zur Beschleunigung des Betriebsablaufes bis zu zwei Minuten vor der mutmaßlichen Ankunft des letzten vorausgefahrenen Zuges auf der nächsten Zugfolgestelle angeboten werden.

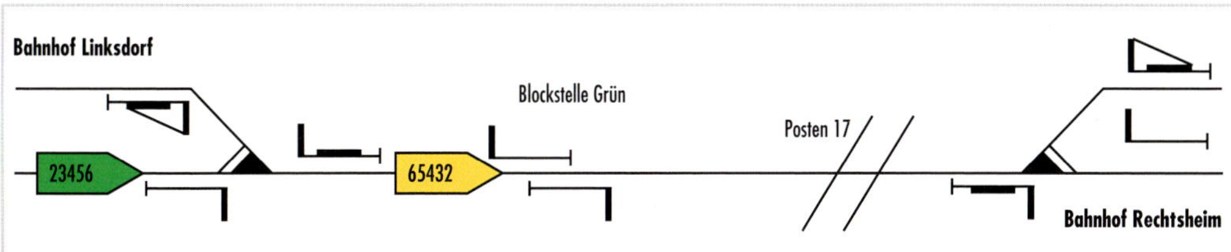

Bild 1: Zugmeldeverfahren bei Abweichungen (ehemaliges bedingtes Anbieten und Annehmen)

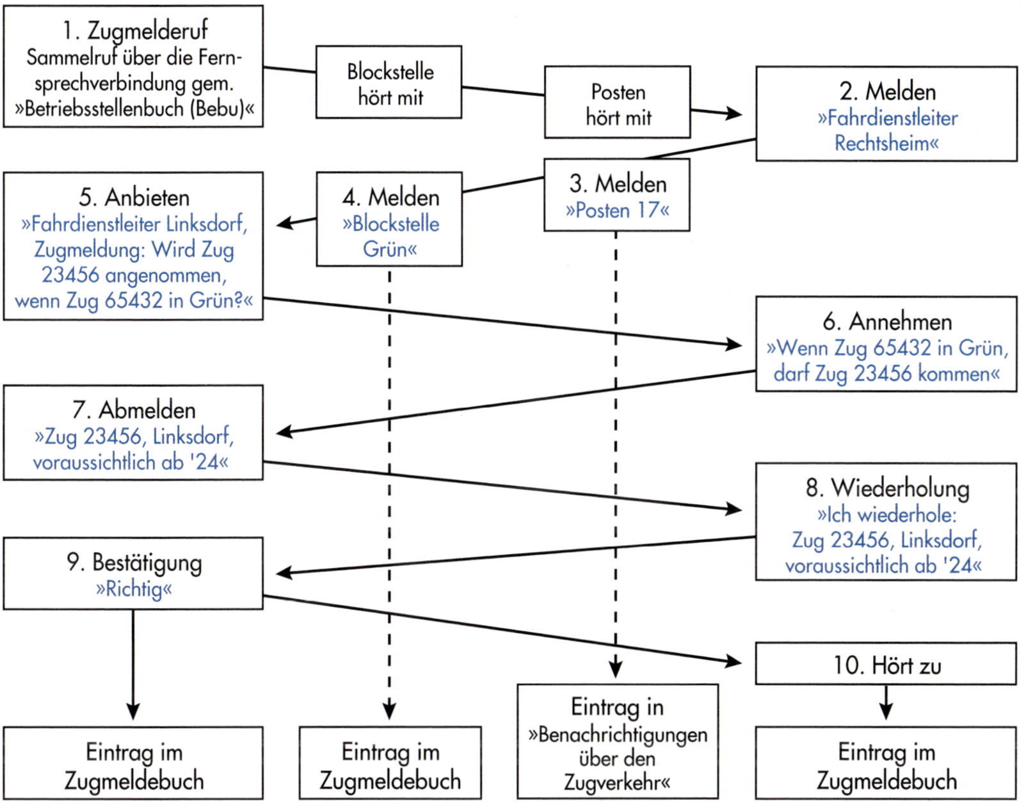

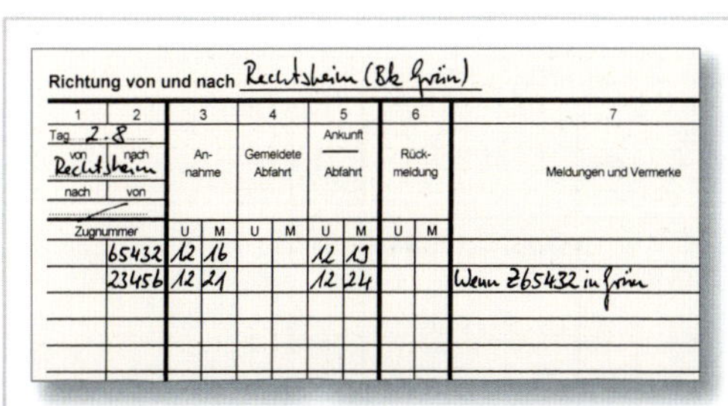

Richtung von und nach Rechtsheim (Bk Grün)

1 Tag 2.8 von Rechtsheim / Zugnummer	3 Annahme U	M	4 Gemeldete Abfahrt U	M	5 Ankunft/Abfahrt U	M	6 Rückmeldung U	M	7 Meldungen und Vermerke
65432	12	16			12	19			
23456	12	21			12	24			Wenn Z 65432 in Grün

Bild 2: Auszug aus dem Zugmeldebuch Linksdorf

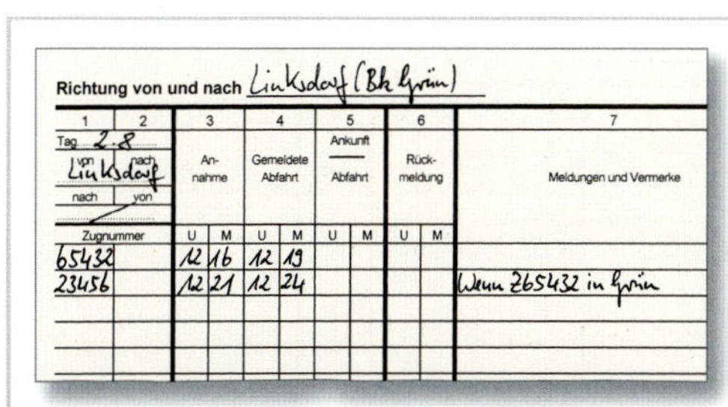

Richtung von und nach Linksdorf (Bk Grün)

1 Tag 2.8 von Linksdorf / Zugnummer	3 Annahme U	M	4 Gemeldete Abfahrt U	M	5 Ankunft/Abfahrt U	M	6 Rückmeldung U	M	7 Meldungen und Vermerke
65432	12	16	12	19					
23456	12	21	12	24					Wenn Z 65432 in Grün

Bild 3: Auszug aus dem Zugmeldebuch Rechtsheim

Ein Zug darf auf einer eingleisigen Strecke bis zu 2 Minuten vor der mutmaßlichen Ankunft des letzten aus der Gegenrichtung angenommenen Zuges angeboten und unmittelbar nach dessen Ankunft abgelassen werden.

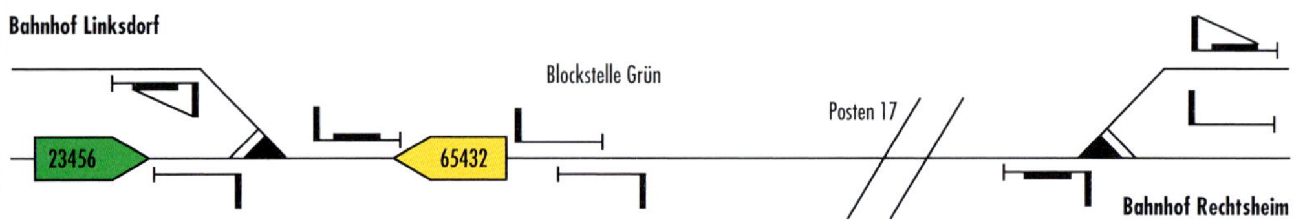

Bild 1: Zugmeldeverfahren bei Abweichungen (ehem. Spitze Kreuzung)

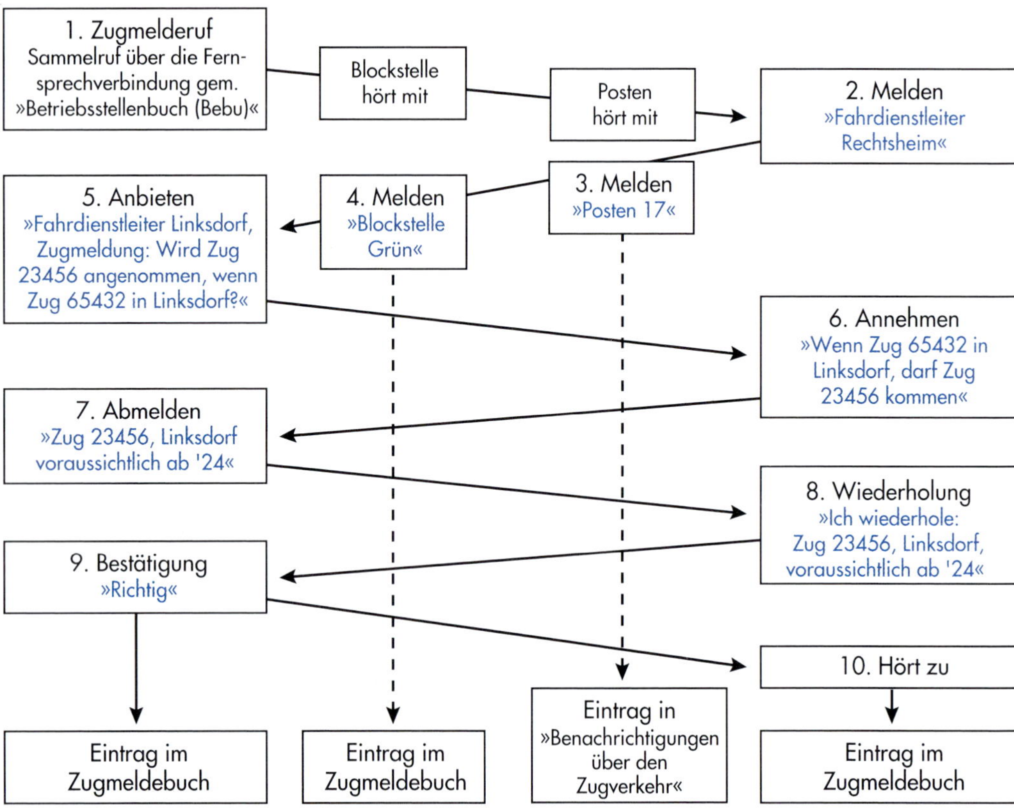

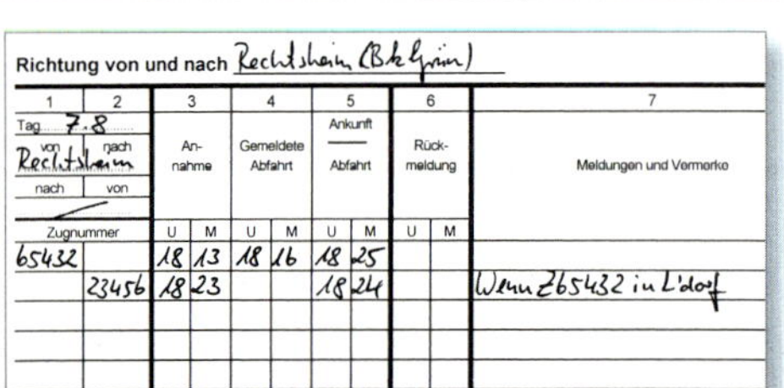

Richtung von und nach Rechtsheim (Bk Grün)

1	2	3		4		5		6		7
Tag 7.8		Annahme		Gemeldete Abfahrt		Ankunft / Abfahrt		Rückmeldung		Meldungen und Vermerke
von Rechtsheim nach										
nach	von									
Zugnummer		U	M	U	M	U	M	U	M	
65432		18	13	18	16	18	25			
	23456	18	23			18	24			Wenn Z65432 in L'dorf

Bild 2: Auszug aus dem Zugmeldebuch Linksdorf

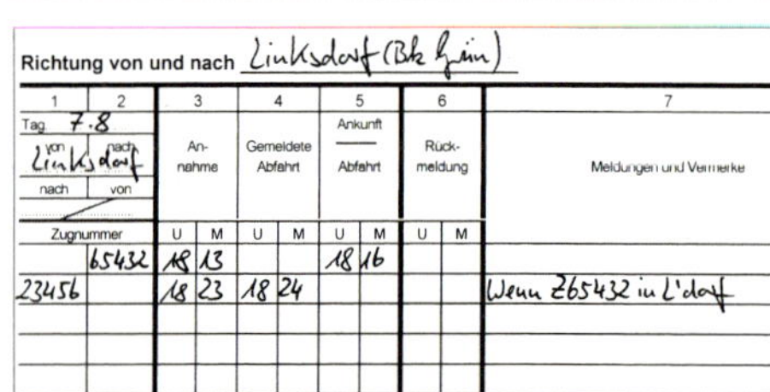

Richtung von und nach Linksdorf (Bk Grün)

1	2	3		4		5		6		7
Tag 7.8		Annahme		Gemeldete Abfahrt		Ankunft / Abfahrt		Rückmeldung		Meldungen und Vermerke
von Linksdorf nach										
nach	von									
Zugnummer		U	M	U	M	U	M	U	M	
	65432	18	13			18	16			
23456		18	23	18	24					Wenn Z65432 in L'dorf

Bild 3: Auszug aus dem Zugmeldebuch Rechtsheim

7.2.2 Zugmeldeverfahren auf zweigleisigen Strecken

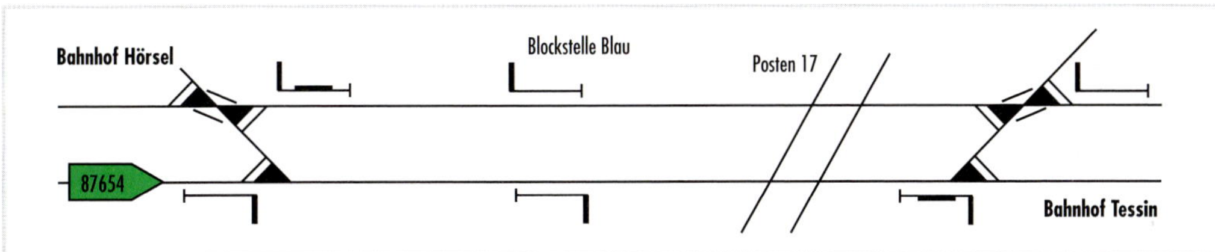

Bild 1: Zugmeldeverfahren auf zweigleisigen Strecken

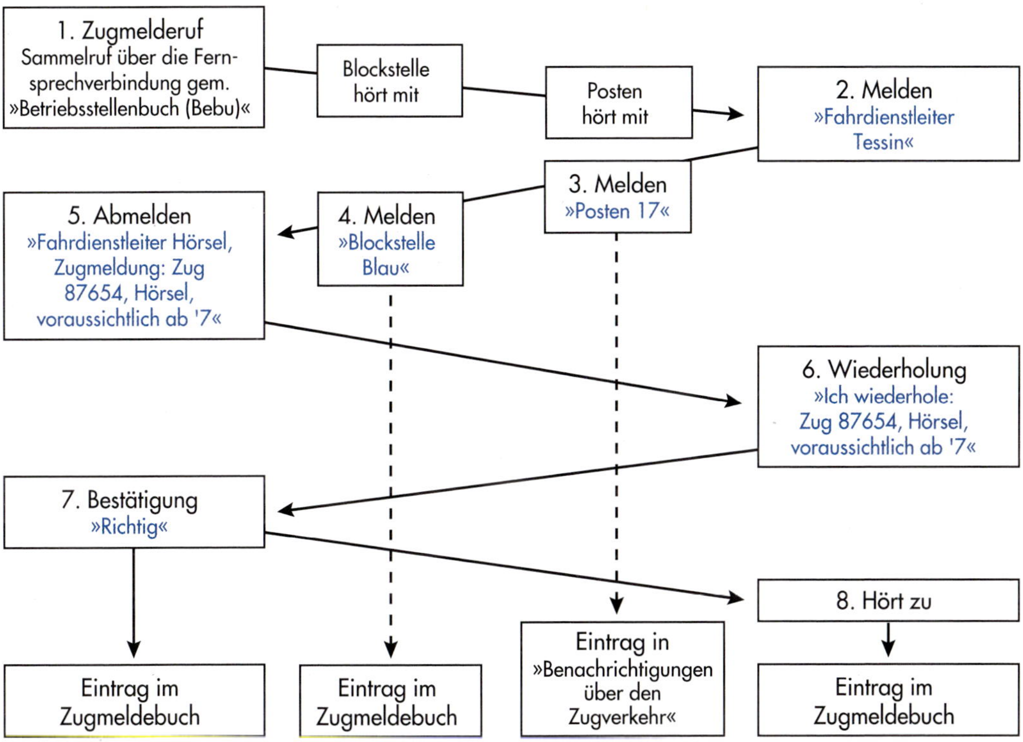

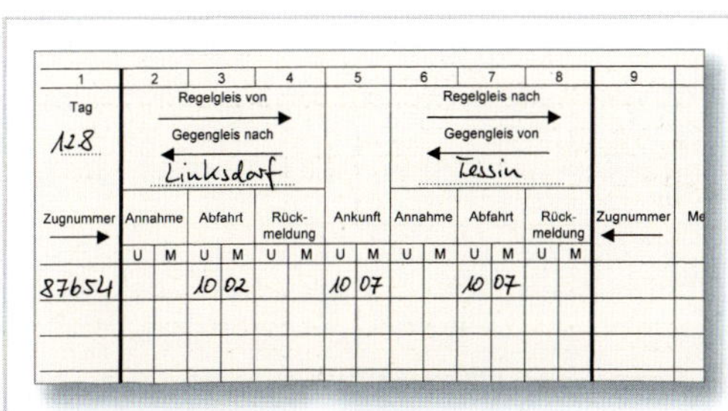

1	2		3		4		5		6		7		8		9	
Tag 128	Regelgleis von → / Gegengleis nach ← Linksdorf								Regelgleis nach → / Gegengleis von ← Tessin							
Zugnummer →	Annahme		Abfahrt		Rückmeldung		Ankunft		Annahme		Abfahrt		Rückmeldung		Zugnummer ←	Me
	U	M	U	M	U	M	U	M	U	M	U	M	U	M		
87654			10	02			10	07			10	07				

Bild 2: Auszug aus dem Zugmeldebuch Hörsel

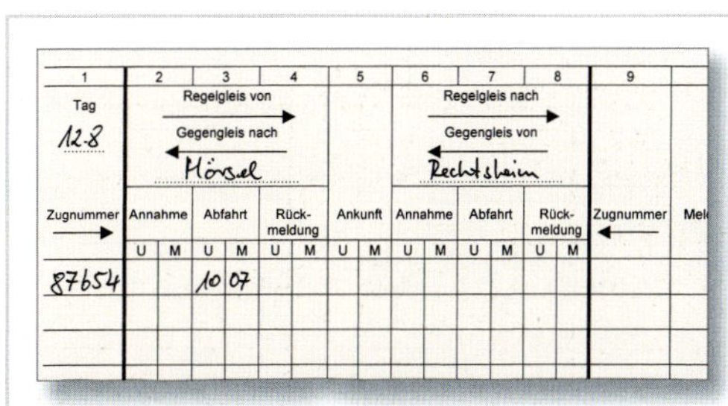

1	2		3		4		5		6		7		8		9	
Tag 12.8	Regelgleis von → / Gegengleis nach ← Hörsel								Regelgleis nach → / Gegengleis von ← Rechtsheim							
Zugnummer →	Annahme		Abfahrt		Rückmeldung		Ankunft		Annahme		Abfahrt		Rückmeldung		Zugnummer ←	Mel
	U	M	U	M	U	M	U	M	U	M	U	M	U	M		
87654			10	07												

Bild 3: Auszug aus dem Zugmeldebuch Tessin

Nachdem der Zug 87654 den Bahnhof Hörsel verlassen hat und mit Zugschluss an der Signalzugschlussstelle der Blockstelle Blau vorbeigefahren ist und das Blocksignal »Halt« zeigt, darf die Räumungsprüfung für diesen Zug durch »Rückmelden« bestätigt werden (s. Zugmeldeverfahren eingleisige Strecke), wenn kein Streckenblock vorhanden ist.

Während die mit Zugmelderuf eingeleiteten Zugmeldungen (Anbieten, Annehmen und Abmelden) zwischen Zugmeldestellen erfolgen, wird die Rückmeldung zwischen Zugfolgestellen abgegeben und mit Einzelruf eingeleitet.

In besonderen Fällen werden Züge auch auf zweigleisigen Strecken angeboten, angenommen und abgemeldet, z.B. beim Fahren auf dem Gegengleis (s. Kap. 10.7) oder beim Mitführen einer außergewöhnlichen Sendung mit Lademaßüberschreitung der Kategorie »Cäsar« (s. Kap. 8.13.3).

7.2.3 Ersatz von Zugmeldungen durch technische Meldeeinrichtungen

Zugmeldungen werden bei ordnungsgemäß wirkendem Streckenblock immer häufiger durch Zugnummern-Meldeanlagen ersetzt. Bei diesem Verfahren werden die Zugnummern dem Fahrdienstleiter optisch auf dem Stelltisch in Anzeigefeldern oder auf einem separaten Monitor, auf dem der Gleisplan dargestellt ist, angezeigt. Als Ersatz für das Zugmeldebuch dient der Zugnummerndrucker, der die Abfahrts-, Durchfahrts- und Ankunftszeiten ausgibt.

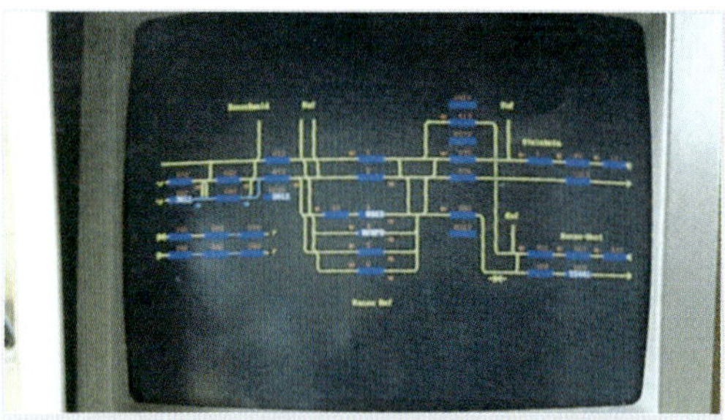

Bild 1: Zugnummern-Meldeanlage (Monitor)

Bild 2: Zugnummerndrucker

Züge müssen jedoch mündlich angeboten und angenommen oder abmeldet werden, wenn

- die technischen Meldeeinrichtungen gestört sind
- Rückmelden eingeführt ist oder bei Räumungsprüfung auf Zeit (s. Kap. 10.4.3) die Räumungsprüfung zu bestätigen ist
- für Zugmeldungen besondere Formen oder Zusätze angeordnet sind (z.B. für Sperrfahrten, Lü-Sendungen »Cäsar«), außer wenn Fahren auf dem Gegengleis mit Gleiswechselbetrieb (GWB) ständig eingerichtet ist, für den Zusatz »auf dem Gegengleis«

1. Was versteht man unter einem Zugfolgeabschnitt, einer Zugfolgestelle und einer Zugmeldestelle?
2. Welche zusätzliche Information müssen die Mitarbeiter auf den Zugmeldestellen bei der ersten Meldung nach Dienstübernahme bei Zugmeldegesprächen mitteilen?
3. Wann darf ein Zug frühestens angeboten werden?
4. Wann darf ein Zug zurückgemeldet werden?
5. Welche Arten von Zugmeldungen entfallen beim Zugmeldeverfahren auf zweigleisigen Strecken?
6. Wie müssen sich Blockstellen, Posten (Schrankenwärter, Baustelle) beim Zugmelderuf verhalten?

7.3 Sicherung der Zugfahrten auf der freien Strecke

Streckenblock

Als am 7. Dezember 1835 in Deutschland der erste Eisenbahnzug von Nürnberg nach Fürth fuhr, waren Signale zu seiner Sicherung noch nicht erforderlich, denn es gab nur einen Zug, der auf dieser Strecke verkehrte. Das starke Verkehrsbedürfnis der folgenden Jahre – hervorgerufen durch die schnelle Entwicklung der Wirtschaft – erforderte bei den überall entstehenden Eisenbahnen eine dichte Zugfolge. Zur Sicherung einer Zugfahrt ließ man anfangs einen zweiten Zug erst nach einer bestimmten Zeit folgen. Durch diesen »Zeitabstand« hoffte man, ein Auffahren zu verhüten.

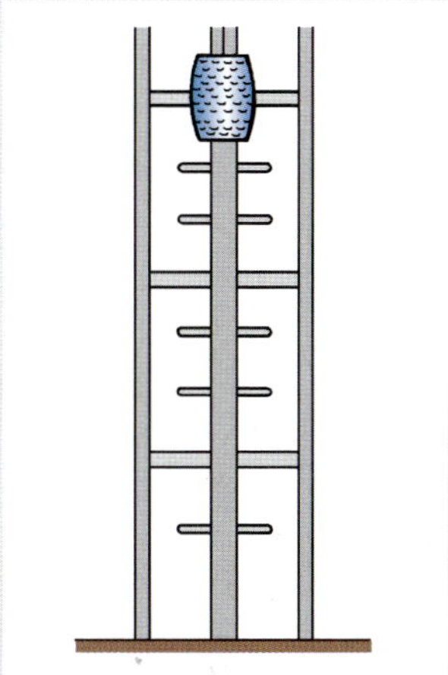

Bild 1: Ballonsignal um 1850

Aber Unfälle, bei denen der nachfolgende Zug auf den vorausgefahrenen auffuhr, widerlegten diese Meinung. Man ging zum Fahren im »Raumabstand« über. Dabei ließ man einen Zug erst dann ab, wenn feststand, dass der vorausgefahrene Zug bereits die vorgelegene »Station« erreicht bzw. der entgegenkommende Zug die Strecke geräumt hatte.

Zu Beginn richtete man deshalb »Wärterposten« an der Strecke ein, die Meldungen tagsüber mit Handfahnen und bei Dunkelheit mit Laternen weiterzugeben hatten. Später zog man Fahnen, Scheiben oder Körbe mit verstellbar angebrachten Flügeln (Flügeltelegraf) und bei Dunkelheit Laternen an Masten hoch. Mit diesen Zeichen wurden jedoch keine unmittelbaren Weisungen an die Züge gegeben. Sie dienten vielmehr der Übermittlung von Nachrichten. Erst später entwickelten sich aus den Flügeltelegrafen Signale, durch die dem Lokomotivführer »Halt« oder »Fahrt« angezeigt wurde.

Bild 2: Bahnwärter an einer bayrischen Gebirgsbahn. Der optische Telegraf zeigt: »Der Zug kommt«

Zur Übermittlung von Nachrichten über den Zugverkehr kamen dann Mitte des 19. Jahrhunderts Läutesignale und der Morseapparat hinzu.

Der Abstand der Stationen erwies sich auf bedeutenden Strecken bald als zu groß für die dichte Zugfolge. Die Strecken zwischen den Bahnhöfen wurden deshalb in Abschnitte geteilt, die während ihrer Besetzung durch die an ihrem Anfang stehenden Signale gesperrt wurden.

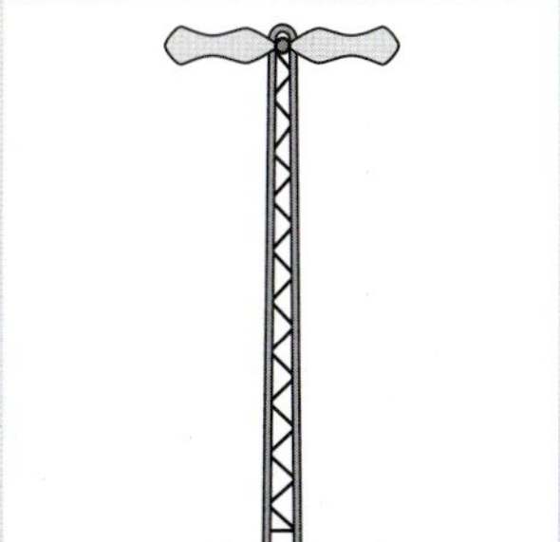

Bild 3: Flügeltelegraf

Man nannte diese Signale »Blocksignale« (engl.: to block = sperren), die Bedienungsstellen »Blockstellen« und die Streckenabschnitte »Blockstrecke«.

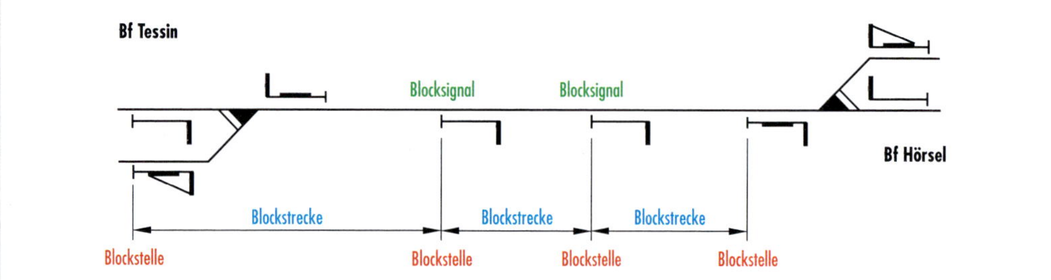

Bild 1: Unterteilung einer eingleisigen Strecke durch Blockstellen

7.3.1 Räumungsprüfung (Rp)

Räumungsprüfung

Die Eisenbahn-Bau- und Betriebsordnung (EBO) fordert, dass

- auf Strecken mit besonders dichter Zugfolge das Signal für die Fahrt in eine Blockstrecke unter Verschluss der nächsten Blockstelle liegen muss
- Züge auf Bahnen mit einer zugelassenen Geschwindigkeit von mehr als 30 km/h nur im Abstand der Zugfolgestellen einander folgen dürfen
- bei eingleisigem Betrieb bis zur nächsten Ausweichstelle die Strecke nicht durch einen Zug der Gegenrichtung beansprucht wird

Bild 2: Signal Ne 14 ETCS-Tafel

Dieses wird u. a. durch die Räumungsprüfung (Rp) gewährleistet. Sie umfasst die Feststellungen, dass

- der Zug an der Signal-Zugschlussstelle des Hauptsignals oder des Signals Ne 14 auf der Räumungsprüfstelle vorbeigefahren ist,
- der Zug mindestens ein Zeichen des Schlusssignals hat und
- das Hauptsignal bzw. der Melder der virtuellen Blockstelle auf der Räumungsprüfstelle »Halt« zeigt und der Melder des Signals Zs 1, Zs 7 oder Zs 8 erloschen ist. Haltstellung und Erlöschen der Signale müssen sicher angezeigt werden. An diesem Signal dürfen Selbststellbetrieb oder Zuglenkung mit Lenkplan nicht eingeschaltet und Fahrstraßen nicht eingespeichert sein. Eine Sperre an der Taste für das Einschalten des Selbststellbetriebs ist anzubringen.

1	2	3	4	5	6	7
Bei der Fahrt des Zuges		Signal-Zugschlussstelle		Fahrstraßen-Zugschlussstelle		
auf Signal	nach	Signal auf Halt stellen oder Signalhebel zurücklegen, wenn der Zug mit Schlusssignal vorbeigefahren ist an	Fahrstraßenhebel zurücklegen, wenn der Zug am gewöhnlichen Halteplatz zum Halten gekommen oder vorbeigefahren ist an	Fahrstraße auflösen, an	Zustimmungsempfangsfeld blocken, an	Befehlsempfangsfeld blocken, an
F	Gleis 1 Gleis 4	Sp W 9	Merkpfahl km 10,350		Merkpfahl km 10,350	
E D/E	FGTH	Merkpfahl km 11,030	Merkpfahl km 11,030			
A	Gleis 2 Gleis 3/4		Stw „Rf" ./.			
Ls F	Gleis 3	Sp W 8	Merkpfahl km 10,350			
Ls A	Gleis 2/3 Gleis 4		Stw „Rf" ./.			

Das Verzeichnis gilt für Gleisbildstellwerke nur, wenn die Einrichtungen nicht selbsttätig wirken.

Das Zeichen „./." bedeutet, dass die Einrichtungen nur bedient werden dürfen, wenn der Zug zum Halten gekommen ist.

Bild 3: Verzeichnis der Zugschlussstellen (nicht mehr als Vordruck vorgeschrieben)

Die Räumungsprüfung ist vom Bediener des Hauptsignals auf der Räumungsprüfstelle durchzuführen, wenn der Zug, der den Zugfolgeabschnitt zuletzt befahren hat, dort angekommen ist. Im Betriebsstellenbuch (Bebu) kann zugelassen sein, dass ein Zugschlussmeldeposten an der Räumungsprüfung beteiligt ist.

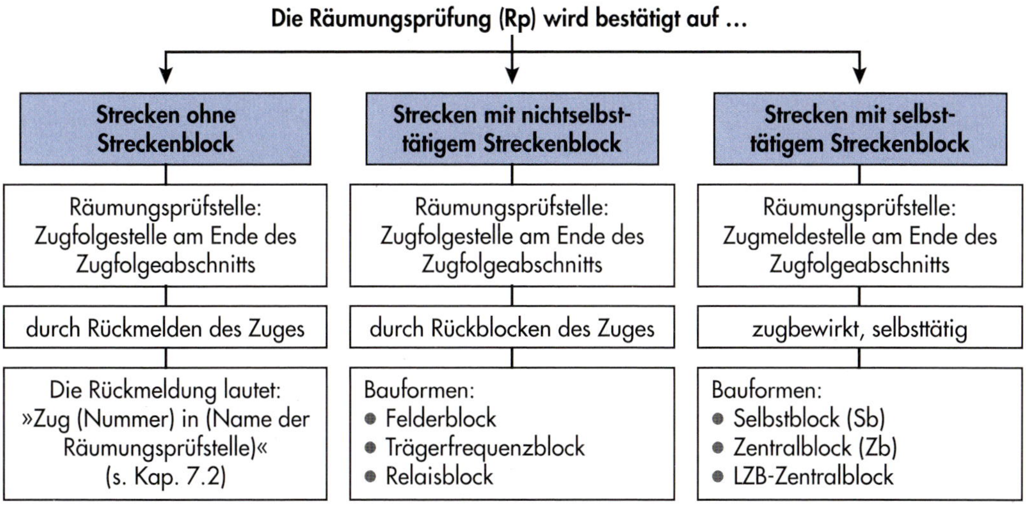

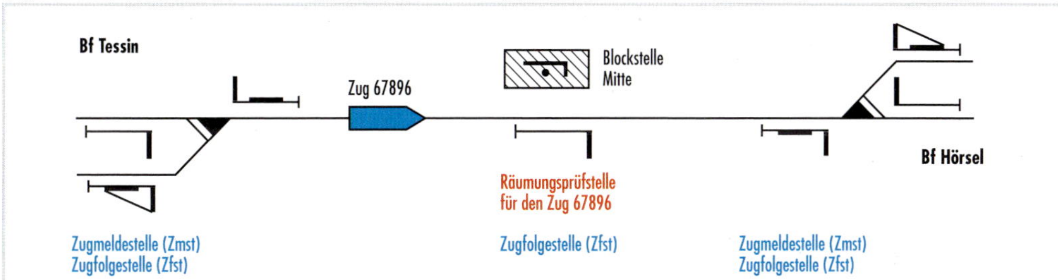

Bild 1: Räumungsprüfstelle auf einer Strecke ohne Streckenblock oder mit nichtselbsttätigem Streckenblock

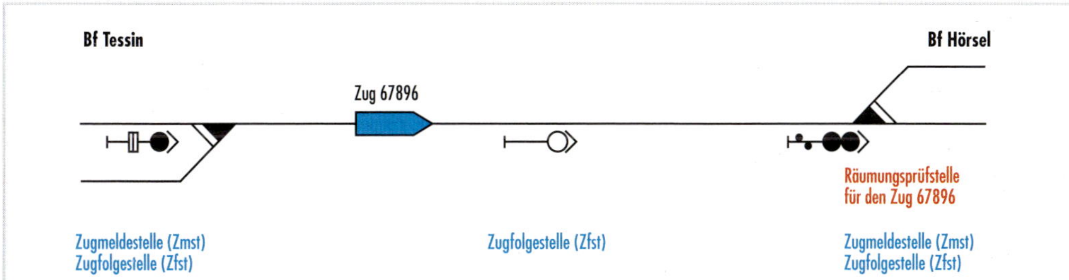

Bild 2: Räumungsprüfstelle auf einer Strecke mit selbsttätigem Streckenblock

7.3.2 Nichtselbsttätiger Streckenblock (Felderblock)

Zwischen zwei Bahnhöfen gibt es eine oder mehrere Blockstrecken, in die ein Zug i. d. R. nur bei einem »Fahrt« zeigenden Hauptsignal einfahren darf. Sobald sich ein Zug in der Blockstrecke befindet, deckt (sichert) ihn das wieder auf »Halt« gestellte Hauptsignal.

Die Streckenblockeinrichtung macht die erneute Bedienung des Signals von der Mitwirkung der vorgelegenen Zugfolgestelle dadurch abhängig, dass alle in diese Blockstrecke weisenden Signale durch eine »Vorblockung« des Zuges unbedienbar und durch eine »Rückblockung« wieder bedienbar sind.

Die Streckenblockeinrichtungen bestehen aus Wechselstrom-Blockfeldern, dem »Anfangsfeld« am Beginn und dem »Endfeld« am Ende einer Blockstrecke. Beide Blockfelder werden durch Blocktasten bedient.

Anzeige	Stellung	Bedeutung
Weiße Farbscheibe	Grundstellung: • Anfangsfeld: entblockt • Endfeld: geblockt	• Es befindet sich kein Zug in der Blockstrecke
Rote Farbscheibe	• Anfangsfeld: geblockt • Endfeld: entblockt	• Es befindet sich ein Zug in der Blockstrecke • Die Hauptsignale, mit denen Zugfahrten in diese Blockstrecke zugelassen werden können, sind verschlossen

Tabelle 1: Blockfelder

Damit Anfangs- und Endfelder zusammenarbeiten können, ist eine elektrische Verbindung notwendig. Sie besteht in Form einer Blockleitung, über die ein erzeugter Wechselstrom zu einer Veränderung der Farbscheiben in den Blockfeldern führt. Durch Niederdrücken der Blocktaste und Drehen des Kurbelinduktors wird dieses erreicht.

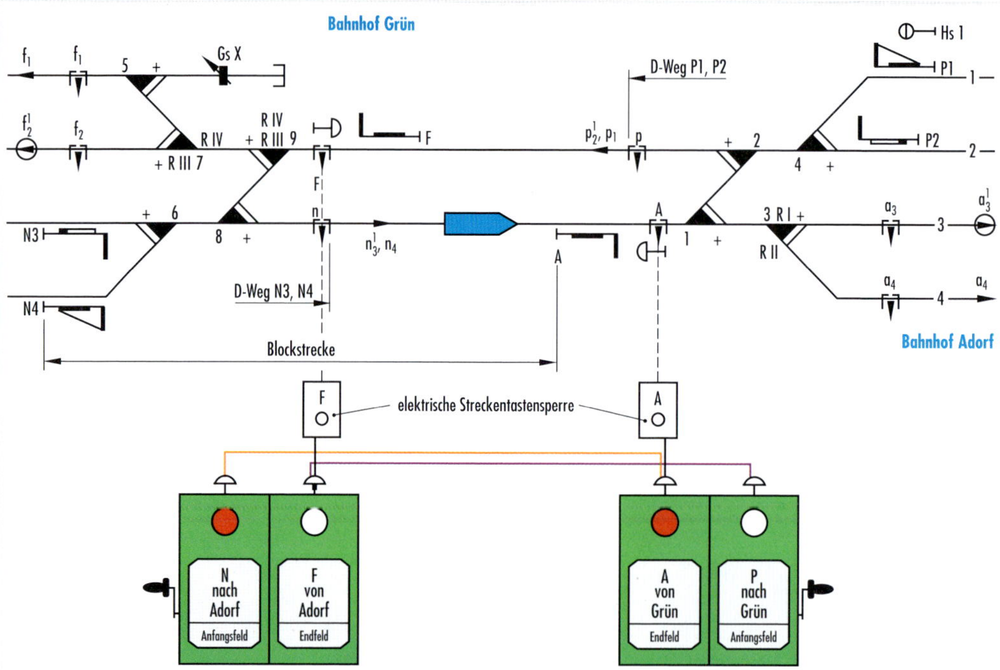

Bild 1: Felderblock (zweigleisige Strecke), Zug von Bf Grün nach Bf Adorf unterwegs

Durch die Bestimmungen der EBO ergeben sich an den nichtselbsttätigen Streckenblock folgende signaltechnische Anforderungen:

1. Alle Hauptsignale am Anfang einer Blockstrecke müssen bedienbar sein, solange die Blockstrecke frei ist.
   Diese Forderung wird erfüllt auf Bahnhöfen, deren Ausfahrsignale vom Fahrdienstleiter selbst bedient werden oder von ihm nicht blockelektrisch (Befehlsfelder) abhängig sind. Auf anderen Bahnhöfen wird ihr durch Entblocken des Befehlsempfangsfeldes (Be) entsprochen.
2. Ein Hauptsignal am Anfang einer Blockstrecke muss auf Fahrt und wieder auf Halt gestellt worden sein, bevor das Vorblocken möglich sein darf.
   Hierdurch wird die Regelbedienung des Anfangsfeldes sichergestellt, damit durch unzeitige Vorblockung entstehende Betriebsbehinderungen vermieden werden. Dies wird durch die »Anfangssperre« (früh auslösende mechanische Tastensperre mit Signalverschluss und die Wiederholungssperre) erreicht.
3. Alle Hauptsignale am Anfang einer Blockstrecke müssen durch die Vorblockung in der Haltstellung verschlossen sein, sobald ein Zug in diese hineingefahren ist.
   Aus diesem Grund gibt es für jede Blockstrecke nur ein Anfangsfeld, unabhängig von der Anzahl der Ausfahrsignale, die auf diese Blockstrecke weisen. Die unter dem Anfangsfeld vorhandene »Wiederholungssperre« macht die betreffenden Signalhebel voneinander abhängig. Auch die Hauptsignale am Ende einer Blockstrecke, die in diese weisen, müssen verschlossen sein.

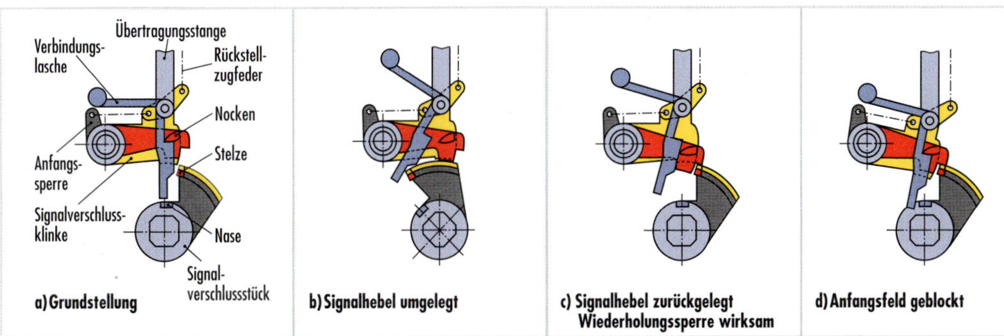

Bild 1: Wiederholungssperre – Anfangssperre

4. Das Hauptsignal am Ende einer Blockstrecke muss in Haltstellung sein, bevor zurückgeblockt werden kann. Eine vorherige Fahrtstellung braucht nicht vorausgegangen sein.
   Durch die unter dem Endfeld vorhandene »Endsperre« (Rückblockungssperre und Signalverschluss) ist die Rückblockung so lange verhindert, wie das Signal auf »Fahrt« steht. Die Rückblockung ist somit auch möglich, wenn sich das Signal infolge einer Störung nicht auf »Fahrt« stellen lässt.

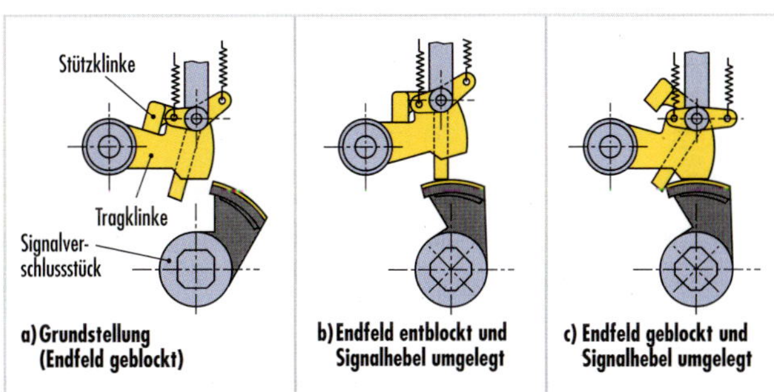

Bild 2: Rückblockungssperre

5. Das Rückblocken darf nicht möglich sein, bevor der Zug die Blockstrecke verlassen hat.
   Die Mitwirkung des Zuges bei der Rückblockung des Zuges wird durch eine elektrische Streckentastensperre (s. nächste Seite) erreicht. Sie befindet sich über dem Endfeld.

Anzeige	Stellung	Aufgaben
schwarze Farbscheibe	Grundstellung: Sperrstellung	Macht die Rückblockung von der Mitwirkung des Zuges abhängig, indem sie das Niederdrücken der Blocktaste (für den Rückblock) verhindert, solange die Sperre nicht vom Zug ausgelöst ist.
weiße Farbscheibe	Ausgelöste Stellung: Sperrung aufgehoben	Löst beim Überfahren des Schienenkontakts durch die letzte Achse aus. Voraussetzung ist das Umlegen des Signalhebels. Bei gestörtem Signal wird die Auslösung durch einen Anschalter mit Zählwerk vorbereitet.

Tabelle 1: Elektrische Streckentastensperre

Voraussetzungen zum Bedienen des Anfangsfeldes (Vorblocken)

Technische Voraussetzungen

Der Ausfahr- oder Blocksignalhebel muss um- und wieder zurückgelegt worden sein

Betriebliche Voraussetzungen

Der Zug muss mit Zugschluss an der Signal-Zugschlussstelle vorbeigefahren sein

Die Ausfahrsignale der durchgehenden Hauptgleise sind i.d.R. mit einer elektrischen Flügelkupplung ausgerüstet. Mit ihr wird das Signal durch Befahren einer Zugeinwirkungsstelle mit der ersten Achse (s. Kap. 5.3.1, Seite 276) selbsttätig auf Halt gestellt. Dadurch wird verhindert, dass ein zweiter Zug auf die Signalstellung für den ersten Zug in die bereits besetzte Blockstrecke einfahren kann, wenn der Bediener das Auf-Halt-Stellen des Signals vergessen hat.

Bild 1: Symbole im Signallageplan

Bild 2: Signal mit elektrischer Flügelkupplung

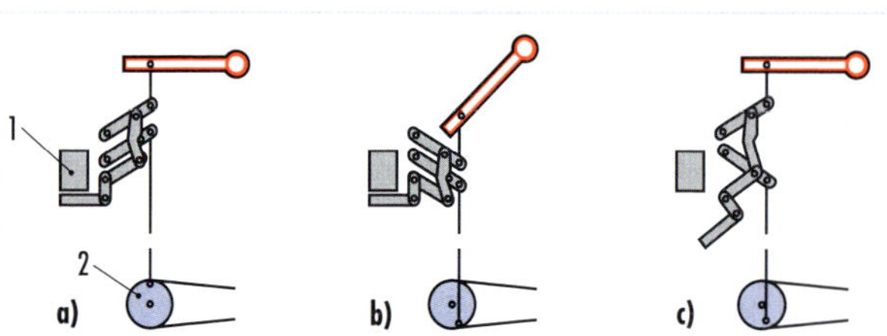

a) Signal in Halt, Flügelkupplung angeschaltet
b) Signal in Fahrt, Flügelkupplung angeschaltet
c) Flügelkupplung stromlos, Signalflügel in Halt gefallen

1 Kuppelmagnet, Elektromagnet
2 Signalantrieb

Bild 3: Prinzip der elektrischen Flügelkupplung

Voraussetzungen zum Bedienen des Endfeldes (Rückblocken)

Technische Voraussetzungen

- Der Vorblock ist eingegangen
- Die elektrische Streckentaste hat ausgelöst
- Der Einfahr- oder Blocksignalhebel ist in der Grundstellung
- Das Einfahr- oder Blocksignal zeigt »Halt«

Betriebliche Voraussetzungen

- Die Räumungsprüfung muss durchgeführt worden sein

Trotz Zurücklegen des Signalhebels kann auf Grund einer Störung der Signalflügel dennoch »Fahrt« zeigen. Um das Rückblocken für diesen Zustand auszuschließen, wird der obere Flügel durch den »Signalhaltmelder« überwacht. Er wird verwendet, um die Stellung nicht einsehbarer Signale am Ende einer Blockstrecke im Stellwerk durch einen Melder (rote Meldelampe oder Signalflügel) anzuzeigen. Diese technische Einrichtung wird als »Signal-Flügelstromschließer« bezeichnet.

Diese Einrichtung wird auch für den »Signalfahrtmelder«, der die Stellung nicht einsehbarer Ausfahrsignale anzeigt, verwendet (s. Kap. 5.3.1).

Beispiel: Regelbedienung eines mechanischen Stellwerkes mit nichtselbsttätigem Streckenblock (Felderblock) für eine Zugfahrt im Bf Adorf von Rechtsheim nach Hörsel über Gleis 1

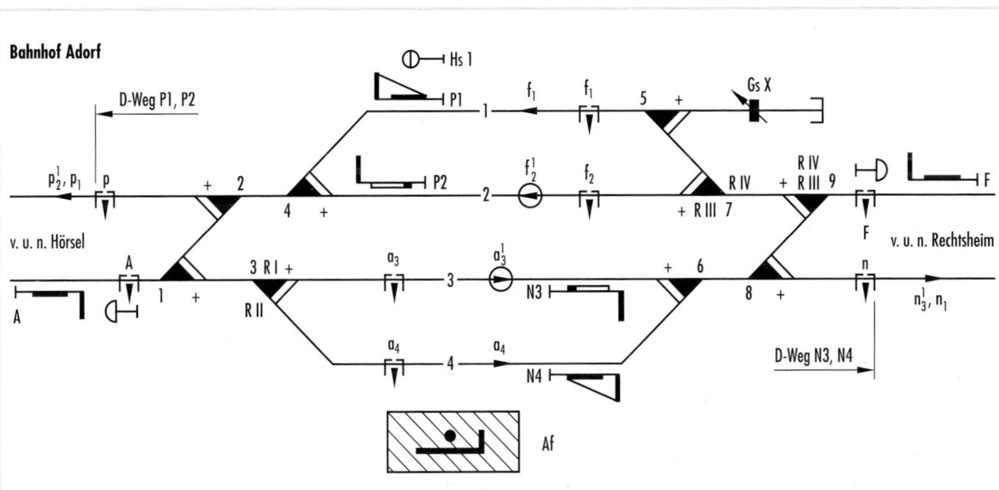

Bild 1: Bahnhof Adorf

1. Der Vorblock geht ein: Das Endfeld zeigt eine rote Scheibe (hier: Endfeld von Rechtsheim).
2. Einfahrzugstraße einstellen (hier: f_1):
   - Prüfen, ob die zu stellenden Einrichtungen frei von Fahrzeugen sind (hier: W7, W5, W4, RIV).
   - Einstellen des Fahr- und Durchrutschweges sowie der Flankenschutzeinrichtungen nach Verschlussplan (hier: W7, W5, W4, RIV).
   - Fahrwegprüfung (s. Kap. 6.1)
   - Prüfen der richtigen Lage der Weichen, Riegel, Gleissperren und Sperrsignale einschließlich der dazugehörigen Flankenschutzeinrichtungen durch Umlegen des Fahrstraßenhebels (Fh). Dieser verschließt die Einrichtungen mechanisch (hier: Fh f_1).
   - Fahrwegsicherung durch Blocken des Fahrstraßenfestlegefeldes (Ff). Das Fahrstraßenfestlegefeld zeigt eine weiße Scheibe. Der Fahrstraßenhebel und damit die Fahrstraße wird blockelektrisch verschlossen (hier: Fff).
3. Bedienen des Signals: Signalhebel umlegen, Signal zeigt Hp 1/Hp 2 (hier: Signalhebel F^2, Signal F zeigt Hp 2).
4. Zug befährt die Zugeinwirkungsstelle in Höhe von Ra 10 (hier: F). Wenn sie frei von allen Fahrzeugachsen ist, löst die elektrische Streckentastensperre aus und zeigt eine weiße Scheibe (hier: über Endfeld von Rechtsheim).
5. Signalhebel des Einfahrsignals in die Grundstellung zurücklegen (hier: F^2), wenn der Zug mit Zugschluss an der Signalzugschlussstelle vorbeigefahren ist. Dieses schaltet die elektrische Streckentastensperre an, d. h., Rückblocken wäre jetzt technisch möglich. Sind die betrieblichen Voraussetzungen erfüllt? Wurde der Zugschluss festgestellt? Ist der Zug mit Zugschluss (Zg 2) an der Signal-Zugschlussstelle (Ende D-Weg) des Einfahrsignals vorbei?
6. Wenn auch diese Voraussetzungen erfüllt sind, darf zurückgeblockt werden, d.h., das Endfeld wird bedient. Dieses zeigt dann eine weiße Scheibe (hier: Endfeld von Rechtsheim).
7. Auflösung der blockelektrischen Festlegung der Fahrstraße (Ff zeigt eine rote Scheibe) durch:
   - Vorbeifahrt des Zuges an der Fahrstraßen-Zugschlussstelle (Zugeinwirkungsstelle) mit der letzten Achse (hier: Zugeinwirkungsstelle f_1) oder
   - Mitwirkung eines anderen, wenn dieser den Halt am gewöhnlichen Halteplatz feststellen muss (s. Bahnhofsblock).
8. Auflösen der Fahrstraße durch Zurücklegen des Fahrstraßenhebels, der Weichen-, Riegel-, Gleissperren- und Sperrsignalhebel in die Grundstellung (hier: Fh f_1, W7, W5, W4, RIV).
9. Ausfahrzugstraße einstellen (hier: p_1):
   - Prüfen, ob die zu stellenden Einrichtungen frei von Fahrzeugen sind (hier: W4).
   - Einstellen des Fahr- sowie des Durchrutschweges sowie der Flankenschutzeinrichtungen nach Verschlussplan (hier: W4).
   - Fahrwegprüfung

- Prüfen der richtigen Lage der Weichen, Riegel, Gleissperren und Sperrsignale einschließlich der dazugehörigen Flankenschutzeinrichtungen durch Umlegen des Fahrstraßenhebels (Fh). Dieser verschließt die Einrichtungen mechanisch (hier: Fh p_2).
- Fahrwegsicherung durch Blocken des Fahrstraßenfestlegefeldes (Ff). Das Fahrstraßenfestlegefeld zeigt eine weiße Scheibe. Der Fahrstraßenhebel und damit die Fahrstraße wird blockelektrisch verschlossen (hier: Ff p).

10. Bedienen des Signals: Signalhebel umlegen, Signal zeigt Hp 1/Hp 2 (hier: Signalhebel P 1, Signal P 1 zeigt Hp 2).

11. Zug befährt die Zugeinwirkungsstelle mit der ersten Achse: Die elektrische Signalflügelkupplung bringt das Ausfahrsignal in die Haltstellung (nicht überall vorhanden, meistens nur für die Ausfahrsignale in den durchgehenden Hauptgleisen eingerichtet).
Wenn eine elektrische Signalflügelkupplung nicht eingerichtet ist, muss das Signal durch das Zurücklegen des Signalhebels in die Haltstellung gebracht werden, wenn der Zug mit Zugschluss an der Signal-Zugschlussstelle vorbeigefahren ist (hier: Signalhebel P 1 zurücklegen).

12. Sind die betrieblichen Voraussetzungen für das Vorblocken erfüllt? Zeigt das Ausfahrsignal Halt? Ist der Zug mit Zugschluss (Zg 2) an der Signalzugschlussstelle (Ende D-Weg) vorbeigefahren?

13. Wenn auch diese Voraussetzungen erfüllt sind, darf vorgeblockt werden, d.h., das Anfangsfeld wird bedient. Dieses zeigt dann eine rote Scheibe (hier: Anfangsfeld nach Hörsel).

14. Auflösung der blockelektrischen Festlegung der Fahrstraße durch Vorbeifahrt des Zuges an der Zugeinwirkungsstelle (hier: Zugeinwirkungsstelle p) mit der letzten Achse: Fahrstraßenfestlegefeld (Ff) zeigt eine rote Scheibe (hier: Ff p).

15. Auflösen der Fahrstraße durch Zurücklegen des Fahrstraßenhebels, der Weichen-, Riegel-, Gleissperren- und Sperrsignalhebel in die Grundstellung (hier: Fh p_1, W 4).

16. Der Rückblock geht ein, d.h., das Anfangsfeld zeigt dann wieder eine weiße Scheibe (hier: Anfangsfeld nach Hörsel).

Anmerkung: Wenn es sich bei einer Einfahrt in einen Bahnhof um eine Durchfahrstraße handelt, braucht man für das Einstellen der Ausfahrzugstraße die Auflösung der Einfahrzugstraße nicht abzuwarten (s. Verschlussunterlagen)!

Im Bahnhof Adorf sind folgende Durchfahrstraßen eingerichtet:

- von Hörsel kommend über das Gleis 3 nach Rechtsheim
- von Rechtsheim kommend über das Gleis 2 nach Hörsel

Nichtselbsttätiger Streckenblock (Felderblock Form C: für eingleisige Strecken)

Auf eingleisigen Strecken muss zusätzlich sichergestellt sein, dass nicht gleichzeitig einem Zug aus der Gegenrichtung signalmäßig die Zustimmung zur Fahrt gegeben werden kann, wenn die Blockstrecke bereits besetzt ist. Diese Erlaubnis wird blockelektrisch durch »Erlaubnisfelder« mit entsprechenden Blocksperren übermittelt und sichergestellt. Die beiden zusammenwirkenden Erlaubnisfelder zeigen nicht die gleiche Farbscheibe.

Anzeige	Bedeutung	Funktion
Rote Farbscheibe	keine Erlaubnis vorhanden	Ausfahrsignale sind in der Haltstellung verschlossen
weiße Farbscheibe	Erlaubnis vorhanden	Ausfahrsignale können auf Fahrt gestellt werden

Tabelle 1: Erlaubnisfelder beim Felderblock Form C

Das Erlaubnisfeld wird durch gleichzeitiges Bedienen der entsprechenden Blocktaste und des Kurbelinduktors gewechselt.

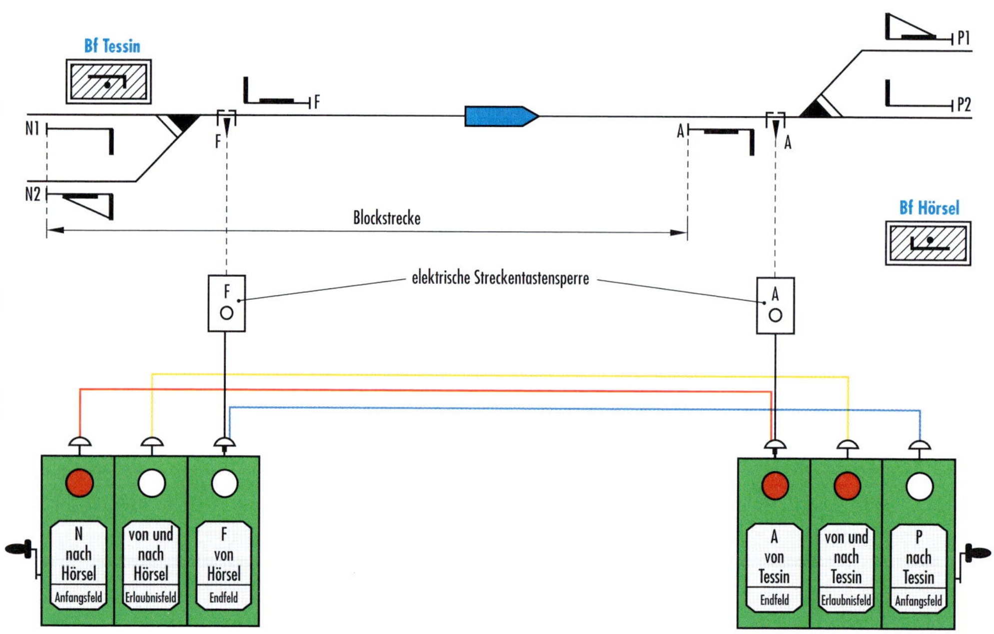

Bild 1: Felderblock (eingleisige Strecke), Zugfahrt zwischen Bf Tessin und Bf Hörsel

7.3.3 Nichtselbsttätiger Streckenblock (Relaisblock)

Der Relaisblock findet in Zusammenhang mit elektromechanischen und Drucktasten-Stellwerken seine Anwendung.

Bei Dr-Stellwerken sind die Tasten und Melder in Tischfeldern untergebracht. In Grundstellung leuchten der Vor- und der Rückblockmelder gelb.

Die Ausfahrsignale sind nur bedienbar, wenn der Vorblockmelder gelb leuchtet und der Melder der Streckenwiederholungssperre dunkel ist. Nach dem Stellen des Ausfahrsignals leuchtet der Melder der Streckenwiederholungssperre blau.

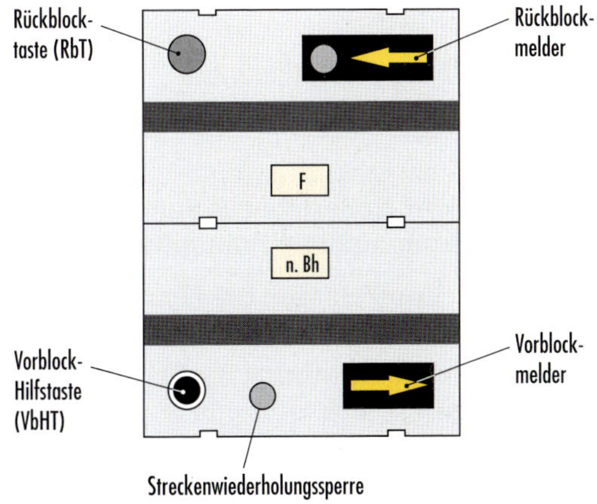

Bild 1: Relaisblock

<table>
<tr><th></th><th>mit Gleisfreimeldeanlage</th><th>ohne Gleisfreimeldeanlage</th></tr>
<tr><td>Vorblocken</td><td>durch den Zug bewirkt
Voraussetzungen:
• das Ausfahrsignal zeigt »Halt«
• der letzte Abschnitt des Ausfahrweges ist geräumt und das Streckengleis ist besetzt</td><td>durch den Zug bewirkt
Voraussetzungen:
• das Ausfahrsignal zeigt »Halt«
• der letzte Abschnitt des Ausfahrweges ist besetzt</td></tr>
<tr><td rowspan="2">Rückblocken</td><td>a) Zugbewirktes Rückblocken
Voraussetzungen:
• das Einfahrsignal zeigt »Halt«
• das Streckengleis ist geräumt</td><td>a) Zugbewirktes Rückblocken
Voraussetzungen:
• das Einfahrsignal zeigt »Halt«
• die Räumung des Streckengleises wird durch Bedienen der Zugschlussmeldetaste bestätigt</td></tr>
<tr><td colspan="2">b) Rückblocken von Hand durch Bedienen der Rückblocktaste und der Blockgruppentaste, wenn
• das Einfahrsignal auf »Halt« steht
• der Zug mit Zugschluss an der Signal-Zugschlussstelle vorbeigefahren ist</td></tr>
</table>

Tabelle 1: Vorblocken und Rückblocken beim Relaisblock (Dr-Stw)

Wenn der Zug vorgeblockt hat, leuchtet der Vorblockmelder rot und der Melder der Streckenwiederholungstaste blinkt kurzzeitig und erlischt dann. Sämtliche Ausfahrsignale für diese Richtung sind gesperrt.

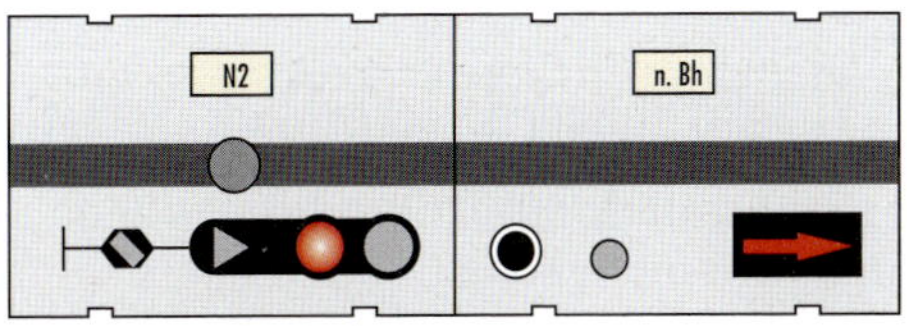

Bild 2: Der Zug hat vorgeblockt

Der Räumungsmelder blinkt gelb, wenn der Zug die Zugeinwirkungsstelle hinter dem Signal (in der Regel ein Weichen- oder Gleisfreimeldeabschnitt) geräumt hat. Rückblocken wäre jetzt möglich.

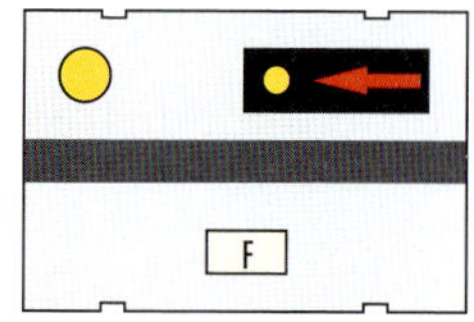

Bild 1: Rückblocken ist möglich

7.3.4 Nichtselbsttätiger Streckenblock (Trägerfrequenzblock 71)

Der Trägerfrequenzblock 71 ist eine Bauform des nichtselbsttätigen Streckenblocks für eingleisige Strecken. Er besteht aus den Streckenblockeinrichtungen für die Vorblockung, für die Rückblockung und die Erlaubnisabhängigkeit.

- Mit der Vorblockung werden die Hauptsignale am Anfang des Blockabschnittes in der Haltstellung gesperrt
- Mit der Rückblockung werden die Hauptsignale am Anfang des Blockabschnittes wieder freigegeben
- Durch die Erlaubnisabhängigkeit werden die Ausfahrsignale am Anfang des Blockabschnittes jeweils nur für eine Fahrtrichtung freigegeben.

Die Blockvorgänge werden zwischen den benachbarten Zugmeldestellen über die Leitung der Streckenfernsprechverbindung (s. Kap. 2.7.1) übertragen.

Bei einer signalmäßigen Ausfahrt blockt der Zug selbsttätig mit Befahren der Zugeinwirkungsstelle vor.

Zurückgeblockt wird durch Bedienen der Rückblocktaste und der Blockgruppentaste, wenn der Zug mit Zugschluss die Signal-Zugschlussstelle (ist eine Streckengleisfreimeldeanlage vorhanden, ersetzt sie die Feststellung des Zugschlusses durch Augenschein) befahren hat. Hierdurch

- erlischt der Blockmelder und
- auf dem Nachbarbahnhof wird die Sperrung der Ausfahrsignale aufgehoben

Die Rückblockung wird vom Bediener durch Tastenbedienung vorgenommen. Es kann zurückgeblockt werden, wenn

- der Zug vorgeblockt wurde,
- der Zug die Zugeinwirkungsstelle befahren hat und
- sich das Einfahrsignal in Halt befindet

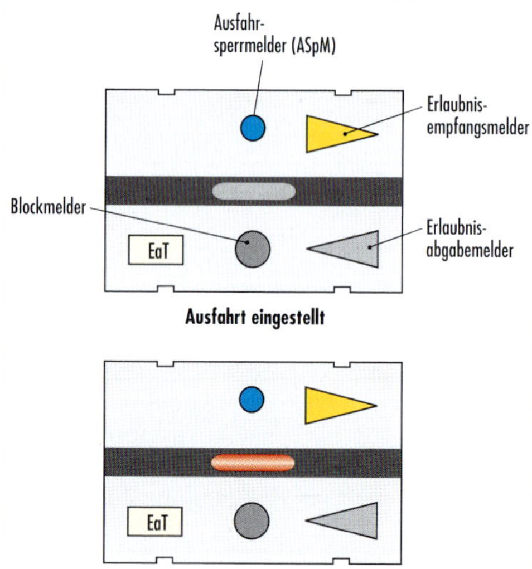

Bild 2: Ausfahrt und Vorblockung beim Tf-Block 71

7.3.5 Selbsttätiger Streckenblock (Selbstblock 60)

Der Selbstblock 60 sichert die Zugfolge auf ein- und zweigleisigen Strecken und arbeitet immer mit einer selbsttätigen Gleisfreimeldung zusammen. Es werden Gleisstromkreise oder Achszähler verwendet (s. Kap. 6.2). Die Blockabschnittsmelder sind in Grundstellung dunkel (Blockabschnitt nicht besetzt); sie leuchten rot bei besetztem Blockabschnitt.

Zu weiteren wesentlichen Einrichtungen des Selbstblocks 60 (Sb 60) gehören:

- Die Ausfahrsperre mit dem Ausfahrsperrmelder (ASpM). In der Grundstellung ist der AspM dunkel. Wechselt ein zu einem Ausfahrblockabschnitt gehörendes Hauptsignal auf Fahrt, leuchtet der Ausfahrsperrenmelder blau. Alle anderen Hauptsignale für diese Richtung sind gesperrt. Wird der Ausfahrblockabschnitt besetzt, leuchtet der Blockabschnittsmelder rot und sperrt zusätzlich alle zugehörigen Hauptsignale. Der Blockabschnittsmelder und der Ausfahrsperrenmelder erlöschen, wenn der Ausfahrblockabschnitt geräumt ist und das folgende Hauptsignal Halt zeigt. Ein langsam schlagender Wecker ertönt kurzzeitig (Rückblockmeldung).
- Die Selbstblocksignale (Sbk) mit den Signaltasten (ST) und den Meldern. Sie zeigen in der Grundstellung »Fahrt«.
- Die selbsttätige Gleisfreimeldeanlage (Grenze am Standort eines Sbk: i. d. R. 50 m hinter dem Signal – Ende D-Weg) mit den Blockabschnittsmeldern (BlM).
- Die im Gleisbild angeordneten Innentasten, die auf den Selbstblock und auf die Gleisfreimeldeanlage wirken, und die damit zusammenwirkenden Gruppentasten.

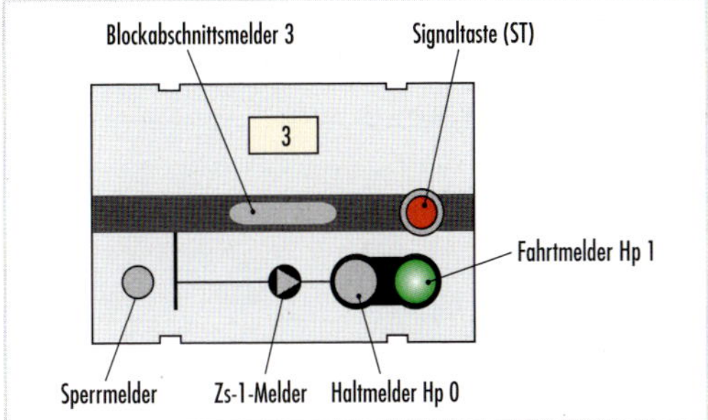

Bild 1: Tischfeld eines Selbstblocksignals (Grundstellung)

Im Regelfall sind bei einer zweigleisigen Strecke die Selbstblocksignale der Ausfahrrichtung (ablaufenden Fahrtrichtung) dem eigenen Stellwerk zugeteilt, während für die Selbstblockstrecke der zulaufenden Fahrtrichtung der Nachbar-Fahrdienstleiter zuständig ist. Die Selbstbocksignale, die dem Nachbar-Fahrdienstleiter zugeteilt sind, werden auf dem Stelltisch nur als Signalsymbole ohne Melder und Tasten dargestellt.

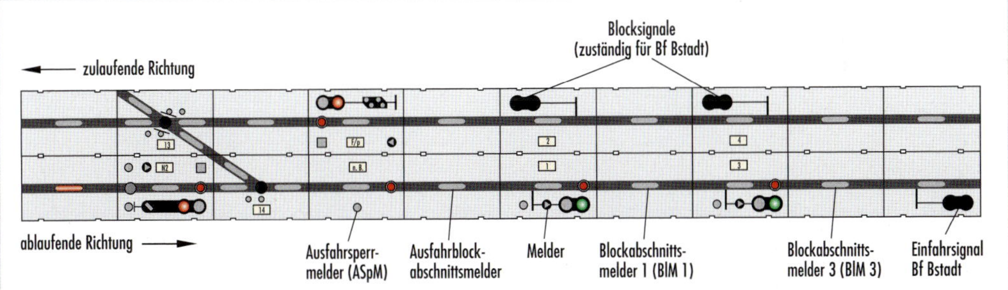

Bild 2: Selbstblockstrecke mit Selbstblocksignalen

Die Arbeitsweise des Selbstblocks 60 (Sb 60) wird am Beispiel einer Zugfahrt von Bahnhof Dheim nach Bahnhof Bstadt dargestellt.

1. Grundstellung: Das Ausfahrsignal N2 des Bahnhofs Dheim zeigt »Halt«, die Selbstblocksignale (Sbk 1 und Sbk 3) zeigen in ihrer Grundstellung »Fahrt«. Der Ausfahrsperrmelder (ASpM) ist dunkel. Der Gleismelder im Gleis 2 zeigt die Besetztanzeige durch den Zug 1 an.

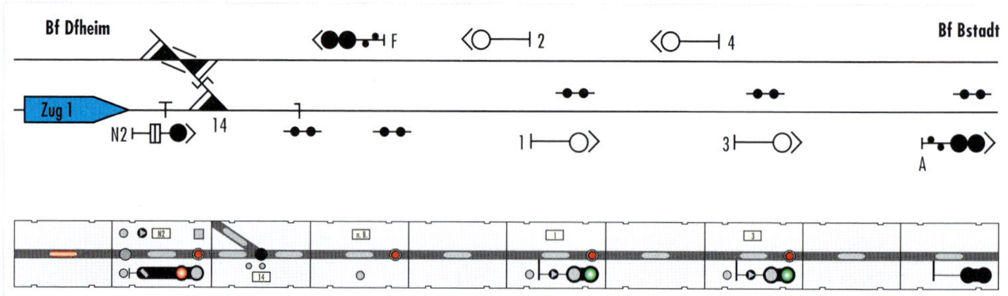

2. Die Ausfahrzugstraße für den Zug 1 ist eingestellt. Das Ausfahrsignal N2 zeigt »Fahrt« und der Ausfahrsperrmelder (ASpM) leuchtet blau. Er sperrt damit alle Ausfahrsignale Richtung Bf Bstadt.

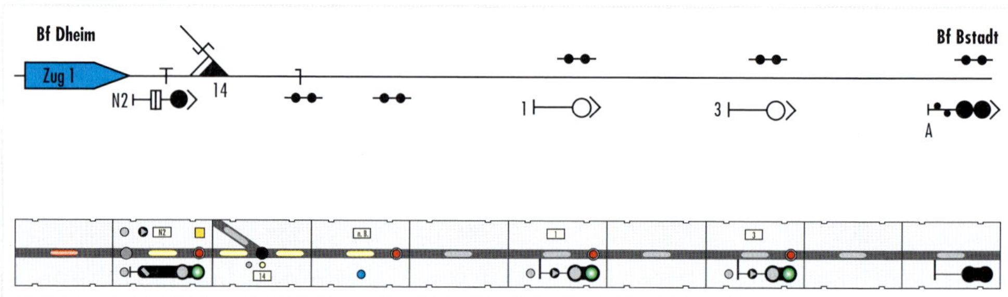

3. Zug 1 ist vollständig in den Blockabschnitt N eingefahren. Die Ausfahrzugstraße ist aufgelöst und das Ausfahrsignal zeigt wieder »Halt«. Der Ausfahrsperrmelder (ASpM) leuchtet immer noch blau.

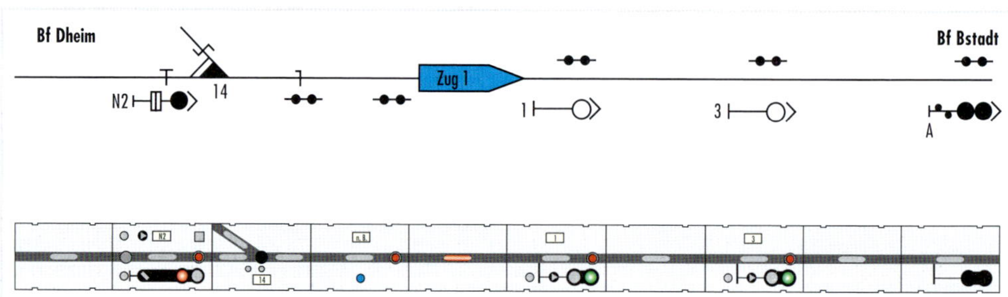

4. Zug 1 befährt die Zugeinwirkungsstelle (Achszähler) 50 m hinter dem Selbstblocksignal 1. Der Blockabschnittsmelder (BlM) zeigt die Besetzung an. Dies bewirkt die Haltstellung des Sbk 1.

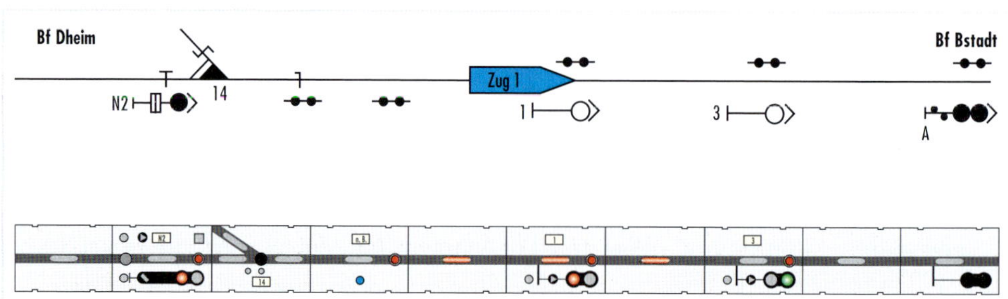

5. Zug 1 räumt den Blockabschnitt N und befindet sich vollständig im Blockabschnitt 1. Gleichzeitig wird auch der Ausfahrsperrmelder (ASpM) dunkel (Voraussetzungen: Das Sbk 1 zeigt »Halt« und der Blockabschnitt 1 ist geräumt). Die Ausfahrsignale könnten nach Einstellen einer Ausfahrzugstraße wieder »Fahrt« zeigen, d. h., eine nächste Zugfahrt Richtung Bstadt wäre möglich.

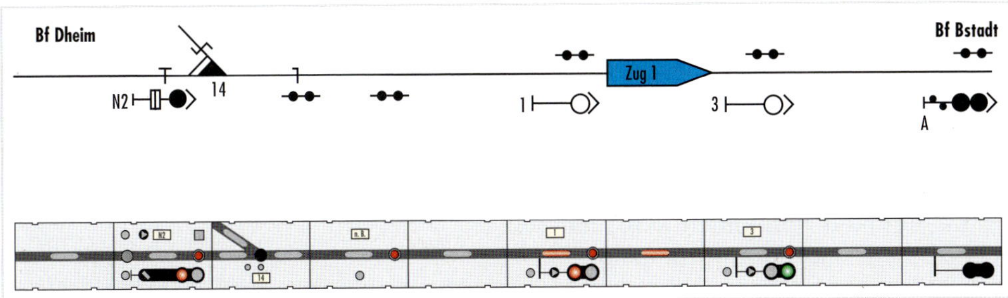

6. Zug 1 befährt die Zugeinwirkungsstelle (Achszähler) 50 m hinter dem Selbstblocksignal 3. Die Blockabschnittsmelder (BlM1 und BlM3) zeigen die Besetzung an. Die Selbstblocksignale 1 und 3 zeigen »Halt«.

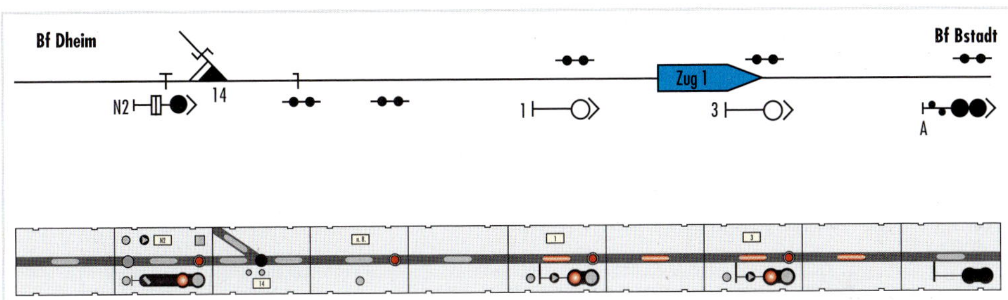

7. Zug 1 hat den Blockabschnitt 1 vollständig geräumt (Sbk 1 zeigt wieder »Fahrt«) und befindet sich vollständig im Blockabschnitt 3. Die Ausfahrzugstraße für den Zug 2 ist eingestellt (s. Nr. 2).

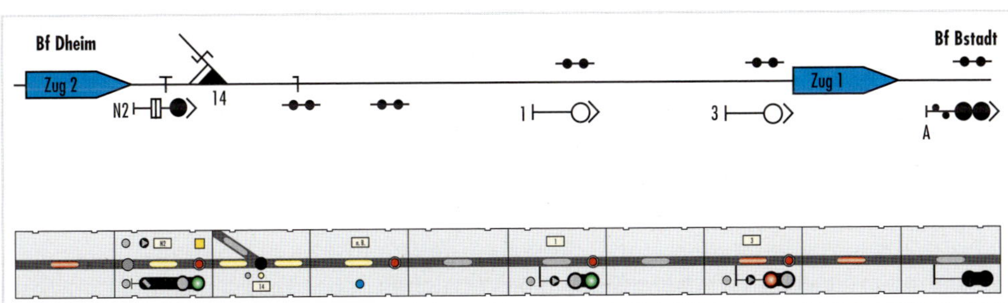

8. Zug 1 ist in Bstadt vollständig angekommen (Sbk 3 zeigt wieder »Fahrt«). Zug 2 ist in Blockabschnitt N eingefahren, hat den Ausfahrabschnitt aber noch nicht geräumt. Die Ausfahrzugstraße ist aufgelöst und das Ausfahrsignal zeigt wieder »Halt«. Der Ausfahrsperrmelder (ASpM) leuchtet blau.

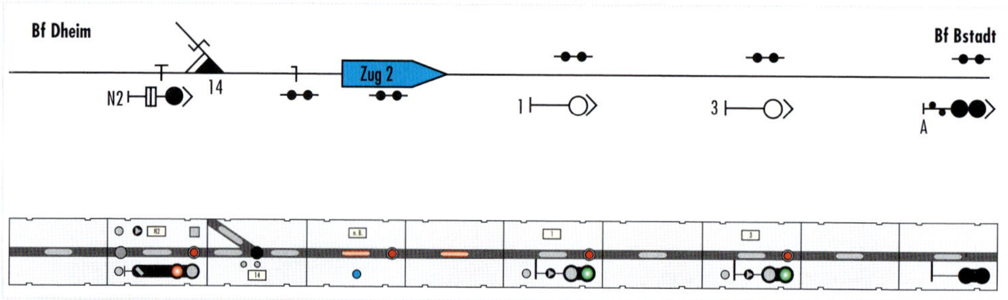

Auf eingleisigen Strecken ist und bei Fahren auf dem Gegengleis kann eine Erlaubnisabhängigkeit vorhanden sein. Sie soll sicherstellen, dass kein Gegenzug auf Signal fahren kann.

Die Tasten und Melder sind im Tischfeld des Ausfahrsperrmelder (ASpM) untergebracht (s. Bild 1). Als Pfeilspitzen sind die Erlaubnisabgabe- und Erlaubnisempfangsmelders (EeM) dargestellt. Sie zeigen an, für welche Fahrtrichtung des Streckenblocks die Erlaubnis vorhanden ist.

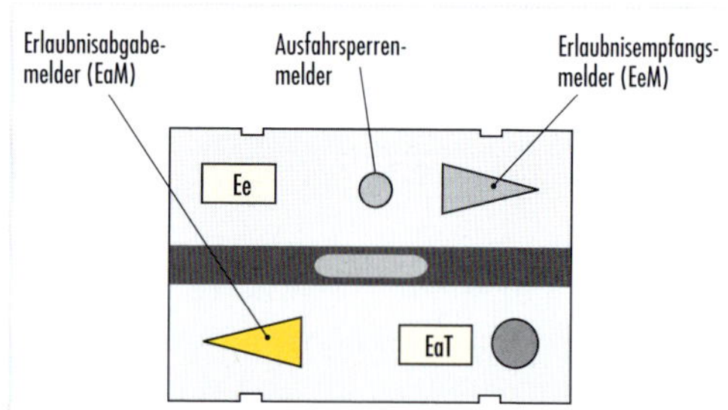

Bild 1: Erlaubnisfeld bei Sb60 (Erlaubnis abgegeben, Ausfahrsignal gesperrt)

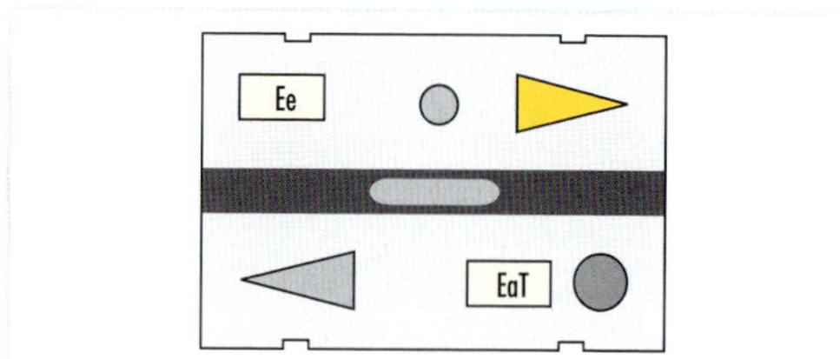

Bild 2: Erlaubnis empfangen, Ausfahrsignale sind stellbar

Die Erlaubnis wird durch Bedienen der Erlaubnisabgabegruppentaste (EaGT) bzw. der Blockgruppentaste und der Erlaubnisabgabetaste (EaT) abgegeben. Voraussetzung ist, dass keine Zugstraße auf das betreffende Streckengleis eingestellt ist, alle Blockabschnitte frei sind und keine Störung vorliegt. Mit der Erlaubnisabgabe werden die auf die Strecke weisenden Hauptsignale gesperrt; der Erlaubnisabgabemelder leuchtet gelb (s. Bild 1), der Erlaubnisempfangsmelder ist dunkel oder leuchtet rot.

Bei Erlaubnisempfang wechselt die Ausleuchtung der Erlaubnismelder (s. Bild 2). Die auf die Strecke weisenden Hauptsignale sind stellbar.

Eine Fahrtrichtung kann bevorrechtigt geschaltet sein. Die Erlaubnis wird nach einer Zugfahrt gegen die bevorrechtigte Fahrtrichtung selbsttätig an die bevorrechtigte Betriebsstelle zurückgegeben.

7.3.6 Selbsttätiger Streckenblock (Zentralblock 65)

Die technischen Einrichtungen für die Steuerung und Überwachung des Zentralblocks (Zb) befinden sich nicht wie beim Selbstblock 60 neben den Signalen auf der freien Strecke (i. d. R. in kleinen Betonhäuschen), sondern sind »zentral« (Zentralblock) im Stellwerk untergebracht. Dies ist die kostengünstigere Variante.

Wie beim Selbstblock 60 übernimmt auch hier die Gleisfreimeldeanlage (s. Kap. 6.2) die Aufgabe, die Besetzung oder das Freisein des Gleises festzustellen und über Blockrelaisgruppen die Signale, die für einen Blockabschnitt zuständig sind, zu sperren oder freizugeben.

Im Gegensatz zum Selbstblock 60 zeigen die Zentralblocksignale (Zbk) in der Grundstellung »Halt«.

Mit Hilfe der Blockabschnittsprüftaste (BlPrT) kann das Freisein des Blockabschnitts geprüft werden. Sie befindet sich im Blockabschnitt vor dem ersten Zentralblocksignal (Zbk).

Im Gegensatz zum Selbstblock 60 befindet sich der Ausfahrsperrmelder (ASpM) in Fahrtrichtung hinter dem letzten Zentralblocksignal (Zbk).

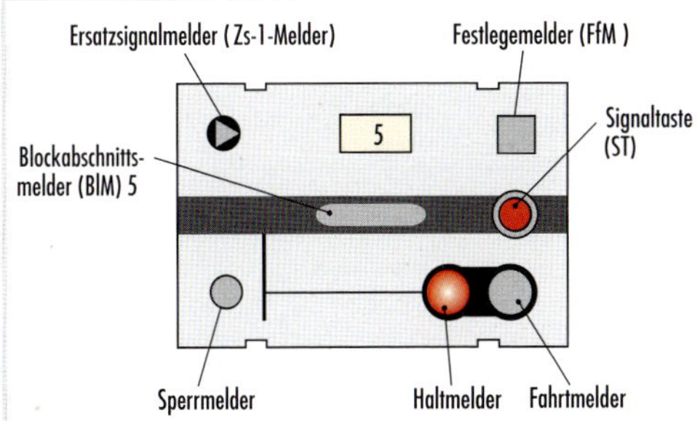

Bild 1: Tischfeld eines Zentralblocksignals ohne Vorsignal (Grundstellung)

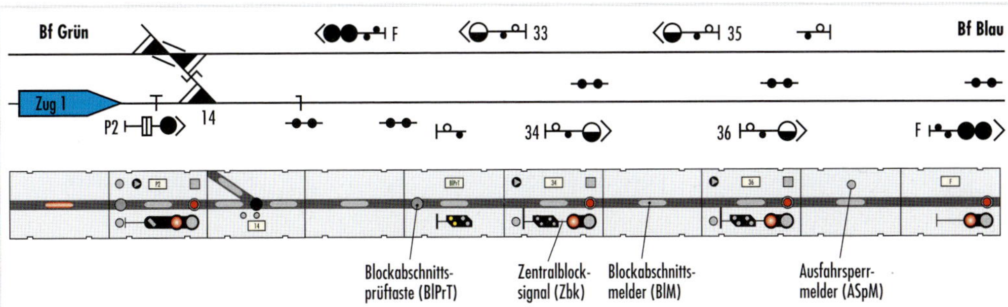

Bild 2: Anordnung der Tasten und Melder beim Zentralblock

Auf eingleisigen Strecken muss (bei Fahren auf dem Gegengleis kann) eine Erlaubnisabhängigkeit vorhanden sein. Sie soll sicherstellen, dass kein Gegenzug auf Signal fahren kann. Die Erlaubnis wird durch Bedienen der Erlaubnisabgabegruppentaste (EaGT) bzw. der Blockgruppentaste und der Erlaubnisabgabetaste (EaT) abgegeben. (s.a. Sb60). Voraussetzung ist, dass keine Zugstraße auf das betreffende Streckengleis eingestellt ist, alle Blockabschnitte frei sind und keine Störung vorliegt. Mit der Erlaubnisabgabe werden die auf die Strecke weisenden Hauptsignale gesperrt; der Erlaubnisabgabemelder leuchtet gelb, der Erlaubnisempfangsmelder wird dunkel.

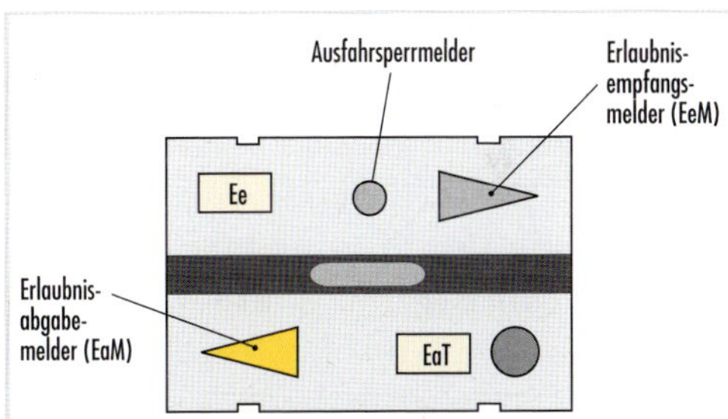

Bild 3: Erlaubnismelder bei Zentralblock

Bei Erlaubnisempfang wechselt die Ausleuchtung der Erlaubnismelder. Die auf die Strecke weisenden Hauptsignale sind dann stellbar.

Eine Fahrtrichtung kann bevorrechtigt geschaltet sein. Die Erlaubnis wird nach einer Zugfahrt gegen die bevorrechtigte Fahrtrichtung selbsttätig an die bevorrechtigte Betriebsstelle zurückgegeben.

In der Regel sind die Zentralblocksignale beider Fahrtrichtungen einem Stellwerk zugeordnet (Zentralblockbereich). Man unterscheidet dann zwischen den Blockabschnitten der Ausfahrrichtung und denen der Einfahrrichtung (s. Abbildung nächste Seite).

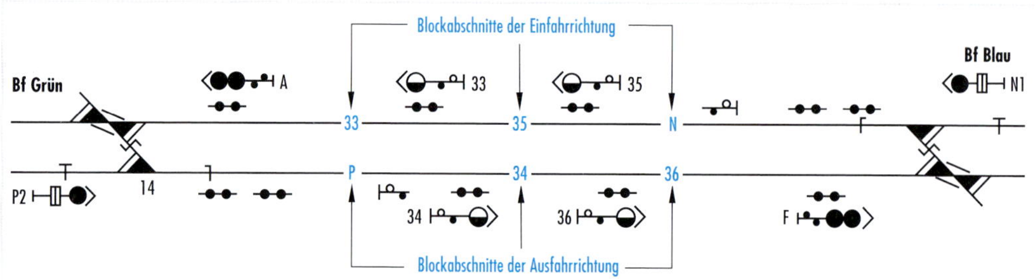

Bild 1: Darstellung des Zentralblockbereichs eines Bahnhofs, dem Bf Grün sind die Signale beider Richtungen zugeteilt

Die Zentralblocksignale zeigen in der Grundstellung »Halt« und werden durch die Einschaltung der Fahrtrichtung auf »Fahrt« gestellt.

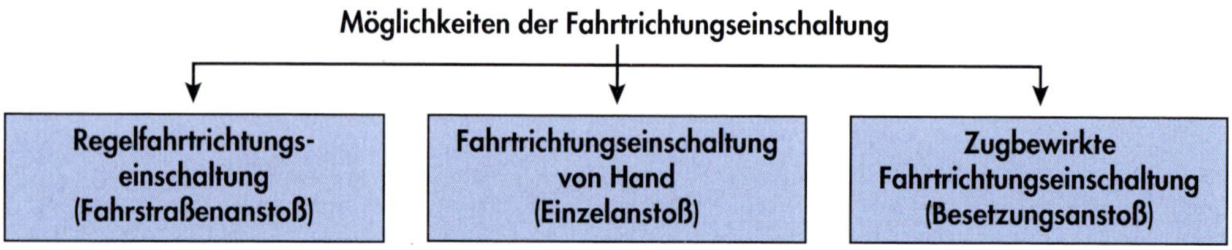

1. Regelfahrtrichtungseinschaltung (Fahrstraßenanstoß)
   Mit dem Einstellen der Ausfahrzugstraße – Zugstraßentaste (ZT) am Ausfahrsignal zusammen mit der Signaltaste (ST) am ersten Zentralblocksignal (Zbk) – erfolgt die Regelfahrtrichtungseinschaltung in der Ausfahrrichtung. Durch die Festlegung des Ausfahrsignals (Fahrstraßenfestlegemelder am Ausfahrsignal) wird die Fahrtrichtungseinschaltung der Zentralblocksignale (Zbk) ausgelöst. Die Fahrstraßenfestlegemelder (FfM) der Zentralblocksignale leuchten auf und die Signale kommen in die Fahrtstellung.

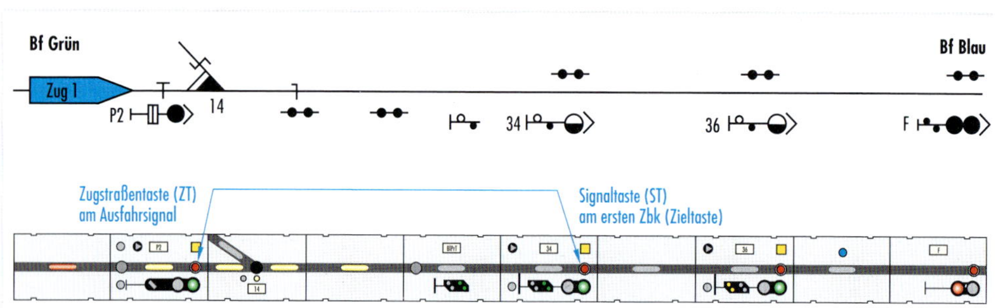

Bild 2: Nach Regelfahrtrichtungseinschaltung der Ausfahrrichtung

2. Fahrtrichtungseinschaltung von Hand (Einzelanstoß)
   Beim »Einzelanstoß« wird das erste Zentralblocksignal (Zbk) eingeschaltet (angestoßen). Dieses geschieht durch gleichzeitiges Bedienen der Signalgruppentaste (SGT) und der Signaltaste (ST) am ersten Zbk. Der Fahrstraßenfestlegemelder (FfM) leuchtet auf und die Signale kommen in die Fahrtstellung.
   Notwendig wird diese Art der Fahrtrichtungseinschaltung bei Zugfahrten ohne Fahrtstellung eines Hauptsignals (s. Kap. 9.3), wenn die Zustimmung bei Ausfahrten z. B. durch Ersatzsignal (Zs 1) oder Befehl erfolgt.

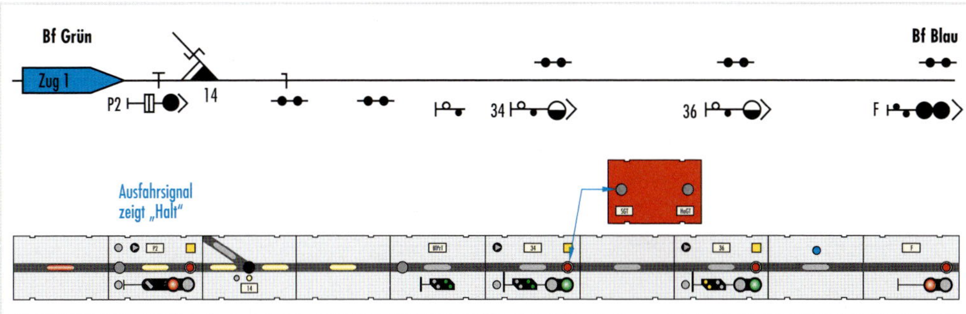

Bild 1: Nach Fahrtrichtungseinschaltung von Hand in der Ausfahrrichtung

3. Zugbewirkte Fahrtrichtungseinschaltung (Besetzungsanstoß)
   Es kann vorkommen, dass die Fahrtrichtung durch eine Störung nicht fahrstraßenbewirkt eingeschaltet werden kann oder es vergessen wurde, sie von Hand anzustoßen. In diesen Fällen geschieht dies dann durch den fahrenden Zug selbst, wenn er in der Ausfahrrichtung den ersten Blockabschnitt besetzt.

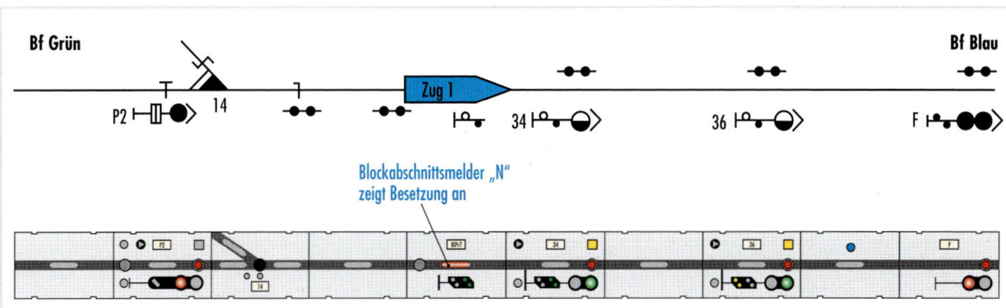

Bild 2: Nach zugbewirkter Fahrtrichtungseinschaltung in der Ausfahrrichtung

Die Arbeitsweise des Zentralblocks wird am Beispiel einer Zugfahrt von Bahnhof Grün nach Bahnhof Blau dargestellt.

1. Grundstellung: Das Ausfahrsignal P2 des Bahnhofs Grün zeigt »Halt«, die Zentralblocksignale (Zbk 34 und Zbk 36) zeigen in ihrer Grundstellung »Halt«. Der Ausfahrsperrmelder (ASpM) ist dunkel. Der Gleismelder im Gleis 2 zeigt die Besetztanzeige durch den Zug 1 an.

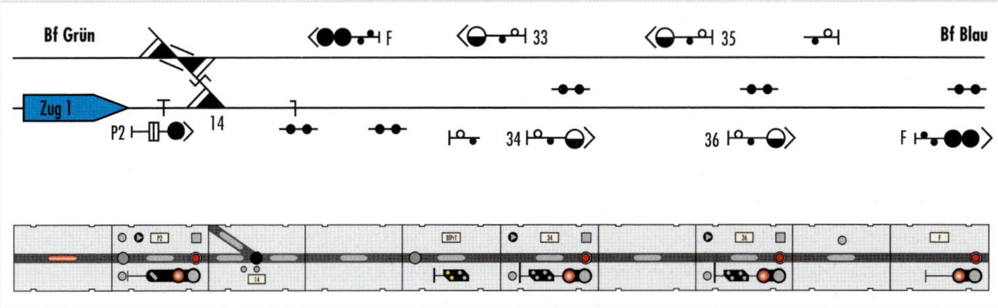

2. Die Ausfahrzugstraße für den Zug 1 ist eingestellt. Ausgelöst durch die Festlegung des Ausfahrsignals P2 erfolgt die Regelfahrtrichtungseinschaltung. Die FfM der Zentralblocksignale leuchten und die Signale zeigen »Fahrt«. Hinter dem letzten Zentralblocksignal (Zbk 36) leuchtet der ASpM blau.

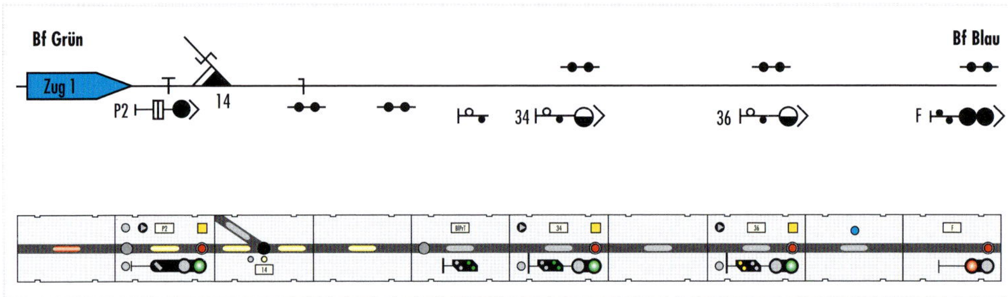

3. Zug 1 befindet sich vollständig im Blockabschnitt P. Die Ausfahrzugstraße ist aufgelöst und Ausfahrsignal P2 zeigt wieder »Halt«.

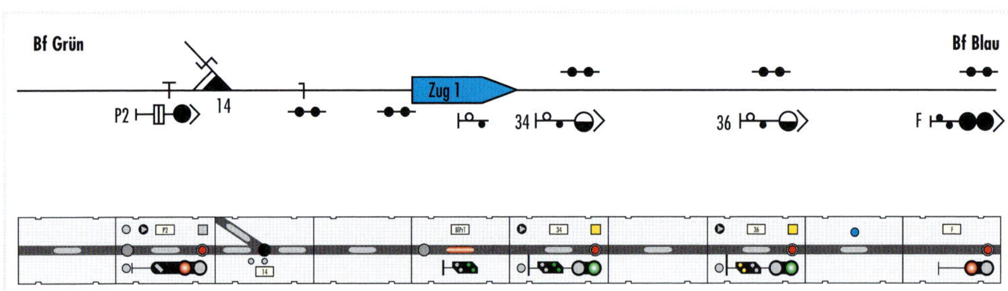

4. Zug 1 befährt die Zugeinwirkungsstelle (Achszähler) 50 m hinter dem Zbk 34. Die Blockabschnittsmelder (BlM 34 und BlM 36) zeigen die Besetzung an. Das Zentralblocksignal Zbk 34 zeigt »Halt«.

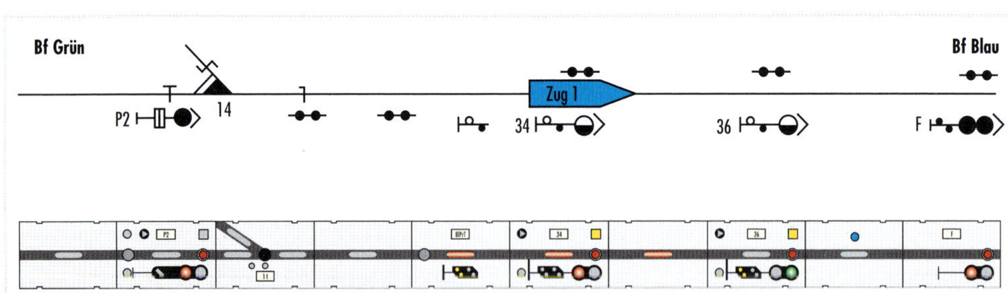

5. Zug 1 räumt den Blockabschnitt P und befindet sich vollständig im Blockabschnitt 34. Zu diesem Zeitpunkt ließe sich eine Ausfahrt für einen nächsten Zug stellen. Der Fahrdienstleiter in Bf Blau hat die Einfahrzugstraße eingestellt, das Einfahrsignal F zeigt »Fahrt«.

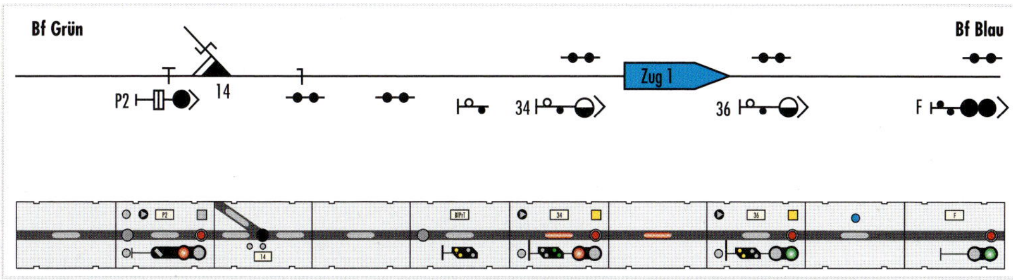

6. Zug 1 befährt die Zugeinwirkungsstelle (Achszähler) 50 m hinter dem Zentralblocksignal 36. Die Blockabschnittsmelder (BlM 34 und BlM 36) zeigen die Besetzung an. Die Zentralblocksignale (Zbk 34 und Zbk 36) zeigen »Halt«.

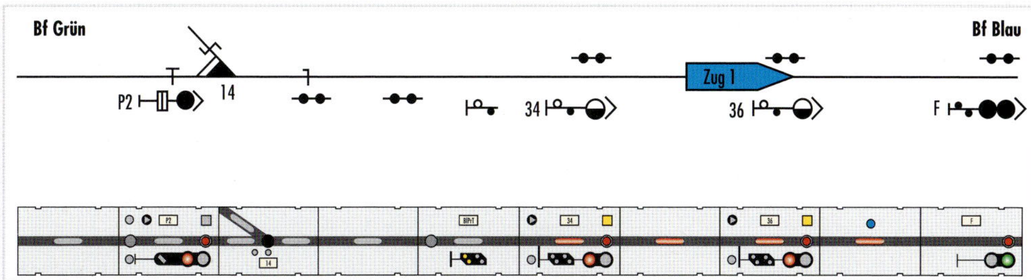

7. Zug 1 befindet sich vollständig im Blockabschnitt 36. Mit dem Freifahren des Blockabschnitts 34 wird nicht nur die Zentralblockrelaisgruppe des Zbk 34, sondern auch die des Zbk 36 aufgelöst (der FfM erlischt). Der Ausfahrsperrmelder leuchtet weiter und verhindert die vorzeitige Fahrtstellung des Zbk 36.

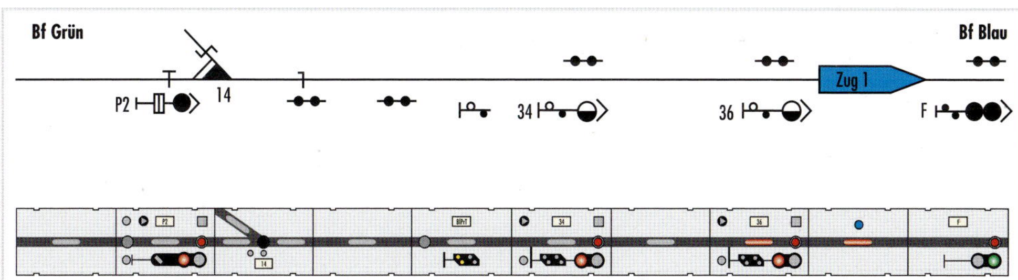

8. Zug 1 ist vollständig in den Bahnhof Blau eingefahren. Der Ausfahrsperrmelder (ASpM) erlischt erst, wenn der Blockabschnitt 36 freigefahren ist und das Einfahrsignal F des Bahnhofs Blau wieder »Halt« zeigt. Damit ist die Grundstellung der Zentralblockstrecke wieder erreicht.

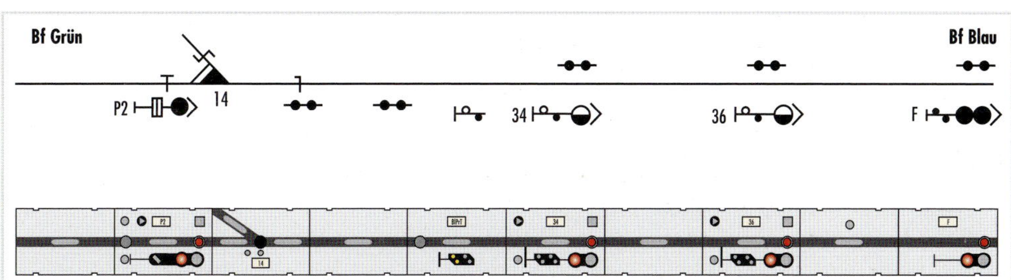

7.3.7 Selbsttätiger Streckenblock (LZB-Zentralblock)

Der LZB-Zentralblock ist auf Strecken mit Linienzugbeeinflussung (LZB) eingerichtet (s. Kap. 9.4.2). Er überträgt für LZB-geführte Züge rechnergesteuert das Freisein und die Besetzung von Blockabschnitten auf ein Anzeigegerät in das Triebfahrzeug. Außerdem wird die Geschwindigkeit des Zuges, von den freien Abschnitten ausgehend, reguliert. Zudem lässt er es zu, dass bei Ausfall des LZB-Systems wieder im Abstand der Hauptsignale gefahren wird.

Bild 1: LZB-Linienleiter

1. Was versteht man unter einer Blockstrecke?
2. Welche Feststellungen umfasst die Räumungsprüfung und wie wird sie auf Strecken mit nichtselbsttätigem Streckenblock bestätigt?
3. Wie ist die grundsätzliche Wirkungsweise des Felderblocks?
4. Wie arbeiten Anfangs- und Endfeld zusammen?
5. Wann darf bzw. kann das Anfangsfeld bzw. das Endfeld bedient werden?
6. Welche Bedeutung hat die elektrische Flügelkupplung?
7. Was versteht man unter der elektrischen Streckentastensperre und wie wirkt sie?
8. Welche Funktion hat das Erlaubnisfeld und wie wird es bedient?
9. Welche Einrichtungen des Stelltisches gehören zum Selbstblock 60?
10. Welchem Fahrdienstleiter sind in der Regel die Selbstblocksignale bzw. die Zentralblocksignale der freien Strecke zugeteilt?
11. Welche Bedeutung hat die Ausfahrsperre beim Selbstblock 60?
12. Welche Voraussetzungen müssen erfüllt sein, damit der Ausfahrsperrmelder (ASpM) erlischt?
13. Welche Voraussetzungen müssen erfüllt sein, damit ein Selbstblocksignal wieder in die Fahrtstellung kommt?
14. Was versteht man beim Zentralblock unter der »Fahrtrichtungseinschaltung«?
15. Nennen Sie die drei Arten der »Fahrtrichtungseinschaltung« beim Zentralblock 65 und deren unterschiedliche Funktionen!
16. Auf welches Signal wirkt die Ausfahrsperre beim Zentralblock?

7.3.8 Streckenblock beim ESTW

Strecken, die von ESTW-Stellwerken gesteuert werden, sind im Regelfall mit Zentralblock ausgerüstet. Wo eine Blockanpassung zu benachbarten Stellwerken mit anderer Blocktechnik erforderlich ist, können in die ESTW-Steuerung auch andere Bauformen (wie Selbstblock und Relaisblock) integriert werden.

Die Darstellung eines Streckenbandes auf der Bahnhofslupe von ElS und ElL entsprechend einander weitgehend, allerdings stellt Siemens (ElS) die Verschlussmelder bei nicht eingestellter Ausfahr- oder Blockfahrstraße weiß dar, während Lorenz (ElL) hier die Farbe gelb wählt.

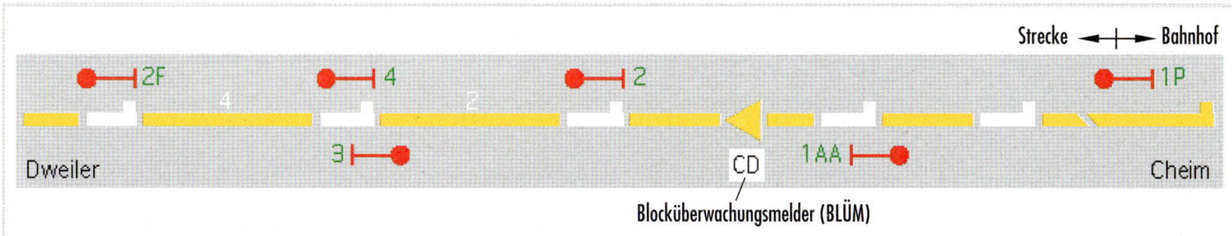

Bild 1: Zentralblock mit H/V-Signalen in Grundstellung (hier: Siemens (El S))

Als Startfeld einer Ausfahrzugstraße dient das Ausfahrsignal, als Zielfeld dient der Blocküberwachungsmelder (BLÜM) der Lupe bzw. ein blaues oder grünes Dreieck der Berü. Dessen Spitze zeigt auf die Strecke.

Sobald eine Ausfahrzugstraße gestellt ist, leuchten auf der Lupe der Festlegeüberwachungsmelder (FÜM) am Asig, der Zielfestlegemelder1 (ZFM 1) am Ende des Bahnhofbereiches, der Zielfestlegemelder 2 (ZFM 2) am Ende des ersten Zentralblockabschnittes, der Blocküberwachungsmelder (BLÜM) bei freiem ersten Zentralblockabschnitt, die Festlegeüberwachungsmelder (FÜM) und die Zielfestlegemelder (ZFM) der weiteren Zentralblockabschnitte grün.

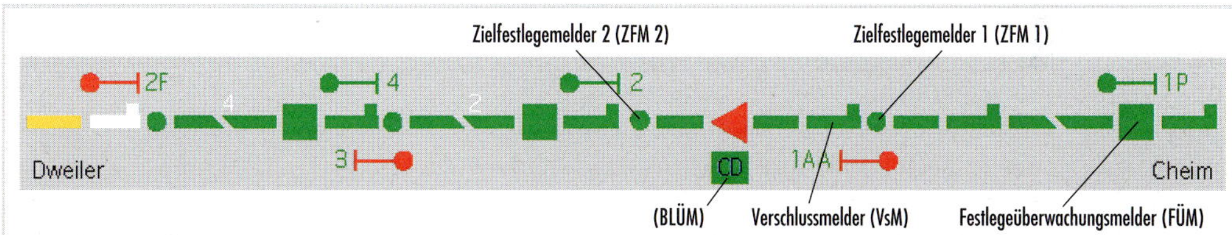

Bild 2: Ausfahrzeugstraße gestellt (H/V-Signal)

Kann ein Streckengleis im signalisierten Betrieb als Regel- wie als Gegengleis genutzt werden, so zeigt ein farbiger Pfeil, in welche Richtung z. Zt. gefahren werden darf. Er zeigt in der Grundstellung gelbes Ruhelicht und bei eingestellter Fahrstraße rotes Ruhelicht.

Wird eine weitere Zugausfahrt gestellt, obwohl der Blockabschnitt besetzt ist, wird die Bedienung gespeichert und läuft automatisch nach, sobald der vorausfahrende Zug den betroffenen Blockabschnitt geräumt hat. Bis dahin leuchtet das entsprechende Blocksignal rot, die Signalbezeichnung blinkt grün.

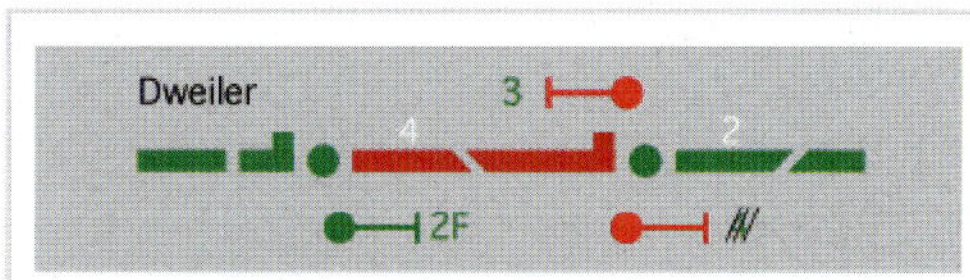

Bild 3: Blockabschnitt 4 besetzt, Bedienung für Zb-Signal 4 gespeichert

Neben dem Zentralblock (Zb) kann im Bereich eines ESTWs auch eine andere Bauform des selbsttätigen Streckenblocks, der Selbstblock (Sb), zum Einsatz kommen. Wie schon beim Selbstblock 60 (s. Seite 362ff.) sind in der Regel nur die Selbstblocksignale in ablaufenden Richtung dem eigenen Stellwerk zugeordnet. Auch befinden sich die Selbstblocksignale in Grundstellung auf »Fahrt« (s. Bild 1). Auf der Bereichsübersicht (Berü) werden die Signale wie im Bahnhof dargestellt.

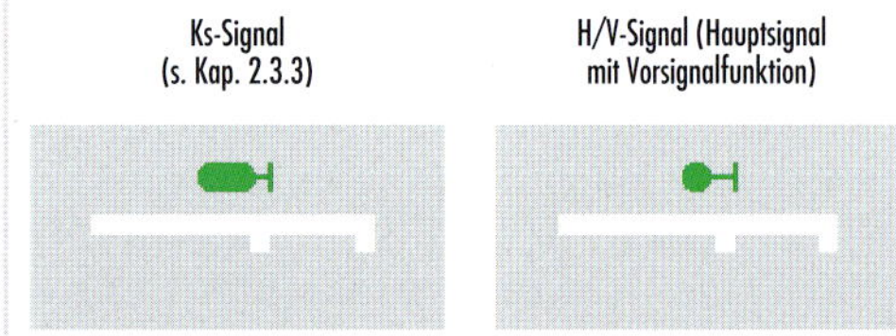

Bild 1: Selbstblocksignale beim ESTW in der Grundstellung (»Fahrt«)

Durch Besetzen des Blockabschnittes leuchtet der Blockabschnittsmelder rot und das Selbstblocksignal wird auf »Halt« gestellt (s. Bild 2).

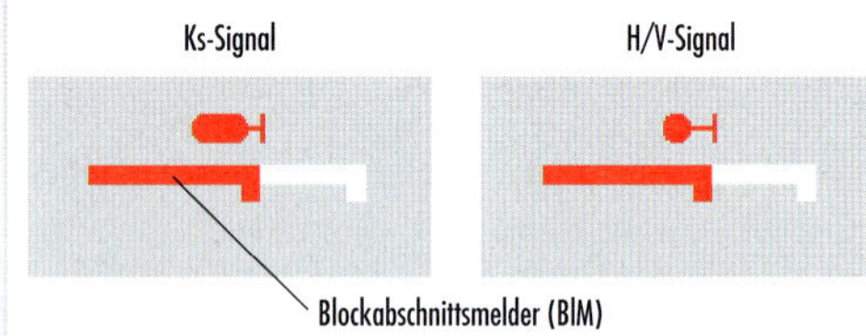

Bild 2: Selbstblocksignale beim ESTW in der Haltstellung

Das Selbstblocksignal wechselt wieder selbsttätig in die Fahrtstellung, wenn der Blockabschnitt geräumt ist (Blockabschnittsmelder zeigt »weiß«) und das folgende Hauptsignal »Halt« zeigt.

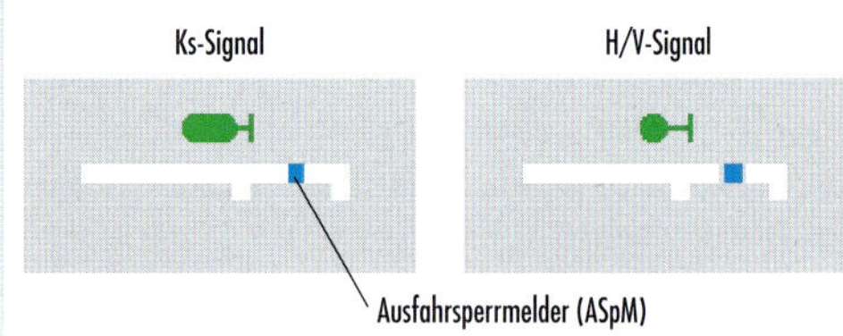

Bild 3: Ausfahrt auf die Selbstblockstrecke eingestellt

Eine Ausfahrzugstraße kann auf Fahrt gestellt werden, wenn der Ausfahrblockabschnitt als nicht besetzt angezeigt wird und der Ausfahrsperrenmelder dunkel ist (er ist dann ein Teil der weißen Fahrstraßenlinie). Der Ausfahrsperrmelder leuchtet blau auf, wenn ein zu dem Ausfahrblockabschnitt gehörendes Hauptsignal auf »Fahrt« gestellt wird (s. Bild 3). Wenn der Ausfahrblockabschnitt durch einen Zug besetzt wird, leuchtet der Blockabschnittsmelder rot (s. Bild 2). Alle anderen Hauptsignale die in diese Fahrtrichtung weisen sind gesperrt.

Wenn der Ausfahrblockabschnitt wieder geräumt ist und das folgende Hauptsignal »Halt« zeigt, leuchtet der Blockabschnittsmelder wieder weiß und der Ausfahrsperrmelder erlischt. Kurzzeitig ertönt ein langsam schlagender Wecker als Rückblockmeldung.

1. zu Seite 373: Nehmen Sie an, ein Zug befindet sich im Blockabschnitt hinter den Blocksignal 4 und der Fdl Cheim stellt eine weitere Ausfahrzugstraße ein. Wie verändert sich Bild 2?
2. Vergleichen Sie den Einsatz des Selbstblocks 60 beim Spurplanstellwerk und beim ESTW. Nennen Sie die Gemeinsamkeiten bzw. die Unterschiede!

7.4 Zugleitbetrieb (ZLB)

Zugleitbetrieb

Auf Nebenbahnen, die häufig nur noch als Zubringerfunktion für die Hauptbahnen dienen, findet in den meisten Fällen auch kein Güterverkehr mehr statt. Außerdem sind Bahnhofsanlagen (zu viele Gleise, Weichen, Signale etc.) in vielen Fällen veraltet. Durch die »Regionalisierung« dieser Strecken findet allerdings in den letzten Jahren immer häufiger die Reaktivierung von bereits »toten« Nebenbahnen statt.

Da die Kosten für eine moderne Leit- und Sicherungstechnik (z.B. Gleisfreimeldeanlagen) zu hoch sind, kommt auf diesen Strecken häufig der Zugleitbetrieb (ZLB) zum Einsatz. Er berücksichtigt dabei die einfachen betrieblichen Verhältnisse.

Bild 1: Regionalbahn in Dessau-Mosigkau (Nebenbahn)

Der Zugleitbetrieb (ZLB) ist ein Betriebsverfahren, bei dem ein zentraler Zugleiter jedem Zug auf einer Strecke die Erlaubnis zur Fahrt bis zu einer folgenden Zuglaufstelle erteilt. Dabei stehen Zugleiter und Fahrpersonal in fernmündlichem Kontakt (i.d.R. Funkkontakt) zueinander. Der Zugleitbetrieb kann ohne Hauptsignale und technische Streckenblock-Einrichtungen durchgeführt werden, was große Einsparungen erlaubt.

Voraussetzungen für dieses Verfahren sind:

- Nebenbahn mit Streckengeschwindigkeit < 80 km/h (Forderung EBO)
- eingleisige Strecke
- Vorhandensein einfacher betrieblicher Verhältnisse gemessen an einem Bewertungsfaktor für die Streckenbelastung

Die im Zugleitbetrieb betriebene Strecke heißt **Zugleitstrecke**. Sie grenzt in der Regel an eine Zugmeldestelle oder eine andere Zugleitstrecke an. Die Zugleitstrecke beginnt im Allgemeinen am Einfahr- oder Blocksignal der angrenzenden Zugmeldestelle.

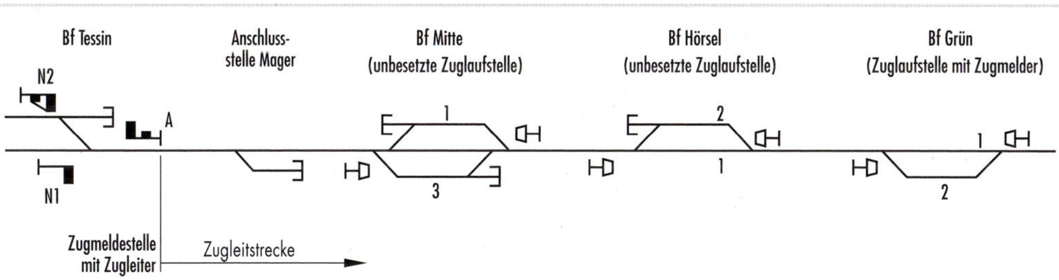

Bild 2: Zugleitstrecke

Die Bahnhöfe sind **Zuglaufstellen**. Weitere Betriebsstellen können zur Zuglaufstelle erklärt sein. Im Betriebsstellenbuch/Streckenbuch sind die Zuglaufstellen genannt. Zuglaufstellen – auch Bahnhöfe – ohne Hauptsignale sind unbesetzt. Bahnhöfe mit Hauptsignalen sind mit einem örtlichen Bahnhofsfahrdienstleiter besetzt (Betriebsstellenbuch/Streckenbuch). In der Regel sind dies Bahnhöfe mit Einfahrsignalen. Andernfalls sind im Betriebsstellenbuch/Streckenbuch ergänzende Regelungen getroffen.

Zuglaufstellen ohne Hauptsignale besitzen anstelle eines Einfahrsignals eine Trapeztafel (Ne 1, s. Bild 1). Die Kennzeichnung des Halteplatzes eines Zuges wird durch H-Tafeln (s. Bild 2) signalisiert. Die Sicherung der Weichen und Flankenschutzeinrichtungen geschieht durch das Anbringen von Handverschlüssen (HV) oder durch Rückfallweichen. Rückfallweichen (s. Bild 3) sind in der Grundstellung zur Fahrt in das dazugehörige Richtungsgleis (Links- oder Rechtslage) gestellt. Sie dürfen nur von Regelfahrzeugen (s. Kap. 3.1) und Schwerkleinwagen (Skl) – nicht jedoch mit geschobenen Anhänger – in der Grundstellung aufgefahren werden. Sie kehren nach einer Verzögerungszeit in die Grundstellung zurück.

Auf den Zuglaufstellen obliegt i.d.R. dem Zugführer die Zugaufsicht.

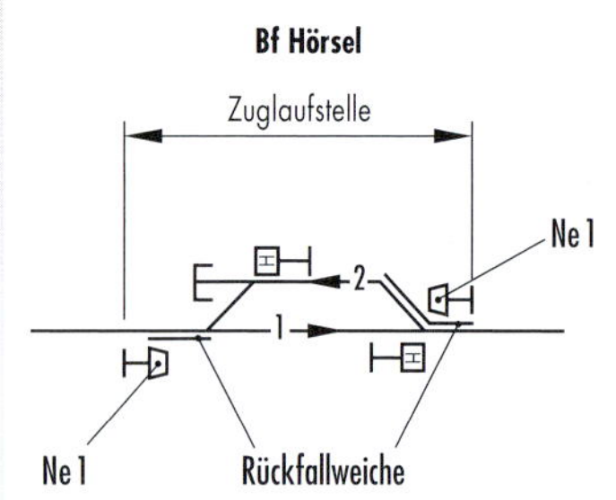

Bild 1: Zuglaufstelle

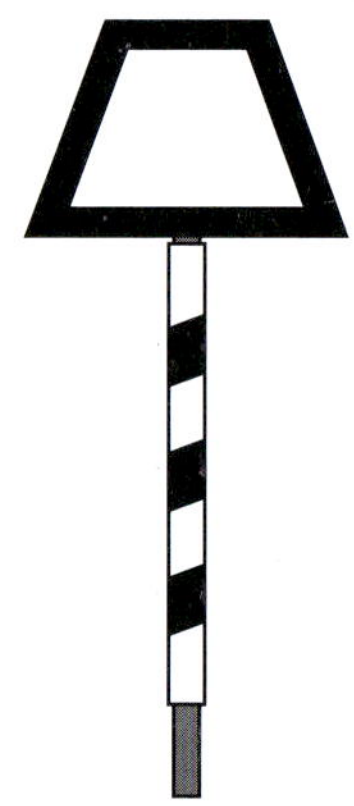

Bild 2: Trapeztafel (Ne 1) – Kennzeichnung der Stelle, wo bestimmte Züge vor einer Betriebsstelle zu halten haben

Bild 3: Rückfallweiche

Bild 4: H-Tafel (gewöhnlicher Halteplatz)

Bild 1: Dieseltriebzug auf der Zenngrundbahn (Nebenbahn)

Der **Zugleiter** regelt Zug- und Rangierfahrten auf der Zugleitstrecke mit Zuglaufmeldungen und anderen Meldungen. Er kann zugleich Fahrdienstleiter einer Zugmeldestelle oder örtlicher Bahnhofsfahrdienstleiter einer Zuglaufstelle sein (s. Betriebsstellenbuch). Der Zugleiter erteilt die Fahrerlaubnis aufgrund der Zuglaufmeldungen, die er mit dem Zugführer bzw. dem örtlichen Bahnhofsfahrdienstleiter austauscht, und der Zugmeldungen, die er mit dem benachbarten Fahrdienstleiter oder Zugleiter wechselt.

Auf Zuglaufstellen und auf den an die Zugleitstrecke angrenzenden Zugmeldestellen kann im Fahrplan oder durch Befehl die Abgabe von Zuglaufmeldungen vorgeschrieben sein. Diese Stellen sind Zuglaufmeldestellen. Auf unbesetzten Zuglaufmeldestellen gibt der Zugführer Zuglaufmeldungen und übernimmt das Einstellen und Sichern von Fahrwegen.

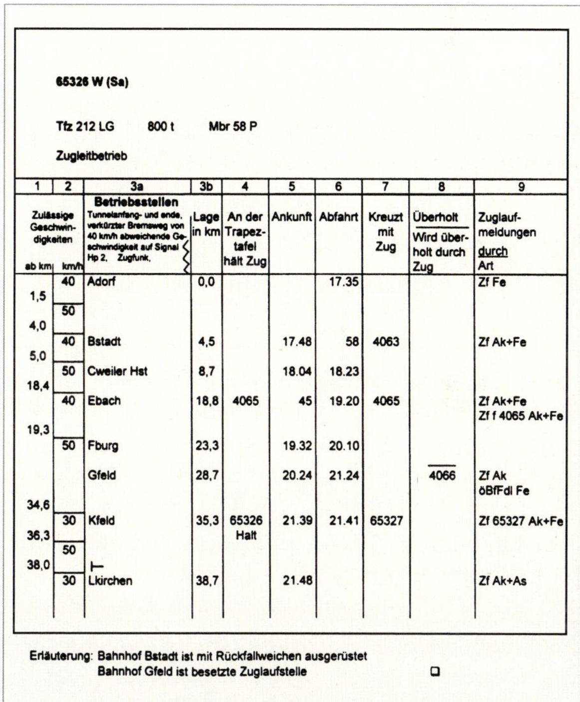

65326 W (Sa)

Tfz 212 LG 800 t Mbr 58 P

Zugleitbetrieb

1	2	3a	3b	4	5	6	7	8	9
Zulässige Geschwindigkeiten ab km	km/h	**Betriebsstellen** Tunnelanfang- und ende, verkürzter Bremsweg von 40 km/h abweichende Geschwindigkeit auf Signal Hp 2, Zugfunk,	Lage in km	An der Trapeztafel hält Zug	Ankunft	Abfahrt	Kreuzt mit Zug	Überholt / Wird überholt durch Zug	Zuglaufmeldungen durch / Art
	40	Adorf	0,0			17.35			Zf Fe
1,5	50								
4,0	40	Bstadt	4,5		17.48	58	4063		Zf Ak+Fe
5,0	50	Cweiler Hst	8,7		18.04	18.23			
18,4	40	Ebach	18,8	4065	45	19.20	4065		Zf Ak+Fe Zf f 4065 Ak+Fe
19,3	50	Fburg	23,3		19.32	20.10			
		Gfeld	28,7		20.24	21.24		‾‾‾‾ 4066	Zf Ak öBfFdl Fe
34,6	30	Kfeld	35,3	65326 Halt	21.39	21.41	65327		Zf 65327 Ak+Fe
36,3	50								
38,0	30	⊢ Lkirchen	38,7		21.48				Zf Ak+As

Erläuterung: Bahnhof Bstadt ist mit Rückfallweichen ausgerüstet
Bahnhof Gfeld ist besetzte Zuglaufstelle ❑

Bild 2: Muster Buchfahrplanseite im Zugleitbetrieb

Zuglaufmeldungen sind:

- **Fahrerlaubnis (Fe):** Die Fahrerlaubnis wird angefordert, wenn die Voraussetzungen dafür erfüllt sind. Bei unbesetzten Zuglaufstellen bedeutet dies, dass die Weichen- und Flankenschutzeinrichtungen in der Grundstellung stehen und gesichert sein müssen und der Zugführerschlüssel (für die Handverschlüsse) sich in der Verwahrung des Zugführers befindet. Weiterhin dürfen sich in den Hauptgleisen (außer dem Zug) keine weiteren Fahrzeuge befinden. Wortlaut: »Darf Zug (*Nummer*) bis (*Name der Zuglaufstelle/Zugmeldestelle*) fahren?«
- **Ankunftsmeldung (Ak):** Sie wird durch den Zugführer bzw. durch den örtlichen Bahnhofsfahrdienstleiter an den Zugleiter gegeben. Sie darf erst gegeben werden, wenn eine Räumungsprüfung durchgeführt wurde. Wortlaut: »Zug (*Nummer*) in (*Name der Zuglaufstelle/Zugmeldestelle*).«
- **Verlassensmeldung (Ve):** Sie wird an den Zugleiter nur auf unbesetzten Zuglaufstellen gegeben. Sie darf nur gegeben werden, wenn der Zug mit Schlusssignal an der festgesetzten Zugschlussstelle (für die Ausfahrt) bzw. an der Trapeztafel der Gegenrichtung vorbeigefahren ist. Wortlaut: »Zug (*Nummer*) hat (*Name der Zuglaufstelle*) verlassen.«

- **Fahrwegsicherungsmeldung:** Sie wird an den Zugleiter vom Zugführer des ersten Zuges auf unbesetzten Zuglaufstellen ohne Rückfallweiche und Richtungsbetrieb gegeben. Sie darf erst gegeben werden, wenn die Weichen und Flankenschutzeinrichtungen richtig gestellt und gesichert sind, Fahrzeugbewegungen (Rangieren) auf den Hauptgleisen und Nebengleisen (s. Betriebsstellenbuch) eingestellt sind und das zu befahrende Hauptgleis frei ist. Wortlaut: »Fahrweg für Zug (*Nummer*) nach Gleis (*Nummer*) gesichert.«
- **Abstellmeldung:** Sie wird an den Zugleiter vom Zugführer bzw. Rangierleiter auf unbesetzten Zuglaufstellen gegeben. Sie darf nur gegeben werden, wenn die Rangierfahrt im Nebengleis abgestellt ist, in den Hauptgleisen keine Fahrzeuge zurückgelassen wurden und der Zugführerschlüssel sich in Verwahrung des Meldenden befindet. Wortlaut: »Zug (*Nummer*)/Rangierfahrt in (*Name der Zuglaufstelle*) in Gleis (*Nummer*) abgestellt.«.

Fallbeispiel

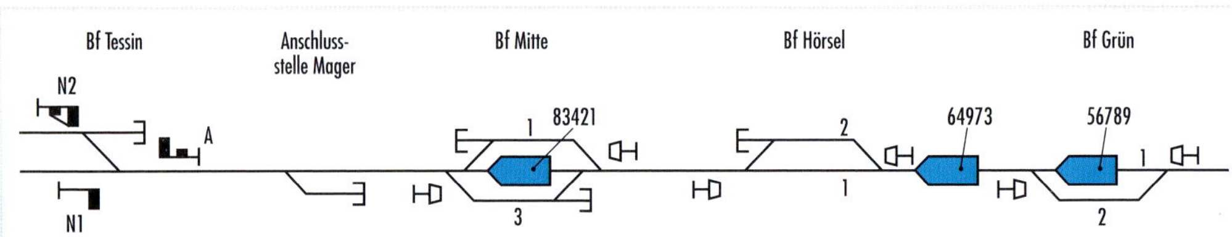

Bild 1: Vereinfachter Signallageplan (Ausgangssituation)

- Der Bahnhofsfahrdienstleiter in Grün ersucht beim Zugleiter in Tessin um Fahrerlaubnis für den Zug 56789: »Darf Zug 56789 bis Bf Mitte fahren?«
- Der Zugleiter in Tessin wartet ab, bis die Verlassensmeldung des Zuges 83421 (»Zug 83421 hat den Bahnhof Mitte verlassen«) und die Abstellmeldung für den Zug 64973 eingegangen ist (»Zug 64973 in Bf Hörsel in Gleis 2 abgestellt«)
- Der Zugführer des Zuges 64973 stellt und prüft für den überholenden Zug (hier: Zug 56789) den Fahrweg und gibt dem Zugleiter in Tessin die Fahrwegsicherungsmeldung: »Fahrweg für Zug 56789 nach Gleis 1 gesichert.«
- Der Zugleiter in Tessin gibt dem Zug 56789 die Fahrerlaubnis bis Bahnhof Mitte: »Zug 56789 darf bis Bf Mitte fahren.«

1. Welche Vorteile bietet der (ZLB) gegenüber einem klassischen Betrieb (Stellwerke, Blocktechnik)?
2. Welche technischen Umrüstungen sind notwendig, um aus einem »klassischen Bahnhof« eine unbesetzte Zuglaufstelle für den Zugleitbetrieb zu machen?
3. Muss das Signal Ne 1 (Trapeztafel) durch das Signal Ne 2 (Vorsignaltafel) angekündigt werden? Begründen Sie die Antwort!
4. Welche Aufgaben hat ein Zugleiter? Vergleiche diese mit den Tätigkeiten eines Fahrdienstleiters!
5. Welche Arten von »Zuglaufmeldungen« werden im Zugleitbetrieb (ZLB) verwendet und wer ist für sie zuständig?

8

Rangieren, Bilden von Zügen

Rangieren ist das Bewegen von Fahrzeugen im Bahnbetrieb, ausgenommen das Fahren der Züge. Das Bewegen von Fahrzeugen im Baugleis ist Rangieren.

Das Rangieren umfasst auch alle Tätigkeiten, die zur Vorbereitung und Durchführung von Fahrzeugbewegungen sowie zum Abstellen der Fahrzeuge gehören. Das Kuppeln, das Entkuppeln, das Bedienen der Bremsen und das Festlegen abgestellter Fahrzeuge gehören ebenfalls zum Rangieren.

Besonderheiten für das Rangieren werden im Betriebsstellenbuch (Bebu) bekantgegeben.

Bild 1: Rangierer beim Entkuppeln von Güterwagen mit der Entkupplungsstange

8.1 Grundbegriffe beim Rangieren

Fahrzeugbewegungen beim Rangieren sind alle

- beabsichtigten Bewegungen (d. h. nicht versehentliche, z. B. durch Wind und Gefälle)
- Bewegungen von Fahrzeugen (d. h. mit Triebfahrzeugen und / bzw. Wagen, s. Kap 3.1)
- Bewegungen – ausgenommen Zugfahrten (das Bewegen von Fahrzeugen im Bahngleis ist Rangieren)

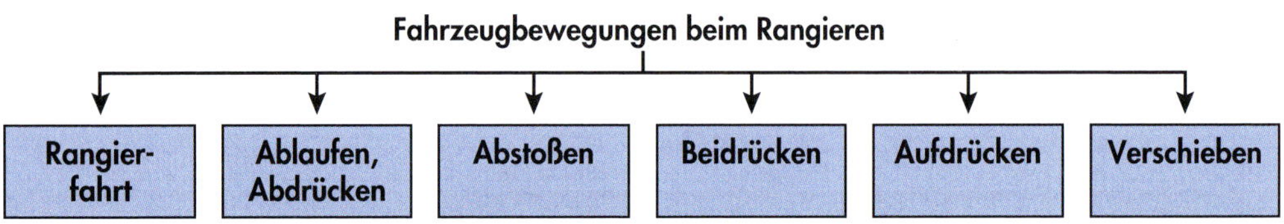

Bei einer Rangierfahrt werden bewegt:

- einzelne arbeitende Triebfahrzeuge oder
- eine Gruppe gekuppelter Fahrzeuge, von denen mindestens ein Fahrzeug ein arbeitendes Triebfahrzeug ist

Rangierfahrten können auch danach unterschieden werden, ob der Triebfahrzeugführer die Fahrwegbeobachtung durchführt (früher: gezogene Rangierfahrt) oder ob das die Aufgabe des Rangierbegleiters ist (früher: geschobene Rangierfahrt). (s. Kap. 8.3.4).

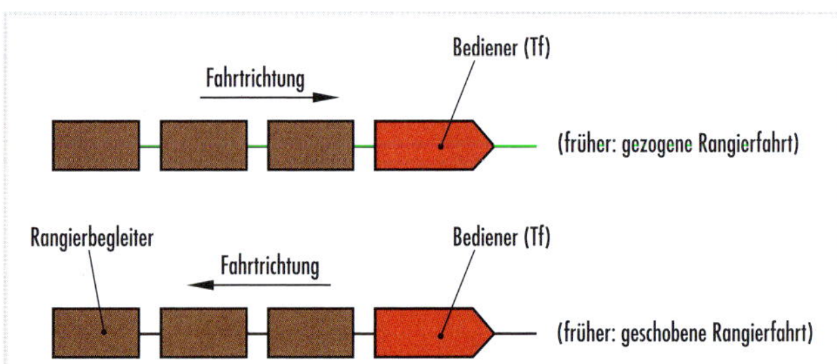

Bild 2: Rangierfahrten

Abdrücken

- **Ablaufen** ist das Bewegen von Fahrzeugen durch Schwerkraft, im Allgemeinen von einem Ablaufberg herab, über den die Wagen durch ein Triebfahrzeug **abgedrückt** werden.

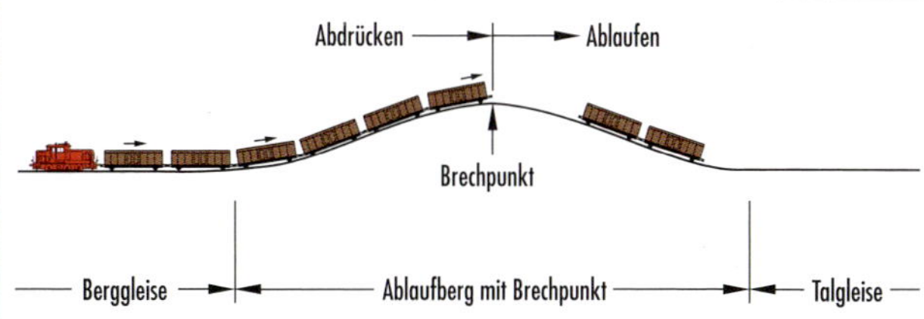

Bild 1: Ablaufen / Abdrücken (s. Rangierbahnhof Kap. 5.6)

- **Abstoßen** ist das Bewegen geschobener, nicht mit einem arbeitenden Triebfahrzeug gekuppelter Fahrzeuge durch Beschleunigen, sodass die Fahrzeuge allein weiterfahren, nachdem das Triebfahrzeug angehalten hat.

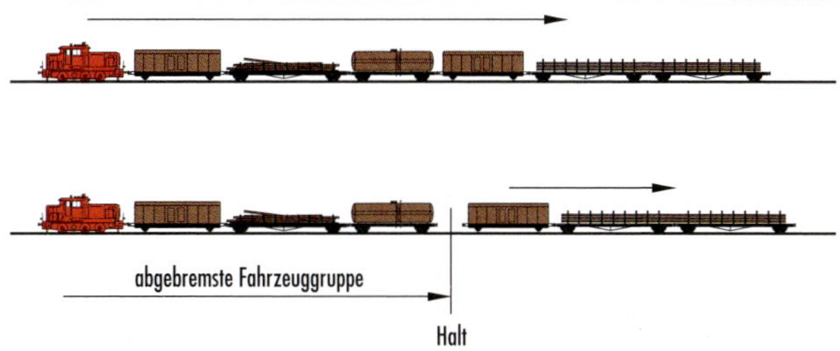

Bild 2: Abstoßen

- **Beidrücken** ist das Bewegen getrennt stehender Fahrzeuge zum Kuppeln. Dies wird notwendig, wenn z.B. nach dem Abstoßen oder Ablaufen Fahrzeuge »auf Lücke« stehen.

Bild 3: Beidrücken

- **Aufdrücken** ist das Bewegen von Fahrzeugen zum Entkuppeln oder von kuppelreif stehenden Fahrzeugen zum Kuppeln.
  Beidrücken und Aufdrücken sind Fahrzeugbewegungen im Zusammenhang mit dem Kuppeln oder Entkuppeln von Fahrzeugen. Das Aufdrücken wird dann immer erforderlich, wenn durch die angespannten Pufferfedern das Aus- oder Einhängen der Schraubenkupplungen nicht möglich ist.

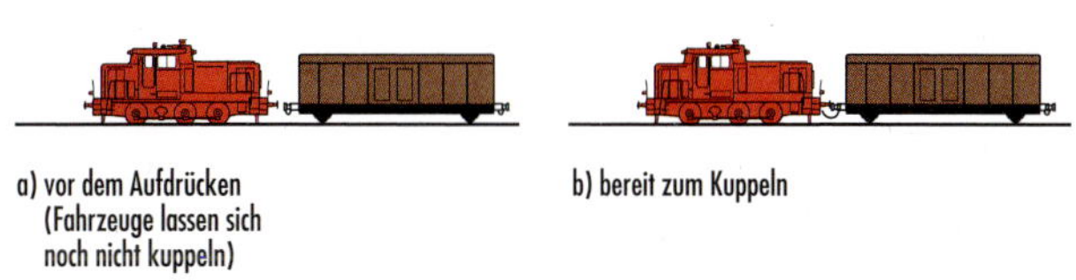

Bild 4: Aufdrücken

- **Verschieben** ist das Bewegen von Fahrzeugen (z.B. beim Be- und Entladen) durch Menschenkraft oder durch einen Antrieb, der nicht von einem Triebfahrzeug ausgeht.

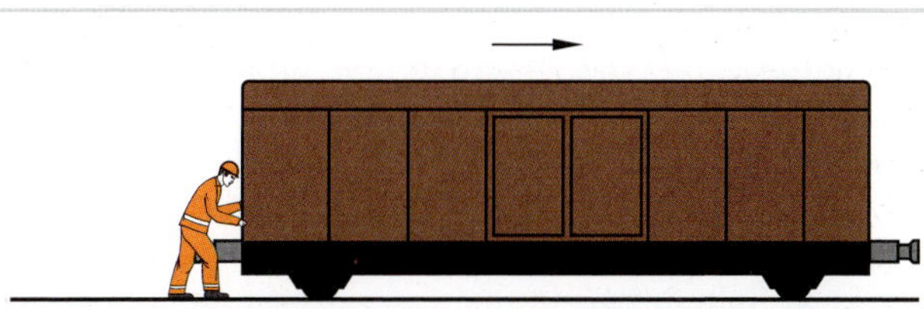

Bild 5: Verschieben (Der Mitarbeiter darf sich nicht im Gefahrenbereich befinden)

In der Regel rangiert der Triebfahrzeugführer (Tf). Im Rangier- oder Dienstplan (s. Kap. 8.9) können Aufgaben des Tf einem Rangierbegleiter (Rb) übertragen werden. Auch der Triebfahrzeugführer darf Aufgaben einem Rangierbegleiter (Rb) übertragen. Dies können u.a. folgende Aufgaben sein:

- Fahrweg und Signale beobachten (s. Kap. 8.2.2)
- Fahrbereitschaft feststellen (s. Kap. 8.2.1)
- Verständigung des Weichenwärters (s. Kap. 8.2.1)

Bild 1: Rangierer beim Kuppeln

Das Rangierpersonal muss mit den notwendigen Signalmitteln (z.B. Lampen) und Geräten (z.B. Hemmschuhe, Radvorleger, Entkupplungsstangen) ausgestattet sein. Sie sind verpflichtet, beim Rangieren persönliche Schutzausrüstung (z.B. Schutzhelm, Schutzhandschuhe, Schutzschuhe) zu tragen. Des Weiteren sind allgemeine Sicherheitsregeln (z.B. beim Begleiten von Fahrzeugen, beim Kuppeln, beim Umgang mit elektrischer Energie) zu beachten.

Arbeitende Triebfahrzeuge müssen beim Rangieren mit einem Triebfahrzeugführer besetzt sein. Sind arbeitende Triebfahrzeuge gesteuert (von einem Steuerwagen aus oder mit Funkfernsteuerung, s. Kap. 8.11), dürfen sie unbesetzt sein. Obliegt dem Tf die Beobachtung des Fahrwegs und der Signale (s. Kap. 8.2.2), muss er sich bei Triebfahrzeugen mit zwei Führerräumen oder bei Triebzügen im vorderen Führerraum aufhalten.

Bild 2: Triebfahrzeugführer im Führerraum der BR 365

1. Welche Tätigkeiten umfasst das Rangieren?
2. Wo finden Fahrzeugbewegungen beim Rangieren stets statt?
3. Fahrzeugbewegungen können unterschieden werden nach Bewegungen durch Maschinenkraft, durch Menschenkraft und durch die Schwerkraft der Fahrzeuge. Ordnen Sie die verschiedenen Fahrzeugbewegungen den Arten der Bewegung zu!
4. Wer ist für die Durchführung einer Fahrzeugbewegung beim Rangieren verantwortlich? Wem können bestimmte Aufgaben übertragen werden?
5. Mit welchen Geräten und mit welcher Kleidung muss das Rangierpersonal ausgestattet sein?
6. In welchem Fall braucht ein arbeitendes Triebfahrzeug beim Rangieren nicht besetzt zu sein?

8.2 Teilbereiche einer Fahrzeugbewegung beim Rangieren

Jede Fahrzeugbewegung beim Rangieren kann in verschiedene Teilbereiche eingeteilt werden:

Maßnahmen zur Vorbereitung → **Durchführung (Fahrt)** → **Maßnahmen nach Beendigung**

Maßnahmen zur Vorbereitung
- Verständigung aller Beteiligten
- Warnung von Personen
- Feststellen der Fahrbereitschaft
- Zustimmung des Weichenwärters
- Kuppeln von Fahrzeugen

Durchführung (Fahrt)
- Fahrauftrag
- Geschwindigkeit
- Beobachten des Fahrwegs und Signale
- Rangierfahrten mit Ansage des freien Fahrwegs
- Bahnübergänge müssen vor dem Befahren gesichert sein (s. Kap. 2.6)

Maßnahmen nach Beendigung
- Abstellen von Fahrzeugen
- Festlegen von Fahrzeugen
- Weichen in die Grundstellung zurücklegen
- Entkuppeln

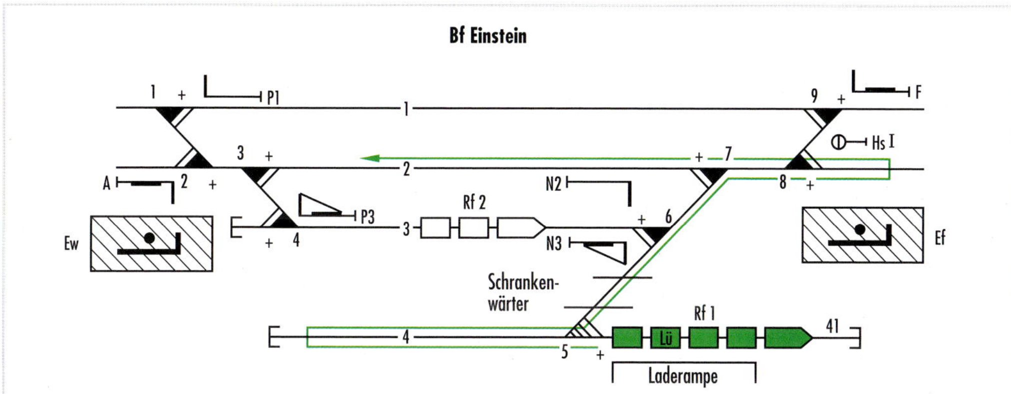

Bild 1: Beispiel: Die Rangierfahrt (Rf 1) besteht aus vier Güterwagen 620 t) und soll von Gleis 41 nach Gleis 2 umgesetzt werden. Danach fährt die Rangierlok nach Gleis 41 zurück. An die vier in Gleis 2 stehenden Wagen wird nach 20 min eine Streckenlok angehängt. Diese verlassen den Bahnhof dann als Zugfahrt.

8.2.1 Maßnahmen zur Vorbereitung einer Fahrzeugbewegung beim Rangieren

Kommunikation
Rangieren: Verständigung

Verständigung aller Beteiligten

Vor dem Bewegen von Fahrzeugen sind alle Beteiligte am Rangieren zu verständigen.

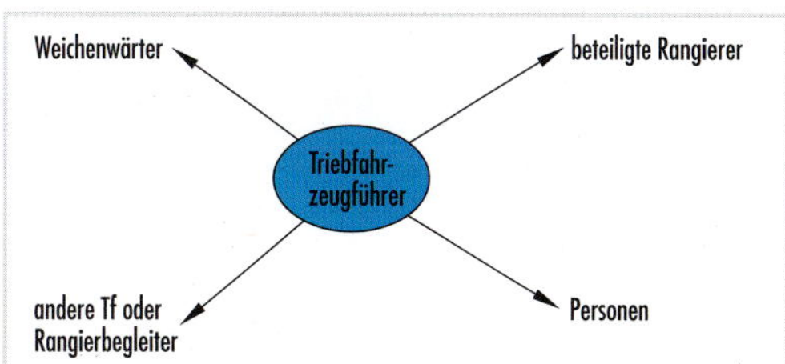

Bild 2: Verständigung durch Triebfahrzeugführer (Tf)

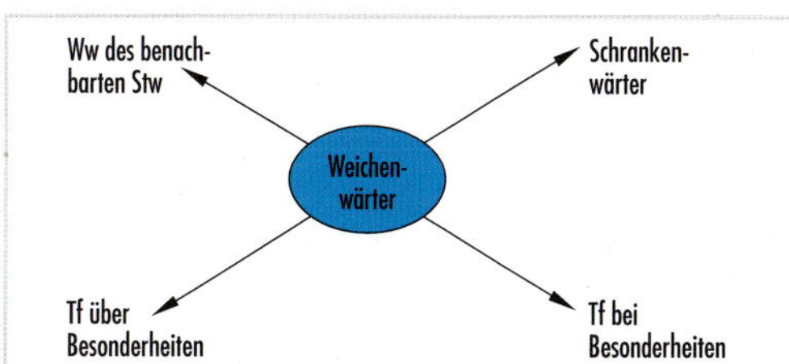

Bild 3: Verständigung durch Weichenwärter (Ww)

Bahnübergänge
Feststellen der Fahrbereitschaft

Verständigung durch ...

Triebfahrzeugführer (Tf)

1) **Ww** über Ziel, Zweck und Besonderheiten der Fahrzeugbewegung. Sind dem Tf Ziel oder Zweck der Fahrzeugbewegung nicht bekannt, hat er diese beim Ww zu erfragen.
2) **beteiligte Rangierer** über Zweck und Ziel der Fahrzeugbewegung und über Besonderheiten, die beim Durchführen der Fahrzeugbewegung zu beachten sind.
3) **andere Tf oder Rb**, die Fahrzeugbewegungen durchführen, wenn eine gegenseitige Gefährdung eintreten kann.
4) **Personen**, die sich vor dem Bewegen von Fz oder vor dem Heranfahren an Fz an oder in diesen Fz befinden. In den ÖRil können zusätzliche Regeln gegeben sein.

Rangierbegleiter (Rb)

- Die Verständigung nach 1) bis 4), wenn ihm diese Aufgaben übertragen worden sind.
- **Tf** über Zweck und Ziel der Fahrzeugbewegung und über Besonderheiten, wenn er die Verständigung des Weichenwärters durchführt.

Weichenwärter (Ww)

- **Tf** über Besonderheiten (z. B. gestörte Oberleitung oder Bahnübergangssicherung), die beim Durchführen der Bewegung zu beachten sind. Die Besonderheiten sind dem Rb mitzuteilen, wenn dieser den Ww über Ziel und Zweck verständigt hat.
- **Tf** bei regelmäßig wiederkehrenden Fahrten mit dem Triebfahrzeug eines Zuges nur, wenn sich der Zweck der Fahrt geändert hat oder vom Ziel abgewichen werden soll.
- **Ww des benachbarten Stw**, wenn eine Rangierfahrt über den eigenen Rangierbezirk hinaus durchgeführt werden soll.
- **Schrw**, wenn ein BÜ befahren werden soll.
- Beim Rangieren im Baugleis ist die Verständigung nicht erforderlich.

Feststellen der Fahrbereitschaft

Kuppeln, Rangierfahrt

Bevor Fahrzeuge bewegt werden, hat der Triebfahrzeugführer festzustellen, dass

- die Bremsen gelöst sind
- die zu bewegenden Fahrzeuge nicht durch Hemmschuhe oder Radvorleger festgelegt sind
- Mitfahrende verständigt sind
- Außentüren von Reisezugwagen geschlossen sind
- – soweit erforderlich – die Bremsprobe ausgeführt ist oder die besetzten Handbremsen auf ihre Wirksamkeit geprüft sind
- beim Abstoßen oder Ablaufen die erforderlichen Hemmschuhe zum Anhalten der Wagen gebrauchsfähig an den vorgesehenen Stellen bereitliegen

Bild 1: Abnehmen eines Hemmschuhes

Die Feststellungen hat der Rangierbegleiter zu treffen, wenn ihm diese Aufgaben übertragen worden sind.

Zustimmung des Weichenwärters

Zustimmung des Weichenwärters

Bevor Fahrzeuge bewegt werden, ist in der Regel die Zustimmung des Weichenwärters erforderlich. Diese erfolgt durch

- Signal Sh 1 oder Ra 12 (DV 301) – im Betriebsstellenbuch (Bebu) können zusätzliche Regeln gegeben sein
- mündlich oder
- wenn die Zustimmung nicht durch ein Signal oder mündlich gegeben werden kann – durch Hochhalten eines Arms oder einer weißleuchtenden Handleuchte

Der Weichenwärter darf die Zustimmung erst geben, wenn u. a.

- die Beteiligten verständigt worden sind
- Zugfahrten oder andere Fahrzeugbewegungen nicht gefährdet sind
- der Fahrweg eingestellt ist

(Rangierverbote während einer Zugfahrt sind zu beachten.)

Abweichungen gelten u. a. bei folgenden Fällen:

- Beim Ablaufen ist nur eine Zustimmung vor Beginn des Ablaufens erforderlich.
- Eine Zustimmung ist u. a. nicht erforderlich, wenn ein Tf zum Kuppeln oder Entkuppeln von Fz aufdrücken muss oder nach dem Entkuppeln geringfügig vorziehen soll, damit die Fz getrennt stehen.

Zum Beispiel (s. Seite 383):

- Der Rangierbegleiter (Rb) und der Weichenwärter (hier: Fahrdienstleiter Einstein) verständigen sich über die geplante Fahrzeugbewegung und vereinbaren, dass eine Rangierfahrt mit 4 Wagen von Gleis 41 nach Gleis 2 durchgeführt werden soll. Der vorletzte Wagen ist eine Lü-Anton (s. Kap. 8.13.3).
- Der Rb verständigt den Tf über die Rangierfahrt und informiert den Rb der Rf 2.
- Der Fdl verständigt seinen Weichenwärter (hier: Ew) und den Schrankenwärter.
- Der Tf bzw. Rb stellt die Fahrbereitschaft fest.
- Der Fdl stimmt, nachdem er die Weichen 6 und 7 in die richtige Lage gebracht hat, der Rangierfahrt bis hinter das HS I mündlich zu.

8.2.2 Durchführung einer Fahrzeugbewegung (Fahrt)

Fahrauftrag

Wenn der Rangierbegleiter die Fahrwegbeobachtung durchführt (bei »geschobenen« Rangierfahrten), dann erteilt er dem Triebfahrzeugführer den Fahrauftrag. Er darf ihn erteilen, wenn

- die Beteiligten verständigt worden sind
- die Fahrbereitschaft festgestellt worden ist und
- die Zustimmung des Weichenwärters gegeben ist

Der Rangierbegleiter erteilt den Fahrauftrag durch Rangiersignal oder mündlich. Beim Wechsel der Fahrtrichtung ist stets ein neuer Fahrauftrag erforderlich.

Bild 1: Lokrangierführer mit Funkfernsteuerung

Geschwindigkeit

Beim Rangieren ist die Fahrgeschwindigkeit so zu regeln, dass

- vor Halt gebietenden Signalen, vor Fahrzeugen,
- vor Gefahrstellen, die einen Halt erfordern (Betriebsstellenbuch oder Betra), oder
- an der beabsichtigten Stelle angehalten werden kann.

Die Geschwindigkeit, mit der höchstens gefahren werden darf, beträgt 25 km/h, im Baugleis 20 km/h. Im Betriebsstellenbuch kann eine andere Geschwindigkeit vorgeschrieben sein.

Beobachten des Fahrwegs

Bei jeder Fahrzeugbewegung hat der Triebfahrzeugführer den Fahrweg und seine Signale zu beobachten und darauf zu achten, dass

- der Fahrweg frei ist
- Weichen – soweit ein bestimmter Fahrweg vereinbart wurde und Weichensignale vorhanden sind –, Gleissperren, Drehscheiben, Schiebebühnen, Gleisbremsen und sonstige Einrichtungen richtig gestellt sind
- die einmündenden Gleisabschnitte bis zum Grenzzeichen frei sind
- sich dem Fahrweg kein Fahrzeug in gefährdender Weise nähert
- kein Fahrzeug unbeabsichtigt über ein Grenzzeichen oder Isolierzeichen am anderen Ende des Gleises gelangt
- Bahnübergänge gesichert sind – Rangierfahrt: Bahnübergang sichern
- ein Triebfahrzeug mit gehobenem Stromabnehmer nur in einen Fahrweg mit Oberleitung eingelassen wird und diese weder abgeschaltet noch gestört ist

Diese Aufgaben sind vom Rangierbegleiter auszuführen, wenn sie ihm übertragen worden sind.

> zum Beispiel (s. Seite 383):
>
> - Der Rb erteilt den Fahrauftrag an den Tf, bis hinter die Weiche 5 zu fahren.
> - Der Rb und Tf beobachten den Fahrweg, insbesondere, ob der BÜ gesichert ist.
> - Der Rb stellt die ortsgestellte Weiche 5 um. Der Tf fährt bis hinter das Hs I.
> - Der Fdl erteilt die Zustimmung, nach Gleis 2 zu fahren, durch Sh 1 bzw. Gsp 1 am Hs I.

Ansage des freien Fahrwegs

Rangieren: Ansage des freien Fahrweges

Rangierfahrten, bei denen sich der Triebfahrzeugführer an der Spitze in einem Führerraum befindet, alle Wagen an die Hauptluftleitung angeschlossen und alle brauchbaren Bremsen eingeschaltet sind und festgestellt wurde, dass alle eingeschalteten Druckluftbremsen ordnungsgemäß wirken oder allein oder zu zweien fahrende Triebfahrzeuge (außer Kleinwagen) dürfen bis zu 40 km/h fahren, wenn der Weichenwärter den freien Fahrweg angesagt hat. Der Weichenwärter darf den freien Fahrweg ansagen, wenn

- dies in den örtlichen Zusätzen zugelassen ist
- er den Fahrweg bis zu dem Signal eingestellt hat, das Ziel oder zwischen Ziel der Rangierfahrt ist und
- er festgestellt hat, dass der Fahrweg frei von Fahrzeugen ist

Die Ansage des freien Fahrwegs lautet: »Fahrweg bis (Bezeichnung des Signals) frei«. Einseitig gerichtete Sprecheinrichtungen dürfen für die Ansage nicht benutzt werden.

Bedienen ortsgestellter Weichen und Gleissperren

Während ferngestellte Weichen und Gleissperren in der Regel durch den Weichenwärter vom Stellwerk aus bedient werden, ist dies bei ortsgestellten Einrichtungen die Aufgabe des Rangierpersonals. Sie sind durch eine Bedienungseinrichtung – meist ein farblich gekennzeichnetes Hebelgewicht – umstellbar. Neuerdings werden auch elektrisch ortsgestellte Weichen mit Schalter verwendet (s. Bild 2, s. a. Kap. 8.8).

Bild 1: Ortsgestellte Weiche mit Hebelgewicht

Bild 2: Ortsgestellte Weiche mit Schalter

Um welche Art von Weiche handelt es sich?	Hebelgewichte finden hauptsächlich Verwendung	Hebelgewichte treten nur noch vereinzelt auf	Wie ist betrieblich zu verfahren?
Weiche mit Grundstellung			Nach Beendigung einer Fahrzeugbewegung ist die Weiche wieder in die Grundstellung zu legen. In der Grundstellung ist der schwarze Teil des Hebelgewichts dem Erdboden zugekehrt.
Weiche ohne vorgeschriebene Grundstellung			Kann nach einer Fahrzeugbewegung in beliebiger Lage belassen werden.
Weiche ohne Spitzenverschluss (seltene, veraltete Variante)			Wenn sie gegen die Spitze befahren werden soll, ist der Weichenhebel während des Befahrens kräftig niederzudrücken.
Rückfallweiche mit Grundstellung		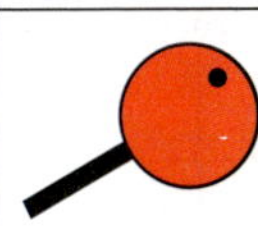	Darf aufgefahren werden und fällt dann selbsttätig in die Grundstellung zurück (hydraulische Feder).
Weiche mit Grundstellung			Darf nur mit Zustimmung des zuständigen Bedieners (Wärters) umgestellt werden (gilt auch für Gleissperren).

Tabelle 1: Hebelgewichte an ortsgestellten Weichen

8.2.3 Maßnahmen nach Beendigung

Abstellen von Fahrzeugen

Abstellen von Fahrzeugen

Beim Abstellen von Fahrzeugen vor einem Grenzzeichen, einem Übergang oder einem sonst freizuhaltenden Abschnitt ist zu berücksichtigen, dass die Fahrzeuge sich noch bewegen können, wenn sich die Pufferfedern strecken oder andere Fahrzeuge anstoßen. Beim Entkuppeln ist der Luftabsperrhahn in dem am Triebfahrzeug bleibenden Teil zuerst zu schließen.

Bild 1: Abstellen von einem Wagen vor dem Grenzzeichen

Festlegen von Fahrzeugen
Festlegen von Zügen/Zugteilen

Festlegen von Fahrzeugen, Zügen oder Zugteilen

Abgestellte Fahrzeuge müssen so festlegt werden, dass sie nicht über ein Grenzzeichen, ein Hauptsignal, Sperrsignal, eine Gleissperre oder einen Übergang entlaufen oder an Fahrzeuge anstoßen, an oder in denen gearbeitet wird. Sind in einem Gleis mehr als ein Fahrzeug oder mehr als eine Fahrzeuggruppe abgestellt, müssen die dem Grenzzeichen, dem Hauptsignal, Sperrsignal, der Gleissperre oder dem Übergang am nächsten abgestellten Fahrzeuge oder Fahrzeuggruppen festlegt werden.

Regeln zum Sichern von Zügen/Zugteilen und Fahrzeugen

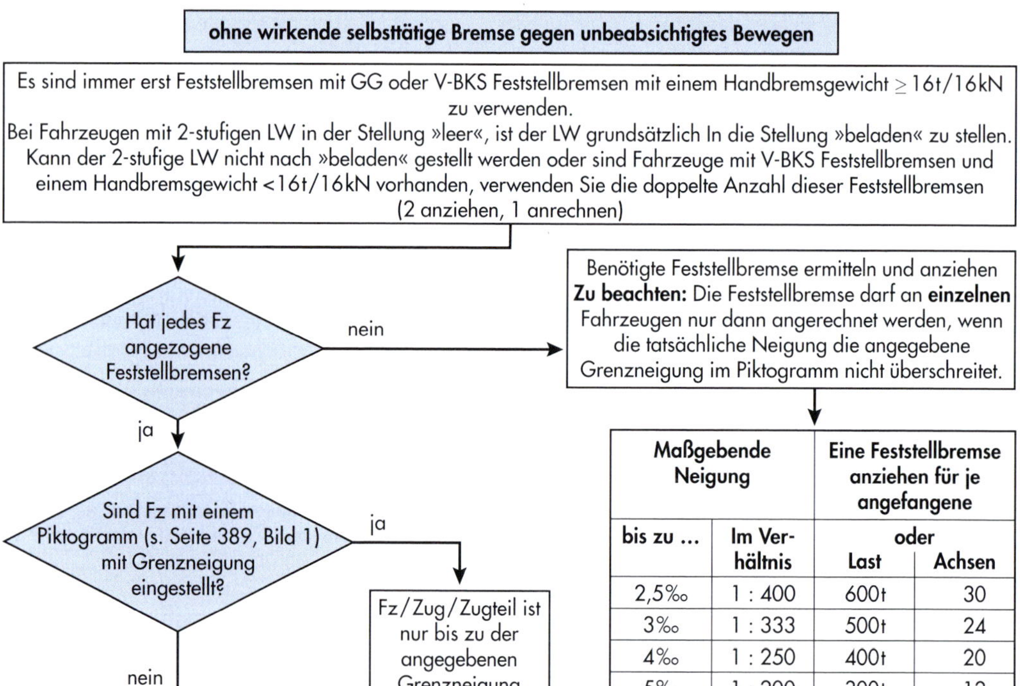

Maßgebende Neigung		Eine Feststellbremse anziehen für je angefangene	
bis zu …	Im Verhältnis	oder Last	Achsen
2,5‰	1 : 400	600t	30
3‰	1 : 333	500t	24
4‰	1 : 250	400t	20
5‰	1 : 200	300t	12
7,5‰	1 : 133	200t	8
10‰	1 : 100	160t	8
15‰	1 : 66	100t	4
20‰	1 : 50	80t	4
30‰	1 : 33	An jedem Fahrzeug ist eine Feststellbremse anzuziehen.	
40‰	1 : 25		

Grundregeln:

- Für das Sichern von Fahrzeugen, Zügen und Zugteilen müssen in der Regel Feststellbremsen (Fbr) verwendet werden.
- Für das Festlegen der Fahrzeuge ist der Triebfahrzeugführer verantwortlich, wenn er die Fahrzeuge abstellt. Der Rangierbegleiter ist verantwortlich, wenn ihm diese Aufgabe übertragen worden ist.

Eine Feststellbremse darf ersetzt werden:

- durch Auflegen eines doppelseitig wirkenden Radvorlegers zwischen zwei Achsen
- durch Auflegen je eines Hemmschuhs oder eines einseitig wirkenden Radvorlegers aus beiden Richtungen unter ein Rad oder ein Drehgestell

Radvorleger oder Hemmschuhe dürfen i. d. R. nicht zwischen die Achsen eines Drehgestells aufgelegt werden.

Die Wirkung dieser bodenbedienbaren Feststellbremse (Fbr) oder auch einer vom Wagen aus bedienbaren Handbremse (Hbr) ist bis zu einer Neigung von 1,8 % gewährleistet.

Bild 1: Wirkung der Feststellbremse – Neigung

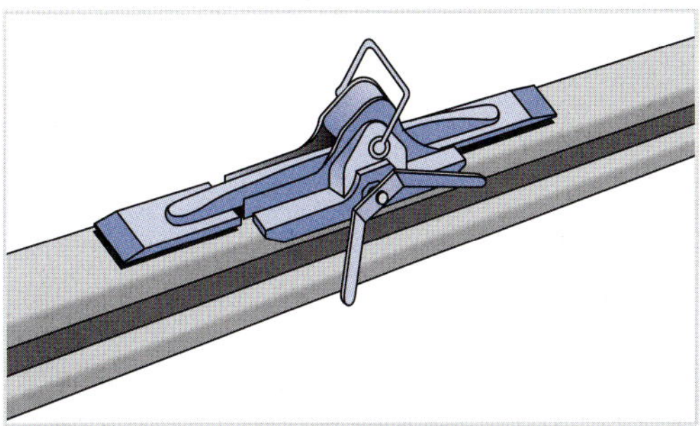

Bild 2: Radvorleger (doppelseitig wirkend)

Bild 3: Auflegen eines Hemmschuhes

1. Welche Personen müssen beim Rangieren verständigt werden?
2. Vor jeder Fahrzeugbewegung ist die Fahrbereitschaft festzustellen. Worauf ist dabei zu achten?
3. Vor jeder Fahrzeugbewegung gibt der Weichenwärter seine Zustimmung. Wem erteilt er sie, wie erteilt er sie und welche Vorbedingungen sind dazu nötig?
4. Darf der Triebfahrzeugführer (Tf) durch die Zustimmung des Weichenwärters (z. B. durch Sh 1) losfahren? Begründen Sie Ihre Antwort!
5. Mit welcher Geschwindigkeit darf im Regelfall höchstens gefahren werden?
6. Wer ist bei einer geschobenen Rangierfahrt für die Beobachtung des Fahrweges und der Signale verantwortlich?
7. Worauf ist während einer Rangierfahrt im Allgemeinen zu achten?
8. Was versteht man unter der »Ansage des freien Fahrwegs« und welche Vorteile bietet dieses Verfahren?
9. Welche ortsgestellte Weiche darf aufgefahren werden und wie ist sie gekennzeichnet?
10. Welche Bedeutung hat ein »W« auf einem Hebelgewicht einer ortsgestellten Weiche?
11. Welche Regeln gelten beim Entkuppeln von Wagen vom Triebfahrzeug?
12. Worauf ist besonders beim Abstellen von Fahrzeugen zu achten?
13. Welche Festlegemittel müssen in der Regel verwendet werden und welche Ersatzmöglichkeiten sind erlaubt?
14. Was versteht man unter einer Neigung von 2,5 ‰ (1 : 400)?

8.3 Verständigung beim Rangieren

Rangieren: Verständigung
Rangierfahrt, gezogen

Aufträge, Meldungen und sonstige Gespräche dienen beim Rangieren zur Übermittlung von notwendigen Informationen. Jede unvollständige, unterlassene oder ungenaue Verständigung zwischen den Beteiligten kann eine Gefahr herbeiführen.

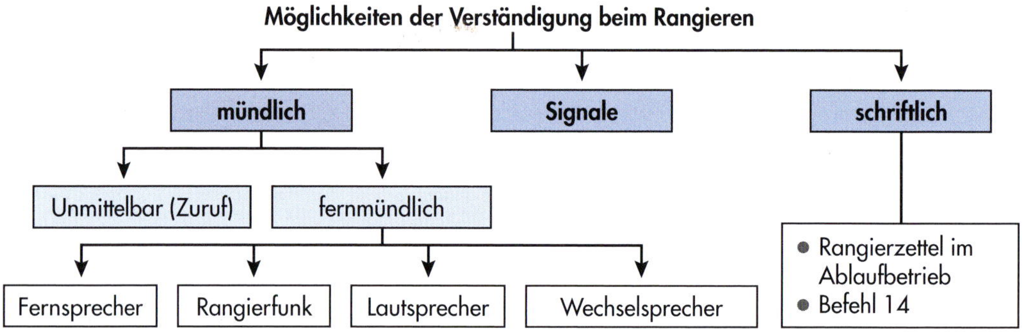

8.3.1 Mündliche Verständigung

Grundregel: Mündliche Aufträge und Meldungen sind beim Rangieren vom Empfänger zu wiederholen. Die Wiederholung muss alle wesentlichen Angaben enthalten; sie ist bei fernmündlicher Verständigung durch die Worte einzuleiten »Ich wiederhole«. Bei Fragen müssen in der Antwort alle wesentlichen Angaben der Frage enthalten sein. Haltaufträge und Aufträge oder Meldungen zur Abwendung von Gefahren sind vom Empfänger nicht zu wiederholen.

- Der Rangierbegleiter (Rb) verständigt den Tf der Rangierfahrt mit folgendem Wortlaut: »Dieter, wir wollen die Wagengruppe von Gleis 41 nach Gleis 4 hinter die Weiche 5 umsetzen.«
- Tf: »Ich wiederhole: Wagengruppe von Gleis 41 nach Gleis 4 hinter die Weiche 5.«
- Rb: »Richtig.«

Da man bei Aufträgen und Meldungen über einseitig gerichtete Sprecheinrichtungen (z.B. Lautsprecher) nicht sicher sein kann, dass sie bereits beim ersten Mal richtig verstanden werden, sind sie zweimal zu geben. Die zweite Durchsage ist mit den Worten »Ich wiederhole« einzuleiten.

Bild 1: Durch Hochhalten des Armes und gleichzeitigen Pfiff signalisiert der Rb dem Tf »Geschwindigkeit verringern«

8.3.2 Verständigung durch Signale

Zum Geben der Rangiersignale muss sich der Rangierbegleiter so aufstellen, dass er den Fahrweg gut übersehen kann und Sichtverbindung mit dem Triebfahrzeugführer hat. Dazu ist zwischen Rangierbegleiter und Triebfahrzeugführer vor Beginn der Fahrzeugbewegung die Rangierseite zu vereinbaren, sofern sie nicht schon im Betriebsstellenbuch (Bebu) bestimmt ist.

Rangierzettel
Befehl
Rangierfunk

Die Verständigung durch Signale ersetzt nicht die vorbereitende Verständigung. Vielmehr werden durch die Signale Fahraufträge und Haltaufträge erteilt. Zu den Signalen für den Rangierdienst (Ra) gehören

- Rangiersignale: Ra 1 bis Ra 5
- Abdrücksignale: Ra 6 bis Ra 9
- Sonstige Signale für den Rangierdienst: Ra 10, Ra 11, Ra 12 (DS 301), So 12 (DV 301), Ra 13

Signalbild		Kurzzeichen	Signalbegriff	Signalbedeutung
Mit der Mundpfeife oder dem Horn ein langer Ton und ————	mit dem Arm eine senkrechte Bewegung des Arms von unten nach oben 	Ra 1	Wegfahren	Es soll in Richtung vom Signalgeber weg gefahren werden
Mit der Mundpfeife oder dem Horn zwei mäßig lange Töne und — —	mit dem Arm eine langsame waagerechte Bewegung des Arms hin und her 	Ra 2	Herkommen	Es soll in Richtung des Signalgebers gefahren werden
Mit der Mundpfeife oder dem Horn zwei kurze Töne schnell nacheinander und • •	beide Arme in Schulterhöhe nach vorn heben und die flach ausgestreckten Hände wiederholt einander nähern 	Ra 3	Aufdrücken	Das Triebfahrzeug soll Fahrzeuge zum An- oder Abkuppeln aufdrücken
Mit der Mundpfeife oder dem Horn zwei lange Töne und ein kurzer Ton —— —— •	mit dem Arm zweimal eine waagerechte Bewegung des Arms vom Körper nach außen und eine schnelle senkrechte Bewegung nach unten 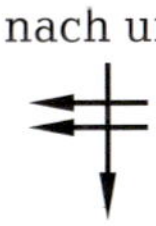	Ra 4	Abstoßen	Fahrzeuge sollen durch das Triebfahrzeug abgestoßen werden
Mit der Mundpfeife oder dem Horn drei kurze Töne schnell nacheinander und • • •	mit dem Arm eine kreisförmige Bewegung des Arms 	Ra 5	Rangierhalt	Das Signal gilt bereits, wenn es nur sichtbar oder nur hörbar aufgenommen wird

Tabelle 1: Rangiersignale

Neben den Rangiersignalen gelten auch andere Signale für eine Fahrzeugbewegung beim Rangieren. So hat eine Rangierfahrt bei folgenden Signalen zu halten:

Signalbild		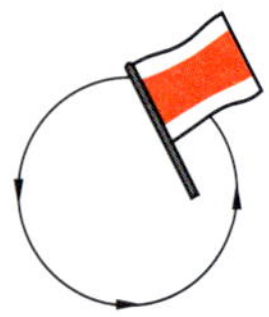	Mehrmals nacheinander 3 kurze Töne 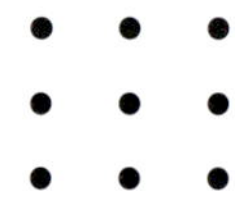	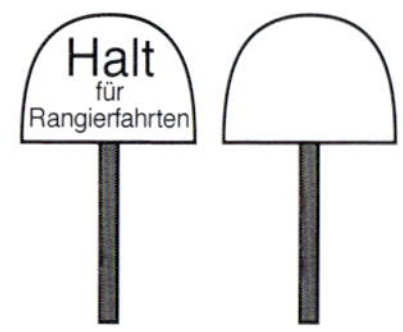
Kurzzeichen	Ra 11 (DS 301) Ra 11a (DV 301)	Sh 3	Sh 5	Ra 10
Signalbegriff/ -bedeutung	– Wartezeichen – Auftrag des Wärters zur Rangierfahrt abwarten	– Kreissignal – Sofort halten	– Horn- und Pfeifsignal – Sofort halten	– Rangierhalttafel – Über die Tafel hinaus darf nicht rangiert werden
Vorbei- bzw. Weiterfahrt	• Sh 1: Fahrverbot aufgehoben • Ra 12 (DV 301): Rangierfahrt erlaubt	• Ra 1: Wegfahren • Ra 2: Herkommen • Mündlicher Auftrag	• Ra 1: Wegfahren • Ra 2: Herkommen • Mündlicher Auftrag	• Befehl 14

Signalbild		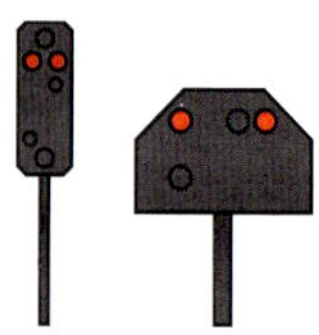	3 kurze Töne schnell hintereinander  und mit dem Arm 	
Kurzzeichen	Sh 2	Hp 0	Ra 5	Sh 0
Signalbegriff/ -bedeutung	Schutzhalt Verwendung als: • Wärterhaltscheibe • Abschlusssignal eines Stumpfgleises	Halt!	Rangierhalt	Halt! Fahrverbot
Vorbei- bzw. Weiterfahrt	Haltauftrag wird durch Entfernen oder Wegdrehen des Signals aufgehoben	• Hp 0 + Sh 1 • Mündlicher Auftrag	• Ra 1: Wegfahren • Ra 2: Herkommen • Mündlicher Auftrag	• Sh 1 • Ra 12 (DV 301) • Mündlicher Auftrag

Tabelle 1: Haltsignale beim Rangieren

	Mit Rangierbegleiter	Ohne Rangierbegleiter
	Wenn der Rangierbegleiter den Fahrweg beobachtet, gibt er dem Triebfahrzeugführer den Fahrauftrag.	Der Triebfahrzeugführer darf ohne weiteren Auftrag fahren.
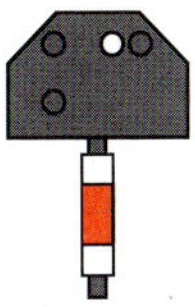	Das Sperrsignal zeigt Kennlicht, d.h., es ist betrieblich abgeschaltet. Es ist also nicht gestört. Deswegen gilt auch das weiß-rot-weiße Mastschild (Vorbeifahrt nur auf mündlichen Auftrag des Wärters) nicht. Der Triebfahrzeugführer darf also daran vorbeifahren.	

Tabelle 1: Verhalten gegenüber dem Sperrsignal bei Rangierfahrten

8.3.3 Schriftliche Verständigung

Befehle
Rangieren über Ra 10 hinaus

Neben dem Rangierzettel im Ablaufbetrieb (s. Kap. 8.7.3) wird zur schriftlichen Verständigung beim Rangieren noch der Befehl 14 verwendet. Mit ihm wird eine Rangierfahrt zugelassen, die auf dem Einfahrgleis über die Rangierhalttafel oder, wo keine vorhanden ist, über die Einfahrweiche hinaus fährt (s. Kap. 8.10).

Bild 1: Rangierhalttafel (Ra 10)

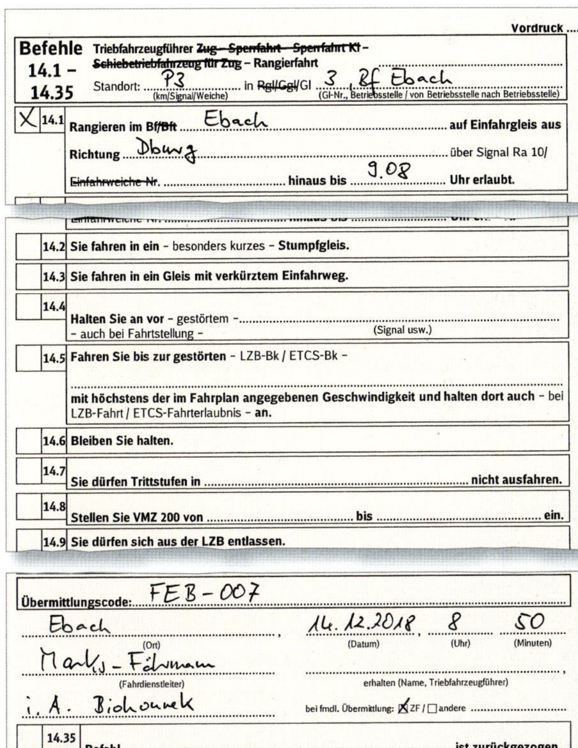

Vordruck ...

Befehle 14.1 – 14.35 Triebfahrzeugführer ~~Zug – Sperrfahrt – Sperrfahrt Kl~~ – ~~Schiebetriebfahrzeug für Zug~~ – Rangierfahrt
Standort: P3 (km/Signal/Weiche) in ~~Rgl/Ggl~~/Gl 3, Bf Ebach (Gl-Nr., Betriebsstelle / von Betriebsstelle nach Betriebsstelle)

X 14.1 Rangieren im Bf/~~Bft~~ Ebach auf Einfahrgleis aus Richtung Dburg über Signal Ra 10/ ~~Einfahrweiche Nr.~~ ... hinaus bis 9.08 Uhr erlaubt.

14.2 Sie fahren in ein – besonders kurzes – Stumpfgleis.

14.3 Sie fahren in ein Gleis mit verkürztem Einfahrweg.

14.4 Halten Sie an vor – gestörtem – ... (Signal usw.) – auch bei Fahrtstellung –

14.5 Fahren Sie bis zur gestörten – LZB-Bk / ETCS-Bk – ... mit höchstens der im Fahrplan angegebenen Geschwindigkeit und halten dort auch – bei LZB-Fahrt / ETCS-Fahrterlaubnis – an.

14.6 Bleiben Sie halten.

14.7 Sie dürfen Trittstufen in ... nicht ausfahren.

14.8 Stellen Sie VMZ 200 von ... bis ... ein.

14.9 Sie dürfen sich aus der LZB entlassen.

Übermittlungscode: FEB-007
Ebach (Ort), 14.12.2018 (Datum), 8 (Uhr) 50 (Minuten)
Marks – Fährmann (Fahrdienstleiter) ... erhalten (Name, Triebfahrzeugführer)
i. A. Bichonnek bei fmdl. Übermittlung: X ZF / ☐ andere ...

14.35 Befehl ... ist zurückgezogen.

Bild 2: Befehl 14 (diktierter Befehl)

8.3.4 Rangierfunk

Rangierfahrt: Funk

Der Rangierfunk (s.a. Kap. 2.7.2) dient der Verständigung zwischen den Mitarbeitern beim Rangieren (ortsbewegliche Teilnehmer wie Rangierbegleiter, Triebfahrzeugführer usw.) untereinander und mit Betriebsstellen (ortsfeste Teilnehmer wie Stellwerk, Betriebsüberwachung usw.).

Rangierfunkgespräche werden geführt über

- **ortsfeste Sprechstellen, z. B. in Stellwerken**
- **Rangierfunkanlagen auf Triebfahrzeugen**
- **tragbare Funkfernsprecher bei den Mitarbeitern im Gleis**
- **Zugfunkanlagen auf Streckenloks in Betriebsart C (Ortskanal)**

In der Regel stellt der Bahnhof einen Rangierfunkbereich dar. Es können auch Bahnanlagen in der Umgebung des Bahnhofs dazugehören (Knotenpunktbahnhof!). Jedem Rangierfunkbereich ist ein eigener Rangierfunkkanal in einem bestimmten Wellenlängenbereich zugeordnet. Dadurch soll sichergestellt werden, dass sich die Teilnehmer verschiedener Rangierfunkbereiche nicht gegenseitig stören. Die verschiedenen Rangierfunkkanäle eines Wellenlängenbereichs werden fortlaufend nummeriert; die Wellenlängenbereiche werden mit Großbuchstaben bezeichnet. Dadurch ergibt sich als Kennzeichnung eines Rangierfunkkanals z. B. »C 23« (Bereich C, Kanal 23).

Rangierfunkgespräche können ohne Kanalumschaltung nur zwischen den Teilnehmern eines Rangierfunkbereichs (d. h. auf dem gemeinsamen Rangierfunkkanal) geführt werden. Alle Rangierfunkgespräche werden im Wechselsprechverfahren geführt, d. h., jeder Teilnehmer kann entweder nur hören oder nur sprechen.

Alle örtlichen Besonderheiten wie

- Bezeichnung und Grenzen der Rangierfunkbereiche
- Zuordnung der Rangierfunkkanäle, der Wellenlängenbereiche und der Rangierfunkteilnehmer zu den Rangierfunkbereichen
- Angaben über den Ortskanal
- Teilnehmer-Anrufverfahren bei ortsfesten Teilnehmern
- besondere Bemerkungen
- Störungsmeldestellen

sind im örtlichen Funkteilnehmerverzeichnis des jeweiligen Bahnhofs aufgeführt.

Rangierfunk-Teilnehmerverzeichnis
DB Schenker Rail Niederlassung Bheim, Außenstelle Astadt
(Stelle)

Rangierfunkbereich-Nr.	1	2	3	Ortskanal (Zugfunk, Betriebsart C oder 0)
Grenzen des Rangierfunkbereichs	Bahnsteiggleise Lokschuppen	Ablaufberg Ost	gesamter Bf	gesamter Bf
Wellenlängenbereich Rangierfunkkanal	C 17	C 9	C 5	H 11
Bediener ortsfester Sprechstellen (Anrufverfahren)	Fdl Awf (Tonruf I) Fdl Aof (Tonruf II) Aufsb (Sprachanruf)	Bergmeister 0 (Sprachanruf) Ablauf-Stw 0 (Tonruf I)	Fdl Awf (Tonruf I)	Fdl Awf (Tonruf I oder ZF-Notruf) Fdl Aof (Sprachanruf) Bü (Sprachanruf)
Bediener ortsbeweglicher Sprechstellen	Rangierlok 1 Rangierleiter 1 Rangierlok 2 Rangierleiter 2	Rangierlok 3	Rangierlok Rangierbegleiter	Streckenlok Rangierbegleiter
Bemerkungen		mit Kontrollen	nur für geschobene Rangierfahrt	

Störungsmeldestellen

für ortsfeste Sprechstellen ARCOR 1000
für Triebfahrzeuganlagen ARCOR 1000
für tragbare Funkfernsprecher ARCOR 1000

Aufgestellt

A-Stadt, 15.02.1997
(Ort, Datum)
Niederlassung Bheim, Außenstelle A-Stadt
(Stelle)
gez. Krautkrämer
(Unterschrift)

Bild 1: Rangierfunk-Teilnehmerverzeichnis für den Bahnhof A-Stadt

Gesprächsabwicklung beim Rangierfunk (Auszug aus »Rangierfunkgespräche führen«)

(5) Bei der Gesprächsabwicklung im Rangierfunk ist unbedingte Sprechdisziplin zu wahren; es dürfen nur die in unmittelbarem Zusammenhang mit Rangieraufgaben erforderlichen Gespräche geführt werden. Aufträge und Meldungen sind in kurzen Sätzen zu sprechen.

(8) Probegespräche sind zu führen
1. nach dem Einschalten der Rangierfunk-Fahrzeugeinrichtung,
2. vor dem Abdrücken oder bei jeder »geschobenen« Rangierfahrt (in diesen Fällen kann das erste Gespräch – nicht jedoch ein Fahrauftrag – als Probegespräch dienen),
3. bei der Übernahme eines tragbaren Funkfernsprechers,
4. bei tragbaren Funkfernsprechern nach jedem Akkuwechsel,
5. nach Kanalwechsel.

(9) Jedes Gespräch ist vom rufenden Teilnehmer mit seiner Bezeichnung einzuleiten. Dies ist bei drohender Gefahr und beim Kontrollsprechen nicht erforderlich. Danach ist der gewünschte Teilnehmer zu nennen und die Meldung oder der Auftrag anzuschließen, z. B. »Rangierbegleiter Nord an Stellwerk Lf: Aus Gleis 11 nach Gleis 14; Beistellen von Spitzenwagen«. Wenn es zur Vermeidung von Verwechslungen erforderlich ist, kann angeordnet werden, dass der rufende Rangierfunkteilnehmer bei Gesprächsbeginn zusätzlich zu seiner Bezeichnung auch seinen Standort benennt, z. B. »Lok zwo im Anschluss Sägewerk«.

(10) Der gerufene Teilnehmer meldet sich und beantwortet oder wiederholt die Meldung oder den Auftrag, z. B. »Stellwerk Lf – ich wiederhole: Aus Gleis 11 nach Gleis 14; Beistellen von Spitzenwagen.«

(11) Nothaltaufträge sind stets zweimal durchzusagen, z. B. »Betriebsgefahr, Lok zwo, sofort halten – Betriebsgefahr, Lok zwo, sofort halten«.

Rangierfunk bei »geschobenen« Rangierfahrten (Rf)

Rangierfahrt, geschoben

Im Regelfall befindet sich der Triebfahrzeugführer (Bediener) an der Spitze der Rangierfahrt und beobachtet den Fahrweg. Kann der Triebfahrzeugführer den Fahrweg nicht beobachten (weil er sich z.B. nicht an der Spitze der Rangierfahrt befindet), überträgt er diese Aufgabe dem Rangierbegleiter. Der »geschobenen« Rangierfahrt muss ein Funkkanal allein zur Verfügung stehen. Zweck dieser selektiven Verbindung ist, Störungen und Unterbrechungen der Verbindung zwischen Rangierbegleiter und Triebfahrzeugführer während des Schiebens möglichst auszuschließen. Durch folgende Maßnahmen kann dieses gewährleistet werden:

- Die »geschobene« Rangierfahrt verfügt über einen eigenen Funkkanal
- Im Rangierfunkbereich arbeiten keine anderen Rangierfahrten
- Ein Rangierbegleiter, der auf derselben Frequenz arbeitet, überlässt den Kanal für die Zeit des Schiebens

Sind die Bedingungen nicht erfüllt, so müssen die Fahraufträge an die »geschobene« Rangierfahrt durch Rangiersignale erteilt werden; Haltaufträge über Rangierfunk sind auch in diesem Fall erlaubt und sofort auszuführen.

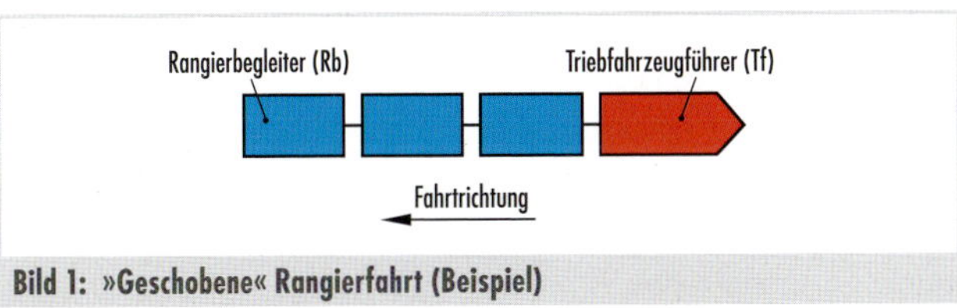

Bild 1: »Geschobene« Rangierfahrt (Beispiel)

Bild 2: Bediener mit Funkfernsteuerung (an der Spitze)

Bevor die »geschobene« Rangierfahrt in Bewegung gesetzt wird, ist die Funkverbindung zwischen dem Rangierbegleiter an der Spitze der Rangierfahrt und dem Triebfahrzeugführer durch ein Probegespräch zu prüfen. Während der Fahrt muss die Funkverbindung ständig kontrolliert werden. Dabei wird nach Kontrollsprechen und Zielsprechen unterschieden.

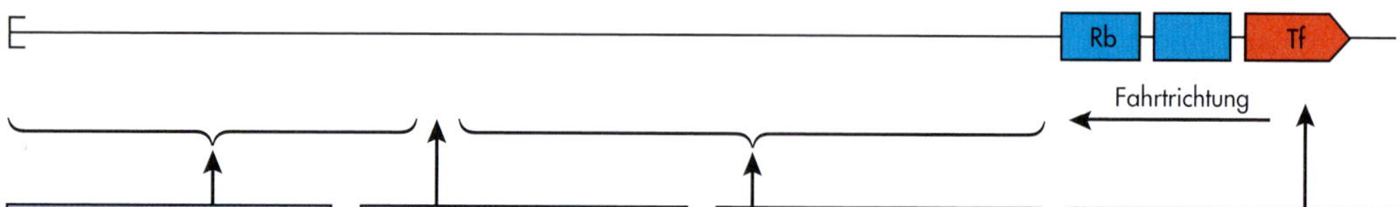

Wie wird das Zielsprechen durchgeführt?	Wann ist mit dem Zielsprechen zu beginnen?	Was hat der Rangierbegleiter auf dieser Strecke auszuführen?	In welchen Fällen hat der Triebfahrzeugführer sofort anzuhalten?
Ständiges Sprechen, mit laufenden Angaben über die Entfernung zum Ziel oder bis zum Gefahrenpunkt (gilt auch vor Zwischenzielen, z. B. haltzeigendes Signal)	Rechtzeitig • vor dem Ziel • vor Annäherung an einen Gefahrenpunkt • Wenn eine Ermäßigung der Geschwindigkeit erteilt wurde	Kontrollsprechen, d. h., der Rangierbegleiter muss den Tf mind. alle 10 s ansprechen und ihm Informationen zum Fahrtverlauf oder zum Ziel durchgeben	• Das Kontrollsprechen unterbleibt • Das Zielsprechen wird unterbrochen • Die Durchsagen sind unverständlich

Erkennt oder vermutet der Rangierbegleiter, dass die Funkverbindung gestört oder sonst beeinträchtigt ist, hat er die Rangierfahrt anzuhalten

- durch Haltsignale oder
- durch Ziehen an der Betätigungsleine des Luftbremskopfes (wird zusätzlich an der Bremskupplung des ersten geschobenen Fahrzeugs angebracht). Hierdurch wird die Hauptluftleitung entlüftet (Notbremsung)

Bild 1: Luftbremskopf

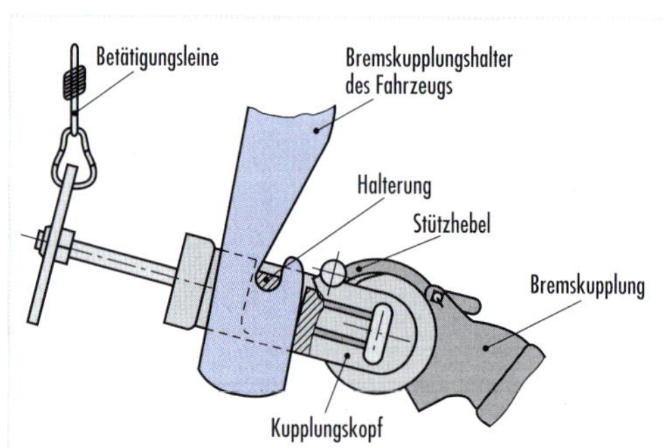

Bild 2: Luftbremskopf

Beim Abdrücken wird auf das Kontroll- und Zielsprechen verzichtet. Die Kontrolle der Funkverbindung wird durch einen Kontrollton ermöglicht, der in den Sprechpausen im Abstand von ca. 3 Sekunden vom Funkgerät gesendet wird.

Die Geschwindigkeit mit der gefahren werden darf beträgt 25 km/h, beim Rangieren im Baugleis 20 km/h.

1. Welche grundsätzlichen Verständigungsmöglichkeiten können beim Rangieren angewendet werden?
   Sind mündliche Aufträge und Meldungen vom Empfänger zu wiederholen?
   Begründen Sie Ihre Antwort!
2. Wo hat sich der Rangierbegleiter beim Geben der Rangiersignale zu befinden?
3. Welche Rangiersignale gelten als Fahraufträge für den Triebfahrzeugführer?
   Welche Signale werden gegeben, wenn eine Rangierfahrt zum sofortigen Halt gebracht werden soll?
4. Was versteht man beim Rangierfunk unter einem Rangierfunkbereich bzw. -kanal?
5. Örtliches Funkteilnehmerverzeichnis für Bahnhof A-Stadt:
   Welcher Kanal muss bei einem tragbaren Funkfernsprecher eingestellt werden, um im gesamten Bf mit dem Fdl Awf ein Gespräch zu führen?
   Welcher Kanal ist für eine geschobene Rangierfahrt reserviert?
6. Was versteht man beim Rangierfunk unter einem Probegespräch und wann ist es zu führen?
7. In welchen Fällen muss eine Rangierfahrt – wenn mit Funk rangiert wird – sofort anhalten?
8. Was versteht man unter einer geschobenen Rangierfahrt und welche Besonderheiten gilt es beim Rangieren mit Rangierfunk zu beachten?
9. Welchem Zweck dient beim Rangierfunk das Kontroll- und Zielsprechen?
10. Rangieren im Bf Ebach: Der Zug 41567 mit 7 Wagen ist von Dburg kommend in Ebach ausnahmsweise in das Stumpfgleis 4 eingefahren. Er will mit der Zuglok nach Gleis 2 zur Ausfahrt nach Dburg umsetzen. Gemäß Zugbildungsplan muss der Gepäckwagen stets an der Spitze laufen. Aus diesem Grunde wird nach dem Umsetzen der Gepäckwagen nach Gleis 3 abgestoßen. Die Lok fährt anschließend durch Gleis 1 an den Gepäckwagen und von dort mit ihm über Weiche 2 vor den Zug in Gleis 2. Auf dem Bahnhof Ebach ist örtliches Rangierpersonal vorhanden. Rangierfunk ist nicht vorhanden.
    a) Von welcher Person erhält der Tf des 41567 die Fahraufträge?
    b) Welche erste Fahrzeugbewegung ist durchzuführen?
    c) Welche Personen müssen sich über diese Fahrzeugbewegung verständigen?

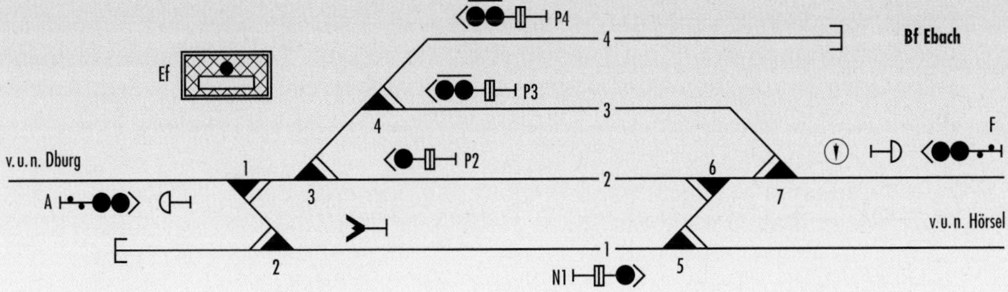

d) Wie ist der Wortlaut der Verständigung, wenn wegen der Länge des Zuges über das Signal Ra 10 hinaus rangiert werden muss? Welche Möglichkeiten der Verständigung stehen zwischen Rb und dem Ww zur Verfügung?

e) Wann darf der Tf mit dem Rangieren nach Gleis 2 beginnen?

f) Wo befindet sich der Rb bei dieser Rangierbewegung?

g) Wie nennt sich diese Art des in Gleis 4 stehenden Hauptsignals? Welches Signalbild zeigt es nach der Zustimmung durch den Weichenwärter an? Darf der Tf nach dem Erkennen dieses Signalbildes fahren?

h) Wie wird der Fahrauftrag des Rb an den Tf erteilt? Wie ist dieses Signal zu geben?

i) Wie weit fährt der Tf? Welches Signal gibt der Rb zum Halten und wie?

j) Wer stellt den Fahrweg nach Gleis 2 ein?

k) Was muss der Rb überprüfen, bevor er den Fahrauftrag nach Gleis 2 an den Tf gibt?

l) Welches Signal gibt der Rb als Fahrauftrag nach Gleis 2?

m) Nachdem die Rangierfahrt in Gleis 2 zum Halten gekommen ist, verständigt der Rangierbegleiter den Tf über die nächsten Rangierbewegungen. Wie ist der Wortlaut?

n) Sind diese Informationen vom Triebfahrzeugführer zu wiederholen?

o) Welches Signal gibt der Rb zum Abkuppeln des Gepäckwagens?

p) Lok und Gepäckwagen fahren dann bis hinter Weiche 7. An der Weiche 4 befindet sich im Gleisbett ein Signal. Wie heißt es und welche Bedeutung hat es?

q) Welche Konsequenzen hat dieses Signal für diese Fahrzeugbewegung?

r) Bevor der Gepäckwagen nach Gleis 3 abgestoßen werden soll, sind in Gleis 3 Vorbereitungen zu treffen. Welche?

s) Welches Signal gibt der Rangierbegleiter dem Tf zum Abstoßen?

t) Wie sind die Fahrzeuge festzulegen?

u) Nach dem Anhalten steigt der Rangierbegleiter auf das Triebfahrzeug und gibt dem Tf mündlich den Auftrag, durch Gleis 1 zu fahren. Wie weit darf der Tf fahren?

v) Wer erteilt den Auftrag zur Weiterfahrt und wie könnte dies geschehen?

w) Hinter der Weiche 1 hält der Tf und fährt nach Feststellung der richtigen Lage und Zustimmung des Fdl auf mündlichen Auftrag des Rangierbegleiters an den Gepäckwagen in Gleis 3. Welche Voraussetzungen müssen nach dem Ankuppeln des Gepäckwagens erfüllt sein, bevor der Tf bis hinter die Weiche 2 fahren darf?

x) Beim Vorziehen hat der Rangierbegleiter am hinteren Ende des Gepäckwagens Platz genommen. Sobald die Spitze die Weiche 3 überfahren hat, gibt der Rb ein Signal. Welches?
Nach Umstellen der Weiche und Zustimmung des Fdl gibt der Rb ein Signal zur Fahrt. Welches?

y) Bei der Fahrt an die Wagen in Gleis 2 hält der Rangierbegleiter den Arm hoch und gibt mit der Mundpfeife einen langen Ton. Was bedeutet dieses Signal?

8.4 Bremsen beim Rangieren (Aufhalten von Fahrzeugen)

Beim Rangieren werden Fahrzeuge auf verschiedenste Arten gebremst, z. B. dadurch, dass das Triebfahrzeug abgebremst wird und damit auch die angehängten Fahrzeuge. Reicht diese Art der Bremsung wegen der Geschwindigkeit der Fahrt, wegen der Neigung der Gleise oder wegen der Zahl der bewegten Wagen nicht aus, so müssen die angehängten Wagen selbst oder wenigstens ein Teil von ihnen gebremst werden. Dieses geschieht durch die Druckluftbremse oder durch Bedienen von Handbremsen (Hbr) an den Fahrzeugen.

Es dürfen bewegt werden mit einem Triebfahrzeug der Baureihe	bis ... Achsen ohne wirkende Druckluftbremse	je weitere angefangene ... Achsen eine wirkende Druckluftbremse
BR 333 oder 335 der DB AG	22	10
BR 347, 362, 363, 364/365 und andere Baureihen der DB AG	40	10
andere Baureihen	nach Festlegung des Eisenbahnverkehrsunternehmens	
Nebenfahrzeuge	angeschriebene Anhängelasten, Zahl der Radsätze, Zahl der Fahrzeuge beachten	
	Ist die Anhängelast nicht angeschrieben, müssen alle Fahrzeuge eine wirkende Druckluftbremse haben oder es muss für jede erforderliche Druckluftbremse eine Handbremse bedient werden.	

Tabelle 1: Festlegen von Triebfahrzeugen beim Rangieren

Eine Fahrzeuggruppe, in der alle Fahrzeuge an die Hauptluftleitung angeschlossen sind, wird als ausreichend gebremst angesehen.

Bremsen beim Abstoßen

- Für die an dem Tfz verbleibende Wagengruppe gelten die allgemeinen Regeln des Bremsens beim Rangieren (s. Tab. 1).
- Für die abgestoßene Wagengruppe gilt:
  - bis 10 Achsen: ohne bediente Hbr
  - je angefangene 20 Achsen: mind. eine Hbr

Bremsen beim Abdrücken, Ablaufen

- Für die vom Triebfahrzeug geschobene Wagengruppe über den Ablaufberg gilt: keine zusätzlichen Bremsen erforderlich

Bild 1: Unbesetzte Handbremse an einem Güterwagen

- Für die ablaufende Wagengruppe gilt:
  - Bei beladenen Wagengruppen bis 6 Achsen und bei Leerwagengruppen bis 10 Achsen ist keine Bedienung der Handbremsen erforderlich.
  - Wenn eine Wagengruppe mehr als 6 bzw. 10 Achsen besitzt, ist für je angefangene 20 Achsen mind. 1 Hbr zu bedienen.

Neben diesen allgemeinen Regeln können im Betriebsstellenbuch (Bebu) abweichende Werte festgelegt sein, in denen ein stärkeres Gefälle als 2,5 ‰ (1 : 400) berücksichtigt wird. Hierfür stehen dem Ersteller dieser Werte u.a. nebenstehende tabellarische Hilfe zur Verfügung.

in einem maßgebenden Gefälle bis	bei zulässiger Geschwindigkeit bis zu		
	15 km/h	20 km/h	25 km/h
	Achsen		
2,5 ‰ (1 : 400)	34	34	30
3,3 ‰ (1 : 300)	34	30	22
5,0 ‰ (1 : 200)	34	24	18
6,0 ‰ (1 : 167)	30	22	18
7,0 ‰ (1 : 143)	24	18	14
8,0 ‰ (1 : 125)	22	18	12
10,0 ‰ (1 : 100)	18	12	10
12,0 ‰ (1 : 83)	12	12	8
15,0 ‰ (1 : 67)	10	8	6
17,0 ‰ (1 : 59)	8	6	6
20,0 ‰ (1 : 50)	6	6	4
25,0 ‰ (1 : 40)	4	4	2
30,0 ‰ (1 : 33)	2	2	0
35,0 ‰ (1 : 29)	2	0	0
40,0 ‰ (1 : 25)	0	0	0

Tabelle 1: Anzahl ungebremster Wagenachsen bei Rangierfahrten bei Triebfahrzeugen anderer Baureihen (s. vorige Seite, Tab. 1 – 2 b) bei einer durchschnittlichen Radsatzlast von mehr als 15 t bis 20 t

1. Welche Möglichkeiten der Bremsung beim Rangieren können angewandt werden und wonach richtet sich der Einsatz?
2. Wie wird eine Rangierfahrt mit einer Wagengruppe von 69 Achsen (X) gebremst?
3. Wie wird eine Wagengruppe mit 34 X, 74 X und 48 X gebremst, die beim Abstoßen am Triebfahrzeug verbleibt?
4. Wie wird eine abgestoßene Wagengruppe mit 34 X, 74 X und 48 X gebremst?
5. Ermitteln Sie die Anzahl der erforderlichen Handbremsen für folgende ablaufende Wagengruppen:
   Rf 1: 8 X beladener Wagengruppen und 4 X unbeladener Wagengruppen
   Rf 2: 10 X beladener Wagengruppen und 8 X unbeladener Wagengruppen
   Rf 3: 22 X beladener Wagengruppen und 20 X unbeladener Wagengruppen
6. Ermitteln Sie für folgende Rangierfahrten im Bf Obervellmer die Anzahl der erforderlichen Bremsen (s. Betriebsstellenbuch, Bild 1)!
   Rf 1: 34 X der an dem Triebfahrzeug verbleibenden Wagengruppe, 8 X der abgestoßenen Wagengruppe
   Rf 2: 48 X der an dem Triebfahrzeug verbleibenden Wagengruppe, 14 X der abgestoßenen Wagengruppe
   Rf 3: 22 X der an dem Triebfahrzeug verbleibenden Wagengruppe, 34 X der abgestoßenen Wagengruppe
7. Wie wird ein Güterzug mit 60 X im Bahnhof Obervellmar gesichert, wenn der erforderliche Lokwechsel 12 Minuten dauert? Wie würde dieser Zug gesichert, wenn nur eine Handbremse vorhanden ist (s. Kap. 8.2.3)?
8. Ein Reisezug mit 9 Wagen soll für 4 Stunden im Bf Langmoor abgestellt werden. Wie ist er während der Abstellzeit zu sichern (s. Kap. 8.2.3)?

8.5 Vorsichtswagen

Alle Fahrzeugbewegungen sind so vorsichtig auszuführen, dass keine Personen verletzt und keine Ladungen, Fahrzeuge und Anlagen beschädigt werden. Bestimmte Wagen müssen mit besonderer Vorsicht rangiert werden, weil z. B. von giftigen oder explosionsgefährlichen Gütern eine besondere Gefahr ausgeht. Diese »Vorsichtswagen« werden in drei verschiedene Gruppen eingeteilt, die beim Abstoßen und Ablaufen unterschiedlich behandelt werden.

Gruppe a		Gruppe b	
Fahrzeuge, für die das Abstoßen und Ablaufen verboten ist und auf die andere Fahrzeuge weder abgestoßen werden noch ablaufen dürfen	Merkmale	Fahrzeuge, die nur abgestoßen werden oder ablaufen dürfen, wenn sie mit der Handbremse angehalten werden	Merkmale
Abstoßen und Ablaufenlassen verboten 	Fahrzeuge, mit Anschrift »Abstoßen und Ablaufenlassen verboten«	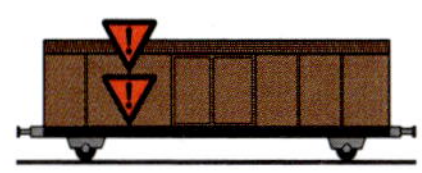	Fahrzeuge, die mit zwei roten Dreiecken gekennzeichnet sind
	Fahrzeuge, die mit drei roten Dreiecken gekennzeichnet sind	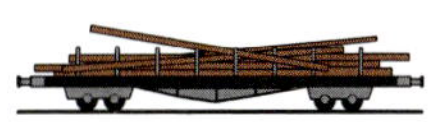	Wagen mit verschobener Ladung
	Wagen, die mit Reisenden besetzt sind	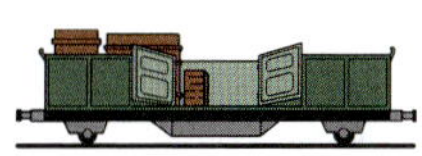	Wagen, die noch nicht fertig be- oder entladen sind
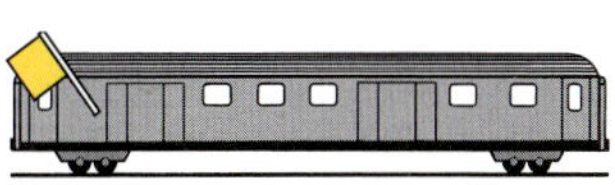	Wagen mit gelber Fahne (Signal Fz 2)	Ladung mehr als 60 m lang 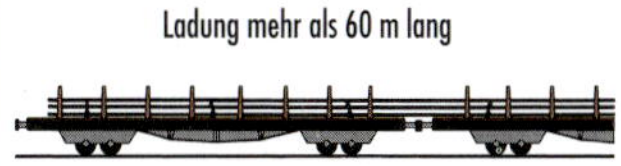	Wagen mit einer Ladung von mehr als 60 m Länge
	Kesselwagen mit der Anschrift Chlor, beladen oder leer		Kesselwagen, mit einem orangefarbenen Längsstreifen
	Triebfahrzeuge (außer Lokomotiven), auch Steuer-, Mittel- und Beiwagen	Schützen gegen Auflaufen anderer Fahrzeuge mit angezogener Handbremse oder durch zwei Hemmschuhe erforderlich. Wenn ein Vorsichtswagen dieser Gruppe nicht mit Handbremse angehalten werden kann, ist er wie ein Vorsichtswagen der Gruppe a zu behandeln.	
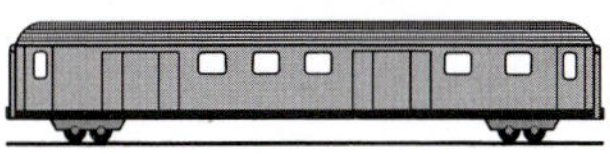	Reisezugwagen		

Tabelle 1: Vorsichtswagen der Gruppen a und b

Gruppe c	
Fahrzeuge, die nur abgestoßen werden oder ablaufen dürfen, wenn sie mit Handbremse angehalten oder wenn zwei Hemmschuhe ausgelegt werden	Merkmale
	Fahrzeuge, die die Anschrift tragen »Vorsichtig rangieren«
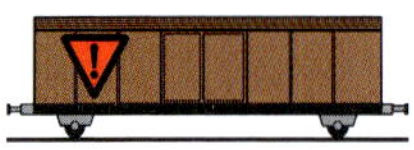	Fahrzeuge, die mit einem roten Dreieck gekennzeichnet sind
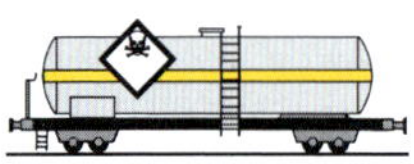 (giftige Stoffe) (ätzende Stoffe)	Kesselwagen mit dem Gefahrzettel Nr. 6.1 (giftige Stoffe) oder Nr. 8 (ätzende Stoffe)

Tabelle 1: Vorsichtswagen der Gruppe c

Bild 1: Vorsichtswagen (Gruppe a)

Bild 2: Vorsichtswagen (Gruppe a) – Fz 2

1. Die 14 Wagen sollen – möglichst durch Abstoßen – in die vier Gleise verteilt werden!

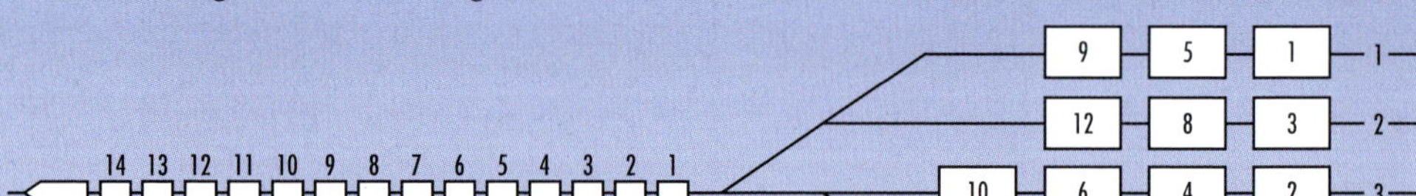

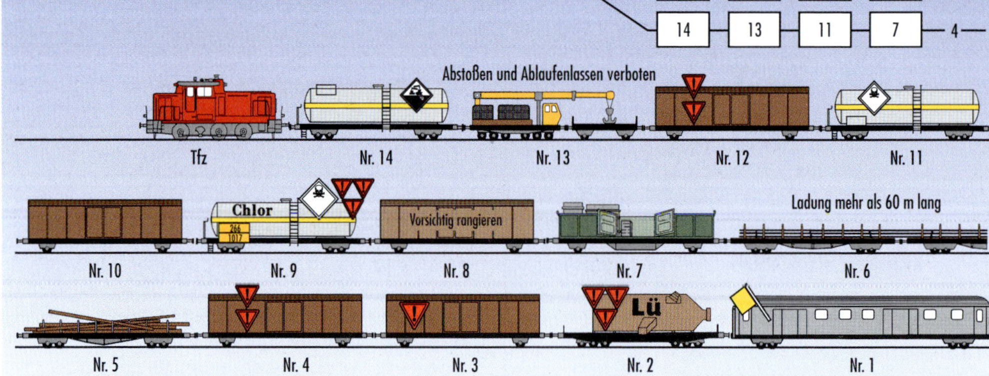

Zu welcher Vorsichtsgruppe gehören die einzelnen Wagen und wie sind sie rangierdienstlich zu behandeln? Das Anhalten mit Hemmschuhen ist dabei zu bevorzugen. Die Wagen 7 und 12 besitzen keine wirksame Handbremse!

8.6 Produktionsverfahren im Güterverkehr

Mit dem Umbau der DB AG zu einem modernen marktorientierten Unternehmen wurde das gesamte Produktionsverfahren im Güterverkehr schon in den 90er Jahren grundlegend neu strukturiert. Während früher einzelne Bahnhöfe einen großen Teil der Aufgaben im Güterverkehr selber erledigten, wird dies heute weitgehend an zentralen Orten und unter Beachtung betriebswirtschaftlicher Aspekte erledigt.

Bild 1: Umschlagbahnhof Leipzig-Wahren

- Der gesamte Kundenkontakt läuft bundesweit über das Kunden-Service-Zentrum (KSZ) von DB Schenker Rail in Duisburg.
- Das Bilden von Güterzügen wurde soweit wie möglich auf relativ wenige Orte zentralisiert.
- Die Zahl der Stellen, an denen Kunden Güter aufgeben können (Güterverkehrsstellen), wurde massiv reduziert.
- Die Zahl der Verladestationen für Container (Umschlagbahnhöfe) wurde ausgeweitet.

Ziel dieser noch lange nicht abgeschlossenen Aktivitäten ist es, den Güterverkehr mit Zügen auf die Bereiche zu konzentrieren, wo sich dies wirtschaftlich lohnt. So will die Bahn nur noch große Gütermengen über weite Strecken befördern, während die Feinverteilung von Gütern vom LKW-Verkehr erledigt wird. Angestrebt wird eine Verzahnung beider Verkehrsträger.

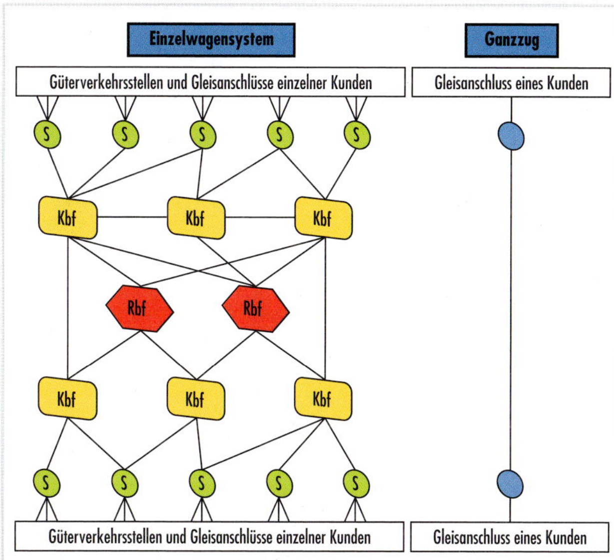

Bild 2: Ganzzug und Einzelwagensystem beim Güterverkehr

Der Verkehr mit einzelnen Güterwagen stützte sich früher auf eine große Zahl von personalintensiven Güterbahnhöfen, die erhebliche Flächen beanspruchten. Heute basiert er auf einem vierstufigen System, das einzelne Gleisanschlüsse, Satelliten (S), Knotenbahnhöfe (Kbf) und 11 große Rangierbahnhöfe (Rbf) umfasst.

1. Ein alter Werbeslogan der DB lautet: »Güter gehören auf die Bahn«. Womit sollte die Bahn heute beim Güterverkehr werben?
2. Informieren Sie sich im Internet über die Aufgaben von Umschlagbahnhöfen!

8.7 Rangierbahnhöfe

8.7.1 Aufgaben und Unterteilung

In geringem Umfang wird auf den Gleisen der Personenbahnhöfe und der Anschlussstellen rangiert. Die meisten Fahrzeugbewegungen finden in einem speziellen Rangierbahnhof (Rbf) statt. In ihm laufen die Güterzüge aus der Wirtschaft und Industrie zusammen, werden aufgelöst, umgruppiert und zu neuen Güterzügen zusammengefasst.

In den meisten Fällen findet man einen einseitigen Flachbahnhof vor. Darüber hinaus gibt es Gefällebahnhöfe.

Flachbahnhöfe werden nach einseitigem und zweiseitigem Bahnhof unterschieden. Bei einem einseitigen Flachbahnhof liegen die Hauptgleisgruppen nur in einer Fahrtrichtung, während sie beim zweiseitigen zweimal vorhanden sind – aber in entgegengesetzter Richtung.

Bild 1: Rbf Nürnberg
Vorn: Einfahrgruppe – Mitte: Richtungsgruppe – Hinten: Ausfahrgruppe

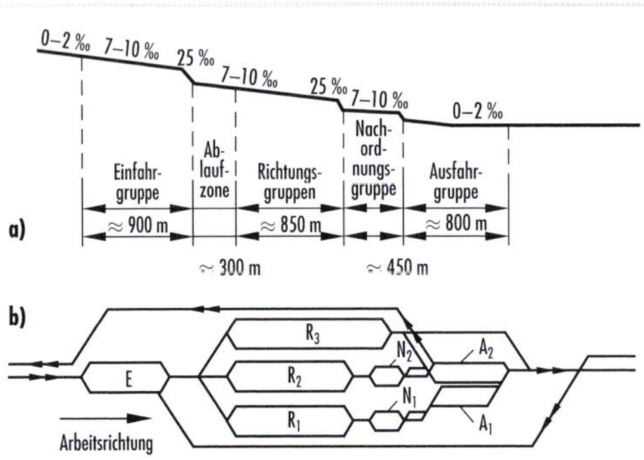

Bild 2: Gefällebahnhof (Längsschnitt): Die Wagen laufen von selbst durch das Gefälle (Schwerkraft) ab

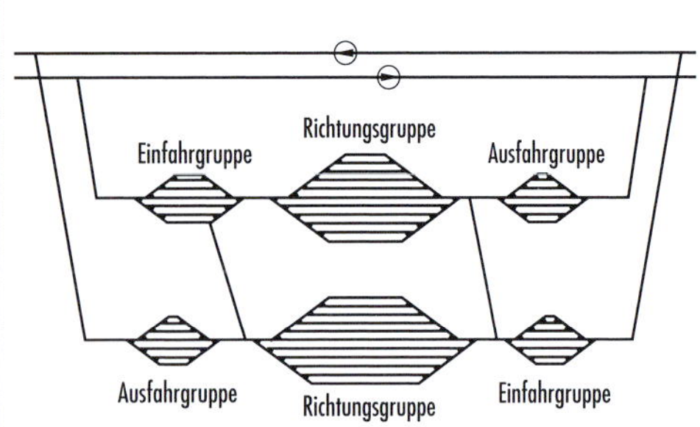

Bild 3: zweiseitiger Flachbahnhof (Schema)

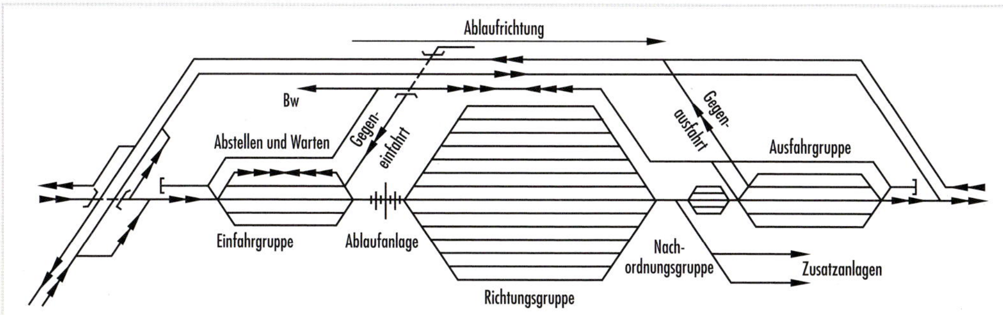

Bild 1: Aufbau eines Rangierbahnhofes (schematisch): einseitiger Flachbahnhof

Teile eines Rangierbahnhofes	Welche Tätigkeiten fallen an?
Einfahrgruppe	**Aufnehmen der zulaufenden Güterzüge:** Abspannen der Zuglok, Wagen mit Ablaufverbot abstellen (Vorsichtswagen herausnehmen), Rangierzettel erstellen (Zerlegeeinheiten), Langmachen, Entschlauchen, ggf. vorentkuppeln, Drucklok (Berglok) ansetzen, zum Ablaufberg drücken
Ablaufberg	**Zerlegen der Züge:** Abdrücken der Wagen, Entkuppeln an den Trennstellen (Aushängestangen), wenn nicht vorentkuppelt, Gleisbremsen, Information der Beteiligten (Rangierzettel, Funk, Lautsprecher) durch das Ablaufstellwerk, Besetzen der Handbremsen
Richtungsgruppe	**Sammeln der ablaufenden Wagen:** Wagen anhalten durch Hemmschuhe, Gleisbremsen etc., Wagen stehen auf Lücke, Wagen kuppelreif zusammenschieben (Beidrücken mit Rangierlok, Wagenrücker, Förderanlagen), Schraubenkupplung einhängen
Ordnungsgrupe	**Ordnen der Wagen:** für Mehrgruppenzüge (Feinsortierung)
Ausfahrgruppe	**Aufstellen der Ausgangszüge:** Vorbereitung der Ausfahrt, Kurzmachen, Schlauchen, Wagentechnische Untersuchung, Wagenlisten, Bremszettel, PVG, Beistellen der Wagen mit Ablaufverbot, Bespannen mit der Zuglok, Bremsprobe, Fertigmeldung

Tabelle 1: Teile eines Rangierbahnhofes

8.7.2 Bremsen im Ablaufbetrieb

Ablaufen

Ablaufanlagen sind in der Regel so eingerichtet, dass auch schlecht laufende Wagen bei Gegenwind noch möglichst weit in die Richtungsgleise (Talgleise) hineinlaufen. Die normal gut laufenden Wagen erhalten zu große Ablaufgeschwindigkeiten und müssen deshalb in ihrem Ablauf zusätzlich abgebremst werden, um zu harte Aufstöße zu verhindern.

Das einfachste Mittel hierzu ist der Hemmschuh, dessen Auflegen auf das Gleis nicht ungefährlich und sehr personalintensiv ist. Deswegen findet er nur noch auf kleineren Rangierbahnhöfen Verwendung.

Bild 2: Hemmschuh (wartet auf seinen Einsatz)

Seine abbremsende Wirkung erhält er durch die Gleitreibung zwischen

- dem hemmschuhfreien Rad und Schiene
- dem Rad und Hemmschuh sowie
- dem Hemmschuh und der Schiene

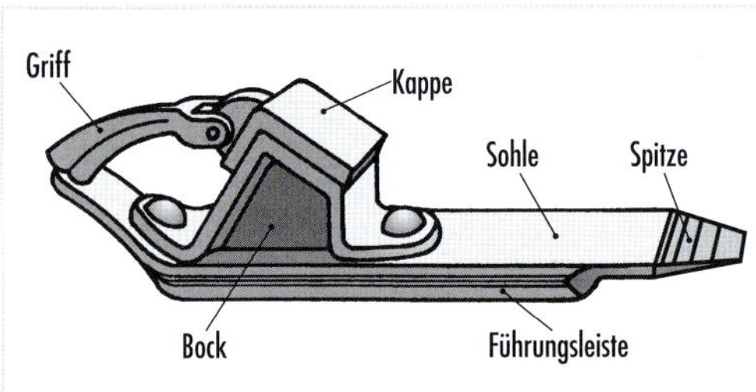

Bild 1: Wesentliche Teile eines Hemmschuhes

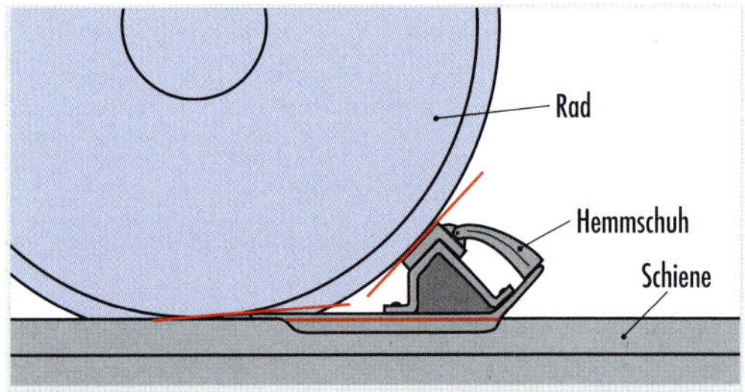

Bild 2: Gleitreibung beim Hemmschuh

Stark befahrene Ablaufberge auf großen Rangierbahnhöfen sind mit Gleisbremsen ausgerüstet. Sie halten den Zeitabstand zwischen den einzelnen Abläufen relativ klein und ermöglichen dadurch einen rationelleren Betriebsablauf. Neben Hemmschuhgleis-, Schrauben- und Gummibalkenbremsen kommen hauptsächlich Balkengleisbremsen mit hyraulischem oder Druckluftantrieb zum Einsatz. Letztere wirken an den Flanken der Radreifen, indem die an den Bremsbalken befindliche Bremsleiste mit hohem Druck an die Radreifen angepresst wird. Wenn eine Geschwindigkeitsprüfeinrichtung am Ablaufberg vorhanden ist, kann die Ablaufgeschwindigkeit für einzelne Wagen bzw. Wagengruppen über den Anpressdruck individuell gesteuert werden.

Bild 3: Balkengleisbremse

Eine spezielle Art der Abbremsung in den Talgleisen (Richtungsgleisen) sind Retarder (Kolbengleisbremsen). Diese Bremselemente verhindern eine Geschwindigkeit über 1,0 m/sec und garantieren so einen ladegutschonenden Sammelvorgang. Der ölhydraulisch, nach dem Stoßprinzip arbeitende Dowty-Retarder besteht aus einem Kolben mit eingebautem Geschwindigkeitsventilsystem und einem am Schienensteg befestigten Gehäuse. Der Spurkranz drückt beim Überrollen des Rades die Kapsel herunter. Bei einer Geschwindigkeit kleiner als 1,0 m/sec führt der Retarder einen Leerhub aus. Bremsarbeit wird nur dann geleistet, wenn die Geschwindigkeit des Wagens größer ist als die Ansprechzeit des Retarders.

Bild 4: Retarder im Rbf Nürnberg

8.7.3 Rangierzettel

Der Rangierzettel gibt den am Ablaufbetrieb Beteiligten Informationen über Umfang und Besonderheiten der jeweiligen Abläufe. Der Rangierzettel wird in größeren Rangierbahnhöfen im Rahmen eines EDV-Systems erstellt, kann aber auch manuell angefertigt werden.

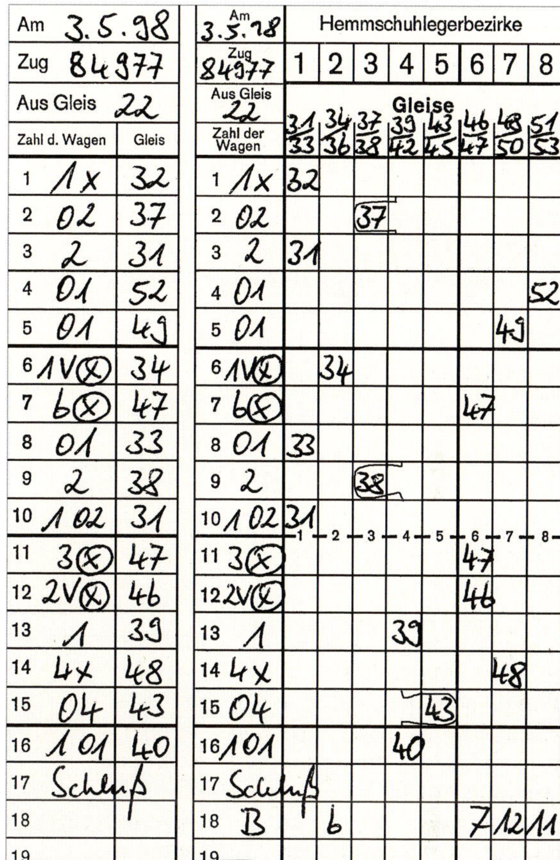

Am 3.5.98	
Zug 84977	
Aus Gleis 22	
Zahl d. Wagen	Gleis
1 1x	32
2 02	37
3 2	31
4 01	52
5 01	49
6 1V(X)	34
7 6(X)	47
8 01	33
9 2	38
10 1 02	31
11 3(X)	47
12 2V(X)	46
13 1	39
14 4x	48
15 04	43
16 1 01	40
17 Schluß	
18	
19	

Am 3.5.98 / Zug 84977 / Aus Gleis 22	Hemmschuhlegerbezirke 1	2	3	4	5	6	7	8
Zahl der Wagen / Gleise	31–33	34–36	37–38	39–42	43–45	46–47	48–50	51–53
1 1x	32							
2 02			37					
3 2	31							
4 01								52
5 01							49	
6 1V(X)		34						
7 6(X)						47		
8 01	33							
9 2			38					
10 1 02	31							
11 3(X)						47		
12 2V(X)						46		
13 1				39				
14 4x							48	
15 04					43			
16 1 01				40				
17 Schluß								
18 B		6				7	12	11
19								

Bild 1: Rangierzettel

Es bedeuten:

- vor der Wagenzahl
  0 = Leerwagen, Leerwagengruppe, z. B. 04 = Leerwagengruppe aus 4 Wagen
- hinter der Wagenzahl
  V = Vorsichtswagen
  X = brauchbare Handbremse
  Wenn die Handbremse besetzt wird, ist das Zeichen eingekreist ⊗.
- Wenn Handbremsen zu bedienen sind, ist dies am Schluss des Rangierzettels durch ein »B« in der Spalte »Zahl der Wagen« angegeben. Die Nummer des Ablaufs ist in dem Bezirk des Hemmschuhlegers eingetragen, der ihn begleiten soll.
- Die Zuweisung von Abläufen aus einem anderen Hemmschuhlegerbezirk wird durch das Zeichen ⊂ oder ⊃ kenntlich gemacht.

1. Ablauf: 1 beladener Wagen nach Gleis 32, Hemmschuh durch 1
6. Ablauf: 1 Vorsichtswagen nach Gleis 34, Hbr besetzen durch 2
10. Ablauf: 1 beladener und 2 Leerwagen nach Gleis 31, Hemmschuh durch 1
11. Ablauf: 3 beladene Wagen nach Gleis 47, Hbr besetzen durch 8
12. Ablauf: 2 Vorsichtswagen nach Gleis 46, Hbr besetzen durch 7

1. Worin bestehen die Aufgaben eines Rangierbahnhofes?
2. Gibt es zweiseitige Gefällebahnhöfe? Begründen Sie Ihre Antwort!
3. Welche Fahrzeugbewegungen finden in welchen Teilen eines Rangierbahnhofs statt?
4. Welche grundsätzlichen Möglichkeiten bestehen, ablaufende Wagen zu bremsen?
5. Wodurch erzielt der Hemmschuh seine Bremswirkung?
6. Beschreiben Sie die Funktion einer Balkengleisbremse!
7. Beschreiben Sie die Funktion eines Retarders!
8. Beschreiben Sie alle noch nicht beschriebenen Abläufe (s. Bild 1)!

8.8 Elektrisch ortsgestellte Weichen (EOW)

Die Entwicklung von elektrisch ortsgestellten Weichen (EOW) ermöglicht eine einfache und personalsparende Bedienung von Weichen und Einstellen von Fahrwegen in einem vom übrigen Zugbetrieb abgetrennten Zugbildungs- und Rangierbereich. Außerdem eignen sich EOW-Anlagen für alle Betriebsbereiche mit vereinfachten Betriebsverhältnissen, in denen die Geschwindigkeit begrenzt ist.

Durch die Vernetzung von EOW, funkferngesteuerten Lokomotiven und Schaltmitteln in unmittelbarer Nähe der Gleise kann in Nebenbereichen auf die kostenintensive bisherige Stellwerkstechnik samt Fahrdienstleiter verzichtet werden, da die Fahrwegsteuerung und Fahrwegsicherung vom Lokrangierführer übernommen wird. Die Bedienung der Weichen kann über unterschiedliche Wege erfolgen:

- durch Schlagschalter, die in unterschiedlichen Höhen direkt neben dem Gleis montiert sind und bedient werden können, ohne dass der Lokführer von der Lok steigen muss (s. Bild 1, s.a. Seite 387),
- durch die Funkfernsteuerung des Triebfahrzeugführers,
- an dezentral installierte Fahrwegsstelltafeln, die ergänzend auch mit einem Fahrwegspeicher und Display ausgestattet sein können, um Fahrwege eingeben zu können (s. Bild 2),

Bild 1: Lokrangierführer bedient EOW-Anlage (Schlagschalter)

- durch Radsensoren, die z.B. automatisch für eine Weichenumstellung sorgen, falls diese bei einer stumpf befahrenen Weiche notwendig ist,
- Bei komplexeren Anforderungen kann die Steuerung des Gleisbereichs auch über spezielle elektronische Stellwerke erfolgen, die in Aufbau und Funktionsweise einem ESTW für den regulären Zugbetrieb ähnelt, aber wesentlich einfacher gestaltet sind.

Bild 2: Fahrwegstelltafel mit Speicher und Display

Alle Weichen verfügen über einen elektrischen Weichenantrieb und ein Weichensignal (den Weichenlage- und Ordnungsmelder WLM).

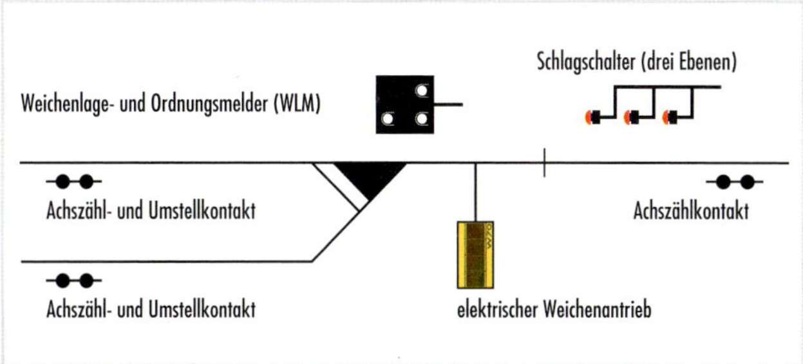

Bild 1: EOW mit örtlicher Bedienung (schematische Darstellung)

Befindet sich eine Weiche nicht in der gewünschten Lage, kann der Triebfahrzeugführer sie mittels Schlagtaster oder Funkfernsteuerung problemlos und schnell umstellen. Als zusätzliches Hilfsmittel kann in das Weichensignal auch eine Weichenhilfstaste (WHT) integriert sein. (s. Bild 2)

Schnittstellen im zentralen Fahrwegrechner ermöglichen es, die Fahrwegsteuerung auch an einem zentralen Bedien- und Dispositionsarbeitsplatz vorzunehmen. Von hier kann entweder die dezentrale aufgestellte Fahrwegtafel angesteuert werden oder es erfolgt eine Start-Ziel-Bedienung analog zum ESTW für den Regelbetrieb.

Bild 2: Weichenlage und Ordnungsmelder in LED-Technik

Die Steuerung des Bahnbetriebs mittels ESTW und EOW-Technik ergänzen einander. Das ESTW überwacht die zentralen Bereiche des Bahnhofs und die Streckengleise, während die kostengünstigere EOW-Technik in Rangierbereichen, bei Abstellanlagen, Ablaufanlagen und sonstiger Bahnanlagen mit vereinfachten Betriebsverhältnissen zum Einsatz kommt. Beim Umbau größerer Bahnanlagen werden häufig beide Steuerungstechniken, also ESTW und EOW, installiert, so z. B. beim Umbau des Frankfurter Hauptbahnhofes im Jahre 2005.

Auch großflächige Rangierbereiche lassen sich mit Hilfe der EOW-Technik steuern. So auch das RaStw Köln-Deutzerfeld, das 2003 modernisiert wurde. Das Stellwerk steuert 105 Weichen, 100 Achszählkreise, 97 Lichtsperrsignale und verfügt über Schnittstellen zu einem ESTW der Bauform ESTW L90.

1. Mit welchen Möglichkeiten kann die Bedienung von elektrisch ortsgestellten Weichen erfolgen?
2. In welchen Bereichen werden EOW-Anlagen eingesetzt?
3. Mit welchen technischen Einrichtungen sind EOW-Anlagen ausgerüstet? Welche Funktionen haben diese Einrichtungen?

8.9 Arbeitsunterlagen beim Rangieren

Zu den wichtigsten Unterlagen beim Rangieren gehören die Zugbildungspläne für Güterzüge sowie die Reihungs- und Umlaufpläne für die Reisezüge. Ferner gibt es noch Rangiertafeln. Die erforderlichen Angaben für die tägliche Arbeit auf einem Knotenpunktbahnhof erhalten die Mitarbeiter über den Auftragszettel. Mit dem Bedienungszettel werden dem Triebfahrzeugführer / Rangierbegleiter Informationen für die Zuführung und Abholung von Wagen im Knotenpunktbereich übermittelt.

8/RVR/26.09.97/10:52:13/RVR

ST-Nr..: 053629
SP ....: Kassel Rbf

PLAN-Rangierplan GZ / RZ

Tabellarischer - GZ / RZ - Rangierplan-Nummer: 14

Gültig von: 01.08.97
Wochentag von: 1
bis: 1, Nachtschicht

Übersicht der Triebfahrzeuge und Mitarbeiter

Lok-Bezeichnung	Baureihe	Einsatzzeit-1	Einsatzzeit-2	Einsatzzeit-3
Lok1 N	365	21.30 - 0.00		

Mitarbeiter	Einsatzzeit-1	Einsatzzeit-2	Einsatzzeit-3
Lrf1 N	21.30 - 0.00		
Rl L1N	21.30 - 0.00		
Glbr N	21.30 - 0.00		
Vorm N	21.30 - 0.00		
Rg1W N	21.30 - 0.00		
Rg2W N	21.30 - 0.00		
Rg3W N	21.30 - 0.00		
Rg4W N	21.30 - 0.00		

Teil-RAA-Nr.	Typ Kz	Zeit von - bis	Bezeichnung der Arbeit	Wg/ Anz	Bet. P	Arbeitsdauer in Minuten der Triebfahrzeuge/Mitarbeiter: Lok1 N	Lrf1 N	Rl L1 N	Glbr N	Vorm N	Rg1W N	Rg2W N	Rg3W N	Rg4W N
91201	P	21.30-21.35	Lrf 1 Fußweg	0	1		4.9							
10653	R	21.30-21.44	ZR 66576 Rgz fertigen	7	1				13.1					
05441	R	21.35-21.50	Ng 65583 Zugbildung einschl. kuppeln	31	7	14.6	14.6	14.6		14.6	14.6	14.6	14.6	14.6
91021	P	21.45-22.00	Glbr NW Hemmschuhpflege	0	1				15.0					
91361	P	21.50-21.59	Lok 1 Richtungsgleise andrücken	0	7	9.0	9.0	9.0		9.0	9.0	9.0	9.0	9.0
08212	R	22.00-22.15	GC 59351 Gr. Baunatal ausrangieren	7	8	15.0	15.0	15.0	15.0	15.0	15.0	15.0	15.0	15.0
10654	R	22.15-22.24	ZR 66576 abdrücken	7	8	8.4	8.4	8.4	8.4	8.4	8.4	8.4	8.4	8.4
12102	R	22.30-22.40	Gleis 4 andrücken, kuppeln, n NW ziehen	17	8	9.5	9.5	9.5	9.5	9.5	9.5	9.5	9.5	9.5
12103	R	22.40-22.59	Gleis 4 NW abdrücken	17	8	18.8	18.8	18.8	18.8	18.8	18.8	18.8	18.8	18.8
12362	R	23.00-23.10	Gleis 104 (Eckv) andrücken, nach NO zieh	30	8	9.1	9.1	9.1	9.1	9.1	9.1	9.1	9.1	9.1
12363	R	23.10-23.43	Gleis 104 (Eckv) auf NO abdrücken	30	8	33.0	33.0	33.0	33.0	33.0	33.0	33.0	33.0	33.0
12364	R	23.43-23.47	Fahrt NO - NW	30	1	3.6	3.6							
00012	R	23.43- 0.00	RC 64372 langmachen	29	3				16.5				16.5	16.5
03121	R	23.47- 0.00	RC 56510 Zugbildung m Lok 1	21	5	12.4	12.4	12.4		12.4	12.4	12.4		

Bild 1: Rangierplan

Der Rangierplan bildet die Grundlage für die Bemessung des Bedarfs an Rangierpersonal sowie an Triebfahrzeugstunden und gibt eine zusammenhängende Darstellung der rangierdienstlich zu behandelnden Züge, der vorzunehmenden Arbeiten und des hierfür erforderlichen zeitlichen Aufwandes. Es wird zwischen einer tabellarischen und bildlichen Darstellung unterschieden.

Weitere Arbeitsunterlagen beim Rangieren sind Übergangs- und Bedienungspläne.

Nachtschicht Lok 1 14
Mo - Fr

1 Lrf	21.30 - 6.30	Dpl.:(536)	
1 Rl Lok	21.30 - 6.30	(531)	
1 Vorm.	21.30 - 6.30	(531)	
3 Rga	21.30 - 6.30	(534)	
1 Rga	21.30 - 5.00	(534)	

Zeit von	Zeit bis	Bezeichnung der Arbeit Zug / Bedienungsfahrt	
21.30	21.35	Lrf Fußweg, Lok annehmen	
21.35	21.50	64383 Zugbildung, kuppeln Rga	
21.50	22.00	54062 Zugang bereitstellen	
22.00	22.15	59351 Gruppe Baunatal ausrangieren	
22.15	22.30	66576 zerlegen	
22.30	22.40	Gl. 4 (Eckverkehr) andrücken und nach Nw ziehen	
22.40	23.00	Gl. 4 (Eckverkehr) zerlegen	
23.00	23.10	Gl. 104 (Eckverkehr) andrücken und nach No ziehen	
23.10	23.40	Gleis 104 (Eckverkehr) zerlegen	
23.40	23.45	Fahrt No - Nw	
23.45	0.00	56510 Zugbildung	
00.00	00.15	56500 Zugbildung (Zug. 53802)	*2 Rga Gleis 13 zerlegen*
00.15	00.50	64372 zerlegen	*2 Rga Gleis 13 zerlegen*
00.50	01.10	66571 Zugbildung	

Bild 2: Rangierplan (tabellarische Darstellung)

1. Welche Informationen sind dem Rangierplan (s. Bild 1) zu entnehmen?
2. Welche Mitarbeiter gehören zur Nachtschicht (Lok 1)? (s. Bild 2)
3. Welche Arbeiten sind zwischen 22.15 Uhr und 22.30 Uhr zu erledigen?

8.10 Rangieren auf Hauptgleisen

Rangieren auf dem Ausfahrgleis
Rangieren über Ra 10 hinaus

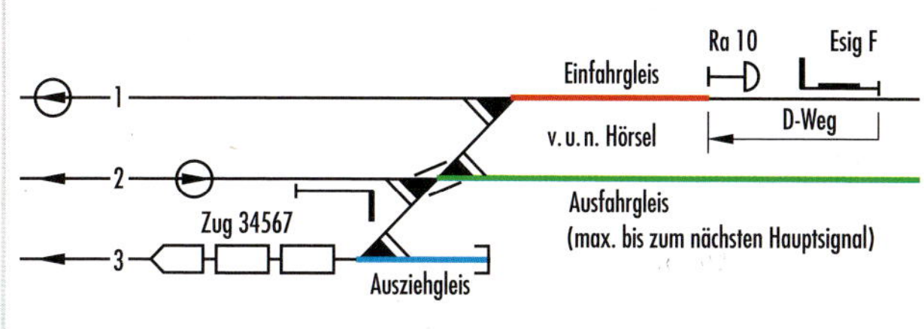

Bild 1: Zug 34567 soll im Bf Tessin von Gleis 3 nach Gleis 2 umgesetzt werden. Hierzu wird das Ausfahrgleis benutzt.

Hauptgleise (s. Kap. 1.6) dürfen nur mit Vorwissen des Fahrdienstleiters zum Rangieren benutzt werden. Die Hauptgleise sind für Zugfahrten rechtzeitig zu räumen. Auf Bahnhöfen zweigleisiger Strecken ist, wenn kein Ausziehgleis benutzt werden kann, nach Möglichkeit auf dem Ausfahrgleis zu rangieren. Das Rangieren auf dem Einfahrgleis über die Rangierhalttafel oder, wo keine vorhanden ist, über die Einfahrweiche hinaus ist nur mit Befehl 14 des Fahrdienstleiters gestattet. Dieser muss sich vorher vergewissern, dass die benachbarte Zugfolgestelle, bei selbsttägigem Streckenblock die benachbarte Zugmeldestelle (Zmst), keinen Zug abgelassen und zugestimmt hat.

	Mechanisches oder elektromechanisches Stellwerk	Gleisbildstellwerk
Merkhinweis RP (Räumungsprüfung)	Beim Fahrdienstleiter an der Einrichtung für die • Befehlsabgabe oder • Fahrstraßenfestlegung, wo diese nicht vorhanden ist, an den Hebeln der Hauptsignale	Bei einer Zugmeldestelle • an oder neben der Zieltaste der Zugstraßen oder • bei EZMG-Stw. an der Zugstraßensignaltaste »Ausfahrt« oder • im ersten Zugfolgeabschnitt Bei einem selbsttätigen Blocksignal • neben der Signaltaste oder • im Zugfolgeabschnitt hinter dem selbsttätigen Blocksignal
Sperren sind anzubringen bzw. einzugeben	Beim Fahrdienstleiter an der Einrichtung für die • Befehlsabgabe oder • Fahrstraßenfestlegung, wo diese nicht vorhanden ist, an den Hebeln der Hauptsignale	• An der Zieltaste der Zugstraßen oder • Sperre im ersten Zugfolgeabschnitt • an der Einschalttaste für den Durchfahr- oder Selbststellbetrieb

Tabelle 1: Merkhinweise und Sperren beim Rangieren über das Signal Ra 10 hinaus (benachbarte Zfst bzw. Zmst)

Beim Rangieren auf dem Ein- oder Ausfahrgleis hat der Triebfahrzeugführer sicherzustellen, dass keine Fahrzeuge zurückgelassen werden. Die Rückkehr aller Fahrzeuge ist dem Weichenwärter in bestimmten Fällen zu melden.

1. Welche Gleise im Bf Tessin (s. Bild 1) werden als Hauptgleise bezeichnet?
2. Warum ist beim Rangieren – wenn kein Ausziehgleis benutzt werden kann – eher das Ausfahrgleis und nicht das Einfahrgleis zu benutzen?
3. Wie weit darf auf dem Ausfahr- bzw. Einfahrgleis rangiert werden?
4. Schreiben Sie den (schriftlichen) Befehl 14, falls für das Umsetzen des Zuges 34567 über das Signal Ra 10 hinaus rangiert werden muss (s. Bild 1)!
5. In welchen Fällen hat ein Triebfahrzeugführer beim Rangieren auf dem Einfahr- oder Ausfahrgleis die Rückkehr aller Fahrzeuge zu melden?

8.11 Funkfernsteuerung von Triebfahrzeugen

Die Steuerung von Triebfahrzeugen mittels Funk wird im Rangierbetrieb seit dem Jahr 1988 praktiziert. Die Funkfernsteuerung von Güterzügen bei der DB AG ist vom Gesetzgeber seit 1997 zugelassen, wenn

- geschobene Güterzüge im Nahbereich, d.h. bis zu einer Entfernung von 5 km verkehren
- Bahnübergänge auf Nebenbahnen regelmäßig durch das Zugpersonal zu sichern sind

Die Bedienung im Funkfernsteuerbetrieb beim Rangieren erfolgt über ein tragbares Fernsteuerbediengerät (FBG). Die vom FBG gegebenen Befehle werden von der Lokantenne empfangen und in den Fernsteuergeräteschrank weitergegeben. Von dort gelangen sie über die Schnittstelle zur elektronischen Signalverarbeitung und Überwachung. Am Ende der Übertragungskette löst ein elektromagnetischer oder elektropneumatischer Impuls die o.g. Steuervorgänge aus. Die manuelle Steuerung des Triebfahrzeuges ist im Funkfernsteuerbetrieb unwirksam.

Die Funkfernsteuerung umfasst die Leistungssteuerung, die Bremssteuerung, die Fahrtrichtungssteuerung und andere Vorgänge wie Pfeifen, Sanden etc. Es können dabei mehrere Befehle gleichzeitig gegeben werden, z.B. »Bremsen anlegen« und »Sanden«.

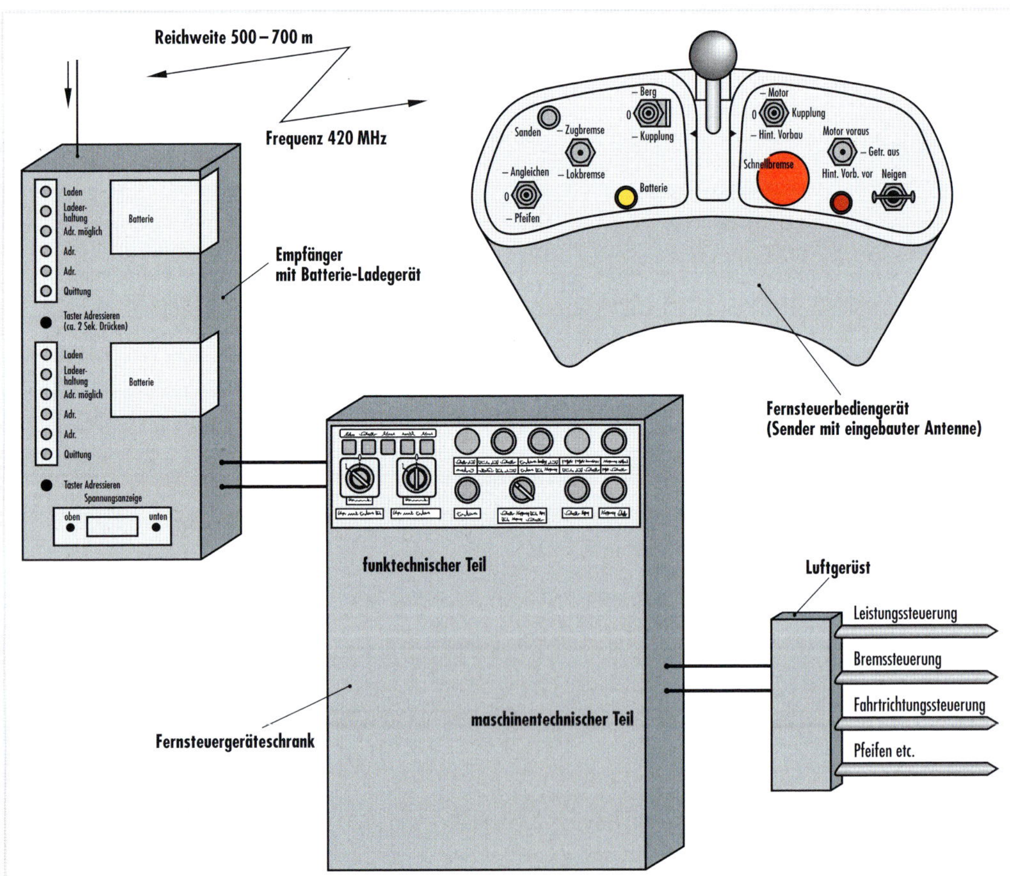

Bild 1: Funktionsschema der Funkfernsteuerung

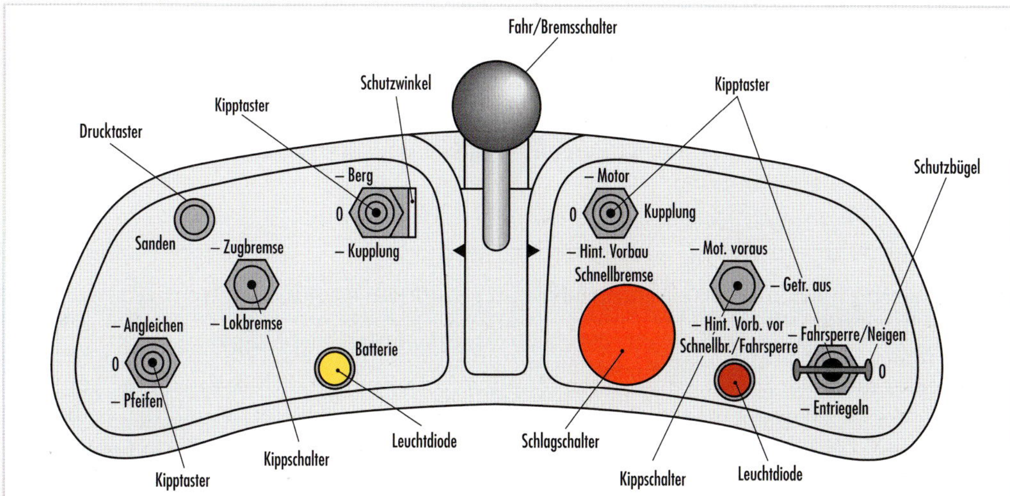

Bild 1: Fernsteuerbediengerät (FBG)

Weiße Melder am Führerraumdach an beiden Seiten eines Triebfahrzeuges kennzeichnen den funkferngesteuerten Betrieb.

- Ruhelicht: normaler Funkfernsteuerbetrieb
- langsames Blinklicht: technische Störung
- schnelles Blinklicht: aktiver oder passiver Nothalt

Im Notfall kann das Triebfahrzeug während des funkferngesteuerten Betriebes durch eine Schnellbremsung zum Halten gebracht werden:

- durch Drücken des Schlagschalters »Schnellbremse« (Nothalt aktiv)
- Zur Überwachung der Dienstunfähigkeit des Bedieners ist das FBG mit einem Neigungsschalter ausgerüstet. Beim Neigen des FBG um mehr als 50 % aus der Senkrechten bewirkt er nach 4 s eine Schnellbremsung und das Abschalten der Betriebsleistung (Nothalt passiv). Der betriebliche Einsatz kann es erforderlich machen, dass der Bediener sich länger als 4 s neigen muss. Dazu kann er den Neigungsschalter überbrücken. Jedoch wird für diese Zeit eine Fahrsperre wirksam.

Bild 2: Weiße Sichtmelder am Tfz

1. Für welche Bereiche innerhalb eines Bahnbetriebs wird die Funkfernsteuerung angewendet?
2. Wodurch erfolgt die Bedienung eines Tfz im Funkfernsteuerbetrieb?
3. Durch welches äußere Merkmal ist ein funkferngesteuertes Tf zu erkennen?
4. Welche Arten der Steuerung eines Tfz können über ein FBG vorgenommen werden?
5. Was versteht man unter einem »Nothalt aktiv« und einem »Nothalt passiv«?

8.12 Unterscheidung: Zugfahrt – Rangierfahrt

Zustimmung des Fdl zur Fahrt
Zustimmung des Weichenwärters

Obwohl Zug- und Rangierfahrten auf denselben Bahnanlagen und mit denselben Fahrzeugen durchgeführt werden, unterscheiden sie sich in der betrieblichen Handhabung doch wesentlich voneinander.

Merkmale	Zugfahrt	Rangierfahrt
Definition	• Züge sind auf die freie Strecke übergehende oder innerhalb eines Bahnhofs mit Fahrplan verkehrende Einheiten oder einzeln fahrende arbeitende Triebfahrzeuge • Züge werden in Reise- und Güterzüge eingeteilt	• Bei einer Rangierfahrt werden bewegt — einzelne arbeitende Tfz oder — eine Gruppe gekuppelter Fz, von denen mind. ein Fz ein arbeitendes Tfz ist • Rangierfahrten finden nur innerhalb der Bahnhofsgrenzen statt

Anzahl der Achsen/Länge	Reisezüge: max. 80 Achsen (ohne Tfz) Güterzüge: max. 250 Achsen (mit Tfz) Nie länger als 740 m (incl. Tfz)	Keine Einschränkung, s. Betriebsstellenbuch
Kennzeichnung durch Signale	Zg 1: Spitzensignal Zg 2: Schlusssignal	Fz 1: Rangierlokomotivsignal
Gleisbenutzung	Hauptgleise im Bahnhof und Gleise der freien Strecke	Haupt- und Nebengleise im Bahnhof
Verantwortlich	Zugführer (Zf)	Triebfahrzeugführer (Tf)
Verständigung durch/über	• Signale • Befehle • Zugfunk	• Signale • Befehl 14 • Rangierfunk • schriftliche Unterlagen: z. B. Rangierzettel
Fahrplanunterlagen (s. Kap. 2.5)	• i. d. R. Buchfahrplan • Fahrplan-Mitteilung (bei Sperrfahrten u. a.) • Verzeichnis der Langsamfahrstellen »La«	• Rangierplan • Örtliche Zusätze (s. Betriebsstellenbuch) sind zu beachten (Besonderheiten)

Tabelle 1: Unterscheidungsmerkmale Zugfahrt – Rangierfahrt (Teil 1)

Merkmale	Zugfahrt	Rangierfahrt
Bremsen	Alle Fahrzeuge im Zug sind an der Hauptluftleitung anzuschließen. Alle Druckluftbremsen sind einzuschalten, Bremsberechnung, Bremszettel	Abhängig vom Tfz und Anzahl der Achsen (s. Kap. 8.4) Besonderheit bei »Ansage des freien Fahrwegs«
Bremsprobe	volle oder vereinfachte Bremsprobe erforderlich (s. Kap. 4.5)	Vereinfachte Bremsprobe ist nur erforderlich, wenn die Fahrzeuggruppe mehr Achsen hat, als nach Tab. 1-1 a, b oder c in Spalte 2 ohne wirkende Druckluftbremse zugelassen sind.
Fahrwegprüfung, Fahrwegbeobachtung	Vor Zulassung wird der Fahrweg auf Freisein überprüft (s. Kap 6.1).	Beobachten des Fahrwegs während der Fahrt durch Triebfahrzeugführer (Tf) oder Rangierbegleiter (Rb)
Fahrwegsicherung	durch Zugfahrstraßen (signaltechnisch gesicherte Fahrwege)	beim mechanischen Stellwerk: i. d. R. wird der Fahrweg durch Wärter oder durch den Tf selber gestellt (signaltechnisch nicht gesicherter Fahrweg),beim Gleisbildstellwerk: durch Rangierstraßen (i. d. R. nur Lichtschutz).
Zustimmung	• Signale: Hp 1, Hp 2, Ks 1, Ks 2 oder • Signale: Zs 1, Zs 7, Zs 8 oder • Befehl • mündlich, Hp mit • s. auch Seite 465	• Signal Sh 1 oder Ra 12 (DV 301) • mündlich oder • wenn die Zustimmung nicht durch ein Signal oder mündlich gegeben werden kann, durch Hochhalten eines Arms oder einer weißleuchtenden Handleuchte
Abfahrauftrag/ Fahrauftrag	Signal Zp 9: Abfahren Abfahrauftrag durch Zugführer, örtliche Aufsicht oder mündlich  Handsignal 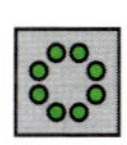 Lichtsignal	Fahrauftrag durch Rangierbegleiter, wenn er den Fahrweg beobachtet: • Rangiersignale oder • mündlich
Geschwindigkeit (für Züge nach EBO)	Aus dem Buchfahrplan ersichtlich Reisezüge mit LZB: 250 km/h Indusi: 160 km/h ansonsten: 100 km/h Güterzüge mit durchgehender Bremse: 120 km/h ansonsten: 100 km/h (Ausnahmen: z. B. ICE 3 bis 300 km/h, Güterzüge bis 160 km/h)	• So, dass vor Halt gebietenden Signalen, vor Fahrzeugen, vor Gefahrstellen, die einen Halt erfordern, oder an der beabsichtigten Stelle angehalten werden kann, aber max. 25 km/h, Baugleis 20 km/h • Ausnahme: Ansage des freien Fahrwegs: 40 km/h

Tabelle 1: Unterscheidungsmerkmale Zugfahrt – Rangierfahrt (Teil 2)

1. Wo finden Rangierfahrten stets statt?
2. Wie kann man im Dunkeln erkennen, ob eine Zug- oder Rangierfahrt unterwegs ist?
3. Wer ist für eine Zugfahrt bzw. Rangierfahrt verantwortlich?
4. In welchen Fällen ist bei Zug- bzw. Rangierfahrten eine Bremsprobe erforderlich?
5. Wie erfolgt der Übergang von einer Zugfahrt in eine Rangierfahrt?

8.13 Bilden von Zügen

Zugbildung

Die Zugbildung hat entscheidenden Einfluss auf den gesamten Betriebsablauf. Angefangen von der Zusammenstellung eines Zuges bis hin zur Zugauflösung (Rangierbahnhof) kann hier die DB AG alle wirtschaftlichen Aspekte des Unternehmens verwirklichen, die wesentlich in Bezug auf Gewinn und Wettbewerb sind.

Von der Zugbildung sind viele Bereiche abhängig, die als Folge entscheidenden Einfluss auf die Betriebs- und Verkehrsschicherheit haben. Werden hier die notwendigen Aufmerksamkeiten unterlassen, treten Unregelmäßigkeiten bis hin zu Bahnunfällen auf, die hohe Sachschäden verursachen und auch häufig Verletzungen von beteiligten und unbeteiligten Personen mit sich bringen.

Die Zugbildung ist sowohl für den Reise- als auch für den Güterzug bedeutsam.

8.13.1 Grundsätze bei der Zugbildung

Folgende Grundsätze sind beim Bilden von Zügen zu beachten:

- Es dürfen nur Fahrzeuge eingestellt werden, die zur Beförderung mit dem Zug zugelassen sind.
- Fahrzeuge müssen vorschriftsmäßig gekuppelt werden. – Kuppeln, Züge
- Lose Fahrzeugteile (z.B. Rungen) müssen ordnungsgemäß festgelegt und bewegliche Fahrzeugeinrichtungen (z.B. Türen, Klappen, Dächer, Wände, verstellbare Pufferträger) richtig gestellt und verriegelt sein.
- Der Zustand der Fahrzeuge und Ladungen darf die Betriebssicherheit nicht gefährden (bei Zweifeln entscheidet der Wagenmeister, wenn keiner anwesend ist, der Triebfahrzeugführer).
- Bei Reisezügen müssen die Stirnwandtüren an der Spitze und am Schluss des Zuges verschlossen sein.

Um einen Zug bilden zu können, ist es notwendig, Daten über das Triebfahrzeug und die verwendeten Wagen zu kennen. Diese Daten können aus den Anschriften entnommen werden.

Bild 1: Bremsanschriften an der BR 218 405-9

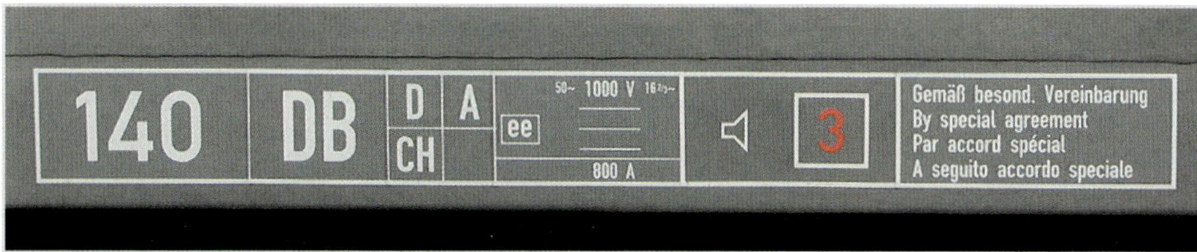

Bild 1: Beispiel für Anschriften an einem Reisezugwagen (s. nächste Seite)

Bild 2: Anschriften eines Güterwagens (s. a. nächste Seite)

Aus diesen Angaben ergeben sich auch die Gründe, mit denen Fahrzeuge bei der Zugbildung ausgeschlossen werden können:

- Fahrzeuge, bei denen das Gewicht der Ladung die am Fahrzeug angeschriebene Lastgrenze für diejenige Streckenklassse überschreitet, in die die zu befahrenden Strecken oder Streckenabschnitte eingestuft sind.
- Fahrzeuge, deren Begrenzung oder Ladung die für die Strecken maßgebenden Begrenzungslinien oder Lademaße überschreitet.
- Fahrzeuge, die nach ihrer Beschriftung auf den zu befahrenden Strecken nicht zugelassen sind.

Ausnahmen zu Beförderungen können in der Beförderungsanordnung, im Streckenbuch (Strebu) oder Betriebsstellenbuch (Bebu) stehen und damit Beförderungen zulassen.

Da im europäischen Bahnverkehr auch ausländische Wagen bei der Zugbildung berücksichtigt werden müssen, ist es wichtig, dass einheitliche Rechtsregelungen in internationalen Abkommen wichtige betriebliche Beförderungsfragen klären (s. Kap. 1.2). Die mit einem Ⓓ gekennzeichneten Wagen im Vereinbarungsraster dürfen eingestellt werden.

Bei der Zugbildung muss auf Folgendes geachtet werden:

- Länge der Züge
- Geschwindigkeitsregeln
- Gewicht der Züge
- Gefahrgutverordnung Straße, Eisenbahn und Binnenschifffahrt GGVSEB
- Bremsberechnung
- Besonderheiten

Anschriften beim Reisezugwagen	Bedeutung
DB A CH L	Zugelassene Länder, der großgeschriebene Buchstabe ist das Heimatland (DB = Deutschland)
200	Zugelassene Höchstgeschwindigkeit
	für den internationalen Fährverkehr zugelassen
	Hochleistungsbremse
KE-GPR-Mg	Bauart des Steuerventils (KE = Knorr Bremse mit Einheitswirkung) und einstellbare Bremsstellungen
ep	elektropneumatische Bremse (alle Bremsen im Zug legen nach einem elektr. Impuls gleichzeitig an)
	Notbremsüberbrückung
 2	Wagen ist mit Lautsprecheranlage ausgestattet, die Zahl sagt was über die Art aus
)p(	Wagen ohne Druckertüchtigung mit Sicherheitspaket (ohne oder mit geschlossenem WC)
50– 1000 V 16⅔ ~ e 1500 V 50 ~ 1500 V 3000 V 800 A	elektrische Energieversorgung (Spannungen, RIC-Raster)
39t 44t 72Pl	Eigengewicht des Wagens, Gesamtgewicht, Anzahl der Sitzplätze
	Handbremse (dieses Symbol befindet sich immer auf der Seite wo die Hbr ist)
→19,00m←	Drehzapfenabstand
⊢ 26,40m ⊣	Länge über Puffer
TB 0	Wagen verfügt über TB 0 (Türen ab/bis 0 km/h blockiert)

Anschriften beim Güterwagen	Bedeutung
11000 kg	Eigengewicht des Wagens
11000 kg 30 t	Eigengewicht des Wagens + Handbremsgewicht (das Handbremsgewicht ist rot eingerahmt, wenn es sich bei der Handbremse um eine bodenbedienbare Feststellbremse handelt)
A B C D 20t 21t 24t 26t 100 18t 19t 22t **	Lastgrenzraster – Gibt die maximale Zuladung für die jeweilige Streckenklasse und der Geschwindigkeit an (ohne Vorsatz = 80 km/h, s = 100 km/h, ss = 120 km/h, * = 100 km/h, ** = 120 km/h, steht die Angabe 00,0 t darf der Wagen nur **leer** mit der angegebenen Geschwindigkeit laufen)
⟨20,2 m²⟩	Ladefläche
12,0 m	Ladelänge
(⊢12,0 m⊣)	Länge über Puffer
66,5 m³	Fassungsraum von Schüttgutwagen
(36000 l)	Fassungsvolumen (Angabe in l = Liter, hl = Hektoliter, m³ = Kubikmeter)
P	Privatwagen
→ 7,1 m ←	Abstand von Radsatzmitte zu Radsatzmitte bzw. der einzelnen Drehzapfen
	Anhebestelle
6 REV HSR 01.01.00	Revisionsanschrift (Bsp: 6 = Frist in Jahren, HSR = Werkstatt (hier Seelze), 01.01.00 = Datum der letzten Revision
KE-GP-A	Bremsanschrift (1. Teil = Bauart, 2. Teil = einstellbare Bremsstellungen, 3. Teil = Zusatzausrüstung)
	Achtung Lebensgefahr! Betreten unter Fahrdraht verboten
30 1202	Gefahrgut

Tabelle 1: Mögliche Anschriften beim Reisezug- bzw. beim Güterwagen

8.13.2 Grundsätze beim Bilden von Reisezügen

Nach der EBO darf ein Zug nicht länger sein, als seine Bremsverhältnisse, Zug- und Stoßeinrichtungen und die Bahnanlagen zulassen. Als Grundsatz gilt, dass ein Zug höchstens 740 m lang sein darf.

- Die zulässige Länge der Wagenzüge für Reisezüge oder die zulässige Länge des Gesamtzuges wird auf den Betriebsstellen nach folgenden Regeln bestimmt:
  - Grundlage ist die nutzbare Länge der Bahnsteige
  - Für Signalsicht und für ungenaues Halten sind je 5 m zu berücksichtigen
  - Beim Ermitteln der zulässigen Wagenzuglänge für Reisezüge, die aus arbeitenden Lokomotiven und dem Wagenzug gebildet sind, müssen für die Lokomotive 20 m berücksichtigt werden
  - Örtlich bedingte Einschränkungen sind zu berücksichtigen
- Ein Reisezug darf höchstens aus 80 Achsen bestehen

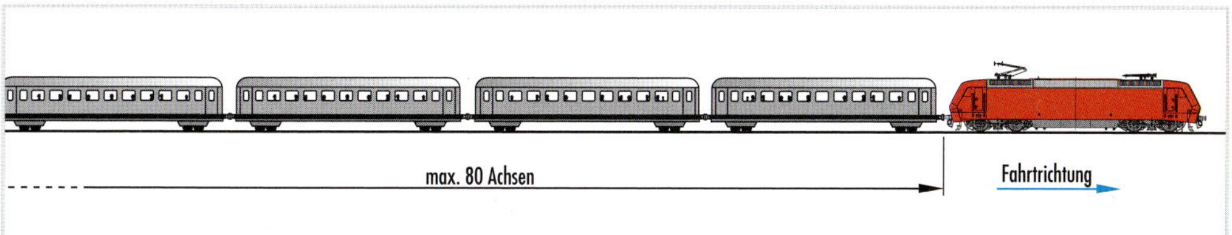

Bild 1: Anzahl der Achsen eines Wagenzuges eines Reisezuges

- Ein Autoreisezug oder Leerreisezug darf höchstens aus 100 Achsen bestehen

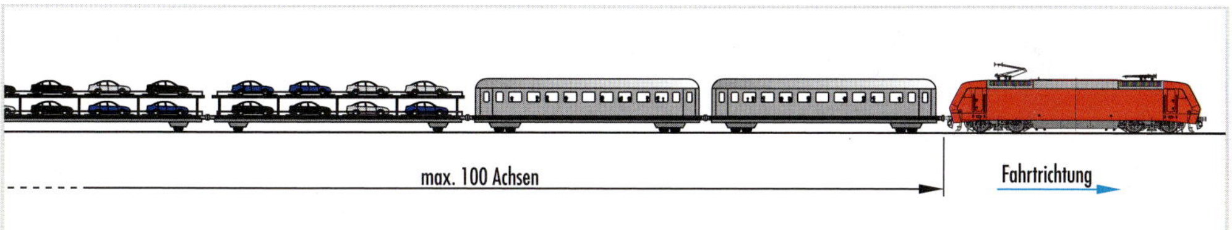

Bild 2: Anzahl der Achsen eines Wagenzuges eines Leerreise- oder Autoreisezuges

- Bei Wendezügen mit Steuerwagen an der Spitze darf der geschobene Teil des Wagenzuges höchstens 60 Achsen betragen.

  Einschließlich eines gezogenen Zugteils darf der Wagenzug 80 Achsen nicht überschreiten.

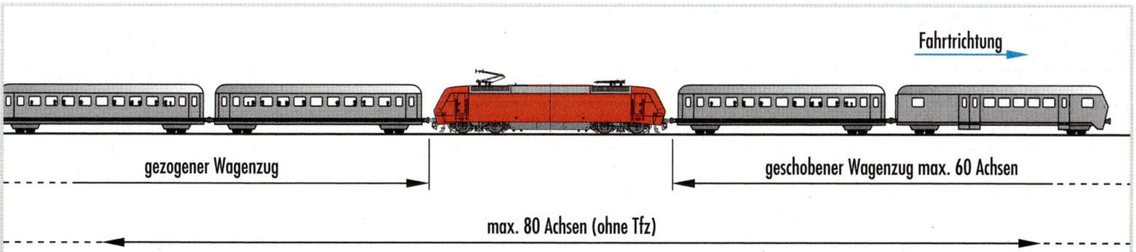

Bild 3: Anzahl der Achsen bei geschobenem und gezogenem Wagenzug

Geschwindigkeit des Reisezuges

Bezüglich der Geschwindigkeiten ist bei der Reisezugbildung zu berücksichtigen, dass die Wagengattungen für die vorgesehene Geschwindigkeit geeignet sind.

Nach der EBO ergeben sich folgende maximale Geschwindigkeiten:

- 300 km/h mit Ausnahmegenehmigung.
- 250 km/h bei durchgehender Bremse und Zugbeeinflussung (LZB-geführt).
- 160 km/h bei durchgehender Bremse und Zugbeeinflussung (durch Haupt- und Vorsignal geführt).
- 100 km/h auf Strecke ohne Zugbeeinflussung.
- 60 km/h für nachgeschobene Züge. Ist das nachschiebende Tfz an die durchgehende Bremse angeschlossen, darf der Zug höchstens 80 km/h fahren.
- 30 km/h für geschobene Züge; über Bahnübergänge ohne technische Sicherung darf nur mit einer Höchstgeschwindigkeit von 20 km/h gefahren werden.
- 10 km/h für geschobene Züge im Störungsfall.

Berücksichtigt muss auch werden, auf welchen Streckenkategorien (entsprechend des Trassenmanagements) gefahren werden soll. Hier können auch andere Geschwindigkeiten zugelassen sein, z. B. ICE3 bis 300 km/h oder Güterzüge bis 160 km/h.

Gewicht des Reisezuges

Das Gewicht des Reisezuges ergibt sich aus der Wagenliste. Für die Zugbildung selbst bedarf es keiner Regelungen. Soll eine im Fahrplan angegebene Grenzlast überschritten werden, muss die Weisung der Betriebszentrale (BZ) eingeholt werden.

Besonderheiten beim Einstellen von Fahrzeugen in Reisezüge

- Grundsätzlich dürfen Fahrzeuge eingestellt werden, wenn in der Fahrzeugnummer als Kennzahl für die Eigentumsverwaltung 80 angegeben ist oder sie im Vereinbarungsraster das Zeichen »RIC«, »RIV« oder das Kurzzeichen »D« oder »DB« eingetragen haben.
- Unmittelbar vor oder hinter besetzten Personenwagen dürfen zwei oder mehr Wagen, über die dieselbe Ladung reicht, oder Wagen, deren Ladung höher ist als die Stirnwand und die sich in der Längsrichtung leicht verschieben kann, nicht eingestellt werden.
- Güterwagen, deren Gesamtgewicht mehr als 40t beträgt (wenn sie keine wirkende Druckluftbremse haben) oder die über die für die Streckenklasse C4 angeschriebene Lastgrenze hinaus beladen sind, dürfen nicht eingestellt werden. In der Beförderungsanordnung oder im Streckenbuch (Strebu) können Ausnahmen zugelassen sein.
- Eine nicht arbeitende Lokomotive darf nur dann in den Wagenzug eingestellt werden, wenn auf einer Tafel oder in anderer geeigneter Weise die zulässige Geschwindigkeit, der Beförderungsweg, die eingestellte Bremsstellung und bei der Zugbildung zu beachtende Regeln, z. B. Beförderung des Fahrzeugs am Schluss des Zuges, angegeben sind.
- In Züge, die nachgeschoben werden, dürfen Fahrzeuge nicht einstellt werden, deren Zug- und Stoßeinrichtung das Nachschieben nicht zulässt oder die nur durch die Ladung oder zusätzlich durch Steifkupplung verbunden sind.

Für die Zugbildung von Reisezügen sind in verschiedenen Vorschriften (z. B. Reisezugwagenvorschrift) Regelungen enthalten. Außer diesen Bestimmungen sind noch Regelungen in den Zugbildungsplänen für Reisezüge (Reihungs- und Umlaufpläne) zu beachten.

8.13.3 Grundsätze beim Bilden von Güterzügen

Neben den Eigentumsangaben, der Wagennummer und der Gattungsbezeichnung ist im Anschriftenfeld eines Güterwagens das Lastgrenzenraster besonders wichtig.

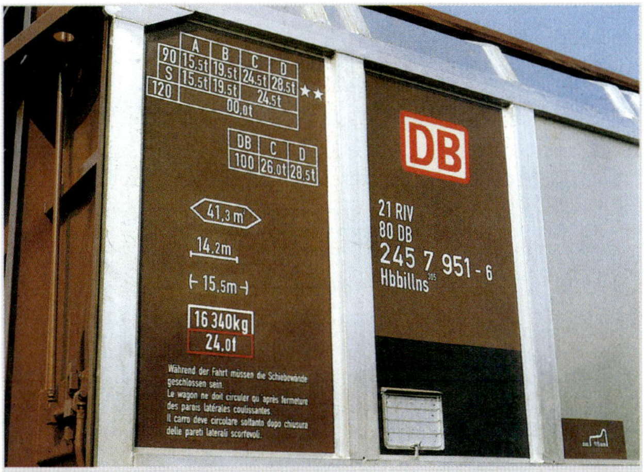

Bild 1: Lastgrenzenraster eines Güterwagens der Gattung H

Bild 2: Lastgrenzenzusatzraster

Wagen ausländischer Bahnen dürfen nur eingestellt werden, wenn sie das Zeichen RIC oder das Zeichen RIV (s. Kap. 1.2) oder das Kurzzeichen »D« oder »DB« im Vereinbarungsraster tragen. In der Beförderungsanordnung können Ausnahmen zugelassen sein.

Die Strecken der DB AG werden hinsichtlich der zulässigen Belastung (Achslast) und des zulässigen Fahrzeuggewichts je Längeneinheit (Meterlast) in verschiedene Streckenklassen eingeteilt.

Belastung des Oberbaus

Radsatzlast
(Wichtig für die Belastung der Gleise der freien Strecke)

Meterlast
(Wichtig für die Belastbarkeit von Brücken)

Klasseneinteilung ↓ Fahrzeugmasse je Längeneinheit = p	→ Radsatzlast = P	A	B	C	D
		16 t	18 t	20 t	22,5 t
1	5,0 t/m	A	B1		
2	6,4 t/m		B2	C2	D2
3	7,2 t/m			C3	D3
4	8,0 t/m			C4	D4

p = Fahrzeugmasse je Längeneinheit, das heißt Summe der Wagen- und Lademasse geteilt durch die Wagenlänge, gemessen über die nicht eingedrückten Puffer.

Bild 3: Klasseneinteilung der Strecken

Der Lastgrenzenraster gibt das höchstzulässige Ladegewicht an, bis zu dem ein Wagen bei der Beförderung über die jeweilige Streckenklasse beladen werden darf. A ist demnach die niedrigste Streckenklasse, D4 die höchste.

Bei der Zugbildung sind die Fahrzeuge auszuschließen, bei denen das Gewicht der Ladung die entsprechende Lastgrenze überschreitet.

Geschwindigkeitsregeln

Grundsatz: Die zulässige Geschwindigkeit, die ein Güterwagen fahren darf, ist im Lastgrenzenraster oder Lastgrenzen-Zusatzraster angegeben (s. Bild 1 und 2, vorige Seite). Es gelten folgende Zusatzregeln:

	bis 120 km/h	bis 100 km/h	bis 80 km/h
Lastgrenzenraster	• SS oder • S oder 90 mit ** neben dem Lastgrenzenraster, wenn sie im Zugbildungsplan nicht ausgeschlossen sind	• S	• ohne Geschwindigkeitsangabe
Lastgrenzen-Zusatzraster	• SS		• ohne Geschwindigkeitsangabe

Bild 1: Zulässige Geschwindigkeit für Güterwagen (Zusatzregeln)

Fahrzeuge, deren zulässige Geschwindigkeit niedriger ist als die zulässige Geschwindigkeit des Zuges, dürfen nur eingestellt werden, wenn die Genehmigung der BZ vorliegt. Die Betriebszentrale (BZ) gibt ihre Weisung mit »Fahrplan-Mitteilung« bekannt, nachdem ihr der Triebfahrzeugführer die im Bremszettel eingetragene Geschwindigkeit mitgeteilt hat.

Länge eines Güterzuges

Ein Güterzug darf i. d. R. höchstens 250 Achsen haben und 740 m lang sein. In einer Beförderungsanordnung oder Fahrplananordnung dürfen bis zu 252 Achsen zugelassen werden. Ein Wagenzug eines Güterzuges, für den die Bremsstellung R vorgeschrieben ist, darf höchstens 600 m lang sein.

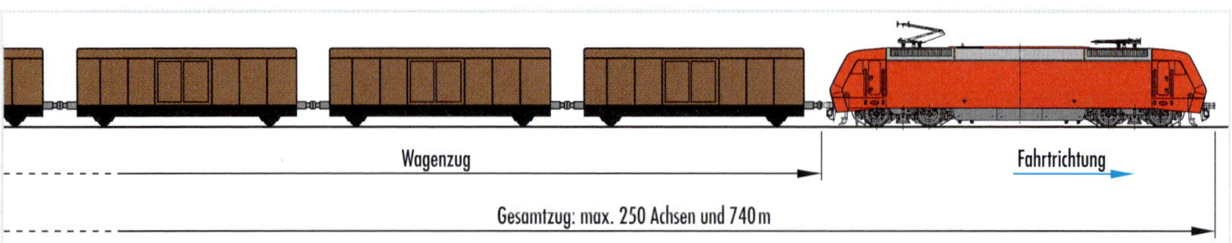

Bild 2: Länge eines Güterzuges

Andere Eisenbahnverkehrsunternehmen (EVU) können Gesamtzuglängen bis 835 m zulassen. Sie müssen dann als außergewöhnliche Transporte angemeldet werden.

Last eines Güterzuges

Soll eine im Fahrplan angegebene Last oder Länge überschritten werden, muss die Weisung der Betriebszentrale (BZ) eingeholt werden.

Besonderheiten beim Einstellen von Fahrzeugen in Güterzügen

- Wagen oder Großcontainer, die einen Großzettel nach Muster 1, 1.5 oder 1.6 tragen, müssen in Gleisrichtung von Wagen oder Großcontainern mit Großzettel nach Muster 2.1, 3, 4.1, 4.2, 4.3, 5.1 oder 5.2 durch einen Schutzabstand getrennt werden. Der Schutzabstand ist eingehalten, wenn – gemessen zwischen den Puffertellern bzw. Großcontainerwänden
  — ein Abstand von mindestens 18 Metern oder
  — ein Abstand, der der Länge von zwei zweiachsigen oder einem mehr als dreiachsigen Wagen entspricht,

  besteht.
- Fahrzeugtechnische Gegebenheiten: Einheiten mit einer Ladung von mehr als 60 m Länge müssen – einzeln oder zu mehreren – am Schluss von Zügen eingestellt werden. Langschienentransporteinheiten, die auf einer Tafel als solche gekennzeichnet sind, können an beliebiger Stelle im Zug eingestellt werden. Wagen, die nur durch die Ladung oder durch Steifkupplungen verbunden sind, müssen am Schluss von Zügen eingestellt werden.
- Nachgeschobene Züge: Nachschieben ✚ In Züge, die nachgeschoben werden, dürfen Fahrzeuge nicht eingestellt werden, deren Zug- und Stoßeinrichtung das Nachschieben nicht zulässt oder die nur durch die Ladung oder zusätzlich durch Steifkupplung verbunden sind. Wagen mit Ladungen, die über mehrere Wagen reicht, dürfen nur eingestellt werden, wenn die einzelne Ladung nicht länger als 60 m ist und die Wagen durch Schraubenkupplung verbunden sind. Die Einschränkung gilt nicht für Langschienentransporteinheiten, die auf einer Tafel als solche gekennzeichnet sind. Dasselbe gilt für Fahrzeuge, die nur durch die Ladung oder zusätzlich durch Steifkupplung verbunden sind. Zwischen Schiebetriebfahrzeug und Wagenzug dürfen keine Fahrzeuge laufen.

Gefahrklasse	Symbol
1, 1.5, 1.6 explosionsgefährliche Stoffe	
2.1 brennbare Gase	
3 entzündbare flüssige Stoffe	
4.1 brennbare feste Stoffe	
4.2 selbstentzündliche Stoffe	
4.3 Stoffe, die in Berührung mit Wasser entzündliche Gase entwickeln	
5.1 entzündend (oxidierend) wirkende Stoffe	
5.2 organische Peroxide	

Tabelle 1: Gefahrklassen (Auswahl)

Bild 1: Wagenanschrift (mit Gefahrzettel Nr. 3)

- Nichtarbeitende Triebfahrzeuge können eingestellt werden, wenn in geeigneter Weise die zulässige Geschwindigkeit, der Beförderungsweg, die eingestellte Bremsstellung und weitere Regeln beachtet werden.

Abweichungen von Zügen von den für Bahnanlagen vorgesehenen Maßen

(s. Seite 34)

– außergewöhnliche Transporte +

- **Außergewöhnliche Sendungen**, z.B. Schwerwagen, Sendungen mit Lademaßüberschreitungen (Lü-Sendungen, andere Sendungen bei Beförderung mit besonderen Bedingungen
- **außergewöhnliche Fahrzeuge**, z.B. Fahrzeuge besonderer Baureihen wie BR401, 402, oder 801 bis 808
  - Fahrzeuge mit der Anschrift »LNT«, deren Zuggattungsbezeichnung nicht durch »-L« ergänzt ist
  - Fahrzeuge mit den Gattungsbuchstaben DA, DAB, DB, die nicht mit Zuggattungsbezeichnung »-D« oder »-E« ergänzt sind
  - offene Autotransporte, wenn sie in einem Reisezug eingestellt sind, dessen Zuggattungsbezeichnung nicht durch »-K« ergänzt ist
  - andere Fahrzeuge, die in einer Beförderungsanordnung oder Fahrplananordnung als außergewöhnliche Fahrzeuge bezeichnet sind
- **Außergewöhnliche Züge** sind mit den Gattungsbezeichnungen »-A«, »-L«, »-D«, »-E«, »-K« ergänzt, wenn sie auf Strecken verkehren, die für diese Züge nicht zugelassen sind.
- **Sonstige Abweichungen** betreffen das Ausfahren von Trittstufen.

Bild 1: Lademaßmesseinrichtung

Außergewöhnliche Sendungen oder außergewöhnliche Fahrzeuge, bzw. außergewöhnliche Züge müssen in einer Beförderungsanordnung oder Fahrplananordnung zugelassen sein.

Besondere Aufmerksamkeit bei der Zugbildung ist bei Wagen mit Lademaßüberschreitung (Lü-Sendungen) geboten.

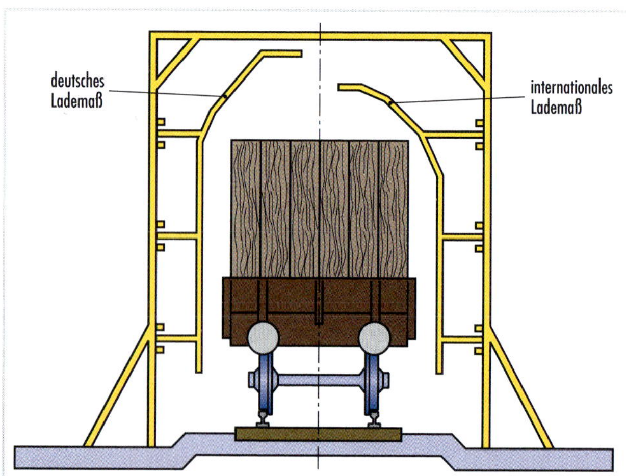

Bild 2: Vorrichtung zum Ermitteln von Lademaßen

Die Einhaltung von Lademaßen muss festgestellt werden, da sonst eine Beschädigung von Brücken, Signalen und Bahnanlagen droht. Außerdem dürfen Zuge mit Lu-Sendungen nur über solche Gleise geleitet werden, die dafür im Streckenbuch (Strebu) oder Betriebsstellenbuch (Bebu) zugelassen und durch die Beförderungsanordnung nicht ausgeschlossen sind.

Bei Lademaßüberschreitungen (Lü) gibt es besondere Verfahrensweisen. Die verschiedenen Lü werden mit Buchstaben bezeichnet.

Lü-Anton: Nur Höhenüberschreitung, ohne Maßnahmen für das Gegengleis, z.B. Doppelstockwagen in einem normalen Wagenzug (s. Bild 2).

Lü-Berta: Geringe Breitenüberschreitung, ohne Maßnahmen, siehe aber »Lü-Cäsar«, lässt das Vorbeifahren regulärer Lü-Sendungen Anton und Berta im Nachbargleis zu.

Lü-Cäsar: Breitenüberschreitung, Ausschluss von Lü-Sendungen Berta oder Cäsar im Nachbargleis. Es können im Nachbargleis nur noch Regelsendungen verkehren. Um einen Zusammenstoß mit einer anderen Lü-Sendung auszuschließen, wird hier betrieblich gesehen das Anbieten des Zuges notwendig.

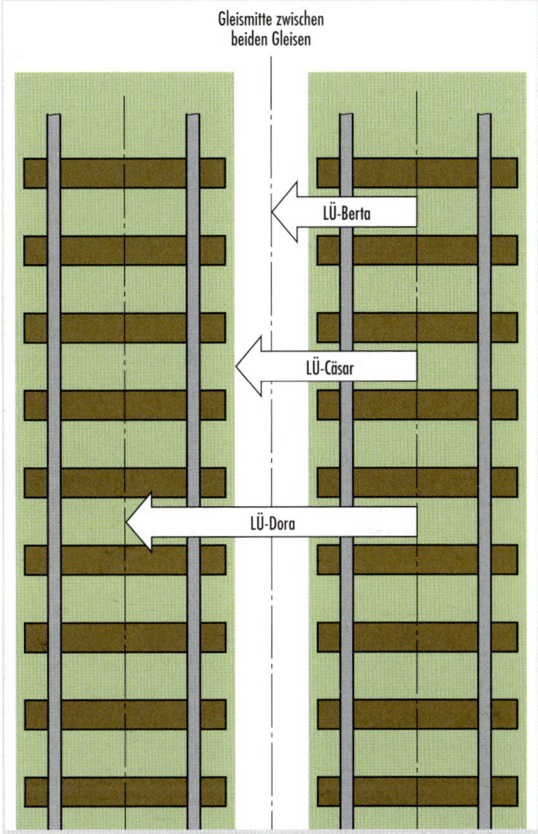

Bild 1: Beeinflussung des Nachbargleises durch Lü-Sendungen

Lü-Dora: Große Breitenüberschreitung, Sperrung des Nachbargleises. Aufgrund der extremen Breite wird es nötig, vor dem Verkehren dieser Fahrzeuge das betroffene Nachbargleis zu sperren und von allen Fahrzeugen und Personen frei zu halten.

Für das Vorbeileiten von Lü-Sendungen bestehen besondere Regeln und Befehle:

- Zum Vorbeileiten an einer Engstelle erhält der Triebfahrzeugführer den Befehl 10, Grund 40, mit dem Auftrag höchstens 10 km/h zu fahren.
- Falls eine Fachkraft beim Vorbeileiten einer Lü-Sendung an einer Engstelle dem Triebfahrzeugführer Weisungen geben muss, erhält der Tf den Befehl 14.
- In der Beförderungsanordnung kann angeordnet werden, dass eine Fachkraft für einen Streckenabschnitt im Führerraum des Triebfahrzeugführers mitfährt.

Bild 2: Doppelstock-Steuerwagen der Bauart 767

Schwerwagen sind außergewöhnliche Sendungen. Hierfür bestehen besondere Regeln:

- In einer Beförderungsanordnung kann angegeben werden, wieviel Zwischenwagen zwischen einem Schwerwagen und weiteren Schwerwagen eingestellt werden müssen oder Wagen, die über die Lastgrenze C2 hinaus beladen sind.
- Als Zwischenwagen dürfen alle leeren Wagen und die höchstens bis zur Lastgrenze C2 beladenen Wagen verwendet werden, sofern es die Beförderungsordnung nicht anders vorschreibt.
- Wird in einer Beförderungsanordnung angegeben, dass Schwerwagen mit einer niedrigeren als im Fahrplan des Zuges zulässigen Geschwindigkeit fahren müssen, erhält der Triebfahrzeugführer den Befehl 12, Grund 41.

Bild 1: Ein Trafo-Schwertransport mit einer Diesellokomotive der DB-Baureihe V100 auf der Hellertalbahn

Bild 2: Beispiel für einen Schwerwagen – 32-achsiger Tieflader

1. Welche Grundsätze sind bei der Zugbildung zu beachten?
2. Warum werden bestimmte Fahrzeuge bei der Zugbildung ausgeschlossen?
3. Warum wird bei Reisezügen bevorzugt die Anzahl der Achsen angegeben und nicht die Länge?
4. Was muss bezüglich der Geschwindigkeit und des Gewichts des Reisezuges beachtet werden?
5. Worin besteht die Bedeutung der Besonderheiten bei der Bildung von Reisezügen?
6. Welche Gegebenheiten müssen bei der Zugbildung von Güterzügen beachtet werden?
7. Welche Bedeutung haben Meter- und Achslast für die Güterzugbildung?
8. Warum muss auf Lü-Sendungen besonders geachtet werden?
9. Was versteht man unter außergewöhnlichen Zügen bzw. Fahrzeugen?

8.14 Technische Wagenbehandlung (Wagenprüfung)

Wagenprüfung
Zugprüfung

Die technische Wagenbehandlung ist ein wesentlicher Faktor, um den sicheren Bahnbetrieb zu gewährleisten. Die Tätigkeiten dürfen deswegen nur von »Mitarbeitern im Bahnbetrieb« ausgeführt und wie sie in der KoRil 408 benannt werden. Dort werden ihnen entsprechende Aufgaben zugewiesen.

Ein Eisenbahnverkehrsunternehmen (EVU) beachtet bei der Sicherheitsbeurteilung zwei wesentliche Aspekte:

Aspekte bei der Sicherheitsbeurteilung

Betriebssicherheit

Durch den Einsatz qualifizierter Mitarbeiter sollen Anlagen und Fahrzeuge so betrieben und überwacht werden, dass Gefahren beim Bewegen von Eisenbahnfahrzeugen zum Transport von Personen und Gütern minimiert werden.

Verkehrstauglichkeit

Der Zustand der Wagen oder Ladeeinheiten soll so beschaffen sein, dass ohne Beeinträchtigung des Verwendungszweckes eine Zugfahrt hinsichtlich seiner Benutzung und Bedienung möglich ist.

Man unterscheidet Wagenprüfungen an Güterzügen (G) und Personenzügen (P). Während bei Güterwagen der Wagenprüfer G die Prüfungen durchführt, wird dies an Reisezugwagen vom Zugpersonal (Zp) erledigt.

8.14.1 Wagenprüfer G

Wesentliche Aufgabe in der Wagenbehandlung ist es, durch die technische Behandlung der Züge oder einzelner Wagen Einfluss auf den sicheren und reibungslosen Transportablauf, das geeignete Transportmittelangebot, und damit auf die Transportqualität zu nehmen.

Denn schadhafte Wagen und Ladeeinheiten, fehlende, verschmutzte oder unbrauchbare Wageneinrichtungen oder mangelhaft verladene Güter können

- die Sicherheit im Ablauf des Eisenbahnbetriebes gefährden
- die betriebliche Verwendbarkeit ausschließen
- den verkehrlichen Einsatz beschränken
- den Transportablauf zeitlich verzögern

Bild 1: Wagenprüfer G bei der Zugausgangskontrolle

Es gelten bei der technischen Wagenbehandlung folgende Grundsätze:

- Im Einsatz befindliche Wagen müssen betriebssicher und verkehrstauglich sein.
- Kein Wagen oder Zug darf ohne technische Wagenbehandlung auf die Strecke übergehen.
- Jeder Wagen muss je Lastlauf und je Leerlauf eine Wagenuntersuchung erhalten.

Das hat zur Folge, dass

- jeder Güterwagen nach dem Entladen und nach dem Beladen einer Wagenprüfung (WP) zu unterziehen ist. Der Umfang der WP ist im Modul 936.05 (DB AG) festgelegt.
- kein Güterzug, der nicht eine Zugprüfung oder Wagenuntersuchung (WU) erhalten hat, auf die Strecke übergehen darf.

Technische Behandlungsarten

Prüfung nach Abstellung (PnA)	Wagenprüfung (WP)	Zugprüfung (ZP)	Wagenuntersuchung (WU)	Wagensonderuntersuchung (WSU)

- **Prüfung nach Abstellung (PnA)**

  Die PnA wird vom Triebfahrzeugführer/Lokrangierführer im Güterverkehr durchgeführt und beinhaltet die augenscheinliche Kontrolle der Fahrzeuge bezüglich Ladegutaustritt, offene Türen/Seitenwände/Dächer, lose oder beschädigte Ladungssicherungsmittel und evtl. bewusste Manipulationen oder Eingriffe.

Bild 1: Prüfung der Ladungssicherung

- **Wagenprüfung (WP)**

  Die WP ist Prüfung der Wagen, Ladungen und Ladeeinheiten, um die Betriebssicherheit und Verkehrstauglichkeit festzustellen. Die Kontrolle – auch der Ladung – erfolgt durch Augenschein, soweit dieses ohne Öffnen von Türen, Verdecke o. ä. möglich ist.

Die WP-E (nach dem Entladen)	Die WP-B (nach dem Beladen)
• Prüfung des technischen Zustandes der Wagen und Ladeeinheiten • Prüfung der Vollzähligkeit loser Wagenbestandteile • Prüfung auf Ladungs- sowie Sicherungsmittelrückstände im Wagen • Funktionsprüfung bei Verdacht auf Beeinträchtigung/Beschädigung bei Dächern, Klappen und Rungen • Borde sind hochzustellen und zu sichern	• Prüfung des technischen Zustandes der Wagen und Ladeeinheiten • Kontrolle der Ladung und deren Sicherung • Prüfung der Vollzähligkeit loser Wagenbestandteile • Prüfung auf Undichtheiten bei Eisenbahnkesselwagen und Tankcontainer • Prüfung des Ladegutes soweit einsehbar nicht beschädigt ist

Tabelle 1: Inhalte der Wagenprüfung (Anschnitt)

- **Zugprüfung (ZP)**
  Die Zugprüfung ist die augenscheinliche Prüfung der Wagen, Ladungen und Ladeeinheiten auf Betriebssicherheit sowie auf Einhaltung der Zugbildungskriterien. Die ZP ist am fertiggebildeten Zug mit einer vollen Bremsprobe durchzuführen. Bei erkannten Schäden und Mängeln sind Abhilfemaßnahmen einzuleiten.
- **Wagentechnische Untersuchung (WU)**
  Die WU ist die Untersuchung zum Feststellen des technischen Zustandes der Wagen, Ladeeinheiten und Ladungen. Hierzu werden Hilfs- und Messmittel im Betrieb angewendet. Wird die WU am fertig gebildeten Zug durchgeführt, ist sie mit der Bremsuntersuchung und der Prüfung auf Einhaltung der Zugbildungskriterien zu verbinden.
- **Wagensonderuntersuchung (WSU)**
  Die WSU ist eine technische Behandlungsart, deren Arbeitsinhalte nach Bedarf festgelegt und beauftragt werden.

Bild 1: Wagenmeister bei der Zugausgangskontrolle

Wesentliche Untersuchungsmerkmale bei der Wagenprüfung im Güterverkehr sind:

- lose Radreifen erkennen und behandeln
- Lagerschäden erkennen und behandeln
- Merkmale »losen Radreifen« deuten und Maßnahmen ergreifen
- Mängel an den Federungen und Federaufhängungen erkennen und die Schäden nach den technischen Regeln für Wagenprüfer G behandeln

Schäden und Mängel	Maßnahmen
gebrochene oder angebrochene Tragfederblätter	• Haupttragfederblatt: Wagen aussetzen und mit Schadzettel bezetteln • andere Tragfederblätter: Wagen mit Schadzettel bezetteln
verschobene Tragfederstücke	• Wagen aussetzen und mit Schadzettel bezetteln

Tabelle 1: Beispiele für mögliche Schäden an den Federungen und Federaufhängungen

8.14.2 Wagenprüfung bei Reisezugwagen

Bei Reisezugwagen gibt es keine entsprechenden Wagenprüfer. Diese Aufgaben übernehmen Zugbegleiter, Rangierer und Triebfahrzeugführer im Rahmen des technischen Wagendienstes an Reisezugwagen.

Sie übernehmen u. a. folgende Arbeiten:

- Vortemperierungsprüfung (Rangierer, wenn im Arbeitsplan) – Die Vortemperierungsprüfung bedeutet, dass ohne Messmittel überprüft wird, ob die Klimatisierung/Heizung ausreichend ist. Fenster, Türen und Lüftungsklappen müssen dabei geschlossen sein.
- Bedienen der technischen Einrichtungen
- Technische Überwachung während der Fahrt (Zub und Tf)
- Abschlussdienst mit Kontrollgang (Rangierer, bei Zeitmangel Zub)
- Maßnahmen bei Schäden und Mängeln

Der Abschlussdienst mit Kontrollgang beinhaltet folgende Aufgaben:

- Beleuchtung ausschalten
- durch den Zug gehen und auf offensichtliche Schäden und Mängel achten
- auf die Hauptbeleuchtung in allen Räumen (auch WC und Waschräume) achten
- Fenster schließen
- Türen schließen (Abteil-, Stirnwand- und Außentüren)
- Abteile ordnen und grobe Verunreinigungen entfernen
- Heizungseinrichtungen bedienen
- Zugschluss ausschalten
- Festgestellte Schäden und Mängel ins Bordbuch eintragen und ggf. vormelden

Bild 1: Kontrollgang durch den Zug (hier: Intercity-Express mit Neigetechnik (ICE T) Baureihe 411 – 2.-Klasse-Großraum)

Ähnlich dem Güterverkehr muss die technische Überwachung während der Fahrt beim Reiseverkehr die Betriebssicherheit und der Verkehrstauglichkeit überwachen. Betriebsgefährliche Schäden sind Schäden, die im Bahnbetrieb zu einem Unfall führen können.

Sicherheitsrelevante Schäden sind Schäden an:

- Zug- und Stoßeinrichtungen
- Bremsen
- tragenden Konstruktionen des Untergestells und Wagenaufbaus
- Laufwerken
- Übergangseinrichtungen
- Einstiegstüren

Daneben unterscheidet man noch Schäden, die den Fahrkomfort stark mindern, und sonstige Schäden, wenn zum Beispiel die Heizung oder die Klimaanlage ausfällt.

1. Was bedeutet der Begriff Vortemperierungsprüfung?
2. Was sind betriebsgefährliche Schäden?
3. Welche Beschädigungen können an einem Radsatz auftreten?
4. Nennen Sie drei Schäden, die zu einem Bahnbetriebsunfall führen können!
5. Nennen Sie drei wesentliche Untersuchungsmerkmale bei der Wagenprüfung im Güterverkehr!

9 Führen eines Triebfahrzeuges

© Klaus Pitter

9.1 Vorbereitungs- und Abschlussarbeiten

Zu den Aufgaben des Triebfahrzeugführers (Tf) gehört es, vor und nach der Benutzung eines Triebfahrzeuges (Tfz) die entsprechenden Vorbereitungsdienste (V) und Abschlussdienste (A) durchzuführen. Diese sind in einem Teilarbeitenverzeichnis aufgeführt, welches sich in der Arbeitsmappe zur jeweiligen Baureihe befindet. Darin ist beschrieben, welche Arbeiten in den verschiedenen Stufen auszuführen sind.

Stufe	Durchführung
V1, V2	Vorbereitungsarbeiten zur Inbetriebnahme eines Tfz
V1*, V2*	Vorbereitungsarbeiten zur Inbetriebnahme eines aufgerüstet abgestellten Tfz
A1, A2	Abschlussarbeiten zur Außerbetriebnahme eines Tfz
A1*, A2*	Abschlussarbeiten zur Außerbetriebnahme eines aufgerüstet abzustellenden Tfz
V3, A3	Die Vorbereitungsarbeiten beim Ablösen auf dem Tfz werden als Stufe V3 bezeichnet. Bei der V3 informiert der abzulösenden Tf über Unregelmäßigkeiten sowie technische und betriebliche Besonderheiten. Bei den Abschlussarbeiten beim Ablösen auf dem Tfz der Stufe A3 informiert der Abgelöste über Unregelmäßigkeiten sowie technische und betriebliche Besonderheiten.
WV	Vorbereitungsarbeiten am Wendezug
WA	Abschlussarbeiten am Wendezug
WW	Teilarbeiten am Wendezug beim Wenden (Vorbereitungs- und Abschlussarbeiten)
AP	Die Abschlussarbeiten zum kurzzeitigen Verlassen des Tfz oder des Zugverbandes (z.B. zu Pausenzwecken) werden als Stufe AP (Abschlussarbeit vor Pause) bezeichnet.
VP	Die Vorbereitungsarbeiten nach dem kurzzeitigen Verlassen des Tfz oder des Zugverbandes werden als Stufe VP (Vorbereitungsarbeit nach Pause) bezeichnet. Sie werden im gleichen Führerraum durchgeführt, von dem aus das Tfz zuvor mit einer AP abgestellt wurde.

Tabelle 1: Stufen des Vorbereitungs- und Abschlussdienstes

Vor der Übernahme bis zur Übergabe des Tfz ist der Tf verantwortlich. Beim Ablösen geht die Verantwortung mit dem Ende des Übergabegesprächs auf den Ablöser über. Beim Übergabegespräch unterrichtet der abzulösende Tf über Zustand und Besonderheiten des

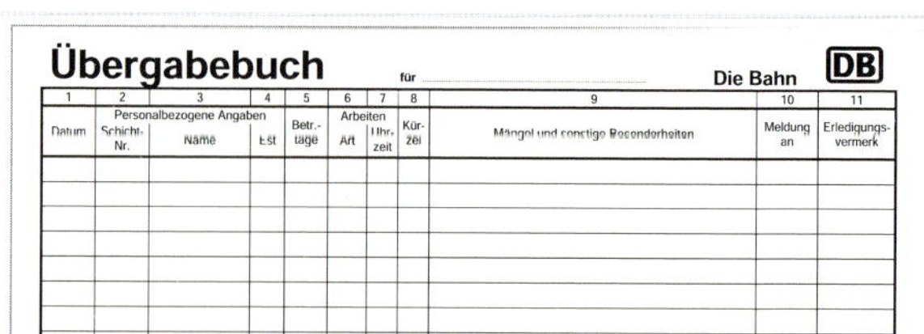

Übergabebuch für .... Die Bahn DB

1	2	3	4	5	6	7	8	9	10	11
	Personalbezogene Angaben				Arbeiten					
Datum	Schicht-Nr.	Name	Est	Betr.-tage	Art	Uhr-zeit	Kür-zel	Mängel und sonstige Besonderheiten	Meldung an	Erledigungs-vermerk

Bild 1: Übergabebuch

Tfz sowie betriebliche Besonderheiten. Das Übergabebuch für Tfz und Wendezug-Steuerwagen unterrichtet den ablösenden Tf über den Zustand und die Besonderheiten des Fahrzeugs.

Teilarbeiten persönlicher Art sind Tätigkeiten, die der Triebfahrzeugführer (Tf) im Rahmen der Schichtaufnahme (M1) oder des Schichtabschlusses (M3) sowie beim Übergang auf die Folgeleistung auszuführen haben. Zu den Teilarbeiten persönlicher Art zu Schichtbeginn (M1) gehört:

- Bei der Einsatzstelle melden, persönliche Post dem Brieffach entnehmen.
- EBuLa-Karte laden.
- Bei Bedarf die »Abweichung vom Dienstplan« oder den »Dienstauftrag für Sonderleistungen« entgegennehmen und sich über den Schichtinhalt informieren.
- Aushänge zum Dienstplan einsehen oder sich nach der nächsten Schicht erkundigen, bei Bedarf den »Nachweis der Schichtabweichungen« der letzten Schicht abgeben.
- Bei Bedarf Fplo entgegennehmen oder Fplo der letzten Schicht zurückgeben.
- Sich über die Nummer des Tfz und dessen Abstellplatz oder den Ablöseort informieren.
- Bei Bedarf Tfz-Schlüssel gemäß örtlicher Regelung entgegennehmen. Dienstliche Weisungen und Bekanntgaben einsehen und ggf. quittieren. »La-Berichtigungen« einsehen und persönliche La berichtigen.

Der Triebfahrzeugführer hat bezogen auf die Einsatzbereiche und -zwecke der Zug- und Rangierfahrten sicherzustellen, dass er folgende Unterlagen und Gegenstände mitführt, soweit diese nicht in elektronisch übermittelter Form vorliegen:

- Fahrplanunterlagen, La
- Streckenbuch (Strebu)
- Innenvierkantschlüssel 9 mm (z. B. für ortsfeste Fernsprecheinrichtungen oder Schlüsselkästen)
- Schlüssel DB 21 (Bedienung von Schaltanlagen technisch gesicherter Bahnübergänge.
- weiß-rot-weiße Signalfahne (z. B. zum Geben des Signals Sh 3 (Tageszeichen) oder wenn Rangierfahrten Bahnübergänge befahren müssen)
- rot abblendbare Handleuchte zum Geben des Signals Sh 3 (Nachtzeichen)
- Signalhorn (z. B. wenn ungesicherte Bahnübergänge befahren werden)

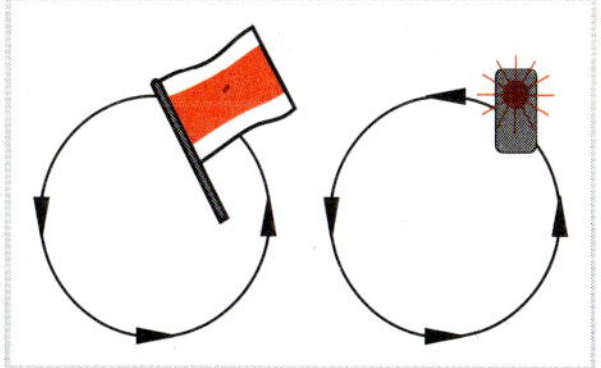

Bild 1: Signal Sh 3 - Kreissignal

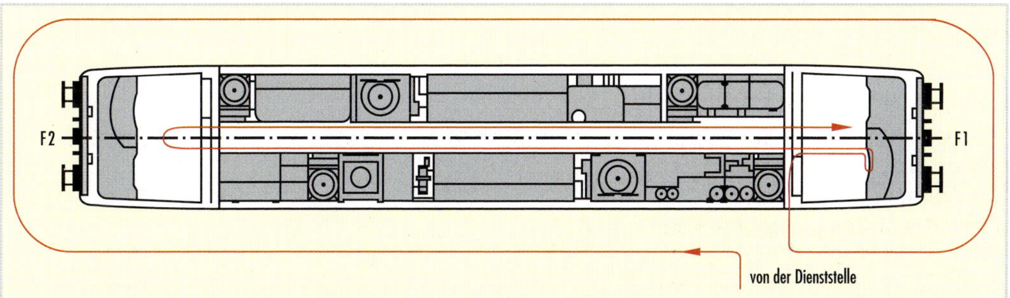

Bild 2: Reihenfolge der Teilarbeiten technischer Art (am Beispiel der BR 146): Außen an der Lok – Führerraum 1 – Maschinenraum – Führerraum 2 – Führerraum 1

V1	V3	Außen an der Lok
×		Prüfen Sie, ob am Tfz nicht gearbeitet wird (Warnflagge bzw. Warntafel beachten).
×		Prüfen Sie, ob die Stromabnehmer gesenkt sind.
×		Prüfen Sie, ob die örtlichen Anschlussleitungen entfernt sind.
		Im Führerraum~1
×		Sehen Sie das Übergabebuch ein.
×		Schalten Sie die Batterie ein und lesen Sie die Batteriespannung ab, sie sollte mindestens 95 Volt betragen.
×		Prüfen Sie, ob der Signalleuchtenumschalter in der richtigen Stellung steht.
×		Prüfen Sie, ob der Schalter LZB-Nothalt in Stellung »Betrieb« steht.
×		Prüfen Sie, ob der Schalter »NBÜ/ep« in Stellung »O« steht.
×		Schalten Sie den Schalter »G-P-R« in die für die anschließende Zugfahrt richtige Stellung.
×		Schalten Sie den Schalter »Stromabnehmer« in Stellung »Auto«.
×		Verlegen Sie den Richtungsschalter in die Stellung »V«.
×	×	Aktivieren Sie den lokalen Rangierfunk auf dem vorgesehenen Kanal.
×		Prüfen Sie, ob die AFB ausgeschaltet ist.
×		Lösen Sie die Zusatzbremse und prüfen Sie am Leuchtmelder, ob die Federspeicherbremsen angelegt sind.
		Im Maschinenraum
×		Prüfen Sie, ob am Hilfsbetriebegerüst 1 alle erforderlichen MSS und LSS eingeschaltet sind und ob die Überbrückungsschalter in Grundstellung stehen.
×		Schalten Sie die Sifa ein.
×		Prüfen Sie, ob der Schlüsselschalter für Stromabnehmer in Grundstellung senkrecht und die Vierkantbetätigung für das Ventil »FbrV manuell aufsperren« in Grundstellung waagrecht steht.
×		Prüfen Sie, ob am Hilfsbetriebegerüst 2 alle erforderlichen MSS und LSS eingeschaltet sind.
		Im Führerraum 2
×		Prüfen Sie, ob das Zusatzbremsventil in der Mittelstellung steht.
×		Prüfen Sie die Tonsignaleinrichtung.
×		Prüfen Sie, ob die erforderlichen LSS an der Führerraumrückwand eingeschaltet sind und alle Schalter in Grundstellung stehen.
×		Prüfen Sie, ob der Signalleuchtumschalter richtig steht.
		Im Führerraum 1
×		Heben Sie den Stromabnehmer.
×		Schalten Sie den Hauptschalter ein.
×		Schalten Sie den Kippschalter »Luftpresser« ein.

Tabelle 1: Teilarbeiten technischer Art für BR 146 (Auszug)

9.2 Bedienen von Bremseinrichtungen an Triebfahrzeugen

Während der Fahrt wird ein Triebfahrzeug im Unterschied zu vielen anderen Fahrzeugen mit dynamischen oder Druckluftbremsen direkt oder indirekt gebremst. Beim direkten Bremsen wird z. B. Druckluft in einen Bremszylinder zum Anlegen der Bremsen geleitet. Beim indirekten Bremsen legen die Bremsen an, wenn der Luftdruck in der Hauptluftleitung vermindert wird (s. Kap. 4).

Zu den bremstechnischen Grundausausrüstungen von Triebfahrzeugen gehören:

- durchgehende, selbsttätig wirkende Druckluftbremse (Führerbremsventil)
- Zusatzbremse
- Feststellbremse
- ggf. eine dynamische Bremse
- ggf. eine elektropneumatische Bremse (ep-Br)

Bild 1: Bedienmöglichkeiten von Bremsen in einem Triebfahrzeug

9.2.1 Führerbremsventil

Das Führerbremsventil ist technisch gesehen ein regelbares Druckminderventil, mit dem der Druck aus der Hauptluftbehälterleitung (ca. 10 bar) auf einen bestimmten, gewählten Druckluft-Sollwert zwischen 0 und 5,5 bar für die Hauptluftleitung reduziert wird. Der gewünschte Hauptluftleitungsdruck wird bei Druckluftverlusten in der Hauptluftleitung sogar selbsttätig auf den gewählten Sollwert nachgespeist.

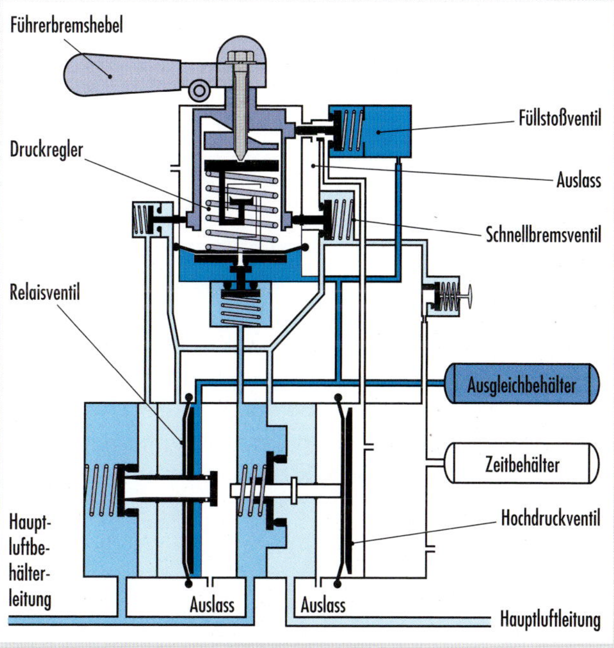

Bild 2: Führerbremsventil Bauart D2, Fahrtstellung

Das Führerbremsventil kann in verschiedene Stellungen einrasten. Bei der entferntesten Stellung beginnend, kann ein Führerbremsventil hintereinander in folgende Stellungen gebracht werden:

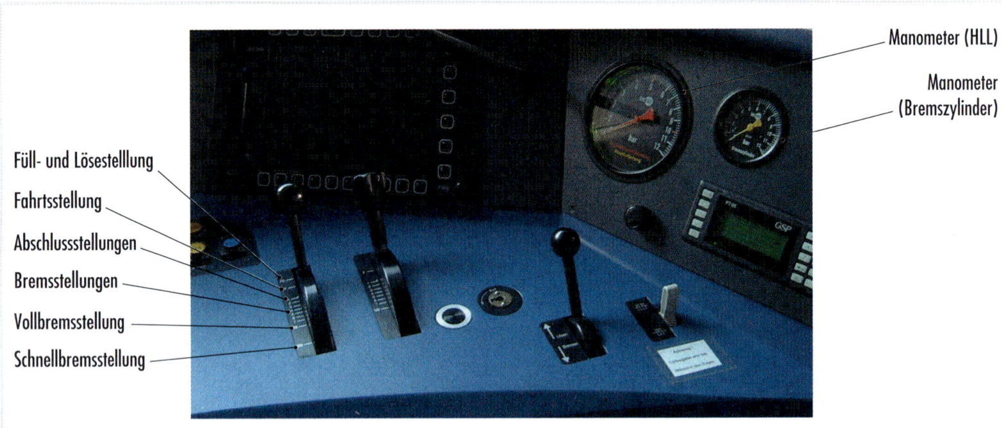

Bild 1: Führerbremsventil mit seinen Stellungen

- **Füll- und Lösestellung:** Müssen nach einem Bremsvorgang alle Druckluftbremsen eines Zuges wieder gelöst werden, so ist der Druck zum sicheren und möglichst schnellen Auslösen der Bremsen, der Hauptluftleitungsdruck, zu überhöhen. Mit der Füll- und Lösestellung wird der Druck auf maximal 5,5 bar eingeregelt. Diese Stellung kann nicht einrasten – der Bedienhebel geht automatisch in die Fahrtstellung zurück, wenn er losgelassen wird.
- **Fahrtstellung:** Zur Fahrt im Regelbetrieb wird der Hauptluftleitungsdruck (Sollwert) auf 5 bar eingeregelt und die Vorratsluftbehälter der indirekten Bremsen gefüllt. War die Hauptluftleitung zuvor überhöht worden, wird der Druckluftwert sehr langsam (ohne Ansprechen der Bremsen) wieder auf 5 bar gesenkt.
- **Mittel- bzw. Abschlussstellung:** In dieser Stellung kann das Führerbremsventil (z. B. für einen Führerstandswechsel, beim Abrüsten oder zum Abschleppen) abgeschlossen werden. Der vor dem Einstellen dieser Stellung vorhandene Zustand der Hauptluftleitung bleibt zunächst unverändert (»Einschließen einer Bremsung«), Druckluftverluste werden jedoch nicht nachgespeist. In dieser Stellung kann auch der Füllzustand oder die Dichtheit der Hauptluftleitung (sinkender Druckluftwert am Manometer) geprüft werden. Einige Triebfahrzeuge besitzen keine Abschlussstellung.
- **Betriebsbremsstellungen:** Meistens existieren sieben Betriebsbremsstellungen, in denen schrittweise der Druck in der Hauptluftleitung zwischen 4,5 bar und 3,5 bar zum stärkeren oder schwächeren Bremsen eingeregelt werden kann. Die stärkste Betriebsbremsstellung ist die sogenannte **Vollbremsstellung** (3,5 bar).
- **Schnellbremsstellung:** In der Schnellbremsstellung wird der Druck in der Hauptluftleitung auf 0 bar gesenkt. Hiermit wird zwar der gleiche Bremszylinderdruck wie bei der Vollbremsstellung erreicht, jedoch innerhalb einer kürzeren Zeit.

Im Stand wird mit dem Führerbremsventil die Führerraumbremsprobe (z. B. nach jedem Wechsel des Führerstandes, s. Kap. 4.5) bzw. an einem Zug die vereinfachte oder volle Bremsprobe ausgeführt (s. Kap. 4.5) oder ein Zug kurzfristig abgestellt. Zum Abstellen bzw. Sichern von Triebfahrzeugen ist eine Vollbremsung durchzuführen, das Führerbremsventil abzusperren und die Feststellbremse anzuziehen.

9.2.2 Zusatzbremse

Die Zusatzbremse dient vorwiegend zum kurzfristigen Sichern des Fahrzeugs gegen Entlaufen und wird deshalb bei Triebfahrzeugen nur als zusätzliche Bremse verwendet. Die Zusatzbremse ist eine direkt wirkende Bremse und kann im Bremszylinder stufenlos einen Druck zwischen 0 bar und 3,6 bar erwirken.

Die Zusatzbremse darf eingesetzt werden bei

- Rangierfahrten
- Zügen zum Festhalten in Neigungen
- Triebfahrzeugfahrten (Lz) in Bremsstellung G bei Gefahr

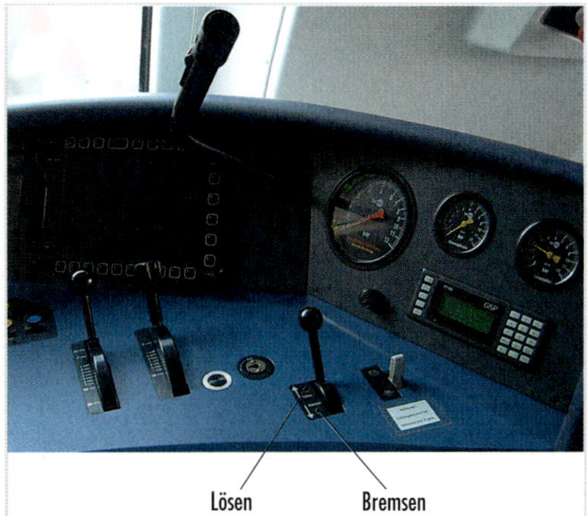

Bild 1: Zusatzbremse

Die Zusatzbremse darf nicht gleichzeitig eingesetzt werden mit

- der dynamischen Bremse
- der selbsttätigen Druckluftbremse

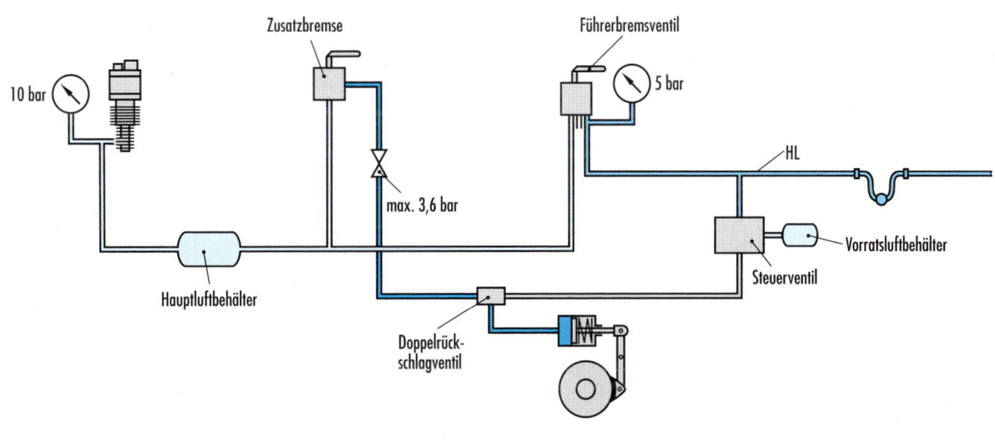

Bild 2: Direkte und indirekte Bremse an einem Triebfahrzeug

1. Welche bremstechnischen Grundausrüstungen sind auf jedem Triebfahrzeug vorhanden?
2. Erklären Sie die wichtigsten Aufgaben eines Führerbremsventils!
3. Nennen und erklären Sie die verschiedenen Stellungen eines Führerbremsventils!
4. Wie funktioniert eine Zusatzbremse und in welchen Fällen darf sie verwendet werden?

9.3 Sicherheitsfahrschaltung (Sifa)

Die Sicherheitsfahrschaltung (Sifa) ist eine Einrichtung in der Steuerung von allen Triebfahrzeugen (Tfz). Sie sorgt dafür, dass ein Zug zwangsgebremst und die Leistung abgeschaltet wird, wenn der Triebfahrzeugführer während der Fahrt handlungsunfähig wird (Der Tf kann beispielsweise ohnmächtig werden, einen Schlaganfall erleiden oder durch Übermüdung oder Ablenkung einen Bedienungsfehler begehen).

Sie ergänzt damit insbesondere die von außen wirkenden Zugbeeinflussungssysteme wie die Punktförmige Zugbeeinflussung (PZB, s. Kap. 9.4.1), die Linienzugbeeinflussung (LZB, s. Kap. 9.4.2 oder European Train Control System (ETCS, s. Kap. 9.5) und ermöglicht die einmännige Führung von Triebfahrzeugen.

Bild 1: Sifa-Pedal im IC-Steuerwagen

Die Sifa auf dem Führerstand besteht aus einer oder mehreren Bedieneinrichtungen, welche dauernd betätigt und in bestimmten Zeitabständen kurz losgelassen und erneut gedrückt werden müssen. Bedieneinrichtungen können sein:

- Pedal
- Drucktaster an den Seitenfenstern (beim Rangieren und Bahnhofsausfahrten)
- Köpfe von Fahrschalter und Bremshebeln

Bild 2: Sifa als schwarzer Knauf am oberen Ende des Fahrhebels

In Deutschland ist die elektronische Sifa (Zeit-Zeit-Sifa) gebräuchlich. Diese Sifa spricht an, wenn sie länger als 5 Sekunden nicht gedrückt wird, oder länger als 30 Sekunden gedrückt bleibt. Anstatt die Sifa ständig gedrückt zu halten und sie immer wieder kurz loszulassen (spätestens nach jeweils 30 Sekunden), kann man sie auch immer wieder kurz drücken (mindestens alle 5 Sekunden). Damit erhält die Sicherheitsfahrschaltung die Bestätigung, dass der Tf noch reaktionsfähig ist. Wird eines der Betätigungselemente des Lokführers länger als 30 Sekunden gedrückt, warnt das System den Lokführer zunächst optisch (s. Bild 3), nach einigen Sekunden auch akustisch und nach einigen weiteren Sekunden wird von der Sicherheitsfahrschaltung die Bremse des Zuges betätigt. Die Bremswirkung wird aufgehoben, sobald das Pedal losgelassen und wieder betätigt wurde, zusätzlich muss der Fahrschalter einmal in die Nullstellung verlegt werden.

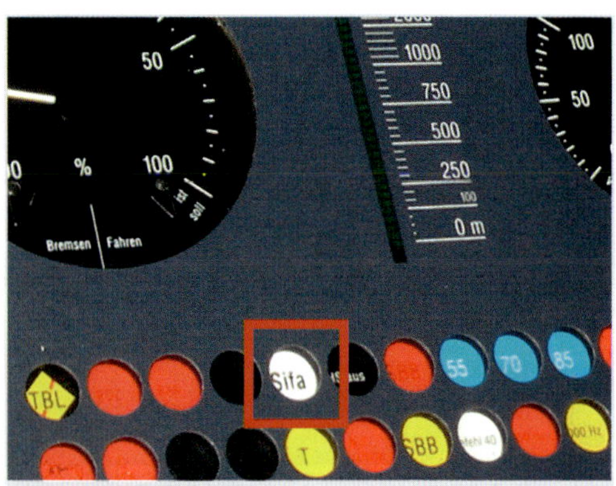

Bild 3: Sifa-Leuchtmelder

9.4 Punkt- und linienförmige Zugbeeinflussung

Die Nichtbeachtung oder das zu späte Erkennen der Halt zeigenden Signale und das Fahren mit überhöhter Geschwindigkeit kann zu folgenschweren Unfällen im Eisenbahnbetrieb führen. Deshalb wurden schon im 19. Jahrhundert Versuche unternommen, zuerst durch mechanische und dann durch optische Zugsicherungsverfahren das Beachten eines durch Signale gegebenen Haltauftrags zu erzwingen. Im Jahre 1928 wurde erstmals eine induktive Zugsicherungsanlage (Indusi) eingesetzt, die in ihrer Grundform als punktförmige Beeinflussung (PZB 90) noch heute angewendet wird. Eine permanente Überwachung bietet die in den 80er Jahren entwickelte Linienzugbeeinflussung (LZB).

Forderungen der Eisenbahn-Bau- und Betriebsordnung (EBO)

Strecken müssen mit Zugbeeinflussung ausgerüstet sein, durch die ein Zug
- selbsttätig zum Halten gebracht werden kann
- ein unzulässiges Anfahren gegen Halt zeigende Signale überwacht werden kann

→ Punktförmige Zugbeeinflussung (PZB)

Strecken, auf denen mehr als 160 km/h zugelassen sind, müssen mit Zugbeeinflussung ausgerüstet sein, durch die ein Zug
- selbsttätig zum Halten gebracht und
- außerdem geführt werden kann

→ Linienförmige Zugbeeinflussung (LZB)

Auf Nebenbahnen mit vorgeschriebenen Hauptsignalen fordert §15 EBO eine PZB für Strecken, auf denen mehrere Züge gleichzeitig verkehren und Reisezugfahrten mit mehr als 50 km/h zugelassen sind.

9.4.1 Punktförmige Zugbeeinflussung (PZB)

PZB

Aufgabe der PZB 90

Die punktförmige Zugbeeinflussung soll durch Zwangsbremsung Unfälle und Gefährdungen verhindern, wenn Halt zeigende Hauptsignale, Vorsignale oder Bahnübergangs-Überwachungssignale in Warnstellung sowie Geschwindigkeitsbeschränkungen vom Triebfahrzeugführer nicht beachtet werden. Der Triebfahrzeugführer muss die Strecke mit den Signalen beobachten und die Wahrnehmung bestimmter Signale durch Tastenbedienung innerhalb einer vorgegebenen Zeit quittieren. Hierdurch wird eine Geschwindigkeits- bzw. Bremskurve aktiviert, die der Triebfahrzeugführer unterfahren muss. Bei nicht erfolgter Quittierung oder zu hoher Geschwindigkeit löst die PZB 90 eine Zwangsbremsung aus. Unabhängig davon kann durch Geschwindigkeitsprüfeinrichtungen punktuell das Einhalten von Streckengeschwindigkeiten überwacht werden. In bestimmten Situationen (z. B. Fahrt auf Sicht) überwacht die PZB 90 fahrzeugseitig das Einhalten der erlaubten Höchstgeschwindigkeit.

Bild 1: 500-Hz-Gleismagnet der PZB

Einrichtungen der PZB 90

Man unterscheidet bei der PZB 90 die Streckeneinrichtungen von den Fahrzeugeinrichtungen. Zu den PZB 90-Streckeneinrichtungen gehören

- Schalteinrichtungen an den Signalen (Signalkontakte oder Relais)
- Leitungsverbindungen
- »Gleismagnete« an der Außenseite der rechten Schiene.

Bild 1: Doppelgleismagnet (1000 Hz/2000 Hz)

Gleismagnete können u. a. verlegt sein als

1000-Hz-Magnet	2000-Hz-Magnet	1000/2000-Hz-Doppelgleismagnet	500-Hz-Magnet
• an Signalen mit Vorsignalfunktion (auch Vorsignaltafeln und ggf. auch Wiederholer) • an BÜ-Überwachungssignalen • an vorsignalisierten Geschwindigkeitsverminderungen (Langsamfahrscheibe, Geschwindigkeitstafel, Geschwindigkeits-Ankündesignal und Geschwindigkeitsvoranzeiger)	• an Signalen mit Hauptsignalfunktion • an einigen (Licht-) Sperrsignalen • an einigen Geschwindigkeitsprüfeinrichtungen • an Prüfmagneten (z. B. bei Ausfahrt aus dem Betriebswerk)	• an Haupt- und Vorsignalen • an Signalverbindungen • an besonderen Prüfpunkten	150 – 300 m vor besonderen Gefahrenpunkten, z. B. • vor bestimmten Hauptsignalen • bei Einfahrt in ein Stumpfgleis • bei Einfahrt in ein teilweise besetztes Gleis • bei Einfahrt in ein Gleis mit verkürztem Durchrutschweg • bei einigen Einfahrten vom Gegengleis

Die »Gleismagnete« bestehen aus einem Gehäuse, in dem eine Spule und ein Kondensator (Schwingkreis) in einem Stromkreis verbunden sind. Ein Kontakt am Signal aktiviert den entsprechenden Schwingkreis, wodurch der PZB-Gleismagnet wirksam wird.

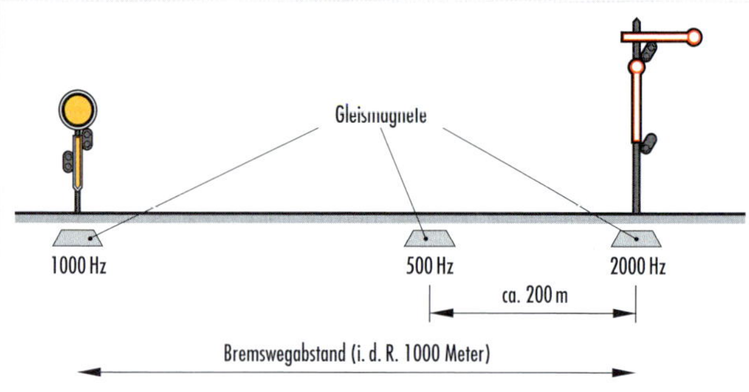

Bild 2: Lage der 1000-Hz-, 500-Hz- und 2000-Hz-Magnete

Zu den PZB 90-Fahrzeugeinrichtungen gehören:

- Der Fahrzeugmagnet ist in Fahrtrichtung rechts am Fahrzeug angebracht. In dem Fahrzeug können die drei unterschiedlichen Frequenzen (Anzahl der Schwingungen pro Sekunde) eines wirksamen PZB-Streckenmagneten (500 Hz, 1000 Hz oder 2000 Hz) wahrgenommen und unterschieden werden. Beim Überfahren eines Gleismagneten durchsetzt ein Teil der vom Fahrzeug ausgehenden Kraftlinien die Gleismagnetspule und induziert in ihr eine Spannung, welche einen Strom im Gleisstromkreis zur Folge hat. Dieser Strom erzeugt seinerseits ein Induktionsfeld, das rückwirkend die Fahrzeugmagnetspule durchsetzt und eine Schwächung des Stromes im Fahrzeugmagnetkreis herbeiführt. Dadurch steuern Impulsrelais um und ein Magnetventil öffnet. Die Hauptluftleitung wird entlüftet und eine Zwangsbremsung eingeleitet.

Bild 1: PZB-Fahrzeugmagnet

- Die unterschiedlichen Frequenzen werden je nach Bauart des Triebfahrzeuges und der PZB-Bauform von verschiedenen Einrichtungen erzeugt. Die PZB-Fahrzeugeinrichtung wird von der Batteriespannung des Triebfahrzeuges versorgt.
- Die PZB 90-Bedientasten (Wachsamkeitstaste mit Kugelgriff, Freitaste und Befehlstaste).

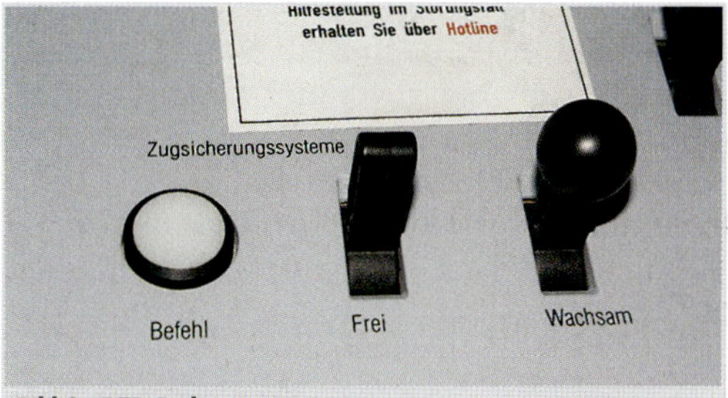

Bild 2: PZB-Bedientasten

- Leuchtmelder im Führerraum zeigen den aktuellen Zustand der PZB 90 an. Ein blau leuchtender Melder zeigt die Betriebsbereitschaft an, der gelbe Leuchtmelder eine wirksame 1000-Hz-Beeinflussung, der rote Leuchtmelder eine wirksame 500-Hz-Beeinflussung und der weiße Leuchtmelder das Überfahren eines 2000-Hz-Magneten bei aktivierter Befehlstaste. Andere Betriebszustände werden durch blinkende oder leuchtende Leuchtmelderkombinationen angezeigt.
- Eine Hupe zeigt an, dass der Triebfahrzeugführer (Tf) die Wachsamkeitstaste oder die Befehlstaste bedient hat oder dass eine Zwangsbremsung eintritt.

Bild 3: PZB 90-Melder

- Ein elektronisches Gerät zeichnet in modernen Triebfahrzeugen u. a. den Fahrtverlauf, die Fahrgeschwindigkeit, Beeinflussungen und Bedienungshandlungen auf.
- Je nach Bauart der Triebfahrzeuge und der PZB-Bauform gibt es verschiedenartige Schaltkästen, Netzgeräte, Zugartschalter, PZB-Kleinselbstschalter (KS), sowie besondere Druckluftbau- und Zusatzteile.

Wirkungsweise

Die PZB 90 löst eine Zwangsbremsung aus, wenn

- die Wachsamkeitstaste nach einer 1000-Hz-Beeinflussung nicht innerhalb von vier Sekunden bedient wird
- die Geschwindigkeit nach Bedienen der Wachsamkeitstaste nicht entsprechend der Bremskurve auf die Zielgeschwindigkeit der 1000-Hz-Beeinflussung herabgesetzt wird
- nicht unter die Anfangsgeschwindigkeit an einem 500-Hz-Magnet gebremst wurde
- hinter einem 500-Hz-Magnet die Bremskurve innerhalb von 153 m nicht unterfahren wurde
- an einem Halt zeigenden Signal (2000-Hz-Magnet) vorbeigefahren wurde
- die zulässige Geschwindigkeit an einer Geschwindigkeitsprüfeinrichtung mit einem 2000-Hz-Magnet überschritten wird

Bedienen der PZB 90-Fahrzeugeinrichtung im Regelfall

Die PZB 90-Fahrzeugeinrichtung wird im Rahmen des Vorbereitungsdienstes eingeschaltet und ist nach dem Verlegen des Richtungsschalters und gefüllter Hauptluftleitung betriebsbereit (blauer Leuchtmelder). Die PZB 90 ist mit zwei Kleinselbstschaltern abgesichert: Mit dem PZB-Störschalter und dem PZB-Hauptschalter kann die PZB unwirksam geschaltet werden, jedoch wird nur mit dem PZB-Hauptschalter auch die Aufzeichnung der Fahrdaten unterbunden. Die Wirksamkeit der PZB 90-Fahrzeugeinrichtung ist während der Fahrt und an besonders angebrachten Prüfmagneten zu prüfen.

Entsprechend der auszuführenden Zugdaten (z. B. Bremsstellung, vorhandene Bremshundertstel) wird der Zugartschalter in eine bestimmte Stellung (»O« Oben, »M« Mitte oder »U« Unten) gebracht.

Zugartschalterstellung	Bremshundertstel	v_{max}	Beeinflussung 1000 Hz Prüfgeschwindigkeit		Beeinflussung 500 Hz Prüfgeschwindigkeit	Beeinflussung 500 Hz nach 153 m
O	≧ 110	165 km/h	nach 23 s	85 km/h	65 km/h	45 km/h
M	66–110	125 km/h	nach 29 s	70 km/h	50 km/h	35 km/h
U	≦ 66	105 km/h	nach 38 s	55 km/h	40 km/h	25 km/h

Tabelle 1: PSZ 90 mit Einstellungen und Prüfgeschwindigkeiten

a) Fahrt auf ein Halt zeigendes Hauptsignal:

Während der Fahrt muss der Triebfahrzeugführer wirksame 1000-Hz-Magnete mit der PZB-Wachsamtaste innerhalb von vier Sekunden quittieren. Die Hupe der PZB ertönt und der 1000-Hz-Melder leuchtet gelb. Danach muss er die angehängte Geschwindigkeits- bzw. Bremskurve unterfahren. In der Zugart »O« muss er innerhalb von 23 Sekunden unter 85 km/h gebremst haben. Dann erlischt auch der gelbe

Leuchtmelder. An einem wirksamen 500-Hz-Magnet (roter Leuchtmelder) müssen dann 65 km/h erreicht sein. Hierauf folgt wieder eine angehängte Geschwindigkeits- bzw. Bremskurve: Nach 153 Metern muss die Geschwindigkeit 45 km/h unterfahren werden. Dann erlischt der rote Leuchtmelder. An einem wirksamen 2000-Hz-Magneten erfolgt im Regelfall eine sofortige Zwangsbremsung.

b) Fahrtstellung eines Hauptsignals nach Vorbeifahrt an einem Vorsignal mit Vr 0:

Sobald ein wirksamer 1000-Hz-Magnet quittiert wurde, fängt der blaue Leuchtmelder an zu blinken. Nach einer 1000-Hz-Beeinflussung kann man sich aus der angehängten Geschwindigkeits- bzw. Bremskurve erst befreien, wenn der blaue Leuchtmelder wieder mit Dauerlicht leuchtet. Zum Befreien ist die PZB-Freitaste zu betätigen.

c) Halt- oder Schleichfahrt nach einer PZB-Beeinflussung:

Wenn ein Zug planmäßig an einem Haltepunkt halten muss und das Vorsignal vor dem Bahnsteig Vr 0 zeigt, muss das Risiko beim Anfahren des Zuges gegen das Halt zeigende Hauptsignal vermindert werden. Ist ein Triebfahrzeug nach einer 1000-Hz-Beeinflussung daher zum Halten gekommen oder länger als 15 Sekunden langsamer als 10 km/h gefahren, schaltet die PZB 90 in die »restriktive Überwachung« (Wechselblinken zweier blauer Leuchtmelder). In der Zugart »O« darf dann nur mit maximal 45 km/h weitergefahren werden, bis die Restriktion aufgehoben ist (beendetes Wechselblinken). Analog gibt es auch nach einer 500-Hz-Beeinflussung eine restriktive Überwachung (maximal 25 km/h). Aus einer restriktiven Überwachung kann man sich nur befreien, wenn ein blauer Leuchtmelder leuchtet oder zwei im Wechsel blinken und kein weiterer PZB-Leuchtmelder leuchtet. Sobald der blaue Leuchtmelder Ruhelicht zeigt, darf wieder nach Fahrplangeschwindigkeit gefahren werden.

d) Signalisierte Geschwindigkeitsverminderungen (Lf 1, Lf 4, Lf 6 oder Zs3v):

Signalisierte Geschwindigkeitsverminderungen sind je nach Kennziffern mit unterschiedlicher PZB-Streckenausrüstung ausgestattet.

- Kennziffern bis 3,5: ständig wirksame 1000-Hz- und 500-Hz-Magnete
- Kennziffern 4 bis 7,5: ständig wirksame 1000-Hz-Magnete
- Kennziffern 8 bis 9,5: Geschwindigkeitsprüfeinrichtung mit 1000-Hz-Magnet (Prüfgeschwindigkeit: 15 km/h über der Kennziffer-Geschwindigkeit)
- Kennziffern ab 10: Geschwindigkeitsprüfeinrichtung mit 2000-Hz-Magnet (Prüfgeschwindigkeit: meist 10 km/h über der Kennziffer-Geschwindigkeit) in bestimmter Entfernung vor dem Zielpunkt.

Bild 1: Geschwindigkeitsverminderung (Ks 1 und Zs 3 mit Kennziffer 10)

e) Das Bedienen der Befehlstaste (weißer Leuchtmelder und Tonsignal) verhindert beim Überfahren eines wirksamen 2000-Hz-Magneten die Zwangsbremsung. Sie wird bei Rangierfahrten und bei Zugfahrten auf Befehl, Ersatzsignal, Vorsichtsignal und beim Gegengleisfahrt-Ersatzsignal benutzt.

f) Zwei 1000-Hz-Beeinflussungen direkt hintereinander:

Tritt innerhalb einer bereits laufenden Geschwindigkeitsüberwachung eine zweite Beeinflussung auf, zeigen die PZB 90-Leuchtmelder nur jeweils die letzte Beeinflussung an, jedoch laufen im Hintergrund alle bisherigen Überwachungskurven weiter. Vor allem bei einer Befreiung aus einer zweiten (nachfolgenden) Überwachung besteht hier die Gefahr der unerwarteten Zwangsbremsung.

g) Zwangsbremsung:

Nach einer durch die PZB 90 verursachte Zwangsbremsung ist die PZB-Freitaste zu bedienen, bis die Hupe verstummt. Nach Abschluss der Fahrt wird die PZB 90-Fahrzeugeinrichtung durch das Umlegen des Fahrtrichtungsschalters in Stellung »O« ausgeschaltet.

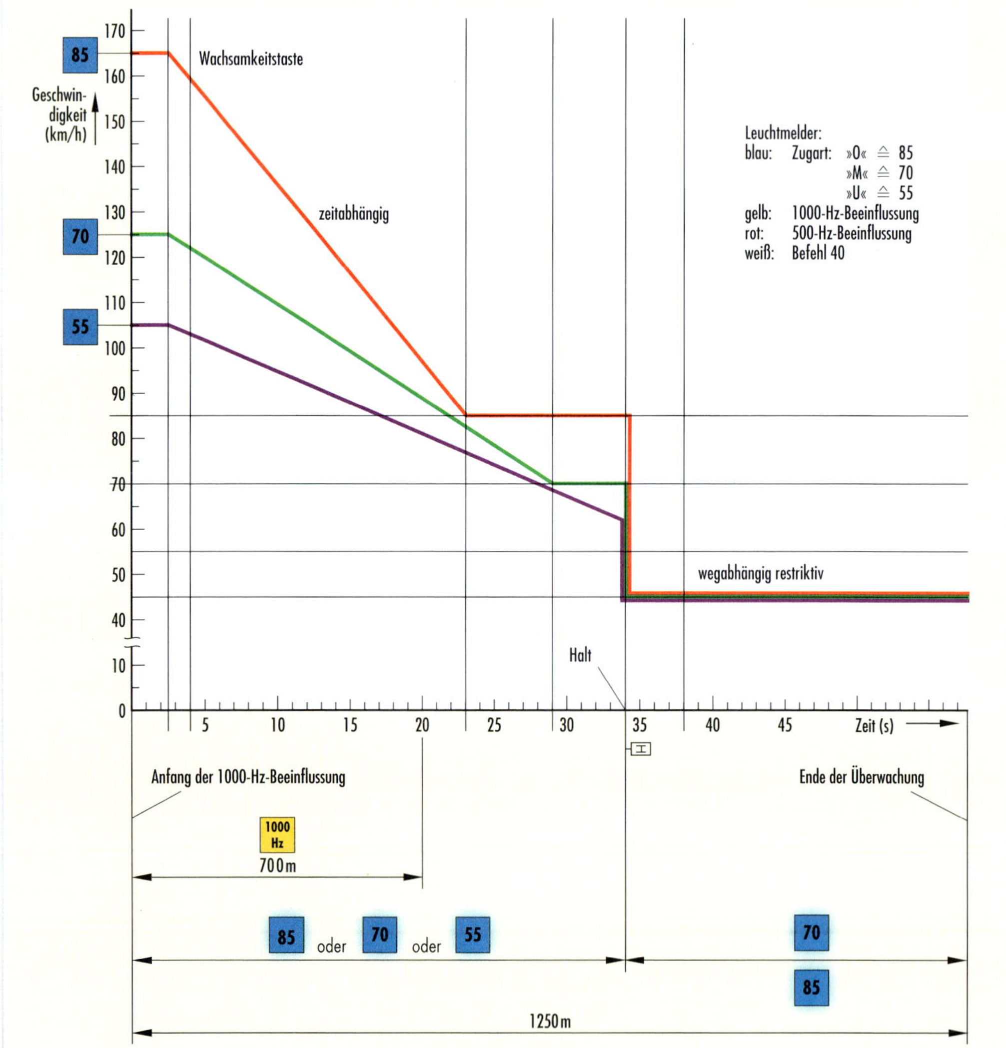

Bild 1: Beispiel einer Überwachungsfunktion nach einer 1000 Hz-Beeinflussung (restriktiv)

9.4.2 Linienförmige Zugbeeinflussung (LZB)

LZB

Aufgabe der LZB

Auf Strecken, die mit mehr als 160 km/h befahren werden, müssen nach EBO mit dem Sicherungssystem einer linienförmigen Zugbeeinflussung ausgerüstet sein, durch die der Zug selbsttätig geführt und zum Halten gebracht werden kann. Auf anderen Strecken kann die LZB zur betrieblichen Leistungssteigerung eingesetzt werden. Technisch ist mit der LZB ein Fahren auch im Bremswegabstand möglich.

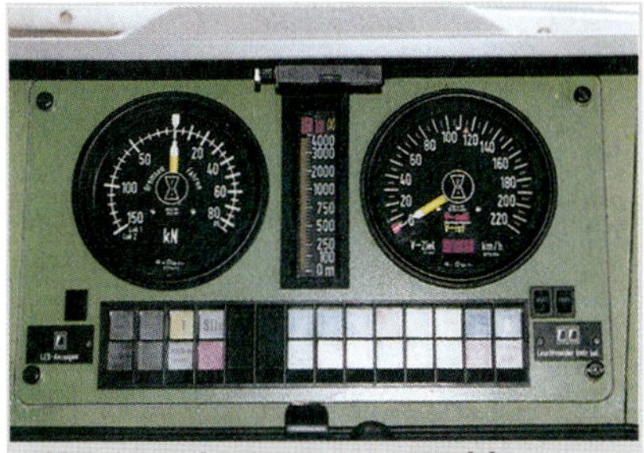

Bild 1: LZB-Führerraumanzeige (Modulares Führerstands-Anzeigegerät MFA)

Einrichtungen der LZB

Für die LZB wird eine Linienleiterschleife (s. Bild 2) verlegt, die alle 100 m gekreuzt wird. Diese Kreuzungsstellen dienen der Korrektur der Fahrzeugortung. Die Ortung innerhalb der 100-m-Schleifen geschieht durch Messung der Radumdrehungen des Triebfahrzeugs. Dabei können Fehler durch gleitende oder schleudernde Radsätze entstehen. Auch können Fehler durch unterschiedliche Radsatzdurchmesser entstehen. Um diese Messfehler zu korrigieren, gibt es alle 100 m die Kreuzungsstellen. Damit wird jederzeit eine möglichst genaue Standortbestimmung gewährleistet. Ein LZB-Streckenrechner verfügt über maximal 127 dieser Kreuzungsstellen, damit ist eine LZB-Schleife maximal 12,7 km lang. Für längere LZB-Strecken werden mehrere LZB-Schleifen verlegt.

Zwischen der Schaltzentrale und dem Tfz findet ein ständiger Datenaustausch statt. In der LZB-Zentrale liegen alle festen Daten der Strecke vor über:

- Streckenneigungen
- Ein- und Ausfahrorte der Schleifen und von den Zügen
- Langsamfahrstellen
- Trassierungselemente
- Bereichsgrenzen

Von den Stellwerken werden

- die Stellungen der Streckenelemente (z. B. Signale, Weichen),
- Nothaltaufträge

von den Zügen werden

- die Zuglänge
- der Fahrort
- die Ist-Geschwindigkeit
- die Bremshundertstel (Brh) und
- die Höchstgeschwindigkeit

übermittelt.

Bild 2: Linienleiter

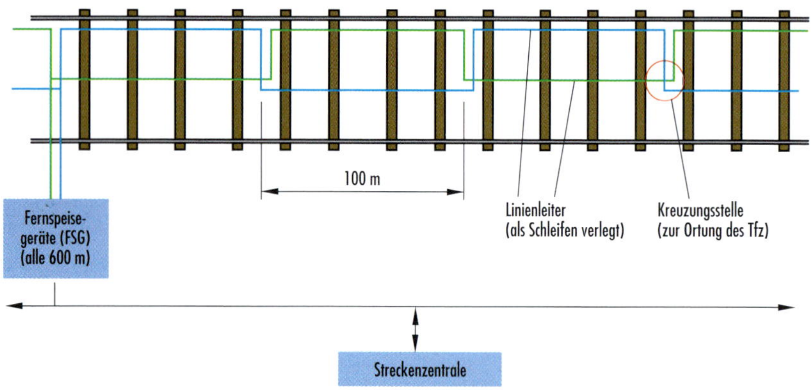

Bild 1: LZB-Streckeneinrichtungen

Die Ergebnisse werden als:

- Zielgeschwindigkeit (z.B. an einer Langsamfahrstelle)
- Zielentfernung (bis zum Beginn einer solchen Langsamfahrstelle) und
- Sollgeschwindigkeit

auf den Führerstand übertragen (sogenannte Führungsgrößen).

Die Betriebsbereitschaft der LZB wird dem Lokführer mittels dem Leuchtmelder B im MFA (s. Bild 1, Seite 445) angezeigt. Die LZB wird auf vielen Tfz durch eine automatische Fahr- und Bremssteuerung (AFB) ergänzt.

Bild 2: Antennen unter dem Triebfahrzeug

1. Nennen Sie die Aufgabe der punktförmigen Zugbeeinflussung! Welche Forderung der EBO liegt ihr zugrunde?
2. Welche Arten von Gleismagneten liegen an der Schiene?
3. In welchen Fällen löst die PZB eine Zwangsbremsung aus?
4. Wann gilt die PZB-Fahrzeugeinrichtung als betriebsbereit?
5. Wann ist die Wachsamkeitstaste zu bedienen und wie hat sich danach der Triebfahrzeugführer zu verhalten?
6. Nach welcher Zeit darf ein Zug (Zugartschalter M) welche Geschwindigkeit besitzen, nachdem er an einem Vorsignal (Vr 0) vorbeigefahren ist?
7. Welche Funktionen haben bei der PZB 90 die Befehls- und die Freitaste?
8. Erläutern Sie die Vorteile des Zugbeeinflussungssystems »PZB 90«!
9. Nennen Sie die Aufgabe der Linienzugbeeinflussung (LZB)! Welche Forderung der EBO liegt ihr zugrunde?
10. Welche Vorteile bietet die Linienzugbeeinflussung (LZB)?
11. Welche Aufgaben übernehmen die beiden im Gleis verlegten Linienleiter?

9.5 Europäisches Zugsicherungssystem (ETCS)

ETCS

Das ETCS (European Train Control System) kann als Erweiterung der PZB oder der LZB betrachtet werden. Dieses Verfahren soll zuerst im Hochgeschwindigkeitsverkehr und langfristig im gesamten europäischen Schienenverkehr Verwendung finden; es kann in unterschiedlichen Leveln (vgl. Tabelle 1) und in verschiedenen Betriebsarten durchgeführt und somit an unterschiedliche Strecken und betriebliche Situationen angepasst werden.

Betriebsart	Bedeutung		Fahrterlaubnis	Führungsgrößen	Betriebsart-symbol
	englisch	deutsch			
FS	full supervision	Vollüberwachung (Regelbetrieb)	technisch (Führungsgrößen)	funktionsfähig	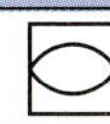
OS	on sight	Fahrt auf Sicht	technisch	funktionsfähig	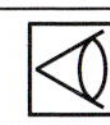
SR	staff responsible	Fahrt ohne ETCS (ETCS-Teilausfall)	nur signalisiert oder auf Befehl	–	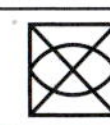
TR	trip	Zwangsbremsung	–	–	
SH	shunting	Rangieren	–	–	

Tabelle 1: Betriebsarten

Die technischen ETCS-Einrichtungen bestehen im Wesentlichen aus im Gleis angeordneten Balisen oder Balisengruppen, mit denen auch Daten zur Fahrzeugortung oder Fahrterlaubnisse übertragen werden. Die ETCS-Fahrzeugeinrichtung besteht im Wesentlichen aus einem ETCS-Rechner, einer Führerstandsanzeige, einer Wegmesseinrichtung, einer GSMR-Übertragungseinrichtung (s. Kap. 2.7.2) und einem Balisenleser.

Bild 1: Euro-Balise

Bild 2: ETCS-Antenne unter der Lokomotive der BR 189

Regelbetrieb

Ein Fahrtauftrag liegt im Regelbetrieb bei Anzeigeführung durch die Angabe sowohl eines Zielentfernungsbalkens (> 0 m) als auch einer Sollgeschwindigkeit (> 0 km/h) vor. Bei einem ETCS-Teilausfall kann ein Fahrauftrag ggf. auch über ein Textfeld (vgl. Richtlinie 408) gegeben werden. Tritt eine Besonderheit auf (z. B. nahende Geschwindigkeitsänderung oder Halt zeigendes Signal), ändern sich einige Farben von Aktionselementen und deren Hintergrund im Anzeigegerät.

Bild 1: ETCS-Führerstandsanzeige im Tfz auf der Strecke Jüterbog – Wittenberg – Bitterfeld

Wird die Sollgeschwindigkeit überschritten, ertönt zunächst ein Tonsignal. Bei weiterer Geschwindigkeitssteigerung erfolgt zusätzlich eine Zwangsbetriebsbremsung, bis die Sollgeschwindigkeit erreicht ist. Bei einer Fahrt mit der AFB (automatische Fahr- und Bremssteuerung) erfolgt das Auf- und Abschalten sowie das Bremsen automatisch. Zehn Sekunden vor einem notwendigen Bremseingriff (z. B. Haltsignal oder Langsamfahrstelle) ertönt zudem ein kurzes Tonsignal.

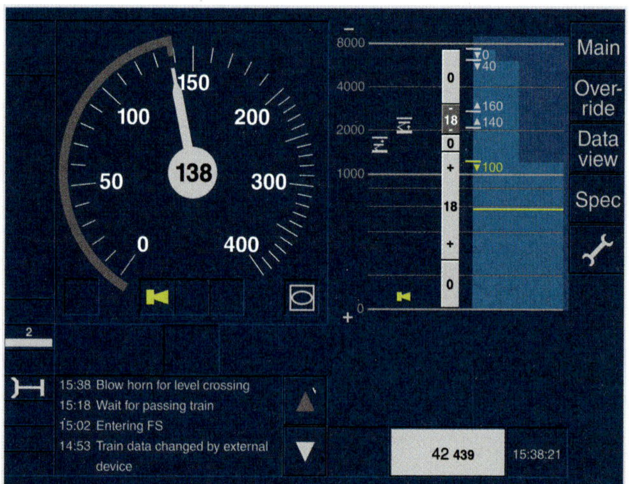

Bild 2: ETCS-Führerstandsanzeige (Driver Machine Interface – DMI)

Besonderheiten

Die Balisengruppen liegen in bestimmten Abständen auf der Strecke. Wird ein Haltbegriff übermittelt, können technische Ungenauigkeiten bei der Wegmessung in ETCS-Level 1 oder 2 erfordern, dass ein Zug trotz ETCS-Halt nach dem Halten zu dem Hauptsignal (bzw. Signal Ne 14 oder dem Blockkennzeichen) vorziehen muss. Dieses Vorziehen kann durch die sogenannte Release Speed erfolgen.

ETCS	Streckenausrüstung	Fahrzeugausrüstung
Level 1	• Ortsfeste Signale • Gleisfreimeldeeinrichtung • schaltbare Balisen	• ETCS-Fahrzeuggerät • Ortungseinrichtung
	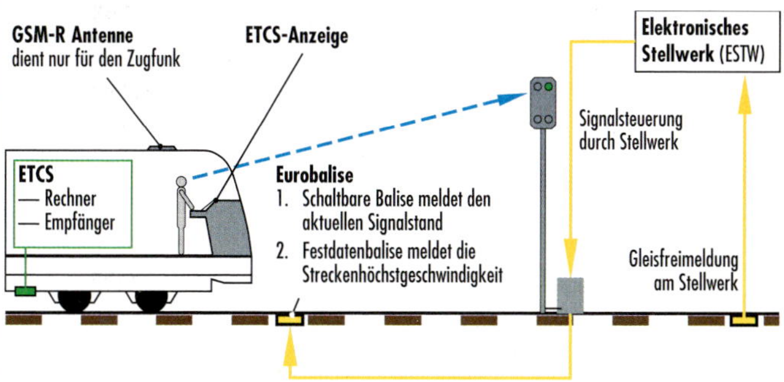	Beibehaltung der landesüblichen Streckensignale. Das Tfz kann kontinuierlich die Einhaltung der erlaubten Geschwindigkeit überwachen.
Level 2	• Gleisfreimeldeeinrichtung • nicht schaltbare Balisen • Funkblockzentrale	• ETCS-Fahrzeuggerät • Ortungseinrichtung • GSM-R Funkeinrichtung (s. Kap. 2.7.2)
	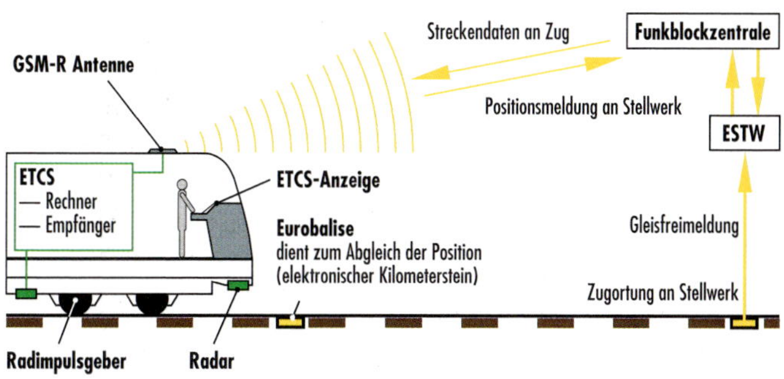	Mit Hilfe von Radar und Radimpulsgebern (an Fahrzeugachsen) wird der genaue Standort des Tfz ermittelt, die Balisen dienen nur noch dem Abgleich (elektronische Kilometersteine).
Level 3	• nicht schaltbare Balisen • Funkblockzentrale	• ETCS-Fahrzeuggerät • Ortungseinrichtung • GSM-R Funkeinrichtung (s. Kap. 2.7.2) • Zugvollständigkeitskontrolle erforderlich
	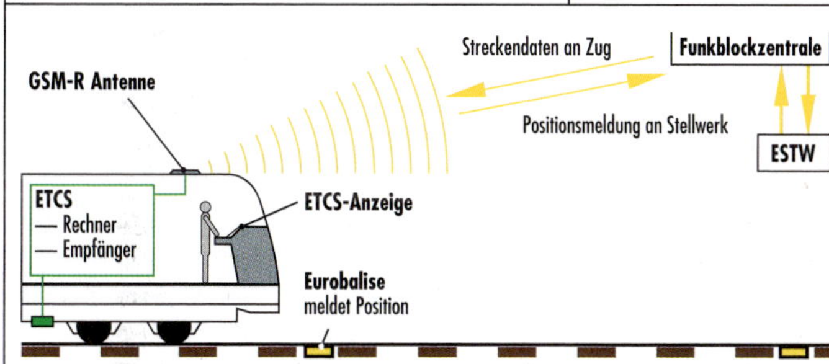	Auf eine klassische Gleisfreimeldung wird verzichtet, Züge können geschwindigkeitsabhängig – unabhängig von Blockabschnitten – geführt werden (Fahren im Bremswegabstand).

Tabelle 1: Ausrüstung von Strecke und Fahrzeug in den einzelnen ETCS-Stufen

1. Welche Ziele verfolgt das European Train Control System (ETCS)?
2. Welche Vor- bzw. Nachteile bieten die unterschiedlichen ETCS-Levels für den Zugbetrieb?
3. Wo sind die Soll- und die Ist-Geschwindigkeit sowie die Entfernungsangabe im Führerstandsanzeigegerät abzulesen?

9.6 Schutzmaßnahmen

9.6.1 Schutz gegen elektrische Unfälle

- Auf Strecken mit elektrischen Fahrleitungen ist bei allen Arbeiten an Triebfahrzeugen von den spannungsführenden Teilen der Fahrleitung ein Abstand von 1,5 m einzuhalten; ein weiteres Annähern ist lebensgefährlich. Deswegen ist das Besteigen von Vorbauten und Dächern unter spannungsführenden Fahrleitungen verboten.
- Triebfahrzeuge, die Strecken mit Fahrleitungen befahren, sind mit Warnschildern (Blitzpfeile) versehen, die auf die Gefahr aufmerksam machen.

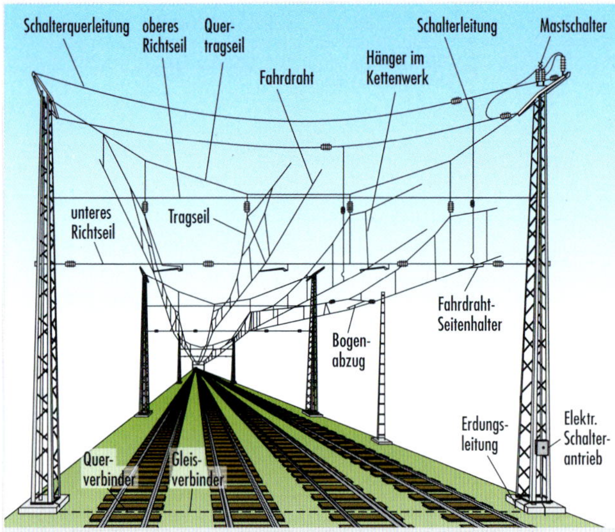

Bild 1: Oberleitungsanlage mit Kettenwerken an Tragmasten

- Das Betreten des Maschinenraumes der Triebfahrzeuge bei eingeschaltetem Hauptschalter ist nur erlaubt, wenn die unter Spannung stehenden Teile gegen zufälliges Berühren geschützt sind und das Fahrzeug nicht in Bewegung ist. Sonst muss vor dem Betreten der Hauptschalter ausgeschaltet sein.
- Vorbauten, Kammern und Behälter mit elektrischen Teilen, die eine Betriebsspannung über 42 V führen, dürfen nur geöffnet werden, wenn diese Teile vorher spannungslos gemacht oder gegen Berührung geschützt worden sind.
- Vor Beginn von Arbeiten auf dem Dach und auf den Vorbauten muss die Fahrleitung abgeschaltet und vor und hinter dem Fahrzeug geerdet sein.
- Arbeiten an elektrischen Teilen bei bewegten, auch geschleppten Fahrzeugen sind in jedem Fall verboten.

Bild 2: Warnschild und grüner Streifen am Zugang zum Maschinenraum

Bei Untersuchungsarbeiten an Zügen und an Fahrzeugen in Betriebsgleisen darf an unter Spannung stehenden Teilen elektrischer Anlagen und Betriebsmittel nicht gearbeitet werden! Vor Beginn von Arbeiten an elektrischen Anlagen muss der spannungsfreie Zustand hergestellt werden und für die Dauer sichergestellt sein. Gegen das Wiedereinschalten sind entsprechende Maßnahmen zu treffen. Für diesen Zeitraum muss sichergestellt werden, dass auf stehende Fahrzeuge keine anderen Fahrzeuge auflaufen können und die zu untersuchenden Fahrzeuge nicht bewegt werden.

Nachfolgende 5 Sicherheitsregeln sind einzuhalten:

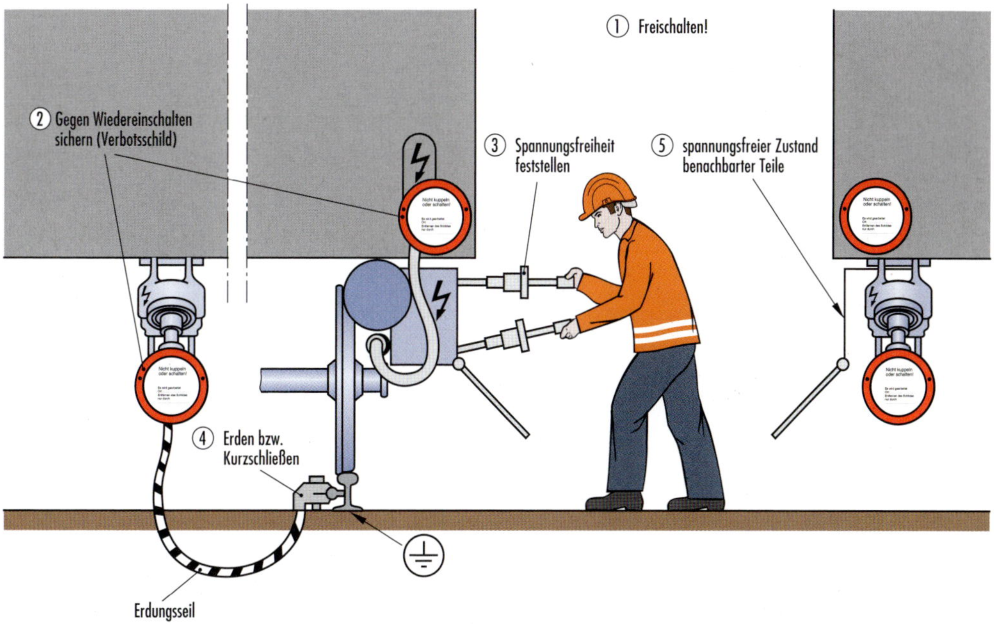

Bild 1: Sicherheitsmaßnahmen bei Arbeiten und Prüfungen an elektrischen Anlagen der Reisezugwagen

9.6.2 Brandverhütung und Verhalten bei Bränden

Brände auf einem Triebfahrzeug können u.a. durch heiße Maschinenteile (z.B. Auspuff) oder Funkenbildung (z.B. beim Bremsen) entstehen in Verbindung mit

- undichten Kraftstoff- oder Ölleitungen
- verschmutzten Maschinen- oder Rahmenteilen
- öl- oder kraftstoffgetränkter Putzwolle

Um einen Brand zu verhüten, darf in den Maschinen- und Batterieräumen nicht geraucht und nicht mit offenem Feuer umgegangen werden. Die Maschinenräume sind sauber zu halten (Entfernung von Öl-, Staub-, Schmutz- und Putzwollresten) und Undichtigkeiten an Transformatorkesseln, Motoren, Wasser-, Kraftstoff- und Ölleitungen dürfen nicht vorhanden sein. Die Behälter für flüssige Brennstoffe dürfen nicht überfüllt werden. Behälter, Absperr- und Umstelleinrichtungen müssen dicht sein.

Erkennt ein Triebfahrzeugführer, dass auf dem Triebfahrzeug oder im Zug ein Brand entstanden ist, ist der Zug so schnell wie möglich anzuhalten. Dabei ist möglichst nicht in Tunnels, an brandgefährdeten Stellen oder an Stellen, wo die Hilfeleistung erschwert ist (z.B. hohe Böschung), zu halten.

Der Triebfahrzeugführer ist für die Löscharbeiten am Triebfahrzeug verantwortlich. Zunächst ist der Motor abzustellen und, wenn vorhanden, der Kraftstoff-Absperrhahn zu schließen. Je nach Umfang des Brandes sind alle vorhandenen Feuerlöscher einsatzbereit zu machen und zu benutzen. Erkennt der Tf, dass der Brand nicht eingedämmt werden kann, so sind die brennenden Fahrzeuge abzukuppeln und vom Zug abzusetzen. Betriebsinterne Regelungen sind dabei zu beachten.

Ein Zugbegleiter, der das Feuer entdeckt, fordert bei Zügen mit Lautsprecheranlage die Hilfe der anderen Zugbegleiter an, mit der Ansage: »Achtung Zugbegleiter! Mit F-Gerät in den Wagen (Nummer) kommen.«

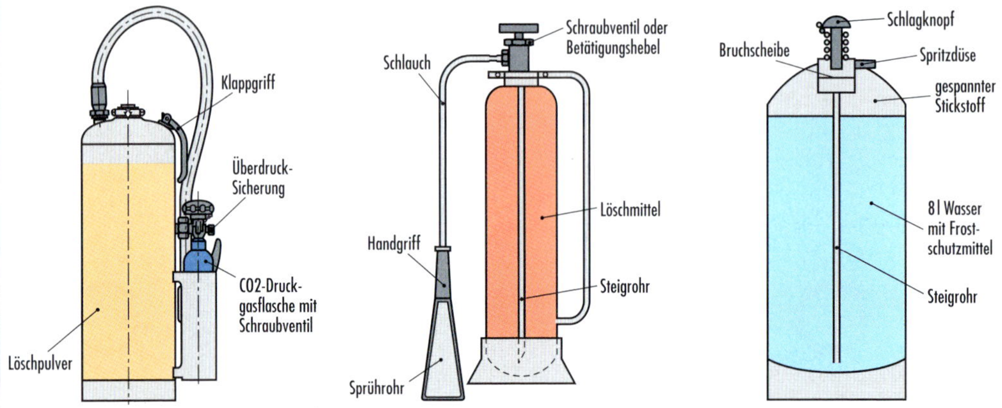

Bild 1: Bauarten der Feuerlöscher

Das Zugpersonal hat unverzüglich für die Sicherung der Reisenden und Güter zu sorgen:

- Auf elektrisch betriebenen Strecken ist das Halten auf freier Strecke möglichst abzukürzen. Brennende Fahrzeuge sind möglichst auf ein Gleis ohne Oberleitung oder ein Nebengleis zu fahren, jedoch nicht in unmittelbare Nähe der Oberleitungsmaste oder Quertragwerke.
- Wenn ein Fahrzeug eines Zuges, der Reisende befördert, in Brand gerät, und der Zug in einem Tunnel zum Halten kommt, ist wie folgt zu verfahren:
  a) Die Zugbegleiter sorgen dafür, dass die Reisenden den Wagen mit der Brandstelle sofort räumen und sich in die benachbarten Wagen begeben.
  b) Die Klimaanlage ist im ganzen Zug sofort auszuschalten.
  c) Sobald der Zugführer erkennt, dass der Brand nicht gelöscht werden kann, ordnet er die Räumung des Zuges an. Entsprechend dem Rettungskonzept für diesen Tunnel ist entweder die Fluchtrichtung (Fluchtwegkennzeichnung) festgelegt oder wird in Absprache mit dem Fahrdienstleiter bestimmt. Das Zugpersonal sorgt dafür, dass als Fluchtweg der Randweg neben dem haltenden Zug benutzt wird.

Bild 2: Feuerlöscher im Führerhaus eines Triebfahrzeuges

1. Wann ist das Betreten des Maschinenraumes eines Triebfahrzeuges erlaubt?
2. Wodurch kann ein Brand eines Triebfahrzeuges entstehen und wodurch kann er verhindert werden?
3. Wie hat ein Triebfahrzeugführer sich bei einem Brand zu verhalten?
4. Wie hat sich ein Zugbegleiter zu verhalten, wenn er im Zug Feuer entdeckt?

9.7 Maßnahmen bei technischen Unregelmäßigkeiten

Wartung und Instandhaltung

Alle Triebfahrzeuge werden regelmäßig gewartet, untersucht und instand gehalten.

- Die Wartung umfasst die Reinigungsarbeiten am Fahrzeug, das Behandeln des Anstriches, das Schmieren, das Ergänzen der Betriebsvorräte, das Behandeln der Akkumulatoren (Batterien) sowie die Überwachung und Sauberhaltung der Ausrüstungsgegenstände
- Die Instandhaltung umfasst das Beheben von Schäden und Arbeiten zu deren Verhütung

Durch Fristarbeiten, die sowohl Pflege- als auch Instandhaltungsarbeiten umfassen, wird der betriebssichere Zustand des Triebfahrzeuges gewährleistet. Rechtzeitiges Feststellen und Beheben von Schäden sollen dabei die Sicherheit gewährleisten und niedrige Unterhaltungskosten sicherstellen.

Technische Unregelmäßigkeiten

Trotz dieser Untersuchungen kann es zu Unregelmäßigkeiten bei einer Zugfahrt kommen, die sich durch außergewöhnliche Geräusche, unruhigen Lauf, Schwingungen, Brandgeruch, außergewöhnliche Funken- und Feuerbildung u.a. bemerkbar machen. Der Triebfahrzeugführer hat den Umständen entsprechend so zu handeln, dass der betriebssichere Lauf des Triebfahrzeuges, des Zuges und die Befahrbarkeit der Nachbargleise gewährleistet bleibt. Wenn nötig, hat er anzuhalten und die Fahrzeuge zu untersuchen.

Mit gebrochenen Tragfedern, Federgehängen, Ausgleichhebeln oder ähnlichen Schäden kann vorsichtig, d.h. je nach Umständen mit ermäßigter Geschwindigkeit, weitergefahren werden, wenn der Triebfahrzeugführer die Lauffähigkeit festgestellt hat.

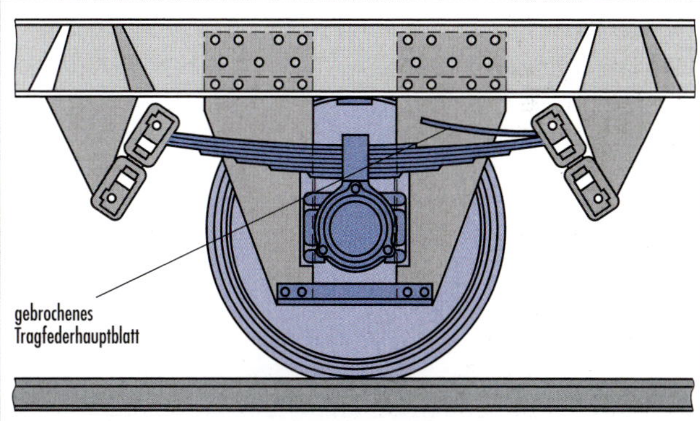

Bild 1: Gebrochenes oder angebrochenes Tragfederhauptblatt und fehlende Tragfederstücke

Bei Schäden, die der Triebfahrzeugführer nicht oder nicht in vertretbarer Zeit beheben kann, ist sofort ein Hilfstriebfahrzeug oder, wenn nötig, der Gerätewagen anzufordern. Ungeachtet dessen ist zu versuchen, den Schaden mit eigenen Mitteln zu beheben.

Als Hilfe bei technischen Unregelmäßigkeiten beim Triebfahrzeug steht dem Triebfahrzeugführer eine »Liste zur Störungsbehebung« zur Verfügung. Diese befindet sich als Anhang in der Arbeitsmappe für das jeweilige Fahrzeug. Die Reihenfolge der dort beschriebenen Maßnahmen ist einzuhalten und andere Hilfsmaßnahmen, als in den Listen angegeben sind, sind nicht erforderlich.

Druck im Hauptluftbehälter steigt nicht an

Voraussetzung: Motor läuft

Laufen beide Luftpresser?

NEIN → Absperrhahn am Leerlaufregler schließen.

Achtung!
Luftpresser laufen beim Motorlauf ständig mit. Absperrhahn am Fremdluftanschluss so weit öffnen, dass der Luftdruck sich zwischen 8–10 bar einstellt.

JA ↓

Beide Führerbremsventile in Mittelstellung legen.

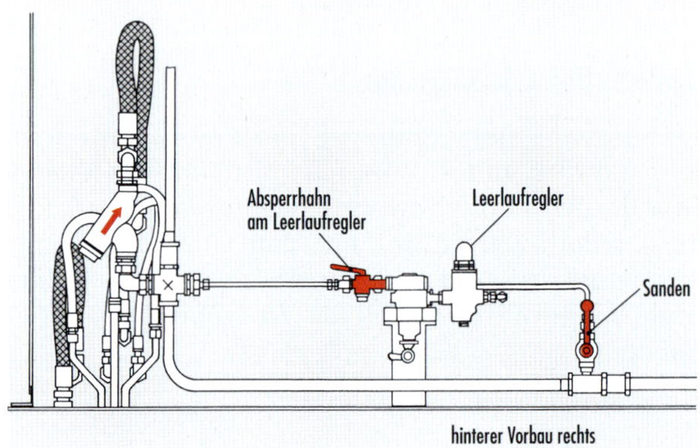

Steigt Druck im Hauptluftbehälter jetzt an?

NEIN → Undichtigkeit im Luftversorgungsbereich suchen und nach Möglichkeit beseitigen.

JA ↓

Undichtigkeit im Hauptluftleitungsbereich suchen und nach Möglichkeit beseitigen.
(z. B. Zwangsbremse durch Sifa, Indusi, Übertourungsschutz)

Bild 1: Störungszustand bei der Kleinlok BR 364/365: »Druck im Hauptluftbehälter erreicht nicht 10 bar« (Liste zur Störungsbehebung)

1. Worin unterscheiden sich »Wartung« und »Instandhaltung«?
2. Was versteht man unter »technischen Unregelmäßigkeiten« und wie hat sich der Triebfahrzeugführer zu verhalten?

10 Zugfahrten bei technischen und betrieblichen Abweichungen

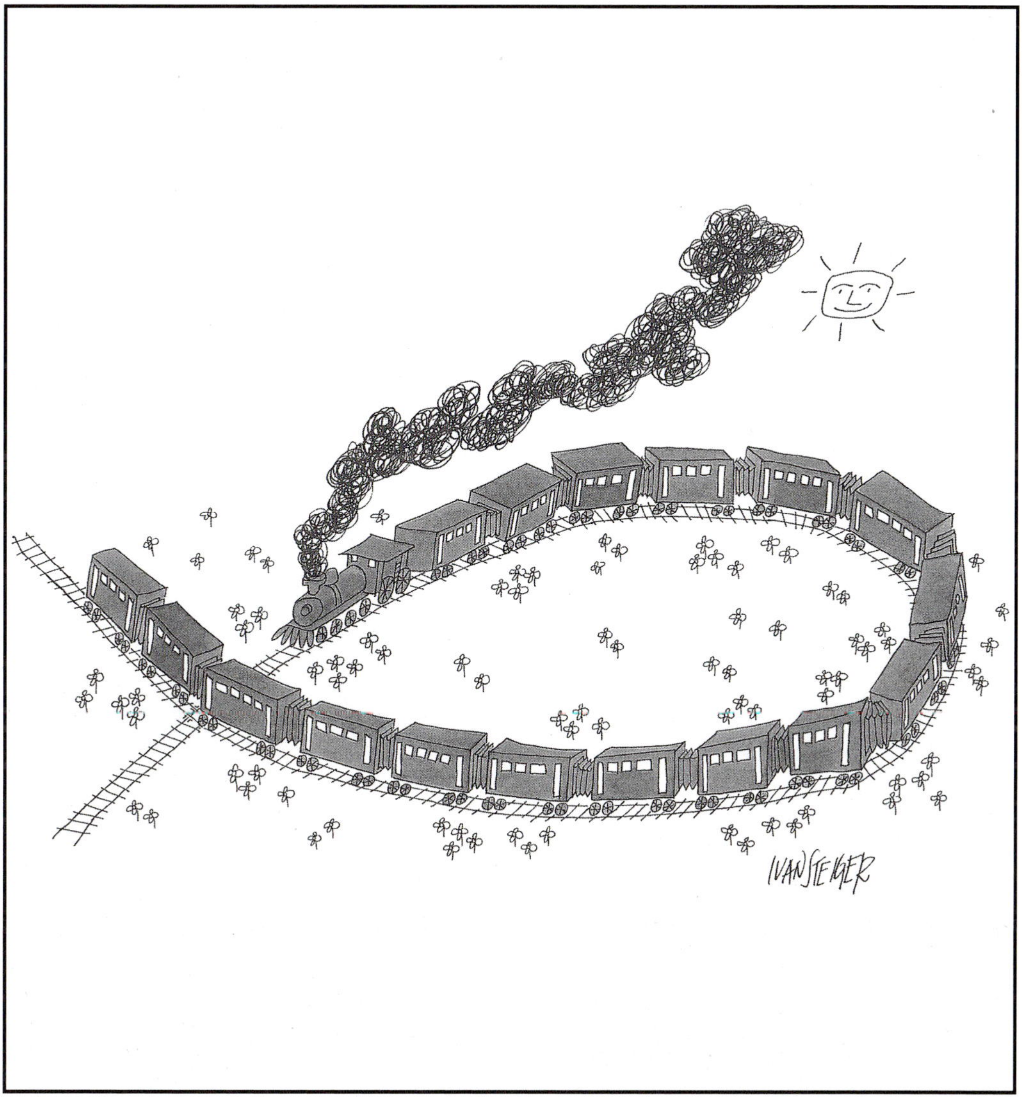

Bei der Durchführung von Zugfahrten, in außergewöhnlichen Betriebssituationen mit Abweichungen vom Regelbetrieb und bei Störungen tragen der Fahrdienstleiter und der Triebfahrzeugführer hohe Verantwortung. Sie müssen diese Situationen beherrschen und die Technik richtig anwenden.

Außergewöhnliche Betriebssituationen sind u. a.:

- Unzulässiges Vorbeifahren an einem Halt zeigenden Signal
- Sperren von Gleisen, Sperrfahrten
- Zugfahrten ohne Fahrtstellung eines Hauptsignals
- Abweichen von der Fahrordnung auf der freien Strecke
- Fehler und Störungen an Signal- oder Stellwerksanlagen

Fehler, Störungen

Bei Unregelmäßigkeiten der Signal- oder Stellwerksanlagen wird zwischen Fehlern und Störungen unterschieden.

Unter einem Fehler versteht man eine technische Unregelmäßigkeit, die allerdings keinen Einfluss auf den Betriebsablauf hat. So ist z. B. der durchgebrannte Hauptfaden einer Signallampe bei einem Hauptsignal (s. Bild 1) ein Fehler, weil die Anlage selbsttätig auf den Hauptfaden des Nebenrots (s. Kap. 10.11) umschaltet. Das Signalbild »Halt« bleibt erhalten und das Signal ist weiter bedienbar.

Wenn eine technische Unregelmäßigkeit Auswirkungen auf den Betriebsablauf hat, wird dies als Störung bezeichnet. So wird z. B. das komplett erloschene Signalbild eines Hauptsignals (s. Bild 2) als Störung behandelt; das Signal ist nicht mehr bedienbar. Diese Situation tritt u. a. ein, wenn die Haupt- und Nebenfaden des Haupt- und Nebenrots durchgebrannt sind.

Fehler und Störungen können, wenn entsprechende Einrichtungen vorhanden sind, optisch und akustisch angezeigt werden.

Bild 1: Hauptsignal, mit durchgebranntem Hauptfaden des Hauptrots (Fehler)

Bild 2: Hauptsignal, mit durchgebrannten Haupt- und Nebenfaden des Haupt- und Nebenrots (Störung)

Technische Fachkräfte

Dem Fahrdienstleiter stehen – da er keinen Zugang zu technischen Einrichtungen hat – Mitarbeiter mit notwendigen Fachkenntnissen zur Verfügung:

- Fachkraft der für die Entstörungsveranlassung zuständigen Stelle (EVZS) für Signale, Weichen, Gleisfreimeldeanlagen etc.
- Fachkraft für Oberleitungen, elektrische Anlagen
- Fachkraft für den Oberbau, Bahnbau

Hilfsmittel

Merkhinweise Sperren

Dem Fahrdienstleiter stehen für außergewöhnliche Betriebssituationen verschiedene Hilfsmittel zur Verfügung:

- Merkhinweise werden an den Stelleinrichtungen angebracht und sollen als optischer Hinweis und als Gedächnisstütze auf diese besondere Situation aufmerksam machen.

- Sperren werden angebracht oder eingegeben, um unzulässige Bedienungshandlungen zu verhindern. Dazu gehören die mechanisch wirkenden Hilfssperren (s. Bild 2), die roten Sperrkappen zum Abdecken der Drucktasten (Sp Dr S 60-Stellwerk) und die Möglichkeiten durch entsprechende Bedienungshandlungen Gleise, Weichen, Signale etc. zu sperren.

Bild 1: Merkhinweis an der Blocktaste des Anfangsfeldes

© Marks-Fährmann

Bild 2: Sperre (Sperrkeil) an einem Fahrstraßenhebel

© Marks-Fährmann

Nachweise

Bei der Durchführung von Zugfahrten bei Abweichungen vom Regelbetrieb und bei Fehlern und Störungen technischer Einrichtungen sind u. a. folgende schriftliche Unterlagen zu führen:

- »Zugmeldebuch« (für Zugmeldungen) und »Fernsprechbuch« (für wichtige Gespräche)
- »Arbeits- und Störungsbuch« für Eintragungen durch die Fachkraft und den Fahrdienstleiter (bzw. Störungsdrucker)
- »Nachweis der Zählwerke« bei der Ausführung sicherheitsrelevanter zählpflichtiger Handlungen

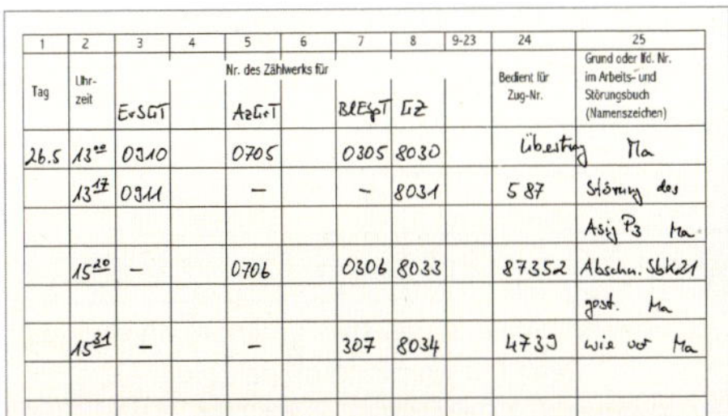

1	2	3	4	5	6	7	8	9-23	24	25
Tag	Uhrzeit	Nr. des Zählwerks für ErsGT		AzGrT		BlEsgT	GZ		Bedient für Zug-Nr.	Grund oder lfd. Nr. im Arbeits- und Störungsbuch (Namenszeichen)
26.5	13^{00}	0310		0705		0305	8030		Übertrag	Ma
	13^{17}	0311		–		–	8031		587	Störung des
										Asig P3 Ma
	15^{20}	–		0706		0306	8033		87352	Abschn. Sbk21
										gest. Ma
	15^{31}	–		–		307	8034		4739	wie vor Ma

Bild 3: Nachweis der Zählwerke

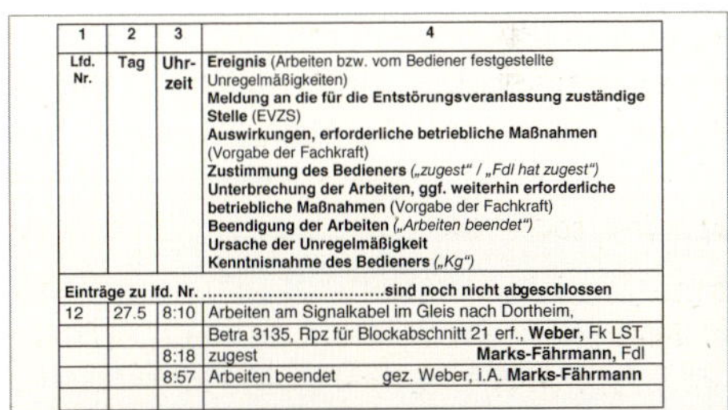

1	2	3	4
Lfd. Nr.	Tag	Uhrzeit	**Ereignis** (Arbeiten bzw. vom Bediener festgestellte Unregelmäßigkeiten) **Meldung an die für die Entstörungsveranlassung zuständige Stelle** (EVZS) **Auswirkungen, erforderliche betriebliche Maßnahmen** (Vorgabe der Fachkraft) **Zustimmung des Bedieners** (*„zugest" / „Fdl hat zugest"*) **Unterbrechung der Arbeiten, ggf. weiterhin erforderliche betriebliche Maßnahmen** (Vorgabe der Fachkraft) **Beendigung der Arbeiten** (*„Arbeiten beendet"*) **Ursache der Unregelmäßigkeit** **Kenntnisnahme des Bedieners** (*„Kg"*)
Einträge zu lfd. Nr. ....sind noch nicht abgeschlossen			
12	27.5	8:10	Arbeiten am Signalkabel im Gleis nach Dortheim,
			Betra 3135, Rpz für Blockabschnitt 21 erf., **Weber,** Fk LST
		8:18	zugest **Marks-Fährmann,** Fdl
		8:57	Arbeiten beendet gez. Weber, i.A. **Marks-Fährmann**

Bild 4: Arbeits- und Störungsbuch

1. Erklären Sie an einem weiteren Beispiel den Unterschied zwischen einem Fehler und einer Störung!
2. Welche unterschiedlichen Arten der Merkhinweise werden verwendet? Nennen Sie zu jedem Merkhinweis ein Anwendungsbeispiel!
3. An welchen Einrichtungen eines mechanischen Stellwerkes können Hilfssperren angebracht werden?
4. An welchen Einrichtungen eines Stellwerks Sp Dr S 60 werden Hilfssperren angebracht?
5. Welche Eintragungen werden im »Nachweis der Zählwerke« vorgenommen?

10.1 Aufträge durch Befehle

Befehle
Befehle für Züge

Im Regelfall verständigt sich der Fahrdienstleiter (Fdl) mit dem Triebfahrzeugführer (Tf) durch Signale. Bei Abweichungen vom Regelbetrieb und bei Störungen werden Aufträge an das Zugpersonal auch schriftlich oder mündlich gegeben. Es werden u. a. Befehle an den Triebfahrzeugführer erteilt. Befehle ersetzen u. a. Signale, wenn diese Halt zeigen, gestört, nicht bedienbar oder nicht vorhanden sind bzw. nicht bedient werden dürfen (s. Kap. 10.4). Hierzu ist ein Vordruck zu verwenden, der im Stellwerk und im Führerraum eines Triebfahrzeuges (Tfz) zu finden ist.

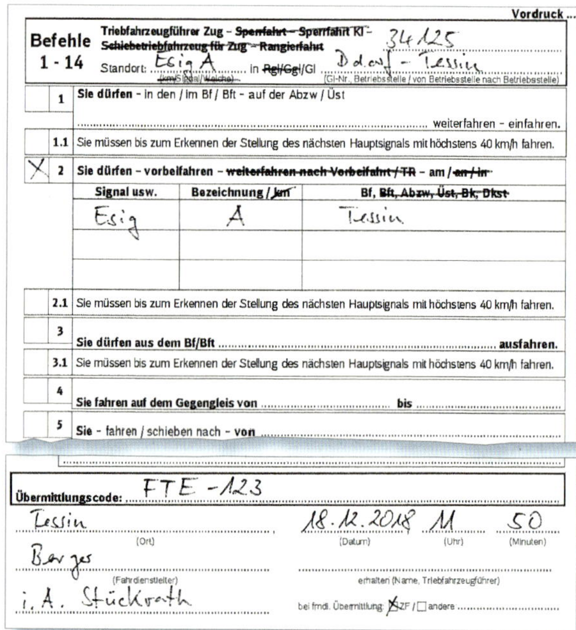

Vordruck ...

Befehle 1 - 14

Triebfahrzeugführer Zug - ~~Sperrfahrt - Sperrfahrt Kl - Schiebetriebfahrzeug für Zug - Rangierfahrt~~ 34125

Standort: Esig A (~~km~~/Signal/~~Weiche~~) in ~~Bf/Ggl~~/Gl Ddorf - Tessin (Gl-Nr., Betriebsstelle / von Betriebsstelle nach Betriebsstelle)

	1	Sie dürfen - in den / im Bf / Bft - auf der Abzw / Üst ... weiterfahren - einfahren.
	1.1	Sie müssen bis zum Erkennen der Stellung des nächsten Hauptsignals mit höchstens 40 km/h fahren.
X	2	Sie dürfen - vorbeifahren - ~~weiterfahren nach Vorbeifahrt / TR~~ - am / ~~an / in~~
	2.1	Sie müssen bis zum Erkennen der Stellung des nächsten Hauptsignals mit höchstens 40 km/h fahren.
	3	Sie dürfen aus dem Bf/Bft ... ausfahren.
	3.1	Sie müssen bis zum Erkennen der Stellung des nächsten Hauptsignals mit höchstens 40 km/h fahren.
	4	Sie fahren auf dem Gegengleis von ... bis ...
	5	Sie - fahren / schieben nach - von ...

Signal usw.	Bezeichnung / ~~km~~	Bf, ~~Bft, Abzw, Üst, Bk, Dkst~~
Esig	A	Tessin

Übermittlungscode: FTE -123

Tessin (Ort), 18.12.2018 (Datum) 11 (Uhr) 50 (Minuten)

Berger (Fahrdienstleiter) ... erhalten (Name, Triebfahrzeugführer)

i. A. Stückrath ... bei fmdl. Übermittlung: ☒ ZF / ☐ andere ...

Bild 1: Befehl – Vorderseite (Ausschnitt) – diktierte Übermittlung

Beim Diktieren eines Befehls an den Triebfahrzeugführer oder Zugführer muss dem Diktierenden zuvor der Standort des Zuges mitgeteilt werden. Der Standort des Zuges ist in der Kopfzeile des Vordrucks einzutragen. Außerdem muss beim Diktieren oder Ankündigen des Befehls der Zug stehen.

Der Fahrdienstleiter übermittelt die schriftlichen Aufträge

1, 2, 3, 4, 5 oder 13	**8, 12 oder 14**
in der Regel vor der Stelle, von der ab der Auftrag gilt z. B. vor einem Hauptsignal. Er darf dies auch bei Halt am gewöhnlichen Halteplatz unmittelbar vor dieser Stelle tun.	– wenn nichts anderes vorgeschrieben ist – beim letzten planmäßigen Halt

Befehl 2, 4 oder 5 dürfen auch dann übermittelt werden, wenn der Zug am Signal, das vor dem ersten betroffenen Signal steht, oder am gewöhnlichen Halteplatz unmittelbar vor diesem Signal hält.
Außerdem darf
- Befehl 2 zur Vorbeifahrt an einem Zwischen- oder Ausfahrsignal in Höhe des Einfahrsignals übermittelt werden.
- Befehl 4 oder 5 in Höhe des Einfahrsignals übermittelt werden.
- Befehl 3 am Einfahrsignal, in Höhe des Einfahrsignals oder am Zwischensignal übermittelt werden.

- Der Mitarbeiter, der den Auftrag übermittelt, muss dem Fahrdienstleiter, der die Übermittlung veranlasst hat, diese bestätigen.
- Bleibt die Bestätigung aus, muss der Zug angehalten werden.
- Der Fahrdienstleiter muss die Bestätigung nachweisen.

Befehle müssen im gesamten Geltungsbereich der europäischen Technischen Spezifikation Interoperabilität (TSI) mit einem Übermittlungscode gekennzeichnet werden. Der Fahrdienstleiter, der den Befehl ausfüllt, setzt diesen Code aus der Abkürzung der Betriebsstelle und einer laufenden dreistelligen Nummer (z. B. FKST-001) zusammen.

Beim Diktieren über Fernsprecher oder Zugfunk vermerkt der Fahrdienstleiter (Fdl) Name und Funktion des Mitarbeiters, der den Befehl in seinem Namen ausfertigt, und die Übermittlungsart auf der rechten Seite des Unterschriftenteils. Der Ausfertiger wiederholt den Wortlaut des Befehls. Nachdem der Fdl die Richtigkeit bestätigt hat, vermerkt der Ausfertiger (Triebfahrzeugführer) den Namen des Fdl mit dem Zusatz »gez.«, trägt die Uhrzeit ein und unterzeichnet mit dem Zusatz »i. A.«.

Gründe

Nr.	Anlass für Befehl 12	Auftrag im Befehl 12 Spalten 1 bzw. 2
	Gleisbelegung, Zugfolge	
1	Gleis kann besetzt sein	auf Sicht
2	Fahrzeuge im Gleis	auf Sicht
3	Mehrere Sperrfahrten unterwegs	auf Sicht
4	Einfahrt in ein Stumpfgleis	30 km/h
5	Einfahrt in ein teilweise besetztes Gleis, nur teilweise befahrbares Gleis oder besonders kurzes Stumpfgleis	20 km/h
6	kein Durchrutschweg	30 km/h
7	Verständigung zwischen den Zugmeldestellen gestört	auf Sicht
8	Auf der Strecke ruht die Arbeit	50 km/h
9	Reisezug muss ausnahmsweise über Güterzuggleis fahren	40 km/h
	Bahnübergänge, Reisendenübergänge, Spurrillen	
10	Bahnübergang nicht ausreichend gesichert	20 km/h
11	Spurrillen nicht von Eis und Schnee gereinigt	30 km/h
12	Reisendenübergang nicht gesichert	5 km/h
	Arbeiten, La	
20	Bauarbeiten	*)
21	Unbefahrbare Stelle im gesperrten Gleis	auf Sicht
22	Zustand nach Bauarbeiten	*)
23	Arbeitsstelle nicht benachrichtigt	auf Sicht
24	Niedrigere Geschwindigkeit gegenüber der La	*)
25	Beschäftiogte im gesperrten Gleis	20 km/h und auf Sicht
	Mängel an Bahnanlagen	
30	Mängel am Oberbau	*)
31	Verdacht auf Oberleitungsschäden (auch im benachbarten Gleis)	auf Sicht
32	Verdacht auf Unwetterschäden (Erdrutsch, Sturmschäden usw.)	auf Sicht
33	Verdacht auf Eiszapfen im Tunnel	auf Sicht
34	PZB-Streckeneinrichtung gestört	50 km/h
35	Weichen außer Abhängigkeit von Signalen	50 km/h
36	Weiche mit HV73 ohne Sperrvorrichtung gesichert	5 km/h
37	Heißläuferortungsanlage / Festbremsortungsanlage gestört	200 km/h
38	Warnen von Reisenden auf Bahnsteigen nicht möglich	*)
39	Reisende nicht über Bahnsteigänderung informiert	auf Sicht
	Besonderheiten am Zug	
40	Engstelle bei Lü-Sendungen	10 km/h
41	Eingeschränkte Tragfähigkeit der Bahnanlagen für Schwerwagen	*)
42	Spitzensignal unvollständig	40 km/h
43	Windwarnung	80 km/h

*) Unterschiedliche Geschwindigkeitsvorgaben

Bild 1: Befehl - Rückseite

Der Mitarbeiter, der Befehle aushändigt oder durch Boten aushändigen lässt, muss die Befehle mit einer Durchschrift aushändigen und dem Tf oder Zf die Urschrift aushändigen oder durch Boten aushändigen lassen. Die Tf oder Zf müssen den Empfang auf der im Block bleibenden Durchschrift des letzten verwendeten Vordrucks bescheinigen.

Der Triebfahrzeugführer (Tf) hat die Befehle bis zur Erledigung im Führerraum sichtbar auszulegen. Hält sich der Triebfahrzeugführer nicht im Führerraum auf, hat er die Befehle bei sich zu führen. Erledigte Befehle sind durchzukreuzen und wegzulegen.

1. Für welche Fälle werden zur Verständigung Befehle verwendet?
2. Welche Regeln gelten, wenn ein Mitarbeiter, der kein Fahrdienstleiter ist, einen Befehl übermitteln soll?
3. Wer ist im Allgemeinen für das Ausfertigen von Befehlen zuständig?
4. Befehle sind – wenn möglich – durch Signale zu ersetzen. Warum?
5. Welche Signale ersetzen den Befehl 1?
6. Welche Besonderheiten gibt es beim Aushändigen und beim Diktieren von Befehlen zu beachten?
7. Wie hat der Triebfahrzeugführer einen Befehl zu behandeln?
8. Durch welche Signale kann – wenn das Freisein eines Gleises nicht festgestellt werden kann – der Befehl 12 (Grund Nr. 1) mit der Weisung auf Sicht zu fahren, ersetzt werden?

10.2 Zulassung einer Zugfahrt zurücknehmen

Rücknahme der Zustimmung des Fdl

Während der Arbeit des Fahrdienstleiters kann es immer wieder vorkommen, dass die Zustimmung durch ein Fahrt zeigendes Hauptsignal zurückgenommen werden muss.

Ein Fahrt zeigendes Hp-Signal ist auf »Halt« zu stellen	Beispiel	Was ist dabei zu beachten?
sofort, wenn Gefahr droht	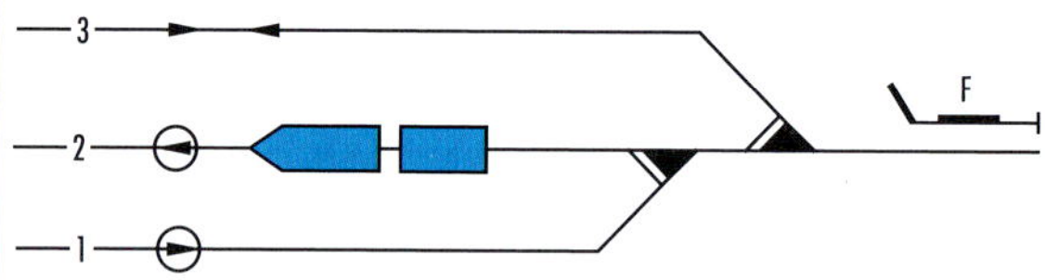 Das Esig F wurde für den nächsten Zug nach Gleis 2 schon auf Fahrt gestellt, obwohl sich noch ein Zug im Gleis befindet (fehlende Fahrwegprüfung).	Die Gefahr darf durch das Anhalten des Zuges nicht vergrößert werden (z. B. darf ein Zug bei einem Brand nicht im Tunnel zum Stehen kommen).
sofort, wenn vermieden werden soll, dass ein Zug in eine Strecke eingelassen wird, die nicht seinem Fahrplan entspricht (Fehlleitung)	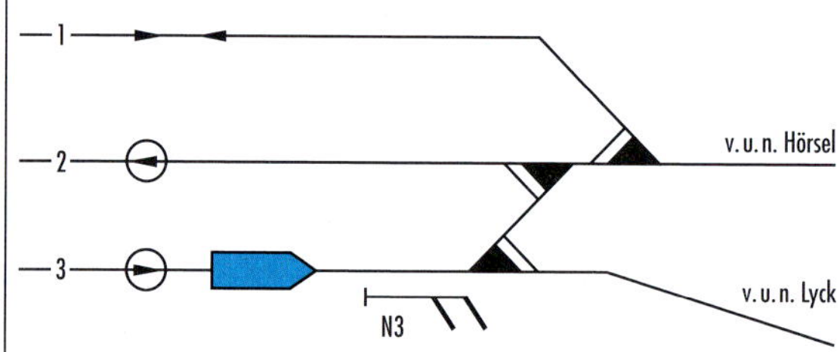 Es wurde fälschlicherweise eine Ausfahrzugstraße nach Hörsel gestellt. Das Signal N3 zeigt schon Fahrt.	Die Fahrstraße darf erst aufgelöst werden, wenn der Zug zum Halten gekommen ist (gilt auf Strecken ohne LZB).
bevor eine Abmeldung zurückgenommen wird	1. Die Abmeldung für den Zug 34789 ist erfolgt: »Zug 34789 vsl. ab '35« 2. Das Asig N3 wird auf Fahrt gestellt (s. Bild oben) 3. Der Zug 34789 kann aufgrund eines Lokschadens nicht abfahren 4. Das Asig ist auf Halt zu stellen 5. »Berichtigte Zugmeldung, Abmeldung für Zug 34789 wird zurückgenommen«	Gilt, wenn Schrankenposten oder Bahnübergangsposten über die Zugfahrt benachrichtigt wurden.
bevor die Benachrichtigung einer Arbeitsstelle zurückgenommen wird		

Tabelle 1: Zurücknahme der Zustimmung durch Hauptsignal

In diesen Fällen ist die Signalrücknahme an keine weiteren als die genannten Vorbedingungen gebunden. Der Fahrdienstleiter kann auch unter gewissen Umständen den Befehl 14.6 »Bleiben Sie halten« erteilen. Beim mechanischen Stellwerk wird das Signal durch das Umlegen des Signalhebels zurückgenommen. Wenn der Weichenwärter ein Signal zurückgenommen hat, ist die Haltstellung dem Fahrdienstleiter zu melden.

Beim Stellwerk SpDrS60 kann das Signal mit folgenden Bedienungshandlungen auf »Halt« gestellt werden:

- Haltgruppentaste (HaGT) mit der ZT bzw. der RT; gilt auch für den Zentralblock (HaGT + ST)
- Signalnottaste (SNT), die sich meist am Bahnsteig befindet und im Notfall (z.B.: eine Person befindet sich im Gleis) durch einen örtlichen Mitarbeiter oder durch das Zugbegleitpersonal bedient werden kann
- Signalnottaste, die ein Schrankenposten bedient (z.B.: ein Auto befindet sich zwischen den geschlossenen Schranken)
- bei der Streckenblockbauform Selbstblock 60: Blocksignal-Sperrtaste (BlSpT) mit der Signaltaste (ST)

Bild 1: Signalnottaste (HaNT) »Löschung« im Hbf Kassel

© Marks-Fährmann

Damit das zurückgenommene Signal sich nicht wieder selbsttätig auf Fahrt stellt, ist beim Stellwerk SpDrS60 der Selbststellbetrieb mit der Selbststellbetrieb-Rücknahmetaste (SBRT) und der entsprechenden Zugstraßentaste (ZT) zurückzunehmen. An der Selbststellbetrieb-Einschalttaste (SBET) ist eine Hilfssperre anzubringen.

Im Gefahrenfall ist die Rücknahme des Signals ohne Vorbedingungen möglich. Sonst darf ein Fahrt zeigendes Hauptsignal nur zurückgenommen und die Fahrstraße aufgelöst werden, wenn

der Fdl sicher ist, dass der Triebfahrzeugführer die Vorsignalisierung des Haltbegriffs noch wahrnehmen kann (gilt auf Strecken ohne LZB)	Dazu darf bei fahrenden Zügen (auf Strecken ohne LZB) • die Zugspitze noch nicht am rückgelegenen Hauptsignal vorbeigefahren sein • der Zug auch den Zugfolgeabschnitt vor dem rückgelegenen Zugfolgeabschnitt noch nicht besetzt haben, sofern das Vorsignal des zurückzunehmenden Hauptsignal am rückgelegenen Hauptsignal angeordnet ist 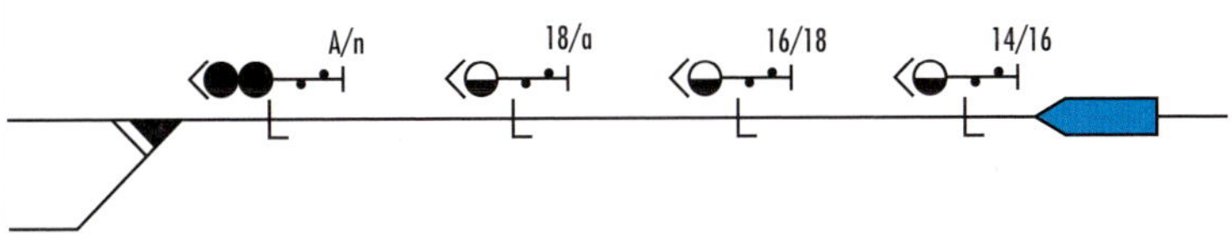 Beispiel: Das Blocksignal 18 soll zurückgenommen werden. Nur die Blockabschnittsmelder (BlM) vor dem Signal 14 dürfen auf dem Stelltisch besetzt anzeigen, damit für den Fdl sichergestellt ist, dass der Tf das Vorsignal für das Signal 18 wirklich gesehen hat.
bei haltenden Zügen der Tf benachrichtigt ist	Da gewährleistet sein muss, dass der Wortlaut des Gesprächs richtig wahrgenommen worden ist, darf eine einseitig gerichtete Sprechverbindung nicht benutzt werden.

Tabelle 1: Vorbedingungen für die Rücknahme von Hauptsignalen außerhalb des Gefahrenfalls

1. In welchen Fällen muss ein Fahrdienstleiter ein Hauptsignal auf »Halt« stellen?
2. Welche Möglichkeiten bestehen, ein Hauptsignal beim mechanischen Stellwerk und beim Stellwerk SpDrS60 zurückzunehmen?
3. Warum muss der Fdl sicher sein, dass der Triebfahrzeugführer die Vorsignalisierung des Haltbegriffs noch wahrnehmen kann, bevor er ein Hauptsignal zurücknimmt? Wie kann er dies feststellen?

10.3 Zurücknahme von Fahrstraßen

Rücknahme der Zustimmung des Fdl

Die Rücknahme von Fahrstraßen steht in engem Zusammenhang mit dem Zurücknehmen von Signalen. So darf z.B. die Fahrstraße zurückgenommen werden, wenn

- sie nicht mehr benötigt wird
- eine Fahrt nicht mehr stattfindet
- sie gewechselt werden soll (Fehlleitung)
- sie infolge einer Störung nur teilweise eingelaufen ist oder nicht vollständig aufgelöst wird

Zur Abwendung einer Gefahr darf eine Fahrstraße jederzeit zurückgenommen werden. Ansonsten ist es nur erlaubt, wenn eine Gefährdung ausgeschlossen ist.

Beim mechanischen Stellwerk werden die Fahrstraßenfestlegefelder im Regelbetrieb entweder durch den Fahrdienstleiter/Weichenwärter oder durch den Zug aufgelöst (s. Kap. 5.2.1). Bei einer vorzeitigen Zurücknahme/Hilfsauflösung der Fahrstraße muss die Fahrstraßen-Auflösetaste betätigt werden.

Bild 1: Fahrstraßen-Hilfsauflösung im mechanischen Stellwerk

Beim Stellwerk Sp Dr S 60 werden die Zugstraßen im Regelbetrieb durch den Zug aufgelöst. Die vorzeitige Rücknahme ist auch hier von Hand möglich.

Unterscheidung	Woran kann man es erkennen? (Merkmal)	Bedienungshandlungen	Nachweis
Die Zugstraße ist festgelegt	Der Fahrstraßenfestlegemelder (FfM) leuchtet	Fahrstraßen-Hilfstaste (FHT), dann innerhalb von 5 s. ZT (Start) und ZT (Ziel) oder wenn dies nicht wirksam ist, muss die Fahrstraße einzeln aufgelöst werden: FHT mit den einzelnen Weichentasten (WT) usw.	im »Nachweis der Zählwerke«
Die Zugstraße ist nicht festgelegt	Der FfM leuchtet nicht. Es leuchten nur Gleis- und Weichenmelder mit den Verschlussmeldern (VM)	Fahrstraßen-Rücknahmetaste (FRT), dann innerhalb 5 s ZT (Start) und ZT (Ziel)	kein Nachweis erforderlich
Rangierstraße (man unterscheidet nicht zwischen festgelegter und nicht festgelegter Fahrstraße)		Fahrstraßen-Rücknahmetaste (FRT), dann innerhalb 5 s RT (Start) und RT (Ziel), bzw. FRT + WT	kein Nachweis erforderlich

Tabelle 1: Bedienungshandlungen beim Zurücknehmen von Fahrstraßen beim Stellwerk Sp Dr S 60

Beim elektronischen Stellwerk (ESTW) wird die Fahrstraße im Regelfall wie bei Gleisbildstellwerken hinter dem fahrenden Zug selbsttätig aufgelöst. Bei Bedarf können Fahrstraßen von Hand vorzeitig zurückgenommen werden.

Das Regelwerk verlangt hier die Überprüfung der »sicheren Anzeige«. Hierzu wird der Monitorkontrollmelder, Aktualitätsmelder und ggf. das Gittersymbol beobachtet.

Man geht damit sicher, dass Bild und Außenanlage übereinstimmen. Dann wird die Kommandofreigabe (KF1 und zeitverzögert KF2) bestätigt. Die Melder und Bedienfelder enthält der Bedienbereich des Bildschirms (s. Seite 303, Bild 1).

Je nach Ausgangssituation werden unterschiedliche Bedienkommandos benötigt.

1. **Zugfahrstraßen** werden mit dem Bedienkommando »Fahrstraße hilfsweise auflösen« (FHA) im Zielmenü aufgelöst. Dazu wird mit der Maus am Fahrstraßenziel (z.B. Signal 24N23) FHA aktiviert. Zur optischen Kontrolle wird das Zielsignal hervorgehoben (z.B. mit Schraffur unterlegt). Außerdem erscheint in der Eingabekontrollanzeige (EKA) im Bedienbereich des Bildschirms der entsprechende Kontrolltext (z.B. »FHA, 24N3«). Die Ziffer 24 steht für den Stellbezirk und ist notwendig, wenn die Steuerung direkt aus der Betriebszentrale (BZ) erfolgen soll. Der Stellbefehl kann auch über die Dateneingabetastatur (DET) eingegeben werden.

Bild 1: Bedienkommando »FHA,24N23« wurde eingegeben, die Bestätigung durch KF1 und KF 2 fehlt noch

2. **Einzelelemente einer Zugfahrstraße** werden mit KF-pflichtigem Kommando »Einzelelement hilfsweise auflösen« (FHAE) im Gleisabschnitt oder im Weichenmenü aufgelöst. Einzelelemente können eine Weiche, eine Kreuzung oder ein Gleisabschnitt sein. Für die Hilfsauflösung der Weiche 35 lautet das Bedienkommando: »FHAE, 24W35«. Die Einzelelemente einer Zugfahrstraße müssen vom Start in Richtung Ziel aufgelöst werden (Reihenfolgezwang).
3. **Rangierstraßen** werden in der Regel selbsttätig hinter der Rangierfahrt abschnittweise aufgelöst. Bleibt aber nach der Fahrt ein Teil der Rangierstraße verschlossen, leuchtet der Verschlussmelder (VsM) grün. Die gesamte Rangierstraße kann mit dem KF-pflichten Kommando »Fahrstraße auflösen« (FA) durch Bedienung im Zielmenü aufgelöst werden. Soll z.B. die Rangierstraße von P3 in das Gleis 14 aufgelöst werden, lautet das Kommando je nach Fahrtrichtung: »FA, 24G14Y« oder »FA, 24G14X«.

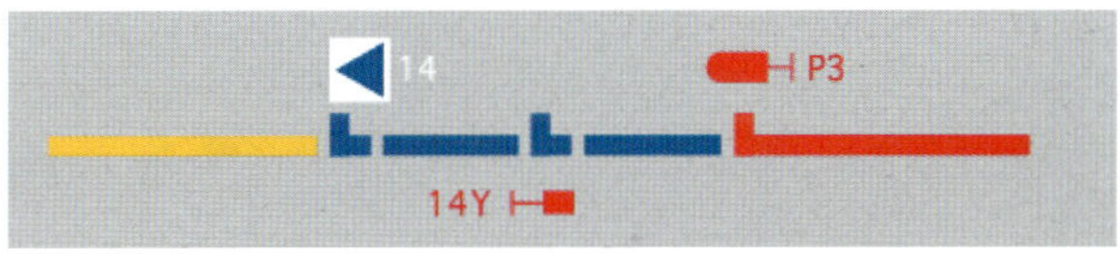

Bild 2: Ziel der Rangierstraße markiert, KF noch nicht bedient

4. **Abschnitte** einer Rangierstraße werden unter Beachtung des Reihenfolgezwangs einzeln mit dem KF-pflichtigen Kommando »Einzelelement auflösen« (FAE) im Gleisabschnitt oder Weichenmenü aufgelöst. Soll z.B. der Fahrstraßenabschnitt Gleis 127 aufgelöst werden, lautet das Bedienkommando z.B.: »FAE, 24G127Y«.

1. In welchen Fällen darf eine Fahrstraße zurückgenommen werden?
2. Welche Feststellungen müssen getroffen werden, damit bei der Rücknahme einer Fahrstraße eine Gefährdung ausgeschlossen ist?
3. Mit welchen Bedienungshandlungen kann eine Fahrstraße beim mechanischen Stellwerk und beim Stellwerk Sp Dr S 60 vorzeitig zurückgenommen werden?
4. Wann benötigt der Fahrdienstleiter eines Stellwerks der Bauart Sp Dr S 60 die FHT, wann die FRT?
5. Warum muss in einem ESTW die Hilfsauflösung einer Zugstraße mit KF1 und KF2 bestätigt werden?

10.4 Zugfahrten ohne Fahrtstellung eines Hauptsignals

Beim Abweichen vom Regelbetrieb oder bei Störungen kann es erforderlich werden, dass die Zustimmung Zugfahrt nicht durch Fahrtstellung eines Hauptsignals zugelassen wird.

Dies sind Fälle, bei denen

a) ein Hauptsignal nicht auf Fahrt gestellt werden kann

- bei Störungen und Arbeiten an Signalen und Sicherheitseinrichtungen ①
- wenn keine Fahrstraße vorhanden ist ②

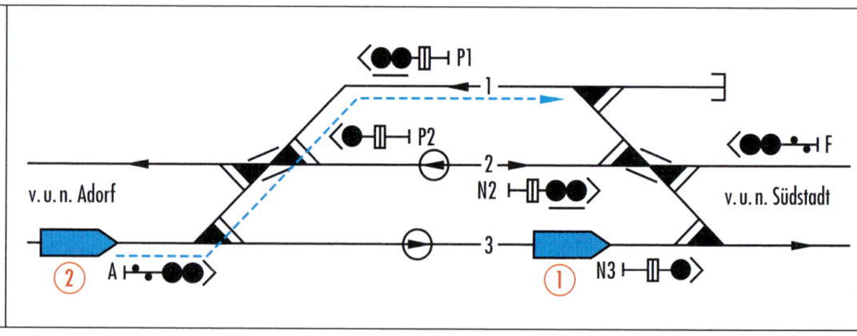

b) ein Hauptsignal nicht auf Fahrt gestellt werden darf
(gilt nur auf Strecken mit nichtselbsttätigem Streckenblock)

- bei Sperrfahrten, wenn sie nur einen Teil der Strecke zwischen zwei Zmst befahren und zum Ausgangspunkt zurückkehren ③
- nach dem unzulässigen Vorbeifahren an einem Halt zeigenden Signal, wenn die Zugeinwirkung völlig freigefahren wurde ④
- von der freien Strecke zurückkehrende Schiebetriebfahrzeuge, gilt für eingleisige Strecken ⑤

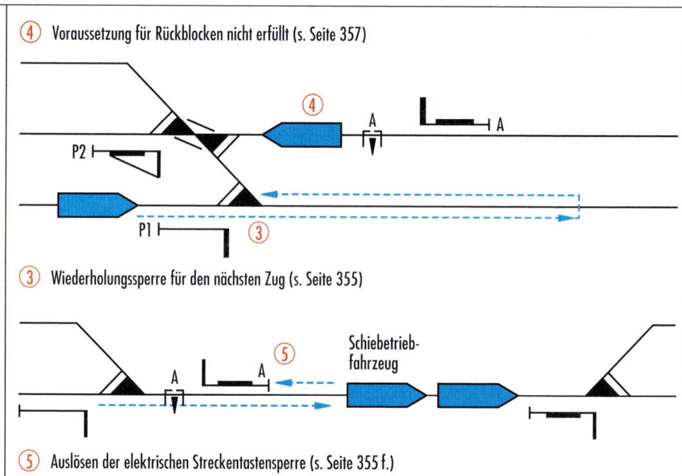

c) am gesamten Fahrweg des Zuges kein zuständiges Hauptsignal vorhanden ist

- bei Ausfahrten aus Nebengleisen ⑥
- bei Fahrten ins Gegengleis ⑦
- bei Einfahrten vom Gegengleis ⑧

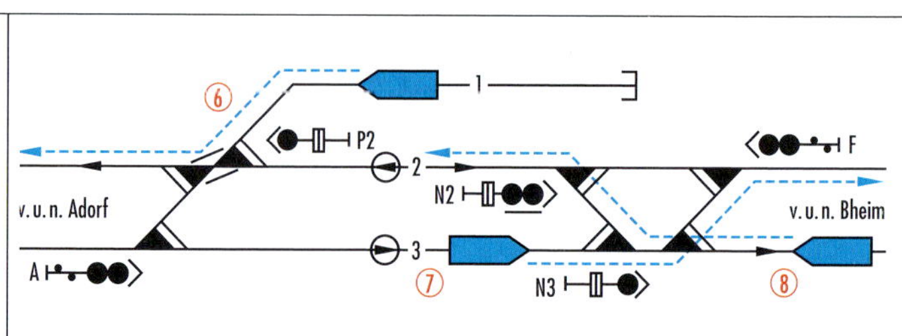

10.4.1 Zulassung einer Zugfahrt mit besonderem Auftrag

Der Fahrdienstleiter (Fdl) darf bei einem signalgeführten Zug eine Zugfahrt mit besonderem Auftrag (d.h. ohne Fahrtstellung eines Hauptsignales) zulassen durch

- Signale Zs 1, Zs 7, Zs 8, Ts 3 (Weiterfahrt für zurückkehrende Schiebelokomotiven und Sperrfahrten) oder Signal Sh 1 bei Einfahrt an einem Sperrsignal in Höhe des Einfahrsignals oder Weiterfahrt in Höhe des Blocksignals einer Abzweigstelle beim Befahren des Gegengleises
- Befehle 1, 2, 3 oder 6
- mündlichen Auftrag, wenn am Hauptsignal Signal Zs 12 vorhanden ist

Bild 1: Signal Zs 12 – M-Tafel (Eine weiße Scheibe mit rotem Rand und rotem »M« in Schreibschrift)

Für anzeigegeführte Züge (LZB, ETCS) können abweichende Regeln gelten.

Eine Zugfahrt kann nur zugelassen werden, wenn hierfür u.a. folgende Bedingungen erfüllt sind:

- Der Fahrweg, der D-Weg und die Flankenschutzeinrichtungen sind richtig gestellt.
- Bei der Zulassung durch einen Befehl muss der Zug i.d.R. zum Halten gekommen sein.
- Die Fahrwegprüfung wurde durchgeführt (s. Kap. 6.1).
- Der Fahrweg wurde gesichert (s. Kap. 10.4.2).
- Der vorgelegene Zugfolgeabschnitt ist frei (Räumungsprüfung, s. Kap. 7.3.1 und 10.4.3).
- Wo Arbeitsstellen über Zugfahrten zu benachrichtigen sind, müssen sie benachrichtigt sein.
- Wo ein Zug anzubieten ist, muss die Annahme im Zugmeldebuch eingetragen sein.
- Feststellen der Bahnübergangssicherung bei signalgesteuerten Anlagen (s. Kap. 6.2).
- Die Signalnottaste darf nicht bedient sein oder das Hindernis, das zur Bedienung geführt hat, muss beseitigt worden sein (s. Kap. 10.2).
- Auf Strecken, für die Erlaubniswechsel vorhanden ist, muss sich die Erlaubnis bei der Abfahrtstelle befinden, soweit der Wechsel der Erlaubnis nicht wegen Störung verhindert wird.

10.4.2 Sicherung des Fahrwegs

Für die Zulassung einer Fahrt ohne Fahrtstellung eines Hauptsignals stellt das Betriebsstellenbuch (Bebu) beim mechanischen Stellwerk für das Einrichten von Hilfsfahrstraßen ein Hilfsmittel zur Verfügung, in dem vorzunehmende Sicherungsmaßnahmen beschrieben werden.

Verzeichnis der Hilfsfahrstraßen

1	2	3	4	5	6	7
Bezeichnung der Fahrstraße		Sicherung durch Fahr-straßen-hebel und Hilfssperre	Bedienung Bahnhofs-block (Blockfeld)	Sicherung durch Fahrstraßenhebel nicht möglich		Bemerkungen
von	nach					
				Weichen, Riegel, Gleissperren und Sperrsignale ..... sind in die Stellung +/- zu bringen. Die unterstrichenen Hebel sind durch Hilfssperren zu sichern.	Die ortsgestellten Weichen ..... sind in der Stellung +/- durch Handverschluß zu sichern.	
Ausfahrten in das Regelgleis						
Gleis 2	Neuenfels	-	-	42-, 41-, 40+, 38+, 32+, II-, VIII-	-	-
Ausfahrten in das Gegengleis						
Gleis 2	Neuenfels	Fh f_2	-	-	-	-
Gleis 3	Neuenfels	Fh f_3	-	-	-	-
Gleis 4	Neuenfels	Fh f_4	-	-	-	-

Bild 2: Übersicht der Hilfsfahrstraßen in einem mechanischen Stellwerk (Beispiel)

Für alle anderen Fälle muss die Sicherung des Fahrwegs nach folgenden Bestimmungen durchgeführt werden:

Fahrwegsicherung für Zugfahrten ohne Fahrtstellung eines Hauptsignals beim mechanischen Stellwerk

Ist die Fahrwegsicherung durch das Umlegen des Fahrstraßenhebels (Fh) möglich?

ja:

d.h., der Fahrweg ist in den Verschlussunterlagen enthalten

- Umlegen des der Fahrtrichtung entsprechenden Fh bis in die End- oder Hilfsstellung (das kann ggf. auch ein besonderer Hilfsfahrstraßenhebel für eine eingerichtete Hilfsstraße sein) – die Bahnhofsblockeinrichtungen sind, wenn möglich, zu bedienen
- Umlegen des der Gegenrichtung entsprechenden Fahrstraßenhebels – die Bahnhofsblockeinrichtungen dürfen nicht bedient werden

Wenn der Fahrstraßenhebel (Fh) nicht festgelegt wird, ist am umgelegten Fh eine Hilfssperre anzubringen

Bild 1: Hilfssperre am Fh

© Marks-Führmann

nein:

d.h., der Fahrweg ist *nicht* in den Verschlussunterlagen enthalten

Die Weichen, Gleissperren und Sperrsignale für den Fahrweg, Dweg und Flankenschutz werden in die richtige Stellung gebracht.
Zur Sicherung werden angebracht: Hilfssperren an den Stelleinrichtungen der …

- ferngestellten Weichen, die gegen die Spitze befahren werden
- Schutzweichen und Gleissperren
- Riegel
- Sperrsignale oder
- Signale für zurückkehrende Schiebetriebfahrzeuge und Sperrfahrten sowie Brückendeckungssignale
- bei Schlüsselwerken an den entsprechenden Schlüsseln der Werkschlösser oder am Schloss selbst

Während der Zugfahrt dürfen im Stellwerksbezirk keine anderen Fahrzeugbewegungen (Rangieren) und keine Weichen oder Gleissperren umgestellt werden

Beide Wege:

Ortsgestellte Weichen, die sonst durch Signaldrahtzug geriegelt werden (Betriebsstellenbuch), sind durch Handverschluss zu sichern

Der Fahrweg gilt als gesichert

Fahrwegsicherung für Zugfahrten ohne Fahrtstellung eines Hauptsignals bei Relaisstellwerken

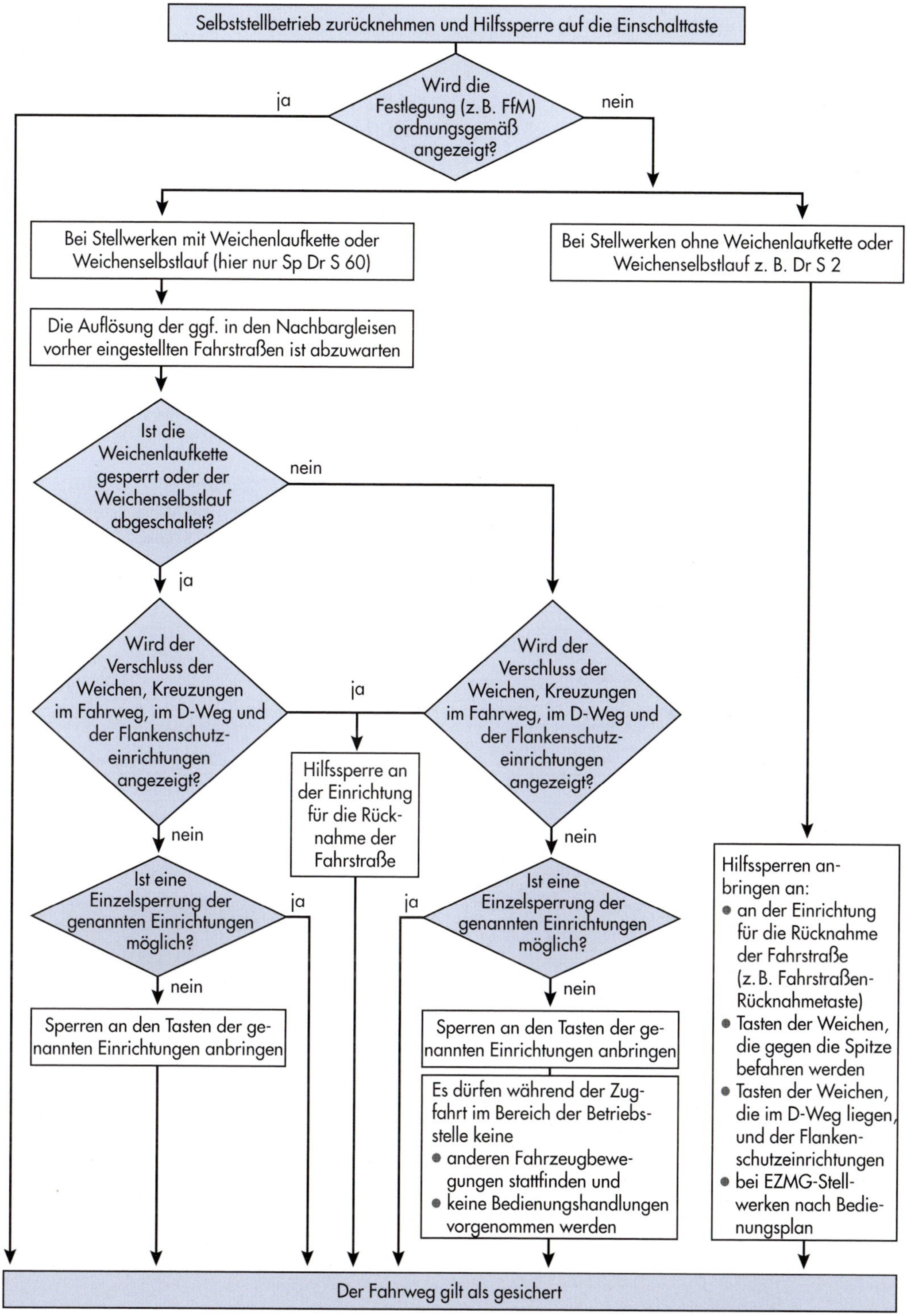

Sind außer dem Fahrdienstleiter noch andere Mitarbeiter an der Prüfung des Fahrwegs beteiligt, sind diese durch den Fahrdienstleiter zur Herstellung und Sicherung des Fahrwegs zu beauftragen. Der Auftrag lautet:

- »Zug (Nummer) fährt ohne Fahrtstellung eines Hauptsignals nach/aus Gleis (Nummer)«

Nach durchgeführter Prüfung und Sicherung des Fahrweges haben sie dies dem Fahrdienstleiter zu melden, soweit das nicht durch technische Einrichtungen erfolgt.

Die Fahrwegsicherungsmeldung lautet:

- »Fahrweg für Zug (Nummer) nach/aus Gleis (Nummer) gesichert«

Eine gegebene mündliche Meldung ist beim Fahrdienstleiter nachzuweisen.

Die Maßnahmen zur Sicherung des Fahrweges bei Fahrten ohne Fahrtstellung eines Hauptsignals dürfen erst aufgehoben werden, wenn der Zug die Weichen durchfahren hat oder am gewöhnlichen Halteplatz zum Halten gekommen ist.

10.4.3 Sicherung der Zugfahrt auf der freien Strecke ohne Fahrtstellung eines Hauptsignals

Die Räumungsprüfung wird bestätigt auf Strecken ...	im Regelbetrieb	bei Abweichungen vom Regelbetrieb
ohne Streckenblock	durch Rückmelden der Züge	durch Rückmelden der Züge
mit nichtselbsttätigem Streckenblock	durch Rückblocken der Züge	durch Rückmelden der Züge
mit selbsttätigem Streckenblock	selbsttätig, zugbewirkt	durch Rückmelden der Züge mit folgenden Räumungsprüfverfahren: • Einzelräumungsprüfung bzw. • Räumungsprüfung auf Zeit (Rpz)

Tabelle 1: Bestätigung der Räumungsprüfung

Die Räumungsprüfung sichert die Zugfahrt auf der freien Strecke (s. Kap. 7.3.1).

Die Rückmeldung ist die fernmündliche Bestätigung der Räumungsprüfung. Die Züge werden vom Fahrdienstleiter der Räumungsprüfstelle an den Fahrdienstleiter zurückgemeldet, der die Fahrt in den Zugfolgeabschnitt zugelassen hat.

Die Rückmeldung lautet: »Zug (Nummer) in (Name der Räumungsprüfstelle)«

Bild 1: Fahrdienstleiter bei der Rückmeldung

Bestätigung der Räumungsprüfung auf Strecken mit nichtselbsttätigem Streckenblock durch Rückmelden

Folgende Anlässe können auf Strecken mit nichtselbsttätigem Streckenblock dazu führen, dass Züge zurückgemeldet werden müssen:

Ein Zug soll mit besonderem Auftrag in den Zugfolgeabschnitt fahren. Beispiele: • Der Zug soll an einem Halt zeigenden Hauptsignal am Anfang eines Zugfolgeabschnitts vorbeifahren ① • Der Zug soll aus einem Bahnhof aus einem Gleis ohne Ausfahrsignal ausfahren oder auf einer Abzweigstelle ohne Hauptsignal weiterfahren ② • An einem Halt zeigenden Hauptsignal am Anfang eines Zugfolgeabschnitts ist unzulässig vorbeigefahren worden ③	• Der Zug kann nicht vorgeblockt und später nicht zurückgeblockt werden (1 und 2) 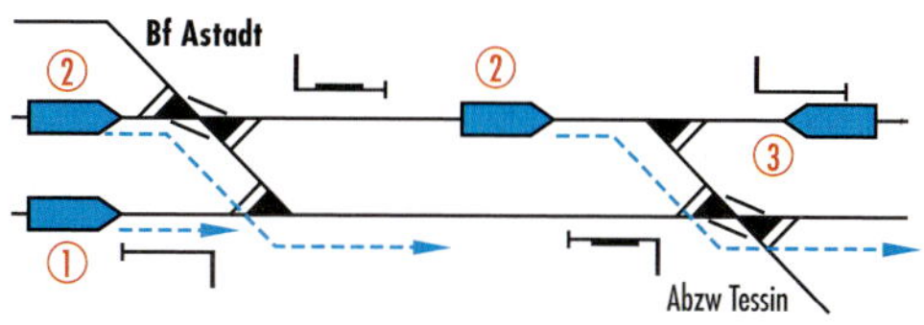 • Signal kann oder darf nicht mehr nachträglich bedient werden, d.h., der Zug kann nicht vorgeblockt und später nicht zurückgeblockt werden
• Der Streckenblock wirkt nicht ordnungsgemäß	• Es kann nicht vor- oder zurückgeblockt werden oder die Bedienung wird nicht angezeigt • Der Streckenblock kann nur mit Hilfseinrichtungen bedient werden • Die Streckenblockeinrichtungen werden vorzeitig frei
• Die mit einem gelben Quadrat gekennzeichneten Verschlüsse fehlen oder sind gelöst, es sei denn, die Fachkraft hat die Verschlüsse gelöst (unzulässige Eingriffe in die Streckenblockeinrichtungen sind möglich und nicht mehr nachweisbar)	Verschlüsse für den Streckenblock (Schutzkästen)  © Marks-Fährmann
• Die Fachkraft hat das Rückmelden im Arbeits- und Störungsbuch angeordnet	• z.B. bei Arbeiten an Streckenblockeinrichtungen: Sichere Funktion des Streckenblocks kann durch Arbeiten beeinträchtigt sein

Tabelle 1: Rückmelden auf Strecken mit nichtselbsttätigem Streckenblock

Solange Züge zurückzumelden sind, sind im mechanischen oder elektromechanischen Stellwerk bei den Stellen, die die Zugfolge regeln, der Merkhinweis »Räumungsprüfung« und Hilfssperren an folgenden Einrichtungen anzubringen:

- Befehlsabgabe oder
- Fahrstraßenfestlegung, wo diese nicht vorhanden ist, an den Hebeln der Hauptsignale

Das Einführen und das Aufheben des Rückmeldens ist im Zugmeldebuch nachzuweisen.

Bild 1: Merkhinweis an der Befehlsabgabe

© Marks-Fährmann

Rückmelden auf Strecken mit nichtselbsttätigem Streckenblock

Einführen → **Durchführen** → **Aufheben**

Einführen

- Das Rückmelden ist unter Angabe des Anlasses vom Fahrdienstleiter der Zugfolgestelle einzuführen, bei der der Anlass aufgetreten ist.
- Beim Einführen des Rückmeldens muss der Zug zurückgemeldet werden, der den Zugfolgeabschnitt zuletzt befahren hat.
- Ist der Anlass nach dem Aufheben einer Gleissperrung aufgetreten, muss der Zug zurückgemeldet werden, der den Zugfolgeabschnitt vor der Gleissperrung zuletzt befahren hat.

Durchführen

- Auf eingleisigen Strecken und auf zweigleisigen Strecken mit Erlaubniswechsel sind die Züge beider Fahrtrichtungen zurückzumelden.
- Der Streckenblock ist zu bedienen, soweit dies möglich und zulässig ist. Wenn der Streckenblock bedient wird, ist zuerst zurückzumelden und danach zurückzublocken.
- Wo der Streckenblock nicht vom Fdl bedient wird, meldet der Bediener die Einfahrt der Züge. Der Fdl meldet hierauf den Zug zurück und beauftragt danach den Bediener, zurückzublocken.

Aufheben

Das Rückmelden hebt die Stelle auf, die es eingeführt hat. Das Rückmelden ist aufzuheben, wenn folgende Voraussetzungen erfüllt sind:

- Alle Anlässe müssen weggefallen sein. War das Rückmelden eingeführt, weil Streckenblockeinrichtungen vorzeitig frei geworden sind, muss im Arbeits- und Störungsbuch außerdem das Ende der Arbeiten eingetragen sein.
- Danach muss der Zugfolgeabschnitt von einem Kontrollzug befahren worden sein: auf zweigleisigen Strecken ohne Erlaubniswechsel von einem Zug in der gewöhnlichen Fahrtrichtung. Der Kontrollzug muss in den betroffenen Zugfolgeabschnitt auf Hauptsignal eingefahren und bei ordnungsgemäß wirkenden Blockeinrichtungen vor- und zurückgeblockt worden sein.

Das Aufheben der Rückmeldung ist im Zugmeldebuch nachzuweisen.

1	2	3	4
Lfd. Nr.	**Tag**	**Uhr-zeit**	**Ereignis** (Arbeiten bzw. vom Bediener festgestellte Unregelmäßigkeiten) **Meldung an die für die Entstörungsveranlassung zuständige Stelle** (EVZS) **Auswirkungen, erforderliche betriebliche Maßnahmen** (Vorgabe der Fachkraft) **Zustimmung des Bedieners** *(„zugest“ / „Fdl hat zugest“)* **Unterbrechung der Arbeiten, ggf. weiterhin erforderliche betriebliche Maßnahmen** (Vorgabe der Fachkraft) **Beendigung der Arbeiten** *(„Arbeiten beendet“)* **Ursache der Unregelmäßigkeit** **Kenntnisnahme des Bedieners** *(„Kg“)*
Einträge zu lfd. Nr. ....sind noch nicht abgeschlossen			
19	25.7	8:23	Streckenblock von und nach NWH gestört, **Krause**, Fdl
		8:24	EVZS verst. Weis, Nr. 0815, **Krause**, Fdl
		8:50	Streckenfernmeldekabel in km 153,1 durch Bauarbeiter
			beschädigt, Reparatur erf., Rpz für Gleis NSS-NWH und
			NWH-NSS erf. **Ritter**, Fk LST
		10:05	Arbeiten am Streckenfernmeldkabel, **Ritter**, Fk LST
		10:06	zugest **Krause**, Fdl
		16:15	Streckenfernmeldkabel repariert, Rpz für Gleis NSS-NWH
			und NWH-NSS weiterhin erforderlich, Ritter, Kg **Krause**, Fdl
		16:25	Prüfen der SBK 23,25,24 und 26 **Ritter**, Fk LST
		16:26	zugest **Krause**, Fdl
		17.20	Arbeiten beendet **Ritter**, Fk LST, Kg **Krause**, Fdl

Bild 1: Arbeits- und Störungsbuch

Bestätigung der Räumungsprüfung auf Strecken mit selbsttätigem Streckenblock durch Rückmelden

	Einzelräumungsprüfung	Räumungsprüfung auf Zeit (Rpz)
Begriff	Die Räumungsprüfung wird nur bei einem Zug durchgeführt (der Anlass ist im Zugmeldebuch nachzuweisen)	Die Räumungsprüfung wird bei allen Zügen für die Dauer eines Anlasses durchgeführt
Anlässe	• Ein Zug soll mit besonderem Auftrag in einen Zugfolgeabschnitt fahren (z.B. an einem Halt zeigenden Hauptsignal am Anfang eines Zugfolgeabschnittes (Zfa) vorbeifahren). • Ein Zug soll in einem Zugfolgeabschnitt für anzeigegeführte Züge signalgeführt weiterfahren, dessen Ende gekennzeichnet ist durch ein Blockkennzeichen der freien Strecke. • Ein Zug soll an einem LZB-Nothalt auf der freien Strecke oder hinter einem Ausfahrsignal weiterfahren. • Blockeinrichtungen sollen in die Grundstellung gebracht werden – ausgenommen der Zentralblockabschnitt soll aufgelöst werden, ohne dass eine Zugfahrt stattgefunden hat. Diese Einzelräumungsprüfung kann ersetzt werden, indem feststellt wird, dass der zuletzt gefahrene Zug auf der Räumungsprüfstelle angekommen ist und der erste Zug nach Eintritt der Störung mit Befehl 12 beauftragt wird, auf Sicht zu fahren; dieser Befehl 12 darf nicht durch Signal Zs 7, LZB-Vorsichtauftrag oder durch eine ETCS Fahrterlaubnis in Betriebsart OS ersetzt werden. • Für die Hilfsauflösung einer Fahrstraße ist im Betriebsstellenbuch (Bebu) Einzelräumungsprüfung vorgeschrieben.	• wenn Blockeinrichtungen nicht in Grundstellung gebracht werden konnten • wenn bekannt wird, dass ein Blockabschnitt nicht als besetzt angezeigt wird, obwohl er besetzt ist • wenn die Hilfsauflösung einer Fahrstraße, die im Betriebsstellenbuch (Bebu) bei Einzelräumungsprüfung vorgeschrieben ist, nicht ordnungsgemäß gewirkt hat • wenn die Fachkraft die Räumungsprüfung vorgeschrieben hat (z.B. bei Arbeiten an Signalanlagen)
Durchführung	Der für die Räumungsprüfstelle zuständige Fahrdienstleiter wird zur Abgabe der Rückmeldung aufgefordert (Bestätigung der Räumungsprüfung)	Der für die Räumungsprüfstelle zuständige Fdl meldet die Züge unaufgefordert zurück

Tabelle 1: Vergleich: Einzelräumungsprüfung und Räumungsprüfung auf Zeit (Rpz)

Der Anlass für die Einzelräumungsprüfung muss im Zugmeldebuch nachgewiesen werden. Die Räumungsprüfung ist auf der Räumungsprüfstelle vorzunehmen. Diese ist in der Regel die nächste Zugmeldestelle hinter dem betroffenen Zugfolgeabschnitt. Es können aber auch Rückmeldeposten oder Zugschlussmeldeposten eingesetzt werden (s. Betriebsstellenbuch). In Relaisstellwerken darf bei Zentralblock mit Achszählern eine Einzelräumungsprüfung – wenn der Zug an einem Halt zeigenden Hauptsignal am Anfang eines Zugfolgeabschnitts vorbeifahren oder aus einem Bahnhof aus einem Gleis ohne Ausfahrsignal ausfahren oder auf einer Abzweigstelle ohne Hauptsignal weiterfahren soll – durch eine Blockabschnittsprüfung (ist im Zugmeldebuch nachzuweisen) für den betroffenen Zugfolgeabschnitt ersetzt werden. Hierbei ist festzustellen, dass

- der Zugfolgeabschnitt als frei angezeigt wird und
- der Haltmelder des Hauptsignals am Ende des Zugfolgeabschnitts leuchtet und der Melder des Signals Zs 1, Zs 7 oder Zs 8 dunkel ist.

Räumungsprüfung auf Zeit (Rpz)

	Einführen	Aufheben
Zuständigkeit	Der Fdl der Zugfolgestelle (Zfst), auf der der Anlass aufgetreten ist	Der Fahrdienstleiter, der die Rpz eingeführt hat
Maßnahmen und Voraussetzungen	a) Das selbsttätige Blocksignal bzw. die Blockstelle für anzeigegeführte Züge am Anfang des betroffenen Zugfolgeabschnitts ist zu sperren und bis zur Fahrt des Kontrollzuges gesperrt zu lassen. Es muss Merkhinweis »RP« anbracht werden. Bei Elektronischen Stellwerken muss ein selbsttätiges Blocksignal bzw. die Blockstelle für anzeigegeführte Züge nicht gesperrt werden, wenn im betroffenen Zugfolgeabschnitt der Merkhinweis »R« angebracht und die entsprechende Sperre eingegeben werden kann. Kann ein selbsttätiges Blocksignal bzw. die Blockstelle für anzeigegeführte Züge nicht gesperrt werden, muss die Zugfolge am Hauptsignal oder an der durch Signal Ne 14 gekennzeichneten virtuellen Blockstelle der rückgelegenen Zugmeldestelle geregelt werden. Für dieses Signal gelten die Regeln unter b. b) Bei einem Ausfahrsignal oder Blocksignal einer Abzweigstelle am Anfang des betroffenen Zugfolgeabschnitts müssen der Merkhinweis »RP« und »Sperre nach« angebracht bzw. eingeben werden. c) Selbststellbetrieb darf nicht eingeschaltet und Fahrstraßen dürfen nicht eingespeichert sein. Entsprechende Sperren sind anzubringen. Sind zwischen zwei Zugmeldestellen mehrere Zugfolgeabschnitte betroffen, müssen die Maßnahmen nach a oder b nur für das Hauptsignal bzw. die virtuelle Blockstelle am Anfang des ersten betroffenen Zugfolgeabschnitts getroffen werden.	a) Alle Anlässe müssen weggefallen sein. Außerdem muss bei Arbeiten im Arbeits- und Störungsbuch das Ende der Arbeiten eingetragen sein. b) Danach muss der Zugfolgeabschnitt von einem Kontrollzug befahren worden sein, und zwar • auf zweigleisigen Strecken, wo Gleiswechselbetrieb nicht ständig eingerichtet ist, von einem Zug in der gewöhnlichen Fahrtrichtung, • auf eingleisigen Strecken ohne Erlaubnismelder oder Streckengleisen ohne Erlaubnismelder, wo Gleiswechselbetrieb ständig eingerichtet ist, von einem Zug in beliebiger Fahrtrichtung, • auf eingleisigen Strecken mit Erlaubnismelder oder Streckengleisen mit Erlaubnismelder, wo Gleiswechselbetrieb ständig eingerichtet ist, — von je einem Zug in beiden Fahrtrichtungen oder — von einem Zug in beliebiger Fahrtrichtung, wenn nach diesem Zug die Erlaubnis zweimal störungsfrei von Hand gewechselt werden konnte. Die Fahrt des Kontrollzuges in den Zugfolgeabschnitt muss durch Fahrtstellung eines Hauptsignals bzw. der virtuellen Blockstelle zugelassen worden sein. Der Kontrollzug muss den Zugfolgeabschnitt bei ordnungsgemäß wirkenden Blockeinrichtungen durchfahren haben. Ein selbsttätiges Blocksignal bzw. die Blockstelle für anzeigegeführte Züge muss dafür entsperrt und unmittelbar nach Haltstellung durch den Kontrollzug wieder gesperrt werden.
Nachweis	Das Einführen und Aufheben ist im Zugmeldebuch nachzuweisen.	

Tabelle 1: Einführen und Aufheben der Rpz

Der Fahrdienstleiter darf dem Beginn von Arbeiten, die eine Räumungsprüfung auf Zeit erfordern, erst dann zustimmen, wenn

- sich die Blockeinrichtungen des betroffenen Zugfolgeabschnitts und aller folgenden Zugfolgeabschnitte bis zur Räumungsprüfstelle in Grundstellung befinden oder
- eine Einzelräumungsprüfung bei dem Zug durchgeführt wurde, der die Abschnitte zuletzt befahren hat

	Mechanisches oder elektromechanisches Stellwerk	Gleisbildstellwerk
Sperren anbringen bzw. eingeben	Hilfssperre beim Fahrdienstleiter an der Einrichtung für die • Befehlsabgabe oder • Fahrstraßenfestlegung, wo diese nicht vorhanden ist, an den Hebeln der Hauptsignale	• Hilfssperre an der Zieltaste der Zugstraßen – bei EZMG-Stellwerken an der Zugstraßensignaltaste »Ausfahrt« – oder • Sperre im ersten Zugfolgeabschnitt • Hilfssperre an der Einschalttaste für den Selbststellbetrieb
Merkhinweise anbringen RP (Räumungsprüfung)	Beim Fahrdienstleiter an der Einrichtung für die • Befehlsabgabe oder • Fahrstraßenfestlegung, wo diese nicht vorhanden ist, an den Hebeln der Hauptsignale	Bei einer Zugmeldestelle • an oder neben der Zieltaste der Zugstraßen – bei EZMG-Stellwerken an der Zugstraßensignaltaste »Ausfahrt« – oder • im ersten Zugfolgeabschnitt Bei einem selbsttätigen Blocksignal: • neben der Signaltaste oder • im Zugfolgeabschnitt hinter dem selbsttätigen Blocksignal

Tabelle 1: Sperren und Merkhinweise bei einer Rpz (am Anfang des betroffenen Zugfolgeabschnitts)

10.4.4 Fallbeispiel (für Sp Dr S 60-Stellwerk)

Im Bf Kleinstadt (s. Anlage) ist der Selbststellbetrieb für die durchgehenden Hauptgleise eingeschaltet. Es existiert keine Zugnummernmeldeanlage.

Nach Betra 3135 sollen im Gleis Kleinstadt – Dortheim Arbeiten am Signalkabel ausgeführt werden, die eine Zugfahrt ohne Hauptsignal und eine Räumungsprüfung auf Zeit (Rpz) vom Sbk 21 bis Sbk 23 von 8.10 Uhr bis 8.55 Uhr erforderlich machen.

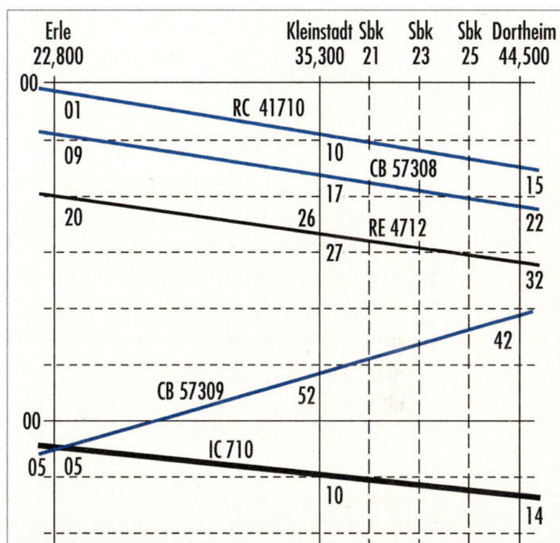

Bild 1: Bildfahrplan

Handlungsablauf

- Durchführung der Zugfahrt 41710: Fdl Erle meldet Zug 41710 ab, Fdl Kleinstadt meldet Zug 41710 nach Dortheim ab, Einträge im Zugmeldebuch (Zmb)
- Durchführung der Zugfahrt 57308: Fdl Erle meldet Zug 57308 ab, Eintrag im Zmb
- Die Fachkraft trägt die Arbeiten gem. Betra 3155 und die erforderliche Rpz ein, Eintrag im Arbeits- und Störungsbuch
- Zug 41710 durchfährt Bf Kleinstadt im Selbststellbetrieb, Eintrag im Zmb
- Fdl Kleinstadt fordert Fdl Dortheim zur Rückmeldung des Zuges 41710 auf (Einzelräumungsprüfung)
- Nach Vorbeifahrt des Zuges 41710 an Sbk 21 wird es gesperrt: Blocksignal-Sperrtaste (BlSpT) + Signaltaste (ST) 21
- Fdl Kleinstadt bringt den Merkhinweis »Räumungsprüfung« am Tischfeld im Zugfolgeabschnitt hinter dem Sbk 21 an

- Fdl Kleinstadt meldet Zug 57308 nach Dortheim ab, Eintrag im Zmb, Zug 57308 durchfährt Bf Kleinstadt im Selbststellbetrieb, Einträge im Zmb
- Fdl Dortheim meldet Zug 41710 zurück (Einzelräumungsprüfung), Eintrag im Zmb
- Fdl Kleinstadt führt Rpz ein: Fdl Kleinstadt benachrichtigt den Fdl Dortheim, Eintrag im Zmb
- Fdl Kleinstadt stimmt dem Beginn der Arbeiten zu, Eintrag im Arbeits- und Störungsbuch
- Durchführung der Zugfahrt 57308: Sbk 21 ist gesperrt, d.h. Bedienung des Ersatzsignals mit Ersatzsignal-Gruppentaste (ErsGT) + Signaltaste (ST) 21, Eintrag im Zmb und Nachweis der Zählwerke
- Durchführung der Zugfahrt 4712: Fdl Erle meldet Zug 4712 ab, Eintrag im Zmb
- Fdl Dortheim meldet Zug 57308 unaufgefordert zurück, Eintrag im Zmb
- Fdl Kleinstadt meldet Zug 4712 nach Dortheim ab, Zug 4712 hält in Kleinstadt und fährt nach Dortheim aus, Einträge im Zmb
- Durchführung der Zugfahrt 4712: Sbk 21 ist gesperrt, d.h. Bedienung des Ersatzsignals mit Ersatzsignal-Gruppentaste (ErsGT) + Signaltaste (ST) 21, Eintrag im Zmb und Nachweis der Zählwerke
- Fdl Dortheim meldet Zug 4712 unaufgefordert zurück, Eintrag im Zmb
- Durchführung der Zugfahrt 57309: Fdl Erle meldet Zug 57309 ab, Fdl Kleinstadt meldet Zug 57309 nach Dortheim ab, Zug 57309 durchfährt Bf Kleinstadt im Selbststellbetrieb, Einträge im Zmb
- Fachkraft (EVZS) meldet das Ende der Arbeiten; Fdl Kleinstadt nimmt davon Kenntnis, Einträge im Arbeits- und Störungsbuch
- Fdl Erle meldet Zug 710 ab, Eintrag im Zmb
- Durchführung der Zugfahrt 710 (als Kontrollzug in gewöhnlicher Fahrtrichtung)
- Entsperren des Sbk 21 mit Blocksignal-Entsperrtaste (BlESpT) + Signaltaste (ST) 21, Eintrag im Nachweis der Zählwerke

1	2		3		4		5		6		7		8		9	10
Tag 27.5	Regelgleis von → / ← Gegengleis nach: Erle								Regelgleis nach → / ← Gegengleis von: Dortheim							
Zugnummer →	Annahme		Abfahrt		Rückmeldung		Ankunft		Annahme		Abfahrt		Rückmeldung		Zugnummer ←	Meldungen und Vermerke
	U	M	U	M	U	M	U	M	U	M	U	M	U	M		
41710			8	01			8	10			8	10	8	17		
57308			8	09			8	17			8	17	8	24		8.18 an FDo: Rpz
																für Blockabschn.
																21 eingeführt,
																Betra 3135,
																Sbk 21, Zs1
4712			8	20			8	26			8	27	8	34		Sbk 21, Zs 1
710			9	05			9	10			9	10	9	15		9.16 an FDo:
																Rpz für Blockab-
																schn. 21 aufgeh.

Bild 1: Zugmeldebuch Kleinstadt

1	2	3	4
Lfd. Nr.	**Tag**	**Uhrzeit**	**Ereignis** (Arbeiten bzw. vom Bediener festgestellte Unregelmäßigkeiten) **Meldung an die für die Entstörungsveranlassung zuständige Stelle** (EVZS) **Auswirkungen, erforderliche betriebliche Maßnahmen** (Vorgabe der Fachkraft) **Zustimmung des Bedieners** *(„zugest" / „Fdl hat zugest")* **Unterbrechung der Arbeiten, ggf. weiterhin erforderliche betriebliche Maßnahmen** (Vorgabe der Fachkraft) **Beendigung der Arbeiten** *(„Arbeiten beendet")* **Ursache der Unregelmäßigkeit** **Kenntnisnahme des Bedieners** *(„Kg")*
Einträge zu lfd. Nr. ....sind noch nicht abgeschlossen			
12	27.5	8:10	Arbeiten am Signalkabel im Gleis nach Dortheim,
			Betra 3135, Rpz für Blockabschnitt 21 erf., **Weber,** Fk LST
		8:18	zugest **Marks-Fährmann,** Fdl
		8:57	Arbeiten beendet gez. Weber, i.A. **Marks-Fährmann**

Bild 2: Arbeits- und Störungsbuch (Bf Kleinstadt)

- Fdl Kleinstadt meldet Zug 710 nach Dortheim ab, Zug 710 durchfährt Bf Kleinstadt im Selbststellbetrieb, Eintrag im Zmb
- Zug 710 fährt am Sbk21 vorbei, nach Haltfall des Sbk21 ist dieses erneut zu sperren mit Blocksignal-Sperrtaste (BlSpT) + Signaltaste (ST) 21
- Fdl Dortheim meldet Zug 710 unaufgefordert zurück, Eintrag im Zmb
- Das Selbstblocksignal (Sbk) 21 wird entsperrt mit Blocksignal-Entsperrtaste (BlESpT) + Signaltaste (ST) 21, Eintrag im Zmb und Nachweis der Zählwerke
- Fdl Kleinstadt hebt die Rpz auf: Merkhinweis »Räumungsprüfung« am Tischfeld entfernen, Fdl Dortheim wird informiert, Eintrag im Zmb

1	2	3	4	5	6	7	8	9-23	24	25
Tag	Uhrzeit	Nr. des Zählwerks für ErsGT	FHT	AzGrT	BlESpT	DHT	Gz		Bedient für Zug-Nr.	Grund oder lfd. Nr. im Arbeits- und Störungsbuch (Namenszeichen)
27.5	7.30	0412	0178	0114	0204	0098	3017			Übertrag Ma
	8.18	0413	/	/	/	/	3018		57308	Nr. 12, Zs 1
		/	/	/	/	/	/			für Sbk21, Ma
	8.28	0414	/	/	/	/	3019		4712	Nr. 12, Zs 1 für
		/	/	/	/	/	/			Sbk21, Ma
	9.07	/	/	/	0205	/	3020		710	Nr. 12, Sbk21, Ma
	9.16	/	/	/	0206	/	3021		710	Nr. 12, Sbk21, Ma

Bild 1: Nachweis der Zählwerke (Bf Kleinstadt)

10.4.5 Zugfahrten ohne Fahrtstellung des Hauptsignals beim ESTW

Bei Zugfahrten, die nicht durch die Fahrtstellung eines Hauptsignals zugelassen werden, unterscheidet man beim ESTW drei Ausgangszustände:

1. Der **Festlegeüberwachungsmelder (FÜM) zeigt Ruhelicht**. Dieses bedeutet, dass alle Zugstraßenbedingungen (s. a. Seite 328ff.) erfüllt sind:
   - Alle Weichen und Kreuzungen im Fahr- und D-Weg sowie die Flankenschutzeinrichtungen im Fahrweg sind in der richtigen Stellung verschlossen. (Alle Fahr- und D-Weg-Elemente leuchten grün.)
   - Flankenschutzbietende Haupt- und Sperrsignale zeigen Hp0
   - Sperrsignale im Fahrweg zeigen Sh1/Ra12 (DV301)

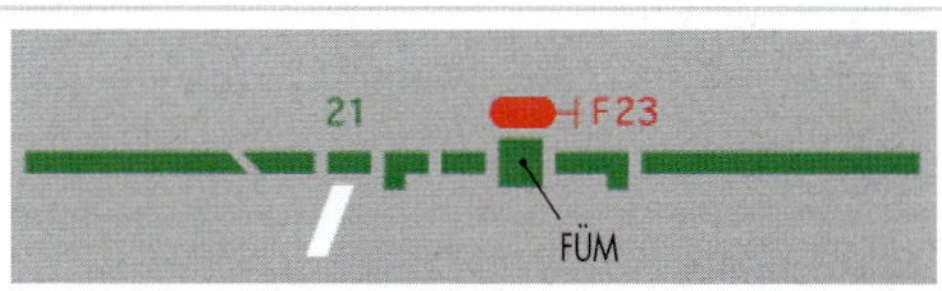

Bild 2: FÜM am Esig F23 zeigt Ruhelicht

Um nun die Zugfahrt durch das Ersatzsignal (Zs1) zuzulassen, wird das Kommando »Ersatzsignal bedienen ohne Sperren der Weichenlaufkette« (EE1) gegeben, das man über das Signalsymbol in der Gleisbilddarstellung oder über die Dateneingabetastatur (DET) eingeben kann (z.B. »EE1, 24F23«).

2. Der **Festlegeüberwachungsmelder (FÜM) zeigt Blinklicht**. Dieses bedeutet, dass zumindest alle Rangierstraßenbedingungen erfüllt sind: Alle Weichen und Kreuzungen im Fahrweg sind in der richtigen Stellung verschlossen. Bezüglich Flankenschutz, Freisein des Fahrweges und des Flankenschutzraumes können aber keine gesicherten Aussagen gemacht werden.

   Zunächst wird bei Zugfahrstraßen mit Hilfe der Fahrstraßen-Prüfung (FP) versucht, die Ursache für die nicht erfolgte Zugstraßenbildung zu finden. Ursache kann z.B. eine Flankenschutzweiche sein, die nicht in die gewünschte Lage gebracht werden kann. Entsprechende Sicherungsmaßnahmen werden ergriffen, z.B. wird eine flankenschutzgefährdende Zugfahrt ausgeschlossen und anschließend das gestörte Fahrstraßenelement evtl. hilfsweise umgangen. Falls dieses nicht gelingt, wird eine Rangierstraße eingestellt. Hierzu kann man die Maustrefferfläche der Signale in der Gleisbilddarstellung oder die DET benutzen. Bei Rangierstraßen ist eine FP nicht möglich.

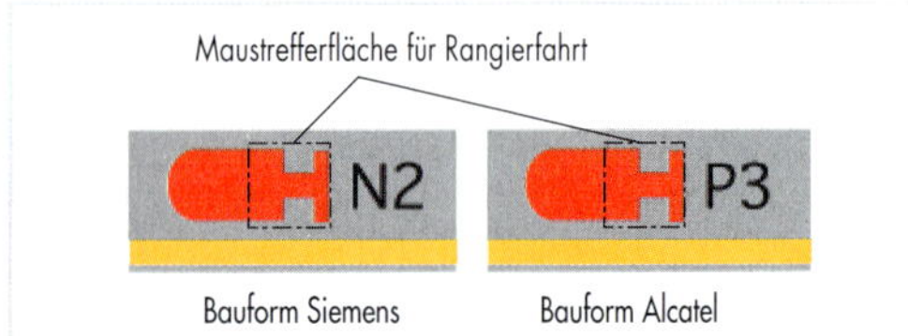

Bild 1: Maustrefferfläche auf der Lupe

3. Der **Festlegeüberwachungsmelder (FÜM) erscheint bzw. leuchtet nicht**. Dies bedeutet, dass umfangreiche Maßnahmen erforderlich werden. Alle Fahrwegelemente müssen einzeln geprüft (Finger- bzw. Mauszeigerprobe) und ggf. umgestellt und gesichert werden. Es gelten die gleichen Regeln wie bei Drucktastenstellwerken (z.B. SpDrS60). Die Bedienung erfolgt über die Gleisbilddarstellung oder die DET.

1. Welche Gründe können dazu führen, dass eine Zugfahrt ohne Fahrtstellung eines Hauptsignals durchgeführt werden muss?
2. Wodurch erfolgt bei einer Zugfahrt ohne Fahrtstellung eines Hauptsignals die Zulassung des Fdl?
3. Warum hat man hauptsächlich auf den Hauptstrecken die Hauptsignale (als Formsignale) durch das Lichtsignal Zs1 erweitert?
4. Wodurch erfolgt die Zulassung bei einer Fahrt ohne Fahrtstellung eines Hauptsignals auf einem Stellwerk SpDrS60, wenn sich die Weichenlaufkette nicht sperren lässt (Störung)?
5. Beschreiben Sie die Maßnahmen des Fdl im Bahnhof Kleinstadt (s. Anhang) zur Sicherung des Fahrweges, wenn für eine Fahrt das Esig A nicht auf Fahrt kommt, der Fahrstraßenfestlegemelder (FfM) aber leuchtet! Der Verschluss der Weiche 2 wird nicht angezeigt.
6. Welche zulässigen Geschwindigkeiten sind bei einer Zugfahrt ohne Fahrtstellung eines Hauptsignals einzuhalten?
7. Wie wird die Räumungsprüfung bei Abweichungen vom Regelbetrieb bestätigt?
8. Wie wird das Rückmelden auf einer zweigleisigen Strecke mit nichtselbsttätigem Streckenblock durchgeführt?
9. Was versteht man unter einem Kontrollzug?
10. Wodurch unterscheidet sich eine Einzelräumungsprüfung von einer Räumungsprüfung auf Zeit (Rpz)?
11. Worin unterscheidet sich ein Rückmeldeposten von einem Zugschlussmeldeposten?
12. Wo müssen bei einem mechanischen Stellwerk bei einer Rpz Merkhinweise und Sperren angebracht werden?
13. Welche Besonderheiten gilt es vor dem Beginn von Arbeiten zu beachten, die eine Rpz erfordern?

10.5 Unzulässiges Vorbeifahren an einem Haltsignal

Das unzulässige Vorbeifahren an einem Halt zeigenden Hauptsignal stellt eine erhebliche Betriebsgefahr dar. So kann z. B. der durch das Hauptsignal gedeckte vorliegende Abschnitt durch einen Zug besetzt sein. Auch kann in diesem Abschnitt eine Zug- oder Rangierfahrt zugelassen worden sein.

Zusammenstoß im Bf Cölbe. Dabei wurden 18 Reisende und 2 Triebfahrzeugführer verletzt. Ursache: Anfahren gegen Halt zeigendes Signal

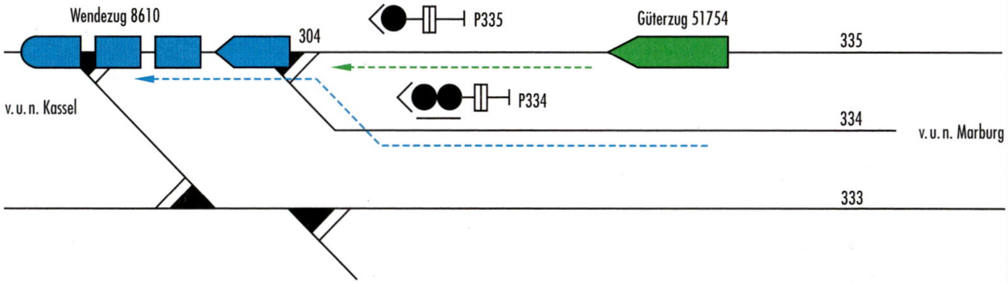

Der Hergang

- Der Nahverkehrszug 8610 (geschobener Wendezug Gießen–Kassel, Steuerwagen und zwei Reisezugwagen) hält am Bahnsteig in Gleis 334 und soll durch den Schnellgüterzug 51754 (Heidelberg–Kassel) überholt werden. Er hat im Bahnhof Cölbe planmäßig Halt um 9.46 Uhr.
- Das Ausfahrsignal P334 zeigt Hp0; der zugehörige Fahrtanzeiger auf dem Bahnhof leuchtet nicht.
- Das Ausfahrsignal P335 zeigt Hp1 (Fahrt). Der Zugführer 8610 erteilt den Abfahrauftrag an den Triebfahrzeugführer Zug 8610.
- Der Triebfahrzeugführer Zug 8610 fährt an und erhält am Halt zeigenden Ausfahrsignal P334 eine Zwangsbremsung (Indusi-Gleismagnet 2000 Hz).
- Der Wendezug 8610 durchfährt die Weiche 304 (sie wird dabei »aufgefahren«) und kommt mit der am Schluss laufenden Zuglok in der Spitze der Weiche 304 zum Stehen.
- Der Triebfahrzeugführer des Zuges 51754 erkennt den Reisezug in seinem Fahrweg, leitet eine Schnellbremsung ein und wirft sich auf den Boden der Lok.
- Der Zug 51754 fährt auf den Zug 8610 auf und schiebt ihn noch etwa 30 m weiter; beide Lokomotiven verkeilen sich ineinander.
- 1 Reisender ist schwer und 17 Reisende sind leicht verletzt; beide Triebfahrzeugführer und Zugführer erleiden einen Schock.
- Es entsteht ein hoher Sachschaden an Fahrzeugen und ein geringer Sachschaden an den Bahnanlagen. Die Strecke ist bis 11 Uhr gesperrt.

Außer dem Nichtbeachten der Signalstellung oder dem Verbremsen durch den Triebfahrzeugführer können auch technische Störungen innerhalb und außerhalb des Stellwerkes – z. B. Blitzschlag – zum Überfahren eines Halt zeigenden Signals führen. Der Zug bekommt eine Zwangsbremsung, die auf dem Indusi-Streifen vermerkt wird. Wenn an einem Halt zeigenden Signal (gilt auch für LZB-Halt, LZB-Nothalt oder einem ETCS-Halt) unzulässig vorbeigefahren worden ist, muss der Triebfahrzeugführer sofort anhalten und nach dem Anhalten sofort den Fahrdienstleiter verständigen.

Als Erstes müssen Maßnahmen ergriffen werden, um eine Betriebsgefahr abzuwenden oder zu vermindern. Zur Sicherung gefährdeter Züge können z. B.

- Signale auf Halt gestellt werden
- Schutzsignale (s. Kap. 8.3.2) zum Anhalten gefährdeter Fahrten gegeben werden
- später betroffene Gleise gesperrt werden

Neben den Maßnahmen zur Sicherung gefährdeter Züge ist der Nothaltauftrag über Zugfunk (fernmündlich oder kodiert) oder die Streckenfernsprechverbindung (s. Kap. 2.7.1) zu geben. Der fernmündliche Nothaltauftrag lautet:

»Betriebsgefahr, alle Züge zwischen (Zugmeldestelle) und (Zugmeldestelle) / im Bahnhof (Name) sofort anhalten! Ich wiederhole: Betriebsgefahr, alle Züge zwischen (Zugmeldestelle) und (Zugmeldestelle) / im Bahnhof (Name) sofort anhalten! Hier Fahrdienstleiter/Zugfunk-Bedienstelle (Stelle) oder: Hier Zug (Nummer).«

Bild 1: Tf beim fernmündlichen Nothaltauftrag

In der Regel setzt der Zug nicht hinter das Signal zurück, an dem er unberechtigt vorbeigefahren ist, sondern fährt von der Stelle aus weiter, an der er zum Halten gekommen ist. Nach Erfüllung der Vorbedingungen für die Weiterfahrt erhält der Triebfahrzeugführer den Befehl 2, auch wenn das Signal nachträglich bedient wurde.

Wurde an einem Ausfahr- oder Blocksignal unzulässig vorbeigefahren, mit dem eine Vorsignalisierung erfolgt oder bei dem sich ein Vorsignal befindet, muss dem Triebfahrzeugführer eines signalgeführten Zuges auch Befehl 2.1 – bis zum Erkennen der Stellung des nächsten Hauptsignals mit höchstens 40 km/h zu fahren – erteilt werden.

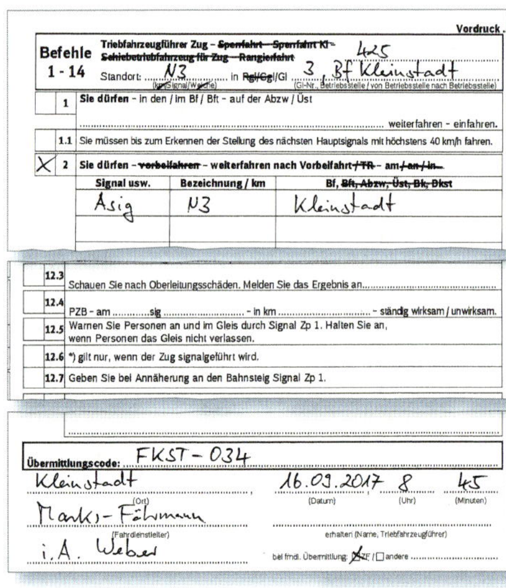

Vordruck ..

Befehle 1 - 14 Triebfahrzeugführer Zug – ~~Sperrfahrt – Sperrfahrt Kl – Schiebetriebfahrzeug für Zug – Rangierfahrt~~ 425

Standort: N3 (~~km~~/Signal/~~Weiche~~) in ~~Rgl/Ggl~~/Gl 3, Bf Kleinstadt (Gl-Nr., Betriebsstelle / von Betriebsstelle nach Betriebsstelle)

	1	**Sie dürfen** – in den / im Bf / Bft – auf der Abzw / Üst .... weiterfahren – einfahren.
	1.1	Sie müssen bis zum Erkennen der Stellung des nächsten Hauptsignals mit höchstens 40 km/h fahren.
X	2	**Sie dürfen – ~~vorbeifahren~~ – weiterfahren nach Vorbeifahrt ~~/ TR~~ – am ~~/ an / in~~**

Signal usw.	Bezeichnung / km	Bf, ~~Bft, Abzw, Üst, Bk, Dkst~~
Asig	N3	Kleinstadt

	12.3	Schauen Sie nach Oberleitungsschäden. Melden Sie das Ergebnis an ....
	12.4	PZB – am ....sig .... – in km .... – ständig wirksam / unwirksam.
	12.5	Warnen Sie Personen an und im Gleis durch Signal Zp 1. Halten Sie an, wenn Personen das Gleis nicht verlassen.
	12.6	*) gilt nur, wenn der Zug signalgeführt wird.
	12.7	Geben Sie bei Annäherung an den Bahnsteig Signal Zp 1.

Übermittlungscode: FKST – 034

Kleinstadt (Ort), 16.09.2017 (Datum), 8 (Uhr) 45 (Minuten)

Marks-Fährmann (Fahrdienstleiter) .... erhalten (Name, Triebfahrzeugführer)

i. A. Weber bei fmdl. Übermittlung: ☒ ZF / ☐ andere ....

Bild 2: Befehl 2 und 14

Das Signal, an dem der Zug unberechtigt vorbeigefahren ist, ist nachträglich auf Fahrt zu stellen, wenn es die Anlage zulässt. Das gilt bei nichtselbsttätigem Streckenblock (s. Kap. 7.3.2) für Einfahr- oder Blocksignale jedoch nur, wenn bei der Weiterfahrt des Zuges noch mindestens eine Achse die Zugeinwirkung für den Streckenblock befährt.

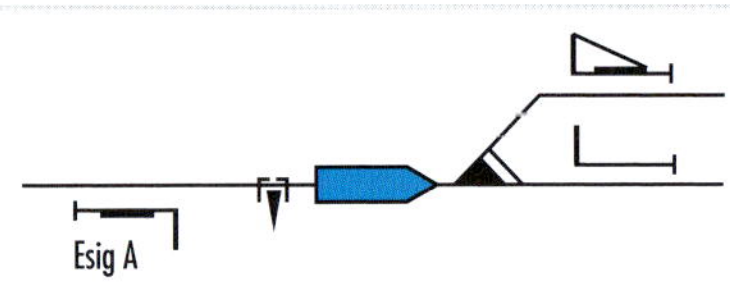

Bild 3: Das Esig darf nicht nachträglich auf Fahrt gestellt werden, da an der Isolierschiene zur Auslösung der elektrischen Streckentastensperre komplett vorbeigefahren wurde

Ist die Weiterfahrt vom Halteplatz aus nicht möglich, weil z. B.

- ein Reisezug nicht mehr an den Bahnsteig fahren kann, damit Reisende ein- oder aussteigen können, oder
- der Zug in die falsche Richtung geraten ist (Fehlleitung),

darf der Zug zurückgesetzt werden. Der Fahrweg ist nach den Grundsätzen für »Zugfahrten ohne Fahrtstellung des Hauptsignals« zu sichern (s. Kap. 10.4.2). Sind alle Voraussetzungen zum Zurücksetzen erfüllt, wird die Zustimmung durch Befehl 14 erteilt.

Maßnahmen nach dem unzulässigen Vorbeifahren an einem Halt zeigenden Signal (gilt auch für LZB-Halt, LZB-Nothalt oder einem ETCS-Halt)

↓

Der Triebfahrzeugführer muss sofort anhalten und nach dem Anhalten sofort den Fahrdienstleiter verständigen.

↓

Drohende Gefahr ist abzuwenden oder zu mindern.

↓ Der Zug wird, nach Beachtung der Voraussetzungen, zurückgesetzt (Befehl 14).

↓ Der Zug wird nicht zurückgesetzt.

↓

Die Weiterfahrt des Zuges wird vorbereitet und durchgeführt.

↓ Das Signal kann, nach Beachtung der Voraussetzungen, nachträglich auf Fahrt gestellt werden.

↓ Das Signal kann nicht nachträglich auf Fahrt gestellt werden.

↓

Der Triebfahrzeugführer erhält in jedem Fall den Auftrag zur Weiterfahrt durch Befehl 2 (zusätzlich Befehl 2.1 u. a. bei unzulässigem Vorbeifahren an einem Ausfahr- oder Blocksignal: »Fahrt bis zum Erkennen der Stellung des nächsten Hauptsignals mit höchstens 40 km/h«).

1. Welche Gründe können zum unzulässigen Vorbeifahren an einem Hauptsignal führen?
2. Welche Maßnahmen kann ein Mitarbeiter im Bahnbetrieb bei drohender Gefahr ergreifen?
3. Wie lautet der fernmündliche Nothaltauftrag des Fdl in Adorf (s. Kap. 6.3.2), wenn er erkennt, dass der Zug 45678 unzulässigerweise am Esig F vorbeigefahren ist? Wodurch erhält der Zug den Auftrag zur Weiterfahrt?
4. Welche Bedingungen müssen erfüllt sein, damit der Fahrdienstleiter die Zustimmung zum Zurücksetzen eines Zuges erteilen darf?
5. Nennen Sie Situationen, bei denen ein Hauptsignal nachträglich bedient werden kann bzw. bei denen es nicht möglich ist!
6. Schildern Sie die Maßnahmen des Fdl in Kleinstadt (Streckenband Erle–Dortheim s. Anlage) bis zur Weiterfahrt folgender Züge!
   a) Der CB 53911 soll von Erle nach Dortheim fahren. Das Esig A zeigt Hp 1, das Asig N2 befindet sich noch in der Haltstellung Hp 0. Durch ungünstiges Bremsverhalten des Zuges gelingt es dem Tf nicht, den Zug rechtzeitig zum Halten zu bringen. Der Zug fährt unzulässigerweise am Halt zeigenden Signal N2 vorbei und kommt auf der Weiche 15 zum Stehen.
   b) Der IR 578 ist unzulässigerweise am Halt zeigenden Blocksignal 22 vorbeigefahren.

10.6 Sperren von Gleisen

Gleissperrung

Unter einer Gleissperrung versteht man eine organisatorische Maßnahme, die verhindern soll, dass ein Gleis bzw. Gleisabschnitt unbeabsichtigt befahren wird. Dabei unterscheidet man zwischen dem Sperren von

- Gleisen der freien Strecke außer Gleisen auf Abzweigstellen und
- Gleisen in einem Bahnhof oder auf einer Abzweigstelle
- Baugleisen

10.6.1 Sperren von Gleisen der freien Strecke

Ein Gleis der freien Strecke muss u.a. gesperrt werden, wenn

- es unbefahrbar geworden ist
- aufgrund einer schriftlichen Anweisung oder als Folge von Unfällen oder Betriebsstörungen gearbeitet wird
- ein Zug liegengeblieben ist, der nicht aus eigener Kraft weiterfahren kann, oder weil ein Zugteil zurückgelassen wird
- Fahrten eingelassen werden, die Anschlussstellen auf Strecken ohne Streckenblock oder mit nichtselbsttätigem Streckenblock bedienen, Rückwärtsbewegungen durchführen, Kleinwagenfahrten sind
- mehrere Fahrten in einen Zugfolgeabschnitt eingelassen werden
- Lü-Sendungen »Dora« (s. Kap. 8.13.3) im Nachbargleis durchgeführt werden
- auf Antrag oder Anweisung Personen durch Sperren des Gleises gegen die von bewegten Schienenfahrzeugen ausgehenden Gefahren gesichert werden sollen
- Fahrzeuge ins Gleis eingesetzt werden (z.B. Zwei-Wege-Fahrzeuge, s. Bild 1)

Bild 1: Zwei-Wege-Fahrzeug

Zuständig für das Sperren eines Gleises ist in der Regel der Fahrdienstleiter der im Betriebsstellenbuch (Bebu) angegebenen Zugmeldestelle. Er sperrt in der Regel das Gleis von Zugmeldestelle zu Zugmeldestelle (Sperrabschnitt).

Voraussetzungen für das Sperren eines Streckengleises

- Der Zug, der zuletzt in das zu sperrende Gleis eingelassen wurde, muss dieses verlassen haben. Bei dem Zug – auf Strecken ohne Streckenblock oder mit nichtselbsttätigem Streckenblock – muss die Rp bestätigt worden sein
- Die Sperrung muss zwischen den beteiligten Zugmeldestellen vereinbart worden sein
- Die Betriebszentrale (Zugüberwachung) muss über die Sperrung informiert worden sein
- Beim Gleisbildstellwerk ist der Selbststellbetrieb zurückzunehmen und an der Einschalttaste eine Hilfssperre anzubringen

Die ersten drei Voraussetzungen müssen nicht erfüllt sein, wenn ein Gleis wegen eines Unfalls oder sonstigen Hindernisses nicht durchgehend befahren werden kann.

Der zuständige Fahrdienstleiter sperrt das Gleis mit den Worten »Gleis von ... nach ... gesperrt« und weist diese Sperrung durch den Eintrag eines Sperrrahmens und der Angabe des Grundes im Zugmeldebuch nach.

Über die Gleissperrungen müssen benachrichtigt werden:

- die beteiligten Zugmeldestellen
- die Betriebsstellen der freien Strecke
- Bahnübergangsposten und Arbeitsstellen
- die beteiligten örtlichen Stellen

Zur Absicherung des gesperrten Gleises werden folgende Maßnahmen ergriffen:

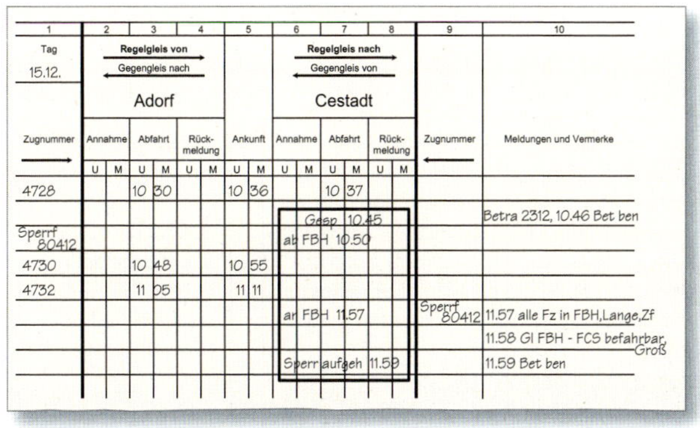

Bild 1: Sperrrahmen im Zugmeldebuch

	im mechanischen oder elektromechanischen Stellwerk	im Gleisbildstellwerk
Sperren anbringen bzw. eingeben	Beim Fahrdienstleiter an der Einrichtung für die • Befehlsabgabe oder • Fahrstraßenfestlegung, wo diese nicht vorhanden ist, an den Hebeln der Hauptsignale	• Hilfssperre an der Zieltaste der Zugstraßen – bei EZMG-Stellwerken an der Zugstraßensignaltaste »Ausfahrt« – oder • Sperre im ersten Zugfolgeabschnitt • Hilfssperre an der Einschalttaste für den Selbststellbetrieb
Merkhinweise anbringen (Gesperrt)	Beim Fahrdienstleiter an der Einrichtung für die • Befehlsabgabe oder • Fahrstraßenfestlegung, wo diese nicht vorhanden ist, an den Hebeln der Hauptsignale	• an oder neben der Zieltaste der Zugstraßen – bei EZMG-Stellwerken an der Zugstraßensignaltaste »Ausfahrt« – oder • im ersten Zugfolgeabschnitt

Tabelle 1: Maßnahmen zur Absicherung eines gesperrten Streckengleises

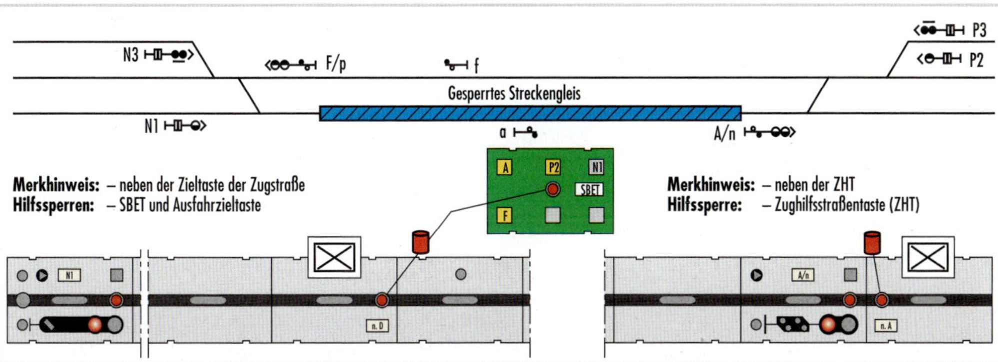

Bild 2: Gesperrtes Streckengleis sichern (beim Stellwerk Sp Dr S 60)

Der Fahrdienstleiter der Zugmeldestelle, der die Sperrung des Gleises ausgesprochen hat, hebt sie – wenn der Anlass für die Gleissperrung weggefallen ist – mit den Worten »Sperrung des Gleises von … nach … aufgehoben« wieder auf und weist dies durch einen Eintrag im Zugmeldebuch nach. Folgende Eintragungen im Zugmeldebuch müssen als Voraussetzungen für die Aufhebung der Sperrung eines Streckengleises zusätzlich erfolgt sein:

- die Beendigung aller in das gesperrte Gleis abgelassenen oder auf freier Strecke begonnenen Sperrfahrten und die Ankunft aller etwa liegen gebliebener Züge oder Zugteile
- bei einer Gleissperrung die Ankunft aller Züge, die vor der Gleissperrung in den Sperrabschnitt eingelassen worden sind
- wenn Arbeiten ausgeführt worden sind – die Meldung der Fachkraft über die Befahrbarkeit des Gleises (einschließlich Regellichtraum)
- wenn die Sperrung eines Baugleises aufgehoben werden soll – die Meldung der nach Betra zuständigen Fachkraft über das Freisein und die Befahrbarkeit des Baugleises
- Weitere Bedingungen wie z. B. nach dem Bedienen einer Ausschlussstelle oder einer Gleissperrung für eine Lü-Sendung sind zu beachten

Sperren von Gleisen der freien Strecke beim ESTW

Das Sperren beim ESTW erfolgt meist über die Gleisbilddarstellung:

- Nach Klick mit der rechten Maustaste im ersten Zugfolgeabschnitt der Gleisbilddarstellung (s. Bild 1)
- wird dort ein Menü geöffnet (s. Bild 2) und mit der linken Maustaste das Untermenü »Merker >« (s. Bild 3) ausgewählt.
- Mit der linken Maustaste wird nun der »Merkhinweis für ein Fahrwegelement eingeben« (ME) betätigt (s. Bild 3).
- Anschließend wird im Dialogfenster »Merkhinweise eingeben« das Feld »Gesperrt (X)« aktiviert und dieses mit »OK« bestätigt (s. Bild 4).
- Das gesperrte Gleis wird als Doppellinie mit rotem Merkhinweis »X« für »gesperrt« dargestellt (s. Bild 1, Seite 483).

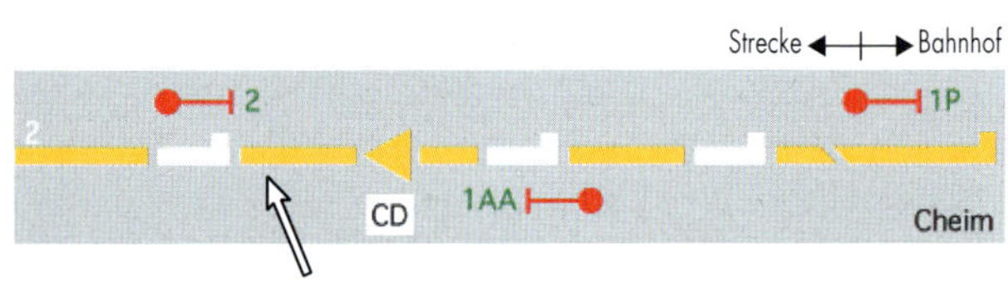

Bild 1: erster Zugfolgeabschnitt

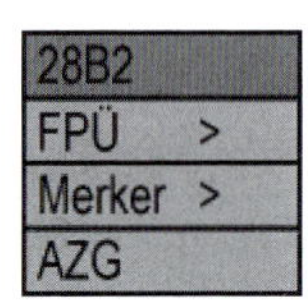

Bild 2: Menü im ersten Zugfolgeabschnitt

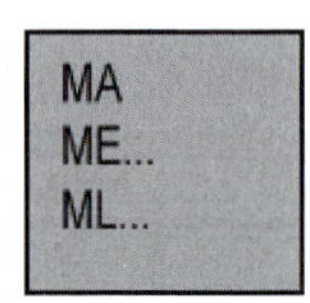

Bild 3: Untermenü »Merker>«, Bedienoberfläche Siemens

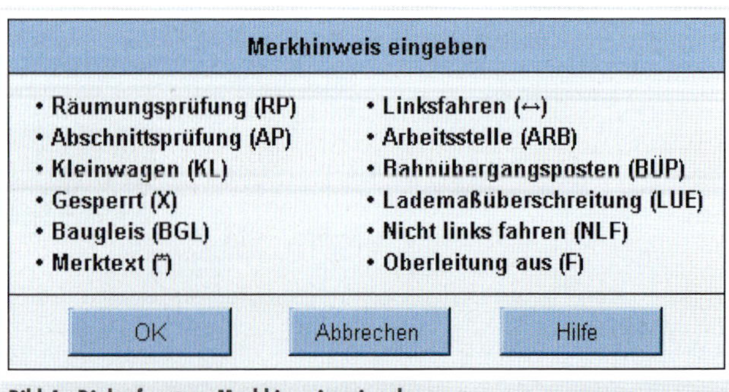

Bild 4: Dialogfenster »Merkhinweise eingeben«

Bild 1: Gleis gesperrt und frei

Soll die Gleissperrung später aufgehoben werden, nutzt der Fahrdienstleiter das Untermenü »ML« (Merker löschen). Um hierbei die erforderliche Sicherheit zu gewährleisten, ist zudem eine gesonderte Kommandofreigabe (KF) erforderlich. Dafür wird im Bedienbereich des Bildschirms »KF1« und leicht zeitverzögert »KF2« bedient. Das Gleis ist anschließend wieder regulär befahrbar, die Bedienbehandlung wird automatisch dokumentiert.

Der Fdl eines ESTWs muss die Gleissperrung und deren Aufhebung wie bei allen anderen Stellwerksarten handschriftlich im Zugmeldebuch dokumentieren und für die notwendige Kommunikation mit den Beteiligten (wie dem Nachbarfahrdienstleiter, der Betriebszentrale usw.) sorgen.

Das Sperren von Gleisen wird automatisch von der Protokoll- und Störungsinformation (PSI) erfasst bzw. durch den Protokoll- und Störungsdrucker (PSD) schriftlich festgehalten.

10.6.2 Sperren von Gleisen in einem Bahnhof oder auf einer Abzweigstelle

Muss ein Bahnhofsgleis z.B. wegen Unbefahrbarkeit gesperrt werden, sorgt der Fahrdienstleiter für die Abriegelung und verständigt die beteiligten Stellen.

	im mechanischen oder elektromechanischen Stellwerk	im Gleisbildstellwerk
Sperren anbringen bzw. eingeben	• Hilfssperre an den zugehörigen Fahrstraßenhebeln in der Grundstellung • Hilfssperre an den Hebeln der Zugangsweichen (in abweisender Stellung), der Gleissperren (in aufgelegter Stellung) oder der Sperrsignale	• Hilfssperre an den Start- oder Zieltasten der betroffenen Zugstraßen • oder Sperre im Zielabschnitt der Zugstraßen • ohne Weichenlaufkette (WLK): s. mechanisches Stellwerk • mit WLK: Einzelsperrung der Weichen, Gleissperren und Sperrsignale oder Sperre im gesperrten Abschnitt • Hilfssperre an der Einschalttaste für den Selbststellbetrieb
Merkhinweise anbringen  (Gesperrt)	• an den Hebeln der Weichen, Gleissperren oder Sperrsignale	• an den Tasten im Gleis • bei EZMG-Stellwerken an den Fahrwegtasten • im gesperrten Gleis oder • an der gesperrten Weiche
Einfahrgleis	• Bei Sperrung des Gleises im D-Weg hinter dem Esig: s. Maßnahmen wie beim Rangieren über die Rangierhalttafel etc. (s. Kap. 8.10)	
Ausfahrgleis	• Ist ein Gleisabschnitt freizuhalten (s. Betriebsstellenbuch), solange ein Zug das Gegengleis befährt, oder ist die Rückkehr eines Schiebetriebfahrzeugs von der freien Strecke zu erwarten, darf während der Gleissperrung keine Zugfahrt auf dem Gegengleis durchgeführt werden	

Tabelle 1: Maßnahmen zur Absicherung eines gesperrten Bahnhofsgleises

Maßnahmen: Zugangsweichen und Gleissperren sind in abweisende Stellung zu bringen. Haupsignale und Sperrsignale müssen sich in der Haltstellung befinden. Wo dieses nicht möglich ist, sind Wärterhaltscheiben (Sh 2) aufzustellen.

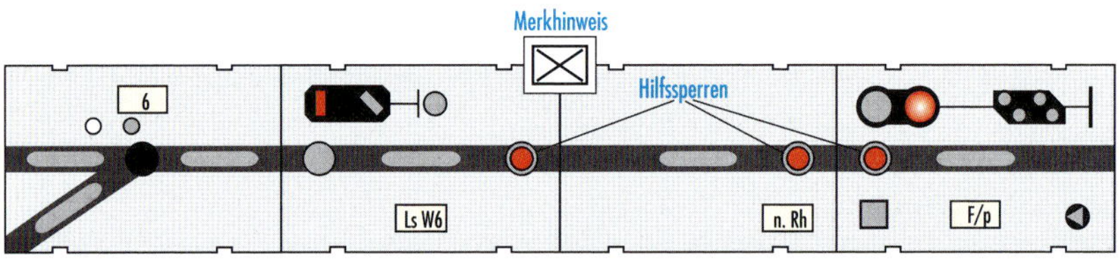

Bild 1: Gleisabschnitt zwischen Signal F und Ls W6 gesperrt (Stellwerk Sp Dr S 60)

Das Bewegen von Fahrzeugen in gesperrten Bahnhofsgleisen ist Rangieren (s. Kap. 8). Vor unbefahrbaren Stellen sind Wärterhaltscheiben (Sh 2) aufzustellen.

Folgende Voraussetzungen müssen erfüllt sein, damit der Fahrdienstleiter die Sperrung eines Bahnhofsgleises aufheben darf:

Bild 2: Wärterhaltscheibe (Sh 2) vor einer unbefahrbaren Stelle

- Der Fdl hat festgestellt oder es ist ihm gemeldet worden, dass alle Anlässe für die Gleissperrung weggefallen sind und dies im Zugmeldebuch oder Fernsprechbuch eingetragen ist.
- Falls Arbeiten ausgeführt worden sind: Die Meldung der Fachkraft über die Befahrbarkeit des Gleises (einschließlich Regellichtraum) ist im Zugmeldebuch oder Fernsprechbuch eingetragen.
- Falls ein gesperrtes Gleis mit Gleifreimeldeanlage mit Achszählern befahren worden ist: Durch eine Abschnittsprüfung ist festgestellt worden, dass das Gleis frei ist und dies im Zugmeldebuch oder Fernsprechbuch eingetragen ist.
- Die Beteiligten sind zu benachrichtigen.

1. Die Strecke zwischen Kleinstadt und Erle (s. Anlage) soll aufgrund einer Betra (zur Ausführung von Arbeiten) gesperrt werden. Welche Voraussetzungen sind für das Sperren zu beachten und welche Maßnahmen zur Absicherung des Gleises hat der Fdl in Kleinstadt zu ergreifen? Welche Voraussetzungen zur Aufhebung der Sperrung hat der Fdl in Kleinstadt zu beachten?
2. Wie sind Gleise der freien Strecke und Bahnhofsgleise, deren Oberleitungen abgeschaltet oder gestört sind, fahrdienstlich zu behandeln?
3. Eine Fachkraft arbeitet an der Weiche 3 im Bf Kleinstadt (s. Anhang) und hat im Arbeits- und Störungsbuch vorgeschrieben, dass diese nicht befahren werden darf. Beschreiben Sie die Maßnahmen des Fdl in Kleinstadt!
4. Der Weichenreiniger meldet im Bf Kleinstadt (s. Anhang) im Gleisabschnitt zwischen Einfahrsignal F und Ls 1 III einen unbefahrbaren Schienenbruch. Beschreiben Sie die Maßnahmen des Fdl in Kleinstadt zur Sperrung des Gleises!

10.7 Abweichen von der Fahrordnung auf der freien Strecke

Bei der Fahrordnung auf der freien Strecke geht man bei einer zweigleisigen Strecke von dem Grundsatz aus, dass rechts (auf dem Regelgleis) zu fahren ist. Dieses gilt als die gewöhnliche Fahrtrichtung (s. Kap. 7.1). Das Gleis entgegen der gewöhnlichen Fahrtrichtung wird als Gegengleis bezeichnet. Hier gelten besondere Bestimmungen für die Zustimmung zur Fahrt etc.

Das Fahren auf dem Gegengleis ist zugelassen ...

- wo Gleiswechselbetrieb *ständig eingerichtet* ist
  - wenn es der Beschleunigung des Bahnbetriebs dient
- wo Gleiswechselbetrieb *vorübergehend* oder *nicht eingerichtet* ist
  - zwischen einer Anst, einer Abzweigstelle (ausgenommen Überleitstelle) oder einem Bf, die nur an eines der beiden Streckengleise angeschlossen sind und dem benachbarten Bf
  - wenn der Zweck der Fahrt es erfordert (z. B. Arbeitszug, Hilfszug oder zurückkehrendes Schiebtriebfahrzeug)
  - wenn das Regelgleis vorübergehend nicht befahren werden darf (z. B. gesperrtes Gleis, stehen gebliebener Zug, ausgeschaltete Oberleitung)

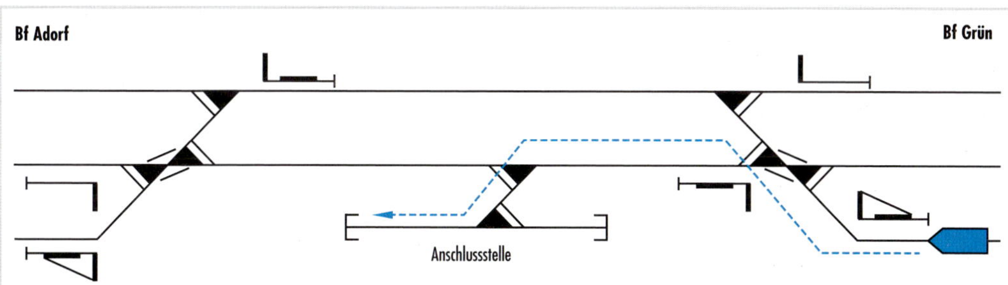

Bild 1: Bedienung einer Anschlussstelle (Fahrt gegen die gewöhnliche Fahrtrichtung)

Gleiswechselbetrieb (GWB) ist ...

- ständig eingerichtet
  - Das Fahren auf dem Gegengleis braucht nicht eingeführt zu werden (auch dann nicht, wenn der Auftrag zum Fahren auf dem Gegengleis mit Signal Zs 8 oder Befehl erteilt wird).
- vorübergehend angeordnet
  - Der Fahrdienstleiter der in der Betra genannten Zugmeldestelle muss das Fahren auf dem Gegengleis einführen.
- nicht eingerichtet
  - Es muss sich mit den Fahrdienstleitern der beteiligten Zugmeldestellen verständigt werden. Das Fahren auf dem Gegengleis wird bis zur nächsten Zugmeldestelle eingeführt. Selbststellbetrieb darf nicht eingeschaltet sein. Es muss bei Relaisstellwerken eine Sperre an der Taste für das Einschalten des Selbststellbetriebes angebracht werden.

Grundsätzlich gilt, dass – wenn das Fahren auf dem Gegengleis eingeführt worden ist – die beteiligten Stellen verständigt werden müssen.

Bild 1: Hauptsignal Hp 0 + blinkendes Zs 8

Bild 2: Hauptsignal mit Zusatzsignal Zs 6

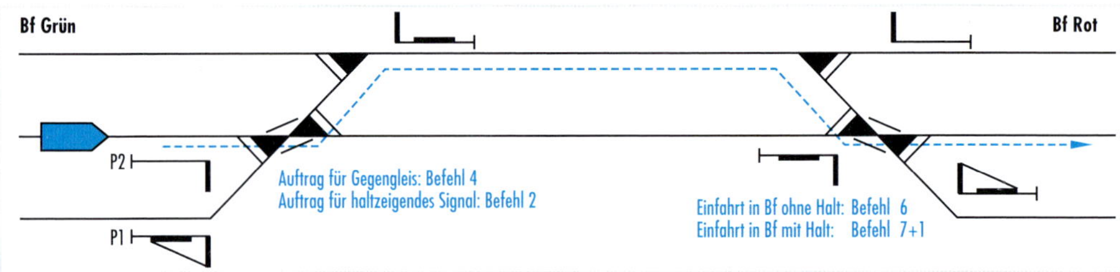

Bild 3: Anwendung von Befehlen, wenn auf dem Gegengleis gefahren wird

- Befehl 4:
  Der Auftrag, auf dem Gegengleis zu fahren, wenn keine entsprechenden Signale vorhanden sind.
- Befehl 2:
  Der Auftrag zur Vorbeifahrt an einem Halt zeigenden oder gestörten Hauptsignal.
- Befehl 6:
- Ist für die Weiterfahrt auf einer Abzweigstelle oder Einfahrt in einen Bf am Gegengleis kein gültiges Hauptsignal oder Sperrsignal vorhanden, darf der Tf eines signalgeführten Zuges beauftragt werden, in den nächsten Bf ohne Halt einzufahren oder auf einer Abzw weiterzufahren.
- Befehl 7:
  Ist für die Weiterfahrt auf einer Abzweigstelle oder Einfahrt in einen Bf am Gegengleis kein gültiges Hauptsignal oder Sperrsignal vorhanden, kann dem Zug vorgeschrieben werden, in Höhe des Einfahrsignals eines Bf oder eines Blocksignals zu halten.

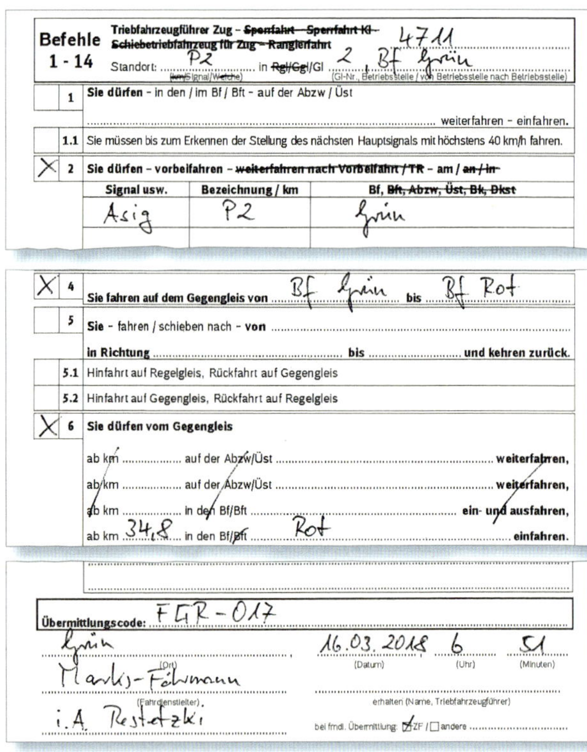
Befehle 1 - 14
Triebfahrzeugführer Zug – ~~Sperrfahrt – Sperrfahrt Kl –~~ ~~Schiebetriebfahrzeug für Zug – Rangierfahrt~~ 4711
Standort: P2 (~~km~~/Signal/~~Weiche~~) in ~~Rgl/Ggl~~/Gl 2, Bf Grün (Gl-Nr., Betriebsstelle / von Betriebsstelle nach Betriebsstelle)

1 Sie dürfen – in den / im Bf / Bft – auf der Abzw / Üst .... weiterfahren – einfahren.
1.1 Sie müssen bis zum Erkennen der Stellung des nächsten Hauptsignals mit höchstens 40 km/h fahren.
X 2 Sie dürfen – vorbeifahren – ~~weiterfahren nach Vorbeifahrt / TR~~ – am / ~~an / in~~

Signal usw.	Bezeichnung / km	Bf, ~~Bft, Abzw, Üst, Bk, Dkst~~
Asig	P2	Grün

X 4 Sie fahren auf dem Gegengleis von Bf Grün bis Bf Rot
5 Sie – fahren / schieben nach – von .... in Richtung .... bis .... und kehren zurück.
5.1 Hinfahrt auf Regelgleis, Rückfahrt auf Gegengleis
5.2 Hinfahrt auf Gegengleis, Rückfahrt auf Regelgleis
X 6 Sie dürfen vom Gegengleis
~~ab km .... auf der Abzw/Üst .... weiterfahren,~~
~~ab km .... auf der Abzw/Üst .... weiterfahren,~~
~~ab km .... in den Bf/Bft .... ein- und ausfahren,~~
ab km 34,8 in den Bf/~~Bft~~ Rot einfahren.

Übermittlungscode: FGR-017
Grün (Ort) 16.03.2018 (Datum) 6 (Uhr) 51 (Minuten)
Marks-Fährmann (Fahrdienstleiter) .... erhalten (Name, Triebfahrzeugführer)
i.A. Restetzki bei fmdl. Übermittlung: ☑ZF / ☐ andere ....

Bild 4: Befehl (Situation s. Bild 3)

Für die Einfahrt in einen Bahnhof stehen neben dem Befehl auch signaltechnische Möglichkeiten zur Verfügung

Niedrig stehendes Lichtsperrsignal (Lsf)
Zustimmung zur Vorbeifahrt durch Sh 1

Niedrig stehendes Lichthauptsignal
Zustimmung zur Vorbeifahrt durch Hp 0 und Zs 1

Hauptsignal
Zustimmung durch Hp 1 bzw. Hp 2

Bild 1: Niedrig stehendes Lichthauptsignal

Züge auf dem Gegengleis dürfen, wenn Fahren auf dem Gegengleis mit Gleiswechselbetrieb …

- eingerichtet ist, einander im Abstand der Zugfolgestellen folgen
- nicht eingerichtet ist, einander im Abstand der Zugmeldestellen folgen. Hauptsignale und Streckenblock dürfen nicht bedient werden.

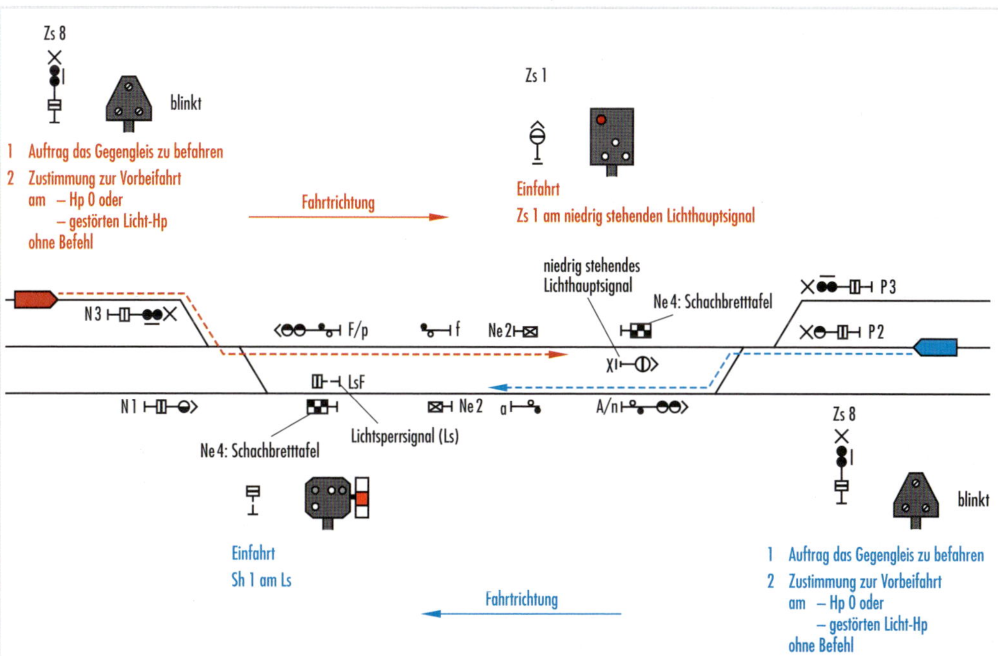

Bild 2: Mögliche Signalanordnung einer Strecke mit niedrig stehendem Lichthauptsignal bzw. Lichtsperrsignal (Ls)

Arten der Zugmeldungen für Züge, die das Gegengleis befahren – wenn die beteiligten Zugmeldestellen einem anderen Fahrdienstleiter zugeteilt sind

- Anbieten und Annehmen
- Abmelden

(jeweils mit dem Zusatz »auf dem Gegengleis«)

Merkhinweise
Sperren

Merkhinweise und Sperren

Beim Fahren auf dem Gegengleis **im Gleiswechselbetrieb** sind Merkhinweise und Sperren nur dann notwendig, wenn die Erlaubnis nicht bei der Stelle vorhanden ist, die den Zug auf das Gegengleis ablässt. Der Fahrdienstleiter der Zugmeldestelle, bei der die Erlaubnis angezeigt wird, oder, wenn eine Erlaubnis nicht vorhanden ist, der Fahrdienstleiter, der die Zugfahrt nicht zulässt, muss folgende Merkhinweise und Sperren anbringen bzw. eingeben.

	im mechanischen oder elektromechanischen Stellwerk	im Gleisbildstellwerk
Merkhinweise anbringen 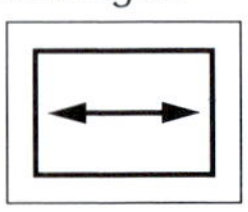 (Fahren auf dem Gegengleis)	beim Fahrdienstleiter an der Einrichtung für die • Befehlsabgabe oder • Fahrstraßenfestlegung, wo diese nicht vorhanden ist, an den Hebeln der Haupsignale	• an oder neben der Zieltaste der Zugstraßen, oder • im ersten Zugfolgeabschnitt
Sperren eingeben bzw. anbringen	Hilfssperre beim Fahrdienstleiter an der Einrichtung für die • Befehlsabgabe oder • Fahrstraßenfestlegung, wo diese nicht vorhanden ist, an den Hebeln der Haupsignale	• Hilfssperre an der Zieltaste der Zugstraßen – bei EZMG-Stellwerken an der Zugstraßensignaltaste »Ausfahrt« – oder • Sperre im ersten Zugfolgeabschnitt
Merkhinweis und Sperre sind anzubringen bzw. einzugeben, bis der Zug angekommen ist.		

Tabelle 1: Merkhinweise und Sperren beim Fahren auf dem Gegengleis

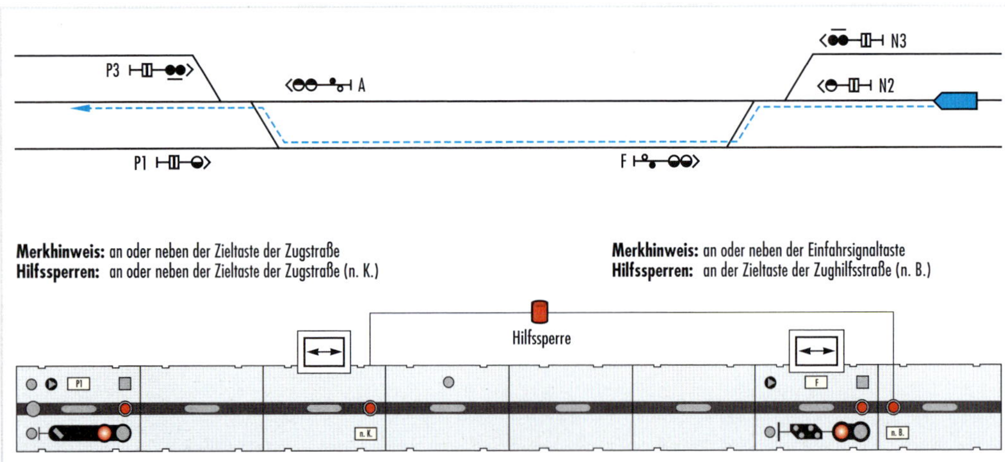

Bild 1: Zugfahrt auf dem Gegengleis sichern (bei einem Stellwerk Sp Dr 60)

Beim Fahren auf dem Gegengleis **mit Zs 8 oder Befehl** müssen Merkhinweise und Sperren so lange angebracht bzw. eingegeben werden, solange das Fahren auf dem Gegengleis eingeführt ist.

Anbringen von Merkhinweisen und Eingeben von Sperren beim Fahrdienstleiter, der

Fahrten in das Regelgleis zulässt	Fahrten in das Gegengleis zulässt (gilt nur fürs Gleisbildstellwerk)	
wie beim Gleiswechselbetrieb (s. Tabelle 1 vorige Seite)	Merkhinweis anbringen (Fahren auf dem Gegengleis)	an oder neben der • Zieltaste der Zugstraßen oder Zughilfsstraßen, oder • Einfahrsignaltaste oder • im ersten Zugfolgeabschnitt (Zfa) des Gegengleises
	Sperren eingeben bzw. anbringen	• Hilfssperre an der Zieltaste der Zughilfsstraße oder • Zielsperrung der Zugstraßen in das Gegengleis oder • Sperre im ersten Zfa des Gegengleises

Der Fahrdienstleiter, der das Fahren auf dem Gegengleis eingeführt hat, darf es wieder aufheben, wenn der Anlass weggefallen ist. Beteiligte Stellen müssen verständigt werden.

Das Einführen und Aufheben des Fahrens auf dem Gegengleis und die Verständigung der Beteiligten muss im Zugmeldebuch nachgewiesen werden.

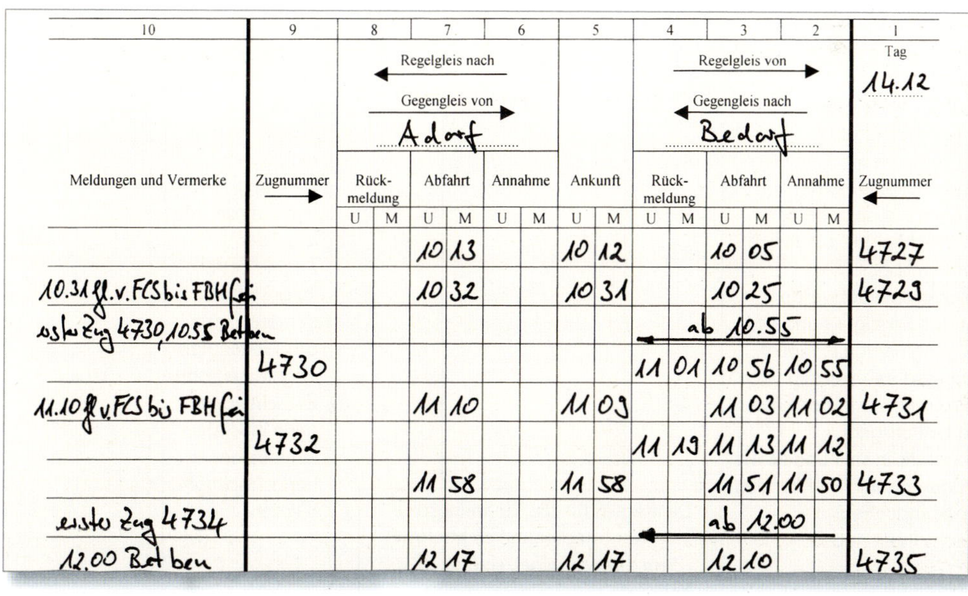

10	9	8		7		6		5		4		3		2		1
		← Regelgleis nach Gegengleis von → Adorf								Regelgleis von → ← Gegengleis nach Bedorf						Tag 14.12
Meldungen und Vermerke	Zugnummer →	Rückmeldung		Abfahrt		Annahme		Ankunft		Rückmeldung		Abfahrt		Annahme		Zugnummer ←
		U	M	U	M	U	M	U	M	U	M	U	M	U	M	
				10	13			10	12			10	05			4727
10.31 gl. v. FCS bis FBH frei				10	32			10	31			10	25			4729
erster Zug 4730, 10.55 Bet ben										←	ab	10.55	→			
	4730									11	01	10	56	10	55	
11.10 gl v. FCS bis FBH frei				11	10			11	09			11	03	11	02	4731
	4732									11	19	11	13	11	12	
				11	58			11	58			11	51	11	50	4733
erster Zug 4734										←		ab	12.00			
12.00 Bet ben				12	17			12	17			12	10			4735

Bild 1: Zugmeldebuch bei Fahren auf dem Gegengleis (bei selbsttätigem Streckenblock)

Räumungsprüfung auf Strecken mit nichtselbsttätigem Streckenblock, wo Fahren auf dem Gegengleis im

Gleiswechselbetrieb

vorübergehend angeordnet ist

Nach dem **Einführen** sind die Züge beider Fahrtrichtungen zusätzlich zur Blockbedienung zurückzumelden, bis das Gleis in jeder Fahrtrichtung von einem Zug (Kontrollzug) befahren worden ist. Der Zug muss mit Hauptsignal in das Gleis eingefahren sein und es bei ordnungsgemäß wirkenden Blockeinrichtungen durchfahren haben.

Nach dem **Aufheben** müssen die Züge beider Fahrtrichtungen zusätzlich zur Blockbedienung zurückgemeldet werden, bis das Regelgleis und das Gegengleis von je einem Zug befahren worden ist. Der Zug muss in das Gleis mit Hauptsignal eingefahren sein und es bei ordnungsgemäß wirkenden Blockeinrichtungen durchfahren haben.

Nach dem Einführen muss anschließend das Gleis in jeder Fahrtrichtung von einem Kontrollzug befahren worden sein.

ständig eingerichtet ist

Räumungsprüfung für Züge, die auf dem Regelgleis oder auf dem Gegengleis fahren.

Die Regeln für die Räumungsprüfung auf Strecken mit nichtselbsttätigem Streckenblock sind zu beachten.

Gleiswechselbetrieb nicht eingerichtet ist

für Züge, die auf dem Gegengleis fahren

Räumungsprüfung für das Streckengleis zwischen den benachbarten Zugmeldestellen. Soweit nicht beide Zugmeldestellen einem Fahrdienstleiter zugeteilt sind, ist die Räumungsprüfung durch Rückmelden an den Fahrdienstleiter der Zugmeldestelle zu bestätigen, der den Zug in das Gegengleis abgelassen hat. Zwischengelegene Blockstellen müssen benachrichtigt werden.

für Züge, die auf dem Regelgleis fahren

Nach dem Einführen ist – zusätzlich zur Blockbedienung – jeder Zug zurückzumelden.

Räumungsprüfung auf Strecken mit selbsttätigem Streckenblock, wo Fahren auf dem Gegengleis im

Gleiswechselbetrieb

- vorübergehend angeordnet ist
  - Nach dem **Einführen** sind für die Züge beider Fahrtrichtungen Räumungsprüfungen durchzuführen, bis das Gleis in jeder Fahrtrichtung von einem Zug (Kontrollzug) befahren worden ist. Der Zug muss mit Hauptsignal in das Gleis eingefahren sein und es bei ordnungsgemäß wirkenden Blockeinrichtungen durchfahren haben.

    Nach dem **Aufheben** muss für die Züge beider Fahrtrichtungen die Rp durchgeführt und bestätigt werden, bis das Regelgleis und das Gegengleis von je einem Zug befahren worden ist. Der Zug muss in das Gleis mit Hauptsignal eingefahren sein und es bei ordnungsgemäß wirkenden Blockeinrichtungen durchfahren haben.
  - Nach dem Einführen muss anschließend das Gleis in jeder Fahrtrichtung von einem Kontrollzug befahren worden sein.
- ständig eingerichtet ist
  - Räumungsprüfung für Züge, die auf dem Regelgleis oder auf dem Gegengleis fahren.

(Für beide Fälle: Die Regeln für die Räumungsprüfung auf Strecken mit selbsttätigem Streckenblock sind zu beachten.)

Gleiswechselbetrieb nicht eingerichtet ist

- für Züge, die auf dem Gegengleis fahren
  - Räumungsprüfung für das Streckengleis zwischen den benachbarten Zugmeldestellen. Soweit nicht beide Zugmeldestellen einem Fahrdienstleiter zugeteilt sind, ist die Räumungsprüfung durch Rückmelden an den Fahrdienstleiter der Zugmeldestelle zu bestätigen, der den Zug in das Gegengleis abgelassen hat. Zwischengelegene Blockstellen müssen benachrichtigt werden.
- für Züge, die auf dem Regelgleis fahren
  - Räumungsprüfung durchführen, wenn anschließend ein Zug auf dem Gegengleis fahren soll. Es muss die Rp auf der Zmst durchführt werden, auf der der Zug in das Gegengleis fahren soll. Die Rp muss nicht bestätigt werden.

Beispiel: Fahren auf dem Gegengleis

Das Streckengleis Kleinstadt – Dortheim (s. Anlage) ist wegen eines unbefahrbaren Schienenbruchs in km 39,8 gesperrt (10.15 Uhr). Der Zug 4711 soll um 10.45 Uhr in Kleinstadt aus Gleis 2 in das Gegengleis nach Dortheim ausfahren. Die Fahrzeit beträgt 10 Minuten. Die Sperrung des Gleises wird um 10.59 Uhr aufgehoben. Auf allen Bahnhöfen befinden sich Stellwerke der Bauform Sp Dr S 60.

Maßnahmen, Zugmeldebuch im Bahnhof Kleinstadt und Befehle:

- Die Maßnahmen zur Sperrung des Gleises wurden durchgeführt (s. Kap. 10.6.1).
- Fdl Kleinstadt verständigt sich mit dem Fahrdienstleiter in Dortheim über das Fahren auf dem Gegengleis: »Ab 10.37 Uhr befahren die Züge der Richtung Kleinstadt – Dortheim auf dem Gegengleis«.
- Fdl Kleinstadt nimmt den Selbststellbetrieb zurück und bringt eine Hilfssperre an der Einschalttaste für den Selbststellbetrieb an.
- Fdl Kleinstadt bringt Merkhinweis »Fahren auf dem Gegengleis« neben der Zieltaste der Zughilfsstraßen (n. Do) an.
- Hilfssperre an der Zieltaste der Zughilfsstraße anbringen.
- Fdl bietet den Zug 4711 nach Dortheim an: »Wird Zug 4711 auf dem Gegengleis angenommen?« Nachdem der Fdl Dortheim den Zug angenommen hat, wird er mit den Worten »Zug 4711 in Kleinstadt auf dem Gegengleis voraussichtlich ab 10.40 Uhr« abgemeldet, Eintrag im Zugmeldebuch.
- Einstellen der Zughilfsstraße: Zugstraßentaste N2 und Zughilfsstraßentaste n. Do.
- Zug 4711 fährt mit Befehl aus (Eintrag im Zmb) und hält in Höhe des Esig A (Dortheim).

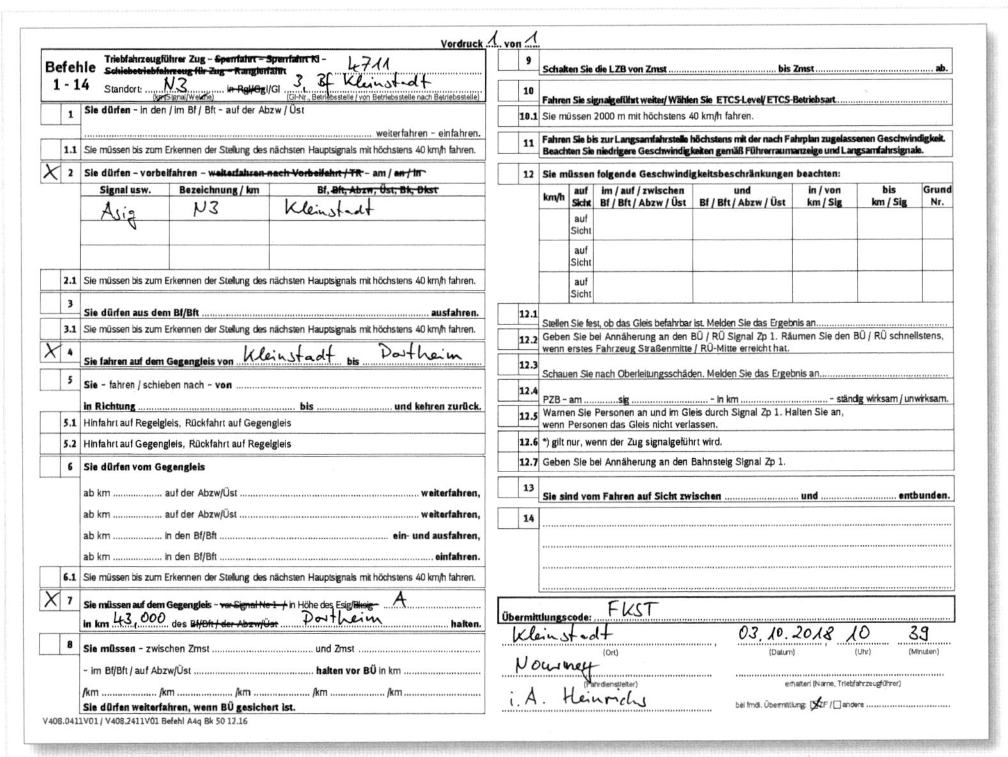

Vordruck 1 von 1

Befehle 1 - 14 Triebfahrzeugführer Zug – ~~Sperrfahrt – Sperrfahrt Kl –~~ ~~Schiebetriebfahrzeug für Zug – Rangierfahrt~~ 4711
Standort: N3 (km/Signal/Weiche) ~~in Rgl/Ggl~~/Gl 3, Bf Kleinstadt (Gl-Nr., Betriebsstelle / von Betriebsstelle nach Betriebsstelle)

1 **Sie dürfen** – in den / im Bf / Bft – auf der Abzw / Üst .... weiterfahren – einfahren.
1.1 Sie müssen bis zum Erkennen der Stellung des nächsten Hauptsignals mit höchstens 40 km/h fahren.
X 2 **Sie dürfen – vorbeifahren – ~~weiterfahren nach Vorbeifahrt / TR~~ – am / ~~an / in~~**

Signal usw.	Bezeichnung / km	Bf, ~~Bft, Abzw, Üst, Bk, Dkst~~
Asig	N3	Kleinstadt

2.1 Sie müssen bis zum Erkennen der Stellung des nächsten Hauptsignals mit höchstens 40 km/h fahren.
3 **Sie dürfen aus dem Bf/Bft .... ausfahren.**
3.1 Sie müssen bis zum Erkennen der Stellung des nächsten Hauptsignals mit höchstens 40 km/h fahren.
X 4 **Sie fahren auf dem Gegengleis von** Kleinstadt **bis** Dortheim
5 **Sie** – fahren / schieben nach – **von** .... **in Richtung** .... **bis** .... **und kehren zurück.**
5.1 Hinfahrt auf Regelgleis, Rückfahrt auf Gegengleis
5.2 Hinfahrt auf Gegengleis, Rückfahrt auf Regelgleis
6 **Sie dürfen vom Gegengleis**
ab km .... auf der Abzw/Üst .... **weiterfahren,**
ab km .... auf der Abzw/Üst .... **weiterfahren,**
ab km .... in den Bf/Bft .... **ein- und ausfahren,**
ab km .... in den Bf/Bft .... **einfahren.**
6.1 Sie müssen bis zum Erkennen der Stellung des nächsten Hauptsignals mit höchstens 40 km/h fahren.
X 7 **Sie müssen auf dem Gegengleis** – ~~vor Signal Ne 1 /~~ in Höhe des Esig/~~Bksig~~ – A **in km** 43,000 des ~~Bf/Bft / der Abzw/Üst~~ Dortheim **halten.**
8 **Sie müssen** – zwischen Zmst .... und Zmst .... – im Bf/Bft / auf Abzw/Üst .... **halten vor BÜ** in km .... /km .... /km .... /km .... /km .... /km .... **Sie dürfen weiterfahren, wenn BÜ gesichert ist.**

9 **Schalten Sie die LZB von Zmst .... bis Zmst .... ab.**
10 **Fahren Sie signalgeführt weiter/ Wählen Sie ETCS-Level/ ETCS-Betriebsart** ....
10.1 Sie müssen 2000 m mit höchstens 40 km/h fahren.
11 **Fahren Sie bis zur Langsamfahrstelle höchstens mit der nach Fahrplan zugelassenen Geschwindigkeit. Beachten Sie niedrigere Geschwindigkeiten gemäß Führerraumanzeige und Langsamfahrsignale.**
12 **Sie müssen folgende Geschwindigkeitsbeschränkungen beachten:**

km/h	auf Sicht	im / auf / zwischen Bf / Bft / Abzw / Üst	und Bf / Bft / Abzw / Üst	in / von km / Sig	bis km / Sig	Grund Nr.
	auf Sicht					
	auf Sicht					
	auf Sicht					

12.1 Stellen Sie fest, ob das Gleis befahrbar ist. Melden Sie das Ergebnis an ....
12.2 Geben Sie bei Annäherung an den BÜ / RÜ Signal Zp 1. Räumen Sie den BÜ / RÜ schnellstens, wenn erstes Fahrzeug Straßenmitte / RÜ-Mitte erreicht hat.
12.3 Schauen Sie nach Oberleitungsschäden. Melden Sie das Ergebnis an ....
12.4 PZB – am .... sig .... – in km .... – ständig wirksam / unwirksam.
12.5 Warnen Sie Personen an und im Gleis durch Signal Zp 1. Halten Sie an, wenn Personen das Gleis nicht verlassen.
12.6 *) gilt nur, wenn der Zug signalgeführt wird.
12.7 Geben Sie bei Annäherung an den Bahnsteig Signal Zp 1.
13 **Sie sind vom Fahren auf Sicht zwischen .... und .... entbunden.**
14 ....

Übermittlungscode: FKST

Kleinstadt (Ort), 03.10.2018 (Datum), 10 (Uhr) 39 (Minuten)

Nowmey (Fahrdienstleiter) i. A. Heinrichs

.... erhalten (Name, Triebfahrzeugführer)

bei fmdl. Übermittlung: [X] ZF / [ ] andere ....

V408.0411V01 / V408.2411V01 Befehl A4q Bk 50 12.16

Bild 1: Befehl

10	9	8		7		6		5		4		3		2		1
		← Regelgleis nach Gegengleis von → Erle								Regelgleis von → ← Gegengleis nach Dorfheim						Tag 15.09
Meldungen und Vermerke	Zugnummer →	Rückmeldung		Abfahrt		Annahme		Ankunft		Rückmeldung		Abfahrt		Annahme		Zugnummer ←
		U	M	U	M	U	M	U	M	U	M	U	M	U	M	
10.30 Gfv FDO bis FKS frei								10	37			10	30			4710
erstw Z 4711, 10.37 Betbew										←		ab 10.37		→		
Befehl	4711									10	50	10	40	10	38	
erstw Z 23433, 11.00 Betbew										←		ab 10.53				

Bild 1: Zugmeldebuch im Bahnhof Kleinstadt

1. Welche Gründe können dazu führen, dass regelmäßig Fahrten auf dem Gegengleis durchgeführt werden?
2. Durch welche Möglichkeiten kann der Fahrdienstleiter einen Triebfahrzeugführer bei signalgeführten Zügen beauftragen, auf dem Gegengleis zu fahren? Wie kann ein Auftrag bei Anschlussstellen erteilt werden?
3. Welche Befehle können beim Fahren auf dem Gegengleis zur Anwendung kommen? Nennen Sie auch den Anwendungsbereich!
4. In welchem Fall kommt der Befehl 1 zur Anwendung?
5. Nennen Sie die Signale, die beim Fahren auf dem Gegengleis die Einfahrt in einen Bahnhof regeln können!
6. Welche grundsätzlichen Regeln gelten für die Zugfolge, wenn auf dem Gegengleis gefahren wird?
7. Welche Arten von Zugmeldungen müssen für Züge, die das Gegengleis befahren, angewendet werden?
8. Wann müssen Merkhinweise und Sperren beim Fahren auf dem Gegengleis mit Hauptsignal und Zs 6 angebracht oder eingegeben werden?
9. Wann und unter welchen Voraussetzungen kann ein Fahrdienstleiter das Fahren auf dem Gegengleis wieder aufheben?
10. Welche Funktion hat ein Kontrollzug bei einer Räumungsprüfung, wo Fahren auf dem Gegengleis vorübergehend angeordnet ist?
11. Welche Regeln gelten bei der Räumungsprüfung für Züge, die auf dem Gegengleis fahren, auf Strecken mit selbsttätigem Streckenblock, wo das Fahren auf dem Gegengleis mit Hauptsignal und Zs 6 nicht ständig eingerichtet oder nicht vorübergehend angeordnet ist?

10.8 Sperrfahrten

Sperrfahrt

Alle Zugfahrten, die in ein gesperrtes Streckengleis eingelassen werden, werden als Sperrfahrten bezeichnet. Sie dienen vor allem

- der Bedienung von Anschlussstellen der freien Strecke
- zur Beseitigung von Unfallfolgen, der Hilfeleistung bei liegengebliebenen Zügen
- zur Ausführung von Gleisbauarbeiten und sonstigen Arbeiten auf der freien Strecke
- der Durchführung von Kleinwagenfahrten (s. Kap. 10.9)

10.8.1 Ablauf einer Sperrfahrt

Ablauf einer Sperrfahrt

↓

Der Fahrdienstleiter holt – wenn er nicht selber für die Gleissperrung zuständig war – die Zustimmung für die Sperrfahrt bei der Zugmeldestelle ein, die das Gleis gesperrt hat.

↓

Ggf. Aushändigen der Fahrplanunterlagen und der Befehle.

↓

Abmelden
Sperrfahrten sind wie Züge nach den Bestimmungen des Zugmeldeverfahrens (s. Kap. 7.2) abzumelden.
Die Meldung über die Abfahrt ist in das Zugmeldebuch einzutragen.

↓

Zugfahrt auf Hauptsignal oder Zugfahrt ohne Hauptsignal (s. Kap. 10.4).
Für Kleinwagen darf der Fahrweg nicht festgelegt werden.

↓

Zustimmung des Fahrdienstleiters durch Signalbedienung oder Befehl.

↓

Besonderheiten, die während der Sperrfahrt zu beachten sind:
Verhalten vor Bahnübergängen
Zulässige Geschwindigkeit
Maßnahmen bei der Rück- oder Weiterfahrt

↓

Maßnahmen zur Beendigung der Sperrfahrt.
Die Beendigung der Sperrfahrt ist in das Zugmeldebuch einzutragen.

Jede Sperrfahrt erhält eine Zugnummer. Bei unvorhergesehen Sperrfahrten erfragt die ablassende Zugmeldestelle die Zugnummer bei der Betriebszentrale. Die Zugnummer – z. B. »Sperrfahrt 54179« – muss als solche in allen Meldungen, Befehlen, Fahrplänen und Zugmeldebüchern bezeichnet werden.

Sperrfahrten dürfen nur mit Zustimmung der Zugmeldestelle abgelassen werden, die das Gleis gesperrt hat (s. Kap. 10.6).

Fahrplanunterlagen

- **Planmäßige Sperrung**
  - **Regelmäßige Sperrfahrt** z. B. Bedienen einer Anschlussstelle
    - Buchfahrplan
  - **Nicht regelmäßige Sperrfahrt** z. B. Bau- und Betriebsanweisung (Betra)
    - Bedarfsfahrplan
    - Fahrplanordnung oder
    - Fahrplan-Mitteilung
- **Unvorhergesehene Sperrung**
  - **Unvorhergesehene Sperrfahrt** z. B. nach einem Unfall
    - Befehl 14 mit Fahrplanangaben
    - Fahrplan-Mitteilung oder
    - Ersatzfahrplan

CB 68614
CB 68616 Fritzlar - Anst Oppermann - Fritzlar
Sperrfahrt (Hinfahrt geschoben)

Tfz 290 Langsamgang   Last 540 t GL   (Mbr 21 G)
ab Oppermann
Tfz 290 Langsamgang   Last 1200 t GL   (Mbr 21 G)
Mindestens 80 % der Achsen des Wagenzuges müssen gebremst werden

				68614		68616	
1	2	3a	3b	4	5	4	5
	20	Fritzlar	6,2		6.46		8.26
7,7		Oppermann Awanst	7,7	6.51	7.07	8.31	8.50
	30	Fritzlar	6,2	7.12		8.55	

Bild 1: Buchfahrplan (Bedienung einer Anschlussstelle)

Fahrplan-Mitteilung Triebfahrzeugführer - Zug - Sperrfahrt - Sperrfahrt Kl ....am ....

Zuggattung/ Zuggattungsnummer	von	bis	über
80602	Zierenberg	km 6,8	W'hagen

X 1 fahren Sie nach folgenden Fahrplanangaben:

Buchfahrplan	Seite	Spalte, Linie, Zug	Betriebsstelle	Ankunft	Abfahrt	Besonderheiten/ Strukturnummer
438	343	2c/4c	Z'berg		8.30	
			km 6,8	8.52		
438	347	2c/4c	km 6,8		9.14	
				9.36		

Bei Ersatzfahrplan: Zulässige Geschwindigkeit 50 km/h
Bremsstellung 82 G

Zierenberg (Ort) 14.12.15 (Datum) 8 (Uhr) 10 (Minuten)
(Anordnende Stelle) Marko-F. gez. (Name) i. A. (Name)

Sie müssen Gültiges im Feld vor der Nummer ankreuzen. X Sie müssen nicht Zutreffendes im Kopf des Vordrucks oder im angekreuzten Teil schräg durchstreichen.

Bild 2: Fahrplan-Mitteilung

Bild 3: Sperrfahrt auf der freien Strecke

Räumungsprüfung bei Sperrfahrten

- Bevor auf Strecken mit selbsttätigem Streckenblock eine Sperrfahrt zugelassen wird, muss in der Regel eine Räumungsprüfung durchgeführt werden, wenn ein Anlass wie bei der Räumungsprüfung auf Zeit (s. Kap. 10.4.3) gegeben ist oder eine Sperrfahrt auf der freien Strecke – außer auf einer Abzweigstelle – beginnt
- Die Räumungsprüfung ist bei dem Zug durchzuführen, der den gesperrten Abschnitt zuletzt vor der Gleissperrung befahren hat
- Kann die Räumungsprüfung nicht durchgeführt werden, darf eine Sperrfahrt nur zugelassen werden, wenn der Triebfahrzeugführer einen Befehl 12 erhalten hat

Zulässige Geschwindigkeiten bei Sperrfahrten

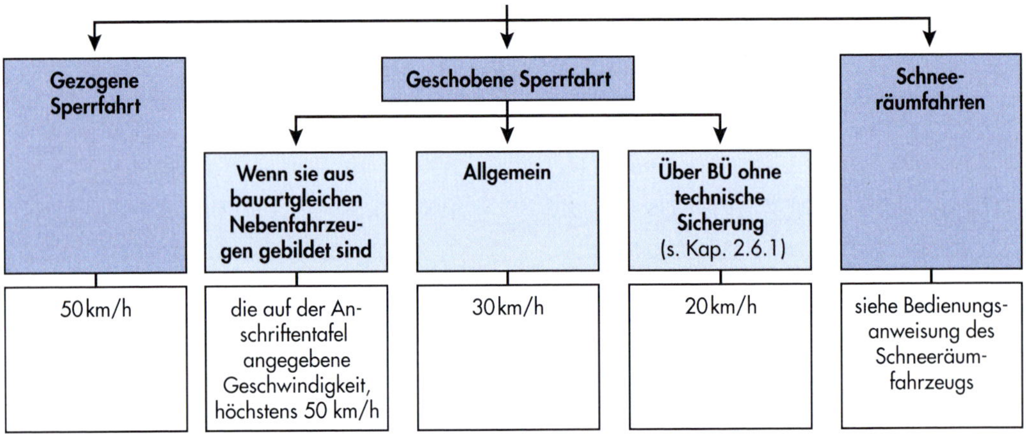

Vor Bahnübergängen mit offenen Schranken ist anzuhalten, bis die Schranken geschlossen sind. Bei zuggesteuerter Bahnübergangssicherung (s. Kap. 2.6.2) ist das Verhalten am Bahnübergang und wenn Arbeiten in der Einschaltstrecke durchgeführt werden, im Betriebsstellenbuch (Bebu) festgelegt.

Bei Halt auf freier Strecke verständigt der Zugführer den Fahrdienstleiter des Bahnhofs, der die Sperrfahrt abgelassen hat, über die Rück- oder Weiterfahrt. Bis dies geschehen ist, muss auf Sicht gefahren werden. Der Fahrdienstleiter benachrichtigt sofort die Beteiligten von der Rück- oder Weiterfahrt. Der Zugführer darf nur weiterfahren, wenn der Fdl zugestimmt hat.

Beendigung der Sperrfahrt

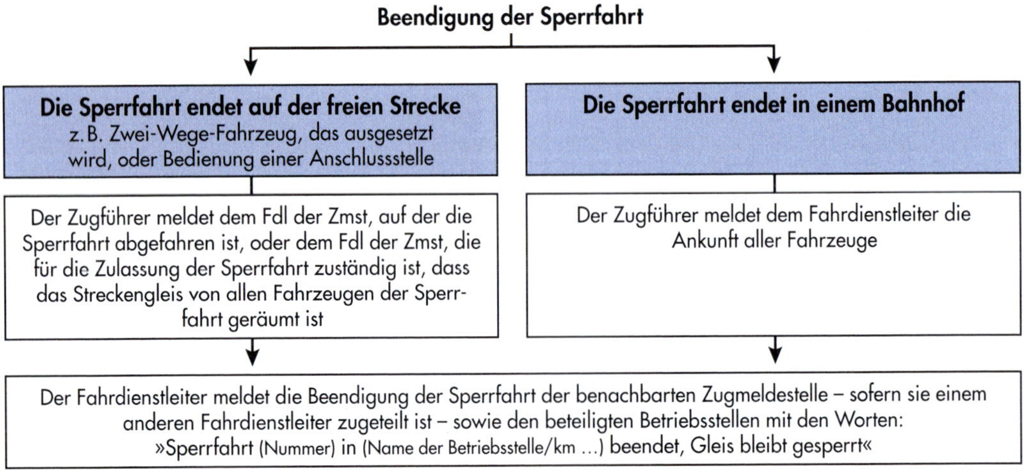

10.8.2 Fahrmöglichkeiten, Signal- und Blockbedienung für Sperrfahrten

a) Sperrfahrten auf Strecken ohne Streckenblock

Signalbedienung auf Strecken ohne Streckenblock

Die Signale werden bedient, wenn es die Anlage zulässt, ohne Rücksicht darauf, ob die Sperrfahrt bis zum nächsten Bahnhof fährt oder zum Ausgangspunkt zurückfährt. Dieses gilt nicht für Kleinwagen.

Für diese Sperrfahrten werden Befehle erteilt

- Befehl 4 und Befehl 6
- Befehl 4, Befehl 7 und Befehl 1
- Befehl 5 und Befehl 6
- Befehl 5, Befehl 7 und Befehl 1, ggf. Befehl 14

b) Sperrfahrten auf zweigleisigen Strecken mit Streckenblock

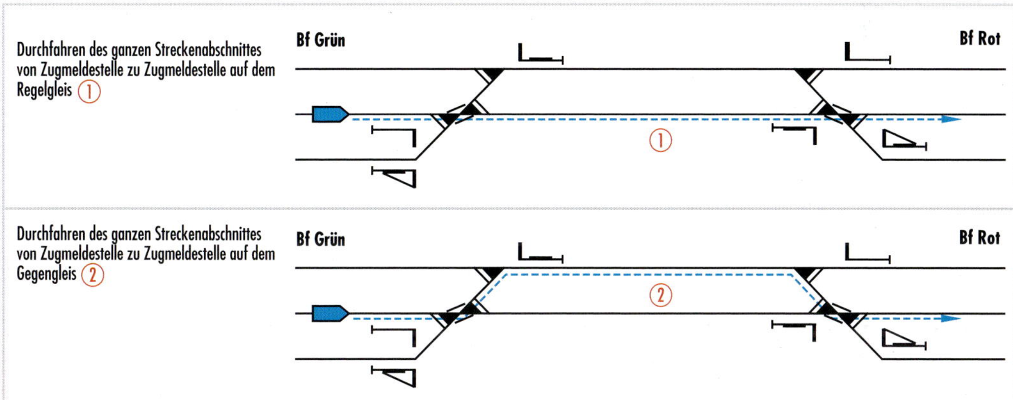

Bild 1: Fahrmöglichkeiten für Sperrfahrten auf zweigleisigen Strecken (Teil 1)

Signal- und Blockbedienung für Sperrfahrten – außer Kleinwagen –, die auf zweigleisigen Strecken mit Streckenblock im Abstand der Zugmeldestellen verkehren und unterwegs keine Rückwärtsbewegungen ausführen

Fahrt auf dem Regelgleis ①

Blockabschnitt frei

- Fahrstraße einstellen
- Signale und Streckenblock bedienen

Blockabschnitt besetzt

- Signale und Streckenblock bedienen (wenn möglich) oder
- Zugfahrt ohne Fahrtstellung eines Hauptsignals (s. Kap. 10.4)

Fahrt auf dem Gegengleis ②

Es gelten die Bestimmungen für das Fahren auf dem Gegengleis (s. Kap. 10.7)

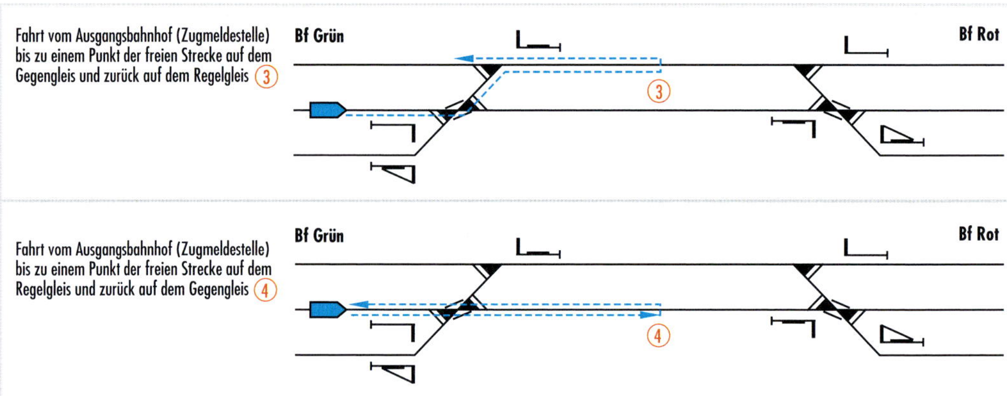

Bild 1: Fahrmöglichkeiten für Sperrfahrten auf zweigleisigen Strecken (Teil 2)

Signal- und Blockbedienung für Sperrfahrten, die auf zweigleisigen Strecken mit Streckenblock nur einen Teil des gesperrten Streckengleises befahren und auf demselben Gleis zurückkehren

Hinfahrt auf Gegengleis – Rückkehr auf dem Regelgleis ③

- Grundregel: Hauptsignale dürfen nicht bedient werden.
- Beim Hereinholen von Zügen oder Zugteilen dürfen – ausgenommen für Kleinwagen – die für die Fahrtrichtung des Zuges geltenden Signale bedient werden.
- Sperrfahrt wird durch Signal Zs 8 zugelassen oder
- Der Sperrfahrt wird ein Befehl 5 und ggf. Befehl 14 erteilt.

Hinfahrt auf Regelgleis – Rückkehr auf dem Gegengleis ④

- Für die Hinfahrt dürfen die Hauptsignale nicht bedient werden.
- Befehl 5 und
- sofern für die Ein- oder Weiterfahrt vom Gegengleis kein für Züge gültiges Signal vorhanden ist, Auftrag 6 oder 7 und ggf. Befehl 14.

Bei nichtselbsttätigen Streckenblock:
Außer bei Kleinwagen, darf bei der Rückkehr das Esig auf Fahrt gestellt werden, wenn
- es im Betriebsstellenbuch (Bebu) zugelassen ist,
- bei Strecken mit Trägerfrequenzblock 71 vor dem Ablassen der ersten Sperrfahrt die Erlaubnis mindestens einmal gewechselt worden ist.

Bei selbsttätigem Streckenblock gelten abweichende Regeln:
- Hauptsignale dürfen – außer für Kleinwagen – auf Fahrt gestellt werden, wenn es die Anlage zulässt. Für Kleinwagen müssen – soweit möglich – selbsttätige Blocksignale vor Zulassung der Fahrt gesperrt werden.
- Wenn bei Zentralblock eine Sperrfahrt nicht durch Fahrtstellung eines Hauptsignals zugelassen wurde, müssen die Zb-Abschnitte für die Fahrtrichtung der Sperrfahrt soweit möglich festgelegt werden, bevor die Fahrt zugelassen wird.
- Selbsttätige Blockeinrichtungen, die sich nach Beendigung aller Sperrfahrten nicht in Grundstellung befinden, dürfen in Grundstellung gebracht werden, wenn bei dem Zug, der den Zfa vor der Gleissperrung zuletzt befahren hat, eine Rp durchgeführt werden oder das Freisein des Sperrabschnitts vor dem Einlassen der ersten Sperrfahrt durch Blockabschnittsprüfung oder Auswerten der Meldeanzeigen festgestellt wurde.

c) Sperrfahrten auf eingleisigen Strecken mit Streckenblock

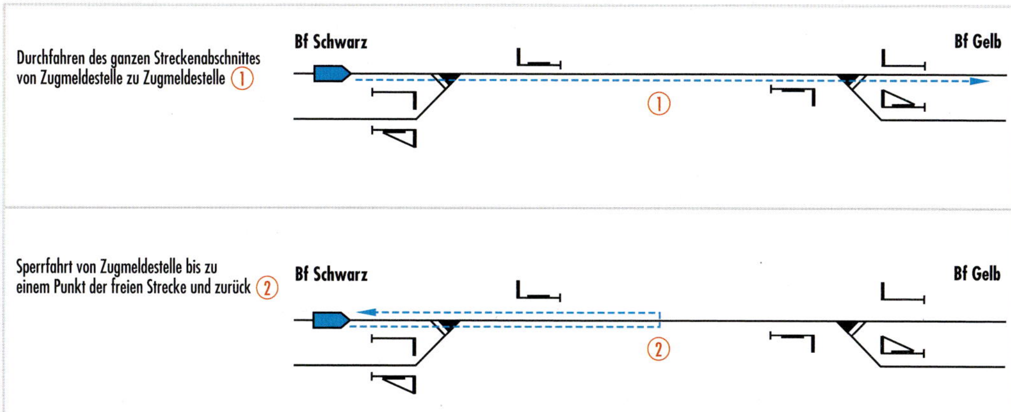

Bild 1: Fahrmöglichkeiten für Sperrfahrten auf eingleisigen Strecken mit Streckenblock

Signal- und Blockbedienung für Sperrfahrten auf eingleisigen Strecken mit Streckenblock

Für Sperrfahrten, die im Abstand der Zugmeldestellen verkehren und unterwegs keine Rückwärtsbewegungen ausführen ①

Blockabschnitt frei

- Fahrstraße einstellen
- Signale und Streckenblock bedienen

Blockabschnitt besetzt

- Signale und Streckenblock nicht bedienen
- Maßnahmen siehe: Zugfahrt ohne Fahrtstellung eines Hauptsignals (s. Kap. 10.4)

Für Sperrfahrten, die nur einen Teil des gesperrten Streckengleises befahren und zum Ausgangsbahnhof zurückkehren ②

Die Hauptsignale des Bahnhofs und der freien Strecke werden weder bei der Hinfahrt noch bei der Rückfahrt auf Fahrt gestellt; Vorbeifahrt mit Befehl.
Beim Hereinholen von Zügen oder Zugteilen werden jedoch die für die Fahrtrichtung des Zuges geltenden Signale bedient.

Bei nichtselbsttätigem Streckenblock:
Außer bei Kleinwagen darf bei der Rückkehr das Einfahrsignal auf Fahrt gestellt werden, wenn
- es im Betriebsstellenbuch (Bebu) zugelassen ist
- bei Strecken mit Trägerfrequenzblock 71 vor dem Ablassen der ersten Sperrfahrt die Erlaubnis mindestens einmal gewechselt worden ist

10.8.3 Beispiel: Sperrung eines Streckengleises und Durchführung einer Sperrfahrt

Gemäß der Bau- und Betriebsanweisung (Betra) 5020 soll das Streckengleis zwischen Kleinstadt und Dortheim (Lageplan s. Anhang)

- wegen Arbeiten im Gleis Kleinstadt–Dortheim von 8.50 Uhr bis 9.15 Uhr (nach IRC 57466 bis vor IC 184)
- zur Durchführung der Sperrfahrt 81101 von Kleinstadt bis km 39,5 und zurück gesperrt werden.

In der Betra ist in den »Anordnungen für den Zugverkehr« festgelegt, dass die Sperrfahrt 81101 um 8.52 Uhr den Bf Kleinstadt aus Gleis 4 verlassen soll und um 9.13 Uhr in Gleis 4 wieder einfährt. Zugführer Huber hat die Abfahrbereitschaft bereits um 8.45 Uhr gemeldet. Der Bf Kleinstadt ist die zuständige Zugmeldestelle.

Maßnahmen:

- Sperrung des Gleises Kleinstadt–Dortheim mit dem Nachbar-Fdl in Dortheim vereinbaren
- Selbststellbetrieb (SB) zurücknehmen: Selbststellbetrieb-Rücknahmetaste (SBRT) + Zugstraßentaste (ZT) N2
- Hilfssperre auf die Selbststellbetrieb-Einschalttaste (SBET)
- Fdl Kleinstadt führt Gleissperrung mit Fdl Dortheim durch: »Gleis von Kleinstadt nach Dortheim gesperrt«
- Eintrag im Zugmeldebuch

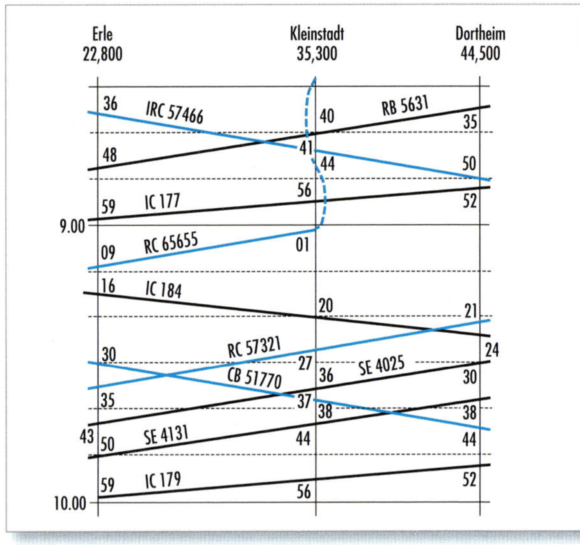

Bild 1: Bildfahrpan

1	2		3		4		5		6		7		8		9	10
Tag 12.01	Regelgleis von → / ← Gegengleis nach: Erle								Regelgleis nach → / ← Gegengleis von: Dortheim							
Zugnummer →	Annahme		Abfahrt		Rückmeldung		Ankunft		Annahme		Abfahrt		Rückmeldung		Zugnummer ←	Meldungen und Vermerke
	U	M	U	M	U	M	U	M	U	M	U	M	U	M		
57466			8	36			8	44			8	44				
Sperrf. 81101									Gesp. 8.50							Betra 5020, 8.51 Bef ben
									ab FKS 8.52 an FKS 9.13							Befehl
																11.13 alle Fz in FKS,
																Huber
																11.13 Gl FKS-Do
																befahrbar, Maier
									Sperr aufgeh. 9.15							9.16 Bef ben
184			9	16			9	20			9	20				
51770			9	30			9	38			9	38				

Bild 2: Zugmeldebuch im Bf Kleinstadt (Gleis vom Erle nach Dortheim)

- Hilfssperre und Merkhinweis »Gesperrt« an die Ausfahrzieltaste in Richtung Dortheim (n. Do)
- Beteiligte benachrichtigen, Eintrag im Zugmeldebuch
- Befehl aushändigen bzw. übermitteln, Eintrag im Zugmeldebuch
- Fahrplan-Mitteilung an Sperrfahrt

- Sperrfahrt 81101 abmelden (dabei Abfahrtbahnhof mit angeben), Eintrag im Zugmeldebuch
- Sichern des Fahrwegs und Zustimmung zur Ausfahrt: ZT R4 + ZT im Streckengleis
- Sperrfahrt fährt auf Signalbild Hp 2 aus
- Vorbeifahrt am Selbstblocksignal (Sbk) 21 auf Hp 1
- Sperrfahrt meldet Rückfahrt, Beteiligte benachrichtigen
- Zughilfsstraße vom Gegengleis einstellen: Zugstraßenhilfstaste (ZHT) Lsf + Zugstraßentaste (ZT) P4
- Festlegemelder leuchtet, Lichtsperrsignal (Ls) zeigt Sh 1
- Meldung über die Ankunft aller Fahrzeuge und die Befahrbarkeit des Gleises entgegennehmen, Eintrag im Zugmeldebuch

10	9	8		7		6		5		4		3		2		1
		← Regelgleis nach Gegengleis von → Erle								→ Regelgleis von Gegengleis nach ← Dortheim						Tag 12.01
Meldungen und Vermerke	Zugnummer →	Rückmeldung		Abfahrt		Annahme		Ankunft		Rückmeldung		Abfahrt		Annahme		Zugnummer ←
		U	M	U	M	U	M	U	M	U	M	U	M	U	M	
				8	41			8	40			8	35			5631
				8	56			8	56			8	52			177
				9	01											64655
				9	29			9	29			9	21			57321
				9	37			9	36			9	30			4025
				9	44			9	44			9	38			4131
				9	56			9	56			9	52			179

Bild 1: Zugmeldebuch im Bf Kleinstadt (Gleis von Dortheim nach Erle)

- Ankunft der Sperrfahrt an Fdl Dortheim melden, Eintrag im Zugmeldebuch
- Aufhebung der Gleissperrung an Fdl Dortheim melden, Eintrag im Zugmeldebuch
- Streckenblock in Grundstellung bringen:
  Sbk 23 sperren mit der Blocksignal-Sperrtaste (BlSpT) + Signaltaste (ST) 23: dadurch kommt Sbk 21 in Grundstellung »Fahrt«, danach Sbk 23 entsperren mit Blocksignal-Entsperrtaste (BlESpT) + ST 23
- Eintrag im Arbeits- und Störungsbuch und Nachweis der Zählwerke
- alle Hilfssperren und Merkhinweise entfernen

1. Im Bahnhof Salfeld (km 36,7) soll wegen Gleisbauarbeiten in km 43,6 (zweigleisige Strecke) um 10.15 Uhr ein Bauzug (Tfz 334, Last 200 t, Mbr 18 G) als Sperrfahrt 87952 aus Gleis 5 Richtung Rechtsheim geschickt werden. Die voraussichtliche Fahrzeit beträgt 20 Minuten. Die Rückfahrt soll nach Vereinbarung auf demselben Gleis stattfinden. Auf dieser Strecke hat der Zugfunk die Kanalnummer A 76.

   Erstellen Sie die Fahrplanunterlagen für eine nicht regelmäßig verkehrende Sperrfahrt!

10.8.4 Sperrfahrten beim ESTW-Zentralblock

Eine Sperrfahrt beim ESTW-Zentralblock erfolgt nach den gleichen Grundsätzen wie bei einem Stellwerk der Bauform Sp Dr S 60. Dennoch gibt es Besonderheiten:

- **Eingabe der Sperrfahrtnummer**

Zur Eingabe der Sperrfahrtnummer in das »Zugnummerfeld« (ZN-Feld) wird der Mauszeiger zum betroffenen Gleisabschnitt bewegt und anschließend die rechte Maustaste betätigt (s. Bild 1).

Bild 1: Gleisabschnitt 112 auf der Berü

Soll die bisherige Zugnummer durch eine bereits bekannte Sperrfahrtnummer ersetzt werden, so wird anschließend im geöffneten Menü zu Gleis 112 mit der linken Maustaste das Feld »ZN-Bedienung« (ZN >) betätigt und dann im Untermenü ZN ebenfalls mit der linken Maustaste das Feld «ZN-Löschen« (LOE >) sowie das Feld »ZN-Eingeben« (EIN >) (s. Bild 2) aktiviert. Nun kann die Eingabe der Sperrfahrtnummer erfolgen.

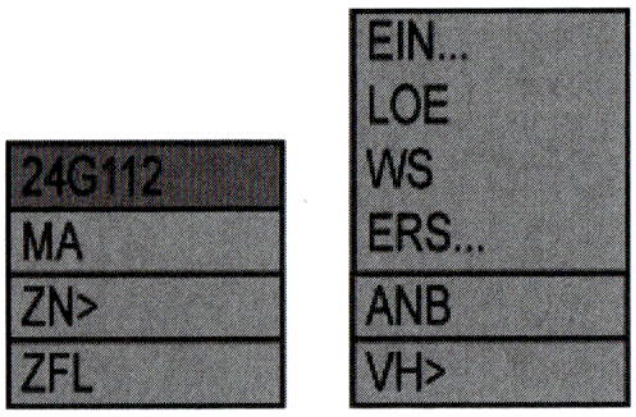

Bild 2: Eingabe der Sperrfahrtnummer

- **Sperrumgehung**

Soll die Ausfahrt aus dem Bahnhof in ein gesperrtes Gleis mit der Fahrtstellung des Hauptsignals erfolgen, so ist eine Sperrumgehung (S) erforderlich. Zunächst werden wie im Regelfall der Startpunkt (z. B. Asig) und der Zielpunkt im Streckengleis (in der Regel der Blocküberwachungsmelder) bedient. Daraufhin wird der Fahrweg durch eine doppelte grüne Linie dargestellt.

Um nun die Sperrumgebung (S) zu aktivieren, wird im Zielmenu der Fahrstraße mit der linken Maustaste das Untermenü »Andere« geöffnet, die »Sperrumgehung« (S) aktiviert und die Kommandofreigabe mittels »KF1« und »KF2« bestätigt.

- **Grundstellung herstellen**

Es kann passieren, dass sich selbsttätige Blockeinrichtungen nach der Rückkehr aller Sperrfahrten nicht in Grundstellung befinden.

Leuchtet z. B. ein geräumter Blockabschnitt nach einer Zugfahrt wieder grün, so liegt eine Auflösestörung vor. Der Blockabschnitt kann mit Hilfe des KF-pflichtigen Bedienkommandos »Block hilfsweise auflösen« (BHA) am Zielsignal in Grundstellung gebracht werden. Das betroffene Zentralblocksignal kann anschließend nur durch eine Bedienung von Signal zu Signal auf Fahrt gestellt werden.

Leuchtet z. B. der Blockabschnittsmelder einer Strecke mit Achszähleinrichtung weiterhin rot, obwohl der Blockabschnitt geräumt ist, so sperrt der Fahrdienstleiter zunächst das Zentralblocksignal am Ende dieses Abschnitts und bringt dann den betroffenen Blockabschnitt mit Hilfe des KF-pflichtigen Bedienkommandos »Achszähleinrichtung in Grundstellung bringen« (AZG) im betroffenen Blockabschnitt in Grundstellung.

10.9 Fahrten mit Kleinwagen

Sperrfahrt

Fahrten mit Schwerkleinwagen (schweren Nebenfahrzeugen) werden wie Zugfahrten durchgeführt. Die Fahrzeuge lösen Gleisschaltmittel (Schienenkontakte, Gleisfreimeldeanlagen) zuverlässig aus.

Fahrzeuge, die Gleisschaltmittel nicht zuverlässig auslösen, werden mit »Kleinwagen (Kl)« bezeichnet. Sie sind durch eine entsprechende Anschriftentafel gekennzeichnet.

Bild 1: Schwerkleinwagen

© Marks-Führmann

Bild 2: Kleinwagen (Kl)

© Marks-Führmann

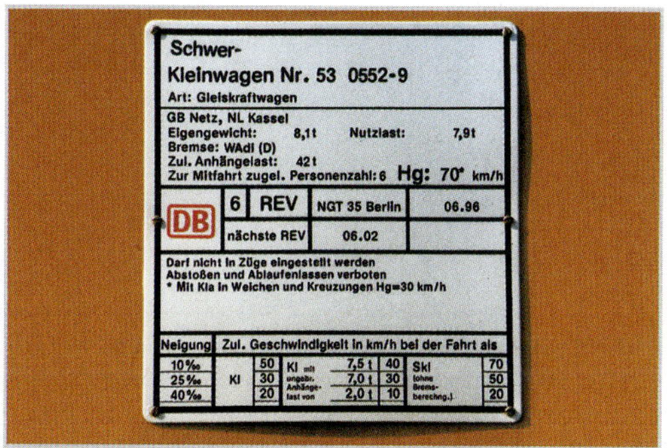

Bild 3: Anschriftentafel eines Schwerkleinwagens (Skl)

© Marks-Führmann

Kleinwagen lösen – bedingt durch geringe Radsatzlast oder geringen Raddurchmesser – Gleisschaltmittel, zu denen auch die Einrichtungen der selbsttätigen Gleisfreimeldeanlagen gehören, nicht zuverlässig aus. Dies gilt besonders für Gleisfreimeldeanlagen, die mit Gleisstromkreisen (s. Kap. 6.2) arbeiten. Hier kann bereits geringfügige Rostbildung oder Verunreinigung der Schienenlauffläche dazu führen, dass die Anlage die Gleisbesetzung nicht registriert. Dieses kann Betriebsgefährdungen zur Folge haben. Es sind nur noch wenige Kleinwagen vorhanden und deren Einsatz nimmt ständig ab. Andererseits werden aber immer mehr Zwei-Wege-Fahrzeuge (als Baufahrzeuge) eingesetzt. Zwei-Wege-Fahrzeuge lösen Gleisschaltmittel nicht zuverlässig aus und werden oft an Bahnübergängen ein- oder ausgesetzt.

Bild 4: Zweiwege-Fahrzeug

© Robel Maschinenfabrik, München

Selbsttätige Gleisfreimeldeanlagen gelten deswegen als nicht ordnungsgemäß wirkend, wenn das Gleis durch einen Kleinwagen besetzt wird oder besetzt war (s. Kap. 10.12 f.).

Züge, die aus Kleinwagen gebildet oder in die Kleinwagen eingestellt sind, dürfen auf der freien Strecke nur als Sperrfahrt (s. Kap. 10.8) verkehren. Sie werden gemäß diesen Bestimmungen – mit wenigen Abweichungen – durchgeführt.
Bevor nach dem Verkehren der Kleinwagenfahrt eine Zugfahrt zugelassen wird, ist festzustellen, dass der Kleinwagen das Gleis geräumt hat. Bevor der Kleinwagen in ein Gleis mit selbsttätiger Gleisfreimeldeanlage einfahren darf, sind zusätzlich zu den Maßnahmen für Sperrfahrten folgende Merkhinweise und Sperren anzubringen oder einzugeben.

	im mechanischen oder elektromechanischen Stellwerk	**im Gleisbildstellwerk**
Merkhinweis anbringen KL (Kleinwagen)	• am Hebelschild der zugehörigen Fahrstraßenhebel	• im betroffenen Gleis- oder Weichenabschnitt
Sperren anbringen oder eingeben	• Hilfssperre an den zugehörigen Fahrstraßenhebeln in der Grundstellung	• Hilfssperre an den Start- oder Zieltasten der betroffenen Zugstraßen – bei EZMG-Stellwerken an der Zugstraßensignaltaste »Einfahrt« – oder • Zielsperrung der betroffenen Zugstraßen oder • Sperre im Zielabschnitt der Zugstraßen
Merkhinweis und Sperren entfernen	• wenn durch Hinsehen festgestellt worden ist, dass die betroffenen Gleis- oder Weichenabschnitte frei sind, oder • wenn durch Abschnittsprüfung festgestellt worden ist, dass die betroffenen Gleis- oder Weichenabschnitte frei sind, oder der Triebfahrzeugführer bestätigt hat, dass die betroffenen Gleis- oder Weichenabschnitte geräumt sind, oder • wenn für die Kleinwagenfahrt eine Zugschlussmeldung gegeben worden ist	

Tabelle 1: Kleinwagenfahrten auf Gleisen mit selbsttätiger Gleisfreimeldeanlage

Bei Aufträgen und Meldungen mit festem Wortlaut wird das Wort »Zug« bei Kleinwagenfahrten durch »Sperrfahrt Kl« ersetzt.

So lautet der Eintrag in der Kopfzeile eines Befehls z. B. »Sperrfahrt Kl87678«.

Bild 1: Merkschild »KL« am Fahrstraßenhebel

1. Welche Fahrzeuge werden als Kleinwagen (KL) bezeichnet?
2. Welche Betriebsgefährdungen kann es zur Folge haben, wenn bei Kleinwagen die Gleisbesetzung bei einer selbsttätigen Gleisfreimeldeanlage nicht registriert wird?
3. Wie werden Kleinwagenfahrten fahrdienstlich behandelt?
4. Mit welchen wesentlichen Abweichungen zu Sperrfahrten werden Kleinwagenfahrten durchgeführt?

10.10 Störungen an Weichen

Weichenstörung

Störungen an Weichen können den Betriebsablauf erheblich beeinflussen. So kann bereits die Störung an einer zentral gelegenen Weiche den gesamten Betrieb in einem Bahnhof vorübergehend stilllegen. Es kommt zu Verspätungen im Zugverkehr.

Arten von Weichenstörungen

- **Weiche kommt nicht in die Endlage**
- **Sonstige Störungen**
  - Beim Gleisbildstellwerk
    - Tastenbedienung ist unwirksam
    - Weichenlaufkette ist gestört
  - Beim mechanischen Stellwerk
    - Reißen von Stellleitungen
- **Weiche wird aufgefahren**

10.10.1 Weiche kommt nicht in die Endlage

Diese Störung tritt beim Umstellen der Weiche auf, wenn die Weichenzungen wegen eines Fremdkörpers (Stein, Eis, Schnee) oder wegen Schwergangs nicht in die Endlage kommen. Bei elektrisch angetriebenen Weichen können es auch Kontaktstörungen an den Überwachungseinrichtungen sein, die versehentlich das Nichterreichen der Endlage der Weichenzungen anzeigen.

Störungsäußerungen bei

mechanisch gestellten Weichen

- Der Weichenhebel lässt sich nicht bis in die Endlage umstellen.
- Bei geriegelten Weichen lässt sich auch der Riegelhebel evtl. nicht vollständig umlegen.
- Bei Schwergang einer Weiche ist nicht mehr gewährleistet, dass die Weichenzungen ordnungsgemäß in die Endlage kommen. Es kann auch passieren, dass die Drahtbruchsperre einsetzt und die vollkommene Umstellung der Weiche verhindert (s. Kap. 5.3.1).

elektrisch gestellten Weichen beim Stellwerk Sp Dr S 60

- Der Stellungs- und Überwachungsmelder blinkt.
- Der Weichenstörwecker ertönt.
- Der Weichenstörmelder zeigt rotes Blinklicht.

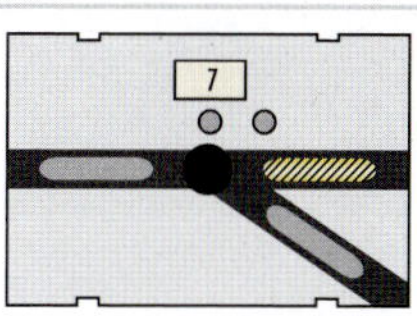

Bild 1: Der Stellungs- und Überwachungsmelder (StÜM) blinkt

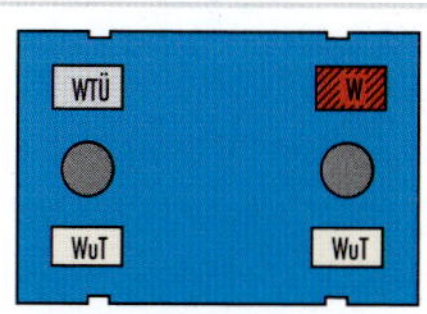

Bild 2: Der Weichenstörmelder zeigt rotes Blinklicht

Lässt sich eine Weiche nicht in die Endlage bringen, gilt sie als gestört und es muss an Ort und Stelle überprüft werden, ob

- die anliegende Zunge richtig anliegt
- die Zungen nicht verbogen sind
- die Zungenverbindungsstange in Ordnung ist
- die Weichenverschlüsse in Ordnung sind

Weichenverschlüsse

Zungenverschluss

- Klammerspitzenverschluss (SpV)
- Klammermittelverschluss (KMV)
- Gabelmittelverschluss (GMV)

Herzstückverschlüsse

- Klammerverschluss für bewegliche Herzstückspitzen
- Klammerverschluss für bewegliche Doppelherzstückspitzen

Bild 1: Gabelmittelverschluss

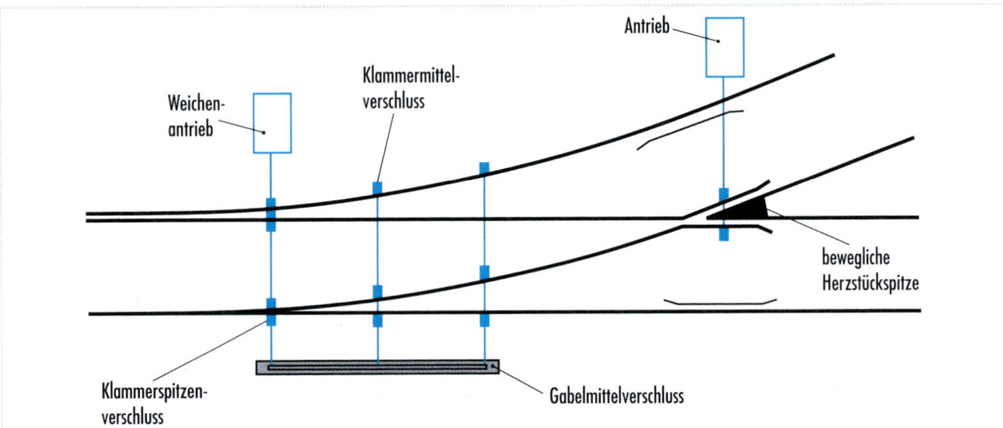

Bild 2: Weichenverschlüsse

Zur Überprüfung ist u.a. ein Fahrdienstleiter, Weichenwärter, Zugführer, Triebfahrzeugführer, eine Fachkraft der für die Entstörungsveranlassung zuständigen Stelle (EVZS) oder die Fachkraft Fahrbahn befähigt und berechtigt. Werden bei der Prüfung von Weichenzungen und ggf. beweglicher Herzstückspitze keine Schäden festgestellt, so darf eine vom Herzstück her befahrene Weiche stumpf befahren werden ohne Sicherung durch Handverschlüsse. Falls Spitzen-, Mittel- oder Herzstückverschlüsse gestört sind, müssen sie immer mit Handverschluss (HV) gesichert werden.

Bild 3: Lage der Verschlussklammer an der anliegenden Zunge

Wann muss eine Weiche durch Handverschluss (HV) gesichert werden?

Bei Zugfahrten

Bei Weichen, die gegen die Spitze befahren werden, und Schutzweichen.

- Die Überwachungseinrichtung einer ferngestellten, nicht geriegelten Weiche zeigt eine Störung an.
- Eine ortsgestellte Weiche ist ungeriegelt.
- Die Signalabhängigkeit ist aufgehoben.

Verzicht auf Handverschluss u. a. bei Schutzweichen, wenn
- der Flankenschutz zusätzlich durch Signal Hp 0 ohne Signal Zs 103, Sh 0 oder Ra 11a (DV 301) hergestellt ist. Anbringen von Sperren s. Ril 408.
- auf dem Gleis, in dem die Schutzweiche liegt, keine Fahrzeugbewegungen stattfinden.
- sie ortsgestellt und mit einem Hebelgewicht versehen sind, man die Weiche überblicken und gegen unberechtigten Eingriff schützen kann. Zungen- und Herzstückverschlüsse müssen i. O. sein.

Bei Fahrzeugbewegungen beim Rangieren

Bei Weichen, die gegen die Spitze befahren werden.

- Die Weiche ist abgebunden und nicht mit Hebelgewichten versehen.
- Die Überwachungseinrichtung einer elektrisch gestellten Weiche zeigt eine Störung an und der Stellstrom ist nicht abgeschaltet.
- Die Fachkraft schreibt dies bei Arbeiten vor.

Verzicht auf Handverschluss:
- wenn der Stellstrom abgeschaltet ist

	Weichen ohne Mittelverschluss und Flachkreuzungen	Weichen mit Mittelverschluss	Weichen mit beweglichen Herzstückspitzen
Zungen- und Herzstückverschlüsse in Ordnung	• abliegende Zunge an der Weichenspitze bzw. • abliegende Zunge an der Doppelherzstückspitze	• abliegende Zunge an der Weichenspitze	• abliegende Zunge an der Weichenspitze und der • anliegenden Seite der beweglichen Herzstückspitze
Ein Zungenverschluss oder mehrere Zungenverschlüsse nicht in Ordnung	• an- und abliegende Zunge an der Weichenspitze und an • an- und abliegende Zunge an der Doppelherzstückspitze	• an- und abliegende Zunge an der Weichenspitze und an der • anliegenden Zunge im 5. Schwellenfach hinter dem Spitzenverschluss	• an- und abliegende Zunge an der Weichenspitze und an der • anliegenden Zunge im 5. Schwellenfach hinter dem Spitzenverschluss und an • anliegenden Seite der beweglichen Herzstückspitze
Verschluss der beweglichen Herzstückspitze nicht in Ordnung	–	–	• abliegende Zunge an der Weichenspitze und an der • anliegenden Seite der beweglichen Herzstückspitze

Tabelle 1: Übersicht über das Anbringen von Handverschlüssen

Die hiermit gesicherte Weiche oder Flachkreuzung ist nicht signalabhängig, auch wenn der Schlüssel im Hebelbank-, Block- oder Steigerschloß bzw. der elektrischen Schlüsselsperre verschlossen ist.

Wer eine Weiche oder Flachkreuzung durch Handverschluss gesichert hat, muss sich überzeugen, ob für das Befahren nach rechts (R) oder links (L)

- die Zungen in ihrem gesamten Verlauf richtig liegen und
- wo vorhanden, die bewegliche Herzstückspitze mit der Stellung der Zungen übereinstimmt

Im Regelfall schaltet sich der Stellstrom bei elektrisch betriebenen Weichen selbsttätig ab. Der Stellstrom kann aber auch von Hand, entweder im Relaisraum durch Herausnahme der Sicherung durch die Fachkraft oder am Antrieb mit dem Spannungsabschalter, abgeschaltet werden. Dann blinkt der StÜM gelb, der Weichenstörmelder blinkt rot und der Weichenstörwecker ertönt.

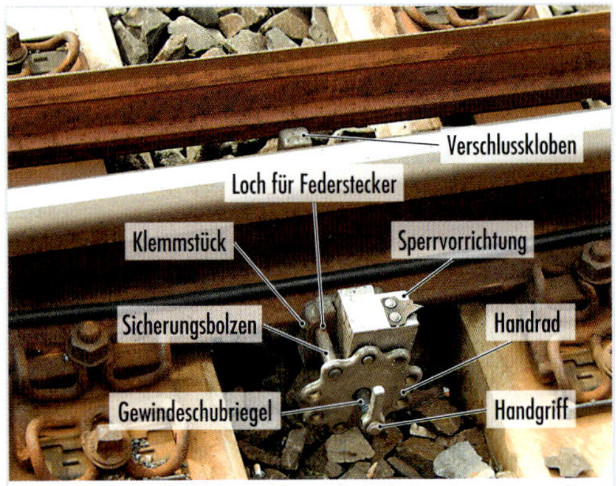

Zwischen dem Verschlusskloben und dem Handrad befinden sich eine Mutter und ein Gewinderohr, welche die Klemmstücke an beiden Seiten der Backenschiene festhalten und verbinden.

Bild 1: Handverschlüsse in einem Stellwerk

Bild 2: Handverschluss HV 73 Sp sichert die abliegende Zunge

Sichern von Weichen durch Anbringen oder Eingeben von Sperren, wenn

- Weichen, Gleissperren, Riegel und Sperrsignale, die Flankenschutzeinrichtungen sind, gestört sind oder an ihnen gearbeitet wird
- die Fachkraft die Signalabhängigkeit dieser Einrichtungen für aufgehoben erklärt hat oder zu verhindern ist, dass diese Einrichtungen versehentlich umgestellt werden können

im mechanischen oder elektromechanischen Stellwerk

Hilfssperre an den Hebeln der Weichen, Riegel, Gleissperren oder Sperrsignale

Im Gleisbildstellwerk mit Weichenlaufkette (hier: Stellwerk Sp Dr 60)

- Einzelsperrung der Weichen, Gleissperren oder Sperrsignale oder
- Sperre im gesperrten Abschnitt

Ist Einzelsperrung oder Sperre nicht möglich, ist die WLK zu sperren, an den Tasten der Weichen und Gleissperren sind Hilfssperren anzubringen. Kann die WLK nicht gesperrt werden, sind die Weichen durch HV zu sichern.

Fallbeispiel

Beim Einstellen der Ausfahrzugstraße aus Gleis 4 im Bahnhof Kleinstadt (s. Anhang) für den Zug 56789 kommt die Weiche 3 nicht in die Endlage. Der Stellstrom hat sich selbsttätig abgeschaltet.

- Der Stellungs- und Überwachungsmelder (StÜM) und der Weichenstörmelder blinken, der Weichenstörwecker ertönt
- Weckerunterbrechertaste bedienen, Wecker schaltet ab, Weichenstörmelder erlischt
- SB zurücknehmen, Hilfssperre auf SBET
- Eingestellte Fahrstraße zurücknehmen mit der Fahrstraßen-Rücknahmetaste (FRT) und der Start- und Zieltaste, hier: ZT P4 und ST 16 (da Zentralblock)
- Durch Bedienung der Weichengruppentaste (WGT) mit der Weichentaste (WT) 3 versuchen, die Weiche einzeln umzustellen. Die Bedienung ist erfolglos
- Weiche 3 in benötigter Lage sperren mit Weichensperrtaste (WSpT) und der Weichentaste (WT) 3
- Eintrag im Arbeits- und Störungsbuch, Benachrichtigung der für die Entstörungsveranlassung zuständigen Stelle (EVZS)
- Gang zur Weiche mit Spannungsabschalter, Weichenkurbel und Handverschluss
- Weiche prüfen, Ursache ermitteln und evtl. beseitigen (Entfernen von Fremdkörpern)
- Stellstrom mit Spannungsabschalter abschalten (dadurch wird die Kurbelsperre beseitigt)
- Die Weiche mit der Weichenkurbel in die richtige Stellung bringen, Stellung der Weichenzungen überprüfen
- Weichenkurbel entfernen und Stellstrom wieder einschalten
- Wenn der Spitzenverschluss nicht in Ordnung ist, sind an der an- und abliegenden Zunge jeweils ein Handverschluss (HV) anzubringen
- Schlüssel des Handverschlusses ans Schlüsselbrett hängen
- StÜM blinkt weiter, da der Stellstrom nicht in der jetzigen Endlage abgeschaltet hat
- Weiche 3 entsperren mit der Weichenentsperrtaste (WESpT) und der WT 3
- Weiche 3 einzeln umstellen mit der WGT und der WT 3, Weiche läuft gegen den Handverschluss
- Weiche 3 nochmals einzeln umstellen, Weiche 3 kommt in die Endlage, StÜM zeigt Ruhelicht
- Einstellen der Ausfahrzugstraße (ZT P4 und ST 16)

10.10.2 Auffahren einer Weiche

Rangieren: Weiche aufgefahren

Wird eine Weiche vom Herzstück her in der falschen Stellung befahren, drückt das Fahrzeug die abliegende Weichenzunge gegen die Backenschiene und schiebt gleichzeitig die anliegende Weichenzunge von dieser weg. Dies kann zu Beschädigungen an der Weiche, schlimmstenfalls zu einer Entgleisung führen.

Bild 1: Weiche wird aufgefahren

Das Auffahren ist nur bei Rückfallweichen (nicht mit Kleinwagen) erlaubt. Die Zungen bei einer Rückfallweiche werden beim Befahren vom Herzstück her durch den Zug umgestellt (aufgefahren), fallen aber nach dem Verlassen durch Federwirkung wieder in die Grundstellung zurück.

Im mechanischen Stellwerk kann das Auffahren von Weichen folgendermaßen angezeigt werden:

- Seilscheibe ist verdreht
- Siegel ist gerissen
- Handfallenstange ist angehoben
- Verschlussbalken befindet sich in der Mittelstellung

Beim Stellwerk SpDrS60 wird das Auffahren einer Weiche durch Meldeeinrichtungen auf dem Stelltisch angezeigt.

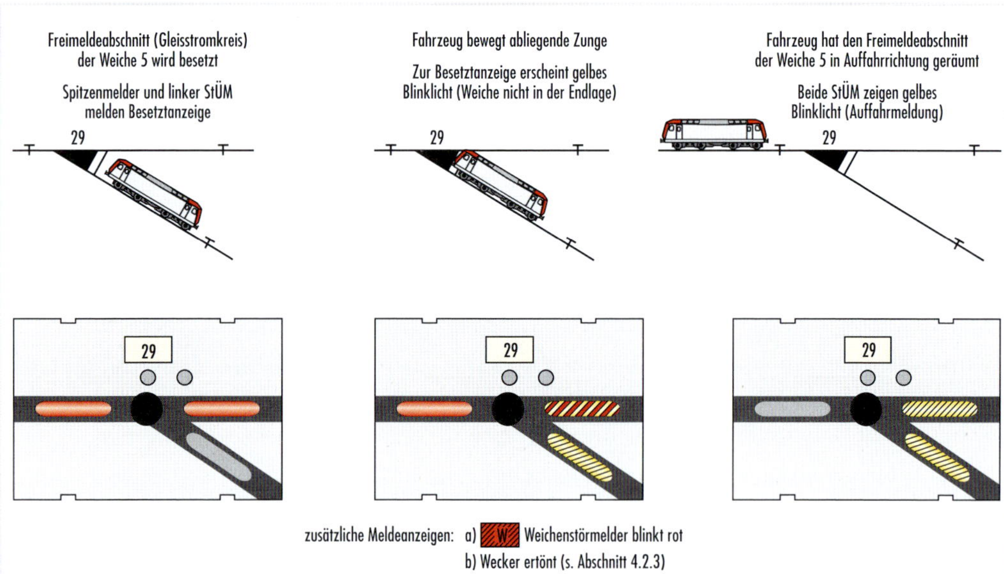

Bild 1: Meldeanzeigen beim Auffahren einer Weiche (Weiche 29 liegt in der Linkslage)

Das Auffahren einer Weiche wird im Arbeits- und Störungsbuch vermerkt und die Fachkraft informiert.

1	2	3	4
Lfd. Nr.	Tag	Uhrzeit	**Ereignis** (Arbeiten bzw. vom Bediener festgestellte Unregelmäßigkeiten) **Meldung an die für die Entstörungsveranlassung zuständige Stelle** (EVZS) **Auswirkungen, erforderliche betriebliche Maßnahmen** (Vorgabe der Fachkraft) **Zustimmung des Bedieners** *(„zugest" / „Fdl hat zugest")* **Unterbrechung der Arbeiten, ggf. weiterhin erforderliche betriebliche Maßnahmen** (Vorgabe der Fachkraft) **Beendigung der Arbeiten** *(„Arbeiten beendet")* **Ursache der Unregelmäßigkeit** **Kenntnisnahme des Bedieners** *(„Kg")*
Einträge zu lfd. Nr. ....sind noch nicht abgeschlossen			
14	21.6	8:10	W 20 durch Rangierfahrt aufgefahren
			Tf Kohlstruck meldet: Weiche in Ordnung **Schmidt**, Fdl

Bild 2: Auffahrmeldung im Arbeits- und Störungsbuch

Maßnahmen beim Auffahren einer Weiche

↓

ggf. Ergreifen von Maßnahmen bei drohender Gefahr; Ergreifen von Maßnahmen, die verhindern, dass ein Zug diese Weiche befährt; beim Gleisbildstellwerk ist der Selbststellbetrieb zurückzunehmen

↓

Eintrag ins Arbeits- und Störungsbuch. Meldung der Störung an die EVZS

↓

Die Weiche wird in Auffahrrichtung geräumt

↓

An Ort und Stelle prüfen, ob die Weiche im ordnungsgemäßen Zustand ist

↓

Ordnungsgemäßer Zustand wurde festgestellt

→ Im mechanischen Stellwerk:
- Weichenhebel einscheren
- Weichenhebel probeweise umstellen und in beiden Endlagen die Funktionstüchtigkeit der Verschlüsse, Zungen etc. überprüfen

→ Im Stellwerk Sp Dr 60:
- Grundstellung der Weiche herstellen: Bedienen der Weichen-Auffahrtaste (WAT) mit der Weichentaste (WT), Eintrag im Nachweis der Zählwerke
- Weiche durch Einzelbedienung überprüfen: Weichengruppentaste (WGT) mit der Weichentaste (WT)

Weiche ist beschädigt (z. B. Zungen)

↓ Weiche ist nicht mehr befahrbar

↓ Maßnahmen s. Kap. 10.6 Sperren von Gleisen

Weiche ist in Ordnung, aber der Spitzenverschluss bzw. Klammermittelverschluss ist nicht in Ordnung

↓ Weiche ist nach örtlicher Sicherung befahrbar

↓ Anbringen von Handverschlüssen

1. Welche Melder zeigen in einem Stellwerk Sp Dr 60 Weichenstörungen an?
2. Welche Hilfsmittel sind erforderlich, um eine durch Drahtzug gestellte Weiche bei einer Störung in die Endlage zu bringen?
3. Welche Hilfsmittel sind erforderlich, um eine elektrisch gestellte Weiche bei einer Störung in die Endlage zu bringen?
4. An welchen Stellen sind in folgenden Fällen Handverschlüsse anzubringen?
   a) SpV und KMV sind in Ordnung, Störung liegt in der Übertragung (Kontaktstörung)
   b) SpV ist gestört
   c) KMV ist gestört oder Verbindung SpV–KMV ist gestört

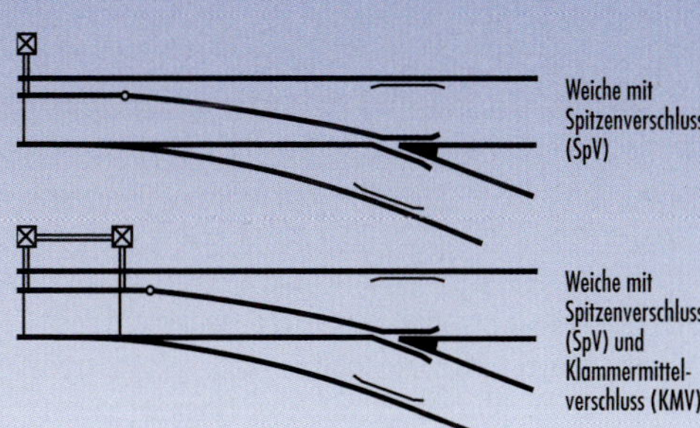

5. Welcher Personenkreis ist nach dem Auffahren einer Weiche berechtigt, ihren Zustand an Ort und Stelle festzustellen?
6. Welche besonderen Weichen dürfen nach dem Auffahren erst wieder geräumt und befahren werden, nachdem eine Fachkraft der EVZS oder Fachkraft Fahrbahn den ordnungsgemäßen Zustand an Ort und Stelle festgestellt hat?

10.11 Fehler und Störungen an Signalen

Signalstörung

Für den sicheren Betriebsablauf ist es von Bedeutung, dass die Signalbilder vom Triebfahrzeugführer rechtzeitig und einwandfrei erkannt werden können. Fehler und Störungen (s. Beginn Kap. 10) treten auf, die u. a. in der Bauart der Signale begründet liegen.

Bei Formsignalen gehören der Drahtbruch der Stellleitungen oder Beschädigungen an den beweglichen Bauteilen des Signals zu den auftretenden Unregelmäßigkeiten. Lichtsignale haben im Gegensatz zu Formsignalen kaum bewegliche Teile, sodass Fehler und Störungen in erster Linie die Signallampen betreffen. Diese haben nur eine begrenzte Lebensdauer und brennen nach gewisser Zeit durch. Da aber erloschene Signallichter das Signalbild verfälschen oder ganz verschwinden lassen können, hat man in Verbindung mit

- Ein- bzw. Zweifadenlampen und
- einem Lampenkreis bzw. zwei Lampenkreisen

schaltungstechnische Maßnahmen getroffen, die dieses ausschließen.

Zweifadensignallampen haben einen Hauptfaden (HF) und einen Nebenfaden (NF). Im Regelfall ist der Hauptfaden beschaltet. Bei dessen Zerstörung wird selbsttätig auf den Nebenfaden umgeschaltet. Das Signal bleibt weiterhin bedienbar. Erst wenn auch der Nebenfaden zerstört wird, ist die Signallampe dunkel und das Signal kann nicht mehr auf Fahrt gestellt werden. Zweifadenlampen befinden sich u. a. in den Laternen

- der Hauptsignale, Hauptsperrsignale
- der Vorsignale
- der Kennlichter
- der Zusatzsignale Zs 1/Zs 7

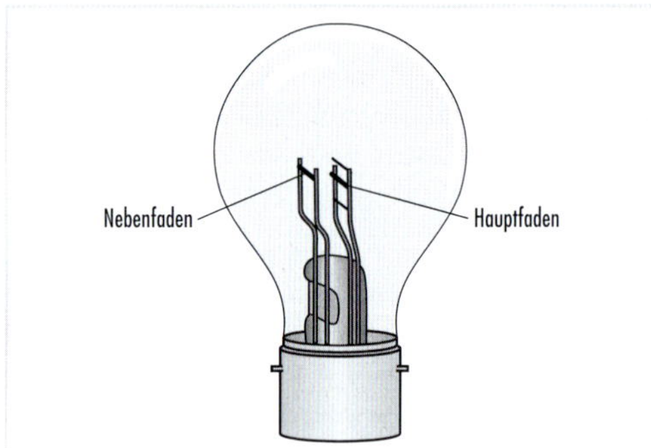

Bild 1: Zweifadensignallampe

Der Haltbegriff eines Hauptsignals ist mit einer Dreifadensicherung ausgestattet. Im Regelfall ist der Hauptfaden des Hauptrots beschaltet. Wird dieser zerstört, schaltet die Anlage selbsttätig auf den Hauptfaden des Nebenrots um. Wird auch der Hauptfaden des Nebenrots zerstört, wird selbsttätig auf den Nebenfaden im Nebenrot umgeschaltet. Danach ist das Signal nicht mehr stellbar.

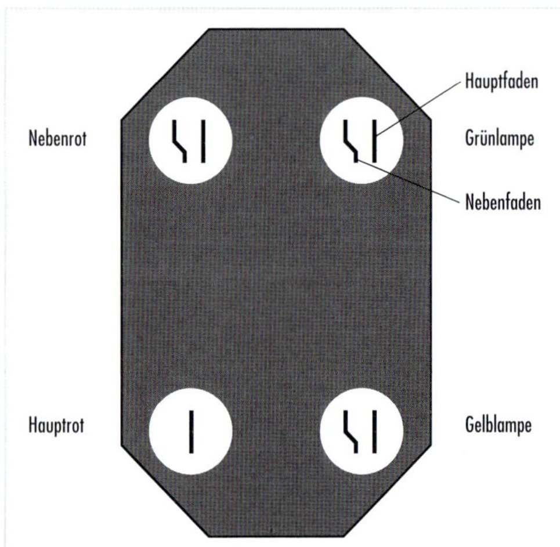

Bild 2: Hauptsignal mit Dreifadensicherung

Bei den Signalen Zs 1 und Zs 7 verwendet man auch eine Zweifadenlampe, beschaltet aber nur den Hauptfaden und versorgt alle Lampen eines Signalbildes über einen Lampenkreis (Reihenschaltung) mit Strom. Beim Ausfall einer Lampe erlischt das gesamte Signalbild. Es kommt sonst zu irreführenden Signalbildern.

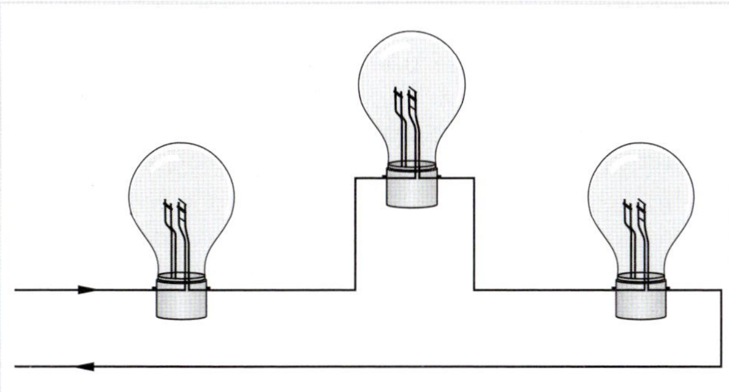

Bild 1: Signallampen in Reihenschaltung

Bild 2: Zweifelhaftes Signalbild

Bei den Signallampen der Signale Zs 2, Zs 2v, Zs 3, Zs 3v und Zs 6 sind die Einfadensignallampen zu zwei Lampenkreisen geschaltet. Diese sind wiederum in Reihe geschaltet.

Bei Zerstörung einer Signallampe wird der zugehörige Stromkreis unterbrochen und alle Lampen sind dunkel. Da aber im anderen Lampenkreis Strom fließt, wird ein noch einwandfreies Signalbild angezeigt.

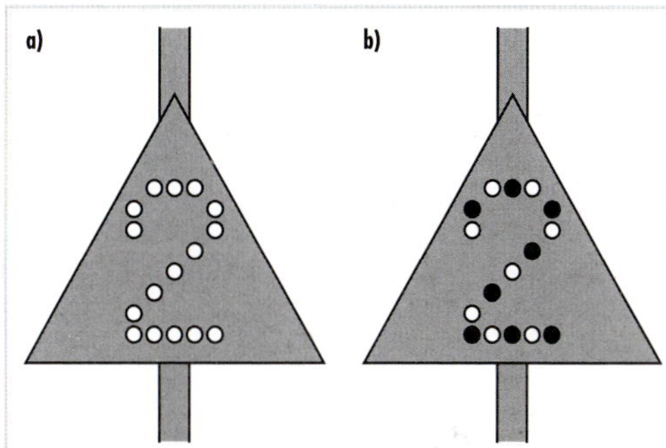

**Bild 3: a) Beide Lampenkreise beim Signal Zs 3 in Ordnung;
b) ein Lampenkreis gestört**

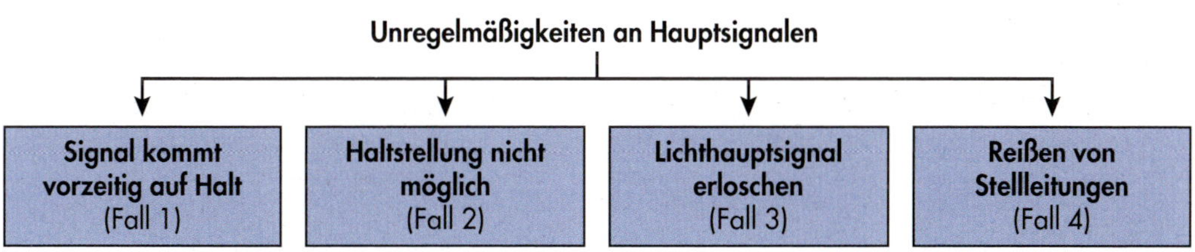

Fall 1: Kommt ein Hauptsignal vorzeitig auf Halt, ist zu prüfen, ob bei einem Lichtsignal die Signalnottaste bedient wurde (s. Kap. 10.2). Bei einem Formsignal führt ein Drahtbruch in einer Stellleitung in jedem Fall zur Haltstellung des Signals. Alle Signale dürfen erst auf Fahrt gestellt werden, wenn sie wieder bedienbar und die Voraussetzungen zur Weiterfahrt erfüllt sind. Der Streckenblock ist zu bedienen.

Fall 2+3: Maßnahmen, wenn die Haltstellung eines Hauptsignals nicht möglich bzw. das Lichthauptsignal erloschen ist

- Bei nichtselbsttätigem Streckenblock:
  - Rückmelden einführen
  - Streckenblock darf nicht bedient werden
- Zulassung der Zugfahrt am rückgelegenen Signal:
  - Freisein der Gleisabschnitte feststellen (Fpr/Rp)
  - am gestörten Signal durch Befehl 14 halten (wenn Lichthauptsignal erloschen ist: mündlich)
- Vorbeifahrt
  - am erloschenen Signal durch Zs 1, Zs 7 oder Zs 8
  - am gestörten Signal durch Befehl 2

  In beiden Fällen auch mündlich bei Signal Zs 12 (M-Tafel)
- Wird die Störung erst bemerkt, wenn sich dem gestörten Signal ein Zug nähert und der Abschnitt hinter ihm noch besetzt ist, sind Maßnahmen wie bei drohender Gefahr zu treffen.

Fall 4: Reißt die Stellleitung eines Hauptsignals, muss überprüft werden, ob sich das Formsignal in der Haltstellung (Hp 0) und das Vorsignal in der Stellung Vr 0 befindet. An den Hebeln ist eine Hilfssperre anzubringen.

Erkennt der Triebfahrzeugführer, dass das

- Signalbild eines Lichtsignals vollständig oder teilweise erloschen ist oder
- das Nachtzeichen eines Formsignals vollständig oder teilweise erloschen ist,

hat er sich mit äußerster Vorsicht zu verhalten und diese Unregelmäßigkeit dem nächsten Bahnhof sofort zu melden. Dieses gilt auch, wenn er das Signalbild nicht zweifelsfrei wahrgenommen hat.

Bild 1: Hilfssperre an einem Signalhebel

Fallbeispiele (zum Stellwerk Sp Dr S 60)

1. Nach dem Einstellen einer Zugstraße erscheint folgende Stelltischausleuchtung:

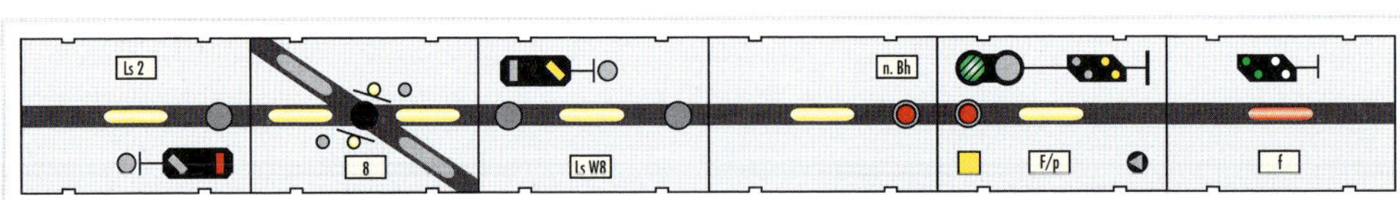

Bild 2: Fehleranzeige am Lichthauptsignal nach Einstellen einer Einfahrzugstraße (Fahrtmelder blinkt)

Mögliche Ursachen:
— Hauptfaden der Grünlampe ist zerstört
— Hauptfaden der Gelblampe (bei Hp 2) ist zerstört
— Ein Lampenkreis des Signals Zs 2 oder Zs 3 ist zerstört
— Beide Lampenkreise des Signals Zs 3 sind zerstört (gilt nur für die Kennziffer »6«)

Folgen:
— Das Signal bleibt weiter stellbar

Maßnahmen:
— Eintrag im Arbeits- und Störungsbuch
— Benachrichtigung der EVZS

2. Nach dem Einstellen der Einfahrzugstraße erscheint folgende Stelltischanzeige im Tischfeld des Einfahrsignals (s. Bild 1):

   Mögliche Ursachen:
   — Hauptfaden der Hauptrotlampe ist zerstört
   — Beheizbares Abschlussglas ist defekt

   Folgen:
   — Das Signal bleibt weiter stellbar, da der Hauptfaden der Nebenrotlampe angeschaltet ist

   Maßnahmen:
   — Eintrag im Arbeits- und Störungsbuch
   — Benachrichtigung der EVZS

3. Nach dem Einstellen der Ausfahrzugstraße erscheint folgende Stelltischanzeige im Tischfeld des Ausfahrsignals, weiterhin ertönt die Hupe und der Signalstörmelder blinkt:

   Mögliche Ursachen:
   — Hauptfaden und Nebenfaden einer oder beider Rotlampen sind zerstört. Das Lichthauptsignal ist erloschen.

   Folgen:
   — Das gestörte und das rückliegende Signal sind nicht mehr stellbar

   Maßnahmen:
   — Hupeunterbrechertaste (HUT) bedienen
   — Das gestörte Signal scheidet für die Zugfolge aus. Deswegen ist vor Zulassung einer Zugfahrt am rückliegenden Hauptsignal für diesen und den folgenden Abschnitt der Fahrweg zu prüfen und zu sichern. Das Freisein des Abschnitts hinter dem gestörten Ausfahrsignal ist durch Räumungsprüfung festzustellen. Der Tf ist mündlich zu verständigen.
   — Eintrag im Arbeits- und Störungsbuch
   — Die Fachkraft ist sofort zu benachrichtigen

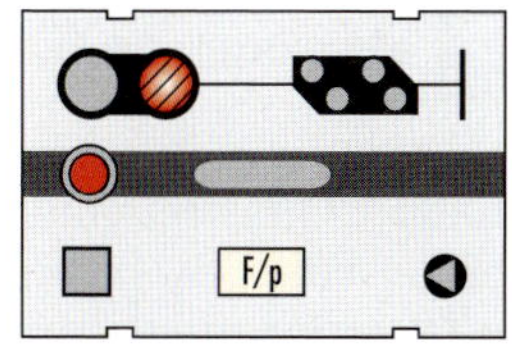

Bild 1: Stelltischanzeige (Haltmelder blinkt)

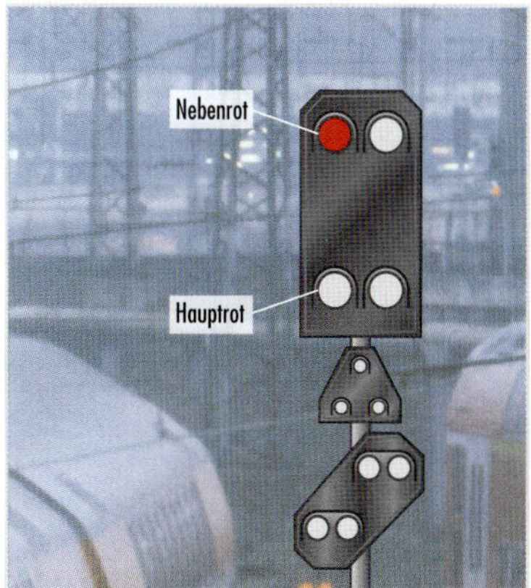

Bild 2: Ausgefallener Hauptrotfaden am Lichthauptsignal

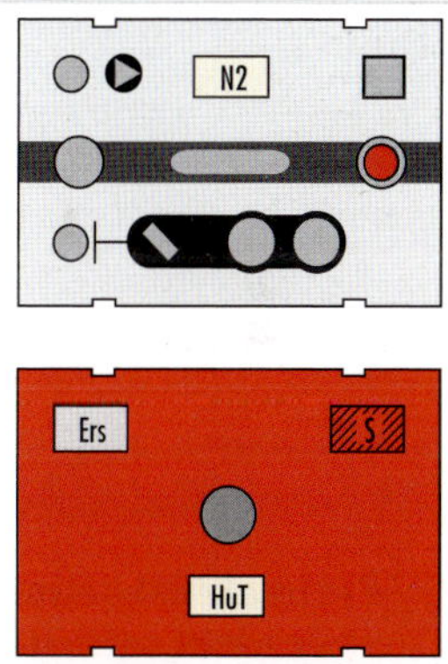

Bild 3: Stelltischanzeige bei einem erloschenen Hauptsignal

1. Worin unterscheiden sich Fehler und Störungen an Signalen?
2. Welche Ursachen haben Fehler und Störungen an Lichtsignalen?
3. Erklären Sie das Prinzip einer Zweifadensignallampe und einer Dreifadensicherung! Bei welchen Signalen sind sie jeweils zu finden?
4. Warum werden bei bestimmten Signalbildern die Lampen über einen Lampenkreis geschaltet?
5. Welche Maßnahmen müssen ergriffen werden, wenn beim nichtselbsttätigen Streckenblock das Einfahrsignal (Formsignal) dauernd »Fahrt« (Hp 1) zeigt?
6. Woran kann man beim Stellwerk SpDrS60 erkennen, dass der Hauptfaden der Hauptrotlampe zerstört ist, und welche Folgen hat dies?

10.12 Störungen an Gleisfreimeldeanlagen im Bahnhof

Abschnittsprüfung
Gleisfreimeldeanlagen-Störung

Selbsttätige Gleisfreimeldeanlagen überwachen mit Hilfe von Gleisstromkreisen oder Achszählern die Besetzung und das Freisein der Gleis- und Weichenabschnitte (s. Kap. 4.4). Dieser Zustand wird dem Fahrdienstleiter durch Meldeanzeigen ins Stellwerk übermittelt.

Folgende Störungen können auftreten:

- **Freimeldeabschnitt zeigt nach einer Fahrt frei an und ist auch frei, löst sich aber nicht selbsttätig auf** (Fall 1)
- **Freimeldeabschnitt zeigt frei an, ist aber besetzt** (Fall 2)
- **Freimeldeabschnitt zeigt besetzt an, ist aber frei** (Fall 3)

	im mechanischen oder elektromechanischen Stellwerk	**im Gleisbildstellwerk**
Merkhinweis anbringen AP (Abschnittsprüfung)	• am Hebelschild der zugehörigen Fahrstraßenhebel	• im betroffenen Gleis- oder Weichenabschnitt
Sperre anbringen oder eingeben	• Hilfssperre an den zugehörigen Fahrstraßenhebeln in der Grundstellung	• Hilfssperre an den Start- oder Zieltasten der betroffenen Zugstraßen – bei EZMG-Stellwerken an der Zugstraßensignaltaste »Einfahrt« – oder • Sperre im Zielabschnitt der Zugstraßen

Tabelle 1: Sicherungsmaßnahmen bei Störungen der Gleisfreimeldeanlage

Fall 1: Freimeldeabschnitt zeigt nach einer Fahrt frei an und ist auch frei, löst sich aber nicht selbsttätig auf
Ursache: Auflösestörung der Gleisfreimeldeanlage

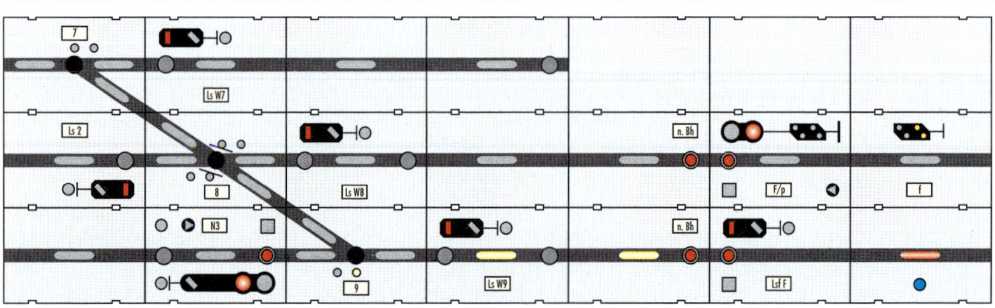

Bild 1: Ausfahrzugstraße löst sich nach dem Befahren nicht selbsttätig auf

Freimeldeabschnitt zeigt nach einer Fahrt frei an, ist auch frei, löst sich aber nicht selbsttätig auf

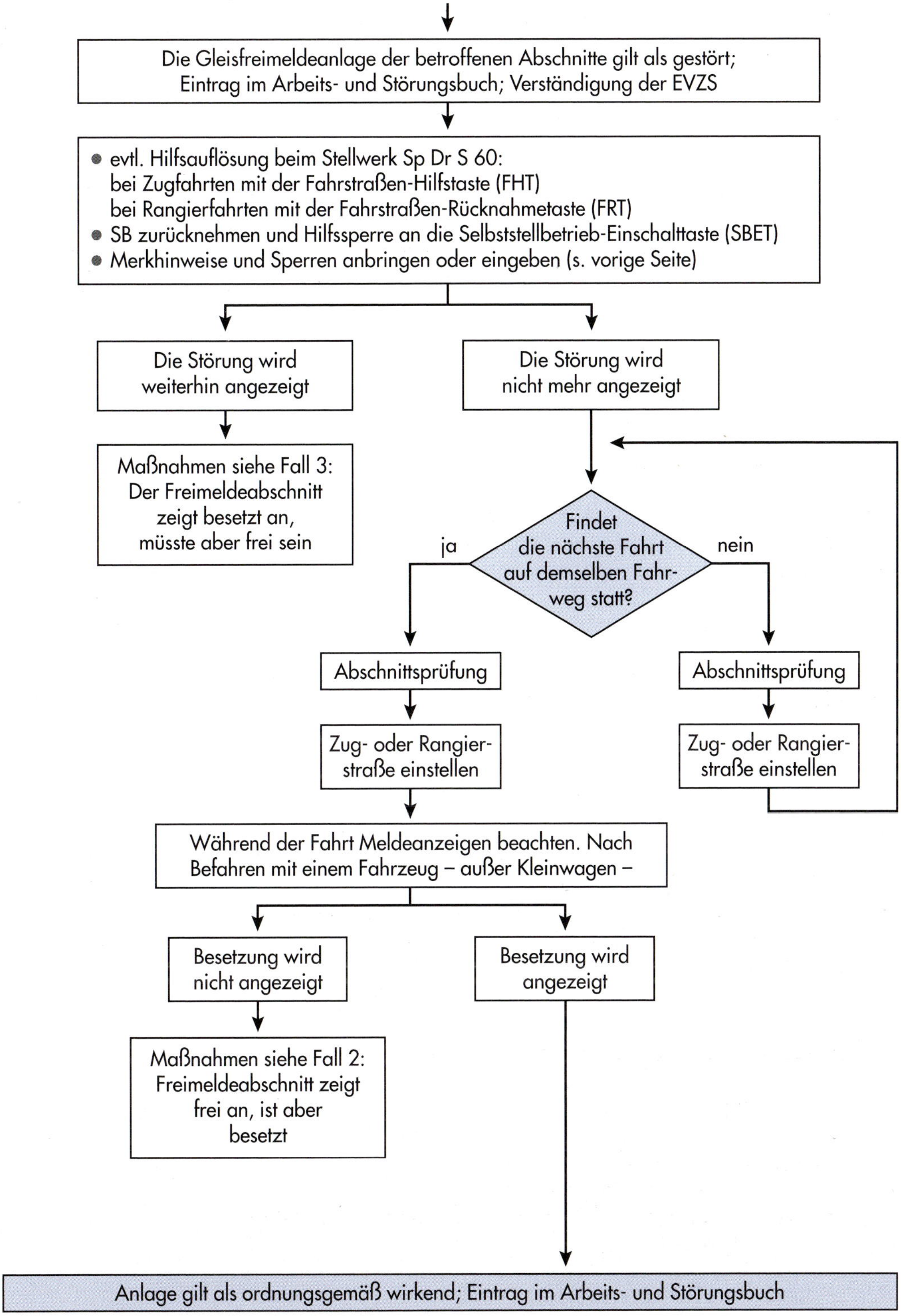

Fall 2: Freimeldeabschnitt zeigt frei an, ist aber besetzt (mit Gleisstromkreisen)
Ursachen: durch mangelnden Kontakt (Rostbildung, Sand, zu leichtes Fahrzeug, z.B. Kleinwagen)

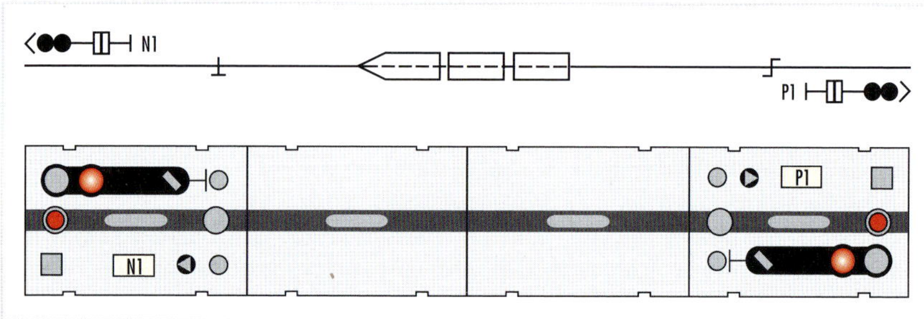

Bild 1: Freimeldeabschnitt zeigt frei an, obwohl er besetzt ist

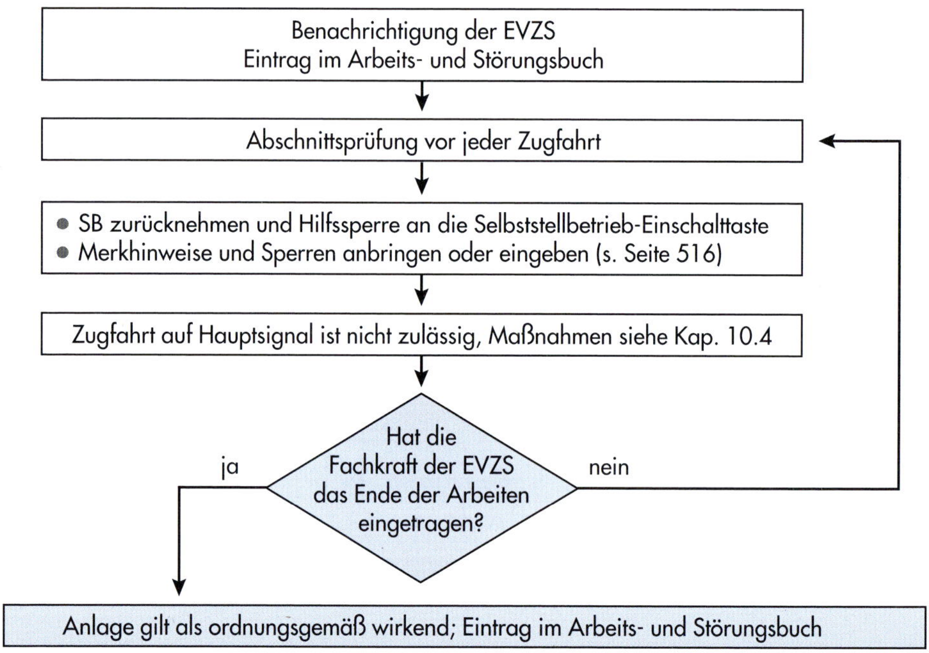

Fall 3: Freimeldeabschnitt zeigt besetzt an, ist aber frei
Ursachen: bei Gleisstromkreisen durch Kurzschluss (Blitzeinschlag, verunreinigtes Schotterbett, Kabelbruch oder Schienenbruch); bei Achszählkreisen durch Beeinflussung der Achszähler

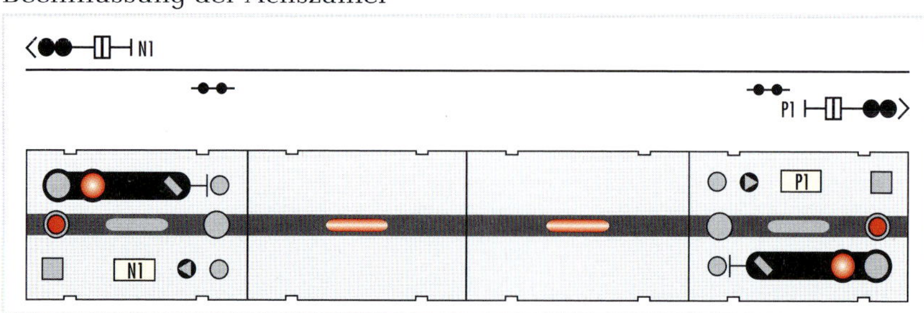

Bild 2: Stelltischausleuchtung bei einem Achszählkreis

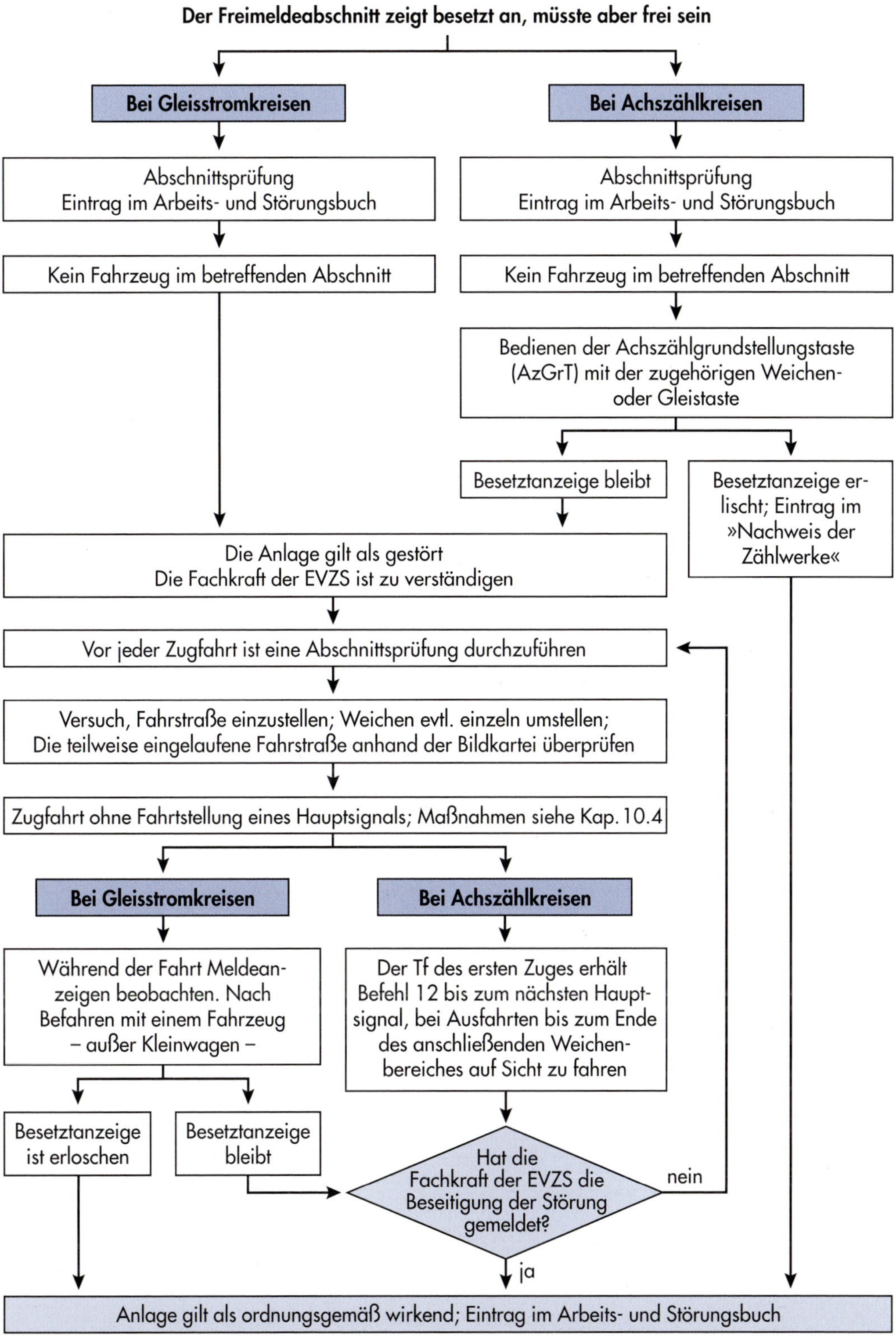
Der Freimeldeabschnitt zeigt besetzt an, müsste aber frei sein
Bei Gleisstromkreisen
Bei Achszählkreisen
Abschnittsprüfung
Eintrag im Arbeits- und Störungsbuch
Abschnittsprüfung
Eintrag im Arbeits- und Störungsbuch
Kein Fahrzeug im betreffenden Abschnitt
Kein Fahrzeug im betreffenden Abschnitt
Bedienen der Achszählgrundstellungstaste (AzGrT) mit der zugehörigen Weichen- oder Gleistaste
Besetztanzeige bleibt
Besetztanzeige erlischt; Eintrag im »Nachweis der Zählwerke«
Die Anlage gilt als gestört
Die Fachkraft der EVZS ist zu verständigen
Vor jeder Zugfahrt ist eine Abschnittsprüfung durchzuführen
Versuch, Fahrstraße einzustellen; Weichen evtl. einzeln umstellen;
Die teilweise eingelaufene Fahrstraße anhand der Bildkartei überprüfen
Zugfahrt ohne Fahrtstellung eines Hauptsignals; Maßnahmen siehe Kap. 10.4
Bei Gleisstromkreisen
Bei Achszählkreisen
Während der Fahrt Meldeanzeigen beobachten. Nach Befahren mit einem Fahrzeug – außer Kleinwagen –
Der Tf des ersten Zuges erhält Befehl 12 bis zum nächsten Hauptsignal, bei Ausfahrten bis zum Ende des anschließenden Weichenbereiches auf Sicht zu fahren
Besetztanzeige ist erloschen
Besetztanzeige bleibt
Hat die Fachkraft der EVZS die Beseitigung der Störung gemeldet?
nein
ja
Anlage gilt als ordnungsgemäß wirkend; Eintrag im Arbeits- und Störungsbuch

Fallbeispiel

Der RE 87654 verlässt Bf Kleinstadt (s. Anhang) um 12.46 Uhr aus Gleis 3 Richtung Erle und hinterlässt eine Rotausleuchtung im Abschnitt 1.1 (Achszählkreis). Der IR 348 verlässt Dortheim um 12.47 Uhr und soll ohne Halt durch Gleis 1 nach Erle fahren.

Maßnahmen des Fahrdienstleiters in Kleinstadt:

- Fdl Kleinstadt stellt für den IR 348 die Einfahrzugstraße nach Gleis 1 ein (Zugstraßentaste F und Zugstraßentaste P 1), Esig F zeigt Hp 1.
- Beim Einstellen der Ausfahrzugstraße bemerkt der Fdl die Rotausleuchtung im Freimeldeabschnitt 1.1, Eintrag im Arbeits- und Störungsbuch.
- Fahrstraße zurücknehmen mit der Fahrstraßen-Rücknahmetaste (FRT), der ZT P 1 und der ST 16.
- Hilfssperre auf die Selbststellbetrieb-Einschalttaste (SBET), vorher SB zurücknehmen.
- Abschnittsprüfung durch Hinsehen: Der Freimeldeabschnitt ist frei.
- Bedienen der Achszähl-Grundstellungstaste (AzGrT) mit der Gleistaste (GlT) im Abschnitt 1.1.
- Die Besetztanzeige bleibt, Eintrag im Arbeits- und Störungsbuch, die Fachkraft der EVZS wird verständigt.
- Maßnahmen bei Zugfahrt ohne Fahrtstellung eines Hauptsignals: Versuch, die Ausfahrzugstraße einzustellen: ZT P1 und ST 16.
- Weichenlaufkette sperren: Weichensperrtaste (WSpT) mit der Bahnhofstaste (BfT).
- Fahrweg auf Freisein anhand der Stelltischausleuchtung prüfen.
- Richtige Stellung der Weichen und Flankenschutzeinrichtungen prüfen.
- Der Verschluss der Weichen im Fahrweg (W2, W3) und der Flankenschutzeinrichtungen (W1, DKW 4) wird angezeigt.
- Hilfssperre an der Fahrstraßen-Rücknahmetaste (FRT) anbringen.
- Einzelräumungsprüfung für den RE 87654 durchführen, da an einem Halt zeigenden Signal am Beginn eines Zugfolgeabschnittes vorbeigefahren werden soll (hier Asig P 1), Rückmeldung durch Fdl Erle, Eintrag im Zugmeldebuch.
- Ausstellen und Übermitteln des Befehls 12 (s. Bild 1).

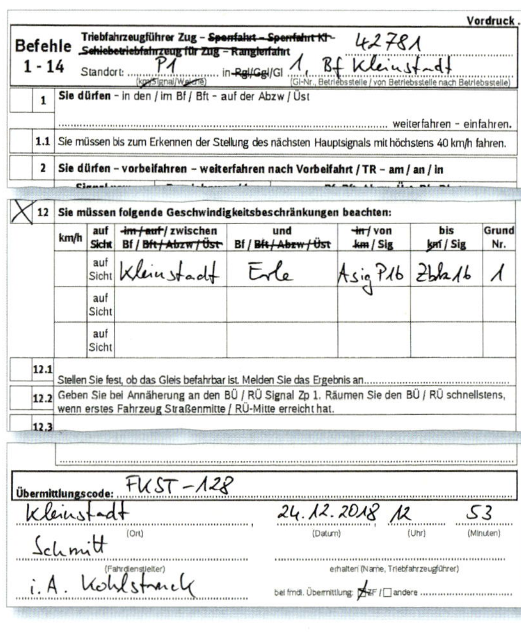
Vordruck ...

Befehle 1 - 14

Triebfahrzeugführer Zug - ~~Sperrfahrt - Sperrfahrt Kl - Schiebetriebfahrzeug für Zug - Rangierfahrt~~ 42781

Standort: P1 (km/Signal/Weiche) in ~~Rgl/Ggl~~/Gl 1, Bf Kleinstadt (Gl-Nr., Betriebsstelle / von Betriebsstelle nach Betriebsstelle)

1 Sie dürfen - in den / im Bf / Bft - auf der Abzw / Üst ... weiterfahren - einfahren.

1.1 Sie müssen bis zum Erkennen der Stellung des nächsten Hauptsignals mit höchstens 40 km/h fahren.

2 Sie dürfen - vorbeifahren - weiterfahren nach Vorbeifahrt / TR - am / an / in

X 12 Sie müssen folgende Geschwindigkeitsbeschränkungen beachten:

km/h	auf ~~Sicht~~	~~im / auf~~ / zwischen Bf / ~~Bft / Abzw / Üst~~	und Bf / ~~Bft / Abzw / Üst~~	~~in~~ / von ~~km~~ / Sig	bis ~~km~~ / Sig	Grund Nr.
	auf Sicht	Kleinstadt	Erle	Asig P16	Zbk 16	1
	auf Sicht					
	auf Sicht					

12.1 Stellen Sie fest, ob das Gleis befahrbar ist. Melden Sie das Ergebnis an...

12.2 Geben Sie bei Annäherung an den BÜ / RÜ Signal Zp 1. Räumen Sie den BÜ / RÜ schnellstens, wenn erstes Fahrzeug Straßenmitte / RÜ-Mitte erreicht hat.

12.3

Übermittlungscode: FKST-128

Kleinstadt (Ort), 24.12.2018 (Datum) 12 (Uhr) 53 (Minuten)

Schmitt (Fahrdienstleiter) — erhalten (Name, Triebfahrzeugführer)

i. A. Kohlstrunck — bei fmdl. Übermittlung: ☒ F / ☐ andere

Bild 1: Befehl 12

- Zustimmung zur Fahrt durch Ersatzsignal (Zs 1) für das Signal P1: Ersatzsignal-Gruppentaste (ErsGT) mit der ZT P1, Eintrag im Zugmeldebuch, Eintrag im Nachweis der Zählwerke
- IR 348 verlässt den Bahnhof Kleinstadt
- Fachkraft der EVZS meldet die Beseitigung der Störung, Eintrag im Arbeits- und Störungsbuch

10	9	8		7		6		5		4		3		2		1
		← Regelgleis nach / Gegengleis von → Erle								→ Regelgleis von / ← Gegengleis nach Dortheim						Tag 6.7.
Meldungen und Vermerke	Zugnummer →	Rückmeldung		Abfahrt		Annahme		Ankunft		Rückmeldung		Abfahrt		Annahme		Zugnummer ←
		U	M	U	M	U	M	U	M	U	M	U	M	U	M	
		12	52	12	46							12	43			87654
Abschnitt 1.1 gestört				12	53							12	48			348
Sig P1, Zs 1																

Bild 1: Zugmeldebuch im Bf Kleinstadt

1	2	3	4
Lfd. Nr.	Tag	Uhrzeit	**Ereignis** (Arbeiten bzw. vom Bediener festgestellte Unregelmäßigkeiten) **Meldung an die für die Entstörungsveranlassung zuständige Stelle** (EVZS) **Auswirkungen, erforderliche betriebliche Maßnahmen** (Vorgabe der Fachkraft) **Zustimmung des Bedieners** *(„zugest" / „Fdl hat zugest")* **Unterbrechung der Arbeiten, ggf. weiterhin erforderliche betriebliche Maßnahmen** (Vorgabe der Fachkraft) **Beendigung der Arbeiten** *(„Arbeiten beendet")* **Ursache der Unregelmäßigkeit** **Kenntnisnahme des Bedieners** *(„Kg")*
Einträge zu lfd. Nr. ....sind noch nicht abgeschlossen			
14	6.7	12:48	Beim Einstellen der Zugstraße p_1 für Zug 348 zeigte
			Abschnitt 1.1 Rotausleuchtung
			AzGrT erfolglos bedient, **Geyer,** Fdl
		12:50	EVZS verst Keller, Nr. 007, **Geyer,** Fdl
		12:51	Arbeiten am Achszähler 1.1, Abschnittsprüfung erforderlich
			Hofmann Fk LST
		12:52	Zugest **Geyer,** Fdl
		13:20	Arbeiten beendet, gez. Hofmann, i.A. **Geyer,** Fdl

Bild 2: Arbeits- und Störungsbuch im Bf Kleinstadt

1. Welche gefährliche Situation ergibt sich, wenn die Gleismelder einen Freimeldeabschnitt als frei anzeigen, obwohl er besetzt ist?
2. Welche Ursachen kann es haben, dass der Freimeldeabschnitt im Gleis 4 (Bf Kleinstadt) frei anzeigt, er aber besetzt ist?
3. Folgende Störungen zeigt die Gleisfreimeldeanlage im Bf Kleinstadt (s. Anlage):
   Fall a) Rotausleuchtung im Gleisabschnitt 2.1, obwohl das Gleis frei sein müsste
   Fall b) Rotausleuchtung im Gleis 1, obwohl das Gleis frei sein müsste
   Fall c) Bei einer Rangierfahrt wird die Weiche 5 nicht als besetzt angezeigt. Als Nächstes soll ein Zug von Erle kommend nach Gleis 3 einfahren
   Fall d) Nach der Ausfahrt eines Kleinwagens Richtung Dortheim leuchtet der Verschlussmelder und der StÜM der Weiche 15
   - Welche Bauart der Gleisfreimeldeanlage ist für den jeweils betroffenen Abschnitt eingerichtet?
   - Welche Aufgaben ergeben sich für den Fahrdienstleiter in Kleinstadt und welche Möglichkeiten besitzt er, diese Störungen zu beseitigen?
   - Wann gilt die Anlage wieder als ordnungsgemäß wirkend?

10.13 Störungen des Streckenblocks

(Strecken-)Blockstörung

Störungen des Streckenblocks haben einen großen Einfluss auf den Betriebsablauf. In der Regel wird die Zugfolge dann durch das Rückmelden der Züge (s. Kap. 10.4.3) geregelt. Wenn zudem der Fall eintritt, dass die Unterteilung der Strecke in Blockabschnitte (Zugfolgeabschnitte) für die Zugfolge nicht mehr genutzt werden kann, führt dieses auf Strecken mit dichter Zugfolge – durch das Fahren von Zugmeldestelle zu Zugmeldestelle – zu erheblichen Verspätungen.

	im mechanischen oder elektromechanischen Stellwerk	im Gleisbildstellwerk
Sperren anbringen bzw. eingeben	Beim Fahrdienstleiter an der Einrichtung für die • Befehlsabgabe oder • Fahrstraßenfestlegung, wo diese nicht vorhanden ist, an den Hebeln der Hauptsignale	• Hilfssperre an der Zieltaste der Zugstraßen – bei EZMG-Stellwerken an der Zugstraßensignaltaste »Ausfahrt« – oder • Sperre im ersten Zugfolgeabschnitt • Hilfssperre an der Einschalttaste für den Selbststellbetrieb
Merkhinweise anbringen RP (Räumungsprüfung)	Beim Fahrdienstleiter an der Einrichtung für die • Befehlsabgabe oder • Fahrstraßenfestlegung, wo diese nicht vorhanden ist, an den Hebeln der Hauptsignale	Bei einer Zugmeldestelle: • an der Zieltaste der Zugstraßen – bei EZMG-Stellwerken an der Zugstraßensignaltaste »Ausfahrt« – oder • im ersten Zugfolgeabschnitt Bei einem selbsttätigen Blocksignal: • neben der Signaltaste oder • im Zfa hinter dem selbsttätigen Blocksignal oder s. Bebu

Tabelle 1: Sicherungsmaßnahmen bei Störungen des Streckenblocks

10.13.1 Störungen beim Selbstblock 60

Fall 1: Der Ausfahrsperrmelder (ASpM) leuchtet ständig

Im Regelfall leuchtet der ASpM nach dem Einlaufen einer Ausfahrzugstraße und bei der Besetztanzeige des ersten Blockabschnitts (s. Kap. 7.3.5). Er erlischt wieder, wenn der Blockabschnitt geräumt ist und das nachfolgende Signal auf Halt steht. Wenn der Ausfahrsperrmelder (ASpM) nach einer Zugfahrt weiter leuchtet, handelt es sich um eine Störung.

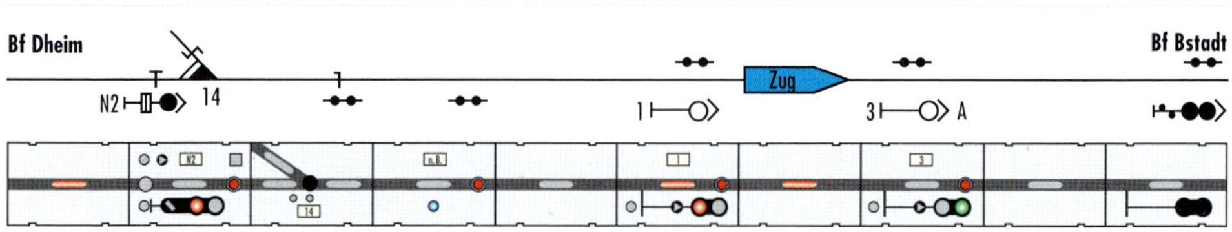

Bild 1: Ausfahrsperrmelder leuchtet weiter, obwohl der Blockabschnitt N frei ist

Dieselbe Situation kann auch eintreten, wenn eine Sperrfahrt von der freien Strecke zurückkehrt oder beim Rangieren auf dem Ausfahrgleis so weit gefahren werden muss, dass der erste Blockabschnitt belegt wird.

Fall 2: Der Blockabschnittsmelder zeigt nach einer Fahrt weiter besetzt an, obwohl der Blockabschnitt frei sein müsste

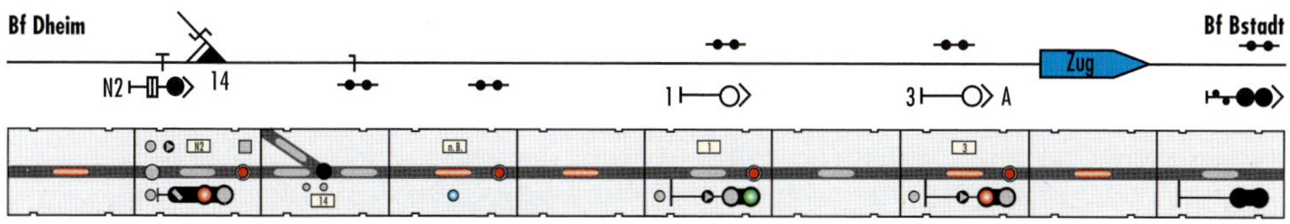

Bild 1: Blockabschnitt N zeigt besetzt an, obwohl er frei sein müsste

In den meisten Fällen handelt es sich um eine Störung, die im Zusammenhang mit Bauarbeiten oder äußeren Einflüssen (Witterung, Blitzschlag etc.) entstehen kann (s. Kap 4.4).

Fall 3: Selbstblocksignal kommt nicht auf Fahrt

Wenn der zugehörige Blockabschnitt frei geworden ist und das nachfolgende Hauptsignal Halt zeigt kommt im Regelfall ein Selbstblocksignal selbsttätig nach einer Zugfahrt wieder in die Fahrtstellung (s. Kap. 7.3.5). Kommt das Selbstblocksignal trotzdem nicht auf Fahrt, liegt eine Störung vor.

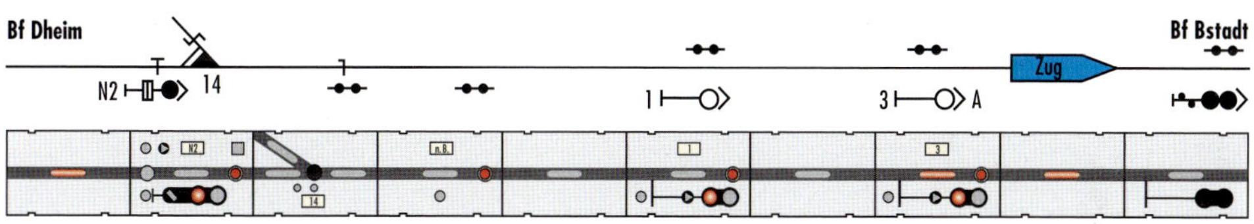

Bild 2: Störung des Selbstblocksignals 1 – Es müsste »Fahrt« zeigen

Fall 4: Selbstblocksignal kommt nicht auf Halt

Im Regelfall bewirkt die Besetzung des nachfolgenden Blockabschnitts die Haltstellung eines Selbstblocksignals. Bei einer Störung der Gleisfreimeldeanlage kommt das Signal nicht auf Halt.

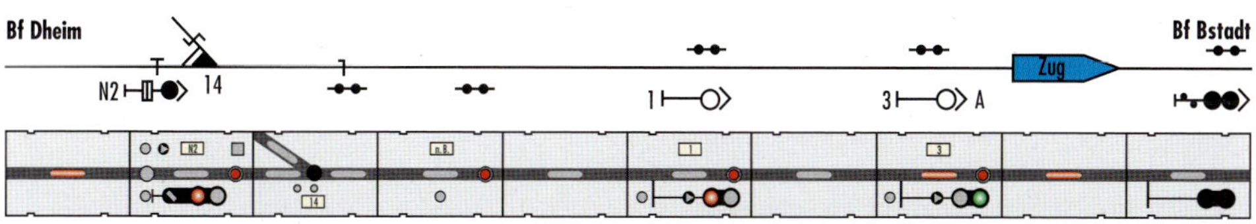

Bild 3: Selbstblocksignal 3 kommt nicht selbsttätig in die Haltstellung, obwohl der nachfolgende Blockabschnitt besetzt ist

Tritt diese Störung auf, wirkt sich dies auch auf das davor stehende Hauptsignal aus. Das Selbstblocksignal 1 kommt nicht in Fahrtstellung. Weil die Haltstellung des nächsten Hauptsignals fehlt, kommen auch die Selbstblocksignale nicht selbsttätig in die Fahrtstellung.

Störungen und Maßnahmen beim Selbstblock 60

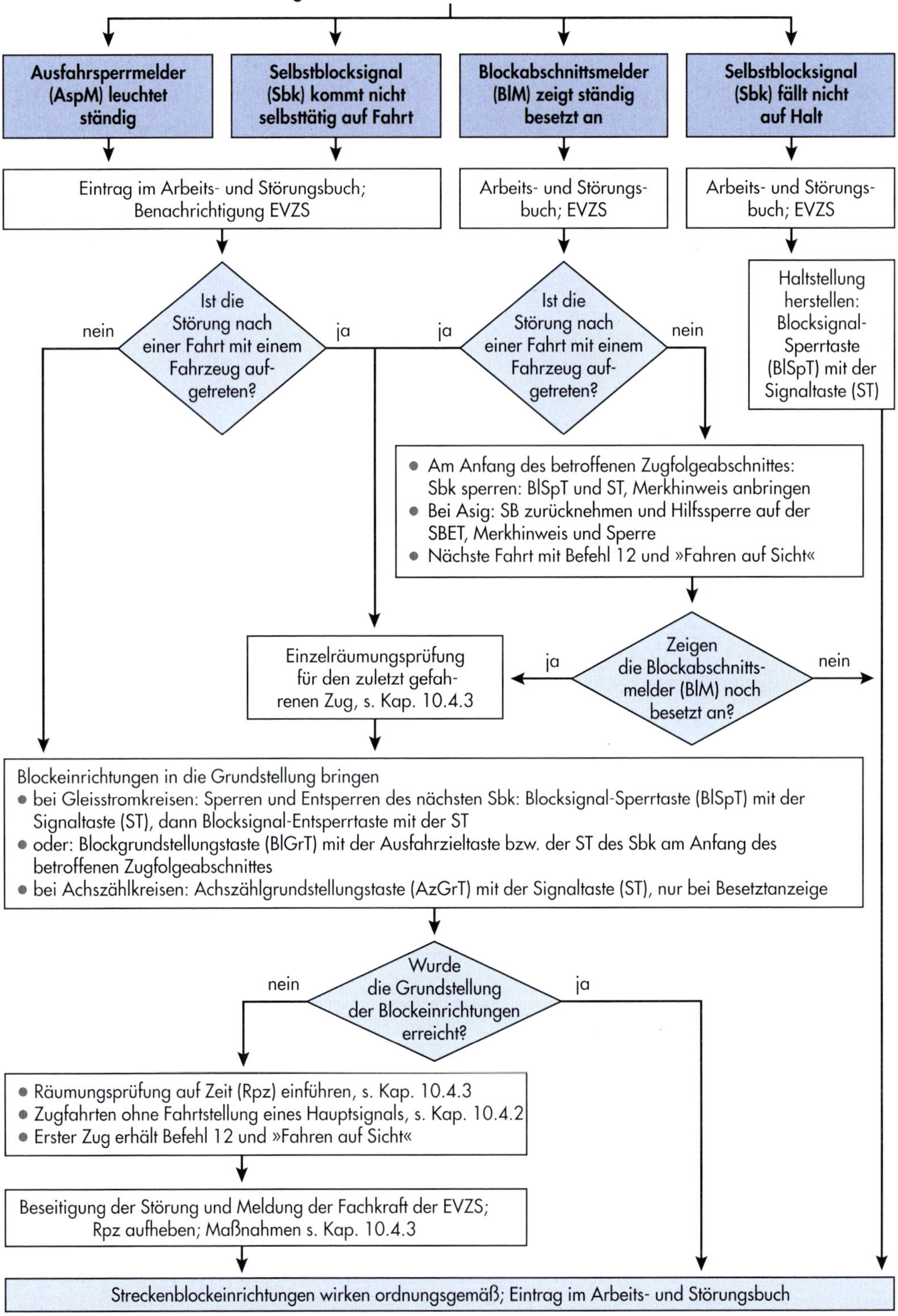

Fallbeispiel

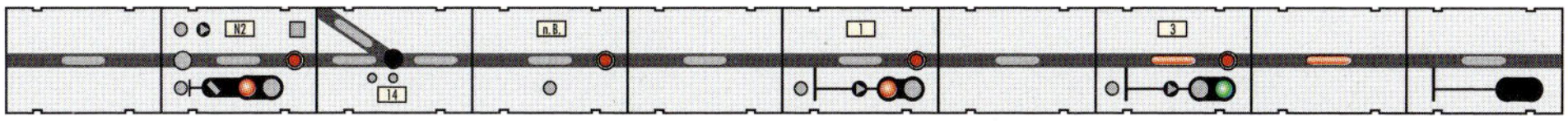

Bild 1: Situation nach Auftreten der Störung: Nach einer Zugfahrt kommt das Sbk 1 nicht mehr selbsttätig in die Fahrtstellung

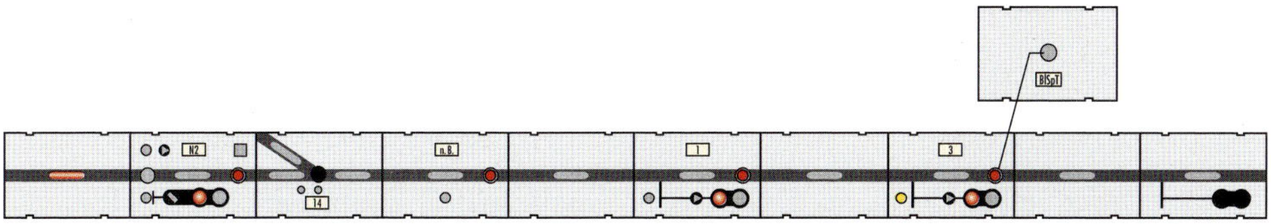

Bild 2: Eintrag im Arbeits- und Störungsbuch, Benachrichtigung der EVZS, Einzelräumungsprüfung für den zuletzt gefahrenen Zug, Versuch, die Grundstellung des Sbk 1 zu erreichen: Sperren des Sbk 3, Sbk 1 bleibt auf »Halt«

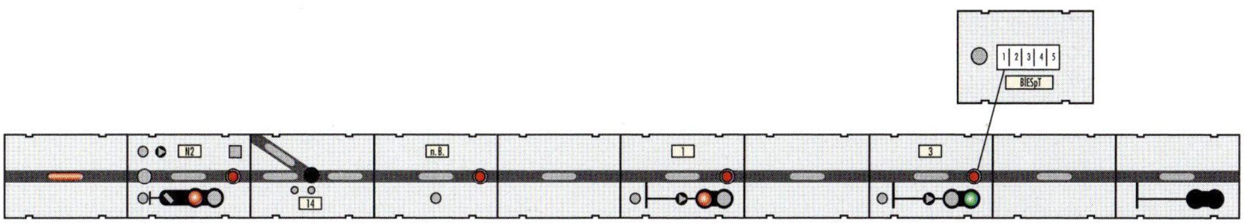

Bild 3: Sbk 3 wird wieder entsperrt mit Blocksignal-Entsperrtaste (BlESpT)

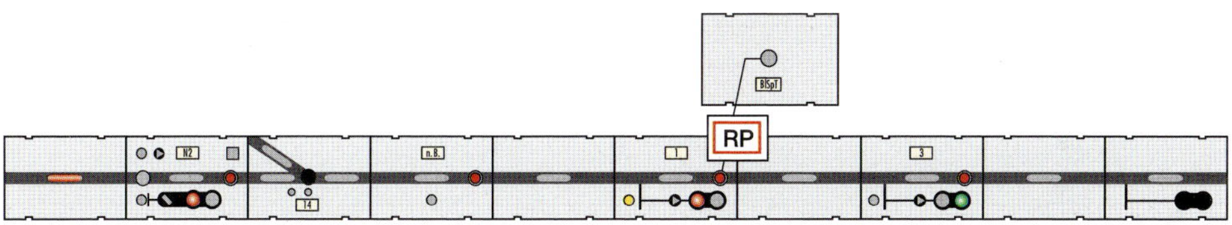

Bild 4: Einführen der Räumungsprüfung auf Zeit (Rpz), Sbk 1 sperren und Merkhinweis »Räumungsprüfung« anbringen

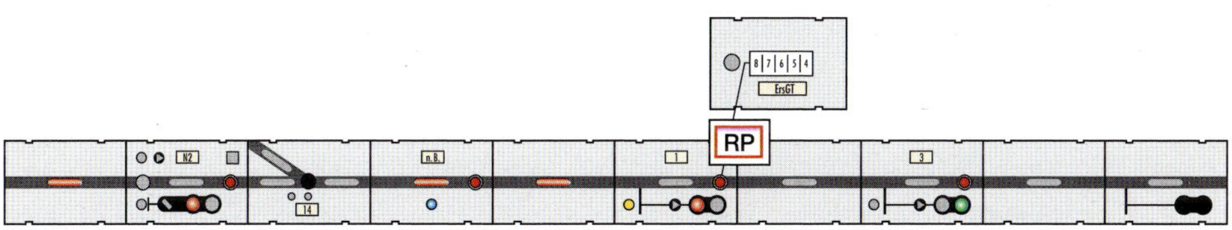

Bild 5: Vorbeifahrt am gesperrten Sbk 1mit Zs 1als Zugfahrt ohne Fahrtstellung eines Hauptsignals

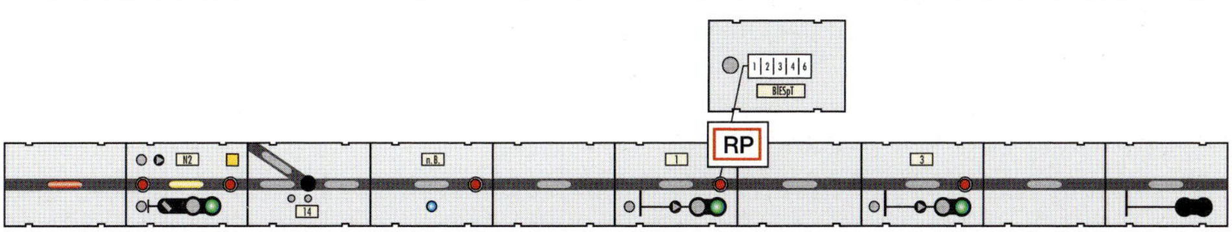

Bild 6: Durchführung des Kontrollzuges (s. Kap. 9.3.3), dafür wird Sbk 1 wieder entsperrt

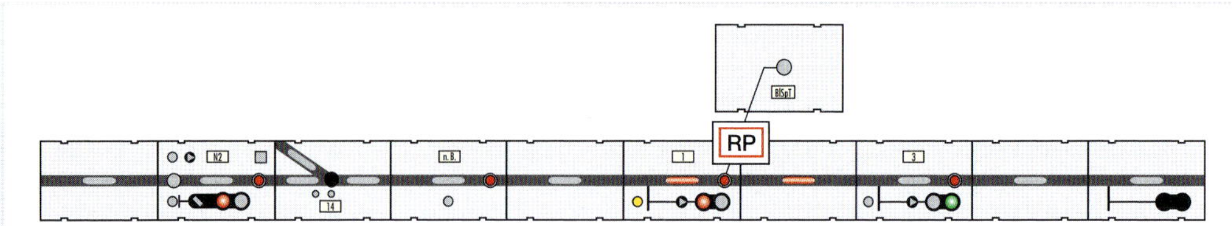

Bild 1: Nach Vorbeifahrt des Kontrollzuges wird das Sbk 1 wieder gesperrt

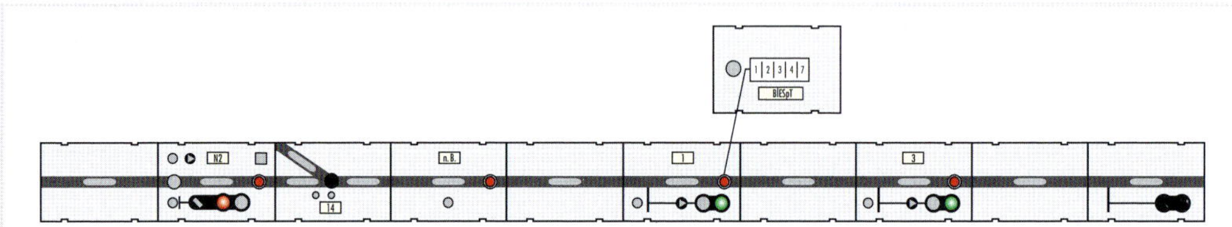

Bild 2: Die Räumungspüfung auf Zeit (Rpz) wird aufgehoben und Grundstellung wieder hergestellt (Entsperren von Sbk 1)

10.13.2 Störungen beim Zentralblock 65

Fall 1: Ausfahrsperrmelder (ASpM) leuchtet ständig (s. Kap. 7.3.6)
Der ASpM befindet sich beim Zb65 hinter dem letzten Zentralblocksignal und leuchtet mit dem Einschalten der Fahrtrichtung auf. Wie beim Sb60 leuchtet der ASpM auch bei Besetzung des zugehörigen Blockabschnittes (Rückkehr einer Sperrfahrt, Rangieren auf dem Einfahrgleis).

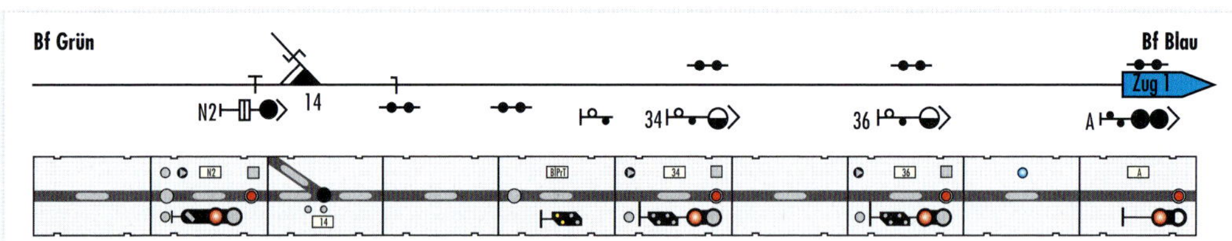

Bild 3: Ausfahrsperrmelder ist nach einer Zugfahrt gestört

Fall 2: Blockabschnittsmelder zeigt besetzt an
In den meisten Fällen handelt es sich um eine Störung der Gleisfreimeldeanlage, die im Zusammenhang mit Bauarbeiten oder Witterungseinflüssen entsteht (s. Kap. 6.2).

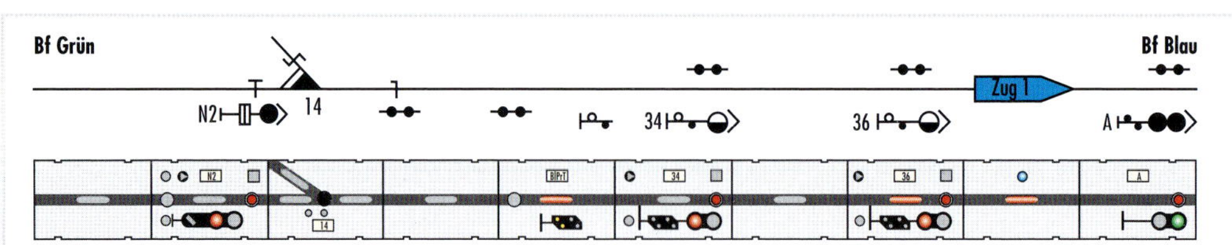

Bild 4: Blockabschnitt N zeigt nach einer Zugfahrt ständig besetzt an

Fall 3: Zentralblocksignal (Zbk) kommt nicht auf Fahrt

Voraussetzung für die Fahrtstellung des Zentralblocksignals ist die Fahrtrichtungseinschaltung (s. Kap 7.3.6). Wenn die Fahrtstellung nicht erreicht wird, obwohl die Voraussetzungen erfüllt sind, liegt eine Störung vor.

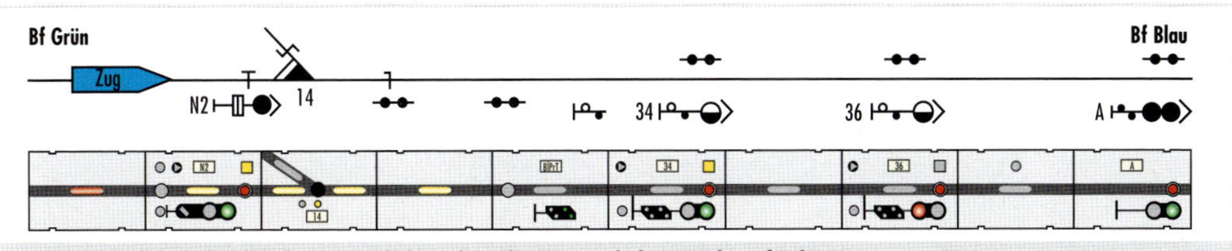

Bild 1: Zentralblocksignal 36 kommt nach der Fahrtrichtungseinschaltung nicht auf Fahrt

Fall 4: Fahrtrichtung schaltet nicht ein
Wenn die Fahrtrichtungseinschaltung beim Einstellen der Ausfahrzugstraße nicht wirksam ist, gilt dies als Störung. Es kann versucht werden, die Fahrtrichtung von Hand mit Hilfe der Signal-Gruppentaste (SGT) und der ST des ersten Zentralblocksignals (Zbk) einzuschalten.

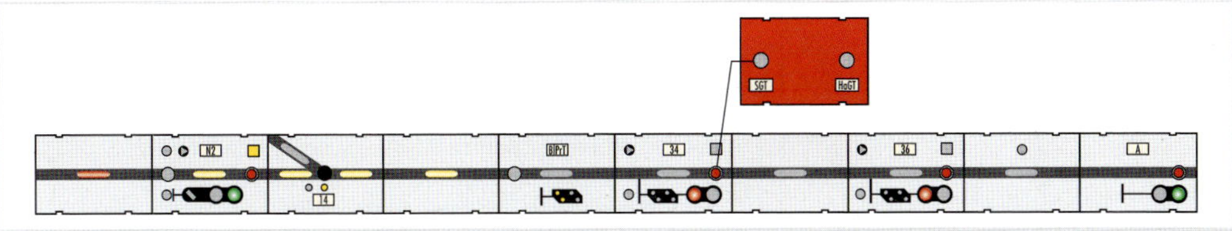

Bild 2: Fahrtrichtung von Hand einschalten

Fall 5: Zentralblocksignal (Zbk) kommt nicht in die Haltstellung
Die Ursache für diese Situation könnte neben einer Relaisstörung eine Gleisfreimeldestörung sein. Dieses würde sich auch auf das Hauptsignal am Anfang des Blockabschnitts auswirken; es könnte keinen Fahrtbegriff mehr anzeigen.

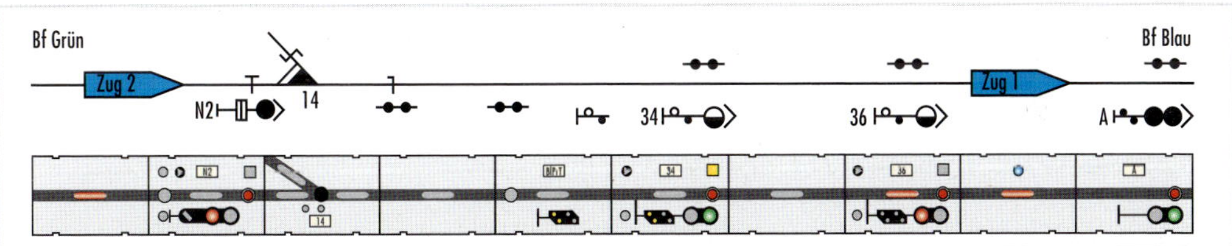

Bild 3: Zentralblocksignal nach Zug 1 gestört, Zentralblocksignal 34 kommt für Zug 2 nicht auf Halt

Fall 6: Auflösestörungen
Der Fahrstraßen-Festlegemelder (FfM) erlischt im Regelfall mit dem Freiwerden des hinter dem Signal liegenden Blockabschnittes, im Feld des letzten Zbk schon beim Freiwerden des vor dem Signal liegenden Blockabschnitts. Hier verhindert der ASpM die Fahrtstellung des Signals. Laufen diese Vorgänge nicht in dieser Weise ab, liegt eine Auflösestörung vor.

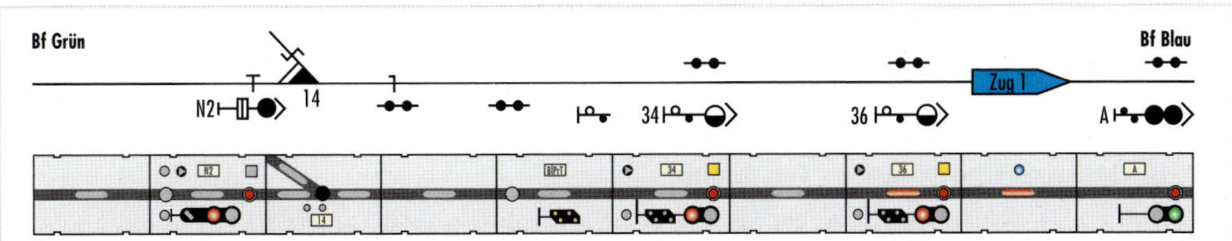

Bild 4: Zentralblocksignal 34 löst nach einer Zugfahrt nicht selbsttätig auf (FfM leuchtet weiter)

Störungen und Maßnahmen beim Zentralblock 65

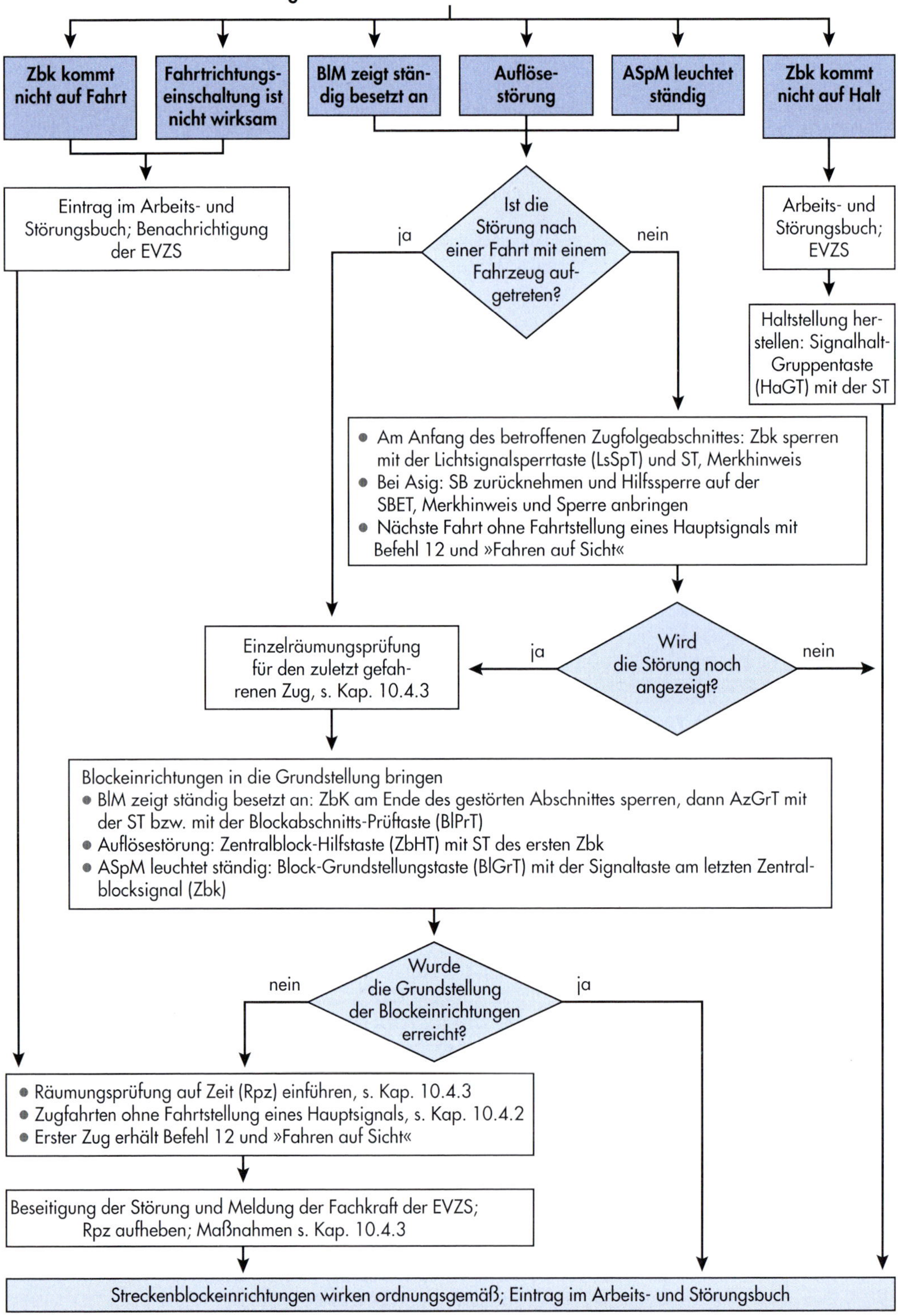

10.13.3 Störungen beim Zentralblock im ESTW

Treten bei Zentralblockabschnitten Störungen auf, so wird der Fahrdienstleiter optisch und akustisch auf das Problem hingewiesen. Er muss seine Kenntnisnahme quittieren und steuernd eingreifen. Hierbei kommt es beim elektronischen Stellwerk wie beim Relaisstellwerk zu zählpflichtigen Handlungen.

Ein ESTW führt Hilfsbedienungen jedoch nur dann aus, wenn der Fahrdienstleiter zuvor die Richtigkeit durch eine zusätzliche zweifache Kommandofreigabe (»KF1« und »KF2«) ausdrücklich bestätigt hat. Man spricht deshalb von einer KF-pflichtigen Bedienung.

Bild 1: Lage von »KF1« und »KF2« im Lupen-Bedienbereich ESTW neuerer Bauart (mit Standardbedienschnittstelle)

Hierfür aktiviert der Fahrdienstleiter nach der Eingabe von Stellbefehl und Verarbeitungsquittung zusätzlich das Feld »KF1«. Dann prüft er, ob die Gleisbilddarstellung die aktuelle Datenlage im Rechnersystem vollständig aufzeigt, indem er die Melder für die »Sichere Anzeige« wie Monitorkontrollmelder, Aktualitätsmelder und Gittersymbol (vgl. Kap. 5.3.5) auswertet. Anschließend betätigt er »KF2« und der Stellbefehl kann ausgeführt werden.

- Kommt es zu einer Auflösestörung, so ist nach der Räumung des Blockabschnitts eine Hilfsauflösung erforderlich. Der betroffene Blockabschnitt kann dann mit dem KF-pflichtigen Bedienkommando »BHA« (Block hilfsweise auflösen) in Grundstellung gebracht werden.

  Ist beispielsweise das Blocksignal 2418 gestört, so führt der Fahrdienstleiter den Curser zum entsprechenden Blocksignal, öffnet mit der rechten Maustaste das Menüfeld (s. Bild 2), wählt mit der linken Taste das Untermenü »Andere« und dort »BHA« aus.

  Alternativ kann er auch mittels Tastatur das Bedienkommando »BHA,2418« eingeben.

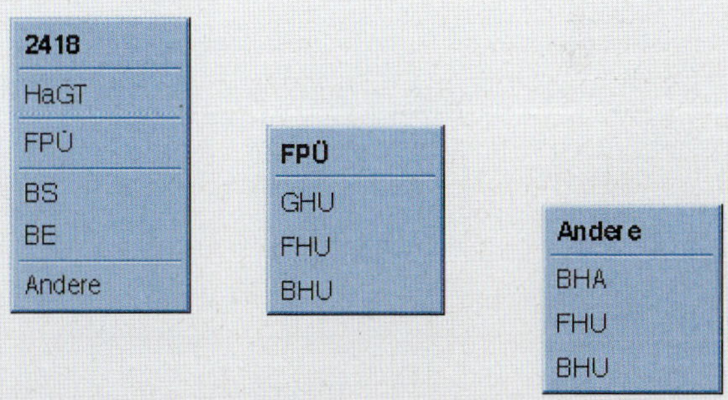

Bild 2: Geöffnetes Menüfeld für Blocksignal 2418

- Leuchtet der Blockabschnittsmelder (er stellt den Gleisverlauf der freien Strecke dar) nach der Räumung des Blockabschnittes mit Achszählern weiterhin rot, so muss das Zentralblocksignal am Ende des betroffenen Blockabschnittes gesperrt werden und kann anschließend mit dem KF-pflichtigen Bedienkommando AZG (Achszählergrundstellung) wieder in Grundstellung gebracht werden (z. B. »AZG,933«). Alternativ kann er auch mittels Tastatur das Bedienkommando »AZG,<Blockabschnitt>« eingeben.

- Gleiches gilt auch, wenn ein Blockabschnitt nach der Räumung wieder grün leuchtet, ohne dass er von einer nachfolgenden Zugstraße beansprucht wird.

Kann die Grundstellung dennoch nicht wiederhergestellt werden, so gilt der Streckenblock wie bei der Relais-Technik als gestört.

Die Störung kann, statt durch die Außenanlage, auch durch die Computeranlage selbst verursacht werden, z.B. dadurch, dass der Rechneranlage keine aktuellen Zustandsdaten vorliegen.

Gehen beispielsweise keine aktuellen Meldungen zum Zentralblock ein, so blinken der Blocküberwachungsmelder (BLÜM), hier der Strecke Cheim–Dweiler (CD) und die Erlaubnismelder rot.

Bei Lorenz (El L) blinkt zusätzlich der Blocküberwachungsmelder (BL) rot.

Bild 1: Zentralblock ohne aktuelle Zustandsdaten

Zur Unterstützung bei der Störungssuche wird die Störung auch in der Zeile »ST« des Bedienfensters erfasst und alle Störungen alphanumerisch dargestellt (als feste Folge von Buchstaben, Zahlen und Satzzeichen). Außerdem werden sie im Bild 1 der Kommunikationsanzeige aufgelistet.

Der Protokoll- und Störungsdrucker (PSD) bzw. die Protokoll- und Störungsinformation (PSI) sorgt dafür, dass die Störung automatisch aufgezeichnet wird. Dabei folgendes Muster verwandt:

StoeNr	Uhrzeit	Datum	Bf	Nr	BP	ZW	Stoerung usw.
217	18:29	21.04.05	KS	5			SIGNAL 114 FEHLER (+ Meldung)$
218	18:33	21.04.05	KS	5			SIGNAL 114 STOERUNG (+ Meldung)$

Bild 2: Drucktext bei Störung des selbsttätigen Streckenblocks

Im Störungsfall müssen im ESTW die gleichen betrieblichen Regeln angewandt werden wie bei herkömmlichen Stellwerken. Unterschiede ergeben sich vor allem bezüglich Bedienkomfort und technischer Hilfsmittel, die z.B. das handschriftliche Führen des Arbeits- und Störbuches ersetzen.

1. Was versteht man beim ESTW-Zentralblock unter einer Auflösestörung?
2. Warum erfordern Bedienhandlungen wie die Beseitigung einer Auflösung eines Streckenblocks mittels Bedienkommando »BHA, <Signalbezeichnung>« zusätzlich die Betätigung von KF1 und KF2?

10.13.4 Störungen beim Selbstblock im ESTW

Es kann passieren, dass auf Grund einer Störung – obwohl der Blockabschnitt geräumt ist (der Blockabschnittsmelder leuchtet weiß) und das nachfolgende Signal »Halt« zeigt – der Ausfahrsperrenmelder (ASpM) nicht erlischt (s. a. Kap. 10.13.1). Dann ist die Ausfahrsperre in die Grundstellung zu bringen, damit der Ausfahrsperrenmelder (ASpM) wieder erlischt.

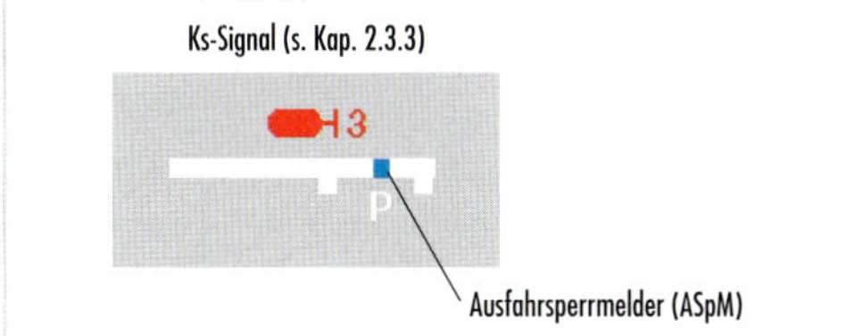

Bild 1: Störung: Der Ausfahrsperrmelder (ASpM) ist nicht erloschen

Dies geschieht wahlweise durch

- das KF-pflichtige Bedienkommando »BG, <Ausfahrblockabschnitt>« oder
- durch das Sperren und Entsperren des nachfolgenden Selbstblocksignals

  Das Selbstblocksignal wird mit dem Bedienkommando »BS, <Signal>« in die Haltstellung gebracht und gesperrt. Dabei wird das Signalbezeichnungsfeld als Sperrmelder rot ausgeleuchtet. Mit dem KF-pflichtigen Bedienkommando »BE, <Signal>« wird das Selbstblocksignal wieder entsperrt. Der Sperrmelder erlischt.

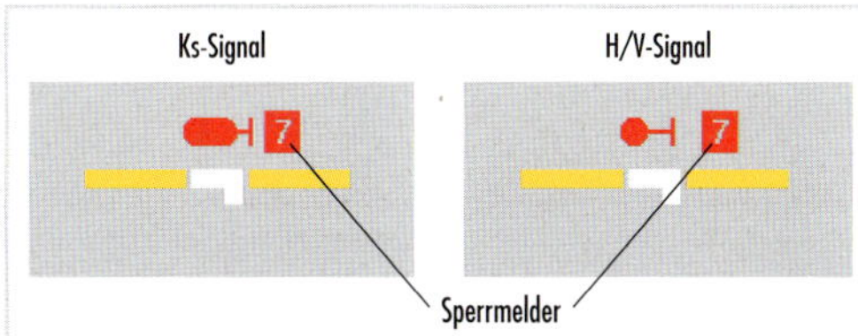

Bild 2: gesperrtes Selbstblocksignal

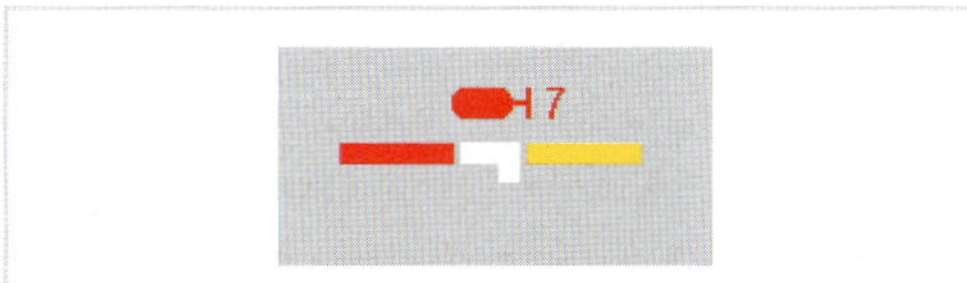

Bild 3: Der Blockabschnittsmelder (BlM) eines Selbstblocksignals zeigt besetzt an, obwohl der Blockabschnitt eigentlich frei sein müsste

Es kann passieren, dass der Blockabschnittsmelder (BlM) nach dem Räumen des Blockabschnittes weiterhin rot zeigt (s. Bild 3). Ursache dafür könnte sein, dass

- das folgende Hauptsignal in der Fahrtstellung verbleibt oder
- die Gleisfreimeldeanlage nicht in die Grundstellung gekommen ist (s. Kap. 10.13.1).

Bei Blockabschnitten mit Gleisstromkreisen wird die Grundstellung durch das Sperren und Entsperren des Selbstblocksignals am Ende des Blockabschnittes erreicht.

Bei Blockabschnitten mit Achszählern wird ebenfalls das Selbstblocksignal am Ende des Blockabschnittes gesperrt. Dazu wird zuerst die Achszähleinrichtung mit dem KF-pflichtigen Bedienkommando »AZG, <Blockabschnitt>« in Grundstellung gebracht und anschließend das Selbstblocksignal wieder entsperrt.

In beiden Fällen ist danach durch das Beobachten der Melder die ordnungsgemäße Wirkung des Streckenblockes festzustellen. Tritt in allen hier genannten Fällen die Störung erneut ein, gilt der Streckenblock als gestört.

1. Wie wirkt sich ein ständig leuchtender Ausfahrsperrmelder (ASpM) auf den Betriebsablauf aus?
2. Welche Ursachen kann ein ständig rot leuchtender Blockabschnittsmelder haben?

10.13.5 Störungen beim nichtselbsttätigen Streckenblock

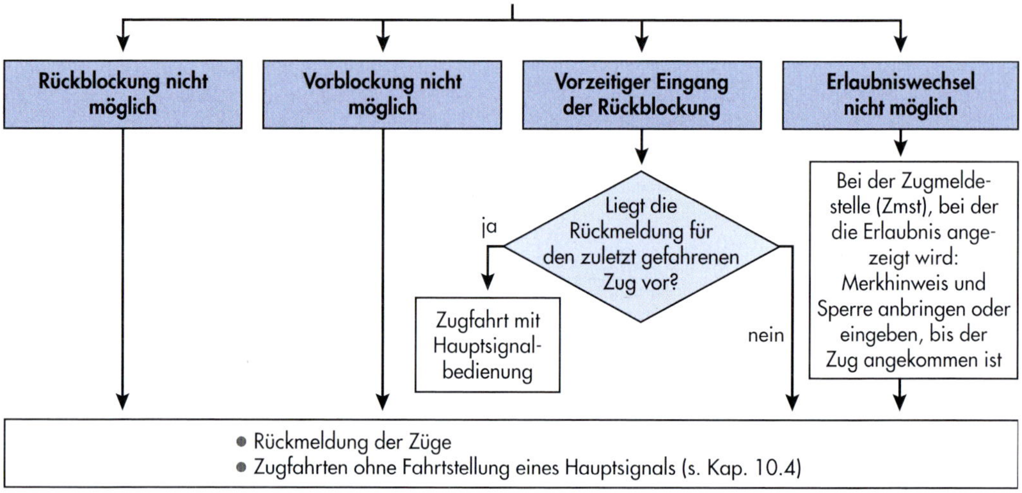

1. Wie wirkt sich der ständig leuchtende Ausfahrsperrmelder (ASpM) beim Selbstblock 60 und beim Zentralblock 65 aus?
2. Wie wirkt sich ein ständig besetzt anzeigender Blockabschnittsmelder (BlM) auf den Selbstblock 60 und auf den Zentralblock 65 aus?
3. Welche Bedienungshandlungen sind erforderlich, um ein selbsttätiges Blocksignal, das nach einer Zugfahrt nicht in die Haltstellung gekommen ist, auf Halt zu stellen?
4. Welche Hilfsbedienungen sind erforderlich, um bei Selbstblock 60 und bei Zentralblock 65 die Grundstellung herzustellen?
5. Auf welche Weise muss während der Räumungsprüfung auf Zeit (Rpz) dafür gesorgt werden, dass die Signale nicht selbsttätig in die Fahrstellung kommen können? Wann und wo müssen Merkhinweise als Gedächnisstützen angebracht werden?
6. Der IR 2231 ist am »Halt« zeigenden Signal Sbk 23 (weiß-gelb-weiß-gelb-weißes Mastschild) auf der Strecke Kleinstadt–Dortheim (s. Anlage) zum Halten gekommen. Die Blockabschnittsmelder 23 lassen dies auf dem Stelltisch erkennen. Es wird unterstellt, dass der RE 3013 diese Besetztanzeige hinterlassen hat. Der Selbststellbetrieb ist nicht eingeschaltet. Für den gesamten Streckenabschnitt ist Zugfunk eingerichtet und betriebsbereit. Auf allen Triebfahrzeugen ist der Zugfunk eingeschaltet.

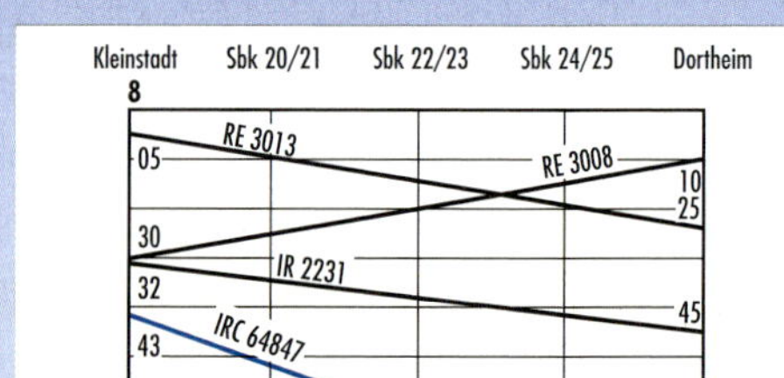

   a) Welche Maßnahmen hat der Triebfahrzeugführer zu ergreifen, nachdem der Zug am Sbk 23 zum Halten gekommen ist?
   b) Welche Maßnahmen haben die Fahrdienstleiter in Kleinstadt und Dortheim vom Zeitpunkt des Auftretens der Besetztanzeige bis hin zur Abwicklung der Zugfahrt IR 2231 zu ergreifen? Welche unterschiedlichen Handlungen ergeben sich bei Gleisstromkreisen und Achszählern?
   c) Welche Maßnahmen ergeben sich, wenn die Rückmeldung des vorausgefahrenen Zuges nicht gegeben werden kann?
   d) Wie ist zu verfahren, wenn die Besetztanzeige nicht durch eine Hilfstastenbedienung beseitigt werden kann?

10.14 Nachschieben von Zügen

Nachschieben

Im Betriebsablauf kann es vorkommen, dass die Zugkraft eines an der Zugspitze fahrenden Triebfahrzeuges auf bestimmten Strecken (Steilstrecken) nicht ausreicht bzw. die Fahrgeschwindigkeit so reduziert wird, dass in der Zugfolge Störungen auftreten können. Unter diesen Bedingungen kann durch das Nachschieben mit einem anderen Triebfahrzeug Abhilfe geleistet werden.

Als Steilstrecken gelten in Deutschland Hauptbahnen mit einer maximalen Neigung von mehr als 1:40 (25‰) und Nebenbahnen mit einer Neigung über 1:25 (40‰). Für diese Strecken gilt die »Steilstreckenvorschrift« oder vergleichbare Richtlinien. Für Zahnradbahnen, die per Definition keine Steilstrecken sind, gelten andere Vorschriften.

Bild 1: Rübelandbahn (Thüringer Wald), steilste in Betrieb stehende Bahnstrecke Deutschlands

1. Linz (Rhein) – Kalenborn	5. Hirschsprung – Hinterzarten
2. Blankenburg (Harz) – Königshütte (Harz)	6. Baiersbronn – Freudenstadt
3. Boppard – Buchholz (Hunsrück)	7. Stützerbach – Schleusingen
4. Bad Reichenhall – Hallthurm	8. Suhl-Neundorf – Suhl-Friedberg

Tabelle 1: Steilstrecken in Deutschland (Auswahl)

Da Steilstrecken besondere betriebliche Anforderungen an Zugbegleiter, Triebfahrzeugführer, Triebfahrzeugbegleiter sowie Führer und Begleiter von Nebenfahrzeugen stellen, gelten hierfür in der VDV-Vorschrift und der Richtlinie der Bahn besondere Regelungen. Während in dem Betriebsregelwerk EVU allgemein gehaltene Reglungen genannt werden, sind in dem Regelwerk der DB genauere Anweisungen enthalten.

Bild 2: Dreiteiliger Triebwagen des Typs Flirt (fährt auf Steilstrecke zwischen Bad Reichenhall und Hallthurm)

Zugvorbereitung

- Der Triebfahrzeugführer eines mit einem Zug gekuppelten Schiebetriebfahrzeuges muss dafür sorgen, dass vor Beginn des Nachschiebens das Schlusssignal vom letzten Fahrzeug vor dem Schiebetriebfahrzeug entfernt und nach Beendigung des Nachschiebens wieder angebracht ist.
- Bei Schiebetriebfahrzeugen müssen die Fahrzeugeinrichtungen der Zugbeeinflussung abgeschalten werden. Der Triebfahrzeugführer des Schiebetriebfahrzeuges muss beim Nachschieben die PZB und LZB abschalten. Bei Schiebetriebfahrzeugen, die von der freien Strecke zurückkehren, muss die LZB bis zur Rückkehr in einen Bahnhof abgeschaltet bleiben.
- Bei ETCS-Strecken sind zusätzliche Regelungen zu beachten.

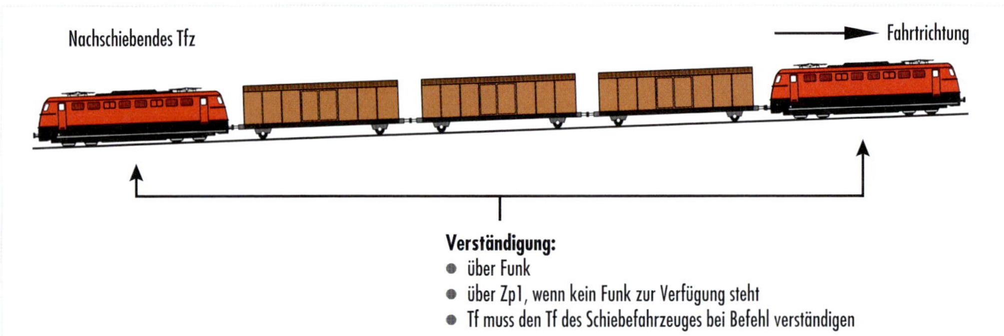

Bild 1: Verständigung zwischen Tf des Zuges und Tf des nachschiebenden Tfz

Regeln für den Triebfahrzeugführer

Bevor ein Zug außerplanmäßig nachgeschoben wird, muss der Triebfahrzeugführer feststellen, dass sich folgende Fahrzeuge nicht im Zug befinden:

- Fahrzeuge, deren Zug- und Stoßeinrichtungen Nachschieben nicht zulassen
- Fahrzeuge, die nur durch die Ladung oder zusätzlich durch Steifkupplung verbunden sind
- Wagen, deren Ladungen über mehrere Wagen reichen, wenn die einzelne Ladung länger als 60m ist; dies gilt nicht für Langschienentransporteinheiten, die auf einer Tafel als solche gekennzeichnet sind.

Weiter muss der Tf feststellen, dass zwischen Schiebetriebfahrzeug und Wagenzug keine Fahrzeuge laufen.

Bild 2: RegionalBahn (RB) mit Diesellok BR 218 als Zuglok und Schiebelok bei Oberstdorf

Kuppeln

Schiebetriebfahrzeuge müssen miteinander gekuppelt sein. Schiebetriebfahrzeuge, die bis zu einem Bahnhof oder darüber hinaus am Zug bleiben, müssen bis zum letzten Haltbahnhof mit dem Zug gekuppelt bleiben. Schiebetriebfahrzeuge, die in Gefällen am Zug bleiben, müssen stets mit dem Zug gekuppelt sein.

Bremsbestimmungen beim Nachschieben

Hinsichtlich der Bremsstellung von Triebfahrzeug und Wagen, der Stellung des Triebfahrzeuges im Zug, der Berg- und Talfahrt, der Bremsberechnung, Bremsproben, der Radvorleger sowie dem Besetzen der Triebfahrzeuge und Steuerwagen gibt es besondere Regelungen und Bestimmungen. Anhand von Bremstafeln kann die jeweilig notwendige Bremseinstellung ermittelt werden.

Besondere Anforderungen bestehen natürlich hinsichtlich der Bremsausrüstungen und Bremsbestimmungen bei Steilstreckenbetrieb.

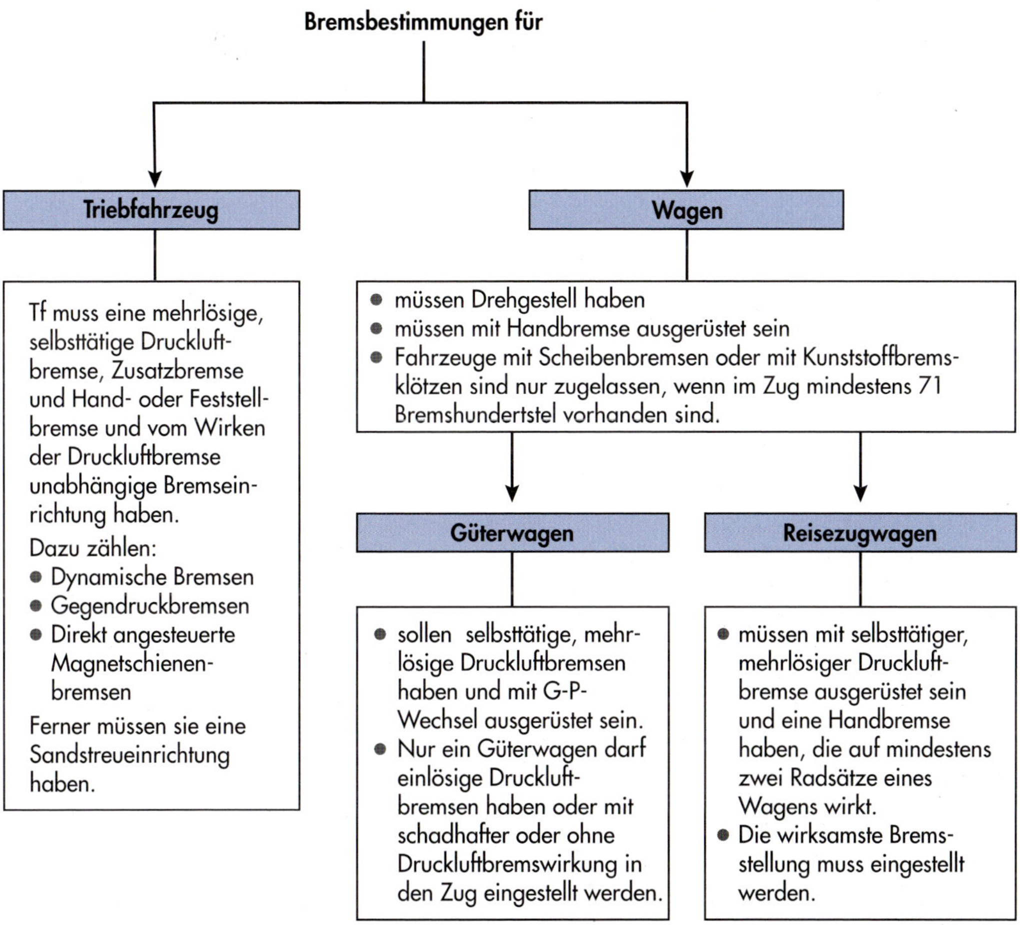

Beenden des Nachschiebens

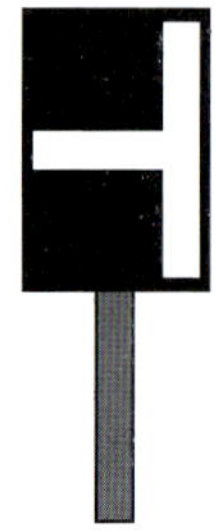

Bild 1: Signal Ts 1

Die Stelle, wo ein nicht mit dem Zug gekuppeltes Schiebetriebfahrzeug den Zug verlassen soll, ist durch Signal Ts 1 (Nachschieben einstellen) bezeichnet. Ansonsten ist die Stelle im Befehl angegeben.

Beendet ein Tf eines nicht mit dem Zug gekuppelten Schiebetriebfahrzeugs das Nachschieben, muss der Tf an der Spitze des Zuges über Funk verständigt werden, ansonsten durch Signal Zp 1 (Achtungssignal – ein mäßig langer Ton). Der Triebfahrzeugführer muss dann den weiterfahrenden Zug so lange beobachten, bis er sich überzeugt hat, dass keine Zugtrennung eingetreten ist.

Bei unbeabsichtigter Trennung eines nicht mit dem Zug gekuppelten Schiebetriebfahrzeuges vom Zug muss sofort angehalten werden. Es darf das nicht mit dem Zug gekuppelte Schiebetriebfahrzeug erst dann wieder an den Zug setzen, wenn dieser zum Halten gekommen ist. Vor der Fahrt zum Ansetzen an den Zug muss eine mündliche Zustimmung des Fahrdienstleiters einholt werden. Die Fahrt zum Ansetzen an den Zug erfolgt durch »Fahren auf Sicht«.

Bild 2: Neuer Hetzdorfer Viadukt mit RegionalExpress (RE) als Doppelstock-Wendezug mit Ellok Baureihe 143 und Schiebelok

Der Triebfahrzeugführer eines nicht mit dem Zug gekuppelten Schiebetriebfahrzeugs, das von der freien Strecke aus zurückkehrt, erhält für das Nachschieben und für die Rückfahrt auf einer eingleisigen Strecke den Befehl 5.

Sonstige wichtige Regeln beim Nachschieben

zul. Geschwindigkeit

1) Bei nachgeschobene Zügen:
   - 80 km/h, wenn das Schiebetriebfahrzeug mit Zug gekuppelt ist
   - sonst 60 km/h
2) bei Schiebetriebfahrzeugen, die von der freien Strecke aus zurückkehren: 50 km/h

Druckkräfte

Beim Nachschieben darf die Druckkraft höchstens 240 kN (24 t) betragen. In Bahnhöfen oder auf Abzweigstellen muss die Druckkraft auf 120 kN (12 t) beschränkt werden.
Größere Druckkräfte können für bestimmte Streckenabschnitte oder Züge im Streckenbuch (Strebu) zugelassen sein.

1. Was bezeichnet man als Steilstrecke?
2. Warum sind in Steilstrecken besondere Anforderungen an Personal und Zug zu stellen?
3. Nenne die Beschränkungen in der Zugbildung bei Steilstreckenfahrten!
4. Wie muss ein Triebfahrzeug bremstechnisch ausgerüstet sein, das Steilstrecken befährt? Begründe dies!

11

Gefährliche Ereignisse im Bahnbetrieb

© Klaus Pitter

11.1 Beobachten von Zügen

Während der Vorbeifahrt und auch beim Halten auf Bahnhöfen müssen die Fahrzeuge eines Zuges auf ihren betriebssicheren Zustand beobachtet werden. Werden Unregelmäßigkeiten nicht erkannt, können sie schwerwiegende Folgen haben. Es ist besonders zu achten auf

- die Signale am Zug
- nach außen aufschlagende Türen und bei Personenwagen auf andere offene Außentüren
- Unregelmäßigkeiten an Fahrzeugen oder an Ladungen
- Feuer im Zug

Zuständig für das Beobachten von Zügen sind die Bediener von Stellwerken, Meldeposten oder im Betriebsstellenbuch bestimmte Mitarbeiter.

Bild 1: Spitzensignal (Zg 1) völlig erloschen

In Fällen, wo das *„Nachtzeichen"* des Spitzensignals (Zg 1) zu führen und es nicht in Ordnung ist, muss der Zug sofort angehalten werden, wenn Dunkelheit oder unsichtiges Wetter herrscht und es im Streckenbuch bestimmt ist. Nach dem Halt des Zuges muss diese Unregelmäßigkeit dem Fdl gemeldet werden.

Ist das Spitzensignal völlig erloschen?

ja:
- Halt in den übrigen Fällen auf dem nächsten Bahnhof
- Allen Betriebsstellen bis zum nächsten Bf ist dies zu melden

nein (= unvollständig):
- Halt in allen übrigen Fällen auf dem nächsten Haltbahnhof
- Allen Betriebsstellen von Bf zu Bf bis zum nächsten Haltbahnhof ist dies zu melden

Ist das Signal nach dem Anhalten in Ordnung zu bringen?

ja: Die Zugfahrt ist fortzusetzen

nein:

Bei erloschenem Spitzensignal:
- Dem Fdl ist mitzuteilen, ob das Nachtzeichen erloschen oder unvollständig ist.
- Bei Dunkelheit oder unsichtigem Wetter darf mit erloschenem Nachtzeichen nicht weitergefahren werden.
- Darf der Zug weiterfahren, muss die Unregelmäßigkeit von Bf zu Bf gemeldet werden.

Bei unvollständigem Spitzensignal:
- Dem Fdl ist dies mitzuteilen.
- Weiterfahrt bis zu dem Bf, auf dem das Signal in Ordnung gebracht werden kann.
- Die Unregelmäßigkeit muss von Bf zu Bf gemeldet werden.
- Der Fdl kann für die Weiterfahrt bei Dunkelheit oder unsichtigem Wetter auf Nebenbahnen Weisungen durch Befehle 12 und 14 erteilen.

Bild 1: Vorhandenes Schlusssignal (Zg 2)

Bild 2: Schlusssignal (Zg 2) ist dunkel (fehlt)

Schlusssignal (Zg 2) fehlt

Auf Strecken mit selbsttätigem Streckenblock

→ Vorliegende Betriebsstellen bis zum nächsten örtlich besetzten Bahnhof sind zu verständigen

→ Am nächsten geeigneten Bahnhof ist das Schlusssignal (Zg 2) anzubringen

Auf Strecken mit nichtselbsttätigem Streckenblock oder ohne Streckenblock

→
- Vorliegende Betriebsstellen bis zum nächsten örtlich besetzten Bahnhof und die Zugfolgestellen bis zur zurückgelegenen Zugmeldestelle sind zu verständigen
- Ausfahrsignale sind sofort auf Halt zu stellen
- Der Zug darf nicht vorgeblockt werden
- Die Räumungsprüfung für den betroffenen Zug wird zunächst nicht durchgeführt
- Der Zug ist auf dem nächsten Bahnhof anzuhalten
- Merkhinweise und Sperren anbringen, s. Rpz (Kap 10.4.3), zusätzlich Hilfssperre an der Taste für das Rückblocken

→ Ist der Zug vollständig?

ja:
- Schlusssignal (Zg 2) anbringen
- Die vorher benachrichtigten Stellen sind über die Vollständigkeit des Zuges zu informieren

nein:
- Sperren des Gleises (s. Kap. 10.6)
- Maßnahmen wie beim Liegenbleiben eines Zuges

Unregelmäßigkeiten an Fahrzeugen oder Ladungen

- Unregelmäßigkeiten an Ladungen (lose Wagendecken, verschobene Ladung)
- Sonstige Unregelmäßigkeiten an Fahrzeugen (s. Tabelle 1)

↓

Maßnahmen wie bei drohender Gefahr:
- Sicherung gefährdeter Züge (z. B. Signale auf Halt stellen, Schutzsignale geben)
- Züge müssen angehalten werden, sofern nicht durch das Anhalten die Gefahr vergrößert wird
- Nothaltauftrag geben (s. Kap. 9.6 + 11.2)

Meldung einer Heißläuferortungsanlage (HOA) oder einer Festbremsortungsanlage (FBOA):
a) »Feste Bremse – warm«
b) »Heißläufer«
c) »Feste Bremse – heiß«

↓

Der Zug ist im Fall a) in dem im Streckenbuch genannten Bahnhof, in den Fällen b) und c) am in dem Betriebsstellenbuch genannten Hauptsignal anzuhalten. Der Fdl teilt dem Tf möglichst vor dem Anhalten des Zuges den betroffenen Radsatz und die Zugseite mit. Der Tf untersucht den Zug und teilt dem Fdl die zu treffenden Maßnahmen mit.

Merkmale	mögliche Ursache	mögliche Auswirkungen
anfangs klarer, pfeifender Ton, später Brandgeruch, dicker, schwarzgelber Ölqualm, danach Flammenbildung und rot glühende Radsatzlager	Heißläufer 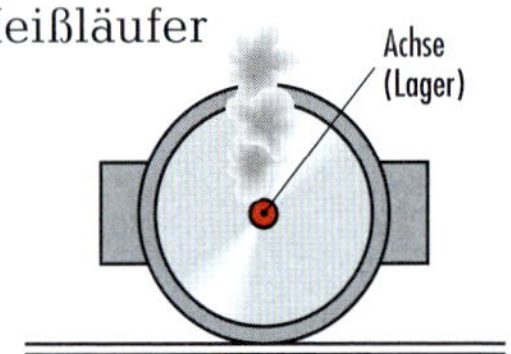	Radsatzbruch, Radbruch, Achsschenkelbruch, Achslagerbruch, Entgleisungsgefahr
kreischendes Geräusch und Funkensprühen, Rauchentwicklung an Bremsklötzen und Radreifen, Bremsklötze und Radreifen rot glühend	feste Bremsen 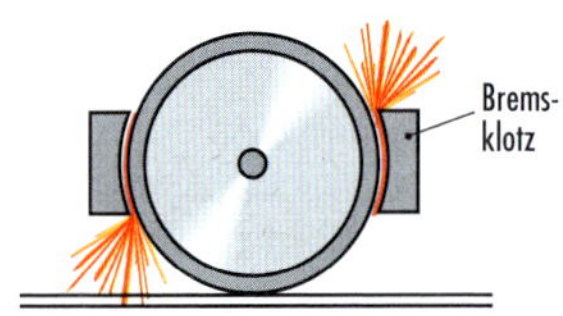	Lose Radreifen
blockierter Radsatz, Funkensprühen zwischen Rad und Schiene	festgebremster Radsatz 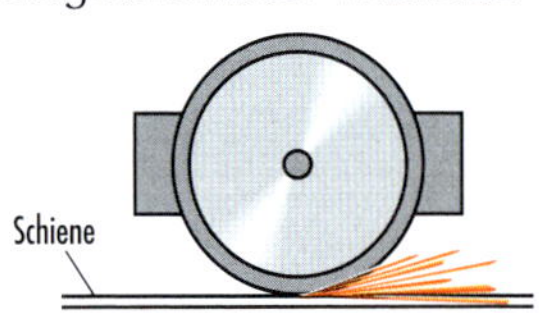	starke Flachstellen mit Aufschweißungen, Entgleisungsgefahr
holpriger und sehr unruhiger Lauf	Radsatzbruch, Radbruch, Achsschenkelbruch, Achslagerbruch	Entgleisungsgefahr
klapperndes, klirrendes Geräusch	lose Radreifen	Abspringen des Radreifens, Entgleisungsgefahr
verschobene Ladung	Rangierstoß, Ladungssicherung oder Verladeweise mangelhaft	Berührung mit anderen Zügen oder mit festen Gegenständen neben oder über dem Gleis

Tabelle 1: Unregelmäßigkeiten an Fahrzeugen

Heißläufer sind stark überhitzte Lager. Durch Ölen und Einfetten wird versucht, die Energieverluste durch Reibung möglichst klein zu halten. Ein Defekt oder Verunreinigungen lassen die Reibungstemperatur aber so stark ansteigen, dass die Achsschenkel überhitzt werden, die Achse abschert und so ganze Züge entgleisen können. Heißläufer können optisch und akustisch bemerkt werden. Wo Mitarbeiter zur Beobachtung von Zügen fehlen, werden technische Geräte eingesetzt.

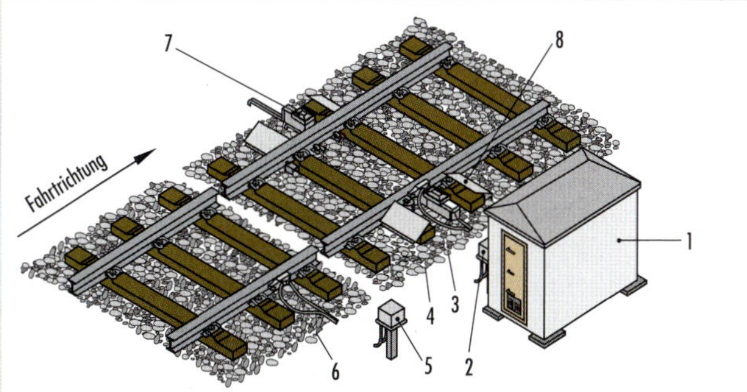

1 Schalthaus
2 Kabelverteiler (Messkontakt)
3 Abtaster RECHTS HOA 80 R
4 Schienenkontakt DEK „Auslauf" (Messkontakt)
5 Kabelverteiler (Einschaltkontakt)
6 Schienenkontakt DEK „Einlauf" (Einschaltkontakt)
7 Abtaster LINKS HOA 80 L
8 Abweiser

Bild 1: Gesamtansicht einer Heißläuferortungsanlage (HOA)

- Eine Heißläuferortungsanlage (HOA) hat die Aufgabe, Temperaturen von außen liegenden Achslagergehäusen rollender Schienenfahrzeuge zu messen.
- Eine Festbremsortungsanlage (FBOA) misst die Achslager-, Radkranz- und Scheibenbremstemperatur.

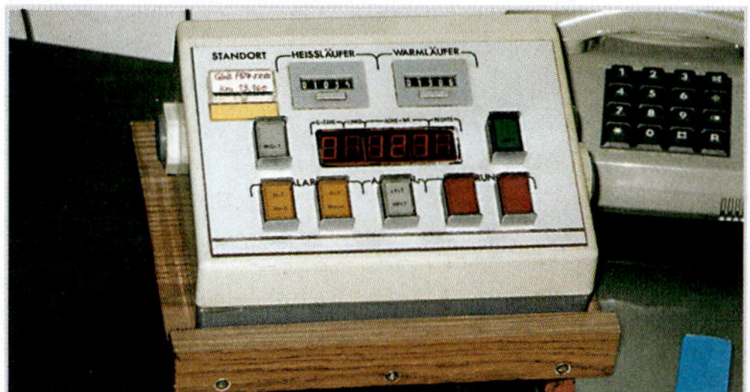

Bild 2: HOA – Anzeige- und Bediengerät

© Marks-Fährmann

Die durch Infrarotmessung gewonnenen Messdaten werden von der Anlage ausgewertet und bei Überschreitung von vorgegebenen Schwellenwerten als Warm- oder Heißmeldung mit der zugehörigen Achsenzahl (von der Spitze des Zuges gerechnet) und der Zugseite zum nächsten Fahrdienstleiter gemeldet.

Bild 3: HOA-Außenanlage

© White Cactus / Wikimedia

1. Wer ist für das Beobachten von Zügen zuständig?
2. Welche Maßnahmen sind zu treffen, wenn das Spitzensignal (Zg 1) völlig erloschen ist?
3. Warum ist das fehlende Schlusssignal (Zg 2) an einem Zug auf Strecken mit selbsttätigem Streckenblock nicht so ein Sicherheitsrisiko wie auf Strecken mit nichtselbsttätigem Streckenblock (Felderblock)?
4. Welche Maßnahmen müssen Sie ergreifen, wenn in einem Zug nach außen aufschlagende Türen, bei Personenwagen auch andere offene Türen festgestellt werden?
5. Wie lautet der Nothaltauftrag, wenn er über die Fernsprech-Streckenverbindung gegeben wird?
6. Wie lautet der Nothaltauftrag, wenn er über Funk gegeben wird?
7. Wie wird der Nothaltauftrag in kodierter Form über Funk gegeben?
8. Welche Ursachen könnte ein Funkenflug am Fahrzeug haben?
9. Welche Unregelmäßigkeiten können an Stromabnehmern festgestellt werden und welche Maßnahmen ergeben sich daraus?
10. Beschreiben Sie die Aufgaben einer Heißläuferortungsanlage (HOA)!

11.2 Gefährliche Ereignisse im Bahnbetrieb

Ein gefährliches Ereignis ist ein Ereignis, das entweder fahrende Schienenfahrzeuge beeinträchtigt oder in Gefahr bringt oder von fahrenden Schienenfahrzeugen ausgeht. Es handelt sich also um Ereignisse, die direkt mit dem „rollenden Rad", also mit bewegten Eisenbahnfahrzeugen zusammenhängen.

Bild 1: Bahnübergangsunfall (Zusammenprall)

Die Bundesstelle für Eisenbahnunfalluntersuchung (BEU) untersucht Unfälle und Störungen im Eisenbahnbetrieb – im Bereich der Eisenbahninfrastrukturen des Bundes (EdB) und auf nichtbundeseigenen Eisenbahninfrastrukturen, die der Eisenbahnaufsicht des Bundes unterliegen.

Unabhängig davon, ob sich die BEU im Einzelfall einschaltet, müssen die an gefährlichen Ereignissen beteiligten Unternehmen diese untersuchen, auswerten und entsprechende Korrektur- und Vorbeugungsmaßnahmen einleiten. Diese Anforderung ergibt sich aus der europäischen Vorgabe, wonach in jedem Unternehmen ein Sicherheitsmanagementsystem eingerichtet sein muss.

Gefährliche Ereignisse werden grundsätzlich unterschieden in

Unfälle

Ein Unfall ist ein unerwünschtes oder unbeabsichtigtes plötzliches Ereignis im Bahnbetrieb oder eine Verkettung derartiger Ereignisse mit Personen-, Sach-, oder Umweltschaden.

- Kollision
- Entgleisung
- Personenunfall
- Bahnübergangsunfall (Zusammenprall)
- Fahrzeugbrand
- Sonstiger Unfall im Eisenbahnbetrieb

(Definitionen s. Seite 543)

Störungen

Eine Störung ist ein Ereignis im Bahnbetrieb, das den sicheren Betrieb eines Zuges – ohne unmittelbaren Personen-, Sach- oder Umweltschaden – beeinträchtigt.

- Vorbeifahrt eines Zuges am Haltbegriff
- Einfahrt in besetzten Gleisabschnitt
- Störung am Bahnübergang
- Störung am Fahrzeug
- Störung an der Infrastruktur
- Störung durch betriebliche Fehlhandlung

(Definitionen s. Seite 543)

Unregelmäßigkeiten

Unregelmäßigkeiten sind Ereignisse, die ausschließlich unternehmensintern zu melden und zu untersuchen sind.

- Zugkollision mit Gegenstand
- Anfahrt am Haltbegriff ohne Zustimmung
- Durch Zug- und Rangierfahrten
- Vorbeifahrt am Haltbegriff ohne Zustimmung einer Rangierfahrt
- Störung am Bahnübergang bei Rangierfahrt
- Störung durch betriebliche Fehlhandlung bei Rangierfahrt
- Mögliches Austreten von gefährlichen Gütern
- Freiwerden gefährlicher Betriebsstoffe
- Suizid / versuchter Suizid
- Sonstiges gefährliches Ereignis (z. B. verlorene Ladung)
- Stromunfälle
- Personenunfall durch Stromschlag am stehenden Fahrzeug

Ereignisart	Definition
Kollision	Zugkollision: Unbeabsichtigtes Berühren (Auffahren) von Eisenbahnfahrzeugen oder das Auffahren eines Eisenbahnfahrzeugs auf einen Gegenstand (Aufprall auf Gegenstand), wobei mindestens ein führendes Fahrzeug als Zugfahrt verkehrt.
	Sonstige Kollision: Unbeabsichtigtes Berühren (Auffahren) von Eisenbahnfahrzeugen oder das Auffahren eines Eisenbahnfahrzeugs auf einen Gegenstand (Aufprall auf Gegenstand), wobei kein Fahrzeug als Zugfahrt verkehrt.
Entgleisung	Zugentgleisung: Abheben eines Rades vom Gleis bei einer in Bewegung befindlichen Zugfahrt
	Sonstige Entgleisung: Abheben eines Rades vom Gleis bei einem in Bewegung befindlichen Eisenbahnfahrzeug
Personenunfall	Personenunfall am bewegten Eisenbahnfahrzeug Verletzung einer Person durch ein in Bewegung befindliches Eisenbahnfahrzeug. Unter „Eisenbahnfahrzeug" ist in diesem Zusammenhang auch zu sehen: Fahrzeugteile, Ladung oder Ladungssicherung
	Personenunfall am stehenden Eisenbahnfahrzeug Unfälle, die sich während des planmäßig vorgesehenen Fahrgastwechsels ereignen
Bahnübergangsunfall (Zusammenprall)	Zusammentreffen eines Eisenbahnfahrzeuges mit einem Bahnübergangsbenutzer auf einem Bahnübergang.
Fahrzeugbrand	Feuer oder Explosion in einem Eisenbahnfahrzeug (einschl. der Ladung), die bei der Beförderung vom Abgangs- zum Zielbahnhof, in diesen Bahnhöfen oder bei Unterwegshalten oder Unterwegsbehandlung auftreten.
Sonstiger Unfall im Eisenbahnbetrieb	Jeder Person-, Sach-, und Umweltschaden, der nicht den oben genannten Fällen zuzuordnen ist bzw. darin nicht explizit ausgeschlossen wurde (z.B. Personen- und Sachschäden durch Eisabwurf/Schottersteinflug)
Vorbeifahrt eines Zuges am Haltbegriff	Vorbeifahrt eines Zuges ist das Passieren eines Haltbegriffes durch ein Eisenbahnfahrzeug ohne Erlaubnis des Verantwortlichen. Unter Haltbegriff sind zu verstehen: – Halt gebietende Signale – keine Zustimmung zur Fahrt durch den Fahrdienstleiter/Zugleiter bei Nicht-Vorhandensein ortsfester Signale – Stellen, an denen gemäß schriftlichem oder mündlichem Auftrag zu halten ist
Einfahrt in besetzten Gleisabschnitt	Einfahren eines Zuges in einen Gleisabschnitt, der bereits mit anderen Fahrzeugen besetzt ist, wenn die Zustimmung durch den Verantwortlichen unzulässigerweise erteilt wurde
Störung am Bahnübergang	Annähern an den Bahnübergang oder das Befahren durch einen Zug ohne ordnungsgemäße Sicherung des Bahnübergangs
Störung am Fahrzeug	Unregelmäßigkeiten an sicherheitsrelevanten Einrichtungen des Eisenbahnfahrzeugs, die einem weiteren sicheren Eisenbahnbetrieb entgegenstehen und nach deren Erkennen ein Zug durch eine Schnellbremsung, einen Nothaltauftrag oder auf andere Weise – zur Vermeidung eines Unfalls – unverzüglich zum Halten gebracht werden muss (z.B. Nachtzeichen des Spitzensignals erloschen bei Strecken mit nicht technisch gesicherten BÜ, offene Türen an Reisezügen/Güterzügen, Schäden/Störungen an der Zug- und Stoßeinrichtung, Schäden/Störungen an der Bremseinrichtung)
Störung an der Infrastruktur	Von einer Störung an der Infrastruktur ist auszugehen, wenn ein Zug aufgrund der Situation durch eine Schnellbremsung, einen Nothaltauftrag oder auf andere Weise – zur Vermeidung eines Unfalls – unverzüglich zum Halten gebracht werden muss.
Störung durch betriebliche Fehlhandlung	Von einer betrieblichen Fehlhandlung ist auszugehen, wenn ein Zug aufgrund einer betrieblichen Handlung durch eine Schnellbremsung, einen Nothaltauftrag oder auf andere Weise – zur Vermeidung eines Unfalls – unverzüglich zum Halten gebracht werden muss (z.B. Abfahrt ohne Abfahrauftrag (Signal stand auf Fahrt) oder Abfahrt ohne erforderliche Bremsprobe)

Tabelle 1: Gefährliche Ereignisse im Bahnbetrieb, Definitionen und Erläuterungen

Verhalten bei Gefahr

Maßnahmen bei Gefahr

Erkennt das Zugpersonal (s. Seite 20), dass seinem oder einem anderen Zug oder sonst durch den Bahnbetrieb eine Gefahr droht, so hat es in eigener Verantwortung umsichtig und entschlossen alles zu tun, um die drohende Gefahr abzuwenden oder zu mindern. Bei Gefahr müssen Züge angehalten werden, sofern nicht die Gefahr durch das Anhalten vergrößert wird (z. B. soll der Zug nicht in einem Tunnel zum Stehen kommen).

Wird ein Zug wegen einer Gefahr angehalten oder kommt ein Zug aus nicht erkennbarem Anlass zum Halten, so muss man auch Gefahr für Züge in Nachbargleisen annehmen, wenn nicht einwandfrei festgestellt wird, dass die Nachbargleise befahren werden können. Der Tf muss Signal Zp 5 (Notsignal – mehrmals drei kurze Töne schnell nacheinander) geben, um das Zugpersonal und andere in der Nähe befindliche Mitarbeiter aufmerksam zu machen und zur Hilfeleistung aufzufordern.

Bei drohender Gefahr ist sofort ein Nothaltauftrag zu geben.

- Auf der Streckenfernsprechverbindung:
  »Betriebsgefahr, alle Züge sofort anhalten! Ich wiederhole: Betriebsgefahr, alle Züge sofort anhalten! Hier (Tätigkeit und Name des Meldenden)«
- Auf anderen Fernsprechverbindungen (z. B. Zugfunk):
  »Betriebsgefahr, Zug (Nummer) sofort anhalten! Ich wiederhole: Betriebsgefahr, Zug (Nummer) sofort anhalten! Hier (Tätigkeit und Stelle des Meldenden) / Hier Zug (Nummer).«
  oder
  »Betriebsgefahr, alle Züge zwischen (Zmst) und (Zmst) / im Bf (Name) sofort anhalten! Ich wiederhole: Betriebsgefahr, alle Züge zwischen (Zmst) und (Zmst) / im Bf (Name) sofort anhalten! Hier (Tätigkeit und Stelle des Meldenden) / Hier Zug (Nummer).«

Bild 1: Fernsprecher vor einem Hauptsignal

Wenn der Nothaltauftrag auf der Streckenfernsprechverbindung oder fernmündlich über Zugfunk gegeben wird, muss er durch einen Notruf angekündigt werden.

Steht Zugfunk nicht zur Verfügung, muss das Zub oder der Tb den Nothaltauftrag vom nächsten Fernsprecher – bei zweigleisiger Strecke in Fahrtrichtung des Zuges – geben. Stehen Zub oder der Tb nicht zur Verfügung, muss der Tf den Nothaltauftrag selbst geben.

1. Wodurch unterscheidet sich eine Kollision von einem Zusammenprall?
2. Bei einem Unfall auf einem Bahnübergang kommt eine Person zu Schaden. Um welches »Gefährliche Ereignis« handelt es sich?
3. In welchen Fällen gibt das Zugpersonal einen Nothaltauftrag und wie kann dieser erteilt werden?

11.3 Das Notfallmanagement (DB AG)

Das Notfallmanagement umfasst den vorbeugenden Brandschutz (in Gebäuden, Anlagen und Schienenfahrzeugen) und die gesamte Organisation der nichtpolizeilichen Gefahrenabwehr.

Laut gesetzlichem Auftrag haben aber die Feuerwehren die Zuständigkeit für diese Gefahrenabwehr. Auf der anderen Seite verpflichtet das Allgemeine Eisenbahngesetz (AEG, s. Kap. 1.2) alle Eisenbahnen in Deutschland an entsprechenden Maßnahmen mitzuwirken.

AEG § 4 (1): »*Die Eisenbahnen sind verpflichtet, ihren Betrieb sicher zu führen und die Eisenbahninfrastruktur, Fahrzeuge und Zubehör sicher zu bauen und in betriebssicherem Zustand zu halten. Sie sind auch verpflichtet, an Maßnahmen des Brandschutzes und der Technischen Hilfeleistung mitzuwirken.*«

Die gesetzliche Mitwirkungspflicht wird für den Bereich der DB AG durch das Notfallmanagement erfüllt. Hierzu gehören folgende Maßnahmen (s. a. Bild 1):

1. Ein Fachberater der Bahn (Notfallmanager) steht dem Einsatzleiter der Feuerwehr zur Verfügung.
2. Es sind zentrale Meldestellen (Notfallleitstellen) eingerichtet worden.
3. Den Hilfskräften wird aktuelles Informationsmaterial zu ihren Anlagen und Fahrzeugen geliefert (z. B. Einsatzmerkblätter für Eisenbahnfahrzeuge, s. Seite 547).
4. Die Bahn unterstützt Ausbildung und Übungen der Feuerwehren.

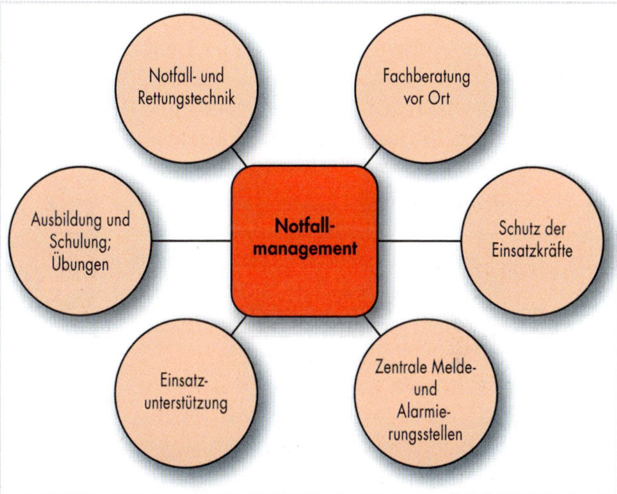

Bild 1: Bestandteile des Notfallmanagements

1. Der Notfallmanager hat Kenntnisse im Eisenbahnbetrieb und kann auch Schutzmaßnahmen für die vor Ort tätigen Einsatzkräfte durchführen bzw. veranlassen. Der Notfallmanager ist Einsatzleiter für den Bereich der DB AG, in dieser Funktion Fachberater für den Einsatzleiter der Feuerwehr und somit Mitglied der Einsatzleitung. Er ist gegenüber allen Mitarbeitern der Bahn, die sich am Ereignisort aufhalten, weisungsbefugt.

   Zu den wesentlichen Aufgaben des Notfallmanagers gehören im Ereignisfall u. a. das Sicherstellen des Schutzes der vor Ort tätigen Einsatzkräfte gegen Gefahren aus dem Eisenbahnbetrieb, die Sicherstellung bzw. Durchführung der Bahnerdung der Oberleitung (soweit dies erforderlich ist) sowie die fachliche Beratung des Einsatzleiters für Fragen im Zusammenhang mit dem Eisenbahnbetrieb.

Der Notfallmanager verfügt über ein Einsatzfahrzeug, das als Unfallhilfsfahrzeug der DB AG gekennzeichnet und mit Sondersignalen ausgerüstet ist. Dieses ermöglicht es dem Notfallmanager, das Wegerecht gemäß §38 StVO in Anspruch zu nehmen, um den Ereignisort möglichst schnell erreichen zu können. Die Ausrüstung des Fahrzeugs umfasst u. a. Erdungsvorrichtungen zum Bahnerden der Oberleitung, Kartenmaterial, Digitalkamera, Handlampe etc.

Am Ereignisort trägt der Notfallmanager orangefarbene Warnkleidung mit dem Rückenaufdruck »Notfallmanager«. Er kann sich zusätzlich mit einem Lichtbildausweis (Konzernausweis) legitimieren.

2. Das Streckennetz der DB Netz AG ist unterteilt in 180 Notfallbezirke. Leiter eines Notfallbezirkes ist ein Notfallmanager, der rund um die Uhr erreichbar ist. Hier wird das Notfallmanagement vorbereitet und der Einsatz der Notfalltechnik organisiert. Die räumlichen Grenzen der Notfallbezirke sind so bemessen, dass der Notfallmanager aus jeden Bereich des Bezirkes innerhalb eines Zeitraums von maximal 30 Minuten den Ereignisort erreichen kann.

   Um eine schnelle gegenseitige Information aller Beteiligten zu gewährleisten, hat die DB Netz AG bundesweit sieben Notfallleitstellen eingerichtet, deren Aufgabe darin besteht, Meldungen über gefährliche Ereignisse entgegenzunehmen und weiterzuleiten.

   Die Notfallleitstellen sind rund um die Uhr besetzt und verfügen über modernste Leitstellentechnik. Durch die Notfallleitstelle werden der Leitstelle der Feuerwehr die ersten durchgeführten Schutzmaßnahmen, wie Sperren von Gleisen fernschriftlich per Fax bestätigt.

Bild 1: Unfallhilfsfahrzeug

© Kruse (DB AG)

Bild 2: Notfallmanager beim Bahnerden

© Kruse (DB AG)

Bild 3: Notfallmanager im Gespräch mit dem Einsatzleiter der Feuerwehr

© Kruse (DB AG)

3. Von der DB AG wurden Einsatzmerkblätter (s. Bild 1) für die Einsatzkräfte entwickelt, die es ihnen erlaubt, u. a. ohne Gefahr für Betroffene und Retter in das Eisenbahnfahrzeug einzudringen. Die Einsatzmerkblätter sind einheitlich aufgebaut und enthalten über folgende Kriterien die notwendigsten Informationen:
   - Fahrzeugaufbau
   - Rettungs- und Versorgungsöffnungen
   - Weitere Gefahren durch elektrischen Strom
   - Brennbarkeit der Materialien
   - Gefahren durch Flüssigkeit und Gase

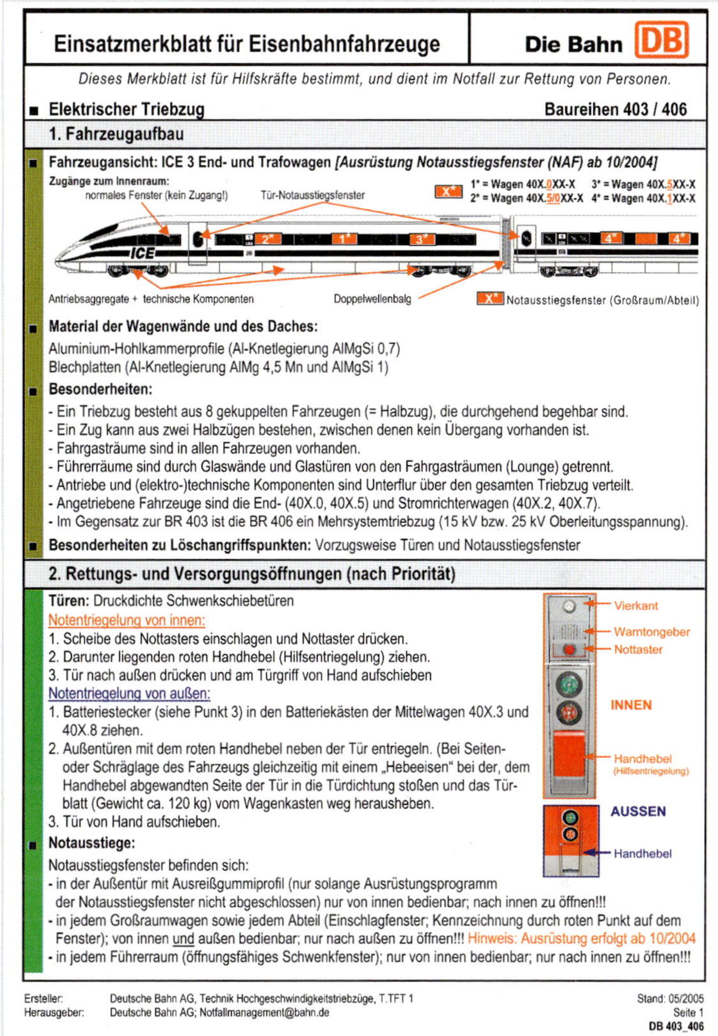

Einsatzmerkblatt für Eisenbahnfahrzeuge | **Die Bahn DB**

Dieses Merkblatt ist für Hilfskräfte bestimmt, und dient im Notfall zur Rettung von Personen.

■ **Elektrischer Triebzug** **Baureihen 403 / 406**

1. Fahrzeugaufbau

■ **Fahrzeugansicht: ICE 3 End- und Trafowagen** ***[Ausrüstung Notausstiegsfenster (NAF) ab 10/2004]***

■ **Material der Wagenwände und des Daches:**
Aluminium-Hohlkammerprofile (Al-Knetlegierung AlMgSi 0,7)
Blechplatten (Al-Knetlegierung AlMg 4,5 Mn und AlMgSi 1)

■ **Besonderheiten:**
- Ein Triebzug besteht aus 8 gekuppelten Fahrzeugen (= Halbzug), die durchgehend begehbar sind.
- Ein Zug kann aus zwei Halbzügen bestehen, zwischen denen kein Übergang vorhanden ist.
- Fahrgasträume sind in allen Fahrzeugen vorhanden.
- Führerräume sind durch Glaswände und Glastüren von den Fahrgasträumen (Lounge) getrennt.
- Antriebe und (elektro-)technische Komponenten sind Unterflur über den gesamten Triebzug verteilt.
- Angetriebene Fahrzeuge sind die End- (40X.0, 40X.5) und Stromrichterwagen (40X.2, 40X.7).
- Im Gegensatz zur BR 403 ist die BR 406 ein Mehrsystemtriebzug (15 kV bzw. 25 kV Oberleitungsspannung).

■ **Besonderheiten zu Löschangriffspunkten:** Vorzugsweise Türen und Notausstiegsfenster

2. Rettungs- und Versorgungsöffnungen (nach Priorität)

Türen: Druckdichte Schwenkschiebetüren

Notentriegelung von innen:
1. Scheibe des Nottasters einschlagen und Nottaster drücken.
2. Darunter liegenden roten Handhebel (Hilfsentriegelung) ziehen.
3. Tür nach außen drücken und am Türgriff von Hand aufschieben

Notentriegelung von außen:
1. Batteriestecker (siehe Punkt 3) in den Batteriekästen der Mittelwagen 40X.3 und 40X.8 ziehen.
2. Außentüren mit dem roten Handhebel neben der Tür entriegeln. (Bei Seiten- oder Schräglage des Fahrzeugs gleichzeitig mit einem „Hebeeisen" bei der, dem Handhebel abgewandten Seite der Tür in die Türdichtung stoßen und das Türblatt (Gewicht ca. 120 kg) vom Wagenkasten weg herausheben.
3. Tür von Hand aufschieben.

■ **Notausstiege:**
Notausstiegsfenster befinden sich:
- in der Außentür mit Ausreißgummiprofil (nur solange Ausrüstungsprogramm der Notausstiegsfenster nicht abgeschlossen) nur von innen bedienbar; nach innen zu öffnen!!!
- in jedem Großraumwagen sowie jedem Abteil (Einschlagfenster; Kennzeichnung durch roten Punkt auf dem Fenster); von innen und außen bedienbar; nur nach außen zu öffnen!!! Hinweis: Ausrüstung erfolgt ab 10/2004
- in jedem Führerraum (öffnungsfähiges Schwenkfenster); nur von innen bedienbar; nur nach innen zu öffnen!!!

Ersteller: Deutsche Bahn AG, Technik Hochgeschwindigkeitstriebzüge, T.TFT 1 — Stand: 05/2005
Herausgeber: Deutsche Bahn AG; Notfallmanagement@bahn.de — Seite 1
DB 403_406

Bild 1: Einsatzmerkblatt (1. Seite) für die BR 403/406

4. An vielen Landesfeuerwehrschulen sind zusammen mit der DB AG besondere Übungsanlagen, die in der Regel aus einem Gleisstück mit Wagen und einer Oberleitungsanlage bestehen, eingerichtet. Mitarbeiter des Notfallmanagement der Bahn halten an den Landesfeuerwehrschulen Vorträge und unterstützen Lehrgänge ebenso wie auf Kreis- und Gemeindeebene.

Die DB AG hat zudem als Schulungsunterlage einen Leitfaden »Hilfeleistungseinsätze im Gleisbereich der DB AG« erstellt, der im Internet zum Download zur Verfügung steht. Er enthält neben Informationen über dem Einsatz im Gleisbereich und der Ausrüstung auch den Umgang mit Gefahrengut.

1. Aus welchen Bestandteilen besteht das Notfallmanagement der DB AG?
2. Welche Aufgaben übernimmt der Notfallmanager am Einsatzort?
3. Woran ist ein Notfallmanager am Einsatzort zu erkennen?
4. Was versteht man unter einem Notfallbezirk bzw. einer Notfallleitstelle?
5. Wann kommen »Einsatzmerkblätter für Eisenbahnfahrzeuge« zum Einsatz?

11.4 Brand- und Katastrophenschutz in Eisenbahntunneln

Rettungseinsätze in Tunneln werfen für alle Beteiligten besondere Fragen auf, z. B. Wie kommen die Rettungskräfte in einer geschlossenen Tunnelanlage an den Ereignisort heran?

Deswegen wurde in einer Vereinbarung folgende Regelung getroffen: »*Für Sonderbauten, z. B. große Bahnhöfe, Tunnel über 1000 m Länge [...] wird die Deutsche Bahn AG gesonderte Objektpläne erstellen und [...] betriebliche Alarm- und Gefahrenabwehrpläne erstellen.*«

Das entwickelte Sicherheitskonzept besteht in drei Punkten

Präventivmaßnahmen	Ereignismindernde Maßnahmen	Rettungskonzept	
Maßnahmen, die die Wahrscheinlichkeit eines Ereigniseintritts so weit wie möglich senken sollen	Maßnahmen, die ein dennoch eingetretenes Ereignis in seinen Ausmaßen begrenzen sollen	Selbstrettungsmaßnahmen sind alle Maßnahmen, die von Reisenden und von Mitarbeitern ergriffen werden können, um eine unmittelbare Gefahrensituation abzuwenden, zu begrenzen und den Gefahrenbereich verlassen zu können	Fremdrettungsmaßnahmen sind alle Maßnahmen, die von Fremdrettungskräften, wie Feuerwehr, Rettungsdienste oder Katastrophenschutzeinheiten, erbracht werden, um ein Schadensereignis in seinen weiteren Ausmaßen zu begrenzen
• Begegnungsverbote zwischen Reise- und Güterzügen in langen Tunneln • Brandschutzstufen gemäß geltender DIN-Norm • Heißläuferortungs- (HOA) bzw. Festbremsortungsanlagen (FBOA), s. Kap. 11.1	• Notbremsüberbrückung (NBÜ), um Halt im Tunnel zu verhindern (s. Bild 2) • Bordlöschmittel (Feuerlöscher), s. Kap. 9.5.2		

Bild 1: Heißläuferortungsanlage (HOA) und Festbremsortungsanlage (FBOA)

Bild 2: NBÜ-Kennzeichnung

Bild 1: Notausgang in einem Tunnel

© Kruse (DBAG)

Bild 2: Fluchtwegkennzeichnung unter Notbeleuchtung

© Kruse (DBAG)

Tunnel, die vor dem 1.7.1997 in Betrieb genommen wurden, genießen Bestandsschutz, d.h., sie müssen nicht sofort an den Stand der Technik angepasst werden. Alle Tunnel, die nach dem 1.7.1997 in Betrieb genommen worden sind, müssen mit Maßnahmen des Brand- und Katastrophenschutzes gemäß der Richtlinie des Eisenbahn-Bundesamtes (EBA) ausgerüstet sein.

Bauliche Einrichtungen können die Selbstrettungsmaßnahmen unterstützen. Hierzu gehören:

- Fluchtwege
- Notausgänge
- Notbeleuchtung
- Fluchtwegkennzeichnung
- Notruffernsprecher

Bild 3: Notrufsäule

© Kruse (DBAG)

Bild 4: Rettungsplatz am Idsteiner Tunnel

© Kruse (DBAG)

Maßnahmen der Fremdrettung können durch bauliche Einrichtungen unterstützt werden:

- Rettungsplätze und Zufahrten
- Transporthilfen
- Löschwasserversorgung
- Elektroversorgung
- Sicherstellen der Kommunikation

Rettungszüge sind ein anderes Kernelement der Fremdrettung in den Tunneln der SFS-Strecken Hannover–Würzburg und Mannheim–Stuttgart. Da diese Strecken vor dem 1.7.1997 in Betrieb gegangen sind, entsprechen sie nicht der EBA-Richtlinie (s. vorige Seite) und sind deswegen mit Rettungszügen ausgestattet. Sechs Züge sind an den Standorten Hildesheim, Kassel, Fulda, Würzburg, Mannheim, Kornwestheim (b. Stuttgart) stationiert und rund um die Uhr einsatzbereit.

Der Rettungszug ist wenige Minuten nach seiner Alarmierung abfahrbereit und wird durch Einsatzkräfte der jeweils an den Standorten der Züge zuständigen Feuerwehren besetzt. Außerdem transportiert er notwendige technische Geräte in den Tunnel.

Der Rettungszug besteht aus:

- zwei Triebfahrzeugen der Baureihe 714 am jeweiligen Zugende. Die Triebfahrzeuge sind wendezug- und doppeltraktionsfähig und somit von einem Führerstand aus start- und bedienbar. Beide Triebfahrzeuge werden mit je einem Triebfahrzeugführer besetzt.
- zwei gasdichten Transportwagen, die mit eigenen Versorgungsaggregaten ausgestattet sind. Der mitgeführte Atemluftvorrat ist für einen Rettungseinsatz von vier bis fünf Stunden bemessen.
- einem gasdichten Sanitätswagen, der u.a. über zwei voll eingerichtete Notarztarbeitsplätze und 18 Liegeplätze für Schwerverletzte verfügt.
- einem Gerätewagen, der mit feuerwehrtechnischem Gerät, mobilen Stromerzeugern, Krankentragen, Leuchtmitteln, schienenfahrbaren Rollpaletten u.a. ausgerüstet ist.
- einem Löschmittelwagen, durch den 20 m^3 Wasser und 1 m^3 Löschschaum bereitgestellt werden.

Bild 1: Rettungszug

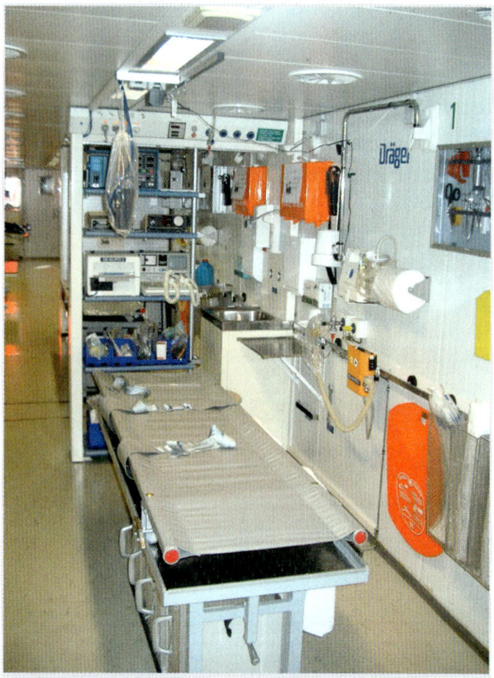

Bild 2: Arbeitsplatz des Notarztes im Sanitätswagen

1. Skizzieren Sie das Sicherheitskonzept der DB AG in ihren Grundzügen!
2. Welche baulichen Maßnahmen unterstützen das Selbstrettungskonzept?
3. Welche baulichen Maßnahmen unterstützen das Fremdrettungskonzept?

12 Qualitätsmanagement (QM)

12.1 Grundbegriffe/Normen

Seit Beginn der 90er Jahre des vorigen Jahrhunderts verbreitet sich das Qualitätsmanagement (QM) in allen Bereichen der Wirtschaft. Dazu gehört auch der Dienstleistungsbereich, wie z. B. der öffentliche Personen- und Gütertransport auf der Schiene.

Im Allgemeinen dient dabei das Normenwerk der DIN EN ISO 9000ff. als Grundlage. Diese Normenreihe besteht aus folgenden Teilnormen (Stand: März 2010):

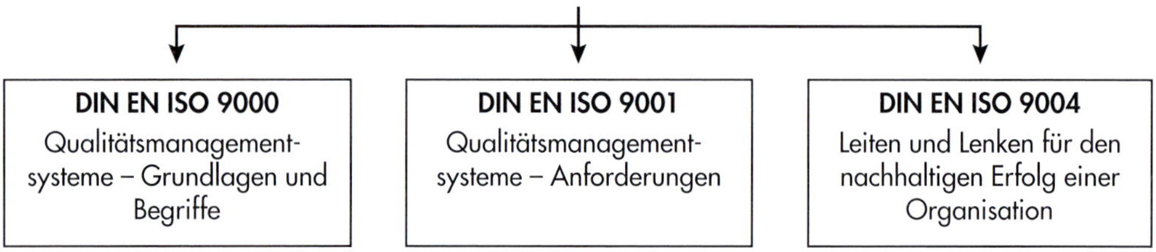

Für viele Bereiche des wirtschaftlichen Lebens existieren aber auch speziell angepasste Normen. So ist z. B. der IRIS (International Railway Industry Standard) Standard zur Beurteilung von Zulieferern für die Eisenbahnindustrie. Oftmals wurden solche Spezialnormen von der ISO-9000-Reihe abgeleitet und den besonderen Bedingungen der jeweiligen Industriesparte angepasst.

Qualität wird laut der Norm EN ISO 9000:2008 als »Grad, in dem ein Satz inhärenter Merkmale Anforderungen erfüllt«, definiert. Die Qualität gibt damit an, in welchem Maße ein Produkt (Ware oder Dienstleistung) den bestehenden Anforderungen entspricht. Sind diese Anforderungen voll erfüllt, so spricht man von »guter Qualität«.

In einem Regelkreis (s. Bild 1) ist dargestellt, dass die Anforderungen an ein Produkt vom Kunden bestimmt werden.

Dabei sollte man jedoch beachten, dass der Begriff »Kunde« im Sinne von QM weiter gesteckt ist als im normalen Leben.

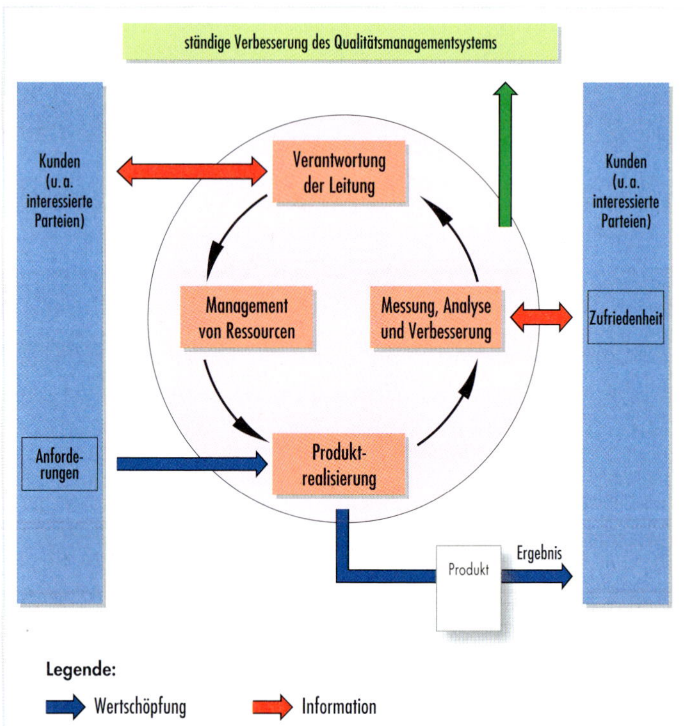

Bild 1: Prozessmodell DIN-EN-ISO-9000-Reihe

Kunden sind alle diejenigen, die an einem Unternehmen und dessen Produkten ein Interesse haben. Aus diesem Grund wird der Kundenbegriff im Regelkreis (s. Bild 1, vorige Seite) durch den Begriff »interessierte Partei« erweitert. Ein Kunde im Sinne von QM kann also auch eine nachgelagerte Abteilung in einem Fertigungsprozess sein.

Der Kunde legt die Anforderungen fest. »Gute Qualität« ist erreicht, wenn der Kunde mit der erbrachten Leistung zufrieden ist. Für ein Unternehmen – die Norm spricht in diesem Zusammenhang von »Organisation« (DIN EN ISO 9000) – ist es zum einen von Bedeutung zu wissen, welche Anforderungen an ein Produkt bestehen, und zum anderen, ob diese Anforderungen auch erfüllt wurden. Dies ist im Regelkreis durch den Informationspfad zwischen »Kundenzufriedenheit« und dem Kasten »Messung« gekennzeichnet.

Am Beispiel einer Schubkarre sollen die Kundenanforderungen an ein Produkt erläutert werden. Für diese Schubkarre sind zwei Kunden, der Kunde A und der Kunde B, die Interessenten.

Kunde A ist Hobbygärtner, der seine Schubkarre gelegentlich in seinem Garten benutzt und nicht bereit ist, eine größere Summe für die Schubkarre auszugeben.

Kunde B ist Bauarbeiter, der seine Schubkarre regelmäßig einsetzt und bereit ist, für die Schubkarre etwas mehr Geld zu investieren, da er sie auch längere Zeit verwenden will.

Bild 1: Die Schubkarre besteht aus einem leichten Rohrrahmen und einer verzinkten Stahlwanne. Die Schubkarre wird in Baumärkten vertrieben. Die Tragkraft beträgt maximal 30 kg

Es ist zu erwarten, dass Kunde B mit der hergestellten Schubkarre nicht zufrieden sein wird, da seine Anforderungen nicht erfüllt werden. Für Kunde B ist die Schubkarre also von schlechter Qualität. Kunde A wird vermutlich eine andere Sichtweise von der Schubkarre haben. Seine Anforderungen werden erfüllt, für ihn hat die Schubkarre eine gute Qualität.

Die wesentlich hochwertigere Schubkarre des Kunden B hingegen ist möglicherweise für A kein besonders gutes Produkt, da sie deutlich schwerer und zudem auch teurer ist. Ob ein Produkt von guter oder von schlechter Qualität ist, hängt demnach in hohem Maße von der Sichtweise des Kunden des Produktes ab. Diese Sichtweise wird natürlich von den jeweiligen Produktmerkmalen, z. B. Materialien, Handhabbarkeit, Design usw. beeinflusst.

Das Beispiel verdeutlicht, warum der Kunde eine zentrale Rolle im QM einnimmt. Gute Qualität ist dann erreicht, wenn die Anforderungen des Kunden erfüllt wurden. Es gilt also zunächst herauszufinden, welche Anforderungen der Kunde hat. Mindestens genauso wichtig ist es jedoch auch zu erfragen, ob diese Anforderungen nachher auch erfüllt wurden.

Einschränkend sollte jedoch noch erwähnt werden, dass nicht allein die Kundenanforderungen für die Erstellung eines Produktes die Basis sein können. Es gibt natürlich auch Anforderungen aus Gesetzen und Vorschriften. Diese müssen eingehalten werden. Deshalb sind sie über die Kundenanforderungen zu stellen.

12.2 Grundprinzipien des Qualitätsmanagements

Kundenorientierung

Das Beispiel »Schubkarre« (s. Kap. 12.1) zeigt die zentrale Bedeutung der Kundenorientierung im Qualitätsmanagement auf. Sie ist deshalb auch eines der acht Grundprinzipien des Qualitätsmanagements.

Zusammen mit dem Deming'schen Regelkreis (s. Bild 1, Seite 557) bilden sie die »Basisphilosophie«, die sich auch im Regelkreis (s. Bild 1, Seite 552) wiederfindet.

Bild 1: Kundenzufriedenheit steht im Mittelpunkt

Bewusste Führung

Nur die Leitung eines Unternehmens (Organisiation) ist in der Lage, für ein Unternehmen Ziele zu formulieren. Durch ihre Stellung kann sie dafür sorgen, dass die dafür notwendigen Ressourcen, wie z. B. Materialien, Maschinen und Personal bereitstehen. Die Leitung eines Unternehmens nimmt eine hervorgehobene Position ein, dadurch ergibt sich auch eine Vorbildfunktion, die z. B. bei der Einführung von QM-Systemen wichtig ist.

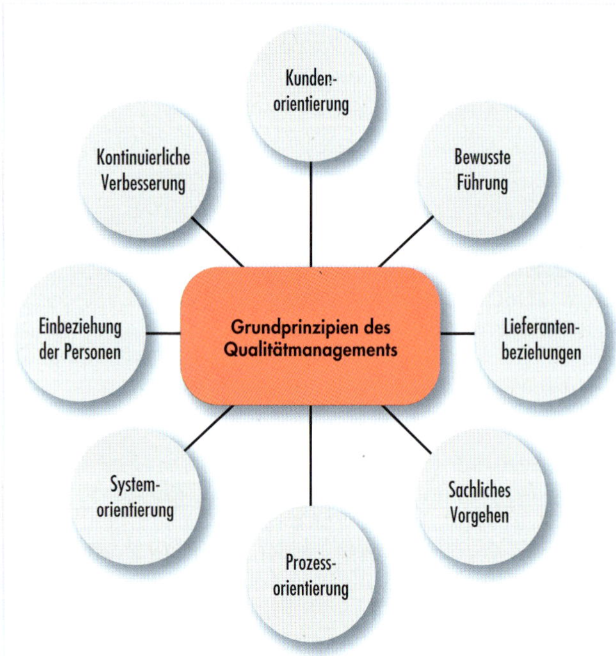

Bild 2: Die acht Grundprinzipien des Qualitätsmanagements (QM)

Ein Unternehmensziel könnte die Einführung eines neuen Produktes sein (am Beispiel: eine Schubkarre für den Kunden B). Für das Unternehmen bedeutet dies zunächst erst mal einen Aufwand: Die neue Schubkarre muss konstruiert werden und die Produktion für das Produkt angepasst werden. Auch die Mitarbeiter müssen entsprechende Informationen erhalten. Die dafür notwendigen Entscheidungen und die Bereitstellung der entsprechenden Mittel können nur von der Leitung des Unternehmens gewährleistet werden. Die Leitung sollte aber auch dafür Sorge tragen, dass die Kunden nach ihren Anforderungen gefragt werden und dass diese erfüllt werden.

Lieferantenbeziehungen

Im Sinne von QM sind partnerschaftliche Beziehungen zu den Lieferanten anzustreben. Partnerschaftliche Beziehungen sind für beide Seiten positiv, weil beide Seiten über den wirtschaftlichen Nutzen hinaus davon profitieren.

Sachliches Vorgehen

Alle Entscheidungen in Unternehmen sollen nicht »aus dem Bauch« heraus gefällt werden. Entscheidungen sind grundsätzlich sachlich zu begründen. Am Beispiel der Schubkarre würde das bedeuten, dass nicht nur einfach ein neues Modell eingeführt wird. Vielmehr fällt die Entscheidung für ein neues Modell auf Basis der Anforderungen von Kunde B.

Abläufe im Unternehmen werden »sachlich« durch Verwendung von Kennzahlen beurteilt. Kennzahlen können sein: Fehlerquoten, Ausschussmenge, Reklamationen usw. Da das Qualitätsmanagement aber weit über die reine Produktbetrachtung hinausgeht, sollten auch Kennzahlen wie Krankenstände der Mitarbeiter, Fehlzeiten und Anzahl der Fortbildungen in die Betrachtung einbezogen werden. Einmal pro Geschäftsjahr verfasst die Geschäftsleitung einen Bericht in dem u.a. die im Unternehmen verwendeten Zahlen mit denen des Vorjahrs verglichen werden. Diesen Bericht nennt man auch »Management Review«. Auf Basis dieses Berichts formuliert die Geschäftsleitung dann Maßnahmen, die zur Verbesserung dienen (z.B. Absenkung der Fehlerqoute oder Verbesserung der Kundenzufriedenheit).

Die Erhebung der Kennzahlen erfolgt im Regelkreis im Punkt »Messung, Analyse und Verbesserung« (s. Bild 1, Seite 552).

Prozessorientierung

In Unternehmen werden niemals nur Einzeltätigkeiten betrachtet. Einzeltätigkeiten bilden Abläufe (s. Bild 1).

Abläufe werden nach DIN EN ISO 9000 als Prozesse bezeichnet. Prozesse sind Vorgänge, die Eingaben in Ergebnisse umwandeln. Am Beispiel der Schubkarre sind die Einzelteile und die Arbeitskraft des Monteurs die Eingaben und das Ergebnis ist das fertig in den Rahmen montierte Rad.

Bild 1: Teilprozess »Ablauf der Radmontage« der Schubkarre

Es ist leicht zu erkennen, dass es keinen Sinn machen würde, einzelne Teile des Prozesses »Radmontage« zu betrachten; das Produkt »Rad« kann nur so gut werden, wie der gesamte Prozess es zulässt. Aus diesem Grund werden im QM immer die gesamten Prozesse betrachtet. Um gleichbleibende Qualität zu gewährleisten, müssen die Prozesse gelenkt und geleitet werden. Damit soll erreicht werden, dass z.B. die Räder zuverlässig in gleichbleibender Qualität geliefert werden. Die Lenkung eines Prozesses erfolgt üblicherweise durch eine Prozessbeschreibung, in der beschrieben wird, wie z.B. bei der Radmontage vorzugehen ist, welche Arbeitsplätze beteiligt sind und wie die Einzelteile bereitgestellt werden.

Systemorientierung

Prozesse bilden Systeme, z. B. der Prozess »Radmontage« ist ein Teilprozess der Schubkarrenmontage. Probleme entstehen hier an den Schnittstellen zwischen den einzelnen Prozessen. Zum Beispiel ist es ein Problem, wenn die Räder für die Schubkarre des Kunden B zur Montage für die Schubkarre A geliefert werden.

Dies verlangt auch, dass das Zusammenspiel der einzelnen Prozesse gelenkt werden muss. Üblicherweise wird dies durch Verknüpfungen innerhalb der einzelnen Prozessbeschreibungen erreicht. Das Erkennen, Planen sowie die Lenkung der Prozesse und der Prozesssysteme in einem Unternehmen ist eine der Hauptaufgaben im Qualitätsmanagement.

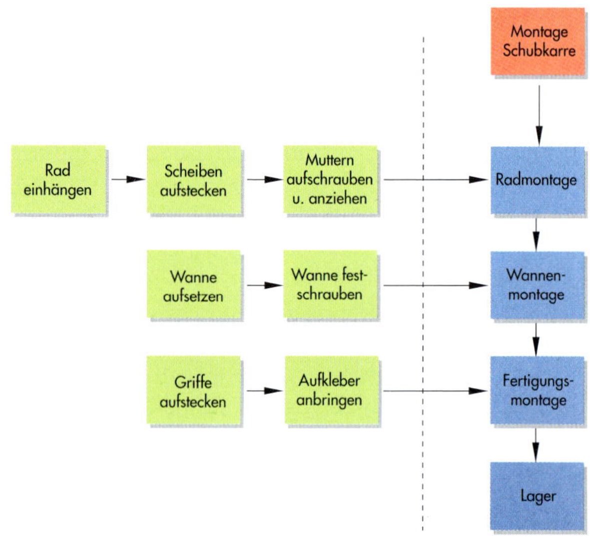

Bild 1: Gesamtprozess »Montage Schubkarre«

Einbeziehung der Personen

Kein Unternehmen bzw. kein Unternehmer arbeitet allein. Der Erfolg eines Unternehmens ist immer auch davon abhängig, in wieweit die am Unternehmen beteiligten Personen, also Mitarbeiter aber auch Kunden, Lieferanten, Berater usw. in Prozesse einbezogen werden.

Auch dies lässt sich am Beispiel der Produktion eines neuen Schubkarrentyps erläutern: für die Schubkarre B muss die Fertigung erweitert werden. Bereits bei den Planungen für diese neue Fertigung sollten nach Möglichkeit die späteren Arbeitskräfte einbezogen werden. Zum einen erhält man so Zugriff auf wertvolles Expertenwissen, welches für die Gestaltung des Arbeitsablaufes wichtig ist, zum anderen erreicht man eine Identifikation der Mitarbeiter mit dem Arbeitsprozess, sie machen ihn »sich zu Eigen«.

Kontinuierliche Verbesserung

Das Prinzip der ständigen (kontinuierlichen) Verbesserung ist eines der wichtigsten QM-Prinzipien. Seinen Ursprung hat dieser Ansatz im japanischen KaiZen (s. Seite 558, Bild 1). Nach diesem Ansatz ist nichts so gut, dass eine weitere Verbesserung nicht mehr möglich ist. Diese Verbesserung ist immer anzustreben.

Am Beispiel der Schubkarre würde dies bedeuten, dass sowohl die Prozesse zur Produktentstehung als auch die Schubkarre selbst ständig auf Verbesserung hin untersucht werden. Mögliche Verbesserungen sind in jedem Fall umzusetzen. Das Prinzip des kontinuierlichen Verbesserungsprozesses (KVP) wird auch im Deming'schen Regelkreis abgebildet (s. Bild 1).

Der Regelkreis wird in vier Stufen eingeteilt:

- Plan – Planen
- Do – Ausführen
- Check – Überprüfen
- Act – Verbessern (reagieren)

Das Unternehmen plant also ein Produkt (P), fertigt es an (D), überprüft, ob die Kundenforderungen erfüllt wurden (C) und reagiert, indem das Produkt weiter an die Kundenforderungen angepasst wird (A).

Im Sinne der DIN EN ISO 9000 ist dieser Regelkreis nicht nur auf alle Produkte eines Unternehmens, sondern auch auf alle Prozesse anzuwenden.

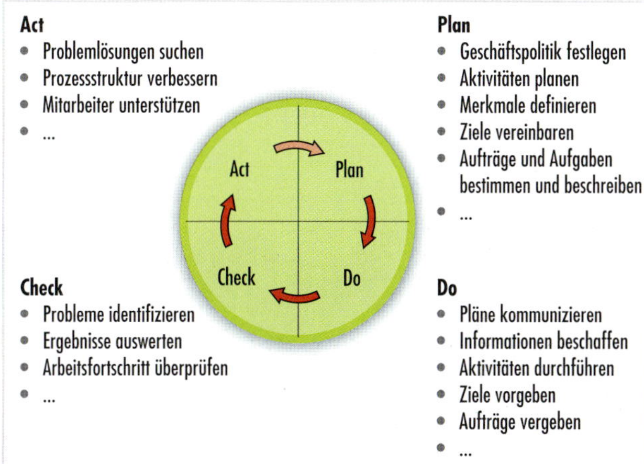

Bild 1: Der Deming-Kreis (PDCA-Kreis)

Am Beispiel der Schubkarre bedeutet dies, zunächst die Schubarre selbst auf eine ständige Verbesserung hin zu untersuchen. Basis dafür sind die genannten Ergebnisse aus Kundenbefragungen und Auswertungen von Fehlerquoten oder Reklamationen. Aber auch der Prozess der Entstehung der Schubkarre unterliegt dem KVP (Daten dafür liefern Ausschussquoten, Durchlaufzeiten etc.).

Den PDCA-Kreis findet man im Regelkreis der DIN EN ISO 9000 (s. Seite 552, Bild 1) als Kreislauf zwischen Management von Ressourcen (P), Produktrealisierung (D), Messung, Analyse (C) und Verbesserung (A).

Die Umsetzung der acht Prinzipien und des Regelkreises erfolgt in einem QM-Handbuch, dem detailierte Prozessbeschreibungen und Arbeitsanweisungen angefügt sind.

Die Dokumentation ist allein nicht ausreichend, vielmehr müssen alle Mitarbeiter über die in der Dokumentation vereinbarten Inhalte informiert sein. Auch müssen die darin niedergeschriebenen Handlungsweisen im betrieblichen Alltag »gelebt« werden.

Bild 2: DB Werk Kassel: Qualitätsprüfung an Laufwerken

Neben Maßnahmen, die das Qualitätsmanagement betreffen, müssen noch entsprechende Qualitätssicherungsmaßnahmen installiert werden. Damit sind Tätigkeiten gemeint, die der reinen Qualitätssicherung dienen, also die klassischen Messtätigkeiten, Qualitätskontrollen usw.

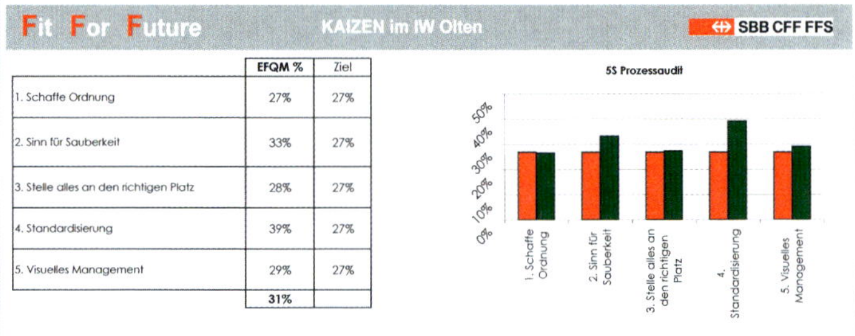

Bild 1: Kaizen im Industriewerk Olten (Schweizerische Bundesbahnen)

Bild 2: Qualitätskontrolle im Oberbau: Messen der Schienenoberfläche nach Schienenfräs- und Schleifarbeiten

Bild 3: DB Werk Kassel: Qualitätsprüfung an Laufwerken

Um die Funktion des Systems zu gewährleisten, sieht die Norm regelmäßige Überprüfungen in Form von **Audits** vor. Diese Audits dienen lediglich zur Überprüfung der Systemfunktionen. Sie sind nicht dazu gedacht, Fehler bei Mitarbeitern zu suchen bzw. Schuldige für Probleme zu ermitteln.

Audits, die durch firmeneigene Auditoren durchgeführt werden, werden als interne Audits bezeichnet. Audits, die durch firmenfremde Auditoren durchgeführt werden, werden als externe Audits bezeichnet. Ein typischer Grund für ein externes Audit ist der Besuch von Kunden bei ihren Lieferanten (Lieferantenaudit). QM-Systeme, die nach der DIN-EN-ISO-9000-Reihe eingeführt werden, können durch eine unabhängige Zertifizierungsgesellschaft zertifiziert werden. Durch ein Zertifikat wird dann bestätigt, dass das QM-System den Regeln der DIN-EN-ISO-9000-Reihe entspricht. Dieses Zertifizierungsaudit ist immer ein externes Audit.

Gründe für eine Zertifizierung können z. B. Wettbewerbsvorteile sein. Oftmals ist eine Zertifizierung aber auch eine Grundbedingung, um überhaupt Aufträge von bestimmten Unternehmen zu bekommen.

1. Erläutern Sie am Beispiel »Ruhiger Lauf eines Zuges« die acht Grundprinzipien des Qualitätsmanagements!
2. Nennen Sie Qualitätssicherungsmaßnahmen, die in ihrem beruflichen Umfeld durchgeführt werden!

Anhang

© Klaus Pitter

Verwendete und weiterführende Literatur

A. Relevante Regelungen bzw. Richtlinien (Ril)

Ril 123	Notfallmanagement, Brandschutz
Ril 301	Signalbuch (SB)
Ril 408	Züge fahren und Rangieren
Ril 412	Sammlung betrieblicher Verfügungen (SBV)
Ril 420	Betriebsleitstellen
Ril 436	Zug- und Rangierfahrten im Zugleitbetriebdurchführen
Ril 437	Zug- und Rangierfahrten im Signalisierten Zugleitbetrieb durchführen
Ril 456	Regeln für Schrankenwärter
Ril 481	Telekommunikationsanlagen im Bahnbetriebbedienen
Ril 482	Signalanlagen bedienen
Ril 483	Zugbeeinflussungsanlagen bedienen
Ril 485	Außergewöhnliche Sendungen
Ril 492	Triebfahrzeuge führen
Ril 718	Rangieren und Züge bilden
Ril 915	Bremsen im Betrieb bedienen und prüfen
Ril 931	Nebenfahrzeuge, Bauart und Instandhaltung
Ril 936	Technische Wagenbehandlung im Betrieb (Güterwagen)
GUV-R 2150	Unfallverhütungsvorschrift »Regeln für Sicherheit und Gesundheitsschutz«
GUV-V D 33	Unfallverhütungsvorschrift »Arbeiten im Bereich von Gleisen«
DS 300	Eisenbahn- Bau- und Betriebsordnung (EBO)

B Zeitschriften

Deine Bahn, Eisenbahnfachverlag, Heidelberg, Mainz
Bahn Praxis, Eisenbahnfachverlag, Heidelberg, Mainz
ETR – Eisenbahntechnische Rundschau, Hestra-Verlag, Darmstadt
Signal + Draht, Hestra-Verlag, Darmstadt

C Bücher

Grundlagen des Betriebsdienstes, Eisenbahnfachverlag, Heidelberg, Mainz
SpDr60 Stellwerke bedienen, Teil A, Eisenbahnfachverlag, Heidelberg, Mainz
SpDr60 Stellwerke bedienen, Teil B, Eisenbahnfachverlag, Heidelberg, Mainz
Verkehrsgeographie Reiseverkehr, Eisenbahnfachverlag, Heidelberg, Mainz
Verkehrsgeographie Güterverkehr, Eisenbahnfachverlag, Heidelberg, Mainz
Taschenbuch Eisenbahngesetze, Hestra-Verlag, Darmstadt
Kommentar EBO, Hestra-Verlag, Darmstadt
Der Eisenbahningenieur, Hestra-Verlag, Darmstadt
Carsten Weber / Ulrich Maschek, Das EZMG-Stellwerk, Hrsg. Technische Universität Dresden, 2006
Peter Naumann / Jörn Pachel, Leit- und Sicherungstechnik im Bahnbetrieb. Fachlexikon, Hamburg, 2. Aufl. 2004, Tetzlaff Verlag
Gert Heister u. a., Eisenbahnbetriebstechnologie, Heidelberg/Mainz, 2005, Eisenbahn-Fachverlag

Abkürzungsverzeichnis

A

Abf	Abfahrt
Abschn	Abschnitt
Abw	Abweichung
Abzw	Abzweigstelle
Ank	Ankunft
Anst	Anschlussstelle
apl	außerplanmäßig
Arb	Arbeiten
ARB	Arbeitsstelle
Asig	Ausfahrsignal
aufgeh	aufgehoben
aufgest	aufgestellt
Aufs	Aufsicht
Auftr	Auftrag
Ausf	Ausfahr(t)
ausg	ausgenommen
Awanst	Ausweichanschlussstelle
Az	Arbeitszug

B

B	Bedarfszug
Baust	Baustelle
Bebu	Betriebsstellenbuch
Bef	Befehl, schriftlicher Befehl
Behelf	zeitweise eingleisiger Behelfsbetrieb
Ben, ben	Benachrichtigung, benachrichtigt
bes	besetzt
Bet	Beteiligte (beteiligte Stellen)
Betra	Betriebs- und Bauanweisung
Bf	Bahnhof
Bft	Bahnhofsteil
BGL	Baugleis
Bk	Blockstelle
Bksig	Blocksignal
BL	Betriebsleitung
Blifü	Blinklichtanlagen mit Fernüberwachung
Blilo	Blinklichtanlagen mit Überwachungssignalen
BLÜM	Blockabschnittsüberwachungsmelder
Br	Bremse
Brh	Bremshundertstel
Brpr	Bremsprobe
Bstg	Bahnsteig
BÜ	Bahnübergang

D

Dksig	Deckungssignal
Dkst	Deckungsstelle
Durchf	Durchfahr(t)
D-Weg	Durchrutschweg

E

Einf	Einfahr(t)
eingl	eingleisig
el	elektrisch
Elok	elektrische Lokomotive
Esig	Einfahrsignal
EVZS	Entstörungsveranlassung zuständige Stelle

F

FB	Falschfahrbetrieb
Fdl	Fahrdienstleiter
fmdl	fernmündlich
Fpl	Fahrplan
Fplm	Fahrplan-Mitteilung
Fpr	Fahrwegprüfung
Fspr	Fernsprecher
Fweg	Fahrweg
Fz	Fahrzeug, Fahrzeuge

G

ges	gesichert
gesp	gesperrt
gest	gestört
gez.	gezeichnet
Ggl	Gegengleis
Gl	Gleis
GL	Grenzlast
Gs	Gleissperre
GWB	Gleiswechselbetrieb
Gz	Güterzug

H

HAT	Hilfsausschalttaste
Heißl	Heißläufer
HET	Hilfseinschalttaste
Hp	Haltepunkt
Hs	Sperrsignal – Formsignal
Hst	Haltestelle
HV	Handverschluss

I

I. A.	Im Auftrag

K

Kl	Kleinwagen

L

LFB	Linksfahrbetrieb
Lfsig	Langsamfahrsignal
Lfst	Langsamfahrstelle, vorübergehende
Linksf	Linksfahrt
LNT	Leichter Nahverkehrstriebwagen
Lok	Lokomotive
Ls	Sperrsignal – Lichtsignal
Lü	Lademaßüberschreitung
LZB	Linienzugbeeinflussung

M

M	Uhrzeit in Vordrucken – Minutenspalte
Mbr	Mindestbremshundertstel
mdl	mündlich
Min	Minute(n)

O

öA	örtliche Aufsicht
Ol	Oberleitung

P

P	Posten
PZB	Punktförmige Zugbeeinflussung

R

R	Rückmelden, Rückmeldung
Rb	Rangierbegleiter
Rf	Rangierfahrt
Rgl	Regelgleis
RMP	Rückmeldeposten
Rp	Räumungsprüfung
Rpz	Räumungsprüfung auf Zeit
Rz	Reisezug

S

Sbk	selbsttätige Blockstelle, selbsttätiges Blocksignal
Schrp	Schrankenposten
Schrw	Schrankenwärter
Sch-Tfz	Schiebetriebfahrzeug
Sifa	Sicherheitsfahrschaltung
Sig	Signal
Sperr	Sperrung
Sperrf	Sperrfahrt
Stör	Störung
Str	Strecke (freie Strecke)
Strebu	Streckenbuch
Stw	Stellwerk

T

Tb	Triebfahrzeugbegleiter
Tf	Triebfahrzeugführer
Tfz	Triebfahrzeug
Tfzf	Triebfahrzeugfahrt

U

U	Uhrzeit in Vordrucken – Stundenspalte
überg	übergeben
Uml	Umleitung
Üs	Überwachungssignal
Üst	Überleitstelle

V

v Pl	vor Plan
verk	verkehrt (verkehren)
versp	verspätet
VMZ	zulässige Geschwindigkeit
vollst	vollständig
Vsig	Vorsignal
vsl	voraussichtlich

W

W	Weiche
Wdh	Wiederholer
WEB	wechselweise ein- und zweigleisiger Betrieb
Wg	Wagen
Wgm	Wagenmeister
Wp	Wagenprüfer
Ww	Weichenwärter

X

X	Achse (Radsatz)
X	Radsatz (Achse)
X (Zugnummer)	Kreuzung (mit Zug)

Z

Z	Zug
ZEB	zeitweise eingleisiger Betrieb
Zes	Zentralschaltstelle
Zf	Zugführer
ZF	Zugfunk
Zfst	Zugfolgestelle
ZLB	Zugleitbetrieb
Zm	Zugmelder
Zmb	Zugmeldebuch
ZMP	Zugschlussmeldeposten
Zmst	Zugmeldestelle
Zp	Zugpersonal
Zs	Zugschaffner
Zsig	Zwischensignal
Zub	Zugbegleiter, Zugbegleitpersonal
zugest	zugestimmt
Zugg	Zuggattung
Zugv	Zugvorbereiter
zust	zuständig

Stichwortverzeichnis

A

B

C

D

E

F

G

H

I

K

L

M

N

O

P

Q

R

T

U

V

W

Z

Signallageplan Bf Kleinstadt

(vereinfachte Darstellung)

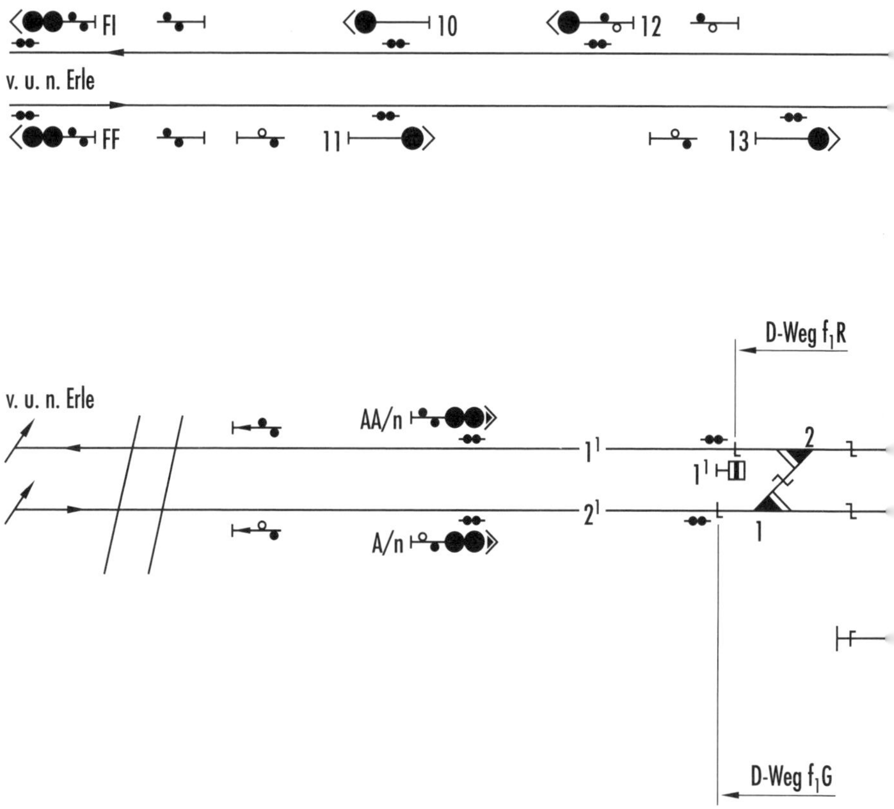

Zeichenerklärung

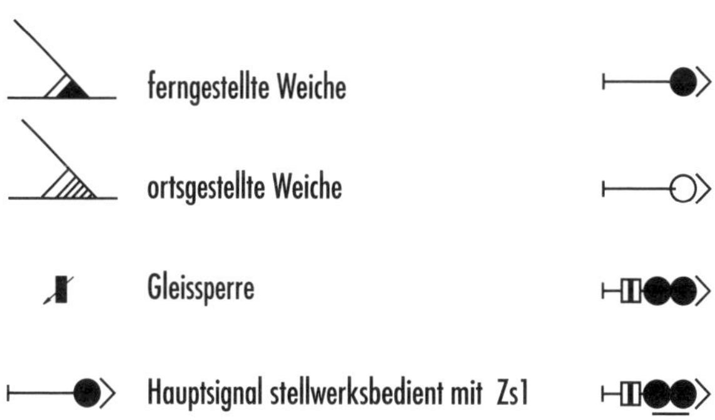

- ferngestellte Weiche
- ortsgestellte Weiche
- Gleissperre
- Hauptsignal stellwerksbedient mit Zs1
- Hauptsignal zug- und stellwerksbedient (auch Zentralblocksignal)
- Hauptsignal hier als: Selbstblocksignal
- Hauptsignal hier als: Ausfahr- oder Zwischensignal (HP 0, Hp 1, Hp 2
- Hauptsignal hier als: Ausfahr- oder Zwischensignal (HP 0, Hp 2)

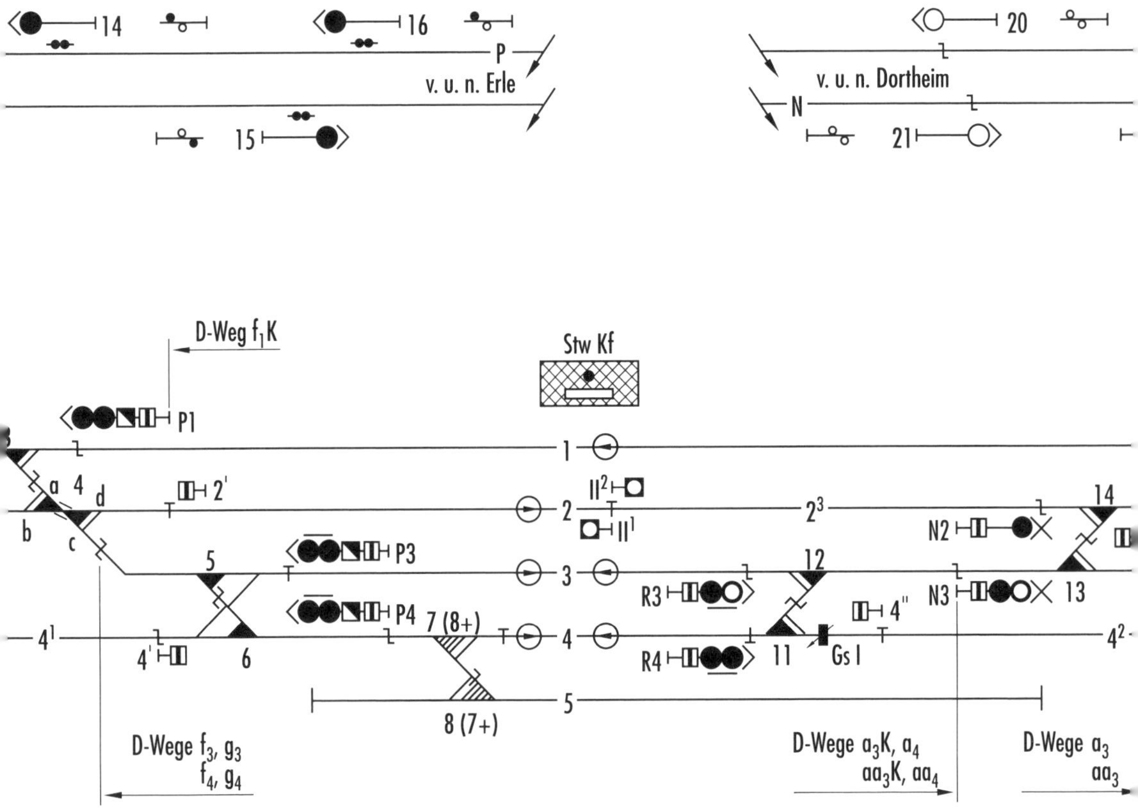

Hauptsignal mit Vorsignal

Hauptsignal mit Vorsignal zug- und stellwerksbedient

Ausfahr- oder Zwischensignal mit Kennlicht

Vorsignal stellwerksbedient

Vorsignal zug- und stellwerksbedient mit Geschwindigkeitsvoranzeiger

Ersatzsignal (Zs 1)

Ersatzsignal mit Geschwind

Gegengleisfahrt-Ersatzsign

Gegengleisanzeiger (Zs 6)

Vorsignaltafel (Ne 2)

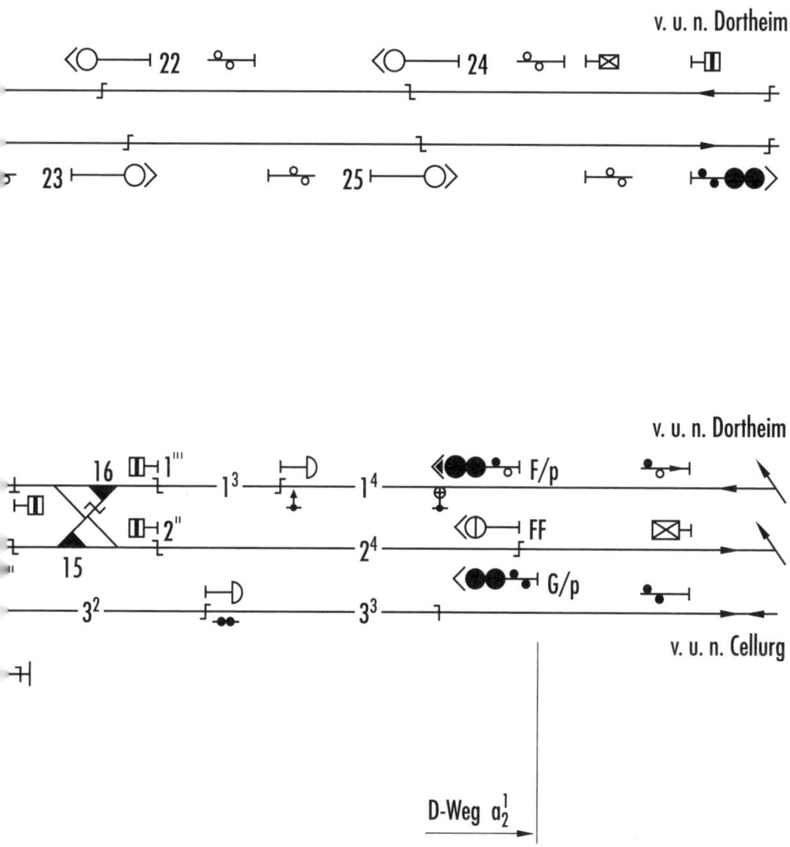

Rangierhalttafel (Ra 10)

Achszähler

itsanzeiger

niedriges Lichtsperrsignal

Tonfrequenzgleisstromkreis
– Einspeiseseite
– Ausspeiseseite

s 8)

Lichtsperrsignal mit Kennlicht (Deckungssignal)

Gleisisolierung (Wechselstromgleisstromkreis)

Durchfahrten zugelassen